压力容器焊接工艺评定的制作指导

中国化工装备协会　组织编写
朱海鹰　主编

化学工业出版社
·北京·

内容简介

《压力容器焊接工艺评定的制作指导》按照 NB/T 47014—2023《承压设备焊接工艺评定》、NB/T 47015—2023《压力容器焊接规程》等相关标准编写而成。本书共分十四章，分别讲述焊接工艺评定概述，包括国内外评定标准体系、相关术语、评定方法；焊接工艺评定规则；焊接工艺评定试件的分类对象；焊接工艺评定因素及类别划分；对接焊缝和角焊缝焊接工艺评定；耐蚀堆焊工艺评定；带堆焊隔离层的对接焊缝焊接工艺评定；不锈钢-钢复合板焊接工艺评定；换热管与管板焊接工艺评定；电子束焊焊接工艺评定；压力容器焊接工艺评定需注意的问题；压力容器焊接工艺评定的应用；钢制压力容器焊接工艺评定项目的优化和整合；压力容器常用材料的焊接工艺评定。

本书具有较强的实用性，可指导压力容器焊接工艺人员正确执行 NB/T 47014—2023《承压设备焊接工艺评定》、NB/T 47015—2023《压力容器焊接规程》。本书可供从事压力容器焊接工作的相关技术人员和检验人员参考使用，还可供高等院校相关专业师生参考阅读。

图书在版编目（CIP）数据

压力容器焊接工艺评定的制作指导 / 中国化工装备协会组织编写；朱海鹰主编. -- 北京：化学工业出版社，2024. 12. -- ISBN 978-7-122-46494-1

Ⅰ. TG457.5

中国国家版本馆 CIP 数据核字第 20240QS079 号

责任编辑：高　震　马泽林　任睿婷　　装帧设计：韩　飞
责任校对：李露洁

出版发行：化学工业出版社
（北京市东城区青年湖南街 13 号　邮政编码 100011）
印　　装：三河市航远印刷有限公司
880mm×1230mm　1/16　印张 56　字数 1637 千字
2025 年 1 月北京第 1 版第 1 次印刷

购书咨询：010-64518888　　售后服务：010-64518899
网　　址：http://www.cip.com.cn
凡购买本书，如有缺损质量问题，本社销售中心负责调换。

定　　价：280.00 元　

《压力容器焊接工艺评定的制作指导》

编写人员名单

主　　编：朱海鹰

副 主 编：辛忠仁　赵　敏

编写人员：张建晓　石　岩　李玉虎　谢　非　李　琳　赵梦青　张　帆　王进杰　温殿水

主　　审：房务农　段瑞君　李国俊　李为民　张军辉　王天先　吕斌峰　赵素娟　夏吉龙　胡定钧　吴守刚

前言

压力容器是涉及国家财产和人民生命安全的特种设备，广泛应用于石油、石化、化工、电力、冶金、医药等行业。焊接工艺评定是控制压力容器焊接质量和产品安全的重要环节，一直受到企业和行业的重视，经过二十余年的努力和积累，国内压力容器制造企业对焊接工艺评定重要性的认识不断深入，焊接工艺评定工作也取得了很大进展。

为提高行业准确执行焊接工艺评定有关标准的能力，保证焊接工艺的正确性和符合性，提高压力容器产品的焊接质量，中国化工装备协会曾于2011年组织有关人员依据NB/T 47014—2011《承压设备焊接工艺评定》、NB/T 47015—2011《压力容器焊接规程》等标准编写《压力容器焊接工艺评定的制作指导》(第一版)。2016年，根据该书出版后的使用情况，对不足之处进行了修订，出版了第二版。主要修订了第十章，增加了第十一章，重点对不同材料、不同厚度有预热和热处理要求时应考虑的因素进行了解读；增加了16mm（或18mm、20mm）的焊接工艺评定实例；调整了部分不合理的线能量数值等内容，改为第二版出版发行。

2023年12月28日，国家能源局发布了新版NB/T 47014—2023《承压设备焊接工艺评定》、NB/T 47015—2023《压力容器焊接规程》标准，并于2024年6月28日实施。新版标准对承压设备焊接工艺评定重新进行了定义，对角接焊缝和对接焊缝、耐蚀层堆焊及换热管与管板等焊接工艺评定规则进行了较大修改，新增了带堆焊隔离层对接焊缝、电子束焊、锆材等的焊接工艺评定，明确了可按相关建造标准和设计文件进行附加试验，修订了预焊接工艺规程、焊接工艺评定报告推荐表格形式等。根据新版标准变化，中国化工装备协会组织有关专家对《压力容器焊接工艺评定的制作指导》(第二版)进行了大幅修订，并准备再次出版。新版《压力容器焊接工艺评定的制作指导》对焊接工艺人员正确执行NB/T 47014—2023《承压设备焊接工艺评定》、NB/T 47015—2023《压力容器焊接规程》具有较强的针对性和实用性，可供从事压力容器焊接工作的相关技术人员和检验人员参考使用。

本书的编写得到兰州兰石重装股份有限公司、淄博市特种设备检验研究院、大连金重机器集团有限公司、江联重工集团股份有限公司、合肥通用机械研究院有限公司、中国石油天然气第七建设有限公司、陕西化建工程有限责任公司、蓝星（北京）化工机械有限公司、二重（德阳）重型装备有限公司、山西潞安化工机械（集团）有限公司、东方电气集团东方锅炉股份有限公司、森松（江苏）重工有限公司、胜利油田胜利油建公司金属结构厂、沈阳东方钛业有限公司、宝色特种设备有限公司、中国石化集团南京化学工业有限公司化工机械厂、云南大为化工装备制造有限公司、大连宝原核设备有限公司、四川科新机电股份有限公司、重庆市市场监督管理局等单位的大力支持，在此表示衷心感谢！

本书如有不妥之处，恳请读者批评指正。

朱海鹰

2024年8月

目录

第一章

焊接工艺评定概述

第一节　焊接工艺评定及焊接工艺规程的标准体系

一、焊接工艺评定以及相关术语

① 焊接工艺评定　NB/T 47014—2023《承压设备焊接工艺评定》（以下简称 NB/T 47014）对焊接工艺评定的定义：为验证所拟定的焊件焊接工艺的正确性而进行的试验过程及结果评价。焊接工艺评定指按预焊接工艺规程（pWPS）施焊的焊接接头力学性能、弯曲性能等或耐蚀堆焊层化学成分、耐蚀性能、堆焊件弯曲性能是否符合规定，对预焊接工艺规程进行验证性试验和结果评价的过程。

GB/T 3375《焊接术语》对焊接工艺评定的定义：在新产品、新材料投产前，为制定焊接工艺规程，通过对焊接方法、焊接材料、焊接参数等进行选择和调整的一系列工艺试验，以确定获得标准规定焊接质量的正确工艺。

② 焊接工艺规程（WPS）　NB/T 47014 对焊接工艺规程的定义：根据合格的焊接工艺评定报告编制的，用于指导产品施焊的焊接工艺文件。

GB/T 3375 中对焊接工艺规范（程）的定义：制造焊件所有关的加工和实践要求的细则文件，可保证有熟练焊工或操作工操作时质量的再现性。

③ 焊接工艺评定报告（PQR）　NB/T 47014 对焊接工艺评定报告（PQR）的定义：记载验证性试验及其检验结果，对拟定的预焊接工艺规程进行评价的报告。

GB/T 19866《焊接工艺规程及评定的一般原则》对焊接工艺评定报告的定义：记录评定焊接工艺过程中，有关试验数据及结果文件。

④ 预焊接工艺规程（pWPS）　NB/T 47014 对预焊接工艺规程（pWPS）的定义：为进行焊接工艺评定所拟定的焊接工艺文件。

⑤ 焊接工艺评定试验　为了评定焊接工艺，按照 pWPS 规定，制备、试验标准试件和试样并进行试验的过程［摘自《焊接工艺规程及评定的一般原则》（GB/T 19866—2005)］。

⑥ 预生产焊接试验　与焊接工艺评定试验功能相同，在典型生产条件下，用非标准试件进行的焊接试验［摘自《焊接工艺规程及评定的一般原则》（GB/T 19866—2005)］。

⑦ 标准焊接规程（SWPS）　其他制造商通过评定试验评定合格，并得到考官或考试机构认可的焊接工艺。标准焊接规程可能适合于所有的制造商［摘自《焊接工艺规程及评定的一般原则》（GB/T 19866—2005)］。

⑧ 焊接经验　通过试验数据验证表明：制造商建立的生产焊接工艺在一定时间内焊接的焊缝质量始终合格［摘自《焊接工艺规程及评定的一般原则》（GB/T 19866—2005)］。

⑨ 制造商　对焊接生产负责的某个组织［摘自《焊接工艺规程及评定的一般原则》（GB/T 19866—2005)］。

⑩ 焊接作业指导书（WWI）　NB/T 47014 对焊接作业指导书的定义：与制造焊件有关的加工和操作细则性作业文件，焊工施焊时使用的作业指导书，可保证施工时质量的再现性。

⑪ 堆焊隔离层（buttering）　NB/T 47014 的定义为：在接头准备作最终焊接前，预先在接头的一个或两个坡口面堆焊以增加材料，以便为后续焊接提供适当的过渡层熔敷焊缝。

⑫ 焊接工艺卡　按照《焊接词典》（第三版)，焊接工艺卡是指用文字或图形表达的直接指导焊接生产的工艺文件。包括：焊接方法、工艺过程、工艺参数、焊接材料等。

二、焊接工艺规程和焊接工艺评定的标准体系

1. 焊接工艺规程和焊接工艺评定的国家标准体系

（1）焊接工艺规程和焊接工艺评定涉及的国家标准

GB/T 3375—1994《焊接术语》

GB/T 5185—2005《焊接及相关工艺方法代号》

GB/T 19866—2005《焊接工艺规程及评定的一般原则》

GB/T 19867.1—2005《电弧焊焊接工艺规程》

GB/T 19867.2—2008《气焊焊接工艺规程》

GB/T 19867.3—2008《电子束焊接工艺规程》

GB/T 19867.4—2008《激光焊接工艺规程》

GB/T 19869.1—2005《钢、镍及镍合金的焊接工艺评定试验》

GB/T 19868.1—2005《基于试验焊接材料的工艺评定》

GB/T 19868.2—2005《基于焊接经验的工艺评定》

GB/T 19868.3—2005《基于标准焊接规程的工艺评定》

GB/T 19868.4—2005《基于预生产焊接试验的工艺评定》

焊接工艺规程和焊接工艺评定的国家标准体系见表 1-1。

表 1-1　焊接工艺规程和焊接工艺评定的国家标准体系

<table>
<tr><td>方法</td><td>电弧焊</td><td>气焊</td><td>电子束焊</td><td>激光焊</td><td>电阻焊</td><td>螺柱焊</td><td>摩擦焊</td></tr>
<tr><td>一般原则</td><td colspan="7">GB/T 19866</td></tr>
<tr><td>分类指南</td><td>GB/T 19867.1</td><td>GB/T 19867.2</td><td>GB/T 19867.3</td><td colspan="4"></td></tr>
<tr><td>WPS</td><td>GB/T 19867.1</td><td>GB/T 19867.2</td><td>GB/T 19867.3</td><td>GB/T 19867.4</td><td>—</td><td>—</td><td>—</td></tr>
<tr><td>试验焊材</td><td colspan="2">GB/T 19868.1</td><td colspan="5">—</td></tr>
<tr><td>以前的焊接经验</td><td colspan="7">GB/T 19868.2</td></tr>
<tr><td>标准焊接工艺规程</td><td colspan="4">GB/T 19868.3</td><td colspan="3">—</td></tr>
<tr><td>预生产焊接试验</td><td colspan="5">GB/T 19868.4</td><td colspan="2">—</td></tr>
<tr><td>焊接工艺评定试验</td><td colspan="2">GB/T 19869.1</td><td colspan="5">—</td></tr>
</table>

（2）焊接工艺评定国家标准中的专业标准是：GB/T 19866—2005《焊接工艺规程及评定的一般原则》以及 GB/T 19869.1—2005《钢、镍及镍合金的焊接工艺评定试验》、GB/T 19868.1—2005《基于试验焊接材料的工艺评定》、GB/T 19868.2—2005《基于焊接经验的工艺评定》、GB/T 19868.3—2005《基于标准焊接规程的工艺评定》、GB/T 19868.4—2005《基于预生产焊接试验的工艺评定》。

基础标准是：GB/T 19867.1—2005《电弧焊焊接工艺规程》。

（3）压力容器焊接工艺评定的专业标准是：GB/T 19866—2005《焊接工艺规程及评定的一般原则》和 NB/T 47014—2023《承压设备焊接工艺评定》。

基础标准是：NB/T 47015—2023《压力容器焊接规程》等。

压力容器焊接工艺评定标准体系中专业标准和基础标准是缺一不可的。基础标准用于编制焊接工艺规程（WPS），而专业标准用于对拟定的预焊接工艺规程（pWPS）进行验证性试验和结果评价。

各种焊接方法的焊接工艺规程标准是编制产品焊接工艺的基础，因此各种焊接方法的焊接工艺规程标准成为焊接工艺评定的基础标准。进行焊接工艺评定之前，掌握和熟悉各种焊接方法的焊接工艺规程标准是焊接技术人员的首要工作。

尽管我国承压设备有 NB/T 47015—2023《压力容器焊接规程》等标准，且适用于电弧焊、气焊、和螺柱焊和电子束焊等焊接方法，但还是缺乏某些压力容器焊接工艺评定的基础标准，如激光焊、电阻焊等焊接方法的焊接工艺规程，仍然不能完全满足压力容器焊接工艺评定的需要。相比之下，在焊接工艺评定标准体系中，国际标准比国内标准体系要健全。

值得注意的是，目前我国焊接工艺评定国家标准均是等同采用相应的国际标准转化而来的。今后还会根据实际情况将焊接工艺规程和评定方面的国际标准陆续、及时转化为我国国家标准。

2. 焊接工艺规程和焊接工艺评定的国际标准体系

焊接工艺规程和焊接工艺评定的国际标准体系见表 1-2。这些标准将陆续颁布实施，并根据情况及时转化为我国的国家标准。

表 1-2　焊接工艺规程和焊接工艺评定的国际标准体系

<table>
<tr><th>方法</th><th>电弧焊</th><th>气焊</th><th>电子束焊</th><th>激光焊</th><th>电阻焊</th><th>螺柱焊</th><th>摩擦焊</th></tr>
<tr><td>一般原则</td><td colspan="7">ISO 15607</td></tr>
<tr><td>分类指南</td><td colspan="3">ISO/TR 15608</td><td colspan="2">不适用</td><td colspan="2">ISO/TR 15608</td></tr>
<tr><td>WPS</td><td>ISO 15609-1</td><td>ISO 15609-2</td><td>ISO 15609-3</td><td>ISO 15609-4</td><td>ISO 15609-5</td><td>ISO 14555</td><td>ISO 15620</td></tr>
<tr><td>试验焊材</td><td colspan="2">ISO 15610</td><td colspan="5">不适用</td></tr>
<tr><td>以前的焊接经验</td><td colspan="5">ISO 15611</td><td>ISO 15611
ISO 14555</td><td>ISO 15611
ISO 15620</td></tr>
<tr><td>标准焊接工艺规程</td><td colspan="4">ISO 15612</td><td colspan="3">—</td></tr>
<tr><td>预生产焊接试验</td><td colspan="5">ISO 15613</td><td>ISO 15613
ISO 14555</td><td>ISO 15613
ISO 15620</td></tr>
<tr><td>焊接工艺评定试验</td><td>ISO 15614
-1～-10</td><td>ISO 15614：
-1、-3、-6、-7</td><td colspan="2">ISO 15614：-7、-11</td><td>ISO 15614-12、
-13</td><td>ISO 14555</td><td>ISO 15620</td></tr>
</table>

3. 相关国际标准及等同采用的国家标准

（1）ISO 15607：2019《金属材料焊接工艺规程及评定——一般原则》

GB/T 19866—2005《焊接工艺规程及评定的一般原则》是等同采用 ISO 15607：2003 编制的。

（2）ISO/TR 15608：2017《焊接—金属材料分类指南》

该标准规定了用于焊接的金属材料的分类方法，GB/T 19867.1、GB/T 19867.2 和 GB/T 19867.3 中的金属材料分类采用 ISO/TR 15608：2005 的分类方法。

（3）ISO 15609-1：2019《金属材料焊接工艺规程及评定—焊接工艺规程—第 1 部分：电弧焊》

GB/T 19867.1—2005《电弧焊焊接工艺规程》是等同采用 ISO 15609-1：2004 标准编制的。

（4）ISO 15609-2：2019《金属材料焊接工艺规程及评定—焊接工艺规程—第 2 部分：气焊》

GB/T 19867.2—2008《气焊焊接工艺规程》是等同采用 ISO 15609-2：2001 标准编制的。

（5）ISO 15609-3：2004《金属材料焊接工艺规程及评定—焊接工艺规程—第 3 部分：电子束焊》

GB/T 19867.3—2008《电子束焊接工艺规程》是等同采用 ISO 15609-3：2004 标准编制的。

（6）ISO 15609-4：2009《金属材料焊接工艺规程及评定—焊接工艺规程—第 4 部分：激光焊》

GB/T 19867.4—2008《激光焊接工艺规程》是等同采用ISO 15609-4：2000标准编制的。

(7) ISO 15609-5：2011《金属材料焊接工艺规程及评定—焊接工艺规程—第5部分：电阻焊》

(8) ISO 15610：2023《金属材料焊接工艺规程及评定—基于试验焊接材料的工艺评定》

GB/T 19868.1—2005《基于试验焊接材料的工艺评定》是等同采用ISO 15610：2003标准编制的。

(9) ISO 15611：2024《金属材料焊接工艺规程及评定—基于焊接经验的工艺评定》

GB/T 19868.2—2005《基于焊接经验的工艺评定》是等同采用ISO 15611：2003标准编制的。

(10) ISO 15612：2018《金属材料焊接工艺规程及评定—基于标准焊接规程的工艺评定》。

GB/T 19868.3—2005《基于标准焊接规程的工艺评定》的工艺评定是等同采用ISO 15612：2004标准编制的。

(11) ISO 15613：2004《金属材料焊接工艺规程及评定—基于预生产焊接试验的工艺评定》

GB/T 19868.4—2005《基于预生产焊接试验的工艺评定》是等同采用ISO15613：2004标准编制的。

(12) ISO 15614-1：2017《金属材料焊接工艺规程及评定—焊接工艺评定试验—第1部分：钢的电弧焊和气焊、镍及镍合金的电弧焊》

GB/T 19869.1—2005《钢、镍及镍合金的焊接工艺评定试验》是等同采用ISO 15614.1：2004标准编制的。

(13) ISO 15614-2：2005《金属材料焊接工艺规程及评定—焊接工艺评定试验—第2部分：铝和铝合金的电弧焊》

(14) ISO 15614-3：2008《金属材料焊接工艺规程及评定—焊接工艺评定试验—第3部分：铸铁的电弧焊焊接工艺试验》

(15) ISO 15614-4：2005《金属材料焊接工艺规程及评定—焊接工艺评定试验—第4部分：铝铸件的精工焊接》

(16) ISO 15614-5：2004《金属材料焊接工艺规程及评定—焊接工艺评定试验—第5部分：钛和锆及其合金的电弧焊》

(17) ISO 15614-6：2006《金属材料焊接工艺规程及评定—焊接工艺评定试验—第6部分：铜及其合金的电弧焊和气焊》

(18) ISO 15614-7：2006《金属材料焊接工艺规程及评定—焊接工艺评定试验—第7部分：堆焊》

(19) ISO 15614-8：2002《金属材料焊接工艺规程及评定—焊接工艺评定试验—第8部分：管子及管板接头的焊接》

(20) ISO 15614-11：2002《金属材料焊接工艺规程及评定—焊接工艺评定试验—第11部分：电子和激光束焊接》

(21) ISO 15614-12：2004《金属材料焊接工艺规程及评定—焊接工艺评定试验—第12部分：点焊、缝焊和凸焊》。

(22) ISO 15614-13：2005《金属材料焊接工艺规程及评定—焊接工艺评定试验—第13部分：电阻对焊和电弧对焊》。

(23) ISO 15620：2019《焊接—金属材料的摩擦焊》

(24) ISO 14555：2017《焊接—金属材料的电弧螺柱焊》

焊接工艺评定国际标准中的专业标准是：ISO 15607：2019《金属材料焊接工艺规程及评定——一般原则》和ISO 15614-1：2017《金属材料焊接工艺规程及评定—焊接工艺评定试验—第1部分：钢的电弧焊和气焊、镍及镍合金的电弧焊》等以及ISO 15610：2019《金属材料焊接工艺规程及评定—基于试验焊接材料的工艺评定》、ISO 15611：2024《金属材料焊接工艺规程及评定—基于焊接经验的工艺评定》、ISO 15612：2018《金属材料焊接工艺规程及评定—基于标准焊接规程的工艺评定》、ISO 15613：2004《金属材料焊接工艺规程及评定—基于预生产焊接试验的工艺评定》。

基础标准是：ISO 15609-1：2019《金属材料焊接工艺规程及评定—焊接工艺规程—第 1 部分：电弧焊》、ISO 15609-2：2019《金属材料焊接工艺规程及评定—焊接工艺规程—第 2 部分：气焊》、ISO 15609-3：2004《金属材料焊接工艺规程及评定—焊接工艺规程—第 3 部分：电子束焊》、ISO 15609-4：2009《金属材料焊接工艺规程及评定—焊接工艺规程—第 4 部分：激光焊》、ISO 15609-5：2011《金属材料焊接工艺规程及评定—焊接工艺规程—第 5 部分：电阻焊》。

三、焊接工艺评定方法分类

在 GB/T 19866《焊接工艺规程及评定的一般原则》中，将焊接工艺评定方法分为五大类。这五大类方法是：

1. 基于焊接工艺评定试验

该方法规定了如何通过标准试件的焊接和检验评定焊接工艺。

当焊接接头的性能对使用具有关键影响时，应采用此方法进行焊接工艺评定。

GB/T 19869.1《钢、镍及镍合金的焊接工艺评定试验方法》规定了钢、镍及镍合金的焊接工艺评定试验方法和要求。该标准适用于钢材的电弧焊和气焊、镍及镍合金的电弧焊。

在我国广泛用于压力容器（气瓶除外）的 NB/T 47014—2023《承压设备焊接工艺评定》标准属于此方法。

2. 基于试验焊接材料的工艺评定

该方法规定了如何通过试验焊接材料评定焊接工艺。

这种评定方法适用于焊接过程中不会明显降低热影响区性能的那些母材。

GB/T 19868.1《基于试验焊接材料的工艺评定》规定了采用试验焊接材料进行评定的方法。该方法适用于钢的电弧焊、等离子弧焊和气焊，铝及铝合金的熔化极惰性气体保护电弧焊、钨极惰性体保护电弧焊和等离子弧焊。

3. 基于焊接经验的工艺评定

该方法规定了如何通过以前的焊接经验和以前合格的焊接能力评定焊接工艺。

制造商可以通过参照以前的经验评定焊接工艺，其条件是有真实可信的文件证实焊制了满足要求的相同种类的接头和材料。

只有从以前经验中获知焊接工艺确实可靠时，才可用此方法。

GB/T 19868.2《基于焊接经验的工艺评定》规定了利用焊接经验进行评定的方法。该方法原则上适用于金属材料的焊接。

4. 基于标准焊接规程的工艺评定

该方法规定了如何使用标准焊接工艺规程评定焊接工艺，给出了可以不经过评定而使用的标准焊接工艺规程（SWPS）。SWPS 是经过评定合格，官方认可的焊接工艺规程。由于 SWPS 的应用涉及焊接工艺评定的输出问题，目前在我国尚不允许采用。而国外有关规范如 ASME（美国机械工程师学会标准）第Ⅸ卷（2007 年版）已采用 33 种不同的 SWPS，并要求第一次使用 SWPS 的单位，使用前还要焊接一个验证性试件进行试验，且仅限于产品卷（如 ASME 第Ⅷ卷）不要求冲击试验的情况。SWPS 适用的母材仅限于 P-NO.1、S-NO.1、P-NO.8、S-NO.8；焊接方法仅限于 SMAW、GTAW 和 GMAW/FCAW。

如果所有参数范围都处于某个标准焊接工艺规程允许范围之内，制造商编制的预焊接工艺规程（pWPS），则可认为已评定合格。

标准焊接工艺规程应按照相关标准进行焊接工艺评定试验，然后以 WPS 或 pWPS 的形式颁布为规程。标准焊接工艺规程的颁布和修改应经过原考评考官或考试机构的同意。

标准焊接工艺规程的应用也受使用者条件的约束。

GB/T 19868.3《基于标准焊接规程的工艺评定》规定了利用标准焊接工艺规程进行评定的方法。该方法适用于钢、铝及铝合金、铜及铜合金、镍及镍合金的焊接。

5. 基于预生产焊接试验的工艺评定

该方法规定了如何使用预生产焊接试验评定焊接工艺。

仅对某些焊缝性能在很大程度上依靠某些条件（如尺寸、拘束度、热传导效应等）的焊接工艺时，这种方法是可靠的评定方法。

当标准试件的形状和尺寸无法代表实际的焊接接头（如薄壁管与壳体的焊缝）时，可使用预生产焊接试验进行评定。在此情况下，应制作一个或多个特殊试件以模拟生产接头的主要特征。试验应在生产之前并按照生产条件进行。

试件的试验和检验应按照有关标准进行，而且可以按接头性质用特殊试验补充或替代。

GB/T 19868.4《基于预生产焊接试验的工艺评定》规定了利用预生产焊接试验进行评定的方法，适用于金属材料的熔化焊和电阻焊。

该方法在我国已广泛应用于大批量焊接气瓶的生产。对于预生产焊接试验的工艺评定，当生产过程中任何一个工艺参数、焊接设备、环境条件等因素发生变化时，均需要重新评定，如某一工位的焊机牌号或者型号改变、焊接设备供应商改变都需要重新评定焊接工艺。预生产焊接试验的工艺评定的目的不仅涉及焊接接头的力学性能，而且涉及焊道的外观成形、尺寸等。

焊接工艺评定方法分类见表 1-3。

表 1-3　焊接工艺评定方法分类

序号	焊接工艺评定方法	应用说明
1	基于焊接工艺评定试验	应用广泛。但当焊接工艺试验与实际焊接接头的几何形状、拘束度和可比性不相符时，不适用
2	基于试验焊接材料的工艺评定	仅限于被评定的焊接工艺使用的焊接材料。焊接材料试验应包括生产中使用的母材。有关材料和其他参数的更多限制由 GB/T 19868.1 规定
3	基于焊接经验的工艺评定	限于以前用过的焊接工艺，该工艺的大量焊缝在项目、接头和材料方面与现有工件相似。具体要求见 GB/T 19868.2
4	基于标准焊接规程的工艺评定	与焊接工艺试验的评定相似，限定范围见 GB/T 19868.3
5	基于预生产焊接试验的工艺评定	原则上可以经常使用，但要求制造商准备符合生产条件的试件，适合于批量生产。具体要求见 GB/T 19868.4

四、国家标准有关焊接工艺规程的编制和评定

国家标准有关焊接工艺规程的编制和评定活动及结果见表 1-4。

表 1-4　国家标准有关焊接工艺规程的编制和评定活动及结果

活动	结果
制定预焊接工艺规程	pWPS
选用其中一种方法做评定	以有关评定标准为基础的 PQR(包括有效范围)
编制焊接工艺	以 pWPS 为基础的 WPS 或焊接作业指导书
生产实施	WPS 或焊接作业指导书及焊接工艺卡

国家标准有关焊接工艺规程编制和评定流程见图 1-1。

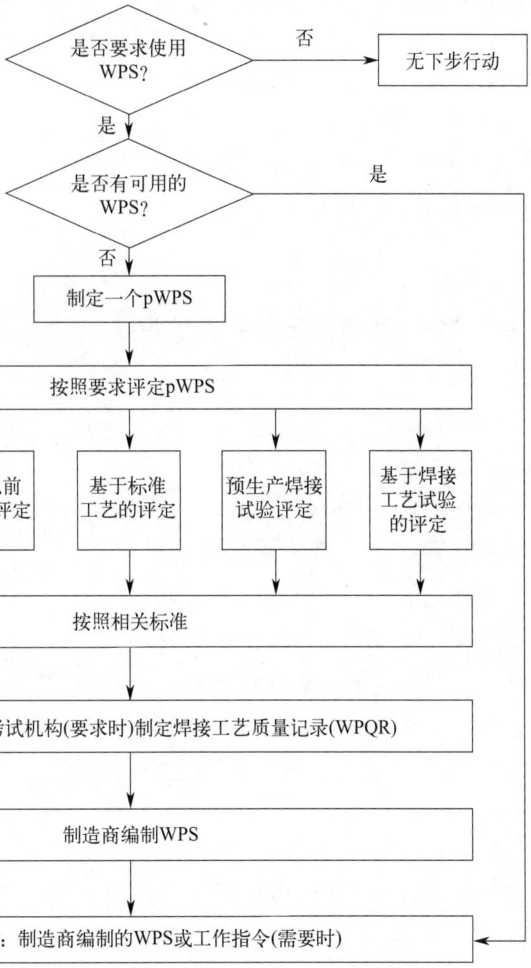

图 1-1　国家标准有关焊接工艺规程编制和评定流程

第二节　压力容器焊接工艺评定

一、评定过程

焊接工艺评定的一般过程是：根据金属材料和焊接材料的焊接性，按照设计文件规定和制造工艺拟定预焊接工艺规程，制备试件，制取试样，检测焊接接头或耐蚀堆焊层是否符合规定的要求，并形成焊接工艺评定报告对 pWPS 进行评价。

压力容器焊接工艺规程流程见图 1-2。

二、评定的依据

（1）《中华人民共和国特种设备安全法》；

（2）压力容器的设计、制造、安装、改造、维修、检验和监督安全技术规范；

（3）压力容器的设计、制造安装、改造、维修、检验和监督标准；

（4）压力容器用材料（母材和焊材）标准；

（5）压力容器的质量管理要求和焊接装备、焊接工艺现状；

（6）参照美国 ASME 锅炉压力容器规范第Ⅸ卷《焊接和钎焊评定》标准进行编制。美国 ASME 锅炉压力容器规范在国际上具有极强的广泛性和权威性，目前已被 113 个国家和地区认可。

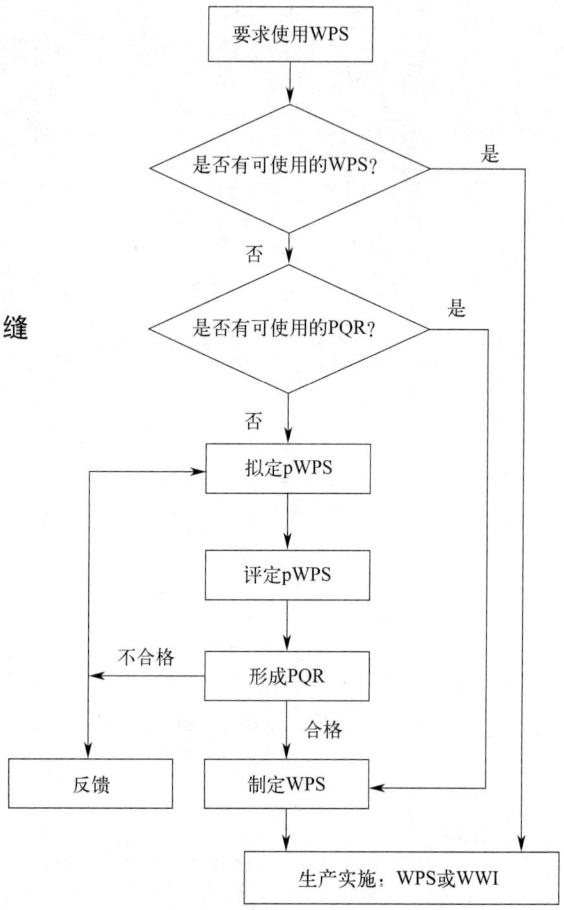

图 1-2　压力容器焊接工艺规程流程

三、适用范围

1. 压力容器焊接工艺评定的适用压力容器的焊缝

① 受压元件焊缝；

② 与受压元件相焊的焊缝；

③ 上述焊缝的定位焊缝；

④ 受压元件母材表面堆焊、补焊。

2. 压力容器焊接工艺评定的适用的焊接方法

气焊（OFW）、焊条电弧焊（SMAW）、埋弧焊（SAW）、钨极气体保护焊（GTAW）、熔化极气体保护焊（含药芯焊丝电弧焊）（GMAW、FCAW）、电渣焊（ESW）、等离子弧焊（PAW）、摩擦焊（FRW）、气电立焊（EGW）、螺柱电弧焊（SW）及电子束焊（EBW）等焊接方法。

压力容器焊接工艺评定与从事压力容器设计、制造、安装、改造、维修、检验和监督检验单位和人员有直接关系。

四、压力容器焊接工艺评定的特点

① 压力容器焊接工艺评定是解决压力容器所用材料在具体条件下的焊接工艺问题，而不是为了选择最佳工艺参数，所以，通过焊接工艺评定所选择的焊接工艺参数有一定的范围。

② 压力容器焊接工艺评定能解决具体工艺条件下的使用性能问题，但不能解决消除应力、减小变形、防止焊接缺陷产生等涉及设备的整体质量的问题。

③ 压力容器焊接工艺评定是以材料的焊接性为基础的，通过焊接工艺评定试验去指导生产，避免了将实际产品当作试验件，因此焊接工艺评定不是模拟试验、见证试验。

④ 压力容器焊接工艺评定试验过程中应排除人为因素，不应将焊接工艺评定与焊工技能评定混为一体。焊接工艺评定的人员应有能力分辨出产生缺陷和缺欠的原因是焊接工艺问题还是焊工技能问题，若是焊工技能问题，则应通过焊工培训去解决；

⑤ 焊接工艺评定试件的检验项目也仅要求检验力学性能（拉力、冲击）、弯曲性能或堆焊层的化学成分。《承压设备焊接工艺评定》标准不适用于超出标准范围、变更或增加试件检验要求的内容。如果要求增加检验项目如奥氏体不锈钢的应力腐蚀、晶间腐蚀等，则不仅要给出相应的检验方法、判定准则、还要给出评定合格后的焊接工艺的适用范围。

⑥ 焊接工艺评定应在本单位进行。焊接工艺评定所用设备、仪表应处于正常工作状态，金属材料、焊接材料应符合相应标准，并由本单位操作熟练的焊接人员使用本单位设备完成焊接工艺评定试件的焊接工作。

⑦ 评定合格的焊接工艺是指合格的焊接工艺评定报告中，所列的通用焊接工艺评定因素和对接焊

缝、角焊缝专用焊接工艺评定因素中重要因素和补加因素或耐蚀堆焊工艺评定因素中重新评定的工艺因素。

⑧ 压力容器焊接工艺评定，除应遵守《承压设备焊接工艺评定》（NB/T 47014）标准外，还应符合压力容器产品相关标准、技术文件。

五、压力容器焊接工艺评定的意义

焊接工艺是压力容器制造、安装、改造、维修的重要工艺，焊接质量在很大程度上决定了压力容器的制造、安装、改造、维修的质量。压力容器的焊接质量包括诸多方面的内容：焊缝外观、焊接缺陷、焊接变形与应力、焊接接头的使用性能（力学性能、弯曲性能、耐腐蚀性能、低温性能、高温性能等）和焊接接头外形尺寸等。焊接工艺能否保证产品的焊接质量，焊前需要在试件上进行验证，这就是焊接工艺评定概念。严格来说，焊接工艺评定是指为验证所拟定的焊件焊接工艺的正确性而进行的试验过程及结果评价。

压力容器产品的焊接质量是指满足焊接接头的使用性能。当进行耐蚀堆焊时，堆焊层的化学成分是保证耐蚀性能的基础。

1. 焊接接头的使用性能

焊制压力容器是由母材和焊接接头构成的，焊接接头的使用性能从根本上决定了压力容器的质量。焊接工艺能否保证压力容器焊接接头的使用性能，焊前需要在试件上进行验证，焊接接头的使用性能是验证所拟定的焊接工艺正确性的依据。焊接工艺评定过程是按照所拟定的预焊接工艺规程（pWPS），依据标准的规定施焊试件和制取试样、检验试样，测定焊接接头是否具有所要求的使用性能，经焊接工艺评定后应形成“焊接工艺评定报告（PQR）”用以评价所拟定的预焊接工艺规程（pWPS）的正确性。从中可见，将焊接接头的使用性能当作压力容器工艺评定的目标是制定焊接工艺评定标准的核心思想。

2. 堆焊层的化学成分

耐蚀堆焊工艺能否保证堆焊层的化学成分符合规定，焊前需要在试件上进行验证，堆焊层的化学成分是验证所拟定的焊接工艺正确性的依据。以焊接条件的变更是否引起了堆焊层化学成分的变化作为判断准则，并据此制定堆焊工艺评定规则。堆焊工艺评定过程是按照所拟定的预焊接工艺规程（pWPS），依据标准的规定施焊试件和制取试样、检验试样，测定堆焊层是否具有所要求的化学成分。经焊接工艺评定后应形成“焊接工艺评定报告（PQR）”用以评价所拟定的预焊接工艺规程（pWPS）的正确性。由此可见，将确保堆焊层化学成分当作堆焊工艺评定目标是制定耐蚀堆焊工艺评定规则的核心思想。

不论焊接工艺评定目标如何，若要评定焊接工艺则首先要拟定“预焊接工艺规程（pWPS）”，用“焊接工艺评定报告（PQR）”来评价所拟定的“预焊接工艺规程（pWPS）”的正确性。

六、焊接工艺评定目的

焊接工艺评定的目的是确定用于建造的焊件对于预期的应用具有要求的性能，焊接工艺评定确定的是焊件的性能，而不是焊工和焊机操作工的技能。焊工技能评定的基本准则是确定焊工熔敷优质焊缝金属的能力；焊机操作工技能评定的基本准则是确定焊机操作工操作焊接设备的能力。对接焊缝和角焊缝焊接工艺评定的目的是使焊接接头的力学性能、弯曲性能符合规定；耐蚀堆焊工艺评定的目的是使堆焊层化学成分符合规定。通过施焊试件和制作试样验证预焊接工艺规程（pWPS）的正确性，焊接工艺正确与否的标志在于焊接接头的性能是否符合要求。若符合要求，则证明所拟定的焊接工艺是正确的。当用于焊接产品时，则产品焊接接头的性能同样可以满足要求。

焊接接头的使用性能是设计的基本要求，通过拟定正确的焊接工艺保证焊接接头获得所要求的使用性能。

七、焊接工艺评定的基础

金属材料的焊接性是压力容器焊接工艺评定的基础、前提。要进行焊接工艺评定，首先要拟定预焊接工艺规程（pWPS），由具有一定专业知识和相当生产实践经验的焊接技术人员，依据所掌握材料的焊接性，结合产品设计要求与制造厂焊接工艺和设施，拟定出供评定使用的预焊接工艺规程（pWPS）。没有充分掌握材料的焊接性就很难拟定出正确的焊接工艺，并进行评定。因此焊接工艺评定应以可靠的材料焊接性为依据，并在产品焊接前完成。

材料的焊接性试验主要解决材料如何焊接问题，但不能回答在具体工艺条件下焊接接头的使用性能是否满足要求这个实际问题，只有依靠焊接工艺评定来完成。材料的焊接性试验也不能代替焊接工艺评定，同样，焊接工艺评定也代替不了材料的焊接性能试验。焊接工艺评定与材料的焊接性能试验是两个相互关联、又有所区别的概念，它们之间不能互相代替。

金相组织、裂纹产生的机理、腐蚀试验、回火脆化等问题都属于材料的焊接性能范畴，应当在焊接工艺评定前进行充分研究、试验，得出结论，焊接工艺评定不能代替材料的焊接性能试验。

材料的焊接性可由材料生产单位提供。材料生产单位在试制出任何一个新钢种时均做了大量的试验研究，材料的焊接性是其中的一个重要内容，如果材料的焊接性不好，则该钢种将无法用于焊接生产，也就不能用于焊制压力容器了。

钢材的焊接性能试验目前有以下几种常用方法：最高硬度法试验、斜Y形坡口焊接裂纹试验法和焊接用插销法冷裂纹试验方法等。通过以上的钢材的焊接性能试验，可以确定该钢材焊接性能和该钢材焊接时的预热温度、层间温度、热输入的范围等参数。对于碳钢和低合金钢最简单的办法是通过公式计算出该钢号的碳当量（基于熔炼成分）*CEV*（%）和焊接裂纹敏感性指数（基于熔炼成分）P_{cm}（%）从理论上进行大致的判断。目前国际上比较通行的*CEV*（%）（碳当量）和P_{cm}（%）（焊接裂纹敏感性指数）的计算公式是：

$$CEV(\%)=C+Mn/6+(Cr+Mo+V)/5+(Ni+Cu)/15$$

$$P_{cm}(\%)=C+Si/30+(Mn+Cu+Cr)/20+Ni/60+Mo/15+V/10+5B$$

式中，C、Si、Mn、Cu、Cr、Ni、Mo、V、B分别为钢中该元素的质量分数，%。对用于压力容器焊接的碳钢和低合金钢，钢材的含碳量应不大于0.25%，且*CEV*（%）（碳当量）通常应不大于0.45%，P_{cm}（%）（焊接裂纹敏感性指数）通常应不大于0.25%。如果CEV（%）和P_{cm}（%）超出上述范围，则需要采取更严格的焊前预热、焊后立即消氢处理及保温缓冷等工艺措施。

第二章

焊接工艺评定的规则

一、对接焊缝和角焊缝的焊接工艺评定规则

NB/T 47014 中规定的评定规则、焊接工艺评定因素类别划分、材料的分类分组、厚度替代原则等，都是围绕焊接接头力学性能（拉伸、冲击）和弯曲性能这个准则，焊接工艺评定试件检验项目也只要求检验力学性能和弯曲性能。

例如，可以将众多的奥氏体不锈钢放在一个组内，并规定某一钢号母材评定合格的焊接工艺可以用于同组别号的其他钢号母材，这是因为，虽然这些不锈钢焊接接头的耐腐蚀性能不同，但当通用评定因素和专用评定因素中的重要因素不变时，它们的焊接接头力学性能相同或相近。

NB/T 47014 中的焊接工艺评定报告（PQR）不能直接用作焊接工艺规程（WPS）或焊接工艺卡（WWI）。比如改用同一组中奥氏体不锈钢任一钢号，虽然规定了不要求重新进行焊接工艺评定，但在编制焊接工艺文件时，改用同一组内的另一奥氏体不锈钢钢号时，要考虑腐蚀性能是否满足介质、环境的要求，因而需改用与该钢号相匹配的焊接材料。

二、焊接工艺评定规则的适用范围

NB/T 47014 中的焊接工艺评定规则不适用于超出规定范围、变更和增加试件的检验项目。

NB/T 47014 中的焊接工艺评定试件检验项目也只要求检验力学性能和弯曲性能。如果要增加检验项目如不锈钢要求检验晶间腐蚀，则不仅要给出相应的检验方法、合格指标，还要给出增加晶间腐蚀检验后评定合格的焊接工艺适用范围，原来的评定规则、焊接工艺评定因素的划分、钢材的分类分组、厚度替代原则等不一定都能适用。例如，不锈钢焊接工艺评定增加晶间腐蚀检验，那么评定合格的焊接工艺不能再用“某一钢号母材评定合格的焊接工艺可以用于同组别号的其他钢号母材”这条评定规则。换句话讲，就要重新编制以力学性能、弯曲性能和晶间腐蚀为判断准则的焊接工艺评定标准，原来焊接工艺评定规则不再适用了。增加其他检验要求也是这个道理。

通常，对所要求增加的检验要求，只是对所施焊的试件有效，该评定并没有可省略的评定范围，覆盖范围和替代范围。

三、对接焊缝和角焊缝重新进行焊接工艺评定的规则

对接焊缝和角焊缝重新进行焊接工艺评定的准则是焊接工艺评定因素变更是否影响到焊接接头的力学性能和弯曲性能。

由于压力容器用途广泛，服役条件复杂，因而焊接接头的性能也是多种多样的。某一焊接条件发生变更可能引起焊接接头一种或多种性能产生变化。到目前为止，焊接条件与接头性能之间对应变化规律并没有完全掌握，但对焊接工艺评定因素变更引起焊接接头力学性能和弯曲性能改变的规律掌握

得比较充分，因而标准将焊接工艺评定因素变更是否影响焊接接头力学性能和弯曲性能作为是否需要重新进行焊接工艺评定的准则，从而制定《承压设备焊接工艺评定》标准，确定评定规则。同时焊接接头的力学性能和弯曲性能是压力容器设计基础，是基本性能，以力学性能和弯曲性能作为判断准则也是恰当的。

当按照焊接接头力学性能和弯曲性能准则进行焊接工艺评定时，如产品有其他性能要求，则由焊接工艺人员按照理论知识和科学实验结果来选择焊接条件并规定焊接工艺适用范围。需要指出的是，以焊接接头力学性能和弯曲性能作为准则制定焊接工艺评定标准不是不考虑其他性能，而是目前没有条件制定以各种性能作为准则的焊接工艺评定标准。可以这样讲，压力容器焊接工艺评定标准是确保焊接接头力学性能和弯曲性能符合要求的焊接工艺评定标准（换热管与管板焊接、耐蚀堆焊工艺评定除外）。

第三章

焊接工艺评定试件的分类对象

一、焊缝与焊接接头

在说明焊接工艺评定试件分类对象之前，首先要明确“焊缝”和“焊接接头”是两个不同概念。

“焊缝”是指焊件经焊接后所形成的结合部分，而“焊接接头”则是由两个或两个以上零件用焊接组合或已经焊合的接点。检验焊接接头性能应考虑焊缝、熔合区、热影响区甚至母材等不同部位的相互影响。

焊缝形式分为：对接焊缝、角焊缝、塞焊缝、槽焊缝和端接焊缝，共5种。

焊接接头形式分为：对接接头、T形接头、十字接头、搭接接头、塞焊搭接接头、槽焊接头、角接接头、端接接头、套管接头、斜对接接头、卷边接头、锁底接头，共12种。

二、焊接工艺评定试件的分类对象

焊接工艺评定试件的分类对象是焊缝而不是焊接接头。从焊接角度来看，任何结构的压力容器都是由各种不同的焊接接头和母材构成的，而不管是何种焊接接头都是通过焊缝连接的，焊缝是组成不同形式焊接接头的基础。焊接接头的使用性能由焊缝的焊接工艺来决定，因此焊接工艺评定试件分类对象是焊缝而不是焊接接头。在NB/T 47014中将焊接工艺评定试件分为对接焊缝试件和角焊缝试件，并对它们的适用范围作了规定。标准也仅对对接焊缝和角焊缝的焊接工艺评定作出规定，没有对塞焊缝、槽焊缝和端接焊缝的焊接工艺评定作出规定。对接焊缝或角焊缝试件评定合格的焊接工艺不适用于塞焊缝、槽焊缝和端接焊缝，但对接焊缝试件评定合格的焊接工艺适用于角焊缝，这是从力学性能的角度出发的。

三、对接焊缝、角焊缝与焊接接头的形式关系

对接焊缝、角焊缝与焊接接头形式关系示例见图3-1。从焊接工艺评定试件分类角度出发可以看出：

① 对接焊缝连接的不一定都是对接接头；角焊缝连接的不一定都是角接头。尽管焊接接头形式不同，连接它们的焊缝形式是可以相同的。换言之，同一种焊缝形式可以是不同的焊接接头。

② 不管焊件的焊接接头形式如何，若是对接焊缝所连接，则只需采用对接焊缝试件评定焊接工艺，若是角焊缝所连接，可采用角焊缝试件或对接焊缝试件来进行焊接工艺评定。

③ 对接焊缝试件评定合格的焊接工艺可以用于焊件中各种焊接接头的对接焊缝和角焊缝；角焊缝试件评定合格的焊接工艺可以用于非受压焊件中各种焊接接头的角焊缝，如卧式容器支座垫板与壳体的角焊缝。

④ 焊缝的形式是确定焊接工艺评定项目的关键因素之一

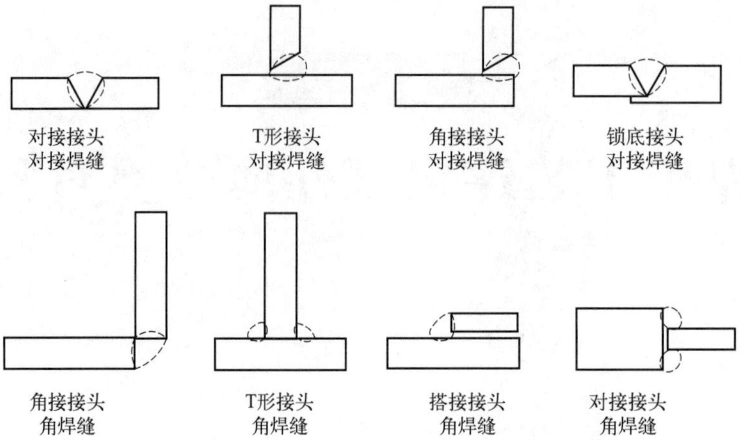

图 3-1　对接焊缝、角焊缝与焊接接头形式关系示例

在确定焊接工艺评定项目时，首先在图样上，依次寻找各式各样的焊接接头是用何种形式的焊缝连接的，将焊接接头分解为焊缝。只要是对接焊缝连接的焊接接头就制取对接焊缝试件，对接焊缝试件评定合格的焊接工艺亦适用于角焊缝；评定非受压角焊缝焊接工艺时，可仅采用角焊缝试件，如卧式容器支座垫板与壳体的角焊缝这种非受压角焊缝。对接焊缝试件有板材和管材两种，这两种试件在测定焊接接头力学性能上具有同一原理，没有什么区别，NB/T 47014 规定板材对接焊缝试件评定合格的焊接工艺适用于管材的对接焊缝，反之亦可。

图 3-2 所示的 T 形接头可分解为对接焊缝和角焊缝的组合焊缝，在进行焊接工艺评定时，只要采用对接焊缝试件进行评定即可，评定合格的焊接工艺也可适用于组合焊缝中的角焊缝。

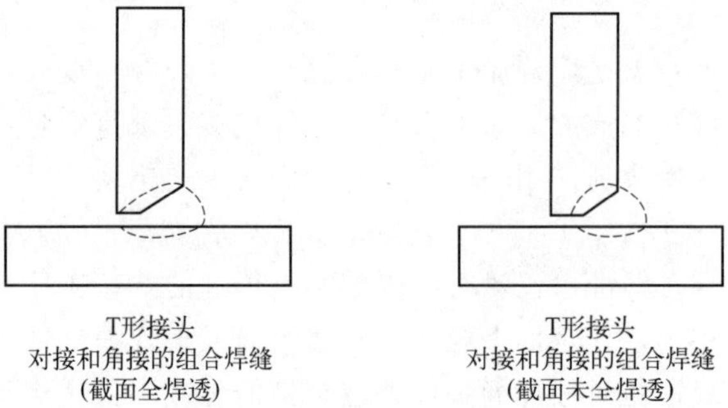

图 3-2　T 形接头组合焊缝

四、焊接工艺评定与焊工技能考试

焊工技能考试的目的是要求焊工按照评定合格的焊接工艺焊出没有超标缺陷的焊接接头，而焊接接头的使用性能由评定合格的焊接工艺来保证。进行焊接工艺评定时，要求焊工技能熟练，以排除焊工操作因素的干扰。进行焊工技能评定时，则要求焊接工艺正确，以排除焊接工艺不当带来的干扰，应当在焊工技能考试范围内解决的问题不要放到焊接工艺评定中来。总之，焊接工艺评定确定的是焊接接头力学性能，而不是焊工操作技能。就压力容器的合格焊接接头而言，一是靠焊接工艺评定确保焊接接头性能符合要求，二是要求焊工施焊出没有超标缺陷的焊接接头。这就很好地说明了焊接工艺评定与焊工技能考试各自的目的和两者之间的关系。

第四章
焊接工艺评定因素及类别划分

第一节 焊接工艺评定因素

为了减少焊接工艺评定的数量，制定了焊接工艺评定规则，当变更焊接工艺评定因素时，要充分注意和遵守相关的各项评定规则。NB/T 47014 将各种焊接方法中影响焊接接头性能的焊接工艺评定因素划分为通用评定因素和专用评定因素；其中专用评定因素又分为重要因素、补加因素和次要因素。NB/T 47014 将各种焊接工艺评定因素分类、分组并制定相互替代关系、覆盖关系等。

专用评定因素中的重要因素是指影响焊接接头拉伸性能和弯曲性能的焊接工艺评定因素。补加因素是指影响焊接接头冲击韧性的焊接工艺评定因素，当规定进行冲击试验时，需增加补加因素。次要因素是指对焊接接头力学性能和弯曲性能无明显影响的焊接工艺评定因素。

NB/T 47014 中焊接工艺评定因素分类见图 4-1。

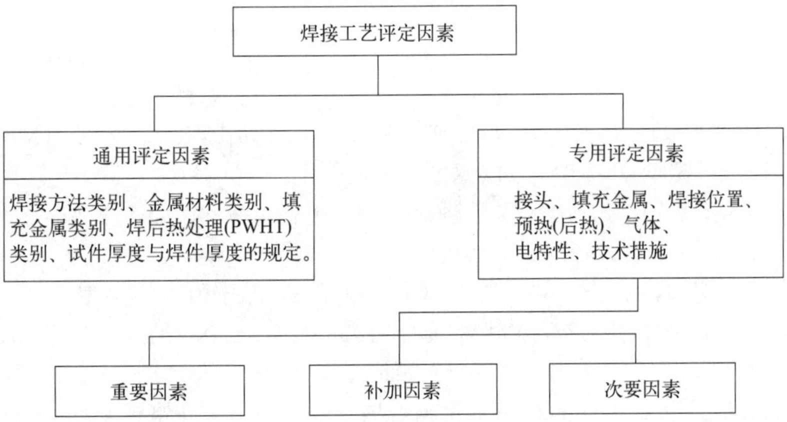

图 4-1 NB/T 47014 中焊接工艺评定因素分类

第二节 各种焊接方法通用的焊接工艺评定因素

将焊接方法类别、金属材料类别、填充金属类别、焊后热处理类别、试件厚度与焊件厚度的规定作为通用焊接工艺评定因素。

一、焊接方法及分类

将焊接方法的类别划分为：气焊（OFW）、焊条电弧焊（SMAW）、埋弧焊（SAW）、钨极气体保护焊（GTAW）、熔化极气体保护焊（含药芯焊丝电弧焊）（GMAW、FCAW）、电渣焊（ESW）、等离子弧焊（PAW）、摩擦焊（FRW）、气电立焊（EGW）、螺柱电弧焊（SW）及电子束焊（EBW）。

二、金属材料及分类、分组

1. NB/T 47014 中的母材分类、分组规定

焊接工艺评定中金属材料分类、分组从来都是焊接工艺评定规则中的重点内容。NB/T 47014 根据金属材料的化学成分、力学性能和焊接性能将焊制承压设备用母材进行分类、分组。母材的分类、分组结果不仅直接影响到焊接工艺评定质量与数量，而且与焊件预热、焊后热处理的温度十分密切。从对接焊缝与角焊缝焊接工艺评定的目的出发，对焊接工艺评定标准中金属材料的分类，在主要考虑焊接接头力学性能的前提下，也充分考虑到母材化学成分（与耐热、耐腐蚀等性能密切相关）、组织状态及焊接性能。具体说，是将焊制承压设备用金属材料划分为 33 类，其中铁基材料划分为 11 个大类，14 个小类。

① 第一类为强度钢（Fe-1），从低碳钢到低合金高强度钢，按强度级别分为 4 组：Fe-1-1（400MPa 级）如 Q245R；Fe-1-2（500MPa 级）如 Q345R；Fe-1-3（550MPa 级）如 Q370R、Fe-1-4（600MPa 级）如 07MnMoVR。将热轧钢、正火钢、正火加回火钢、调质钢放在一起分为同一类。

② 第二类 待定；

③ 第三类为含 Mo 的强度钢（Fe-3），按强度级别分为 3 组：Fe-3-1（400MPa 级）如 12CoCrMo；Fe-3-2（500MPa 级）如 20MnMo；Fe-3-3（600MPa 级）如 13MnNiMoR 和 18MnMoNiNbR。钼在钢中不仅提高耐热性，而且可以提高强度；第三类钢中的含钼量一般都等于或大于 0.3%。

④ 第四类为铬钼耐热钢，铬含量小于 2%（Fe-4），分为 2 组：Fe-4-1（1Cr-0.5Mo）如 15CrMoR；Fe-4-2（1Cr-0.3Mo-V），如 12Cr1MoVR。

⑤ 第五类为铬钼耐热钢，铬含量大于或等于 2.5%（Fe-5），分为 3 类：

- Fe-5A，如 12Cr2Mo1R（2.25Cr-1Mo）；
- Fe-5B（含 Cr 量≥5%），按 Cr 含量分为 2 组：Fe-5B-1（如 12Cr5Mo）、Fe-5B-2（如 10Cr9Mo1VNbN）；
- Fe-5C（含 Cr 量≤3%的 Cr-Mo-V 钢），典型的如 12Cr2Mo1VR（2.25Cr-1Mo-0.25V）。

⑥ 第六类为马氏体不锈钢（Fe-6），如 06Cr13（含碳量≥0.06%）。

⑦ 第七类为铁素体不锈钢（Fe-7），按含铬量分为 2 组：Fe-7-1，如 S11306（06Cr13）（含碳量≤0.06%）；Fe-7-2，如 S11710（10Cr17）。

⑧ 第八类为奥氏体不锈钢（Fe-8）；按照 Cr、Ni 含量又分为 2 组：Fe-8-1 组（18-8 型），如 S30408（06Cr19Ni10）；Fe-8-2 组（25-20 型），如 S31008（06Cr25Ni20）。

⑨ 第九类为含镍为 3.5%的低温钢（Fe-9B），如 08Ni3DR。

⑩ 第十类为 a. 奥氏体与铁素体的双相不锈钢（Fe-10H）和 b. 高铬铁素体钢（Fe-10I）。

⑪ 第十一类为低碳含 9%镍的低合金高强度钢（Fe-11A），如 06Ni9DR。

铝及铝合金；分为 Al-1、Al-2、Al-3、Al-4、Al-5。

钛及钛合金；分为 Ti-1、Ti-2。

锆及锆合金；分为 Zr-3、Zr-5。

铜及铜合金；分为 Cu-1、Cu-2、Cu-3、Cu-4、Cu-5。

镍及镍合金；分为 Ni-1、Ni-2、Ni-3、Ni-4、Ni-5。

对母材进行分类、分组是为了减少焊接工艺评定数量，这是国际上焊接工艺评定标准通常的做法。我国的焊接工艺评定标准基本上是参照美国 ASME Ⅸ QW-422 对母材进行分类，分组的，但母材分组原则与 ASME Ⅸ不尽相同。ASME Ⅸ在 QW-420 中指出：对母材指定 P-NO（母材类别号）的主要目的是

为了减少焊接工艺评定数量，而对规定进行冲击试验的铁基金属母材，在类别号之下还需要指定组号。ASME Ⅷ中规定，根据钢材的使用温度、钢材厚度、强度级别和交货状态确定，若符合 ASME Ⅷ中的 UG-84（C）（4）中图 UG-84.1 的规定，则要求母材进行冲击试验。也就是说，ASME Ⅷ中所使用的钢材并不是每一个都需进行冲击试验的。这与我国的压力容器冲击试验准则不尽相同。由于国内对压力容器冲击试验要求是由标准、设计文件或钢材本身有无冲击试验来决定的，可以说，几乎国内所有压力容器用钢都要求进行冲击试验，因此，国内压力容器焊接工艺评定标准中母材分类后再进行分组的原则与 ASME Ⅸ篇不尽相同。NB/T 47014 力图按照 ASME Ⅸ QW-422 制定的原则对国产材料进行分类。需要说明的是：

① NB/T 47014 主要从金属材料化学成分、力学性能与焊接性能出发，参照 ASME Ⅸ QW-422 的原则对国产材料进行分类；

② NB/T 47014 对于碳钢、低合金钢，主要按照强度级别进行分组，这一点与 QW-422 有所不同。

金属材料的类别、组别划分及代表牌号举例见表 4-1。

表 4-1 母材的类别、组别划分

类别	组别	分组依据	标准代号	代表牌号	抗拉强度最小值/MPa	制品类别
Fe-1	Fe-1-1	1) $R_{m,min}$≤415MPa 2) C,C-Mn	GB/T 713.2 GB/T 700	Q245R Q235B、C	380 375	板
		3) C,C-Mn	GB3087 GB/T 5310 GB/T 6479 GB8163 GB/T 9948	10、20 20G、20MnG 10、20 10、20 10、20	335、410 410、415 335、410 335、410 335、410	管
		4) C	NB/T 47008	20	380	锻件
	Fe-1-2	1) $R_{m,min}$≤515MPa 2) C-Mn,C-Mn-Ni	GB/T 713.2 GB/T 713.3	Q345R 16MnDR 09MnNiDR	470 440 420	板
		3) C-Mn	GB/T 5310 GB/T 6479	25MnG 16Mn	485 490	管
		4) C-Mn,Mn-0.6 Ni	NB/T 47008 NB/T 47009	16Mn 16MnD 09MnNi D	450 450 430	锻件
	Fe-1-3	1) $R_{m,min}$≤550MPa 2) C-Mn-Nb	GB/T 713.2	Q370R	520	板
	Fe-1-4	1) $R_{m,min}$≤610MPa 2) Mn-0.3Ni-V Mn-0.2Cr-0.2Mo-V Mn-0.4Ni-0.2 Mo-V Mn-0.4Ni-0.2Mo-Cr-V	GB/T 713.6	Q490R	610	板
		Mn-1.4Ni-0.4Cr-Mo-V	NB/T 47009	08MnNiMoVD 10N3iMoVD	600	锻件
Fe-3	Fe-3-1	1) $R_{m,min}$≤450MPa 2) C-Mo,Cr-Mo	GB/T 6479 GB/T 9948 GB/T 5310	12CrMo 15MoG 20MoG 12CrMoG	410 450 415 410	管
	Fe-3-2	1) $R_{m,min}$≤530MPa 2) Mn-Mo、Mn-Mo-Ni	NB/T 47008 NB/T 47009	20MnMo 20MnMoD	490	锻件
		3) Mo-W-V-Nb 4) Si-Mo-V-Nb	GB/T 6479	10MoWVNb 12SiMoVNb	470	管
	Fe-3-3	1) $R_{m,min}$≤620MPa 2) Mn-Ni-Mo Mn-Mo-Nb	GB/T 713.2	13MnNiMoR 18MnMoNbR	570	板
		3) Mn-Mo-Nb	NB/T 47008	20MnMoNb	610	锻件

续表

类别	组别	分组依据	标准代号	代表牌号	抗拉强度最小值/MPa	制品类别
Fe-4	Fe-4-1	1)$R_{m,min}$≤520MPa 2)1Cr-0.5Mo,1.25Cr-0.5Mo	GB/T 713.2	15CrMoR 14Cr1MoR	440 510	板
		3)1.25Cr-0.5Mo 1Cr-0.5Mo	NB/T 47008	14Cr1Mo 15Cr Mo	480 470	锻件
		4)1Cr-0.5Mo	GB/T 5310 GB/T 6479 GB/T 9948	15Cr MoG 15Cr Mo 15Cr Mo	440	管
	Fe-4-2	1)$R_{m,min}$≤490MPa 2)1Cr-0.3Mo-0.25V	GB/T 713.2	12Cr1MoVR	430	板
		3)1Cr-0.3Mo-V	GB/T 5310	12Cr1MoVG	470	管
		4)1Cr-0.3Mo-V	NB/T 47008	12Cr1MoV	460	锻件
Fe-5A		1)$R_{m,min}$≤610MPa 2)2.25Cr-1Mo	GB/T 713.2	12Cr2Mo1R	520	板
		3)2.25Cr-1Mo	NB/T 47008	12Cr2Mo1	500	锻件
		4)2.25Cr-1Mo	GB/T 5310 GB/T 6479	12Cr2MoG 12Cr2Mo	450 450	管
Fe-5B	Fe-5B-1	1)$R_{m,min}$≤590MPa 2)5Cr-0.5Mo	NB/T 47008	12Cr5Mo	590	锻件
			GB/T 6479 GB/T 9948	12Cr5Mo1	390	管
	Fe-5B-2	1)$R_{m,min}$≤585MPa 2)9Cr-1Mo-V	GB/T 5310	10Cr9Mo1VNbN	585	管
	Fe-5B-3	1)$R_{m,min}$≤590MPa 2)9Cr-1Mo	GB/T 9948	12Cr9Mo1 12Cr9MoNT	460 590	管
Fe-5C		2Cr-1Mo-V	GB/T 713.2	12Cr2Mo1VR	590	板
		2Cr-0.5Mo-W-Ti-B 3Cr-1Mo-V-Si-Ti-B	GB/T 5310	12Cr2MoWVTiB 12Cr3MoVSiTiB	540 610	管
		3Cr-1Mo-V	NB/T 47008	12Cr2Mo1V 12Cr3Mo1V	580	锻件
Fe-6		1)$R_{m,min}$≤415MPa 2)13Cr	GB/T 14976	06Cr13(S41008)	370	管
Fe-7	Fe-7-1	1)$R_{m,min}$≤415MPa 2)13Cr,12Cr-1Al	GB/T 713.7	06Cr13(S11306) 06Cr13Al	415 415	板
		13Cr	NB/T 47010	06Cr13(S11306)	410	锻件
	Fe-7-2	1)$R_{m,min}$≤450MPa 2)17Cr	GB/T 13296	10Cr17	410	管
		3)19 Cr	GB/T 713.7	019Cr19Mo2NbTi	415	板
Fe-8	Fe-8-1	1)$R_{m,min}$≤550MPa 2)19Cr-10Ni, 17Cr-12Ni-2Mo, 19Cr-13Ni-3Mo	GB/T 713.7	06Cr19Ni10 06Cr17Ni12Mo2 06Cr19Ni13Mo3	520 520 520	板
		3)18Cr-8Ni 18Cr-10Ni-Nb	GB/T 5310	07Cr19Ni10 08Cr18Ni11NbFG 10Cr18Ni9NbCu3BN	515 550 590	管
		4)18Cr-8Ni 18Cr-10Ni-Ti 16Cr-12Ni-2Mo 18Cr-13Ni-3Mo	GB/T 13296	12Cr18Ni9 06 Cr18Ni11Ti 06Cr17Ni12Mo2 022Cr19Ni13Mo3	520 520 520 520	管
		5)18Cr-8Ni 18Cr-10Ni-Ti 16Cr-12Ni-2Mo 18Cr-13Ni-3Mo	GB/T 14976	06Cr19Ni10 06Cr18Ni11Ti 06Cr17Ni12Mo2 022Cr19Ni13Mo3	520 520 530 480	管

续表

类别	组别	分组依据	标准代号	代表牌号	抗拉强度最小值/MPa	制品类别
Fe-8	Fe-8-1	6)18Cr-8Ni 18Cr-10Ni-Ti 16Cr-12Ni-2Mo 16Cr-12Ni-2Mo-Ti	NB/T 47010	06Cr19Ni10 06Cr18Ni10Ti 06Cr17Ni12Mo2 022Cr19Ni13Mo3	520 520 520 480	锻件
	Fe-8-2	1)$R_{m,min}$≤520MPa 25Cr-20Ni 23Cr-13Ni	GB/T 713.7	06Cr25Ni20	520	板
		2)25Cr-20Ni 23Cr-13N	GB/T 13296	06Cr25Ni20	520	管
Fe-9B		1)$R_{m,min}$≥450MPa 2)3Ni-Mo-V	NB/T 47009 GB/T 713.4	08Ni3D 08Ni3DR	460 480	锻件 板
Fe-10I		27Cr-1Mo	GB/T 13296	008Cr27Mo	410	管
Fe-10H		$R_{m,min}$≥620MPa 1)19Cr-5Mo-N	GB/T 713.7	022Cr19Ni5Mo3Si2N 022Cr22Ni5Mo3N 022Cr23Ni5Mo3N	630 620 620	板
Fe-11A			GB/T 713.4 NB/T 47009 GB/T 18984 GB/T 13401	06Ni9DR 06Ni9D 06Ni9DG LF680K4	680 680 690 680	板 锻件 管件
Al-1		1)$R_{m,min}$≤95MPa 2)99.0Al Al-Mn-Cu,Al-Mn	GB/T 3880.2	1060、1050A、1200、3003	60、65、75、95	板
		3)99.0Al Al-Mn-Cu,Al-Mn	GB/T 4437.1;GB/T 6893	1060、1050A、1200、3003	60、65、75、95	管
		4)Al-Mn-Cu	NB/T 47029	3003	95	锻件
Al-2		1)$R_{m,min}$≤215MPa 2)Al-Mn-Mg Al-2.5Mg Al-3.5Mg	GB/T 3880.2	3004 5052 5A03	155 170 195	板
		3)Al-2.75Mg-Mn Al-2.5Mg Al-3.5Mg-Mn	GB/T 4437.1;GB/T 6893	5454、5052、5A03	215 170 175	管
Al-3		1)$R_{m,min}$≤165MPa 2)Al-Mg-Si	GB/T 3880.2	6A02	145	板
		3)Al-Mg-Si-Cu Al-Mg-Si	GB/T 4437.1 GB/T 6893	6061、6063、6A02	165、118、165	管
		4)Al-Mg-Si-Cu	NB/T 47029	6061	165	锻件
Al-5		1)$R_{m,min}$≤275MPa 2)Al-4.4Mg-Mn Al-4.0Mg-Mn Al-5.1Mg-Mn	GB/T 3880.2	5083、5086、5A05	275、240、275	板
		3)Al-4.4Mg-Mn Al-4.0Mg-Mn Al-5.1Mg-Mn	GB/T 4437.1 GB/T 6893	5083、5086、5A05	270、240、270	管
		4)Al-4.4Mg-Mn	NB/T 47029	5083	260	锻件
Ti-1		1)$R_{m,min}$≤440MPa 2)Ti,Ti-Pd	GB/T 3621 GB/T 14845	TA0、TA2、TA1、TA9	280、40、 370、400	板
		3)Ti,Ti-Pd	GB/T 3624 GB/T 3625	TA0、TA1、TA2、TA9	280、70、 440、370	管

续表

类别	组别	分组依据	标准代号	代表牌号	抗拉强度最小值/MPa	制品类别
Ti-1		4)Ti,Ti-Pd	GB/T 16598	TA0、TA1、TA2、TA9	280、70、 440、400	锻件
Ti-2		1)$R_{m,min}$≤540MPa 2)Ti; Ti-0.3Mo-0.8Ni	GB/T 3621	TA3、TA10	540、485	板
		3)Ti; Ti-0.3Mo-0.8Ni	GB/T 3624 GB/T 3625	TA10	485	管
		4)Ti; Ti-0.3Mo-0.8Ni	GB/T 16598	TA3、TA10	540、485	锻件
Zr-3		Zr+Hf≥99.2%	GB/T 8769 GB/T 21183 GB/T 26283 YS/T 753 GB/T 30568	Zr-3、R60702	380 380 380	板 管锻件
Zr-5		Zr+Hf≥95.5%	GB/T 8769,GB/T 21183 GB/T 26283 YS/T 753 GB/T 30568	Zr-5、R60705	550 550 485	板 管锻件
Cu-1		1)$R_{m,min}$≤205MPa 2)99.90Cu 99.95Cu-P	GB/T 1527、GB/T 2040	T2、TP1、TP2、TU2		板 管
Cu-2		1)$R_{m,min}$≤345MPa 2)60Cu-40Zn 78Cu-20Zn-2Al	GB/T 1527、GB/T 2040	H62、HSn62-1、 HSn70-1、HA177-2		板 管
Cu-3		1)$R_{m,min}$≤360MPa 2)97Cu-3Si	GB/T 4423	QSi3-1		棒
Cu-4		1)$R_{m,min}$≤370MPa 2)90Cu-10Ni 70Cu-30Ni	GB/T 2040	B19、BFe10-1-1、BFe30-1-1		板
Cu-5		1)$R_{m,min}$≤490MPa 2)88Cu-9Al-3Fe	GB/T 2040 GB/T 1176	QAl5 QAl9-4 ZCuAl10Fe3		板 棒
Ni-1		1)$R_{m,min}$≤392MPa 2)99Ni 99Ni-LC	GB/T 2054	N5、N6、N7	345、380、380	板
		3)99Ni	GB/T 2882	N6	370	管
Ni-2		1)$R_{m,min}$≤480MPa 2)67Ni-30Cu	GB/T 2054	NCu30	485	板
		3)67Ni-30Cu	GB/T 2882	NCu30	460	管
		4)67Ni-30Cu	NB/T 47028	NCu30	450	锻件
Ni-3		1)$R_{m,min}$≤690MPa 2)54Ni-16Mo-15Cr 72Ni-15Cr-8Fe 61Ni-16Mo-16Cr 60Ni-22Cr-9Mo-3.5Nb	GB/T 2054	NS3102、 NS3304、 NS3305、 NS3306	550、690、 690、 690	板
Ni-4		1)$R_{m,min}$≤760MPa 2)62Ni-28Mo-5Fe	GB/T 2054	NS3201 NS3202	690 760	板

续表

类别	组别	分组依据	标准代号	代表牌号	抗拉强度最小值/MPa	制品类别
Ni-5		1) $R_{m,min} \leqslant 585$MPa 2)33Ni-41Fe-21Cr 42Ni-21.5Cr-3Mo-2.5Cu	GB/T 2054	NS1101 NS1102 NS1402 NS1403	520 450 585 550	板
		3)33Ni-41Fe-21Cr	NB/T 47028	NS1101 NS1102	515、450	锻件

2. 标准以外的母材分类、分组规定

（1）NB/T 47014 表 1 以外的母材，但公称成分在表 1 所列母材范围内时应满足以下规定：

① 符合压力容器安全技术规范，且已列入国家标准、行业标准的金属材料，以及设计允许使用的境外材料。当《母材归类报告》表明，承制单位已掌握该金属材料的特性（化学成分、力学性能和焊接性）并确认与表 1 内某金属材料相当，则可在本单位的焊接工艺评定文件中将该材料归入某材料所在类别、组别内。

② 除①所列情况外，应按每个金属材料代号（依照标准规定命名）分别进行焊接工艺评定。

（2）公称成分不在表 1 所列母材范围内时，承制单位应制定供本单位使用的焊接工艺评定标准，技术要求不低于 NB/T 47014，其母材按“母材归类报告”要求分类分组。

（3）《母材归类报告》的基本内容：

① 母材相应的标准或技术条件。

② 母材的冶炼方法、热处理状态、制品形态、技术要求。

③ 产品质量证明书。

④母材的焊接性：

a. 焊接性能分析；

b. 焊接性能：工艺焊接性能，使用焊接性能。

⑤ 焊接方法、焊接材料和焊接工艺。

⑥母材的使用业绩及其来源。

⑦各项结论、数据及来源。

⑧母材归类、归组陈述。

⑨结论：该母材归入类别、组别及其母材规定抗拉强度最低值。

（4）“母材归类报告”应存档备查。

三、填充金属及分类

1. 填充金属的概念：

填充金属是指在焊接过程中，对参与组成焊缝金属的焊接材料的通称。焊接材料不一定是填充金属，如：GTAW 用保护气体，而填充金属一定是焊接材料。

填充金属包括焊条、焊丝、填充丝、焊带、焊剂、预置填充金属、金属粉、板极、熔嘴等。

2. 在 NB/T 47014 表 2 至表 4 中已列出填充金属的分类及类别

在 NB/T 47014 中，焊条按表 2 分类；气焊、气体保护焊、等离子弧焊用焊丝和填充丝按表 3 分类；埋弧焊用焊丝-焊剂组合按表 4 分类。表 2～表 4 以外的填充金属分类代号补充规定见附录 B。

用作承压设备焊接填充金属的焊接材料应符合中国国家标准、行业标准和 NB/T 47018《承压设备用焊接材料订货技术条件》的规定。

3. 填充金属分类原则

（1）焊条与焊丝分类，遵照标准中母材分类原则，力图使熔敷金属分类与母材分类相同。主要考虑熔敷金属的力学性能，同时也充分考虑其化学成分。

（2）埋弧焊用焊丝-焊剂组合仍是遵照标准中母材分类原则，力图使熔敷金属分类与母材分类相同。

由于不锈钢埋弧焊焊剂主要是起保护作用，因此不锈钢埋弧焊焊剂仅分为熔炼焊剂和烧结焊剂两类。

4. 标准以外的填充金属分类、分组规定

（1）NB/T 47014 表 2 至表 4 以外的填充金属，在表 2 至表 4 中有相应的类别，但不是所列标准中的填充金属，满足以下规定：

① 当《填充金属归类报告》表明，承制单位已掌握它们的化学成分、力学性能和焊接性能，则可以在本单位的焊接工艺评定文件中，对其按表 2 至表 4 内的分类依据进行分类。

② 除①所列情况外的填充金属，应按各焊接材料制造厂的牌号分别进行焊接工艺评定。

（2）表 2 至表 4 中尚未列出类别的填充金属，承制单位应制定供本单位使用的焊接工艺评定标准，技术要求不低于 NB/T 47014，其填充材料按《填充金属归类报告》要求分类。

（3）《填充金属归类报告》的基本内容

① 填充材料相应的标准或技术条件

② 填充材料原始条件：

a. 制造厂的型号或牌号；

b. 焊条药皮类型，电流类别及极性，焊接位置，熔敷金属化学成分和力学性能；

c. 埋弧焊焊丝-焊剂组合分类，焊带型号或牌号，焊丝或焊带的化学成分，埋弧焊焊丝-焊剂组合分类熔敷金属 S、P 含量及力学性能；

d. 气焊、气体保护焊、等离子弧焊用焊丝及填充丝的型号、化学成分，熔敷金属 S、P 含量及力学性能；

e. 产品质量证明书。

③ 填充材料的工艺性能。

④ 填充材料的焊接性：

a. 焊接性能分析；

b. 焊接性能：工艺焊接性能，使用焊接性能。

⑤ 填充材料的使用业绩及来源。

⑥ 各项结论、数据及来源。

⑦ 填充金属归类陈述。

⑧ 结论：该填充金属归入类别。

（4）"填充金属归类报告"应存档备查。

四、焊后热处理及分类

（1）对于类别号为 Fe-1、Fe-3、Fe-4、Fe-5A、Fe-5B、Fe-5C、Fe-6、Fe-9B、Fe-10I、Fe-10H 及 Fe-11A 的材料，将焊后热处理的类别划分为：

① 不进行焊后热处理（AW-焊态）；

② 低于下转变温度进行焊后热处理，如焊后消除焊接应力热处理（SR）；

③ 高于上转变温度进行焊后热处理，如正火（N）；

④ 先在高于上转变温度，而后在低于下转变温度进行焊后热处理，如正火或淬火后回火（N+T 或 Q+T）；

⑤ 在上下转变温度之间进行焊后热处理。

（2）除（1）外，NB/T 47014 表 1 中各类别号的材料焊后热处理类别：

① 不进行焊后热处理；

② 在规定的温度范围内进行焊后热处理。

（3）需要特别提出的是对于类别为 Fe-8（奥氏体不锈钢）、Fe-10H（奥氏体+铁素体双相钢）的材料焊后热处理类别：

① 不进行焊后热处理；

② 进行焊后固熔热处理（S）。

五、试件厚度与焊件厚度

焊接工艺评定焊件厚度有效范围直接关系到评定数量。焊接工艺评定中，焊件厚度有效范围的确定一般基于以下几个方面。

（1）我国承压设备焊接工艺评定标准 JB 4708 颁布实施以来，全国特种设备生产单位进行了大量焊接工艺评定实践，积累了大量数据。数据表明，当重要因素、补加因素相同时，两倍厚度试件焊接接头力学性能与原厚度试件力学性能没有本质的变化；试件焊到一定厚度后，当重要因素、补加因素不变时，再继续填充焊缝金属，其焊接接头力学性能也不会有多大的改变。试验表明：在热输入、预热温度不变的前提下，当试件母材厚度 T 越大，$t_{8/5}$（熔池温度从 800℃下降到 500℃所需的时间）就逐渐趋于稳定；当 $T \geqslant 38$mm 后，$t_{8/5}$ 基本不变。因此，NB/T 47014—2011 标准中，厚板（$T \geqslant 38$mm）焊接工艺评定的覆盖范围给予了较大放宽，大型、厚壁容器的焊接工艺评定可减少评定数量，NB/T 47014—2023 版标准延续了此规定。

（2）采用同样的热输入焊接不同厚度的钢材，因散热条件不同，焊接接头冲击吸收能量不同，故焊件规定进行冲击韧性试验时，评定合格的焊接工艺适用于焊件厚度与试件厚度关系，应当比不规定进行冲击韧性试验时要求严格。当试件厚度 $T \geqslant 16$mm 时，板厚对冷却时间影响较小；对于试件厚度 $T < 16$mm 的薄板，焊接时由于冷却时间短，对焊接接头冲击吸收能量影响较大；所以 NB/T 47014—2023 中 6.1.5.2 规定“当规定进行冲击试验时，焊条电弧焊、埋弧焊、钨极气体保护焊、熔化极气体保护焊、等离子弧焊及气电立焊的焊接工艺评定合格后，若 $T \geqslant 6$mm 时，适用于焊件母材厚度的有效范围最小值为试件厚度 T 与 16mm 的较小值。”即 6mm$\leqslant T \leqslant$16mm 时，适用于焊件母材厚度的有效范围不能向下覆盖，最小值为试件厚度 T，$T \leqslant 16$mm 时，适用于焊件母材厚度的有效范围最小值为 16mm。

（3）如评定试件经高于上转变温度的焊后热处理、奥氏体-铁素体双相钢焊接接头或奥氏体焊接接头经固溶处理、有冲击试验的焊接工艺评定应用于无冲击要求的焊件时，其焊接接头的性能得到了较大保障，焊接工艺评定仍执行原来较宽的覆盖范围。

（4）对接焊缝试件评定合格的焊接工艺保证了焊接接头的力学性能，角焊缝试件评定合格的焊接工艺是为了获得满足指定技术要求的焊脚尺寸，因此对接焊缝试件评定合格的焊接工艺用于焊件角焊缝时，焊件厚度的有效范围不限；角焊缝试件评定合格的焊接工艺用于非受压焊件角焊缝时，焊件厚度的有效范围不限。

（5）耐蚀堆焊工艺评定是为了获得满足要求的堆焊层厚度、堆焊层成分、堆焊层组织以及相关特性，堆焊时主要考虑焊接变形、减小堆焊稀释率，NB/T 47014—2023 表 16 对堆焊试件厚度适用于焊件厚度范围做出了规定。

（6）隔离层厚度指堆焊面机加工或打磨后所保留的厚度，当试件上隔离层堆焊厚度小于 5mm，需测量并记录该隔离层堆焊评定最小厚度，这主要是考虑到焊接热循环对带堆焊隔离层焊件性能的影响，NB/T 47014—2023 附录 C 对带堆焊隔离层的对接焊接工艺评定的重新评定做出了规定。

(7) 不锈钢-钢复合板焊接工艺评定经评定合格的焊接工艺适用于焊件母材厚度有效范围，应按试件的覆层和基层厚度分别计算，NB/T 47014—2023 附录 C 同时对焊接工艺评定经评定合格的焊接工艺适用于焊件焊缝金属厚度有效范围做出了规定。

(8) 换热管与管板的焊接工艺评定目的是在保证焊接接头力学性能和弯曲性能的基础上，获得角焊缝焊脚尺寸符合要求的焊接工艺。换热管与管板模拟组件进行评定，是对保证角焊缝焊脚高度的焊接工艺进行评定，同时考虑焊接工艺因素对管板变形、换热管质量的控制。NB/T 47014—2023 附录 E 对换热管与管板模拟组件焊接工艺评定经评定合格的焊接工艺适用于焊件管板母材厚度、换热管公称壁厚与孔桥宽度有效范围做出了规定。

(9) 电子束焊具有热输入量低、焊接变形小、能量密度大、穿透能力强、焊缝深宽比大等特点，焊接工艺参数电子束流对电子束焊焊道成形（熔深、熔宽）影响较大，NB/T 47014—2023 的 6.1.5.6 对电子束焊焊接工艺评定经评定合格的焊接工艺适用于焊件母材厚度有效范围做出了规定。

第三节　各种焊接方法的专用焊接工艺评定因素及分类

各种焊接方法专用焊接工艺评定因素分为重要因素、补加因素和次要因素。NB/T 47014 表 5 以分类形式列出了“各种焊接方法的专用焊接工艺评定因素”，包括：接头、填充金属（除类别以外因素）、焊接位置、预热、后热、气体、电特性、技术措施等。

第五章
对接焊缝和角焊缝焊接工艺评定

第一节　各种焊接方法的通用评定规则

制定焊接工艺评定规则的目的是减少焊接工艺评定的数量。根据材料的力学性能、焊接性、焊接工艺特点及其基本规律，找出焊接工艺评定因素的内在联系，对各种焊接工艺评定因素进行分类、分组，并制定替代关系、覆盖范围的省略关系等。

围绕保证焊接接头力学性能这个目的，焊接工艺评定标准规定了一系列通用评定规则，如 NB/T 47014 中的 6.1.1（焊接方法评定规则）、6.1.2（母材评定规则——又分为母材类别评定规则和组别评定规则）、6.1.3（填充金属评定规则）、6.1.4（焊后热处理评定规则）、6.1.5（试件厚度与焊件厚度评定规则）等。

一、焊接方法评定规则

焊接方法改变，需要重新进行焊接工艺评定。

二、母材评定规则

1. 母材类别评定规则（螺柱焊、摩擦焊除外）

（1）母材类别号改变，需要重新进行焊接工艺评定；

（2）Fe-1～Fe-5A 某类别号母材相焊，评定合格的焊条电弧焊、埋弧焊、熔化极气体保护焊、钨极气体保护焊及填丝等离子弧焊焊接工艺，适用于该类别号母材与低类别号母材相焊；

（3）除（2）外，不同类别号的母材相焊，即使各自母材焊接工艺评定均合格，其焊接接头仍需重新进行焊接工艺评定；

（4）当热影响区规定进行冲击试验时，两类（组）别号母材之间相焊，所拟定的预焊接工艺规程，与它们各自相焊评定合格的焊接工艺相同，则这两类（组）别号母材之间相焊，不需重新进行焊接工艺评定。

（5）两类（组）别号母材之间相焊，经评定合格的焊接工艺，也适用于这两类（组）别号中低类（组）母材相焊。

之所以有“当热影响区规定进行冲击试验时”的规定，是因为在焊接接头三区（焊缝、熔合线和热影响区）之中，热影响区为焊接接头薄弱环节，可控制调整的焊接工艺因素少、性能也往往最低，是焊接接头中的薄弱环节，是焊接试件检验的重点部位。由于热影响区有粗晶区的存在，冲击韧性有可能降低；对于微合金化的钢材，热影响区还有析出物，也降低了冲击韧性。因此不仅要强调焊缝区冲击韧性试验，而且还要进行热影响区冲击韧性试验。

对焊接接头的热影响区是否进行冲击试验，按照相关法规标准的规定，在相关标准中有对试件焊接接头热影响区进行冲击试验的规定。

2. 母材组别评定规则（螺柱焊、摩擦焊除外）

(1) 除下述规定外，母材组别号改变时，需重新进行焊接工艺评定；

(2) 某一母材评定合格的焊接工艺，适用于同类别号同组别号的其他母材；

(3) 在同类别号中，高组别号母材评定合格的焊接工艺，适用于该组别号母材与低组别号母材相焊；

(4) 组别号为 Fe-1-2 的母材评定合格的焊接工艺，适用于组别号为 Fe-1-1 的母材。

3. 摩擦焊时母材的评定规则

(1) 当母材公称成分或抗拉强度等级改变时，要重新进行焊接工艺评定。

(2) 两种不同公称成分或抗拉强度等级的母材相焊，即使各自母材焊接工艺评定均合格，其焊接接头仍需重新进行焊接工艺评定。

三、填充金属评定规则

(1) 变更填充金属类别号，需重新进行焊接工艺评定，但用强度级别高的类别填充金属代替强度级别低的类别填充金属焊接 Fe-1、Fe-3 类母材时除外。

(2) 埋弧焊、熔化极气体保护焊时，附加填充金属的增加、取消或其体积改变超过 10%需重新进行焊接工艺评定。

(3) 当规定进行冲击试验时，在同类别号填充金属中，用冲击吸收能量合格指标较低的填充金属替代较高的填充金属（除冲击吸收能量合格指标较低时仍可符合 NB/T 47014 或设计文件规定）或用非碱性药皮焊条代替碱性药皮焊条均为补加因素，需增补冲击韧性试验。

(4) 属于 NB/T 47018.4 中奥氏体不锈钢埋弧焊用焊接材料，改变焊剂制造方法（熔炼焊剂、烧结焊剂），需重新进行焊接工艺评定。

四、焊后热处理评定规则

改变焊后热处理类别，需重新进行焊接工艺评定。

当规定进行冲击试验时，除气焊（OFW）、螺柱电弧焊（SW）和摩擦焊（FRW）外，焊后热处理的保温温度或保温时间范围改变后需重新进行焊接工艺评定。试件的焊后热处理应与焊件在制造过程中的焊后热处理基本相同，低于下转变温度进行焊后热处理时，试件保温时间不得少于焊件在制造过程中累计保温时间的 80%，保温温度相同的多次焊后热处理的保温时间可累加成一次完成。

焊件在制造过程中，经常受到不同程度的加热，如封头热冲压成形、热卷筒体、加热校圆、消氢、中间热处理、消除焊接应力热处理等。对于绝大多数压力容器及其零部件，焊后热处理（PWHT）仅仅是指消除焊接残余应力的热处理［SR（PWHT）］，即焊接工艺评定标准中的低于下转变温度进行的焊后热处理。NB/T 47014 定义焊后热处理（PWHT）为能改变焊接接头的组织、性能及焊接残余应力的热过程。

五、试件厚度与焊件厚度评定规则

（1）对接焊缝试件评定合格的焊接工艺适用于焊件厚度的有效范围，按表 5-1（NB/T 47014 表 6）或表 5-2（NB/T 47014 表 7）规定。

（2）当规定进行冲击试验时，焊条电弧焊、埋弧焊、钨极气体保护焊、熔化极气体保护焊、等离子弧焊及气电立焊的焊接工艺评定合格后，当 $T \geqslant 6$mm 时，适用于焊件母材厚度的有效范围最小值为试件厚度 T 与 16mm 的较小值；当 $T < 6$mm 时，适用于焊件母材厚度的最小值为 $T/2$。如试件经高于上转变温度的焊后热处理、奥氏体-铁素体双相钢焊接接头或奥氏体焊接接头经固溶处理、有冲击试验的焊接工艺评定应用于无冲击要求的焊件时，仍按表 5-1（NB/T 47014 表 6）或表 5-2（NB/T 47014 表 7）的规定。

（3）当厚度较大的母材焊件属于表 5-3（NB/T 47014 表 8）所列的情况时，评定合格的焊接工艺适用于焊件母材厚度的有效范围最大值按表 5-3（NB/T 47014 表 8）规定。

（4）当试件符合表 5-5（NB/T 47014 表 9）所列焊接条件时，评定合格的焊接工艺适用于焊件的最大厚度按表 5-5（NB/T 47014 表 9）规定。

（5）对接焊缝试件评定合格的焊接工艺用于焊件角焊缝时，焊件厚度的有效范围不限；角焊缝试件评定合格的焊接工艺用于非受压焊件角焊缝时，焊件厚度的有效范围不限。

（6）对于母材厚度小于 6mm 的试件，有冲击试验要求又无法制作冲击试样时，可不做冲击试验，但焊件母材厚度覆盖范围的最小值仍为 $T/2$。

（7）可测熔深的无衬垫单面焊全焊透电子束焊缝，当试件厚度不大于 25mm 时，母材厚度替代范围不超过试件厚度的 1.2 倍；当试件厚度大于 25mm 时，母材厚度替代范围不超过试件厚度的 1.1 倍。对于其他焊缝，当试件厚度不大于 25mm 时，母材厚度替代范围不超过试件厚度的 1.1 倍；当试件厚度大于 25mm 时，母材厚度替代范围不超过试件厚度的 1.05 倍。

表 5-1　（NB/T 47014 表 6）对接焊缝试件厚度与焊件厚度规定（试件进行拉伸试验和横向弯曲试验）

单位：mm

<table>
<tr><th rowspan="2">试件母材厚度 T</th><th colspan="2">适用于焊件母材厚度的有效范围</th><th colspan="2">适用于焊件焊缝金属厚度的有效范围</th></tr>
<tr><th>最小值</th><th>最大值</th><th>最小值</th><th>最大值</th></tr>
<tr><td><1.5</td><td>T</td><td rowspan="5">$2T$</td><td rowspan="9">不限</td><td rowspan="3">$2t$</td></tr>
<tr><td>$1.5 \leqslant T \leqslant 10$</td><td>1.5</td></tr>
<tr><td>$10 < T < 20$</td><td rowspan="7">5</td></tr>
<tr><td>$20 \leqslant T < 38$</td><td>$2t(t<20)$</td></tr>
<tr><td>$20 \leqslant T < 38$</td><td>$2T(t \geqslant 20)$</td></tr>
<tr><td rowspan="2">$38 \leqslant T \leqslant 150$</td><td rowspan="2">200[a]</td><td>$2t(t<20)$</td></tr>
<tr><td>200[a]$(t \geqslant 20)$</td></tr>
<tr><td rowspan="2">>150[b]</td><td rowspan="2">$1.33T$[a]</td><td>$2t(t<20)$</td></tr>
<tr><td>$1.33T$[a]$(t \geqslant 20)$</td></tr>
<tr><td colspan="5">[a]限于焊条电弧焊(SMAW)、埋弧焊(SAW)、钨极气体保护焊(GTAW)、熔化极气体保护焊(含药芯焊丝电弧焊)(GMAW/FCAW)，其余按表 5-3、表 5-5(NB/T 47014 表 8、表 9)或 $2T$、$2t$(t 为试件每种焊接方法焊接的焊缝金属厚度)。
[b]试件厚度大于 150mm 时，应全厚度焊接。</td></tr>
</table>

表 5-2　（NB/T 47014 表 7）对接焊缝试件厚度与焊件厚度规定（试件进行拉伸试验和纵向弯曲试验）

单位：mm

试件母材厚度 T	适用于焊件母材厚度的有效范围		适用于焊件焊缝金属厚度的有效范围	
	最小值	最大值	最小值	最大值
<1.5	T	$2T$	不限	$2t$
$1.5 \leqslant T \leqslant 10$	1.5			
>10	5			

表 5-3 （NB/T 47014 表 8）焊件在所列条件时试件母材厚度与焊件母材厚度规定 单位：mm

序号	焊件情况	试件母材厚度 T	适用于焊件母材厚度的有效范围	
			最小值	最大值
1	焊条电弧焊、埋弧焊、钨极气体保护焊、熔化极气体保护焊和等离子弧焊用于打底焊，当单独评定时	≥13	按 NB/T 47014 表 6、表 7 或 6.1.5.2 中相关规定执行	按继续填充焊缝的其余焊接方法的焊接工艺评定结果确定
2	部分焊透的对接焊缝试件	≥38		不限
3	返修焊、补焊	≥38		不限
4	不等厚对接焊缝焊件，用等厚的对接焊缝试件来评定	≥6（类别号为 Fe-8、Ti-1、Ti-2、Ni-1、Ni-2、Ni-3 Ni-4、Ni-5 的母材		不限 （厚边母材厚度）
		≥38（除类别号为 Fe-8、Ti-1、Ti-2、Ni-1、Ni-2、Ni-3 Ni-4、Ni-5 的母材外）		不限 （厚边母材厚度）

从表 5-3（NB/T 47014 表 8）的序号 4 可以看出，不等厚对接焊缝焊件，用等厚的对接焊缝试件来评定时，当试件母材厚度 $T \geqslant 6$mm，对于类别号为 Fe-8、Ti-1、Ti-2、Ni-1、Ni-2、Ni-3、Ni-4、Ni-5 的母材每一种焊接方法，用 1 个板厚为 6mm～10mm 的焊接工艺评定，就可解决厚度在 1.5mm 及以上任何不等厚度的对接焊缝焊件的焊接。应充分利用评定规则，来有效减少焊接工艺评定的数量。有关 S30408（06Cr19Ni10）焊接工艺评定举例见表 5-4。

表 5-4 S30408（06Cr19Ni10）焊接工艺评定举例 单位：mm

序号	试件母材类别	试件母材牌号	试件母材厚度 T/mm	焊接方法	不等厚对接焊缝焊件，用等厚的对接焊缝试件来评定，适用焊件母材厚度的有效范围	
					最小值	最大值
1	Fe-8	06Cr19Ni10	6	GTAW	1.5	不限
2			8	SMAW	1.5	不限
3			10	SAW	1.5	不限

表 5-5 （NB/T 47014 表 9）试件在所列焊接条件时试件厚度与焊件厚度规定 单位：mm

序号	试件的焊接条件	适用于焊件的最大厚度	
		母材	焊缝金属
1	试件为单道焊或多道焊时，若其中任一焊道的厚度大于 13mm	1.1T	按表 5-1、表 5-2（NB/T 47014 表 6、表 7）中相关规定执行。
2	气焊	T	

从表 5-5（NB/T 47014—2023 表 9）中看出，该版标准删除了原“除气焊（OFW）、摩擦焊（FRW）和螺柱焊（SW）外，试件经超过上转变温度的焊后热处理（如正火），适用焊件母材的最大厚度为 1.1T，T 为试件母材的厚度”的条款。对压力容器而言，封头热压成的或热压后经正火热处理的拼接焊缝焊接工艺评定母材的厚度覆盖范围将按表 5-1、表 5-2（NB/T 47014 表 6、表 7）执行，不再是 1.1T。

第二节 各种焊接方法的专用评定规则

围绕保证焊接接头力学性能这个目的，焊接工艺评定标准规定各种焊接方法的一系列专用评定规则。专用焊接工艺评定因素又分为重要因素、补加因素和次要因素。重要因素是指影响焊接接头拉伸性能和弯曲性能的焊接工艺评定因素；补加因素是指影响焊接接头冲击韧性的焊接工艺评定因素（当规定进行冲击试验时，需增加补加因素）；次要因素是指对焊接接头力学性能和弯曲性能无明显影响的焊接工艺评定因素。

一、各种焊接方法的专用评定规则

（1）当变更任何一个重要因素时，需重新进行焊接工艺评定。

（2）当增加或变更任何一个补加因素时，则可按该因素，增补冲击韧性试验。

（3）当增加或变更次要因素时，不需要重新评定，但需变更预焊接工艺规程。

二、各种焊接方法重新评定的条件

每种焊接方法的重要因素、补加因素、次要因素是不同的，重新评定条件也不一样。

NB/T 47014 表 5“各种焊接方法的专用焊接工艺评定因素”中对不同的焊接方法列出了不同的重要因素、补加因素和次要因素。以钢制压力容器最常用的焊条电弧焊、埋弧焊为例：

1. 焊条电弧焊

（1）焊条电弧焊在下列情况下需要重新做焊接工艺评定：

① 预热温度比已评定合格值降低 55℃以上；

② 改变电流种类或极性。

（2）焊条电弧焊在下列情况下属于增加或变更了补加因素，需增加冲击韧性试验：

① 从评定合格的焊接位置改为向上立焊；

② 道间最高温度比经评定记录值高 55℃以上；

③ 改变电流种类或极性；

④ 增加热输入或单位长度焊道的熔敷金属体积超过评定合格值；

⑤ 由每面多道焊改为每面单道焊。

2. 埋弧焊

（1）埋弧焊在下列情况需重新进行焊接工艺评定：

① 改变混合焊剂的混合比例；

② 添加或取消附加的填充丝；与评定值比，填充金属体积改变超过 10%；

③ 预热温度比已评定合格值降低 55℃以上；

（2）埋弧焊在下列情况下，属于增加或变更补加因素，需要增焊冲击韧性试件进行试验：

① 道间最高温度比经评定记录值高 55℃以上；

② 改变电流种类或极性；

③ 增加热输入或单位长度焊道的熔敷金属体积超过评定合格值；

④ 由每面多道焊改为每面单面焊；

⑤ 机动焊、自动焊时，单丝焊改为多丝焊，或反之。

3. 说明

对 NB/T 47014 表 5“各种焊接方法的专用焊接工艺评定因素”中部分焊接工艺评定因素的说明如下：

（1）NB/T 47014 表 5“接头”类别栏目的 1）项中，为什么“改变坡口形式”对于等离子弧焊是补加因素？这是由于 NB/T 47014 是参照 ASME Ⅸ卷编制的，而在 ASME QW-257 中就是这样规定的，等离子弧焊分为小孔法和填丝法两种，故与坡口形式有关。

（2）NB/T 47014 表 5“接头”类别栏目的 7）项中，为什么“增加或取消非金属或非熔化的焊接熔池金属成形块（或焊缝背面成形块）”对于气电立焊是重要因素？这是因为在气电立焊过程中，增加成形块（或焊缝背面成形块）能够增加焊接接头的冷却速度，从而增加了焊接接头的抗拉强度（反之亦然），所以将其定为重要因素。

（3）NB/T 47014 表 5“填充金属”栏目的 4）项中，为什么“添加或取消附加的填充丝；与评定值比，填充金属体积改变超过 10%”，对于埋弧焊和熔化极气体保护焊是重要因素？其中体积改变是指变大还是变小？这是因为附加的填充丝有可能减低熔池的温度，或改变焊缝金属的成分，故为重要因素；体积改变可为变大，也可为减小。

（4）NB/T 47014 表 5“技术措施”栏目的 6）、9）、10）、11）项中，“机动焊、自动焊”，“手工焊”的定义各是什么？是指何种焊接方法？在 GB 3375—1994《焊接术语》和第 3 版《焊接词典》（中国机械工程学会焊接分会编，2008 年 10 月出版）中均有自动焊和手工焊术语，且定义相同。

自动焊：用自动焊接装置完成全部操作的焊接方法。例如，采用数字程序控制系统、模拟控制系统、适宜控制系统或机器人系统使焊接过程全部自动进行的焊接。

手工焊：手持焊炬、焊枪或焊钳进行操作的焊接方法。包括：手工操作的电弧焊、等离子弧焊、钨极氩弧焊、熔化极氩弧焊、CO_2 气体保护焊、埋弧焊和气焊等。

在第 3 版《焊接词典》中还明确提出“取消了半自动焊的提法”，“扩大了手工焊所包含的范围”。从以上的阐述中可以看出机动焊和自动焊属于同一种焊接方法，应归类到自动焊方法之中；而手工焊和半自动焊也属于同一种焊接方法，应归类到手工焊方法之中。

TSG Z6002—2010《特种设备焊接操作人员考核细则》“A2 术语”中，有如下术语：

A2.2 手工焊：焊工用手进行操作和控制工艺参数而完成的焊接，填充金属可人工送给，也可焊机送给。

A2.3 机动焊：焊工操作焊机进行调节与控制工艺参数而完成的焊接。

A2.4 自动焊：焊机自动进行调节与控制工艺参数而完成的焊接。

第三节　试件形式和评定方法

一、试件形式

试件分为板状和管状两种，管状指管道和环。试件形式见图 5-1，摩擦焊试件接头形状应与产品一致。

二、评定方法

（1）评定对接焊缝预焊接工艺规程（pWPS）采用对接焊缝试件时，对接焊缝试件评定合格的焊接工艺，适用于焊件中的对接焊缝和角焊缝。

（2）评定非受压角焊缝预焊接工艺规程（pWPS）时，可仅采用角焊缝试件，但当规定进行冲击试验时，需采用对接焊缝试件。

（3）板状对接焊缝试件评定合格的焊接工艺，适用于管状焊件的对接焊缝，反之亦然。

（4）任一角焊缝试件评定合格的焊接工艺，适用于所有形式的焊件角焊缝。

（5）当同一条焊缝使用两种或两种以上的焊接方法或重要因素、补加因素不同的焊接工艺时，可按每种焊接方法（或焊接工艺）分别进行评定；亦可使用两种或两种以上的焊接方法（焊接工艺）焊接试件，进行组合评定。

（6）组合评定合格的焊接工艺用于焊件时，可以采用其中一种或几种焊接方法（或焊接工艺），但应保证其重要因素、补加因素不变。其中每种焊接方法（或焊接工艺）所评定的试件母材厚度和焊缝金属厚度适用于焊件母材厚度和焊缝金属厚度的有效范围按 NB/T 47014 的规定。

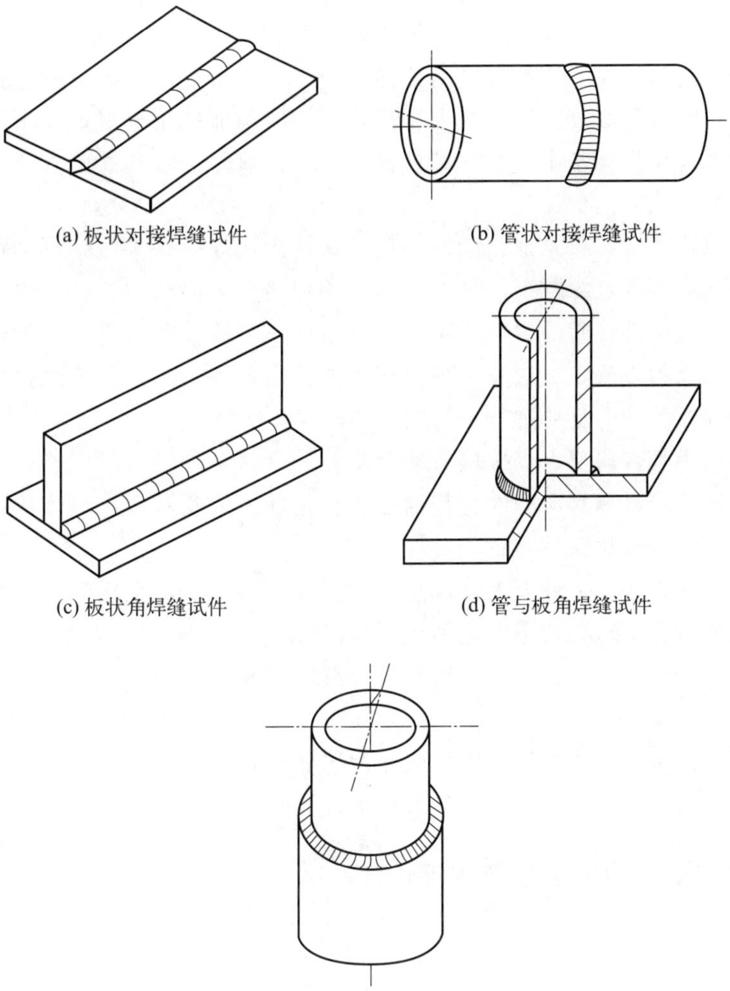

(a) 板状对接焊缝试件　(b) 管状对接焊缝试件

(c) 板状角焊缝试件　(d) 管与板角焊缝试件

(e) 管与管角焊缝试件

图 5-1　对接焊缝和角焊缝试件形式

三、试件制备

（1）母材、焊接材料和试件的焊接必须符合预焊接工艺规程。

（2）组合评定的试件，应记录每种焊接方法施焊的焊缝金属厚度，但不包括焊缝余高。

（3）对接焊缝试件厚度应充分考虑适用于焊件厚度的有效范围。试件的数量和尺寸应满足制备试样的要求，试样也可以直接在焊件上切取；管状对接焊缝试件管径≥DN500 时，焊缝应在立焊位置进行焊接，焊缝长度满足制备试样即可，且不用焊接整圈环焊缝。

第四节　检验要求和结果评价

一、试件力学性能试验取样和检验要点

《固定式压力容器安全技术监察规程》2.2.6 第（1）项规定：“用于制造压力容器受压元件的焊接

材料，应当保证焊缝金属的拉伸性能满足母材标准规定的下限值，冲击吸收能量满足本规程表 2-1 的规定；当需要时，其他性能也不得低于母材的相应要求”。要保证焊缝金属的拉伸性能高于或者等于母材规定的限值，首要的是焊接材料熔敷金属的拉伸性能必须高于或等于母材规定的限值。对于焊制压力容器，从压力容器安全可靠服役出发，要求焊接接头性能不能低于母材，要求对接焊缝焊接工艺评定试件力学性能检验的合格指标基本上都与母材作对比，在取样位置和试验方法上也必须充分考虑这些因素，尽可能与母材一致。

焊接试件力学性能检验，实质是检验试件焊接接头性能，焊接接头包括焊缝区、熔合区和热影响区。在焊接接头中以热影响区最为复杂，可控制调整的焊接工艺因素少、性能也往往最低，是焊接接头中的薄弱环节，是焊接试件检验的重点部位。韧性指标是焊接接头的重要力学性能指标，而冲击韧性试验是一种较敏感的试验方法，通过测定焊接接头的冲击韧性，可以判定焊接工艺变化，因此不仅要强调焊缝区冲击韧性试验，而且要进行热影响区冲击韧性试验。

压力容器设计标准中都普遍要求焊接接头性能不低于母材。母材力学性能检验是按照相关标准在规定部位取样的，其试验结果具有典型性、普遍性和公正性。因此对接焊缝焊接工艺评定试件力学性能试验取样位置也应尽量与母材保持一致。

采用一种或多种焊接方法或一种或多种焊接工艺完成一条焊缝，在实际生产中并不少见，焊接工艺评定试件的力学性能检验，也必须考虑这种组合焊接情况。当用组合焊接完成焊接工艺评定试件时，试件中每一种焊接方法、每一种焊接工艺所形成的焊缝金属和热影响区都应当得到拉伸试验、冲击试验和弯曲试验的检验。

对接焊缝焊接工艺评定试件力学性能试样取样位置和检验要点则是要保证焊接接头的力学性能高于或者等于母材规定的限值，取样位置也应尽量与母材保持一致。

二、对接焊缝试件和试样的检验及结果评价

1. 试件检验项目

外观检查、无损检测、力学性能试验和弯曲试验。

2. 外观检查和无损检测的检验要求

外观检查和无损检测（按 NB/T 47013）结果不得有裂纹。

3. 力学性能试验和弯曲试验

（1）力学性能试验和弯曲试验项目取样数量除另有规定外，应符合 NB/T 47014 表 10 规定；

（2）当规定进行冲击试验时，仅对钢材和含镁量超过 3% 的铝镁合金及奥氏体不锈钢焊接接头进行夏比 V 形缺口冲击试验，铝镁合金、奥氏体不锈钢焊接接头只取焊缝金属冲击试样；

（3）当试件采用两种或两种以上焊接方法（或重要因素和补加因素不同的焊接工艺）制成时，拉伸试样和弯曲试样的受拉面应包括每一种焊接方法（或重要因素和补加因素不同的焊接工艺）的焊接接头；当规定做冲击试验时，对每一种焊接方法（或补加因素不同的焊接工艺）的焊缝金属和热影响区都要经受冲击试验的检验；

（4）拉伸、弯曲及冲击试样尺寸，根据相关标准或技术文件确定允许公差。

4. 力学性能试验和弯曲试验的取样要求

（1）取样时，一般采用冷加工方法，当采用热加工方法取样时，则应去除热影响区；

（2）允许避开焊接缺陷制取试样；

（3）试样去除焊缝余高前，允许对试样进行冷校平；

（4）板状对接焊缝试件和管状对接焊缝试件取样位置按照 NB/T 47014 图 2、图 3 规定。

5. 拉伸试样取样和加工要求

（1）试样的焊缝余高应以机械方法去除，使之与母材齐平；电子束焊管状对接焊缝试件上取样应避开束流衰减的搭接部位；

（2）厚度小于或等于 30mm 的试件，采用全厚度试样。试样厚度应等于或接近试件母材厚度 T；

（3）当试验机受能力限制不能进行全厚度的拉伸试验时，则可将试件在厚度方向上均匀分层取样，等分后制取试样厚度应接近试验机所能试验的最大厚度。等分后的两片或多片试样试验代替一个全厚度试样的试验。

（4）拉伸试样的形式见 NB/T 47014 的图 4～图 7。

6. 拉伸试验和合格指标

（1）试样母材为同一金属材料代号时，每个（片）试样的抗拉强度应不低于 NB/T 47014 规定的母材抗拉强度最低值，而不是以前所要求的不低于“母材钢号标准规定值的下限值”；

① 钢质母材规定的抗拉强度最低值，等于其标准规定的抗拉强度下限值；

② 铝质母材

类别号为 Al-1、Al-2、Al-5 的母材规定的抗拉强度的最低值，等于其退火状态标准规定的抗拉强度下限值；类别为 Al-3 的母材规定的抗拉强度最低值见 NB/T 47014 表 11。

③ 钛质母材规定的抗拉强度最低值，等于其退火状态标准规定的抗拉强度下限值。

④ 锆质母材规定的抗拉强度最低值，等于其退火状态标准规定的抗拉强度下限值。

⑤ 铜质母材规定的抗拉强度的最低值，等于其退火状态与其他状态标准规定的抗拉强度下限值中的较小值；当挤制铜材在标准中没有给出退火状态下规定的抗拉强度下限值时，可以按原状态下标准规定的抗拉强度下限值的 90%确定，或按试验研究结果确定；

⑥ 镍质母材规定的抗拉强度最低值，等于其退火状态（限 Ni-1 类、Ni-2 类）或固溶状态（限 Ni-3 类、Ni-4 类、Ni-5 类）的母材标准规定的抗拉强度下限值。

（2）试样母材为两种金属材料代号时，每个（片）试样的抗拉强度应不低于 NB/T 47014 规定的两种母材抗拉强度最低值中的较小值。

（3）若规定使用室温抗拉强度低于母材的焊缝金属，则每个（片）试样的抗拉强度应不低于焊缝金属规定的抗拉强度最低值。

（4）上述试样如果断在熔合线以外的母材上，其抗拉强度值不得低于 NB/T 47014 规定的母材抗拉强度最低值的 95%。

NB/T 47014 中的母材不仅是钢材，还包括有色金属材料如铝、铜等。母材只是对焊前而言。母材经焊后，熔合区和热影响区内的组织、成分、性能等与原始状态相比较均已发生了变化。因此，熔合区和焊接热影响区内的材料已经不是焊前材料，它们的抗拉强度合格指标，不能再用材料“标准规定值的下限值”来衡量，而只能用 NB/T 47014 规定的“本文件规定的母材抗拉强度最低值”来衡量。为简化起见，钢质母材的抗拉强度最低值与钢材标准规定值的下限值相等；而对于 Al、Cu、Ni 等有色金属母材抗拉强度最低值为材料退火条件下的抗拉强度值。

7. 弯曲试样

（1）弯曲试样的形式见 NB/T 47014 的图 8 和图 9。

（2）弯曲试样加工要求：试样的焊缝余高应采用机械方法去除，面弯、背弯试样的拉伸表面应加工齐平，试样受拉伸表面不得有划痕和损伤。

8. 弯曲试验和合格指标

焊接接头弯曲试验按GB/T 2653和NB/T 47014表12规定的试验方法测定焊接接头的完好性和塑性。

(1) 试样的焊缝中心应对准压头轴线。侧弯试验时，以缺欠较严重一侧作为拉伸面；

(2) 弯曲试验结果与表面加工粗糙度有关，只有表面加工质量一致，试验结果才有可比性；NB/T 47014表12序号6中，断后伸长率A标准规定值下限小于20%的母材，若其焊接接头按表12序号6规定的弯曲试验不合格，而其实测值小于20%，则允许加大压头直径重新进行试验。此时压头直径等于$S(200-A)/2A$（A为断后伸长率的规定值下限乘100，如两侧为不同钢号的母材时，断后伸长率A取较小值)，支座间距等于压头直径加（$2S+3$)mm；

(3) 弯曲角度应以试样在试验机上承受弯曲最大载荷时测量为准；

(4) 横向试样弯曲试验时，焊缝金属、熔合区及热影响区应完全位于试样的弯曲部分内。

(5) 当试件焊缝两侧的母材之间或焊缝金属与母材之间的弯曲性能有显著差别时，可采用纵向弯曲试验代替横向弯曲试验。纵向弯曲时，取面弯和背弯试样各2个。

(6) 采用不同焊接方法（或重要因素不同的焊接工艺）完成的试件，当10mm$<T<$20mm时，可进行横向侧弯试验，用4个侧弯试样代替2个面弯试样和2个背弯试样，当$T\leqslant$10mm时，可采用4个侧弯试样或2个面弯试样和2个背弯试样。

采用同种焊接方法完成的试件，当10mm$<T<$20mm时，可进行横向侧弯试验，用4个侧弯试样代替2个面弯试样和2个背弯试样。

(7) 合格指标

试样弯曲到规定的角度后，其拉伸面上的焊缝、熔合区及热影响区，沿任何方向不得有单条长度大于3mm的开口缺陷。试样的棱角开口缺陷长度一般不计，但由未熔合、夹渣或其他内部缺欠引起的棱角开口缺陷长度应计入。

若采用两片或多片试样时，每片试样都应符合上述要求。

9. 冲击试验及合格指标

(1) 冲击试样在试件厚度上的取样位置见NB/T 47014的图10。当组合评定时，某焊接方法（或补加因素不同的焊接工艺）焊接的焊缝金属和热影响区不在图10规定的范围内时，可针对该焊接方法（或补加因素不同的焊接工艺）分别制取焊缝金属和热影响区冲击试样；

(2) 试样纵轴线应垂直于焊缝轴线，缺口轴线垂直于母材表面，焊缝区试样的缺口轴线应位于焊缝中心线上，热影响区试样的缺口轴线至试样纵轴线与熔合线交点的距离$k>0$，且应尽可能多地通过热影响区，详见NB/T 47014图11；

(3) 冲击试样的形式、尺寸和试验方法应符合GB/T 229的规定。当试件尺寸无法制备10mm×10mm×55mm标准试样时，则应依次制备7.5mm×10mm×55mm或5mm×10mm×55mm的冲击试样；

(4) 母材为同种金属材料钢（代）号时，其试验温度不应高于钢材标准规定冲击试验温度或图样规定的试验温度；当试样母材为两种金属材料钢（代）号时，试验温度不应高于钢材标准规定冲击试验温度较高侧母材的冲击试验温度或设计文件规定的试验温度。

(5) 钢质焊接接头及奥氏体不锈钢焊缝金属冲击吸收能量平均值应符合相关标准规范及设计文件规定，且不低于表5-6（NB/T 47014表13）中的规定值（其中锅炉钢质焊接接头室温冲击吸收能量平均值应不低于母材规定值，如无此规定值时应不低于27J），允许有一个试样的冲击吸收能量低于规定值，但不低于规定值的70%。

表 5-6 （NB/T 47014 表 13）钢质焊接接头及奥氏体不锈钢焊缝金属的冲击性能指标

类别	钢材标准抗拉强度下限值[ab] R_m/MPa	3 个标准试样冲击吸收能量平均值 KV_2/J
碳钢和低合金钢	≤450	≥20
	>450～510	≥24
	>510～570	≥31
	>570～630	≥34
	>630～690	≥38(且侧向膨胀量≥0.53mm)
	>690	≥47(且侧向膨胀量≥0.53mm)
奥氏体不锈钢焊缝金属	—	≥31
[a]对 R_m 随厚度增大而降低的钢材，按该钢材最小厚度范围的 R_m 确定冲击吸收能量指标。		
[b]当试样母材为两种金属材料钢(代)号时，冲击吸收能量合格值按两侧母材抗拉强度较低值来确定。		

（6）含镁量超过 3%的铝镁合金母材，应进行焊缝金属低温冲击试验，试验温度不应高于最低设计金属温度，其冲击吸收能量平均值应符合设计文件规定，且不应小于 20J，允许有 1 个试样的冲击吸收能量低于规定值，但不低于规定值的 70%。

（7）7.5mm×10mm×55mm 或 5mm×10mm×55mm 冲击试样的冲击吸收能量合格指标，分别为 10mm×10mm×55mm 标准试样冲击吸收能量合格指标的 75%或 50%。

（8）冲击试验温度

通常讲的“常温”没有标准规定的范围，不规范。在 GB/T 229—2020《金属材料 夏比摆锤冲击试验方法》（2021 年 4 月 1 日实施）中提出了室温冲击试验，该标准规定，“除非另有规定，冲击试验是在 23℃±5℃（室温）进行。对于试验温度有规定的冲击试验，试样温度应控制在规定温度±2℃范围内进行冲击试验。”

NB/T 47014 要求，焊接工艺评定试件冲击试验温度不高于钢材标准规定的温度；对于含镁量超过 3%的铝镁合金，试验温度不应高于最低设计金属温度，不仅合理而且操作性强。

但如果设计文件中的设计温度低于 0℃，则应进行设计温度下的冲击试验。

三、角焊缝试件和试样的检验及结果评价

1. 试件检验项目

应包括：外观检查、横截面宏观金相检验。

2. 角焊缝试件及试样尺寸

（1）板状角焊缝试件和试样尺寸按 NB/T 47014 表 14 和图 12 的规定。金相试样尺寸应包括整个焊接接头；

（2）管状角焊缝试件和试样尺寸按 NB/T 47014 图 13 的规定。宏观金相试样尺寸：包括全部焊缝、熔合区和热影响区即可。

3. 试件外观检查

试件外观不允许有裂纹。

4. 宏观金相检验及合格指标

（1）取样

① 板状角焊缝试样：

试件两端各舍去 20mm，然后沿试件纵向等分切取 5 块试样，每块试样取一个面进行金相检验，任意两检验面不得为同一切口的两侧面。

② 管状角焊缝试样

将试件等分切取 4 块试样，焊缝的起点和终点位置应位于试样焊缝的中部，每块试样取一个面进

行金相检验，任意两检验面不得为同一切口的两侧面。

（2）合格指标

① 角焊缝根部应焊透，焊缝金属、熔合区和热影响区应无裂纹、未熔合；

② 角焊缝两焊脚之差不大于 3mm。

第五节　对接焊缝和角焊缝的返修焊和补焊工艺评定

对接焊缝和角焊缝的返修焊和补焊工艺应经过焊接工艺评定或者具有经评定合格的对接焊缝或角焊缝焊接工艺支持，施焊时应有详尽的返修和补焊记录。

在下述情况下，经评定合格的对接焊缝的焊接工艺可用于对接焊缝和角焊缝的返修焊和补焊：

（1）对于角焊缝，焊件母材厚度和焊缝金属厚度均无限制。

（2）对于对接焊缝，通用评定因素和专用评定因素中的重要因素、补加因素均在引用的焊接工艺评定允许范围之内。

第六章

耐蚀堆焊工艺评定

一、评定目的

为了获得堆焊金属化学成分符合规定的耐蚀堆焊工艺。

二、评定规则

（1）各种焊接方法的堆焊工艺评定因素共分为：堆焊层厚度、母材、堆焊用填充金属、焊接位置、预热、焊后热处理、气体、电特性和技术措施等，详见 NB/T 47014 表 15。

（2）改变堆焊方法，需重新评定堆焊工艺。

（3）采用 SMAW、SAW、GTAW、GMAW、FCAW、ESW、PAW 时，除横焊、立焊、仰焊位置的评定各都适用于平焊位置外，改变评定合格的焊接位置需要重新评定堆焊工艺。这是因为在不同焊接位置堆焊时所需的焊接热输入不同，因而焊缝金属的稀释率是不同的，则焊缝金属的化学成分也就不相同，因此这就需要重新进行堆焊工艺评定。

（4）下列情况不需要重新进行焊接工艺评定

① 管状试件水平固定位置（5G）评定合格堆焊工艺适用于平焊、立焊和仰焊；

② 横焊、立焊和仰焊位置都评定合格的堆焊工艺适用于所有的焊接位置；

③ 管状试件 45°固定位置（6G）评定合格堆焊工艺适用于所有焊接位置。

（5）堆焊试件基层厚度适用于焊件基层厚度范围见表 6-1（NB/T 47014 表 16）。

表 6-1　堆焊试件厚度适用于焊件厚度范围　　单位：mm

试件基层厚度 T	焊件基层厚度范围
＜25	≥T
≥25	≥25

三、评定方法

1. 试件形式

堆焊试件分为板状和管状两种，管状指管道和环。

2. 试件尺寸

（1）板状堆焊试件长度与宽度大于或等于 150mm，参见 NB/T 47014 图 14。

管状堆焊试件可在管外壁或内壁堆焊，长度大于或等于 150mm，最小直径应满足切取试样数量要求，参见 NB/T 47014 图 15。

（2）堆焊层宽度大于或等于 40mm。

四、检验要求和结果评价

（1）检验项目应包括：渗透检测、弯曲试验、化学成分，当设计需要进行腐蚀试验时，还应包括腐蚀试验。

（2）按 NB/T 47013 的规定进行 PT 检测，不允许有裂纹。

（3）弯曲试验按 GB/T 2653 和 NB/T 47014 表 12 规定的试验方法测定堆焊金属、熔合区和基层热影响区的完好性和塑性。

合格指标：弯曲试样弯曲到规定的角度后，在试样耐蚀堆焊层任何方向上不得有大于 1.5mm 的任一开口缺陷；在熔合区不得有大于 3mm 的任一开口缺陷。

（4）化学成分测定方法

① 直接在堆焊层焊态表面上测定，或从焊态表面制取屑片测定；

②在清除焊态表面层后的加工表面上测定，或从加工表面制取屑片测定；

③从堆焊层侧面水平钻孔采集屑片测定。

化学成分分析方法和合格指标按有关技术文件规定。

（5）堆焊层评定最小厚度见 NB/T 47014 图 17：

① 在焊态表面上进行测定时，是从熔合线至焊态表面的距离 a；

② 在清除焊态表面层后的加工表面上进行测定时，是从熔合线至加工表面的距离 b；

③ 从侧面水平钻孔采集屑片进行测定时，是从熔合线至钻孔孔壁上沿的距离 c。

五、耐蚀层带极堆焊质量控制

NB/T 47015 增加了耐蚀层带极堆焊规程，对耐蚀层堆焊质量控制作出规定。厚壁压力容器，例如核能设备和炼化设备，容器表面常堆焊不锈钢或镍基合金等，以防腐蚀和氢蚀。带极堆焊是容器大面积堆焊广泛应用的方法。近年来发展起来的带极电渣堆焊由于熔深浅，稀释率低，熔敷效率高，加之磁控堆焊具有成形好、防止咬边、减少夹渣等优点，因此成为大面积堆焊防腐复合层的理想方法之一，已被大量应用。

1. 堆焊的焊接现象

从焊接过程的现象来看，可将带极堆焊分为 SAW 和 ESW 两类。图 6-1 是 SAW 和 ESW 堆焊行为示意图。

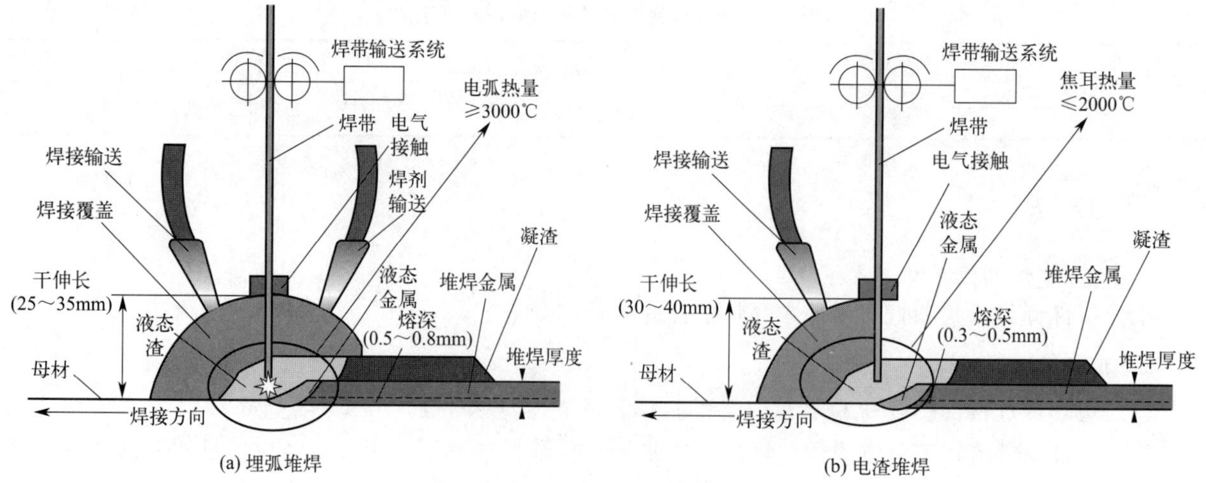

图 6-1　SAW 和 ESW 堆焊行为示意图

对 SAW 法焊道前方和焊道后方的熔池上均覆盖有焊剂，而 ESW 法后方不覆盖焊接。SAW 用电弧热来熔化焊带，而 ESW 是用熔渣的电阻热来熔化焊带。两者工艺过程不同，决定了焊接装备和焊接材料各具不同特点。

电渣堆焊精确控制电压对堆焊过程的稳定性十分重要。图 6-2 表示焊接电压和熔渣深度对堆焊现象的影响。

稳定的电渣焊过程要求熔池深度不能小于 3.5mm；焊接电压高于某一范围焊带与熔渣之间就会产生电弧，不能形成稳定的电渣过程，而电压太低不仅会产生电弧且焊带会与母材粘连使堆焊过程不能正常进行。

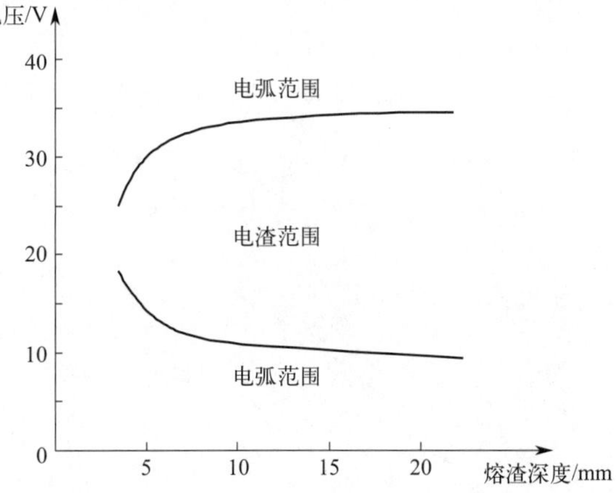

图 6-2　焊接电压和熔渣深度对堆焊现象的影响

2. 电渣堆焊对焊接电源的要求

为了保证电渣过程的稳定性，带极电渣堆焊一般用平特性电源配等速送丝焊机。图 6-3 给出了下降特性和平特性电源在送丝速度不变，在网压波动时或送带速度波动时，焊接电压和焊接电流变化情况。

由图 6-3(a) 可看出：网压波动时，平特性电源的焊接电压变化较小（$\Delta U_{平} < \Delta U_{下}$）。图 6-3(b) 表明送带速度波动时，平特性电源的电压变化很小而电流变化较大。由于电渣过程的稳定性对电压变化比较敏感，所以选用平特性电源容易保证稳定的焊接过程，是控制焊接质量一个主要因素。另外，在施焊时，采用直流反接易保证堆焊焊道与基层的熔合，从而提高结合强度。

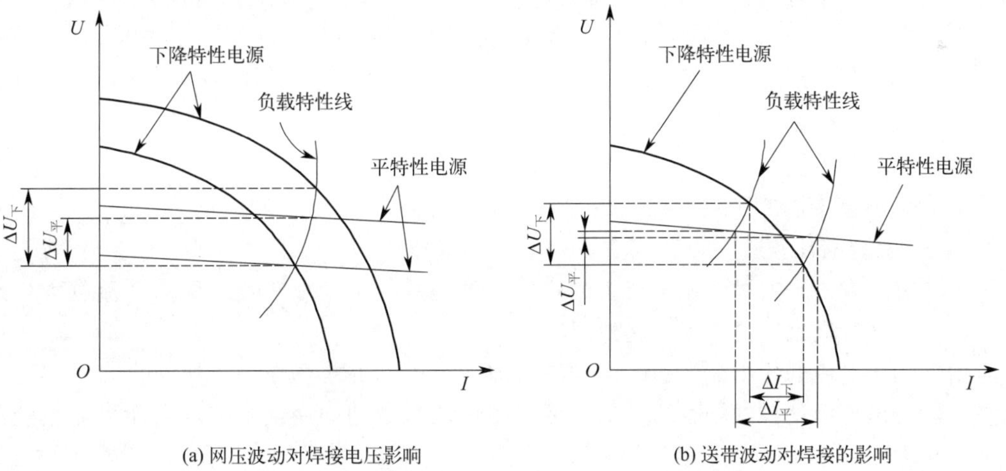

图 6-3　网压波动时或送带速度波动时，焊接电压和焊接电流变化

3. 电渣堆焊对焊剂的要求

由于电渣堆焊必须有稳定的电渣过程，所以要求焊剂应具有以下特点：

① 焊剂不能有过多产生气体的成分，如 $CaCO_3$，其目的是防止因焊剂热分解产生气体，导致发生电弧，造成焊接过程不稳定。

② 熔渣必须有优良的导电性，保证电流通过熔渣产生足够的电阻热。熔渣的导电性与熔渣电导率有关系，而电导率又与熔渣的成分有关。目前 ESW 用的烧结焊剂都是以 CaF_2 为基的渣系；除 CaF_2 外还有 CaO、Al_2O_3、SiO_2、TiO_2、ZrO_2 等成分。随焊剂中 CaF_2 比例不同其电导率也不同，见图

6-4。

焊剂的电导率增加将有利于稳定电渣堆焊过程，电流从熔渣分流，使整个渣池的温度均匀一致，不致出现加大母材熔深的尖锥区，从而可获得浅熔深和低的稀释率，见图 6-5。

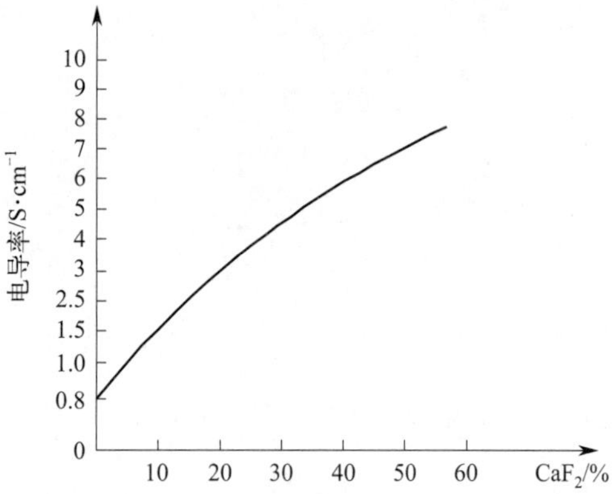

图 6-4　焊剂中 CaF_2 比例不同其电导率也不同

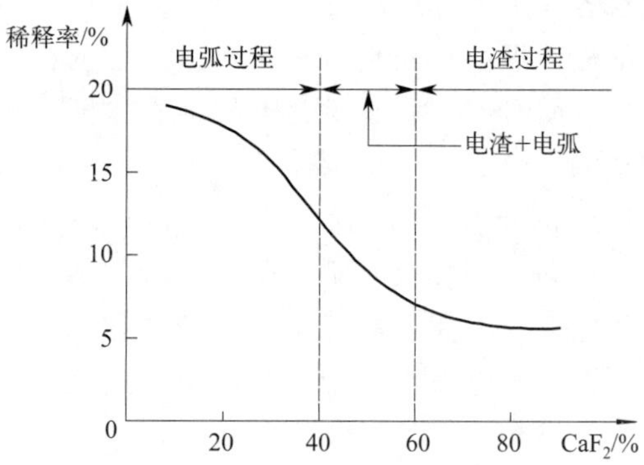

图 6-5　焊剂的电导率增加将有利于稳定电渣堆焊过程

③ 熔渣必须有适当的熔点和黏度，以保障适当的熔池尺寸和熔池存在时间，从而保证焊缝的冶金质量和焊道成形。此外要有良好的脱渣性。

4. 带极电渣堆焊的磁场控制

大电流带极电渣堆焊时，焊接电流在整个带极宽度上分布，并流经导电的渣池，进入母材。通过熔渣的电流形成磁场，根据弗莱明左手定则，产生的磁力由熔池两侧指向中心。由于平行电流元的磁场收缩效应，使熔渣和熔融金属按图 6-6 所示的箭头方向从熔池边缘向中心流动，其结果使焊缝宽度变窄，在焊道两侧发生了咬边，平行电流的磁收缩力与焊接电流及电流产生的磁场有下式关系：

$$F=I\mu_0 H$$

式中：F——磁收缩力；

I——焊接电流；

μ_0——磁导率；

H——电流产生磁场的强度，$H=I/2\pi R$；

R——距电流距离。

从上述公式可以看出，通过电流 I 产生的磁场强度与焊接电流成正比，所以电流越大，这种影响就越严重，因此用宽带极大电流堆焊，这种现象更明显。

咬边是由于焊接电流的磁收缩引起的，如果附加一个外部的磁场作用于熔池，它对熔池焊接电流产生洛仑兹力就可以抵消这种磁场收缩作用，可以使熔池从中间向两侧扩展，从而可克服咬边，获得平坦的焊道，见图 6-7。

产生外加磁场的方式，通常应用以下几种：

a. 在焊头导电嘴旁附加永久磁铁，磁铁的磁场即可对熔池流动发生作用，对克服咬边有一定效果。但由于焊接过程中不能调节磁场强度，且磁铁的磁性会受到熔池辐射温度升高的影响，所以不适于长时间焊接。

b. 利用焊接电流本身产生可调磁场来控制熔池流动，改善焊道成形。这是一种简便可行的方法，如图 6-8 所示。这种方法的要点是在导电嘴处安装一个可上下左右移动的铁框，当焊带中电流流过时，铁框磁化，形成磁场。该磁场的磁力线作用于熔池电流，从而控制熔池流动。通过上下作用来移动铁框位置，可达到改善焊道表面成形的目的。

c. 利用两个通电线圈来磁化铁磁体，产生的磁场来控制焊道咬边。其装置如图 6-9 所示。该装置对两个线圈分别供电且分别可调。由于两个线圈位置可调，因此可用于不同的带极宽度。由于该方式在堆焊过程调节比较灵活，目前在生产中广泛应用了该方法。

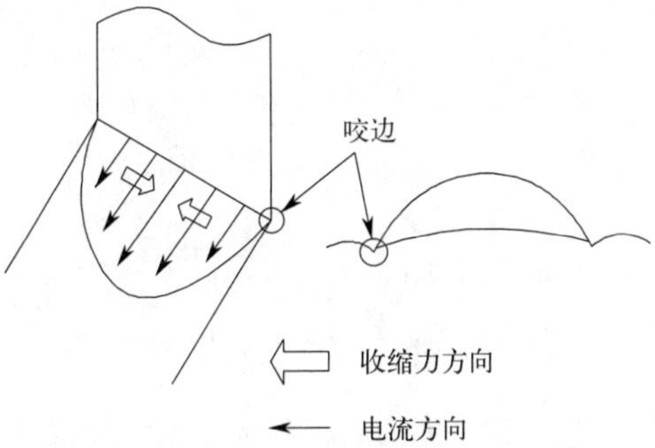

图 6-6 咬边的产生

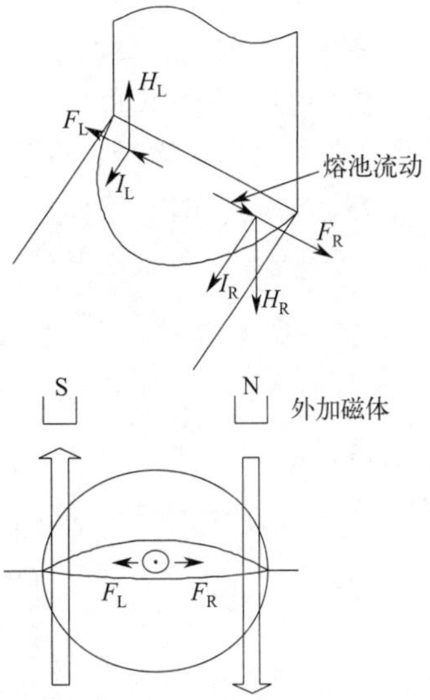

图 6-7 平坦的焊道

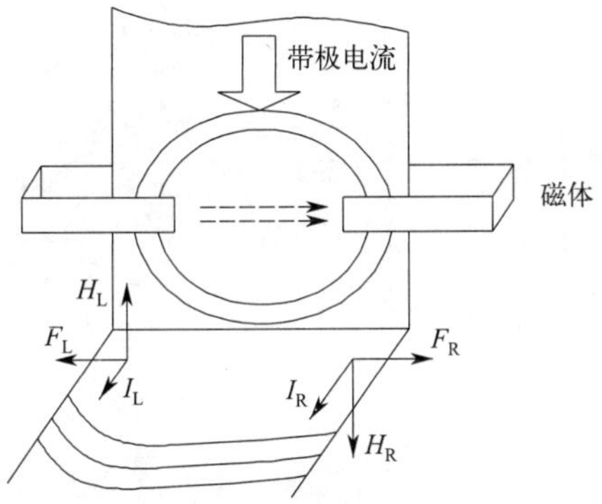

图 6-8 可调磁场来控制熔池流动

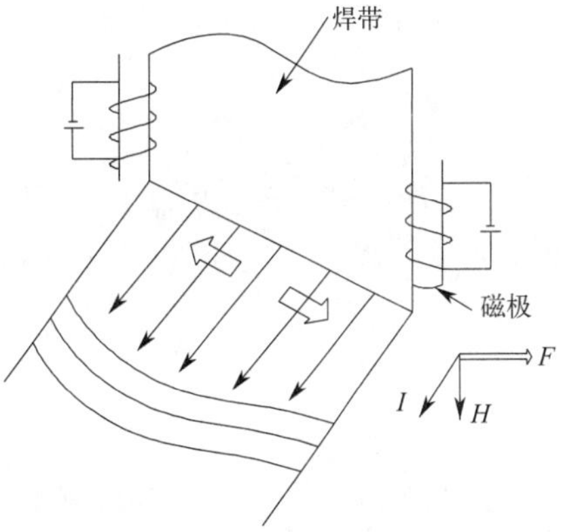

图 6-9 磁场控制焊道咬边

外部磁场能影响熔池的流动方向和流动速度，进而影响焊道的宽度和厚度。在堆焊实践中可根据焊道的外形和火口形状来判断外部磁场是否合适。如果两侧磁场不协调，火口为非对称型，焊道一侧凸起，如图 6-10(a) 所示。当两侧磁场合适，火口对称，后部焊道平坦或稍带凸度，如图 6-10(b) 所示。如果两侧磁场太强，就会出现图 6-10(c) 情况火口变宽，焊道两侧凸起，中间下凹，堆焊层不平坦。

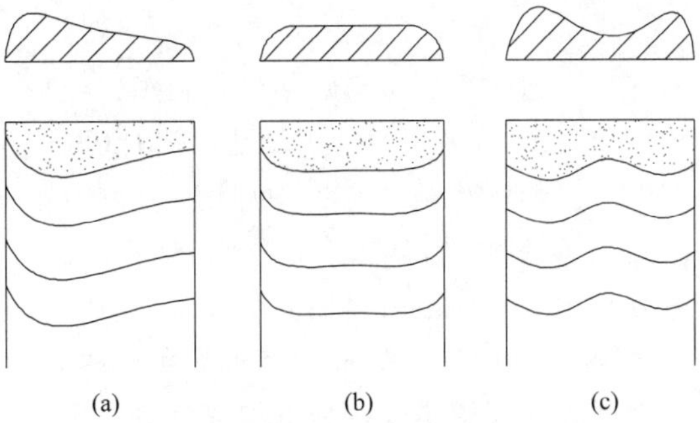

图 6-10 外部磁场影响焊道的宽度和厚度

5. 电渣堆焊的焊接规范

在焊接材料确定后，堆焊焊道的形状尺寸及稀释率受焊接电流、电压、焊接速度及焊剂堆积量、工件倾角等影响。

堆焊层的稀释率的测定可用焊道截面积计算，也可用焊带和堆焊层 Ni 的含量来测定。由于 Ni 在焊接冶金中不易被烧损，因此生产中常用如下公式计算稀释率：

$$R=(\text{Ni 带}-\text{Ni 焊层})/\text{Ni 带}\times 100\%$$

① 焊接速度的影响见图 6-11(a)。随着焊接速度增加，焊道高度减小，宽度略有变窄，而稀释率增加较大，主要因为在电流不变的情况下，单位长度内熔敷金属减少产生此结果。

② 焊接电流的影响见图 6-11(b)。在速度不变的情况下，焊接电流增加，焊道的高度和宽度增加，而稀释率略减小，主要因为送带速度提高熔敷量增加所致。

③ 焊接电压的影响见图 6-11(c)。焊接电压增加，焊道高度略有增加，而宽度几乎不变，稀释率减小。

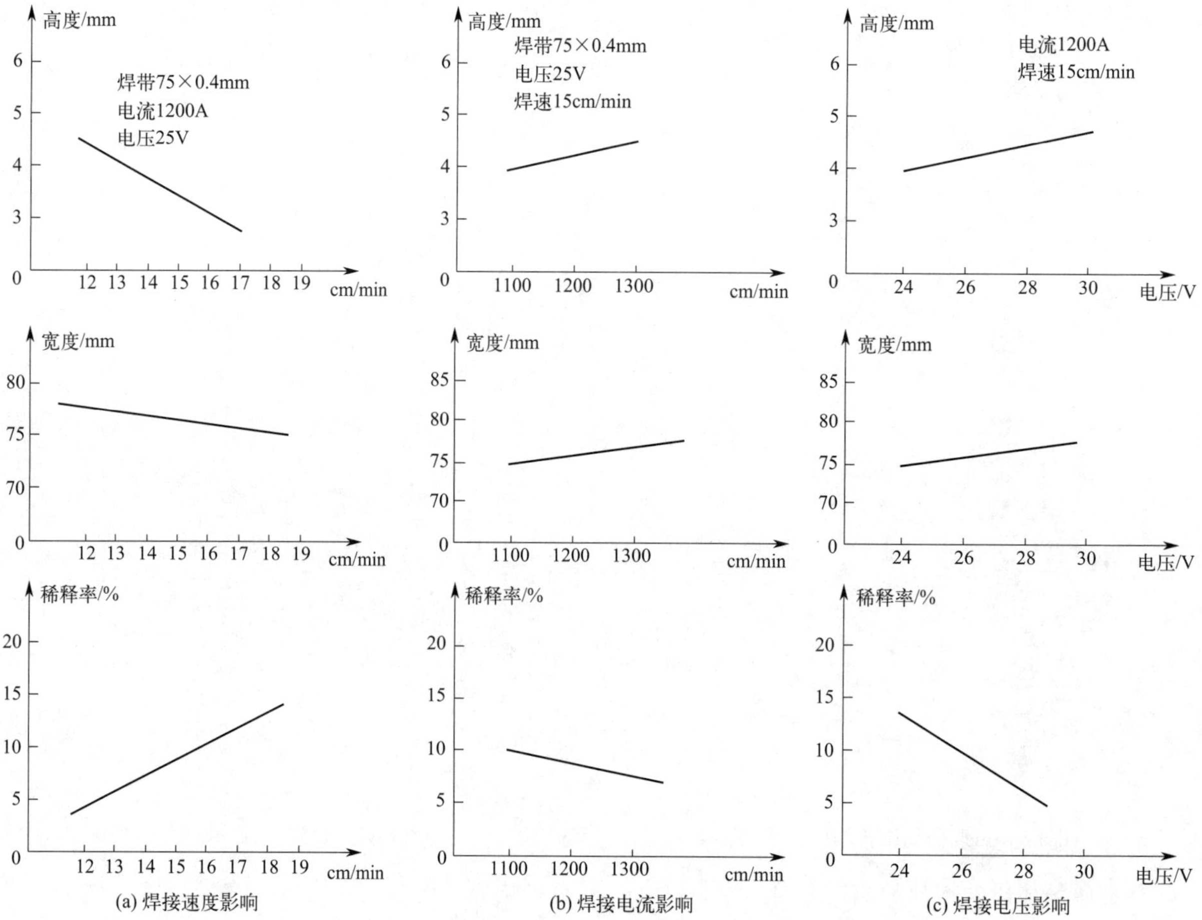

图 6-11　焊接规范的影响

此外，以下因素也影响稀释率和焊道成形：

① 堆积高度的影响；用烧结焊剂对稀释率影响不大，但当焊剂高度超 25mm 时，就可能产生电弧造成电渣过程不稳定，最适合的堆积高度范围 15mm～25mm。

② 干伸长度的影响，当干伸长度在 20mm～25mm 范围变化时，随干伸长度增加，稀释率减小，这主要是因为带极电阻热加大所致。

③ 倾角的影响；图 6-12 表明下坡焊时，稀释率会减小，但可能产生未熔合，上坡焊会使稀释率增大，因此环向焊道堆焊，尽可能使熔池处于平位置。在筒体内进行堆焊，根据直径不同，带极的位置与筒体内表面最低点要保持一定的提前量。

6. 带极堆焊制造过程中发生的问题

为了防腐，反应器或换热器等设备内表面常用带极堆焊不锈钢或镍基合金。这些设备在堆焊过程

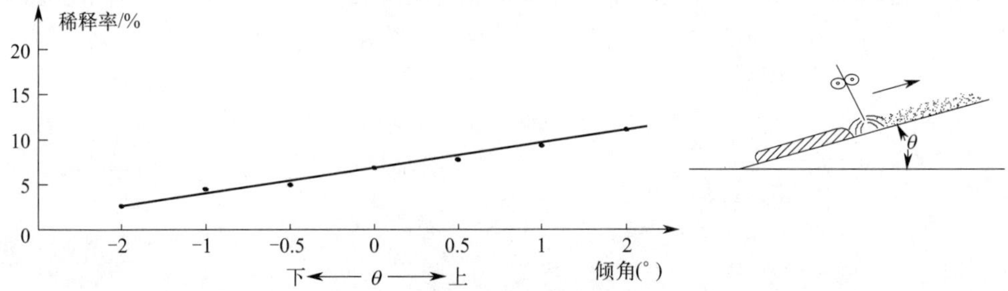

图 6-12 倾角的影响

中会产生一些问题影响设备的制造和使用，现将一些可能产生的问题进行讨论。

（1）焊接裂纹

a. 母材热影响区冷裂纹。

堆焊耐蚀层时，母材会因氢吸收及淬硬组织而产生冷裂纹，因此在堆焊时要适当预热并去除氢的来源，除堆焊表面要清除油锈脏物外，消除焊剂中因含水分而产生氢十分重要。关于堆焊第一层的预热温度，由于带极电渣堆焊受热面积大，冷却速度慢，因此预热温度比同种钢焊接时可低 50℃左右，较低的预热温度还可减小母材的稀释率。

b. 焊接热裂纹

当堆焊奥氏体不锈钢时，必须注意防止热裂纹。设计或选用的焊材除了保证焊缝金属有较低的 S、P 含量以避免低熔点共晶物产生外，必须使其含有 3%以上的 δ 铁素体量。（用于尿素设备的焊材为了抗 HNO_3 腐蚀要限制 δ 含量而成为全奥氏体组织。）

c. 堆焊层下裂纹（UCC）

带极堆焊层下裂纹是 20 世纪 70 年代初在核电站容器堆焊后发现的。其产生的特征是：前一道焊层的过热区（大约在 1200℃～1400℃），接着被紧邻的第二道将该区再加热至 600～700℃，在该区域产生了裂纹，如图 6-13 所示。

这种裂纹一般深 1～2.5mm. 长 5～8mm，通常与堆焊方向成一定正交或垂直，类似再热裂性质。层下裂纹的产生通过研究与基层钢的成分有关。因此对基材要改进，应采用对层下裂纹低敏感性材料。在工艺上采取的措施是，焊后适当加热或采用两层堆焊，通过改变粗晶为细晶，从而提高 UCC 的能力。

d. 堆焊层的氢致剥离（HD）

在高温高压氢介质环境中使用有奥氏体不锈钢堆焊层的容器如加氢反应器，在容器停止运行后，有时堆焊层与母材界面会产生剥离裂纹。这种裂纹称为氢致剥离，其特点是：

- 这种剥离不是设备在制造时出现而是设备从工作温度急冷至室温后产生的。
- 这种开裂是在堆焊层与母材熔合线附近产生的，剥离是沿着母材和堆焊金属熔合区扩展。其发生和扩展有两种形式：

类型Ⅰ—裂纹扩展是沿着渗碳层的马氏体组织晶界。断裂面属于晶间型；

类型Ⅱ—裂纹的扩展是沿着堆焊金属奥氏体组织中出现的粗晶界面的，这种类型的裂纹对氢致剥离的产生比较敏感，晶粒越粗氢致剥离敏感性就越强。

氢致剥离产生的原因主要是高温高压加氢容器在容器停工时会有很高的残留氢存在于堆焊层界面处（图 6-14）。

在役容器防止剥离可以从停工程序采取措施，如降低冷却速度或在 200℃左右停留较长时间，都能减小氢的聚集浓度，从而避免剥离。从焊接工艺上主要考虑细化堆焊层的晶粒。手工焊条堆焊或埋弧堆焊晶粒比较小，剥离的敏感性就低，当用较大热输入的宽带极电渣堆焊时晶粒会粗大，剥离的敏感性就高。在堆焊过渡层时，采用抑制晶粒粗化的焊接工艺是必要的。如第一层采用埋弧堆焊，第二层用宽带极电渣堆焊，可在防止氢剥离的同时保证焊接表面质量。

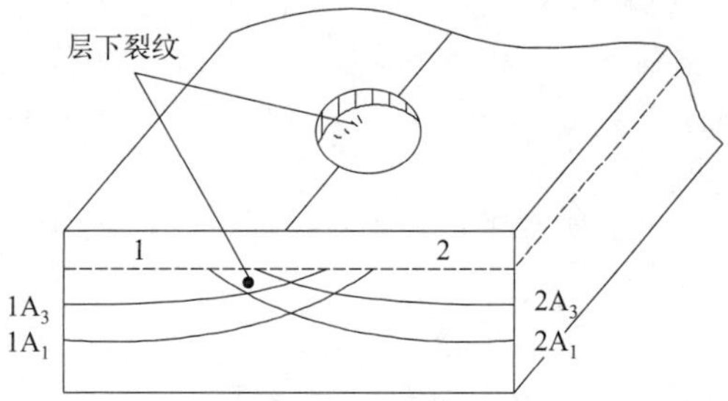

图 6-13　带极堆焊层下裂纹

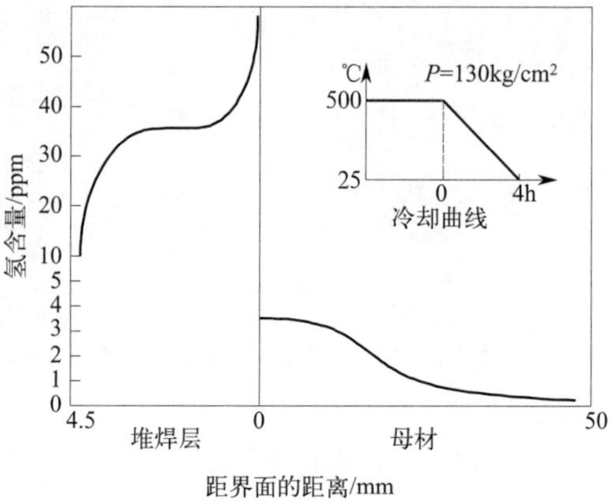

图 6-14　堆焊层的氢致剥离

（2）焊后热处理引起的脆化

a. 焊缝金属的脆化

通过对堆焊层金属作夏比冲击试验来检验其脆化程度。当奥氏体不锈钢堆焊层铁素体含量高时，通过热处理后，其韧性下降发生了脆化。由于热处理会析出 σ 相以及 $M_{26}C_6$ 碳化物，这些析出物导致了堆焊层的脆化，因此要限制铁素体的含量上限。

b. 堆焊金属与母材交界的脆化

这种脆化是由于焊后热处理在熔合区形成了渗碳层所致。渗碳层是由母材的碳过渡到堆焊层一侧所产生的，具有很高的硬度。影响渗碳层的宽度与硬度与焊后参数有关，见图 6-15。如果渗碳严重就会在弯曲试验时产生裂纹。

Larson-Miller 参数 P 的计算如下：

$$P=T(20+\lg t)\times10^{-3}$$

式中　T——回火热处理的加热温度，单位为开氏度（°K），°K＝℃＋273.15°；

t——回火热处理的保温时间，单位为小时（h）。

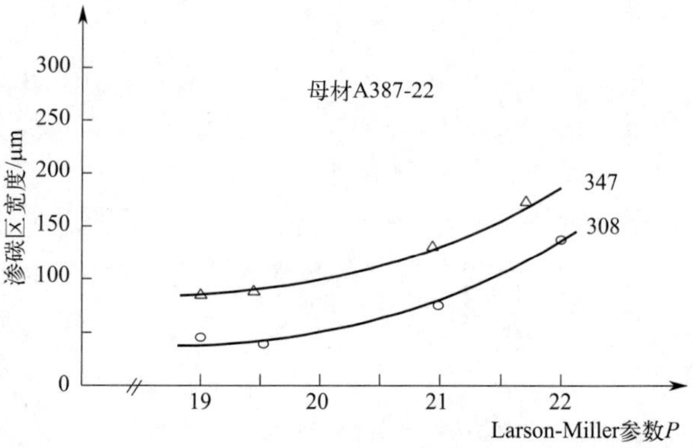

图 6-15　堆焊金属与母材交界的脆化

实践过程中，电渣堆焊层下未熔合以及夹渣、咬边是堆焊的主要缺陷，较大的下坡焊容易产生未熔合和夹渣，因此筒体及封头堆焊要选取合适的带极位置，使堆焊熔池保持在平位置结晶，以克服未熔合及层下夹渣。当焊接速度太慢、堆焊厚度大时，焊道两侧就会形成满溢而出现焊道边缘夹渣及未熔合。此外，搭接量过大时也会出现夹渣现象。电流过大，磁场控制不合适以及上坡焊，均会出现咬边，因此施焊过程中要对这些因素做适当调整，以保证获得平坦的表面质量。

第七章

带堆焊隔离层的对接焊缝焊接工艺评定

一、评定目的

在承压设备设计过程中，为了能够最大限度地发挥焊接件两侧钢种的各自优势，有时选用两种不同的钢种，这种做法具有节约成本等一系列优点，但制造时就必须解决异种钢之间的焊接难题。异种钢焊接接头存在两种情况，一种为同类组织不同合金成分钢材组成的焊接接头，如同属铁素体类钢、奥氏体类钢；另一类接头由不同类不同钢种组成，即焊接接头的母材属于两种不同类钢种，如铁素体类钢与奥氏体类钢之间。对于母材同属铁素体类的钢，若填充金属由奥氏体不锈钢焊条或镍基焊条的焊缝金属连接，也属于第二类接头。由于不同类钢种组成的焊接接头，无论从合金成分上还是物化性能上两侧均存在较大差异，导致焊接接头中必然存在合金成分的分布不均匀、接头熔合区组织和性能不稳定以及焊后热处理困难等一系列问题，因此只有制定合理的焊接工艺才能保证不同类钢种焊接接头组成的构件整体稳定、安全可靠运行。

二、评定范围

1. 带堆焊隔离层的焊缝按 NB/T 47014 附录 C 的规定。

2. 带隔离层焊接接头示意图，如图 7-1 所示。δ_c 为隔离层的厚度。

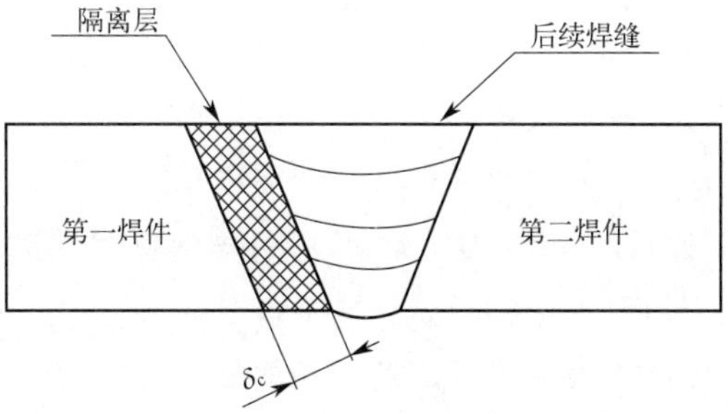

注：第一焊件采用试件一，第二焊件采用试件二。

图 7-1　带隔离层焊接接头示意图

三、评定规则

1. 属以下的情况，需堆焊隔离层：

（1）堆焊隔离层的焊件需经热处理，而后续焊缝不热处理或热处理温度不同；

（2）堆焊隔离层用填充金属与后续焊缝用填充金属类别号不同。

2. 隔离层和后续焊缝的所有因素按 NB/T 47014 正文中相对应的焊接方法规定。

3. 隔离层堆焊评定厚度

隔离层厚度指堆焊面机加工或打磨后所保留的厚度。如试件上隔离层堆焊厚度小于 5mm，需测量并记录 δ_c 具体值，该值为隔离层堆焊评定最小厚度。

4. 下列情况需重新进行焊接工艺评定

当隔离层堆焊后，后续焊缝一个重要因数改变或由另外一个单位完成时，需重新进行焊接工艺评定。

（1）当原焊接工艺评定试件隔离层评定厚度小于5mm时，按NB/T 47014附录C.5重新制备焊接工艺评定试件，但新的焊接工艺评定试件堆焊隔离层厚度及焊接热输入不允许超过原焊接工艺评定报告上的数值。

（2）当原焊接工艺评定试件隔离层厚度大于或等于5mm时，后续焊缝的焊接工艺评定试件可按另一侧母材确定。

四、评定方法

1. 试件制备

（1）先在试件一坡口上堆焊隔离层，如第一焊件需焊后热处理，则试件一堆焊隔离层后也需相应的焊后热处理，再焊接后续焊缝；如第二焊件需焊后热处理，则对整个试件进行相应的焊后热处理。

（2）除（1）外，如隔离层堆焊所用填充金属与后续焊缝所用填充金属公称成分相同，则可按两类（组）别号母材直接对接。

2. 试件形式

堆焊隔离层的试件分为板状和管状两种，管状指管道和环。

五、检验要求和结果评价

焊接接头力学性能和弯曲性能检验要求和结果评价同NB/T 47014正文，但隔离层焊缝与后续焊缝应分别取样进行冲击试验（采用奥氏体不锈钢或镍基焊材堆焊隔离层除外）。

六、堆焊隔离层异种钢焊接在承压设备制造中的应用

结合承压设备制造工程实际，分别针对低合金耐热钢与低合金高强钢（两焊件热处理制度不同）、低合金耐热钢与奥氏体不锈钢（第一焊件需热处理，第二焊件不需热处理）以及低合金耐热钢（两焊件热处理制度相同）之间采用堆焊隔离层进行焊接，通过制定合理的焊接工艺以及热处理制度，成功解决了不同金属材料之间的焊接难题，保证了焊接接头质量。

1. NB/T 47015对不同钢号钢材相焊时，规定的焊接材料选用原则

（1）低碳钢之间、低碳钢与低合金钢、低合金钢之间相焊，选用焊接材料应保证焊缝金属的抗拉强度高于或等于强度较低一侧母材抗拉强度下限值，且不宜超过强度较高一侧母材标准规定的上限值。

（2）低碳钢、低合金钢与奥氏体不锈钢相焊，当设计温度高于370℃时，宜采用镍基焊接材料。

（3）低碳钢、低合金钢与铁素体不锈钢或双相不锈钢相焊，可采用适用异种钢焊接的焊接材料，与双相不锈钢相焊也可采用双相钢焊材。

（4）耐热型低合金钢之间或耐热型低合金钢与其他低合钢之间相焊，宜按铬钼含量低侧选用焊材。

2. NB/T 47015中对堆焊隔离层焊接的规定

（1）耐热型低合金钢与奥氏体不锈钢相焊时，可采用异种钢焊接的奥氏体不锈钢焊材或镍基焊材在铬钼钢侧坡口上堆焊隔离层，并按耐热型低合金钢进行热处理后再与另一侧奥氏体不锈钢相焊。

（2）耐热型低合金钢之间或与其他低合钢之间相焊时，可在铬钼含量较高侧坡口上采用另一侧的焊材堆焊隔离层，并按该侧进行相应的热处理（如隔离层热处理后焊缝金属强度不满足要求，可选用相应类别中较高强度级别的焊材），再采用另一侧的焊材与另一侧相焊；最后的焊后热处理按另一侧规定进行。

3. 2.25Cr1Mo（第一焊件）与 13MnNiMoNbR（第二焊件）不同钢种间的焊接

锅炉给水预热器为高压 U 形管式换热器，设计温度为 340℃，设计压力为 15.0MPa；管程换热管材料为 SA182GrF22cl3（2.25Cr-1Mo），设计温度为 355℃，设计压力为 25.0MPa，管板材质为 SA336GrF22cl3（2.25Cr-1Mo 锻），壳程筒体材料为 13MnNiMoNbR，壁厚为 56mm，结构简图见图 7-2。

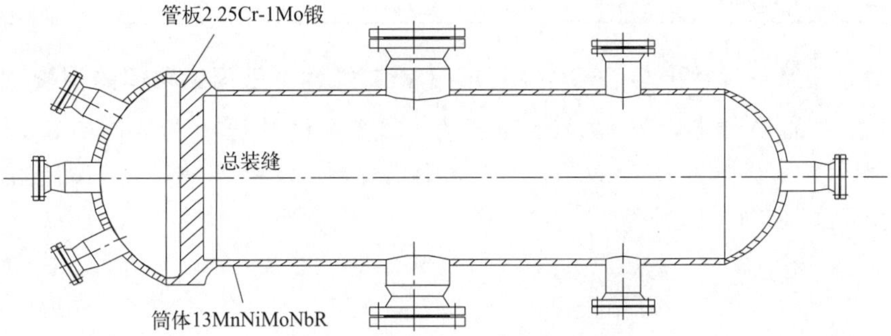

图 7-2　锅炉给水预热器结构简图

管板材料为 SA336GrF22Cl3 钢，属于 2.25Cr-1Mo 类，合金元素含量较高，焊接接头热影响区组织通常为贝氏体，焊态下硬度高、韧性低。为改善接头的组织和性能，2.25Cr-1Mo 钢焊接接头需经 690℃焊后消除应力热处理，但会造成 13MnNiMoNbR 钢焊接接头出现强度大幅下降，因此，焊接材料及焊接工艺的选择对 13MnNiMoNbR 钢与 2.25Cr-1Mo 钢之间的焊接尤为关键。由于 2.25Cr-1Mo 钢材中的 Cr、Mo 成分含有较高，淬硬倾向大，且管板的厚度大，在焊接及热处理过程中容易产生各种裂纹等缺陷。因此，为了避免产生裂纹和降低 2.25Cr-1Mo 钢热影响区的硬度等缺陷，首先应选用 J607 焊条在 2.25Cr-1Mo 侧（第一焊件）预先堆焊隔离层（见图 7-3），并进行无损检测合格后，按 2.25Cr-1Mo 钢侧进行 690℃的焊后热处理。然后与 13MnNiMoNbR 钢制筒体组对，采用钨极氩弧焊进行封底（焊丝 H08Mn2Si）、埋弧焊（H08Mn2NiMo＋HJ250G）填充盖面，再按 13MnNiMoNbR 钢（第二焊件）焊后热处理制度对该道总装缝进行 600℃的 PWHT，见图 7-4。

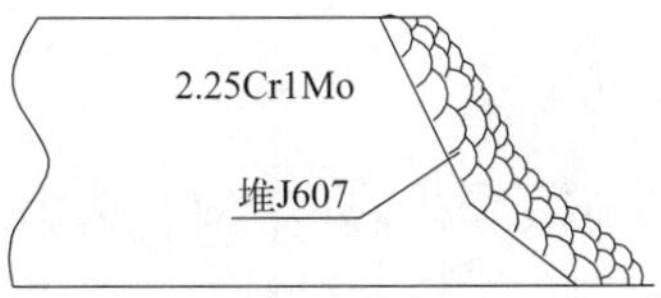

图 7-3　2.25Cr1Mo 锻件坡口处堆焊隔离层

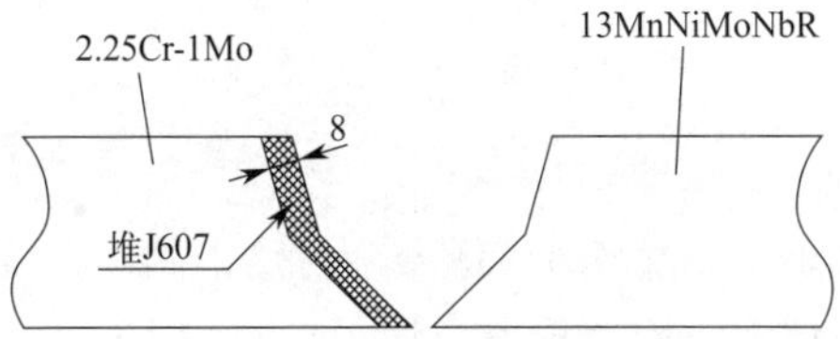

图 7-4　焊件带堆焊隔离层焊接接头形式

焊接工艺评定过程如下：

（1）2.25Cr1Mo 钢侧坡口处采用 J607 焊条堆焊

2.25Cr1Mo 钢焊接坡口预热温度高于或等于 150℃，采用 J607 焊条堆焊隔离层不小于 5mm，见图 7-4，道间温度 150℃～250℃，焊后进行（250～300)℃×2h 后热处理；对堆焊层 100%超声检测（UT）合格后进行 690℃×8h 焊后热处理。

（2）带隔离层的 2.25Cr-1Mo 钢与 13MnNiMoNbR 钢的对接

预热温度应高于或等于 150℃，采用手工钨极氩弧焊（焊丝 H08Mn2Si/ϕ2.5）打底 2 层，3 层～6 层采用焊条电弧焊（焊条 J607/ϕ4.0mm），然后采用埋弧焊（H08Mn2NiMo＋HJ250G），层间温度均控制在 150℃～250℃范围内，焊后进行（250～300)℃×2h 的后热处理，焊缝 100%超声检测（UT）合格后，按 600℃×8h 进行焊后热处理。焊接工艺评定试验结果见表 7-1。从表 7-1 中可以看出，焊接接头拉伸试验断于13MnNiMoNbR侧母材，且有较大富裕量；侧弯及冲击试验结果表明焊接接头塑韧性良好，证明所选焊接材料、制定的焊接工艺及热处理制度正确合理。

表7-1 焊接工艺评定试验结果

拉伸试验(接头板拉)		弯曲试验($d=4a$,180°)	冲击试验(0℃ KV_2)/J			
R_m/MPa	断裂位置	侧弯四件	隔离层焊缝	焊缝	2.25Cr1Mo侧热影响区	13MnNiMoNbR侧热影响区
625/630	13MnNiMoNbR侧母材	合格	68/80/75	55/74/65	263/271/287	95/115/116

4. 2.25Cr-1Mo（第一焊件）与06Cr18Ni11Ti（第二焊件）不同钢种间的焊接

加氢裂化装置中的换热器，管程设计温度为454℃，设计压力为16.7MPa，换热管材质为06Cr18Ni11Ti，壳程壳体材质为12Cr2Mo1R＋不锈钢堆焊层（309L＋347L），设计温度为424℃，设计压力为17.7MPa，结构简图见图7-5。

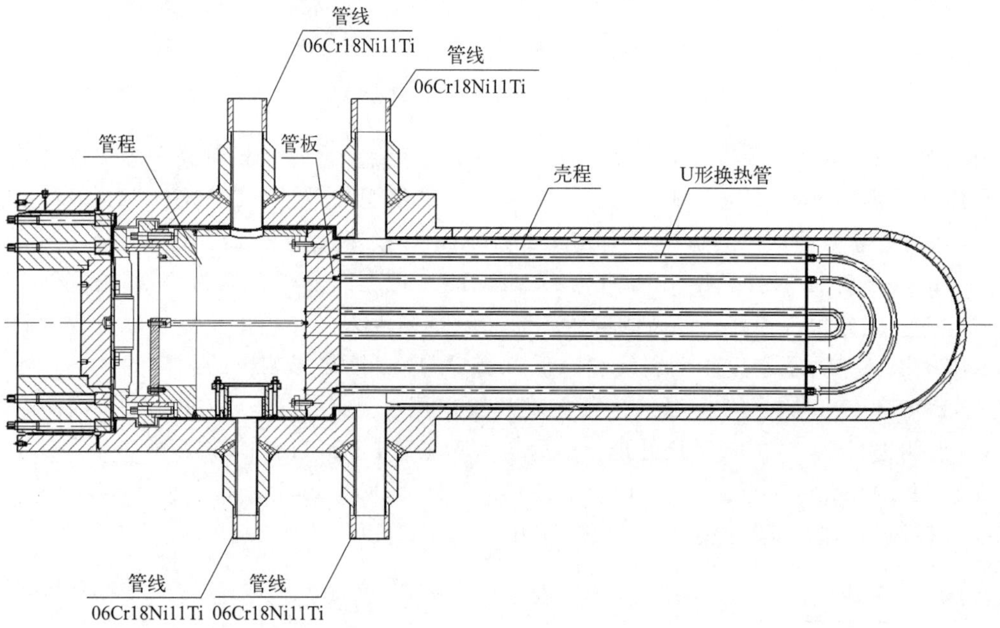

图7-5 加氢裂化装置中的换热器结构图

由于12Cr2Mo1R低合金耐热钢侧热影响区必须进行焊后热处理，但焊后热处理会引起奥氏体钢侧耐腐蚀性能下降等问题，因此应选用Cr、Ni合金含量高的焊接材料作为填充材料，以防焊缝金属稀释后产生马氏体、缩小碳迁移层。

综上所述，采用ENiCrFe-3焊条在12Cr2Mo1侧（第一焊件）预先堆焊一层镍基隔离层（如图7-6所示，接管内壁的耐蚀堆焊层过渡层为309L；面层为347L），并进行无损检测。检测合格后按12Cr2Mo1R侧进行焊后热处理（690℃×8h PWHT），然后同06Cr18Ni11Ti钢（第二焊件）进行焊接，两焊件焊接接头形式见图7-7，采用ERNiCr-3焊丝手工钨极氩弧焊打底，ENiCrFe-3焊条电弧焊填充盖面。

焊接工艺评定过程如下：

（1）12Cr2Mo1R侧坡口处堆焊隔离层

12Cr2Mo1R焊接坡口预热温度高于或等于150℃，堆焊首层，进行（250～300）℃×2h焊后热处理，堆焊层100%着色（PT）检查合格后，堆焊第2层～3层（道间温度应低于或等于100℃），堆焊隔离层厚度应不小于5mm，堆焊层100%着色（PT）检查合格，按12Cr2Mo1R侧进行690℃×8h

PWHT。

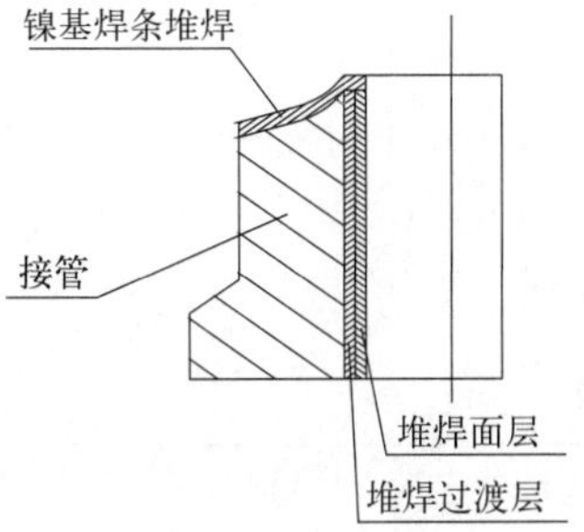

图 7-6　12Cr2Mo1 接管坡口处堆焊镍基隔离层

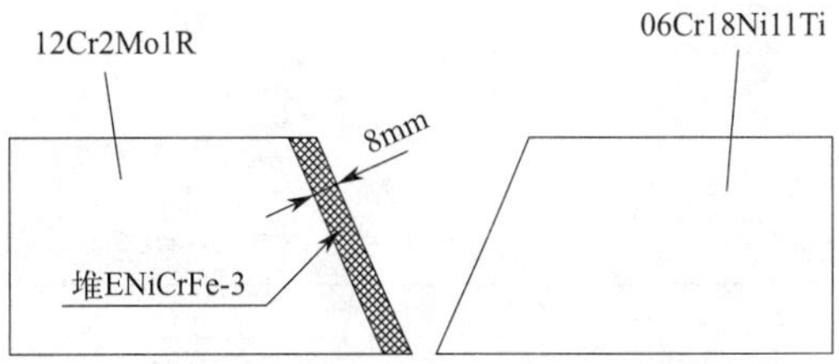

图 7-7　焊件带堆焊隔离层焊接接头形式

(2) 带隔离层的 12Cr2Mo1R 与 06Cr18Ni11Ti 对接

焊接坡口 100%着色（PT）检查合格后，采用 ϕ2.5mm 的 ER NiCr-3 手工钨极氩弧焊，焊接 1—2 层（层间温度应低于或等于 100℃），焊缝 100%着色（PT）检查合格，再采用 ϕ4.0mm 的 E NiCrFe-3 焊条填充盖面（层间温度≤100℃），焊缝 100%RT 和 PT 检测。

焊接工艺评定试验结果见表 7-2，将未经焊后热处理的试验结果亦置于表 7-2 中进行比较。从表 7-2 中可以看出，焊后未经热处理的焊接接头拉伸强度高、侧弯两件不合格以及 12Cr2Mo1R 侧热影响区硬度高、冲击韧性低，不能满足产品使用要求．但经 690℃×8h PWHT 热处理后，耐热钢侧热影响区塑韧性及硬度均得到明显改善，焊接工艺评定合格，可以指导生产。

表 7-2　焊接工艺评定试验结果

状态项目	拉伸试验(接头板拉)		弯曲试验($d=4a$,180°)	冲击试验(−30℃ KV_2/J)	硬度(HV10)
	R_m/MPa	断裂位置	侧弯四件	12Cr2Mo1R 侧热影响区	
热处理态	570/580	12Cr2Mo1R 侧母材	合格	285/228/276	210/205/215
焊态	615/620	06Cr18Ni11Ti 侧母材	两件合格、两件不合格	98/210/156	260/275/255

5. 14Cr1MoR 构件双侧带堆焊隔离层金属材料间的焊接

年产 100 万 t 甲醇工程用进出口换热器，管程设计温度为 340℃，设计压力为 9.0MPa，壳程设计温度为 280℃，设计压力为 9.0MPa，管程介质：热合成气，壳程介质：冷合成气．主体材质为 14Cr1MoR+S30403 复合板，规格 ϕ2200mm×(77+5)mm×24205mm，如图 7-8 所示，B3 焊缝为设备的总装焊缝。为保证焊接接头质量，在 B3 缝坡口两侧分别采用 ϕ4.0mm 的 E NiCrFe-3 焊条堆焊镍基隔离层，并分别进行 690℃×4h 焊后热处理，再采用 ϕ2.5mm 的 ER NiCr-3 手工钨极氩弧焊打底，ϕ4.0mm 的 ENiCrFe-3 焊条填充、ϕ2.5mm 的 HS600 焊丝+SJ608 焊剂继续填充和盖面，焊接接头检测合格后，构件整体不再热处理，构件两侧带堆焊隔离层焊接接头形式见图 7-9，焊接工艺评定试验结果见表 7-3。

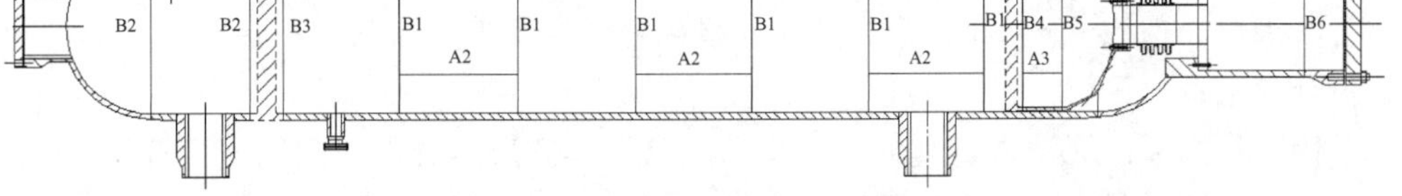

图 7-8　进出口换热器结构简图

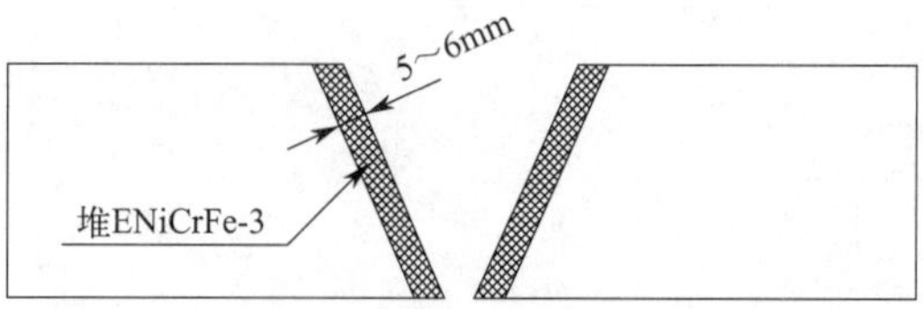

图 7-9　构件双侧带堆焊隔离层焊接接头形式

表 7-3　焊接工艺评定试验结果

拉伸试验(接头板拉)		弯曲试验($d=4a$,180°)	硬度 HV10(距正表面 2mm 处)	
R_m(MPa)	断裂位置	侧弯四件	焊缝	热影响区
560/552	母材	合格	203/206/209	159/162/168

从表 7-3 可以看出，焊接接头拉伸强度平均值可以达到 556MPa，在母材区断裂；弯曲试验结果表明焊接接头塑性良好，满足实际应用要求。

焊接接头不同区域的微观组织照片见图 7-10。从图 7-10a）中可看出母材组织为铁素体＋珠光体相组成；从图 7-10b）可看出热影响区的晶粒在焊接热循环的作用下有一定的长大，并且珠光体相有减少；从图 7-10c）可看出焊缝区主要是针状的 γ 相，γ 相的形成增加了焊缝区的硬度。

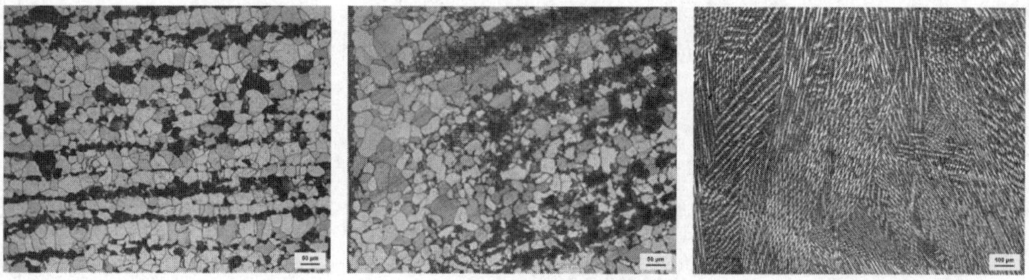

a) 母材区　　b) 焊接热影响区　　c) 焊缝区

图 7-10　焊接接头的微观组织

14Cr1MoR 构件双侧堆焊隔离层后分别进行 690℃×4h 的焊后热处理，有效地降低了 14Cr1MoR 与隔离层热影响区的强度、改善了组织和韧性，随后采用镍基焊材进行焊接，解决了产品的无法进行整体热处理的难题，该方法在工程上具有重要的实际意义。

6. 小结

通过采用堆焊隔离层方法分别进行了不同金属材料焊件之间的焊接，制定了合理的焊接工艺，保证了焊接接头质量，为同类产品制定合理的焊接工艺提供了依据。

(1) 2.25Cr1Mo 与 13MnNiMoNbR 不同钢种间的焊接接头，隔离层焊材的选用应着眼于经低合金耐热钢较高温度热处理规范（690℃×8h）PWHT、低合金高强钢热处理规范（600℃×8h）PWHT 后，力学性能依然能够满足产品使用要求；

(2) 2.25Cr-1Mo 低合金耐热钢与 06Cr18Ni11Ti 奥氏体不锈钢的焊接，隔离层焊材的选用主要考虑采用 12Cr2Mo1R 低合金耐热钢侧热处理规范 690℃×8h 焊后热处理后，焊缝金属稀释产生马氏体、缩小碳迁移层。因此应选用 Cr、Ni 合金含量高的焊接材料作为填充材料，以保证焊后热处理后焊接接头性能满足设计要求；

(3) 对于因结构的原因无法进行整体热处理的产品，隔离层焊材的选用同样应选用 Cr、Ni 合金含量高的焊接材料作为填充材料，双侧堆焊隔离层后分别进行焊后热处理，再采用 Cr、Ni 合金含量高的焊接材料作为填充材料进行焊接。

第八章

不锈钢-钢复合板焊接工艺评定

用轧制复合法、爆炸焊接法和堆焊法生产的复合板制压力容器，其焊接工艺评定除遵守 NB/T 47014 中相关条款外，还应符合该标准附录 D 的规定。

一、覆层厚度参与设计强度计算

1. 试件制备及适用范围

（1）试件应以不锈钢-钢复合板制备。

（2）母材厚度

经评定合格的焊接工艺适用于焊件母材厚度有效范围，应按试件的覆层和基层厚度分别计算。

（3）焊缝金属厚度

a）先焊基层再焊覆层：焊接工艺评定试件应按 NB/T 47014 图 17 及 7.3.2 中 b）的规定测定化学成分，需符合有关技术文件的规定；测量加工表面至过渡层焊缝与基层焊材施焊焊缝金属交界面的距离 b，即为不锈钢耐蚀层焊缝金属评定最小厚度。经评定合格的焊接工艺适用于焊件焊缝金属厚度有效范围按组合焊缝金属厚度分别计算。

b）先焊覆层再焊基层：焊接工艺评定试件不需进行焊缝金属化学成分分析，经评定合格的焊接工艺适用于焊件焊缝金属厚度的有效范围按 NB/T 47014 正文执行。

2. 检验要求

拉伸和弯曲试验时，复合金属材料焊接接头各部位（包括基层、过渡焊缝和覆层）都应得到检验，冲击试验只检验基层部分的焊接接头。

（1）拉伸试样应包括覆层和基层的全厚度；

（2）弯曲试验应包括覆层和基层的全厚度，应取 4 个侧弯试样，弯曲试验参数按 NB/T 47014 表 12；

（3）只对基层焊缝区（不含过渡层焊缝）及热影响区分别制取冲击试样。

3. 力学性能及弯曲性能试验的合格指标：

（1）拉伸试验：每个试样的抗拉强度 R_m 应满足：

$$R_m \geqslant \frac{R_{m1}T_1 + R_{m2}T_2}{T_1 + T_2}$$

式中 R_{m1}——覆层材料规定的抗拉强度最低值，单位为兆帕（MPa）；

R_{m2}——基层材料规定的抗拉强度最低值，单位为兆帕（MPa）；

T_1——覆层材料厚度；

T_2——基层材料厚度。

（2）弯曲试验

合格指标按 NB/T 47014 正文规定：弯曲试样弯曲到规定的角度后，其拉伸面上的焊缝、熔合线和热影响区内，沿任何方向不得有单条长度大于 3mm 的开口缺陷，试样的棱角开口缺陷一般不计，但由未熔合、夹渣或其他内部缺欠引起的棱角开口缺陷长度应计入。

若采用两片或多片试样，每片试样都应符合上述要求。

但对轧制复合法、爆炸焊接法和堆焊法生产的复合板的对接接头，侧弯试样复合界面未结合缺陷引起的分层、裂纹允许重新取样试验。

（3）冲击试验

合格指标按 NB/T 47014 正文中对钢质焊接接头的规定：

① 母材为同种金属材料钢（代）号时，其试验温度不应高于钢材标准规定冲击试验温度或图样规定的试验温度；当试样母材为两种金属材料钢（代）号时，试验温度不应高于钢材标准规定冲击试验温度较高侧母材的冲击试验温度或设计文件规定的试验温度。

② 钢质焊接接头及奥氏体不锈钢焊缝金属冲击吸收能量平均值应符合相关标准规范及设计文件规定，且不低于 NB/T 47014 表 13 中的规定值（其中锅炉钢质焊接接头室温冲击吸收能量平均值应不低于母材规定值，如无此规定值时应不低于 27J），允许有一个试样的冲击吸收能量低于规定值，但不低于规定值的 70%。

③ 7.5mm×10mm×55mm 或 5mm×10mm×55mm 冲击试样的冲击吸收能量合格指标，分别为 10mm×10mm×55mm 标准试样冲击吸收能量合格指标的 75%或 50%。

二、覆层厚度不参与设计强度计算

覆层厚度不参与复合板设计强度计算的焊接工艺评定可以按 NB/T 47014D.2 的规定。拉伸试验需除掉覆层，焊接接头抗拉强度应符合 NB/T 47014 正文的规定；经评定合格的焊接工艺适用于焊件基层焊缝金属（位于复合板复合界面以下）厚度有效范围，按组合焊缝金属厚度分别计算。也可以按下列规定进行评定：

（1）基层按 NB/T 47014 正文规定进行焊接工艺评定，不必采用不锈钢-钢复合板制备试件。

（2）先焊基层后焊覆层

① 基层焊缝金属应采用基层焊材和过渡层不锈钢焊材施焊，经评定合格的焊接工艺适用于焊件焊缝金属厚度有效范围，按组合焊缝金属厚度分别计算。

② 在基层母材上施焊连接覆层（板或堆焊金属）的焊缝时，则按 NB/T 47014 正文的规定进行耐蚀堆焊工艺评定。

（3）先焊覆层后焊基层，按 NB/T 47014 正文的规定进行。

第九章

换热管与管板焊接工艺评定

一、评定目的

换热管与管板焊接工艺评定的目的是获得焊接接头力学性能符合标准规定的焊接工艺；同时在保证焊接接头力学性能的基础上，获得角焊缝焊脚高度 l 符合规定要求的焊接工艺。换热管与管板焊接工艺评定首先要保证焊接接头的力学性能，因此必须按照对接焊缝和角焊缝评定规则进行评定；换热管与管板之间角焊缝厚度则决定了抗剪切能力，对角焊缝焊脚高度 l 的评定是在保证力学性能基础上，获得所需要的焊缝尺寸。

换热管与管板焊接接头的焊缝（限对接焊缝、角焊缝及其组合焊缝）可当作角焊缝进行焊接工艺评定，其中焊脚高度 l 由设计确定。

焊脚高度 l 只与管板上所开坡口的位置和倒角大小相关，而与焊接工艺评定和焊接工艺无关。因此，NB/T 47014 将换热管与管板焊接的重要因素分为两类，一类为影响焊接接头力学性能和弯曲性能的重要因素，当发生改变时要进行焊接工艺评定；另一类为影响管子与管板角焊缝尺寸的因素，当发生改变时，要进行焊接工艺评定。

换热管与管板间焊缝的焊接工艺采用模拟组件进行评定，实质上就是对保证角焊缝焊脚高度 l 的焊接工艺进行评定。换热管与管板的焊接工艺评定目的是在保证焊接接头力学性能和弯曲性能的基础上，获得角焊缝焊脚高度 l 符合要求的焊接工艺。

二、评定方法

（1）NB/T 47014 附录 E 规定了换热管与管板的焊接工艺评定方法。

（2）当相应标准或设计文件没有规定试件类别时，换热管与管板的焊接工艺评定试件采用下列类别任意一种；当相应标准或设计文件规定采用模拟组件进行焊接工艺评定时，不得变更。

① 角焊缝试件；

② 对接焊缝试件；

③ 模拟组件。

（3）角焊缝试件与对接焊缝试件按 NB/T 47014 正文中的规定进行焊接工艺评定。

（4）模拟组件按 NB/T 47014 附录 E 规定的方法进行焊接工艺评定。

（5）模拟组件评定规则、评定方法、检验方法和结果评价按 NB/T 47014 附录 E.5。

（6）堆焊管板

管板上采用非合金钢、细晶粒钢焊材堆焊的焊缝金属，需有经评定合格的对接焊缝 PQR 支撑，管板试件可采用与堆焊焊缝金属力学性能相当的母材；管板上堆焊耐蚀合金的焊缝金属，需有经评定合格的耐蚀堆焊 PQR 支撑，管板试件可采用与堆焊焊缝金属公称化学成分相当的母材。

三、评定规则

（1）当发生下列情况时，需重新进行模拟组件焊接工艺评定

① 改变焊接方法及机动化程度（手工、机动、自动）；

② 改变母材类别号及填充金属类别号；

③ 小于设计要求的 l 值；

④ 焊接接头结构的改变（制造公差除外），如坡口深度增加超过 10%，或焊缝坡口制备角度改变超过 5°，或改变坡口类型；

⑤ 增加或取消焊后热处理；

⑥ 改变焊前清理或层间清理方法（打磨等）；

⑦ 改变电流种类或极性；

⑧ 预热温度比已评定合格值降低 55℃以上或道间温度比评定记录值高 55℃以上；

⑨ 增加填充金属公称直径；

⑩ 焊前增加管子胀接；

⑪ 由单道焊改为多道焊，或反之；

⑫ 评定合格的电流值改变超过 10%；

⑬ 手工焊时由向上立焊改变为向下立焊，或反之（盖面焊道除外）；

⑭ 变更管子与管板接头焊接位置；

⑮ 增加或取消预置填充金属；

⑯ 取消根部自熔焊。

（2）当试件中换热管公称壁厚 $b \leqslant 2.5$mm 时，评定合格的焊接工艺适用于焊件中换热管公称壁厚不得超过 $0.5b \sim 2b$；当试件中换热管公称壁厚 $b > 2.5$mm 时，评定合格的焊接工艺适用于焊件公称壁厚大于 2.5mm 所有换热管的焊接。

（3）当焊件孔桥宽度 $B_n < 10$mm，或焊件孔桥宽度 $B_n \geqslant 10$mm，但小于 3 倍产品管壁厚时，评定试件的孔桥宽度 $B \leqslant 1.1B_n$。

四、试件的形式与尺寸

（1）试件接头的结构与形式在焊接前后与焊件基本相同，至少焊接 10 个模拟焊缝。

（2）试件的尺寸

① 管板厚度为产品管板厚度与 20mm 较小值。当使用复合金属材料时，管板可采用与覆层同类别的材料。

② 试板孔直径和允许偏差、管板孔中心距 K 以及试板孔的坡口尺寸按照设计文件的规定。

③ 试件用换热管长度不小于 80mm。

④ 换热管插入管板，换热管伸出长度、平齐或内缩长度按设计文件的规定。

⑤ 试件管孔布置按图 9-1 和图 9-2（NB/T 47014 图 E.1 和图 E.2）

五、检验要求和结果评价

（1）检验项目：外观检验、渗透检验、金相检验（宏观）和焊脚高度 l 测定。

（2）外观检验：表面应无裂纹、气孔、管内壁熔化、管端头烧穿（仅角焊缝）；外径小于或等于 25mm 的管子，焊瘤不应大于 0.5mm；外径大于 25mm 的管子，焊瘤不应大于 1mm；咬边深度不得超过 $0.1b$。

（3）渗透检验：焊接接头全按 NB/T 47013.5 规定进行渗透检测，无裂纹为合格。

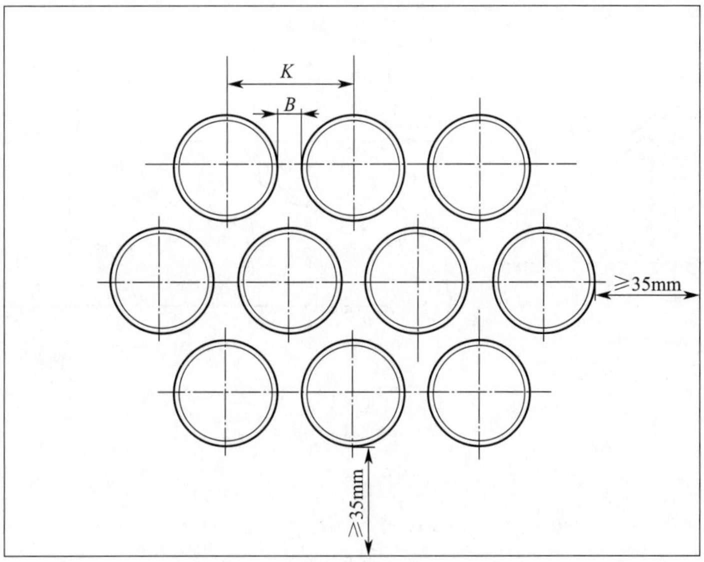

图 9-1　三角形排列的试件示例图

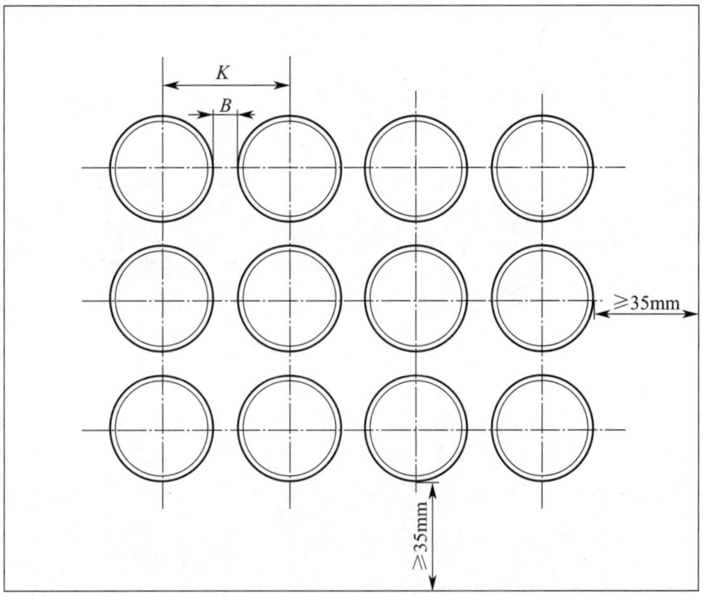

图 9-2　正方形排列的试件示例图

(4) 金相检验（宏观）：按图 9-3（NB/T 47014 图 E. 3）所示，任取呈对角线位置的 2 个管接头切开，两切口互相垂直。切口一侧面应通过换热管中心线，该侧面即为金相检验面，共有 8 个，其中应包括 1 个取自接弧处，焊缝根部应焊透，不允许有裂纹、未熔合。

(5) 焊脚高度 l 测定：在 8 个金相检验面上测定。每个焊脚高度 l 都应大于或等于设计文件的规定，且不小于换热管公称壁厚 b。

六、有关角焊缝厚度和焊脚讨论

1. 焊缝厚度

焊缝厚度：在焊缝横截面中，从焊趾连线到焊缝根部的距离，见图 9-4。

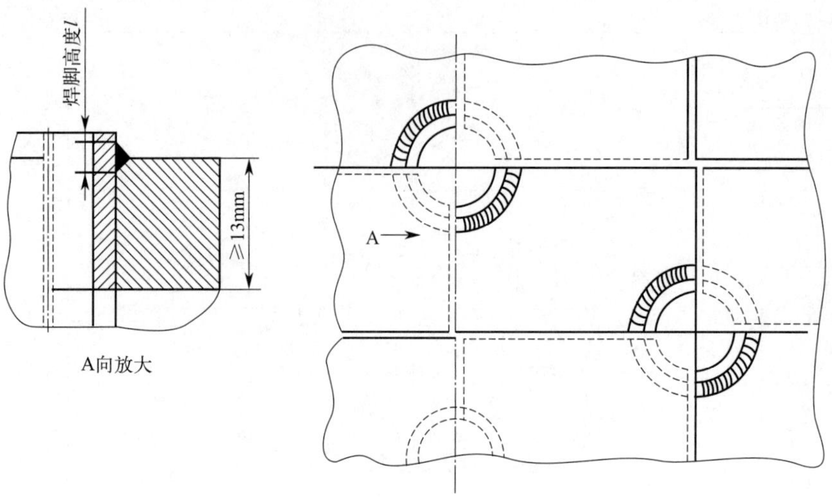

注：1.切口宽度小于2mm。
2.切断前将管板加工到大于或等于13mm亦可。

图 9-3　试样制取及检验示例图

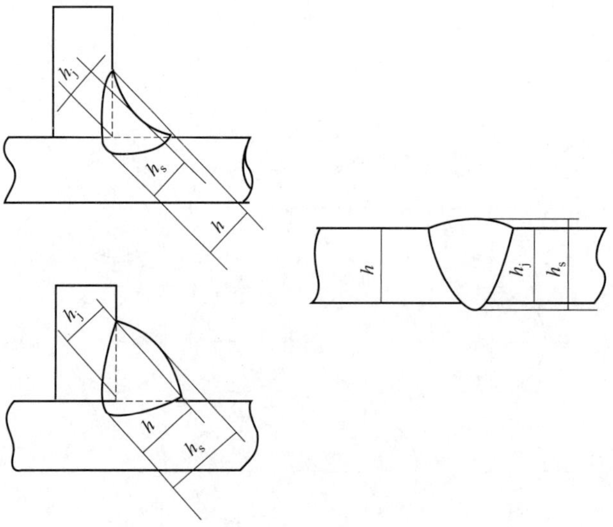

图 9-4　焊缝厚度

h—焊缝厚度；h_s—焊缝实际厚度；h_j—焊缝计算厚度

2. 焊脚

焊脚：角焊缝的横截面中，从一个板件的焊趾到另一个板件表面的垂直距离，见图 9-5。

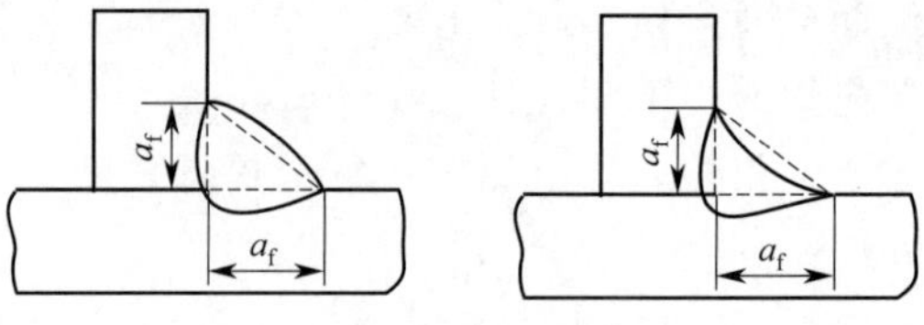

图 9-5　焊脚

a_f—角焊缝焊脚高度

3. 管子与管板焊缝连接形式与尺寸

在 ASME Ⅷ-1 篇管子与管板焊缝中，列举了管子与管板焊缝连接的四种形式，见图 9-6。对这四种连接形式的焊缝强度计算结果，要求焊缝尺寸见表 9-1。

表 9-1　换热管与管板连接焊缝尺寸

图 9-6 中的分图号	全强度焊缝的尺寸要求	部分强度焊缝的尺寸要求
(a)	$a_f \geqslant a_r$ 或 t 中的较大者	$a_f \geqslant a_r$
(b)	$a_g \geqslant a_r$ 或 t 中的较大者	$a_g \geqslant a_r$
(c)	$a_c \geqslant (a_r + a_g)$ 或 t 中的较大者	$a_c \geqslant (a_r + a_g)$
(d)	$a_c \geqslant (a_r + a_g)$ 或 t 的较大者	$a_c \geqslant (a_r + a_g)$

换热管在管壳式换热器运行时处于反复伸长、收缩交替状态，连接焊缝则受剪切应力作用，剪切应力为许用应力的 0.7 倍。

图 9-6(a)、图 9-6(b)、图 9-6(c)、图 9-6(d) 可以分为两种情况：

① 图 9-6(b)、图 9-6(c)、图 9-6(d) 中的 a_g 为对接焊缝焊脚高，主要与坡口设计有关，坡口开多深，则 a_g 就有多长，与焊接工艺评定无关；

② 图 9-6(a)、图 9-6(c)、图 9-6(d) 中的 a_f 则由设计确定，通过编制合适的焊接工艺规程来实现，焊接工艺规程能不能保证所要求的角焊缝焊脚，则要经过焊接工艺评定。

角焊缝有足够的焊缝焊脚高度，可以防止成为剪切应力作用下的薄弱面（见图 9-7)。

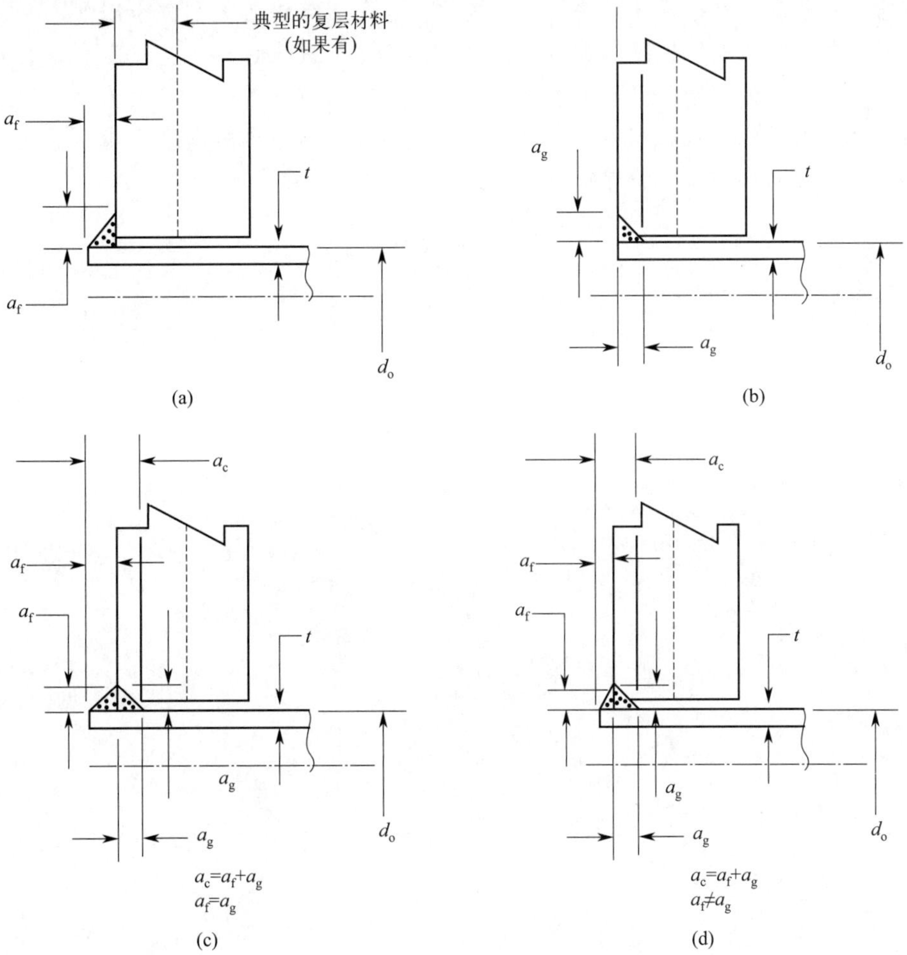

图 9-6　管子和管板焊缝连接四种形式

注：a_f—角焊缝焊脚高度，mm；a_g—对接焊缝焊脚高度，mm；a_r—角焊缝焊脚设计高度，mm；[对图（b)，a_r 为对接焊缝焊脚设计高度，mm]；a_c—对接焊缝与角焊缝焊脚实际高度之和，mm；d_o—换热管外径；t—换热管管壁厚度

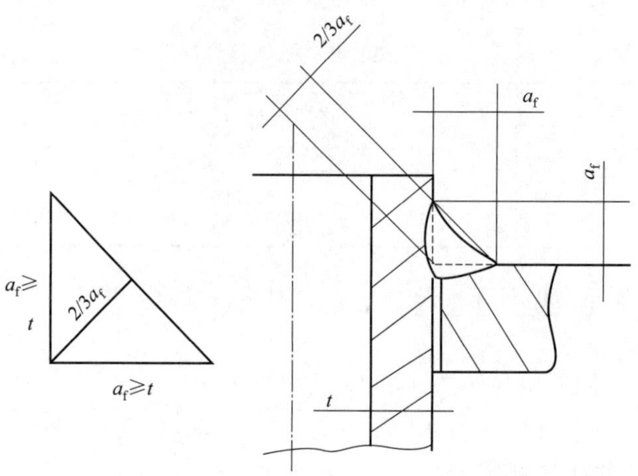

图 9-7 换热管管壁厚 t 和角焊缝焊脚高度 a_f

换热管与管板的焊接工艺评定，实质上就是对保证角焊缝焊脚高度的焊接工艺进行评定。

换热管与管板的焊接工艺评定的目的是在保证焊接接头力学性能的基础上，获得角焊缝焊脚高度符合指定技术要求的焊接工艺。具体做法是按对接焊缝与角焊缝焊接工艺评定规则，评定出合格的焊接工艺；结合换热管与管板实际情况编制角焊缝的焊接工艺卡进行焊接工艺评定，要求角焊缝焊脚高度应大于或等于设计文件的规定，且不小于换热管公称壁厚。重新进行焊接工艺评定的判断准则，则是焊接工艺评定因素的改变是否影响角焊缝焊脚高度。如果角焊缝焊脚高度不能够承受剪应力，则要在管板上开坡口，使得对接焊缝与角焊缝共同承受剪应力。

第十章

电子束焊焊接工艺评定

一、评定目的

为验证所制定的电子束焊焊件焊接工艺的正确性而进行的试验过程及结果评价。

二、评定规则

1. 电子束焊重要因素见表 10-1，当重要因素改变时，需重新进行焊接工艺评定。

表 10-1　电子束焊焊接工艺评定的因素

类别	焊接条件	重要因素[①]	次要因素
母材	①改变母材的类别号	○	—
	②母材厚度超过已评定过的有效厚度	○	—
	③已分别评定过的两类别号的母材组成接头	○	—
填充材料	①改变焊条、焊丝或填充金属直径	○	—
	②增加或取消填充金属	○	—
接头	①改变坡口形式	○	—
	②增加或取消衬垫或锁底焊缝[②]	○	—
	③坡口根部间隙比原评定值增大	○	—
	④减小坡口根部间隙	—	○
预热	焊前预热温度比已评定合格值降低 55℃以上	○	—
气体	①改变气体保护方式(如真空、惰性气体等)	○	—
电特性	①电子束电流改变超过评定值±5%	○	—
	②电子束电压改变超过评定值±2%	○	—
	③焊接速度改变超过评定值±2%	○	—
	④电子束焦点电流改变超过评定值±5%	○	—
	⑤电子枪至工件距离改变超过评定值±5%	○	—
	⑥振荡幅度或宽度改变超过评定值±20%	○	—
	⑦电子束脉动频率相对评定值发生改变	○	—
技术措施	①焊前清理和层间清理方法(刷或磨等)的改变	—	○
	②机动焊、自动焊时，改变电极(焊丝、钨极)摆动幅度、频率和两端停留时间	○	—
	③改变射束流轴线对工件的角度	○	—
	④改变焊接设备的类型	○	—
	⑤真空焊接环境压力增加超过评定值	○	—
	⑥灯丝种类、大小或外形的任何改变	○	—
	⑦增加饰面焊道	○	—
	⑧单面焊改为双面焊或反之	○	—
	⑨对于纯钛、钛合金和锆、锆合金，在密封室内焊接，改变为密封室外焊接	○	—

① 符号“○”表示该焊接条件为评定因素。

② 采用其他焊接方法在试件根部施焊的锁底焊缝应有合格的焊接工艺评定支持。

2. 当焊后热处理发生以下改变时，需重新进行焊接工艺评定

（1）焊后热处理改为不焊后热处理或反之；

（2）焊后热处理温度范围发生改变。

3. 试件厚度与焊件厚度的评定规则

可测熔深的无衬垫单面焊全焊透电子束焊缝，当试件厚度不大于 25mm 时，适用于焊件母材最大厚度为 1.2T；当试件厚度大于 25mm 时，适用于焊件母材最大厚度为 1.1T。对于其他焊缝，当试件厚度不大于 25mm 时，适用于焊件母材最大厚度为 1.1T；当试件厚度大于 25mm 时，适用于焊件母材最大厚度为 1.05T。

三、评定方法

1. 试件形式

试件分为板状和管状两种，管状指管道和环。

2. 试件尺寸

板状试件按图 10-1 制备，应有足够的尺寸满足试验取样需要。

3. 试件的焊接

试件的锁底焊缝应与实际产品相一致。试件的制备及焊接应按照预焊接工艺规程（pWPS），在与实际焊接生产环境相近的条件下进行焊接。定位焊缝最终熔入接头时，试件也应包含定位焊缝。

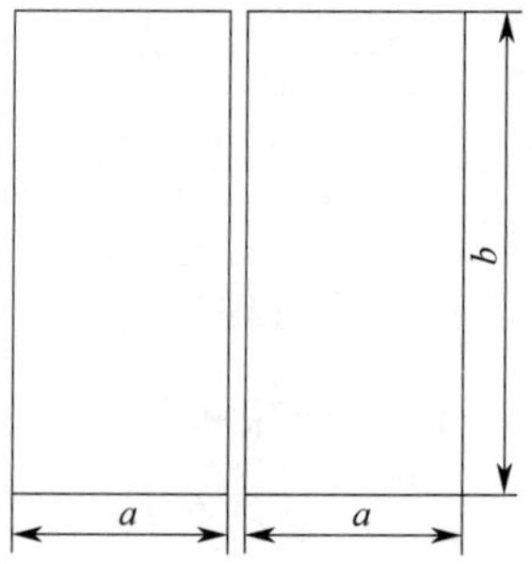

试板规格：$a \geqslant 3T$，且≥120mm；$b \geqslant 6T$，且≥400mm。

图 10-1　对接接头试件

四、检验要求和结果评价

1. 无损检测

所有焊件应在焊接后进行目视检查合格后，按 NB/T 47013 对试件进行检测，不得有裂纹。

2. 力学性能及弯曲性能试验与检验

焊接接头的力学性能及弯曲性能试验方法及合格指标按 NB/T 47014 标准正文。

五、真空电子束焊在镍基合金空冷器制造中的应用

电子束焊接（Electron Beam Welding，EBW）是一种借助于独特的传热机制以及纯净的真空焊接环境，利用热发射或场发射阴极产生的电子束作为热源的焊接工艺。电子束焊接与其他传统的焊接方法（GTAW、SMAW、SAW 等）相比，具有热输入量低、焊接变形小、能量密度大、穿透能力强、焊缝深宽比大、焊缝纯洁度高、工艺适应性强、重复性和再现性好等特点，因此在航空航天、石油化工、生物医学等诸多工程领域得到越来越广泛的应用。

镍基耐蚀合金具有独特的物理、力学和耐腐蚀性能，是石油、化工、金属冶炼、航空航天、海洋开发、核工业等领域中耐高温、高压、高浓度或混有不纯物等各种苛刻腐蚀环境中理想的金属材料。NS1402（Incoloy825，国内牌号为 0Cr21Ni43Mo3Cu2Ti）合金是一种钛稳定化的 Ni-Fe-Cr-Mo-Cu 耐蚀合金，由于其优良的耐硫化物及氯化物腐蚀性能，在高硫原油的加工中，广泛应用于加氢装置高压空冷器管箱等设备，以保证高压空冷器长周期、安全运行。

空气冷却器是石油化工和油气加工生产中作为冷凝或冷却应用最多的一种换热设备，简称“空冷器”。这种设备以环境空气作为冷却介质，横掠翅片管外，使管内高温工艺流体得到冷却或冷凝，一般是由管束、风机、百叶窗和构架等组成，主要工作部分为管束。空冷器制造过程中，大部分工作量集中在管束管箱的焊接，传统焊接工艺为先开制 U 形坡口，内角焊缝焊接采用埋弧焊，外侧打磨清理、

经 PT 检测合格后，再采用埋弧焊焊接外侧焊缝，从而获得双面焊透的接头。由于存在工序较多、焊接质量不高及效率低下、施焊环境不佳等缺点，国外空冷器制造行业普遍应用真空电子束焊技术进行空冷器管箱的焊接。

1. 电子束焊基本原理

电子束焊接是电子在阴极和阳极间的高压（25kV～300kV）电场作用下加速到很高的速度（0.3c～0.7c），经一级或二级磁透镜聚焦后，形成密集的高速电子流，当电子束撞击工件表面时，高速运动的电子与工件内部原子或分子相互作用，在介质原子的电离与激发作用下，电子的动能大部分转化为焊件的热能，被轰击焊件迅速升温、熔化并汽化，使焊接件的结合处的金属熔融，图 10-2 为电子束焊接原理简图。当电子束焊枪移动时，在焊件结合处形成一条连续的焊缝。一般熔焊能焊的金属，如铁、铜、镍、铝、钛及其合金等都可以采用电子束焊，而且焊缝化学成分与母材基本一致。

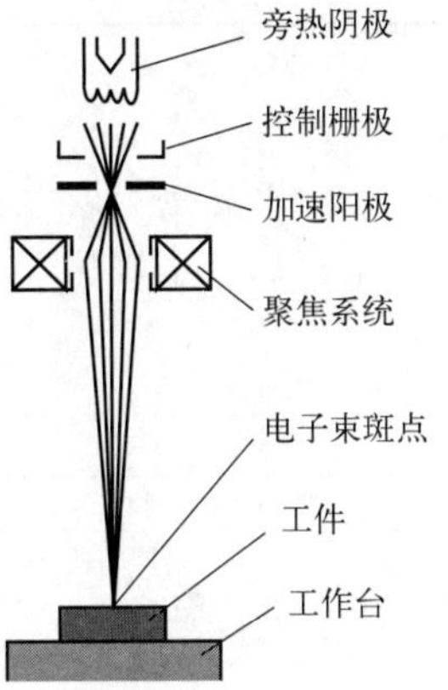

图 10-2 电子束焊接原理简图

2. 电子束焊工艺试验

试验采用 56mm 厚的 Incoloy 825 镍基耐蚀合金，化学成分、力学与物理性能分别见表 10-2、表 10-3。试验用设备为桂林狮达公司产 THDW-30 型，电子束焊机由真空系统和直热式电子枪组成，电子束系统置于真空室中，真空室由聚焦线圈、偏转线圈、电源及焊接小车设备等部件组成。

镍基耐蚀合金液态焊缝金属流动性差，熔深浅，具有高的焊接热裂纹敏感性，传统的焊接工艺焊接时需采用较小的热输入量并保持较低的层间温度。为获得理想的电子束焊焊道成形，通过大量的焊接试验，以确定最佳的焊接工艺参数组合。图 10-3 所示为其他参数不变时，在 140mA、150mA、160mA、170mA、180mA 五种束流条件下的焊接接头断面及熔深，不同位置处测得的焊缝宽度（mm）见表 10-4。从图 10-3 可以看出，随着束流的增加，焊接接头熔深 h、熔宽均增加，考虑到产品管箱厚度为 32mm，最终确定的焊接电流为 180mA，具体工艺参数组合见表 10-5。

表 10-2 Incoloy 825 镍基耐蚀合金化学成分（质量分数/%）表

元素	Ni	Fe	Cr	Mo	Cu	Ti	Al	Mn	Si	S	P	C
标准值	38.0～46.0	≥22	19.5～22.5	2.5～3.5	1.5～3	0.6～1.2	≤0.2	≤1.0	≤0.50	≤0.03		≤0.05
复验值	44.92	25.39	22.02	3.39	1.61	0.83	0.12	0.29	0.19	0.001	0.012	0.018

表 10-3 Incoloy 825 镍基耐蚀合金的力学与物理性能

项目	屈服强度 R_{el}/MPa	抗拉强度 R_m/MPa	断面伸长率 A/%	热导率/W/(m·K)
标准值	≥250 305(复验值)	≥550 625(复验值)	≥35 52(复验值)	10.8(21℃)(复验值)

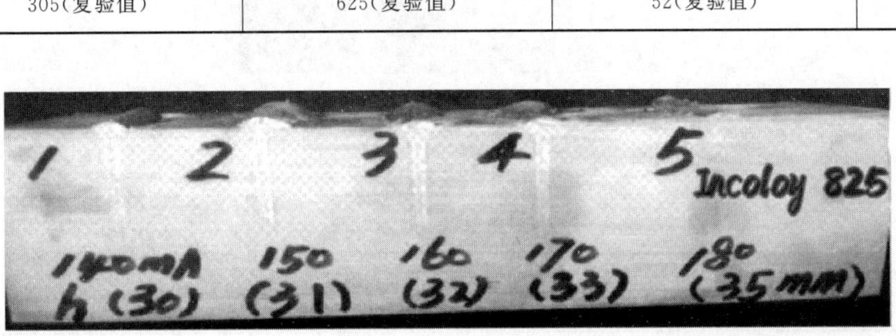

图 10-3 不同焊接工艺参数组合条件下焊接接头断面及熔深

表 10-4 不同位置处测得的焊缝宽度（mm）

位置	1	2	3	4	5
距上表面 1.6mm 处	7.0	7.5	7.45	7.5	7.55
距上表面 10mm 处	2.65	3.25	3.20	3.65	3.80
$T/2$ 处	2.55	2.95	2.80	2.85	3.05

表 10-5 最佳焊接工艺参数组合

电子束流/mA	加速电压/kV	焊接速度/(mm/min)	电子枪室压力/Pa
180	7.5	7.50	5×10^{-2}

3. 电子束焊工艺评定试验

选用表 10-5 的焊接工艺规范参数，依据 NB/T 47014《承压设备焊接工艺评定》和空冷器设计技术条件，对 32mm 厚的 Incoloy 825 镍基耐蚀合金试件进行真空电子束焊接工艺评定，焊缝金属化学成分、焊接接头力学性能分别见表 10-6、表 10-7。

表 10-6 焊缝不同位置处测得的化学成分（质量分数/%）

位置	Ni	Fe	Cr	Mo	Cu	Ti	Al	Mn	Si	S	P	C
距上表面 1.6mm 处	43.98	24.43	22.05	3.27	1.62	0.79	0.12	0.30	0.18	0.001	0.013	0.017
$T/2$ 处	43.34	25.55	22.04	3.30	1.61	0.79	0.12	0.31	0.18	0.001	0.013	0.022
距下表面 1.6mm 处	45.36	27.02	22.10	3.44	1.62	0.76	0.12	0.22	0.19	0.001	0.012	0.038

表 10-7 焊接接头力学性能试验结果

拉伸试验（接头板拉，合格值≥550MPa）		弯曲试验（$d=4a$，$a=10$mm，$\alpha=180°$）	冲击试验[−196℃，KV_2(J)；合格值≥60J]		
R_m/MPa	断裂位置	侧弯四件	母材	焊缝	热影响区
610/615	焊缝	合格	246/242/245	250/258/279	256/242/233

试验检测的焊接接头处三件 Z 向拉伸断面收缩率（%）数值为 73、72、72，母材位置三件 Z 向拉伸断面收缩率（%）数值为 62、64、65，表明焊接接头 Z 向拉伸值高于母材；按图 10-4 所示，沿焊接接头厚度方向间隔 1mm 分别检测母材、热影响区、焊缝处的硬度，测得的硬度值结果见表 10-8，可以看出，母材、热影响区、焊缝金属各个部位硬度值基本一致。

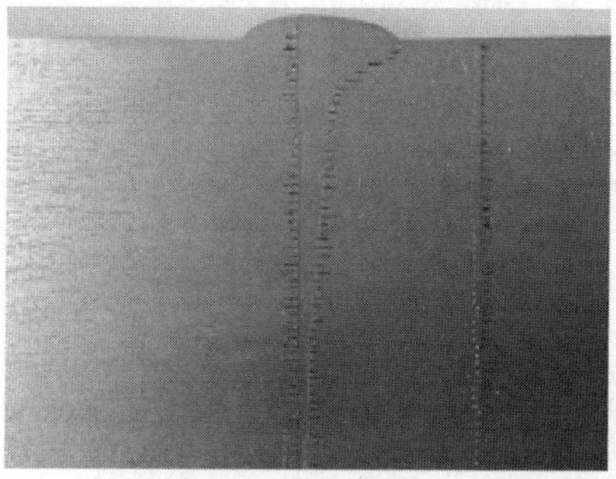

图 10-4 焊接接头硬度检测

表 10-8 焊接接头硬度、组织检测结果

位置	硬度(HV10)	显微组织
母材	母材硬度值范围 168～203，均值 181	奥氏体
热影响区	热影响区硬度值范围 166～201，均值 185	奥氏体
焊缝	焊缝硬度值范围 158～197，均值 179	奥氏体

由表 10-6 可以看出，由于电子束焊没有填充焊丝，试件处于真空状态下，焊接过程中合金元素没有烧损，因此不同位置处的焊缝元素分布均匀，从而保证了焊接接头各区域力学性能稳定、组织均匀

以及耐蚀性能良好（见表 10-7、表 10-8、表 10-9），各项指标均满足 NB/T 47014《承压设备焊接工艺评定》及产品设计技术条件要求，表明所制定的电子束焊接工艺正确合理。

表 10-9　腐蚀试验结果

试验方法	件数/件	腐蚀率/(mm/月)	合格标准/(mm/月)
ASTM G28-A 法	2	0.01	≤1.0
ASTM A262-C	2	0.0025	≤0.075

4. 采用真空电子束焊接管箱模拟件

在大量焊接试验和工艺评定的基础上，采用电子束焊接制作了空冷器管箱模拟件，空冷器管束见图 10-5，管箱焊缝外观见图 10-6，管箱焊缝断面见图 10-7，并制定了 Incoloy 825 镍基耐蚀合金电子束焊缝 UT、RT 检测工艺规程。与传统焊接方法（SMAW、SAW、GTAW）相比（管箱坡口形式见图 10-8），真空电子束焊接管箱具有变形量小（不同焊接方法变形量对比见表 10-10），焊缝、热影响区硬度低，冲击值高，焊缝一次检测合格率高等优点（统计表明，电子束焊焊接空冷器管箱的合格率 97.2%，高于埋弧焊 95.1%、氩弧焊 92.8%的合格率）；真空电子束焊能够大幅降低生产周期和生产成本，焊接空冷器管束管箱主焊缝，单台电子束焊接设备的焊接效率约等于 24 名熟练焊工的焊接效率，单片镍基合金空冷管可节约人工成本 0.5 万元；电子束焊同样省去了填充材料的费用，单片镍基合金空冷管箱可节约焊接材料费用 7.8 万元左右。据此进行了产品焊接，自 2019 年以来，已在多套装置得到推广应用，至今运行良好。

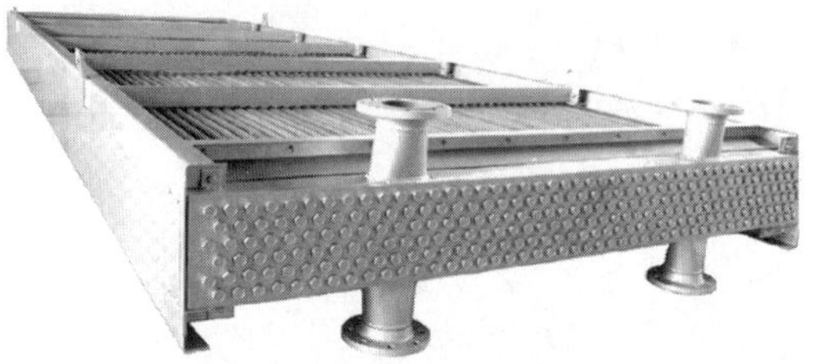

图 10-5　空冷器管束

图 10-6　管箱模拟件焊缝外观

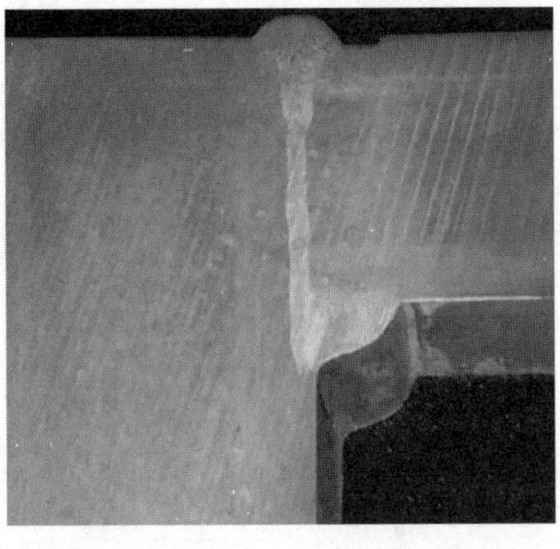

图 10-7　管箱模拟件焊缝断面

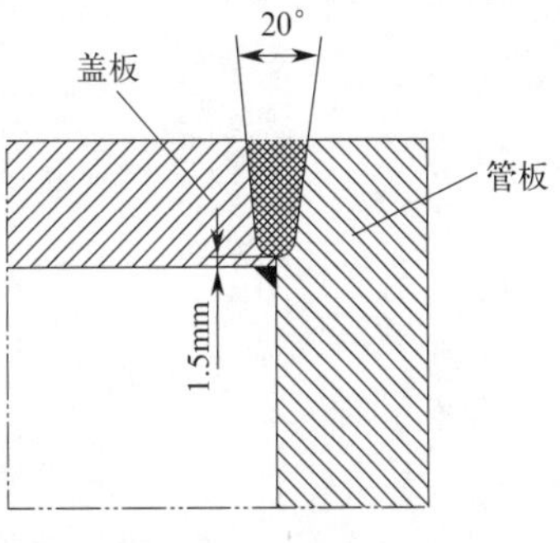

图 10-8　管板与盖板连接形式

表 10-10　不同焊接方法焊接管箱变形量对比

焊接方法	焊接前变形量/(mm/m)	焊接后变形量/(mm/m)	备注
EBW	0.4	0.8	不需要校正
GTAW	0.4	1.8	需通过压力机校正将变形量控制在变形量 1mm/m
SMAW	0.4	2.1	
SAW	0.4	3.2	

5. 小结

(1) 本章通过大量焊接试验，确定了 Incoloy 825 镍基耐蚀合金真空电子束焊最佳焊接工艺参数组合，采用确定的焊接工艺参数制作的焊接试件获得了理想的焊接接头性能，表明真空电子束焊接技术可应用于厚壁镍基耐蚀合金产品的制造；

(2) 在大量焊接试验和焊接工艺评定合格的基础上，进行了厚壁镍基耐蚀合金空冷器管箱模拟件电子束的焊接，证明电子束焊焊接工艺具有变形量小、无损检测合格率高等优点，能够保证厚壁镍基耐蚀合金焊接质量；

(3) 后续生产实践表明，与传统厚壁镍基耐蚀合金开制坡口，采用 SMAW、SAW、GTAW 需填充焊接材料的焊接方法相比，电子束焊能够大大缩短制造周期、提高生产效率、降低生产成本。

第十一章

压力容器焊接工艺评定需注意的问题

一、焊接接头的冲击试验准则

压力容器焊接接头究竟在什么条件下需要做冲击试验，也就是说压力容器焊接接头的冲击试验准则，笔者总结，下列三种情况，焊接接头应进行冲击试验：

① 当压力容器的安全技术规范、产品标准要求进行焊接接头冲击试验时；

② 当压力容器设计文件或相关技术文件规定进行焊接接头冲击试验时；

③ 压力容器产品所选用的材料，其材料标准规定要做冲击试验时，焊接接头要做冲击试验。

NB/T 47014 中也规定：对接焊缝试件“当规定进行冲击试验时，仅对钢材和含镁量超过 3%的铝镁合金及奥氏体不锈钢焊接接头进行夏比 V 形缺口冲击试验，铝镁合金、奥氏体不锈钢焊接接头只取焊缝金属冲击试样。”

二、焊丝-焊剂组合分类

(1) 标准 GB/T 5293—2018《埋弧焊用非合金钢及细晶粒钢实心焊丝、药芯焊丝和焊丝-焊剂组合分类要求》、GB/T 12470—2018《埋弧焊用热强钢实心焊丝、药芯焊丝和焊丝-焊剂组合分类要求》规定了焊丝-焊剂组合分类原则，以 GB/T 5293—2018 为例，说明焊丝-焊剂组合分类：

① 实心焊丝-焊剂组合分类按照力学性能、焊后状态、焊剂类型和焊丝型号等进行划分。

② 药芯焊丝-焊剂组合分类按照力学性能、焊后状态、焊剂类型和熔敷金属化学成分等进行划分。

③ 焊丝-焊剂组合分类由五部分组成：

a. 第一部分：用字母 S 表示埋弧焊焊丝-焊剂组合；

b. 第二部分：表示多道焊在焊态或焊后热处理条件下，熔敷金属的抗拉强度代号，见 GB/T 5293—2018 表 1A；或者表示用于双面单道焊时焊接接头的抗拉强度代号，见 GB/T 5293—2018 表 1B；

c. 第三部分：表示冲击吸收能量（KV_2）不小于 27J 时的试验温度代号，见 GB/T 5293—2018 表 2；

d. 第四部分：表示焊剂类型代号，参见 GB/T 5293—2018 附录 B；

e. 第五部分：表示实心焊丝型号，见 GB/T 5293—2018 表 3；或者药芯焊丝-焊剂组合的熔敷金属化学成分分类，见 GB/T 5293—2018 表 4。

④ 除以上强制分类代号外，可在组合分类中附加可选代号：

a. 字母 U，附加在第三部分之后，表示在规定的试验温度下，冲击吸收能量（KV_2）应不小于 47J；

b. 扩散氢代号 HX，附加在最后，其中 X 可为数字 15、10、5、4 或 2，分别表示每 100g 熔敷金属中扩散氢含量的最大值（mL），见 GB/T 5293-2018 表 5。

⑤ 该标准中焊丝-焊剂组合分类示例如下：

示例一：

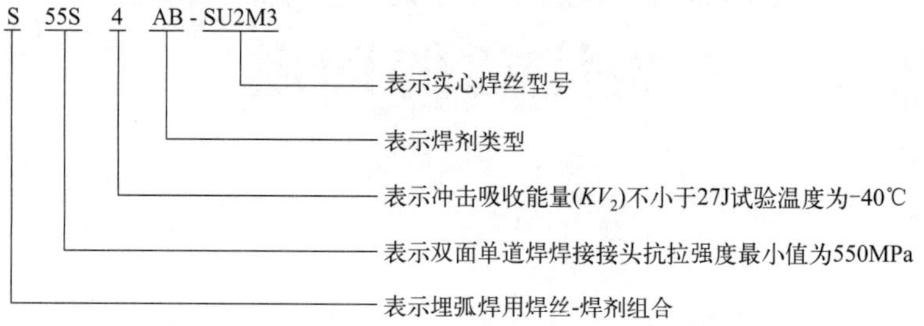

示例二：

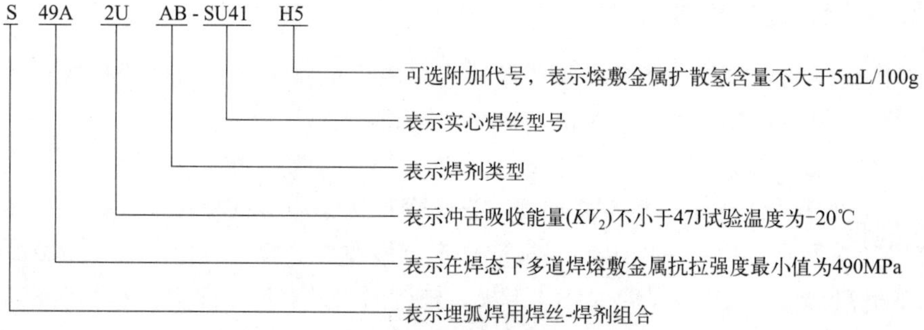

（2）GB/T 36034—2018《埋弧焊用高强钢实心焊丝、药芯焊丝和焊丝-焊剂组合分类要求》中，焊剂类型按照主要化学成分，分为 MS（硅锰型）、CS（硅钙型）、CG（镁钙型）、CB（镁钙碱型）、CG-Ⅰ（铁粉镁钙型）等，详见 GB/T 36034—2018 表 1“焊剂类型代号及主要化学成分”。

三、预焊接工艺规程（pWPS）格式和内容

（1）预焊接工艺规程（pWPS）是为进行焊接工艺评定所拟定的焊接工艺文件。pWPS 应按照标准进行评定。

（2）一份完整的 pWPS 应包括所采用的每一种焊接方法所有的通用焊接因素和专用焊接因素中的重要因素，补加因素和次要因素。在 pWPS 中应注明所支持的焊接工艺评定记录文件—焊接工艺评定报告（PQR）。

（3）根据制造单位的需要，pWPS 的格式可以是文字式的或表格式的。NB/T 47014 推荐的表格见附录 G：《焊接工艺评定表格推荐格式》，它可作为 pWPS 的一种指南，NB/T 47014 表 G.1 和表 G.2 适用于焊条电弧焊、埋弧焊、熔化极气体保护焊、钨极气体保护焊或上述方法的组合焊接工艺评定；表 G.3 和表 G.4 适用于电子束焊焊接工艺评定。

（4）pWPS 由制造单位的焊接责任工程师审核，技术负责人批准。

值得注意的是，该推荐表格并没有包括上述焊接方法的全部焊接工艺评定因素，因此在每一类焊接工艺评定因素下都有一栏“其他”，在填写 pWPS 时，应将没有包含的焊接工艺评定因素填写进去。

四、焊接工艺评定报告（PQR）格式和内容

（1）PQR是记载验证性试验及其检验结果，对拟定的预焊接工艺规程（pWPS）进行评价的报告。PQR是焊接工艺评定试件焊接时所用的焊接数据的实际记录。PQR是焊接试件时记载焊接因素的记录，它同时附有试样的试验结果。记录下的焊接工艺评定因素一般应是实际焊接生产所用因素的窄小范围内。

（2）一份完整的PQR，对每一种焊接方法应记录下用于试件焊接时的全部通用因素和专用因素中的重要因素和补加因素。试件焊接时的次要因素是否记录，由制造单位确定。

（3）PQR由制造单位的焊接责任工程师审核，技术负责人批准，并经监检人员签字确认后存入档案。其目的是制造单位对试件焊接时焊接因素记录的真实性确认，对力学性能和弯曲性能试验结果是否符合标准进行确认。

（4）原则上PQR是不允许更改的，但允许对其编辑上的更改或补充。编辑上的更改是指诸如母材或者填充金属的类别号误用等；补充是指由于规范的修改引起的变化，诸如母材和填充金属类别号发生变化，有了新的类别号等。PQR的所有变更都应进行确认（包括日期）。

（5）PQR的推荐表格见标准的附录G，它是制定PQR的一个指南，它要求至少包括焊接时的通用因素和专用因素中的重要因素和补加因素，在PQR中还应填写试验的类型、数量和结果。

（6）由于PQR是pWPS的支持性文件，供有关人员查阅。对焊工和焊机操作工无需提供PQR。

（7）一份WPS可能有多份PQR支持，一份PQR也可能支持多份WPS。

五、焊接工艺规程（WPS）或焊接工艺卡（WWI）格式和内容

（1）WPS是根据合格的焊接工艺评定报告（PQR）编制的，用于产品施焊接的焊接工艺文件；WWI是与制造焊件有关的加工和操作细则性文件，供焊工施焊时使用的作业指导书，可保证施工时质量的再现性。WPS或WWI是按照规范进行了评定的，并得到PQR支持的焊接工艺文件。WPS或WWI用于对焊工和焊机操作工提供指导，以保证符合规范要求。因此提供给焊工的WPS或WWI应能为焊工看得懂，易理解，易执行。WPS或WWI为质量保证体系中的第三层次文件（作业文件），应发到焊工和焊机操作工手中。

（2）为了适应生产的需要，可以变更WPS或WWI中的次要因素，而不必重新评定，但需要附有相关文件，文件可以是WPS或WWI的修正页，或用新的WPS或WWI代替。

（3）用于焊接产品的WPS或WWI应当由制造单位的焊接责任工程师审批。

第十二章

压力容器焊接工艺评定的应用

一、焊接工艺评定项目的选择

在确定焊接工艺评定项目时，应按照设计文件将焊接接头分解为焊缝，再按照已被确定的焊接方法、焊接材料、热处理种类、焊件厚度范围确定试件厚度等选定焊接工艺评定项目。其程序如下：

将焊接接头分解为焊缝──→确定焊接方法──→确定焊接材料──→确定热处理种类──→根据焊件厚度范围确定试件厚度──→选定焊接工艺评定项目。

1. 碳钢和低合金钢焊接工艺评定项目送定程序（如 Q345R）

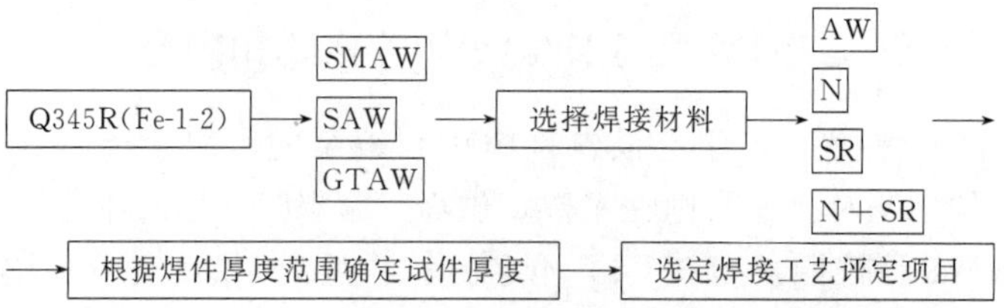

2. 高合金钢奥氏体不锈钢焊接工艺评定项目送定程序（如 06Cr19Ni10）

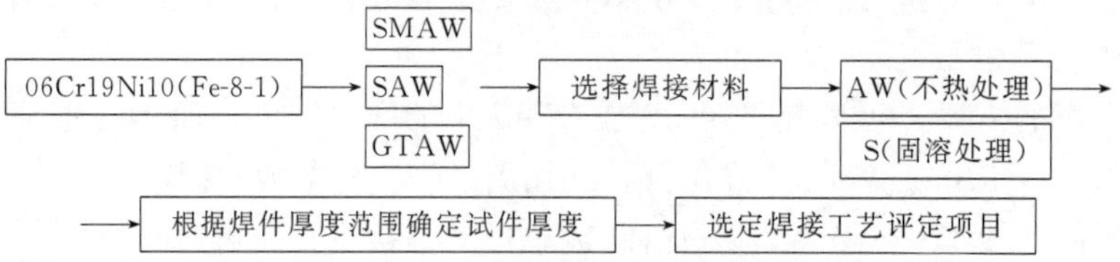

二、压力容器焊接工艺评定应用案例

【例 12-1】有一台压力容器（如图 12-1 所示），壳体材料 Q345R，壁厚 16mm，纵缝（A1、A2、A3、A4）和环缝（B1、B2）采用双面埋弧焊（机动焊、H10Mn2、HJ350、有焊剂垫、无自动跟踪、目视观察控制、多道焊、平焊位置）；椭圆形封头拼接后热压成形；椭圆形封头与筒体连接的最后一道环缝（B3）采用背面焊条电弧焊（J507、平焊位置），正面埋弧焊全焊透（机动焊、H10Mn2、HJ350、无自动跟踪、目视观察控制、多道焊、平焊位置）；人孔接管 A5（DN450mm）用厚 16mm、Q345R 卷焊；人孔接管与人孔法兰（16MnⅢ）的对接焊缝 B4，用焊条电弧焊（J507、清根双面焊、平焊位置）；人孔加强圈用厚 16mm、Q345R 整板制作；其他接管和管法兰选用 20Ⅱ，接管尺寸（B5、B6）ϕ108mm×4mm、（B7、B8）ϕ57mm×3mm、（B9、B10）ϕ20mm×2mm，接管与长颈法兰和接管与接管的 B 类焊缝采用手工钨极气保焊、单面焊全焊透（实芯填充金属丝、背面无保护气体、直流正接、水平转动焊位）；接管与壳体的连接焊缝（D1、D2、D3、D4、D5、D6），采用管板角接头（管不开坡口，板开坡口），焊条电弧焊（J507、无衬垫、双面焊全焊透、垂直固定平焊位置）；E1、E2 为鞍式支座垫板（Q345R）与筒体连接的角焊缝，D7 为补强圈与壳体连接角焊缝，均采用焊条电弧焊（J507）。所有定位焊缝均采用焊条电弧焊（J507）、并熔入永久焊缝内。

当该容器需要进行焊后炉内整体消除应力热处理时，请问：

（1）该容器的 A、B、D、E 类焊接接头应有多少个焊接工艺评定项目？

（2）施焊焊工应具备哪些焊接合格项目？

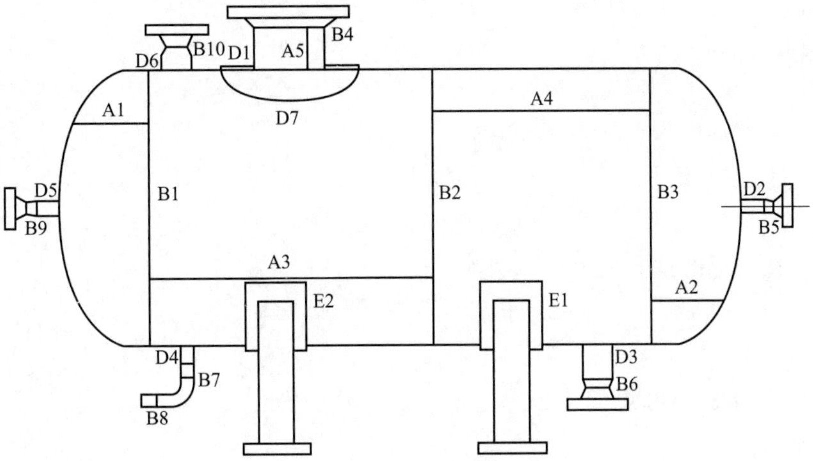

图 12-1　【例 1】压力容器及焊缝

1. A1、A2 焊缝

焊接工艺评定项目：

SMAW　Q345R　30mm（定位焊）　N+SR

SAW　Q345R　30mm　N+SR

焊工项目：

SMAW－FeⅡ－1G－12－Fef3J

SAW－1G（K）－07/09/19

2. A3、A4、B1、B2 焊缝

焊接工艺评定项目：

SMAW　Q345R　16mm（定位焊）　SR

SAW　Q345R　16mm　SR

焊工项目：

SMAW－FeⅡ－1G－12－Fef3J

SAW－1G（K）－07/09/19

3. B3 焊缝

焊接工艺评定项目：

SMAW　Q345R　16mm（含定位焊）　SR

SAW　Q345R　16mm　SR

焊工项目：

SMAW－FeⅡ－1G－12－Fef3J

SAW－1G（K）－07/09/19

4. A5、B4 焊缝

焊接工艺评定项目：

SMAW　Q345R　8mm　　　　　　SR

焊工项目：

SMAW－FeⅡ－1G－12－Fef3J

5. B5、B6、B7、B8、B9、B10 焊缝

焊接工艺评定项目：

SMAW　Q345R　4mm（定位焊）　SR

GTAW　Q245R　4mm　　　　　　SR

焊工项目：

GTAW－FeⅠ－1G－4/20－FefS-02/11/12

6. D1、D7、E1、E2 焊缝

焊接工艺评定项目：

SMAW　Q345R　8mm　　　　　　SR

焊工项目：

SMAW－FeⅡ－2FG－12/57－Fef3J.

7. D2、D3、D4、D5、D6 焊缝

焊接工艺评定项目：

SMAW　Q345R　8mm　　　　　　SR

SMAW　Q345R　4mm　　　　　　SR

焊工项目：

SMAW－FeⅡ－2FG－12/20－Fef3J.

该台产品的焊接工艺评定项目汇总见表 12-1。

表 12-1　焊接工艺评定项目汇总

评定序号	焊接工艺评定试件				焊件		
	焊接方法	焊后热处理类别	母材厚度/mm	母材	焊缝代号	母材厚度范围/mm	焊缝金属厚度范围/mm
1	SMAW	N+SR	30	Q345R	A1 和 A2 的定位焊	5～60	0～60
2	SAW	N+SR	30	Q345R	A1、A2	5～60	0～60
3	SMAW	SR	16	Q345R	A3、A4、B1、B2 焊缝的定位焊，B3(含定位焊)	16～32	0～32
4	SAW	SR	16	Q345R	A3、A4、B1、B2、B3	16～32	0～32
5	SMAW	SR	8	Q345R	A5、B4、D1、D2、D3、D4、D5、D6、D7、E1、E2	8～16	0～16
6	SMAW	SR	4	Q345R	D2、D3、D4、D5、D6	2～8	0～8
7	GTAW	SR	4	Q245R	B5、B6、B7、B8、B9、B10	2～8	0～8

8. 焊工项目汇总

① A1、A2、A3、A4、B1、B2、B3 焊缝

SMAW－FeⅡ－1G－12－Fef3J

SAW－1G（K）－07/09/19

② D1～D6、D7、E1、E2 焊缝

SMAW－FeⅡ－2FG－12/20－Fef3J

③ A5、B4 焊缝

SMAW－FeⅡ－1G－12－Fef3J

④ B5、B6、B7、B8、B9、B10 焊缝

SMAW－FeⅡ－1G－12－Fef3J

GTAW－FeⅠ－1G－4/20－FefS-02//11/12

【例 12-2】有一台压力容器（如图 12-2 所示），壳体材料 Q345R，壁厚 16mm，纵缝（A1、A2、A3、A4、A5）和环缝（B1、B2、B3）采用双面埋弧焊（机动焊、H10Mn2、HJ350、有焊剂垫、无自动跟踪、目视观察控制、多道焊、平焊位置）；椭圆形封头拼接后热压成形；椭圆形封头与筒体连接的最后一道环缝（B4）采用背面焊条电弧焊（J507、平焊位置），正面埋弧焊全焊透（机动焊、H10Mn2、HJ350、无自动跟踪、目视观察控制、多道焊、平焊位置）；嵌入式接管（DN300mm×16mm、16MnⅡ）与壳体和法兰（16MnⅡ）的对接焊缝（A7、B7）采用焊条电弧焊（J507、平焊位置、双面焊、全焊透）；人孔接管 A6（DN450mm×16mm、用 Q345R 卷焊）和人孔接管与人孔法兰（16MnⅡ）的对接焊缝 B5，用焊条电弧焊（J507、平焊位置、双面焊、全焊透）；人孔加强圈用厚 16mm、Q345R 整板制作；B6 处接管和管法兰选用 16MnⅡ，规格为 ϕ60mm×8mm，B6 采用手工钨极气保焊，单面焊全焊透（实芯填充金属丝、背面无保护气体、直流正接、水平转动焊位）；接管与壳体的连接焊缝（D1、D3），采用管板角接头（管不开坡口，板开坡口），焊条电弧焊（J507、无衬垫、双面焊全焊透、垂直固定平焊位置）；D2 为补强圈与壳体连接角焊缝，E1 为支座垫板（Q345R）与筒体连接的角焊缝，均采用焊条电弧焊（J507）。所有定位焊缝均采用焊条电弧焊（J507），并全部清除，不熔入永久焊缝内。

该压力容器不需要进行焊后炉内整体消除应力热处理，请问：

（1）该压力容器的 A、B、D、E 类焊接接头应有多少个焊接工艺评定项目？

（2）施焊焊工应具备哪些焊接合格项目？

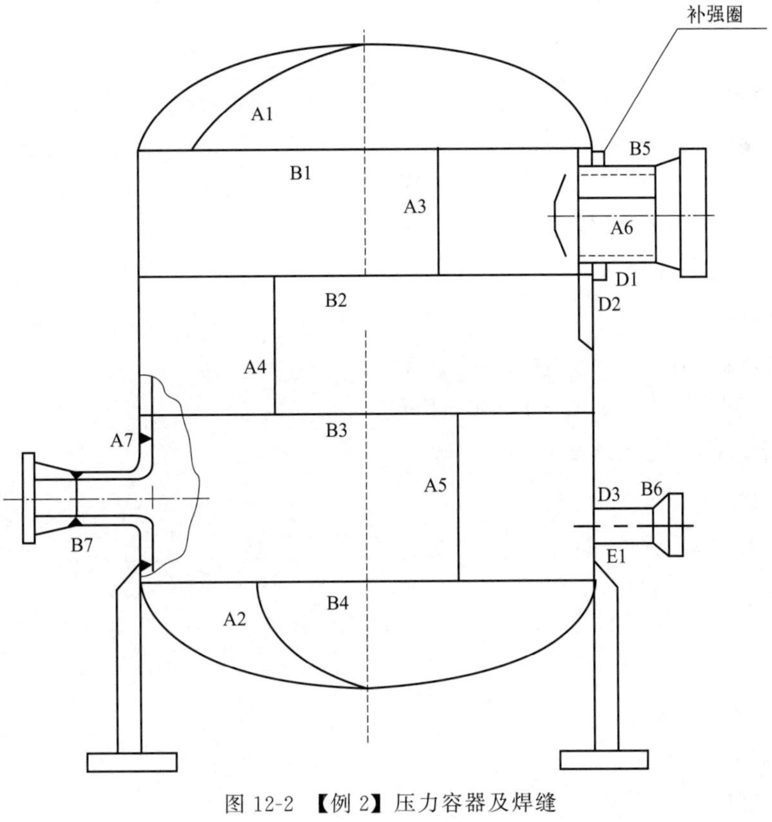

图 12-2　【例 2】压力容器及焊缝

1. A1、A2 焊缝

焊接工艺评定项目：

SMAW　　Q345R　30mm（定位焊）　　N

SAW　　Q345R　30mm　　　　　　N

焊工项目：SAW－1G（K）－07/09/19

2. A3、A4、A5、B1、B2、B3 焊缝

焊接工艺评定项目：

SMAW　　Q345R　16mm（定位焊）　　AW

SAW　　Q345R　16mm　　　　　　AW

焊工项目：SAW－1G（K）－07/09/19

3. B4 焊缝

焊接工艺评定项目：

SMAW　　Q345R　16mm（含定位焊）　AW

SAW　　Q345R　16mm　　　　　　AW

焊工项目：SAW－1G（K）－07/09/19

SMAW－FeⅡ－1G（K）－12－Fef3J

4. A6、A7、B5、B7 焊缝

焊接工艺评定项目：

SMAW　　Q345R　8mm（含定位焊）　AW

焊工项目：

SMAW－FeⅡ－1G－12－Fef3J

5. B6 焊缝

焊接工艺评定项目：

SMAW　　Q345R　8mm（定位焊）　　AW

GTAW　　Q345R　4mm　　　　　　AW

焊工项目：GTAW－FeⅡ－1G－4/60－FefS-02/11/12

6. D1，D3、D2、E1 焊缝

焊接工艺评定项目：

SMAW　　Q345R　8mm（含定位焊）　AW

焊工项目：SMAW－FeⅡ－2FG－12/60－Fef3J

该台产品的焊接工艺评定项目汇总见表 10-2。

7. 焊工项目汇总

① A1、A2、A3、A4、A5、B1、B2、B3 焊缝

SAW－1G（K）－07/09/19

② B4 焊缝

SMAW－FeⅡ－1G－12－Fef3J

SAW－1G（K）－07/09/19

③ A6、A7、B5、B7 焊缝

SMAW－FeⅡ－1G－12－Fef3J

④ B6 焊缝

GTAW－FeⅡ－1G－4/60－FefS-02/11/12

⑤ D1、D3、D2、E1 焊缝

SMAW－FeⅡ－2FG－12/60－Fef3J

该台产品的焊接工艺评定项目汇总见表 12-2。

表 12-2　焊接工艺评定项目汇总

评定序号	焊接工艺评定试件				焊件		
	焊接方法	焊后热处理类别	母材厚度/mm	母材	焊缝代号	母材厚度范围/mm	焊缝金属厚度范围/mm
1	SMAW	N	30	Q345R	A1 和 A2 的定位焊	5～60	0～60
2	SAW	N	30	Q345R	A1、A2	5～60	0～60
3	SMAW	AW	16	Q345R	A3、A4、A5、B1、B2、B3 焊缝的定位焊，B4(含定位焊)	16～32	0～32
4	SAW	AW	16	Q345R	A3、A4、A5、B1、B2、B3，B4	16～32	0～32
5	SMAW	AW	8	Q345R	A6、A7、B5、B7、D1、D3、D2、E1(含以上焊缝定位焊)、B6(定位焊)	8～16	0～16
6	GTAW	AW	4	Q345R	B6	2～8	0～8

【例 12-3】有一台奥氏体不锈钢制压力容器（如图 12-3 所示），设计温度 30℃、壳体材料 06Cr19Ni10、壁厚 16mm；接管材料 06Cr19Ni10、ϕ30mm×5mm（D1 处）、ϕ18mm×3mm（D2 处）。

A1、A2、A3 和 B1 采用双面埋弧焊（H08Cr21Ni10、HJ260、机动焊、有焊剂垫、无自动跟踪、目视观察控制、多道焊、平焊位置）；B2 采用焊条电弧焊打底，并焊二层（A107、有衬垫、平焊位置），焊缝金属厚 6mm，埋弧焊盖面（机动焊、无自动跟踪、目视观察控制、多道焊、平焊位置）；D1、D2 采用管板角接头（管不开坡口，板开坡口），手工钨极氩弧焊打底（实芯填充丝 H08Cr21Ni10、背面无气体保护、直流正接），焊条电弧焊焊满（A107），无衬垫、全焊透、垂直固定平焊位置。椭圆形封头，先拼接（A1、A2）后热压成型，再经固溶处理；所有定位焊缝均采用焊条电弧焊、并熔入永久焊缝内。

（1）请问该压力容器的 A、B、D 类焊接接头应有多少个焊接工艺评定项目？

（2）施焊焊工应具备哪些焊接合格项目？

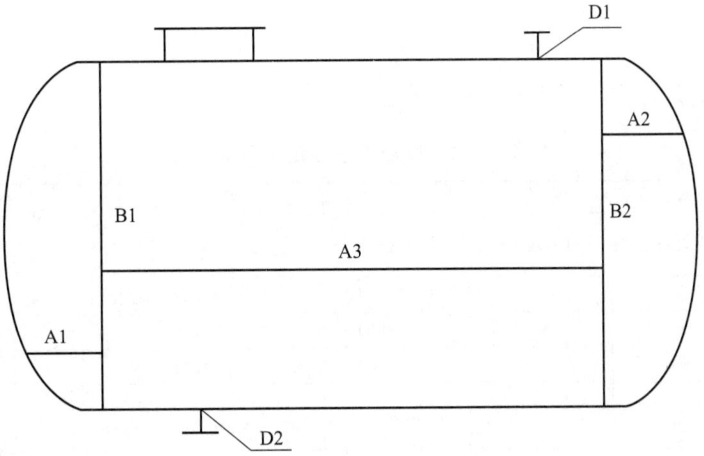

图 12-3 【例 3】压力容器及焊缝

由于该奥氏体不锈钢制压力容器设计温度为 30℃，因此焊接工艺评定试件不要求按 NB/T 47014 进行焊缝金属的低温夏比冲击试验。

1. A1、A2 焊缝

焊接工艺评定项目：

SMAW　　06Cr19Ni10　　38mm（定位焊）　　S

SAW　　06Cr19Ni10　　38mm　　　　　S

焊工项目：

SMAW－FeⅣ－1G－12－Fef4J

SAW－1G（K）－07/09/19

2. A3、B1焊缝

焊接工艺评定项目：

SMAW　　06Cr19Ni10　　10mm（定位焊）　AW

SAW　　06Cr19Ni10　　38mm　　　　　AW

焊工项目：

SMAW－FeⅣ－1G－12－Fef4J

SAW－1G（K）－07/09/19

3. B2焊缝

焊接工艺评定项目：

SAW　　06Cr19Ni10　　38mm　　　　　AW

SMAW　　06Cr19Ni10　　10mm（含定位焊）　AW

焊工项目：

SMAW－FeⅣ－1G－12－Fef4J

SAW－1G（K）－07/09/19

4. D1、D2焊缝

焊接工艺评定项目：

GTAW　　06Cr19Ni10　　10mm　　　　　AW

SMAW　　06Cr19Ni10　　10mm（含定位焊）　AW

焊工项目：

GTAW－FeⅣ－2FG－3/18－FefS-02/11/12

SMAW－FeⅣ－2FG－12/18－Fef4J

该台产品的焊接工艺评定项目汇总见表12-3。

表12-3　焊接工艺评定项目汇总

评定序号	焊接工艺评定试件				焊件		
	焊接方法	焊后热处理类别	母材厚度/mm	母材材质	焊缝代号	母材厚度范围/mm	焊缝金属厚度范围/mm
1	SMAW	S	38	06Cr19Ni10	A1和A2的定位焊	5～200	0～200
2	SAW	S	38	06Cr19Ni10	A1、A2	5～200	0～200
3	SAW	AW	38	06Cr19Ni10	A3、B1、B2	5～200	0～200
4	SMAW	AW	10	06Cr19Ni10	B2、D1、D2(含定位焊)，A3和B1的定位焊	1.5～20	0～20
5	GTAW	AW	10	06Cr19Ni10	D1、D2	1.5～20	0～20

5. 焊工项目汇总

① A1、A2、A3、B1、B2焊缝

SMAW－FeⅣ－1G－12－Fef4J

SAW－1G（K）－07/09/19

② D1、D2焊缝

GTAW－FeⅣ－2FG－3/18－FefS-02/11/12

SMAW－Ⅳ－2FG－12/18－Fef4J

【例 12-4】当例 3 的压力容器设计温度为－196℃时（如图 12-4 所示），焊评试件应按照 GB150 和 NB/T 47014 增加焊缝金属的低温夏比（V 形缺口）冲击试验。

（1）请问该压力容器的 A、B、D 类焊接接头应有多少个焊接工艺评定项目？

（2）施焊焊工应具备哪些焊接合格项目？

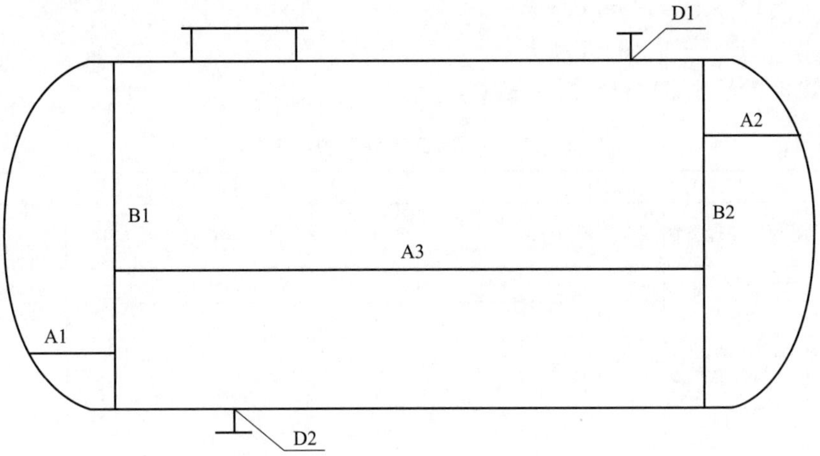

图 12-4 【例 4】压力容器及焊缝

1. A1、A2 焊缝

焊接工艺评定项目：

SMAW	06Cr19Ni10	38mm（定位焊）	S
SAW	06Cr19Ni10	38mm	S

焊工项目：

SMAW－FeⅣ－1G－12－Fef4J

SAW－1G（K）－07/09/19

2. A3、B1 焊缝

焊接工艺评定项目：

SMAW	06Cr19Ni10	16mm（定位焊）	AW
SAW	06Cr19Ni10	16mm	AW

焊工项目：

SMAW－FeⅣ－1G－12－Fef4J

SAW－1G（K）－07/0919

3. B2 焊缝

焊接工艺评定项目：

SMAW	06Cr19Ni10	16mm	AW
SAW	06Cr19Ni10	16mm	AW

焊工项目：

SMAW－FeⅣ－1G－12－Fef4J

SAW－1G（K）－07/09/19

4. D1、D2 焊缝

焊接工艺评定项目：

SMAW+GTAW　06Cr19Ni10　16mm　AW

SMAW　06Cr19Ni10　4mm　AW

GTAW　06Cr19Ni10　4mm　AW

焊工项目：

GTAW－FeⅣ－2FG－3/18－FefS-02/11/12

SMAW－FeⅣ－2FG－12/18－Fef4J

该台产品的焊接工艺评定项目汇总见表 12-4。

表 12-4　焊接工艺评定项目汇总

评定序号	焊接工艺评定试件				焊件		
	焊接方法	焊后热处理类别	母材厚度/mm	焊缝金属厚度/mm	焊缝代号	母材厚度范围/mm	焊缝金属厚度范围/mm
1	SMAW	S	38	38	A1、A2 的定位焊	5(16)～200	0～200
2	SAW	S	38	38	A1、A2	5(16)～200	0～200
3	SMAW	AW	16	16	A3、B1 的定位焊，B2(含定位焊)	16～32	0～32
4	SAW	AW	16	16	A3、B1、B2、	16～32	0～32
5	GTAW SMAW	AW	16	16	D1、D2	16～32	0～6 0～26
6	SMAW	AW	4	4	D1、D2	2～8	0～8
7	GTAW	AW	4	4	D1、D2	2～8	0～8

5. 焊工项目汇总

① A1、A2、A3、B1、B2 焊缝

SMAW－FeⅣ－1G－12－Fef4J

SAW－1G（K）－07/09/19

② D1、D2 焊缝

GTAW－FeⅣ－2FG－3/18－FefS-02/11/12

SMAW－FeⅣ－2FG－12/18－Fef4J

【例 12-5】有一台氯气储罐，工作压力 1.5MPa、设计压力 1.6MPa、设计温度 40℃、几何容积 32.1m^3、腐蚀裕度 3mm；壳体材料为壁厚 14mm 的 Q345R，人孔法兰、人孔接管、接管与接管法兰材料均为 16MnⅡ；A、B、C、D 焊接接头的厚度、坡口形式、焊接方法和焊接材料如以下工艺卡中所示；封头先拼接，后热冲压成形；容器焊后炉内整体消除应力热处理。所有定位焊缝均采用焊条电弧焊（J507）、熔入永久焊缝内。

该容器推荐的焊接工艺、焊接工艺卡和焊接工艺评定项目见表 12-5（例中焊接工艺卡所选用的焊接工艺评定及其编号均来自本书）；其中：DCEP 为直流反接、DCEN 为直流正接。

【例 12-6】有一台氮气储罐，工作压力 9.6MPa、设计压力 10.0MPa、设计温度 50℃、几何容积 2.7m^3、腐蚀裕度 1mm；壳体材料为壁厚 38mm 的 Q345R，人孔法兰、人孔接管、接管法兰与接管的材料均为 16MnⅡ，A、B、C、D 焊接接头的厚度、坡口形式、焊接方法和焊接材料如以下工艺卡中所示；封头（无拼接焊缝）热压成形；容器焊后炉内整体消除应力热处理。所有定位焊缝均采用焊条电弧焊（J507）、熔入永久焊缝内。

该容器推荐的焊接工艺、焊接工艺卡和焊接工艺评定项目见表 12-6（例中焊接工艺卡所选用的焊接工艺评定及其编号均来自本书）；其中：DCEP 为直流反接、DCEN 为直流正接。

表 12-5　【例 5】容器推荐的焊接工艺、焊接工艺卡和焊接工艺评定项目

产 品 焊 接 工 艺 卡

共 11 页

<table>
<tr><td>产品名称</td><td colspan="2">氯气储罐</td><td colspan="2">工号</td><td colspan="2">/</td></tr>
<tr><td>总图号</td><td colspan="2">/</td><td colspan="2">台数</td><td colspan="2">/</td></tr>
<tr><td>设计单位</td><td colspan="2">/</td><td colspan="2">定货单位</td><td colspan="2"></td></tr>
<tr><td colspan="7">产品技术特性表</td></tr>
<tr><td>设计压力/MPa</td><td>设计温度/℃</td><td>水压试验压力/MPa</td><td>气密性试验压力/MPa</td><td>介质</td><td>介质特性</td><td>焊接接头系数</td></tr>
<tr><td>1.6</td><td>40</td><td>2.0</td><td>1.6</td><td>氯气</td><td>高度危害</td><td>1.0</td></tr>
</table>

续表

产品焊接工艺一览表

焊接工艺卡编号	PQR 编号	接头编号	接头材料	厚度/mm	焊接方法	坡口形式	焊工资格	焊接材料	烘焙温度及时间	热处理要求	电流极性
1	PQR1211-1	A1,A2	Q345R	14	SMAW	V	SMAW-FeⅡ-1G(K)-12-Fef3J（定位焊）	J507	350℃×1h	N+SR	DCEP
1	PQR1221-1	A1,A2	Q345R	14	SAW	V	SAW-1G(K)-07/09/19	H10Mn2，HJ350	HJ350:250℃×2h	N+SR	DCEP
2	PQR1207	A3～A7 B1～B5；	Q345R	14	SMAW	V	SMAW-FeⅡ-1G(K)-12-Fef3J（定位焊）	J507	350℃×1h	SR	DCEP
2	PQR1217	A3～A7 B1～B5；	Q345R	14	SAW	V	SAW-1G(K)-07/09/19	H10Mn2，HJ350	HJ350:250℃×2h	SR	DCEP
3	PQR1207 PQR1217	B6	Q345R	14	SMAW+SAW	V	SMAW-FeⅡ-1G(K)-12-Fef3J SAW-1G(K)-07/09/19	J507 H10Mn2， HJ350，	J507:350℃×1h HJ350:250℃×2h	SR	DCEP
4	PQR1205	B7～B11	16MnⅡ	3.5/5	SWAW	V	SMAW-FeⅡ-1G(K)-12-Fef3J（定位焊）	J507	350℃×1h	SR	DCEP
4	PQR1226	B7～B11	16MnⅡ	3.5/5	GTAW	V	GTAW-FeⅡ-5G-5/57-FefS-02/11/12	ER50-6	/	SR	DCEN
5	PQR1206	B12	16MnⅡ	11	SMAW	V	SMAW-FeⅡ-1G(K)-12-Fef3J	J507	350℃×1h	SR	DCEP
6	PQR1205 PQR1207	D1～D5	Q345R+16MnⅡ	3.5(5)+14	SMAW	V	SMAW-FeⅡ-2FG(K)-12/57-Fef3J	J507	350℃×1h	SR	DCEP
7	PQR1207	D6	Q345R+16MnⅡ	14(24)	SMAW	V	SMAW-FeⅡ-2FG(K)-12/57-Fef3J	J507	350℃×1h	SR	DCEP
8	PQR1207	E1,E2	Q345R	/	SMAW	/	SMAW-FeⅡ-2FG(K)-12/57-Fef3J	J507	350℃×1h	SR	DCEP

续表

×××有限公司	焊缝示意图	产品图号	/	产品编号	/
		产品名称	氯气储罐	容器类别	Ⅲ

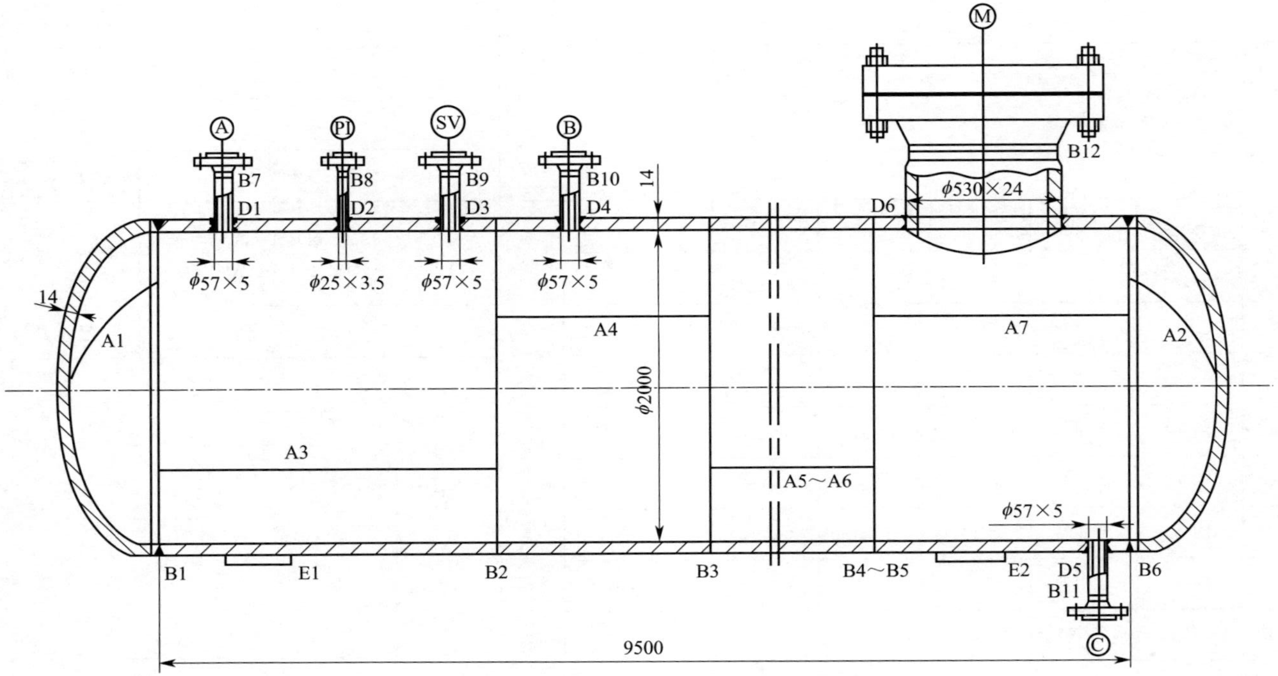

主体材料		Q345R
厚度/mm		14
对接焊缝	无损检测方法	按冷作工艺
	无损检测比例	按冷作工艺
	评定标准	按冷作工艺
	合格标准	按冷作工艺
主要焊接方法	对接焊缝	SAW/SMAW/GTAW
	角焊缝	SMAW
焊后热处理要求		
焊后炉内整体热处理 SR(PWHT)		
编制		
审核		

续表

焊接工艺卡(1)

产品名称	氯气储罐	工艺卡编号	1	焊接方法	SAW	图号	/
产品编号	/	工艺评定编号	PQR1211-1	施焊部位	A1，A2	母材牌号	Q345R

接头简图

单位：mm

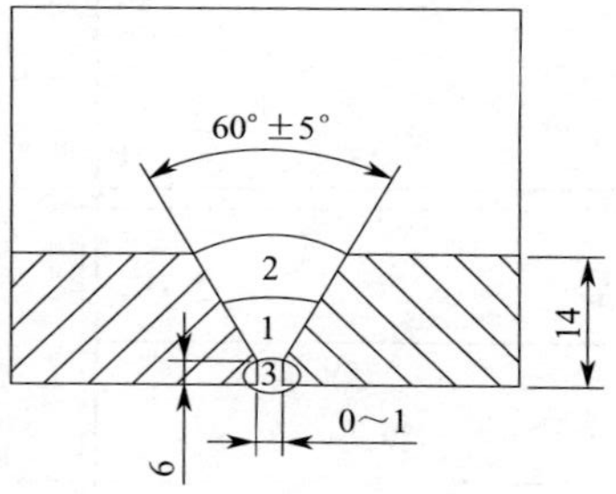

焊接规范参数

层/道	焊接方法	填充材料 牌号	填充材料 直径/mm	焊接电流 极性	焊接电流 电流/A	电弧电压/V	焊接速度/(cm/min)	最大热输入/(kJ/cm)
定位焊	SMAW	J507	ϕ3.2	DCEP	120～150	20～24	12～16	18
1/1	SAW	H10Mn2，HJ350	ϕ4.0	DCEP	500～550	32～36	45～50	26.4
2/1	SAW	H10Mn2，HJ350	ϕ4.0	DCEP	500～620	32～36	45～50	29.7
3/1	SAW	H10Mn2，HJ350	ϕ4.0	DCEP	500～620	32～36	45～50	29.7

焊接位置		平(1G)
焊工持证项目		SMAW-FeⅡ-1G(K)-12-Fef3J SAW-1G(K)-07/09/19
烘焙温度及时间	焊条	350℃×1h
	焊剂	250℃×2h
预热温度/℃		/
层间温度/℃		≤200
后热温度/℃		/
焊后热处理		N+SR
清根方法		碳弧气刨

施焊要求

1. 施焊前应除去坡口两侧 20mm 内的油、水、锈及污物。
2. 凡碳弧气刨清根后，刨槽应采用砂轮打磨至金属光泽，刨槽深浅基本一致。
3. 采用加垫板的焊接工艺时，应将垫板贴紧工件，先焊一侧，砂磨后再组焊另一侧工件。
4. 不锈钢焊接时，坡口两侧各 100mm 宽范围内应涂白垩粉，严禁电弧擦伤和机械损伤。

续表

焊接工艺卡(2)

产品名称	氯气储罐	工艺卡编号	2	焊接方法	SAW	图号	/
产品编号	/	工艺评定编号	PQR1207、QR1217	施焊部位	A3～A7；B1～B5；	母材牌号	Q345R

接头简图

单位：mm

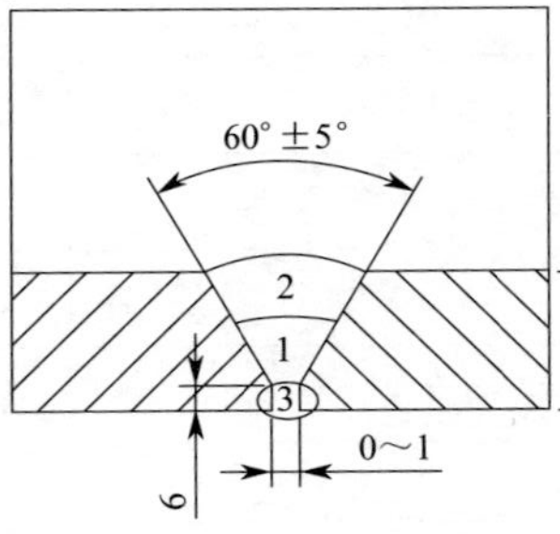

焊接规范参数								
层/道	焊接方法	填充材料		焊接电流		电弧电压/V	焊接速度/(cm/min)	最大热输入/(kJ/cm)
		牌号	直径/mm	极性	电流/A			
定位焊	SMAW	J507	ϕ3.2	DCEP	120～150	20～24	12～16	18
1/1	SAW	H10Mn2,HJ350	ϕ4.0	DCEP	500～550	32～36	45～50	26.4
2/1	SAW	H10Mn2,HJ350	ϕ4.0	DCEP	550～620	32～36	45～50	29.7
3/1	SAW	H10Mn2,HJ350	ϕ4.0	DCEP	550～620	32～36	45～50	29.7

焊工持证项目		SMAW-FeⅡ-1G(K)-12-Fef3J SAW-1G(K)-07/09/19
烘焙温度及时间	焊条	350℃×1h
	焊剂	250℃×2h
预热温度/℃		/
层间温度/℃		≤200
后热温度/℃		/
焊后热处理		SR
清根方法		碳弧气刨

施焊要求

1. 施焊前应除去坡口两侧 20mm 内的油、水、锈及污物。
2. 凡碳弧气刨清根后，刨槽应采用砂轮打磨至金属光泽，刨槽深浅基本一致。
3. 采用加垫板的焊接工艺时，应将垫板贴紧工件，先焊一侧，砂磨后再组焊另一侧工件。
4. 不锈钢焊接时，坡口两侧各 100mm 宽范围内应涂白垩粉，严禁电弧擦伤和机械损伤。

续表

焊接工艺卡(3)

产品名称	氯气储罐	工艺卡编号	3	焊接方法	SMAW+SAW	图号	/
产品编号	/	工艺评定编号	PQR1207、PQR1217	施焊部位	B6	母材牌号	Q345R

接头简图 单位：mm

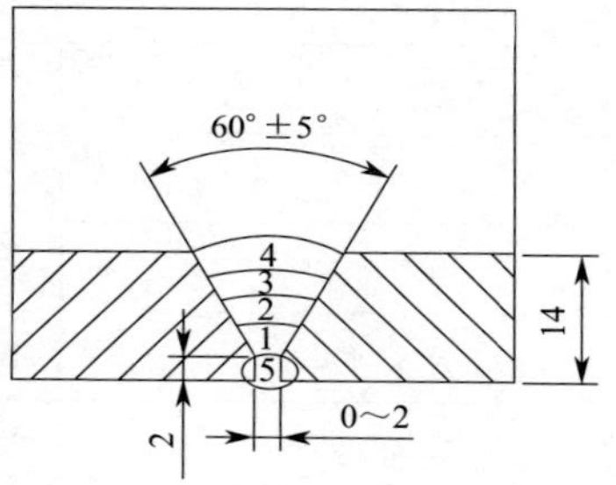

焊接规范参数

层/道	焊接方法	填充材料 牌号	填充材料 直径/mm	焊接电流 极性	焊接电流 电流/A	电弧电压/V	焊接速度/(cm/min)	最大热输入/(kJ/cm)
定位焊	SMAW	J507	ϕ3.2	DCEP	120～150	20～24	12～16	18
1/1	SMAW	J507	ϕ3.2	DCEP	120～150	20～24	10～14	21.6
2/1	SMAW	J507	ϕ4.0	DCEP	160～180	22～26	12～16	23.4
3/1	SMAW	J507	ϕ4.0	DCEP	160～180	22～26	12～16	23.4
4/1	SMAW	J507	ϕ4.0	DCEP	160～180	22～26	12～16	23.4
5/1	SAW	H10Mn2，HJ350	ϕ4.0	DCEP	500～620	32～36	45～50	29.7

焊接位置		平(1G)
焊工持证项目		SMAW-FeⅡ-1G(K)-12-Fef3J SAW-1G(K)-07/09/19
烘焙温度及时间	焊条	350℃×1h
	焊剂	250℃×2h
预热温度/℃		/
层间温度/℃		≤200
后热温度/℃		/
焊后热处理		SR
清根方法		碳弧气刨

施焊要求

1. 施焊前应除去坡口两侧 20mm 内的油、水、锈及污物。
2. 凡碳弧气刨清根后，刨槽应采用砂轮打磨至金属光泽，刨槽深浅基本一致。
3. 采用加垫板的焊接工艺时，应将垫板贴紧工件，先焊一侧，砂磨后再组焊另一侧工件。
4. 不锈钢焊接时，坡口两侧各 100mm 宽范围内应涂白垩粉，严禁电弧擦伤和机械损伤。

续表

焊接工艺卡(4)

产品名称	氯气储罐	工艺卡编号	4	焊接方法	GTAW	图号	/
产品编号	/	工艺评定编号	PQR1205、PQR1226	施焊部位	B7～B11	母材牌号	16MnⅡ

接头简图

单位：mm

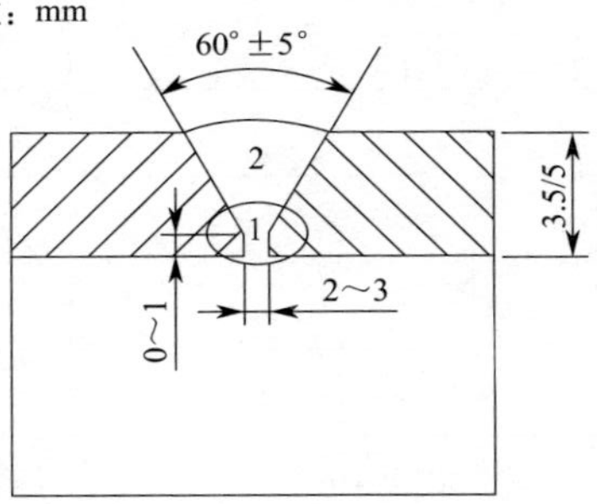

焊接规范参数

层/道	焊接方法	填充材料		焊接电流		电弧电压/V	焊接速度/(cm/min)	最大热输入/(kJ/cm)
		牌号	直径/mm	极性	电流/A			
定位焊	SMAW	J507	$\phi3.2$	DCEP	120～150	20～24	13～16	16.6
1/1	GTAW	ER50-6	$\phi2.5$	DCEN	100～120	14～16	11～12	10.5
2/1	GTAW	ER50-6	$\phi2.5$	DCEN	100～120	14～16	11～12	10.5

焊接位置	平(1G)	
焊工持证项目	SMAW-FeⅡ-1G(K)-12-Fef3J GTAW-FeⅡ-5G-5/57-FefS-02/11/12	
预热温度/℃	/	
层间温度/℃	≤200	
后热温度/℃	/	
焊后热处理	SR	
钨极直径/mm	$\phi2.5$	
喷嘴直径/mm	$\phi10$	
气体及流量/(L/min)	正面:8～12	背面:/

施焊要求

1. 施焊前应除去坡口两侧 20mm 内的油、水、锈及污物。
2. 凡碳弧气刨清根后,刨槽应采用砂轮打磨至金属光泽,刨槽深浅基本一致。
3. 采用加垫板的焊接工艺时,应将垫板贴紧工件,先焊一侧,砂磨后再组焊另一侧工件。
4. 不锈钢焊接时,坡口两侧各 100mm 宽范围内应涂白垩粉,严禁电弧擦伤和机械损伤。

续表

焊接工艺卡(5)

产品名称	氯气储罐	工艺卡编号	5	焊接方法	SMAW	图号	/
产品编号	/	工艺评定编号	PQR1206	施焊部位	B12	母材牌号	16MnⅡ

接头简图

单位：mm

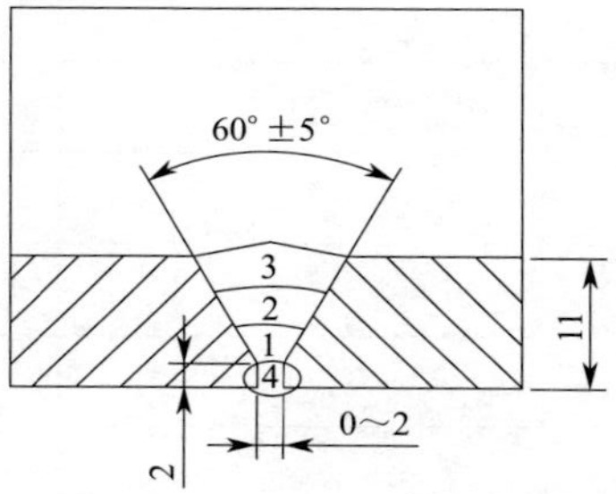

焊接规范参数

层/道	焊接方法	填充材料 牌号	填充材料 直径/mm	焊接电流 极性	焊接电流 电流/A	电弧电压/V	焊接速度/(cm/min)	最大热输入/(kJ/cm)
定位焊	SMAW	J507	$\phi3.2$	DCEP	120～150	20～24	12～16	18
1/1	SMAW	J507	$\phi3.2$	DCEP	120～150	20～24	12～16	18
2/1	SMAW	J507	$\phi4.0$	DCEP	160～180	22～26	15～18	18.7
3/1	SMAW	J507	$\phi4.0$	DCEP	160～180	22～26	15～18	18.7
4/1	SMAW	J507	$\phi4.0$	DCEP	160～180	22～26	15～18	18.7

焊接位置	平(1G)
焊工持证项目	SMAW-FeⅡ-1G(K)-12-Fef3J
烘焙温度及时间 焊条	350℃×1h
烘焙温度及时间 焊剂	/
预热温度/℃	/
层间温度/℃	≤200
后热温度/℃	/
焊后热处理	SR
气体及流量/(L/min)	正面:/　背面:/
清根方法：	碳弧气刨

施焊要求

1. 施焊前应除去坡口两侧 20mm 内的油、水、锈及污物。
2. 凡碳弧气刨清根后，刨槽应采用砂轮打磨至金属光泽，刨槽深浅基本一致。
3. 采用加垫板的焊接工艺时，应将垫板贴紧工件，先焊一侧，砂磨后再组焊另一侧工件。
4. 不锈钢焊接时，坡口两侧各 100mm 宽范围内应涂白垩粉，严禁电弧擦伤和机械损伤。

续表

焊接工艺卡(6)

<table>
<tr><td>产品名称</td><td colspan="2">氯气储罐</td><td colspan="2">工艺卡编号</td><td colspan="2">6</td><td colspan="2">焊接方法</td><td>SMAW</td><td>图号</td><td colspan="2">/</td></tr>
<tr><td>产品编号</td><td colspan="2">/</td><td colspan="2">工艺评定编号</td><td colspan="2">PQR1205、QR1207</td><td colspan="2">施焊部位</td><td>D1～D5</td><td>母材牌号</td><td colspan="2">16MnⅡ</td></tr>
<tr><td rowspan="8">接头简图</td><td colspan="2" rowspan="8">单位：mm
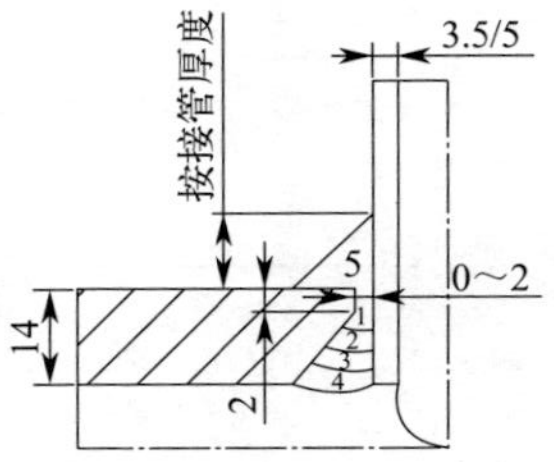</td><td rowspan="10">焊接规范参数</td><td rowspan="2">层/道</td><td rowspan="2">焊接方法</td><td colspan="2">填充材料</td><td colspan="2">焊接电流</td><td rowspan="2">电弧电压/V</td><td rowspan="2">焊接速度/(cm/min)</td><td rowspan="2">最大热输入/(kJ/cm)</td></tr>
<tr><td>牌号</td><td>直径/mm</td><td>极性</td><td>电流/A</td></tr>
<tr><td>定位焊</td><td>SMAW</td><td>J507</td><td>ϕ3.2</td><td>DCEP</td><td>120～150</td><td>20～24</td><td>13～16</td><td>16.6</td></tr>
<tr><td>1/1</td><td>SMAW</td><td>J507</td><td>ϕ3.2</td><td>DCEP</td><td>120～150</td><td>20～24</td><td>10～16</td><td>21.6</td></tr>
<tr><td>2/1</td><td>SMAW</td><td>J507</td><td>ϕ4.0</td><td>DCEP</td><td>160～180</td><td>22～26</td><td>12～16</td><td>23.4</td></tr>
<tr><td>3/1</td><td>SMAW</td><td>J507</td><td>ϕ4.0</td><td>DCEP</td><td>160～180</td><td>22～26</td><td>12～16</td><td>23.4</td></tr>
<tr><td>4/1</td><td>SMAW</td><td>J507</td><td>ϕ4.0</td><td>DCEP</td><td>160～180</td><td>22～26</td><td>12～16</td><td>23.4</td></tr>
<tr><td>5/1</td><td>SMAW</td><td>J507</td><td>ϕ4.0</td><td>DCEP</td><td>160～180</td><td>22～26</td><td>12～16</td><td>23.4</td></tr>
<tr><td colspan="2">焊接位置</td><td>垂直固定(2FG)</td><td></td><td></td><td></td><td></td><td></td><td></td><td></td><td></td><td></td></tr>
<tr><td colspan="2">焊工持证项目</td><td>SMAW-FeⅡ-2FG(K)-12/57-Fef3J</td><td></td><td></td><td></td><td></td><td></td><td></td><td></td><td></td><td></td></tr>
<tr><td rowspan="2">烘焙温度及时间</td><td>焊条</td><td>350℃×1h</td><td colspan="10" rowspan="3">施焊要求</td></tr>
<tr><td>焊剂</td><td>/</td></tr>
<tr><td colspan="2">预热温度/℃</td><td>/</td></tr>
<tr><td colspan="2">层间温度/℃</td><td>≤200</td><td colspan="10" rowspan="4">1. 施焊前应除去坡口两侧 20mm 内的油、水、锈及污物。
2. 凡碳弧气刨清根后，刨槽应采用砂轮打磨至金属光泽，刨槽深浅基本一致。
3. 采用加垫板的焊接工艺时，应将垫板贴紧工件，先焊一侧，砂磨后再组焊另一侧工件。
4. 不锈钢焊接时，坡口两侧各 100mm 宽范围内应涂白垩粉，严禁电弧擦伤和机械损伤。</td></tr>
<tr><td colspan="2">后热温度/℃</td><td>/</td></tr>
<tr><td colspan="2">焊后热处理</td><td>SR</td></tr>
<tr><td colspan="2">清根方法</td><td>碳弧气刨</td></tr>
</table>

续表

焊接工艺卡(7)

产品名称	氯气储罐	工艺卡编号	7	焊接方法	SMAW	图号	/
产品编号	/	工艺评定编号	PQR1207	施焊部位	D6	母材牌号	16MnⅡ＋Q345R

接头简图

单位：mm

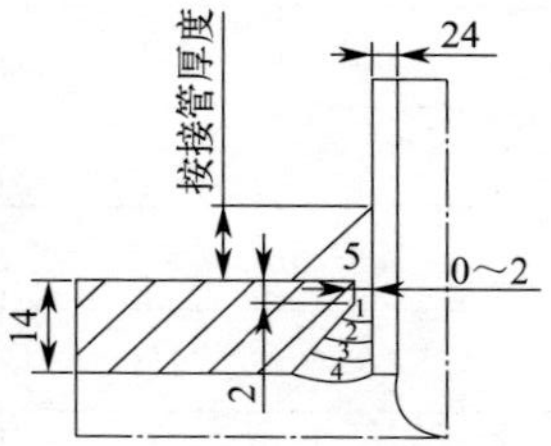

焊接规范参数

层/道	焊接方法	填充材料 牌号	填充材料 直径/mm	焊接电流 极性	焊接电流 电流/A	电弧电压/V	焊接速度/(cm/min)	最大热输入/(kJ/cm)
定位焊	SMAW	J507	ϕ3.2	DCEP	120～150	20～24	13～16	16.6
1/1	SMAW	J507	ϕ3.2	DCEP	120～150	20～24	10～16	21.6
2/1	SMAW	J507	ϕ4.0	DCEP	160～180	22～26	12～16	23.4
3/1	SMAW	J507	ϕ4.0	DCEP	160～180	22～26	12～16	23.4
4-5/1	SMAW	J507	ϕ4.0	DCEP	160～180	22～26	12～16	23.4

焊接位置		垂直固定(2FG)
焊工持证项目		SMAW-FeⅡ-2FG(K)-12/57-Fef3J
烘焙温度及时间	焊条	350℃×1h
	焊剂	/
预热温度/℃		/
层间温度/℃		≤200
后热温度/℃		/
焊后热处理		SR
喷嘴直径/mm		/
清根方法		碳弧气刨

施焊要求

1. 施焊前应除去坡口两侧 20mm 内的油、水、锈及污物。
2. 凡碳弧气刨清根后，刨槽应采用砂轮打磨至金属光泽，刨槽深浅基本一致。
3. 采用加垫板的焊接工艺时，应将垫板贴紧工件，先焊一侧，砂磨后再组焊另一侧工件。
4. 不锈钢焊接时，坡口两侧各 100mm 宽范围内应涂白垩粉，严禁电弧擦伤和机械损伤。

续表

焊接工艺卡(8)

产品名称	氯气储罐	工艺卡编号	8	焊接方法	SMAW	图号	/
产品编号	/	工艺评定编号	PQR1207	施焊部位	E1，E2	母材牌号	Q345R

接头简图

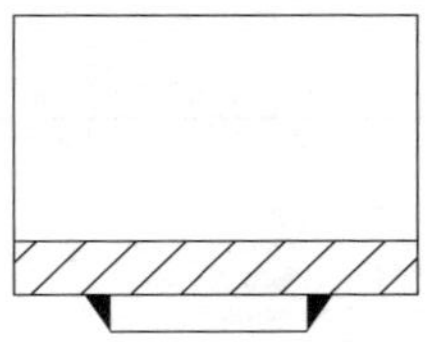

焊接规范参数

层/道	焊接方法	填充材料		焊接电流		电弧电压/V	焊接速度/(cm/min)	最大热输入/(kJ/cm)
		牌号	直径/mm	极性	电流/A			
定位焊	SMAW	J507	ϕ3.2	DCEP	120～150	20～24	12～16	18
	SMAW	J507	ϕ3.2	DCEP	120～150	20～24	12～16	18
	SMAW	J507	ϕ4.0	DCEP	150～180	22～26	12～16	23.4

焊接位置		横(2F)
焊工持证项目		SMAW-FeⅡ-2FG(K)-12/57-Fef3J
烘焙温度及时间	焊条	350℃×1h
	焊剂	/
预热温度/℃		/
层间温度/℃		≤200
后热温度/℃		/
焊后热处理		SR
钨极直径/mm		/
喷嘴直径/mm		/
气体及流量/(L/min)	正面:/	背面:/
清根方法		/

施焊要求

1. 施焊前应除去坡口两侧 20mm 内的油、水、锈及污物。
2. 凡碳弧气刨清根后，刨槽应采用砂轮打磨至金属光泽，刨槽深浅基本一致。
3. 采用加垫板的焊接工艺时，应将垫板贴紧工件，先焊一侧，砂磨后再组焊另一侧工件。
4. 不锈钢焊接时，坡口两侧各 100mm 宽范围内应涂白垩粉，严禁电弧擦伤和机械损伤。

表 12-6 【例 6】容器推荐的焊接工艺、焊接工艺卡和焊接工艺评定

产品焊接工艺卡

共 10 页

产品名称	氮气储罐	工号	/
总图号	/	台数	/
设计单位	/	定货单位	/

续表

焊接工艺卡一览表

产品名称		氮气储罐	产品编号	/		产品图号	/		容器类别	Ⅲ	
焊接工艺卡编号	PQR 编号	接头编号	接头材料	厚度/mm	焊接方法	坡口形式	焊工资格	焊接材料	烘焙温度及时间	热处理要求	电流极性
1	PQR1208	A1,A2	Q345R	38	SMAW	X	SMAW-FeⅡ-1G(K)-12-Fef3J (定位焊)	J507	350℃×1h	SR	DCEP
1	PQR1218	A1,A2	Q345R	38	SAW	X	SAW-1G(K)-07/09/19	H10Mn2, HJ350	250℃×2h	SR	DCEP
2	PQR1208 PQR1218	B1～B3	Q345R	38	SMAW+SAW	X	SMAW-FeⅡ-1G(K)-12-Fef3J SAW-1G(K)-07/09/19	J507 H10Mn2, HJ350	J507:350℃×1h HJ350:250℃×2h	SR	DCEP
3	PQR1205	B4～B8	16MnⅡ	3.5/5	SMAW	V	SMAW-FeⅡ-1G(K)-12-Fef3J (定位焊)	J507	350℃×1h	SR	DCEP
3	PQR1226	B4～B8	16MnⅡ	3.5/5	GTAW	V	GTAW-FeⅡ-5G-5/57-FefS-02/11/12	H10Mn2	/	SR	DCEN
4	PQR1208	B9	16MnⅡ	28.5	SMAW	X	SMAW-FeⅡ-1G(K)-12-Fef3J	J507	350℃×1h	SR	DCEP
5	PQR1208	D1～D5	Q345R+16MnⅡ	23(31)+38	SMAW	K	SMAW-FeⅡ-2FG(K)-12/57-Fef3J	J507	350℃×1h	SR	DCEP
6	PQR1208	D6	Q345R+16MnⅡ	38(68)	SMAW	K	SMAW-FeⅡ-2FG(K)-12/57-Fef3J	J507	350℃×1h	SR	DCEP
7	PQR1208	E1,E2	Q345R	/	SMAW	/	SMAW-FeⅡ-2FG(K)-12/57-Fef3J	J507	350℃×1h	SR	DCEP

续表

×××有限公司	焊缝示意图	产品图号	KD2010-SO 制 1-1	产品编号		R10-1
		产品名称	氮气储罐	容器类别		Ⅲ
见下图				主体材料		Q345R
				厚度/mm		38
				对接焊缝	无损检测方法	按冷作工艺
					无损检测比例	按冷作工艺
					评定标准	按冷作工艺
					合格标准	按冷作工艺
				主要焊接方法	对接焊缝	SAW/SMAW/GTAW
					角焊缝	SMAW
				焊后热处理要求		
				焊后炉内整体消除应力热处理 SR(PWHT)		
				编制		
				审核		

单位：mm

B4、B6～B8规格为$\phi57\times5$；

B5规格为$\phi25\times3.5$；

B9规格为$\phi457\times28.5$；

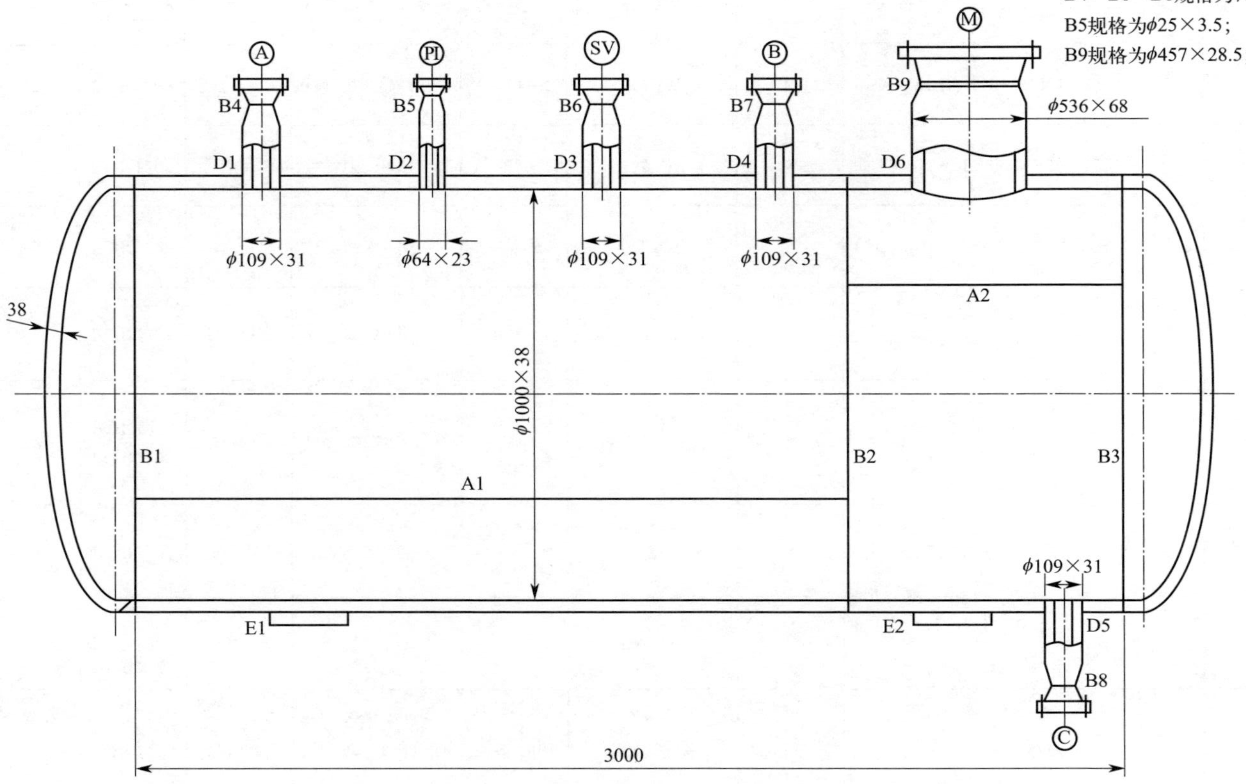

续表

焊接工艺卡(1)

产品名称	氮气储罐	工艺卡编号	1	焊接方法	SAW	图号	/
产品编号	/	工艺评定编号	PQR1208、PQR1218	施焊部位	A1,A2	母材牌号	Q345R

接头简图

单位：mm

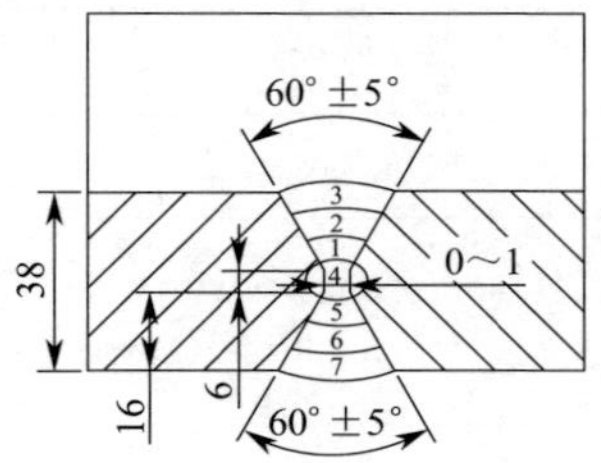

焊接规范参数

层/道	焊接方法	填充材料 牌号	填充材料 直径/mm	焊接电流 极性	焊接电流 电流/A	电弧电压/V	焊接速度/(cm/min)	最大热输入/(kJ/cm)
定位焊	SMAW	J507	ϕ3.2	DCEP	120~150	20~24	12~16	18
1/1	SAW	H10Mn2,HJ350	ϕ4.0	DCEP	600~650	34~36	45~50	31.2
2—3/1	SAW	H10Mn2,HJ350	ϕ4.0	DCEP	600~650	34~36	45~50	31.2
4—7/2	SAW	H10Mn2,HJ350	ϕ4.0	DCEP	600~650	34~36	45~50	31.2

焊接位置	平(1G)	
焊工持证项目	SAW-1G(K)-07/09/19	
烘焙温度及时间 焊条	350℃×1h	
烘焙温度及时间 焊剂	250℃×2h	
预热温度/℃	80	
层间温度/℃	≤200	
后热温度/℃	/	
焊后热处理	SR	
钨极直径/mm	/	
喷嘴直径/mm	/	
气体及流量/(L/min)	正面:/	背面:/
清根方法	碳弧气刨	

施焊要求

1. 施焊前应除去坡口两侧 20mm 内的油、水、锈及污物。
2. 凡碳弧气刨清根后，刨槽应采用砂轮打磨至金属光泽，刨槽深浅基本一致。
3. 采用加垫板的焊接工艺时，应将垫板贴紧工件，先焊一侧，砂磨后再组焊另一侧工件。
4. 不锈钢焊接时，坡口两侧各 100mm 宽范围内应涂白垩粉，严禁电弧擦伤和机械损伤。

续表

焊接工艺卡(2)

产品名称	氮气储罐	工艺卡编号	2	焊接方法	SMAW+SAW	图号	/
产品编号	/	工艺评定编号	PQR1208、PQR1218	施焊部位	B1～B3	母材牌号	Q345R

接头简图

单位：mm

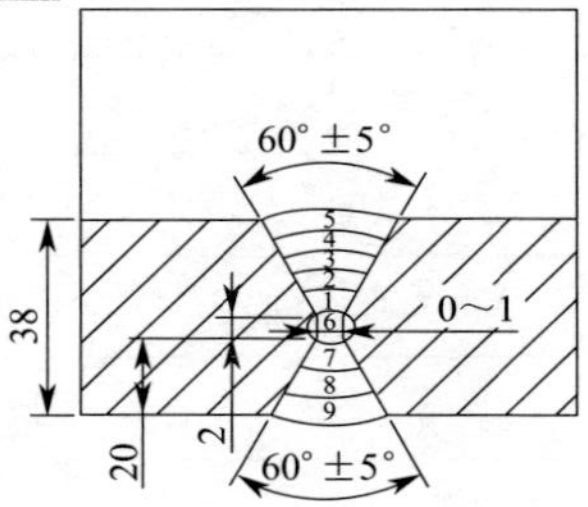

焊接规范参数

层/道	焊接方法	填充材料		焊接电流		电弧电压/V	焊接速度/(cm/min)	最大热输入/(kJ/cm)
		牌号	直径/mm	极性	电流/A			
定位焊	SMAW	J507	ϕ3.2	DCEP	120～150	20～24	12～16	18
1/1	SMAW	J507	ϕ3.2	DCEP	90～120	24～26	10～13	18.7
2—5/1	SMAW	J507	ϕ5.0	DCEP	190～200	24～26	15～18	20.8
6—9/1	SAW	H10Mn2,HJ350	ϕ4.0	DCEP	600～650	34～36	45～50	31.2

焊接位置		平(1G)
焊工持证项目		SMAW-FeⅡ-1G(K)-12-Fef3J SAW-1G(K)-07/09/19
烘焙温度及时间	焊条	350℃×1h
	焊剂	250℃×2h
预热温度/℃		80
层间温度/℃		≤200
后热温度/℃		/
焊后热处理		SR
清根方法		碳弧气刨

施焊要求

1. 施焊前应除去坡口两侧 20mm 内的油、水、锈及污物。
2. 凡碳弧气刨清根后，刨槽应采用砂轮打磨至金属光泽，刨槽深浅基本一致。
3. 采用加垫板的焊接工艺时，应将垫板贴紧工件，先焊一侧，砂磨后再组焊另一侧工件。
4. 不锈钢焊接时，坡口两侧各 100mm 宽范围内应涂白垩粉，严禁电弧擦伤和机械损伤。

续表

焊接工艺卡(3)

产品名称	氮气储罐	工艺卡编号	3	焊接方法	GTAW	图号	/
产品编号	/	工艺评定编号	PQR1205 PQR1226	施焊部位	B4～B8	母材牌号	16MnⅡ

接头简图

单位：mm

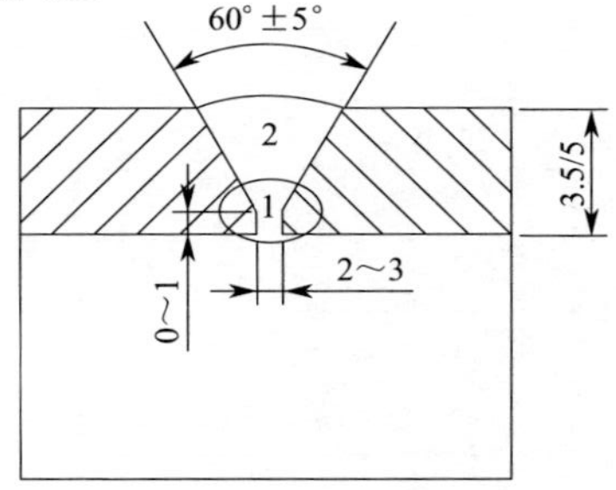

<table>
<tr><td rowspan="10">焊接规范参数</td><td rowspan="2">层/道</td><td rowspan="2">焊接方法</td><td colspan="2">填充材料</td><td colspan="2">焊接电流</td><td rowspan="2">电弧电压/V</td><td rowspan="2">焊接速度/(cm/min)</td><td rowspan="2">最大热输入/(kJ/cm)</td></tr>
<tr><td>牌号</td><td>直径/mm</td><td>极性</td><td>电流/A</td></tr>
<tr><td>定位焊</td><td>SMAW</td><td>J507</td><td>ϕ3.2</td><td>DCEP</td><td>120～150</td><td>20～24</td><td>13～15</td><td>16.6</td></tr>
<tr><td>1/1</td><td>GTAW</td><td>H10Mn2</td><td>ϕ2.5</td><td>DCEN</td><td>100～120</td><td>14～16</td><td>11～12</td><td>10.5</td></tr>
<tr><td>2/1</td><td>GTAW</td><td>H10Mn2</td><td>ϕ2.5</td><td>DCEN</td><td>100～120</td><td>14～16</td><td>11～12</td><td>10.5</td></tr>
<tr><td></td><td></td><td></td><td></td><td></td><td></td><td></td><td></td><td></td></tr>
<tr><td></td><td></td><td></td><td></td><td></td><td></td><td></td><td></td><td></td></tr>
<tr><td></td><td></td><td></td><td></td><td></td><td></td><td></td><td></td><td></td></tr>
<tr><td></td><td></td><td></td><td></td><td></td><td></td><td></td><td></td><td></td></tr>
</table>

<table>
<tr><td colspan="2">焊接位置</td><td colspan="2">平(1G)</td></tr>
<tr><td colspan="2">焊工持证项目</td><td colspan="2">SMAW-FeⅡ-1G(K)-12-Fef3J
GTAW-FeⅡ-5G-5/57-FefS-02/11/12</td></tr>
<tr><td rowspan="2">烘焙温度及时间</td><td>焊条</td><td colspan="2">350℃×1h</td></tr>
<tr><td>焊剂</td><td colspan="2">/</td></tr>
<tr><td colspan="2">预热温度/℃</td><td colspan="2">/</td></tr>
<tr><td colspan="2">层间温度/℃</td><td colspan="2">≤200</td></tr>
<tr><td colspan="2">后热温度/℃</td><td colspan="2">/</td></tr>
<tr><td colspan="2">焊后热处理</td><td colspan="2">SR</td></tr>
<tr><td colspan="2">钨极直径/mm</td><td colspan="2">ϕ2.5</td></tr>
<tr><td colspan="2">喷嘴直径/mm</td><td colspan="2">ϕ10</td></tr>
<tr><td colspan="2">气体及流量/(L/min)</td><td>正面:8～12</td><td>背面:/</td></tr>
</table>

施焊要求

1. 施焊前应除去坡口两侧 20mm 内的油、水、锈及污物。
2. 凡碳弧气刨清根后，刨槽应采用砂轮打磨至金属光泽，刨槽深浅基本一致。
3. 采用加垫板的焊接工艺时，应将垫板贴紧工件，先焊一侧，砂磨后再组焊另一侧工件。
4. 不锈钢焊接时，坡口两侧各 100mm 宽范围内应涂白垩粉，严禁电弧擦伤和机械损伤。

续表

焊接工艺卡(4)

产品名称	氮气储罐	工艺卡编号	4	焊接方法	SMAW	图号	/
产品编号	/	工艺评定编号	PQR1208	施焊部位	B9	母材牌号	16MnⅡ

接头简图

单位：mm

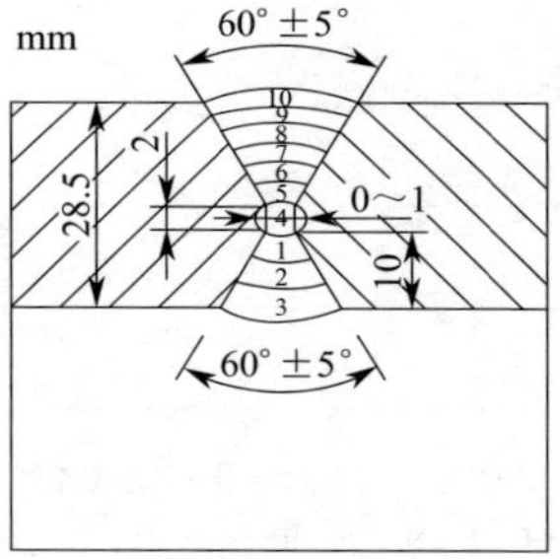

焊接规范参数

层/道	焊接方法	填充材料		焊接电流		电弧电压/V	焊接速度/(cm/min)	最大热输入/(kJ/cm)
		牌号	直径/mm	极性	电流/A			
定位焊	SMAW	J507	ϕ3.2	DCEP	120～150	20～24	12～16	18
1—4/1	SMAW	J507	ϕ3.2	DCEP	120～150	20～24	12～16	18
5—10/1	SMAW	J507	ϕ5.0	DCEP	190～230	24～28	15～18	25.8

焊接位置		平(1G)
焊工持证项目		SMAW-FeⅡ-1G(K)-12-Fef3J
烘焙温度及时间	焊条	350℃×1h
	焊剂	/
预热温度/℃		80
层间温度/℃		≤200
后热温度/℃		/
焊后热处理		SR
钨极直径/mm		/
喷嘴直径/mm		/
气体及流量/(L/min)	正面:/	背面:/
清根方法		碳弧气刨

施焊要求

1. 施焊前应除去坡口两侧 20mm 内的油、水、锈及污物。
2. 凡碳弧气刨清根后，刨槽应采用砂轮打磨至金属光泽，刨槽深浅基本一致。
3. 采用加垫板的焊接工艺时，应将垫板贴紧工件，先焊一侧，砂磨后再组焊另一侧工件。
4. 不锈钢焊接时，坡口两侧各 100mm 宽范围内应涂白垩粉，严禁电弧擦伤和机械损伤。

续表

焊接工艺卡(5)

产品名称	氮气储罐	工艺卡编号	5	焊接方法	SMAW	图号	/
产品编号	/	工艺评定编号	PQR1208	施焊部位	D1～D5	母材牌号	16MnⅡ＋Q345R

接头简图

单位：mm

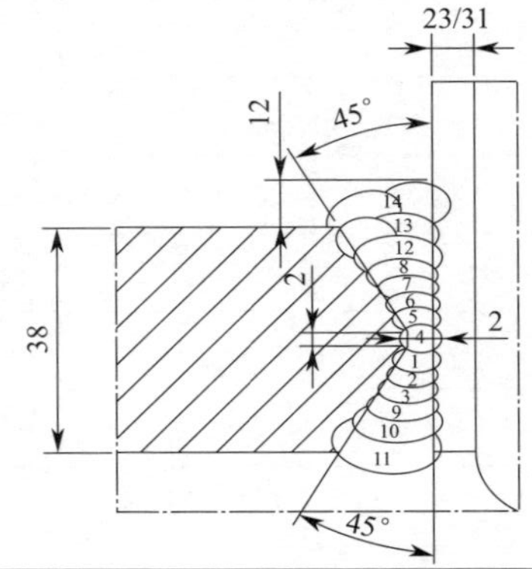

焊接规范参数

层/道	焊接方法	填充材料 牌号	填充材料 直径/mm	焊接电流 极性	焊接电流 电流/A	电弧电压/V	焊接速度/(cm/min)	最大热输入/(kJ/cm)
定位焊	SMAW	J507	ϕ3.2	DCEP	120～150	20～24	12～16	18
1/1	SMAW	J507	ϕ3.2	DCEP	120～150	20～24	12～16	18
2—3/1	SMAW	J507	ϕ5.0	DCEP	190～230	24～28	15～18	25.8
4/1	SMAW	J507	ϕ3.2	DCEP	120～150	20～24	12～16	18
5—12/1	SMAW	J507	ϕ5.0	DCEP	190～230	24～28	15～18	25.8
13—14/2	SMAW	J507	ϕ5.0	DCEP	190～230	24～28	15～18	25.8

焊接位置		垂直固定(2FG))
焊工持证项目		SMAW-FeⅡ-2FG(K)-12/57-Fef3J
烘焙温度及时间	焊条	350℃×1h
预热温度/℃		80
层间温度/℃		≤200
后热温度/℃		/
焊后热处理		SR
清根方法		碳弧气刨

施焊要求

1. 施焊前应除去坡口两侧 20mm 内的油、水、锈及污物。
2. 清根后，刨槽应采用砂轮打磨至金属光泽，刨槽深浅基本一致，保证 D 类接头全焊透。
3. 采用加垫板的焊接工艺时，应将垫板贴紧工件，先焊一侧，砂磨后再组焊另一侧工件。
4. 不锈钢焊接时，坡口两侧各 100mm 宽范围内应涂白垩粉，严禁电弧擦伤和机械损伤。

续表

焊接工艺卡(6)

产品名称	氮气储罐	工艺卡编号	6	焊接方法	SMAW	图号	
产品编号	/	工艺评定编号	PQR1208	施焊部位	D6	母材牌号	16MnⅡ＋Q345R

接头简图

单位：mm

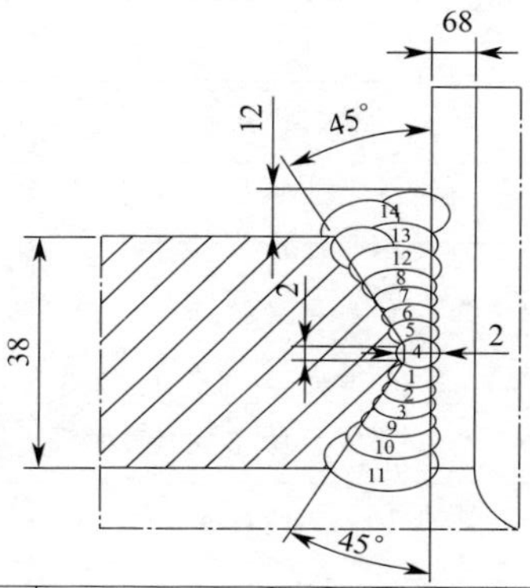

焊接规范参数

层/道	焊接方法	填充材料 牌号	填充材料 直径/mm	焊接电流 极性	焊接电流 电流/A	电弧电压/V	焊接速度/(cm/min)	最大热输入/(kJ/cm)
定位焊	SMAW	J507	ϕ3.2	DCEP	120～150	20～24	12～16	18
1/1	SMAW	J507	ϕ3.2	DCEP	120～150	20～24	12～16	18
2—3/1	SMAW	J507	ϕ5.0	DCEP	190～230	24～28	15～18	25.8
4/1	SMAW	J507	ϕ3.2	DCEP	120～150	20～24	12～16	18
5—12/1	SMAW	J507	ϕ5.0	DCEP	190～230	24～28	15～18	25.8
13—14/2	SMAW	J507	ϕ5.0	DCEP	190～230	24～28	15～18	25.8

焊接位置		垂直固定(2FG)
焊工持证项目		SMAW-FeⅡ-2FG(K)-12/57-Fef3J
烘焙温度及时间	焊条	350℃×1h
	焊剂	/
预热温度/℃		80
层间温度/℃		≤200
后热温度/℃		/
焊后热处理		SR
清根方法		碳弧气刨

施焊要求

1. 施焊前应除去坡口两侧 20mm 内的油、水、锈及污物。
2. 清根后，刨槽应采用砂轮打磨至金属光泽，刨槽深浅基本一致，保证 D 类接头全焊透。
3. 采用加垫板的焊接工艺时，应将垫板贴紧工件，先焊一侧，砂磨后再组焊另一侧工件。
4. 不锈钢焊接时，坡口两侧各 100mm 宽范围内应涂白垩粉，严禁电弧擦伤和机械损伤。

续表

焊接工艺卡(7)

<table>
<tr><td colspan="2">产品名称</td><td>氮气储罐</td><td colspan="2">工艺卡编号</td><td>7</td><td>焊接方法</td><td colspan="2">SMAW</td><td colspan="2">图号</td><td colspan="2">/</td></tr>
<tr><td colspan="2">产品编号</td><td>/</td><td colspan="2">工艺评定编号</td><td>PQR1208</td><td>施焊部位</td><td colspan="2">E1，E2</td><td colspan="2">母材牌号</td><td colspan="2">Q345R</td></tr>
<tr><td rowspan="5">接头简图</td><td colspan="2" rowspan="5">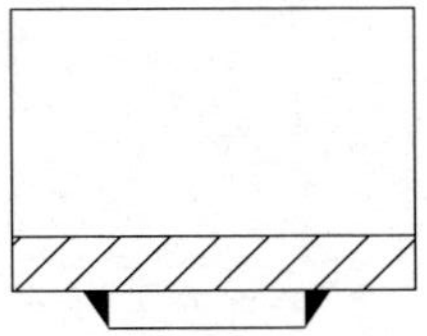</td><td rowspan="7">焊接规范参数</td><td rowspan="2">层/道</td><td rowspan="2">焊接方法</td><td colspan="2">填充材料</td><td colspan="2">焊接电流</td><td rowspan="2">电弧电压/V</td><td rowspan="2">焊接速度/(cm/min)</td><td rowspan="2">最大热输入/(kJ/cm)</td></tr>
<tr><td>牌号</td><td>直径/mm</td><td>极性</td><td>电流/A</td></tr>
<tr><td>定位焊</td><td>SMAW</td><td>J507</td><td>ϕ3.2</td><td>DCEP</td><td>120～150</td><td>20～24</td><td>12～16</td><td>18</td></tr>
<tr><td></td><td>SMAW</td><td>J507</td><td>ϕ3.2</td><td>DCEP</td><td>120～150</td><td>20～24</td><td>12～16</td><td>18</td></tr>
<tr><td></td><td>SMAW</td><td>J507</td><td>ϕ4.0</td><td>DCEP</td><td>150～180</td><td>22～26</td><td>12～18</td><td>23.4</td></tr>
<tr><td colspan="2" rowspan="2">焊接位置</td><td rowspan="2">横(2F)</td><td></td><td></td><td></td><td></td><td></td><td></td><td></td><td></td><td></td></tr>
<tr><td></td><td></td><td></td><td></td><td></td><td></td><td></td><td></td><td></td></tr>
<tr><td colspan="2">焊工持证项目</td><td>SMAW-FeⅡ-2FG(K)-12/57-Fef3J</td><td colspan="10" rowspan="4">施焊要求</td></tr>
<tr><td rowspan="2">烘焙温度及时间</td><td>焊条</td><td>350℃×1h</td></tr>
<tr><td>焊剂</td><td>/</td></tr>
<tr><td colspan="2">预热温度/℃</td><td>80</td></tr>
<tr><td colspan="2">层间温度/℃</td><td>≤200</td><td colspan="10" rowspan="4">1. 施焊前应除去坡口两侧 20mm 内的油、水、锈及污物。
2. 凡碳弧气刨清根后，刨槽应采用砂轮打磨至金属光泽，刨槽深浅基本一致。
3. 采用加垫板的焊接工艺时，应将垫板贴紧工件，先焊一侧，砂磨后再组焊另一侧工件。
4. 不锈钢焊接时，坡口两侧各 100mm 宽范围内应涂白垩粉，严禁电弧擦伤和机械损伤。</td></tr>
<tr><td colspan="2">后热温度/℃</td><td>/</td></tr>
<tr><td colspan="2">焊后热处理</td><td>SR</td></tr>
<tr><td colspan="2">清根方法</td><td>碳弧气刨</td></tr>
</table>

三、小结

由上述 6 例可以看出，制作产品焊接工艺规程：

（1）首先要看所拟定的产品焊接工艺中采用了几种焊接方法，因为改变焊接方法则需重新评定焊接工艺。因此拟定的焊接工艺中，若采用两种或两种以上的焊接方法，则应有两种或两种以上的焊接工艺评定支持或用组合评定支持。

（2）其次，应确定在拟定的产品焊接工艺中，同一种焊接方法施焊的两条焊缝是否采用不同的焊后热处理类别，因为改变焊后热处理类别，需要重新评定焊接工艺。因此，同一种焊接方法施焊的两条焊缝，采用不同类别的焊后热处理，则需要两种不同类别焊后热处理的焊接工艺评定支持。

（3）当已引用的焊接工艺评定中试件厚度覆盖范围不能包括焊件的厚度时，则需要重新进行焊接工艺评定。

（4）当焊接工艺评定合格后，确定试件厚度适用于焊件厚度时应注意对应于焊件母材厚度有效范围，试件焊缝金属厚度对应于焊件焊缝金属厚度有效范围。当焊件由两块或多块母材叠在一起时（如图 12-5 所示的壳体与补强圈焊接接头形式），确定适用于焊件厚度范围应按单块板厚度计算。

焊件母材厚度和焊缝金属厚度如下。

① 焊件母材厚度分别为 δ_1、δ_2，不能将 δ 当作母材厚度。

② 此焊缝为组合焊缝（对接焊缝加角焊缝）。焊缝金属厚度为 δ_1 和 δ_2。

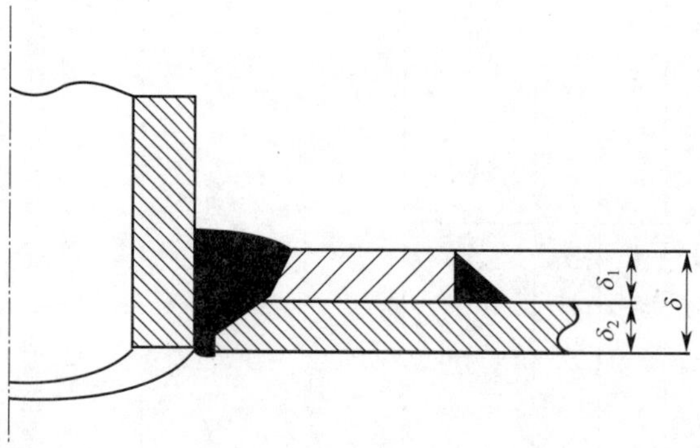

图 12-5　壳体与补强圈焊接接头形式

（5）由于预热温度比已评定合格值降低 55℃以下，作为重要因素则需要重新进行评定，因此在 pWPS 中应规定开始焊接的最低温度。

（6）对于奥氏体不锈钢制压力容器，由于设计温度不同，有冲击试验要求和没有冲击试验要求时，焊件母材的覆盖范围各不相同。

（7）道间温度增加、每面多道焊改变为每面单道焊、单丝焊改变为多丝焊或反之实际上都是反映了焊接热输入的增加，属于补加因素改变，需重新进行焊接工艺评定。

（8）焊接热输入的计算公式

焊接热输入(J/cm)＝焊接电压(V)×焊接电流(A)×60/焊接速度(cm/min)

一般情况下，在 PQR 中只需要计算并记录最大热输入即可。例如，Q345R 的焊接工艺评定试验采用埋弧焊，ϕ4.0mm 焊丝，焊接电流：500A～520A、焊接电压：26V～28V、焊接速度：30cm/min；焊接热输入＝520×28×60/30＝29120J/cm＝29.1kJ/cm。

（9）要保证引用的焊接工艺评定的通用和专用中的重要因素和补加因素与制定的产品焊接工艺一致。如果不一致，则应重新进行焊接工艺评定。

（10）审查所有的焊接工艺是否都进行了评定，不得遗漏。

（11）焊接工艺评定规则与焊工考试规则在母材类别划分、焊材、焊接位置的要求等方面各不相同，切记不可混淆。

（12）为了减少焊接工艺评定的次数，选择焊接工艺评定因素时应注意的事项。

① 试件母材厚度：要充分考虑所覆盖的焊件母材厚度的上、下限范围。上限要特别考虑壳体、管板等部件的最大厚度；下限则要特别考虑容器上接管的最小厚度。

② 不采用管子作为评定试件，因为管子取样比较困难，除非产品另有特殊要求。

③ 尽量选用同类别和同组别材料中有冲击性能要求的母材作为评定试件，而且要按材料使用状态和允许使用的最低温度进行冲击试验。

④ 焊接工艺评定时尽量采用每面单道焊，如厚度为 20mm 及以下的对接焊缝采用 SAW 焊接时，尽量采用Ⅰ形坡口，每面单道焊，这样可覆盖实际生产时的每面多道焊工艺。

⑤ 试件焊接时的热输入应包括生产中可能发生的最大热输入。如果产品有立焊位置（如球形储罐现场组焊），则最好在立焊位进行评定。但不要求使用同一热输入来完成试件的全部焊接工作。

⑥ 焊接工艺评定试件焊后消除应力热处理的保温时间尽可能长。在钢材强度允许的情况下，对于 Fe-1、Fe-3 类母材，焊后消除应力热处理的保温时间至少为 2.5h，或适用于焊件厚度上限为 200mm 时，试件所需要的最短保温时间为 3.5h×0.8＝2.8h，甚至更长。对于 Fe-4 类母材，适用于焊件厚度上限为 200mm 时，试件所需要的最短保温时间为 5.75×0.8＝4.6h。

⑦ 双面焊时最好其中一面为单面焊，但焊缝金属的厚度不得大于 13mm（这涉及焊接热输入的增加）。

⑧ 预热温度要选择最低的，而道间温度则要选择生产过程中最高的。

⑨ 采用 SMAW 进行工艺评定时，要使部分焊接用焊条为生产中可能使用的最大直径焊条（这也涉及焊接热输入的增加），并且与产品所用焊条有相同焊条分类代号。

⑩ 由于板材或管材的角焊缝的焊接工艺评定只能用于板材、管材的角焊缝，从减少焊接工艺评定数量的观点出发，不推荐进行此类评定。

（13）中国的 NB/T 47014《承压设备焊接工艺评定》标准和美国 ASME 锅炉和压力容器规范第Ⅸ卷相比较，对于焊接工艺评定因素的划分有所不同。美国标准将每一种焊接方法的焊接工艺评定因素直接划分为重要因素、补加因素和次要因素，并按每一种焊接方法的所有焊接工艺评定因素纳入一张表格之中，见图 12-6。而中国《承压设备焊接工艺评定》（NB/T 47014）标准则将焊接工艺评定因素划分为通用和专用焊接工艺评定因素，将专用焊接工艺评定因素再划分为重要因素、补加因素和次要因素，见图 4-1。

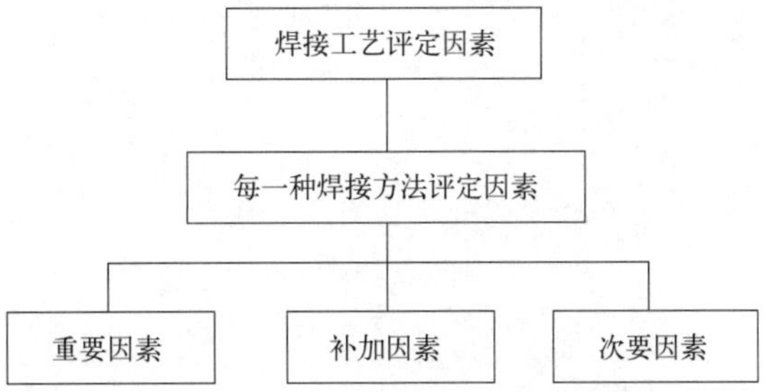

图 12-6　ASME BPV 规范第Ⅸ卷中焊接工艺评定因素分类

（14）当 16MnDR、15MnNiDR、09MnNiDR 等低温容器用低合金钢板设计制造温度低于－20℃的低温容器壳体时，低温容器的焊接工艺评定应按照 GB150.4 的 7.2.4 条要求："冲击试验温度应不高于图样要求的试验温度。"

因此，在焊评因素不变的情况下 Q345R 的焊评不适用于同类别、同组别的用作低温容器母材（如 16MnDR/E5015-N1UH5/－40℃低温冲击试验）的焊接工艺。

（15）对于 Q345R 和 Q370R 的试件，当接头厚度大于 25mm 时，焊前应进行预热（最低预热温度为 80℃）；当接头厚度大于 32mm 或当接头厚度大于 38mm（预热 100℃以上）时，应进行焊后热处理。因此，对于厚度 40mm 有拼接接头的凸形封头焊件，经热冲压成形，其制造工艺为：封头拼缝—SR—封头热冲压成形（相当于 N)—出厂—与筒体焊接—容器焊后整体热处理 SR。该封头经历的热过程：SR＋N＋SR，封头拼接焊缝的热过程可简化为：N＋SR。

（16）对于 15CrMoR（Fe-4-1）试件，由于任意厚度接头都必须进行焊前预热和焊后低于下转变温度的消应热处理（SR）。因此对于任意厚度有拼接接头的凸形封头焊件，经热冲压成形，其制造工艺为：拼缝—拼接对接焊缝 SR—封头热成形（N1)—封头恢复性能热处理（N2＋T)—出厂—与筒体焊接—容器焊后整体热处理 SR。

封头的对接焊缝进行的热处理为：SR＋N1＋（N2＋T）＋SR。

可简化为：封头拼接焊缝的热过程简化为：（N＋T）＋SR，其中 N＝N1＋N2，即 N 的正火保温时间为 N1 和 N2 之和。

（17）应特别注意的是：焊接工艺评定标准是一个整体，运用时标准涉及的所有规定都应遵守。除遵守焊接工艺评定标准规定外，还应符合锅炉、压力容器和压力管道产品相关法规、标准和技术文件的规定。

（18）虽然焊接工艺评定规则与焊接工艺规程相互之间既有联系又有区别，但毕竟是两个不同的概念。焊接工艺评定规则只能在焊接工艺评定时使用，焊接工艺评定规则不能当成焊接工艺规程使用，不能将焊接工艺评定的 PQR 直接作为 WPS 或者 WWI 使用。焊接工艺规程不单要有焊接工艺评定支持，且要从低温性能、耐蚀性能、抗裂性能、经济性等多方面考虑。

如 S30408/SMAW/E308-15（A107）/1G/AW/对接焊缝的焊接工艺评定虽然可覆盖 S31608/SMAW/E316-15（A207）/1G/AW/对接焊缝的焊接工艺评定，但 S31608 施焊时用的 WPS 或 WWI 与 S30408/SMAW/E308-15（A107）/1G/AW/对接焊缝评定合格的 PQR 以及施焊时用的 WPS 或 WWI 是不相同的，如焊条型号和牌号就不相同（E308-15、A107；E316-15、A207）。

第十三章

钢制压力容器焊接工艺评定项目的优化和整合

经过三十余年的努力和积累，国内压力容器制造企业对焊接工艺评定重要性的认识不断深入，焊接工艺评定工作也取得大的进展。目前，企业做了上百个甚至几百个焊接工艺评定项目的并不少见。但是由于对焊接工艺评定标准认识和理解的偏差，也出现一些不可忽视的问题，如焊接工艺评定项目的选择无序，无计划，随意性大，以致焊接工艺评定覆盖范围重叠，评定项目重复；甚至有的企业所做评定项目数量虽不少，但却不能覆盖现有的压力容器产品。因而需对焊接工艺评定项目进行优化和整合。在确定焊接工艺因素时，尽量扩大焊接工艺评定覆盖范围，避免和减少覆盖范围的重叠，减少焊接工艺评定数量，保证焊接工艺评定项目能覆盖全部压力容器产品。

根据相关安全技术规范和 GB150《压力容器》、NB/T 47014《承压设备焊接工艺评定》等标准，按照钢制压力容器常用材料种类：碳钢和低合金钢 Q245R（Fe-1-1）、Q345R（Fe-1-2）、15CrMo（Fe-4-1）、铬镍奥氏体不锈钢（Fe-8）；焊接方法：焊条电弧焊（SMAW）、埋弧焊（SAW）、钨极气体保护焊（GTAW）；焊后热处理类别，对各种钢制压力容器的焊接工艺评定项目进行分析和探讨。

AW（As Weld）——焊态（不进行焊后热处理）；

PWHT（Post Weld Heat Treatmert）—焊后热处理；

SR——Stress Relief 消除应力热处理，包括低于下转变温度的焊后消除应力热处理［Stress Relief（PWHT）］和再结晶退火消除应力热处理（Stress Relief by Anneal）

N（Normalizing）——正火热处理；

T（Tempering）——回火热处理；

N＋T＋SR——先高于上转变温度热处理，继而进行回火热处理（低于下转变温度），再进行焊后消除应力热处理（低于下转变温度）；

Q（Quenching）＋T——淬火＋回火——调质热处理；

S（Solution Heat Treatment）——固溶热处理；

温成形——对于碳钢和低合金钢加工成形过程中加热温度为 120℃～480℃。

第一节　Q245R（Fe-1-1）、Q345R（Fe-1-2）制压力容器

一、压力容器筒体对接焊缝的焊评项目

1. 不进行焊后热处理（As Weld，AW）

为了充分利用焊接工艺评定的覆盖范围，减小焊接工艺评定项目叠加的覆盖范围，达到减少焊接

工艺评定数量的目的，在拟定预焊接工艺规程（pWPS）时，选择焊接工艺评定试件的厚度分别为4mm、8mm、16mm。评定合格后，则它们的焊件母材厚度覆盖范围分别为2～8mm、8～16mm、16～32mm。这样，选择的三个焊接工艺评定项目则可不间断地覆盖2.0～32mm的所有板厚，见表13-1。

从表13-1可以看出，对于焊条电弧焊、埋弧焊和钨极气体保护焊，每种焊接方法各有三个焊接工艺评定项目。对于中厚板和厚板，如厚度8mm和16mm的试件，可以采用二种焊接方法（钨极气体保护焊和焊条电弧焊）或三种焊接方法（钨极气体保护焊、焊条电弧焊和埋弧焊）的组合评定代替分别评定，这样一个工艺评定可以代替二个或三个评定，达到减少焊接工艺评定数量的目的。

表13-1　Q245R（Fe-1-1）、Q345R（Fe-1-2）制压力容器筒体对接焊缝的焊评项目（一）

序号	焊接方法	热处理类别	试件母材厚度/mm	焊件母材厚度覆盖范围/mm	
				理论	实际
1	SMAW(或GTAW)	AW	4	2～8	2～8
2			8	8～16	8～16
3			16(或18、或20)	16～32(16～36、16～40)	16～32
4	SAW	AW	8	8～16	8～16
5			16(或18、或20)	16～32(16～36、16～40)	16～32

注：AW—As　Weld，即焊态，不进行焊后热处理。

2. 进行低于下转变温度的焊后消除应力热处理 [Stress Relief，SR（PWHT）]

钢制压力容器进行低于下转变温度的焊后热处理，通常就是指焊后消除焊接应力热处理［SR（PWHT)］，对于Q245R、Q345R焊件，GB150规定以下几种情况需要进行焊后消除应力热处理：

（1）对于Q245R焊件，厚度大于32mm或当接头厚度大于38mm（预热100℃以上）时，应进行焊后热处理。

（2）对于Q345R焊件，当接头厚度大于25mm时，焊前应进行预热（最低预热温度80℃）；当接头厚度大于32mm或当接头厚度大于38mm（预热100℃以上）时，应进行焊后热处理。

（3）设计图样注明有应力腐蚀的压力容器。

（4）用于盛装毒性程度为极度或高度危害介质的碳素钢、低合金钢制容器。

（5）当相关标准或图样另有规定时。

上述情况，当焊件规定进行冲击试验时，该类压力容器的对接焊缝焊接工艺评定项目见表13-2。

表13-2　Q245R（Fe-1-1）、Q345R（Fe-1-2）制压力容器筒体对接焊缝的焊评项目（二）

序号	焊接方法	热处理类别	试件母材厚度/mm	焊件母材厚度覆盖范围/mm	
				理论	实际
1	SMAW(或GTAW)	SR(P)	4	2～8	2～8
2			8	8～16	8～16
3			16(或18，或20)	16～32(16～36、16～40)	16～32
4			40	16～200	＞32～200
5	SAW	SR(P)	8	8～16	8～16
6			16(或18，或20)	16～32(16～36、16～40)	16～32
7			40	16～200	＞32～200

NB/T 47014的6.1.4.2条规定：“试件的焊后热处理应与焊件在制造过程中的热处理基本相同，低于下转变温度进行焊后热处理时，试件的保温时间不得少于焊件在制造过程中累计保温时间的80％”。

当试件较薄时，低于下转变温度焊后热处理保温时间相应较短，但这类试件，尤其是小于或等于6mm的试件的工艺评定主要应用于覆盖压力容器接管与壳体角接头的组合焊缝（对接焊缝＋角焊缝），见图13-1。

由于接管厚度较薄（一般为≥2.0mm），当容器进行焊后整体消除应力热处理（SR）时，接管与壳体的组合焊缝要与较厚的壳体焊缝一样经受保温时间较长的低于下转变温度焊后热处理，充分考虑这些情况，拟定预焊接工艺规程时，就应按较厚壳体焊件选取可能遇到的较长保温时间，避免因评定试件热处理保温时间不足，而导致焊接工艺评定不能覆盖。根据经验，拟定预焊接工艺规程时（试件经低于下转变温度焊后热处理），焊后热处理保温时间尽可能长一些。对于壁厚小于或等于6mm，Fe-1（如Q245R、Q345R）、Fe-3（如20MnMo）材料的评定试件，低于下转变温度的焊后热处理保温时间至少2.5小时或更长；对于Fe-4（如15CrMoR）热处理保温时间至少4.0小时或更长。

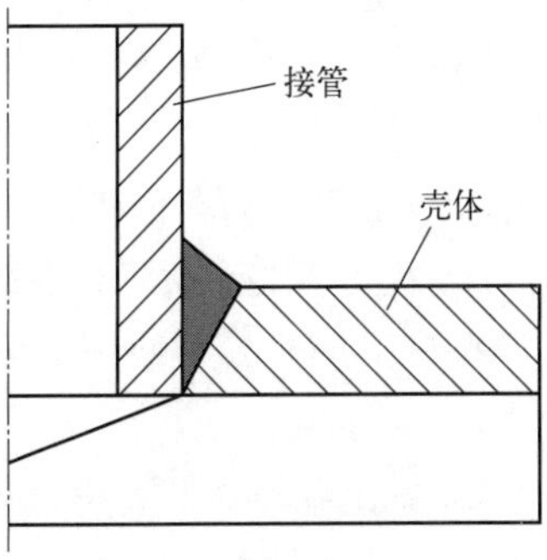

图13-1 接管与壳体的角接头组合焊缝

对于试件较厚或经过两次消除应力热处理（SR）的工件，低于下转变温度焊后热处理保温时间相应较长，若工件存在中间热处理或焊缝多次返修，热处理累积保温时间还会更长。拟定预焊接工艺规程时应充分考虑这些因素。

二、压力容器凸形封头拼接对接焊缝的焊评项目

1. 热成形（热冲压）凸形封头对接焊缝的焊评

（1）高于上转变温度进行焊后热处理（正火热处理Normalizing，N）

这主要针对热成形（热冲压）的碳钢和低合金钢凸形封头的拼接对接焊缝的焊接工艺评定。

对于热冲压成形的碳钢和低合金钢制凸形封头，应充分考虑封头拼接对接焊缝热冲压的热过程，如果认为热冲压的热加工过程不属于焊后热处理，这样的理解是不正确的。对于碳钢和低合金钢制凸形封头，热冲压过程的最高加热温度已达到或超过910℃（铁碳合金相图上的临界点A3以上），因而封头的热冲压过程类似于正火热处理过程（Normalizing，N），直接影响到封头拼接对接焊缝的力学性能和弯曲性能，对于封头拼接对接焊缝实际上也就是一次焊后热处理过程。

由于热冲压加热温度超过了碳钢和低合金钢的上转变温度，因而适用于焊件的厚度范围按NB/T 47014中表6或表7确定。对于大多数压力容器制造企业所需焊接工艺评定的项目推荐见表13-3。

表13-3 Q245R（Fe-1-1）、Q345R（Fe-1-2）制压力容器凸形封头拼接对接焊缝的焊评项目（一）

序号	焊接方法	热处理类别	试件母材厚度/mm	焊件母材厚度覆盖范围/mm	
				理论	实际
1	SMAW	N	30	5～60	5～60
2	SAW	N	30	5～60	5～60

从表13-3可以看出，在通用焊评因素和专用焊评因素中的重要因素和补加因素不变的条件下，厚板评定合格的焊接工艺，其母材厚度覆盖范围将包含了较薄板。因此，此种情况下，应做较厚板的焊接工艺评定。充分利用焊接工艺评定的覆盖范围，可减少焊接工艺评定次数。

对于Q345R焊件，当接头厚度大于25mm时，焊前需进行预热（最低预热温度80℃），因此除选择30mm试件外，还需选用25mm试件，见表13-4。

表13-4 Q245R（Fe-1-1）、Q345R（Fe-1-2）制压力容器凸形封头拼接对接焊缝的焊评项目（二）

序号	焊接方法	热处理类别	试件母材厚度/mm	焊件母材厚度覆盖范围/mm	
				理论	实际
1	SMAW	N	25	5～50	5～50
2			30	5～60	>25～60
3	SAW	N	25	5～50	5～50
4			30	5～60	>25～60

（2）先高于上转变温度，继而在低于下转变温度进行焊后热处理［N+SR］

这主要针对热冲压成形的碳钢和低合金钢凸形封头的拼接对接焊缝的焊接工艺评定。

① 对于有应力腐蚀倾向的压力容器（如液化石油气储罐等），焊后需整体热处理消除焊接应力的，其热冲压成形的封头的拼接对接焊缝也就要与容器一起再进行一次消除焊接应力热处理。

② 对于盛装介质毒性程度为极度或高度危害的压力容器（如液氯储槽等），焊后需整体热处理消除焊接应力的，其热冲压成形的封头的拼接对接焊缝也就要与容器一起再进行一次消除焊接应力热处理。

③ 对于较厚板和厚板（如厚度大于38mm）的Q245R、Q345R制封头，封头与筒节相焊需进行焊后消除应力热处理。

因此上述情况，压力容器在制造过程中封头拼接对接焊缝相当于进行了两次热处理，正火+消除应力热处理［N+SR］，焊评试件需做N+SR热处理，但评定覆盖范围应综合考虑。在通用焊评因素和专用焊评因素中的重要因素和补加因素不变的条件下，厚板评定合格的焊接工艺，其母材覆盖范围包含了较薄板。因此，此种情况下应做较厚板的焊接工艺评定，充分利用焊接工艺评定的覆盖范围，可减少评定的数量。当母材厚度小于32mm时，为减少评定数量，建议做30mm的评定，其覆盖范围见表13-5。

表13-5　Q245R（Fe-1-1）、Q345R（Fe-1-2）制压力容器凸形封头拼接对接焊缝的焊评项目（三）

序号	焊接方法	热处理类别	试件母材厚度/mm	焊件母材厚度覆盖范围/mm	
				理论	实际
1	SMAW	N+SR	30	5～60	5～60
2	SAW	N+SR	30	5～60	5～60

厚度大于32mm时，如：试件厚度为50mm的Q345R制封头拼接焊缝的覆盖范围见表13-6。从理论上讲，焊件母材厚度覆盖范围为5～200mm，但单从厚度上考虑，仅能覆盖大于32mm小于200mm，不一定能覆盖5～200mm厚度的焊件母材，因为5～32mm厚度的焊件是否需要焊后热处理，还应考虑GB150和设计图样的规定（即是否属于①、②所列情况），如果焊后需要进行消除应力热处理，才可以覆盖。

表13-6　Q245R（Fe-1-1）、Q345R（Fe-1-2）制压力容器凸形封头拼接对接焊缝的焊评项目（四）

序号	焊接方法	热处理类别	试件母材厚度/mm	焊件母材厚度覆盖范围/mm	
				理论	实际（只考虑厚度）
1	SMAW	N+SR	50	5～200	32<厚度≤200
2	SAW	N+SR	50	5～200	32<厚度≤200

对于Q345R焊件，当接头厚度大于25mm时，焊前需进行预热（最低预热温度80℃），因此除选择30mm试件外，还需选用25mm试件。其覆盖范围见表13-7。

表13-7　Q245R（Fe-1-1）、Q345R（Fe-1-2）制压力容器凸形封头拼接对接焊缝的焊评项目（五）

序号	焊接方法	热处理类别	试件母材厚度/mm	焊件母材厚度覆盖范围/mm	
				理论	实际
1	SMAW	N+SR	25	5～50	5～50
2			30	5～60	>25～60
3	SAW	N+SR	25	5～50	5～50
4			30	5～60	>25～60

2. 冷成形（冷冲压、冷旋压）或温成形凸形封头对接焊缝的焊评项目

（1）进行再结晶退火热处理（Stress Relief by Anneal）

① GB 150.4—2011的8.1.1条要求：采用碳钢、低合金钢和奥氏体不锈钢钢板冷成形或温成形受

压元件（如冷冲压或冷旋压制成的封头），凡符合 GB 150.4—2011 的 8.1.1a）、b）、c）、d）中任意条件之一，且变形率超过表 4 范围应在成形后进行相应再结晶退火热处理恢复材料性能。

② GB 150.4—2011 中引用的 GB/T 25198—2023《压力容器封头》的 6.8.3.1 要求：整板成形及先拼板后成形的碳钢及低合金钢制以及以其为基材的复合板制半球形、椭圆形、碟形、带折边的锥形以及平底形封头，应于冷成形后进行热处理。

再结晶退火热处理方法和工艺与焊后消除应力热处理［SR(PWHT)］方法和工艺基本相同，按照 NB/T 47015《压力容器焊接规程》的 5.8 和 GB/T 30583《承压设备焊后热处理规程》表 1 确定。

对于冷成形封头成形后需进行 SR（再结晶退火）热处理恢复材料性能的，其拼接对接焊缝的焊接工艺评定项目，见表 13-8。

表 13-8　Q245R（Fe-1-1）、Q345R（Fe-1-2）制压力容器凸形封头拼接对接焊缝的焊评项目（六）

序号	焊接方法	热处理类别	试件母材厚度/mm	焊件母材厚度覆盖范围/mm	
				理论	实际
1	SMAW(或 GTAW)	SR	4	2～8	2～8
2			8	8～16	8～16
3			16(或 18,或 20)	16～32(16～36,16～40)	16～32
4		SR(三次)	40	16～200	32＜厚度≤200
5	SAW	SR	8	8～16	8～16
6			16(或 18,或 20)	16～32(16～36,16～40)	16～32
7		SR(三次)	40	16～200	32＜厚度≤200

（2）先进行再结晶退火热处理（SR）、继而进行低于下转变温度的焊后消除应力热处理［SR(PWHT)］

对于焊后需整体热处理消除焊接应力的压力容器（如液化石油气储罐、液氯储槽等），其封头的拼接对接焊缝也就要与容器一起再进行一次消除焊接应力热处理。这类压力容器封头的加工过程：

① 对于中薄板，封头拼缝—封头冷成形（冷冲压、冷旋压）或温成形—封头材料恢复性能热处理(SR)—出厂—与筒体焊接—容器焊后整体热处理 SR，即封头要经过两次热处理；

② 由于较厚板和厚板（Q245R＞90mm、Q345R＞25mm）制封头拼缝时需焊前预热和焊后热处理，冷成形封头成形后需进行 SR（再结晶退火），与筒体焊接后还应进行焊后热处理，因而此类封头的拼缝需进行三次消除应力热处理（SR），此类封头的拼缝需考虑多次热处理过程，试件热处理时间要能覆盖焊件的累计保温时间。

冷成形（冷冲压、冷旋压）或温成形的碳钢和低合金钢凸形封头的拼接对接焊缝在制造过程中相当于进行了两次或三次焊后热处理，同时考虑预热因素，所需焊接工艺评定项目见表 13-9。

表 13-9　Q245R（Fe-1-1）、Q345R（Fe-1-2）制压力容器凸形封头拼接对接焊缝的焊评项目（七）

序号	焊接方法	热处理类别	试件母材厚度/mm	焊件母材厚度覆盖范围/mm	
				理论	实际
1	SMAW(或 GTAW)	SR(两次)	4	2～8	2～8
2			8	8～16	8～16
3			16(或 18,或 20)	16～32(16～36,16～40)	16～32
4		SR(三次)	40	16～200	32＜厚度≤200
5	SAW	SR(两次)	8	8～16	8～16
6			16(或 18,或 20)	16～32(16～36,16～40)	16～32
7		SR(三次)	40	16～200	32＜厚度≤200

从表 13-9 可以看出，由于这类封头要经过二次或三次同一类型的 SR，因而其焊接工艺评定试件的热处理保温时间相对于仅有一次 SR 的封头应长一倍或二倍以上。

由于整板成形及先拼板后成形的碳钢和低合金钢制半球形、椭圆形、碟形封头以及平底形封头，应于冷成形后进行热处理，因此所有碳钢和低合金钢冷成形封头都应进行 SR，没有单独的 AW 焊评项目。

第二节 15CrMoR（Fe-4-1）钢制压力容器

一、压力容器筒体对接焊缝的焊评项目

进行低于下转变温度的焊后消除应力热处理［SR(P)］。15CrMoR（Fe-4-1）钢制压力容器，任意厚度的焊接接头都必须进行焊前预热和焊后低于下转变温度的消除应力热处理（SR），所以容器的对接焊缝也就必须进行焊前预热和焊后消除应力热处理。15CrMoR 制压力容器筒体对接焊缝焊接工艺评定项目，推荐见表 13-10。

表 13-10 15CrMoR（Fe-4-1）制压力容器筒体对接焊缝的焊评项目（一）

序号	焊接方法	热处理类别	试件母材厚度/mm	焊件母材厚度覆盖范围/mm
1	SMAW(或 GTAW)	SR	4	2～8
2			8	8～16
3			40	16～200
4	SAW	SR	8	8～16
5			40	16～200

二、压力容器凸形封头拼接对接焊缝的焊评项目

1. 热成形（热冲压）凸形封头对接焊缝的焊评

由于 15CrMoR（Fe-4-1）的供货状态和使用状态均为正火＋回火，因此封头在热成形（热冲压）过程中破坏了供货状态，为了保证使用状态为 N＋T，所以封头热成形之后应进行恢复材料性能热处理。而封头在拼接之后对封头拼缝进行 SR，容器焊制完成之后又进 SR。所以热成形的凸形封头加工过程：拼缝—拼接对接焊缝 SR—封头热成形（N1）—封头恢复性能热处理（N2＋T)—出厂—与筒体焊接—容器焊后整体热处理 SR。

一般情况下，封头拼接后立即进行热成形的，其拼接焊缝的消除应力热处理过程可省略，因此，封头的对接焊缝进行的热处理为：N1＋（N2＋T）＋SR。

可简化为：（N＋T）＋SR，其中 N＝N1＋N2，即 N 的正火时间为 N1 与 N2 之和。评定项目见表 13-11。

表 13-11 15CrMoR（Fe-4-1）制压力容器筒体对接焊缝的焊评项目（二）

序号	焊接方法	热处理类别	试件母材厚度/mm	焊件母材厚度覆盖范围/mm
1	SMAW	(N＋T)＋SR	40	5～200
2	SAW	(N＋T)＋SR	40	5～200

2. 冷成形（冷冲压、冷旋压）或温成形凸形封头对接焊缝的焊评项目

（1）先进行低于下转变温度的焊后热处理（SR)、继而进行再结晶退火热处理（SR)、然后进行低于下转变温度的焊后热处理（SR)—三次 SR。

冷成形（冷冲压、冷旋压）或温成形的凸形封头加工过程：拼缝—拼接对接焊缝 SR—封头冷成形—封头恢复性能热处理 SR—出厂—与筒体焊接——容器焊后整体热处理 SR。

该项封头所需焊接工艺评定项目见表 13-12。

表 13-12　15CrMoR（Fe-4-1）制压力容器筒体对接焊缝的焊评项目（三）

序号	焊接方法	热处理类别	试件母材厚度/mm	焊件母材厚度覆盖范围/mm
1	SMAW(或 GTAW)	SR(三次)	4	2～8
2			8	8～16
3			40	16～200
4	SAW	SR(三次)	8	8～16
5			40	16～200

第三节　铬镍奥氏体不锈钢制压力容器

一、不进行焊后热处理（As Weld，AW）

铬镍奥氏体不锈钢制压力容器，一般不进行焊后热处理，而且对于使用温度高于或等于－196℃的铬镍奥氏体不锈钢母材可免做冲击试验。但是应考虑到用于设计温度低于－100℃时的铬镍奥氏体不锈钢制低温压力容器，按照 GB 150.4 的 7.2.4 条规定，当“设计温度低于－100℃且不低于－196℃的铬镍奥氏体不锈钢制容器在相应的焊接工艺评定中，应进行焊缝金属的低温夏比（V 形缺口）冲击试验，在不高于设计温度下的冲击吸收功（KV_2）不得小于 31J（当设计温度低于－192℃时，其冲击试验温度取－192℃）”。这类容器如设计温度为－196℃的液氧、液氮低温绝热容器和液化天然气（LNG）罐式集装箱等，其内容器由奥氏体不锈钢焊制而成，它们的对接焊缝的焊接工艺就需要焊缝金属经－196℃低温夏比冲击试验合格的焊接工艺评定支持。

因此对于铬镍奥氏体不锈钢制压力容器，其对接焊缝的焊接工艺评定项目，则分为不要求焊缝金属进行冲击试验（见表 13-13）和要求焊缝金属进行低于－100℃的低温冲击试验（见表 13-14）两种情况。

表 13-13　铬镍奥氏体不锈钢制压力容器的焊评项目（一）

序号	试件母材类别号 P-No	焊接方法	热处理类别	试件母材厚度/mm	焊件母材厚度覆盖范围/mm
1	Fe-8 (不要求焊缝金属进行冲击试验)	SMAW (或 SAW、GTAW)	AW	6	1.5～12
2				40	5～200

表 13-14　铬镍奥氏体不锈钢制压力容器的焊评项目（二）

序号	试件母材类别号 P-No	焊接方法	热处理类别	试件母材厚度/mm	焊件母材厚度覆盖范围/mm
1	Fe-8 (要求焊缝金属进行低于 －100℃低温冲击试验)	SMAW (或 SAW、GTAW)	AW	4	2～8
2				8	8～16
3				40	16～200

二、进行固溶热处理（Solution Heat Treatment，S）

第一种是针对符合 GB150.4 中 8.1.1 条规定冷成形的铬镍奥氏体不锈钢制凸形封头，在冷成形之后需要经固溶热处理消除冷变形残余应力恢复材料性能，其拼接对接焊缝的焊接工艺评定。

第二种是针对热冲压成形的铬镍奥氏体不锈钢制凸形封头，在热成形之后需要经固溶热处理恢复耐蚀性能，其拼接对接焊缝的焊接工艺评定。

由于铬镍奥氏体不锈钢在加热过程中没有相变发生，晶粒会长大，而且加热过程中有铁素体析出，促使奥氏体不锈钢的耐腐蚀性能降低。因此对有耐腐蚀性能要求的铬镍奥氏体不锈钢制封头经热冲压成形后，要进行固溶热处理（S），目的是得到单一的、均匀的奥氏体组织，保证其具有高的耐腐蚀性能。

上述两种铬镍奥氏体不锈钢制凸形封头其拼接对接焊缝的焊接工艺评定需要进行固溶热处理，按表13-15和表13-16选用。

表 13-15 铬镍奥氏体不锈钢制压力容器的焊评项目（三）

序号	试件母材类别号 P-No	焊接方法	热处理类别	试件母材厚度/mm	焊件母材厚度覆盖范围/mm
1	Fe-8 （不要求焊缝金属进行冲击试验）	SMAW （或 SAW、GTAW）	S	6	1.5～12
2				40	5～200

表 13-16 铬镍奥氏体不锈钢制压力容器的焊评项目（四）

序号	试件母材类别号 P-No	焊接方法	热处理类别	试件母材厚度/mm	焊件母材厚度覆盖范围/mm
1	Fe-8 （要求焊缝金属进行低于 −100℃低温冲击试验）	SMAW （或 SAW、GTAW）	S	6	1.5～12
2				40	5～200

三、钢制压力容器典型焊接工艺评定项目一览表

根据相关压力容器安全技术规范和《承压设备焊接工艺评定》标准，按照常用钢材组别、焊接方法、PWHT种类，列出钢制压力容器典型焊接工艺评定项目一览表，见表13-17。

表 13-17 钢制压力容器典型焊接工艺评定项目一览表

试件母材组别 P-No	焊接方法	热处理类别	试件母材厚度/mm				焊件母材厚度覆盖范围/mm	WPQ 项次
245R、Q345R （Fe-1）	SMAW 或 GTAW	AW	4	8	16		2～32	3
		SR	4	8	16	40	2～200	4
		N	25* 30				5～60	1+1
		N+SR	25* 30				5～60	1+1
		N+SR	40				5～200	1
		SR（两次）	4	8	16		2～32	3
		SR（三次）	40				16～200	1
		N+SR	40				5～200	1
	SAW	AW	8	16			8～32	2
		SR	8	16	40		8～200	3
		N	25* 30				5～60	1+1
		N+SR	25* 30				5～60	1+1
		N+SR	40				5～200	3
		SR（两次）	8	16			8～32	2
		SR（三次）	40				16～200	1
		N+SR	40				5～200	1
15CrMoR （Fe-4-1）	SMAW 或 GTAW	SR	4	8	40		2～200	3
		SR+（N+T）+SR	40				5～200	1
		SR（三次）	4	8	40		2～200	3
	SAW	SR	8	40			8～200	2
		SR+（N+T）+SR	40				5～200	1
		SR（三次）	8	40			8～200	2
Fe-8 （不要求焊缝金属 进行冲击试验）	SMAW	AW	6	40			1.5～200	2
		S	6	40			1.5～200	2
	SAW	AW	40				5～200	1
		S	40				5～200	1
	GTAW	AW	6	40			1.5～200	2
		S	6	40			1.5～200	2

续表

试件母材组别 P-No	焊接方法	热处理类别	试件母材厚度/mm			焊件母材厚度覆盖范围/mm	WPQ 项次
Fe-8（要求焊缝金属进行低于－100℃低温冲击试验）	SMAW	AW	4	8	40	2～200	3
		S	6		40	1.5～200	2
	SAW	AW	8	40		8～200	2
		S	40			5～200	1
	GTAW	AW	4	8	40	2～200	3
		S	6		40	1.5～200	2
注：表中厚度为 16mm 母材试件也可用厚度 18mm 或 20mm 母材试件代替；*：该项目为 Q345R 专用。							

综上所述，不难看出：对于从事 Fe-1-1、Fe-1-2、Fe-4-1、Fe-8 类母材，采用焊条电弧焊、埋弧焊和钨极气体保护焊的压力容器制造企业，按照安全技术规范、标准，需要拥有 50 余个焊接工艺评定项目；从事 Fe-1、Fe-8 类母材的需要拥有 30 余个焊接工艺评定项目。对于上述企业，如果所需封头全部由封头制造厂供给，则需要分别拥有约 60 个和 35 个焊接工艺评定项目。

压力容器制造企业对焊接工艺评定项目进行优化和整合，可以避免焊接工艺评定覆盖范围的重叠，达到减少工艺评定数量的目的，优化工艺评定；避免因工艺评定项目不当选择，覆盖范围不同，而需要多做或漏做产品焊接试板；避免焊接工艺评定项目数量虽多，但却覆盖不了产品等问题。

第十四章

压力容器常用材料的焊接工艺评定

本书中所列常用的焊接工艺评定是在收集、借鉴众多企业按 NB/T 47014—2023《承压设备焊接工艺评定》标准的规定编辑而成的。这些评定旨在为相关企业进行焊接工艺评定和焊接工艺评定的转换提供参考，而不能代替本企业的焊接工艺评定。

所列焊接工艺评定对适用的厚度范围、焊制压力容器用母材的分类分组、焊条、气体保护焊用焊丝、填充丝、埋弧焊用焊丝、埋弧焊焊剂的分类等按 NB/T 47014—2023《承压设备焊接工艺评定》的规定进行了编辑；对评定用母材按现行标准进行了转换；对换热管与管板的评定按 NB/T 47014—2023《承压设备焊接工艺评定》的附录 E“换热管与管板焊接工艺评定”的规定重新进行了编辑；增加了带堆焊隔离层的对接焊缝焊接工艺评定；增加了电子束焊焊接工艺评定。

对规定进行冲击试验时涉及的补加因素，在所列评定中未能、也不可能全部适应所有企业的工艺要求，企业应根据各自工艺的实际情况考虑补加因素的变化（例如焊接位置、层间温度、电流的种类或极性、多道焊与单道焊等的改变，以及机动焊、自动焊时单丝焊和多丝焊的改变等），避免焊接工艺评定不能覆盖相应的焊接工艺规程。

编者试图将所列焊接工艺评定尽量编辑准确合理，但毕竟限于水平，错误和不足在所难免，敬请批评指正。

第一节　低碳钢的焊接工艺评定（Fe-1-1）

预焊接工艺规程 pWPS 1101

<table>
<tr><td colspan="6">预焊接工艺规程(pWPS)</td></tr>
<tr><td colspan="6">单位名称：××××
pWPS 编号：pWPS 1101
日期：××××</td></tr>
<tr><td colspan="3">焊接方法：SMAW
机动化程度：手工☑　机动□　自动□
焊接接头：对接☑　角接□　堆焊□
衬垫(材料及规格)：焊缝金属
其他：/</td><td colspan="3">简图(接头形式、坡口形式与尺寸、焊层、焊道布置及顺序)：
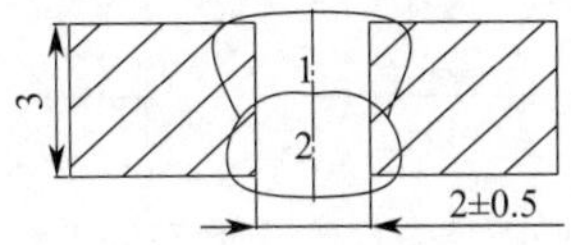
</td></tr>
<tr><td colspan="6">母材：</td></tr>
<tr><td colspan="2">试件序号</td><td colspan="2">①</td><td colspan="2">②</td></tr>
<tr><td colspan="2">材料</td><td colspan="2">Q245R</td><td colspan="2">Q245R</td></tr>
<tr><td colspan="2">标准或规范</td><td colspan="2">GB/T 713</td><td colspan="2">GB/T 713</td></tr>
<tr><td colspan="2">规格/mm</td><td colspan="2">δ=3</td><td colspan="2">δ=3</td></tr>
<tr><td colspan="2">类别号</td><td colspan="2">Fe-1</td><td colspan="2">Fe-1</td></tr>
<tr><td colspan="2">组别号</td><td colspan="2">Fe-1-1</td><td colspan="2">Fe-1-1</td></tr>
<tr><td colspan="2">对接焊缝焊件母材厚度范围/mm</td><td colspan="2">1.5～6</td><td colspan="2">1.5～6</td></tr>
<tr><td colspan="2">角焊缝焊件母材厚度范围/mm</td><td colspan="2">不限</td><td colspan="2">不限</td></tr>
<tr><td colspan="2">管子直径、壁厚范围(对接或角接)/mm</td><td colspan="2">/</td><td colspan="2">/</td></tr>
<tr><td colspan="6">其他：/</td></tr>
<tr><td colspan="6">填充金属：</td></tr>
<tr><td colspan="2">焊材类别(种类)</td><td colspan="2">焊条</td><td colspan="2"></td></tr>
<tr><td colspan="2">型号(牌号)</td><td colspan="2">E4315(J427)</td><td colspan="2"></td></tr>
<tr><td colspan="2">标准</td><td colspan="2">NB/T 47018.2</td><td colspan="2"></td></tr>
<tr><td colspan="2">填充金属规格/mm</td><td colspan="2">ϕ3.2</td><td colspan="2"></td></tr>
<tr><td colspan="2">焊材分类代号</td><td colspan="2">FeT-1-1</td><td colspan="2"></td></tr>
<tr><td colspan="2">对接焊缝焊件焊缝金属范围/mm</td><td colspan="2">0～6</td><td colspan="2"></td></tr>
<tr><td colspan="2">角焊缝焊件焊缝金属范围/mm</td><td colspan="2">不限</td><td colspan="2"></td></tr>
<tr><td colspan="6">其他：</td></tr>
<tr><td colspan="2">预热及后热：</td><td colspan="4">气体：</td></tr>
<tr><td>最小预热温度/℃</td><td>15</td><td>项目</td><td>气体种类</td><td>混合比/%</td><td>流量/(L/min)</td></tr>
<tr><td>最大道间温度/℃</td><td>250</td><td>保护气</td><td>/</td><td>/</td><td>/</td></tr>
<tr><td>后热温度/℃</td><td>/</td><td>尾部保护气</td><td>/</td><td>/</td><td>/</td></tr>
<tr><td>后热保温时间/h</td><td>/</td><td>背面保护气</td><td>/</td><td>/</td><td>/</td></tr>
<tr><td colspan="2">焊后热处理：AW</td><td colspan="4">焊接位置：</td></tr>
<tr><td>热处理温度/℃</td><td>/</td><td>对接焊缝位置</td><td>1G</td><td>方向(向上、向下)</td><td>/</td></tr>
<tr><td>热处理时间/h</td><td>/</td><td>角焊缝位置</td><td>/</td><td>方向(向上、向下)</td><td>/</td></tr>
</table>

预焊接工艺规程(pWPS)

电特性：

钨极类型及直径/mm：/　　喷嘴直径/mm：/

熔滴过渡形式(喷射过渡、短路过渡等)：/

(按所焊位置和工件厚度，分别将电流、电压和焊接速度范围填入下表)

焊道/焊层	焊接方法	填充金属	规格/mm	电源种类及极性	焊接电流/A	电弧电压/V	焊接速度/(cm/min)	最大热输入/(kJ/cm)
1	SMAW	J427	ϕ3.2	DCEP	90～100	24～26	10～13	15.6
2	SMAW	J427	ϕ3.2	DCEP	110～120	24～26	10～12	18.7

技术措施：

摆动焊或不摆动焊：/　　摆动参数：/

焊前清理和层间清理：刷或磨　　背面清根方法：修磨

单道焊或多道焊/每面：单道焊　　单丝焊或多丝焊：/

导电嘴至工件距离/mm：/　　锤击：/

换热管与管板的连接方式：/　　换热管与管板接头的清理方法：/

预置金属衬套：/　　预置金属衬套的形状与尺寸：/

其他：环境温度>0℃，相对湿度<90%。

检验要求及执行标准：

按 NB/T 47014—2023 及相关技术要求进行评定，项目如下：

1. 外观检查和无损检测(按 NB/T 47013.2)结果不得有裂纹；
2. 焊接接头板拉二件(按 GB/T 228)，$R_m \geqslant 400$MPa；
3. 焊接接头面弯、背弯各二件(按 GB/T 2653)，$D=4a$　$a=3.0$　$\alpha=180°$，沿任何方向不得有单条长度大于 3mm 的开口缺陷。

编制		日期		审核		日期		批准		日期	

焊接工艺评定报告（PQR1101）

焊接工艺评定报告(PQR)

单位名称： ××××

PQR 编号：PQR1101　　　　pWPS 编号：pWPS 1101

焊接方法：SMAW　　　　机动化程度：手工☑　机动□　自动□

焊接接头：对接☑　角接□　堆焊□　　　　其他：/

接头简图(接头形式、尺寸、衬垫、每种焊接方法或焊接工艺的焊缝金属厚度)：

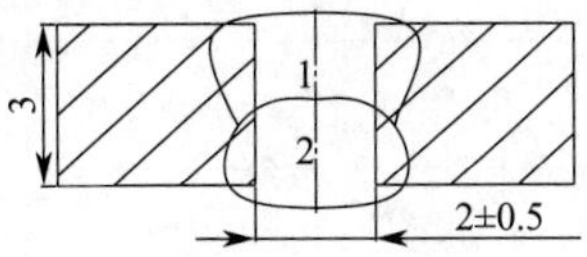

母材：

试件序号	①	②
材料	Q245R	Q245R
标准或规范	GB/T 713	GB/T 713
规格/mm	$\delta=3$	$\delta=3$
类别号	Fe-1	Fe-1
组别号	Fe-1-1	Fe-1-1

填充金属：

分类	焊条	
型号(牌号)	E4315(J427)	
标准	NB/T 47018.2	
填充金属规格/mm	$\phi 3.2$	
焊材分类代号	FeT-1-1	
焊缝金属厚度/mm	3	

预热及后热：

最小预热温度/℃	室温 20	最大道间温度/℃	235
后热温度及保温时间/(℃×h)	/		

焊后热处理： AW

保温温度/℃	/	保温时间/h	/

焊接位置：

对接焊缝焊接位置	1G	方向(向上、向下)	/
角焊缝焊接位置	/	方向(向上、向下)	/

气体：

项目	气体种类	混合比/%	流量/(L/min)
保护气	/	/	/
尾部保护气	/	/	/
背面保护气	/	/	/

焊接工艺评定报告(PQR)

电特性：

钨极类型及直径/mm：/　　喷嘴直径/mm：/

熔滴过渡形式(喷射过渡、短路过渡等)：/

(按所焊位置和工件厚度，分别将电流、电压和焊接速度实测值填入下表)

焊道	焊接方法	填充金属	规格/mm	电源种类及极性	焊接电流/A	电弧电压/V	焊接速度/(cm/min)	最大热输入/(kJ/cm)
1	SMAW	J427	ϕ3.2	DCEP	100～110	24～26	10～13	15.8
2	SMAW	J427	ϕ3.2	DCEP	120～130	24～26	10～12	20.28

技术措施：

摆动焊或不摆动焊：/　　摆动参数：/

焊前清理和层间清理：打磨　　背面清根方法：修磨

单道焊或多道焊/每面：单道焊　　单丝焊或多丝焊：/

导电嘴至工件距离/mm：/　　锤击：/

换热管与管板的连接方式：/　　换热管与管板接头的清理方法：/

预置金属衬套：/　　预置金属衬套的形状与尺寸：/

其他：

拉伸试验(GB/T 228)：　　试验报告编号：LH1101

试验条件	编号	试样宽度/mm	试样厚度/mm	横截面积/mm^2	断裂载荷/kN	R_m/MPa	断裂位置及特征
接头板拉	PQR1101-1	25.2	3.1	76.12	36.9	475	断于母材
	PQR1101-2	25.1	3.0	75.3	36.9	480	断于母材

弯曲试验(GB/T 2653)：　　试验报告编号：LH1101

试验条件	编号	试样尺寸/mm	弯心直径/mm	弯曲角度/(°)	试验结果
面弯	PQR1101-3	3.0	12	180	合格
面弯	PQR1101-4	3.0	12	180	合格
背弯	PQR1101-5	3.0	12	180	合格
背弯	PQR1101-6	3.0	12	180	合格

焊接工艺评定报告(PQR)

冲击试验(GB/T 229)： 试验报告编号：

编号	试样位置	V 型缺口位置	试样尺寸 /mm	试验温度 /℃	冲击吸收能量 /J

金相试验(角焊缝、模拟组合件)： 试验报告编号：

检验面编号	1	2	3	4	5	6	7	8	结果
有无裂纹、未熔合									
角焊缝厚度 /mm									
焊脚高 l /mm									
是否焊透									

金相检验(角焊缝、模拟组合件)：

根部：焊透□　　未焊透□

焊缝：熔合□　　未熔合□

焊缝及热影响区：有裂纹□　　无裂纹□

两焊脚之差值：

试验报告编号：

堆焊层复层熔敷金属化学成分/% 执行标准： 试验报告编号：

C	Si	Mn	P	S	Cr	Ni	Mo	Ti	Al	Nb	Fe	…

化学成分测定表面至熔合线距离/mm：

非破坏性试验：

VT 外观检查：无裂纹　　PT：　　MT：　　UT：　　RT：无裂纹

焊接工艺评定报告(PQR)
附加说明：
结论：本评定按 NB/T 47014—2023 及技术要求规定焊接试件、无损检测、测定性能，确认试验记录正确。 评定结果：合格 ☑　　不合格☐

焊工		日期		编制		日期	
审核		日期		批准		日期	
第三方检验							

预焊接工艺规程 pWPS 1102

预焊接工艺规程(pWPS)

单位名称： ××××

pWPS 编号： pWPS 1102

日期： ××××

焊接方法： SMAW 机动化程度： 手工☑　机动□　自动□ 焊接接头： 对接☑　角接□　堆焊□ 衬垫(材料及规格)： 焊缝金属 其他： /	**简图(接头形式、坡口形式与尺寸、焊层、焊道布置及顺序)：** 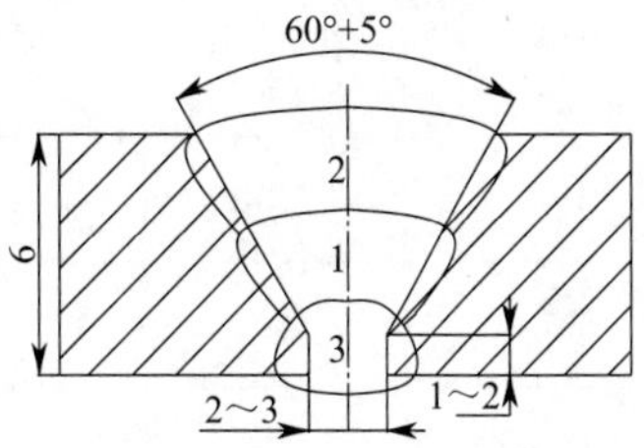

母材：

试件序号	①	②
材料	Q245R	Q245R
标准或规范	GB/T 713	GB/T 713
规格/mm	$\delta=6$	$\delta=6$
类别号	Fe-1	Fe-1
组别号	Fe-1-1	Fe-1-1
对接焊缝焊件母材厚度范围/mm	6～12	6～12
角焊缝焊件母材厚度范围/mm	不限	不限
管子直径、壁厚范围(对接或角接)/mm	/	/
其他：	/	

填充金属：

焊材类别(种类)	焊条	
型号(牌号)	E4315(J427)	
标准	NB/T 47018.2	
填充金属规格/mm	$\phi3.2$，$\phi4.0$	
焊材分类代号	FeT-1-1	
对接焊缝焊件焊缝金属范围/mm	0～12	
角焊缝焊件焊缝金属范围/mm	不限	
其他：		

预热及后热：		**气体：**			
最小预热温度/℃	15	项目	气体种类	混合比/%	流量/(L/min)
最大道间温度/℃	250	保护气	/	/	/
后热温度/℃	/	尾部保护气	/	/	/
后热保温时间/h	/	背面保护气	/	/	/

焊后热处理：	AW	**焊接位置：**			
热处理温度/℃	/	对接焊缝位置	1G	方向(向上、向下)	/
热处理时间/h	/	角焊缝位置	/	方向(向上、向下)	/

预焊接工艺规程(pWPS)

电特性:

钨极类型及直径/mm: / 喷嘴直径/mm: /

熔滴过渡形式(喷射过渡、短路过渡等): /

(按所焊位置和工件厚度,分别将电流、电压和焊接速度范围填入下表)

焊道/焊层	焊接方法	填充金属	规格/mm	电源种类及极性	焊接电流/A	电弧电压/V	焊接速度/(cm/min)	最大热输入/(kJ/cm)
1	SMAW	J427	ϕ3.2	DCEP	110～120	24～26	10～12	18.7
2	SMAW	J427	ϕ4.0	DCEP	140～160	24～26	14～16	17.8
3	SMAW	J427	ϕ4.0	DCEP	140～160	24～26	12～14	20.8

技术措施:

摆动焊或不摆动焊: / 摆动参数: /

焊前清理和层间清理: 刷或磨 背面清根方法: 碳弧气刨+修磨

单道焊或多道焊/每面: 多道焊+单道焊 单丝焊或多丝焊: /

导电嘴至工件距离/mm: / 锤击: /

换热管与管板的连接方式: / 换热管与管板接头的清理方法: /

预置金属衬套: / 预置金属衬套的形状与尺寸: /

其他: 环境温度>0℃,相对湿度<90%。

检验要求及执行标准:

按 NB/T 47014—2023 及相关技术要求进行评定,项目如下:

1. 外观检查和无损检测(按 NB/T 47013.2)结果不得有裂纹;
2. 焊接接头板拉二件(按 GB/T 228),$R_m \geqslant 400$MPa;
3. 焊接接头面弯、背弯各二件(按 GB/T 2653),$D=4a$ $a=6$ $\alpha=180°$,沿任何方向不得有单条长度大于 3mm 的开口缺陷;
4. 焊缝、热影响区 0℃ KV_2 冲击各三件(按 GB/T 229),焊接接头 V 型缺口 5mm×10mm×55mm 试样冲击吸收能量平均值不低于 10J。

编制		日期		审核		日期		批准		日期	

焊接工艺评定报告（PQR1102）

焊接工艺评定报告（PQR）

单位名称： ××××

PQR 编号：PQR1102　　pWPS 编号：pWPS 1102

焊接方法：SMAW　　机动化程度：手工☑　机动□　自动□

焊接接头：对接☑　角接□　堆焊□　　其他：/

接头简图（接头形式、尺寸、衬垫、每种焊接方法或焊接工艺的焊缝金属厚度）：

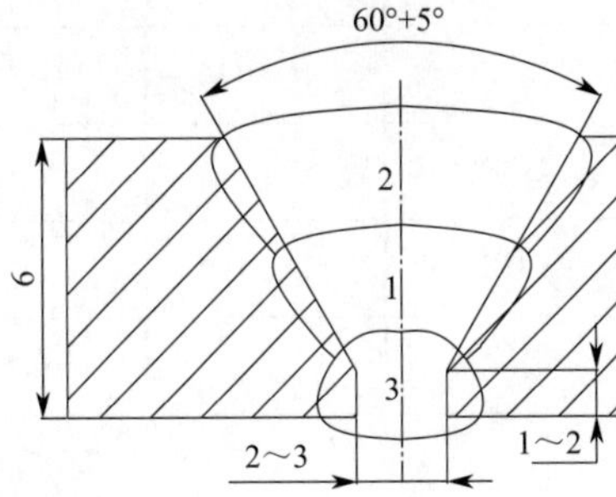

母材：

试件序号	①	②
材料	Q245R	Q245R
标准或规范	GB/T 713	GB/T 713
规格/mm	δ=6	δ=6
类别号	Fe-1	Fe-1
组别号	Fe-1-1	Fe-1-1

填充金属：

分类	焊条	
型号（牌号）	E4315（J427）	
标准	NB/T 47018.2	
填充金属规格/mm	φ3.2，φ4.0	
焊材分类代号	FeT-1-1	
焊缝金属厚度/mm	6	

预热及后热：

最小预热温度/℃	室温 20	最大道间温度/℃	235
后热温度及保温时间/（℃×h）	/		

焊后热处理： AW

保温温度/℃	/	保温时间/h	/

焊接位置：

对接焊缝焊接位置	1G	方向（向上、向下）	/
角焊缝焊接位置	/	方向（向上、向下）	/

气体：

项目	气体种类	混合比/%	流量/（L/min）
保护气	/	/	/
尾部保护气	/	/	/
背面保护气	/	/	/

焊接工艺评定报告(PQR)

电特性：

钨极类型及直径/mm：/　　喷嘴直径/mm：/

熔滴过渡形式(喷射过渡、短路过渡等)：/

(按所焊位置和工件厚度，分别将电流、电压和焊接速度实测值填入下表)

焊道	焊接方法	填充金属	规格/mm	电源种类及极性	焊接电流/A	电弧电压/V	焊接速度/(cm/min)	最大热输入/(kJ/cm)
1	SMAW	J427	ϕ3.2	DCEP	110～130	24～26	10～12	20.3
2	SMAW	J427	ϕ4.0	DCEP	140～170	24～26	14～16	18.9
3	SMAW	J427	ϕ4.0	DCEP	140～170	24～26	12～14	22.1

技术措施：

摆动焊或不摆动焊：/　　摆动参数：/

焊前清理和层间清理：打磨　　背面清根方法：碳弧气刨＋修磨

单道焊或多道焊/每面：多道焊＋单道焊　　单丝焊或多丝焊：/

导电嘴至工件距离/mm：/　　锤击：/

换热管与管板的连接方式：/　　换热管与管板接头的清理方法：/

预置金属衬套：/　　预置金属衬套的形状与尺寸：/

其他：

拉伸试验(GB/T 228)：　　试验报告编号：LH1102

试验条件	编号	试样宽度/mm	试样厚度/mm	横截面积/mm^2	断裂载荷/kN	R_m/MPa	断裂位置及特征
接头板拉	PQR1102-1	25.00	6.0	150.0	70.4	470	断于母材
	PQR1102-2	25.24	6.1	153.9	72.6	472	断于母材

弯曲试验(GB/T 2653)：　　试验报告编号：LH1102

试验条件	编号	试样尺寸/mm	弯心直径/mm	弯曲角度/(°)	试验结果
面弯	PQR1102-3	6	24	180	合格
面弯	PQR1102-4	6	24	180	合格
背弯	PQR1102-5	6	24	180	合格
背弯	PQR1102-6	6	24	180	合格

焊接工艺评定报告(PQR)

冲击试验(GB/T 229)： 试验报告编号：LH1102

编号	试样位置	V型缺口位置	试样尺寸/mm	试验温度/℃	冲击吸收能量/J
PQR1102-7	焊缝	缺口轴线位于焊缝中心线上	5×10×55	0	78
PQR1102-8					90
PQR1102-9					82
PQR1102-10	热影响区	缺口轴线至试样纵轴线与熔合线交点的距离 $k>0$mm，且尽可能多地通过热影响区。	5×10×55	0	46
PQR1102-11					50
PQR1102-12					52

金相试验(角焊缝、模拟组合件)： 试验报告编号：

检验面编号	1	2	3	4	5	6	7	8	结果
有无裂纹、未熔合									
角焊缝厚度/mm									
焊脚高 l /mm									
是否焊透									

金相检验(角焊缝、模拟组合件)：

根部：焊透□　　未焊透□

焊缝：熔合□　　未熔合□

焊缝及热影响区：有裂纹□　　无裂纹□

两焊脚之差值：______

试验报告编号：______

堆焊层复层熔敷金属化学成分/% 执行标准： 试验报告编号：

C	Si	Mn	P	S	Cr	Ni	Mo	Ti	Al	Nb	Fe	…

化学成分测定表面至熔合线距离/mm：______

非破坏性试验：

VT外观检查：无裂纹　　PT：____　　MT：____　　UT：____　　RT：无裂纹

预焊接工艺规程 pWPS 1103

预焊接工艺规程(pWPS)

单位名称： ××××

pWPS 编号： pWPS 1103

日期： ××××

焊接方法： SMAW

机动化程度： 手工☑ 机动☐ 自动☐

焊接接头： 对接☑ 角接☐ 堆焊☐

衬垫(材料及规格)： 焊缝金属

其他： /

简图(接头形式、坡口形式与尺寸、焊层、焊道布置及顺序)：

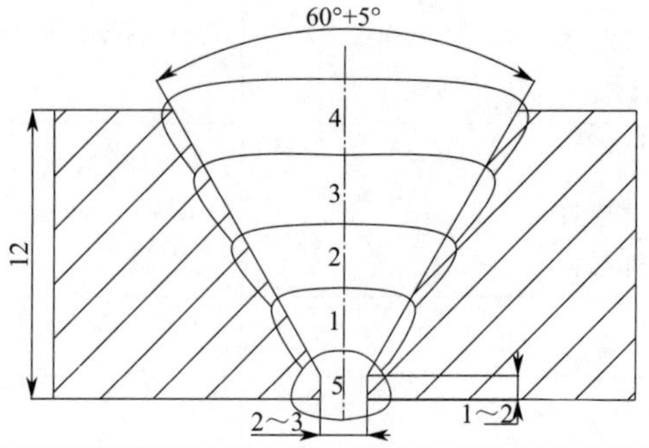

母材：

试件序号	①	②
材料	Q245R	Q245R
标准或规范	GB/T 713	GB/T 713
规格/mm	δ=12	δ=12
类别号	Fe-1	Fe-1
组别号	Fe-1-1	Fe-1-1
对接焊缝焊件母材厚度范围/mm	12～24	12～24
角焊缝焊件母材厚度范围/mm	不限	不限
管子直径、壁厚范围(对接或角接)/mm	/	/
其他：	/	

填充金属：

焊材类别(种类)	焊条	
型号(牌号)	E4315(J427)	
标准	NB/T 47018.2	
填充金属规格/mm	ϕ4.0，ϕ5.0	
焊材分类代号	FeT-1-1	
对接焊缝焊件焊缝金属范围/mm	0～24	
角焊缝焊件焊缝金属范围/mm	不限	
其他：		

预热及后热：		**气体：**			
最小预热温度/℃	15	项目	气体种类	混合比/%	流量/(L/min)
最大道间温度/℃	250	保护气	/	/	/
后热温度/℃	/	尾部保护气	/	/	/
后热保温时间/h	/	背面保护气	/	/	/

焊后热处理：	AW	**焊接位置：**			
热处理温度/℃	/	对接焊缝位置	1G	方向(向上、向下)	/
热处理时间/h	/	角焊缝位置	/	方向(向上、向下)	/

预焊接工艺规程(pWPS)

电特性：

钨极类型及直径/mm：/　　喷嘴直径/mm：/

熔滴过渡形式(喷射过渡、短路过渡等)：/

(按所焊位置和工件厚度，分别将电流、电压和焊接速度范围填入下表)

焊道/焊层	焊接方法	填充金属	规格/mm	电源种类及极性	焊接电流/A	电弧电压/V	焊接速度/(cm/min)	最大热输入/(kJ/cm)
1	SMAW	J427	ϕ4.0	DCEP	140～160	24～26	12～14	20.8
2—4	SMAW	J427	ϕ5.0	DCEP	180～210	24～26	12～16	27.3
5	SMAW	J427	ϕ4.0	DCEP	160～170	24～26	12～14	22.1

技术措施：

摆动焊或不摆动焊：/　　摆动参数：/

焊前清理和层间清理：刷或磨　　背面清根方法：碳弧气刨＋修磨

单道焊或多道焊/每面：多道焊＋单道焊　　单丝焊或多丝焊：/

导电嘴至工件距离/mm：/　　锤击：/

换热管与管板的连接方式：/　　换热管与管板接头的清理方法：/

预置金属衬套：/　　预置金属衬套的形状与尺寸：/

其他：环境温度＞0℃，相对湿度＜90%。

检验要求及执行标准：

按 NB/T 47014—2023 及相关技术要求进行评定，项目如下：

1. 外观检查和无损检测(按 NB/T 47013.2)结果不得有裂纹；
2. 焊接接头板拉二件(按 GB/T 228)，$R_m \geqslant 400$MPa；
3. 焊接接头侧弯四件(按 GB/T 2653)，$D=4a$　$a=10$　$\alpha=180°$，沿任何方向不得有单条长度大于 3mm 的开口缺陷；
4. 焊缝、热影响区 0℃ KV_2 冲击各三件(按 GB/T 229)，焊接接头 V 型缺口 10mm×10mm×55mm 试样冲击吸收能量平均值不低于 20J。

编制		日期		审核		日期		批准		日期	

焊接工艺评定报告（PQR1103）

焊接工艺评定报告(PQR)

单位名称： ××××

PQR 编号：PQR1103　　pWPS 编号：pWPS 1103

焊接方法：SMAW　　机动化程度：手工☑　机动□　自动□

焊接接头：对接☑　角接□　堆焊□　　其他：/

接头简图(接头形式、尺寸、衬垫、每种焊接方法或焊接工艺的焊缝金属厚度)：

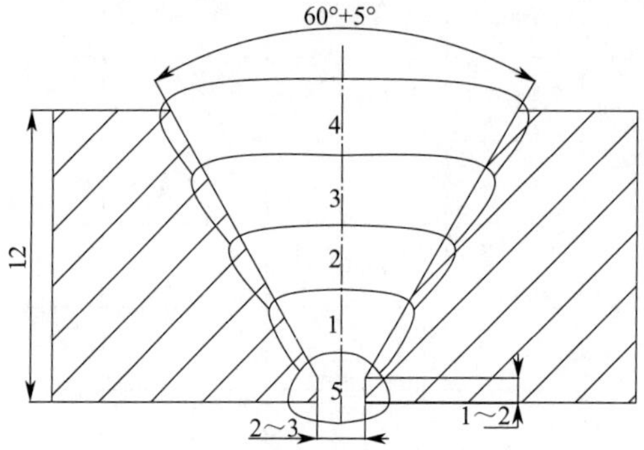

母材：

试件序号	①	②
材料	Q245R	Q245R
标准或规范	GB/T 713	GB/T 713
规格/mm	$\delta=12$	$\delta=12$
类别号	Fe-1	Fe-1
组别号	Fe-1-1	Fe-1-1

填充金属：

分类	焊条	
型号(牌号)	E4315(J427)	
标准	NB/T 47018.2	
填充金属规格/mm	$\phi4.0,\phi5.0$	
焊材分类代号	FeT-1-1	
焊缝金属厚度/mm	12	

预热及后热：

最小预热温度/℃	室温 20	最大道间温度/℃	235
后热温度及保温时间/(℃×h)	/		

焊后热处理： AW

保温温度/℃	/	保温时间/h	/

焊接位置：

对接焊缝焊接位置	1G	方向 (向上、向下)	/
角焊缝焊接位置	/	方向 (向上、向下)	/

气体：

项目	气体种类	混合比/%	流量/(L/min)
保护气	/	/	/
尾部保护气	/	/	/
背面保护气	/	/	/

焊接工艺评定报告(PQR)

电特性：

钨极类型及直径/mm：/　　喷嘴直径/mm：/

熔滴过渡形式(喷射过渡、短路过渡等)：/

(按所焊位置和工件厚度，分别将电流、电压和焊接速度实测值填入下表)

焊道	焊接方法	填充金属	规格/mm	电源种类及极性	焊接电流/A	电弧电压/V	焊接速度/(cm/min)	最大热输入/(kJ/cm)
1	SMAW	J427	ϕ4.0	DCEP	140～170	24～26	12～14	22.1
2—4	SMAW	J427	ϕ5.0	DCEP	180～220	24～26	12～16	28.6
5	SMAW	J427	ϕ4.0	DCEP	160～180	24～26	12～14	23.4

技术措施：

摆动焊或不摆动焊：/　　摆动参数：/

焊前清理和层间清理：打磨　　背面清根方法：碳弧气刨＋修磨

单道焊或多道焊/每面：多道焊＋单道焊　　单丝焊或多丝焊：/

导电嘴至工件距离/mm：/　　锤击：/

换热管与管板的连接方式：/　　换热管与管板接头的清理方法：/

预置金属衬套：/　　预置金属衬套的形状与尺寸：/

其他：

拉伸试验(GB/T 228)：　　试验报告编号：LH1103

试验条件	编号	试样宽度/mm	试样厚度/mm	横截面积/mm^2	断裂载荷/kN	R_m/MPa	断裂位置及特征
接头板拉	PQR1103-1	25.0	12.0	302.1	140.2	456	断于母材
	PQR1103-2	25.1	12.1	304.3	144.4	465	断于母材

弯曲试验(GB/T 2653)：　　试验报告编号：LH1103

试验条件	编号	试样尺寸/mm	弯心直径/mm	弯曲角度/(°)	试验结果
侧弯	PQR1103-3	10	40	180	合格
侧弯	PQR1103-4	10	40	180	合格
侧弯	PQR1103-5	10	40	180	合格
侧弯	PQR1103-6	10	40	180	合格

焊接工艺评定报告(PQR)

冲击试验(GB/T 229): 试验报告编号:LH1103

编号	试样位置	V型缺口位置	试样尺寸/mm	试验温度/℃	冲击吸收能量/J
PQR1103-7	焊缝	缺口轴线位于焊缝中心线上	10×10×55	0	101
PQR1103-8					98
PQR1103-9					73
PQR1103-10	热影响区	缺口轴线至试样纵轴线与熔合线交点的距离 $k>0$mm，且尽可能多地通过热影响区。	10×10×55	0	65
PQR1103-11					50
PQR1103-12					72

金相试验(角焊缝、模拟组合件): 试验报告编号:

检验面编号	1	2	3	4	5	6	7	8	结果
有无裂纹、未熔合									
角焊缝厚度/mm									
焊脚高 l/mm									
是否焊透									

金相检验(角焊缝、模拟组合件):

根部: 焊透□ 未焊透□

焊缝: 熔合□ 未熔合□

焊缝及热影响区: 有裂纹□ 无裂纹□

两焊脚之差值:______

试验报告编号:______

堆焊层复层熔敷金属化学成分/% 执行标准: 试验报告编号:

C	Si	Mn	P	S	Cr	Ni	Mo	Ti	Al	Nb	Fe	…

化学成分测定表面至熔合线距离/mm:______

非破坏性试验:

VT外观检查: 无裂纹 PT:______ MT:______ UT:______ RT: 无裂纹

预焊接工艺规程 pWPS 1104

预焊接工艺规程(pWPS)

单位名称： ××××

pWPS 编号： pWPS 1104

日期： ××××

焊接方法： SMAW

机动化程度： 手工☑　　机动□　　自动□

焊接接头： 对接☑　　角接□　　堆焊□

衬垫(材料及规格)： 焊缝金属

其他：双面焊，正面焊 3 层，背面清根后焊 3～4 层。

简图(接头形式、坡口形式与尺寸、焊层、焊道布置及顺序)：

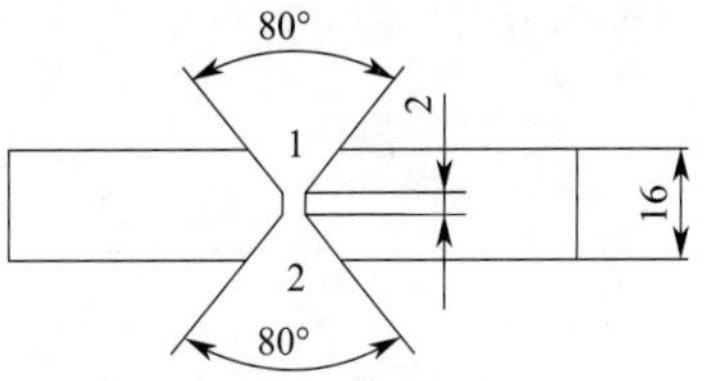

母材：

试件序号	①	②
材料	Q245R	Q245R
标准或规范	GB/T 713	GB/T 713
规格/mm	δ=16	δ=16
类别号	Fe-1	Fe-1
组别号	Fe-1-1	Fe-1-1
对接焊缝焊件母材厚度范围/mm	16～32	16～32
角焊缝焊件母材厚度范围/mm	不限	不限
管子直径、壁厚范围(对接或角接)/mm	/	/
其他：	/	

填充金属：

焊材类别(种类)	焊条	
型号(牌号)	E4316(J426)	
标准	NB/T 47018.2	
填充金属规格/mm	ϕ4.0，ϕ5.0	
焊材分类代号	FeT-1-1	
对接焊缝焊件焊缝金属范围/mm	0～32	
角焊缝焊件焊缝金属范围/mm	不限	
其他：		

预热及后热：		**气体：**			
最小预热温度/℃	15	项目	气体种类	混合比/%	流量/(L/min)
最大道间温度/℃	250	保护气	/	/	/
后热温度/℃	/	尾部保护气	/	/	/
后热保温时间/h	/	背面保护气	/	/	/

焊后热处理：	AW	**焊接位置：**			
热处理温度/℃	/	对接焊缝位置	1G	方向(向上、向下)	/
热处理时间/h	/	角焊缝位置	/	方向(向上、向下)	/

预焊接工艺规程(pWPS)

电特性：

钨极类型及直径/mm：/　　喷嘴直径/mm：/

熔滴过渡形式(喷射过渡、短路过渡等)：/

(按所焊位置和工件厚度，分别将电流、电压和焊接速度范围填入下表)

焊道/焊层	焊接方法	填充金属	规格/mm	电源种类及极性	焊接电流/A	电弧电压/V	焊接速度/(cm/min)	最大热输入/(kJ/cm)
1	SMAW	J426	ϕ4.0	DCEP	160～180	22～26	15～16	18.7
2—3	SMAW	J426	ϕ5.0	DCEP	180～220	22～26	15～16	22.9
1′—2′	SMAW	J426	ϕ4.0	DCEP	160～180	22～26	15～16	18.7
3′—4′	SMAW	J426	ϕ5.0	DCEP	180～220	22～26	15～16	22.9

技术措施：

摆动焊或不摆动焊：/　　摆动参数：/

焊前清理和层间清理：角磨机打磨　　背面清根方法：碳弧气刨＋修磨

单道焊或多道焊/每面：多道焊　　单丝焊或多丝焊：/

导电嘴至工件距离/mm：/　　锤击：/

换热管与管板的连接方式：/　　换热管与管板接头的清理方法：/

预置金属衬套：/　　预置金属衬套的形状与尺寸：/

其他：环境温度＞0℃，相对湿度＜90％。

检验要求及执行标准：

按 NB/T 47014—2023 及相关技术要求进行评定，项目如下：

1. 外观检查和无损检测(按 NB/T 47013.2)结果不得有裂纹；
2. 焊接接头板拉二件(按 GB/T 228)，$R_m \geqslant 400$MPa；
3. 焊接接头侧弯四件(按 GB/T 2653)，$D=4a$　$a=10$　$\alpha=180°$，沿任何方向不得有单条长度大于 3mm 的开口缺陷；
4. 焊缝、热影响区 0℃ KV_2 冲击各三件(按 GB/T 229)，焊接接头 V 型缺口 10mm×10mm×55mm 试样冲击吸收能量平均值不低于 20J。

编制		日期		审核		日期		批准		日期	

焊接工艺评定报告（PQR1104）

焊接工艺评定报告(PQR)

单位名称： ××××

PQR 编号：PQR1104　　pWPS 编号：pWPS 1104

焊接方法：SMAW　　机动化程度：手工☑　机动□　自动□

焊接接头：对接☑　角接□　堆焊□　　其他：/

接头简图(接头形式、尺寸、衬垫、每种焊接方法或焊接工艺的焊缝金属厚度)：

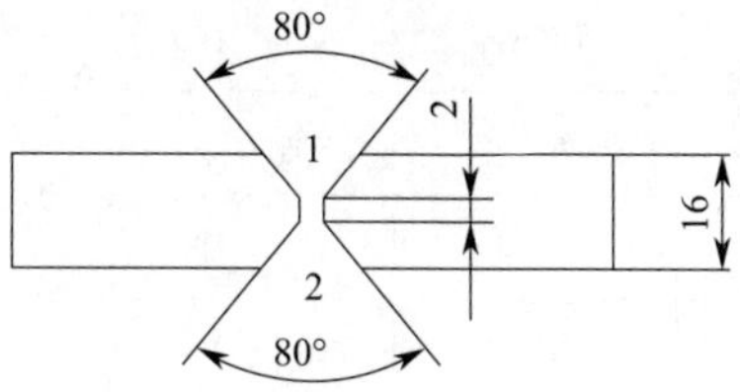

双面焊，正面焊 3 层，背面清根后焊 4 层。

母材：

试件序号	①	②
材料	Q245R	Q245R
标准或规范	GB/T 713	GB/T 713
规格/mm	$\delta=16$	$\delta=16$
类别号	Fe-1	Fe-1
组别号	Fe-1-1	Fe-1-1

填充金属：

分类	焊条	
型号(牌号)	E4316(J426)	
标准	NB/T 47018.2	
填充金属规格/mm	$\phi4.0$、$\phi5.0$	
焊材分类代号	FeT-1-1	
焊缝金属厚度/mm	16	

预热及后热：

最小预热温度/℃	室温 20	最大道间温度/℃	215
后热温度及保温时间/(℃×h)	/		

焊后热处理： AW

保温温度/℃	/	保温时间/h	/

焊接位置：

对接焊缝焊接位置	1G	方向(向上、向下)	/
角焊缝焊接位置	/	方向(向上、向下)	/

气体：

项目	气体种类	混合比/%	流量/(L/min)
保护气	/	/	/
尾部保护气	/	/	/
背面保护气	/	/	/

焊接工艺评定报告(PQR)

电特性：

钨极类型及直径/mm：/　　喷嘴直径/mm：/

熔滴过渡形式(喷射过渡、短路过渡等)：/

(按所焊位置和工件厚度，分别将电流、电压和焊接速度实测值填入下表)

焊道	焊接方法	填充金属	规格/mm	电源种类及极性	焊接电流/A	电弧电压/V	焊接速度/(cm/min)	最大热输入/(kJ/cm)
1	SMAW	J426	ϕ4.0	DCEP	160～190	22～26	15～16	19.8
2—3	SMAW	J426	ϕ5.0	DCEP	180～230	22～26	15～16	23.9
1′—2′	SMAW	J426	ϕ4.0	DCEP	160～190	22～26	15～16	19.8
3′—4′	SMAW	J426	ϕ5.0	DCEP	180～230	22～26	15～16	23.9

技术措施：

摆动焊或不摆动焊：/　　摆动参数：/

焊前清理和层间清理：角磨机打磨　　背面清根方法：碳弧气刨＋修磨

单道焊或多道焊/每面：多道焊　　单丝焊或多丝焊：/

导电嘴至工件距离/mm：/　　锤击：/

换热管与管板的连接方式：/　　换热管与管板接头的清理方法：/

预置金属衬套：/　　预置金属衬套的形状与尺寸：/

其他：

拉伸试验(GB/T 228)：　　试验报告编号：LH1104

试验条件	编号	试样宽度/mm	试样厚度/mm	横截面积/mm^2	断裂载荷/kN	R_m/MPa	断裂位置及特征
接头板拉	PQR1104-1	26.2	15.6	408.7	192	470	断于母材
	PQR1104-2	25.7	16.0	411.2	199.4	485	断于母材

弯曲试验(GB/T 2653)：　　试验报告编号：LH1104

试验条件	编号	试样尺寸/mm	弯心直径/mm	弯曲角度/(°)	试验结果
侧弯	PQR1104-3	10	40	180	合格
侧弯	PQR1104-4	10	40	180	合格
侧弯	PQR1104-5	10	40	180	合格
侧弯	PQR1104-6	10	40	180	合格

焊接工艺评定报告(PQR)

冲击试验(GB/T 229)： 试验报告编号：LH1104

编号	试样位置	V 型缺口位置	试样尺寸/mm	试验温度/℃	冲击吸收能量/J
PQR1104-7	焊缝	缺口轴线位于焊缝中心线上	10×10×55	0	100
PQR1104-8					114
PQR1104-9					89
PQR1104-10	热影响区	缺口轴线至试样纵轴线与熔合线交点的距离 $k>0$mm，且尽可能多地通过热影响区	10×10×55	0	121
PQR1104-11					177
PQR1104-12					87

金相试验(角焊缝、模拟组合件)： 试验报告编号：

检验面编号	1	2	3	4	5	6	7	8	结果
有无裂纹、未熔合									
角焊缝厚度/mm									
焊脚高 l/mm									
是否焊透									

金相检验(角焊缝、模拟组合件)：
根部：焊透□　未焊透□
焊缝：熔合□　未熔合□
焊缝及热影响区：有裂纹□　无裂纹□
两焊脚之差值：
试验报告编号：

堆焊层复层熔敷金属化学成分/% 执行标准： 试验报告编号：

C	Si	Mn	P	S	Cr	Ni	Mo	Ti	Al	Nb	Fe	…

化学成分测定表面至熔合线距离/mm：

非破坏性试验：
VT 外观检查：无裂纹　PT：　MT：　UT：　RT：无裂纹

预焊接工艺规程 pWPS 1105

预焊接工艺规程(pWPS)

单位名称： ××××

pWPS 编号：pWPS 1105

日期：××××

焊接方法： SMAW

机动化程度：手工☑ 机动□ 自动□

焊接接头：对接☑ 角接□ 堆焊□

衬垫(材料及规格)：焊缝金属

其他：/

简图(接头形式、坡口形式与尺寸、焊层、焊道布置及顺序)：

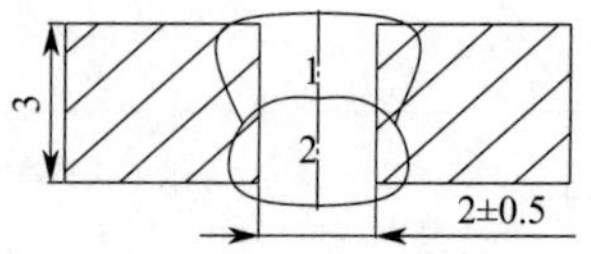

母材：

试件序号	①	②
材料	Q245R	Q245R
标准或规范	GB/T 713	GB/T 713
规格/mm	$\delta=3$	$\delta=3$
类别号	Fe-1	Fe-1
组别号	Fe-1-1	Fe-1-1
对接焊缝焊件母材厚度范围/mm	1.5～6	1.5～6
角焊缝焊件母材厚度范围/mm	不限	不限
管子直径、壁厚范围(对接或角接)/mm	/	/
其他：	/	

填充金属：

焊材类别(种类)	焊条	
型号(牌号)	E4315(J427)	
标准	NB/T 47018.2	
填充金属规格/mm	$\phi 3.2$	
焊材分类代号	FeT-1-1	
对接焊缝焊件焊缝金属范围/mm	0～6	
角焊缝焊件焊缝金属范围/mm	不限	
其他：		

预热及后热：		**气体：**			
最小预热温度/℃	15	项目	气体种类	混合比/%	流量/(L/min)
最大道间温度/℃	250	保护气	/	/	/
后热温度/℃	/	尾部保护气	/	/	/
后热保温时间/h	/	背面保护气	/	/	/

焊后热处理：	SR	**焊接位置：**			
热处理温度/℃	620±20	对接焊缝位置	1G	方向(向上、向下)	/
热处理时间/h	2.8	角焊缝位置	/	方向(向上、向下)	/

预焊接工艺规程(pWPS)

电特性：

钨极类型及直径/mm：/　　喷嘴直径/mm：/

熔滴过渡形式(喷射过渡、短路过渡等)：/

(按所焊位置和工件厚度，分别将电流、电压和焊接速度范围填入下表)

焊道/焊层	焊接方法	填充金属	规格/mm	电源种类及极性	焊接电流/A	电弧电压/V	焊接速度/(cm/min)	最大热输入/(kJ/cm)
1	SMAW	J427	ϕ3.2	DCEP	90～100	24～26	10～13	15.6
2	SMAW	J427	ϕ3.2	DCEP	110～120	24～26	10～12	18.7

技术措施：

摆动焊或不摆动焊：/　　摆动参数：/

焊前清理和层间清理：刷或磨　　背面清根方法：修磨

单道焊或多道焊/每面：单道焊　　单丝焊或多丝焊：/

导电嘴至工件距离/mm：/　　锤击：/

换热管与管板的连接方式：/　　换热管与管板接头的清理方法：/

预置金属衬套：/　　预置金属衬套的形状与尺寸：/

其他：环境温度＞0℃，相对湿度＜90%。

检验要求及执行标准：

按 NB/T 47014—2023 及相关技术要求进行评定，项目如下：

1. 外观检查和无损检测(按 NB/T 47013.2)结果不得有裂纹；
2. 焊接接头板拉二件(按 GB/T 228)，$R_m \geqslant 400$MPa；
3. 焊接接头面弯、背弯各二件(按 GB/T 2653)，$D=4a$　$a=3.0$　$\alpha=180°$，沿任何方向不得有单条长度大于 3mm 的开口缺陷。

编制		日期		审核		日期		批准		日期	

焊接工艺评定报告（PQR1105）

焊接工艺评定报告(PQR)

单位名称： ××××

PQR 编号：PQR1105　　pWPS 编号：pWPS 1105

焊接方法：SMAW　　机动化程度：手工☑　机动□　自动□

焊接接头：对接☑　角接□　堆焊□　　其他：/

接头简图(接头形式、尺寸、衬垫、每种焊接方法或焊接工艺的焊缝金属厚度)：

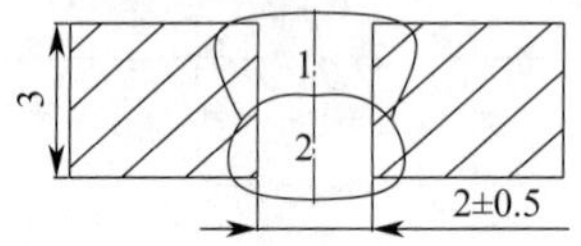

母材：

试件序号	①	②
材料	Q245R	Q245R
标准或规范	GB/T 713	GB/T 713
规格/mm	$\delta=3$	$\delta=3$
类别号	Fe-1	Fe-1
组别号	Fe-1-1	Fe-1-1

填充金属：

分类	焊条	
型号(牌号)	E4315(J427)	
标准	NB/T 47018.2	
填充金属规格/mm	$\phi3.2$	
焊材分类代号	FeT-1-1	
焊缝金属厚度/mm	3	

预热及后热：

最小预热温度/℃	室温 20	最大道间温度/℃	235
后热温度及保温时间/(℃×h)	/		

焊后热处理： SR

保温温度/℃	630	保温时间/h	2.8

焊接位置：

对接焊缝焊接位置	1G	方向(向上、向下)	/
角焊缝焊接位置	/	方向(向上、向下)	/

气体：

项目	气体种类	混合比/%	流量/(L/min)
保护气	/	/	/
尾部保护气	/	/	/
背面保护气	/	/	/

焊接工艺评定报告(PQR)

电特性：

钨极类型及直径/mm：/　　喷嘴直径/mm：/

熔滴过渡形式(喷射过渡、短路过渡等)：/

(按所焊位置和工件厚度，分别将电流、电压和焊接速度实测值填入下表)

焊道	焊接方法	填充金属	规格/mm	电源种类及极性	焊接电流/A	电弧电压/V	焊接速度/(cm/min)	最大热输入/(kJ/cm)
1	SMAW	J427	ϕ3.2	DCEP	100～110	24～26	10～13	15.8
2	SMAW	J427	ϕ3.2	DCEP	120～130	24～26	10～12	20.28

技术措施：

摆动焊或不摆动焊：/　　摆动参数：/

焊前清理和层间清理：打磨　　背面清根方法：修磨

单道焊或多道焊/每面：单道焊　　单丝焊或多丝焊：/

导电嘴至工件距离/mm：/　　锤击：/

换热管与管板的连接方式：/　　换热管与管板接头的清理方法：/

预置金属衬套：/　　预置金属衬套的形状与尺寸：/

其他：

拉伸试验(GB/T 228)：　　试验报告编号：LH1105

试验条件	编号	试样宽度/mm	试样厚度/mm	横截面积/mm²	断裂载荷/kN	R_m/MPa	断裂位置及特征
接头板拉	PQR1105-1	25.2	3.1	78.12	37	465	断于母材
	PQR1105-2	25.1	3.0	75.3	36.2	470	断于母材

弯曲试验(GB/T 2653)：　　试验报告编号：LH1105

试验条件	编号	试样尺寸/mm	弯心直径/mm	弯曲角度/(°)	试验结果
面弯	PQR1105-3	3.0	12	180	合格
面弯	PQR1105-4	3.0	12	180	合格
背弯	PQR1105-5	3.0	12	180	合格
背弯	PQR1105-6	3.0	12	180	合格

焊接工艺评定报告(PQR)

冲击试验(GB/T 229)： 试验报告编号：

编号	试样位置	V型缺口位置	试样尺寸/mm	试验温度/℃	冲击吸收能量/J

金相试验(角焊缝、模拟组合件)： 试验报告编号：

检验面编号	1	2	3	4	5	6	7	8	结果
有无裂纹、未熔合									
角焊缝厚度/mm									
焊脚高 l/mm									
是否焊透									

金相检验(角焊缝、模拟组合件)：
根部：焊透☐ 未焊透☐
焊缝：熔合☐ 未熔合☐
焊缝及热影响区：有裂纹☐ 无裂纹☐
两焊脚之差值：
试验报告编号：

堆焊层复层熔敷金属化学成分/% 执行标准： 试验报告编号：

C	Si	Mn	P	S	Cr	Ni	Mo	Ti	Al	Nb	Fe	…

化学成分测定表面至熔合线距离/mm：

非破坏性试验：
VT外观检查：无裂纹 PT： MT： UT： RT：无裂纹

焊接工艺评定报告(PQR)

附加说明：

结论：本评定按 NB/T 47014—2023 及技术要求规定焊接试件、无损检测、热处理、测定性能，确认试验记录正确。

评定结果：合格☑　　不合格□

焊工		日期		编制		日期	
审核		日期		批准		日期	
第三方检验							

预焊接工艺规程 pWPS 1106

预焊接工艺规程(pWPS)

单位名称： ××××

pWPS 编号： pWPS 1106

日期： ××××

焊接方法： SMAW

机动化程度：手工☑ 机动□ 自动□

焊接接头：对接☑ 角接□ 堆焊□

衬垫(材料及规格)：焊缝金属

其他： /

简图(接头形式、坡口形式与尺寸、焊层、焊道布置及顺序)：

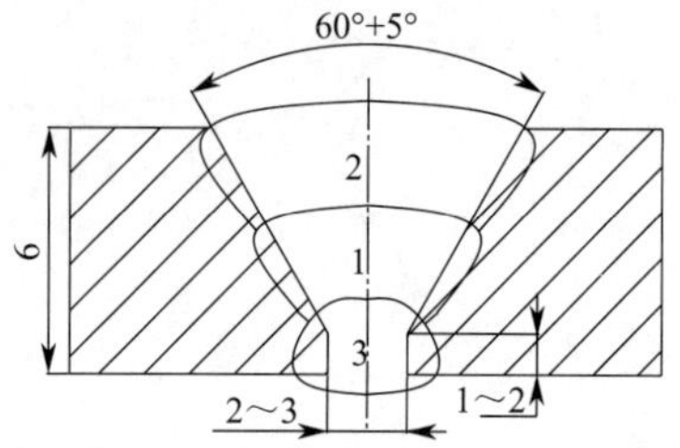

母材：

试件序号	①	②
材料	Q245R	Q245R
标准或规范	GB/T 713	GB/T 713
规格/mm	$\delta=6$	$\delta=6$
类别号	Fe-1	Fe-1
组别号	Fe-1-1	Fe-1-1
对接焊缝焊件母材厚度范围/mm	6～12	6～12
角焊缝焊件母材厚度范围/mm	不限	不限
管子直径、壁厚范围(对接或角接)/mm	/	/
其他：	/	

填充金属：

焊材类别(种类)	焊条	
型号(牌号)	E4315(J427)	
标准	NB/T 47018.2	
填充金属规格/mm	$\phi3.2$，$\phi4.0$	
焊材分类代号	FeT-1-1	
对接焊缝焊件焊缝金属范围/mm	0～12	
角焊缝焊件焊缝金属范围/mm	不限	
其他：		

预热及后热：		**气体：**			
最小预热温度/℃	15	项目	气体种类	混合比/%	流量/(L/min)
最大道间温度/℃	250	保护气	/	/	/
后热温度/℃	/	尾部保护气	/	/	/
后热保温时间/h	/	背面保护气	/	/	/

焊后热处理：	SR	**焊接位置：**			
热处理温度/℃	620±20	对接焊缝位置	1G	方向(向上、向下)	/
热处理时间/h	2.8	角焊缝位置	/	方向(向上、向下)	/

预焊接工艺规程(pWPS)

电特性：

钨极类型及直径/mm：/　　喷嘴直径/mm：/

熔滴过渡形式(喷射过渡、短路过渡等)：/

(按所焊位置和工件厚度，分别将电流、电压和焊接速度范围填入下表)

焊道/焊层	焊接方法	填充金属	规格/mm	电源种类及极性	焊接电流/A	电弧电压/V	焊接速度/(cm/min)	最大热输入/(kJ/cm)
1	SMAW	J427	ϕ3.2	DCEP	110～120	24～26	10～12	18.7
2	SMAW	J427	ϕ4.0	DCEP	140～160	24～26	14～16	17.8
3	SMAW	J427	ϕ4.0	DCEP	140～160	24～26	12～14	20.8

技术措施：

摆动焊或不摆动焊：/　　摆动参数：/

焊前清理和层间清理：刷或磨　　背面清根方法：碳弧气刨＋修磨

单道焊或多道焊/每面：多道焊＋单道焊　　单丝焊或多丝焊：/

导电嘴至工件距离/mm：/　　锤击：/

换热管与管板的连接方式：/　　换热管与管板接头的清理方法：/

预置金属衬套：/　　预置金属衬套的形状与尺寸：/

其他：环境温度＞0℃，相对湿度＜90%。

检验要求及执行标准：

按 NB/T 47014—2023 及相关技术要求进行评定，项目如下：

1. 外观检查和无损检测(按 NB/T 47013.2)结果不得有裂纹；
2. 焊接接头板拉二件(按 GB/T 228)，$R_m \geqslant 400$MPa；
3. 焊接接头面弯、背弯各二件(按 GB/T 2653)，$D=4a$　$a=6$　$\alpha=180°$，沿任何方向不得有单条长度大于 3mm 的开口缺陷；
4. 焊缝、热影响区 0℃ KV_2 冲击各三件(按 GB/T 229)，焊接接头 V 型缺口 5mm×10mm×55mm 试样冲击吸收能量平均值不低于 10J。

编制		日期		审核		日期		批准		日期	

焊接工艺评定报告（PQR1106）

焊接工艺评定报告(PQR)

单位名称：××××

PQR 编号：PQR1106　　pWPS 编号：pWPS 1106

焊接方法：SMAW　　机动化程度：手工☑　机动□　自动□

焊接接头：对接☑　角接□　堆焊□　　其他：/

接头简图(接头形式、尺寸、衬垫、每种焊接方法或焊接工艺的焊缝金属厚度)：

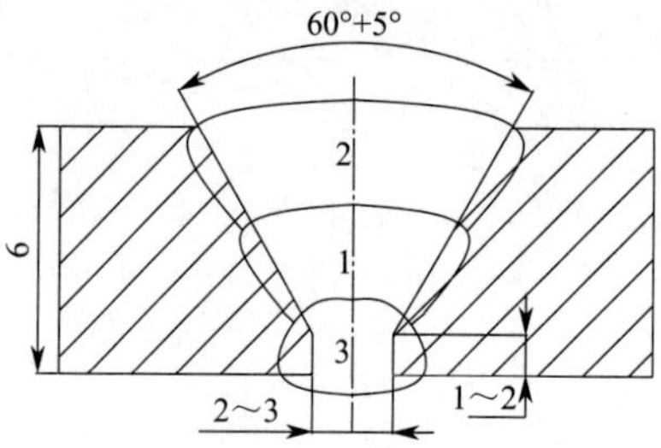

母材：

试件序号	①	②
材料	Q245R	Q245R
标准或规范	GB/T 713	GB/T 713
规格/mm	δ=6	δ=6
类别号	Fe-1	Fe-1
组别号	Fe-1-1	Fe-1-1

填充金属：

分类	焊条	
型号(牌号)	E4315(J427)	
标准	NB/T 47018.2	
填充金属规格/mm	ϕ3.2，ϕ4.0	
焊材分类代号	FeT-1-1	
焊缝金属厚度/mm	6	

预热及后热：

最小预热温度/℃	室温 20	最大道间温度/℃	235
后热温度及保温时间/(℃×h)	/		

焊后热处理： SR

保温温度/℃	635	保温时间/h	2.8

焊接位置：

对接焊缝焊接位置	1G	方向(向上、向下)	/
角焊缝焊接位置	/	方向(向上、向下)	/

气体：

项目	气体种类	混合比/%	流量/(L/min)
保护气	/	/	/
尾部保护气	/	/	/
背面保护气	/	/	/

焊接工艺评定报告(PQR)

电特性：

钨极类型及直径/mm：/　　喷嘴直径/mm：/

熔滴过渡形式(喷射过渡、短路过渡等)：/

(按所焊位置和工件厚度,分别将电流、电压和焊接速度实测值填入下表)

焊道	焊接方法	填充金属	规格/mm	电源种类及极性	焊接电流/A	电弧电压/V	焊接速度/(cm/min)	最大热输入/(kJ/cm)
1	SMAW	J427	ϕ3.2	DCEP	110～130	24～26	10～12	20.3
2	SMAW	J427	ϕ4.0	DCEP	140～170	24～26	14～16	18.9
3	SMAW	J427	ϕ4.0	DCEP	140～170	24～26	12～14	22.1

技术措施：

摆动焊或不摆动焊：/　　摆动参数：/

焊前清理和层间清理：打磨　　背面清根方法：碳弧气刨＋修磨

单道焊或多道焊/每面：多道焊＋单道焊　　单丝焊或多丝焊：/

导电嘴至工件距离/mm：/　　锤击：/

换热管与管板的连接方式：/　　换热管与管板接头的清理方法：/

预置金属衬套：/　　预置金属衬套的形状与尺寸：/

其他：

拉伸试验(GB/T 228)：　　试验报告编号：LH1106

试验条件	编号	试样宽度/mm	试样厚度/mm	横截面积/mm^2	断裂载荷/kN	R_m/MPa	断裂位置及特征
接头板拉	PQR1106-1	25.00	6.1	152.5	70.15	460	断于母材
	PQR1106-2	25.24	6.0	151.44	70.42	465	断于母材

弯曲试验(GB/T 2653)：　　试验报告编号：LH1106

试验条件	编号	试样尺寸/mm	弯心直径/mm	弯曲角度/(°)	试验结果
面弯	PQR1106-3	6	24	180	合格
面弯	PQR1106-4	6	24	180	合格
背弯	PQR1106-5	6	24	180	合格
背弯	PQR1106-6	6	24	180	合格

焊接工艺评定报告(PQR)					
冲击试验(GB/T 229)：				试验报告编号：LH1106	
编号	试样位置	V 型缺口位置	试样尺寸/mm	试验温度/℃	冲击吸收能量/J
PQR1106-7	焊缝	缺口轴线位于焊缝中心线上	5×10×55	0	55
PQR1106-8					48
PQR1106-9					60
PQR1106-10	热影响区	缺口轴线至试样纵轴线与熔合线交点的距离 $k>0$mm，且尽可能多地通过热影响区。	5×10×55	0	40
PQR1106-11					50
PQR1106-12					46

金相试验(角焊缝、模拟组合件)： 试验报告编号：

检验面编号	1	2	3	4	5	6	7	8	结果
有无裂纹、未熔合									
角焊缝厚度/mm									
焊脚高 l/mm									
是否焊透									

金相检验(角焊缝、模拟组合件)：

根部：焊透□　　未焊透□

焊缝：熔合□　　未熔合□

焊缝及热影响区：有裂纹□　　无裂纹□

两焊脚之差值：________

试验报告编号：________

堆焊层复层熔敷金属化学成分/% 执行标准： 试验报告编号：

C	Si	Mn	P	S	Cr	Ni	Mo	Ti	Al	Nb	Fe	…

化学成分测定表面至熔合线距离/mm：________

非破坏性试验：

VT 外观检查：无裂纹　　PT：____　　MT：____　　UT：____　　RT：无裂纹

预焊接工艺规程 pWPS 1107

预焊接工艺规程(pWPS)

单位名称： ××××

pWPS 编号： pWPS 1107

日期： ××××

焊接方法： SMAW 机动化程度： 手工☑　机动□　自动□ 焊接接头： 对接☑　角接□　堆焊□ 衬垫(材料及规格)： 焊缝金属 其他： /	**简图(接头形式、坡口形式与尺寸、焊层、焊道布置及顺序)：**

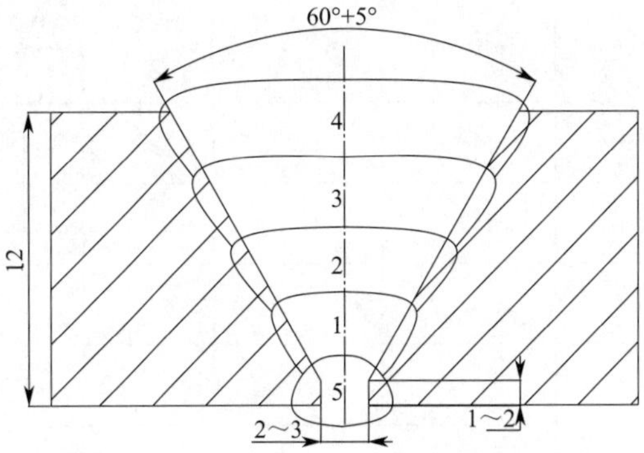

母材：

试件序号	①	②
材料	Q245R	Q245R
标准或规范	GB/T 713	GB/T 713
规格/mm	δ=12	δ=12
类别号	Fe-1	Fe-1
组别号	Fe-1-1	Fe-1-1
对接焊缝焊件母材厚度范围/mm	12～24	12～24
角焊缝焊件母材厚度范围/mm	不限	不限
管子直径、壁厚范围(对接或角接)/mm	/	/
其他：	/	

填充金属：

焊材类别(种类)	焊条	
型号(牌号)	E4315(J427)	
标准	NB/T 47018.2	
填充金属规格/mm	ϕ4.0,ϕ5.0	
焊材分类代号	FeT-1-1	
对接焊缝焊件焊缝金属范围/mm	0～24	
角焊缝焊件焊缝金属范围/mm	不限	
其他：		

预热及后热：		**气体：**			
最小预热温度/℃	15	项目	气体种类	混合比/%	流量/(L/min)
最大道间温度/℃	250	保护气	/	/	/
后热温度/℃	/	尾部保护气	/	/	/
后热保温时间/h	/	背面保护气	/	/	/

焊后热处理：	SR	**焊接位置：**			
热处理温度/℃	620±20	对接焊缝位置	1G	方向(向上、向下)	/
热处理时间/h	2.8	角焊缝位置	/	方向(向上、向下)	/

预焊接工艺规程(pWPS)

电特性：

钨极类型及直径/mm：/　　喷嘴直径/mm：/

熔滴过渡形式(喷射过渡、短路过渡等)：/

(按所焊位置和工件厚度，分别将电流、电压和焊接速度范围填入下表)

焊道/焊层	焊接方法	填充金属	规格/mm	电源种类及极性	焊接电流/A	电弧电压/V	焊接速度/(cm/min)	最大热输入/(kJ/cm)
1	SMAW	J427	ϕ4.0	DCEP	140～160	24～26	12～14	20.8
2—4	SMAW	J427	ϕ5.0	DCEP	180～210	24～26	12～16	27.3
5	SMAW	J427	ϕ4.0	DCEP	160～170	24～26	12～14	22.1

技术措施：

摆动焊或不摆动焊：/　　摆动参数：/

焊前清理和层间清理：刷或磨　　背面清根方法：碳弧气刨＋修磨

单道焊或多道焊/每面：多道焊＋单道焊　　单丝焊或多丝焊：/

导电嘴至工件距离/mm：/　　锤击：/

换热管与管板的连接方式：/　　换热管与管板接头的清理方法：/

预置金属衬套：/　　预置金属衬套的形状与尺寸：/

其他：环境温度＞0℃，相对湿度＜90%。

检验要求及执行标准：

按 NB/T 47014—2023 及相关技术要求进行评定，项目如下：

1. 外观检查和无损检测(按 NB/T 47013.2)结果不得有裂纹；
2. 焊接接头板拉二件(按 GB/T 228)，$R_m \geqslant 400$MPa；
3. 焊接接头侧弯四件(按 GB/T 2653)，$D=4a$　$a=10$　$\alpha=180°$，沿任何方向不得有单条长度大于 3mm 的开口缺陷；
4. 焊缝、热影响区 0℃ KV_2 冲击各三件(按 GB/T 229)，焊接接头 V 型缺口 10mm×10mm×55mm 试样冲击吸收能量平均值不低于 20J。

编制		日期		审核		日期		批准		日期	

焊接工艺评定报告（PQR1107）

焊接工艺评定报告（PQR）

单位名称： ××××

PQR 编号：PQR1107　　pWPS 编号：pWPS 1107

焊接方法：SMAW　　机动化程度：手工☑　机动□　自动□

焊接接头：对接☑　角接□　堆焊□　　其他：/

接头简图（接头形式、尺寸、衬垫、每种焊接方法或焊接工艺的焊缝金属厚度）：

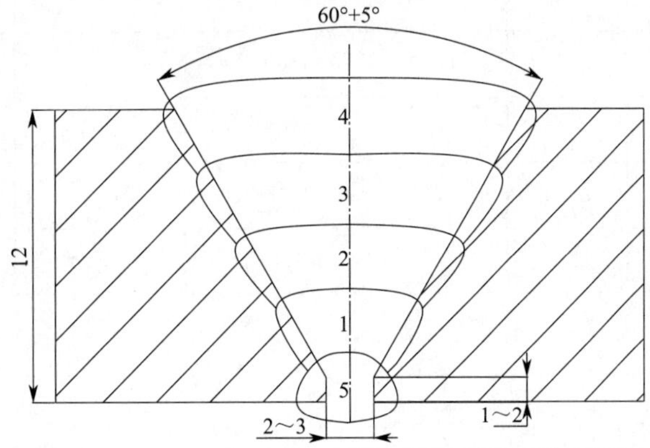

母材：

试件序号	①	②
材料	Q245R	Q245R
标准或规范	GB/T 713	GB/T 713
规格/mm	δ=12	δ=12
类别号	Fe-1	Fe-1
组别号	Fe-1-1	Fe-1-1

填充金属：

分类	焊条	
型号（牌号）	E4315(J427)	
标准	NB/T 47018.2	
填充金属规格/mm	ϕ4.0，ϕ5.0	
焊材分类代号	FeT-1-1	
焊缝金属厚度/mm	12	

预热及后热：

最小预热温度/℃	室温 20	最大道间温度/℃	235
后热温度及保温时间/(℃×h)	/		

焊后热处理： SR

保温温度/℃	638	保温时间/h	2.8

焊接位置：

对接焊缝焊接位置	1G	方向（向上、向下）	/
角焊缝焊接位置	/	方向（向上、向下）	/

气体：

项目	气体种类	混合比/%	流量/(L/min)
保护气	/	/	/
尾部保护气	/	/	/
背面保护气	/	/	/

焊接工艺评定报告(PQR)

电特性：

钨极类型及直径/mm：/　　喷嘴直径/mm：/

熔滴过渡形式(喷射过渡、短路过渡等)：/

(按所焊位置和工件厚度，分别将电流、电压和焊接速度实测值填入下表)

焊道	焊接方法	填充金属	规格/mm	电源种类及极性	焊接电流/A	电弧电压/V	焊接速度/(cm/min)	最大热输入/(kJ/cm)
1	SMAW	J427	ϕ4.0	DCEP	140～170	24～26	12～14	22.1
2—4	SMAW	J427	ϕ5.0	DCEP	180～220	24～26	12～16	28.6
5	SMAW	J427	ϕ4.0	DCEP	160～180	24～26	12～14	23.4

技术措施：

摆动焊或不摆动焊：/　　摆动参数：/

焊前清理和层间清理：打磨　　背面清根方法：碳弧气刨＋修磨

单道焊或多道焊/每面：多道焊＋单道焊　　单丝焊或多丝焊：/

导电嘴至工件距离/mm：/　　锤击：/

换热管与管板的连接方式：/　　换热管与管板接头的清理方法：/

预置金属衬套：/　　预置金属衬套的形状与尺寸：/

其他：

拉伸试验(GB/T 228)：　　试验报告编号：LH1107

试验条件	编号	试样宽度/mm	试样厚度/mm	横截面积/mm^2	断裂载荷/kN	R_m/MPa	断裂位置及特征
接头板拉	PQR1107-1	25.07	12.05	302.1	143.7	466	断于母材
	PQR1107-2	25.15	12.10	304.3	144.4	465	断于母材

弯曲试验(GB/T 2653)：　　试验报告编号：LH1107

试验条件	编号	试样尺寸/mm	弯心直径/mm	弯曲角度/(°)	试验结果
侧弯	PQR1107-3	10	40	180	合格
侧弯	PQR1107-4	10	40	180	合格
侧弯	PQR1107-5	10	40	180	合格
侧弯	PQR1107-6	10	40	180	合格

焊接工艺评定报告(PQR)

冲击试验(GB/T 229):　　试验报告编号:LH1107

编号	试样位置	V型缺口位置	试样尺寸/mm	试验温度/℃	冲击吸收能量/J
PQR1107-7	焊缝	缺口轴线位于焊缝中心线上	10×10×55	0	101
PQR1107-8					98
PQR1107-9					73
PQR1107-10	热影响区	缺口轴线至试样纵轴线与熔合线交点的距离 $k>0$mm,且尽可能多地通过热影响区	10×10×55	0	65
PQR1107-11					50
PQR1107-12					72

金相试验(角焊缝、模拟组合件):　　试验报告编号:

检验面编号	1	2	3	4	5	6	7	8	结果
有无裂纹、未熔合									
角焊缝厚度/mm									
焊脚高 l/mm									
是否焊透									

金相检验(角焊缝、模拟组合件):

根部:焊透□　未焊透□

焊缝:熔合□　未熔合□

焊缝及热影响区:有裂纹□　无裂纹□

两焊脚之差值:______

试验报告编号:______

堆焊层复层熔敷金属化学成分/%　执行标准:　　试验报告编号:

C	Si	Mn	P	S	Cr	Ni	Mo	Ti	Al	Nb	Fe	…

化学成分测定表面至熔合线距离/mm:______

非破坏性试验:

VT外观检查:无裂纹　PT:______　MT:______　UT:______　RT:无裂纹

预焊接工艺规程 pWPS 1107-1

预焊接工艺规程(pWPS)

单位名称： ××××

pWPS 编号： pWPS 1107-1

日期： ××××

焊接方法： SMAW 机动化程度： 手工☑ 机动□ 自动□ 焊接接头： 对接☑ 角接□ 堆焊□ 衬垫(材料及规格)： 焊缝金属 其他：双面焊，正面焊 3 层，背面清根后焊 3～4 层。	**简图(接头形式、坡口形式与尺寸、焊层、焊道布置及顺序)：** 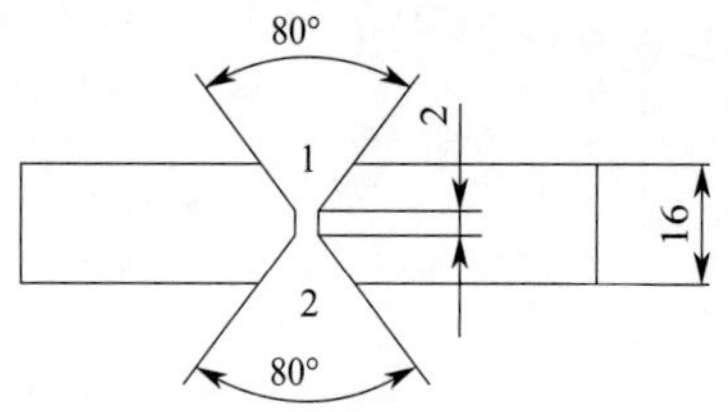

母材：		
试件序号	①	②
材料	Q245R	Q245R
标准或规范	GB/T 713	GB/T 713
规格/mm	δ=16	δ=16
类别号	Fe-1	Fe-1
组别号	Fe-1-1	Fe-1-1
对接焊缝焊件母材厚度范围/mm	16～32	16～32
角焊缝焊件母材厚度范围/mm	不限	不限
管子直径、壁厚范围(对接或角接)/mm	/	/
其他：	/	

填充金属：		
焊材类别(种类)	焊条	
型号(牌号)	E4316(J426)	
标准	NB/T 47018.2	
填充金属规格/mm	ϕ4.0，ϕ5.0	
焊材分类代号	FeT-1-1	
对接焊缝焊件焊缝金属范围/mm	0～32	
角焊缝焊件焊缝金属范围/mm	不限	
其他：		

预热及后热：		**气体：**			
最小预热温度/℃	15	项目	气体种类	混合比/%	流量/(L/min)
最大道间温度/℃	250	保护气	/	/	/
后热温度/℃	/	尾部保护气	/	/	/
后热保温时间/h	/	背面保护气	/	/	/

焊后热处理：	SR	**焊接位置：**			
热处理温度/℃	620±20	对接焊缝位置	1G	方向(向上、向下)	/
热处理时间/h	2.8	角焊缝位置	/	方向(向上、向下)	/

预焊接工艺规程(pWPS)

电特性：

钨极类型及直径/mm：/　　喷嘴直径/mm：/

熔滴过渡形式(喷射过渡、短路过渡等)：/

(按所焊位置和工件厚度，分别将电流、电压和焊接速度范围填入下表)

焊道/焊层	焊接方法	填充金属	规格/mm	电源种类及极性	焊接电流/A	电弧电压/V	焊接速度/(cm/min)	最大热输入/(kJ/cm)
1	SMAW	J426	ϕ4.0	DCEP	160～180	22～26	15～16	18.7
2—3	SMAW	J426	ϕ5.0	DCEP	180～220	22～26	15～16	22.9
1′—2′	SMAW	J426	ϕ4.0	DCEP	160～180	22～26	15～16	18.7
3′—4′	SMAW	J426	ϕ5.0	DCEP	180～220	22～26	15～16	22.9

技术措施：

摆动焊或不摆动焊：/　　摆动参数：/

焊前清理和层间清理：角磨机打磨　　背面清根方法：碳弧气刨＋修磨

单道焊或多道焊/每面：多道焊　　单丝焊或多丝焊：/

导电嘴至工件距离/mm：/　　锤击：/

换热管与管板的连接方式：/　　换热管与管板接头的清理方法：/

预置金属衬套：/　　预置金属衬套的形状与尺寸：/

其他：环境温度＞0℃，相对湿度＜90%。

检验要求及执行标准：

按 NB/T 47014—2023 及相关技术要求进行评定，项目如下：

1. 外观检查和无损检测(按 NB/T 47013.2)结果不得有裂纹；
2. 焊接接头板拉二件(按 GB/T 228)，$R_m \geqslant 400$MPa；
3. 焊接接头侧弯四件(按 GB/T 2653)，$D=4a$　$a=10$　$\alpha=180°$，沿任何方向不得有单条长度大于 3mm 的开口缺陷；
4. 焊缝、热影响区 0℃ KV_2 冲击各三件(按 GB/T 229)，焊接接头 V 型缺口 10mm×10mm×55mm 试样冲击吸收能量平均值不低于 20J。

编制		日期		审核		日期		批准		日期	

焊接工艺评定报告（PQR1107-1）

焊接工艺评定报告(PQR)

单位名称：××××

PQR 编号：PQR1107-1　　pWPS 编号：pWPS 1107-1

焊接方法：SMAW　　机动化程度：手工☑　机动□　自动□

焊接接头：对接☑　角接□　堆焊□　　其他：/

接头简图(接头形式、尺寸、衬垫、每种焊接方法或焊接工艺的焊缝金属厚度)：

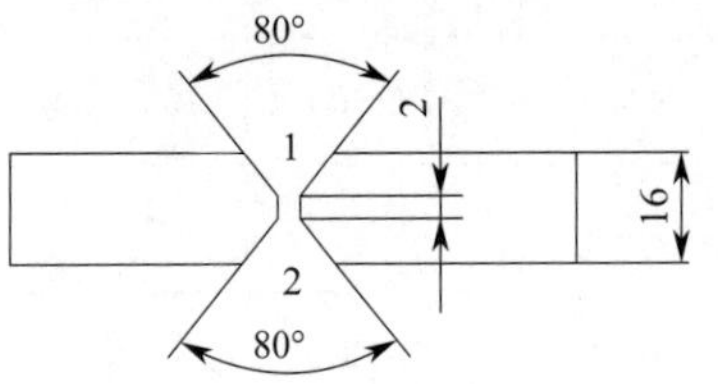

双面焊，正面焊 3 层，背面清根后焊 4 层。

母材：

试件序号	①	②
材料	Q245R	Q245R
标准或规范	GB/T 713	GB/T 713
规格/mm	δ=16	δ=16
类别号	Fe-1	Fe-1
组别号	Fe-1-1	Fe-1-1

填充金属：

分类	焊条	
型号(牌号)	E4316(J426)	
标准	NB/T 47018.2	
填充金属规格/mm	ϕ4.0，ϕ5.0	
焊材分类代号	FeT-1-1	
焊缝金属厚度/mm	16	

预热及后热：

最小预热温度/℃	室温 20	最大道间温度/℃	215
后热温度及保温时间/(℃×h)	/		

焊后热处理： SR

保温温度/℃	610	保温时间/h	2.8

焊接位置：　　**气体：**

对接焊缝焊接位置	1G	方向(向上、向下)	/
角焊缝焊接位置	/	方向(向上、向下)	/

项目	气体种类	混合比/%	流量/(L/min)
保护气	/	/	/
尾部保护气	/	/	/
背面保护气	/	/	/

焊接工艺评定报告(PQR)

电特性：

钨极类型及直径/mm：　/　　喷嘴直径/mm：　/

熔滴过渡形式(喷射过渡、短路过渡等)：　/

(按所焊位置和工件厚度，分别将电流、电压和焊接速度实测值填入下表)

焊道	焊接方法	填充金属	规格/mm	电源种类及极性	焊接电流/A	电弧电压/V	焊接速度/(cm/min)	最大热输入/(kJ/cm)
1	SMAW	J426	ϕ4.0	DCEP	160～190	22～26	15～16	19.8
2—3	SMAW	J426	ϕ5.0	DCEP	180～230	22～26	15～16	23.9
1′—2′	SMAW	J426	ϕ4.0	DCEP	160～190	22～26	15～16	19.8
3′—4′	SMAW	J426	ϕ5.0	DCEP	180～230	22～26	15～16	23.9

技术措施：

摆动焊或不摆动焊：　/　　摆动参数：　/

焊前清理和层间清理：　角磨机打磨　　背面清根方法：　碳弧气刨＋修磨

单道焊或多道焊/每面：　多道焊　　单丝焊或多丝焊：　/

导电嘴至工件距离/mm：　/　　锤击：　/

换热管与管板的连接方式：　/　　换热管与管板接头的清理方法：　/

预置金属衬套：　/　　预置金属衬套的形状与尺寸：　/

其他：

拉伸试验(GB/T 228)：　　试验报告编号：LH1107-1

试验条件	编号	试样宽度/mm	试样厚度/mm	横截面积/mm^2	断裂载荷/kN	R_m/MPa	断裂位置及特征
接头板拉	PQR1107-1-1	25.6	15.8	404	168	415	断于母材
	PQR1107-1-2	26.2	15.9	417	176	422	断于母材

弯曲试验(GB/T 2653)：　　试验报告编号：LH1107-1

试验条件	编号	试样尺寸/mm	弯心直径/mm	弯曲角度/(°)	试验结果
侧弯	PQR1107-1-3	10	40	180	合格
侧弯	PQR1107-1-4	10	40	180	合格
侧弯	PQR1107-1-5	10	40	180	合格
侧弯	PQR1107-1-6	10	40	180	合格

焊接工艺评定报告(PQR)					
冲击试验(GB/T 229):					试验报告编号:LH1107-1
编号	试样位置	V型缺口位置	试样尺寸/mm	试验温度/℃	冲击吸收能量/J
PQRPQR1107-1-7	焊缝	缺口轴线位于焊缝中心线上	10×10×55	0	136
PQRPQR1107-1-8					136
PQRPQR1107-1-9					134
PQRPQR1107-1-10	热影响区	缺口轴线至试样纵轴线与熔合线交点的距离 $k>0$mm,且尽可能多地通过热影响区。	10×10×55	0	160
PQRPQR1107-1-11					128
PQRPQR1107-1-12					110

金相试验(角焊缝、模拟组合件): 试验报告编号:

检验面编号	1	2	3	4	5	6	7	8	结果
有无裂纹、未熔合									
角焊缝厚度/mm									
焊脚高 l/mm									
是否焊透									

金相检验(角焊缝、模拟组合件):

根部:焊透□ 未焊透□

焊缝:熔合□ 未熔合□

焊缝及热影响区:有裂纹□ 无裂纹□

两焊脚之差值:

试验报告编号:

堆焊层复层熔敷金属化学成分/% 执行标准: 试验报告编号:

C	Si	Mn	P	S	Cr	Ni	Mo	Ti	Al	Nb	Fe	…

化学成分测定表面至熔合线距离/mm:

非破坏性试验:

VT外观检查:无裂纹 PT: MT: UT: RT:无裂纹

预焊接工艺规程 pWPS 1108

预焊接工艺规程(pWPS)

单位名称： ××××

pWPS 编号： pWPS 1108

日期： ××××

焊接方法： SMAW

机动化程度： 手工☑　机动□　自动□

焊接接头： 对接☑　角接□　堆焊□

衬垫(材料及规格)： 焊缝金属

其他： /

简图(接头形式、坡口形式与尺寸、焊层、焊道布置及顺序)：

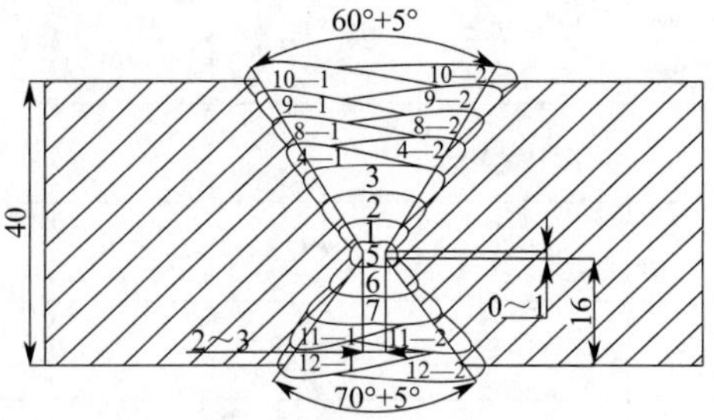

60°+5°
10—1
10—2
9—1
9—2
8—1
8—2
4—1
4—2
3
2
1
5
6
7
40
0~1
16
2~3
11—1
11—2
12—1
12—2
70°+5°

母材：

试件序号	①	②
材料	Q245R	Q245R
标准或规范	GB/T 713	GB/T 713
规格/mm	δ=40	δ=40
类别号	Fe-1	Fe-1
组别号	Fe-1-1	Fe-1-1
对接焊缝焊件母材厚度范围/mm	16～200	16～200
角焊缝焊件母材厚度范围/mm	不限	不限
管子直径、壁厚范围(对接或角接)/mm	/	/
其他：	/	

填充金属：

焊材类别(种类)	焊条	
型号(牌号)	E4315(J427)	
标准	NB/T 47018.2	
填充金属规格/mm	ϕ4.0,ϕ5.0	
焊材分类代号	FeT-1-1	
对接焊缝焊件焊缝金属范围/mm	0～200	
角焊缝焊件焊缝金属范围/mm	不限	
其他：		

预热及后热：		**气体：**			
最小预热温度/℃	15	项目	气体种类	混合比/%	流量/(L/min)
最大道间温度/℃	250	保护气	/	/	/
后热温度/℃	/	尾部保护气	/	/	/
后热保温时间/h	/	背面保护气	/	/	/

焊后热处理：	SR	**焊接位置：**			
热处理温度/℃	620±20	对接焊缝位置	1G	方向(向上、向下)	/
热处理时间/h	3.5	角焊缝位置	/	方向(向上、向下)	/

预焊接工艺规程(pWPS)

电特性：

钨极类型及直径/mm：/　　喷嘴直径/mm：/

熔滴过渡形式(喷射过渡、短路过渡等)：/

(按所焊位置和工件厚度，分别将电流、电压和焊接速度范围填入下表)

焊道/焊层	焊接方法	填充金属	规格/mm	电源种类及极性	焊接电流/A	电弧电压/V	焊接速度/(cm/min)	最大热输入/(kJ/cm)
1	SMAW	J427	ϕ4.0	DCEP	140～180	24～26	10～13	28.1
2—4	SMAW	J427	ϕ5.0	DCEP	180～210	24～26	10～14	32.8
5	SMAW	J427	ϕ4.0	DCEP	160～180	24～26	10～12	28.1
6—12	SMAW	J427	ϕ5.0	DCEP	180～210	24～26	10～14	32.8

技术措施：

摆动焊或不摆动焊：/　　摆动参数：/

焊前清理和层间清理：刷或磨　　背面清根方法：碳弧气刨＋修磨

单道焊或多道焊/每面：多道焊　　单丝焊或多丝焊：/

导电嘴至工件距离/mm：/　　锤击：/

换热管与管板的连接方式：/　　换热管与管板接头的清理方法：/

预置金属衬套：/　　预置金属衬套的形状与尺寸：/

其他：环境温度＞0℃，相对湿度＜90％。

检验要求及执行标准：

按 NB/T 47014—2023 及相关技术要求进行评定，项目如下：

1. 外观检查和无损检测(按 NB/T 47013.2)结果不得有裂纹；

2. 焊接接头板拉二件(按 GB/T 228)，$R_m \geqslant 400$MPa；

3. 焊接接头侧弯四件(按 GB/T 2653)，$D=4a$　$a=10$　$\alpha=180°$，沿任何方向不得有单条长度大于 3mm 的开口缺陷；

4. 焊缝、热影响区 0℃ KV_2 冲击各三件(按 GB/T 229)，焊接接头 V 型缺口 10mm×10mm×55mm 试样冲击吸收能量平均值不低于 20J。

编制		日期		审核		日期		批准		日期	

焊接工艺评定报告（PQR1108）

焊接工艺评定报告(PQR)

单位名称： ××××

PQR 编号：PQR1108　　pWPS 编号：pWPS 1108

焊接方法：SMAW　　机动化程度：手工☑　机动□　自动□

焊接接头：对接☑　角接□　堆焊□　　其他：/

接头简图(接头形式、尺寸、衬垫、每种焊接方法或焊接工艺的焊缝金属厚度)：

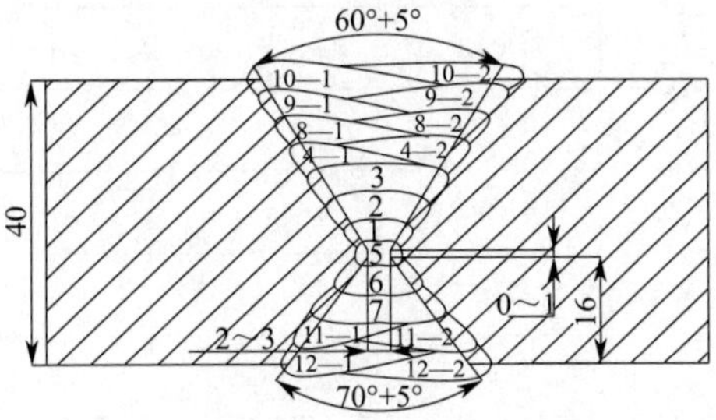

母材：

试件序号	①	②
材料	Q245R	Q245R
标准或规范	GB/T 713	GB/T 713
规格/mm	δ=40	δ=40
类别号	Fe-1	Fe-1
组别号	Fe-1-1	Fe-1-1

填充金属：

分类	焊条	
型号(牌号)	E4315(J427)	
标准	NB/T 47018.2	
填充金属规格/mm	ϕ4.0,ϕ5.0	
焊材分类代号	FeT-1-1	
焊缝金属厚度/mm	40	

预热及后热：

最小预热温度/℃	室温 20	最大道间温度/℃	235
后热温度及保温时间/(℃×h)	/		

焊后热处理： SR

保温温度/℃	630	保温时间/h	4

焊接位置：

对接焊缝焊接位置	1G	方向 (向上、向下)	/
角焊缝焊接位置	/	方向 (向上、向下)	/

气体：

项目	气体种类	混合比/%	流量/(L/min)
保护气	/	/	/
尾部保护气	/	/	/
背面保护气	/	/	/

焊接工艺评定报告(PQR)

电特性：

钨极类型及直径/mm： / 　　喷嘴直径/mm： /

熔滴过渡形式(喷射过渡、短路过渡等)： /

(按所焊位置和工件厚度，分别将电流、电压和焊接速度实测值填入下表)

焊道	焊接方法	填充金属	规格/mm	电源种类及极性	焊接电流/A	电弧电压/V	焊接速度/(cm/min)	最大热输入/(kJ/cm)
1	SMAW	J427	ϕ4.0	DCEP	140～190	24～26	10～13	29.6
2—4	SMAW	J427	ϕ5.0	DCEP	180～220	24～26	10～14	34.3
5	SMAW	J427	ϕ4.0	DCEP	160～190	24～26	10～12	29.6
6—12	SMAW	J427	ϕ5.0	DCEP	180～220	24～26	10～14	34.3

技术措施：

摆动焊或不摆动焊： / 　　摆动参数： /

焊前清理和层间清理： 打磨 　　背面清根方法： 碳弧气刨＋修磨

单道焊或多道焊/每面： 多道焊 　　单丝焊或多丝焊： /

导电嘴至工件距离/mm： / 　　锤击： /

换热管与管板的连接方式： / 　　换热管与管板接头的清理方法： /

预置金属衬套： / 　　预置金属衬套的形状与尺寸： /

其他：

拉伸试验(GB/T 228)： 　　试验报告编号：LH1108

试验条件	编号	试样宽度/mm	试样厚度/mm	横截面积/mm^2	断裂载荷/kN	R_m/MPa	断裂位置及特征
接头板拉	PQR1108-1	25.2	18.9	476.28	228.5	470	断于母材
	PQR1108-2	25.3	19.7	498.41	235.5	463	断于母材
	PQR1108-3	25.0	19.7	492.5	235.2	468	断于母材
	PQR1108-4	25.3	18.9	478.17	227	465	断于母材

弯曲试验(GB/T 2653)： 　　试验报告编号：LH1108

试验条件	编号	试样尺寸/mm	弯心直径/mm	弯曲角度/(°)	试验结果
侧弯	PQR1108-5	10	40	180	合格
侧弯	PQR1108-6	10	40	180	合格
侧弯	PQR1108-7	10	40	180	合格
侧弯	PQR1108-8	10	40	180	合格

焊接工艺评定报告(PQR)

冲击试验(GB/T 229)：　　　　试验报告编号：LH1108

编号	试样位置	V型缺口位置	试样尺寸/mm	试验温度/℃	冲击吸收能量/J
PQR1108-9	焊缝	缺口轴线位于焊缝中心线上	10×10×55	0	54
PQR1108-10					66
PQR1108-11					43
PQR1108-12	热影响区	缺口轴线至试样纵轴线与熔合线交点的距离 $k>0$mm，且尽可能多地通过热影响区。	10×10×55	0	37
PQR1108-13					46
PQR1108-14					55

金相试验(角焊缝、模拟组合件)：　　　　试验报告编号：

检验面编号	1	2	3	4	5	6	7	8	结果
有无裂纹、未熔合									
角焊缝厚度/mm									
焊脚高 l/mm									
是否焊透									

金相检验(角焊缝、模拟组合件)：

根部：焊透□　　未焊透□

焊缝：熔合□　　未熔合□

焊缝及热影响区：有裂纹□　　无裂纹□

两焊脚之差值：____________

试验报告编号：____________

堆焊层复层熔敷金属化学成分/%　执行标准：　　　　试验报告编号：

C	Si	Mn	P	S	Cr	Ni	Mo	Ti	Al	Nb	Fe	…

化学成分测定表面至熔合线距离/mm：____________

非破坏性试验：

VT外观检查：无裂纹　　PT：______　　MT：______　　UT：______　　RT：无裂纹

预焊接工艺规程 pWPS 1109

预焊接工艺规程(pWPS)

单位名称： ××××

pWPS 编号： pWPS 1109

日期： ××××

焊接方法： SMAW

机动化程度： 手工☑ 机动□ 自动□

焊接接头： 对接☑ 角接□ 堆焊□

衬垫(材料及规格)： 焊缝金属

其他： /

简图(接头形式、坡口形式与尺寸、焊层、焊道布置及顺序)：

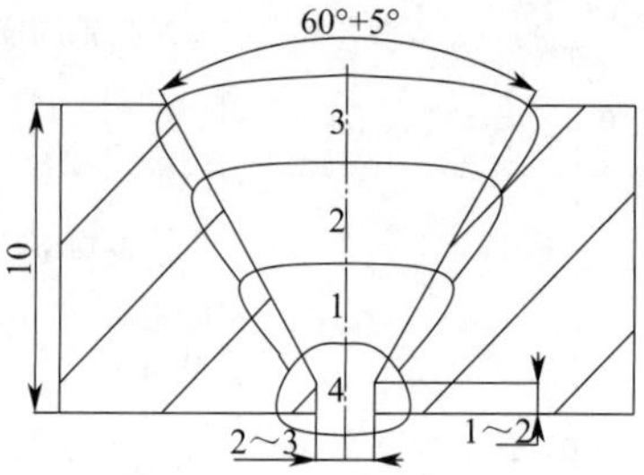

母材：

试件序号	①	②
材料	Q245R	Q245R
标准或规范	GB/T 713	GB/T 713
规格/mm	δ=10	δ=10
类别号	Fe-1	Fe-1
组别号	Fe-1-1	Fe-1-1
对接焊缝焊件母材厚度范围/mm	1.5～20	1.5～20
角焊缝焊件母材厚度范围/mm	不限	不限
管子直径、壁厚范围(对接或角接)/mm	/	/
其他：	/	

填充金属：

焊材类别(种类)	焊条	
型号(牌号)	E4315(J427)	
标准	NB/T 47018.2	
填充金属规格/mm	ϕ4.0，ϕ5.0	
焊材分类代号	FeT-1-1	
对接焊缝焊件焊缝金属范围/mm	0～20	
角焊缝焊件焊缝金属范围/mm	不限	
其他：		

预热及后热：		**气体：**			
最小预热温度/℃	15	项目	气体种类	混合比/%	流量/(L/min)
最大道间温度/℃	250	保护气	/	/	/
后热温度/℃	/	尾部保护气	/	/	/
后热保温时间/h	/	背面保护气	/	/	/

焊后热处理：	N	**焊接位置：**			
热处理温度/℃	920±20	对接焊缝位置	1G	方向(向上、向下)	/
热处理时间/h	0.4	角焊缝位置	/	方向(向上、向下)	/

预焊接工艺规程(pWPS)

电特性：

钨极类型及直径/mm：/　　喷嘴直径/mm：/

熔滴过渡形式(喷射过渡、短路过渡等)：/

(按所焊位置和工件厚度,分别将电流、电压和焊接速度范围填入下表)

焊道/焊层	焊接方法	填充金属	规格/mm	电源种类及极性	焊接电流/A	电弧电压/V	焊接速度/(cm/min)	最大热输入/(kJ/cm)
1	SMAW	J427	ϕ4.0	DCEP	140～160	24～26	10～14	24.9
2—3	SMAW	J427	ϕ5.0	DCEP	180～210	24～26	12～16	27.3
4	SMAW	J427	ϕ4.0	DCEP	160～180	24～26	10～12	28.1

技术措施：

摆动焊或不摆动焊：/　　摆动参数：/

焊前清理和层间清理：刷或磨　　背面清根方法：碳弧气刨＋修磨

单道焊或多道焊/每面：多道焊＋单道焊　　单丝焊或多丝焊：/

导电嘴至工件距离/mm：/　　锤击：/

换热管与管板的连接方式：/　　换热管与管板接头的清理方法：/

预置金属衬套：/　　预置金属衬套的形状与尺寸：/

其他：环境温度＞0℃,相对湿度＜90%。

检验要求及执行标准：

按 NB/T 47014—2023 及相关技术要求进行评定,项目如下：

1. 外观检查和无损检测(按 NB/T 47013.2)结果不得有裂纹；
2. 焊接接头板拉二件(按 GB/T 228),$R_m \geqslant 400$MPa；
3. 焊接接头侧弯四件(按 GB/T 2653),$D=4a$　$a=10$　$\alpha=180°$,沿任何方向不得有单条长度大于 3mm 的开口缺陷；
4. 焊缝、热影响区 0℃ KV_2 冲击各三件(按 GB/T 229),焊接接头 V 型缺口 10mm×5mm×55mm 试样冲击吸收能量平均值不低于 10J。

编制		日期		审核		日期		批准		日期	

焊接工艺评定报告（PQR1109）

焊接工艺评定报告(PQR)			
单位名称：××××			
PQR 编号：PQR1109		pWPS 编号：pWPS 1109	
焊接方法：SMAW		机动化程度：手工☑ 机动□ 自动□	
焊接接头：对接☑ 角接□ 堆焊□		其他：/	

接头简图(接头形式、尺寸、衬垫、每种焊接方法或焊接工艺的焊缝金属厚度)：

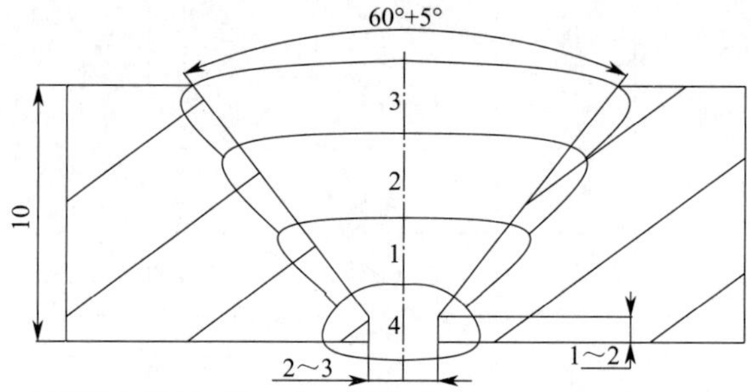

母材：

试件序号	①	②
材料	Q245R	Q245R
标准或规范	GB/T 713	GB/T 713
规格/mm	δ=10	δ=10
类别号	Fe-1	Fe-1
组别号	Fe-1-1	Fe-1-1

填充金属：

分类	焊条	
型号(牌号)	E4315(J427)	
标准	NB/T 47018.2	
填充金属规格/mm	ϕ4.0，ϕ5.0	
焊材分类代号	FeT-1-1	
焊缝金属厚度/mm	10	

预热及后热：

最小预热温度/℃	室温 20	最大道间温度/℃	235
后热温度及保温时间/(℃×h)	/		

焊后热处理：N

保温温度/℃	930	保温时间/h	0.4

焊接位置：

对接焊缝焊接位置	1G	方向(向上、向下)	/
角焊缝焊接位置	/	方向(向上、向下)	/

气体：

项目	气体种类	混合比/%	流量/(L/min)
保护气	/	/	/
尾部保护气	/	/	/
背面保护气	/	/	/

焊接工艺评定报告(PQR)

电特性：

钨极类型及直径/mm：/　　喷嘴直径/mm：/

熔滴过渡形式(喷射过渡、短路过渡等)：/

(按所焊位置和工件厚度，分别将电流、电压和焊接速度实测值填入下表)

焊道	焊接方法	填充金属	规格/mm	电源种类及极性	焊接电流/A	电弧电压/V	焊接速度/(cm/min)	最大热输入/(kJ/cm)
1	SMAW	J427	ϕ4.0	DCEP	140～170	24～26	10～14	26.5
2—3	SMAW	J427	ϕ5.0	DCEP	180～220	24～26	12～16	28.6
4	SMAW	J427	ϕ4.0	DCEP	160～190	24～26	10～12	29.6

技术措施：

摆动焊或不摆动焊：/　　摆动参数：/

焊前清理和层间清理：打磨　　背面清根方法：碳弧气刨＋修磨

单道焊或多道焊/每面：多道焊＋单道焊　　单丝焊或多丝焊：/

导电嘴至工件距离/mm：/　　锤击：/

换热管与管板的连接方式：/　　换热管与管板接头的清理方法：/

预置金属衬套：/　　预置金属衬套的形状与尺寸：/

其他：

拉伸试验(GB/T 228)：　　试验报告编号：LH1109

试验条件	编号	试样宽度/mm	试样厚度/mm	横截面积/mm^2	断裂载荷/kN	R_m/MPa	断裂位置及特征
接头板拉	PQR1109-1	25.1	10	251.0	116.7	465	断于母材
	PQR1109-2	25.1	10.1	253.7	116.7	460	断于母材

弯曲试验(GB/T 2653)：　　试验报告编号：LH1109

试验条件	编号	试样尺寸/mm	弯心直径/mm	弯曲角度/(°)	试验结果
侧弯	PQR1109-3	10	40	180	合格
侧弯	PQR1109-4	10	40	180	合格
侧弯	PQR1109-5	10	40	180	合格
侧弯	PQR1109-6	10	40	180	合格

焊接工艺评定报告(PQR)

冲击试验(GB/T 229)： 试验报告编号:LH1109

编号	试样位置	V型缺口位置	试样尺寸/mm	试验温度/℃	冲击吸收能量/J
PQR1109-7	焊缝	缺口轴线位于焊缝中心线上	5×10×55	0	34
PQR1109-8					42
PQR1109-9					28
PQR1109-10	热影响区	缺口轴线至试样纵轴线与熔合线交点的距离 k>0mm，且尽可能多地通过热影响区	5×10×55	0	36
PQR1109-11					31
PQR1109-12					24

金相试验(角焊缝、模拟组合件)： 试验报告编号：

检验面编号	1	2	3	4	5	6	7	8	结果
有无裂纹、未熔合									
角焊缝厚度/mm									
焊脚高 l/mm									
是否焊透									

金相检验(角焊缝、模拟组合件)：

根部：焊透□　　未焊透□

焊缝：熔合□　　未熔合□

焊缝及热影响区：有裂纹□　　无裂纹□

两焊脚之差值：

试验报告编号：

堆焊层复层熔敷金属化学成分/% 执行标准： 试验报告编号：

C	Si	Mn	P	S	Cr	Ni	Mo	Ti	Al	Nb	Fe	…

化学成分测定表面至熔合线距离/mm：

非破坏性试验：

VT外观检查：无裂纹　　PT：　　MT：　　UT：　　RT：无裂纹

预焊接工艺规程 pWPS 1110-1

预焊接工艺规程(pWPS)

单位名称：　××××

pWPS 编号：　pWPS 1101-1

日期：　××××

焊接方法：　SMAW

机动化程度：　手工☑　机动□　自动□

焊接接头：　对接☑　角接□　堆焊□

衬垫(材料及规格)：　焊缝金属

其他：双面焊，正面焊 3 层，背面清根后焊 3～4 层。

简图(接头形式、坡口形式与尺寸、焊层、焊道布置及顺序)：

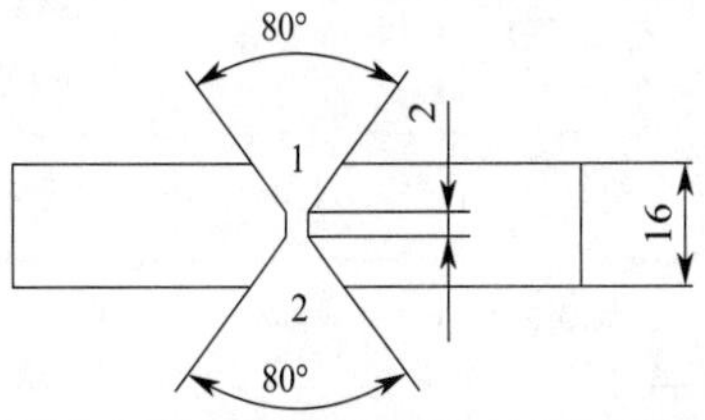

母材：

试件序号	①	②
材料	Q245R	Q245R
标准或规范	GB/T 713	GB/T 713
规格/mm	δ=16	δ=16
类别号	Fe-1	Fe-1
组别号	Fe-1-1	Fe-1-1
对接焊缝焊件母材厚度范围/mm	5～32	5～32
角焊缝焊件母材厚度范围/mm	不限	不限
管子直径、壁厚范围(对接或角接)/mm	/	/
其他：	/	

填充金属：

焊材类别(种类)	焊条	
型号(牌号)	E4316(J426)	
标准	NB/T 47018.2	
填充金属规格/mm	ϕ4.0，ϕ5.0	
焊材分类代号	FeT-1-1	
对接焊缝焊件焊缝金属范围/mm	0～32	
角焊缝焊件焊缝金属范围/mm	不限	
其他：		

预热及后热：		**气体：**			
最小预热温度/℃	15	项目	气体种类	混合比/%	流量/(L/min)
最大道间温度/℃	250	保护气	/	/	/
后热温度/℃	/	尾部保护气	/	/	/
后热保温时间/h	/	背面保护气	/	/	/

焊后热处理：	N	**焊接位置：**			
热处理温度/℃	910±20	对接焊缝位置	1G	方向(向上、向下)	/
热处理时间/h	0.5	角焊缝位置	/	方向(向上、向下)	/

预焊接工艺规程(pWPS)

电特性：

钨极类型及直径/mm：/　　喷嘴直径/mm：/

熔滴过渡形式(喷射过渡、短路过渡等)：/

(按所焊位置和工件厚度，分别将电流、电压和焊接速度范围填入下表)

焊道/焊层	焊接方法	填充金属	规格/mm	电源种类及极性	焊接电流/A	电弧电压/V	焊接速度/(cm/min)	最大热输入/(kJ/cm)
1	SMAW	J426	ϕ4.0	DCEP	160～180	22～26	15～16	18.7
2—3	SMAW	J426	ϕ5.0	DCEP	180～220	22～26	15～16	22.9
1′—2′	SMAW	J426	ϕ4.0	DCEP	160～180	22～26	15～16	18.7
3′—4′	SMAW	J426	ϕ5.0	DCEP	180～220	22～26	15～16	22.9

技术措施：

摆动焊或不摆动焊：/　　摆动参数：/

焊前清理和层间清理：角磨机打磨　　背面清根方法：碳弧气刨＋修磨

单道焊或多道焊/每面：多道焊　　单丝焊或多丝焊：/

导电嘴至工件距离/mm：/　　锤击：/

换热管与管板的连接方式：/　　换热管与管板接头的清理方法：/

预置金属衬套：/　　预置金属衬套的形状与尺寸：/

其他：环境温度＞0℃，相对湿度＜90%。

检验要求及执行标准：

按 NB/T 47014—2023 及相关技术要求进行评定，项目如下：

1. 外观检查和无损检测(按 NB/T 47013.2)结果不得有裂纹；
2. 焊接接头板拉二件(按 GB/T 228)，$R_m \geqslant 400$MPa；
3. 焊接接头侧弯四件(按 GB/T 2653)，$D=4a$　$a=10$　$\alpha=180°$，沿任何方向不得有单条长度大于 3mm 的开口缺陷；
4. 焊缝、热影响区 0℃ KV_2 冲击各三件(按 GB/T 229)，焊接接头 V 型缺口 10mm×10mm×55mm 试样冲击吸收能量平均值不低于 20J。

编制		日期		审核		日期		批准		日期	

焊接工艺评定报告（PQR1110-1）

焊接工艺评定报告(PQR)

单位名称：　××××

PQR 编号：PQR1110-1　　pWPS 编号：pWPS 1110-1

焊接方法：SMAW　　机动化程度：手工☑　机动□　自动□

焊接接头：对接☑　角接□　堆焊□　　其他：/

接头简图(接头形式、尺寸、衬垫、每种焊接方法或焊接工艺的焊缝金属厚度)：

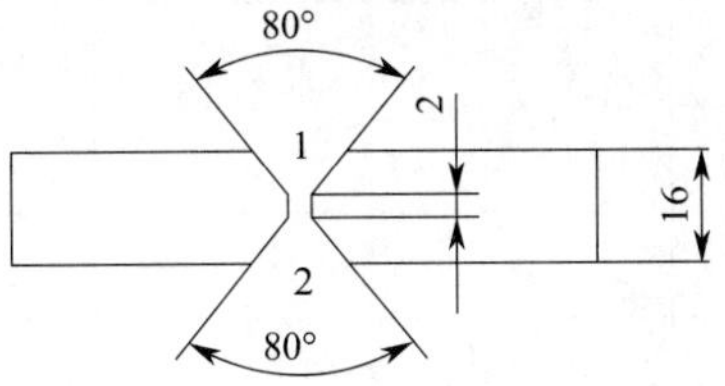

双面焊，正面焊 3 层，背面清根后焊 4 层。

母材：

试件序号	①	②
材料	Q245R	Q245R
标准或规范	GB/T 713	GB/T 713
规格/mm	$\delta=16$	$\delta=16$
类别号	Fe-1	Fe-1
组别号	Fe-1-1	Fe-1-1

填充金属：

分类	焊条	
型号(牌号)	E4316(J426)	
标准	NB/T 47018.2	
填充金属规格/mm	ϕ4.0，ϕ5.0	
焊材分类代号	FeT-1-1	
焊缝金属厚度/mm	16	

预热及后热：

最小预热温度/℃	室温 20	最大道间温度/℃	215
后热温度及保温时间/(℃×h)	/		

焊后热处理： N

保温温度/℃	920	保温时间/h	0.5

焊接位置：				**气体：**			
对接焊缝焊接位置	1G	方向(向上、向下)	/	项目	气体种类	混合比/%	流量/(L/min)
				保护气	/	/	/
角焊缝焊接位置	/	方向(向上、向下)	/	尾部保护气	/	/	/
				背面保护气	/	/	/

焊接工艺评定报告(PQR)

电特性:

钨极类型及直径/mm: / 喷嘴直径/mm: /

熔滴过渡形式(喷射过渡、短路过渡等): /

(按所焊位置和工件厚度,分别将电流、电压和焊接速度实测值填入下表)

焊道	焊接方法	填充金属	规格/mm	电源种类及极性	焊接电流/A	电弧电压/V	焊接速度/(cm/min)	最大热输入/(kJ/cm)
1	SMAW	J426	ϕ4.0	DCEP	160～190	22～26	15～16	19.8
2—3	SMAW	J426	ϕ5.0	DCEP	180～230	22～26	15～16	23.9
1′—2′	SMAW	J426	ϕ4.0	DCEP	160～190	22～26	15～16	19.8
3′—4′	SMAW	J426	ϕ5.0	DCEP	180～230	22～26	15～16	23.9

技术措施:

摆动焊或不摆动焊: / 摆动参数: /

焊前清理和层间清理: 角磨机打磨 背面清根方法: 碳弧气刨+修磨

单道焊或多道焊/每面: 多道焊 单丝焊或多丝焊: /

导电嘴至工件距离/mm: / 锤击: /

换热管与管板的连接方式: / 换热管与管板接头的清理方法: /

预置金属衬套: / 预置金属衬套的形状与尺寸: /

其他:

拉伸试验(GB/T 228): 试验报告编号:LH1110-1

试验条件	编号	试样宽度/mm	试样厚度/mm	横截面积/mm^2	断裂载荷/kN	R_m/MPa	断裂位置及特征
接头板拉	PQR1110-1-1	26.2	15.6	408.7	172	420	断于母材
	PQR1110-1-2	25.7	16.0	411.2	179	435	断于母材

弯曲试验(GB/T 2653): 试验报告编号:LH1110-1

试验条件	编号	试样尺寸/mm	弯心直径/mm	弯曲角度/(°)	试验结果
侧弯	PQR1110-1-3	10	40	180	合格
侧弯	PQR1110-1-4	10	40	180	合格
侧弯	PQR1110-1-5	10	40	180	合格
侧弯	PQR1110-1-6	10	40	180	合格

焊接工艺评定报告(PQR)

冲击试验(GB/T 229)： 试验报告编号：LH1110-1

<table>
<tr><th>编号</th><th>试样位置</th><th>V型缺口位置</th><th>试样尺寸/mm</th><th>试验温度/℃</th><th>冲击吸收能量/J</th></tr>
<tr><td>PQRPQR1110-1-7</td><td rowspan="3">焊缝</td><td rowspan="3">缺口轴线位于焊缝中心线上</td><td rowspan="3">10×10×55</td><td rowspan="3">0</td><td>120</td></tr>
<tr><td>PQRPQR1110-1-8</td><td>124</td></tr>
<tr><td>PQRPQR1110-1-9</td><td>90</td></tr>
<tr><td>PQRPQR1110-1-10</td><td rowspan="3">热影响区</td><td rowspan="3">缺口轴线至试样纵轴线与熔合线交点的距离 $k>0$mm，且尽可能多地通过热影响区</td><td rowspan="3">10×10×55</td><td rowspan="3">0</td><td>123</td></tr>
<tr><td>PQRPQR1110-1-11</td><td>170</td></tr>
<tr><td>PQRPQR1110-1-12</td><td>92</td></tr>
<tr><td></td><td></td><td></td><td></td><td></td><td></td></tr>
<tr><td></td><td></td><td></td><td></td><td></td><td></td></tr>
<tr><td></td><td></td><td></td><td></td><td></td><td></td></tr>
</table>

金相试验(角焊缝、模拟组合件)： 试验报告编号：

检验面编号	1	2	3	4	5	6	7	8	结果
有无裂纹、未熔合									
角焊缝厚度/mm									
焊脚高 l/mm									
是否焊透									

金相检验(角焊缝、模拟组合件)：
根部：焊透□ 未焊透□
焊缝：熔合□ 未熔合□
焊缝及热影响区：有裂纹□ 无裂纹□
两焊脚之差值：
试验报告编号：

堆焊层复层熔敷金属化学成分/% 执行标准： 试验报告编号：

C	Si	Mn	P	S	Cr	Ni	Mo	Ti	Al	Nb	Fe	…

化学成分测定表面至熔合线距离/mm：

非破坏性试验：
VT外观检查：无裂纹 PT： MT： UT： RT：无裂纹

预焊接工艺规程 pWPS 1110

预焊接工艺规程(pWPS)

单位名称： ××××

pWPS 编号： pWPS 1110

日期： ××××

焊接方法： SMAW 机动化程度： 手工☑ 机动□ 自动□ 焊接接头： 对接☑ 角接□ 堆焊□ 衬垫(材料及规格)： 焊缝金属 其他： /	简图(接头形式、坡口形式与尺寸、焊层、焊道布置及顺序)： 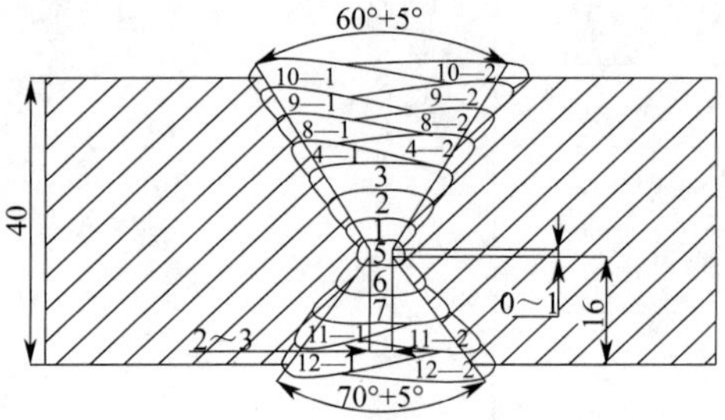

母材：

试件序号	①	②
材料	Q245R	Q245R
标准或规范	GB/T 713	GB/T 713
规格/mm	δ=40	δ=40
类别号	Fe-1	Fe-1
组别号	Fe-1-1	Fe-1-1
对接焊缝焊件母材厚度范围/mm	5～200	5～200
角焊缝焊件母材厚度范围/mm	不限	不限
管子直径、壁厚范围(对接或角接)/mm	/	/
其他：	/	

填充金属：

焊材类别(种类)	焊条	
型号(牌号)	E4315(J427)	
标准	NB/T 47018.2	
填充金属规格/mm	ϕ4.0，ϕ5.0	
焊材分类代号	FeT-1-1	
对接焊缝焊件焊缝金属范围/mm	0～200	
角焊缝焊件焊缝金属范围/mm	不限	
其他：		

预热及后热：		**气体：**			
最小预热温度/℃	15	项目	气体种类	混合比/%	流量/(L/min)
最大道间温度/℃	250	保护气	/	/	/
后热温度/℃	/	尾部保护气	/	/	/
后热保温时间/h	/	背面保护气	/	/	/

焊后热处理：	N	**焊接位置：**			
热处理温度/℃	950±20	对接焊缝位置	1G	方向(向上、向下)	/
热处理时间/h	1	角焊缝位置	/	方向(向上、向下)	/

预焊接工艺规程(pWPS)

电特性：

钨极类型及直径/mm：　/　　喷嘴直径/mm：　/

熔滴过渡形式(喷射过渡、短路过渡等)：　/

(按所焊位置和工件厚度，分别将电流、电压和焊接速度范围填入下表)

焊道/焊层	焊接方法	填充金属	规格/mm	电源种类及极性	焊接电流/A	电弧电压/V	焊接速度/(cm/min)	最大热输入/(kJ/cm)
1	SMAW	J427	ϕ4.0	DCEP	140～180	24～26	10～13	28.1
2—4	SMAW	J427	ϕ5.0	DCEP	180～210	24～26	10～14	32.8
5	SMAW	J427	ϕ4.0	DCEP	160～180	24～26	10～12	28.1
6—12	SMAW	J427	ϕ5.0	DCEP	180～210	24～26	10～14	32.8

技术措施：

摆动焊或不摆动焊：　/　　摆动参数：　/

焊前清理和层间清理：　刷或磨　　背面清根方法：　碳弧气刨＋修磨

单道焊或多道焊/每面：　多道焊　　单丝焊或多丝焊：　/

导电嘴至工件距离/mm：　/　　锤击：　/

换热管与管板的连接方式：　/　　换热管与管板接头的清理方法：　/

预置金属衬套：　/　　预置金属衬套的形状与尺寸：　/

其他：　环境温度＞0℃，相对湿度＜90％。

检验要求及执行标准：

按 NB/T 47014—2023 及相关技术要求进行评定，项目如下：

1. 外观检查和无损检测(按 NB/T 47013.2)结果不得有裂纹；

2. 焊接接头板拉二件(按 GB/T 228)，$R_m \geqslant 400$MPa；

3. 焊接接头侧弯四件(按 GB/T 2653)，$D=4a$　$a=10$　$\alpha=180°$，沿任何方向不得有单条长度大于 3mm 的开口缺陷；

4. 焊缝、热影响区 0℃ KV_2 冲击各三件(按 GB/T 229)，焊接接头 V 型缺口 10mm×10mm×55mm 试样冲击吸收能量平均值不低于 20J。

编制		日期		审核		日期		批准		日期	

焊接工艺评定报告（PQR1110）

焊接工艺评定报告(PQR)						
单位名称：××××						
PQR 编号：PQR1110			pWPS 编号：pWPS 1110			
焊接方法：SMAW			机动化程度：手工☑ 机动□ 自动□			
焊接接头：对接☑ 角接□ 堆焊□			其他：/			

接头简图(接头形式、尺寸、衬垫、每种焊接方法或焊接工艺的焊缝金属厚度)：

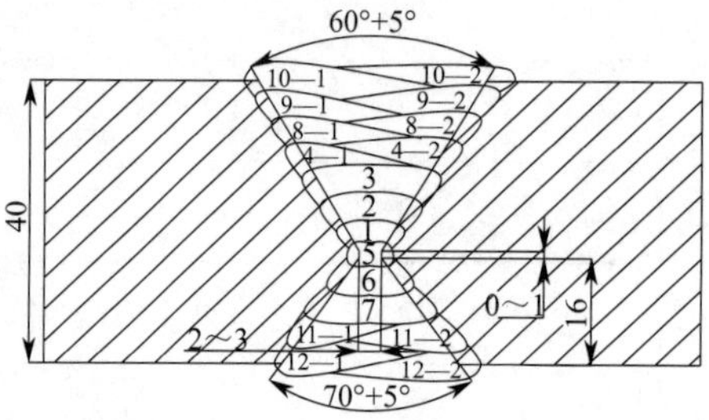

母材：		
试件序号	①	②
材料	Q245R	Q245R
标准或规范	GB/T 713	GB/T 713
规格/mm	δ=40	δ=40
类别号	Fe-1	Fe-1
组别号	Fe-1-1	Fe-1-1

填充金属：		
分类	焊条	
型号(牌号)	E4315(J427)	
标准	NB/T 47018.2	
填充金属规格/mm	ϕ4.0，ϕ5.0	
焊材分类代号	FeT-1-1	
焊缝金属厚度/mm	40	

预热及后热：			
最小预热温度/℃	室温 20	最大道间温度/℃	235
后热温度及保温时间/(℃×h)	/		
焊后热处理：	N		
保温温度/℃	950	保温时间/h	1

焊接位置：				气体：			
对接焊缝焊接位置	1G	方向(向上、向下)	/	项目	气体种类	混合比/%	流量/(L/min)
				保护气	/	/	/
角焊缝焊接位置	/	方向(向上、向下)	/	尾部保护气	/	/	/
				背面保护气	/	/	/

焊接工艺评定报告(PQR)

电特性：

钨极类型及直径/mm：　/　　　喷嘴直径/mm：　/

熔滴过渡形式(喷射过渡、短路过渡等)：　/

(按所焊位置和工件厚度，分别将电流、电压和焊接速度实测值填入下表)

焊道	焊接方法	填充金属	规格/mm	电源种类及极性	焊接电流/A	电弧电压/V	焊接速度/(cm/min)	最大热输入/(kJ/cm)
1	SMAW	J427	ϕ4.0	DCEP	140～190	24～26	10～13	29.6
2—4	SMAW	J427	ϕ5.0	DCEP	180～220	24～26	10～14	34.3
5	SMAW	J427	ϕ4.0	DCEP	160～190	24～26	10～12	29.6
6—12	SMAW	J427	ϕ5.0	DCEP	180～220	24～26	10～14	34.3

技术措施：

摆动焊或不摆动焊：　/　　　摆动参数：　/

焊前清理和层间清理：　打磨　　　背面清根方法：　碳弧气刨＋修磨

单道焊或多道焊/每面：　多道焊　　　单丝焊或多丝焊：　/

导电嘴至工件距离/mm：　/　　　锤击：　/

换热管与管板的连接方式：　/　　　换热管与管板接头的清理方法：　/

预置金属衬套：　/　　　预置金属衬套的形状与尺寸：　/

其他：

拉伸试验(GB/T 228)：　　　试验报告编号：LH1110

试验条件	编号	试样宽度/mm	试样厚度/mm	横截面积/mm^2	断裂载荷/kN	R_m/MPa	断裂位置及特征
接头板拉	PQR1110-1	25.1	18.9	473.39	234.6	465	断于母材
	PQR1110-2	25.3	19.7	498.41	234	460	断于母材
	PQR1110-3	25.2	19.7	496.44	228.4	460	断于母材
	PQR1110-4	25.3	18.9	478.17	229.4	470	断于母材

弯曲试验(GB/T 2653)：　　　试验报告编号：LH1110

试验条件	编号	试样尺寸/mm	弯心直径/mm	弯曲角度/(°)	试验结果
侧弯	PQR1110-5	10	40	180	合格
侧弯	PQR1110-6	10	40	180	合格
侧弯	PQR1110-7	10	40	180	合格
侧弯	PQR1110-8	10	40	180	合格

焊接工艺评定报告(PQR)

冲击试验(GB/T 229): 试验报告编号:LH1110

编号	试样位置	V型缺口位置	试样尺寸/mm	试验温度/℃	冲击吸收能量/J
PQR1110-9	焊缝	缺口轴线位于焊缝中心线上	10×10×55	0	75
PQR1110-10					66
PQR1110-11					53
PQR1110-12	热影响区	缺口轴线至试样纵轴线与熔合线交点的距离 $k>0$mm,且尽可能多地通过热影响区	10×10×55	0	46
PQR1110-13					68
PQR1110-14					55

金相试验(角焊缝、模拟组合件): 试验报告编号:

检验面编号	1	2	3	4	5	6	7	8	结果
有无裂纹、未熔合									
角焊缝厚度/mm									
焊脚高 l /mm									
是否焊透									

金相检验(角焊缝、模拟组合件):
根部: 焊透□ 未焊透□
焊缝: 熔合□ 未熔合□
焊缝及热影响区: 有裂纹□ 无裂纹□
两焊脚之差值:
试验报告编号:

堆焊层复层熔敷金属化学成分/% 执行标准: 试验报告编号:

C	Si	Mn	P	S	Cr	Ni	Mo	Ti	Al	Nb	Fe	…

化学成分测定表面至熔合线距离/mm:

非破坏性试验:
VT外观检查: 无裂纹 PT: MT: UT: RT: 无裂纹

预焊接工艺规程 pWPS 1111

预焊接工艺规程(pWPS)

单位名称： ××××

pWPS 编号： pWPS 1111

日期： ××××

焊接方法： SMAW

机动化程度： 手工☑　机动☐　自动☐

焊接接头： 对接☑　角接☐　堆焊☐

衬垫(材料及规格)： 焊缝金属

其他： /

简图(接头形式、坡口形式与尺寸、焊层、焊道布置及顺序)：

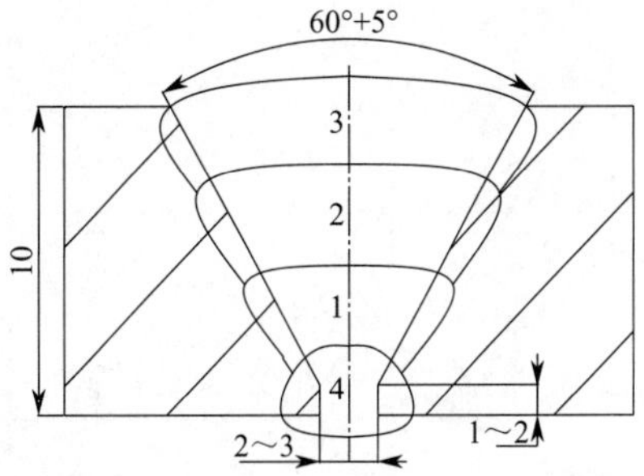

母材：

试件序号	①	②
材料	Q245R	Q245R
标准或规范	GB/T 713	GB/T 713
规格/mm	$\delta=10$	$\delta=10$
类别号	Fe-1	Fe-1
组别号	Fe-1-1	Fe-1-1
对接焊缝焊件母材厚度范围/mm	1.5～20	1.5～20
角焊缝焊件母材厚度范围/mm	不限	不限
管子直径、壁厚范围(对接或角接)/mm	/	/
其他：	/	

填充金属：

焊材类别(种类)	焊条	
型号(牌号)	E4315(J427)	
标准	NB/T 47018.2	
填充金属规格/mm	ϕ4.0, ϕ5.0	
焊材分类代号	FeT-1-1	
对接焊缝焊件焊缝金属范围/mm	0～20	
角焊缝焊件焊缝金属范围/mm	不限	
其他：		

预热及后热：		**气体：**			
最小预热温度/℃	15	项目	气体种类	混合比/%	流量/(L/min)
最大道间温度/℃	250	保护气	/	/	/
后热温度/℃	/	尾部保护气	/	/	/
后热保温时间/h	/	背面保护气	/	/	/

焊后热处理：	N+SR		**焊接位置：**			
热处理温度/℃	N:950±20	SR:620±20	对接焊缝位置	1G	方向(向上、向下)	/
热处理时间/h	N:0.4	SR:2.8	角焊缝位置	/	方向(向上、向下)	/

预焊接工艺规程(pWPS)

电特性：

钨极类型及直径/mm：/　　喷嘴直径/mm：/

熔滴过渡形式(喷射过渡、短路过渡等)：/

(按所焊位置和工件厚度，分别将电流、电压和焊接速度范围填入下表)

焊道/焊层	焊接方法	填充金属	规格/mm	电源种类及极性	焊接电流/A	电弧电压/V	焊接速度/(cm/min)	最大热输入/(kJ/cm)
1	SMAW	J427	ϕ4.0	DCEP	140～160	24～26	10～14	24.9
2—3	SMAW	J427	ϕ5.0	DCEP	180～210	24～26	12～16	27.3
4	SMAW	J427	ϕ4.0	DCEP	160～180	24～26	10～12	28.1

技术措施：

摆动焊或不摆动焊：/　　摆动参数：/

焊前清理和层间清理：刷或磨　　背面清根方法：碳弧气刨＋修磨

单道焊或多道焊/每面：多道焊＋单道焊　　单丝焊或多丝焊：/

导电嘴至工件距离/mm：/　　锤击：/

换热管与管板的连接方式：/　　换热管与管板接头的清理方法：/

预置金属衬套：/　　预置金属衬套的形状与尺寸：/

其他：环境温度＞0℃，相对湿度＜90％。

检验要求及执行标准：

按 NB/T 47014—2023 及相关技术要求进行评定，项目如下：

1. 外观检查和无损检测(按 NB/T 47013.2)结果不得有裂纹；
2. 焊接接头板拉二件(按 GB/T 228)，$R_m \geq 400$MPa；
3. 焊接接头侧弯四件(按 GB/T 2653)，$D=4a$　$a=10$　$\alpha=180°$，沿任何方向不得有单条长度大于 3mm 的开口缺陷；
4. 焊缝、热影响区 0℃ KV_2 冲击各三件(按 GB/T 229)，焊接接头 V 型缺口 10mm×5mm×55mm 试样冲击吸收能量平均值不低于 10J。

编制		日期		审核		日期		批准		日期	

焊接工艺评定报告（PQR1111）

焊接工艺评定报告(PQR)

单位名称： ××××

PQR 编号：PQR1111　　pWPS 编号：pWPS 1111

焊接方法：SMAW　　机动化程度：手工☑　机动□　自动□

焊接接头：对接☑　角接□　堆焊□　　其他：/

接头简图(接头形式、尺寸、衬垫、每种焊接方法或焊接工艺的焊缝金属厚度)：

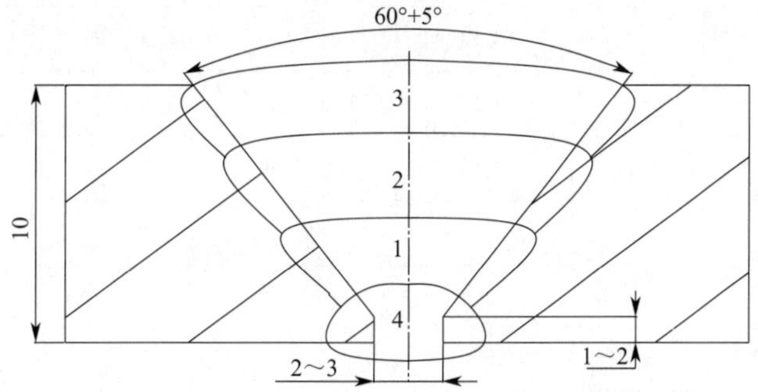

母材：

试件序号	①	②
材料	Q245R	Q245R
标准或规范	GB/T 713	GB/T 713
规格/mm	δ＝10	δ＝10
类别号	Fe-1	Fe-1
组别号	Fe-1-1	Fe-1-1

填充金属：

分类	焊条	
型号(牌号)	E4315(J427)	
标准	NB/T 47018.2	
填充金属规格/mm	ϕ4.0，ϕ5.0	
焊材分类代号	FeT-1-1	
焊缝金属厚度/mm	10	

预热及后热：

最小预热温度/℃	室温 20	最大道间温度/℃	235
后热温度及保温时间/(℃×h)	/		

焊后热处理： N＋SR

保温温度/℃	N：950　SR：638	保温时间/h	N：0.4　SR：2.8

焊接位置：

对接焊缝焊接位置	1G	方向（向上、向下）	/
角焊缝焊接位置	/	方向（向上、向下）	/

气体：

项目	气体种类	混合比/%	流量/(L/min)
保护气	/	/	/
尾部保护气	/	/	/
背面保护气	/	/	/

焊接工艺评定报告(PQR)

电特性：

钨极类型及直径/mm：/　　喷嘴直径/mm：/

熔滴过渡形式(喷射过渡、短路过渡等)：/

(按所焊位置和工件厚度，分别将电流、电压和焊接速度实测值填入下表)

焊道	焊接方法	填充金属	规格/mm	电源种类及极性	焊接电流/A	电弧电压/V	焊接速度/(cm/min)	最大热输入/(kJ/cm)
1	SMAW	J427	ϕ4.0	DCEP	140～170	24～26	10～14	26.5
2—3	SMAW	J427	ϕ5.0	DCEP	180～220	24～26	12～16	28.6
4	SMAW	J427	ϕ4.0	DCEP	160～190	24～26	10～12	29.6

技术措施：

摆动焊或不摆动焊：/　　摆动参数：/

焊前清理和层间清理：打磨　　背面清根方法：碳弧气刨＋修磨

单道焊或多道焊/每面：多道焊＋单道焊　　单丝焊或多丝焊：/

导电嘴至工件距离/mm：/　　锤击：/

换热管与管板的连接方式：/　　换热管与管板接头的清理方法：/

预置金属衬套：/　　预置金属衬套的形状与尺寸：/

其他：

拉伸试验(GB/T 228)：　　试验报告编号：LH1111

试验条件	编号	试样宽度/mm	试样厚度/mm	横截面积/mm^2	断裂载荷/kN	R_m/MPa	断裂位置及特征
接头板拉	PQR1111-1	25.0	9.9	247.5	116.3	470	断于母材
	PQR1111-2	25.1	10.1	253.5	117.9	465	断于母材

弯曲试验(GB/T 2653)：　　试验报告编号：LH1111

试验条件	编号	试样尺寸/mm	弯心直径/mm	弯曲角度/(°)	试验结果
侧弯	PQR1111-3	10	40	180	合格
侧弯	PQR1111-4	10	40	180	合格
侧弯	PQR1111-5	10	40	180	合格
侧弯	PQR1111-6	10	40	180	合格

焊接工艺评定报告(PQR)

冲击试验(GB/T 229)： 试验报告编号：LH1111

编号	试样位置	V 型缺口位置	试样尺寸/mm	试验温度/℃	冲击吸收能量/J
PQR1111-7	焊缝	缺口轴线位于焊缝中心线上	5×10×55	0	41
PQR1111-8					45
PQR1111-9					32
PQR1111-10	热影响区	缺口轴线至试样纵轴线与熔合线交点的距离 $k>0$mm，且尽可能多地通过热影响区	5×10×55	0	38
PQR1111-11					42
PQR1111-12					29

金相试验(角焊缝、模拟组合件)： 试验报告编号：

检验面编号	1	2	3	4	5	6	7	8	结果
有无裂纹、未熔合									
角焊缝厚度/mm									
焊脚高 l/mm									
是否焊透									

金相检验(角焊缝、模拟组合件)：

根部：焊透□　　未焊透□

焊缝：熔合□　　未熔合□

焊缝及热影响区：有裂纹□　　无裂纹□

两焊脚之差值：________

试验报告编号：________

堆焊层复层熔敷金属化学成分/% 执行标准： 试验报告编号：

C	Si	Mn	P	S	Cr	Ni	Mo	Ti	Al	Nb	Fe	…

化学成分测定表面至熔合线距离/mm：________

非破坏性试验：

VT 外观检查：无裂纹　　PT：____　　MT：____　　UT：____　　RT：无裂纹

预焊接工艺规程 pWPS 1111-1

预焊接工艺规程(pWPS)

单位名称： ××××

pWPS 编号：pWPS 1111-1

日期：××××

焊接方法： SMAW

机动化程度：手工☑ 机动□ 自动□

焊接接头：对接☑ 角接□ 堆焊□

衬垫(材料及规格)：焊缝金属

其他：双面焊，正面焊 3 层，背面清根后焊 3～4 层。

简图(接头形式、坡口形式与尺寸、焊层、焊道布置及顺序)：

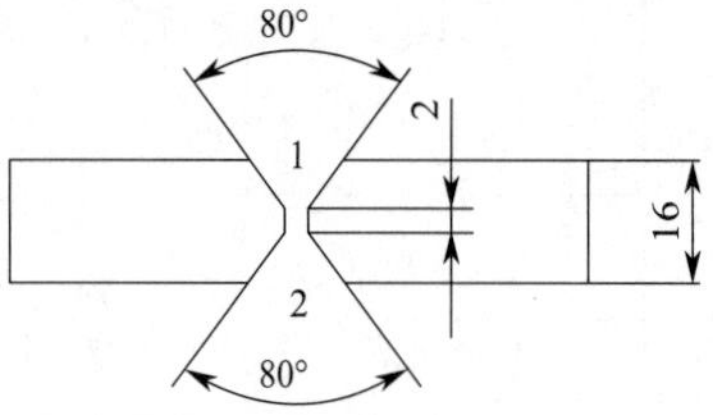

母材：

试件序号	①	②
材料	Q245R	Q245R
标准或规范	GB/T 713	GB/T 713
规格/mm	δ=16	δ=16
类别号	Fe-1	Fe-1
组别号	Fe-1-1	Fe-1-1
对接焊缝焊件母材厚度范围/mm	5～32	5～32
角焊缝焊件母材厚度范围/mm	不限	不限
管子直径、壁厚范围(对接或角接)/mm	/	/
其他：	/	

填充金属：

焊材类别(种类)	焊条	
型号(牌号)	E4316(J426)	
标准	NB/T 47018.2	
填充金属规格/mm	ϕ4.0，ϕ5.0	
焊材分类代号	FeT-1-1	
对接焊缝焊件焊缝金属范围/mm	0～32	
角焊缝焊件焊缝金属范围/mm	不限	
其他：		

预热及后热：		**气体：**			
最小预热温度/℃	15	项目	气体种类	混合比/%	流量/(L/min)
最大道间温度/℃	250	保护气	/	/	/
后热温度/℃	/	尾部保护气	/	/	/
后热保温时间/h	/	背面保护气	/	/	/

焊后热处理：	N+SR	**焊接位置：**			
热处理温度/℃	N：910±20　SR：620±20	对接焊缝位置	1G	方向(向上、向下)	/
热处理时间/h	N：0.5　SR：2.8	角焊缝位置	/	方向(向上、向下)	/

预焊接工艺规程(pWPS)

电特性：

钨极类型及直径/mm：/　　喷嘴直径/mm：/

熔滴过渡形式(喷射过渡、短路过渡等)：/

(按所焊位置和工件厚度，分别将电流、电压和焊接速度范围填入下表)

焊道/焊层	焊接方法	填充金属	规格/mm	电源种类及极性	焊接电流/A	电弧电压/V	焊接速度/(cm/min)	最大热输入/(kJ/cm)
1	SMAW	J426	ϕ4.0	DCEP	160～180	22～26	15～16	18.7
2—3	SMAW	J426	ϕ5.0	DCEP	180～220	22～26	15～16	22.9
1′—2′	SMAW	J426	ϕ4.0	DCEP	160～180	22～26	15～16	18.7
3′—4′	SMAW	J426	ϕ5.0	DCEP	180～220	22～26	15～16	22.9

技术措施：

摆动焊或不摆动焊：/　　摆动参数：/

焊前清理和层间清理：角磨机打磨　　背面清根方法：碳弧气刨＋修磨

单道焊或多道焊/每面：多道焊　　单丝焊或多丝焊：/

导电嘴至工件距离/mm：/　　锤击：/

换热管与管板的连接方式：/　　换热管与管板接头的清理方法：/

预置金属衬套：/　　预置金属衬套的形状与尺寸：/

其他：环境温度＞0℃，相对湿度＜90%。

检验要求及执行标准：

按 NB/T 47014—2023 及相关技术要求进行评定，项目如下：

1. 外观检查和无损检测(按 NB/T 47013.2)结果不得有裂纹；
2. 焊接接头板拉二件(按 GB/T 228)，$R_m \geqslant 400$MPa；
3. 焊接接头侧弯四件(按 GB/T 2653)，$D=4a$　$a=10$　$\alpha=180°$，沿任何方向不得有单条长度大于 3mm 的开口缺陷；
4. 焊缝、热影响区 0℃ KV_2 冲击各三件(按 GB/T 229)，焊接接头 V 型缺口 10mm×10mm×55mm 试样冲击吸收能量平均值不低于 20J。

编制		日期		审核		日期		批准		日期	

焊接工艺评定报告（PQR1111-1）

焊接工艺评定报告（PQR）

单位名称： ××××

PQR 编号：PQR1111-1　　pWPS 编号：pWPS 1111-1

焊接方法：SMAW　　机动化程度：手工☑　机动□　自动□

焊接接头：对接☑　角接□　堆焊□　　其他：/

接头简图（接头形式、尺寸、衬垫、每种焊接方法或焊接工艺的焊缝金属厚度）：

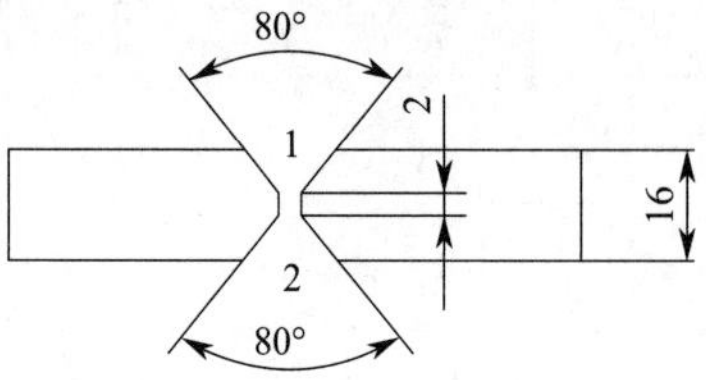

双面焊，正面焊 3 层，背面清根后焊 4 层。

母材：

试件序号	①	②
材料	Q245R	Q245R
标准或规范	GB/T 713	GB/T 713
规格/mm	$\delta=16$	$\delta=16$
类别号	Fe-1	Fe-1
组别号	Fe-1-1	Fe-1-1

填充金属：

分类	焊条	
型号（牌号）	E4316(J426)	
标准	NB/T 47018.2	
填充金属规格/mm	ϕ4.0，ϕ5.0	
焊材分类代号	FeT-1-1	
焊缝金属厚度/mm	16	

预热及后热：

最小预热温度/℃	室温 20	最大道间温度/℃	215
后热温度及保温时间/(℃×h)	/		

焊后热处理： N+SR

保温温度/℃	N：900　SR：610	保温时间/h	N：0.5　SR：2.8

焊接位置：

对接焊缝焊接位置	1G	方向（向上、向下）	/
角焊缝焊接位置	/	方向（向上、向下）	/

气体：

项目	气体种类	混合比/%	流量/(L/min)
保护气	/	/	/
尾部保护气	/	/	/
背面保护气	/	/	/

焊接工艺评定报告(PQR)

电特性：

钨极类型及直径/mm：/　　喷嘴直径/mm：/

熔滴过渡形式(喷射过渡、短路过渡等)：/

(按所焊位置和工件厚度，分别将电流、电压和焊接速度实测值填入下表)

焊道	焊接方法	填充金属	规格/mm	电源种类及极性	焊接电流/A	电弧电压/V	焊接速度/(cm/min)	最大热输入/(kJ/cm)
1	SMAW	J426	ϕ4.0	DCEP	160～190	22～26	15～16	19.8
2—3	SMAW	J426	ϕ5.0	DCEP	180～230	22～26	15～16	23.9
1′—2′	SMAW	J426	ϕ4.0	DCEP	160～190	22～26	15～16	19.8
3′—4′	SMAW	J426	ϕ5.0	DCEP	180～230	22～26	15～16	23.9

技术措施：

摆动焊或不摆动焊：/　　摆动参数：/

焊前清理和层间清理：角磨机打磨　　背面清根方法：碳弧气刨＋修磨

单道焊或多道焊/每面：多道焊　　单丝焊或多丝焊：/

导电嘴至工件距离/mm：/　　锤击：/

换热管与管板的连接方式：/　　换热管与管板接头的清理方法：/

预置金属衬套：/　　预置金属衬套的形状与尺寸：/

其他：

拉伸试验(GB/T 228)：　　试验报告编号：LH111-1

试验条件	编号	试样宽度/mm	试样厚度/mm	横截面积/mm^2	断裂载荷/kN	R_m/MPa	断裂位置及特征
接头板拉	PQR1111-1-1	25.6	15.8	404	172	425	断于母材
	PQR1111-1-2	26.2	15.9	417	180	432	断于母材

弯曲试验(GB/T 2653)：　　试验报告编号：LH1111-1

试验条件	编号	试样尺寸/mm	弯心直径/mm	弯曲角度/(°)	试验结果
侧弯	PQR1111-1-3	10	40	180	合格
侧弯	PQR1111-1-4	10	40	180	合格
侧弯	PQR1111-1-5	10	40	180	合格
侧弯	PQR1111-1-6	10	40	180	合格

焊接工艺评定报告(PQR)

冲击试验(GB/T 229): 试验报告编号:LH1110-1

编号	试样位置	V型缺口位置	试样尺寸/mm	试验温度/℃	冲击吸收能量/J
PQRPQR1110-1-7	焊缝	缺口轴线位于焊缝中心线上	10×10×55	0	126
PQRPQR1110-1-8					132
PQRPQR1110-1-9					131
PQRPQR1110-1-10	热影响区	缺口轴线至试样纵轴线与熔合线交点的距离 k>0mm,且尽可能多地通过热影响区	10×10×55	0	158
PQRPQR1110-1-11					122
PQRPQR1110-1-12					111

金相试验(角焊缝、模拟组合件): 试验报告编号:

检验面编号	1	2	3	4	5	6	7	8	结果
有无裂纹、未熔合									
角焊缝厚度/mm									
焊脚高 l/mm									
是否焊透									

金相检验(角焊缝、模拟组合件):

根部: 焊透□ 未焊透□

焊缝: 熔合□ 未熔合□

焊缝及热影响区: 有裂纹□ 无裂纹□

两焊脚之差值:

试验报告编号:

堆焊层复层熔敷金属化学成分/% 执行标准: 试验报告编号:

C	Si	Mn	P	S	Cr	Ni	Mo	Ti	Al	Nb	Fe	…

化学成分测定表面至熔合线距离/mm:

非破坏性试验:

VT外观检查: 无裂纹 PT: MT: UT: RT: 无裂纹

预焊接工艺规程 pWPS 1112

预焊接工艺规程(pWPS)

单位名称： ××××

pWPS 编号： pWPS 1112

日期： ××××

焊接方法： SMAW

机动化程度： 手工☑　　机动☐　　自动☐

焊接接头： 对接☑　　角接☐　　堆焊☐

衬垫(材料及规格)： 焊缝金属

其他： /

简图(接头形式、坡口形式与尺寸、焊层、焊道布置及顺序)：

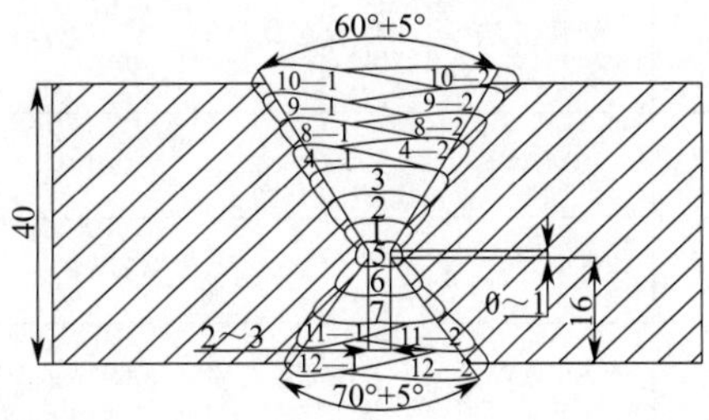

母材：		
试件序号	①	②
材料	Q245R	Q245R
标准或规范	GB/T 713	GB/T 713
规格/mm	δ=40	δ=40
类别号	Fe-1	Fe-1
组别号	Fe-1-1	Fe-1-1
对接焊缝焊件母材厚度范围/mm	5～200	5～200
角焊缝焊件母材厚度范围/mm	不限	不限
管子直径、壁厚范围(对接或角接)/mm	/	/
其他：	/	

填充金属：		
焊材类别(种类)	焊条	
型号(牌号)	E4315(J427)	
标准	NB/T 47018.2	
填充金属规格/mm	ϕ4.0,ϕ5.0	
焊材分类代号	FeT-1-1	
对接焊缝焊件焊缝金属范围/mm	0～200	
角焊缝焊件焊缝金属范围/mm	不限	
其他：		

预热及后热：		**气体：**			
最小预热温度/℃	15	项目	气体种类	混合比/%	流量/(L/min)
最大道间温度/℃	250	保护气	/	/	/
后热温度/℃	/	尾部保护气	/	/	/
后热保温时间/h	/	背面保护气	/	/	/

焊后热处理：	N+SR	**焊接位置：**			
热处理温度/℃	N:950±20　SR:620±20	对接焊缝位置	1G	方向(向上、向下)	/
热处理时间/h	N:1　SR:3.5	角焊缝位置	/	方向(向上、向下)	/

预焊接工艺规程(pWPS)

电特性：

钨极类型及直径/mm：/　　喷嘴直径/mm：/

熔滴过渡形式(喷射过渡、短路过渡等)：/

(按所焊位置和工件厚度，分别将电流、电压和焊接速度范围填入下表)

焊道/焊层	焊接方法	填充金属	规格/mm	电源种类及极性	焊接电流/A	电弧电压/V	焊接速度/(cm/min)	最大热输入/(kJ/cm)
1	SMAW	J427	ϕ4.0	DCEP	140～180	24～26	10～13	28.1
2—4	SMAW	J427	ϕ5.0	DCEP	180～210	24～26	10～14	32.8
5	SMAW	J427	ϕ4.0	DCEP	160～180	24～26	10～12	28.1
6—12	SMAW	J427	ϕ5.0	DCEP	180～210	24～26	10～14	32.8

技术措施：

摆动焊或不摆动焊：/　　摆动参数：/

焊前清理和层间清理：刷或磨　　背面清根方法：碳弧气刨+修磨

单道焊或多道焊/每面：多道焊　　单丝焊或多丝焊：/

导电嘴至工件距离/mm：/　　锤击：/

换热管与管板的连接方式：/　　换热管与管板接头的清理方法：/

预置金属衬套：/　　预置金属衬套的形状与尺寸：/

其他：环境温度>0℃，相对湿度<90%。

检验要求及执行标准：

按 NB/T 47014—2023 及相关技术要求进行评定，项目如下：

1. 外观检查和无损检测(按 NB/T 47013.2)结果不得有裂纹；
2. 焊接接头板拉二件(按 GB/T 228)，$R_m \geqslant 400$MPa；
3. 焊接接头侧弯四件(按 GB/T 2653)，$D=4a$　$a=10$　$\alpha=180°$，沿任何方向不得有单条长度大于 3mm 的开口缺陷；
4. 焊缝、热影响区 0℃ KV_2 冲击各三件(按 GB/T 229)，焊接接头 V 型缺口 10mm×10mm×55mm 试样冲击吸收能量平均值不低于 20J。

编制		日期		审核		日期		批准		日期	

焊接工艺评定报告（PQR1112）

焊接工艺评定报告(PQR)

单位名称： ××××

PQR 编号：PQR1112　　pWPS 编号：pWPS 1112

焊接方法：SMAW　　机动化程度：手工☑　机动□　自动□

焊接接头：对接☑　角接□　堆焊□　　其他：/

接头简图(接头形式、尺寸、衬垫、每种焊接方法或焊接工艺的焊缝金属厚度)：

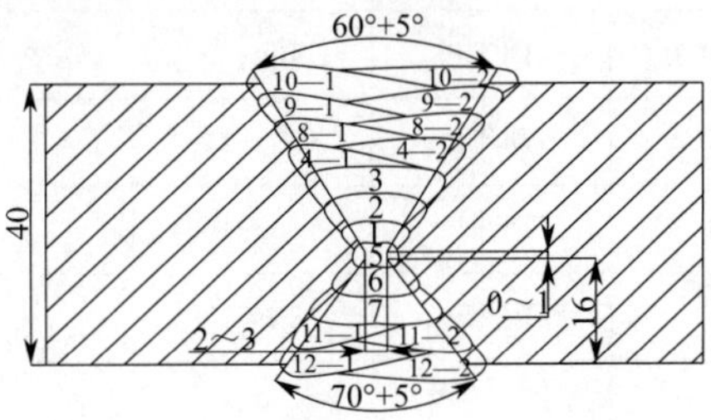

母材：

试件序号	①	②
材料	Q245R	Q245R
标准或规范	GB/T 713	GB/T 713
规格/mm	$\delta=40$	$\delta=40$
类别号	Fe-1	Fe-1
组别号	Fe-1-1	Fe-1-1

填充金属：

分类	焊条	
型号(牌号)	E4315(J427)	
标准	NB/T 47018.2	
填充金属规格/mm	$\phi4.0,\phi5.0$	
焊材分类代号	FeT-1-1	
焊缝金属厚度/mm	40	

预热及后热：

最小预热温度/℃	室温 20	最大道间温度/℃	235
后热温度及保温时间/(℃×h)	/		

焊后热处理： N+SR

保温温度/℃	N:950　SR:635	保温时间/h	N:1　SR:3.5

焊接位置：

对接焊缝焊接位置	1G	方向(向上、向下)	/
角焊缝焊接位置	/	方向(向上、向下)	/

气体：

项目	气体种类	混合比/%	流量/(L/min)
保护气	/	/	/
尾部保护气	/	/	/
背面保护气	/	/	/

焊接工艺评定报告(PQR)

电特性：

钨极类型及直径/mm：/　　喷嘴直径/mm：/

熔滴过渡形式(喷射过渡、短路过渡等)：/

(按所焊位置和工件厚度，分别将电流、电压和焊接速度实测值填入下表)

焊道	焊接方法	填充金属	规格 /mm	电源种类及极性	焊接电流 /A	电弧电压 /V	焊接速度 /(cm/min)	最大热输入 /(kJ/cm)
1	SMAW	J427	ϕ4.0	DCEP	140～190	24～26	10～13	29.6
2—4	SMAW	J427	ϕ5.0	DCEP	180～220	24～26	10～14	34.3
5	SMAW	J427	ϕ4.0	DCEP	160～190	24～26	10～12	29.6
6—12	SMAW	J427	ϕ5.0	DCEP	180～220	24～26	10～14	34.3

技术措施：

摆动焊或不摆动焊：/　　摆动参数：/

焊前清理和层间清理：打磨　　背面清根方法：碳弧气刨＋修磨

单道焊或多道焊/每面：多道焊　　单丝焊或多丝焊：/

导电嘴至工件距离/mm：/　　锤击：/

换热管与管板的连接方式：/　　换热管与管板接头的清理方法：/

预置金属衬套：/　　预置金属衬套的形状与尺寸：/

其他：

拉伸试验(GB/T 228)：　　试验报告编号：LH1112

试验条件	编号	试样宽度 /mm	试样厚度 /mm	横截面积 /mm^2	断裂载荷 /kN	R_m /MPa	断裂位置及特征
接头板拉	PQR1112-1	25.1	18.9	474.39	225	465	断于母材
	PQR1112-2	25.0	19.8	495	234	460	断于母材
	PQR1112-3	25.2	19.7	496.44	239	470	断于母材
	PQR1112-4	25.1	18.9	474.39	222.7	460	断于母材

弯曲试验(GB/T 2653)：　　试验报告编号：LH1112

试验条件	编号	试样尺寸 /mm	弯心直径 /mm	弯曲角度 /(°)	试验结果
侧弯	PQR1112-5	10	40	180	合格
侧弯	PQR1112-6	10	40	180	合格
侧弯	PQR1112-7	10	40	180	合格
侧弯	PQR1112-8	10	40	180	合格

焊接工艺评定报告(PQR)

冲击试验(GB/T 229)： 试验报告编号：LH1112

编号	试样位置	V型缺口位置	试样尺寸/mm	试验温度/℃	冲击吸收能量/J
PQR1112-9	焊缝	缺口轴线位于焊缝中心线上	10×10×55	0	67
PQR1112-10					71
PQR1112-11					53
PQR1112-12	热影响区	缺口轴线至试样纵轴线与熔合线交点的距离 k>0mm，且尽可能多地通过热影响区	10×10×55	0	46
PQR1112-13					63
PQR1112-14					55

金相试验(角焊缝、模拟组合件)： 试验报告编号：

检验面编号	1	2	3	4	5	6	7	8	结果
有无裂纹、未熔合									
角焊缝厚度/mm									
焊脚高 l /mm									
是否焊透									

金相检验(角焊缝、模拟组合件)：
根部：焊透□　　未焊透□
焊缝：熔合□　　未熔合□
焊缝及热影响区：有裂纹□　　无裂纹□
两焊脚之差值：
试验报告编号：

堆焊层复层熔敷金属化学成分/% 执行标准： 试验报告编号：

C	Si	Mn	P	S	Cr	Ni	Mo	Ti	Al	Nb	Fe	…

化学成分测定表面至熔合线距离/mm：

非破坏性试验：
VT外观检查：无裂纹　PT：　MT：　UT：　RT：无裂纹

预焊接工艺规程 pWPS 1113

预焊接工艺规程(pWPS)

单位名称： ××××

pWPS 编号： pWPS 1113

日期： ××××

焊接方法： SMAW

机动化程度： 手工□ 机动☑ 自动□

焊接接头： 对接☑ 角接□ 堆焊□

衬垫(材料及规格)： 焊缝金属

其他： /

简图(接头形式、坡口形式与尺寸、焊层、焊道布置及顺序)：

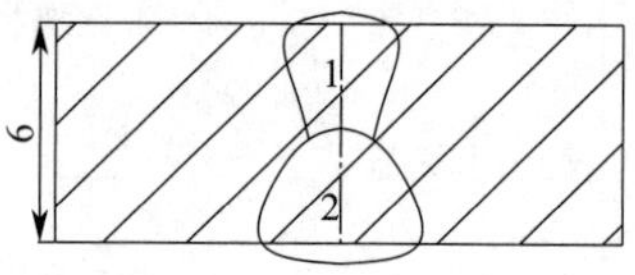

母材：

试件序号	①	②
材料	Q245R	Q245R
标准或规范	GB/T 713	GB/T 713
规格/mm	$\delta=6$	$\delta=6$
类别号	Fe-1	Fe-1
组别号	Fe-1-1	Fe-1-1
对接焊缝焊件母材厚度范围/mm	6～12	6～12
角焊缝焊件母材厚度范围/mm	不限	不限
管子直径、壁厚范围(对接或角接)/mm	/	/
其他：	/	

填充金属：

焊材类别(种类)	焊丝-焊剂组合	
型号(牌号)	S43A2 MS-SU26(H08MnA＋HJ431)	
标准	NB/T 47018.4	
填充金属规格/mm	ϕ3.2	
焊材分类代号	FeMSG-1-1	
对接焊缝焊件焊缝金属范围/mm	0～12	
角焊缝焊件焊缝金属范围/mm	不限	
其他：		

预热及后热：		**气体：**			
最小预热温度/℃	15	项目	气体种类	混合比/%	流量/(L/min)
最大道间温度/℃	250	保护气	/	/	/
后热温度/℃	/	尾部保护气	/	/	/
后热保温时间/h	/	背面保护气	/	/	/

焊后热处理：	AW	**焊接位置：**			
热处理温度/℃	/	对接焊缝位置	1G	方向(向上、向下)	/
热处理时间/h	/	角焊缝位置	/	方向(向上、向下)	/

预焊接工艺规程(pWPS)

电特性：

钨极类型及直径/mm：　/　　喷嘴直径/mm：　/

熔滴过渡形式(喷射过渡、短路过渡等)：　/

(按所焊位置和工件厚度,分别将电流、电压和焊接速度范围填入下表)

焊道/焊层	焊接方法	填充金属	规格/mm	电源种类及极性	焊接电流/A	电弧电压/V	焊接速度/(cm/min)	最大热输入/(kJ/cm)
1	SAW	H08MnA+HJ431	ϕ3.2	DCEP	420～460	30～34	52～58	18.1
2	SAW	H08MnA+HJ431	ϕ3.2	DCEP	430～480	30～34	52～58	18.8

技术措施：

摆动焊或不摆动焊：　/　　摆动参数：　/

焊前清理和层间清理：　刷或磨　　背面清根方法：　碳弧气刨+修磨

单道焊或多道焊/每面：　单道焊　　单丝焊或多丝焊：　单丝

导电嘴至工件距离/mm：　30～40　　锤击：　/

换热管与管板的连接方式：　/　　换热管与管板接头的清理方法：　/

预置金属衬套：　/　　预置金属衬套的形状与尺寸：　/

其他：　环境温度>0℃,相对湿度<90%。

检验要求及执行标准：

按 NB/T 47014—2023 及相关技术要求进行评定,项目如下：

1. 外观检查和无损检测(按 NB/T 47013.2)结果不得有裂纹；
2. 焊接接头板拉二件(按 GB/T 228),$R_m \geqslant 400$MPa；
3. 焊接接头面弯、背弯各二件(按 GB/T 2653),$D=4a$　$a=6$　$\alpha=180°$,沿任何方向不得有单条长度大于 3mm 的开口缺陷；
4. 焊缝、热影响区 0℃ KV_2 冲击各三件(按 GB/T 229),焊接接头 V 型缺口 5mm×10mm×55mm 试样冲击吸收能量平均值不低于 10J。

编制		日期		审核		日期		批准		日期	

焊接工艺评定报告（PQR1113）

焊接工艺评定报告(PQR)

单位名称：××××

PQR编号：PQR1113　　pWPS编号：pWPS 1113

焊接方法：SAW　　机动化程度：手工□　机动☑　自动□

焊接接头：对接☑　角接□　堆焊□　其他：/

接头简图(接头形式、尺寸、衬垫、每种焊接方法或焊接工艺的焊缝金属厚度)：

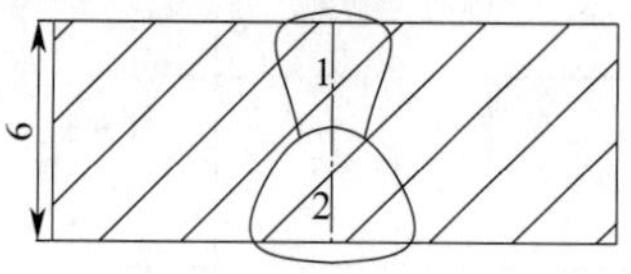

母材：

试件序号	①	②
材料	Q245R	Q245R
标准或规范	GB/T 713	GB/T 713
规格/mm	δ=6	δ=6
类别号	Fe-1	Fe-1
组别号	Fe-1-1	Fe-1-1

填充金属：

分类	焊丝-焊剂组合	
型号(牌号)	S43A2 MS-SU26(H08MnA+HJ431)	
标准	NB/T 47018.4	
填充金属规格/mm	ϕ3.2	
焊材分类代号	FeMSG-1-1	
焊缝金属厚度/mm	6	

预热及后热：

最小预热温度/℃	室温 20	最大道间温度/℃	235
后热温度及保温时间/(℃×h)	/		

焊后热处理：AW

保温温度/℃	/	保温时间/h	/

焊接位置：

对接焊缝焊接位置	1G	方向 (向上、向下)	/
角焊缝焊接位置	/	方向 (向上、向下)	/

气体：

项目	气体种类	混合比/%	流量/(L/min)
保护气	/	/	/
尾部保护气	/	/	/
背面保护气	/	/	/

焊接工艺评定报告(PQR)

电特性：

钨极类型及直径/mm：/　　喷嘴直径/mm：/

熔滴过渡形式(喷射过渡、短路过渡等)：/

(按所焊位置和工件厚度，分别将电流、电压和焊接速度实测值填入下表)

焊道	焊接方法	填充金属	规格 /mm	电源种类及极性	焊接电流 /A	电弧电压 /V	焊接速度 /(cm/min)	最大热输入 /(kJ/cm)
1	SAW	H08MnA+HJ431	ϕ3.2	DCEP	430～480	30～34	52～58	18.8
2	SAW	H08MnA+HJ431	ϕ3.2	DCEP	450～500	30～34	52～58	19.6

技术措施：

摆动焊或不摆动焊：/　　摆动参数：/

焊前清理和层间清理：打磨　　背面清根方法：碳弧气刨+修磨

单道焊或多道焊/每面：单道焊　　单丝焊或多丝焊：单丝

导电嘴至工件距离/mm：30～40　　锤击：/

换热管与管板的连接方式：/　　换热管与管板接头的清理方法：/

预置金属衬套：/　　预置金属衬套的形状与尺寸：/

其他：

拉伸试验(GB/T 228)：　　试验报告编号:LH1113

试验条件	编号	试样宽度 /mm	试样厚度 /mm	横截面积 /mm^2	断裂载荷 /kN	R_m /MPa	断裂位置及特征
接头板拉	PQR1113-1	25.0	6.1	152.5	72.1	473	断于母材
	PQR1113-2	25.1	6.0	150.6	70.5	468	断于母材

弯曲试验(GB/T 2653)：　　试验报告编号:LH1113

试验条件	编号	试样尺寸 /mm	弯心直径 /mm	弯曲角度 /(°)	试验结果
面弯	PQR1113-3	6	24	180	合格
面弯	PQR1113-4	6	24	180	合格
背弯	PQR1113-5	6	24	180	合格
背弯	PQR1113-6	6	24	180	合格

焊接工艺评定报告(PQR)

冲击试验(GB/T 229)： 试验报告编号：LH1113

编号	试样位置	V型缺口位置	试样尺寸/mm	试验温度/℃	冲击吸收能量/J
PQR1113-7	焊缝	缺口轴线位于焊缝中心线上	5×10×55	0	85
PQR1113-8					90
PQR1113-9					82
PQR1113-10	热影响区	缺口轴线至试样纵轴线与熔合线交点的距离 $k>0$mm，且尽可能多地通过热影响区	5×10×55	0	37
PQR1113-11					48
PQR1113-12					52

金相试验(角焊缝、模拟组合件)： 试验报告编号：

检验面编号	1	2	3	4	5	6	7	8	结果
有无裂纹、未熔合									
角焊缝厚度/mm									
焊脚高 l/mm									
是否焊透									

金相检验(角焊缝、模拟组合件)：

根部：焊透□ 未焊透□

焊缝：熔合□ 未熔合□

焊缝及热影响区：有裂纹□ 无裂纹□

两焊脚之差值：

试验报告编号：

堆焊层复层熔敷金属化学成分/% 执行标准： 试验报告编号：

C	Si	Mn	P	S	Cr	Ni	Mo	Ti	Al	Nb	Fe	…

化学成分测定表面至熔合线距离/mm：

非破坏性试验：

VT外观检查：无裂纹 PT： MT： UT： RT：无裂纹

预焊接工艺规程 pWPS 1114

预焊接工艺规程(pWPS)

单位名称： ××××

pWPS 编号：pWPS 1114

日期：××××

焊接方法： SAW

机动化程度：手工☐ 机动☑ 自动☐

焊接接头：对接☑ 角接☐ 堆焊☐

衬垫(材料及规格)：焊缝金属

其他：/

简图(接头形式、坡口形式与尺寸、焊层、焊道布置及顺序)：

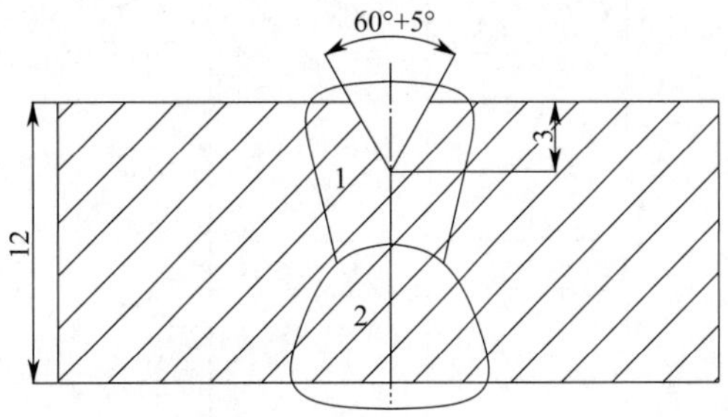

母材：

试件序号	①	②
材料	Q245R	Q245R
标准或规范	GB/T 713	GB/T 713
规格/mm	$\delta=12$	$\delta=12$
类别号	Fe-1	Fe-1
组别号	Fe-1-1	Fe-1-1
对接焊缝焊件母材厚度范围/mm	12～24	12～24
角焊缝焊件母材厚度范围/mm	不限	不限
管子直径、壁厚范围(对接或角接)/mm	/	/
其他：	/	

填充金属：

焊材类别(种类)	焊丝-焊剂组合	
型号(牌号)	S43A2 MS-SU26(H08MnA+HJ431)	
标准	NB/T 47018.4	
填充金属规格/mm	$\phi 4.0$	
焊材分类代号	FeMSG-1-1	
对接焊缝焊件焊缝金属范围/mm	0～24	
角焊缝焊件焊缝金属范围/mm	不限	
其他：		

预热及后热：		**气体：**			
最小预热温度/℃	15	项目	气体种类	混合比/%	流量/(L/min)
最大道间温度/℃	250	保护气	/	/	/
后热温度/℃	/	尾部保护气	/	/	/
后热保温时间/h	/	背面保护气	/	/	/

焊后热处理：	AW	**焊接位置：**			
热处理温度/℃	/	对接焊缝位置	1G	方向(向上、向下)	/
热处理时间/h	/	角焊缝位置	/	方向(向上、向下)	/

预焊接工艺规程(pWPS)

电特性：

钨极类型及直径/mm：/　　　喷嘴直径/mm：/

熔滴过渡形式(喷射过渡、短路过渡等)：/

(按所焊位置和工件厚度，分别将电流、电压和焊接速度范围填入下表)

焊道/焊层	焊接方法	填充金属	规格/mm	电源种类及极性	焊接电流/A	电弧电压/V	焊接速度/(cm/min)	最大热输入/(kJ/cm)
1	SAW	H08MnA+HJ431	ϕ4.0	DCEP	600～650	36～38	46～52	32.2
2	SAW	H08MnA+HJ431	ϕ4.0	DCEP	600～650	36～38	46～52	32.2

技术措施：

摆动焊或不摆动焊：/　　　摆动参数：/

焊前清理和层间清理：刷或磨　　　背面清根方法：碳弧气刨+修磨

单道焊或多道焊/每面：单道焊　　　单丝焊或多丝焊：单丝

导电嘴至工件距离/mm：30～40　　　锤击：/

换热管与管板的连接方式：/　　　换热管与管板接头的清理方法：/

预置金属衬套：/　　　预置金属衬套的形状与尺寸：/

其他：环境温度>0℃，相对湿度<90%。

检验要求及执行标准：

按 NB/T 47014—2023 及相关技术要求进行评定，项目如下：

1. 外观检查和无损检测(按 NB/T 47013.2)结果不得有裂纹；
2. 焊接接头板拉二件(按 GB/T 228)，$R_m \geqslant 400$MPa；
3. 焊接接头侧弯四件(按 GB/T 2653)，$D=4a$　$a=10$　$\alpha=180°$，沿任何方向不得有单条长度大于 3mm 的开口缺陷；
4. 焊缝、热影响区 0℃ KV_2 冲击各三件(按 GB/T 229)，焊接接头 V 型缺口 10mm×10mm×55mm 试样冲击吸收能量平均值不低于 20J。

编制		日期		审核		日期		批准		日期	

焊接工艺评定报告（PQR1114）

焊接工艺评定报告(PQR)

单位名称： ××××

PQR 编号：PQR1114　　　　pWPS 编号：pWPS 1114

焊接方法：SAW　　　　机动化程度：手工□　机动☑　自动□

焊接接头：对接☑　角接□　堆焊□　　　　其他：/

接头简图(接头形式、尺寸、衬垫、每种焊接方法或焊接工艺的焊缝金属厚度)：

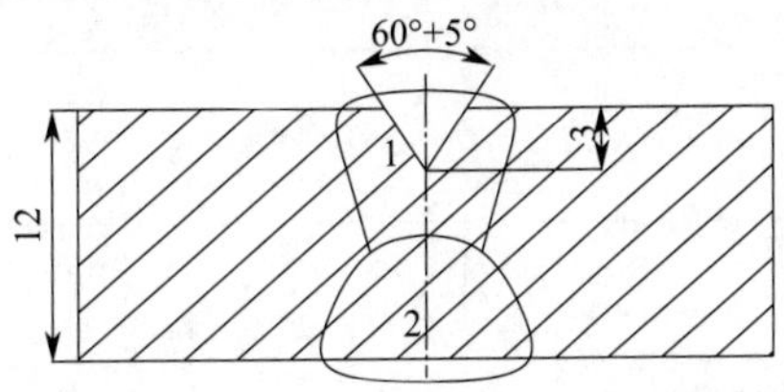

母材：

试件序号	①	②
材料	Q245R	Q245R
标准或规范	GB/T 713	GB/T 713
规格/mm	δ=12	δ=12
类别号	Fe-1	Fe-1
组别号	Fe-1-1	Fe-1-1

填充金属：

分类	焊丝-焊剂组合	
型号(牌号)	S43A2 MS-SU26(H08MnA+HJ431)	
标准	NB/T 47018.4	
填充金属规格/mm	ϕ4.0	
焊材分类代号	FeMSG-1-1	
焊缝金属厚度/mm	12	

预热及后热：

最小预热温度/℃	室温 20	最大道间温度/℃	235
后热温度及保温时间/(℃×h)	/		

焊后热处理： AW

保温温度/℃	/	保温时间/h	/

焊接位置：

对接焊缝焊接位置	1G	方向(向上、向下)	/
角焊缝焊接位置	/	方向(向上、向下)	/

气体：

项目	气体种类	混合比/%	流量/(L/min)
保护气	/	/	/
尾部保护气	/	/	/
背面保护气	/	/	/

焊接工艺评定报告(PQR)

电特性:

钨极类型及直径/mm: / 喷嘴直径/mm: /

熔滴过渡形式(喷射过渡、短路过渡等): /

(按所焊位置和工件厚度,分别将电流、电压和焊接速度实测值填入下表)

焊道	焊接方法	填充金属	规格/mm	电源种类及极性	焊接电流/A	电弧电压/V	焊接速度/(cm/min)	最大热输入/(kJ/cm)
1	SAW	H08MnA+HJ431	ϕ4.0	DCEP	600~660	36~38	46~52	32.7
2	SAW	H08MnA+HJ431	ϕ4.0	DCEP	600~660	36~38	46~52	32.7

技术措施:

摆动焊或不摆动焊: / 摆动参数: /

焊前清理和层间清理: 打磨 背面清根方法: 碳弧气刨+修磨

单道焊或多道焊/每面: 单道焊 单丝焊或多丝焊: 单丝

导电嘴至工件距离/mm: 30~40 锤击: /

换热管与管板的连接方式: / 换热管与管板接头的清理方法: /

预置金属衬套: / 预置金属衬套的形状与尺寸: /

其他:

拉伸试验(GB/T 228): 试验报告编号:LH1114

试验条件	编号	试样宽度/mm	试样厚度/mm	横截面积/mm^2	断裂载荷/kN	R_m/MPa	断裂位置及特征
接头板拉	PQR1114-1	25.1	12.05	302.5	144.5	468	断于母材
	PQR1114-2	25.0	12.05	301.3	143	465	断于母材

弯曲试验(GB/T 2653): 试验报告编号:LH1114

试验条件	编号	试样尺寸/mm	弯心直径/mm	弯曲角度/(°)	试验结果
侧弯	PQR1114-3	10	40	180	合格
侧弯	PQR1114-4	10	40	180	合格
侧弯	PQR1114-5	10	40	180	合格
侧弯	PQR1114-6	10	40	180	合格

焊接工艺评定报告(PQR)

冲击试验(GB/T 229)： 试验报告编号：LH1114

编号	试样位置	V型缺口位置	试样尺寸/mm	试验温度/℃	冲击吸收能量/J
PQR1114-7	焊缝	缺口轴线位于焊缝中心线上	10×10×55	0	92
PQR1114-8					87
PQR1114-9					73
PQR1114-10	热影响区	缺口轴线至试样纵轴线与熔合线交点的距离 $k>0$mm，且尽可能多地通过热影响区	10×10×55	0	67
PQR1114-11					50
PQR1114-12					76

金相试验(角焊缝、模拟组合件)： 试验报告编号：

检验面编号	1	2	3	4	5	6	7	8	结果
有无裂纹、未熔合									
角焊缝厚度/mm									
焊脚高 l/mm									
是否焊透									

金相检验(角焊缝、模拟组合件)：

根部：焊透□　未焊透□

焊缝：熔合□　未熔合□

焊缝及热影响区：有裂纹□　无裂纹□

两焊脚之差值：____

试验报告编号：____

堆焊层复层熔敷金属化学成分/% 执行标准： 试验报告编号：

C	Si	Mn	P	S	Cr	Ni	Mo	Ti	Al	Nb	Fe	…

化学成分测定表面至熔合线距离/mm：____

非破坏性试验：

VT外观检查：无裂纹　PT：____　MT：____　UT：____　RT：无裂纹

预焊接工艺规程 pWPS 1115

预焊接工艺规程(pWPS)

单位名称： ××××

pWPS 编号： pWPS 1115

日期： ××××

焊接方法： SAW

机动化程度： 手工□ 机动☑ 自动□

焊接接头： 对接☑ 角接□ 堆焊□

衬垫(材料及规格)：焊剂垫，焊接正面时，使用焊剂作衬垫

其他：组对时，要保证坡口间隙 $L=3.0$mm；双面焊，正面焊 1 层，背面清根后焊 1 层。

简图(接头形式、坡口形式与尺寸、焊层、焊道布置及顺序)：

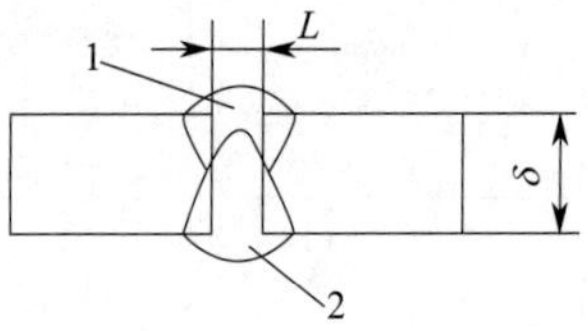

母材：

试件序号	①	②
材料	Q245R	Q245R
标准或规范	GB/T 713	GB/T 713
规格/mm	$\delta=16$	$\delta=16$
类别号	Fe-1	Fe-1
组别号	Fe-1-1	Fe-1-1
对接焊缝焊件母材厚度范围/mm	16～32	16～32
角焊缝焊件母材厚度范围/mm	不限	不限
管子直径、壁厚范围(对接或角接)/mm	/	/
其他：	/	

填充金属：

焊材类别(种类)	焊丝-焊剂组合	
型号(牌号)	S43A2 MS-SU26(H08MnA+HJ431)	
标准	NB/T 47018.4	
填充金属规格/mm	$\phi4.0$	
焊材分类代号	FeMSG-1-1	
对接焊缝焊件焊缝金属范围/mm	0～32	
角焊缝焊件焊缝金属范围/mm	不限	
其他：		

预热及后热：		**气体：**			
最小预热温度/℃	15	项目	气体种类	混合比/%	流量/(L/min)
最大道间温度/℃	250	保护气	/	/	/
后热温度/℃	/	尾部保护气	/	/	/
后热保温时间/h	/	背面保护气	/	/	/

焊后热处理：	AW	**焊接位置：**			
热处理温度/℃	/	对接焊缝位置	1G	方向(向上、向下)	/
热处理时间/h	/	角焊缝位置	/	方向(向上、向下)	/

预焊接工艺规程(pWPS)

电特性：

钨极类型及直径/mm：/　　喷嘴直径/mm：/

熔滴过渡形式(喷射过渡、短路过渡等)：/

(按所焊位置和工件厚度，分别将电流、电压和焊接速度范围填入下表)

焊道/焊层	焊接方法	填充金属	规格/mm	电源种类及极性	焊接电流/A	电弧电压/V	焊接速度/(cm/min)	最大热输入/(kJ/cm)
1	SAW	H08MnA+HJ431	ϕ4.0	DCEP	620～650	34～36	40～42	35.1
2	SAW	H08MnA+HJ431	ϕ4.0	DCEP	620～650	34～36	40～42	35.1

技术措施：

摆动焊或不摆动焊：/　　摆动参数：/

焊前清理和层间清理：刷或磨　　背面清根方法：碳弧气刨+修磨

单道焊或多道焊/每面：单道焊　　单丝焊或多丝焊：单丝

导电嘴至工件距离/mm：30～40　　锤击：/

换热管与管板的连接方式：/　　换热管与管板接头的清理方法：/

预置金属衬套：/　　预置金属衬套的形状与尺寸：/

其他：环境温度>0℃，相对湿度<90%。

检验要求及执行标准：

按NB/T 47014—2023及相关技术要求进行评定，项目如下：

1. 外观检查和无损检测(按NB/T 47013.2)结果不得有裂纹；
2. 焊接接头板拉二件(按GB/T 228)，$R_m \geqslant 400$MPa；
3. 焊接接头侧弯四件(按GB/T 2653)，$D=4a$　$a=10$　$\alpha=180°$，沿任何方向不得有单条长度大于3mm的开口缺陷；
4. 焊缝、热影响区0℃ KV_2 冲击各三件(按GB/T 229)，焊接接头V型缺口10mm×10mm×55mm试样冲击吸收能量平均值不低于20J。

编制		日期		审核		日期		批准		日期	

焊接工艺评定报告（PQR1115）

焊接工艺评定报告(PQR)

单位名称： ××××

PQR 编号：PQR1115　　pWPS 编号：pWPS 1115

焊接方法：SAW　　机动化程度：手工☐　机动☑　自动☐

焊接接头：对接☑　角接☐　堆焊☐　　其他：/

接头简图(接头形式、尺寸、衬垫、每种焊接方法或焊接工艺的焊缝金属厚度)：

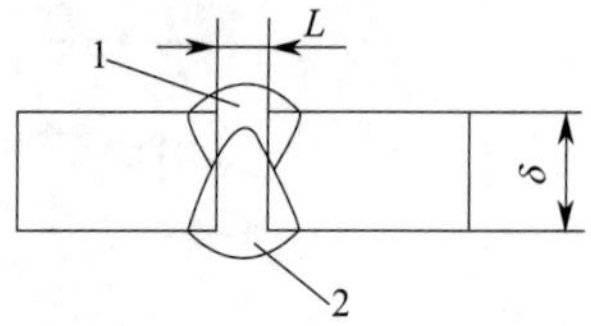

组对时，要保证坡口间隙 $L=3.0$mm；双面焊，正面焊 1 层，背面清根后焊 1 层，焊接正面时，使用焊剂作衬垫。

母材：

试件序号	①	②
材料	Q245R	Q245R
标准或规范	GB/T 713	GB/T 713
规格/mm	$\delta=16$	$\delta=16$
类别号	Fe-1	Fe-1
组别号	Fe-1-1	Fe-1-1

填充金属：

分类	焊丝-焊剂组合	
型号(牌号)	S43A2 MS-SU26(H08MnA+HJ431)	
标准	NB/T 47018.4	
填充金属规格/mm	$\phi 4.0$	
焊材分类代号	FeMSG-1-1	
焊缝金属厚度/mm	16	

预热及后热：

最小预热温度/℃	室温 20	最大道间温度/℃	235
后热温度及保温时间/(℃×h)	/		

焊后热处理： AW

保温温度/℃	/	保温时间/h	/

焊接位置：

对接焊缝焊接位置	1G	方向(向上、向下)	/
角焊缝焊接位置	/	方向(向上、向下)	/

气体：

项目	气体种类	混合比/%	流量/(L/min)
保护气	/	/	/
尾部保护气	/	/	/
背面保护气	/	/	/

焊接工艺评定报告(PQR)

电特性：

钨极类型及直径/mm：/　　　喷嘴直径/mm：/

熔滴过渡形式(喷射过渡、短路过渡等)：/

(按所焊位置和工件厚度，分别将电流、电压和焊接速度实测值填入下表)

焊道	焊接方法	填充金属	规格/mm	电源种类及极性	焊接电流/A	电弧电压/V	焊接速度/(cm/min)	最大热输入/(kJ/cm)
1	SAW	H08MnA+HJ431	ϕ4.0	DCEP	620～660	34～36	40～42	35.6
2	SAW	H08MnA+HJ431	ϕ4.0	DCEP	620～660	34～36	40～42	35.6

技术措施：

摆动焊或不摆动焊：/　　　摆动参数：/

焊前清理和层间清理：打磨　　　背面清根方法：碳弧气刨+修磨

单道焊或多道焊/每面：单道焊　　　单丝焊或多丝焊：单丝

导电嘴至工件距离/mm：30～40　　　锤击：/

换热管与管板的连接方式：/　　　换热管与管板接头的清理方法：/

预置金属衬套：/　　　预置金属衬套的形状与尺寸：/

其他：

拉伸试验(GB/T 228)：　　　试验报告编号：LH1115

试验条件	编号	试样宽度/mm	试样厚度/mm	横截面积/mm^2	断裂载荷/kN	R_m/MPa	断裂位置及特征
接头板拉	PQR1115-1	25.7	16.0	411.2	189.2	460	断于母材
	PQR1115-2	26.3	15.9	418.2	192.3	460	断于母材

弯曲试验(GB/T 2653)：　　　试验报告编号：LH1115

试验条件	编号	试样尺寸/mm	弯心直径/mm	弯曲角度/(°)	试验结果
侧弯	PQR1115-3	10	40	180	合格
侧弯	PQR1115-4	10	40	180	合格
侧弯	PQR1115-5	10	40	180	合格
侧弯	PQR1115-6	10	40	180	合格

焊接工艺评定报告(PQR)

冲击试验(GB/T 229)： 试验报告编号：LH1115

编号	试样位置	V 型缺口位置	试样尺寸/mm	试验温度/℃	冲击吸收能量/J
PQR1115-7	焊缝	缺口轴线位于焊缝中心线上	10×10×55	0	194
PQR1115-8					178
PQR1115-9					180
PQR1115-10	热影响区	缺口轴线至试样纵轴线与熔合线交点的距离 $k>0$mm，且尽可能多地通过热影响区	10×10×55	0	184
PQR1115-11					222
PQR1115-12					203

金相试验(角焊缝、模拟组合件)： 试验报告编号：

检验面编号	1	2	3	4	5	6	7	8	结果
有无裂纹、未熔合									
角焊缝厚度/mm									
焊脚高 l/mm									
是否焊透									

金相检验(角焊缝、模拟组合件)：

根部：焊透□ 未焊透□

焊缝：熔合□ 未熔合□

焊缝及热影响区：有裂纹□ 无裂纹□

两焊脚之差值：

试验报告编号：

堆焊层复层熔敷金属化学成分/% 执行标准： 试验报告编号：

C	Si	Mn	P	S	Cr	Ni	Mo	Ti	Al	Nb	Fe	…

化学成分测定表面至熔合线距离/mm：

非破坏性试验：

VT 外观检查：无裂纹 PT： MT： UT： RT：无裂纹

预焊接工艺规程 pWPS 1116

预焊接工艺规程(pWPS)

单位名称： ××××

pWPS 编号： pWPS 1116

日期： ××××

焊接方法： SAW

机动化程度： 手工☐　机动☑　自动☐

焊接接头： 对接☑　角接☐　堆焊☐

衬垫(材料及规格)： 焊缝金属

其他： /

简图(接头形式、坡口形式与尺寸、焊层、焊道布置及顺序)：

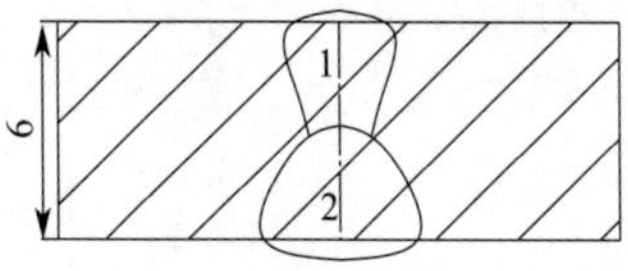

母材：

试件序号	①	②
材料	Q245R	Q245R
标准或规范	GB/T 713	GB/T 713
规格/mm	δ=6	δ=6
类别号	Fe-1	Fe-1
组别号	Fe-1-1	Fe-1-1
对接焊缝焊件母材厚度范围/mm	6～12	6～12
角焊缝焊件母材厚度范围/mm	不限	不限
管子直径、壁厚范围(对接或角接)/mm	/	/
其他：	/	

填充金属：

焊材类别(种类)	焊丝-焊剂组合	
型号(牌号)	S43A2 MS-SU26(H08MnA＋HJ431)	
标准	NB/T 47018.4	
填充金属规格/mm	ϕ3.2	
焊材分类代号	FeMSG-1-1	
对接焊缝焊件焊缝金属范围/mm	0～12	
角焊缝焊件焊缝金属范围/mm	不限	
其他：		

预热及后热：		**气体：**			
最小预热温度/℃	15	项目	气体种类	混合比/%	流量/(L/min)
最大道间温度/℃	250	保护气	/	/	/
后热温度/℃	/	尾部保护气	/	/	/
后热保温时间/h	/	背面保护气	/	/	/

焊后热处理：	SR	**焊接位置：**			
热处理温度/℃	620±20	对接焊缝位置	1G	方向(向上、向下)	/
热处理时间/h	2.8	角焊缝位置	/	方向(向上、向下)	/

预焊接工艺规程(pWPS)

电特性：

钨极类型及直径/mm：/　　喷嘴直径/mm：/

熔滴过渡形式(喷射过渡、短路过渡等)：/

(按所焊位置和工件厚度，分别将电流、电压和焊接速度范围填入下表)

焊道/焊层	焊接方法	填充金属	规格/mm	电源种类及极性	焊接电流/A	电弧电压/V	焊接速度/(cm/min)	最大热输入/(kJ/cm)
1	SAW	H08MnA+HJ431	ϕ3.2	DCEP	420～460	30～34	52～58	18.1
2	SAW	H08MnA+HJ431	ϕ3.2	DCEP	430～480	30～34	52～58	18.8

技术措施：

摆动焊或不摆动焊：/　　摆动参数：/

焊前清理和层间清理：刷或磨　　背面清根方法：碳弧气刨+修磨

单道焊或多道焊/每面：单道焊　　单丝焊或多丝焊：单丝

导电嘴至工件距离/mm：30～40　　锤击：/

换热管与管板的连接方式：/　　换热管与管板接头的清理方法：/

预置金属衬套：/　　预置金属衬套的形状与尺寸：/

其他：环境温度>0℃，相对湿度<90%。

检验要求及执行标准：

按NB/T 47014—2023及相关技术要求进行评定，项目如下：

1. 外观检查和无损检测(按NB/T 47013.2)结果不得有裂纹；

2. 焊接接头板拉二件(按GB/T 228)，$R_m \geqslant 400$MPa；

3. 焊接接头面弯、背弯各二件(按GB/T 2653)，$D=4a$　$a=6$　$\alpha=180°$，沿任何方向不得有单条长度大于3mm的开口缺陷；

4. 焊缝、热影响区0℃KV_2冲击各三件(按GB/T 229)，焊接接头V型缺口5mm×10mm×55mm试样冲击吸收能量平均值不低于10J。

编制		日期		审核		日期		批准		日期	

焊接工艺评定报告（PQR1116）

焊接工艺评定报告(PQR)

单位名称： ××××

PQR 编号：PQR1116　　pWPS 编号：pWPS 1116

焊接方法：SAW　　机动化程度：手工□　机动☑　自动□

焊接接头：对接☑　角接□　堆焊□　　其他：/

接头简图(接头形式、尺寸、衬垫、每种焊接方法或焊接工艺的焊缝金属厚度)：

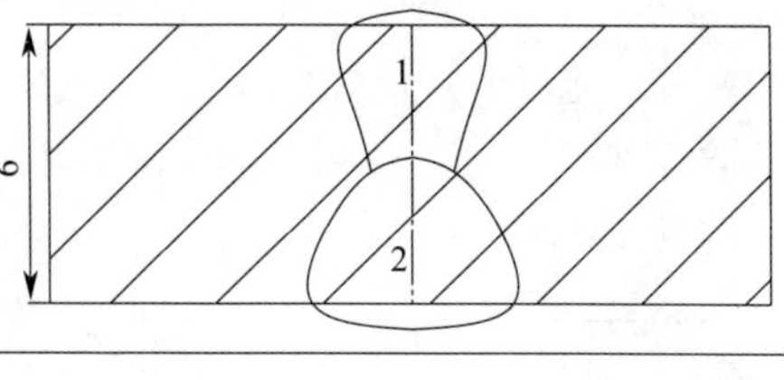

母材：

试件序号	①	②
材料	Q245R	Q245R
标准或规范	GB/T 713	GB/T 713
规格/mm	δ=6	δ=6
类别号	Fe-1	Fe-1
组别号	Fe-1-1	Fe-1-1

填充金属：

分类	焊丝-焊剂组合	
型号(牌号)	S43A2 MS-SU26(H08MnA+HJ431)	
标准	NB/T 47018.4	
填充金属规格/mm	ϕ3.2	
焊材分类代号	FeMSG-1-1	
焊缝金属厚度/mm	6	

预热及后热：

最小预热温度/℃	室温 20	最大道间温度/℃	235
后热温度及保温时间/(℃×h)	/		

焊后热处理： SR

保温温度/℃	638	保温时间/h	2.8

焊接位置：

对接焊缝焊接位置	1G	方向(向上、向下)	/
角焊缝焊接位置	/	方向(向上、向下)	/

气体：

项目	气体种类	混合比/%	流量/(L/min)
保护气	/	/	/
尾部保护气	/	/	/
背面保护气	/	/	/

焊接工艺评定报告(PQR)

电特性：

钨极类型及直径/mm：/　　喷嘴直径/mm：/

熔滴过渡形式(喷射过渡、短路过渡等)：/

(按所焊位置和工件厚度，分别将电流、电压和焊接速度实测值填入下表)

焊道	焊接方法	填充金属	规格/mm	电源种类及极性	焊接电流/A	电弧电压/V	焊接速度/(cm/min)	最大热输入/(kJ/cm)
1	SAW	H08MnA+HJ431	ϕ3.2	DCEP	430～480	30～34	52～58	18.8
2	SAW	H08MnA+HJ431	ϕ3.2	DCEP	450～500	30～34	52～58	19.6

技术措施：

摆动焊或不摆动焊：/　　摆动参数：/

焊前清理和层间清理：打磨　　背面清根方法：碳弧气刨+修磨

单道焊或多道焊/每面：单道焊　　单丝焊或多丝焊：单丝

导电嘴至工件距离/mm：30～40　　锤击：/

换热管与管板的连接方式：/　　换热管与管板接头的清理方法：/

预置金属衬套：/　　预置金属衬套的形状与尺寸：/

其他：

拉伸试验(GB/T 228)：　　试验报告编号：LH1116

试验条件	编号	试样宽度/mm	试样厚度/mm	横截面积/mm^2	断裂载荷/kN	R_m/MPa	断裂位置及特征
接头板拉	PQR1116-1	25.1	6.1	153.1	75.3	482	断于母材
	PQR1116-2	25.1	6	150.6	73.8	480	断于母材

弯曲试验(GB/T 2653)：　　试验报告编号：LH1116

试验条件	编号	试样尺寸/mm	弯心直径/mm	弯曲角度/(°)	试验结果
面弯	PQR1116-3	6	24	180	合格
面弯	PQR1116-4	6	24	180	合格
背弯	PQR1116-5	6	24	180	合格
背弯	PQR1116-6	6	24	180	合格

焊接工艺评定报告(PQR)

冲击试验(GB/T 229)： 试验报告编号：LH1116

编号	试样位置	V型缺口位置	试样尺寸/mm	试验温度/℃	冲击吸收能量/J
PQR1116-7	焊缝	缺口轴线位于焊缝中心线上	5×10×55	0	85
PQR1116-8					90
PQR1116-9					82
PQR1116-10	热影响区	缺口轴线至试样纵轴线与熔合线交点的距离 $k>0$mm，且尽可能多地通过热影响区	5×10×55	0	41
PQR1116-11					49
PQR1116-12					56

金相试验(角焊缝、模拟组合件)： 试验报告编号：

检验面编号	1	2	3	4	5	6	7	8	结果
有无裂纹、未熔合									
角焊缝厚度/mm									
焊脚高 l /mm									
是否焊透									

金相检验(角焊缝、模拟组合件)：

根部：焊透□　未焊透□

焊缝：熔合□　未熔合□

焊缝及热影响区：有裂纹□　无裂纹□

两焊脚之差值：

试验报告编号：

堆焊层复层熔敷金属化学成分/% 执行标准： 试验报告编号：

C	Si	Mn	P	S	Cr	Ni	Mo	Ti	Al	Nb	Fe	…

化学成分测定表面至熔合线距离/mm：

非破坏性试验：

VT外观检查：无裂纹　PT：　MT：　UT：　RT：无裂纹

预焊接工艺规程 pWPS 1117

预焊接工艺规程(pWPS)

单位名称： ××××

pWPS 编号： pWPS 1117

日期： ××××

焊接方法： SAW

机动化程度： 手工☐ 机动☑ 自动☐

焊接接头： 对接☑ 角接☐ 堆焊☐

衬垫(材料及规格)： 焊缝金属

其他： /

简图(接头形式、坡口形式与尺寸、焊层、焊道布置及顺序)：

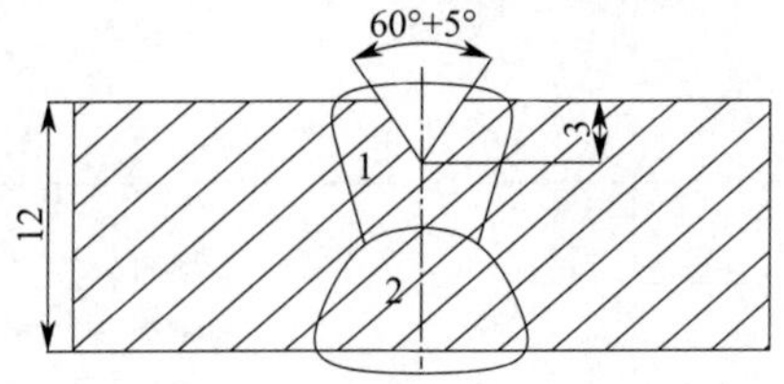

母材：

试件序号	①	②
材料	Q245R	Q245R
标准或规范	GB/T 713	GB/T 713
规格/mm	$\delta=12$	$\delta=12$
类别号	Fe-1	Fe-1
组别号	Fe-1-1	Fe-1-1
对接焊缝焊件母材厚度范围/mm	12～24	12～24
角焊缝焊件母材厚度范围/mm	不限	不限
管子直径、壁厚范围(对接或角接)/mm	/	/
其他：	/	

填充金属：

焊材类别(种类)	焊丝-焊剂组合	
型号(牌号)	S43A2 MS-SU26(H08MnA+HJ431)	
标准	NB/T 47018.4	
填充金属规格/mm	ϕ4.0	
焊材分类代号	FeMSG-1-1	
对接焊缝焊件焊缝金属范围/mm	0～24	
角焊缝焊件焊缝金属范围/mm	不限	
其他：		

预热及后热：		**气体：**			
最小预热温度/℃	15	项目	气体种类	混合比/%	流量/(L/min)
最大道间温度/℃	250	保护气	/	/	/
后热温度/℃	/	尾部保护气	/	/	/
后热保温时间/h	/	背面保护气	/	/	/

焊后热处理：	SR	**焊接位置：**			
热处理温度/℃	620±20	对接焊缝位置	1G	方向(向上、向下)	/
热处理时间/h	3.5	角焊缝位置	/	方向(向上、向下)	/

预焊接工艺规程(pWPS)

电特性：

钨极类型及直径/mm：/　　喷嘴直径/mm：/

熔滴过渡形式(喷射过渡、短路过渡等)：/

(按所焊位置和工件厚度，分别将电流、电压和焊接速度范围填入下表)

焊道/焊层	焊接方法	填充金属	规格 /mm	电源种类及极性	焊接电流 /A	电弧电压 /V	焊接速度 /(cm/min)	最大热输入 /(kJ/cm)
1	SAW	H08MnA+HJ431	ϕ4.0	DCEP	600～650	36～38	46～52	32.2
2	SAW	H08MnA+HJ431	ϕ4.0	DCEP	600～650	36～38	46～52	32.2

技术措施：

摆动焊或不摆动焊：/　　摆动参数：/

焊前清理和层间清理：刷或磨　　背面清根方法：碳弧气刨+修磨

单道焊或多道焊/每面：单道焊　　单丝焊或多丝焊：单丝

导电嘴至工件距离/mm：30～40　　锤击：/

换热管与管板的连接方式：/　　换热管与管板接头的清理方法：/

预置金属衬套：/　　预置金属衬套的形状与尺寸：/

其他：环境温度>0℃，相对湿度<90%。

检验要求及执行标准：

按 NB/T 47014—2023 及相关技术要求进行评定，项目如下：

1. 外观检查和无损检测(按 NB/T 47013.2)结果不得有裂纹；
2. 焊接接头板拉二件(按 GB/T 228)，$R_m \geqslant 400MPa$；
3. 焊接接头侧弯四件(按 GB/T 2653)，$D=4a$　$a=10$　$\alpha=180°$，沿任何方向不得有单条长度大于 3mm 的开口缺陷；
4. 焊缝、热影响区 0℃ KV_2 冲击各三件(按 GB/T 229)，焊接接头 V 型缺口 10mm×10mm×55mm 试样冲击吸收能量平均值不低于 20J。

编制		日期		审核		日期		批准		日期	

焊接工艺评定报告（PQR1117）

焊接工艺评定报告(PQR)							
单位名称：×××× PQR编号：PQR1117　　pWPS编号：pWPS 1117 焊接方法：SAW　　机动化程度：手工□　机动☑　自动□ 焊接接头：对接☑　角接□　堆焊□　　其他：/							
接头简图(接头形式、尺寸、衬垫、每种焊接方法或焊接工艺的焊缝金属厚度)： 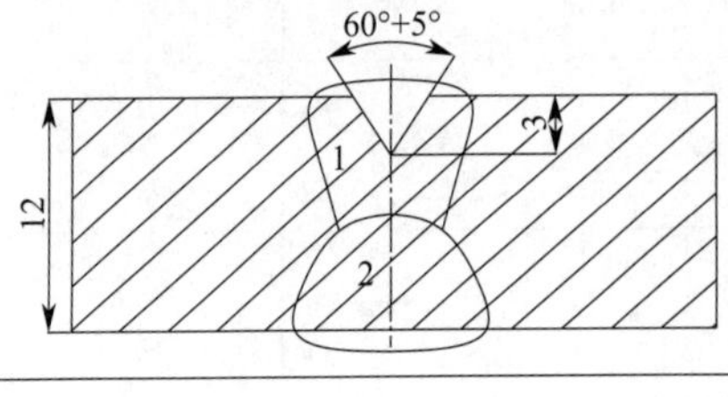							
母材：							
试件序号	①			②			
材料	Q245R			Q245R			
标准或规范	GB/T 713			GB/T 713			
规格/mm	$\delta=12$			$\delta=12$			
类别号	Fe-1			Fe-1			
组别号	Fe-1-1			Fe-1-1			
填充金属：							
分类	焊丝-焊剂组合						
型号(牌号)	S43A2 MS-SU26(H08MnA+HJ431)						
标准	NB/T 47018.4						
填充金属规格/mm	ϕ4.0						
焊材分类代号	FeMSG-1-1						
焊缝金属厚度/mm	12						
预热及后热：							
最小预热温度/℃	室温 20			最大道间温度/℃	235		
后热温度及保温时间/(℃×h)	/						
焊后热处理：	SR						
保温温度/℃	638			保温时间/h	4		
焊接位置：				**气体：**			
				项目	气体种类	混合比/%	流量/(L/min)
对接焊缝焊接位置	1G	方向(向上、向下)	/	保护气	/	/	/
				尾部保护气	/	/	/
角焊缝焊接位置	/	方向(向上、向下)	/	背面保护气	/	/	/

焊接工艺评定报告(PQR)

电特性：

钨极类型及直径/mm：/　　喷嘴直径/mm：/

熔滴过渡形式(喷射过渡、短路过渡等)：/

(按所焊位置和工件厚度，分别将电流、电压和焊接速度实测值填入下表)

焊道	焊接方法	填充金属	规格/mm	电源种类及极性	焊接电流/A	电弧电压/V	焊接速度/(cm/min)	最大热输入/(kJ/cm)
1	SAW	H08MnA+HJ431	ϕ4.0	DCEP	600～660	36～38	46～52	32.7
2	SAW	H08MnA+HJ431	ϕ4.0	DCEP	600～660	36～38	46～52	32.7

技术措施：

摆动焊或不摆动焊：/　　摆动参数：/

焊前清理和层间清理：打磨　　背面清根方法：碳弧气刨+修磨

单道焊或多道焊/每面：单道焊　　单丝焊或多丝焊：单丝

导电嘴至工件距离/mm：30～40　　锤击：/

换热管与管板的连接方式：/　　换热管与管板接头的清理方法：/

预置金属衬套：/　　预置金属衬套的形状与尺寸：/

其他：

拉伸试验(GB/T 228)：　　试验报告编号：LH1117

试验条件	编号	试样宽度/mm	试样厚度/mm	横截面积/mm^2	断裂载荷/kN	R_m/MPa	断裂位置及特征
接头板拉	PQR1117-1	25.1	12.2	306.2	145	470	断于母材
	PQR1117-2	25.0	12.3	307.5	146	465	断于母材

弯曲试验(GB/T 2653)：　　试验报告编号：LH1117

试验条件	编号	试样尺寸/mm	弯心直径/mm	弯曲角度/(°)	试验结果
侧弯	PQR1117-3	10	40	180	合格
侧弯	PQR1117-4	10	40	180	合格
侧弯	PQR1117-5	10	40	180	合格
侧弯	PQR1117-6	10	40	180	合格

焊接工艺评定报告(PQR)

冲击试验(GB/T 229): 试验报告编号:LH1117

编号	试样位置	V型缺口位置	试样尺寸/mm	试验温度/℃	冲击吸收能量/J
PQR1117-7	焊缝	缺口轴线位于焊缝中心线上	10×10×55	0	91
PQR1117-8					76
PQR1117-9					73
PQR1117-10	热影响区	缺口轴线至试样纵轴线与熔合线交点的距离 $k>0$mm,且尽可能多地通过热影响区	10×10×55	0	67
PQR1117-11					48
PQR1117-12					75

金相试验(角焊缝、模拟组合件): 试验报告编号:

检验面编号	1	2	3	4	5	6	7	8	结果
有无裂纹、未熔合									
角焊缝厚度/mm									
焊脚高 l/mm									
是否焊透									

金相检验(角焊缝、模拟组合件):
根部: 焊透□ 未焊透□
焊缝: 熔合□ 未熔合□
焊缝及热影响区: 有裂纹□ 无裂纹□
两焊脚之差值:
试验报告编号:

堆焊层复层熔敷金属化学成分/% 执行标准: 试验报告编号:

C	Si	Mn	P	S	Cr	Ni	Mo	Ti	Al	Nb	Fe	…

化学成分测定表面至熔合线距离/mm:

非破坏性试验:
VT外观检查: 无裂纹 PT: MT: UT: RT: 无裂纹

预焊接工艺规程 pWPS 1117-1

预焊接工艺规程(pWPS)

单位名称： ××××

pWPS 编号： pWPS 1117-1

日期： ××××

焊接方法： SAW

机动化程度： 手工☐ 机动☑ 自动☐

焊接接头： 对接☑ 角接☐ 堆焊☐

衬垫(材料及规格)：焊剂垫，焊接正面时，使用焊剂作衬垫

其他：组对时，要保证坡口间隙 $L=3.0$mm；双面焊，正面焊 1 层，背面清根后焊 1 层。

简图(接头形式、坡口形式与尺寸、焊层、焊道布置及顺序)：

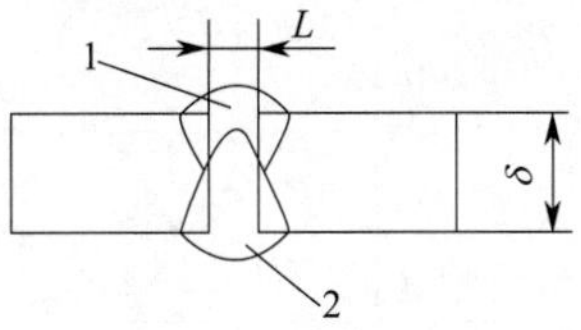

母材：

试件序号	①	②
材料	Q245R	Q245R
标准或规范	GB/T 713	GB/T 713
规格/mm	$\delta=16$	$\delta=16$
类别号	Fe-1	Fe-1
组别号	Fe-1-1	Fe-1-1
对接焊缝焊件母材厚度范围/mm	16～32	16～32
角焊缝焊件母材厚度范围/mm	不限	不限
管子直径、壁厚范围(对接或角接)/mm	/	/
其他：	/	

填充金属：

焊材类别(种类)	焊丝-焊剂组合	
型号(牌号)	S43A2 MS-SU26(H08MnA+HJ431)	
标准	NB/T 47018.4	
填充金属规格/mm	$\phi 4.0$	
焊材分类代号	FeMSG-1-1	
对接焊缝焊件焊缝金属范围/mm	0～32	
角焊缝焊件焊缝金属范围/mm	不限	
其他：		

预热及后热：		**气体：**			
最小预热温度/℃	15	项目	气体种类	混合比/%	流量/(L/min)
最大道间温度/℃	250	保护气	/	/	/
后热温度/℃	/	尾部保护气	/	/	/
后热保温时间/h	/	背面保护气	/	/	/

焊后热处理：	SR	**焊接位置：**			
热处理温度/℃	620±20	对接焊缝位置	1G	方向(向上、向下)	/
热处理时间/h	3.5	角焊缝位置	/	方向(向上、向下)	/

预焊接工艺规程(pWPS)

电特性：

钨极类型及直径/mm：/　　喷嘴直径/mm：/

熔滴过渡形式(喷射过渡、短路过渡等)：/

(按所焊位置和工件厚度，分别将电流、电压和焊接速度范围填入下表)

焊道/焊层	焊接方法	填充金属	规格/mm	电源种类及极性	焊接电流/A	电弧电压/V	焊接速度/(cm/min)	最大热输入/(kJ/cm)
1	SAW	H08MnA+HJ431	ϕ4.0	DCEP	620～650	34～36	40～42	35.1
2	SAW	H08MnA+HJ431	ϕ4.0	DCEP	620～650	34～36	40～42	35.1

技术措施：

摆动焊或不摆动焊：/　　摆动参数：/

焊前清理和层间清理：刷或磨　　背面清根方法：碳弧气刨+修磨

单道焊或多道焊/每面：单道焊　　单丝焊或多丝焊：单丝

导电嘴至工件距离/mm：30～40　　锤击：/

换热管与管板的连接方式：/　　换热管与管板接头的清理方法：/

预置金属衬套：/　　预置金属衬套的形状与尺寸：/

其他：环境温度>0℃，相对湿度<90%。

检验要求及执行标准：

按 NB/T 47014—2023 及相关技术要求进行评定，项目如下：

1. 外观检查和无损检测(按 NB/T 47013.2)结果不得有裂纹；
2. 焊接接头板拉二件(按 GB/T 228)，R_m≥400MPa；
3. 焊接接头侧弯四件(按 GB/T 2653)，$D=4a$　$a=10$　$\alpha=180°$，沿任何方向不得有单条长度大于 3mm 的开口缺陷；
4. 焊缝、热影响区 0℃ KV_2 冲击各三件(按 GB/T 229)，焊接接头 V 型缺口 10mm×10mm×55mm 试样冲击吸收能量平均值不低于 20J。

编制		日期		审核		日期		批准		日期	

焊接工艺评定报告（PQR1117-1）

焊接工艺评定报告(PQR)

单位名称： ××××

PQR 编号：PQR1117-1　　pWPS 编号：pWPS 1117-1

焊接方法：SAW　　机动化程度：手工□　机动☑　自动□

焊接接头：对接☑　角接□　堆焊□　　其他：/

接头简图(接头形式、尺寸、衬垫、每种焊接方法或焊接工艺的焊缝金属厚度)：

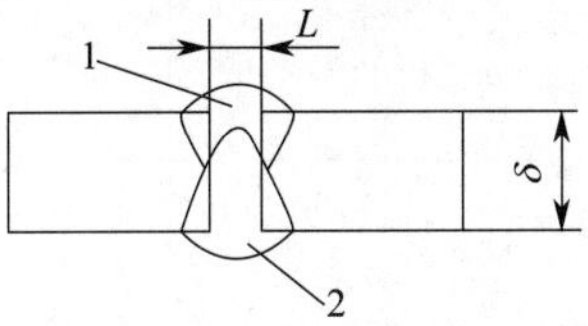

组对时，要保证坡口间隙 $L=3.0$mm；双面焊，正面焊 1 层，背面清根后焊 1 层，焊接正面时，使用焊剂作衬垫。

母材：

试件序号	①	②
材料	Q245R	Q245R
标准或规范	GB/T 713	GB/T 713
规格/mm	$\delta=16$	$\delta=16$
类别号	Fe-1	Fe-1
组别号	Fe-1-1	Fe-1-1

填充金属：

分类	焊丝-焊剂组合	
型号(牌号)	S43A2 MS-SU26(H08MnA+HJ431)	
标准	NB/T 47018.4	
填充金属规格/mm	$\phi4.0$	
焊材分类代号	FeMSG-1-1	
焊缝金属厚度/mm	16	

预热及后热：

最小预热温度/℃	室温 20	最大道间温度/℃	235
后热温度及保温时间/(℃×h)	/		

焊后热处理： SR

保温温度/℃	620	保温时间/h	4

焊接位置：

对接焊缝焊接位置	1G	方向(向上、向下)	/
角焊缝焊接位置	/	方向(向上、向下)	/

气体：

项目	气体种类	混合比/%	流量/(L/min)
保护气	/	/	/
尾部保护气	/	/	/
背面保护气	/	/	/

焊接工艺评定报告(PQR)

电特性:

钨极类型及直径/mm: / 喷嘴直径/mm: /

熔滴过渡形式(喷射过渡、短路过渡等): /

(按所焊位置和工件厚度,分别将电流、电压和焊接速度实测值填入下表)

焊道	焊接方法	填充金属	规格/mm	电源种类及极性	焊接电流/A	电弧电压/V	焊接速度/(cm/min)	最大热输入/(kJ/cm)
1	SAW	H08MnA+HJ431	ϕ4.0	DCEP	620~660	34~36	40~42	35.6
2	SAW	H08MnA+HJ431	ϕ4.0	DCEP	620~660	34~36	40~42	35.6

技术措施:

摆动焊或不摆动焊: / 摆动参数: /

焊前清理和层间清理: 打磨 背面清根方法: 碳弧气刨+修磨

单道焊或多道焊/每面: 单道焊 单丝焊或多丝焊: 单丝

导电嘴至工件距离/mm: 30~40 锤击: /

换热管与管板的连接方式: / 换热管与管板接头的清理方法: /

预置金属衬套: / 预置金属衬套的形状与尺寸: /

其他:

拉伸试验(GB/T 228): 试验报告编号:LH1117-1

试验条件	编号	试样宽度/mm	试样厚度/mm	横截面积/mm^2	断裂载荷/kN	R_m/MPa	断裂位置及特征
接头板拉	PQR1117-1-1	26.7	15.9	425	175	410	断于母材
	PQR1117-1-2	25.8	15.9	410	171	415	断于母材

弯曲试验(GB/T 2653): 试验报告编号:LH1117-1

试验条件	编号	试样尺寸/mm	弯心直径/mm	弯曲角度/(°)	试验结果
侧弯	PQR1117-1-3	10	40	180	合格
侧弯	PQR1117-1-4	10	40	180	合格
侧弯	PQR1117-1-5	10	40	180	合格
侧弯	PQR1117-1-6	10	40	180	合格

焊接工艺评定报告(PQR)

冲击试验(GB/T 229)： 试验报告编号：LH1117-1

编号	试样位置	V 型缺口位置	试样尺寸/mm	试验温度/℃	冲击吸收能量/J
PQR1117-1-7	焊缝	缺口轴线位于焊缝中心线上	10×10×55	0	142
PQR1117-1-8					105
PQR1117-1-9					110
PQR1117-1-10	热影响区	缺口轴线至试样纵轴线与熔合线交点的距离 k>0mm，且尽可能多地通过热影响区	10×10×55	0	144
PQR1117-1-11					132
PQR1117-1-12					126

金相试验(角焊缝、模拟组合件)： 试验报告编号：

检验面编号	1	2	3	4	5	6	7	8	结果
有无裂纹、未熔合									
角焊缝厚度/mm									
焊脚高 l/mm									
是否焊透									

金相检验(角焊缝、模拟组合件)：

根部：焊透□　　未焊透□

焊缝：熔合□　　未熔合□

焊缝及热影响区：有裂纹□　　无裂纹□

两焊脚之差值：

试验报告编号：

堆焊层复层熔敷金属化学成分/% 执行标准： 试验报告编号：

C	Si	Mn	P	S	Cr	Ni	Mo	Ti	Al	Nb	Fe	…

化学成分测定表面至熔合线距离/mm：

非破坏性试验：

VT 外观检查：无裂纹　　PT：　　MT：　　UT：　　RT：无裂纹

预焊接工艺规程 pWPS 1118

预焊接工艺规程(pWPS)

单位名称： ××××

pWPS 编号： pWPS 1118

日期： ××××

焊接方法： SAW

机动化程度： 手工□ 机动☑ 自动□

焊接接头： 对接☑ 角接□ 堆焊□

衬垫(材料及规格)： 焊缝金属

其他： /

简图(接头形式、坡口形式与尺寸、焊层、焊道布置及顺序)：

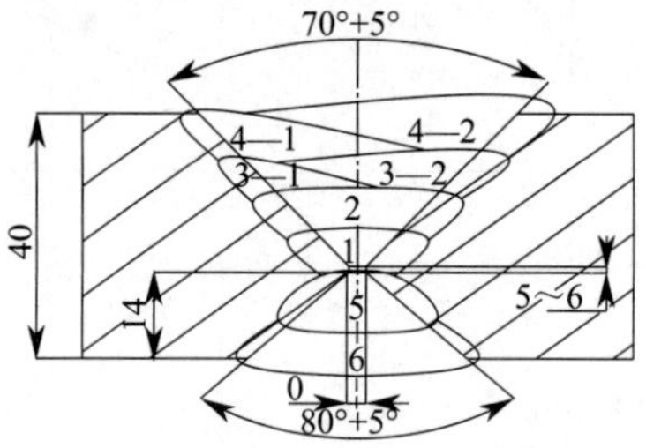

母材：

试件序号	①	②
材料	Q245R	Q245R
标准或规范	GB/T 713	GB/T 713
规格/mm	δ=40	δ=40
类别号	Fe-1	Fe-1
组别号	Fe-1-1	Fe-1-1
对接焊缝焊件母材厚度范围/mm	16～200	16～200
角焊缝焊件母材厚度范围/mm	不限	不限
管子直径、壁厚范围(对接或角接)/mm	/	/
其他：	/	

填充金属：

焊材类别(种类)	焊丝-焊剂组合	
型号(牌号)	S43A2 MS-SU26(H08MnA+HJ431)	
标准	NB/T 47018.4	
填充金属规格/mm	ϕ4.0	
焊材分类代号	FeMSG-1-1	
对接焊缝焊件焊缝金属范围/mm	0～200	
角焊缝焊件焊缝金属范围/mm	不限	
其他：		

预热及后热：		**气体：**			
最小预热温度/℃	15	项目	气体种类	混合比/%	流量/(L/min)
最大道间温度/℃	250	保护气	/	/	/
后热温度/℃	/	尾部保护气	/	/	/
后热保温时间/h	/	背面保护气	/	/	/

焊后热处理：	SR	**焊接位置：**			
热处理温度/℃	620±20	对接焊缝位置	1G	方向(向上、向下)	/
热处理时间/h	3.5	角焊缝位置	/	方向(向上、向下)	/

预焊接工艺规程(pWPS)

电特性：

钨极类型及直径/mm：/　　喷嘴直径/mm：/

熔滴过渡形式(喷射过渡、短路过渡等)：/

(按所焊位置和工件厚度，分别将电流、电压和焊接速度范围填入下表)

焊道/焊层	焊接方法	填充金属	规格/mm	电源种类及极性	焊接电流/A	电弧电压/V	焊接速度/(cm/min)	最大热输入/(kJ/cm)
1	SAW	H08MnA+HJ431	ϕ4.0	DCEP	550～600	34～38	40～48	34.2
2—6	SAW	H08MnA+HJ431	ϕ4.0	DCEP	600～650	34～38	43～48	34.5

技术措施：

摆动焊或不摆动焊：/　　摆动参数：/

焊前清理和层间清理：刷或磨　　背面清根方法：碳弧气刨+修磨

单道焊或多道焊/每面：多道焊　　单丝焊或多丝焊：单丝

导电嘴至工件距离/mm：30～40　　锤击：/

换热管与管板的连接方式：/　　换热管与管板接头的清理方法：/

预置金属衬套：/　　预置金属衬套的形状与尺寸：/

其他：环境温度>0℃，相对湿度<90%。

检验要求及执行标准：

按 NB/T 47014—2023 及相关技术要求进行评定，项目如下：

1. 外观检查和无损检测(按 NB/T 47013.2)结果不得有裂纹；
2. 焊接接头板拉二件(按 GB/T 228)，$R_m \geqslant 400$MPa；
3. 焊接接头侧弯四件(按 GB/T 2653)，$D=4a$　$a=10$　$\alpha=180°$，沿任何方向不得有单条长度大于 3mm 的开口缺陷；
4. 焊缝、热影响区 0℃ KV_2 冲击各三件(按 GB/T 229)，焊接接头 V 型缺口 10mm×10mm×55mm 试样冲击吸收能量平均值不低于 20J。

编制		日期		审核		日期		批准		日期	

焊接工艺评定报告（PQR1118）

焊接工艺评定报告(PQR)

单位名称：××××

PQR 编号：PQR1118　　pWPS 编号：pWPS 1118

焊接方法：SAW　　机动化程度：手工□　机动☑　自动□

焊接接头：对接☑　角接□　堆焊□　　其他：/

接头简图(接头形式、尺寸、衬垫、每种焊接方法或焊接工艺的焊缝金属厚度)：

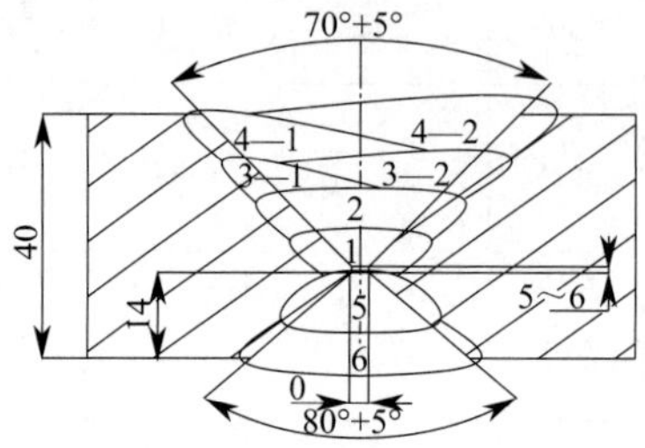

母材：

试件序号	①	②
材料	Q245R	Q245R
标准或规范	GB/T 713	GB/T 713
规格/mm	δ=40	δ=40
类别号	Fe-1	Fe-1
组别号	Fe-1-1	Fe-1-1

填充金属：

分类	焊丝-焊剂组合	
型号(牌号)	S43A2 MS-SU26(H08MnA+HJ431)	
标准	NB/T 47018.4	
填充金属规格/mm	ϕ4.0	
焊材分类代号	FeMSG-1-1	
焊缝金属厚度/mm	40	

预热及后热：

最小预热温度/℃	室温 20	最大道间温度/℃	235
后热温度及保温时间/(℃×h)	/		

焊后热处理：SR

保温温度/℃	630	保温时间/h	4

焊接位置：

对接焊缝焊接位置	1G	方向(向上、向下)	/
角焊缝焊接位置	/	方向(向上、向下)	/

气体：

项目	气体种类	混合比/%	流量/(L/min)
保护气	/	/	/
尾部保护气	/	/	/
背面保护气	/	/	/

焊接工艺评定报告(PQR)

电特性:

钨极类型及直径/mm: / 喷嘴直径/mm: /

熔滴过渡形式(喷射过渡、短路过渡等): /

(按所焊位置和工件厚度,分别将电流、电压和焊接速度实测值填入下表)

焊道	焊接方法	填充金属	规格/mm	电源种类及极性	焊接电流/A	电弧电压/V	焊接速度/(cm/min)	最大热输入/(kJ/cm)
1	SAW	H08MnA+HJ431	ϕ4.0	DCEP	550~610	34~38	40~48	34.8
2—6	SAW	H08MnA+HJ431	ϕ4.0	DCEP	600~660	34~38	43~48	34.9

技术措施:

摆动焊或不摆动焊: / 摆动参数: /

焊前清理和层间清理: 打磨 背面清根方法: 碳弧气刨+修磨

单道焊或多道焊/每面: 多道焊 单丝焊或多丝焊: 单丝

导电嘴至工件距离/mm: 30~40 锤击: /

换热管与管板的连接方式: / 换热管与管板接头的清理方法: /

预置金属衬套: / 预置金属衬套的形状与尺寸: /

其他:

拉伸试验(GB/T 228): 试验报告编号:LH1118

试验条件	编号	试样宽度/mm	试样厚度/mm	横截面积/mm²	断裂载荷/kN	R_m/MPa	断裂位置及特征
接头板拉	PQR1118-1	25.0	20.9	522.5	239.3	458	断于母材
	PQR1118-2	25.1	20.1	504.5	229.5	455	断于母材
	PQR1118-3	25.1	20.1	504.5	234.6	465	断于母材
	PQR1118-4	25.0	20.8	520.0	240.8	463	断于母材

弯曲试验(GB/T 2653): 试验报告编号:LH1118

试验条件	编号	试样尺寸/mm	弯心直径/mm	弯曲角度/(°)	试验结果
侧弯	PQR1118-5	10	40	180	合格
侧弯	PQR1118-6	10	40	180	合格
侧弯	PQR1118-7	10	40	180	合格
侧弯	PQR1118-8	10	40	180	合格

焊接工艺评定报告(PQR)

冲击试验(GB/T 229)：　　试验报告编号：LH1118

编号	试样位置	V型缺口位置	试样尺寸/mm	试验温度/℃	冲击吸收能量/J
PQR1118-9	焊缝	缺口轴线位于焊缝中心线上	10×10×55	0	81
PQR1118-10					76
PQR1118-11					77
PQR1118-12	热影响区	缺口轴线至试样纵轴线与熔合线交点的距离 $k>0$mm，且尽可能多地通过热影响区	10×10×55	0	45
PQR1118-13					61
PQR1118-14					53

金相试验(角焊缝、模拟组合件)：　　试验报告编号：

检验面编号	1	2	3	4	5	6	7	8	结果
有无裂纹、未熔合									
角焊缝厚度/mm									
焊脚高 l /mm									
是否焊透									

金相检验(角焊缝、模拟组合件)：

根部：焊透□　　未焊透□

焊缝：熔合□　　未熔合□

焊缝及热影响区：有裂纹□　　无裂纹□

两焊脚之差值：

试验报告编号：

堆焊层复层熔敷金属化学成分/%　执行标准：　　试验报告编号：

C	Si	Mn	P	S	Cr	Ni	Mo	Ti	Al	Nb	Fe	…

化学成分测定表面至熔合线距离/mm：

非破坏性试验：

VT外观检查：无裂纹　　PT：　　MT：　　UT：　　RT：无裂纹

预焊接工艺规程 pWPS 1119

预焊接工艺规程(pWPS)

单位名称： ××××

pWPS 编号：pWPS 1119

日期：××××

焊接方法： SAW

机动化程度：手工□　机动☑　自动□

焊接接头：对接☑　角接□　堆焊□

衬垫(材料及规格)：焊缝金属

其他：/

简图(接头形式、坡口形式与尺寸、焊层、焊道布置及顺序)：

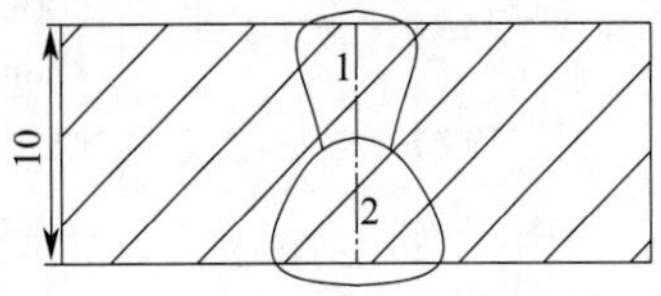

母材：

试件序号	①	②
材料	Q245R	Q245R
标准或规范	GB/T 713	GB/T 713
规格/mm	δ=10	δ=10
类别号	Fe-1	Fe-1
组别号	Fe-1-1	Fe-1-1
对接焊缝焊件母材厚度范围/mm	1.5～20	1.5～20
角焊缝焊件母材厚度范围/mm	不限	不限
管子直径、壁厚范围(对接或角接)/mm	/	/
其他：	/	

填充金属：

焊材类别(种类)	焊丝-焊剂组合	
型号(牌号)	S43A2 MS-SU26(H08MnA+HJ431)	
标准	NB/T 47018.4	
填充金属规格/mm	ϕ4.0	
焊材分类代号	FeMSG-1-1	
对接焊缝焊件焊缝金属范围/mm	0～20	
角焊缝焊件焊缝金属范围/mm	不限	
其他：		

预热及后热：		**气体：**			
最小预热温度/℃	15	项目	气体种类	混合比/%	流量/(L/min)
最大道间温度/℃	250	保护气	/	/	/
后热温度/℃	/	尾部保护气	/	/	/
后热保温时间/h	/	背面保护气	/	/	/

焊后热处理：	N	**焊接位置：**			
热处理温度/℃	920±20	对接焊缝位置	1G	方向(向上、向下)	/
热处理时间/h	0.4	角焊缝位置	/	方向(向上、向下)	/

预焊接工艺规程(pWPS)

电特性：

钨极类型及直径/mm：/　　喷嘴直径/mm：/

熔滴过渡形式(喷射过渡、短路过渡等)：/

(按所焊位置和工件厚度，分别将电流、电压和焊接速度范围填入下表)

焊道/焊层	焊接方法	填充金属	规格/mm	电源种类及极性	焊接电流/A	电弧电压/V	焊接速度/(cm/min)	最大热输入/(kJ/cm)
1	SAW	H08MnA+HJ431	ϕ4.0	DCEP	600～650	34～36	45～50	31.2
2	SAW	H08MnA+HJ431	ϕ4.0	DCEP	600～650	34～36	45～50	31.2

技术措施：

摆动焊或不摆动焊：/　　摆动参数：/

焊前清理和层间清理：刷或磨　　背面清根方法：碳弧气刨＋修磨

单道焊或多道焊/每面：单道焊　　单丝焊或多丝焊：单丝

导电嘴至工件距离/mm：30～40　　锤击：/

换热管与管板的连接方式：/　　换热管与管板接头的清理方法：/

预置金属衬套：/　　预置金属衬套的形状与尺寸：/

其他：环境温度>0℃，相对湿度<90%。

检验要求及执行标准：

按 NB/T 47014—2023 及相关技术要求进行评定，项目如下：

1. 外观检查和无损检测(按 NB/T 47013.2)结果不得有裂纹；
2. 焊接接头板拉二件(按 GB/T 228)，$R_m \geqslant 400$MPa；
3. 焊接接头侧弯四件(按 GB/T 2653)，$D=4a$　$a=10$　$\alpha=180°$，沿任何方向不得有单条长度大于 3mm 的开口缺陷；
4. 焊缝、热影响区 0℃ KV_2 冲击各三件(按 GB/T 229)，焊接接头 V 型缺口 5mm×10mm×55mm 试样冲击吸收能量平均值不低于 10J。

编制		日期		审核		日期		批准		日期	

焊接工艺评定报告（PQR1119）

焊接工艺评定报告(PQR)

单位名称： ××××

PQR 编号：PQR1119　　pWPS 编号：pWPS 1119

焊接方法：SAW　　机动化程度：手工□　机动☑　自动□

焊接接头：对接☑　角接□　堆焊□　　其他：/

接头简图(接头形式、尺寸、衬垫、每种焊接方法或焊接工艺的焊缝金属厚度)：

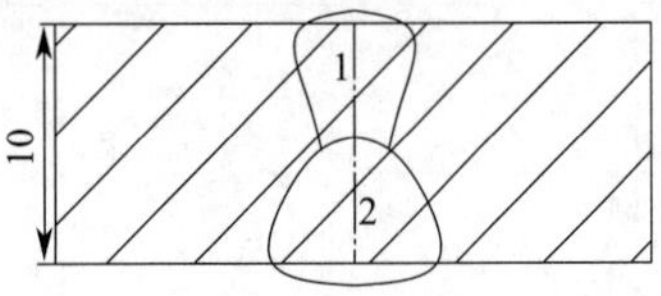

母材：

试件序号	①	②
材料	Q245R	Q245R
标准或规范	GB/T 713	GB/T 713
规格/mm	δ=10	δ=10
类别号	Fe-1	Fe-1
组别号	Fe-1-1	Fe-1-1

填充金属：

分类	焊丝-焊剂组合	
型号(牌号)	S43A2 MS-SU26(H08MnA+HJ431)	
标准	NB/T 47018.4	
填充金属规格/mm	ϕ4.0	
焊材分类代号	FeMSG-1-1	
焊缝金属厚度/mm	10	

预热及后热：

最小预热温度/℃	室温 20	最大道间温度/℃	235
后热温度及保温时间/(℃×h)	/		

焊后热处理： N

保温温度/℃	910	保温时间/h	0.4

焊接位置：

对接焊缝焊接位置	1G	方向 (向上、向下)	/
角焊缝焊接位置	/	方向 (向上、向下)	/

气体：

项目	气体种类	混合比/%	流量/(L/min)
保护气	/	/	/
尾部保护气	/	/	/
背面保护气	/	/	/

焊接工艺评定报告(PQR)

电特性:

钨极类型及直径/mm: /　　　喷嘴直径/mm: /

熔滴过渡形式(喷射过渡、短路过渡等): /

(按所焊位置和工件厚度,分别将电流、电压和焊接速度实测值填入下表)

焊道	焊接方法	填充金属	规格/mm	电源种类及极性	焊接电流/A	电弧电压/V	焊接速度/(cm/min)	最大热输入/(kJ/cm)
1	SAW	H08MnA+HJ431	ϕ4.0	DCEP	600~660	34~36	45~50	31.7
2	SAW	H08MnA+HJ431	ϕ4.0	DCEP	600~660	34~36	45~50	31.7

技术措施:

摆动焊或不摆动焊: /　　　摆动参数: /

焊前清理和层间清理: 打磨　　　背面清根方法: 碳弧气刨+修磨

单道焊或多道焊/每面: 单道焊　　　单丝焊或多丝焊: 单丝

导电嘴至工件距离/mm: 30~40　　　锤击: /

换热管与管板的连接方式: /　　　换热管与管板接头的清理方法: /

预置金属衬套: /　　　预置金属衬套的形状与尺寸: /

其他:

拉伸试验(GB/T 228):　　　试验报告编号:LH1119

试验条件	编号	试样宽度/mm	试样厚度/mm	横截面积/mm^2	断裂载荷/kN	R_m/MPa	断裂位置及特征
接头板拉	PQR1119-1	25.0	9.9	247.5	118.2	468	断于母材
	PQR1119-2	25.1	10.1	253.5	120	463	断于母材

弯曲试验(GB/T 2653):　　　试验报告编号:LH1119

试验条件	编号	试样尺寸/mm	弯心直径/mm	弯曲角度/(°)	试验结果
侧弯	PQR1119-3	10	40	180	合格
侧弯	PQR1119-4	10	40	180	合格
侧弯	PQR1119-5	10	40	180	合格
侧弯	PQR1119-6	10	40	180	合格

焊接工艺评定报告(PQR)

冲击试验(GB/T 229)： 试验报告编号:LH1119

编号	试样位置	V型缺口位置	试样尺寸/mm	试验温度/℃	冲击吸收能量/J
PQR1119-7	焊缝	缺口轴线位于焊缝中心线上	5×10×55	0	41
PQR1119-8					45
PQR1119-9					32
PQR1119-10	热影响区	缺口轴线至试样纵轴线与熔合线交点的距离 $k>0$mm，且尽可能多地通过热影响区	5×10×55	0	38
PQR1119-11					42
PQR1119-12					29

金相试验(角焊缝、模拟组合件)： 试验报告编号：

检验面编号	1	2	3	4	5	6	7	8	结果
有无裂纹、未熔合									
角焊缝厚度/mm									
焊脚高 l/mm									
是否焊透									

金相检验(角焊缝、模拟组合件)：

根部：焊透□　　未焊透□

焊缝：熔合□　　未熔合□

焊缝及热影响区：有裂纹□　　无裂纹□

两焊脚之差值：

试验报告编号：

堆焊层复层熔敷金属化学成分/% 执行标准： 试验报告编号：

C	Si	Mn	P	S	Cr	Ni	Mo	Ti	Al	Nb	Fe	…

化学成分测定表面至熔合线距离/mm：

非破坏性试验：

VT外观检查：无裂纹　　PT：　　MT：　　UT：　　RT：无裂纹

预焊接工艺规程 pWPS 1120-1

预焊接工艺规程(pWPS)

单位名称： ××××

pWPS 编号： pWPS 1120-1

日期： ××××

焊接方法： SAW

机动化程度： 手工□ 机动☑ 自动□

焊接接头： 对接☑ 角接□ 堆焊□

衬垫(材料及规格)：焊接正面时，使用焊剂作衬垫

其他：组对时，要保证坡口间隙 $L=3.0$mm；双面焊，正面焊 1 层，背面清根后焊 1 层。

简图(接头形式、坡口形式与尺寸、焊层、焊道布置及顺序)：

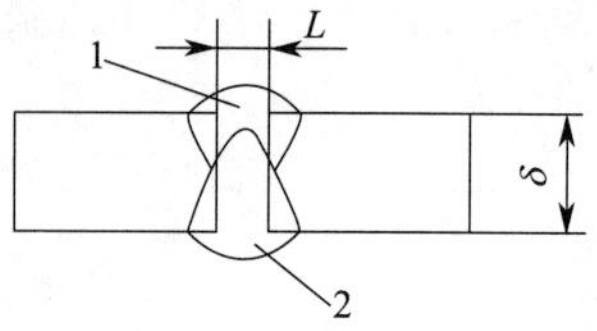

母材：

试件序号	①	②
材料	Q245R	Q245R
标准或规范	GB/T 713	GB/T 713
规格/mm	$\delta=16$	$\delta=16$
类别号	Fe-1	Fe-1
组别号	Fe-1-1	Fe-1-1
对接焊缝焊件母材厚度范围/mm	5～32	5～32
角焊缝焊件母材厚度范围/mm	不限	不限
管子直径、壁厚范围(对接或角接)/mm	/	/
其他：	/	

填充金属：

焊材类别(种类)	焊丝-焊剂组合	
型号(牌号)	S43A2 MS-SU26(H08MnA+HJ431)	
标准	NB/T 47018.4	
填充金属规格/mm	$\phi 4.0$	
焊材分类代号	FeMSG-1-1	
对接焊缝焊件焊缝金属范围/mm	0～32	
角焊缝焊件焊缝金属范围/mm	不限	
其他：		

预热及后热：		**气体：**			
最小预热温度/℃	15	项目	气体种类	混合比/%	流量/(L/min)
最大道间温度/℃	250	保护气	/	/	/
后热温度/℃	/	尾部保护气	/	/	/
后热保温时间/h	/	背面保护气	/	/	/

焊后热处理：	N	**焊接位置：**			
热处理温度/℃	900±20	对接焊缝位置	1G	方向(向上、向下)	/
热处理时间/h	0.5	角焊缝位置	/	方向(向上、向下)	/

预焊接工艺规程(pWPS)

电特性:

钨极类型及直径/mm:/ 喷嘴直径/mm:/

熔滴过渡形式(喷射过渡、短路过渡等):/

(按所焊位置和工件厚度,分别将电流、电压和焊接速度范围填入下表)

焊道/焊层	焊接方法	填充金属	规格/mm	电源种类及极性	焊接电流/A	电弧电压/V	焊接速度/(cm/min)	最大热输入/(kJ/cm)
1	SAW	H08MnA+HJ431	ϕ4.0	DCEP	620~650	34~36	40~42	35.1
2	SAW	H08MnA+HJ431	ϕ4.0	DCEP	620~650	34~36	40~42	35.1

技术措施:

摆动焊或不摆动焊:/ 摆动参数:/

焊前清理和层间清理:刷或磨 背面清根方法:碳弧气刨+修磨

单道焊或多道焊/每面:单道焊 单丝焊或多丝焊:单丝

导电嘴至工件距离/mm:30~40 锤击:/

换热管与管板的连接方式:/ 换热管与管板接头的清理方法:/

预置金属衬套:/ 预置金属衬套的形状与尺寸:/

其他:环境温度>0℃,相对湿度<90%。

检验要求及执行标准:

按 NB/T 47014—2023 及相关技术要求进行评定,项目如下:

1. 外观检查和无损检测(按 NB/T 47013.2)结果不得有裂纹;
2. 焊接接头板拉二件(按 GB/T 228),$R_m \geq 400$MPa;
3. 焊接接头侧弯四件(按 GB/T 2653),$D=4a$ $a=10$ $\alpha=180°$,沿任何方向不得有单条长度大于 3mm 的开口缺陷;
4. 焊缝、热影响区 0℃ KV_2 冲击各三件(按 GB/T 229),焊接接头 V 型缺口 10mm×10mm×55mm 试样冲击吸收能量平均值不低于 20J。

编制		日期		审核		日期		批准		日期	

焊接工艺评定报告（PQR1120-1）

焊接工艺评定报告(PQR)

单位名称： ××××

PQR 编号：PQR1120-1　　pWPS 编号：pWPS 1120-1

焊接方法：SAW　　机动化程度：手工□　机动☑　自动□

焊接接头：对接☑　角接□　堆焊□　　其他：/

接头简图(接头形式、尺寸、衬垫、每种焊接方法或焊接工艺的焊缝金属厚度)：

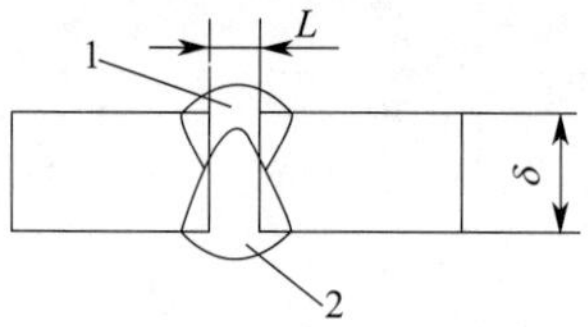

组对时，要保证坡口间隙 L=3.0mm；双面焊，正面焊 1 层，背面清根后焊 1 层，焊接正面时，使用焊剂作衬垫。

母材：

试件序号	①	②
材料	Q245R	Q245R
标准或规范	GB/T 713	GB/T 713
规格/mm	δ=16	δ=16
类别号	Fe-1	Fe-1
组别号	Fe-1-1	Fe-1-1

填充金属：

分类	焊丝-焊剂组合	
型号(牌号)	S43A2 MS-SU26(H08MnA+HJ431)	
标准	NB/T 47018.4	
填充金属规格/mm	ϕ4.0	
焊材分类代号	FeMSG-1-1	
焊缝金属厚度/mm	16	

预热及后热：

最小预热温度/℃	室温 20	最大道间温度/℃	235
后热温度及保温时间/(℃×h)	/		

焊后热处理： N

保温温度/℃	900	保温时间/h	0.5

焊接位置：

对接焊缝焊接位置	1G	方向(向上、向下)	/
角焊缝焊接位置	/	方向(向上、向下)	/

气体：

项目	气体种类	混合比/%	流量/(L/min)
保护气	/	/	/
尾部保护气	/	/	/
背面保护气	/	/	/

焊接工艺评定报告(PQR)

电特性：

钨极类型及直径/mm： / 喷嘴直径/mm： /

熔滴过渡形式(喷射过渡、短路过渡等)： /

(按所焊位置和工件厚度，分别将电流、电压和焊接速度实测值填入下表)

焊道	焊接方法	填充金属	规格/mm	电源种类及极性	焊接电流/A	电弧电压/V	焊接速度/(cm/min)	最大热输入/(kJ/cm)
1	SAW	H08MnA+HJ431	ϕ4.0	DCEP	620～660	34～36	40～42	35.6
2	SAW	H08MnA+HJ431	ϕ4.0	DCEP	620～660	34～36	40～42	35.6

技术措施：

摆动焊或不摆动焊： / 摆动参数： /

焊前清理和层间清理： 打磨 背面清根方法： 碳弧气刨+修磨

单道焊或多道焊/每面： 单道焊 单丝焊或多丝焊： 单丝

导电嘴至工件距离/mm： 30～40 锤击： /

换热管与管板的连接方式： / 换热管与管板接头的清理方法： /

预置金属衬套： / 预置金属衬套的形状与尺寸： /

其他：

拉伸试验(GB/T 228)： 试验报告编号：LH1120-1

试验条件	编号	试样宽度/mm	试样厚度/mm	横截面积/mm^2	断裂载荷/kN	R_m/MPa	断裂位置及特征
接头板拉	PQR1120-1-1	26.7	15.9	425	175	410	断于母材
	PQR1120-1-2	25.8	15.9	410	171	415	断于母材

弯曲试验(GB/T 2653)： 试验报告编号：LH1120-1

试验条件	编号	试样尺寸/mm	弯心直径/mm	弯曲角度/(°)	试验结果
侧弯	PQR1120-1-3	10	40	180	合格
侧弯	PQR1120-1-4	10	40	180	合格
侧弯	PQR1120-1-5	10	40	180	合格
侧弯	PQR1120-1-6	10	40	180	合格

焊接工艺评定报告(PQR)					
冲击试验(GB/T 229):				试验报告编号:LH1120-1	
编号	试样位置	V型缺口位置	试样尺寸/mm	试验温度/℃	冲击吸收能量/J
PQR1120-1-7	焊缝	缺口轴线位于焊缝中心线上	10×10×55	0	140
PQR1120-1-8					101
PQR1120-1-9					106
PQR1120-1-10	热影响区	缺口轴线至试样纵轴线与熔合线交点的距离 $k>0$mm,且尽可能多地通过热影响区	10×10×55	0	140
PQR1120-1-11					129
PQR1120-1-12					123

金相试验(角焊缝、模拟组合件): 试验报告编号:

检验面编号	1	2	3	4	5	6	7	8	结果
有无裂纹、未熔合									
角焊缝厚度/mm									
焊脚高 l/mm									
是否焊透									

金相检验(角焊缝、模拟组合件):
根部: 焊透□ 未焊透□
焊缝: 熔合□ 未熔合□
焊缝及热影响区: 有裂纹□ 无裂纹□
两焊脚之差值:
试验报告编号:

堆焊层复层熔敷金属化学成分/% 执行标准: 试验报告编号:

C	Si	Mn	P	S	Cr	Ni	Mo	Ti	Al	Nb	Fe	…

化学成分测定表面至熔合线距离/mm:

非破坏性试验:
VT外观检查: 无裂纹 PT: MT: UT: RT: 无裂纹

预焊接工艺规程 pWPS 1120

预焊接工艺规程(pWPS)

单位名称： ××××

pWPS 编号：pWPS 1120

日期：××××

焊接方法： SAW

机动化程度：手工□　机动☑　自动□

焊接接头：对接☑　角接□　堆焊□

衬垫(材料及规格)：焊缝金属

其他：/

简图(接头形式、坡口形式与尺寸、焊层、焊道布置及顺序)：

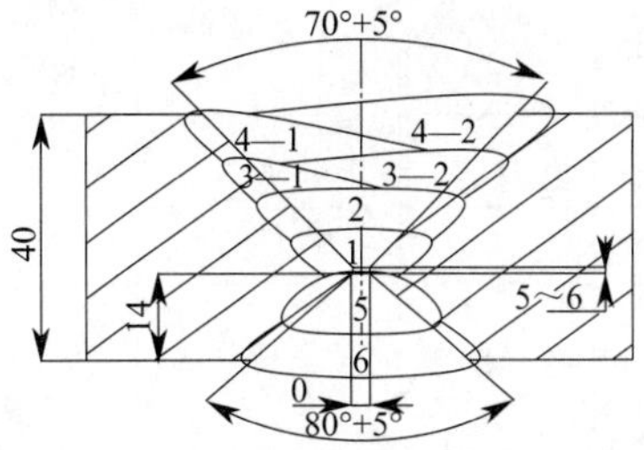

母材：

试件序号	①	②
材料	Q245R	Q245R
标准或规范	GB/T 713	GB/T 713
规格/mm	$\delta=40$	$\delta=40$
类别号	Fe-1	Fe-1
组别号	Fe-1-1	Fe-1-1
对接焊缝焊件母材厚度范围/mm	5～200	5～200
角焊缝焊件母材厚度范围/mm	不限	不限
管子直径、壁厚范围(对接或角接)/mm	/	/
其他：	/	

填充金属：

焊材类别(种类)	焊丝-焊剂组合	
型号(牌号)	S43A2 MS-SU26(H08MnA+HJ431)	
标准	NB/T 47018.4	
填充金属规格/mm	$\phi4.0$	
焊材分类代号	FeMSG-1-1	
对接焊缝焊件焊缝金属范围/mm	0～200	
角焊缝焊件焊缝金属范围/mm	不限	
其他：		

预热及后热：		**气体：**			
最小预热温度/℃	15	项目	气体种类	混合比/%	流量/(L/min)
最大道间温度/℃	250	保护气	/	/	/
后热温度/℃	/	尾部保护气	/	/	/
后热保温时间/h	/	背面保护气	/	/	/

焊后热处理：	N	**焊接位置：**			
热处理温度/℃	950±20	对接焊缝位置	1G	方向(向上、向下)	/
热处理时间/h	1	角焊缝位置	/	方向(向上、向下)	/

预焊接工艺规程(pWPS)

电特性：

钨极类型及直径/mm：/　　喷嘴直径/mm：/

熔滴过渡形式(喷射过渡、短路过渡等)：/

(按所焊位置和工件厚度，分别将电流、电压和焊接速度范围填入下表)

焊道/焊层	焊接方法	填充金属	规格/mm	电源种类及极性	焊接电流/A	电弧电压/V	焊接速度/(cm/min)	最大热输入/(kJ/cm)
1	SAW	H08MnA+HJ431	ϕ4.0	DCEP	550～600	34～38	36～48	38.0
2—6	SAW	H08MnA+HJ431	ϕ4.0	DCEP	650～700	34～38	36～48	44.3

技术措施：

摆动焊或不摆动焊：/　　摆动参数：/

焊前清理和层间清理：刷或磨　　背面清根方法：碳弧气刨+修磨

单道焊或多道焊/每面：多道焊　　单丝焊或多丝焊：单丝

导电嘴至工件距离/mm：30～40　　锤击：/

换热管与管板的连接方式：/　　换热管与管板接头的清理方法：/

预置金属衬套：/　　预置金属衬套的形状与尺寸：/

其他：环境温度>0℃，相对湿度<90%。

检验要求及执行标准：

按 NB/T 47014—2023 及相关技术要求进行评定，项目如下：

1. 外观检查和无损检测(按 NB/T 47013.2)结果不得有裂纹；
2. 焊接接头板拉二件(按 GB/T 228)，$R_m \geqslant 400$MPa；
3. 焊接接头侧弯四件(按 GB/T 2653)，$D=4a$　$a=10$　$\alpha=180°$，沿任何方向不得有单条长度大于 3mm 的开口缺陷；
4. 焊缝、热影响区 0℃ KV_2 冲击各三件(按 GB/T 229)，焊接接头 V 型缺口 10mm×10mm×55mm 试样冲击吸收能量平均值不低于 20J。

编制		日期		审核		日期		批准		日期	

焊接工艺评定报告（PQR1120）

焊接工艺评定报告(PQR)

单位名称： ××××

PQR 编号：PQR1120　　pWPS 编号：pWPS 1120

焊接方法：SAW　　机动化程度：手工□　机动☑　自动□

焊接接头：对接☑　角接□　堆焊□　　其他：/

接头简图(接头形式、尺寸、衬垫、每种焊接方法或焊接工艺的焊缝金属厚度)：

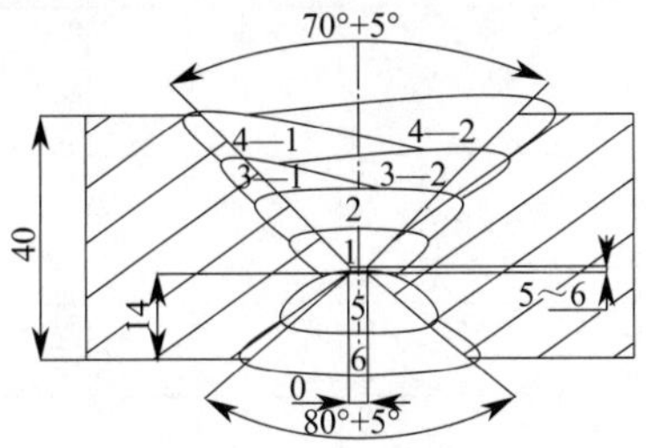

母材：

试件序号	①	②
材料	Q245R	Q245R
标准或规范	GB/T 713	GB/T 713
规格/mm	δ=40	δ=40
类别号	Fe-1	Fe-1
组别号	Fe-1-1	Fe-1-1

填充金属：

分类	焊丝-焊剂组合	
型号(牌号)	S43A2 MS-SU26(H08MnA+HJ431)	
标准	NB/T 47018.4	
填充金属规格/mm	ϕ4.0	
焊材分类代号	FeMSG-1-1	
焊缝金属厚度/mm	40	

预热及后热：

最小预热温度/℃	室温 20	最大道间温度/℃	235
后热温度及保温时间/(℃×h)	/		

焊后热处理： N

保温温度/℃	950	保温时间/h	1

焊接位置：

对接焊缝焊接位置	1G	方向(向上、向下)	/
角焊缝焊接位置	/	方向(向上、向下)	/

气体：

项目	气体种类	混合比/%	流量/(L/min)
保护气	/	/	/
尾部保护气	/	/	/
背面保护气	/	/	/

焊接工艺评定报告(PQR)

电特性：

钨极类型及直径/mm：/　　喷嘴直径/mm：/

熔滴过渡形式(喷射过渡、短路过渡等)：/

(按所焊位置和工件厚度，分别将电流、电压和焊接速度实测值填入下表)

焊道	焊接方法	填充金属	规格/mm	电源种类及极性	焊接电流/A	电弧电压/V	焊接速度/(cm/min)	最大热输入/(kJ/cm)
1	SAW	H08MnA+HJ431	ϕ4.0	DCEP	550～610	34～38	36～48	38.6
2—6	SAW	H08MnA+HJ431	ϕ4.0	DCEP	650～710	34～38	36～48	44.9

技术措施：

摆动焊或不摆动焊：/　　摆动参数：/

焊前清理和层间清理：打磨　　背面清根方法：碳弧气刨+修磨

单道焊或多道焊/每面：多道焊　　单丝焊或多丝焊：单丝

导电嘴至工件距离/mm：30～40　　锤击：/

换热管与管板的连接方式：/　　换热管与管板接头的清理方法：/

预置金属衬套：/　　预置金属衬套的形状与尺寸：/

其他：

拉伸试验(GB/T 228)：　　试验报告编号：LH1120

试验条件	编号	试样宽度/mm	试样厚度/mm	横截面积/mm^2	断裂载荷/kN	R_m/MPa	断裂位置及特征
接头板拉	PQR1120-1	25.1	20.3	509.5	233.3	458	断于母材
	PQR1120-2	25.0	19.8	495.0	235.0	465	断于母材
	PQR1120-3	25.2	19.7	496.44	233.0	460	断于母材
	PQR1120-4	25.1	20.4	512.0	237.1	463	断于母材

弯曲试验(GB/T 2653)：　　试验报告编号：LH1120

试验条件	编号	试样尺寸/mm	弯心直径/mm	弯曲角度/(°)	试验结果
侧弯	PQR1120-5	10	40	180	合格
侧弯	PQR1120-6	10	40	180	合格
侧弯	PQR1120-7	10	40	180	合格
侧弯	PQR1120-8	10	40	180	合格

焊接工艺评定报告(PQR)

冲击试验(GB/T 229): 试验报告编号:LH1120

编号	试样位置	V型缺口位置	试样尺寸/mm	试验温度/℃	冲击吸收能量/J
PQR1120-9	焊缝	缺口轴线位于焊缝中心线上	10×10×55	0	67
PQR1120-10					71
PQR1120-11					53
PQR1120-12	热影响区	缺口轴线至试样纵轴线与熔合线交点的距离 $k>0$mm,且尽可能多地通过热影响区	10×10×55	0	46
PQR1120-13					63
PQR1120-14					55

金相试验(角焊缝、模拟组合件): 试验报告编号:

检验面编号	1	2	3	4	5	6	7	8	结果
有无裂纹、未熔合									
角焊缝厚度/mm									
焊脚高 l/mm									
是否焊透									

金相检验(角焊缝、模拟组合件):

根部:焊透□ 未焊透□

焊缝:熔合□ 未熔合□

焊缝及热影响区:有裂纹□ 无裂纹□

两焊脚之差值:

试验报告编号:

堆焊层复层熔敷金属化学成分/% 执行标准: 试验报告编号:

C	Si	Mn	P	S	Cr	Ni	Mo	Ti	Al	Nb	Fe	…

化学成分测定表面至熔合线距离/mm:

非破坏性试验:

VT外观检查:无裂纹 PT: MT: UT: RT:无裂纹

预焊接工艺规程 pWPS 1121

预焊接工艺规程(pWPS)

单位名称： ××××

pWPS 编号： pWPS 1121

日期： ××××

焊接方法： SAW

机动化程度： 手工□ 机动☑ 自动□

焊接接头： 对接☑ 角接□ 堆焊□

衬垫(材料及规格)： 焊缝金属

其他： /

简图(接头形式、坡口形式与尺寸、焊层、焊道布置及顺序)：

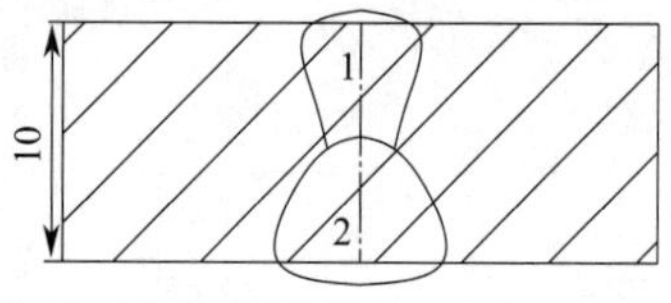

母材：

试件序号	①	②
材料	Q245R	Q245R
标准或规范	GB/T 713	GB/T 713
规格/mm	$\delta=10$	$\delta=10$
类别号	Fe-1	Fe-1
组别号	Fe-1-1	Fe-1-1
对接焊缝焊件母材厚度范围/mm	1.5～20	1.5～20
角焊缝焊件母材厚度范围/mm	不限	不限
管子直径、壁厚范围(对接或角接)/mm	/	/
其他：	/	

填充金属：

焊材类别(种类)	焊丝-焊剂组合	
型号(牌号)	S43A2 MS-SU26(H08MnA+HJ431)	
标准	NB/T 47018.4	
填充金属规格/mm	ϕ4.0	
焊材分类代号	FeMSG-1-1	
对接焊缝焊件焊缝金属范围/mm	0～20	
角焊缝焊件焊缝金属范围/mm	不限	
其他：		

预热及后热：		**气体：**			
最小预热温度/℃	15	项目	气体种类	混合比/%	流量/(L/min)
最大道间温度/℃	250	保护气	/	/	/
后热温度/℃	/	尾部保护气	/	/	/
后热保温时间/h	/	背面保护气	/	/	/

焊后热处理：	N+SR		**焊接位置：**			
热处理温度/℃	N:950±20	SR:620±20	对接焊缝位置	1G	方向(向上、向下)	/
热处理时间/h	N:0.4	SR:2	角焊缝位置	/	方向(向上、向下)	/

预焊接工艺规程(pWPS)

电特性：

钨极类型及直径/mm：　/　　　喷嘴直径/mm：　/

熔滴过渡形式(喷射过渡、短路过渡等)：　/

(按所焊位置和工件厚度，分别将电流、电压和焊接速度范围填入下表)

焊道/焊层	焊接方法	填充金属	规格/mm	电源种类及极性	焊接电流/A	电弧电压/V	焊接速度/(cm/min)	最大热输入/(kJ/cm)
1	SAW	H08MnA+HJ431	ϕ4.0	DCEP	600～650	34～36	45～50	31.2
2	SAW	H08MnA+HJ431	ϕ4.0	DCEP	600～650	34～36	45～50	31.2

技术措施：

摆动焊或不摆动焊：　/　　　摆动参数：　/

焊前清理和层间清理：　刷或磨　　　背面清根方法：　碳弧气刨+修磨

单道焊或多道焊/每面：　单道焊　　　单丝焊或多丝焊：　单丝

导电嘴至工件距离/mm：　30～40　　　锤击：　/

换热管与管板的连接方式：　/　　　换热管与管板接头的清理方法：　/

预置金属衬套：　/　　　预置金属衬套的形状与尺寸：　/

其他：　环境温度>0℃，相对湿度<90%。

检验要求及执行标准：

按 NB/T 47014—2023 及相关技术要求进行评定，项目如下：

1. 外观检查和无损检测(按 NB/T 47013.2)结果不得有裂纹；
2. 焊接接头板拉二件(按 GB/T 228)，$R_m \geqslant 400$MPa；
3. 焊接接头侧弯四件(按 GB/T 2653)，$D=4a$　$a=10$　$\alpha=180°$，沿任何方向不得有单条长度大于 3mm 的开口缺陷；
4. 焊缝、热影响区 0℃ KV_2 冲击各三件(按 GB/T 229)，焊接接头 V 型缺口 5mm×10mm×55mm 试样冲击吸收能量平均值不低于 10J。

编制		日期		审核		日期		批准		日期	

焊接工艺评定报告（PQR1121）

焊接工艺评定报告(PQR)

单位名称：××××

PQR 编号：PQR1121　　pWPS 编号：pWPS 1121

焊接方法：SAW　　机动化程度：手工□　机动☑　自动□

焊接接头：对接☑　角接□　堆焊□　　其他：/

接头简图(接头形式、尺寸、衬垫、每种焊接方法或焊接工艺的焊缝金属厚度)：

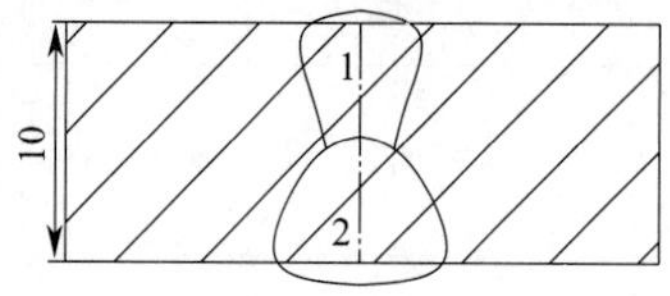

母材：

试件序号	①	②
材料	Q245R	Q245R
标准或规范	GB/T 713	GB/T 713
规格/mm	δ=10	δ=10
类别号	Fe-1	Fe-1
组别号	Fe-1-1	Fe-1-1

填充金属：

分类	焊丝-焊剂组合	
型号(牌号)	S43A2 MS-SU26(H08MnA+HJ431)	
标准	NB/T 47018.4	
填充金属规格/mm	ϕ4.0	
焊材分类代号	FeMSG-1-1	
焊缝金属厚度/mm	10	

预热及后热：

最小预热温度/℃	室温 20	最大道间温度/℃	235
后热温度及保温时间/(℃×h)	/		

焊后热处理： N+SR

保温温度/℃	N:950　SR:638	保温时间/h	N:0.4　SR:2

焊接位置：

对接焊缝焊接位置	1G	方向 (向上、向下)	/
角焊缝焊接位置	/	方向 (向上、向下)	/

气体：

项目	气体种类	混合比/%	流量/(L/min)
保护气	/	/	/
尾部保护气	/	/	/
背面保护气	/	/	/

焊接工艺评定报告(PQR)

电特性：

钨极类型及直径/mm：/　　喷嘴直径/mm：/

熔滴过渡形式(喷射过渡、短路过渡等)：/

(按所焊位置和工件厚度，分别将电流、电压和焊接速度实测值填入下表)

焊道	焊接方法	填充金属	规格/mm	电源种类及极性	焊接电流/A	电弧电压/V	焊接速度/(cm/min)	最大热输入/(kJ/cm)
1	SAW	H08MnA+HJ431	ϕ4.0	DCEP	600～660	34～36	45～50	31.7
2	SAW	H08MnA+HJ431	ϕ4.0	DCEP	600～660	34～36	45～50	31.7

技术措施：

摆动焊或不摆动焊：/　　摆动参数：/

焊前清理和层间清理：打磨　　背面清根方法：碳弧气刨+修磨

单道焊或多道焊/每面：单道焊　　单丝焊或多丝焊：单丝

导电嘴至工件距离/mm：30～40　　锤击：/

换热管与管板的连接方式：/　　换热管与管板接头的清理方法：/

预置金属衬套：/　　预置金属衬套的形状与尺寸：/

其他：

拉伸试验(GB/T 228)：　　试验报告编号：LH1121

试验条件	编号	试样宽度/mm	试样厚度/mm	横截面积/mm^2	断裂载荷/kN	R_m/MPa	断裂位置及特征
接头板拉	PQR1121-1	25.0	9.9	247.5	120	475	断于母材
	PQR1121-2	25.1	10.1	253.5	121.6	470	断于母材

弯曲试验(GB/T 2653)：　　试验报告编号：LH1121

试验条件	编号	试样尺寸/mm	弯心直径/mm	弯曲角度/(°)	试验结果
侧弯	PQR1121-3	10	40	180	合格
侧弯	PQR1121-4	10	40	180	合格
侧弯	PQR1121-5	10	40	180	合格
侧弯	PQR1121-6	10	40	180	合格

焊接工艺评定报告(PQR)

冲击试验(GB/T 229): 试验报告编号:LH1121

编号	试样位置	V型缺口位置	试样尺寸/mm	试验温度/℃	冲击吸收能量/J
PQR1119-7	焊缝	缺口轴线位于焊缝中心线上	5×10×55	0	41
PQR1119-8					45
PQR1119-9					32
PQR1119-10	热影响区	缺口轴线至试样纵轴线与熔合线交点的距离 $k>0$mm,且尽可能多地通过热影响区	5×10×55	0	38
PQR1119-11					42
PQR1119-12					29

金相试验(角焊缝、模拟组合件): 试验报告编号:

检验面编号	1	2	3	4	5	6	7	8	结果
有无裂纹、未熔合									
角焊缝厚度/mm									
焊脚高 l/mm									
是否焊透									

金相检验(角焊缝、模拟组合件):

根部:焊透□ 未焊透□

焊缝:熔合□ 未熔合□

焊缝及热影响区:有裂纹□ 无裂纹□

两焊脚之差值:______

试验报告编号:______

堆焊层复层熔敷金属化学成分/% 执行标准: 试验报告编号:

C	Si	Mn	P	S	Cr	Ni	Mo	Ti	Al	Nb	Fe	…

化学成分测定表面至熔合线距离/mm:______

非破坏性试验:

VT外观检查:无裂纹 PT:______ MT:______ UT:______ RT:无裂纹

预焊接工艺规程 pWPS 1121-1

预焊接工艺规程(pWPS)

单位名称： ××××

pWPS 编号： pWPS 1121-1

日期： ××××

焊接方法： SAW

机动化程度： 手工□　机动☑　自动□

焊接接头： 对接☑　角接□　堆焊□

衬垫(材料及规格)：焊接正面时，使用焊剂作衬垫

其他：组对时，要保证坡口间隙 $L=3.0$mm；双面焊，正面焊 1 层，背面清根后焊 1 层。

简图(接头形式、坡口形式与尺寸、焊层、焊道布置及顺序)：

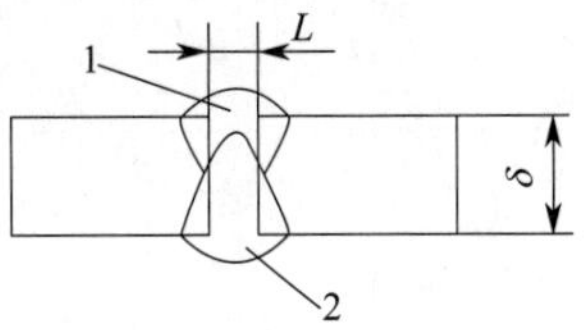

母材：		
试件序号	①	②
材料	Q245R	Q245R
标准或规范	GB/T 713	GB/T 713
规格/mm	$\delta=16$	$\delta=16$
类别号	Fe-1	Fe-1
组别号	Fe-1-1	Fe-1-1
对接焊缝焊件母材厚度范围/mm	5～32	5～32
角焊缝焊件母材厚度范围/mm	不限	不限
管子直径、壁厚范围(对接或角接)/mm	/	/
其他：	/	

填充金属：		
焊材类别(种类)	焊丝-焊剂组合	
型号(牌号)	S43A2 MS-SU26(H08MnA+HJ431)	
标准	NB/T 47018.4	
填充金属规格/mm	$\phi4.0$	
焊材分类代号	FeMSG-1-1	
对接焊缝焊件焊缝金属范围/mm	0～32	
角焊缝焊件焊缝金属范围/mm	不限	
其他：		

预热及后热：		**气体：**			
最小预热温度/℃	15	项目	气体种类	混合比/%	流量/(L/min)
最大道间温度/℃	250	保护气	/	/	/
后热温度/℃	/	尾部保护气	/	/	/
后热保温时间/h	/	背面保护气	/	/	/

焊后热处理：	N+SR	**焊接位置：**			
热处理温度/℃	N：900±20　SR：620±20	对接焊缝位置	1G	方向(向上、向下)	/
热处理时间/h	N：0.5　SR：3.5	角焊缝位置	/	方向(向上、向下)	/

预焊接工艺规程(pWPS)

电特性：

钨极类型及直径/mm：/　　喷嘴直径/mm：/

熔滴过渡形式(喷射过渡、短路过渡等)：/

(按所焊位置和工件厚度，分别将电流、电压和焊接速度范围填入下表)

焊道/焊层	焊接方法	填充金属	规格/mm	电源种类及极性	焊接电流/A	电弧电压/V	焊接速度/(cm/min)	最大热输入/(kJ/cm)
1	SAW	H08MnA+HJ431	ϕ4.0	DCEP	620～650	34～36	40～42	35.1
2	SAW	H08MnA+HJ431	ϕ4.0	DCEP	620～650	34～36	40～42	35.1

技术措施：

摆动焊或不摆动焊：/　　摆动参数：/

焊前清理和层间清理：刷或磨　　背面清根方法：碳弧气刨+修磨

单道焊或多道焊/每面：单道焊　　单丝焊或多丝焊：单丝

导电嘴至工件距离/mm：30～40　　锤击：/

换热管与管板的连接方式：/　　换热管与管板接头的清理方法：/

预置金属衬套：/　　预置金属衬套的形状与尺寸：/

其他：环境温度>0℃，相对湿度<90%。

检验要求及执行标准：

按 NB/T 47014—2023 及相关技术要求进行评定，项目如下：

1. 外观检查和无损检测(按 NB/T 47013.2)结果不得有裂纹；
2. 焊接接头板拉二件(按 GB/T 228)，$R_m \geqslant 400$MPa；
3. 焊接接头侧弯四件(按 GB/T 2653)，$D=4a$　$a=10$　$\alpha=180°$，沿任何方向不得有单条长度大于 3mm 的开口缺陷；
4. 焊缝、热影响区 0℃ KV_2 冲击各三件(按 GB/T 229)，焊接接头 V 型缺口 10mm×10mm×55mm 试样冲击吸收能量平均值不低于 20J。

编制		日期		审核		日期		批准		日期	

焊接工艺评定报告（PQR1121-1）

焊接工艺评定报告(PQR)

单位名称： ××××

PQR 编号：PQR1121-1　　　pWPS 编号：pWPS 1121-1

焊接方法：SAW　　　机动化程度：手工□　机动☑　自动□

焊接接头：对接☑　角接□　堆焊□　　　其他：/

接头简图(接头形式、尺寸、衬垫、每种焊接方法或焊接工艺的焊缝金属厚度)：

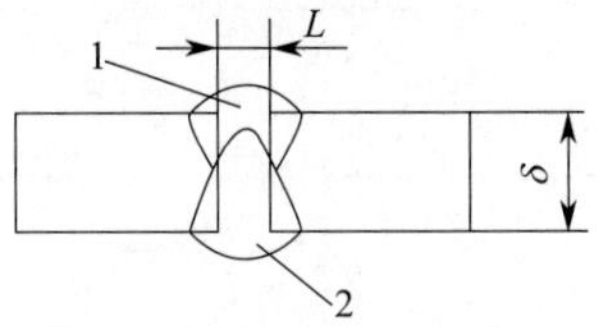

组对时，要保证坡口间隙 $L=3.0$mm；双面焊，正面焊 1 层，背面清根后焊 1 层，焊接正面时，使用焊剂作衬垫。

母材：

试件序号	①	②
材料	Q245R	Q245R
标准或规范	GB/T 713	GB/T 713
规格/mm	$\delta=16$	$\delta=16$
类别号	Fe-1	Fe-1
组别号	Fe-1-1	Fe-1-1

填充金属：

分类	焊丝-焊剂组合	
型号(牌号)	S43A2 MS-SU26(H08MnA+HJ431)	
标准	NB/T 47018.4	
填充金属规格/mm	$\phi4.0$	
焊材分类代号	FeMSG-1-1	
焊缝金属厚度/mm	16	

预热及后热：

最小预热温度/℃	室温 20	最大道间温度/℃	235
后热温度及保温时间/(℃×h)	/		

焊后热处理： N+SR

保温温度/℃	N：900　SR：610	保温时间/h	N：0.5　SR：4

焊接位置：

对接焊缝焊接位置	1G	方向(向上、向下)	/
角焊缝焊接位置	/	方向(向上、向下)	/

气体：

项目	气体种类	混合比/%	流量/(L/min)
保护气	/	/	/
尾部保护气	/	/	/
背面保护气	/	/	/

焊接工艺评定报告(PQR)

电特性：

钨极类型及直径/mm：/　　喷嘴直径/mm：/

熔滴过渡形式(喷射过渡、短路过渡等)：/

(按所焊位置和工件厚度，分别将电流、电压和焊接速度实测值填入下表)

焊道	焊接方法	填充金属	规格/mm	电源种类及极性	焊接电流/A	电弧电压/V	焊接速度/(cm/min)	最大热输入/(kJ/cm)
1	SAW	H08MnA+HJ431	ϕ4.0	DCEP	620～660	34～36	40～42	35.6
2	SAW	H08MnA+HJ431	ϕ4.0	DCEP	620～660	34～36	40～42	35.6

技术措施：

摆动焊或不摆动焊：/　　摆动参数：/

焊前清理和层间清理：打磨　　背面清根方法：碳弧气刨+修磨

单道焊或多道焊/每面：单道焊　　单丝焊或多丝焊：单丝

导电嘴至工件距离/mm：30～40　　锤击：/

换热管与管板的连接方式：/　　换热管与管板接头的清理方法：/

预置金属衬套：/　　预置金属衬套的形状与尺寸：/

其他：

拉伸试验(GB/T 228)：　　试验报告编号：LH1121-1

试验条件	编号	试样宽度/mm	试样厚度/mm	横截面积/mm^2	断裂载荷/kN	R_m/MPa	断裂位置及特征
接头板拉	PQR1120-1-1	26.7	15.9	425	175	410	断于母材
	PQR1120-1-2	25.8	16.0	413	171	413	断于母材

弯曲试验(GB/T 2653)：　　试验报告编号：LH1121-1

试验条件	编号	试样尺寸/mm	弯心直径/mm	弯曲角度/(°)	试验结果
侧弯	PQR1121-1-3	10	40	180	合格
侧弯	PQR1121-1-4	10	40	180	合格
侧弯	PQR1121-1-5	10	40	180	合格
侧弯	PQR1121-1-6	10	40	180	合格

焊接工艺评定报告(PQR)

冲击试验(GB/T 229)： 试验报告编号：LH1121-1

编号	试样位置	V型缺口位置	试样尺寸/mm	试验温度/℃	冲击吸收能量/J
PQR1121-1-7	焊缝	缺口轴线位于焊缝中心线上	10×10×55	0	144
PQR1121-1-8					103
PQR1121-1-9					111
PQR1121-1-10	热影响区	缺口轴线至试样纵轴线与熔合线交点的距离 $k>0$mm，且尽可能多地通过热影响区	10×10×55	0	142
PQR1121-1-11					130
PQR1121-1-12					125

金相试验(角焊缝、模拟组合件)： 试验报告编号：

检验面编号	1	2	3	4	5	6	7	8	结果
有无裂纹、未熔合									
角焊缝厚度/mm									
焊脚高 l/mm									
是否焊透									

金相检验(角焊缝、模拟组合件)：
根部：焊透□　　未焊透□
焊缝：熔合□　　未熔合□
焊缝及热影响区：有裂纹□　　无裂纹□
两焊脚之差值：
试验报告编号：

堆焊层复层熔敷金属化学成分/% 执行标准： 试验报告编号：

C	Si	Mn	P	S	Cr	Ni	Mo	Ti	Al	Nb	Fe	…

化学成分测定表面至熔合线距离/mm：

非破坏性试验：
VT外观检查：无裂纹　　PT：　　MT：　　UT：　　RT：无裂纹

预焊接工艺规程 pWPS 1122

预焊接工艺规程(pWPS)

单位名称： ××××

pWPS 编号： pWPS 1122

日期： ××××

焊接方法： SAW

机动化程度： 手工□ 机动☑ 自动□

焊接接头： 对接☑ 角接□ 堆焊□

衬垫(材料及规格)： 焊缝金属

其他： /

简图(接头形式、坡口形式与尺寸、焊层、焊道布置及顺序)：

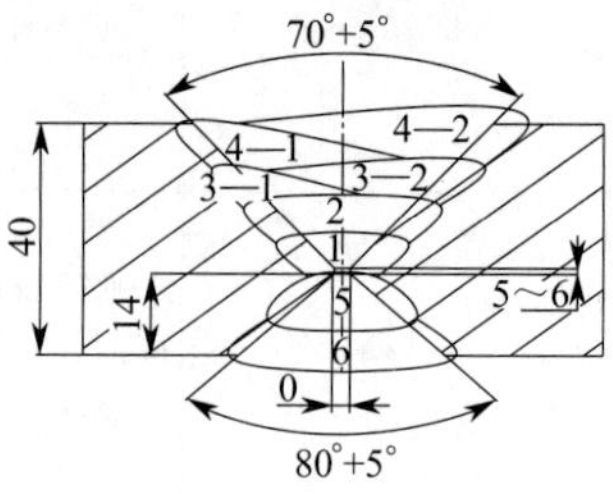

母材：

试件序号	①	②
材料	Q245R	Q245R
标准或规范	GB/T 713	GB/T 713
规格/mm	$\delta=40$	$\delta=40$
类别号	Fe-1	Fe-1
组别号	Fe-1-1	Fe-1-1
对接焊缝焊件母材厚度范围/mm	5～200	5～200
角焊缝焊件母材厚度范围/mm	不限	不限
管子直径、壁厚范围(对接或角接)/mm	/	/
其他：	/	

填充金属：

焊材类别(种类)	焊丝-焊剂组合	
型号(牌号)	S43A2 MS-SU26(H08MnA+HJ431)	
标准	NB/T 47018.4	
填充金属规格/mm	ϕ4.0	
焊材分类代号	FeMSG-1-1	
对接焊缝焊件焊缝金属范围/mm	0～200	
角焊缝焊件焊缝金属范围/mm	不限	
其他：		

预热及后热：		**气体：**			
最小预热温度/℃	15	项目	气体种类	混合比/%	流量/(L/min)
最大道间温度/℃	250	保护气	/	/	/
后热温度/℃	/	尾部保护气	/	/	/
后热保温时间/h	/	背面保护气	/	/	/

焊后热处理：	N+SR	**焊接位置：**			
热处理温度/℃	N：950±20 SR：620±20	对接焊缝位置	1G	方向(向上、向下)	/
热处理时间/h	N：1 SR：3.5	角焊缝位置	/	方向(向上、向下)	/

预焊接工艺规程(pWPS)

电特性：

钨极类型及直径/mm：/　　喷嘴直径/mm：/

熔滴过渡形式(喷射过渡、短路过渡等)：/

(按所焊位置和工件厚度,分别将电流、电压和焊接速度范围填入下表)

焊道/焊层	焊接方法	填充金属	规格/mm	电源种类及极性	焊接电流/A	电弧电压/V	焊接速度/(cm/min)	最大热输入/(kJ/cm)
1	SAW	H08MnA+HJ431	ϕ4.0	DCEP	550～600	34～38	40～48	34.2
2—6	SAW	H08MnA+HJ431	ϕ4.0	DCEP	600～650	34～38	43～48	34.5

技术措施：

摆动焊或不摆动焊：/　　摆动参数：/

焊前清理和层间清理：刷或磨　　背面清根方法：碳弧气刨+修磨

单道焊或多道焊/每面：多道焊　　单丝焊或多丝焊：单丝

导电嘴至工件距离/mm：30～40　　锤击：/

换热管与管板的连接方式：/　　换热管与管板接头的清理方法：/

预置金属衬套：/　　预置金属衬套的形状与尺寸：/

其他：环境温度>0℃,相对湿度<90%。

检验要求及执行标准：

按 NB/T 47014—2023 及相关技术要求进行评定,项目如下：

1. 外观检查和无损检测(按 NB/T 47013.2)结果不得有裂纹；
2. 焊接接头板拉二件(按 GB/T 228),$R_m \geqslant 400$MPa；
3. 焊接接头侧弯四件(按 GB/T 2653),$D=4a$　$a=10$　$\alpha=180°$,沿任何方向不得有单条长度大于 3mm 的开口缺陷；
4. 焊缝、热影响区 0℃ KV_2 冲击各三件(按 GB/T 229),焊接接头 V 型缺口 10mm×10mm×55mm 试样冲击吸收能量平均值不低于 20J。

编制		日期		审核		日期		批准		日期	

焊接工艺评定报告（PQR1122）

焊接工艺评定报告（PQR）

单位名称：××××

PQR 编号：PQR1122　　pWPS 编号：pWPS 1122

焊接方法：SAW　　机动化程度：手工□　机动☑　自动□

焊接接头：对接☑　角接□　堆焊□　　其他：/

接头简图（接头形式、尺寸、衬垫、每种焊接方法或焊接工艺的焊缝金属厚度）：

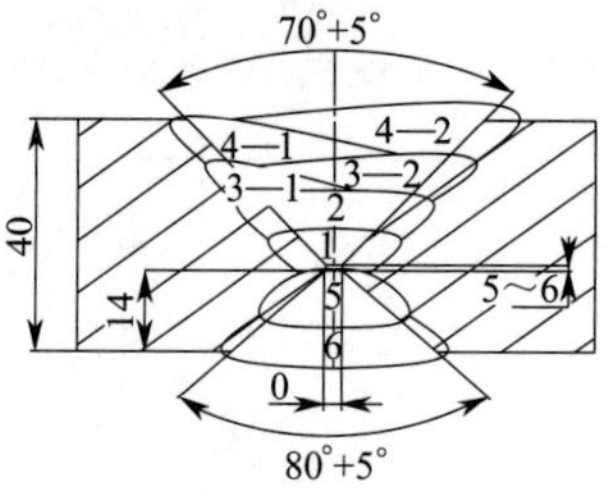

母材：

试件序号	①	②
材料	Q245R	Q245R
标准或规范	GB/T 713	GB/T 713
规格/mm	δ=40	δ=40
类别号	Fe-1	Fe-1
组别号	Fe-1-1	Fe-1-1

填充金属：

分类	焊丝-焊剂组合	
型号（牌号）	S43A2 MS-SU26（H08MnA＋HJ431）	
标准	NB/T 47018.4	
填充金属规格/mm	ϕ4.0	
焊材分类代号	FeMSG-1-1	
焊缝金属厚度/mm	40	

预热及后热：

最小预热温度/℃	室温 20	最大道间温度/℃	235
后热温度及保温时间/（℃×h）	/		

焊后热处理： N＋SR

保温温度/℃	N：950　SR：620	保温时间/h	N：1　SR：4

焊接位置：

对接焊缝焊接位置	1G	方向（向上、向下）	/
角焊缝焊接位置	/	方向（向上、向下）	/

气体：

项目	气体种类	混合比/%	流量/（L/min）
保护气	/	/	/
尾部保护气	/	/	/
背面保护气	/	/	/

焊接工艺评定报告(PQR)

电特性：

钨极类型及直径/mm：/　　喷嘴直径/mm：/

熔滴过渡形式(喷射过渡、短路过渡等)：/

(按所焊位置和工件厚度，分别将电流、电压和焊接速度实测值填入下表)

焊道	焊接方法	填充金属	规格/mm	电源种类及极性	焊接电流/A	电弧电压/V	焊接速度/(cm/min)	最大热输入/(kJ/cm)
1	SAW	H08MnA+HJ431	ϕ4.0	DCEP	550～610	34～38	40～48	34.8
2—6	SAW	H08MnA+HJ431	ϕ4.0	DCEP	600～660	34～38	43～48	34.9

技术措施：

摆动焊或不摆动焊：/　　摆动参数：/

焊前清理和层间清理：打磨　　背面清根方法：碳弧气刨+修磨

单道焊或多道焊/每面：多道焊　　单丝焊或多丝焊：单丝

导电嘴至工件距离/mm：30～40　　锤击：/

换热管与管板的连接方式：/　　换热管与管板接头的清理方法：/

预置金属衬套：/　　预置金属衬套的形状与尺寸：/

其他：

拉伸试验(GB/T 228)：　　试验报告编号：LH1122

试验条件	编号	试样宽度/mm	试样厚度/mm	横截面积/mm^2	断裂载荷/kN	R_m/MPa	断裂位置及特征
接头板拉	PQR1122-1	25.1	18.9	474.39	221	456	断于母材
	PQR1122-2	25.0	19.8	495	230	455	断于母材
	PQR1122-3	25.2	19.7	496.44	232	458	断于母材
	PQR1122-4	25.1	18.9	474.39	221.3	457	断于母材

弯曲试验(GB/T 2653)：　　试验报告编号：LH1120

试验条件	编号	试样尺寸/mm	弯心直径/mm	弯曲角度/(°)	试验结果
侧弯	PQR1122-5	10	40	180	合格
侧弯	PQR1122-6	10	40	180	合格
侧弯	PQR1122-7	10	40	180	合格
侧弯	PQR1122-8	10	40	180	合格

焊接工艺评定报告(PQR)

冲击试验(GB/T 229)： 试验报告编号：LH1122

编号	试样位置	V型缺口位置	试样尺寸/mm	试验温度/℃	冲击吸收能量/J
PQR1122-9	焊缝	缺口轴线位于焊缝中心线上	10×10×55	0	67
PQR1122-10					71
PQR1122-11					53
PQR1122-12	热影响区	缺口轴线至试样纵轴线与熔合线交点的距离 $k>0$mm，且尽可能多地通过热影响区	10×10×55	0	46
PQR1122-13					63
PQR1122-14					55

金相试验(角焊缝、模拟组合件)： 试验报告编号：

检验面编号	1	2	3	4	5	6	7	8	结果
有无裂纹、未熔合									
角焊缝厚度/mm									
焊脚高 l/mm									
是否焊透									

金相检验(角焊缝、模拟组合件)：
根部：焊透□ 未焊透□
焊缝：熔合□ 未熔合□
焊缝及热影响区：有裂纹□ 无裂纹□
两焊脚之差值：
试验报告编号：

堆焊层复层熔敷金属化学成分/% 执行标准： 试验报告编号：

C	Si	Mn	P	S	Cr	Ni	Mo	Ti	Al	Nb	Fe	…

化学成分测定表面至熔合线距离/mm：

非破坏性试验：
VT外观检查：无裂纹 PT： MT： UT： RT：无裂纹

预焊接工艺规程 pWPS 1123

预焊接工艺规程(pWPS)
单位名称： ××××
pWPS 编号： pWPS 1123
日期： ××××

焊接方法： GTAW 机动化程度： 手工☑ 机动□ 自动□ 焊接接头： 对接☑ 角接□ 堆焊□ 衬垫(材料及规格)： 焊缝金属 其他： /	**简图(接头形式、坡口形式与尺寸、焊层、焊道布置及顺序)：** 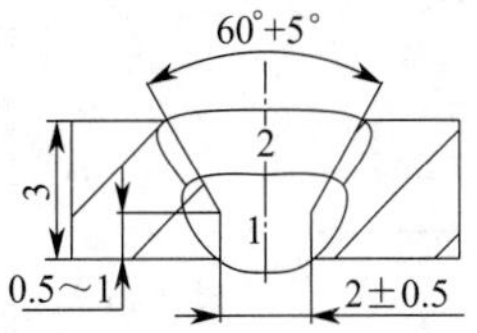

母材：

试件序号	①	②
材料	Q245R	Q245R
标准或规范	GB/T 713	GB/T 713
规格/mm	$\delta=3$	$\delta=3$
类别号	Fe-1	Fe-1
组别号	Fe-1-1	Fe-1-1
对接焊缝焊件母材厚度范围/mm	1.5～6	1.5～6
角焊缝焊件母材厚度范围/mm	不限	不限
管子直径、壁厚范围(对接或角接)/mm	/	/
其他：	/	

填充金属：

焊材类别(种类)	焊丝	
型号(牌号)	ER50-3(H08MnA)	
标准	NB/T 47018.3	
填充金属规格/mm	ϕ2.0,ϕ2.5	
焊材分类代号	FeS-1-1	
对接焊缝焊件焊缝金属范围/mm	0～6	
角焊缝焊件焊缝金属范围/mm	不限	
其他：		

预热及后热：		**气体：**			
最小预热温度/℃	15	项目	气体种类	混合比/%	流量/(L/min)
最大道间温度/℃	250	保护气	Ar	99.99	8～12
后热温度/℃	/	尾部保护气	/	/	/
后热保温时间/h	/	背面保护气	/	/	/

焊后热处理：	AW	**焊接位置：**			
热处理温度/℃	/	对接焊缝位置	1G	方向(向上、向下)	/
热处理时间/h	/	角焊缝位置	/	方向(向上、向下)	/

预焊接工艺规程(pWPS)

电特性：

钨极类型及直径/mm：铈钨极，ϕ2.4　　喷嘴直径/mm：ϕ10

熔滴过渡形式(喷射过渡、短路过渡等)：/

(按所焊位置和工件厚度，分别将电流、电压和焊接速度范围填入下表)

焊道/焊层	焊接方法	填充金属	规格/mm	电源种类及极性	焊接电流/A	电弧电压/V	焊接速度/(cm/min)	最大热输入/(kJ/cm)
1	GTAW	H08MnA	ϕ2.0	DCEN	80～100	14～16	8～10	12.0
2	GTAW	H08MnA	ϕ2.5	DCEN	100～120	14～16	8～10	14.4

技术措施：

摆动焊或不摆动焊：/　　摆动参数：/

焊前清理和层间清理：刷或磨　　背面清根方法：修磨

单道焊或多道焊/每面：一面，多道焊　　单丝焊或多丝焊：单丝

导电嘴至工件距离/mm：/　　锤击：/

换热管与管板的连接方式：/　　换热管与管板接头的清理方法：/

预置金属衬套：/　　预置金属衬套的形状与尺寸：/

其他：环境温度>0℃，相对湿度<90%。

检验要求及执行标准：

按 NB/T 47014—2023 及相关技术要求进行评定，项目如下：

1. 外观检查和无损检测(按 NB/T 47013.2)结果不得有裂纹；
2. 焊接接头板拉二件(按 GB/T 228)，$R_m \geqslant 400$MPa；
3. 焊接接头面弯、背弯各二件(按 GB/T 2653)，$D=4a$　$a=3.0$　$\alpha=180°$，沿任何方向不得有单条长度大于 3mm 的开口缺陷。

编制		日期		审核		日期		批准		日期	

焊接工艺评定报告（PQR1123）

焊接工艺评定报告（PQR）

单位名称：××××

PQR 编号：PQR1123　　pWPS 编号：pWPS 1123

焊接方法：GTAW　　机动化程度：手工☑　机动☐　自动☐

焊接接头：对接☑　角接☐　堆焊☐　　其他：/

接头简图（接头形式、尺寸、衬垫、每种焊接方法或焊接工艺的焊缝金属厚度）：

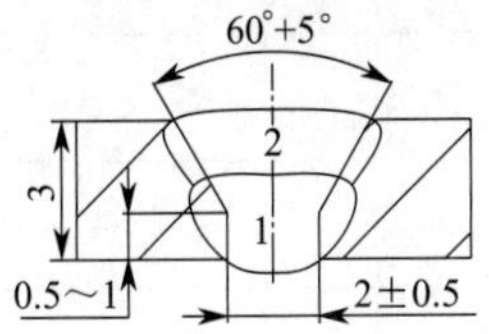

母材：

试件序号	①	②
材料	Q245R	Q245R
标准或规范	GB/T 713	GB/T 713
规格/mm	δ=3	δ=3
类别号	Fe-1	Fe-1
组别号	Fe-1-1	Fe-1-1

填充金属：

分类	焊丝	
型号（牌号）	ER50-3（H08MnA）	
标准	NB/T 47018.3	
填充金属规格/mm	ϕ2.0，ϕ2.5	
焊材分类代号	FeS-1-1	
焊缝金属厚度/mm	3	

预热及后热：

最小预热温度/℃	室温 20	最大道间温度/℃	235
后热温度及保温时间/（℃×h）	/		

焊后热处理： AW

保温温度/℃	/	保温时间/h	/

焊接位置：

对接焊缝焊接位置	1G	方向（向上、向下）	/
角焊缝焊接位置	/	方向（向上、向下）	/

气体：

项目	气体种类	混合比/%	流量/（L/min）
保护气	Ar	99.99	8～12
尾部保护气	/	/	/
背面保护气	/	/	/

焊接工艺评定报告(PQR)

电特性：

钨极类型及直径/mm：铈钨极，ϕ2.4　　喷嘴直径/mm：ϕ10

熔滴过渡形式(喷射过渡、短路过渡等)：/

(按所焊位置和工件厚度，分别将电流、电压和焊接速度实测值填入下表)

焊道	焊接方法	填充金属	规格 /mm	电源种类及极性	焊接电流 /A	电弧电压 /V	焊接速度 /(cm/min)	最大热输入 /(kJ/cm)
1	GTAW	H08MnA	ϕ2.0	DCEN	80～110	14～16	8～10	13.2
2	GTAW	H08MnA	ϕ2.5	DCEN	100～130	14～16	8～10	15.6

技术措施：

摆动焊或不摆动焊：/　　摆动参数：/

焊前清理和层间清理：打磨　　背面清根方法：修磨

单道焊或多道焊/每面：一面，多道焊　　单丝焊或多丝焊：单丝

导电嘴至工件距离/mm：/　　锤击：/

换热管与管板的连接方式：/　　换热管与管板接头的清理方法：/

预置金属衬套：/　　预置金属衬套的形状与尺寸：/

其他：

拉伸试验(GB/T 228)：　　试验报告编号：LH1123

试验条件	编号	试样宽度 /mm	试样厚度 /mm	横截面积 /mm^2	断裂载荷 /kN	R_m /MPa	断裂位置及特征
接头板拉	PQR1123-1	25.2	3.1	78.12	37.7	473	断于母材
	PQR1123-2	25.1	3	75.3	36.7	480	断于母材

弯曲试验(GB/T 2653)：　　试验报告编号：LH1123

试验条件	编号	试样尺寸 /mm	弯心直径 /mm	弯曲角度 /(°)	试验结果
面弯	PQR1123-3	3.0	12	180	合格
面弯	PQR1123-4	3.0	12	180	合格
背弯	PQR1123-5	3.0	12	180	合格
背弯	PQR1123-6	3.0	12	180	合格

焊接工艺评定报告(PQR)

冲击试验(GB/T 229)： 试验报告编号：

编号	试样位置	V型缺口位置	试样尺寸/mm	试验温度/℃	冲击吸收能量/J

金相试验(角焊缝、模拟组合件)： 试验报告编号：

检验面编号	1	2	3	4	5	6	7	8	结果
有无裂纹、未熔合									
角焊缝厚度/mm									
焊脚高 l/mm									
是否焊透									

金相检验(角焊缝、模拟组合件)：

根部：焊透□　　未焊透□

焊缝：熔合□　　未熔合□

焊缝及热影响区：有裂纹□　　无裂纹□

两焊脚之差值：

试验报告编号：

堆焊层复层熔敷金属化学成分/% 执行标准： 试验报告编号：

C	Si	Mn	P	S	Cr	Ni	Mo	Ti	Al	Nb	Fe	…

化学成分测定表面至熔合线距离/mm：

非破坏性试验：

VT外观检查：无裂纹　　PT：　　MT：　　UT：　　RT：无裂纹

预焊接工艺规程 pWPS 1124

预焊接工艺规程(pWPS)

单位名称： ××××

pWPS 编号： pWPS 1124

日期： ××××

焊接方法： GTAW 机动化程度： 手工☑ 机动□ 自动□ 焊接接头： 对接☑ 角接□ 堆焊□ 衬垫(材料及规格)： 焊缝金属 其他： /	**简图(接头形式、坡口形式与尺寸、焊层、焊道布置及顺序)：** 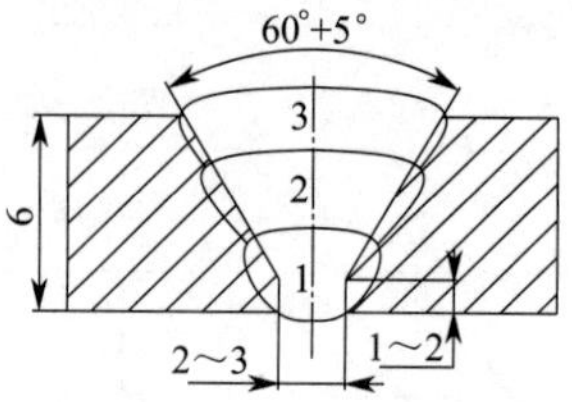

母材：

试件序号	①	②
材料	Q245R	Q245R
标准或规范	GB/T 713	GB/T 713
规格/mm	$\delta=6$	$\delta=6$
类别号	Fe-1	Fe-1
组别号	Fe-1-1	Fe-1-1
对接焊缝焊件母材厚度范围/mm	6～12	6～12
角焊缝焊件母材厚度范围/mm	不限	不限
管子直径、壁厚范围(对接或角接)/mm	/	/
其他：	/	

填充金属：

焊材类别(种类)	焊丝	
型号(牌号)	ER50-3(H08MnA)	
标准	NB/T 47018.3	
填充金属规格/mm	$\phi2.5$	
焊材分类代号	FeS-1-1	
对接焊缝焊件焊缝金属范围/mm	0～12	
角焊缝焊件焊缝金属范围/mm	不限	
其他：		

预热及后热：		**气体：**			
最小预热温度/℃	15	项目	气体种类	混合比/%	流量/(L/min)
最大道间温度/℃	250	保护气	Ar	99.99	8～12
后热温度/℃	/	尾部保护气	/	/	/
后热保温时间/h	/	背面保护气	/	/	/

焊后热处理：	AW	**焊接位置：**			
热处理温度/℃	/	对接焊缝位置	1G	方向(向上、向下)	/
热处理时间/h	/	角焊缝位置	/	方向(向上、向下)	/

预焊接工艺规程(pWPS)

电特性：

钨极类型及直径/mm：铈钨极，ϕ3.0　　喷嘴直径/mm：ϕ12

熔滴过渡形式(喷射过渡、短路过渡等)：/

(按所焊位置和工件厚度，分别将电流、电压和焊接速度范围填入下表)

焊道/焊层	焊接方法	填充金属	规格/mm	电源种类及极性	焊接电流/A	电弧电压/V	焊接速度/(cm/min)	最大热输入/(kJ/cm)
1	GTAW	H08MnA	ϕ2.5	DCEN	100～140	14～16	8～12	16.8
2	GTAW	H08MnA	ϕ2.5	DCEN	130～170	14～16	8～12	20.4
3	GTAW	H08MnA	ϕ2.5	DCEN	130～170	14～16	10～14	16.3

技术措施：

摆动焊或不摆动焊：/　　摆动参数：/

焊前清理和层间清理：刷或磨　　背面清根方法：修磨

单道焊或多道焊/每面：一面，多道焊　　单丝焊或多丝焊：单丝

导电嘴至工件距离/mm：/　　锤击：/

换热管与管板的连接方式：/　　换热管与管板接头的清理方法：/

预置金属衬套：/　　预置金属衬套的形状与尺寸：/

其他：环境温度>0℃，相对湿度<90%。

检验要求及执行标准：

按 NB/T 47014—2023 及相关技术要求进行评定，项目如下：

1. 外观检查和无损检测(按 NB/T 47013.2)结果不得有裂纹；
2. 焊接接头板拉二件(按 GB/T 228)，$R_m \geqslant 400$MPa；
3. 焊接接头面弯、背弯各二件(按 GB/T 2653)，$D=4a$　$a=6$　$\alpha=180°$，沿任何方向不得有单条长度大于 3mm 的开口缺陷；
4. 焊缝、热影响区 0℃ KV_2 冲击各三件(按 GB/T 229)，焊接接头 V 型缺口 5mm×10mm×55mm 试样冲击吸收能量平均值不低于 10J。

编制		日期		审核		日期		批准		日期	

焊接工艺评定报告（PQR1124）

焊接工艺评定报告(PQR)

单位名称： ××××

PQR 编号：PQR1124　　　　pWPS 编号：pWPS 1124

焊接方法：GTAW　　　　机动化程度：手工☑　机动☐　自动☐

焊接接头：对接☑　角接☐　堆焊☐　　　　其他：/

接头简图(接头形式、尺寸、衬垫、每种焊接方法或焊接工艺的焊缝金属厚度)：

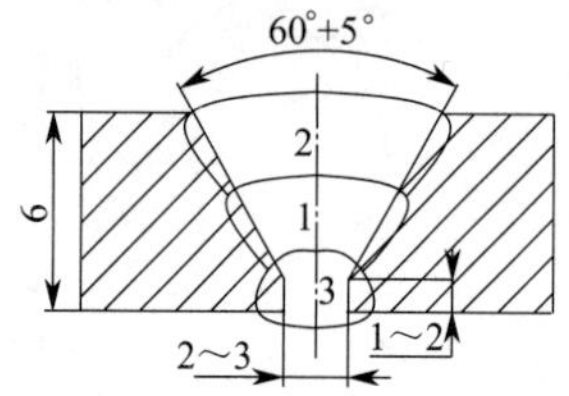

母材：

试件序号	①	②
材料	Q245R	Q245R
标准或规范	GB/T 713	GB/T 713
规格/mm	δ=6	δ=6
类别号	Fe-1	Fe-1
组别号	Fe-1-1	Fe-1-1

填充金属：

分类	焊丝	
型号(牌号)	ER50-3(H08MnA)	
标准	NB/T 47018.3	
填充金属规格/mm	ϕ2.5	
焊材分类代号	FeS-1-1	
焊缝金属厚度/mm	6	

预热及后热：

最小预热温度/℃	室温 20	最大道间温度/℃	235
后热温度及保温时间/(℃×h)	/		

焊后热处理： AW

保温温度/℃	/	保温时间/h	/

焊接位置：

对接焊缝焊接位置	1G	方向 (向上、向下)	/
角焊缝焊接位置	/	方向 (向上、向下)	/

气体：

项目	气体种类	混合比/%	流量/(L/min)
保护气	Ar	99.99	8～12
尾部保护气	/	/	/
背面保护气	/	/	/

焊接工艺评定报告(PQR)

电特性：

钨极类型及直径/mm：铈钨极，ϕ3.0　　喷嘴直径/mm：ϕ12

熔滴过渡形式(喷射过渡、短路过渡等)：/

(按所焊位置和工件厚度，分别将电流、电压和焊接速度实测值填入下表)

焊道	焊接方法	填充金属	规格/mm	电源种类及极性	焊接电流/A	电弧电压/V	焊接速度/(cm/min)	最大热输入/(kJ/cm)
1	GTAW	H08MnA	ϕ2.5	DCEN	100～150	14～16	8～12	18.0
2	GTAW	H08MnA	ϕ2.5	DCEN	130～180	14～16	8～12	21.6
3	GTAW	H08MnA	ϕ2.5	DCEN	130～180	14～16	10～14	17.3

技术措施：

摆动焊或不摆动焊：/　　摆动参数：/

焊前清理和层间清理：打磨　　背面清根方法：修磨

单道焊或多道焊/每面：一面，多道焊　　单丝焊或多丝焊：单丝

导电嘴至工件距离/mm：/　　锤击：/

换热管与管板的连接方式：/　　换热管与管板接头的清理方法：/

预置金属衬套：/　　预置金属衬套的形状与尺寸：/

其他：

拉伸试验(GB/T 228)：　　试验报告编号：LH1124

试验条件	编号	试样宽度/mm	试样厚度/mm	横截面积/mm^2	断裂载荷/kN	R_m/MPa	断裂位置及特征
接头板拉	PQR1124-1	25.1	6.05	151.9	75.2	485	断于母材
	PQR1124-2	25.2	6.1	153.7	75.3	480	断于母材

弯曲试验(GB/T 2653)：　　试验报告编号：LH1124

试验条件	编号	试样尺寸/mm	弯心直径/mm	弯曲角度/(°)	试验结果
面弯	PQR1124-3	6	24	180	合格
面弯	PQR1124-4	6	24	180	合格
背弯	PQR1124-5	6	24	180	合格
背弯	PQR1124-6	6	24	180	合格

焊接工艺评定报告(PQR)

冲击试验(GB/T 229): 试验报告编号:LH1124

编号	试样位置	V型缺口位置	试样尺寸/mm	试验温度/℃	冲击吸收能量/J
PQR1124-7	焊缝	缺口轴线位于焊缝中心线上	5×10×55	0	65
PQR1124-8					53
PQR1124-9					43
PQR1124-10	热影响区	缺口轴线至试样纵轴线与熔合线交点的距离 $k>0$mm,且尽可能多地通过热影响区	5×10×55	0	51
PQR1124-11					46
PQR1124-12					52

金相试验(角焊缝、模拟组合件): 试验报告编号:

检验面编号	1	2	3	4	5	6	7	8	结果
有无裂纹、未熔合									
角焊缝厚度/mm									
焊脚高 l /mm									
是否焊透									

金相检验(角焊缝、模拟组合件):

根部: 焊透□ 未焊透□

焊缝: 熔合□ 未熔合□

焊缝及热影响区: 有裂纹□ 无裂纹□

两焊脚之差值:

试验报告编号:

堆焊层复层熔敷金属化学成分/% 执行标准: 试验报告编号:

C	Si	Mn	P	S	Cr	Ni	Mo	Ti	Al	Nb	Fe	…

化学成分测定表面至熔合线距离/mm:

非破坏性试验:

VT外观检查: 无裂纹 PT: MT: UT: RT: 无裂纹

预焊接工艺规程 pWPS 1125

预焊接工艺规程(pWPS)
单位名称：×××× pWPS 编号：pWPS 1125 日期：××××

焊接方法： GTAW 机动化程度：手工☑　机动□　自动□ 焊接接头：对接☑　角接□　堆焊□ 衬垫(材料及规格)：焊缝金属 其他：/	**简图(接头形式、坡口形式与尺寸、焊层、焊道布置及顺序)：** 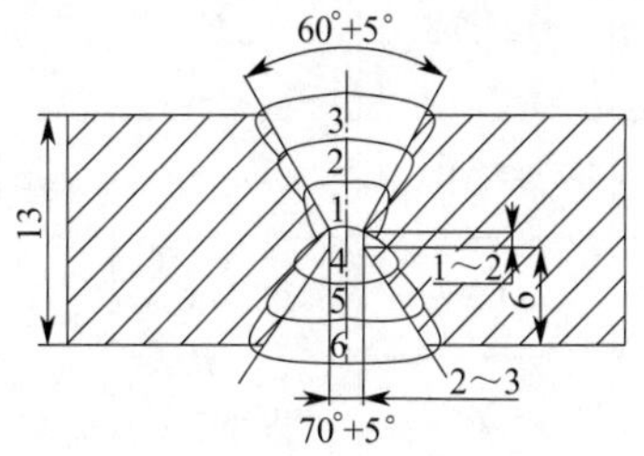

母材：		
试件序号	①	②
材料	Q245R	Q245R
标准或规范	GB/T 713	GB/T 713
规格/mm	δ=13	δ=13
类别号	Fe-1	Fe-1
组别号	Fe-1-1	Fe-1-1
对接焊缝焊件母材厚度范围/mm	13～26	13～26
角焊缝焊件母材厚度范围/mm	不限	不限
管子直径、壁厚范围(对接或角接)/mm	/	/
其他：	/	

填充金属：		
焊材类别(种类)	焊丝	
型号(牌号)	ER50-3(H08MnA)	
标准	NB/T 47018.3	
填充金属规格/mm	ϕ2.5，ϕ3.2	
焊材分类代号	FeS-1-1	
对接焊缝焊件焊缝金属范围/mm	0～26	
角焊缝焊件焊缝金属范围/mm	不限	
其他：		

预热及后热：		**气体：**			
最小预热温度/℃	15	项目	气体种类	混合比/%	流量/(L/min)
最大道间温度/℃	250	保护气	Ar	99.99	8～12
后热温度/℃	/	尾部保护气	/	/	/
后热保温时间/h	/	背面保护气	/	/	/

焊后热处理：	AW	**焊接位置：**			
热处理温度/℃	/	对接焊缝位置	1G	方向(向上、向下)	/
热处理时间/h	/	角焊缝位置	/	方向(向上、向下)	/

预焊接工艺规程(pWPS)

电特性：

钨极类型及直径/mm：铈钨极，$\phi 3.0$　　喷嘴直径/mm：$\phi 12$

熔滴过渡形式(喷射过渡、短路过渡等)：/

(按所焊位置和工件厚度，分别将电流、电压和焊接速度范围填入下表)

焊道/焊层	焊接方法	填充金属	规格/mm	电源种类及极性	焊接电流/A	电弧电压/V	焊接速度/(cm/min)	最大热输入/(kJ/cm)
1	GTAW	H08MnA	$\phi 2.5$	DCEN	150～180	14～16	8～12	21.6
2—3	GTAW	H08MnA	$\phi 3.2$	DCEN	170～200	14～16	10～14	19.2
4	GTAW	H08MnA	$\phi 3.2$	DCEN	170～200	14～16	8～12	24
5—6	GTAW	H08MnA	$\phi 3.2$	DCEN	170～200	14～16	10～14	19.2

技术措施：

摆动焊或不摆动焊：/　　摆动参数：/

焊前清理和层间清理：刷或磨　　背面清根方法：修磨

单道焊或多道焊/每面：多道焊　　单丝焊或多丝焊：单丝

导电嘴至工件距离/mm：/　　锤击：/

换热管与管板的连接方式：/　　换热管与管板接头的清理方法：/

预置金属衬套：/　　预置金属衬套的形状与尺寸：/

其他：环境温度>0℃，相对湿度<90%。

检验要求及执行标准：

按 NB/T 47014—2023 及相关技术要求进行评定，项目如下：

1. 外观检查和无损检测(按 NB/T 47013.2)结果不得有裂纹；
2. 焊接接头板拉二件(按 GB/T 228)，$R_m \geqslant 400$MPa；
3. 焊接接头侧弯四件(按 GB/T 2653)，$D=4a$　$a=10$　$\alpha=180°$，沿任何方向不得有单条长度大于 3mm 的开口缺陷；
4. 焊缝、热影响区 0℃ KV_2 冲击各三件(按 GB/T 229)，焊接接头 V 型缺口 10mm×10mm×55mm 试样冲击吸收能量平均值不低于 20J。

编制		日期		审核		日期		批准		日期	

焊接工艺评定报告（PQR1125）

焊接工艺评定报告(PQR)

单位名称： ××××

PQR 编号：PQR1125　　pWPS 编号：pWPS 1125

焊接方法：GTAW　　机动化程度：手工☑　机动□　自动□

焊接接头：对接☑　角接□　堆焊□　　其他：/

接头简图(接头形式、尺寸、衬垫、每种焊接方法或焊接工艺的焊缝金属厚度)：

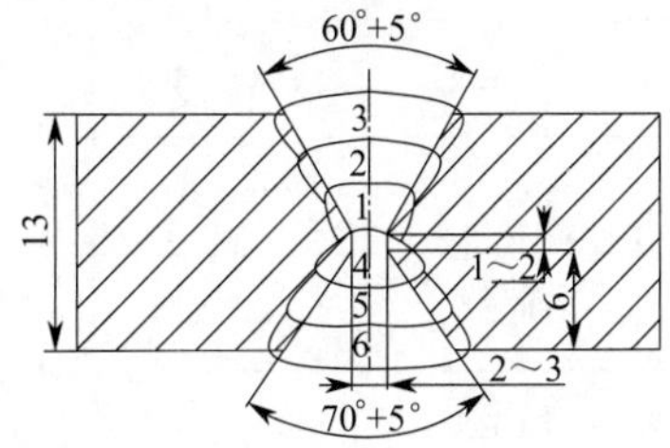

母材：

试件序号	①	②
材料	Q245R	Q245R
标准或规范	GB/T 713	GB/T 713
规格/mm	δ=13	δ=13
类别号	Fe-1	Fe-1
组别号	Fe-1-1	Fe-1-1

填充金属：

分类	焊丝	
型号(牌号)	ER50-3(H08MnA)	
标准	NB/T 47018.3	
填充金属规格/mm	ϕ2.5，ϕ3.2	
焊材分类代号	FeS-1-1	
焊缝金属厚度/mm	13	

预热及后热：

最小预热温度/℃	室温 20	最大道间温度/℃	235
后热温度及保温时间/(℃×h)	/		

焊后热处理： AW

保温温度/℃	/	保温时间/h	/

焊接位置：

对接焊缝焊接位置	1G	方向(向上、向下)	/
角焊缝焊接位置	/	方向(向上、向下)	/

气体：

项目	气体种类	混合比/%	流量/(L/min)
保护气	Ar	99.99	8~12
尾部保护气	/	/	/
背面保护气	/	/	/

焊接工艺评定报告(PQR)

电特性：

钨极类型及直径/mm：铈钨极，ϕ3.0　　喷嘴直径/mm：ϕ12

熔滴过渡形式(喷射过渡、短路过渡等)：/

(按所焊位置和工件厚度，分别将电流、电压和焊接速度实测值填入下表)

焊道	焊接方法	填充金属	规格/mm	电源种类及极性	焊接电流/A	电弧电压/V	焊接速度/(cm/min)	最大热输入/(kJ/cm)
1	GTAW	H08MnA	ϕ2.5	DCEN	150～190	14～16	8～12	22.8
2—3	GTAW	H08MnA	ϕ3.2	DCEN	170～210	14～16	10～14	20.2
4	GTAW	H08MnA	ϕ3.2	DCEN	170～210	14～16	8～12	25.2
5—6	GTAW	H08MnA	ϕ3.2	DCEN	170～210	14～16	10～14	20.2

技术措施：

摆动焊或不摆动焊：/　　摆动参数：/

焊前清理和层间清理：打磨　　背面清根方法：修磨

单道焊或多道焊/每面：多道焊　　单丝焊或多丝焊：单丝

导电嘴至工件距离/mm：/　　锤击：/

换热管与管板的连接方式：/　　换热管与管板接头的清理方法：/

预置金属衬套：/　　预置金属衬套的形状与尺寸：/

其他：

拉伸试验(GB/T 228)：　　试验报告编号：LH1125

试验条件	编号	试样宽度/mm	试样厚度/mm	横截面积/mm^2	断裂载荷/kN	R_m/MPa	断裂位置及特征
接头板拉	PQR1125-1	25.1	13.2	331.3	158.3	468	断于母材
	PQR1125-2	25.2	13.3	335.2	162	473	断于母材

弯曲试验(GB/T 2653)：　　试验报告编号：LH1125

试验条件	编号	试样尺寸/mm	弯心直径/mm	弯曲角度/(°)	试验结果
侧弯	PQR1125-3	10	40	180	合格
侧弯	PQR1125-4	10	40	180	合格
侧弯	PQR1125-5	10	40	180	合格
侧弯	PQR1125-6	10	40	180	合格

焊接工艺评定报告(PQR)

冲击试验(GB/T 229)： 试验报告编号：LH1125

编号	试样位置	V型缺口位置	试样尺寸/mm	试验温度/℃	冲击吸收能量/J
PQR1125-7	焊缝	缺口轴线位于焊缝中心线上	10×10×55	0	85
PQR1125-8					76
PQR1125-9					82
PQR1125-10	热影响区	缺口轴线至试样纵轴线与熔合线交点的距离 $k>0$mm，且尽可能多地通过热影响区	10×10×55	0	65
PQR1125-11					75
PQR1125-12					64

金相试验(角焊缝、模拟组合件)： 试验报告编号：

检验面编号	1	2	3	4	5	6	7	8	结果
有无裂纹、未熔合									
角焊缝厚度/mm									
焊脚高 l/mm									
是否焊透									

金相检验(角焊缝、模拟组合件)：

根部：焊透□　　未焊透□

焊缝：熔合□　　未熔合□

焊缝及热影响区：有裂纹□　　无裂纹□

两焊脚之差值：________

试验报告编号：________

堆焊层复层熔敷金属化学成分/% 执行标准： 试验报告编号：

C	Si	Mn	P	S	Cr	Ni	Mo	Ti	Al	Nb	Fe	…

化学成分测定表面至熔合线距离/mm：________

非破坏性试验：

VT外观检查：无裂纹　　PT：____　　MT：____　　UT：____　　RT：无裂纹

预焊接工艺规程 pWPS 1126

预焊接工艺规程(pWPS)

单位名称： ××××

pWPS 编号： pWPS 1126

日期： ××××

焊接方法： GTAW

机动化程度： 手工☑ 机动□ 自动□

焊接接头： 对接☑ 角接□ 堆焊□

衬垫(材料及规格)： 焊缝金属

其他： /

简图(接头形式、坡口形式与尺寸、焊层、焊道布置及顺序)：

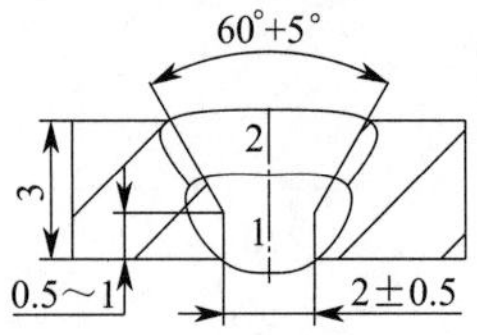

母材：

试件序号	①	②
材料	Q245R	Q245R
标准或规范	GB/T 713	GB/T 713
规格/mm	δ=3	δ=3
类别号	Fe-1	Fe-1
组别号	Fe-1-1	Fe-1-1
对接焊缝焊件母材厚度范围/mm	1.5～6	1.5～6
角焊缝焊件母材厚度范围/mm	不限	不限
管子直径、壁厚范围(对接或角接)/mm	/	/
其他：	/	

填充金属：

焊材类别(种类)	焊丝	
型号(牌号)	ER50-3(H08MnA)	
标准	NB/T 47018.3	
填充金属规格/mm	ϕ2.0,ϕ2.5	
焊材分类代号	FeS-1-1	
对接焊缝焊件焊缝金属范围/mm	0～6	
角焊缝焊件焊缝金属范围/mm	不限	
其他：		

预热及后热：		**气体：**			
最小预热温度/℃	15	项目	气体种类	混合比/%	流量/(L/min)
最大道间温度/℃	250	保护气	Ar	99.99	8～12
后热温度/℃	/	尾部保护气	/	/	/
后热保温时间/h	/	背面保护气	/	/	/

焊后热处理：	SR	**焊接位置：**			
热处理温度/℃	620±20	对接焊缝位置	1G	方向(向上、向下)	/
热处理时间/h	2.5	角焊缝位置	/	方向(向上、向下)	/

预焊接工艺规程(pWPS)

电特性：

钨极类型及直径/mm：铈钨极，ϕ2.4　　喷嘴直径/mm：ϕ10

熔滴过渡形式(喷射过渡、短路过渡等)：/

(按所焊位置和工件厚度，分别将电流、电压和焊接速度范围填入下表)

焊道/焊层	焊接方法	填充金属	规格/mm	电源种类及极性	焊接电流/A	电弧电压/V	焊接速度/(cm/min)	最大热输入/(kJ/cm)
1	GTAW	H08MnA	ϕ2.0	DCEN	80～100	14～16	8～10	12.0
2	GTAW	H08MnA	ϕ2.5	DCEN	100～120	14～16	8～10	14.4

技术措施：

摆动焊或不摆动焊：/　　摆动参数：/

焊前清理和层间清理：刷或磨　　背面清根方法：修磨

单道焊或多道焊/每面：一面，多道焊　　单丝焊或多丝焊：单丝

导电嘴至工件距离/mm：/　　锤击：/

换热管与管板的连接方式：/　　换热管与管板接头的清理方法：/

预置金属衬套：/　　预置金属衬套的形状与尺寸：/

其他：环境温度>0℃，相对湿度<90%。

检验要求及执行标准：

按 NB/T 47014—2023 及相关技术要求进行评定，项目如下：

1. 外观检查和无损检测(按 NB/T 47013.2)结果不得有裂纹；
2. 焊接接头板拉二件(按 GB/T 228)，$R_m \geqslant 400$MPa；
3. 焊接接头面弯、背弯各二件(按 GB/T 2653)，$D=4a$　$a=3.0$　$\alpha=180°$，沿任何方向不得有单条长度大于 3mm 的开口缺陷。

编制		日期		审核		日期		批准		日期	

焊接工艺评定报告（PQR1126）

焊接工艺评定报告(PQR)

单位名称： ××××

PQR 编号：PQR1126　　pWPS 编号：pWPS 1126

焊接方法：GTAW　　机动化程度：手工☑　机动□　自动□

焊接接头：对接☑　角接□　堆焊□　　其他：/

接头简图(接头形式、尺寸、衬垫、每种焊接方法或焊接工艺的焊缝金属厚度)：

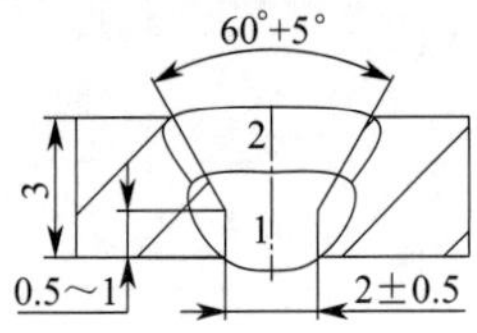

母材：

试件序号	①	②
材料	Q245R	Q245R
标准或规范	GB/T 713	GB/T 713
规格/mm	δ=3	δ=3
类别号	Fe-1	Fe-1
组别号	Fe-1-1	Fe-1-1

填充金属：

分类	焊丝	
型号(牌号)	ER50-3(H08MnA)	
标准	NB/T 47018.3	
填充金属规格/mm	ϕ2.0，ϕ2.5	
焊材分类代号	FeS-1-1	
焊缝金属厚度/mm	3	

预热及后热：

最小预热温度/℃	室温 20	最大道间温度/℃	235
后热温度及保温时间/(℃×h)	/		

焊后热处理： SR

保温温度/℃	630	保温时间/h	2.5

焊接位置：

对接焊缝焊接位置	1G	方向(向上、向下)	/
角焊缝焊接位置	/	方向(向上、向下)	/

气体：

项目	气体种类	混合比/%	流量/(L/min)
保护气	Ar	99.99	8～12
尾部保护气	/	/	/
背面保护气	/	/	/

焊接工艺评定报告(PQR)

电特性：

钨极类型及直径/mm：铈钨极，ϕ2.4　　喷嘴直径/mm：ϕ10

熔滴过渡形式(喷射过渡、短路过渡等)：/

(按所焊位置和工件厚度，分别将电流、电压和焊接速度实测值填入下表)

焊道	焊接方法	填充金属	规格/mm	电源种类及极性	焊接电流/A	电弧电压/V	焊接速度/(cm/min)	最大热输入/(kJ/cm)
1	GTAW	H08MnA	ϕ2.0	DCEN	80～110	14～16	8～10	13.2
2	GTAW	H08MnA	ϕ2.5	DCEN	100～130	14～16	8～10	15.6

技术措施：

摆动焊或不摆动焊：/　　摆动参数：/

焊前清理和层间清理：打磨　　背面清根方法：修磨

单道焊或多道焊/每面：一面，多道焊　　单丝焊或多丝焊：单丝

导电嘴至工件距离/mm：/　　锤击：/

换热管与管板的连接方式：/　　换热管与管板接头的清理方法：/

预置金属衬套：/　　预置金属衬套的形状与尺寸：/

其他：

拉伸试验(GB/T 228)：　　试验报告编号：LH1126

试验条件	编号	试样宽度/mm	试样厚度/mm	横截面积/mm^2	断裂载荷/kN	R_m/MPa	断裂位置及特征
接头板拉	PQR1126-1	25.1	3.1	77.8	38	471	断于母材
	PQR1126-2	25.2	3.15	79.4	37.7	465	断于母材

弯曲试验(GB/T 2653)：　　试验报告编号：LH1126

试验条件	编号	试样尺寸/mm	弯心直径/mm	弯曲角度/(°)	试验结果
面弯	PQR1126-3	3.0	12	180	合格
面弯	PQR1126-4	3.0	12	180	合格
背弯	PQR1126-5	3.0	12	180	合格
背弯	PQR1126-6	3.0	12	180	合格

焊接工艺评定报告(PQR)

冲击试验(GB/T 229)：　　　　试验报告编号：

编号	试样位置	V型缺口位置	试样尺寸/mm	试验温度℃	冲击吸收能量/J

金相试验(角焊缝、模拟组合件)：　　　　试验报告编号：

检验面编号	1	2	3	4	5	6	7	8	结果
有无裂纹、未熔合									
角焊缝厚度/mm									
焊脚高 l /mm									
是否焊透									

金相检验(角焊缝、模拟组合件)：

根部：焊透□　　未焊透□

焊缝：熔合□　　未熔合□

焊缝及热影响区：有裂纹□　　无裂纹□

两焊脚之差值：________

试验报告编号：________

堆焊层复层熔敷金属化学成分/%　执行标准：　　　　试验报告编号：

C	Si	Mn	P	S	Cr	Ni	Mo	Ti	Al	Nb	Fe	…

化学成分测定表面至熔合线距离/mm：________

非破坏性试验：

VT外观检查：无裂纹　　PT：______　　MT：______　　UT：______　　RT：无裂纹

预焊接工艺规程 pWPS 1127

预焊接工艺规程(pWPS)

单位名称： ××××

pWPS 编号： pWPS 1127

日期： ××××

焊接方法： GTAW

机动化程度： 手工☑ 机动☐ 自动☐

焊接接头： 对接☑ 角接☐ 堆焊☐

衬垫(材料及规格)： 焊缝金属

其他： /

简图(接头形式、坡口形式与尺寸、焊层、焊道布置及顺序)：

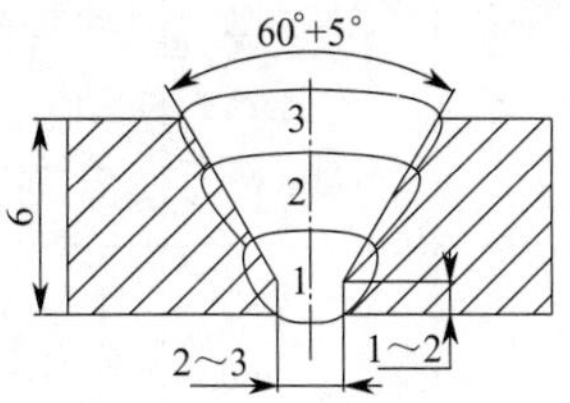

母材：

试件序号	①	②
材料	Q245R	Q245R
标准或规范	GB/T 713	GB/T 713
规格/mm	$\delta=6$	$\delta=6$
类别号	Fe-1	Fe-1
组别号	Fe-1-1	Fe-1-1
对接焊缝焊件母材厚度范围/mm	6～12	6～12
角焊缝焊件母材厚度范围/mm	不限	不限
管子直径、壁厚范围(对接或角接)/mm	/	/
其他： /		

填充金属：

焊材类别(种类)	焊丝	
型号(牌号)	ER50-3(H08MnA)	
标准	NB/T 47018.3	
填充金属规格/mm	ϕ2.5	
焊材分类代号	FeS-1-1	
对接焊缝焊件焊缝金属范围/mm	0～12	
角焊缝焊件焊缝金属范围/mm	不限	
其他：		

预热及后热：		**气体：**			
最小预热温度/℃	15	项目	气体种类	混合比/%	流量/(L/min)
最大道间温度/℃	250	保护气	Ar	99.99	8～12
后热温度/℃	/	尾部保护气	/	/	/
后热保温时间/h	/	背面保护气	/	/	/

焊后热处理：	SR	**焊接位置：**			
热处理温度/℃	620±20	对接焊缝位置	1G	方向(向上、向下)	/
热处理时间/h	3	角焊缝位置	/	方向(向上、向下)	/

预焊接工艺规程(pWPS)

电特性：

钨极类型及直径/mm：铈钨极，ϕ3.0　　喷嘴直径/mm：ϕ12

熔滴过渡形式(喷射过渡、短路过渡等)：/

(按所焊位置和工件厚度，分别将电流、电压和焊接速度范围填入下表)

焊道/焊层	焊接方法	填充金属	规格 /mm	电源种类及极性	焊接电流 /A	电弧电压 /V	焊接速度 /(cm/min)	最大热输入 /(kJ/cm)
1	GTAW	H08MnA	ϕ2.5	DCEN	100～140	14～16	8～12	16.8
2	GTAW	H08MnA	ϕ2.5	DCEN	130～170	14～16	8～12	20.4
3	GTAW	H08MnA	ϕ2.5	DCEN	130～170	14～16	10～14	16.3

技术措施：

摆动焊或不摆动焊：/　　摆动参数：/

焊前清理和层间清理：刷或磨　　背面清根方法：修磨

单道焊或多道焊/每面：一面，多道焊　　单丝焊或多丝焊：单丝

导电嘴至工件距离/mm：/　　锤击：/

换热管与管板的连接方式：/　　换热管与管板接头的清理方法：/

预置金属衬套：/　　预置金属衬套的形状与尺寸：/

其他：环境温度＞0℃，相对湿度＜90％。

检验要求及执行标准：

按 NB/T 47014—2023 及相关技术要求进行评定，项目如下：

1. 外观检查和无损检测(按 NB/T 47013.2)结果不得有裂纹；
2. 焊接接头板拉二件(按 GB/T 228)，$R_m \geq 400$MPa；
3. 焊接接头面弯、背弯各二件(按 GB/T 2653)，$D=4a$　$a=6$　$\alpha=180°$，沿任何方向不得有单条长度大于 3mm 的开口缺陷；
4. 焊缝、热影响区 0℃ KV_2 冲击各三件(按 GB/T 229)，焊接接头 V 型缺口 5mm×10mm×55mm 试样冲击吸收能量平均值不低于 10J。

编制		日期		审核		日期		批准		日期	

焊接工艺评定报告（PQR1127）

焊接工艺评定报告（PQR）

单位名称： ××××

PQR 编号：PQR1127　　pWPS 编号：pWPS 1127

焊接方法：GTAW　　机动化程度：手工☑　机动□　自动□

焊接接头：对接☑　角接□　堆焊□　　其他：/

接头简图（接头形式、尺寸、衬垫、每种焊接方法或焊接工艺的焊缝金属厚度）：

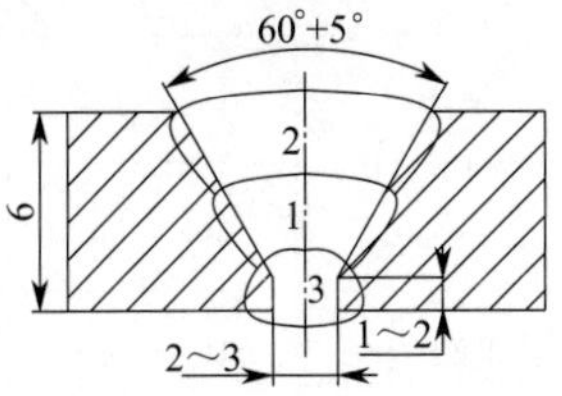

母材：

试件序号	①	②
材料	Q245R	Q245R
标准或规范	GB/T 713	GB/T 713
规格/mm	$\delta=6$	$\delta=6$
类别号	Fe-1	Fe-1
组别号	Fe-1-1	Fe-1-1

填充金属：

分类	焊丝	
型号(牌号)	ER50-3(H08MnA)	
标准	NB/T 47018.3	
填充金属规格/mm	$\phi 2.5$	
焊材分类代号	FeS-1-1	
焊缝金属厚度/mm	6	

预热及后热：

最小预热温度/℃	室温 20	最大道间温度/℃	235
后热温度及保温时间/(℃×h)	/		

焊后热处理： SR

保温温度/℃	630	保温时间/h	3

焊接位置：

对接焊缝焊接位置	1G	方向（向上、向下）	/
角焊缝焊接位置	/	方向（向上、向下）	/

气体：

项目	气体种类	混合比/%	流量/(L/min)
保护气	Ar	99.99	8～12
尾部保护气	/	/	/
背面保护气	/	/	/

焊接工艺评定报告(PQR)

电特性：

钨极类型及直径/mm：铈钨极，ϕ3.0　　喷嘴直径/mm：ϕ12

熔滴过渡形式(喷射过渡、短路过渡等)：/

(按所焊位置和工件厚度，分别将电流、电压和焊接速度实测值填入下表)

焊道	焊接方法	填充金属	规格/mm	电源种类及极性	焊接电流/A	电弧电压/V	焊接速度/(cm/min)	最大热输入/(kJ/cm)
1	GTAW	H08MnA	ϕ2.5	DCEN	100～150	14～16	8～12	18.0
2	GTAW	H08MnA	ϕ2.5	DCEN	130～180	14～16	8～12	21.6
3	GTAW	H08MnA	ϕ2.5	DCEN	130～180	14～16	10～14	17.3

技术措施：

摆动焊或不摆动焊：/　　摆动参数：/

焊前清理和层间清理：打磨　　背面清根方法：修磨

单道焊或多道焊/每面：一面，多道焊　　单丝焊或多丝焊：单丝

导电嘴至工件距离/mm：/　　锤击：/

换热管与管板的连接方式：/　　换热管与管板接头的清理方法：/

预置金属衬套：/　　预置金属衬套的形状与尺寸：/

其他：

拉伸试验(GB/T 228)：　　试验报告编号：LH1127

试验条件	编号	试样宽度/mm	试样厚度/mm	横截面积/mm^2	断裂载荷/kN	R_m/MPa	断裂位置及特征
接头板拉	PQR1127-1	25.1	6.1	153.1	75	480	断于母材
	PQR1127-2	25.15	6.1	153.4	74.5	476	断于母材

弯曲试验(GB/T 2653)：　　试验报告编号：LH1127

试验条件	编号	试样尺寸/mm	弯心直径/mm	弯曲角度/(°)	试验结果
面弯	PQR1127-3	6	24	180	合格
面弯	PQR1127-4	6	24	180	合格
背弯	PQR1127-5	6	24	180	合格
背弯	PQR1127-6	6	24	180	合格

焊接工艺评定报告(PQR)

冲击试验(GB/T 229)： 试验报告编号：LH1127

编号	试样位置	V型缺口位置	试样尺寸/mm	试验温度/℃	冲击吸收能量/J
PQR1127-7	焊缝	缺口轴线位于焊缝中心线上	5×10×55	0	51
PQR1127-8					66
PQR1127-9					56
PQR1127-10	热影响区	缺口轴线至试样纵轴线与熔合线交点的距离 $k>0$mm，且尽可能多地通过热影响区	5×10×55	0	49
PQR1127-11					46
PQR1127-12					52

金相试验(角焊缝、模拟组合件)： 试验报告编号：

检验面编号	1	2	3	4	5	6	7	8	结果
有无裂纹、未熔合									
角焊缝厚度/mm									
焊脚高 l/mm									
是否焊透									

金相检验(角焊缝、模拟组合件)：

根部：焊透□　　未焊透□

焊缝：熔合□　　未熔合□

焊缝及热影响区：有裂纹□　　无裂纹□

两焊脚之差值：

试验报告编号：

堆焊层复层熔敷金属化学成分/% 执行标准： 试验报告编号：

C	Si	Mn	P	S	Cr	Ni	Mo	Ti	Al	Nb	Fe	…

化学成分测定表面至熔合线距离/mm：

非破坏性试验：

VT外观检查：无裂纹　　PT：　　MT：　　UT：　　RT：无裂纹

预焊接工艺规程 pWPS 1128

预焊接工艺规程(pWPS)

单位名称： ××××

pWPS 编号： pWPS 1128

日期： ××××

焊接方法： GTAW	**简图(接头形式、坡口形式与尺寸、焊层、焊道布置及顺序)：**
机动化程度： 手工☑ 机动□ 自动□	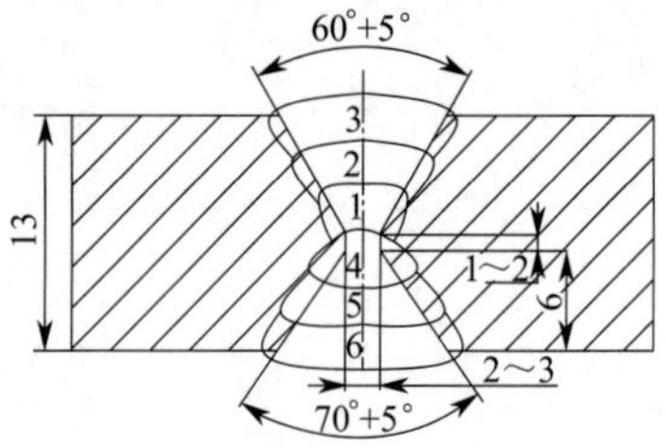
焊接接头： 对接☑ 角接□ 堆焊□	
衬垫(材料及规格)： 焊缝金属	
其他： /	

母材：

试件序号	①	②
材料	Q245R	Q245R
标准或规范	GB/T 713	GB/T 713
规格/mm	δ=13	δ=13
类别号	Fe-1	Fe-1
组别号	Fe-1-1	Fe-1-1
对接焊缝焊件母材厚度范围/mm	13～26	13～26
角焊缝焊件母材厚度范围/mm	不限	不限
管子直径、壁厚范围(对接或角接)/mm	/	/
其他：	/	

填充金属：

焊材类别(种类)	焊丝	
型号(牌号)	ER50-3(H08MnA)	
标准	NB/T 47018.3	
填充金属规格/mm	ϕ2.5,ϕ3.2	
焊材分类代号	FeS-1-1	
对接焊缝焊件焊缝金属范围/mm	0～26	
角焊缝焊件焊缝金属范围/mm	不限	
其他：		

预热及后热：		**气体：**			
最小预热温度/℃	15	项目	气体种类	混合比/%	流量/(L/min)
最大道间温度/℃	250	保护气	Ar	99.99	8～12
后热温度/℃	/	尾部保护气	/	/	/
后热保温时间/h	/	背面保护气	/	/	/

焊后热处理：	SR	**焊接位置：**			
热处理温度/℃	620±20	对接焊缝位置	1G	方向(向上、向下)	/
热处理时间/h	4	角焊缝位置	/	方向(向上、向下)	/

预焊接工艺规程(pWPS)

电特性：

钨极类型及直径/mm：铈钨极，ϕ3.0　　喷嘴直径/mm：ϕ12

熔滴过渡形式(喷射过渡、短路过渡等)：/

(按所焊位置和工件厚度，分别将电流、电压和焊接速度范围填入下表)

焊道/焊层	焊接方法	填充金属	规格/mm	电源种类及极性	焊接电流/A	电弧电压/V	焊接速度/(cm/min)	最大热输入/(kJ/cm)
1	GTAW	H08MnA	ϕ2.5	DCEN	150～180	14～16	8～12	21.6
2—3	GTAW	H08MnA	ϕ3.2	DCEN	170～200	14～16	10～14	19.2
4	GTAW	H08MnA	ϕ3.2	DCEN	170～200	14～16	8～12	24
5—6	GTAW	H08MnA	ϕ3.2	DCEN	170～200	14～16	10～14	19.2

技术措施：

摆动焊或不摆动焊：/　　摆动参数：/

焊前清理和层间清理：刷或磨　　背面清根方法：修磨

单道焊或多道焊/每面：多道焊　　单丝焊或多丝焊：单丝

导电嘴至工件距离/mm：/　　锤击：/

换热管与管板的连接方式：/　　换热管与管板接头的清理方法：/

预置金属衬套：/　　预置金属衬套的形状与尺寸：/

其他：环境温度>0℃，相对湿度<90%。

检验要求及执行标准：

按 NB/T 47014—2023 及相关技术要求进行评定，项目如下：

1. 外观检查和无损检测(按 NB/T 47013.2)结果不得有裂纹；
2. 焊接接头板拉二件(按 GB/T 228)，$R_m \geqslant 400$MPa；
3. 焊接接头侧弯四件(按 GB/T 2653)，$D=4a$　$a=10$　$\alpha=180°$，沿任何方向不得有单条长度大于 3mm 的开口缺陷；
4. 焊缝、热影响区 0℃ KV_2 冲击各三件(按 GB/T 229)，焊接接头 V 型缺口 10mm×10mm×55mm 试样冲击吸收能量平均值不低于 20J。

编制		日期		审核		日期		批准		日期	

焊接工艺评定报告（PQR1128）

焊接工艺评定报告（PQR）

单位名称： ××××

PQR 编号：PQR1128　　pWPS 编号：pWPS 1128

焊接方法：GTAW　　机动化程度：手工☑　机动□　自动□

焊接接头：对接☑　角接□　堆焊□　　其他：/

接头简图（接头形式、尺寸、衬垫、每种焊接方法或焊接工艺的焊缝金属厚度）：

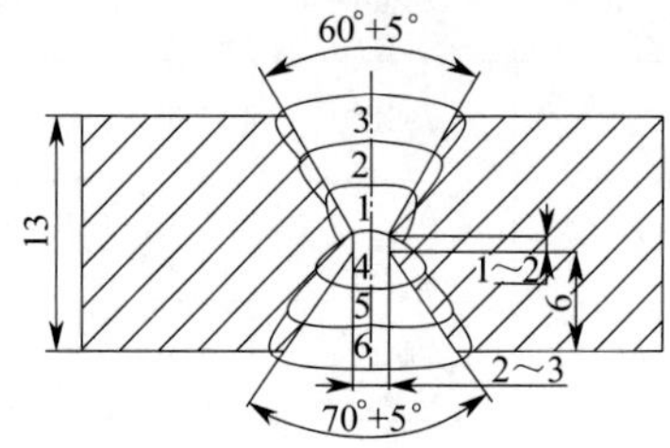

母材：

试件序号	①	②
材料	Q245R	Q245R
标准或规范	GB/T 713	GB/T 713
规格/mm	δ=13	δ=13
类别号	Fe-1	Fe-1
组别号	Fe-1-1	Fe-1-1

填充金属：

分类	焊丝	
型号（牌号）	ER50-3（H08MnA）	
标准	NB/T 47018.3	
填充金属规格/mm	ϕ2.5，ϕ3.2	
焊材分类代号	FeS-1-1	
焊缝金属厚度/mm	13	

预热及后热：

最小预热温度/℃	室温 20	最大道间温度/℃	235
后热温度及保温时间/（℃×h）	/		

焊后热处理： SR

保温温度/℃	634	保温时间/h	4

焊接位置：

对接焊缝焊接位置	1G	方向（向上、向下）	/
角焊缝焊接位置	/	方向（向上、向下）	/

气体：

项目	气体种类	混合比/%	流量/（L/min）
保护气	Ar	99.99	8～12
尾部保护气	/	/	/
背面保护气	/	/	/

焊接工艺评定报告(PQR)

电特性：

钨极类型及直径/mm：铈钨极，ϕ3.0　　喷嘴直径/mm：ϕ12

熔滴过渡形式(喷射过渡、短路过渡等)：/

(按所焊位置和工件厚度，分别将电流、电压和焊接速度实测值填入下表)

焊道	焊接方法	填充金属	规格/mm	电源种类及极性	焊接电流/A	电弧电压/V	焊接速度/(cm/min)	最大热输入/(kJ/cm)
1	GTAW	H08MnA	ϕ2.5	DCEN	150～190	14～16	8～12	22.8
2—3	GTAW	H08MnA	ϕ3.2	DCEN	170～210	14～16	10～14	20.2
4	GTAW	H08MnA	ϕ3.2	DCEN	170～210	14～16	8～12	25.2
5—6	GTAW	H08MnA	ϕ3.2	DCEN	170～210	14～16	10～14	20.2

技术措施：

摆动焊或不摆动焊：/　　摆动参数：/

焊前清理和层间清理：打磨　　背面清根方法：修磨

单道焊或多道焊/每面：多道焊　　单丝焊或多丝焊：单丝

导电嘴至工件距离/mm：/　　锤击：/

换热管与管板的连接方式：/　　换热管与管板接头的清理方法：/

预置金属衬套：/　　预置金属衬套的形状与尺寸：/

其他：

拉伸试验(GB/T 228)：　　试验报告编号：LH1128

试验条件	编号	试样宽度/mm	试样厚度/mm	横截面积/mm^2	断裂载荷/kN	R_m/MPa	断裂位置及特征
接头板拉	PQR1128-1	25.1	13.2	331.3	158.3	468	断于母材
	PQR1128-2	25.2	13.3	335.2	160.8	470	断于母材

弯曲试验(GB/T 2653)：　　试验报告编号：LH1128

试验条件	编号	试样尺寸/mm	弯心直径/mm	弯曲角度/(°)	试验结果
侧弯	PQR1128-3	10	40	180	合格
侧弯	PQR1128-4	10	40	180	合格
侧弯	PQR1128-5	10	40	180	合格
侧弯	PQR1128-6	10	40	180	合格

焊接工艺评定报告(PQR)

冲击试验(GB/T 229)： 试验报告编号：LH1128

编号	试样位置	V型缺口位置	试样尺寸/mm	试验温度/℃	冲击吸收能量/J
PQR1128-7	焊缝	缺口轴线位于焊缝中心线上	10×10×55	0	85
PQR1128-8					76
PQR1128-9					82
PQR1128-10	热影响区	缺口轴线至试样纵轴线与熔合线交点的距离 $k>0$mm，且尽可能多地通过热影响区	10×10×55	0	65
PQR1128-11					75
PQR1128-12					64

金相试验(角焊缝、模拟组合件)： 试验报告编号：

检验面编号	1	2	3	4	5	6	7	8	结果
有无裂纹、未熔合									
角焊缝厚度/mm									
焊脚高 l/mm									
是否焊透									

金相检验(角焊缝、模拟组合件)：

根部：焊透□ 未焊透□

焊缝：熔合□ 未熔合□

焊缝及热影响区：有裂纹□ 无裂纹□

两焊脚之差值：

试验报告编号：

堆焊层复层熔敷金属化学成分/% 执行标准： 试验报告编号：

C	Si	Mn	P	S	Cr	Ni	Mo	Ti	Al	Nb	Fe	…

化学成分测定表面至熔合线距离/mm：

非破坏性试验：

VT外观检查：无裂纹 PT： MT： UT： RT：无裂纹

第二节　低合金钢的焊接工艺评定（Fe-1-2）

预焊接工艺规程 pWPS 1201

预焊接工艺规程(pWPS)

单位名称： ××××

pWPS 编号： pWPS 1201

日期： ××××

焊接方法： SMAW	**简图(接头形式、坡口形式与尺寸、焊层、焊道布置及顺序)：**
机动化程度： 手工☑　机动□　自动□	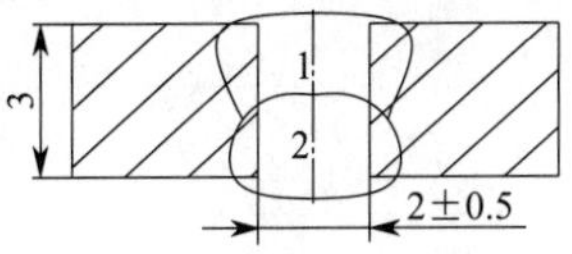
焊接接头： 对接☑　角接□　堆焊□	
衬垫(材料及规格)： 焊缝金属	
其他： /	

母材：

试件序号	①	②
材料	Q345R	Q345R
标准或规范	GB/T 713	GB/T 713
规格/mm	$\delta=3$	$\delta=3$
类别号	Fe-1	Fe-1
组别号	Fe-1-2	Fe-1-2
对接焊缝焊件母材厚度范围/mm	1.5～6	1.5～6
角焊缝焊件母材厚度范围/mm	不限	不限
管子直径、壁厚范围(对接或角接)/mm	/	/
其他： /		

填充金属：

焊材类别(种类)	焊条	
型号(牌号)	E5015(J507)	
标准	NB/T 47018.2	
填充金属规格/mm	$\phi3.2$	
焊材分类代号	FeT-1-2	
对接焊缝焊件焊缝金属范围/mm	0～6	
角焊缝焊件焊缝金属范围/mm	不限	
其他： /		

预热及后热：		**气体：**			
最小预热温度/℃	15	项目	气体种类	混合比/%	流量/(L/min)
最大道间温度/℃	250	保护气	/	/	/
后热温度/℃	/	尾部保护气	/	/	/
后热保温时间/h	/	背面保护气	/	/	/

焊后热处理：	AW	**焊接位置：**			
热处理温度/℃	/	对接焊缝位置	1G	方向(向上、向下)	/
热处理时间/h	/	角焊缝位置	/	方向(向上、向下)	/

预焊接工艺规程(pWPS)

电特性：

钨极类型及直径/mm：/　　喷嘴直径/mm：/

熔滴过渡形式(喷射过渡、短路过渡等)：/

(按所焊位置和工件厚度，分别将电流、电压和焊接速度范围填入下表)

焊道/焊层	焊接方法	填充金属	规格/mm	电源种类及极性	焊接电流/A	电弧电压/V	焊接速度/(cm/min)	最大热输入/(kJ/cm)
1	SMAW	J507	ϕ3.2	DCEP	90～100	24～26	10～13	15.6
2	SMAW	J507	ϕ3.2	DCEP	110～120	24～26	10～12	18.7

技术措施：

摆动焊或不摆动焊：/　　摆动参数：/

焊前清理和层间清理：刷或磨　　背面清根方法：修磨

单道焊或多道焊/每面：单道焊　　单丝焊或多丝焊：/

导电嘴至工件距离/mm：/　　锤击：/

换热管与管板的连接方式：/　　换热管与管板接头的清理方法：/

预置金属衬套：/　　预置金属衬套的形状与尺寸：/

其他：环境温度>0℃，相对湿度<90%。

检验要求及执行标准：

按 NB/T 47014—2023 及相关技术要求进行评定，项目如下：

1. 外观检查和无损检测(按 NB/T 47013.2)结果不得有裂纹；
2. 焊接接头板拉二件(按 GB/T 228)，$R_m \geqslant 510$MPa；
3. 焊接接头面弯、背弯各二件(按 GB/T 2653)，$D=4a$　$a=3.0$　$\alpha=180°$，沿任何方向不得有单条长度大于 3mm 的开口缺陷。

编制		日期		审核		日期		批准		日期	

焊接工艺评定报告（PQR1201）

焊接工艺评定报告(PQR)

单位名称： ××××

PQR 编号：PQR1201　　pWPS 编号：pWPS 1201

焊接方法：SMAW　　机动化程度：手工☑　机动□　自动□

焊接接头：对接☑　角接□　堆焊□　　其他：/

接头简图(接头形式、尺寸、衬垫、每种焊接方法或焊接工艺的焊缝金属厚度)：

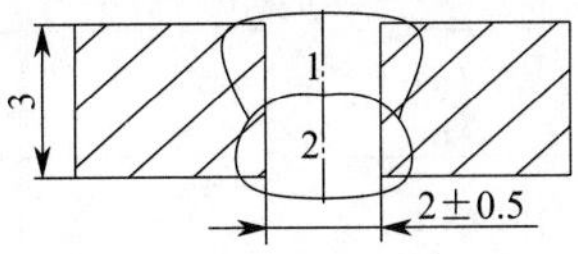

母材：

试件序号	①	②
材料	Q345R	Q345R
标准或规范	GB/T 713	GB/T 713
规格/mm	δ=3	δ=3
类别号	Fe-1	Fe-1
组别号	Fe-1-2	Fe-1-2

填充金属：

分类	焊条	
型号(牌号)	E5015(J507)	
标准	NB/T 47018.2	
填充金属规格/mm	ϕ3.2	
焊材分类代号	FeT-1-2	
焊缝金属厚度/mm	3	

预热及后热：

最小预热温度/℃	室温 20	最大道间温度/℃	235
后热温度及保温时间/(℃×h)	/		

焊后热处理： AW

保温温度/℃	/	保温时间/h	/

焊接位置：

对接焊缝焊接位置	1G	方向(向上、向下)	/
角焊缝焊接位置	/	方向(向上、向下)	/

气体：

项目	气体种类	混合比/%	流量/(L/min)
保护气	/	/	/
尾部保护气	/	/	/
背面保护气	/	/	/

焊接工艺评定报告(PQR)

电特性：

钨极类型及直径/mm：/　　喷嘴直径/mm：/

熔滴过渡形式(喷射过渡、短路过渡等)：/

(按所焊位置和工件厚度，分别将电流、电压和焊接速度实测值填入下表)

焊道	焊接方法	填充金属	规格/mm	电源种类及极性	焊接电流/A	电弧电压/V	焊接速度/(cm/min)	最大热输入/(kJ/cm)
1	SMAW	J507	ϕ3.2	DCEP	100～120	24～26	10～13	15.8
2	SMAW	J507	ϕ3.2	DCEP	120～130	24～26	10～12	20.28

技术措施：

摆动焊或不摆动焊：/　　摆动参数：/

焊前清理和层间清理：打磨　　背面清根方法：修磨

单道焊或多道焊/每面：单道焊　　单丝焊或多丝焊：/

导电嘴至工件距离/mm：/　　锤击：/

换热管与管板的连接方式：/　　换热管与管板接头的清理方法：/

预置金属衬套：/　　预置金属衬套的形状与尺寸：/

其他：

拉伸试验(GB/T 228)：　　试验报告编号：LH1201

试验条件	编号	试样宽度/mm	试样厚度/mm	横截面积/mm^2	断裂载荷/kN	R_m/MPa	断裂位置及特征
接头板拉	PQR1201-1	25.2	3.1	78.12	46.5	595	断于母材
	PQR1201-2	25.3	3.0	75.9	44.5	586	断于母材

弯曲试验(GB/T 2653)：　　试验报告编号：LH1201

试验条件	编号	试样尺寸/mm	弯心直径/mm	弯曲角度/(°)	试验结果
面弯	PQR1201-3	3.0	12	180	合格
面弯	PQR1201-4	3.0	12	180	合格
背弯	PQR1201-5	3.0	12	180	合格
背弯	PQR1201-6	3.0	12	180	合格

焊接工艺评定报告(PQR)

冲击试验(GB/T 229)： 试验报告编号：

编号	试样位置	V 型缺口位置	试样尺寸 /mm	试验温度 /℃	冲击吸收能量 /J

金相试验(角焊缝、模拟组合件)： 试验报告编号：

检验面编号	1	2	3	4	5	6	7	8	结果
有无裂纹、未熔合									
角焊缝厚度 /mm									
焊脚高 l /mm									
是否焊透									

金相检验(角焊缝、模拟组合件)：

根部：焊透□　　未焊透□

焊缝：熔合□　　未熔合□

焊缝及热影响区：有裂纹□　　无裂纹□

两焊脚之差值：

试验报告编号：

堆焊层复层熔敷金属化学成分/% 执行标准： 试验报告编号：

C	Si	Mn	P	S	Cr	Ni	Mo	Ti	Al	Nb	Fe	…

化学成分测定表面至熔合线距离/mm：

非破坏性试验：

VT 外观检查：无裂纹　　PT：　　MT：　　UT：　　RT：无裂纹

预焊接工艺规程 pWPS 1202

预焊接工艺规程(pWPS)				
单位名称：×××× pWPS 编号：pWPS 1202 日期：××××				
焊接方法：SMAW 机动化程度：手工☑ 机动□ 自动□ 焊接接头：对接☑ 角接□ 堆焊□ 衬垫(材料及规格)：焊缝金属 其他：/	简图(接头形式、坡口形式与尺寸、焊层、焊道布置及顺序)： 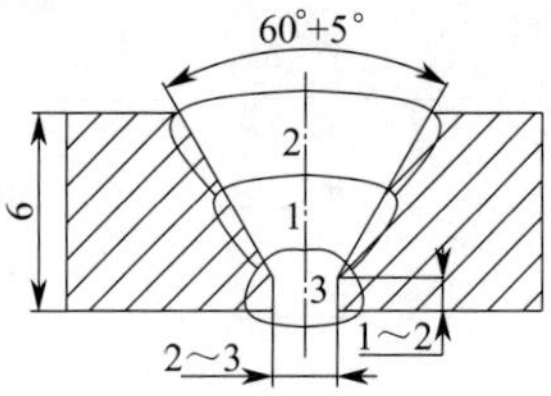			
母材：				
试件序号	①	②		
材料	Q345R	Q345R		
标准或规范	GB/T 713	GB/T 713		
规格/mm	δ=6	δ=6		
类别号	Fe-1	Fe-1		
组别号	Fe-1-2	Fe-1-2		
对接焊缝焊件母材厚度范围/mm	6～12	6～12		
角焊缝焊件母材厚度范围/mm	不限	不限		
管子直径、壁厚范围(对接或角接)/mm	/	/		
其他：/				
填充金属：				
焊材类别(种类)	焊条			
型号(牌号)	E5015(J507)			
标准	NB/T 47018.2			
填充金属规格/mm	ϕ3.2,ϕ4.0			
焊材分类代号	FeT-1-2			
对接焊缝焊件焊缝金属范围/mm	0～12			
角焊缝焊件焊缝金属范围/mm	不限			
其他：/				

预热及后热：		**气体：**			
最小预热温度/℃	15	项目	气体种类	混合比/%	流量/(L/min)
最大道间温度/℃	250	保护气	/	/	/
后热温度/℃	/	尾部保护气	/	/	/
后热保温时间/h	/	背面保护气	/	/	/
焊后热处理：	AW	**焊接位置：**			
热处理温度/℃	/	对接焊缝位置	1G	方向(向上、向下)	/
热处理时间/h	/	角焊缝位置	/	方向(向上、向下)	/

预焊接工艺规程(pWPS)

电特性：

钨极类型及直径/mm：/　　喷嘴直径/mm：/

熔滴过渡形式(喷射过渡、短路过渡等)：/

(按所焊位置和工件厚度，分别将电流、电压和焊接速度范围填入下表)

焊道/焊层	焊接方法	填充金属	规格/mm	电源种类及极性	焊接电流/A	电弧电压/V	焊接速度/(cm/min)	最大热输入/(kJ/cm)
1	SMAW	J507	ϕ3.2	DCEP	90～100	24～26	10～13	15.6
2	SMAW	J507	ϕ4.0	DCEP	140～160	24～26	14～16	17.8
3	SMAW	J507	ϕ4.0	DCEP	160～180	24～26	12～14	23.4

技术措施：

摆动焊或不摆动焊：/　　摆动参数：/

焊前清理和层间清理：刷或磨　　背面清根方法：碳弧气刨＋修磨

单道焊或多道焊/每面：多道焊＋单道焊　　单丝焊或多丝焊：/

导电嘴至工件距离/mm：/　　锤击：/

换热管与管板的连接方式：/　　换热管与管板接头的清理方法：/

预置金属衬套：/　　预置金属衬套的形状与尺寸：/

其他：环境温度＞0℃，相对湿度＜90%。

检验要求及执行标准：

按 NB/T 47014—2023 及相关技术要求进行评定，项目如下：

1. 外观检查和无损检测(按 NB/T 47013.2)结果不得有裂纹；
2. 焊接接头板拉二件(按 GB/T 228)，$R_m \geqslant 510$MPa；
3. 焊接接头面弯、背弯各二件(按 GB/T 2653)，$D=4a$　$a=6$　$\alpha=180°$，沿任何方向不得有单条长度大于 3mm 的开口缺陷；
4. 焊缝、热影响区 0℃ KV_2 冲击各三件(按 GB/T 229)，焊接接头 V 型缺口 5mm×10mm×55mm 试样冲击吸收能量平均值不低于 12J。

编制		日期		审核		日期		批准		日期	

焊接工艺评定报告（PQR1202）

焊接工艺评定报告(PQR)							
单位名称：×××× PQR 编号：PQR1202　　pWPS 编号：pWPS 1202 焊接方法：SMAW　　机动化程度：手工☑ 机动□ 自动□ 焊接接头：对接☑ 角接□ 堆焊□　　其他：/							
接头简图(接头形式、尺寸、衬垫、每种焊接方法或焊接工艺的焊缝金属厚度)： 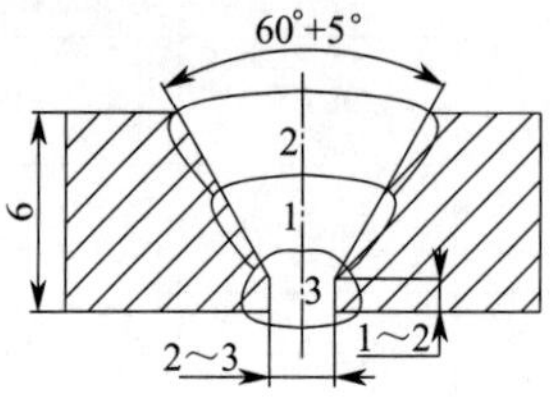 							
母材：							
试件序号			①		②		
材料			Q345R		Q345R		
标准或规范			GB/T 713		GB/T 713		
规格/mm			$\delta=6$		$\delta=6$		
类别号			Fe-1		Fe-1		
组别号			Fe-1-2		Fe-1-2		
填充金属：							
分类			焊条				
型号(牌号)			E5015(J507)				
标准			NB/T 47018.2				
填充金属规格/mm			$\phi3.2$，$\phi4.0$				
焊材分类代号			FeT-1-2				
焊缝金属厚度/mm			6				
预热及后热：							
最小预热温度/℃			室温 20	最大道间温度/℃	235		
后热温度及保温时间/(℃×h)			/				
焊后热处理：			AW				
保温温度/℃			/	保温时间/h	/		
焊接位置：				**气体**：			
对接焊缝焊接位置	1G	方向 (向上、向下)	/	项目	气体种类	混合比/%	流量/(L/min)
				保护气	/	/	/
角焊缝焊接位置	/	方向 (向上、向下)	/	尾部保护气	/	/	/
				背面保护气	/	/	/

焊接工艺评定报告(PQR)

电特性:

钨极类型及直径/mm: / 喷嘴直径/mm: /

熔滴过渡形式(喷射过渡、短路过渡等): /

(按所焊位置和工件厚度,分别将电流、电压和焊接速度实测值填入下表)

焊道	焊接方法	填充金属	规格/mm	电源种类及极性	焊接电流/A	电弧电压/V	焊接速度/(cm/min)	最大热输入/(kJ/cm)
1	SMAW	J507	ϕ3.2	DCEP	90～110	24～26	10～13	17.2
2	SMAW	J507	ϕ4.0	DCEP	140～170	24～26	14～16	18.9
3	SMAW	J507	ϕ4.0	DCEP	160～190	24～26	12～14	24.7

技术措施:

摆动焊或不摆动焊: / 摆动参数: /

焊前清理和层间清理: 打磨 背面清根方法: 碳弧气刨＋修磨

单道焊或多道焊/每面: 多道焊＋单道焊 单丝焊或多丝焊: /

导电嘴至工件距离/mm: / 锤击: /

换热管与管板的连接方式: / 换热管与管板接头的清理方法: /

预置金属衬套: / 预置金属衬套的形状与尺寸: /

其他:

拉伸试验(GB/T 228): 试验报告编号:LH1202

试验条件	编号	试样宽度/mm	试样厚度/mm	横截面积/mm^2	断裂载荷/kN	R_m/MPa	断裂位置及特征
接头板拉	PQR1202-1	26.1	6.0	156.60	91.0	580	断于母材
	PQR1202-2	26.2	5.9	154.58	91.5	590	断于母材

弯曲试验(GB/T 2653): 试验报告编号: LH1202

试验条件	编号	试样尺寸/mm	弯心直径/mm	弯曲角度/(°)	试验结果
面弯	PQR1202-3	6	24	180	合格
面弯	PQR1202-4	6	24	180	合格
背弯	PQR1202-5	6	24	180	合格
背弯	PQR1202-6	6	24	180	合格

焊接工艺评定报告(PQR)

冲击试验(GB/T 229): 试验报告编号:LH1202

编号	试样位置	V型缺口位置	试样尺寸/mm	试验温度/℃	冲击吸收能量/J
PQR1202-7	焊缝	缺口轴线位于焊缝中心线上	5×10×55	0	72
PQR1202-8					78
PQR1202-9					68
PQR1202-10	热影响区	缺口轴线至试样纵轴线与熔合线交点的距离 $k>0$mm,且尽可能多地通过热影响区	5×10×55	0	50
PQR1202-11					42
PQR1202-12					52

金相试验(角焊缝、模拟组合件): 试验报告编号:

检验面编号	1	2	3	4	5	6	7	8	结果
有无裂纹、未熔合									
角焊缝厚度/mm									
焊脚高 l/mm									
是否焊透									

金相检验(角焊缝、模拟组合件):

根部: 焊透□ 未焊透□

焊缝: 熔合□ 未熔合□

焊缝及热影响区: 有裂纹□ 无裂纹□

两焊脚之差值:

试验报告编号:

堆焊层复层熔敷金属化学成分/% 执行标准: 试验报告编号:

C	Si	Mn	P	S	Cr	Ni	Mo	Ti	Al	Nb	Fe	…

化学成分测定表面至熔合线距离/mm:

非破坏性试验:

VT外观检查: 无裂纹 PT: MT: UT: RT: 无裂纹

预焊接工艺规程 pWPS 1203

预焊接工艺规程(pWPS)

单位名称： ××××

pWPS 编号： pWPS 1203

日期： ××××

焊接方法： SMAW

机动化程度： 手工☑　　机动☐　　自动☐

焊接接头： 对接☑　　角接☐　　堆焊☐

衬垫(材料及规格)： 焊缝金属

其他： /

简图(接头形式、坡口形式与尺寸、焊层、焊道布置及顺序)：

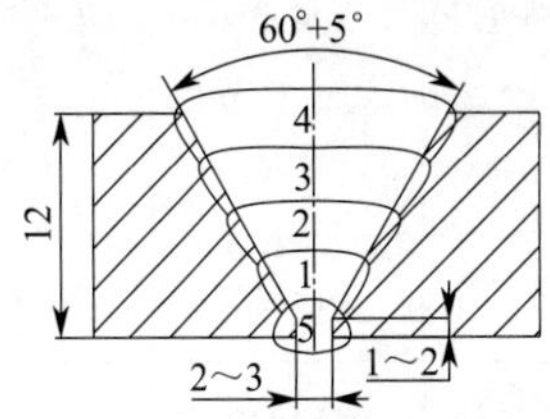

母材：

试件序号	①	②
材料	Q345R	Q345R
标准或规范	GB/T 713	GB/T 713
规格/mm	$\delta=12$	$\delta=12$
类别号	Fe-1	Fe-1
组别号	Fe-1-2	Fe-1-2
对接焊缝焊件母材厚度范围/mm	12～24	12～24
角焊缝焊件母材厚度范围/mm	不限	不限
管子直径、壁厚范围(对接或角接)/mm	/	/
其他：	/	

填充金属：

焊材类别(种类)	焊条	
型号(牌号)	E5015(J507)	
标准	NB/T 47018.2	
填充金属规格/mm	ϕ4.0，ϕ5.0	
焊材分类代号	FeT-1-2	
对接焊缝焊件焊缝金属范围/mm	0～24	
角焊缝焊件焊缝金属范围/mm	不限	
其他：	/	

预热及后热：		**气体：**			
最小预热温度/℃	15	项目	气体种类	混合比/%	流量/(L/min)
最大道间温度/℃	250	保护气	/	/	/
后热温度/℃	/	尾部保护气	/	/	/
后热保温时间/h	/	背面保护气	/	/	/

焊后热处理：	AW	**焊接位置：**			
热处理温度/℃	/	对接焊缝位置	1G	方向(向上、向下)	/
热处理时间/h	/	角焊缝位置	/	方向(向上、向下)	/

预焊接工艺规程(pWPS)

电特性：

钨极类型及直径/mm：/　　喷嘴直径/mm：/

熔滴过渡形式(喷射过渡、短路过渡等)：/

(按所焊位置和工件厚度，分别将电流、电压和焊接速度范围填入下表)

焊道/焊层	焊接方法	填充金属	规格/mm	电源种类及极性	焊接电流/A	电弧电压/V	焊接速度/(cm/min)	最大热输入/(kJ/cm)
1	SMAW	J507	ϕ4.0	DCEP	140～160	24～26	12～14	20.8
2—4	SMAW	J507	ϕ5.0	DCEP	180～210	24～26	12～16	27.3
5	SMAW	J507	ϕ4.0	DCEP	160～170	24～26	12～14	22.1

技术措施：

摆动焊或不摆动焊：/　　摆动参数：/

焊前清理和层间清理：刷或磨　　背面清根方法：碳弧气刨＋修磨

单道焊或多道焊/每面：多道焊＋单道焊　　单丝焊或多丝焊：/

导电嘴至工件距离/mm：/　　锤击：/

换热管与管板的连接方式：/　　换热管与管板接头的清理方法：/

预置金属衬套：/　　预置金属衬套的形状与尺寸：/

其他：环境温度＞0℃，相对湿度＜90％。

检验要求及执行标准：

按 NB/T 47014—2023 及相关技术要求进行评定，项目如下：

1. 外观检查和无损检测(按 NB/T 47013.2)结果不得有裂纹；
2. 焊接接头板拉二件(按 GB/T 228)，$R_m \geqslant 510$MPa；
3. 焊接接头侧弯四件(按 GB/T 2653)，$D=4a$　$a=10$　$\alpha=180°$，沿任何方向不得有单条长度大于 3mm 的开口缺陷；
4. 焊缝、热影响区 0℃ KV_2 冲击各三件(按 GB/T 229)，焊接接头 V 型缺口 10mm×10mm×55mm 试样冲击吸收能量平均值不低于 24J。

编制		日期		审核		日期		批准		日期	

焊接工艺评定报告（PQR1203）

焊接工艺评定报告（PQR）

单位名称：　××××

PQR 编号：PQR1203　　pWPS 编号：pWPS 1203

焊接方法：SMAW　　机动化程度：手工☑　机动☐　自动☐

焊接接头：对接☑　角接☐　堆焊☐　　其他：/

接头简图（接头形式、尺寸、衬垫、每种焊接方法或焊接工艺的焊缝金属厚度）：

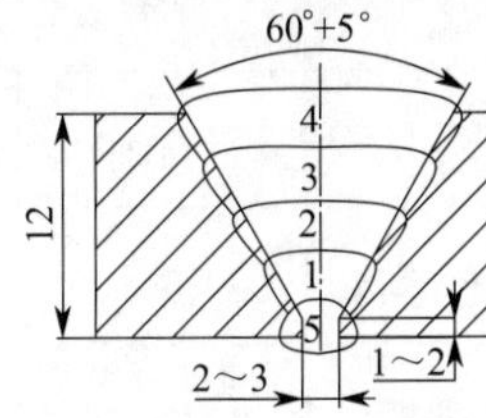

母材：

试件序号	①	②
材料	Q345R	Q345R
标准或规范	GB/T 713	GB/T 713
规格/mm	$\delta=12$	$\delta=12$
类别号	Fe-1	Fe-1
组别号	Fe-1-2	Fe-1-2

填充金属：

分类	焊条	
型号（牌号）	E5015（J507）	
标准	NB/T 47018.2	
填充金属规格/mm	$\phi 4.0$，$\phi 5.0$	
焊材分类代号	FeT-1-2	
焊缝金属厚度/mm	12	

预热及后热：

最小预热温度/℃	室温 20	最大道间温度/℃	235
后热温度及保温时间/（℃×h）	/		

焊后热处理： AW

保温温度/℃	/	保温时间/h	/

焊接位置：

对接焊缝焊接位置	1G	方向（向上、向下）	/
角焊缝焊接位置	/	方向（向上、向下）	/

气体：

项目	气体种类	混合比/%	流量/（L/min）
保护气	/	/	/
尾部保护气	/	/	/
背面保护气	/	/	/

焊接工艺评定报告(PQR)

电特性：

钨极类型及直径/mm：/　　喷嘴直径/mm：/

熔滴过渡形式(喷射过渡、短路过渡等)：/

(按所焊位置和工件厚度,分别将电流、电压和焊接速度实测值填入下表)

焊道	焊接方法	填充金属	规格/mm	电源种类及极性	焊接电流/A	电弧电压/V	焊接速度/(cm/min)	最大热输入/(kJ/cm)
1	SMAW	J507	ϕ4.0	DCEP	140～170	24～26	12～14	22.1
2—4	SMAW	J507	ϕ5.0	DCEP	180～220	24～26	12～16	28.6
5	SMAW	J507	ϕ4.0	DCEP	160～180	24～26	12～14	23.4

技术措施：

摆动焊或不摆动焊：/　　摆动参数：/

焊前清理和层间清理：打磨　　背面清根方法：碳弧气刨＋修磨

单道焊或多道焊/每面：多道焊＋单道焊　　单丝焊或多丝焊：/

导电嘴至工件距离/mm：/　　锤击：/

换热管与管板的连接方式：/　　换热管与管板接头的清理方法：/

预置金属衬套：/　　预置金属衬套的形状与尺寸：/

其他：

拉伸试验(GB/T 228)：　　试验报告编号：LH1203

试验条件	编号	试样宽度/mm	试样厚度/mm	横截面积/mm^2	断裂载荷/kN	R_m/MPa	断裂位置及特征
接头板拉	PQR1203-1	25.60	12.1	309.8	162.6	525	断于母材
	PQR1203-2	25.7	12.2	313.5	170.9	545	断于母材

弯曲试验(GB/T 2653)：　　试验报告编号：LH1203

试验条件	编号	试样尺寸/mm	弯心直径/mm	弯曲角度/(°)	试验结果
侧弯	PQR1203-3	10	40	180	合格
侧弯	PQR1203-4	10	40	180	合格
侧弯	PQR1203-5	10	40	180	合格
侧弯	PQR1203-6	10	40	180	合格

焊接工艺评定报告(PQR)

冲击试验(GB/T 229)：　　　　试验报告编号：LH1203

编号	试样位置	V型缺口位置	试样尺寸/mm	试验温度/℃	冲击吸收能量/J
PQR1203-7	焊缝	缺口轴线位于焊缝中心线上	10×10×55	0	139
PQR1203-8					145
PQR1203-9					144
PQR1203-10	热影响区	缺口轴线至试样纵轴线与熔合线交点的距离 $k>0$mm，且尽可能多地通过热影响区	10×10×55	0	160
PQR1203-11					156
PQR1203-12					150

金相试验(角焊缝、模拟组合件)：　　　　试验报告编号：

检验面编号	1	2	3	4	5	6	7	8	结果
有无裂纹、未熔合									
角焊缝厚度/mm									
焊脚高 l/mm									
是否焊透									

金相检验(角焊缝、模拟组合件)：
根部：焊透□　　未焊透□
焊缝：熔合□　　未熔合□
焊缝及热影响区：有裂纹□　　无裂纹□
两焊脚之差值：________
试验报告编号：________

堆焊层复层熔敷金属化学成分/%　执行标准：　　　　试验报告编号：

C	Si	Mn	P	S	Cr	Ni	Mo	Ti	Al	Nb	Fe	…

化学成分测定表面至熔合线距离/mm：________

非破坏性试验：
VT外观检查：无裂纹　　PT：____　　MT：____　　UT：____　　RT：无裂纹

预焊接工艺规程 pWPS 1204

预焊接工艺规程(pWPS)

单位名称： ××××
pWPS 编号： pWPS 1204
日期： ××××

焊接方法： SMAW
机动化程度： 手工☑ 机动□ 自动□
焊接接头： 对接☑ 角接□ 堆焊□
衬垫(材料及规格)： 焊缝金属
其他：双面焊，正面焊 3 层，背面清根后焊 3～4 层。

简图(接头形式、坡口形式与尺寸、焊层、焊道布置及顺序)：

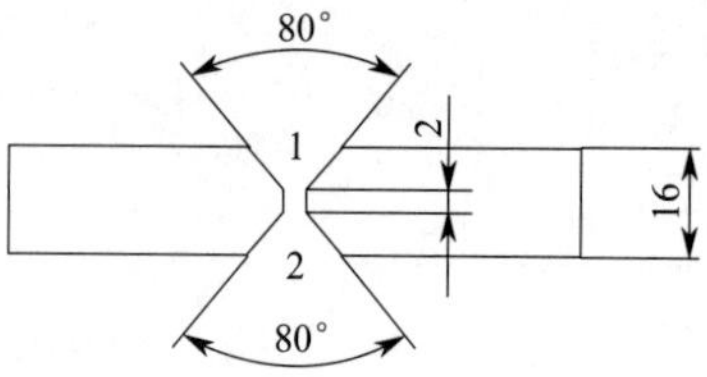

母材：

试件序号	①	②
材料	Q345R	Q345R
标准或规范	GB/T 713	GB/T 713
规格/mm	δ=16	δ=16
类别号	Fe-1	Fe-1
组别号	Fe-1-2	Fe-1-2
对接焊缝焊件母材厚度范围/mm	16～32	16～32
角焊缝焊件母材厚度范围/mm	不限	不限
管子直径、壁厚范围(对接或角接)/mm	/	/
其他：	/	

填充金属：

焊材类别(种类)	焊条	
型号(牌号)	E5016(J506)	
标准	NB/T 47018.2	
填充金属规格/mm	ϕ4.0，ϕ5.0	
焊材分类代号	FeT-1-2	
对接焊缝焊件焊缝金属范围/mm	0～32	
角焊缝焊件焊缝金属范围/mm	不限	
其他：	/	

预热及后热：		**气体：**			
最小预热温度/℃	15	项目	气体种类	混合比/%	流量/(L/min)
最大道间温度/℃	250	保护气	/	/	/
后热温度/℃	/	尾部保护气	/	/	/
后热保温时间/h	/	背面保护气	/	/	/

焊后热处理：	AW	**焊接位置：**			
热处理温度/℃	/	对接焊缝位置	1G	方向(向上、向下)	/
热处理时间/h	/	角焊缝位置	/	方向(向上、向下)	/

预焊接工艺规程(pWPS)

电特性：

钨极类型及直径/mm：/　　喷嘴直径/mm：/

熔滴过渡形式(喷射过渡、短路过渡等)：/

(按所焊位置和工件厚度,分别将电流、电压和焊接速度范围填入下表)

焊道/焊层	焊接方法	填充金属	规格/mm	电源种类及极性	焊接电流/A	电弧电压/V	焊接速度/(cm/min)	最大热输入/(kJ/cm)
1	SMAW	J506	ϕ4.0	DCEP	160～180	22～26	15～16	18.7
2—3	SMAW	J506	ϕ5.0	DCEP	180～220	22～26	15～16	22.9
1′—2′	SMAW	J506	ϕ4.0	DCEP	160～180	22～26	15～16	18.7
3′—4′	SMAW	J506	ϕ5.0	DCEP	180～220	22～26	15～16	22.9

技术措施：

摆动焊或不摆动焊：/　　摆动参数：/

焊前清理和层间清理：角磨机打磨　　背面清根方法：碳弧气刨＋修磨

单道焊或多道焊/每面：多道焊　　单丝焊或多丝焊：/

导电嘴至工件距离/mm：/　　锤击：/

换热管与管板的连接方式：/　　换热管与管板接头的清理方法：/

预置金属衬套：/　　预置金属衬套的形状与尺寸：/

其他：环境温度>0℃,相对湿度<90%。

检验要求及执行标准：

按 NB/T 47014—2023 及相关技术要求进行评定,项目如下：

1. 外观检查和无损检测(按 NB/T 47013.2)结果不得有裂纹；
2. 焊接接头板拉二件(按 GB/T 228),$R_m \geqslant 510$MPa；
3. 焊接接头侧弯四件(按 GB/T 2653),$D=4a$　$a=10$　$\alpha=180°$,沿任何方向不得有单条长度大于 3mm 的开口缺陷；
4. 焊缝、热影响区 0℃ KV_2 冲击各三件(按 GB/T 229),焊接接头 V 型缺口 10mm×10mm×55mm 试样冲击吸收能量平均值不低于 24J。

编制		日期		审核		日期		批准		日期	

焊接工艺评定报告(PQR1204)

焊接工艺评定报告(PQR)

单位名称: ××××

PQR 编号: PQR1204　　pWPS 编号: pWPS 1204

焊接方法: SMAW　　机动化程度: 手工☑　机动□　自动□

焊接接头: 对接☑　角接□　堆焊□　　其他: /

接头简图(接头形式、尺寸、衬垫、每种焊接方法或焊接工艺的焊缝金属厚度):

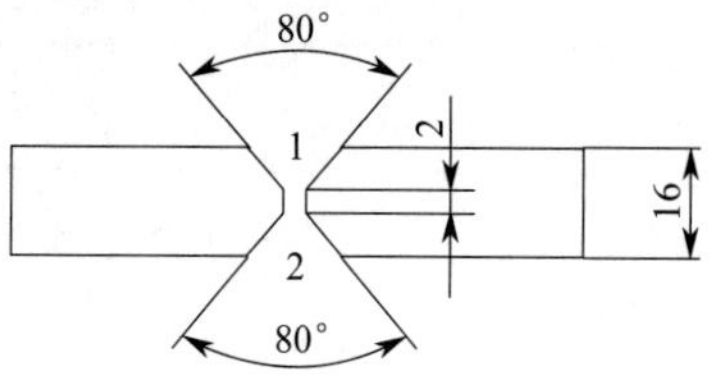

双面焊,正面焊 3 层,背面清根后焊 4 层。

母材:

试件序号	①	②
材料	Q345R	Q345R
标准或规范	GB/T 713	GB/T 713
规格/mm	δ=16	δ=16
类别号	Fe-1	Fe-1
组别号	Fe-1-2	Fe-1-2

填充金属:

分类	焊条	
型号(牌号)	E5016(J506)	
标准	NB/T 47018.2	
填充金属规格/mm	ϕ4.0,ϕ5.0	
焊材分类代号	FeT-1-2	
焊缝金属厚度/mm	16	

预热及后热:

最小预热温度/℃	室温 20	最大道间温度/℃	215
后热温度及保温时间/(℃×h)	/		

焊后热处理: AW

保温温度/℃	/	保温时间/h	/

焊接位置:

对接焊缝焊接位置	1G	方向(向上、向下)	/
角焊缝焊接位置	/	方向(向上、向下)	/

气体:

项目	气体种类	混合比/%	流量/(L/min)
保护气	/	/	/
尾部保护气	/	/	/
背面保护气	/	/	/

焊接工艺评定报告(PQR)

电特性：

钨极类型及直径/mm：/　　喷嘴直径/mm：/

熔滴过渡形式(喷射过渡、短路过渡等)：/

(按所焊位置和工件厚度，分别将电流、电压和焊接速度实测值填入下表)

焊道	焊接方法	填充金属	规格/mm	电源种类及极性	焊接电流/A	电弧电压/V	焊接速度/(cm/min)	最大热输入/(kJ/cm)
1	SMAW	J506	ϕ4.0	DCEP	160～190	22～26	15～16	19.8
2—3	SMAW	J506	ϕ5.0	DCEP	180～230	22～26	15～16	23.9
1′—2′	SMAW	J506	ϕ4.0	DCEP	160～190	22～26	15～16	19.8
3′—4′	SMAW	J506	ϕ5.0	DCEP	180～230	22～26	15～16	23.9

技术措施：

摆动焊或不摆动焊：/　　摆动参数：/

焊前清理和层间清理：角磨机打磨　　背面清根方法：碳弧气刨＋修磨

单道焊或多道焊/每面：多道焊　　单丝焊或多丝焊：/

导电嘴至工件距离/mm：/　　锤击：/

换热管与管板的连接方式：/　　换热管与管板接头的清理方法：/

预置金属衬套：/　　预置金属衬套的形状与尺寸：/

其他：

拉伸试验(GB/T 228)：　　试验报告编号：LH1204

试验条件	编号	试样宽度/mm	试样厚度/mm	横截面积/mm²	断裂载荷/kN	R_m/MPa	断裂位置及特征
接头板拉	PQR1204-1	26.0	15.7	408	233	570	断于母材
	PQR1204-2	26.3	15.9	418	246	590	断于母材

弯曲试验(GB/T 2653)：　　试验报告编号：LH1204

试验条件	编号	试样尺寸/mm	弯心直径/mm	弯曲角度/(°)	试验结果
侧弯	PQR1204-3	10	40	180	合格
侧弯	PQR1204-4	10	40	180	合格
侧弯	PQR1204-5	10	40	180	合格
侧弯	PQR1204-6	10	40	180	合格

焊接工艺评定报告(PQR)

冲击试验(GB/T 229)： 试验报告编号：LH1204

编号	试样位置	V型缺口位置	试样尺寸/mm	试验温度/℃	冲击吸收能量/J
PQR1204-7	焊缝	缺口轴线位于焊缝中心线上	10×10×55	0	76
PQR1204-8					72
PQR1204-9					99
PQR1204-10	热影响区	缺口轴线至试样纵轴线与熔合线交点的距离 $k>0$mm，且尽可能多地通过热影响区	10×10×55	0	110
PQR1204-11					102
PQR1204-12					123

金相试验(角焊缝、模拟组合件)： 试验报告编号：

检验面编号	1	2	3	4	5	6	7	8	结果
有无裂纹、未熔合									
角焊缝厚度/mm									
焊脚高 l/mm									
是否焊透									

金相检验(角焊缝、模拟组合件)：

根部：焊透□　　未焊透□

焊缝：熔合□　　未熔合□

焊缝及热影响区：有裂纹□　　无裂纹□

两焊脚之差值：

试验报告编号：

堆焊层复层熔敷金属化学成分/% 执行标准： 试验报告编号：

C	Si	Mn	P	S	Cr	Ni	Mo	Ti	Al	Nb	Fe	…

化学成分测定表面至熔合线距离/mm：

非破坏性试验：

VT 外观检查：无裂纹　　PT：　　MT：　　UT：　　RT：无裂纹

预焊接工艺规程 pWPS 1205

预焊接工艺规程(pWPS)

单位名称： ××××

pWPS 编号： pWPS 1205

日期： ××××

焊接方法： SMAW

机动化程度： 手工☑　机动☐　自动☐

焊接接头： 对接☑　角接☐　堆焊☐

衬垫(材料及规格)： 焊缝金属

其他： /

简图(接头形式、坡口形式与尺寸、焊层、焊道布置及顺序)：

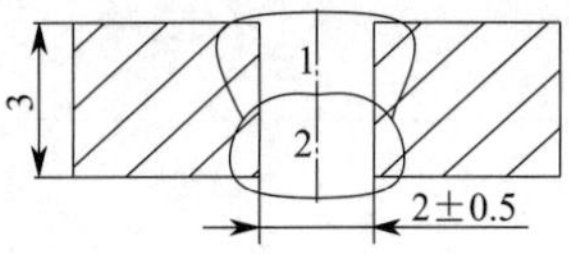

母材：

试件序号	①	②
材料	Q345R	Q345R
标准或规范	GB/T 713	GB/T 713
规格/mm	δ=3	δ=3
类别号	Fe-1	Fe-1
组别号	Fe-1-2	Fe-1-2
对接焊缝焊件母材厚度范围/mm	1.5～6	1.5～6
角焊缝焊件母材厚度范围/mm	不限	不限
管子直径、壁厚范围(对接或角接)/mm	/	/
其他： /		

填充金属：

焊材类别(种类)	焊条	
型号(牌号)	E5015(J507)	
标准	NB/T 47018.2	
填充金属规格/mm	ϕ3.2	
焊材分类代号	FeT-1-2	
对接焊缝焊件焊缝金属范围/mm	0～6	
角焊缝焊件焊缝金属范围/mm	不限	
其他： /		

预热及后热：		**气体：**			
最小预热温度/℃	15	项目	气体种类	混合比/%	流量/(L/min)
最大道间温度/℃	250	保护气	/	/	/
后热温度/℃	/	尾部保护气	/	/	/
后热保温时间/h	/	背面保护气	/	/	/

焊后热处理：	SR	**焊接位置：**			
热处理温度/℃	620±20	对接焊缝位置	1G	方向(向上、向下)	/
热处理时间/h	2.8	角焊缝位置	/	方向(向上、向下)	/

预焊接工艺规程(pWPS)

电特性：

钨极类型及直径/mm：/　　　喷嘴直径/mm：/

熔滴过渡形式(喷射过渡、短路过渡等)：/

(按所焊位置和工件厚度，分别将电流、电压和焊接速度范围填入下表)

焊道/焊层	焊接方法	填充金属	规格/mm	电源种类及极性	焊接电流/A	电弧电压/V	焊接速度/(cm/min)	最大热输入/(kJ/cm)
1	SMAW	J507	ϕ3.2	DCEP	90～100	24～26	10～13	15.6
2	SMAW	J507	ϕ3.2	DCEP	110～120	24～26	10～12	18.7

技术措施：

摆动焊或不摆动焊：/　　　摆动参数：/

焊前清理和层间清理：刷或磨　　　背面清根方法：修磨

单道焊或多道焊/每面：单道焊　　　单丝焊或多丝焊：/

导电嘴至工件距离/mm：/　　　锤击：/

换热管与管板的连接方式：/　　　换热管与管板接头的清理方法：/

预置金属衬套：/　　　预置金属衬套的形状与尺寸：/

其他：环境温度>0℃，相对湿度<90%。

检验要求及执行标准：

按 NB/T 47014—2023 及相关技术要求进行评定，项目如下：

1. 外观检查和无损检测(按 NB/T 47013.2)结果不得有裂纹；
2. 焊接接头板拉二件(按 GB/T 228)，$R_m \geqslant 510$MPa；
3. 焊接接头面弯、背弯各二件(按 GB/T 2653)，$D=4a$　$a=3.0$　$\alpha=180°$，沿任何方向不得有单条长度大于 3mm 的开口缺陷。

编制		日期		审核		日期		批准		日期	

焊接工艺评定报告（PQR1205）

焊接工艺评定报告(PQR)

单位名称： ××××

PQR 编号：PQR1205　　pWPS 编号：pWPS 1205

焊接方法：SMAW　　机动化程度：手工☑　机动□　自动□

焊接接头：对接☑　角接□　堆焊□　　其他：/

接头简图(接头形式、尺寸、衬垫、每种焊接方法或焊接工艺的焊缝金属厚度)：

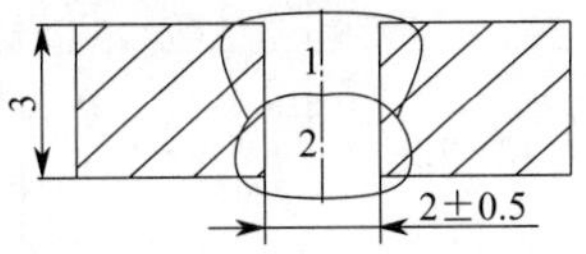

母材：

试件序号	①	②
材料	Q345R	Q345R
标准或规范	GB/T 713	GB/T 713
规格/mm	$\delta=3$	$\delta=3$
类别号	Fe-1	Fe-1
组别号	Fe-1-2	Fe-1-2

填充金属：

分类	焊条	
型号(牌号)	E5015(J507)	
标准	NB/T 47018.2	
填充金属规格/mm	$\phi 3.2$	
焊材分类代号	FeT-1-2	
焊缝金属厚度/mm	3	

预热及后热：

最小预热温度/℃	室温 20	最大道间温度/℃	235
后热温度及保温时间/(℃×h)	/		

焊后热处理： SR

保温温度/℃	630	保温时间/h	2.8

焊接位置：

对接焊缝焊接位置	1G	方向 (向上、向下)	/
角焊缝焊接位置	/	方向 (向上、向下)	/

气体：

项目	气体种类	混合比/%	流量/(L/min)
保护气	/	/	/
尾部保护气	/	/	/
背面保护气	/	/	/

焊接工艺评定报告(PQR)

电特性:

钨极类型及直径/mm: /　　喷嘴直径/mm: /

熔滴过渡形式(喷射过渡、短路过渡等): /

(按所焊位置和工件厚度,分别将电流、电压和焊接速度实测值填入下表)

焊道	焊接方法	填充金属	规格/mm	电源种类及极性	焊接电流/A	电弧电压/V	焊接速度/(cm/min)	最大热输入/(kJ/cm)
1	SMAW	J507	ϕ3.2	DCEP	100～120	24～26	10～13	15.8
2	SMAW	J507	ϕ3.2	DCEP	120～130	24～26	10～12	20.28

技术措施:

摆动焊或不摆动焊: /　　摆动参数: /

焊前清理和层间清理: 打磨　　背面清根方法: 修磨

单道焊或多道焊/每面: 单道焊　　单丝焊或多丝焊: /

导电嘴至工件距离/mm: /　　锤击: /

换热管与管板的连接方式: /　　换热管与管板接头的清理方法: /

预置金属衬套: /　　预置金属衬套的形状与尺寸: /

其他:

拉伸试验(GB/T 228):　　试验报告编号:LH1205

试验条件	编号	试样宽度/mm	试样厚度/mm	横截面积/mm^2	断裂载荷/kN	R_m/MPa	断裂位置及特征
接头板拉	PQR1205-1	25.30	3.1	78.43	46	587	断于母材
	PQR1205-2	25.4	3	76.2	43.9	576	断于母材

弯曲试验(GB/T 2653):　　试验报告编号: LH1205

试验条件	编号	试样尺寸/mm	弯心直径/mm	弯曲角度/(°)	试验结果
面弯	PQR1205-3	3.0	12	180	合格
面弯	PQR1205-4	3.0	12	180	合格
背弯	PQR1205-5	3.0	12	180	合格
背弯	PQR1205-6	3.0	12	180	合格

焊接工艺评定报告(PQR)

冲击试验(GB/T 229)：　　试验报告编号：

编号	试样位置	V型缺口位置	试样尺寸/mm	试验温度/℃	冲击吸收能量/J

金相试验(角焊缝、模拟组合件)：　　试验报告编号：

检验面编号	1	2	3	4	5	6	7	8	结果
有无裂纹、未熔合									
角焊缝厚度/mm									
焊脚高 l/mm									
是否焊透									

金相检验(角焊缝、模拟组合件)：
根部：焊透□　　未焊透□
焊缝：熔合□　　未熔合□
焊缝及热影响区：有裂纹□　　无裂纹□
两焊脚之差值：____
试验报告编号：____

堆焊层复层熔敷金属化学成分/%　执行标准：　　试验报告编号：

C	Si	Mn	P	S	Cr	Ni	Mo	Ti	Al	Nb	Fe	…

化学成分测定表面至熔合线距离/mm：____

非破坏性试验：
VT外观检查：无裂纹　　PT：____　　MT：____　　UT：____　　RT：无裂纹

预焊接工艺规程 pWPS 1206

预焊接工艺规程(pWPS)

单位名称： ××××

pWPS 编号： pWPS 1206

日期： ××××

焊接方法： SMAW

机动化程度： 手工☑ 机动☐ 自动☐

焊接接头： 对接☑ 角接☐ 堆焊☐

衬垫(材料及规格)： 焊缝金属

其他： /

简图(接头形式、坡口形式与尺寸、焊层、焊道布置及顺序)：

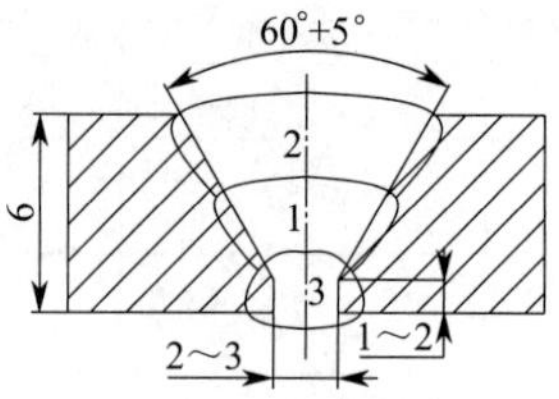

母材：

试件序号	①	②
材料	Q345R	Q345R
标准或规范	GB/T 713	GB/T 713
规格/mm	δ=6	δ=6
类别号	Fe-1	Fe-1
组别号	Fe-1-2	Fe-1-2
对接焊缝焊件母材厚度范围/mm	6～12	6～12
角焊缝焊件母材厚度范围/mm	不限	不限
管子直径、壁厚范围(对接或角接)/mm	/	/
其他：	/	

填充金属：

焊材类别(种类)	焊条	
型号(牌号)	E5015(J507)	
标准	NB/T 47018.2	
填充金属规格/mm	ϕ3.2,ϕ4.0	
焊材分类代号	FeT-1-2	
对接焊缝焊件焊缝金属范围/mm	0～12	
角焊缝焊件焊缝金属范围/mm	不限	
其他：	/	

预热及后热：

最小预热温度/℃	15
最大道间温度/℃	250
后热温度/℃	/
后热保温时间/h	/

气体：

项目	气体种类	混合比/%	流量/(L/min)
保护气	/	/	/
尾部保护气	/	/	/
背面保护气	/	/	/

焊后热处理： SR

热处理温度/℃	620±20
热处理时间/h	2.8

焊接位置：

对接焊缝位置	1G	方向(向上、向下)	/
角焊缝位置	/	方向(向上、向下)	/

预焊接工艺规程(pWPS)

电特性：

钨极类型及直径/mm：　/　　喷嘴直径/mm：　/

熔滴过渡形式(喷射过渡、短路过渡等)：　/

(按所焊位置和工件厚度，分别将电流、电压和焊接速度范围填入下表)

焊道/焊层	焊接方法	填充金属	规格/mm	电源种类及极性	焊接电流/A	电弧电压/V	焊接速度/(cm/min)	最大热输入/(kJ/cm)
1	SMAW	J507	ϕ3.2	DCEP	90～100	24～26	10～12	15.6
2	SMAW	J507	ϕ4.0	DCEP	140～160	24～26	14～16	17.8
3	SMAW	J507	ϕ4.0	DCEP	140～160	24～26	12～14	20.8

技术措施：

摆动焊或不摆动焊：　/　　摆动参数：　/

焊前清理和层间清理：　刷或磨　　背面清根方法：　碳弧气刨＋修磨

单道焊或多道焊/每面：　多道焊＋单道焊　　单丝焊或多丝焊：　/

导电嘴至工件距离/mm：　/　　锤击：　/

换热管与管板的连接方式：　/　　换热管与管板接头的清理方法：　/

预置金属衬套：　/　　预置金属衬套的形状与尺寸：　/

其他：　环境温度＞0℃，相对湿度＜90％。

检验要求及执行标准：

按 NB/T 47014—2023 及相关技术要求进行评定，项目如下：

1. 外观检查和无损检测(按 NB/T 47013.2)结果不得有裂纹；
2. 焊接接头板拉二件(按 GB/T 228)，$R_m \geqslant 510$MPa；
3. 焊接接头面弯、背弯各二件(按 GB/T 2653)，$D=4a$　$a=6$　$\alpha=180°$，沿任何方向不得有单条长度大于 3mm 的开口缺陷；
4. 焊缝、热影响区 0℃ KV_2 冲击各三件(按 GB/T 229)，焊接接头 V 型缺口 5mm×10mm×55mm 试样冲击吸收能量平均值不低于 12J。

编制		日期		审核		日期		批准		日期	

焊接工艺评定报告（PQR1206）

焊接工艺评定报告（PQR）

单位名称： ××××

PQR 编号：PQR1206　　pWPS 编号：pWPS 1206

焊接方法：SMAW　　机动化程度：手工☑　机动□　自动□

焊接接头：对接☑　角接□　堆焊□　　其他：/

接头简图（接头形式、尺寸、衬垫、每种焊接方法或焊接工艺的焊缝金属厚度）：

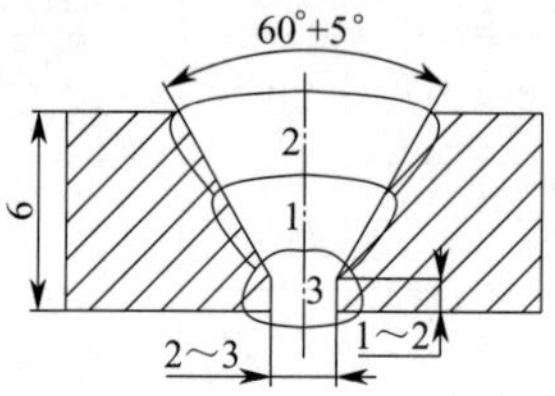

母材：

试件序号	①	②
材料	Q345R	Q345R
标准或规范	GB/T 713	GB/T 713
规格/mm	$\delta=6$	$\delta=6$
类别号	Fe-1	Fe-1
组别号	Fe-1-2	Fe-1-2

填充金属：

分类	焊条	
型号(牌号)	E5015(J507)	
标准	NB/T 47018.2	
填充金属规格/mm	$\phi3.2$，$\phi4.0$	
焊材分类代号	FeT-1-2	
焊缝金属厚度/mm	6	

预热及后热：

最小预热温度/℃	室温 20	最大道间温度/℃	235
后热温度及保温时间/(℃×h)	/		

焊后热处理： SR

保温温度/℃	635	保温时间/h	2.8

焊接位置：

对接焊缝焊接位置	1G	方向（向上、向下）	/
角焊缝焊接位置	/	方向（向上、向下）	/

气体：

项目	气体种类	混合比/%	流量/(L/min)
保护气	/	/	/
尾部保护气	/	/	/
背面保护气	/	/	/

焊接工艺评定报告(PQR)

电特性：

钨极类型及直径/mm：/　　喷嘴直径/mm：/

熔滴过渡形式(喷射过渡、短路过渡等)：/

(按所焊位置和工件厚度，分别将电流、电压和焊接速度实测值填入下表)

焊道	焊接方法	填充金属	规格/mm	电源种类及极性	焊接电流/A	电弧电压/V	焊接速度/(cm/min)	最大热输入/(kJ/cm)
1	SMAW	J507	ϕ3.2	DCEP	90～110	24～26	10～12	17.2
2	SMAW	J507	ϕ4.0	DCEP	140～170	24～26	14～16	18.9
3	SMAW	J507	ϕ4.0	DCEP	140～170	24～26	12～14	22.1

技术措施：

摆动焊或不摆动焊：/　　摆动参数：/

焊前清理和层间清理：打磨　　背面清根方法：碳弧气刨＋修磨

单道焊或多道焊/每面：多道焊＋单道焊　　单丝焊或多丝焊：/

导电嘴至工件距离/mm：/　　锤击：/

换热管与管板的连接方式：/　　换热管与管板接头的清理方法：/

预置金属衬套：/　　预置金属衬套的形状与尺寸：/

其他：

拉伸试验(GB/T 228)：　　试验报告编号：LH1206

试验条件	编号	试样宽度/mm	试样厚度/mm	横截面积/mm^2	断裂载荷/kN	R_m/MPa	断裂位置及特征
接头板拉	PQR1206-1	25.2	6.0	151.2	85.5	565	断于母材
	PQR1206-2	25.0	6.1	150.25	83.4	555	断于母材

弯曲试验(GB/T 2653)：　　试验报告编号：LH1206

试验条件	编号	试样尺寸/mm	弯心直径/mm	弯曲角度/(°)	试验结果
面弯	PQR1206-3	6	24	180	合格
面弯	PQR1206-4	6	24	180	合格
背弯	PQR1206-5	6	24	180	合格
背弯	PQR1206-6	6	24	180	合格

焊接工艺评定报告(PQR)

冲击试验(GB/T 229)： 试验报告编号：LH1206

编号	试样位置	V 型缺口位置	试样尺寸/mm	试验温度/℃	冲击吸收能量/J
PQR1206-7	焊缝	缺口轴线位于焊缝中心线上	5×10×55	0	66
PQR1206-8					56
PQR1206-9					44
PQR1206-10	热影响区	缺口轴线至试样纵轴线与熔合线交点的距离 $k>0$mm，且尽可能多地通过热影响区	5×10×55	0	48
PQR1206-11					36
PQR1206-12					48

金相试验(角焊缝、模拟组合件)： 试验报告编号：

检验面编号	1	2	3	4	5	6	7	8	结果
有无裂纹、未熔合									
角焊缝厚度/mm									
焊脚高 l /mm									
是否焊透									

金相检验(角焊缝、模拟组合件)：
根部：焊透□ 未焊透□
焊缝：熔合□ 未熔合□
焊缝及热影响区：有裂纹□ 无裂纹□
两焊脚之差值：
试验报告编号：

堆焊层复层熔敷金属化学成分/% 执行标准： 试验报告编号：

C	Si	Mn	P	S	Cr	Ni	Mo	Ti	Al	Nb	Fe	…

化学成分测定表面至熔合线距离/mm：

非破坏性试验：
VT 外观检查：无裂纹 PT：____ MT：____ UT：____ RT：无裂纹

预焊接工艺规程 pWPS 1207

预焊接工艺规程(pWPS)

单位名称： ××××

pWPS 编号： pWPS 1207

日期： ××××

焊接方法： SMAW

机动化程度： 手工☑　机动☐　自动☐

焊接接头： 对接☑　角接☐　堆焊☐

衬垫(材料及规格)： 焊缝金属

其他： /

简图(接头形式、坡口形式与尺寸、焊层、焊道布置及顺序)：

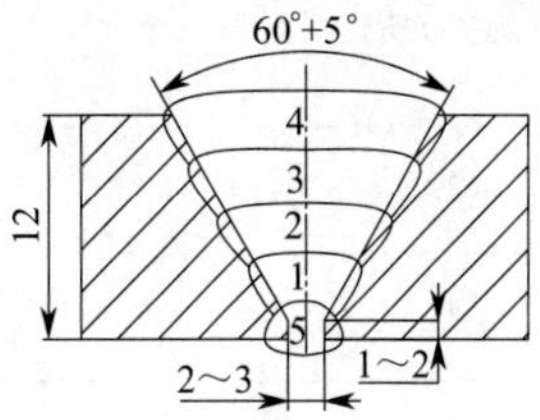

母材：

试件序号	①	②
材料	Q345R	Q345R
标准或规范	GB/T 713	GB/T 713
规格/mm	δ=12	δ=12
类别号	Fe-1	Fe-1
组别号	Fe-1-2	Fe-1-2
对接焊缝焊件母材厚度范围/mm	12～24	12～24
角焊缝焊件母材厚度范围/mm	不限	不限
管子直径、壁厚范围(对接或角接)/mm	/	/
其他： /		

填充金属：

焊材类别(种类)	焊条	
型号(牌号)	E5015(J507)	
标准	NB/T 47018.2	
填充金属规格/mm	ϕ4.0,ϕ5.0	
焊材分类代号	FeT-1-2	
对接焊缝焊件焊缝金属范围/mm	0～24	
角焊缝焊件焊缝金属范围/mm	不限	
其他： /		

预热及后热：		**气体：**			
最小预热温度/℃	15	项目	气体种类	混合比/%	流量/(L/min)
最大道间温度/℃	250	保护气	/	/	/
后热温度/℃	/	尾部保护气	/	/	/
后热保温时间/h	/	背面保护气	/	/	/
焊后热处理： SR		**焊接位置：**			
热处理温度/℃	620±20	对接焊缝位置	1G	方向(向上、向下)	/
热处理时间/h	2.5	角焊缝位置	/	方向(向上、向下)	/

预焊接工艺规程(pWPS)

电特性：

钨极类型及直径/mm：/　　喷嘴直径/mm：/

熔滴过渡形式(喷射过渡、短路过渡等)：/

(按所焊位置和工件厚度，分别将电流、电压和焊接速度范围填入下表)

焊道/焊层	焊接方法	填充金属	规格/mm	电源种类及极性	焊接电流/A	电弧电压/V	焊接速度/(cm/min)	最大热输入/(kJ/cm)
1	SMAW	J507	ϕ4.0	DCEP	140～160	24～26	12～14	20.8
2—4	SMAW	J507	ϕ5.0	DCEP	180～210	24～26	12～16	27.3
5	SMAW	J507	ϕ4.0	DCEP	160～170	24～26	12～14	22.1

技术措施：

摆动焊或不摆动焊：/　　摆动参数：/

焊前清理和层间清理：刷或磨　　背面清根方法：碳弧气刨＋修磨

单道焊或多道焊/每面：多道焊＋单道焊　　单丝焊或多丝焊：/

导电嘴至工件距离/mm：/　　锤击：/

换热管与管板的连接方式：/　　换热管与管板接头的清理方法：/

预置金属衬套：/　　预置金属衬套的形状与尺寸：/

其他：环境温度＞0℃，相对湿度＜90%。

检验要求及执行标准：

按 NB/T 47014—2023 及相关技术要求进行评定，项目如下：

1. 外观检查和无损检测(按 NB/T 47013.2)结果不得有裂纹；
2. 焊接接头板拉二件(按 GB/T 228)，$R_m \geqslant 510$MPa；
3. 焊接接头侧弯四件(按 GB/T 2653)，$D=4a$　$a=10$　$\alpha=180°$，沿任何方向不得有单条长度大于 3mm 的开口缺陷；
4. 焊缝、热影响区 0℃ KV_2 冲击各三件(按 GB/T 229)，焊接接头 V 型缺口 10mm×10mm×55mm 试样冲击吸收能量平均值不低于 24J。

编制		日期		审核		日期		批准		日期	

焊接工艺评定报告（PQR1207）

焊接工艺评定报告（PQR）

单位名称： ××××

PQR 编号：PQR1207　　pWPS 编号：pWPS 1207

焊接方法：SMAW　　机动化程度：手工☑　机动□　自动□

焊接接头：对接☑　角接□　堆焊□　　其他：/

接头简图（接头形式、尺寸、衬垫、每种焊接方法或焊接工艺的焊缝金属厚度）：

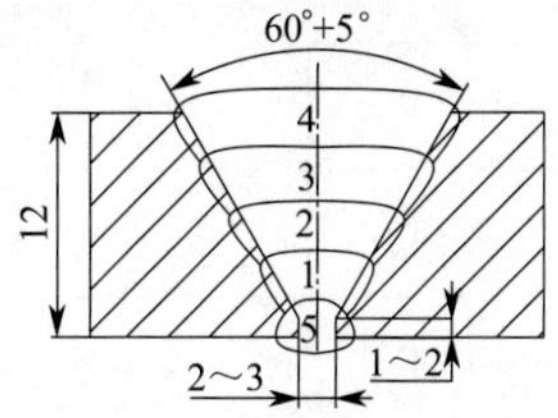

母材：

试件序号	①	②
材料	Q345R	Q345R
标准或规范	GB/T 713	GB/T 713
规格/mm	$\delta=12$	$\delta=12$
类别号	Fe-1	Fe-1
组别号	Fe-1-2	Fe-1-2

填充金属：

分类	焊条	
型号（牌号）	E5015(J507)	
标准	NB/T 47018.2	
填充金属规格/mm	$\phi4.0,\phi5.0$	
焊材分类代号	FeT-1-2	
焊缝金属厚度/mm	12	

预热及后热：

最小预热温度/℃	室温 20	最大道间温度/℃	235
后热温度及保温时间/(℃×h)	/		

焊后热处理： SR

保温温度/℃	638	保温时间/h	2.5

焊接位置：

对接焊缝焊接位置	1G	方向（向上、向下）	/
角焊缝焊接位置	/	方向（向上、向下）	/

气体：

项目	气体种类	混合比/%	流量/(L/min)
保护气	/	/	/
尾部保护气	/	/	/
背面保护气	/	/	/

焊接工艺评定报告(PQR)

电特性:

钨极类型及直径/mm: /　　喷嘴直径/mm: /

熔滴过渡形式(喷射过渡、短路过渡等): /

(按所焊位置和工件厚度,分别将电流、电压和焊接速度范围填入下表)

焊道	焊接方法	填充金属	规格 /mm	电源种类 及极性	焊接电流 /A	电弧电压 /V	焊接速度 /(cm/min)	最大热输入 /(kJ/cm)
1	SMAW	J507	ϕ4.0	DCEP	140～170	24～26	12～14	22.1
2—4	SMAW	J507	ϕ5.0	DCEP	180～220	24～26	12～16	28.6
5	SMAW	J507	ϕ4.0	DCEP	160～180	24～26	12～14	23.4

技术措施:

摆动焊或不摆动焊: /　　摆动参数: /

焊前清理和层间清理: 打磨　　背面清根方法: 碳弧气刨＋修磨

单道焊或多道焊/每面: 多道焊＋单道焊　　单丝焊或多丝焊: /

导电嘴至工件距离/mm: /　　锤击: /

换热管与管板的连接方式: /　　换热管与管板接头的清理方法: /

预置金属衬套: /　　预置金属衬套的形状与尺寸: /

其他:

拉伸试验(GB/T 228):　　试验报告编号:LH1207

试验条件	编号	试样宽度 /mm	试样厚度 /mm	横截面积 /mm^2	断裂载荷 /kN	R_m /MPa	断裂位置 及特征
接头板拉	PQR1207-1	25.1	12.0	301.2	170.2	565	断于母材
	PQR1207-2	25.3	12.1	306.13	173.5	560	断于母材

弯曲试验(GB/T 2653):　　试验报告编号: LH1207

试验条件	编号	试样尺寸 /mm	弯心直径 /mm	弯曲角度 /(°)	试验结果
侧弯	PQR1207-3	10	40	180	合格
侧弯	PQR1207-4	10	40	180	合格
侧弯	PQR1207-5	10	40	180	合格
侧弯	PQR1207-6	10	40	180	合格

焊接工艺评定报告(PQR)

冲击试验(GB/T 229)： 试验报告编号：LH1207

编号	试样位置	V 型缺口位置	试样尺寸/mm	试验温度/℃	冲击吸收能量/J
PQR1207-7	焊缝	缺口轴线位于焊缝中心线上	10×10×55	0	175
PQR1207-8					141
PQR1207-9					146
PQR1207-10	热影响区	缺口轴线至试样纵轴线与熔合线交点的距离 $k>0$mm，且尽可能多地通过热影响区	10×10×55	0	120
PQR1207-11					95
PQR1207-12					80

金相试验(角焊缝、模拟组合件)： 试验报告编号：

检验面编号	1	2	3	4	5	6	7	8	结果
有无裂纹、未熔合									
角焊缝厚度/mm									
焊脚高 l/mm									
是否焊透									

金相检验(角焊缝、模拟组合件)：

根部：焊透□　　未焊透□

焊缝：熔合□　　未熔合□

焊缝及热影响区：有裂纹□　　无裂纹□

两焊脚之差值：______

试验报告编号：______

堆焊层复层熔敷金属化学成分/% 执行标准： 试验报告编号：

C	Si	Mn	P	S	Cr	Ni	Mo	Ti	Al	Nb	Fe	…

化学成分测定表面至熔合线距离/mm：______

非破坏性试验：

VT 外观检查：无裂纹　　PT：______　　MT：______　　UT：______　　RT：无裂纹

预焊接工艺规程 pWPS 1207-1

预焊接工艺规程(pWPS)

单位名称： ××××

pWPS 编号：pWPS 1207-1

日期：××××

焊接方法： SMAW

机动化程度：手工☑ 机动□ 自动□

焊接接头：对接☑ 角接□ 堆焊□

衬垫(材料及规格)：焊缝金属

其他：双面焊，正面焊 3 层，背面清根后焊 3～4 层。

简图(接头形式、坡口形式与尺寸、焊层、焊道布置及顺序)：

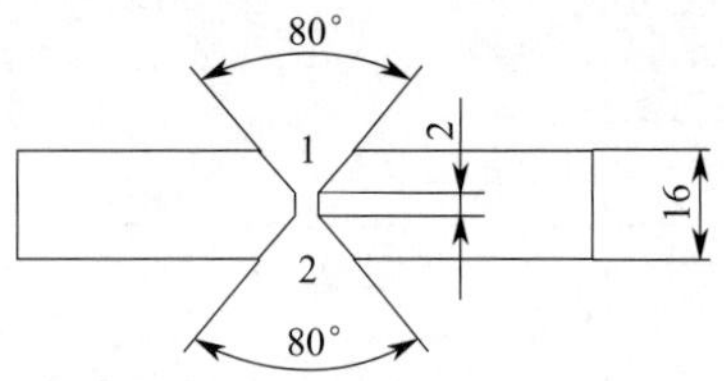

母材：		
试件序号	①	②
材料	Q345R	Q345R
标准或规范	GB/T 713	GB/T 713
规格/mm	δ=16	δ=16
类别号	Fe-1	Fe-1
组别号	Fe-1-2	Fe-1-2
对接焊缝焊件母材厚度范围/mm	16～32	16～32
角焊缝焊件母材厚度范围/mm	不限	不限
管子直径、壁厚范围(对接或角接)/mm	/	/
其他： /		

填充金属：		
焊材类别(种类)	焊条	
型号(牌号)	E5016(J506)	
标准	NB/T 47018.2	
填充金属规格/mm	ϕ4.0，ϕ5.0	
焊材分类代号	FeT-1-2	
对接焊缝焊件焊缝金属范围/mm	0～32	
角焊缝焊件焊缝金属范围/mm	不限	
其他： /		

预热及后热：		**气体：**			
最小预热温度/℃	15	项目	气体种类	混合比/%	流量/(L/min)
最大道间温度/℃	250	保护气	/	/	/
后热温度/℃	/	尾部保护气	/	/	/
后热保温时间/h	/	背面保护气	/	/	/

焊后热处理： SR		**焊接位置：**			
热处理温度/℃	620±20	对接焊缝位置	1G	方向(向上、向下)	/
热处理时间/h	2.8	角焊缝位置	/	方向(向上、向下)	/

预焊接工艺规程(pWPS)

电特性:

钨极类型及直径/mm:　/　　喷嘴直径/mm:　/

熔滴过渡形式(喷射过渡、短路过渡等):　/

(按所焊位置和工件厚度,分别将电流、电压和焊接速度范围填入下表)

焊道/焊层	焊接方法	填充金属	规格/mm	电源种类及极性	焊接电流/A	电弧电压/V	焊接速度/(cm/min)	最大热输入/(kJ/cm)
1	SMAW	J506	ϕ4.0	DCEP	160～180	22～26	15～16	18.7
2—3	SMAW	J506	ϕ5.0	DCEP	180～220	22～26	15～16	22.9
1′—2′	SMAW	J506	ϕ4.0	DCEP	160～180	22～26	15～16	18.7
3′—4′	SMAW	J506	ϕ5.0	DCEP	180～220	22～26	15～16	22.9

技术措施:

摆动焊或不摆动焊:　/　　摆动参数:　/

焊前清理和层间清理:　角磨机打磨　　背面清根方法:　碳弧气刨+修磨

单道焊或多道焊/每面:　多道焊　　单丝焊或多丝焊:　/

导电嘴至工件距离/mm:　/　　锤击:　/

换热管与管板的连接方式:　/　　换热管与管板接头的清理方法:　/

预置金属衬套:　/　　预置金属衬套的形状与尺寸:　/

其他:　环境温度>0℃,相对湿度<90%。

检验要求及执行标准:

按 NB/T 47014—2023 及相关技术要求进行评定,项目如下:

1. 外观检查和无损检测(按 NB/T 47013.2)结果不得有裂纹;
2. 焊接接头板拉二件(按 GB/T 228),$R_m \geqslant 510$MPa;
3. 焊接接头侧弯四件(按 GB/T 2653),$D=4a$　$a=10$　$\alpha=180°$,沿任何方向不得有单条长度大于 3mm 的开口缺陷;
4. 焊缝、热影响区 0℃ KV_2 冲击各三件(按 GB/T 229),焊接接头 V 型缺口 10mm×10mm×55mm 试样冲击吸收能量平均值不低于 24J。

编制		日期		审核		日期		批准		日期	

焊接工艺评定报告（PQR1207-1）

焊接工艺评定报告(PQR)

单位名称： ××××

PQR 编号：PQR1207-1　　pWPS 编号：pWPS 1207-1

焊接方法：SMAW　　机动化程度：手工☑　机动□　自动□

焊接接头：对接☑　角接□　堆焊□　　其他：/

接头简图(接头形式、尺寸、衬垫、每种焊接方法或焊接工艺的焊缝金属厚度)：

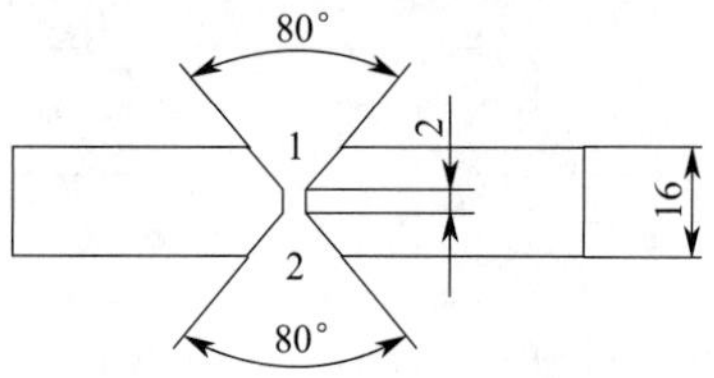

双面焊，正面焊 3 层，背面清根后焊 4 层。

母材：

试件序号	①	②
材料	Q345R	Q345R
标准或规范	GB/T 713	GB/T 713
规格/mm	δ=16	δ=16
类别号	Fe-1	Fe-1
组别号	Fe-1-2	Fe-1-2

填充金属：

分类	焊条	
型号(牌号)	E5016(J506)	
标准	NB/T 47018.2	
填充金属规格/mm	ϕ4.0，ϕ5.0	
焊材分类代号	FeT-1-2	
焊缝金属厚度/mm	16	

预热及后热：

最小预热温度/℃	室温 20	最大道间温度/℃	215
后热温度及保温时间/(℃×h)	/		

焊后热处理： SR

保温温度/℃	620	保温时间/h	2.8

焊接位置：

对接焊缝焊接位置	1G	方向 (向上、向下)	/
角焊缝焊接位置	/	方向 (向上、向下)	/

气体：

项目	气体种类	混合比/%	流量/(L/min)
保护气	/	/	/
尾部保护气	/	/	/
背面保护气	/	/	/

焊接工艺评定报告(PQR)

电特性：

钨极类型及直径/mm：/　　喷嘴直径/mm：/

熔滴过渡形式(喷射过渡、短路过渡等)：/

(按所焊位置和工件厚度，分别将电流、电压和焊接速度范围填入下表)

焊道	焊接方法	填充金属	规格/mm	电源种类及极性	焊接电流/A	电弧电压/V	焊接速度/(cm/min)	最大热输入/(kJ/cm)
1	SMAW	J506	ϕ4.0	DCEP	160～190	22～26	15～16	19.8
2—3	SMAW	J506	ϕ5.0	DCEP	180～230	22～26	15～16	23.9
1′—2′	SMAW	J506	ϕ4.0	DCEP	160～190	22～26	15～16	19.8
3′—4′	SMAW	J506	ϕ5.0	DCEP	180～230	22～26	15～16	23.9

技术措施：

摆动焊或不摆动焊：/　　摆动参数：/

焊前清理和层间清理：角磨机打磨　　背面清根方法：碳弧气刨＋修磨

单道焊或多道焊/每面：多道焊　　单丝焊或多丝焊：/

导电嘴至工件距离/mm：/　　锤击：/

换热管与管板的连接方式：/　　换热管与管板接头的清理方法：/

预置金属衬套：/　　预置金属衬套的形状与尺寸：/

其他：

拉伸试验(GB/T 228)：　　试验报告编号：LH1207-1

试验条件	编号	试样宽度/mm	试样厚度/mm	横截面积/mm^2	断裂载荷/kN	R_m/MPa	断裂位置及特征
接头板拉	PQR1207-1-1	25.9	15.0	389	206	530	断于母材
	PQR1207-1-2	25.5	15.9	405	215	530	断于母材

弯曲试验(GB/T 2653)：　　试验报告编号：LH1207-1

试验条件	编号	试样尺寸/mm	弯心直径/mm	弯曲角度/(°)	试验结果
侧弯	PQR1207-1-3	10	40	180	合格
侧弯	PQR1207-1-4	10	40	180	合格
侧弯	PQR1207-1-5	10	40	180	合格
侧弯	PQR1207-1-6	10	40	180	合格

焊接工艺评定报告(PQR)

冲击试验(GB/T 229): 试验报告编号:LH1207-1

编号	试样位置	V型缺口位置	试样尺寸/mm	试验温度/℃	冲击吸收能量/J
PQR1207-1-7	焊缝	缺口轴线位于焊缝中心线上	10×10×55	0	220
PQR1207-1-8					107
PQR1207-1-9					239
PQR1207-1-10	热影响区	缺口轴线至试样纵轴线与熔合线交点的距离 $k>0$mm,且尽可能多地通过热影响区	10×10×55	0	231
PQR1207-1-11					219
PQR1207-1-12					224

金相试验(角焊缝、模拟组合件): 试验报告编号:

检验面编号	1	2	3	4	5	6	7	8	结果
有无裂纹、未熔合									
角焊缝厚度/mm									
焊脚高 l/mm									
是否焊透									

金相检验(角焊缝、模拟组合件):

根部:焊透□　未焊透□

焊缝:熔合□　未熔合□

焊缝及热影响区:有裂纹□　无裂纹□

两焊脚之差值:

试验报告编号:

堆焊层复层熔敷金属化学成分/% 执行标准:　试验报告编号:

C	Si	Mn	P	S	Cr	Ni	Mo	Ti	Al	Nb	Fe	…

化学成分测定表面至熔合线距离/mm:

非破坏性试验:

VT外观检查:无裂纹　PT:　MT:　UT:　RT:无裂纹

预焊接工艺规程 pWPS 1208

预焊接工艺规程(pWPS)

单位名称： ××××

pWPS 编号： pWPS 1208

日期： ××××

焊接方法： SMAW 机动化程度： 手工☑　机动□　自动□ 焊接接头： 对接☑　角接□　堆焊□ 衬垫(材料及规格)： 焊缝金属 其他： /	**简图(接头形式、坡口形式与尺寸、焊层、焊道布置及顺序)：** 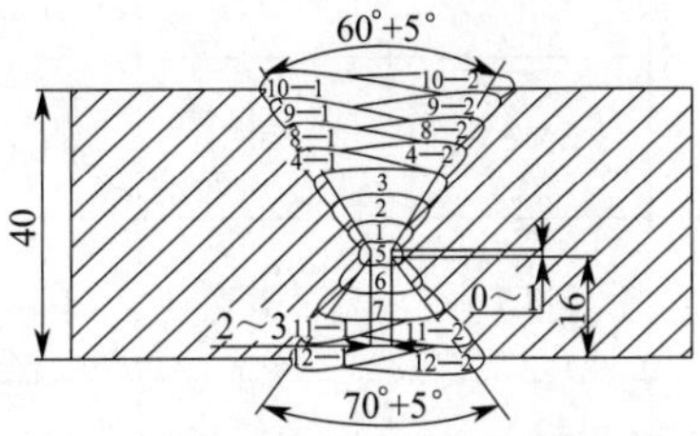

母材：

试件序号	①	②
材料	Q345R	Q345R
标准或规范	GB/T 713	GB/T 713
规格/mm	δ=40	δ=40
类别号	Fe-1	Fe-1
组别号	Fe-1-2	Fe-1-2
对接焊缝焊件母材厚度范围/mm	16～200	16～200
角焊缝焊件母材厚度范围/mm	不限	不限
管子直径、壁厚范围(对接或角接)/mm	/	/
其他：	/	

填充金属：

焊材类别(种类)	焊条	
型号(牌号)	E5015(J507)	
标准	NB/T 47018.2	
填充金属规格/mm	ϕ4.0，ϕ5.0	
焊材分类代号	FeT-1-2	
对接焊缝焊件焊缝金属范围/mm	0～200	
角焊缝焊件焊缝金属范围/mm	不限	
其他：	/	

预热及后热：		**气体：**			
		项目	气体种类	混合比/%	流量/(L/min)
最小预热温度/℃	80	保护气	/	/	/
最大道间温度/℃	250	尾部保护气	/	/	/
后热温度/℃	/	背面保护气	/	/	/
后热保温时间/h	/				

焊后热处理：	SR	**焊接位置：**			
热处理温度/℃	620±20	对接焊缝位置	1G	方向(向上、向下)	/
热处理时间/h	2.8	角焊缝位置	/	方向(向上、向下)	/

预焊接工艺规程(pWPS)

电特性：

钨极类型及直径/mm：/　　喷嘴直径/mm：/

熔滴过渡形式(喷射过渡、短路过渡等)：/

(按所焊位置和工件厚度，分别将电流、电压和焊接速度范围填入下表)

焊道/焊层	焊接方法	填充金属	规格/mm	电源种类及极性	焊接电流/A	电弧电压/V	焊接速度/(cm/min)	最大热输入/(kJ/cm)
1	SMAW	J507	ϕ4.0	DCEP	160～180	24～26	10～13	28.1
2—4	SMAW	J507	ϕ5.0	DCEP	180～210	24～26	10～14	32.8
5	SMAW	J507	ϕ4.0	DCEP	160～180	24～26	10～12	28.1
6—12	SMAW	J507	ϕ5.0	DCEP	180～210	24～26	10～14	32.8

技术措施：

摆动焊或不摆动焊：/　　摆动参数：/

焊前清理和层间清理：刷或磨　　背面清根方法：碳弧气刨＋修磨

单道焊或多道焊/每面：多道焊　　单丝焊或多丝焊：/

导电嘴至工件距离/mm：/　　锤击：/

换热管与管板的连接方式：/　　换热管与管板接头的清理方法：/

预置金属衬套：/　　预置金属衬套的形状与尺寸：/

其他：环境温度＞0℃，相对湿度＜90％。

检验要求及执行标准：

按 NB/T 47014—2023 及相关技术要求进行评定，项目如下：

1. 外观检查和无损检测(按 NB/T 47013.2)结果不得有裂纹；
2. 焊接接头板拉二件(按 GB/T 228)，$R_m \geqslant 490$MPa；
3. 焊接接头侧弯四件(按 GB/T 2653)，$D=4a$　$a=10$　$\alpha=180°$，沿任何方向不得有单条长度大于 3mm 的开口缺陷；
4. 焊缝、热影响区 0℃ KV_2 冲击各三件(按 GB/T 229)，焊接接头 V 型缺口 10mm×10mm×55mm 试样冲击吸收能量平均值不低于 24J。

编制		日期		审核		日期		批准		日期	

焊接工艺评定报告（PQR1208）

焊接工艺评定报告(PQR)

单位名称： ××××

PQR 编号：PQR1208　　pWPS 编号：pWPS 1208

焊接方法：SMAW　　机动化程度：手工☑　机动□　自动□

焊接接头：对接☑　角接□　堆焊□　　其他：/

接头简图(接头形式、尺寸、衬垫、每种焊接方法或焊接工艺的焊缝金属厚度)：

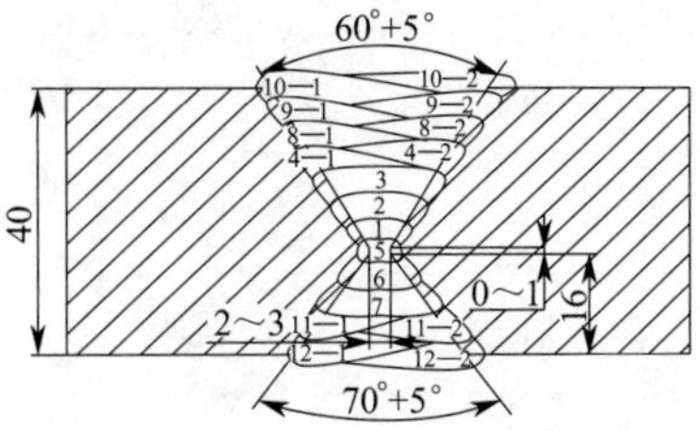

母材：

试件序号	①	②
材料	Q345R	Q345R
标准或规范	GB/T 713	GB/T 713
规格/mm	$\delta=40$	$\delta=40$
类别号	Fe-1	Fe-1
组别号	Fe-1-2	Fe-1-2

填充金属：

分类	焊条	
型号(牌号)	E5015(J507)	
标准	NB/T 47018.2	
填充金属规格/mm	$\phi 4.0, \phi 5.0$	
焊材分类代号	FeT-1-2	
焊缝金属厚度/mm	40	

预热及后热：

最小预热温度/℃	85	最大道间温度/℃	235
后热温度及保温时间/(℃×h)	/		

焊后热处理： SR

保温温度/℃	630	保温时间/h	3

焊接位置：

对接焊缝焊接位置	1G	方向(向上、向下)	/
角焊缝焊接位置	/	方向(向上、向下)	/

气体：

项目	气体种类	混合比/%	流量/(L/min)
保护气	/	/	/
尾部保护气	/	/	/
背面保护气	/	/	/

焊接工艺评定报告(PQR)

电特性:

钨极类型及直径/mm: / 喷嘴直径/mm: /

熔滴过渡形式(喷射过渡、短路过渡等): /

(按所焊位置和工件厚度,分别将电流、电压和焊接速度实测值填入下表)

焊道	焊接方法	填充金属	规格/mm	电源种类及极性	焊接电流/A	电弧电压/V	焊接速度/(cm/min)	最大热输入/(kJ/cm)
1	SMAW	J507	ϕ4.0	DCEP	160～190	24～26	10～13	29.6
2—4	SMAW	J507	ϕ5.0	DCEP	180～220	24～26	10～14	34.3
5	SMAW	J507	ϕ4.0	DCEP	160～190	24～26	10～12	29.6
6—12	SMAW	J507	ϕ5.0	DCEP	180～220	24～26	10～14	34.3

技术措施:

摆动焊或不摆动焊: / 摆动参数: /

焊前清理和层间清理: 打磨 背面清根方法: 碳弧气刨＋修磨

单道焊或多道焊/每面: 多道焊 单丝焊或多丝焊: /

导电嘴至工件距离/mm: / 锤击: /

换热管与管板的连接方式: / 换热管与管板接头的清理方法: /

预置金属衬套: / 预置金属衬套的形状与尺寸: /

其他:

拉伸试验(GB/T 228): 试验报告编号:LH1208

试验条件	编号	试样宽度/mm	试样厚度/mm	横截面积/mm^2	断裂载荷/kN	R_m/MPa	断裂位置及特征
接头板拉	PQR1208-1	25.4	18.9	480.06	269	560	断于母材
	PQR1208-2	25.5	18.9	481.95	267.5	555	断于母材
	PQR1208-3	25.2	18.6	468.72	257	550	断于母材
	PQR1208-4	25.3	18.7	473.11	257.8	560	断于母材

弯曲试验(GB/T 2653): 试验报告编号: LH1208

试验条件	编号	试样尺寸/mm	弯心直径/mm	弯曲角度/(°)	试验结果
侧弯	PQR1208-5	10	40	180	合格
侧弯	PQR1208-6	10	40	180	合格
侧弯	PQR1208-7	10	40	180	合格
侧弯	PQR1208-8	10	40	180	合格

焊接工艺评定报告(PQR)

冲击试验(GB/T 229)： 试验报告编号：LH1208

编号	试样位置	V型缺口位置	试样尺寸/mm	试验温度/℃	冲击吸收能量/J
PQR1208-9	焊缝	缺口轴线位于焊缝中心线上	10×10×55	0	136
PQR1208-10					142
PQR1208-11					136
PQR1208-12	热影响区	缺口轴线至试样纵轴线与熔合线交点的距离 $k>0$mm，且尽可能多地通过热影响区	10×10×55	0	122
PQR1208-13					95
PQR1208-14					90

金相试验(角焊缝、模拟组合件)： 试验报告编号：

检验面编号	1	2	3	4	5	6	7	8	结果
有无裂纹、未熔合									
角焊缝厚度/mm									
焊脚高 l/mm									
是否焊透									

金相检验(角焊缝、模拟组合件)：

根部：焊透□　　未焊透□

焊缝：熔合□　　未熔合□

焊缝及热影响区：有裂纹□　无裂纹□

两焊脚之差值：______

试验报告编号：______

堆焊层复层熔敷金属化学成分/% 执行标准：　　试验报告编号：

C	Si	Mn	P	S	Cr	Ni	Mo	Ti	Al	Nb	Fe	…

化学成分测定表面至熔合线距离/mm：______

非破坏性试验：

VT外观检查：无裂纹　PT：______　MT：______　UT：______　RT：无裂纹

预焊接工艺规程 pWPS 1209

预焊接工艺规程(pWPS)

单位名称： ××××

pWPS 编号： pWPS 1209

日期： ××××

焊接方法： SMAW 机动化程度： 手工☑ 机动□ 自动□ 焊接接头： 对接☑ 角接□ 堆焊□ 衬垫(材料及规格)： 焊缝金属 其他： /	**简图(接头形式、坡口形式与尺寸、焊层、焊道布置及顺序)：** 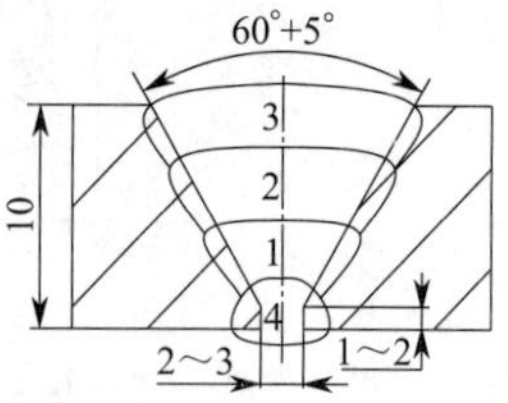

母材：

试件序号	①	②
材料	Q345R	Q345R
标准或规范	GB/T 713	GB/T 713
规格/mm	δ=10	δ=10
类别号	Fe-1	Fe-1
组别号	Fe-1-2	Fe-1-2
对接焊缝焊件母材厚度范围/mm	1.5～20	1.5～20
角焊缝焊件母材厚度范围/mm	不限	不限
管子直径、壁厚范围(对接或角接)/mm	/	/
其他： /		

填充金属：

焊材类别(种类)	焊条	
型号(牌号)	E5015(J507)	
标准	NB/T 47018.2	
填充金属规格/mm	ϕ4.0,ϕ5.0	
焊材分类代号	FeT-1-2	
对接焊缝焊件焊缝金属范围/mm	0～20	
角焊缝焊件焊缝金属范围/mm	不限	
其他： /		

预热及后热：		**气体：**			
最小预热温度/℃	15	项目	气体种类	混合比/%	流量/(L/min)
最大道间温度/℃	250	保护气	/	/	/
后热温度/℃	/	尾部保护气	/	/	/
后热保温时间/h	/	背面保护气	/	/	/

焊后热处理：	N	**焊接位置：**			
热处理温度/℃	920±20	对接焊缝位置	1G	方向(向上、向下)	/
热处理时间/h	0.4	角焊缝位置	/	方向(向上、向下)	/

预焊接工艺规程(pWPS)

电特性：

钨极类型及直径/mm：/　　喷嘴直径/mm：/

熔滴过渡形式(喷射过渡、短路过渡等)：/

(按所焊位置和工件厚度,分别将电流、电压和焊接速度范围填入下表)

焊道/焊层	焊接方法	填充金属	规格/mm	电源种类及极性	焊接电流/A	电弧电压/V	焊接速度/(cm/min)	最大热输入/(kJ/cm)
1	SMAW	J507	ϕ4.0	DCEP	140～160	24～26	10～14	24.9
2—3	SMAW	J507	ϕ5.0	DCEP	180～210	24～26	12～16	27.3
4	SMAW	J507	ϕ4.0	DCEP	160～180	24～26	10～12	28.1

技术措施：

摆动焊或不摆动焊：/　　摆动参数：/

焊前清理和层间清理：刷或磨　　背面清根方法：碳弧气刨＋修磨

单道焊或多道焊/每面：多道焊＋单道焊　　单丝焊或多丝焊：/

导电嘴至工件距离/mm：/　　锤击：/

换热管与管板的连接方式：/　　换热管与管板接头的清理方法：/

预置金属衬套：/　　预置金属衬套的形状与尺寸：/

其他：环境温度＞0℃,相对湿度＜90%。

检验要求及执行标准：

按 NB/T 47014—2023 及相关技术要求进行评定,项目如下：

1. 外观检查和无损检测(按 NB/T 47013.2)结果不得有裂纹；
2. 焊接接头板拉二件(按 GB/T 228),R_m≥510MPa；
3. 焊接接头侧弯四件(按 GB/T 2653),$D=4a$　$a=10$　$\alpha=180°$,沿任何方向不得有单条长度大于 3mm 的开口缺陷；
4. 焊缝、热影响区 0℃ KV_2 冲击各三件(按 GB/T 229),焊接接头 V 型缺口 10mm×5mm×55mm 试样冲击吸收能量平均值不低于 12J。

编制		日期		审核		日期		批准		日期	

焊接工艺评定报告（PQR1209）

焊接工艺评定报告(PQR)

单位名称：××××

PQR 编号：PQR1209　　pWPS 编号：pWPS 1209

焊接方法：SMAW　　机动化程度：手工☑　机动□　自动□

焊接接头：对接☑　角接□　堆焊□　　其他：/

接头简图(接头形式、尺寸、衬垫、每种焊接方法或焊接工艺的焊缝金属厚度)：

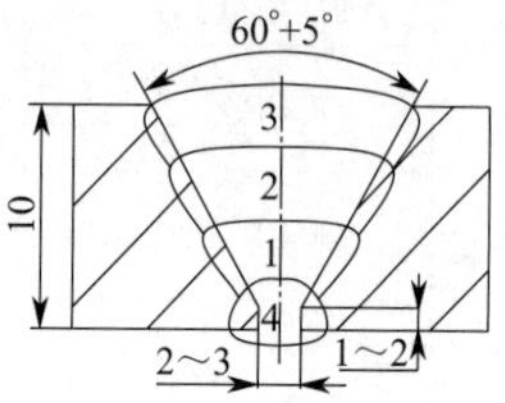

母材：

试件序号	①	②
材料	Q345R	Q345R
标准或规范	GB/T 713	GB/T 713
规格/mm	δ＝10	δ＝10
类别号	Fe-1	Fe-1
组别号	Fe-1-2	Fe-1-2

填充金属：

分类	焊条	
型号(牌号)	E5015(J507)	
标准	NB/T 47018.2	
填充金属规格/mm	ϕ4.0，ϕ5.0	
焊材分类代号	FeT-1-2	
焊缝金属厚度/mm	10	

预热及后热：

最小预热温度/℃	室温 20	最大道间温度/℃	235
后热温度及保温时间/(℃×h)	/		

焊后热处理：N

保温温度/℃	930	保温时间/h	0.4

焊接位置：

对接焊缝焊接位置	1G	方向(向上、向下)	/
角焊缝焊接位置	/	方向(向上、向下)	/

气体：

项目	气体种类	混合比/%	流量/(L/min)
保护气	/	/	/
尾部保护气	/	/	/
背面保护气	/	/	/

焊接工艺评定报告(PQR)

电特性：

钨极类型及直径/mm：/　　喷嘴直径/mm：/

熔滴过渡形式(喷射过渡、短路过渡等)：/

(按所焊位置和工件厚度，分别将电流、电压和焊接速度实测值填入下表)

焊道	焊接方法	填充金属	规格/mm	电源种类及极性	焊接电流/A	电弧电压/V	焊接速度/(cm/min)	最大热输入/(kJ/cm)
1	SMAW	J507	ϕ4.0	DCEP	140～170	24～26	10～14	26.5
2—3	SMAW	J507	ϕ5.0	DCEP	180～220	24～26	12～16	28.6
4	SMAW	J507	ϕ4.0	DCEP	160～190	24～26	10～12	29.6

技术措施：

摆动焊或不摆动焊：/　　摆动参数：/

焊前清理和层间清理：打磨　　背面清根方法：碳弧气刨＋修磨

单道焊或多道焊/每面：多道焊＋单道焊　　单丝焊或多丝焊：/

导电嘴至工件距离/mm：/　　锤击：/

换热管与管板的连接方式：/　　换热管与管板接头的清理方法：/

预置金属衬套：/　　预置金属衬套的形状与尺寸：/

其他：

拉伸试验(GB/T 228)：　　试验报告编号：LH1209

试验条件	编号	试样宽度/mm	试样厚度/mm	横截面积/mm^2	断裂载荷/kN	R_m/MPa	断裂位置及特征
接头板拉	PQR1209-1	25.2	10.3	259.56	138	530	断于母材
	PQR1209-2	25.3	10.2	258.06	138	535	断于母材

弯曲试验(GB/T 2653)：　　试验报告编号：LH1209

试验条件	编号	试样尺寸/mm	弯心直径/mm	弯曲角度/(°)	试验结果
侧弯	PQR1209-3	10	40	180	合格
侧弯	PQR1209-4	10	40	180	合格
侧弯	PQR1209-5	10	40	180	合格
侧弯	PQR1209-6	10	40	180	合格

焊接工艺评定报告(PQR)

冲击试验(GB/T 229): 试验报告编号:LH1209

编号	试样位置	V 型缺口位置	试样尺寸/mm	试验温度/℃	冲击吸收能量/J
PQR1209-7	焊缝	缺口轴线位于焊缝中心线上	5×10×55	0	62
PQR1209-8					80
PQR1209-9					68
PQR1209-10	热影响区	缺口轴线至试样纵轴线与熔合线交点的距离 $k>0$mm,且尽可能多地通过热影响区	5×10×55	0	60
PQR1209-11					48
PQR1209-12					70

金相试验(角焊缝、模拟组合件): 试验报告编号:

检验面编号	1	2	3	4	5	6	7	8	结果
有无裂纹、未熔合									
角焊缝厚度/mm									
焊脚高 l/mm									
是否焊透									

金相检验(角焊缝、模拟组合件):
根部: 焊透□ 未焊透□
焊缝: 熔合□ 未熔合□
焊缝及热影响区: 有裂纹□ 无裂纹□
两焊脚之差值:
试验报告编号:

堆焊层复层熔敷金属化学成分/% 执行标准: 试验报告编号:

C	Si	Mn	P	S	Cr	Ni	Mo	Ti	Al	Nb	Fe	…

化学成分测定表面至熔合线距离/mm:

非破坏性试验:
VT 外观检查: 无裂纹 PT: MT: UT: RT: 无裂纹

预焊接工艺规程 pWPS 1210-1

预焊接工艺规程(pWPS)

单位名称： ××××

pWPS 编号： pWPS 1210-1

日期： ××××

焊接方法： SMAW

机动化程度： 手工☑　机动☐　自动☐

焊接接头： 对接☑　角接☐　堆焊☐

衬垫(材料及规格)： 焊缝金属

其他：双面焊，正面焊 3 层，背面清根后焊 3～4 层。

简图(接头形式、坡口形式与尺寸、焊层、焊道布置及顺序)：

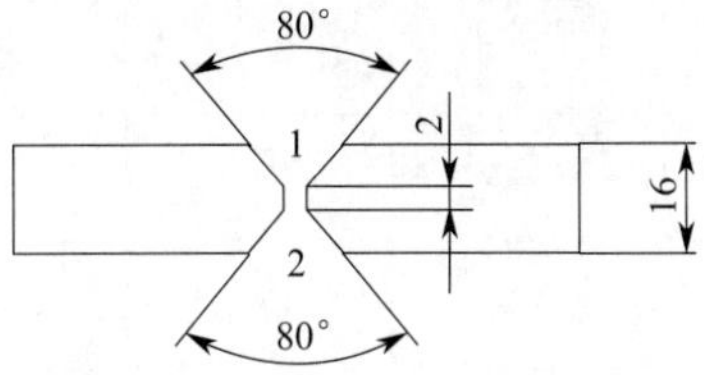

母材：

试件序号	①	②
材料	Q345R	Q345R
标准或规范	GB/T 713	GB/T 713
规格/mm	δ=16	δ=16
类别号	Fe-1	Fe-1
组别号	Fe-1-2	Fe-1-2
对接焊缝焊件母材厚度范围/mm	5～32	5～32
角焊缝焊件母材厚度范围/mm	不限	不限
管子直径、壁厚范围(对接或角接)/mm	/	/
其他：	/	

填充金属：

焊材类别(种类)	焊条	
型号(牌号)	E5016(J506)	
标准	NB/T 47018.2	
填充金属规格/mm	ϕ4.0,ϕ5.0	
焊材分类代号	FeT-1-2	
对接焊缝焊件焊缝金属范围/mm	0～32	
角焊缝焊件焊缝金属范围/mm	不限	
其他：	/	

预热及后热：		**气体：**			
最小预热温度/℃	15	项目	气体种类	混合比/%	流量/(L/min)
最大道间温度/℃	250	保护气	/	/	/
后热温度/℃	/	尾部保护气	/	/	/
后热保温时间/h	/	背面保护气	/	/	/

焊后热处理：	N	**焊接位置：**			
热处理温度/℃	910±20	对接焊缝位置	1G	方向(向上、向下)	/
热处理时间/h	0.5	角焊缝位置	/	方向(向上、向下)	/

预焊接工艺规程(pWPS)

电特性:

钨极类型及直径/mm: /　　　喷嘴直径/mm: /

熔滴过渡形式(喷射过渡、短路过渡等): /

(按所焊位置和工件厚度,分别将电流、电压和焊接速度范围填入下表)

焊道/焊层	焊接方法	填充金属	规格/mm	电源种类及极性	焊接电流/A	电弧电压/V	焊接速度/(cm/min)	最大热输入/(kJ/cm)
1	SMAW	J506	ϕ4.0	DCEP	160～180	22～26	15～16	18.7
2—3	SMAW	J506	ϕ5.0	DCEP	180～220	22～26	15～16	22.9
1′—2′	SMAW	J506	ϕ4.0	DCEP	160～180	22～26	15～16	18.7
3′—4′	SMAW	J506	ϕ5.0	DCEP	180～220	22～26	15～16	22.9

技术措施:

摆动焊或不摆动焊: /　　　摆动参数: /

焊前清理和层间清理: 角磨机打磨　　　背面清根方法: 碳弧气刨+修磨

单道焊或多道焊/每面: 多道焊　　　单丝焊或多丝焊: /

导电嘴至工件距离/mm: /　　　锤击: /

换热管与管板的连接方式: /　　　换热管与管板接头的清理方法: /

预置金属衬套: /　　　预置金属衬套的形状与尺寸: /

其他: 环境温度>0℃,相对湿度<90%。

检验要求及执行标准:

按 NB/T 47014—2023 及相关技术要求进行评定,项目如下:

1. 外观检查和无损检测(按 NB/T 47013.2)结果不得有裂纹;
2. 焊接接头板拉二件(按 GB/T 228),$R_m \geqslant 510$MPa;
3. 焊接接头侧弯四件(按 GB/T 2653),$D=4a$　$a=10$　$\alpha=180°$,沿任何方向不得有单条长度大于 3mm 的开口缺陷;
4. 焊缝、热影响区 0℃ KV_2 冲击各三件(按 GB/T 229),焊接接头 V 型缺口 10mm×10mm×55mm 试样冲击吸收能量平均值不低于 24J。

编制		日期		审核		日期		批准		日期	

焊接工艺评定报告（PQR1210-1）

焊接工艺评定报告(PQR)

单位名称： ××××

PQR 编号：PQR1210-1　　　　pWPS 编号：pWPS 1210-1

焊接方法：SMAW　　　　机动化程度：手工☑　　机动□　　自动□

焊接接头：对接☑　　角接□　　堆焊□　　其他：/

接头简图(接头形式、尺寸、衬垫、每种焊接方法或焊接工艺的焊缝金属厚度)：

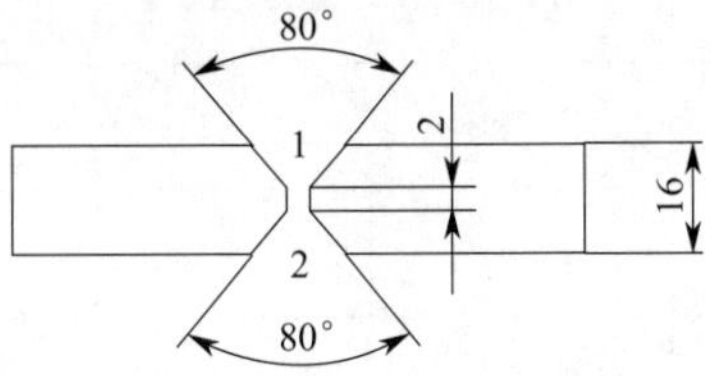

双面焊，正面焊 3 层，背面清根后焊 4 层。

母材：

试件序号	①	②
材料	Q345R	Q345R
标准或规范	GB/T 713	GB/T 713
规格/mm	δ=16	δ=16
类别号	Fe-1	Fe-1
组别号	Fe-1-2	Fe-1-2

填充金属：

分类	焊条	
型号(牌号)	E5016(J506)	
标准	NB/T 47018.2	
填充金属规格/mm	ϕ4.0，ϕ5.0	
焊材分类代号	FeT-1-2	
焊缝金属厚度/mm	16	

预热及后热：

最小预热温度/℃	室温 20	最大道间温度/℃	215
后热温度及保温时间/(℃×h)	/		

焊后热处理： N

保温温度/℃	920	保温时间/h	0.5

焊接位置：

对接焊缝焊接位置	1G	方向(向上、向下)	/
角焊缝焊接位置	/	方向(向上、向下)	/

气体：

项目	气体种类	混合比/%	流量/(L/min)
保护气	/	/	/
尾部保护气	/	/	/
背面保护气	/	/	/

焊接工艺评定报告(PQR)

电特性：

钨极类型及直径/mm：/　　　喷嘴直径/mm：/

熔滴过渡形式(喷射过渡、短路过渡等)：/

(按所焊位置和工件厚度，分别将电流、电压和焊接速度实测值填入下表)

焊道	焊接方法	填充金属	规格/mm	电源种类及极性	焊接电流/A	电弧电压/V	焊接速度/(cm/min)	最大热输入/(kJ/cm)
1	SMAW	J506	ϕ4.0	DCEP	160～190	22～26	15～16	19.8
2—3	SMAW	J506	ϕ5.0	DCEP	180～230	22～26	15～16	23.9
1′—2′	SMAW	J506	ϕ4.0	DCEP	160～190	22～26	15～16	19.8
3′—4′	SMAW	J506	ϕ5.0	DCEP	180～230	22～26	15～16	23.9

技术措施：

摆动焊或不摆动焊：/　　　摆动参数：/

焊前清理和层间清理：角磨机打磨　　　背面清根方法：碳弧气刨＋修磨

单道焊或多道焊/每面：多道焊　　　单丝焊或多丝焊：/

导电嘴至工件距离/mm：/　　　锤击：/

换热管与管板的连接方式：/　　　换热管与管板接头的清理方法：/

预置金属衬套：/　　　预置金属衬套的形状与尺寸：/

其他：

拉伸试验(GB/T 228)：　　　试验报告编号：LH1210-1

试验条件	编号	试样宽度/mm	试样厚度/mm	横截面积/mm^2	断裂载荷/kN	R_m/MPa	断裂位置及特征
接头板拉	PQR1210-1-1	26.0	15.7	408	212	520	断于母材
	PQR1210-1-2	26.3	15.9	418	222	530	断于母材

弯曲试验(GB/T 2653)：　　　试验报告编号：LH1210-1

试验条件	编号	试样尺寸/mm	弯心直径/mm	弯曲角度/(°)	试验结果
侧弯	PQR1210-1-3	10	40	180	合格
侧弯	PQR1210-1-4	10	40	180	合格
侧弯	PQR1210-1-5	10	40	180	合格
侧弯	PQR1210-1-6	10	40	180	合格

焊接工艺评定报告(PQR)

冲击试验(GB/T 229):　　试验报告编号:LH1210-1

编号	试样位置	V型缺口位置	试样尺寸/mm	试验温度/℃	冲击吸收能量/J
PQR1210-1-7	焊缝	缺口轴线位于焊缝中心线上	10×10×55	0	76
PQR1210-1-8					72
PQR1210-1-9					99
PQR1210-1-10	热影响区	缺口轴线至试样纵轴线与熔合线交点的距离 $k>0$mm,且尽可能多地通过热影响区	10×10×55	0	110
PQR1210-1-11					102
PQR1210-1-12					123

金相试验(角焊缝、模拟组合件):　　试验报告编号:

检验面编号	1	2	3	4	5	6	7	8	结果
有无裂纹、未熔合									
角焊缝厚度/mm									
焊脚高 l/mm									
是否焊透									

金相检验(角焊缝、模拟组合件):

根部:焊透□　　未焊透□

焊缝:熔合□　　未熔合□

焊缝及热影响区:有裂纹□　　无裂纹□

两焊脚之差值:________

试验报告编号:________

堆焊层复层熔敷金属化学成分/%　执行标准:　　试验报告编号:

C	Si	Mn	P	S	Cr	Ni	Mo	Ti	Al	Nb	Fe	…

化学成分测定表面至熔合线距离/mm:________

非破坏性试验:

VT外观检查:无裂纹　　PT:____　　MT:____　　UT:____　　RT:无裂纹

预焊接工艺规程 pWPS 1210

预焊接工艺规程(pWPS)

单位名称： ××××

pWPS 编号： pWPS 1210

日期： ××××

焊接方法： SMAW 机动化程度： 手工☑ 机动□ 自动□ 焊接接头： 对接☑ 角接□ 堆焊□ 衬垫(材料及规格)： 焊缝金属 其他： /	**简图(接头形式、坡口形式与尺寸、焊层、焊道布置及顺序)：** 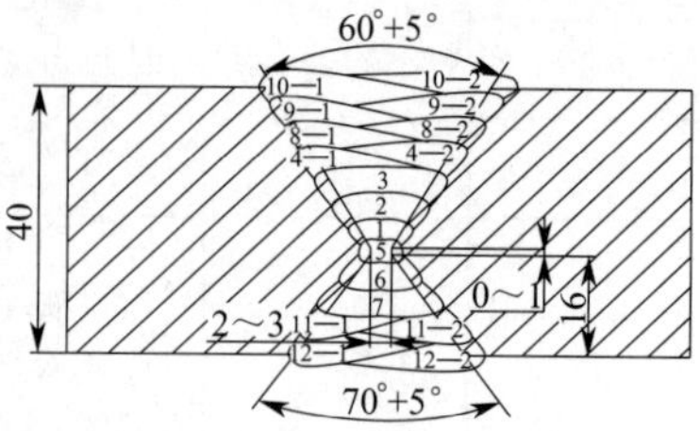

母材：

试件序号	①	②
材料	Q345R	Q345R
标准或规范	GB/T 713	GB/T 713
规格/mm	$\delta=40$	$\delta=40$
类别号	Fe-1	Fe-1
组别号	Fe-1-2	Fe-1-2
对接焊缝焊件母材厚度范围/mm	5～200	5～200
角焊缝焊件母材厚度范围/mm	不限	不限
管子直径、壁厚范围(对接或角接)/mm	/	/
其他：	/	

填充金属：

焊材类别(种类)	焊条	
型号(牌号)	E5015(J507)	
标准	NB/T 47018.2	
填充金属规格/mm	ϕ4.0,ϕ5.0	
焊材分类代号	FeT-1-2	
对接焊缝焊件焊缝金属范围/mm	0～200	
角焊缝焊件焊缝金属范围/mm	不限	
其他：	/	

预热及后热：		**气体：**			
最小预热温度/℃	80	项目	气体种类	混合比/%	流量/(L/min)
最大道间温度/℃	250	保护气	/	/	/
后热温度/℃	/	尾部保护气	/	/	/
后热保温时间/h	/	背面保护气	/	/	/

焊后热处理：	N	**焊接位置：**			
热处理温度/℃	950±20	对接焊缝位置	1G	方向(向上、向下)	/
热处理时间/h	1	角焊缝位置	/	方向(向上、向下)	/

预焊接工艺规程(pWPS)

电特性:

钨极类型及直径/mm: / 　喷嘴直径/mm: /

熔滴过渡形式(喷射过渡、短路过渡等): /

(按所焊位置和工件厚度,分别将电流、电压和焊接速度范围填入下表)

焊道/焊层	焊接方法	填充金属	规格/mm	电源种类及极性	焊接电流/A	电弧电压/V	焊接速度/(cm/min)	最大热输入/(kJ/cm)
1	SMAW	J507	ϕ4.0	DCEP	160～180	24～26	10～13	28.1
2—4	SMAW	J507	ϕ5.0	DCEP	180～210	24～26	10～14	32.8
5	SMAW	J507	ϕ4.0	DCEP	160～180	24～26	10～12	28.1
6—12	SMAW	J507	ϕ5.0	DCEP	180～210	24～26	10～14	32.8

技术措施:

摆动焊或不摆动焊: / 　摆动参数: /

焊前清理和层间清理: 刷或磨 　背面清根方法: 碳弧气刨＋修磨

单道焊或多道焊/每面: 单道焊 　单丝焊或多丝焊: /

导电嘴至工件距离/mm: / 　锤击: /

换热管与管板的连接方式: / 　换热管与管板接头的清理方法: /

预置金属衬套: / 　预置金属衬套的形状与尺寸: /

其他: 环境温度＞0℃,相对湿度＜90%。

检验要求及执行标准:

按 NB/T 47014—2023 及相关技术要求进行评定,项目如下:

1. 外观检查和无损检测(按 NB/T 47013.2)结果不得有裂纹;
2. 焊接接头板拉二件(按 GB/T 228),$R_m \geqslant 490$MPa;
3. 焊接接头侧弯四件(按 GB/T 2653),$D=4a$　$a=10$　$\alpha=180°$,沿任何方向不得有单条长度大于 3mm 的开口缺陷;
4. 焊缝、热影响区 0℃ KV_2 冲击各三件(按 GB/T 229),焊接接头 V 型缺口 10mm×10mm×55mm 试样冲击吸收能量平均值不低于 24J。

编制		日期		审核		日期		批准		日期	

焊接工艺评定报告（PQR1210）

焊接工艺评定报告（PQR）

单位名称： ××××

PQR 编号：PQR1210　　pWPS 编号：pWPS 1210

焊接方法：SMAW　　机动化程度：手工☑　机动□　自动□

焊接接头：对接☑　角接□　堆焊□　其他：/

接头简图（接头形式、尺寸、衬垫、每种焊接方法或焊接工艺的焊缝金属厚度）：

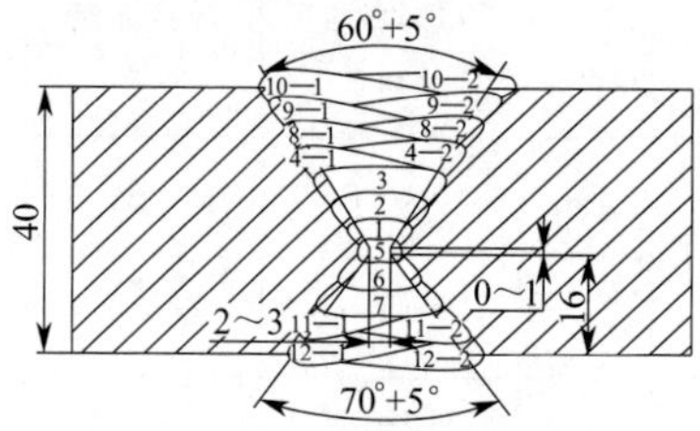

母材：

试件序号	①	②
材料	Q345R	Q345R
标准或规范	GB/T 713	GB/T 713
规格/mm	δ=40	δ=40
类别号	Fe-1	Fe-1
组别号	Fe-1-2	Fe-1-2

填充金属：

分类	焊条	
型号（牌号）	E5015（J507）	
标准	NB/T 47018.2	
填充金属规格/mm	ϕ4.0，ϕ5.0	
焊材分类代号	FeT-1-2	
焊缝金属厚度/mm	40	

预热及后热：

最小预热温度/℃	85	最大道间温度/℃	235
后热温度及保温时间/（℃×h）	/		

焊后热处理： N

保温温度/℃	950	保温时间/h	1

焊接位置：

对接焊缝焊接位置	1G	方向（向上、向下）	/
角焊缝焊接位置	/	方向（向上、向下）	/

气体：

项目	气体种类	混合比/%	流量/（L/min）
保护气	/	/	/
尾部保护气	/	/	/
背面保护气	/	/	/

焊接工艺评定报告(PQR)

电特性：

钨极类型及直径/mm：/ 喷嘴直径/mm：/

熔滴过渡形式(喷射过渡、短路过渡等)：/

(按所焊位置和工件厚度，分别将电流、电压和焊接速度实测值填入下表)

焊道	焊接方法	填充金属	规格/mm	电源种类及极性	焊接电流/A	电弧电压/V	焊接速度/(cm/min)	最大热输入/(kJ/cm)
1	SMAW	J507	ϕ4.0	DCEP	160～190	24～26	10～13	29.6
2—4	SMAW	J507	ϕ5.0	DCEP	180～220	24～26	10～14	34.3
5	SMAW	J507	ϕ4.0	DCEP	160～190	24～26	10～12	29.6
6—12	SMAW	J507	ϕ5.0	DCEP	180～220	24～26	10～14	34.3

技术措施：

摆动焊或不摆动焊：/ 摆动参数：/

焊前清理和层间清理：打磨 背面清根方法：碳弧气刨＋修磨

单道焊或多道焊/每面：多道焊 单丝焊或多丝焊：/

导电嘴至工件距离/mm：/ 锤击：/

换热管与管板的连接方式：/ 换热管与管板接头的清理方法：/

预置金属衬套：/ 预置金属衬套的形状与尺寸：/

其他：

拉伸试验(GB/T 228)： 试验报告编号：LH1210

试验条件	编号	试样宽度/mm	试样厚度/mm	横截面积/mm^2	断裂载荷/kN	R_m/MPa	断裂位置及特征
接头板拉	PQR1210-1	25.2	19.7	496.44	266.1	535	断于母材
	PQR1210-2	25.2	18.6	468.72	248.5	530	断于母材
	PQR1210-3	25.0	18.9	472.5	250.5	530	断于母材
	PQR1210-4	25.0	19.7	492.5	263.5	535	断于母材

弯曲试验(GB/T 2653)： 试验报告编号：LH1210

试验条件	编号	试样尺寸/mm	弯心直径/mm	弯曲角度/(°)	试验结果
侧弯	PQR1210-5	10	40	180	合格
侧弯	PQR1210-6	10	40	180	合格
侧弯	PQR1210-7	10	40	180	合格
侧弯	PQR1210-8	10	40	180	合格

焊接工艺评定报告(PQR)

冲击试验(GB/T 229): 试验报告编号:LH1210

编号	试样位置	V型缺口位置	试样尺寸/mm	试验温度/℃	冲击吸收能量/J
PQR1210-9	焊缝	缺口轴线位于焊缝中心线上	10×10×55	0	175
PQR1210-10					166
PQR1210-11					153
PQR1210-12	热影响区	缺口轴线至试样纵轴线与熔合线交点的距离 $k>0$mm,且尽可能多地通过热影响区	10×10×55	0	90
PQR1210-13					105
PQR1210-14					110

金相试验(角焊缝、模拟组合件): 试验报告编号:

检验面编号	1	2	3	4	5	6	7	8	结果
有无裂纹、未熔合									
角焊缝厚度/mm									
焊脚高 l/mm									
是否焊透									

金相检验(角焊缝、模拟组合件):

根部:焊透□　未焊透□

焊缝:熔合□　未熔合□

焊缝及热影响区:有裂纹□　无裂纹□

两焊脚之差值:

试验报告编号:

堆焊层复层熔敷金属化学成分/% 执行标准: 试验报告编号:

C	Si	Mn	P	S	Cr	Ni	Mo	Ti	Al	Nb	Fe	…

化学成分测定表面至熔合线距离/mm:

非破坏性试验:

VT外观检查:无裂纹　PT:　MT:　UT:　RT:无裂纹

预焊接工艺规程 pWPS 1211

预焊接工艺规程(pWPS)

单位名称： ××××

pWPS 编号：pWPS 1211

日期：××××

焊接方法： SMAW

机动化程度：手工☑　机动☐　自动☐

焊接接头：对接☑　角接☐　堆焊☐

衬垫(材料及规格)：焊缝金属

其他：/

简图(接头形式、坡口形式与尺寸、焊层、焊道布置及顺序)：

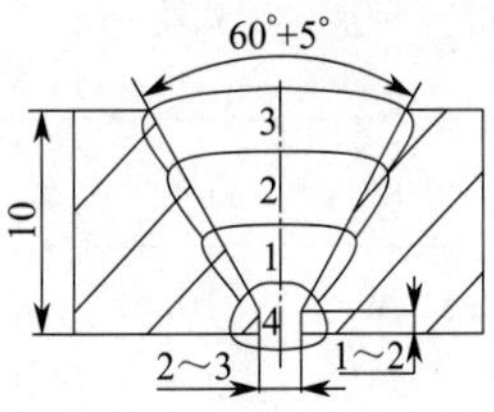

母材：

试件序号	①	②
材料	Q345R	Q345R
标准或规范	GB/T 713	GB/T 713
规格/mm	δ=10	δ=10
类别号	Fe-1	Fe-1
组别号	Fe-1-2	Fe-1-2
对接焊缝焊件母材厚度范围/mm	1.5～20	1.5～20
角焊缝焊件母材厚度范围/mm	不限	不限
管子直径、壁厚范围(对接或角接)/mm	/	/
其他：	/	

填充金属：

焊材类别(种类)	焊条	
型号(牌号)	E5015(J507)	
标准	NB/T 47018.2	
填充金属规格/mm	ϕ4.0,ϕ5.0	
焊材分类代号	FeT-1-2	
对接焊缝焊件焊缝金属范围/mm	0～20	
角焊缝焊件焊缝金属范围/mm	不限	
其他：	/	

预热及后热：		**气体：**			
最小预热温度/℃	15	项目	气体种类	混合比/%	流量/(L/min)
最大道间温度/℃	250	保护气	/	/	/
后热温度/℃	/	尾部保护气	/	/	/
后热保温时间/h	/	背面保护气	/	/	/

焊后热处理：	N+SR	**焊接位置：**			
热处理温度/℃	N:950±20　SR:620±20	对接焊缝位置	1G	方向(向上、向下)	/
热处理时间/h	N:0.4　SR:2	角焊缝位置	/	方向(向上、向下)	/

预焊接工艺规程(pWPS)

电特性：

钨极类型及直径/mm：/　　喷嘴直径/mm：/

熔滴过渡形式(喷射过渡、短路过渡等)：/

(按所焊位置和工件厚度，分别将电流、电压和焊接速度范围填入下表)

焊道/焊层	焊接方法	填充金属	规格/mm	电源种类及极性	焊接电流/A	电弧电压/V	焊接速度/(cm/min)	最大热输入/(kJ/cm)
1	SMAW	J507	ϕ4.0	DCEP	140～160	24～26	10～14	24.9
2—3	SMAW	J507	ϕ5.0	DCEP	180～210	24～26	12～16	27.3
4	SMAW	J507	ϕ4.0	DCEP	160～180	24～26	10～12	28.1

技术措施：

摆动焊或不摆动焊：/　　摆动参数：/

焊前清理和层间清理：刷或磨　　背面清根方法：碳弧气刨＋修磨

单道焊或多道焊/每面：多道焊＋单道焊　　单丝焊或多丝焊：/

导电嘴至工件距离/mm：/　　锤击：/

换热管与管板的连接方式：/　　换热管与管板接头的清理方法：/

预置金属衬套：/　　预置金属衬套的形状与尺寸：/

其他：环境温度＞0℃，相对湿度＜90％。

检验要求及执行标准：

按 NB/T 47014—2023 及相关技术要求进行评定，项目如下：

1. 外观检查和无损检测(按 NB/T 47013.2)结果不得有裂纹；
2. 焊接接头板拉二件(按 GB/T 228)，$R_m \geqslant 510$MPa；
3. 焊接接头侧弯四件(按 GB/T 2653)，$D=4a$　$a=10$　$\alpha=180°$，沿任何方向不得有单条长度大于 3mm 的开口缺陷；
4. 焊缝、热影响区 0℃ KV_2 冲击各三件(按 GB/T 229)，焊接接头 V 型缺口 5mm×10mm×55mm 试样冲击吸收能量平均值不低于 12J。

编制		日期		审核		日期		批准		日期	

焊接工艺评定报告（PQR1211）

焊接工艺评定报告（PQR）

单位名称： ××××

PQR 编号：PQR1211　　pWPS 编号：pWPS 1211

焊接方法：SMAW　　机动化程度：手工☑　机动☐　自动☐

焊接接头：对接☑　角接☐　堆焊☐　　其他：/

接头简图（接头形式、尺寸、衬垫、每种焊接方法或焊接工艺的焊缝金属厚度）：

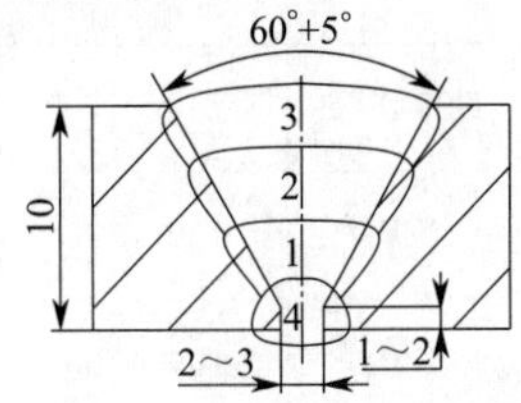

母材：

试件序号	①	②
材料	Q345R	Q345R
标准或规范	GB/T 713	GB/T 713
规格/mm	δ=10	δ=10
类别号	Fe-1	Fe-1
组别号	Fe-1-2	Fe-1-2

填充金属：

分类	焊条	
型号（牌号）	E5015（J507）	
标准	NB/T 47018.2	
填充金属规格/mm	ϕ4.0，ϕ5.0	
焊材分类代号	FeT-1-2	
焊缝金属厚度/mm	10	

预热及后热：

最小预热温度/℃	室温 20	最大道间温度/℃	235
后热温度及保温时间/（℃×h）	/		

焊后热处理： N+SR

保温温度/℃	N：950　SR：638	保温时间/h	N：0.4　SR：2

焊接位置：

对接焊缝焊接位置	1G	方向（向上、向下）	/
角焊缝焊接位置	/	方向（向上、向下）	/

气体：

项目	气体种类	混合比/%	流量/（L/min）
保护气	/	/	/
尾部保护气	/	/	/
背面保护气	/	/	/

焊接工艺评定报告(PQR)

电特性：

钨极类型及直径/mm：/　　喷嘴直径/mm：/

熔滴过渡形式(喷射过渡、短路过渡等)：/

(按所焊位置和工件厚度，分别将电流、电压和焊接速度实测值填入下表)

焊道	焊接方法	填充金属	规格 /mm	电源种类及极性	焊接电流 /A	电弧电压 /V	焊接速度 /(cm/min)	最大热输入 /(kJ/cm)
1	SMAW	J507	ϕ4.0	DCEP	140～170	24～26	10～14	26.5
2—3	SMAW	J507	ϕ5.0	DCEP	180～220	24～26	12～16	28.6
4	SMAW	J507	ϕ4.0	DCEP	160～190	24～26	10～12	29.6

技术措施：

摆动焊或不摆动焊：/　　摆动参数：/

焊前清理和层间清理：打磨　　背面清根方法：碳弧气刨＋修磨

单道焊或多道焊/每面：多道焊＋单道焊　　单丝焊或多丝焊：/

导电嘴至工件距离/mm：/　　锤击：/

换热管与管板的连接方式：/　　换热管与管板接头的清理方法：/

预置金属衬套：/　　预置金属衬套的形状与尺寸：/

其他：

拉伸试验(GB/T 228)：　　试验报告编号：LH1211

试验条件	编号	试样宽度 /mm	试样厚度 /mm	横截面积 /mm^2	断裂载荷 /kN	R_m /MPa	断裂位置及特征
接头板拉	PQR1211-1	25.3	10.1	255.53	138.8	543	断于母材
	PQR1211-2	25.4	10.2	259.08	138.6	535	断于母材

弯曲试验(GB/T 2653)：　　试验报告编号：LH1211

试验条件	编号	试样尺寸 /mm	弯心直径 /mm	弯曲角度 /(°)	试验结果
侧弯	PQR1211-3	10	40	180	合格
侧弯	PQR1211-4	10	40	180	合格
侧弯	PQR1211-5	10	40	180	合格
侧弯	PQR1211-6	10	40	180	合格

焊接工艺评定报告(PQR)

冲击试验(GB/T 229)： 试验报告编号：LH1211

编号	试样位置	V型缺口位置	试样尺寸/mm	试验温度/℃	冲击吸收能量/J
PQR1211-7	焊缝	缺口轴线位于焊缝中心线上	5×10×55	0	41
PQR1211-8					45
PQR1211-9					32
PQR1211-10	热影响区	缺口轴线至试样纵轴线与熔合线交点的距离 $k>0$mm，且尽可能多地通过热影响区	5×10×55	0	38
PQR1211-11					42
PQR1211-12					29

金相试验(角焊缝、模拟组合件)： 试验报告编号：

检验面编号	1	2	3	4	5	6	7	8	结果
有无裂纹、未熔合									
角焊缝厚度/mm									
焊脚高 l/mm									
是否焊透									

金相检验(角焊缝、模拟组合件)：
根部：焊透□　　未焊透□
焊缝：熔合□　　未熔合□
焊缝及热影响区：有裂纹□　　无裂纹□
两焊脚之差值：
试验报告编号：

堆焊层复层熔敷金属化学成分/% 执行标准： 试验报告编号：

C	Si	Mn	P	S	Cr	Ni	Mo	Ti	Al	Nb	Fe	…

化学成分测定表面至熔合线距离/mm：

非破坏性试验：
VT外观检查：无裂纹　　PT：　　MT：　　UT：　　RT：无裂纹

预焊接工艺规程 pWPS 1211-1

预焊接工艺规程(pWPS)

单位名称： ××××

pWPS 编号： pWPS 1211-1

日期： ××××

焊接方法： SMAW

机动化程度： 手工☑ 机动□ 自动□

焊接接头： 对接☑ 角接□ 堆焊□

衬垫(材料及规格)： 焊缝金属

其他：双面焊，正面焊 3 层，背面清根后焊 3～4 层。

简图(接头形式、坡口形式与尺寸、焊层、焊道布置及顺序)：

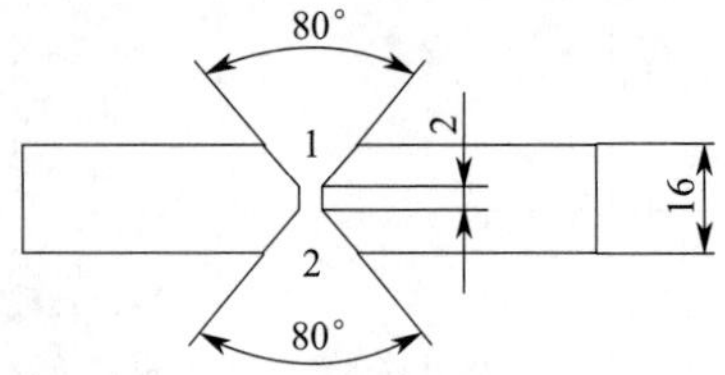

母材：		
试件序号	①	②
材料	Q345R	Q345R
标准或规范	GB/T 713	GB/T 713
规格/mm	δ＝16	δ＝16
类别号	Fe-1	Fe-1
组别号	Fe-1-2	Fe-1-2
对接焊缝焊件母材厚度范围/mm	5～32	5～32
角焊缝焊件母材厚度范围/mm	不限	不限
管子直径、壁厚范围(对接或角接)/mm	/	/
其他： /		

填充金属：		
焊材类别(种类)	焊条	
型号(牌号)	E5016(J506)	
标准	NB/T 47018.2	
填充金属规格/mm	ϕ4.0，ϕ5.0	
焊材分类代号	FeT-1-2	
对接焊缝焊件焊缝金属范围/mm	0～32	
角焊缝焊件焊缝金属范围/mm	不限	
其他： /		

预热及后热：		**气体：**			
最小预热温度/℃	15	项目	气体种类	混合比/%	流量/(L/min)
最大道间温度/℃	250	保护气	/	/	/
后热温度/℃	/	尾部保护气	/	/	/
后热保温时间/h	/	背面保护气	/	/	/

焊后热处理：	N＋SR	**焊接位置：**			
热处理温度/℃	N：900±20　SR：620±20	对接焊缝位置	1G	方向(向上、向下)	/
热处理时间/h	N：0.5　SR：2.8	角焊缝位置	/	方向(向上、向下)	/

预焊接工艺规程(pWPS)

电特性：

钨极类型及直径/mm：/　　喷嘴直径/mm：/

熔滴过渡形式(喷射过渡、短路过渡等)：/

(按所焊位置和工件厚度，分别将电流、电压和焊接速度范围填入下表)

焊道/焊层	焊接方法	填充金属	规格/mm	电源种类及极性	焊接电流/A	电弧电压/V	焊接速度/(cm/min)	最大热输入/(kJ/cm)
1	SMAW	J506	ϕ4.0	DCEP	160～180	22～26	15～16	18.7
2—3	SMAW	J506	ϕ5.0	DCEP	180～220	22～26	15～16	22.9
1′—2′	SMAW	J506	ϕ4.0	DCEP	160～180	22～26	15～16	18.7
3′—4′	SMAW	J506	ϕ5.0	DCEP	180～220	22～26	15～16	22.9

技术措施：

摆动焊或不摆动焊：/　　摆动参数：/

焊前清理和层间清理：角磨机打磨　　背面清根方法：碳弧气刨＋修磨

单道焊或多道焊/每面：多道焊　　单丝焊或多丝焊：/

导电嘴至工件距离/mm：/　　锤击：/

换热管与管板的连接方式：/　　换热管与管板接头的清理方法：/

预置金属衬套：/　　预置金属衬套的形状与尺寸：/

其他：环境温度＞0℃，相对湿度＜90％。

检验要求及执行标准：

按 NB/T 47014—2023 及相关技术要求进行评定，项目如下：

1. 外观检查和无损检测(按 NB/T 47013.2)结果不得有裂纹；

2. 焊接接头板拉二件(按 GB/T 228)，$R_m \geqslant 510$MPa；

3. 焊接接头侧弯四件(按 GB/T 2653)，$D=4a$　$a=10$　$\alpha=180°$，沿任何方向不得有单条长度大于 3mm 的开口缺陷；

4. 焊缝、热影响区 0℃ KV_2 冲击各三件(按 GB/T 229)，焊接接头 V 型缺口 10mm×10mm×55mm 试样冲击吸收能量平均值不低于 24J。

编制		日期		审核		日期		批准		日期	

焊接工艺评定报告（PQR1211-1）

焊接工艺评定报告(PQR)

单位名称： ××××

PQR 编号：PQR1211-1　　pWPS 编号：pWPS 1211-1

焊接方法：SMAW　　机动化程度：手工☑　机动□　自动□

焊接接头：对接☑　角接□　堆焊□　　其他：/

接头简图(接头形式、尺寸、衬垫、每种焊接方法或焊接工艺的焊缝金属厚度)：

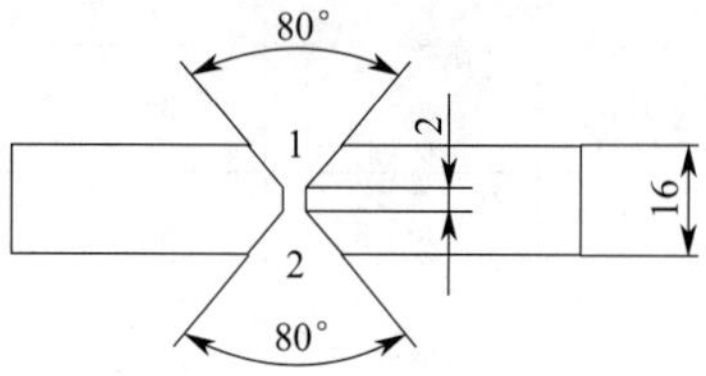

双面焊，正面焊 3 层，背面清根后焊 4 层。

母材：

试件序号	①	②
材料	Q345R	Q345R
标准或规范	GB/T 713	GB/T 713
规格/mm	δ=16	δ=16
类别号	Fe-1	Fe-1
组别号	Fe-1-2	Fe-1-2

填充金属：

分类	焊条	
型号(牌号)	E5016(J506)	
标准	NB/T 47018.2	
填充金属规格/mm	ϕ4.0，ϕ5.0	
焊材分类代号	FeT-1-2	
焊缝金属厚度/mm	16	

预热及后热：

最小预热温度/℃	室温 20	最大道间温度/℃	215
后热温度及保温时间/(℃×h)	/		

焊后热处理： N+SR

保温温度/℃	N:900　SR:620	保温时间/h	N:0.5　SR:2.8

焊接位置：

对接焊缝焊接位置	1G	方向(向上、向下)	/
角焊缝焊接位置	/	方向(向上、向下)	/

气体：

项目	气体种类	混合比/%	流量/(L/min)
保护气	/	/	/
尾部保护气	/	/	/
背面保护气	/	/	/

焊接工艺评定报告(PQR)

电特性：

钨极类型及直径/mm：/　　喷嘴直径/mm：/

熔滴过渡形式(喷射过渡、短路过渡等)：/

(按所焊位置和工件厚度,分别将电流、电压和焊接速度实测值填入下表)

焊道	焊接方法	填充金属	规格/mm	电源种类及极性	焊接电流/A	电弧电压/V	焊接速度/(cm/min)	最大热输入/(kJ/cm)
1	SMAW	J506	ϕ4.0	DCEP	160～190	22～26	15～16	19.8
2—3	SMAW	J506	ϕ5.0	DCEP	180～230	22～26	15～16	23.9
1′—2′	SMAW	J506	ϕ4.0	DCEP	160～190	22～26	15～16	19.8
3′—4′	SMAW	J506	ϕ5.0	DCEP	180～230	22～26	15～16	23.9

技术措施：

摆动焊或不摆动焊：/　　摆动参数：/

焊前清理和层间清理：角磨机打磨　　背面清根方法：碳弧气刨＋修磨

单道焊或多道焊/每面：多道焊　　单丝焊或多丝焊：/

导电嘴至工件距离/mm：/　　锤击：/

换热管与管板的连接方式：/　　换热管与管板接头的清理方法：/

预置金属衬套：/　　预置金属衬套的形状与尺寸：/

其他：

拉伸试验(GB/T 228)：　　试验报告编号：LH1211-1

试验条件	编号	试样宽度/mm	试样厚度/mm	横截面积/mm^2	断裂载荷/kN	R_m/MPa	断裂位置及特征
接头板拉	PQR1211-1-1	26.0	15.7	408	216	530	断于母材
	PQR1211-1-2	26.3	15.9	418	230	550	断于母材

弯曲试验(GB/T 2653)：　　试验报告编号：LH1211-1

试验条件	编号	试样尺寸/mm	弯心直径/mm	弯曲角度/(°)	试验结果
侧弯	PQR1211-1-3	10	40	180	合格
侧弯	PQR1211-1-4	10	40	180	合格
侧弯	PQR1211-1-5	10	40	180	合格
侧弯	PQR1211-1-6	10	40	180	合格

焊接工艺评定报告(PQR)

冲击试验(GB/T 229)： 试验报告编号：LH1211-1

编号	试样位置	V型缺口位置	试样尺寸/mm	试验温度/℃	冲击吸收能量/J
PQR1211-1-7	焊缝	缺口轴线位于焊缝中心线上	10×10×55	0	78
PQR1211-1-8					79
PQR1211-1-9					92
PQR1211-1-10	热影响区	缺口轴线至试样纵轴线与熔合线交点的距离 $k>0$mm，且尽可能多地通过热影响区	10×10×55	0	102
PQR1211-1-11					106
PQR1211-1-12					111

金相试验(角焊缝、模拟组合件)： 试验报告编号：

检验面编号	1	2	3	4	5	6	7	8	结果
有无裂纹、未熔合									
角焊缝厚度/mm									
焊脚高 l/mm									
是否焊透									

金相检验(角焊缝、模拟组合件)：

根部：焊透□ 未焊透□

焊缝：熔合□ 未熔合□

焊缝及热影响区：有裂纹□ 无裂纹□

两焊脚之差值：

试验报告编号：

堆焊层复层熔敷金属化学成分/% 执行标准： 试验报告编号：

C	Si	Mn	P	S	Cr	Ni	Mo	Ti	Al	Nb	Fe	…

化学成分测定表面至熔合线距离/mm：

非破坏性试验：

VT外观检查：无裂纹 PT： MT： UT： RT：无裂纹

预焊接工艺规程 pWPS 1212

预焊接工艺规程(pWPS)

单位名称： ××××

pWPS 编号： pWPS 1212

日期： ××××

焊接方法： SMAW 机动化程度： 手工☑　机动☐　自动☐ 焊接接头： 对接☑　角接☐　堆焊☐ 衬垫(材料及规格)： 焊缝金属 其他： /	**简图(接头形式、坡口形式与尺寸、焊层、焊道布置及顺序)：** 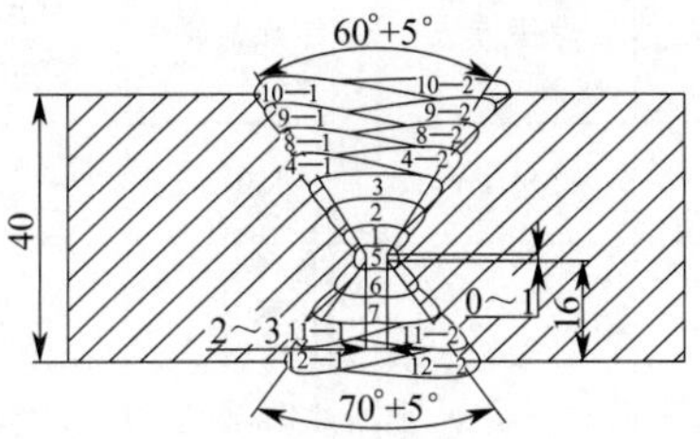

母材：

试件序号	①	②
材料	Q345R	Q345R
标准或规范	GB/T 713	GB/T 713
规格/mm	$\delta=40$	$\delta=40$
类别号	Fe-1	Fe-1
组别号	Fe-1-2	Fe-1-2
对接焊缝焊件母材厚度范围/mm	5～200	5～200
角焊缝焊件母材厚度范围/mm	不限	不限
管子直径、壁厚范围(对接或角接)/mm	/	/
其他： /		

填充金属：

焊材类别(种类)	焊条	
型号(牌号)	E5015(J507)	
标准	NB/T 47018.2	
填充金属规格/mm	$\phi 4.0$,$\phi 5.0$	
焊材分类代号	FeT-1-2	
对接焊缝焊件焊缝金属范围/mm	0～200	
角焊缝焊件焊缝金属范围/mm	不限	
其他： /		

预热及后热：		**气体：**			
最小预热温度/℃	80	项目	气体种类	混合比/%	流量/(L/min)
最大道间温度/℃	250	保护气	/	/	/
后热温度/℃	/	尾部保护气	/	/	/
后热保温时间/h	/	背面保护气	/	/	/

焊后热处理： N+SR		**焊接位置：**			
热处理温度/℃	N:950±20　SR:620±20	对接焊缝位置	1G	方向(向上、向下)	/
热处理时间/h	N:1　SR:3.5	角焊缝位置	/	方向(向上、向下)	/

预焊接工艺规程(pWPS)

电特性：

钨极类型及直径/mm：/　　喷嘴直径/mm：/

熔滴过渡形式(喷射过渡、短路过渡等)：/

(按所焊位置和工件厚度,分别将电流、电压和焊接速度范围填入下表)

焊道/焊层	焊接方法	填充金属	规格/mm	电源种类及极性	焊接电流/A	电弧电压/V	焊接速度/(cm/min)	最大热输入/(kJ/cm)
1	SMAW	J507	ϕ4.0	DCEP	140～180	24～26	10～13	28.1
2—4	SMAW	J507	ϕ5.0	DCEP	180～210	24～26	10～14	32.8
5	SMAW	J507	ϕ4.0	DCEP	160～180	24～26	10～12	28.1
6—12	SMAW	J507	ϕ5.0	DCEP	180～210	24～26	10～14	32.8

技术措施：

摆动焊或不摆动焊：/　　摆动参数：/

焊前清理和层间清理：刷或磨　　背面清根方法：碳弧气刨＋修磨

单道焊或多道焊/每面：多道焊　　单丝焊或多丝焊：/

导电嘴至工件距离/mm：/　　锤击：/

换热管与管板的连接方式：/　　换热管与管板接头的清理方法：/

预置金属衬套：/　　预置金属衬套的形状与尺寸：/

其他：环境温度>0℃,相对湿度<90%。

检验要求及执行标准：

按NB/T 47014—2023及相关技术要求进行评定,项目如下：

1. 外观检查和无损检测(按NB/T 47013.2)结果不得有裂纹；
2. 焊接接头板拉二件(按GB/T 228),R_m≥490MPa；
3. 焊接接头侧弯四件(按GB/T 2653),$D=4a$　$a=10$　$\alpha=180°$,沿任何方向不得有单条长度大于3mm的开口缺陷；
4. 焊缝、热影响区0℃KV_2冲击各三件(按GB/T 229),焊接接头V型缺口10mm×10mm×55mm试样冲击吸收能量平均值不低于24J。

编制		日期		审核		日期		批准		日期	

焊接工艺评定报告（PQR1212）

焊接工艺评定报告（PQR）

单位名称： ××××

PQR编号：PQR1212　　pWPS编号：pWPS 1212

焊接方法：SMAW　　机动化程度：手工☑　机动□　自动□

焊接接头：对接☑　角接□　堆焊□　　其他：/

接头简图（接头形式、尺寸、衬垫、每种焊接方法或焊接工艺的焊缝金属厚度）：

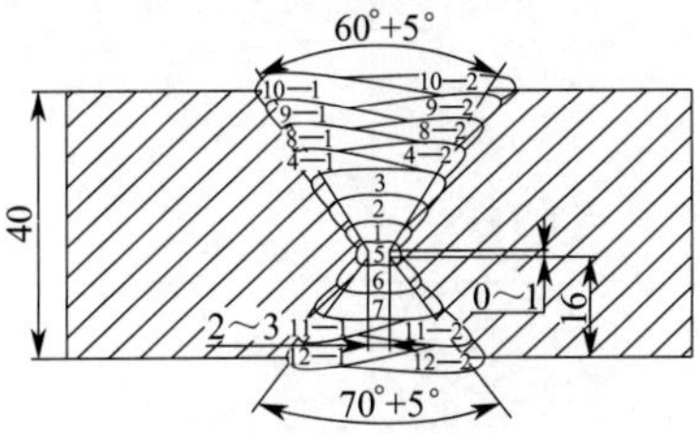

母材：

试件序号	①	②
材料	Q345R	Q345R
标准或规范	GB/T 713	GB/T 713
规格/mm	δ=40	δ=40
类别号	Fe-1	Fe-1
组别号	Fe-1-2	Fe-1-2

填充金属：

分类	焊条	
型号（牌号）	E5015（J507）	
标准	NB/T 47018.2	
填充金属规格/mm	ϕ4.0，ϕ5.0	
焊材分类代号	FeT-1-2	
焊缝金属厚度/mm	40	

预热及后热：

最小预热温度/℃	85	最大道间温度/℃	235
后热温度及保温时间/（℃×h）	/		

焊后热处理： N+SR

保温温度/℃	N：950 SR：635	保温时间/h	N：1　SR：4

焊接位置：

对接焊缝焊接位置	1G	方向（向上、向下）	/
角焊缝焊接位置	/	方向（向上、向下）	/

气体：

项目	气体种类	混合比/%	流量/（L/min）
保护气	/	/	/
尾部保护气	/	/	/
背面保护气	/	/	/

焊接工艺评定报告(PQR)

电特性：

钨极类型及直径/mm：/　　喷嘴直径/mm：/

熔滴过渡形式(喷射过渡、短路过渡等)：/

(按所焊位置和工件厚度,分别将电流、电压和焊接速度实测值填入下表)

焊道	焊接方法	填充金属	规格 /mm	电源种类及极性	焊接电流 /A	电弧电压 /V	焊接速度 /(cm/min)	最大热输入 /(kJ/cm)
1	SMAW	J507	ϕ4.0	DCEP	140～190	24～26	10～13	29.6
2—4	SMAW	J507	ϕ5.0	DCEP	180～220	24～26	10～14	34.3
5	SMAW	J507	ϕ4.0	DCEP	160～190	24～26	10～12	29.6
6—12	SMAW	J507	ϕ5.0	DCEP	180～220	24～26	10～14	34.3

技术措施：

摆动焊或不摆动焊：/　　摆动参数：/

焊前清理和层间清理：打磨　　背面清根方法：碳弧气刨＋修磨

单道焊或多道焊/每面：多道焊　　单丝焊或多丝焊：/

导电嘴至工件距离/mm：/　　锤击：/

换热管与管板的连接方式：/　　换热管与管板接头的清理方法：/

预置金属衬套：/　　预置金属衬套的形状与尺寸：/

其他：

拉伸试验(GB/T 228)：　　试验报告编号：LH1212

试验条件	编号	试样宽度 /mm	试样厚度 /mm	横截面积 /mm^2	断裂载荷 /kN	R_m /MPa	断裂位置及特征
接头板拉	PQR1212-1	25.6	19.7	504.32	254.7	505	断于母材
	PQR1212～2	25.2	18.9	476.28	246	517	断于母材
	PQR1212-3	25.0	19.5	487.5	249	510	断于母材
	PQR1212-4	25.0	18.9	472.5	238.6	505	断于母材

弯曲试验(GB/T 2653)：　　试验报告编号：LH1212

试验条件	编号	试样尺寸 /mm	弯心直径 /mm	弯曲角度 /(°)	试验结果
侧弯	PQR1212-5	10	40	180	合格
侧弯	PQR1212-6	10	40	180	合格
侧弯	PQR1212-7	10	40	180	合格
侧弯	PQR1212-8	10	40	180	合格

焊接工艺评定报告(PQR)

冲击试验(GB/T 229)： 试验报告编号：LH1212

编号	试样位置	V型缺口位置	试样尺寸/mm	试验温度/℃	冲击吸收能量/J
PQR1212-9	焊缝	缺口轴线位于焊缝中心线上	10×10×55	0	167
PQR1212-10					173
PQR1212-11					153
PQR1212-12	热影响区	缺口轴线至试样纵轴线与熔合线交点的距离 $k>0$mm，且尽可能多地通过热影响区	10×10×55	0	130
PQR1212-13					139
PQR1212-14					151

金相试验(角焊缝、模拟组合件)： 试验报告编号：

检验面编号	1	2	3	4	5	6	7	8	结果
有无裂纹、未熔合									
角焊缝厚度/mm									
焊脚高 l/mm									
是否焊透									

金相检验(角焊缝、模拟组合件)：

根部：焊透□　未焊透□

焊缝：熔合□　未熔合□

焊缝及热影响区：有裂纹□　无裂纹□

两焊脚之差值：

试验报告编号：

堆焊层复层熔敷金属化学成分/% 执行标准： 试验报告编号：

C	Si	Mn	P	S	Cr	Ni	Mo	Ti	Al	Nb	Fe	…

化学成分测定表面至熔合线距离/mm：

非破坏性试验：

VT外观检查：无裂纹　PT：　MT：　UT：　RT：无裂纹

预焊接工艺规程 pWPS 1213

预焊接工艺规程(pWPS)

单位名称： ××××

pWPS 编号： pWPS 1213

日期： ××××

焊接方法： SAW

机动化程度： 手工□ 机动☑ 自动□

焊接接头： 对接☑ 角接□ 堆焊□

衬垫(材料及规格)： 焊缝金属

其他： /

简图(接头形式、坡口形式与尺寸、焊层、焊道布置及顺序)：

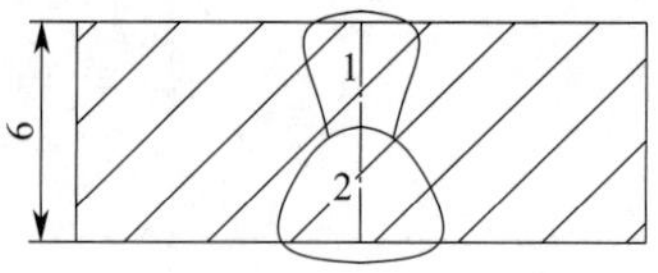

母材：

试件序号	①	②
材料	Q345R	Q345R
标准或规范	GB/T 713	GB/T 713
规格/mm	$\delta=6$	$\delta=6$
类别号	Fe-1	Fe-1
组别号	Fe-1-2	Fe-1-2
对接焊缝焊件母材厚度范围/mm	6～12	6～12
角焊缝焊件母材厚度范围/mm	不限	不限
管子直径、壁厚范围(对接或角接)/mm	/	/
其他：	/	

填充金属：

焊材类别(种类)	焊丝-焊剂组合	
型号(牌号)	S49A2 MS-SU34 (H10Mn2＋HJ350)	
标准	NB/T 47018.4	
填充金属规格/mm	ϕ3.2	
焊材分类代号	FeMSG-1-2	
对接焊缝焊件焊缝金属范围/mm	0～12	
角焊缝焊件焊缝金属范围/mm	不限	
其他：	/	

预热及后热：		**气体：**			
最小预热温度/℃	15	项目	气体种类	混合比/%	流量/(L/min)
最大道间温度/℃	250	保护气	/	/	/
后热温度/℃	/	尾部保护气	/	/	/
后热保温时间/h	/	背面保护气	/	/	/

焊后热处理： AW		**焊接位置：**			
热处理温度/℃	/	对接焊缝位置	1G	方向(向上、向下)	/
热处理时间/h	/	角焊缝位置	/	方向(向上、向下)	/

预焊接工艺规程(pWPS)

电特性：

钨极类型及直径/mm：/　　喷嘴直径/mm：/

熔滴过渡形式(喷射过渡、短路过渡等)：/

(按所焊位置和工件厚度，分别将电流、电压和焊接速度范围填入下表)

焊道/焊层	焊接方法	填充金属	规格/mm	电源种类及极性	焊接电流/A	电弧电压/V	焊接速度/(cm/min)	最大热输入/(kJ/cm)
1	SAW	H10Mn2+HJ350	ϕ3.2	DCEP	420～460	30～34	52～58	18.1
2	SAW	H10Mn2+HJ350	ϕ3.2	DCEP	450～480	30～34	52～58	18.8

技术措施：

摆动焊或不摆动焊：/　　摆动参数：/

焊前清理和层间清理：刷或磨　　背面清根方法：碳弧气刨+修磨

单道焊或多道焊/每面：单道焊　　单丝焊或多丝焊：单丝

导电嘴至工件距离/mm：30～40　　锤击：/

换热管与管板的连接方式：/　　换热管与管板接头的清理方法：/

预置金属衬套：/　　预置金属衬套的形状与尺寸：/

其他：环境温度>0℃，相对湿度<90%。

检验要求及执行标准：

按 NB/T 47014—2023 及相关技术要求进行评定，项目如下：

1. 外观检查和无损检测(按 NB/T 47013.2)结果不得有裂纹；
2. 焊接接头板拉二件(按 GB/T 228)，$R_m \geqslant 510$MPa；
3. 焊接接头面弯、背弯各二件(按 GB/T 2653)，$D=4a$　$a=6$　$\alpha=180°$，沿任何方向不得有单条长度大于 3mm 的开口缺陷；
4. 焊缝、热影响区 0℃ KV_2 冲击各三件(按 GB/T 229)，焊接接头 V 型缺口 5mm×10mm×55mm 试样冲击吸收能量平均值不低于 12J。

编制		日期		审核		日期		批准		日期	

焊接工艺评定报告（PQR1213）

焊接工艺评定报告（PQR）

单位名称： ××××

PQR 编号：PQR1213　　pWPS 编号：pWPS 1213

焊接方法：SAW　　机动化程度：手工□　机动☑　自动□

焊接接头：对接☑　角接□　堆焊□　　其他：/

接头简图（接头形式、尺寸、衬垫、每种焊接方法或焊接工艺的焊缝金属厚度）：

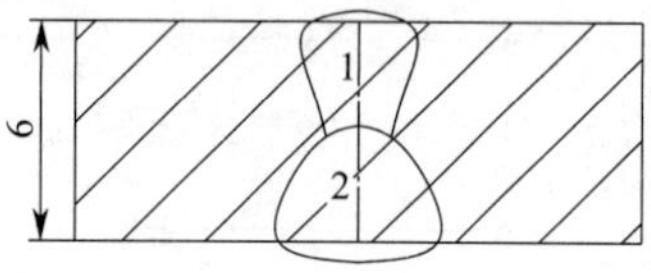

母材：

试件序号	①	②
材料	Q345R	Q345R
标准或规范	GB/T 713	GB/T 713
规格/mm	$\delta=6$	$\delta=6$
类别号	Fe-1	Fe-1
组别号	Fe-1-2	Fe-1-2

填充金属：

分类	焊丝-焊剂组合	
型号(牌号)	S49A2 MS-SU34(H10Mn2＋HJ350)	
标准	NB/T 47018.4	
填充金属规格/mm	$\phi3.2$	
焊材分类代号	FeMSG-1-2	
焊缝金属厚度/mm	6	

预热及后热：

最小预热温度/℃	室温 20	最大道间温度/℃	235
后热温度及保温时间/(℃×h)	/		

焊后热处理： AW

保温温度/℃	/	保温时间/h	/

焊接位置：

对接焊缝焊接位置	1G	方向(向上、向下)	/
角焊缝焊接位置	/	方向(向上、向下)	/

气体：

项目	气体种类	混合比/%	流量/(L/min)
保护气	/	/	/
尾部保护气	/	/	/
背面保护气	/	/	/

焊接工艺评定报告(PQR)

电特性：

钨极类型及直径/mm：/　　喷嘴直径/mm：/

熔滴过渡形式(喷射过渡、短路过渡等)：/

(按所焊位置和工件厚度，分别将电流、电压和焊接速度实测值填入下表)

焊道	焊接方法	填充金属	规格/mm	电源种类及极性	焊接电流/A	电弧电压/V	焊接速度/(cm/min)	最大热输入/(kJ/cm)
1	SAW	H10Mn2+HJ350	ϕ3.2	DCEP	420～480	30～34	52～58	18.8
2	SAW	H10Mn2+HJ350	ϕ3.2	DCEP	450～500	30～34	52～58	19.6

技术措施：

摆动焊或不摆动焊：/　　摆动参数：/

焊前清理和层间清理：打磨　　背面清根方法：碳弧气刨+修磨

单道焊或多道焊/每面：单道焊　　单丝焊或多丝焊：单丝

导电嘴至工件距离/mm：30～40　　锤击：/

换热管与管板的连接方式：/　　换热管与管板接头的清理方法：/

预置金属衬套：/　　预置金属衬套的形状与尺寸：/

其他：

拉伸试验(GB/T 228)：　　试验报告编号：LH1213

试验条件	编号	试样宽度/mm	试样厚度/mm	横截面积/mm²	断裂载荷/kN	R_m/MPa	断裂位置及特征
接头板拉	PQR1213-1	25.3	6.1	154.33	88.7	575	断于母材
	PQR1213-2	25.4	6.2	157.48	92.6	588	断于母材

弯曲试验(GB/T 2653)：　　试验报告编号：LH1213

试验条件	编号	试样尺寸/mm	弯心直径/mm	弯曲角度/(°)	试验结果
面弯	PQR1213-3	6	24	180	合格
面弯	PQR1213-4	6	24	180	合格
背弯	PQR1213-5	6	24	180	合格
背弯	PQR1213-6	6	24	180	合格

焊接工艺评定报告(PQR)

冲击试验(GB/T 229)： 试验报告编号：LH1213

编号	试样位置	V型缺口位置	试样尺寸/mm	试验温度/℃	冲击吸收能量/J
PQR1213-7	焊缝	缺口轴线位于焊缝中心线上	5×10×55	0	75
PQR1213-8					88
PQR1213-9					72
PQR1213-10	热影响区	缺口轴线至试样纵轴线与熔合线交点的距离 $k>0$mm，且尽可能多地通过热影响区	5×10×55	0	45
PQR1213-11					49
PQR1213-12					52

金相试验(角焊缝、模拟组合件)： 试验报告编号：

检验面编号	1	2	3	4	5	6	7	8	结果
有无裂纹、未熔合									
角焊缝厚度/mm									
焊脚高 l/mm									
是否焊透									

金相检验(角焊缝、模拟组合件)：

根部：焊透□　　未焊透□

焊缝：熔合□　　未熔合□

焊缝及热影响区：有裂纹□　　无裂纹□

两焊脚之差值：

试验报告编号：

堆焊层复层熔敷金属化学成分/% 执行标准：　　　　试验报告编号：

C	Si	Mn	P	S	Cr	Ni	Mo	Ti	Al	Nb	Fe	…

化学成分测定表面至熔合线距离/mm：

非破坏性试验：

VT外观检查：无裂纹　　PT：　　MT：　　UT：　　RT：无裂纹

预焊接工艺规程 pWPS 1214

预焊接工艺规程(pWPS)

单位名称： ××××

pWPS 编号： pWPS 1214

日期： ××××

焊接方法： SAW

机动化程度： 手工□　机动☑　自动□

焊接接头： 对接☑　角接□　堆焊□

衬垫(材料及规格)： 焊缝金属

其他： /

简图(接头形式、坡口形式与尺寸、焊层、焊道布置及顺序)：

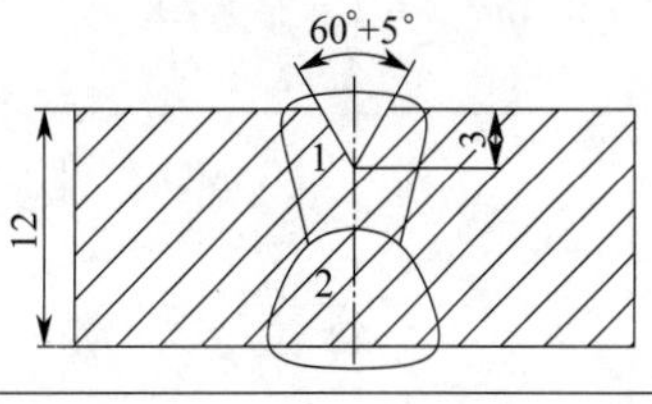

母材：

试件序号	①	②
材料	Q345R	Q345R
标准或规范	GB/T 713	GB/T 713
规格/mm	$\delta=12$	$\delta=12$
类别号	Fe-1	Fe-1
组别号	Fe-1-2	Fe-1-2
对接焊缝焊件母材厚度范围/mm	12～24	12～24
角焊缝焊件母材厚度范围/mm	不限	不限
管子直径、壁厚范围(对接或角接)/mm	/	/
其他： /		

填充金属：

焊材类别(种类)	焊丝-焊剂组合	
型号(牌号)	S49A2 MS-SU34 (H10Mn2＋HJ350)	
标准	NB/T 47018.4	
填充金属规格/mm	$\phi 4.0$	
焊材分类代号	FeMSG-1-2	
对接焊缝焊件焊缝金属范围/mm	0～24	
角焊缝焊件焊缝金属范围/mm	不限	
其他： /		

预热及后热：		**气体：**			
最小预热温度/℃	15	项目	气体种类	混合比/%	流量/(L/min)
最大道间温度/℃	250	保护气	/	/	/
后热温度/℃	/	尾部保护气	/	/	/
后热保温时间/h	/	背面保护气	/	/	/

焊后热处理：	AW	**焊接位置：**			
热处理温度/℃	/	对接焊缝位置	1G	方向(向上、向下)	/
热处理时间/h	/	角焊缝位置	/	方向(向上、向下)	/

预焊接工艺规程(pWPS)

电特性：

钨极类型及直径/mm：/　　喷嘴直径/mm：/

熔滴过渡形式(喷射过渡、短路过渡等)：/

(按所焊位置和工件厚度，分别将电流、电压和焊接速度范围填入下表)

焊道/焊层	焊接方法	填充金属	规格/mm	电源种类及极性	焊接电流/A	电弧电压/V	焊接速度/(cm/min)	最大热输入/(kJ/cm)
1	SAW	H10Mn2+HJ350	ϕ4.0	DCEP	600～650	36～38	46～52	32.2
2	SAW	H10Mn2+HJ350	ϕ4.0	DCEP	600～650	36～38	46～52	32.2

技术措施：

摆动焊或不摆动焊：/　　摆动参数：/

焊前清理和层间清理：刷或磨　　背面清根方法：碳弧气刨＋修磨

单道焊或多道焊/每面：单道焊　　单丝焊或多丝焊：单丝

导电嘴至工件距离/mm：30～40　　锤击：/

换热管与管板的连接方式：/　　换热管与管板接头的清理方法：/

预置金属衬套：/　　预置金属衬套的形状与尺寸：/

其他：环境温度>0℃，相对湿度<90%。

检验要求及执行标准：

按NB/T 47014—2023及相关技术要求进行评定，项目如下：

1. 外观检查和无损检测(按NB/T 47013.2)结果不得有裂纹；

2. 焊接接头板拉二件(按GB/T 228)，R_m≥510MPa；

3. 焊接接头侧弯四件(按GB/T 2653)，$D=4a$　$a=10$　$\alpha=180°$，沿任何方向不得有单条长度大于3mm的开口缺陷；

4. 焊缝、热影响区0℃ KV_2 冲击各三件(按GB/T 229)，焊接接头V型缺口10mm×10mm×55mm试样冲击吸收能量平均值不低于24J。

编制		日期		审核		日期		批准		日期	

焊接工艺评定报告（PQR1214）

焊接工艺评定报告(PQR)

单位名称：××××

PQR 编号：PQR1214　　pWPS 编号：pWPS 1214

焊接方法：SAW　　机动化程度：手工□　机动☑　自动□

焊接接头：对接☑　角接□　堆焊□　　其他：/

接头简图(接头形式、尺寸、衬垫、每种焊接方法或焊接工艺的焊缝金属厚度)：

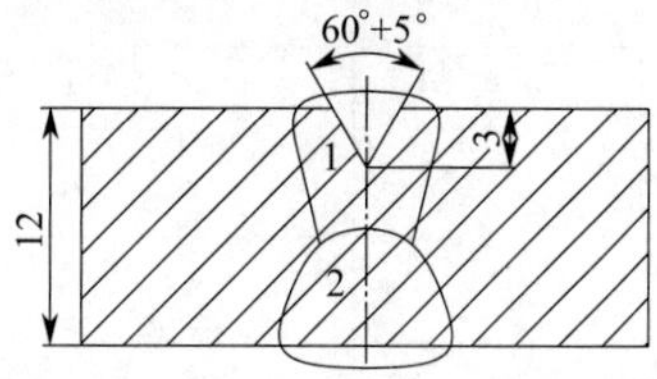

母材：

试件序号	①	②
材料	Q345R	Q345R
标准或规范	GB/T 713	GB/T 713
规格/mm	$\delta=12$	$\delta=12$
类别号	Fe-1	Fe-1
组别号	Fe-1-2	Fe-1-2

填充金属：

分类	焊丝-焊剂组合	
型号(牌号)	S49A2 MS-SU34 (H10Mn2＋HJ350)	
标准	NB/T 47018.4	
填充金属规格/mm	ϕ4.0	
焊材分类代号	FeMSG-1-2	
焊缝金属厚度/mm	12	

预热及后热：

最小预热温度/℃	室温 20	最大道间温度/℃	235
后热温度及保温时间/(℃×h)	/		

焊后热处理：AW

保温温度/℃	/	保温时间/h	/

焊接位置：

对接焊缝焊接位置	1G	方向 (向上、向下)	/
角焊缝焊接位置	/	方向 (向上、向下)	/

气体：

项目	气体种类	混合比/%	流量/(L/min)
保护气	/	/	/
尾部保护气	/	/	/
背面保护气	/	/	/

焊接工艺评定报告(PQR)

电特性：

钨极类型及直径/mm：/　　喷嘴直径/mm：/

熔滴过渡形式(喷射过渡、短路过渡等)：/

(按所焊位置和工件厚度，分别将电流、电压和焊接速度实测值填入下表)

焊道	焊接方法	填充金属	规格/mm	电源种类及极性	焊接电流/A	电弧电压/V	焊接速度/(cm/min)	最大热输入/(kJ/cm)
1	SAW	H10Mn2+HJ350	ϕ4.0	DCEP	600～660	36～38	46～52	32.7
2	SAW	H10Mn2+HJ350	ϕ4.0	DCEP	600～660	36～38	46～52	32.7

技术措施：

摆动焊或不摆动焊：/　　摆动参数：/

焊前清理和层间清理：打磨　　背面清根方法：碳弧气刨+修磨

单道焊或多道焊/每面：单道焊　　单丝焊或多丝焊：单丝

导电嘴至工件距离/mm：30～40　　锤击：/

换热管与管板的连接方式：/　　换热管与管板接头的清理方法：/

预置金属衬套：/　　预置金属衬套的形状与尺寸：/

其他：

拉伸试验(GB/T 228)：　　试验报告编号：LH1214

试验条件	编号	试样宽度/mm	试样厚度/mm	横截面积/mm^2	断裂载荷/kN	R_m/MPa	断裂位置及特征
接头板拉	PQR1214-1	25.2	12.2	307.44	170.6	555	断于母材
	PQR1214-2	25.5	12.1	304.92	169.1	560	断于母材

弯曲试验(GB/T 2653)：　　试验报告编号：LH1214

试验条件	编号	试样尺寸/mm	弯心直径/mm	弯曲角度/(°)	试验结果
侧弯	PQR1214-3	10	40	180	合格
侧弯	PQR1214-4	10	40	180	合格
侧弯	PQR1214-5	10	40	180	合格
侧弯	PQR1214-6	10	40	180	合格

焊接工艺评定报告(PQR)

冲击试验(GB/T 229)：　　试验报告编号：LH1214

编号	试样位置	V 型缺口位置	试样尺寸/mm	试验温度/℃	冲击吸收能量/J
PQR1214-7	焊缝	缺口轴线位于焊缝中心线上	10×10×55	0	91
PQR1214-8					83
PQR1214-9					73
PQR1214-10	热影响区	缺口轴线至试样纵轴线与熔合线交点的距离 $k>0$mm，且尽可能多地通过热影响区	10×10×55	0	53
PQR1214-11					48
PQR1214-12					67

金相试验(角焊缝、模拟组合件)：　　试验报告编号：

检验面编号	1	2	3	4	5	6	7	8	结果
有无裂纹、未熔合									
角焊缝厚度/mm									
焊脚高 l/mm									
是否焊透									

金相检验(角焊缝、模拟组合件)：

根部：焊透□　　未焊透□

焊缝：熔合□　　未熔合□

焊缝及热影响区：有裂纹□　　无裂纹□

两焊脚之差值：

试验报告编号：

堆焊层复层熔敷金属化学成分/%　执行标准：　　试验报告编号：

C	Si	Mn	P	S	Cr	Ni	Mo	Ti	Al	Nb	Fe	…

化学成分测定表面至熔合线距离/mm：

非破坏性试验：

VT 外观检查：无裂纹　　PT：　　MT：　　UT：　　RT：无裂纹

预焊接工艺规程 pWPS 1215

预焊接工艺规程(pWPS)

单位名称：××××

pWPS 编号：pWPS 1215

日期：××××

焊接方法：SAW

机动化程度：手工□　机动☑　自动□

焊接接头：对接☑　角接□　堆焊□

衬垫(材料及规格)：焊接正面时，使用焊剂作衬垫。

其他：组对时，要保证坡口间隙 $L=3.0$mm；双面焊，正面焊 1 层，背面清根后焊 1 层。

简图(接头形式、坡口形式与尺寸、焊层、焊道布置及顺序)：

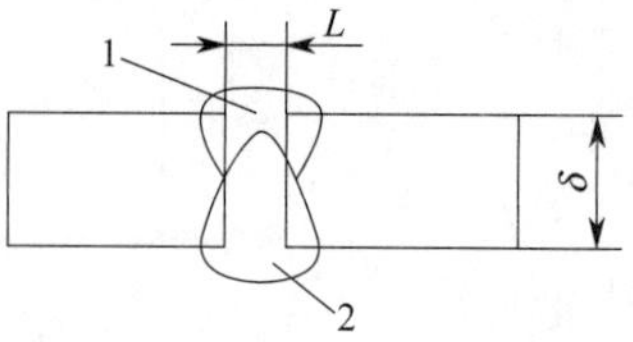

母材：

试件序号	①	②
材料	Q345R	Q345R
标准或规范	GB/T 713	GB/T 713
规格/mm	$\delta=16$	$\delta=16$
类别号	Fe-1	Fe-1
组别号	Fe-1-2	Fe-1-2
对接焊缝焊件母材厚度范围/mm	16～32	16～32
角焊缝焊件母材厚度范围/mm	不限	不限
管子直径、壁厚范围(对接或角接)/mm	/	/
其他：	/	

填充金属：

焊材类别(种类)	焊丝-焊剂组合	
型号(牌号)	S49A2 MS-SU34 (H10Mn2＋HJ350)	
标准	NB/T 47018.4	
填充金属规格/mm	ϕ4.0	
焊材分类代号	FeMSG-1-2	
对接焊缝焊件焊缝金属范围/mm	0～32	
角焊缝焊件焊缝金属范围/mm	不限	
其他：	/	

预热及后热：		**气体**：			
最小预热温度/℃	15	项目	气体种类	混合比/%	流量/(L/min)
最大道间温度/℃	250	保护气	/	/	/
后热温度/℃	/	尾部保护气	/	/	/
后热保温时间/h	/	背面保护气	/	/	/

焊后热处理：	AW	**焊接位置**：			
热处理温度/℃	/	对接焊缝位置	1G	方向(向上、向下)	/
热处理时间/h	/	角焊缝位置	/	方向(向上、向下)	/

预焊接工艺规程(pWPS)

电特性：

钨极类型及直径/mm：/　　喷嘴直径/mm：/

熔滴过渡形式(喷射过渡、短路过渡等)：/

(按所焊位置和工件厚度，分别将电流、电压和焊接速度范围填入下表)

焊道/焊层	焊接方法	填充金属	规格/mm	电源种类及极性	焊接电流/A	电弧电压/V	焊接速度/(cm/min)	最大热输入/(kJ/cm)
1	SAW	H10Mn2+HJ350	ϕ4.0	DCEP	620～650	34～36	40～42	35.1
2	SAW	H10Mn2+HJ350	ϕ4.0	DCEP	620～650	34～36	40～42	35.1

技术措施：

摆动焊或不摆动焊：/　　摆动参数：/

焊前清理和层间清理：刷或磨　　背面清根方法：碳弧气刨+修磨

单道焊或多道焊/每面：单道焊　　单丝焊或多丝焊：单丝

导电嘴至工件距离/mm：30～40　　锤击：/

换热管与管板的连接方式：/　　换热管与管板接头的清理方法：/

预置金属衬套：/　　预置金属衬套的形状与尺寸：/

其他：环境温度>0℃，相对湿度<90%。

检验要求及执行标准：

按 NB/T 47014—2023 及相关技术要求进行评定，项目如下：

1. 外观检查和无损检测(按 NB/T 47013.2)结果不得有裂纹；
2. 焊接接头板拉二件(按 GB/T 228)，$R_m \geqslant 510$MPa；
3. 焊接接头侧弯四件(按 GB/T 2653)，$D=4a$　$a=10$　$\alpha=180°$，沿任何方向不得有单条长度大于 3mm 的开口缺陷；
4. 焊缝、热影响区 0℃ KV_2 冲击各三件(按 GB/T 229)，焊接接头 V 型缺口 10mm×10mm×55mm 试样冲击吸收能量平均值不低于 24J。

编制		日期		审核		日期		批准		日期	

焊接工艺评定报告（PQR1215）

焊接工艺评定报告(PQR)

单位名称： ××××

PQR 编号：PQR1215　　pWPS 编号：pWPS 1215

焊接方法：SAW　　机动化程度：手工□　机动☑　自动□

焊接接头：对接☑　角接□　堆焊□　　其他：/

接头简图(接头形式、尺寸、衬垫、每种焊接方法或焊接工艺的焊缝金属厚度)：

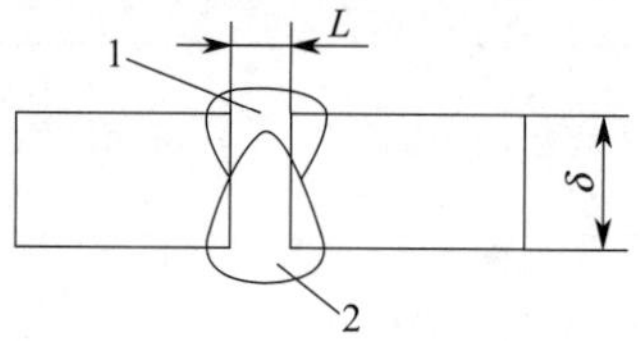

组对时，要保证坡口间隙 $L=3.0$mm；双面焊，正面焊 1 层，背面清根后焊 1 层，焊接正面时，使用焊剂作衬垫。

母材：

试件序号	①	②
材料	Q345R	Q345R
标准或规范	GB/T 713	GB/T 713
规格/mm	$\delta=16$	$\delta=16$
类别号	Fe-1	Fe-1
组别号	Fe-1-2	Fe-1-2

填充金属：

分类	焊丝-焊剂组合	
型号(牌号)	S49A2 MS-SU34(H10Mn2＋HJ350)	
标准	NB/T 47018.4	
填充金属规格/mm	ϕ4.0	
焊材分类代号	FeMSG-1-2	
焊缝金属厚度/mm	16	

预热及后热：

最小预热温度/℃	室温 20	最大道间温度/℃	235
后热温度及保温时间/(℃×h)	/		

焊后热处理： AW

保温温度/℃	/	保温时间/h	/

焊接位置：

对接焊缝焊接位置	1G	方向(向上、向下)	/
角焊缝焊接位置	/	方向(向上、向下)	/

气体：

项目	气体种类	混合比/%	流量/(L/min)
保护气	/	/	/
尾部保护气	/	/	/
背面保护气	/	/	/

焊接工艺评定报告(PQR)

电特性：

钨极类型及直径/mm：/　　喷嘴直径/mm：/

熔滴过渡形式(喷射过渡、短路过渡等)：/

(按所焊位置和工件厚度,分别将电流、电压和焊接速度实测值填入下表)

焊道	焊接方法	填充金属	规格/mm	电源种类及极性	焊接电流/A	电弧电压/V	焊接速度/(cm/min)	最大热输入/(kJ/cm)
1	SAW	H10Mn2+HJ350	ϕ4.0	DCEP	620～660	34～36	40～42	35.6
2	SAW	H10Mn2+HJ350	ϕ4.0	DCEP	620～660	34～36	40～42	35.6

技术措施：

摆动焊或不摆动焊：/　　摆动参数：/

焊前清理和层间清理：打磨　　背面清根方法：碳弧气刨+修磨

单道焊或多道焊/每面：单道焊　　单丝焊或多丝焊：单丝

导电嘴至工件距离/mm：30～40　　锤击：/

换热管与管板的连接方式：/　　换热管与管板接头的清理方法：/

预置金属衬套：/　　预置金属衬套的形状与尺寸：/

其他：

拉伸试验(GB/T 228)：　　试验报告编号:LH1215

试验条件	编号	试样宽度/mm	试样厚度/mm	横截面积/mm²	断裂载荷/kN	R_m/MPa	断裂位置及特征
接头板拉	PQR1215-1	26.4	16.0	422.4	245	580	断于母材
	PQR1215-2	27.0	15.9	429.3	249	580	断于母材

弯曲试验(GB/T 2653)：　　试验报告编号：LH1215

试验条件	编号	试样尺寸/mm	弯心直径/mm	弯曲角度/(°)	试验结果
侧弯	PQR1215-3	10	40	180	合格
侧弯	PQR1215-4	10	40	180	合格
侧弯	PQR1215-5	10	40	180	合格
侧弯	PQR1215-6	10	40	180	合格

焊接工艺评定报告(PQR)

冲击试验(GB/T 229)： 试验报告编号：LH1215

编号	试样位置	V型缺口位置	试样尺寸/mm	试验温度/℃	冲击吸收能量/J
PQR1215-7	焊缝	缺口轴线位于焊缝中心线上	10×10×55	0	100
PQR1215-8					121
PQR1215-9					103
PQR1215-10	热影响区	缺口轴线至试样纵轴线与熔合线交点的距离 $k>0$mm，且尽可能多地通过热影响区	10×10×55	0	132
PQR1215-11					140
PQR1215-12					170

金相试验(角焊缝、模拟组合件)： 试验报告编号：

检验面编号	1	2	3	4	5	6	7	8	结果
有无裂纹、未熔合									
角焊缝厚度/mm									
焊脚高 l/mm									
是否焊透									

金相检验(角焊缝、模拟组合件)：

根部：焊透□ 未焊透□

焊缝：熔合□ 未熔合□

焊缝及热影响区：有裂纹□ 无裂纹□

两焊脚之差值：

试验报告编号：

堆焊层复层熔敷金属化学成分/% 执行标准： 试验报告编号：

C	Si	Mn	P	S	Cr	Ni	Mo	Ti	Al	Nb	Fe	…

化学成分测定表面至熔合线距离/mm：

非破坏性试验：

VT外观检查：无裂纹 PT： MT： UT： RT：无裂纹

预焊接工艺规程 pWPS 1216

预焊接工艺规程(pWPS)

单位名称： ××××

pWPS 编号： pWPS 1216

日期： ××××

焊接方法： SAW

机动化程度： 手工□　机动☑　自动□

焊接接头： 对接☑　角接□　堆焊□

衬垫(材料及规格)： 焊缝金属

其他： /

简图(接头形式、坡口形式与尺寸、焊层、焊道布置及顺序)：

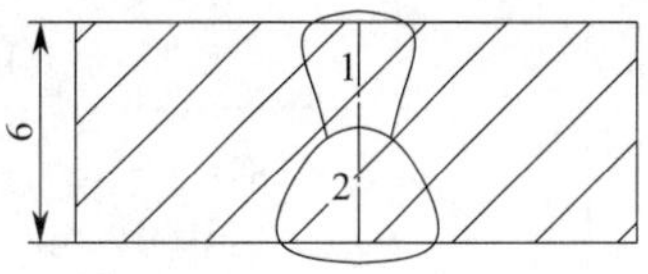

母材：

试件序号	①	②
材料	Q345R	Q345R
标准或规范	GB/T 713	GB/T 713
规格/mm	$\delta=6$	$\delta=6$
类别号	Fe-1	Fe-1
组别号	Fe-1-2	Fe-1-2
对接焊缝焊件母材厚度范围/mm	6～12	6～12
角焊缝焊件母材厚度范围/mm	不限	不限
管子直径、壁厚范围(对接或角接)/mm	/	/
其他：	/	

填充金属：

焊材类别(种类)	焊丝-焊剂组合	
型号(牌号)	S49A2 MS-SU34 (H10Mn2＋HJ350)	
标准	NB/T 47018.4	
填充金属规格/mm	$\phi3.2$	
焊材分类代号	FeMSG-1-2	
对接焊缝焊件焊缝金属范围/mm	0～12	
角焊缝焊件焊缝金属范围/mm	不限	
其他：	/	

预热及后热：		**气体：**			
最小预热温度/℃	15	项目	气体种类	混合比/%	流量/(L/min)
最大道间温度/℃	250	保护气	/	/	/
后热温度/℃	/	尾部保护气	/	/	/
后热保温时间/h	/	背面保护气	/	/	/

焊后热处理：	SR	**焊接位置：**			
热处理温度/℃	620±20	对接焊缝位置	1G	方向(向上、向下)	/
热处理时间/h	2.5	角焊缝位置	/	方向(向上、向下)	/

预焊接工艺规程(pWPS)

电特性：

钨极类型及直径/mm：/ 喷嘴直径/mm：/

熔滴过渡形式(喷射过渡、短路过渡等)：/

(按所焊位置和工件厚度，分别将电流、电压和焊接速度范围填入下表)

焊道/焊层	焊接方法	填充金属	规格/mm	电源种类及极性	焊接电流/A	电弧电压/V	焊接速度/(cm/min)	最大热输入/(kJ/cm)
1	SAW	H10Mn2+HJ350	ϕ3.2	DCEP	420～460	30～34	52～58	18.1
2	SAW	H10Mn2+HJ350	ϕ3.2	DCEP	450～480	30～34	52～58	18.8

技术措施：

摆动焊或不摆动焊：/ 摆动参数：/

焊前清理和层间清理：刷或磨 背面清根方法：碳弧气刨+修磨

单道焊或多道焊/每面：单道焊 单丝焊或多丝焊：单丝

导电嘴至工件距离/mm：30～40 锤击：/

换热管与管板的连接方式：/ 换热管与管板接头的清理方法：/

预置金属衬套：/ 预置金属衬套的形状与尺寸：/

其他：环境温度>0℃，相对湿度<90%。

检验要求及执行标准：

按 NB/T 47014—2023 及相关技术要求进行评定，项目如下：

1. 外观检查和无损检测(按 NB/T 47013.2)结果不得有裂纹；

2. 焊接接头板拉二件(按 GB/T 228)，$R_m \geqslant 510$MPa；

3. 焊接接头面弯、背弯各二件(按 GB/T 2653)，$D=4a$　$a=6$　$\alpha=180°$，沿任何方向不得有单条长度大于 3mm 的开口缺陷；

4. 焊缝、热影响区 0℃ KV_2 冲击各三件(按 GB/T 229)，焊接接头 V 型缺口 5mm×10mm×55mm 试样冲击吸收能量平均值不低于 12J。

编制		日期		审核		日期		批准		日期	

焊接工艺评定报告（PQR1216）

焊接工艺评定报告(PQR)

单位名称：××××

PQR 编号：PQR1216　　pWPS 编号：pWPS 1216

焊接方法：SAW　　机动化程度：手工□　机动☑　自动□

焊接接头：对接☑　角接□　堆焊□　　其他：/

接头简图(接头形式、尺寸、衬垫、每种焊接方法或焊接工艺的焊缝金属厚度)：

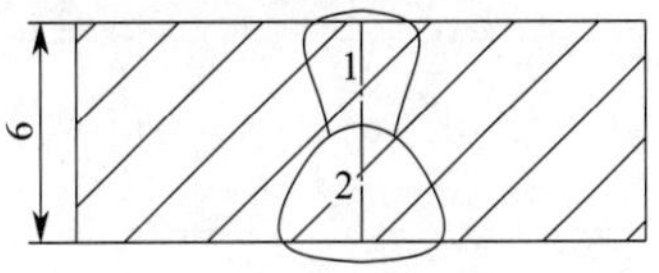

母材：

试件序号	①	②
材料	Q345R	Q345R
标准或规范	GB/T 713	GB/T 713
规格/mm	δ=6	δ=6
类别号	Fe-1	Fe-1
组别号	Fe-1-2	Fe-1-2

填充金属：

分类	焊丝-焊剂组合	
型号(牌号)	S49A2 MS-SU34(H10Mn2+HJ350)	
标准	NB/T 47018.4	
填充金属规格/mm	ϕ3.2	
焊材分类代号	FeMSG-1-2	
焊缝金属厚度/mm	6	

预热及后热：

最小预热温度/℃	室温 20	最大道间温度/℃	235
后热温度及保温时间/(℃×h)	/		

焊后热处理： SR

保温温度/℃	638	保温时间/h	2.5

焊接位置：

对接焊缝焊接位置	1G	方向 (向上、向下)	/
角焊缝焊接位置	/	方向 (向上、向下)	/

气体：

项目	气体种类	混合比/%	流量/(L/min)
保护气	/	/	/
尾部保护气	/	/	/
背面保护气	/	/	/

焊接工艺评定报告(PQR)

电特性：
钨极类型及直径/mm：/　　喷嘴直径/mm：/
熔滴过渡形式(喷射过渡、短路过渡等)：/
(按所焊位置和工件厚度，分别将电流、电压和焊接速度实测值填入下表)

焊道	焊接方法	填充金属	规格/mm	电源种类及极性	焊接电流/A	电弧电压/V	焊接速度/(cm/min)	最大热输入/(kJ/cm)
1	SAW	H10Mn2+HJ350	ϕ3.2	DCEP	420～480	30～34	52～58	18.8
2	SAW	H10Mn2+HJ350	ϕ3.2	DCEP	450～500	30～34	52～58	19.6

技术措施：
摆动焊或不摆动焊：/　　摆动参数：/
焊前清理和层间清理：打磨　　背面清根方法：碳弧气刨+修磨
单道焊或多道焊/每面：单道焊　　单丝焊或多丝焊：单丝
导电嘴至工件距离/mm：30～40　　锤击：/
换热管与管板的连接方式：/　　换热管与管板接头的清理方法：/
预置金属衬套：/　　预置金属衬套的形状与尺寸：/
其他：

拉伸试验(GB/T 228)：　　试验报告编号：LH1216

试验条件	编号	试样宽度/mm	试样厚度/mm	横截面积/mm^2	断裂载荷/kN	R_m/MPa	断裂位置及特征
接头板拉	PQR1216-1	25.3	6.2	156.86	91.3	582	断于母材
	PQR1216-2	25.4	6.0	152.4	87.6	575	断于母材

弯曲试验(GB/T 2653)：　　试验报告编号：LH1216

试验条件	编号	试样尺寸/mm	弯心直径/mm	弯曲角度/(°)	试验结果
面弯	PQR1216-3	6	24	180	合格
面弯	PQR1216-4	6	24	180	合格
背弯	PQR1216-5	6	24	180	合格
背弯	PQR1216-6	6	24	180	合格

焊接工艺评定报告(PQR)

冲击试验(GB/T 229)： 试验报告编号：LH1216

编号	试样位置	V型缺口位置	试样尺寸/mm	试验温度/℃	冲击吸收能量/J
PQR1216-7	焊缝	缺口轴线位于焊缝中心线上	5×10×55	0	50
PQR1216-8					60
PQR1216-9					52
PQR1216-10	热影响区	缺口轴线至试样纵轴线与熔合线交点的距离 $k>0$mm，且尽可能多地通过热影响区	5×10×55	0	98
PQR1216-11					75
PQR1216-12					70

金相试验(角焊缝、模拟组合件)： 试验报告编号：

检验面编号	1	2	3	4	5	6	7	8	结果
有无裂纹、未熔合									
角焊缝厚度/mm									
焊脚高 l/mm									
是否焊透									

金相检验(角焊缝、模拟组合件)：
根部：焊透□　　未焊透□
焊缝：熔合□　　未熔合□
焊缝及热影响区：有裂纹□　　无裂纹□
两焊脚之差值：
试验报告编号：

堆焊层复层熔敷金属化学成分/% 执行标准： 试验报告编号：

C	Si	Mn	P	S	Cr	Ni	Mo	Ti	Al	Nb	Fe	…

化学成分测定表面至熔合线距离/mm：

非破坏性试验：
VT外观检查：无裂纹　　PT：　　MT：　　UT：　　RT：无裂纹

预焊接工艺规程 pWPS 1217

预焊接工艺规程(pWPS)

单位名称： ××××

pWPS 编号： pWPS 1217

日期： ××××

焊接方法： SAW

机动化程度： 手工□ 机动☑ 自动□

焊接接头： 对接☑ 角接□ 堆焊□

衬垫(材料及规格)： 焊缝金属

其他： /

简图(接头形式、坡口形式与尺寸、焊层、焊道布置及顺序)：

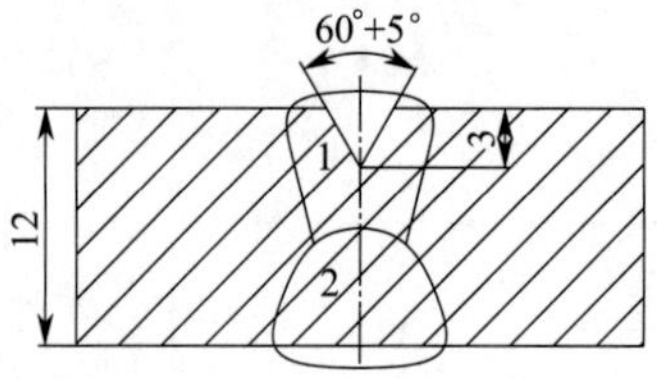

母材：

试件序号	①	②
材料	Q345R	Q345R
标准或规范	GB/T 713	GB/T 713
规格/mm	δ=12	δ=12
类别号	Fe-1	Fe-1
组别号	Fe-1-2	Fe-1-2
对接焊缝焊件母材厚度范围/mm	12～24	12～24
角焊缝焊件母材厚度范围/mm	不限	不限
管子直径、壁厚范围(对接或角接)/mm	/	/
其他：	/	

填充金属：

焊材类别(种类)	焊丝-焊剂组合	
型号(牌号)	S49A2 MS-SU34 (H10Mn2＋HJ350)	
标准	NB/T 47018.4	
填充金属规格/mm	ϕ4.0	
焊材分类代号	FeMSG-1-2	
对接焊缝焊件焊缝金属范围/mm	0～24	
角焊缝焊件焊缝金属范围/mm	不限	
其他：	/	

预热及后热：		**气体：**			
最小预热温度/℃	15	项目	气体种类	混合比/%	流量/(L/min)
最大道间温度/℃	250	保护气	/	/	/
后热温度/℃	/	尾部保护气	/	/	/
后热保温时间/h	/	背面保护气	/	/	/

焊后热处理： SR		**焊接位置：**			
热处理温度/℃	620±20	对接焊缝位置	1G	方向(向上、向下)	/
热处理时间/h	3	角焊缝位置	/	方向(向上、向下)	/

预焊接工艺规程(pWPS)

电特性：

钨极类型及直径/mm：/　　喷嘴直径/mm：/

熔滴过渡形式(喷射过渡、短路过渡等)：/

(按所焊位置和工件厚度，分别将电流、电压和焊接速度范围填入下表)

焊道/焊层	焊接方法	填充金属	规格/mm	电源种类及极性	焊接电流/A	电弧电压/V	焊接速度/(cm/min)	最大热输入/(kJ/cm)
1	SAW	H10Mn2＋HJ350	ϕ4.0	DCEP	600～650	36～38	46～52	32.2
2	SAW	H10Mn2＋HJ350	ϕ4.0	DCEP	600～650	36～38	46～52	32.2

技术措施：

摆动焊或不摆动焊：/　　摆动参数：/

焊前清理和层间清理：刷或磨　　背面清根方法：碳弧气刨＋修磨

单道焊或多道焊/每面：单道焊　　单丝焊或多丝焊：单丝

导电嘴至工件距离/mm：30～40　　锤击：/

换热管与管板的连接方式：/　　换热管与管板接头的清理方法：/

预置金属衬套：/　　预置金属衬套的形状与尺寸：/

其他：环境温度>0℃，相对湿度<90%。

检验要求及执行标准：

按 NB/T 47014—2023 及相关技术要求进行评定，项目如下：

1. 外观检查和无损检测(按 NB/T 47013.2)结果不得有裂纹；
2. 焊接接头板拉二件(按 GB/T 228)，$R_m \geqslant 510$MPa；
3. 焊接接头侧弯四件(按 GB/T 2653)，$D=4a$　$a=10$　$\alpha=180°$，沿任何方向不得有单条长度大于 3mm 的开口缺陷；
4. 焊缝、热影响区 0℃ KV_2 冲击各三件(按 GB/T 229)，焊接接头 V 型缺口 10mm×10mm×55mm 试样冲击吸收能量平均值不低于 24J。

编制		日期		审核		日期		批准		日期	

焊接工艺评定报告（PQR1217）

焊接工艺评定报告(PQR)

单位名称： ××××

PQR 编号：PQR1217　　pWPS 编号：pWPS 1217

焊接方法：SAW　　机动化程度：手工□　机动☑　自动□

焊接接头：对接☑　角接□　堆焊□　　其他：/

接头简图(接头形式、尺寸、衬垫、每种焊接方法或焊接工艺的焊缝金属厚度)：

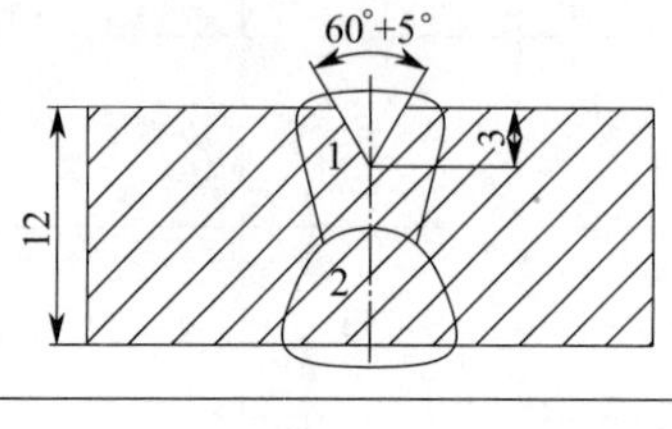

母材：

试件序号	①	②
材料	Q345R	Q345R
标准或规范	GB/T 713	GB/T 713
规格/mm	δ=12	δ=12
类别号	Fe-1	Fe-1
组别号	Fe-1-2	Fe-1-2

填充金属：

分类	焊丝-焊剂组合	
型号(牌号)	S49A2 MS-SU34(H10Mn2＋HJ350)	
标准	NB/T 47018.4	
填充金属规格/mm	ϕ4.0	
焊材分类代号	FeMSG-1-2	
焊缝金属厚度/mm	12	

预热及后热：

最小预热温度/℃	室温 20	最大道间温度/℃	235
后热温度及保温时间/(℃×h)	/		

焊后热处理： SR

保温温度/℃	638	保温时间/h	3

焊接位置：

对接焊缝焊接位置	1G	方向(向上、向下)	/
角焊缝焊接位置	/	方向(向上、向下)	/

气体：

项目	气体种类	混合比/%	流量/(L/min)
保护气	/	/	/
尾部保护气	/	/	/
背面保护气	/	/	/

焊接工艺评定报告(PQR)

电特性：

钨极类型及直径/mm： / 喷嘴直径/mm： /

熔滴过渡形式(喷射过渡、短路过渡等)： /

(按所焊位置和工件厚度，分别将电流、电压和焊接速度实测值填入下表)

焊道	焊接方法	填充金属	规格/mm	电源种类及极性	焊接电流/A	电弧电压/V	焊接速度/(cm/min)	最大热输入/(kJ/cm)
1	SAW	H10Mn2+HJ350	ϕ4.0	DCEP	600～660	36～38	46～52	32.7
2	SAW	H10Mn2+HJ350	ϕ4.0	DCEP	600～660	36～38	46～52	32.7

技术措施：

摆动焊或不摆动焊： / 摆动参数： /

焊前清理和层间清理： 打磨 背面清根方法： 碳弧气刨+修磨

单道焊或多道焊/每面： 单道焊 单丝焊或多丝焊： 单丝

导电嘴至工件距离/mm： 30～40 锤击： /

换热管与管板的连接方式： / 换热管与管板接头的清理方法： /

预置金属衬套： / 预置金属衬套的形状与尺寸： /

其他：

拉伸试验(GB/T 228)： 试验报告编号：LH1217

试验条件	编号	试样宽度/mm	试样厚度/mm	横截面积/mm^2	断裂载荷/kN	R_m/MPa	断裂位置及特征
接头板拉	PQR1217-1	25.3	12.2	308.66	170.0	550	断于母材
	PQR1217-2	25.4	12.3	312.42	168.7	538	断于母材

弯曲试验(GB/T 2653)： 试验报告编号：LH1217

试验条件	编号	试样尺寸/mm	弯心直径/mm	弯曲角度/(°)	试验结果
侧弯	PQR1217-3	10	40	180	合格
侧弯	PQR1217-4	10	40	180	合格
侧弯	PQR1217-5	10	40	180	合格
侧弯	PQR1217-6	10	40	180	合格

焊接工艺评定报告(PQR)

冲击试验(GB/T 229): 试验报告编号:LH1217

编号	试样位置	V型缺口位置	试样尺寸/mm	试验温度/℃	冲击吸收能量/J
PQR1217-7	焊缝	缺口轴线位于焊缝中心线上	10×10×55	0	105
PQR1217-8					152
PQR1217-9					165
PQR1217-10	热影响区	缺口轴线至试样纵轴线与熔合线交点的距离 $k>0$mm,且尽可能多地通过热影响区	10×10×55	0	90
PQR1217-11					85
PQR1217-12					75

金相试验(角焊缝、模拟组合件): 试验报告编号:

检验面编号	1	2	3	4	5	6	7	8	结果
有无裂纹、未熔合									
角焊缝厚度/mm									
焊脚高 l/mm									
是否焊透									

金相检验(角焊缝、模拟组合件):

根部:焊透□　未焊透□

焊缝:熔合□　未熔合□

焊缝及热影响区:有裂纹□　无裂纹□

两焊脚之差值:

试验报告编号:

堆焊层复层熔敷金属化学成分/% 执行标准: 试验报告编号:

C	Si	Mn	P	S	Cr	Ni	Mo	Ti	Al	Nb	Fe	…

化学成分测定表面至熔合线距离/mm:

非破坏性试验:

VT外观检查:无裂纹　PT:　MT:　UT:　RT:无裂纹

预焊接工艺规程 pWPS 1217-1

预焊接工艺规程(pWPS)

单位名称： ××××

pWPS 编号： pWPS 1217-1

日期： ××××

焊接方法： SAW

机动化程度： 手工□　　机动☑　　自动□

焊接接头： 对接☑　　角接□　　堆焊□

衬垫(材料及规格)：焊接正面时，使用焊剂作衬垫。

其他：组对时，要保证坡口间隙 $L=3.0\text{mm}$；双面焊，正面焊 1 层，背面清根后焊 1 层。

简图(接头形式、坡口形式与尺寸、焊层、焊道布置及顺序)：

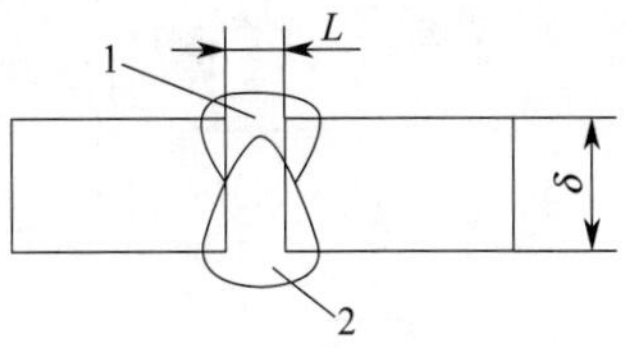

母材：

试件序号	①	②
材料	Q345R	Q345R
标准或规范	GB/T 713	GB/T 713
规格/mm	$\delta=16$	$\delta=16$
类别号	Fe-1	Fe-1
组别号	Fe-1-2	Fe-1-2
对接焊缝焊件母材厚度范围/mm	16～32	16～32
角焊缝焊件母材厚度范围/mm	不限	不限
管子直径、壁厚范围(对接或角接)/mm	/	/
其他：	/	

填充金属：

焊材类别(种类)	焊丝-焊剂组合	
型号(牌号)	S49A2 MS-SU34 (H10Mn2+HJ350)	
标准	NB/T 47018.4	
填充金属规格/mm	$\phi 4.0$	
焊材分类代号	FeMSG-1-2	
对接焊缝焊件焊缝金属范围/mm	0～32	
角焊缝焊件焊缝金属范围/mm	不限	
其他：	/	

预热及后热：		**气体：**			
最小预热温度/℃	15	项目	气体种类	混合比/%	流量/(L/min)
最大道间温度/℃	250	保护气	/	/	/
后热温度/℃	/	尾部保护气	/	/	/
后热保温时间/h	/	背面保护气	/	/	/

焊后热处理：	SR	**焊接位置：**			
热处理温度/℃	620±20	对接焊缝位置	1G	方向(向上、向下)	/
热处理时间/h	3.5	角焊缝位置	/	方向(向上、向下)	/

预焊接工艺规程(pWPS)

电特性：

钨极类型及直径/mm：/　　喷嘴直径/mm：/

熔滴过渡形式(喷射过渡、短路过渡等)：/

(按所焊位置和工件厚度，分别将电流、电压和焊接速度范围填入下表)

焊道/焊层	焊接方法	填充金属	规格/mm	电源种类及极性	焊接电流/A	电弧电压/V	焊接速度/(cm/min)	最大热输入/(kJ/cm)
1	SAW	H10Mn2+HJ350	ϕ4.0	DCEP	620～650	34～36	40～42	35.1
2	SAW	H10Mn2+HJ350	ϕ4.0	DCEP	620～650	34～36	40～42	35.1

技术措施：

摆动焊或不摆动焊：/　　摆动参数：/

焊前清理和层间清理：刷或磨　　背面清根方法：碳弧气刨+修磨

单道焊或多道焊/每面：单道焊　　单丝焊或多丝焊：单丝

导电嘴至工件距离/mm：30～40　　锤击：/

换热管与管板的连接方式：/　　换热管与管板接头的清理方法：/

预置金属衬套：/　　预置金属衬套的形状与尺寸：/

其他：环境温度>0℃，相对湿度<90%。

检验要求及执行标准：

按 NB/T 47014—2023 及相关技术要求进行评定，项目如下：

1. 外观检查和无损检测(按 NB/T 47013.2)结果不得有裂纹；
2. 焊接接头板拉二件(按 GB/T 228)，$R_m \geqslant$510MPa；
3. 焊接接头侧弯四件(按 GB/T 2653)，$D=4a$　$a=10$　$\alpha=180°$，沿任何方向不得有单条长度大于 3mm 的开口缺陷；
4. 焊缝、热影响区 0℃KV_2 冲击各三件(按 GB/T 229)，焊接接头 V 型缺口 10mm×10mm×55mm 试样冲击吸收能量平均值不低于 24J。

编制		日期		审核		日期		批准		日期	

焊接工艺评定报告（PQR1217-1）

焊接工艺评定报告（PQR）

单位名称： ××××

PQR 编号：PQR1217-1　　pWPS 编号：pWPS 1217-1

焊接方法：SAW　　机动化程度：手工□　机动☑　自动□

焊接接头：对接☑　角接□　堆焊□　　其他：/

接头简图（接头形式、尺寸、衬垫、每种焊接方法或焊接工艺的焊缝金属厚度）：

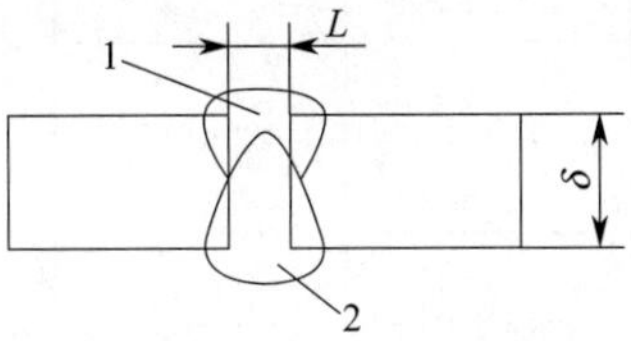

组对时，要保证坡口间隙 $L=3.0$mm；双面焊，正面焊 1 层，背面清根后焊 1 层，焊接正面时，使用焊剂作衬垫。

母材：

试件序号	①	②
材料	Q345R	Q345R
标准或规范	GB/T 713	GB/T 713
规格/mm	$\delta=16$	$\delta=16$
类别号	Fe-1	Fe-1
组别号	Fe-1-2	Fe-1-2

填充金属：

分类	焊丝-焊剂组合	
型号（牌号）	S49A2 MS-SU34（H10Mn2＋HJ350）	
标准	NB/T 47018.4	
填充金属规格/mm	$\phi4.0$	
焊材分类代号	FeMSG-1-2	
焊缝金属厚度/mm	16	

预热及后热：

最小预热温度/℃	室温 20	最大道间温度/℃	235
后热温度及保温时间/(℃×h)	/		

焊后热处理： SR

保温温度/℃	620	保温时间/h	3.5

焊接位置：

对接焊缝焊接位置	1G	方向（向上、向下）	/
角焊缝焊接位置	/	方向（向上、向下）	/

气体：

项目	气体种类	混合比/%	流量/(L/min)
保护气	/	/	/
尾部保护气	/	/	/
背面保护气	/	/	/

焊接工艺评定报告(PQR)

电特性：

钨极类型及直径/mm：/ 喷嘴直径/mm：/

熔滴过渡形式(喷射过渡、短路过渡等)：/

(按所焊位置和工件厚度，分别将电流、电压和焊接速度实测值填入下表)

焊道	焊接方法	填充金属	规格/mm	电源种类及极性	焊接电流/A	电弧电压/V	焊接速度/(cm/min)	最大热输入/(kJ/cm)
1	SAW	H10Mn2＋HJ350	ϕ4.0	DCEP	620～660	34～36	40～42	35.6
2	SAW	H10Mn2＋HJ350	ϕ4.0	DCEP	620～660	34～36	40～42	35.6

技术措施：

摆动焊或不摆动焊：/ 摆动参数：/

焊前清理和层间清理：打磨 背面清根方法：碳弧气刨＋修磨

单道焊或多道焊/每面：单道焊 单丝焊或多丝焊：单丝

导电嘴至工件距离/mm：30～40 锤击：/

换热管与管板的连接方式：/ 换热管与管板接头的清理方法：/

预置金属衬套：/ 预置金属衬套的形状与尺寸：/

其他：

拉伸试验(GB/T 228)： 试验报告编号：LH1217-1

试验条件	编号	试样宽度/mm	试样厚度/mm	横截面积/mm^2	断裂载荷/kN	R_m/MPa	断裂位置及特征
接头板拉	PQR1217-1-1	26.4	16.0	422.4	237	560	断于母材
	PQR1217-1-2	27.0	15.9	429	242	565	断于母材

弯曲试验(GB/T 2653)： 试验报告编号：LH1217-1

试验条件	编号	试样尺寸/mm	弯心直径/mm	弯曲角度/(°)	试验结果
侧弯	PQR1217-1-3	10	40	180	合格
侧弯	PQR1217-1-4	10	40	180	合格
侧弯	PQR1217-1-5	10	40	180	合格
侧弯	PQR1217-1-6	10	40	180	合格

焊接工艺评定报告(PQR)

冲击试验(GB/T 229)： 试验报告编号：LH1217-1

编号	试样位置	V型缺口位置	试样尺寸/mm	试验温度/℃	冲击吸收能量/J
PQR1217-1-7	焊缝	缺口轴线位于焊缝中心线上	10×10×55	0	98
PQR1217-1-8					120
PQR1217-1-9					106
PQR1217-1-10	热影响区	缺口轴线至试样纵轴线与熔合线交点的距离 $k>0$mm，且尽可能多地通过热影响区	10×10×55	0	130
PQR1217-1-11					136
PQR1217-1-12					113

金相试验(角焊缝、模拟组合件)： 试验报告编号：

检验面编号	1	2	3	4	5	6	7	8	结果
有无裂纹、未熔合									
角焊缝厚度/mm									
焊脚高 l/mm									
是否焊透									

金相检验(角焊缝、模拟组合件)：

根部：焊透□　　未焊透□

焊缝：熔合□　　未熔合□

焊缝及热影响区：有裂纹□　　无裂纹□

两焊脚之差值：

试验报告编号：

堆焊层复层熔敷金属化学成分/% 执行标准：　　试验报告编号：

C	Si	Mn	P	S	Cr	Ni	Mo	Ti	Al	Nb	Fe	…

化学成分测定表面至熔合线距离/mm：

非破坏性试验：

VT外观检查：无裂纹　　PT：　　MT：　　UT：　　RT：无裂纹

预焊接工艺规程 pWPS 1218

预焊接工艺规程(pWPS)

单位名称： ××××

pWPS 编号： pWPS 1218

日期： ××××

焊接方法： SAW

机动化程度： 手工☐ 机动☑ 自动☐

焊接接头： 对接☑ 角接☐ 堆焊☐

衬垫(材料及规格)： 焊缝金属

其他： /

简图(接头形式、坡口形式与尺寸、焊层、焊道布置及顺序)：

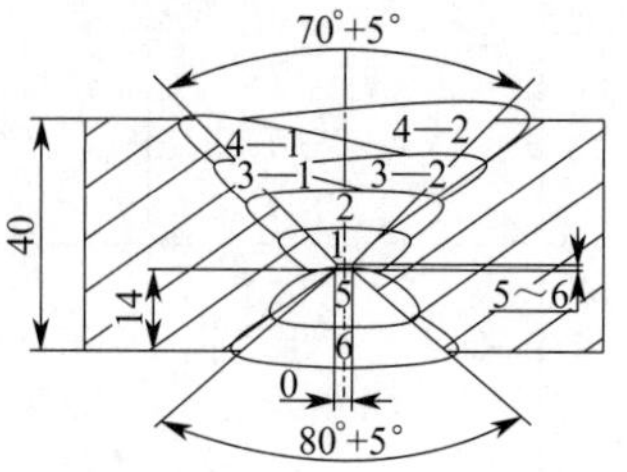

母材：

试件序号	①	②
材料	Q345R	Q345R
标准或规范	GB/T 713	GB/T 713
规格/mm	δ＝40	δ＝40
类别号	Fe-1	Fe-1
组别号	Fe-1-2	Fe-1-2
对接焊缝焊件母材厚度范围/mm	16～200	16～200
角焊缝焊件母材厚度范围/mm	不限	不限
管子直径、壁厚范围(对接或角接)/mm	/	/
其他：	/	

填充金属：

焊材类别(种类)	焊丝-焊剂组合	
型号(牌号)	S49A2 MS-SU34(H10Mn2＋HJ350)	
标准	NB/T 47018.4	
填充金属规格/mm	ϕ4.0	
焊材分类代号	FeMSG-1-2	
对接焊缝焊件焊缝金属范围/mm	0～200	
角焊缝焊件焊缝金属范围/mm	不限	
其他：	/	

预热及后热：		**气体：**			
最小预热温度/℃	80	项目	气体种类	混合比/%	流量/(L/min)
最大道间温度/℃	250	保护气	/	/	/
后热温度/℃	/	尾部保护气	/	/	/
后热保温时间/h	/	背面保护气	/	/	/

焊后热处理：	SR	**焊接位置：**			
热处理温度/℃	620±20	对接焊缝位置	1G	方向(向上、向下)	/
热处理时间/h	3.5	角焊缝位置	/	方向(向上、向下)	/

预焊接工艺规程(pWPS)

电特性：

钨极类型及直径/mm：/　　喷嘴直径/mm：/

熔滴过渡形式(喷射过渡、短路过渡等)：/

(按所焊位置和工件厚度，分别将电流、电压和焊接速度范围填入下表)

焊道/焊层	焊接方法	填充金属	规格/mm	电源种类及极性	焊接电流/A	电弧电压/V	焊接速度/(cm/min)	最大热输入/(kJ/cm)
1	SAW	H10Mn2+HJ350	ϕ4.0	DCEP	550～600	34～38	40～48	34.2
2—6	SAW	H10Mn2+HJ350	ϕ4.0	DCEP	600～650	34～38	43～48	34.5

技术措施：

摆动焊或不摆动焊：/　　摆动参数：/

焊前清理和层间清理：刷或磨　　背面清根方法：碳弧气刨+修磨

单道焊或多道焊/每面：多道焊　　单丝焊或多丝焊：单丝

导电嘴至工件距离/mm：30～40　　锤击：/

换热管与管板的连接方式：/　　换热管与管板接头的清理方法：/

预置金属衬套：/　　预置金属衬套的形状与尺寸：/

其他：环境温度>0℃，相对湿度<90%。

检验要求及执行标准：

按 NB/T 47014—2023 及相关技术要求进行评定，项目如下：

1. 外观检查和无损检测(按 NB/T 47013.2)结果不得有裂纹；
2. 焊接接头板拉二件(按 GB/T 228)，$R_m \geqslant 490$MPa；
3. 焊接接头侧弯四件(按 GB/T 2653)，$D=4a$　$a=10$　$\alpha=180°$，沿任何方向不得有单条长度大于 3mm 的开口缺陷；
4. 焊缝、热影响区 0℃ KV_2 冲击各三件(按 GB/T 229)，焊接接头 V 型缺口 10mm×10mm×55mm 试样冲击吸收能量平均值不低于 24J。

编制		日期		审核		日期		批准		日期	

焊接工艺评定报告（PQR1218）

焊接工艺评定报告(PQR)		
单位名称：××××		
PQR 编号：PQR1218	pWPS 编号：pWPS 1218	
焊接方法：SAW	机动化程度：手工□ 机动☑ 自动□	
焊接接头：对接☑ 角接□ 堆焊□	其他：/	

接头简图(接头形式、尺寸、衬垫、每种焊接方法或焊接工艺的焊缝金属厚度)：

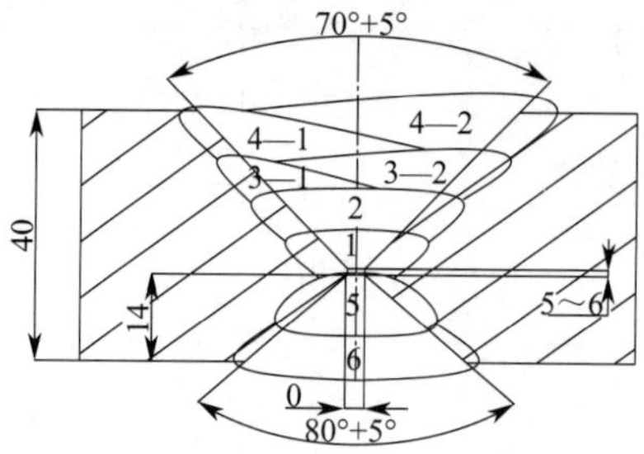

母材：		
试件序号	①	②
材料	Q345R	Q345R
标准或规范	GB/T 713	GB/T 713
规格/mm	δ=40	δ=40
类别号	Fe-1	Fe-1
组别号	Fe-1-2	Fe-1-2

填充金属：		
分类	焊丝-焊剂组合	
型号(牌号)	S49A2 MS-SU34(H10Mn2+HJ350)	
标准	NB/T 47018.4	
填充金属规格/mm	ϕ4.0	
焊材分类代号	FeMSG-1-2	
焊缝金属厚度/mm	40	

预热及后热：			
最小预热温度/℃	85	最大道间温度/℃	235
后热温度及保温时间/(℃×h)	/		
焊后热处理：	SR		
保温温度/℃	630	保温时间/h	4

焊接位置：				气体：			
对接焊缝焊接位置	1G	方向(向上、向下)	/	项目	气体种类	混合比/%	流量/(L/min)
				保护气	/	/	/
角焊缝焊接位置	/	方向(向上、向下)	/	尾部保护气	/	/	/
				背面保护气	/	/	/

焊接工艺评定报告(PQR)

电特性：

钨极类型及直径/mm：　/　　喷嘴直径/mm：　/

熔滴过渡形式(喷射过渡、短路过渡等)：　/

(按所焊位置和工件厚度,分别将电流、电压和焊接速度实测值填入下表)

焊道	焊接方法	填充金属	规格 /mm	电源种类及极性	焊接电流 /A	电弧电压 /V	焊接速度 /(cm/min)	最大热输入 /(kJ/cm)
1	SAW	H10Mn2+HJ350	ϕ4.0	DCEP	550～610	34～38	40～48	34.8
2—6	SAW	H10Mn2+HJ350	ϕ4.0	DCEP	600～660	34～38	43～48	34.9

技术措施：

摆动焊或不摆动焊：　/　　摆动参数：　/

焊前清理和层间清理：　打磨　　背面清根方法：　碳弧气刨+修磨

单道焊或多道焊/每面：　多道焊　　单丝焊或多丝焊：　单丝

导电嘴至工件距离/mm：　30～40　　锤击：　/

换热管与管板的连接方式：　/　　换热管与管板接头的清理方法：　/

预置金属衬套：　/　　预置金属衬套的形状与尺寸：　/

其他：

拉伸试验(GB/T 228)：　　试验报告编号：LH1218

试验条件	编号	试样宽度 /mm	试样厚度 /mm	横截面积 /mm^2	断裂载荷 /kN	R_m /MPa	断裂位置及特征
接头板拉	PQR1218-1	25.2	20.0	504	290	575	断于母材
	PQR1218-2	25.7	21.0	539.7	303.9	563	断于母材
	PQR1218-3	25.5	19.1	487.1	267	548	断于母材
	PQR1218-4	25.6	19.8	506.9	273	539	断于母材

弯曲试验(GB/T 2653)：　　试验报告编号：LH1218

试验条件	编号	试样尺寸 /mm	弯心直径 /mm	弯曲角度 /(°)	试验结果
侧弯	PQR1218-5	10	40	180	合格
侧弯	PQR1218-6	10	40	180	合格
侧弯	PQR1218-7	10	40	180	合格
侧弯	PQR1218-8	10	40	180	合格

焊接工艺评定报告(PQR)

冲击试验(GB/T 229): 试验报告编号:LH1218

编号	试样位置	V型缺口位置	试样尺寸/mm	试验温度/℃	冲击吸收能量/J
PQR1218-9	焊缝	缺口轴线位于焊缝中心线上	10×10×55	0	160
PQR1218-10					148
PQR1218-11					150
PQR1218-12	热影响区	缺口轴线至试样纵轴线与熔合线交点的距离 $k>0$mm,且尽可能多地通过热影响区	10×10×55	0	87
PQR1218-13					85
PQR1218-14					69

金相试验(角焊缝、模拟组合件): 试验报告编号:

检验面编号	1	2	3	4	5	6	7	8	结果
有无裂纹、未熔合									
角焊缝厚度/mm									
焊脚高 l/mm									
是否焊透									

金相检验(角焊缝、模拟组合件):

根部: 焊透□ 未焊透□

焊缝: 熔合□ 未熔合□

焊缝及热影响区: 有裂纹□ 无裂纹□

两焊脚之差值:

试验报告编号:

堆焊层复层熔敷金属化学成分/% 执行标准: 试验报告编号:

C	Si	Mn	P	S	Cr	Ni	Mo	Ti	Al	Nb	Fe	…

化学成分测定表面至熔合线距离/mm:

非破坏性试验:

VT外观检查: 无裂纹 PT: MT: UT: RT: 无裂纹

预焊接工艺规程 pWPS 1219

预焊接工艺规程(pWPS)

单位名称： ××××

pWPS 编号： pWPS 1219

日期： ××××

焊接方法： SAW

机动化程度： 手工□　机动☑　自动□

焊接接头： 对接☑　角接□　堆焊□

衬垫(材料及规格)： 焊缝金属

其他： /

简图(接头形式、坡口形式与尺寸、焊层、焊道布置及顺序)：

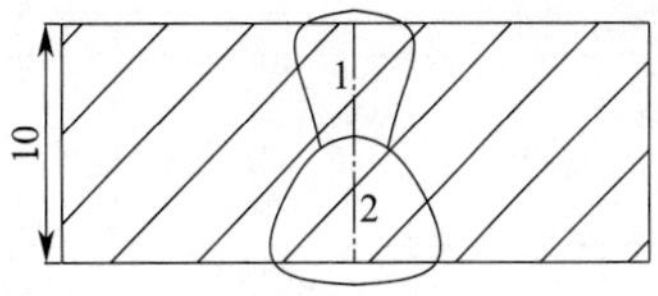

母材：

试件序号	①	②
材料	Q345R	Q345R
标准或规范	GB/T 713	GB/T 713
规格/mm	δ=10	δ=10
类别号	Fe-1	Fe-1
组别号	Fe-1-2	Fe-1-2
对接焊缝焊件母材厚度范围/mm	1.5～20	1.5～20
角焊缝焊件母材厚度范围/mm	不限	不限
管子直径、壁厚范围(对接或角接)/mm	/	/
其他：	/	

填充金属：

焊材类别(种类)	焊丝-焊剂组合	
型号(牌号)	S49A2 MS-SU34(H10Mn2+HJ350)	
标准	NB/T 47018.4	
填充金属规格/mm	ϕ4.0	
焊材分类代号	FeMSG-1-2	
对接焊缝焊件焊缝金属范围/mm	0～20	
角焊缝焊件焊缝金属范围/mm	不限	
其他：	/	

预热及后热：		**气体：**			
最小预热温度/℃	15	项目	气体种类	混合比/%	流量/(L/min)
最大道间温度/℃	250	保护气	/	/	/
后热温度/℃	/	尾部保护气	/	/	/
后热保温时间/h	/	背面保护气	/	/	/

焊后热处理：	N	**焊接位置：**			
热处理温度/℃	920±20	对接焊缝位置	1G	方向(向上、向下)	/
热处理时间/h	0.4	角焊缝位置	/	方向(向上、向下)	/

预焊接工艺规程(pWPS)

电特性：

钨极类型及直径/mm：/　　喷嘴直径/mm：/

熔滴过渡形式(喷射过渡、短路过渡等)：/

(按所焊位置和工件厚度，分别将电流、电压和焊接速度范围填入下表)

焊道/焊层	焊接方法	填充金属	规格/mm	电源种类及极性	焊接电流/A	电弧电压/V	焊接速度/(cm/min)	最大热输入/(kJ/cm)
1	SAW	H10Mn2+HJ350	ϕ4.0	DCEP	600～650	34～36	45～50	31.2
2	SAW	H10Mn2+HJ350	ϕ4.0	DCEP	600～650	34～36	45～50	31.2

技术措施：

摆动焊或不摆动焊：/　　摆动参数：/

焊前清理和层间清理：刷或磨　　背面清根方法：碳弧气刨+修磨

单道焊或多道焊/每面：单道焊　　单丝焊或多丝焊：单丝

导电嘴至工件距离/mm：30～40　　锤击：/

换热管与管板的连接方式：/　　换热管与管板接头的清理方法：/

预置金属衬套：/　　预置金属衬套的形状与尺寸：/

其他：环境温度>0℃，相对湿度<90%。

检验要求及执行标准：

按NB/T 47014—2023及相关技术要求进行评定，项目如下：

1. 外观检查和无损检测(按NB/T 47013.2)结果不得有裂纹；
2. 焊接接头板拉二件(按GB/T 228)，$R_m \geqslant 510$MPa；
3. 焊接接头侧弯四件(按GB/T 2653)，$D=4a$　$a=10$　$\alpha=180°$，沿任何方向不得有单条长度大于3mm的开口缺陷；
4. 焊缝、热影响区0℃ KV_2 冲击各三件(按GB/T 229)，焊接接头V型缺口5mm×10mm×55mm试样冲击吸收能量平均值不低于12J。

编制		日期		审核		日期		批准		日期	

焊接工艺评定报告（PQR1219）

焊接工艺评定报告(PQR)

单位名称： ××××

PQR 编号：PQR1219　　pWPS 编号：pWPS 1219

焊接方法：SAW　　机动化程度：手工□　机动☑　自动□

焊接接头：对接☑　角接□　堆焊□　　其他：/

接头简图(接头形式、尺寸、衬垫、每种焊接方法或焊接工艺的焊缝金属厚度)：

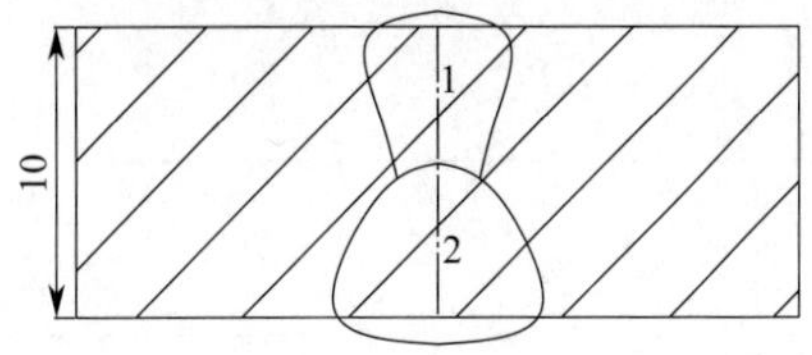

母材：

试件序号	①	②
材料	Q345R	Q345R
标准或规范	GB/T 713	GB/T 713
规格/mm	$\delta=10$	$\delta=10$
类别号	Fe-1	Fe-1
组别号	Fe-1-2	Fe-1-2

填充金属：

分类	焊丝-焊剂组合	
型号(牌号)	S49A2 MS-SU34(H10Mn2+HJ350)	
标准	NB/T 47018.4	
填充金属规格/mm	$\phi4.0$	
焊材分类代号	FeMSG-1-2	
焊缝金属厚度/mm	10	

预热及后热：

最小预热温度/℃	室温 20	最大道间温度/℃	235
后热温度及保温时间/(℃×h)	/		

焊后热处理： N

保温温度/℃	930	保温时间/h	0.4

焊接位置：

对接焊缝焊接位置	1G	方向(向上、向下)	/
角焊缝焊接位置	/	方向(向上、向下)	/

气体：

项目	气体种类	混合比/%	流量/(L/min)
保护气	/	/	/
尾部保护气	/	/	/
背面保护气	/	/	/

焊接工艺评定报告(PQR)

电特性：

钨极类型及直径/mm：/　　喷嘴直径/mm：/

熔滴过渡形式(喷射过渡、短路过渡等)：/

(按所焊位置和工件厚度，分别将电流、电压和焊接速度实测值填入下表)

焊道	焊接方法	填充金属	规格/mm	电源种类及极性	焊接电流/A	电弧电压/V	焊接速度/(cm/min)	最大热输入/(kJ/cm)
1	SAW	H10Mn2+HJ350	ϕ4.0	DCEP	550～660	34～36	45～50	31.7
2	SAW	H10Mn2+HJ350	ϕ4.0	DCEP	550～660	34～36	45～50	31.7

技术措施：

摆动焊或不摆动焊：/　　摆动参数：/

焊前清理和层间清理：打磨　　背面清根方法：碳弧气刨+修磨

单道焊或多道焊/每面：单道焊　　单丝焊或多丝焊：单丝

导电嘴至工件距离/mm：30～40　　锤击：/

换热管与管板的连接方式：/　　换热管与管板接头的清理方法：/

预置金属衬套：/　　预置金属衬套的形状与尺寸：/

其他：

拉伸试验(GB/T 228)：　　试验报告编号：LH1219

试验条件	编号	试样宽度/mm	试样厚度/mm	横截面积/mm^2	断裂载荷/kN	R_m/MPa	断裂位置及特征
接头板拉	PQR1219-1	25.3	10.3	260.59	142	545	断于母材
	PQR1219-2	25.4	10.2	259.08	142.5	550	断于母材

弯曲试验(GB/T 2653)：　　试验报告编号：LH1219

试验条件	编号	试样尺寸/mm	弯心直径/mm	弯曲角度/(°)	试验结果
侧弯	PQR1219-3	10	40	180	合格
侧弯	PQR1219-4	10	40	180	合格
侧弯	PQR1219-5	10	40	180	合格
侧弯	PQR1219-6	10	40	180	合格

焊接工艺评定报告(PQR)

冲击试验(GB/T 229)： 试验报告编号：LH1219

编号	试样位置	V型缺口位置	试样尺寸/mm	试验温度/℃	冲击吸收能量/J
PQR1219-7	焊缝	缺口轴线位于焊缝中心线上	5×10×55	0	56
PQR1219-8					50
PQR1219-9					45
PQR1219-10	热影响区	缺口轴线至试样纵轴线与熔合线交点的距离 $k>0$mm，且尽可能多地通过热影响区	5×10×55	0	85
PQR1219-11					97
PQR1219-12					85

金相试验(角焊缝、模拟组合件)： 试验报告编号：

检验面编号	1	2	3	4	5	6	7	8	结果
有无裂纹、未熔合									
角焊缝厚度/mm									
焊脚高 l/mm									
是否焊透									

金相检验(角焊缝、模拟组合件)：

根部：焊透□　　未焊透□

焊缝：熔合□　　未熔合□

焊缝及热影响区：有裂纹□　　无裂纹□

两焊脚之差值：

试验报告编号：

堆焊层复层熔敷金属化学成分/% 执行标准： 试验报告编号：

C	Si	Mn	P	S	Cr	Ni	Mo	Ti	Al	Nb	Fe	…

化学成分测定表面至熔合线距离/mm：

非破坏性试验：

VT外观检查：无裂纹　　PT：　　MT：　　UT：　　RT：无裂纹

预焊接工艺规程 pWPS 1220-1

预焊接工艺规程(pWPS)

单位名称： ××××

pWPS 编号： pWPS 1220-1

日期： ××××

焊接方法： SAW

机动化程度： 手工□ 机动☑ 自动□

焊接接头： 对接☑ 角接□ 堆焊□

衬垫(材料及规格)：焊接正面时，使用焊剂作衬垫。

其他：组对时，要保证坡口间隙 $L=3.0$mm；双面焊，正面焊 1 层，背面清根后焊 1 层。

简图(接头形式、坡口形式与尺寸、焊层、焊道布置及顺序)：

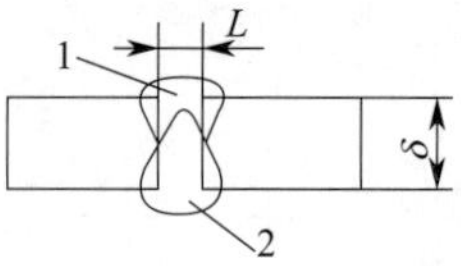

母材：

试件序号	①	②
材料	Q345R	Q345R
标准或规范	GB/T 713	GB/T 713
规格/mm	$\delta=16$	$\delta=16$
类别号	Fe-1	Fe-1
组别号	Fe-1-2	Fe-1-2
对接焊缝焊件母材厚度范围/mm	5～32	5～32
角焊缝焊件母材厚度范围/mm	不限	不限
管子直径、壁厚范围(对接或角接)/mm	/	/
其他：	/	

填充金属：

焊材类别(种类)	焊丝-焊剂组合	
型号(牌号)	S49A2 MS-SU34(H10Mn2+HJ350)	
标准	NB/T 47018.4	
填充金属规格/mm	$\phi 4.0$	
焊材分类代号	FeMSG-1-2	
对接焊缝焊件焊缝金属范围/mm	0～32	
角焊缝焊件焊缝金属范围/mm	不限	
其他：	/	

预热及后热：		**气体：**			
最小预热温度/℃	15	项目	气体种类	混合比/%	流量/(L/min)
最大道间温度/℃	250	保护气	/	/	/
后热温度/℃	/	尾部保护气	/	/	/
后热保温时间/h	/	背面保护气	/	/	/

焊后热处理：	N	**焊接位置：**			
热处理温度/℃	900±20	对接焊缝位置	1G	方向(向上、向下)	/
热处理时间/h	0.5	角焊缝位置	/	方向(向上、向下)	/

预焊接工艺规程(pWPS)

电特性：

钨极类型及直径/mm：/　　喷嘴直径/mm：/

熔滴过渡形式(喷射过渡、短路过渡等)：/

(按所焊位置和工件厚度，分别将电流、电压和焊接速度范围填入下表)

焊道/焊层	焊接方法	填充金属	规格/mm	电源种类及极性	焊接电流/A	电弧电压/V	焊接速度/(cm/min)	最大热输入/(kJ/cm)
1	SAW	H10Mn2+HJ350	ϕ4.0	DCEP	620～650	34～36	40～42	35.1
2	SAW	H10Mn2+HJ350	ϕ4.0	DCEP	620～650	34～36	40～42	35.1

技术措施：

摆动焊或不摆动焊：/　　摆动参数：/

焊前清理和层间清理：刷或磨　　背面清根方法：碳弧气刨+修磨

单道焊或多道焊/每面：单道焊　　单丝焊或多丝焊：单丝

导电嘴至工件距离/mm：30～40　　锤击：/

换热管与管板的连接方式：/　　换热管与管板接头的清理方法：/

预置金属衬套：/　　预置金属衬套的形状与尺寸：/

其他：环境温度>0℃，相对湿度<90%。

检验要求及执行标准：

按 NB/T 47014—2023 及相关技术要求进行评定，项目如下：

1. 外观检查和无损检测(按 NB/T 47013.2)结果不得有裂纹；
2. 焊接接头板拉二件(按 GB/T 228)，$R_m \geqslant 510$MPa；
3. 焊接接头侧弯四件(按 GB/T 2653)，$D=4a$　$a=10$　$\alpha=180°$，沿任何方向不得有单条长度大于 3mm 的开口缺陷；
4. 焊缝、热影响区 0℃ KV_2 冲击各三件(按 GB/T 229)，焊接接头 V 型缺口 10mm×10mm×55mm 试样冲击吸收能量平均值不低于 24J。

编制		日期		审核		日期		批准		日期	

焊接工艺评定报告（PQR1220-1）

焊接工艺评定报告(PQR)

单位名称： ××××

PQR 编号：PQR1220-1　　pWPS 编号：pWPS 1210-1

焊接方法：SAW　　机动化程度：手工□　机动☑　自动□

焊接接头：对接☑　角接□　堆焊□　　其他：/

接头简图(接头形式、尺寸、衬垫、每种焊接方法或焊接工艺的焊缝金属厚度)：

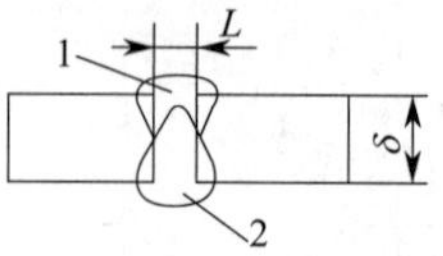

组对时，要保证坡口间隙 $L=3.0$mm；双面焊，正面焊 1 层，背面清根后焊 1 层，焊接正面时，使用焊剂作衬垫。

母材：

试件序号	①	②
材料	Q345R	Q345R
标准或规范	GB/T 713	GB/T 713
规格/mm	$\delta=16$	$\delta=16$
类别号	Fe-1	Fe-1
组别号	Fe-1-2	Fe-1-2

填充金属：

分类	焊丝-焊剂组合	
型号(牌号)	S49A2 MS-SU34(H10Mn2＋HJ350)	
标准	NB/T 47018.4	
填充金属规格/mm	$\phi 4.0$	
焊材分类代号	FeMSG-1-2	
焊缝金属厚度/mm	16	

预热及后热：

最小预热温度/℃	室温 20	最大道间温度/℃	235
后热温度及保温时间/(℃×h)	/		

焊后热处理： N

保温温度/℃	900	保温时间/h	0.5

焊接位置：

对接焊缝焊接位置	1G	方向(向上、向下)	/
角焊缝焊接位置	/	方向(向上、向下)	/

气体：

项目	气体种类	混合比/%	流量/(L/min)
保护气	/	/	/
尾部保护气	/	/	/
背面保护气	/	/	/

焊接工艺评定报告(PQR)

电特性：

钨极类型及直径/mm：/　　喷嘴直径/mm：/

熔滴过渡形式(喷射过渡、短路过渡等)：/

(按所焊位置和工件厚度，分别将电流、电压和焊接速度实测值填入下表)

焊道	焊接方法	填充金属	规格/mm	电源种类及极性	焊接电流/A	电弧电压/V	焊接速度/(cm/min)	最大热输入/(kJ/cm)
1	SAW	H10Mn2+HJ350	φ4.0	DCEP	620～660	34～36	40～42	35.6
2	SAW	H10Mn2+HJ350	φ4.0	DCEP	620～660	34～36	40～42	35.6

技术措施：

摆动焊或不摆动焊：/　　摆动参数：/

焊前清理和层间清理：打磨　　背面清根方法：碳弧气刨+修磨

单道焊或多道焊/每面：单道焊　　单丝焊或多丝焊：单丝

导电嘴至工件距离/mm：30～40　　锤击：/

换热管与管板的连接方式：/　　换热管与管板接头的清理方法：/

预置金属衬套：/　　预置金属衬套的形状与尺寸：/

其他：

拉伸试验(GB/T 228)：　　试验报告编号：LH1220-1

试验条件	编号	试样宽度/mm	试样厚度/mm	横截面积/mm^2	断裂载荷/kN	R_m/MPa	断裂位置及特征
接头板拉	PQR1220-1-1	26.4	16.0	422.4	224	530	断于母材
	PQR1220-1-2	27.0	15.9	429.0	232	540	断于母材

弯曲试验(GB/T 2653)：　　试验报告编号：LH1220-1

试验条件	编号	试样尺寸/mm	弯心直径/mm	弯曲角度/(°)	试验结果
侧弯	PQR1220-1-3	10	40	180	合格
侧弯	PQR1220-1-4	10	40	180	合格
侧弯	PQR1220-1-5	10	40	180	合格
侧弯	PQR1220-1-6	10	40	180	合格

焊接工艺评定报告(PQR)

冲击试验(GB/T 229): 试验报告编号:LH1220-1

编号	试样位置	V型缺口位置	试样尺寸/mm	试验温度/℃	冲击吸收能量/J
PQR1220-1-7	焊缝	缺口轴线位于焊缝中心线上	10×10×55	0	123
PQR1220-1-8					129
PQR1220-1-9					130
PQR1220-1-10	热影响区	缺口轴线至试样纵轴线与熔合线交点的距离 $k>0$mm,且尽可能多地通过热影响区	10×10×55	0	138
PQR1220-1-11					146
PQR1220-1-12					136

金相试验(角焊缝、模拟组合件): 试验报告编号:

检验面编号	1	2	3	4	5	6	7	8	结果
有无裂纹、未熔合									
角焊缝厚度/mm									
焊脚高 l/mm									
是否焊透									

金相检验(角焊缝、模拟组合件):

根部: 焊透□ 未焊透□

焊缝: 熔合□ 未熔合□

焊缝及热影响区: 有裂纹□ 无裂纹□

两焊脚之差值:

试验报告编号:

堆焊层复层熔敷金属化学成分/% 执行标准: 试验报告编号:

C	Si	Mn	P	S	Cr	Ni	Mo	Ti	Al	Nb	Fe	…

化学成分测定表面至熔合线距离/mm:

非破坏性试验:

VT外观检查: 无裂纹 PT: MT: UT: RT: 无裂纹

预焊接工艺规程 pWPS 1220

预焊接工艺规程(pWPS)

单位名称： ××××

pWPS 编号： pWPS 1220

日期： ××××

焊接方法： SAW

机动化程度：手工□　机动☑　自动□

焊接接头：对接☑　角接□　堆焊□

衬垫(材料及规格)：焊缝金属

其他： /

简图(接头形式、坡口形式与尺寸、焊层、焊道布置及顺序)：

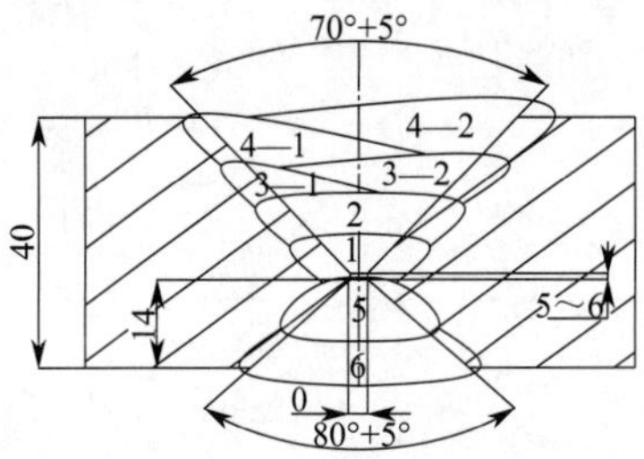

母材：

试件序号	①	②
材料	Q345R	Q345R
标准或规范	GB/T 713	GB/T 713
规格/mm	δ=40	δ=40
类别号	Fe-1	Fe-1
组别号	Fe-1-2	Fe-1-2
对接焊缝焊件母材厚度范围/mm	5～200	5～200
角焊缝焊件母材厚度范围/mm	不限	不限
管子直径、壁厚范围(对接或角接)/mm	/	/
其他：	/	

填充金属：

焊材类别(种类)	焊丝-焊剂组合	
型号(牌号)	S49A2 MS-SU34(H10Mn2+HJ350)	
标准	NB/T 47018.4	
填充金属规格/mm	ϕ4.0	
焊材分类代号	FeMSG-1-2	
对接焊缝焊件焊缝金属范围/mm	0～200	
角焊缝焊件焊缝金属范围/mm	不限	
其他：	/	

预热及后热：

最小预热温度/℃	80
最大道间温度/℃	250
后热温度/℃	/
后热保温时间/h	/

气体：

项目	气体种类	混合比/%	流量/(L/min)
保护气	/	/	/
尾部保护气	/	/	/
背面保护气	/	/	/

焊后热处理： N

热处理温度/℃	950±20
热处理时间/h	1

焊接位置：

对接焊缝位置	1G	方向(向上、向下)	/
角焊缝位置	/	方向(向上、向下)	/

预焊接工艺规程(pWPS)

电特性：

钨极类型及直径/mm：/　　　　喷嘴直径/mm：/

熔滴过渡形式(喷射过渡、短路过渡等)：/

(按所焊位置和工件厚度，分别将电流、电压和焊接速度范围填入下表)

焊道/焊层	焊接方法	填充金属	规格/mm	电源种类及极性	焊接电流/A	电弧电压/V	焊接速度/(cm/min)	最大热输入/(kJ/cm)
1	SAW	H10Mn2+HJ350	ϕ4.0	DCEP	550～600	34～38	36～48	38.0
2—6	SAW	H10Mn2+HJ350	ϕ4.0	DCEP	650～700	34～38	36～48	44.3

技术措施：

摆动焊或不摆动焊：/　　　　摆动参数：/

焊前清理和层间清理：刷或磨　　　　背面清根方法：碳弧气刨+修磨

单道焊或多道焊/每面：多道焊　　　　单丝焊或多丝焊：单丝

导电嘴至工件距离/mm：30～40　　　　锤击：/

换热管与管板的连接方式：/　　　　换热管与管板接头的清理方法：/

预置金属衬套：/　　　　预置金属衬套的形状与尺寸：/

其他：环境温度>0℃，相对湿度<90%。

检验要求及执行标准：

按 NB/T 47014—2023 及相关技术要求进行评定，项目如下：

1. 外观检查和无损检测(按 NB/T 47013.2)结果不得有裂纹；
2. 焊接接头板拉二件(按 GB/T 228)，R_m≥490MPa；
3. 焊接接头侧弯四件(按 GB/T 2653)，$D=4a$　$a=10$　$\alpha=180°$，沿任何方向不得有单条长度大于 3mm 的开口缺陷；
4. 焊缝、热影响区 0℃ KV_2 冲击各三件(按 GB/T 229)，焊接接头 V 型缺口 10mm×10mm×55mm 试样冲击吸收能量平均值不低于 24J。

编制		日期		审核		日期		批准		日期	

焊接工艺评定报告（PQR1220）

焊接工艺评定报告(PQR)

单位名称： ××××

PQR 编号：PQR1220　　pWPS 编号：pWPS 1220

焊接方法：SAW　　机动化程度：手工□　机动☑　自动□

焊接接头：对接☑　角接□　堆焊□　　其他：/

接头简图(接头形式、尺寸、衬垫、每种焊接方法或焊接工艺的焊缝金属厚度)：

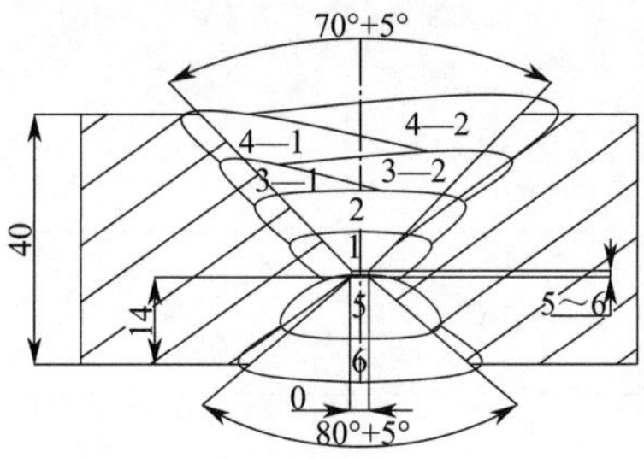

母材：

试件序号	①	②
材料	Q345R	Q345R
标准或规范	GB/T 713	GB/T 713
规格/mm	δ=40	δ=40
类别号	Fe-1	Fe-1
组别号	Fe-1-2	Fe-1-2

填充金属：

分类	焊丝-焊剂组合	
型号(牌号)	S49A2 MS-SU34(H10Mn2＋HJ350)	
标准	NB/T 47018.4	
填充金属规格/mm	ϕ4.0	
焊材分类代号	FeMSG-1-2	
焊缝金属厚度/mm	40	

预热及后热：

最小预热温度/℃	85	最大道间温度/℃	235
后热温度及保温时间/(℃×h)	/		

焊后热处理： N

保温温度/℃	950	保温时间/h	1

焊接位置：

对接焊缝焊接位置	1G	方向 (向上、向下)	/
角焊缝焊接位置	/	方向 (向上、向下)	/

气体：

项目	气体种类	混合比/%	流量/(L/min)
保护气	/	/	/
尾部保护气	/	/	/
背面保护气	/	/	/

焊接工艺评定报告(PQR)

电特性:

钨极类型及直径/mm: / 喷嘴直径/mm: /

熔滴过渡形式(喷射过渡、短路过渡等): /

(按所焊位置和工件厚度,分别将电流、电压和焊接速度实测值填入下表)

焊道	焊接方法	填充金属	规格/mm	电源种类及极性	焊接电流/A	电弧电压/V	焊接速度/(cm/min)	最大热输入/(kJ/cm)
1	SAW	H10Mn2+HJ350	ϕ4.0	DCEP	550～610	34～38	36～48	38.6
2—6	SAW	H10Mn2+HJ350	ϕ4.0	DCEP	650～710	34～38	36～48	44.9

技术措施:

摆动焊或不摆动焊: / 摆动参数: /

焊前清理和层间清理: 打磨 背面清根方法: 碳弧气刨+修磨

单道焊或多道焊/每面: 多道焊 单丝焊或多丝焊: 单丝

导电嘴至工件距离/mm: 30～40 锤击: /

换热管与管板的连接方式: / 换热管与管板接头的清理方法: /

预置金属衬套: / 预置金属衬套的形状与尺寸: /

其他:

拉伸试验(GB/T 228): 试验报告编号:LH1220

试验条件	编号	试样宽度/mm	试样厚度/mm	横截面积/mm²	断裂载荷/kN	R_m/MPa	断裂位置及特征
接头板拉	PQR1220-1	25.3	18.9	478.17	262	547	断于母材
	PQR1220-2	25.3	19.7	498.41	277	555	断于母材
	PQR1220-3	25.2	19.7	496.44	278	560	断于母材
	PQR1220-4	25.1	18.8	471.88	213.5	555	断于母材

弯曲试验(GB/T 2653): 试验报告编号:LH1220

试验条件	编号	试样尺寸/mm	弯心直径/mm	弯曲角度/(°)	试验结果
侧弯	PQR1220-5	10	40	180	合格
侧弯	PQR1220-6	10	40	180	合格
侧弯	PQR1220-7	10	40	180	合格
侧弯	PQR1220-8	10	40	180	合格

焊接工艺评定报告(PQR)

冲击试验(GB/T 229)： 试验报告编号：LH1220

编号	试样位置	V型缺口位置	试样尺寸/mm	试验温度/℃	冲击吸收能量/J
PQR1220-9	焊缝	缺口轴线位于焊缝中心线上	10×10×55	0	138
PQR1220-10					147
PQR1220-11					153
PQR1220-12	热影响区	缺口轴线至试样纵轴线与熔合线交点的距离 $k>0$mm，且尽可能多地通过热影响区	10×10×55	0	99
PQR1220-13					105
PQR1220-14					110

金相试验(角焊缝、模拟组合件)： 试验报告编号：

检验面编号	1	2	3	4	5	6	7	8	结果
有无裂纹、未熔合									
角焊缝厚度/mm									
焊脚高 l/mm									
是否焊透									

金相检验(角焊缝、模拟组合件)：

根部：焊透□　　未焊透□

焊缝：熔合□　　未熔合□

焊缝及热影响区：有裂纹□　　无裂纹□

两焊脚之差值：

试验报告编号：

堆焊层复层熔敷金属化学成分/% 执行标准： 试验报告编号：

C	Si	Mn	P	S	Cr	Ni	Mo	Ti	Al	Nb	Fe	…

化学成分测定表面至熔合线距离/mm：

非破坏性试验：

VT外观检查：无裂纹　　PT：　　MT：　　UT：　　RT：无裂纹

预焊接工艺规程 pWPS 1221

预焊接工艺规程(pWPS)

单位名称： ××××

pWPS 编号： pWPS 1221

日期： ××××

焊接方法： SAW

机动化程度： 手工□ 机动☑ 自动□

焊接接头： 对接☑ 角接□ 堆焊□

衬垫(材料及规格)： 焊缝金属

其他： /

简图(接头形式、坡口形式与尺寸、焊层、焊道布置及顺序)：

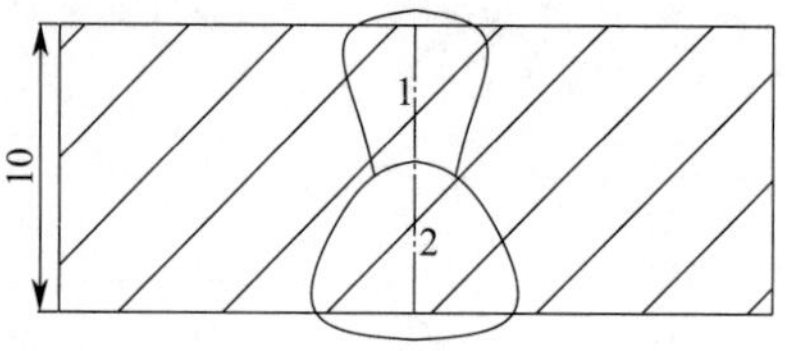

母材：

试件序号	①	②
材料	Q345R	Q345R
标准或规范	GB/T 713	GB/T 713
规格/mm	δ=10	δ=10
类别号	Fe-1	Fe-1
组别号	Fe-1-2	Fe-1-2
对接焊缝焊件母材厚度范围/mm	1.5～20	1.5～20
角焊缝焊件母材厚度范围/mm	不限	不限
管子直径、壁厚范围(对接或角接)/mm	/	/
其他：	/	

填充金属：

焊材类别(种类)	焊丝-焊剂组合	
型号(牌号)	S49A2 MS-SU34(H10Mn2＋HJ350)	
标准	NB/T 47018.4	
填充金属规格/mm	ϕ4.0	
焊材分类代号	FeMSG-1-2	
对接焊缝焊件焊缝金属范围/mm	0～20	
角焊缝焊件焊缝金属范围/mm	不限	
其他：	/	

预热及后热：		**气体：**			
最小预热温度/℃	15	项目	气体种类	混合比/%	流量/(L/min)
最大道间温度/℃	250	保护气	/	/	/
后热温度/℃	/	尾部保护气	/	/	/
后热保温时间/h	/	背面保护气	/	/	/

焊后热处理：	N＋SR	**焊接位置：**			
热处理温度/℃	N：950±20 SR：620±20	对接焊缝位置	1G	方向(向上、向下)	/
热处理时间/h	N：0.4 SR：2.5	角焊缝位置	/	方向(向上、向下)	/

预焊接工艺规程(pWPS)

电特性：

钨极类型及直径/mm：/　　喷嘴直径/mm：/

熔滴过渡形式(喷射过渡、短路过渡等)：/

(按所焊位置和工件厚度，分别将电流、电压和焊接速度范围填入下表)

焊道/焊层	焊接方法	填充金属	规格/mm	电源种类及极性	焊接电流/A	电弧电压/V	焊接速度/(cm/min)	最大热输入/(kJ/cm)
1	SAW	H10Mn2+HJ350	ϕ4.0	DCEP	600～650	34～36	45～50	31.2
2	SAW	H10Mn2+HJ350	ϕ4.0	DCEP	600～650	34～36	45～50	31.2

技术措施：

摆动焊或不摆动焊：/　　摆动参数：/

焊前清理和层间清理：刷或磨　　背面清根方法：碳弧气刨+修磨

单道焊或多道焊/每面：单道焊　　单丝焊或多丝焊：单丝

导电嘴至工件距离/mm：30～40　　锤击：/

换热管与管板的连接方式：/　　换热管与管板接头的清理方法：/

预置金属衬套：/　　预置金属衬套的形状与尺寸：/

其他：环境温度>0℃，相对湿度<90%。

检验要求及执行标准：

按 NB/T 47014—2023 及相关技术要求进行评定，项目如下：

1. 外观检查和无损检测(按 NB/T 47013.2)结果不得有裂纹；

2. 焊接接头板拉二件(按 GB/T 228)，$R_m \geqslant 510$MPa；

3. 焊接接头侧弯四件(按 GB/T 2653)，$D=4a$　$a=10$　$\alpha=180°$，沿任何方向不得有单条长度大于 3mm 的开口缺陷；

4. 焊缝、热影响区 0℃ KV_2 冲击各三件(按 GB/T 229)，焊接接头 V 型缺口 5mm×10mm×55mm 试样冲击吸收能量平均值不低于 12J。

编制		日期		审核		日期		批准		日期	

焊接工艺评定报告（PQR1221）

焊接工艺评定报告(PQR)

单位名称： ××××

PQR 编号：PQR1221　　pWPS 编号：pWPS 1221

焊接方法：SAW　　机动化程度：手工☐　机动☑　自动☐

焊接接头：对接☑　角接☐　堆焊☐　　其他：/

接头简图(接头形式、尺寸、衬垫、每种焊接方法或焊接工艺的焊缝金属厚度)：

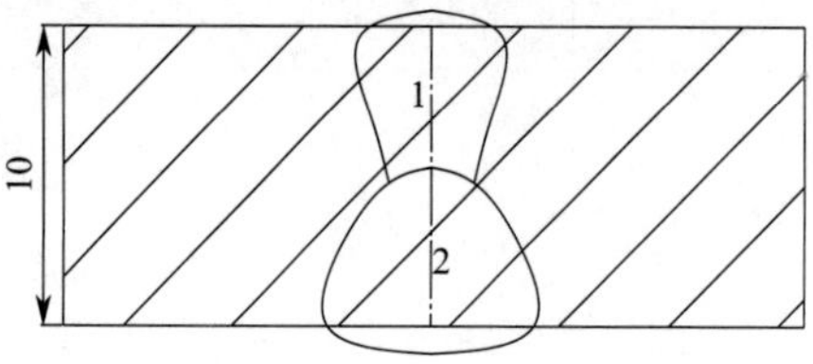

母材：

试件序号	①	②
材料	Q345R	Q345R
标准或规范	GB/T 713	GB/T 713
规格/mm	δ=10	δ=10
类别号	Fe-1	Fe-1
组别号	Fe-1-2	Fe-1-2

填充金属：

分类	焊丝-焊剂组合	
型号(牌号)	S49A2 MS-SU34(H10Mn2+HJ350)	
标准	NB/T 47018.4	
填充金属规格/mm	ϕ4.0	
焊材分类代号	FeMSG-1-2	
焊缝金属厚度/mm	10	

预热及后热：

最小预热温度/℃	室温 20	最大道间温度/℃	235
后热温度及保温时间/(℃×h)	/		

焊后热处理： N+SR

保温温度/℃	N:950　SR:638	保温时间/h	N:0.4　SR:2.5

焊接位置：

对接焊缝焊接位置	1G	方向(向上、向下)	/
角焊缝焊接位置	/	方向(向上、向下)	/

气体：

项目	气体种类	混合比/%	流量/(L/min)
保护气	/	/	/
尾部保护气	/	/	/
背面保护气	/	/	/

焊接工艺评定报告(PQR)

电特性：

钨极类型及直径/mm： / 喷嘴直径/mm： /

熔滴过渡形式(喷射过渡、短路过渡等)： /

(按所焊位置和工件厚度，分别将电流、电压和焊接速度实测值填入下表)

焊道	焊接方法	填充金属	规格/mm	电源种类及极性	焊接电流/A	电弧电压/V	焊接速度/(cm/min)	最大热输入/(kJ/cm)
1	SAW	H10Mn2+HJ350	ϕ4.0	DCEP	600～660	34～36	45～50	31.7
2	SAW	H10Mn2+HJ350	ϕ4.0	DCEP	600～660	34～36	45～50	31.7

技术措施：

摆动焊或不摆动焊： / 摆动参数： /

焊前清理和层间清理： 打磨 背面清根方法： 碳弧气刨+修磨

单道焊或多道焊/每面： 单道焊 单丝焊或多丝焊： 单丝

导电嘴至工件距离/mm： 30～40 锤击： /

换热管与管板的连接方式： / 换热管与管板接头的清理方法： /

预置金属衬套： / 预置金属衬套的形状与尺寸： /

其他：

拉伸试验(GB/T 228)： 试验报告编号：LH1221

试验条件	编号	试样宽度/mm	试样厚度/mm	横截面积/mm^2	断裂载荷/kN	R_m/MPa	断裂位置及特征
接头板拉	PQR1221-1	25.3	10.2	258.06	142	550	断于母材
	PQR1221-2	25.4	10.2	259.08	141.2	545	断于母材

弯曲试验(GB/T 2653)： 试验报告编号：LH1221

试验条件	编号	试样尺寸/mm	弯心直径/mm	弯曲角度/(°)	试验结果
侧弯	PQR1221-3	10	40	180	合格
侧弯	PQR1221-4	10	40	180	合格
侧弯	PQR1221-5	10	40	180	合格
侧弯	PQR1221-6	10	40	180	合格

焊接工艺评定报告(PQR)

冲击试验(GB/T 229): 试验报告编号:LH1221

编号	试样位置	V型缺口位置	试样尺寸/mm	试验温度/℃	冲击吸收能量/J
PQR1221-7	焊缝	缺口轴线位于焊缝中心线上	5×10×55	0	90
PQR1221-8					85
PQR1221-9					50
PQR1221-10	热影响区	缺口轴线至试样纵轴线与熔合线交点的距离 $k>0$mm,且尽可能多地通过热影响区	5×10×55	0	77
PQR1221-11					55
PQR1221-12					75

金相试验(角焊缝、模拟组合件): 试验报告编号:

检验面编号	1	2	3	4	5	6	7	8	结果
有无裂纹、未熔合									
角焊缝厚度/mm									
焊脚高 l/mm									
是否焊透									

金相检验(角焊缝、模拟组合件):

根部: 焊透□ 未焊透□

焊缝: 熔合□ 未熔合□

焊缝及热影响区: 有裂纹□ 无裂纹□

两焊脚之差值:

试验报告编号:

堆焊层复层熔敷金属化学成分/% 执行标准: 试验报告编号:

C	Si	Mn	P	S	Cr	Ni	Mo	Ti	Al	Nb	Fe	…

化学成分测定表面至熔合线距离/mm:

非破坏性试验:

VT外观检查: 无裂纹 PT: MT: UT: RT: 无裂纹

预焊接工艺规程 pWPS 1221-1

预焊接工艺规程(pWPS)

单位名称: ××××

pWPS 编号: pWPS 1221-1

日期: ××××

焊接方法: SAW

机动化程度: 手工□　机动☑　自动□

焊接接头: 对接☑　角接□　堆焊□

衬垫(材料及规格):焊接正面时,使用焊剂作衬垫。

其他:组对时,要保证坡口间隙 $L=3.0$mm;双面焊,正面焊 1 层,背面清根后焊 1 层。

简图(接头形式、坡口形式与尺寸、焊层、焊道布置及顺序):

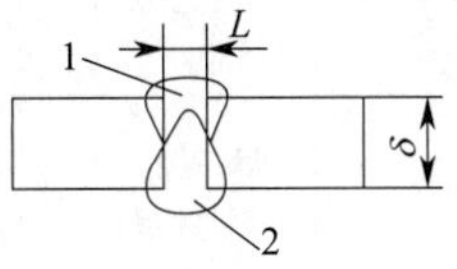

母材:

试件序号	①	②
材料	Q345R	Q345R
标准或规范	GB/T 713	GB/T 713
规格/mm	$\delta=16$	$\delta=16$
类别号	Fe-1	Fe-1
组别号	Fe-1-2	Fe-1-2
对接焊缝焊件母材厚度范围/mm	5～32	5～32
角焊缝焊件母材厚度范围/mm	不限	不限
管子直径、壁厚范围(对接或角接)/mm	/	/
其他:	/	

填充金属:

焊材类别(种类)	焊丝-焊剂组合	
型号(牌号)	S49A2 MS-SU34(H10Mn2+HJ350)	
标准	NB/T 47018.4	
填充金属规格/mm	ϕ4.0	
焊材分类代号	FeMSG-1-2	
对接焊缝焊件焊缝金属范围/mm	0～32	
角焊缝焊件焊缝金属范围/mm	不限	
其他:	/	

预热及后热:

最小预热温度/℃	15
最大道间温度/℃	250
后热温度/℃	/
后热保温时间/h	/

气体:

项目	气体种类	混合比/%	流量/(L/min)
保护气	/	/	/
尾部保护气	/	/	/
背面保护气	/	/	/

焊后热处理: N+SR

热处理温度/℃	N: 900±20	SR:620±20
热处理时间/h	N:0.5	SR:3.5

焊接位置:

对接焊缝位置	1G	方向(向上、向下)	/
角焊缝位置	/	方向(向上、向下)	/

预焊接工艺规程(pWPS)

电特性:

钨极类型及直径/mm: / 喷嘴直径/mm: /

熔滴过渡形式(喷射过渡、短路过渡等): /

(按所焊位置和工件厚度,分别将电流、电压和焊接速度范围填入下表)

焊道/焊层	焊接方法	填充金属	规格/mm	电源种类及极性	焊接电流/A	电弧电压/V	焊接速度/(cm/min)	最大热输入/(kJ/cm)
1	SAW	H10Mn2+HJ350	ϕ4.0	DCEP	620～650	34～36	40～42	35.1
2	SAW	H10Mn2+HJ350	ϕ4.0	DCEP	620～650	34～36	40～42	35.1

技术措施:

摆动焊或不摆动焊: / 摆动参数: /

焊前清理和层间清理: 刷或磨 背面清根方法: 碳弧气刨+修磨

单道焊或多道焊/每面: 单道焊 单丝焊或多丝焊: 单丝

导电嘴至工件距离/mm: 30～40 锤击: /

换热管与管板的连接方式: / 换热管与管板接头的清理方法: /

预置金属衬套: / 预置金属衬套的形状与尺寸: /

其他: 环境温度>0℃,相对湿度<90%。

检验要求及执行标准:

按 NB/T 47014—2023 及相关技术要求进行评定,项目如下:

1. 外观检查和无损检测(按 NB/T 47013.2)结果不得有裂纹;
2. 焊接接头板拉二件(按 GB/T 228),$R_m \geqslant 510$MPa;
3. 焊接接头侧弯四件(按 GB/T 2653),$D=4a$　$a=10$　$\alpha=180°$,沿任何方向不得有单条长度大于 3mm 的开口缺陷;
4. 焊缝、热影响区 0℃ KV_2 冲击各三件(按 GB/T 229),焊接接头 V 型缺口 10mm×10mm×55mm 试样冲击吸收能量平均值不低于 24J。

编制		日期		审核		日期		批准		日期	

焊接工艺评定报告（PQR1221-1）

焊接工艺评定报告(PQR)

单位名称： ××××

PQR 编号：PQR1221-1　　pWPS 编号：pWPS 1221-1

焊接方法：SAW　　机动化程度：手工□　机动☑　自动□

焊接接头：对接☑　角接□　堆焊□　　其他：/

接头简图(接头形式、尺寸、衬垫、每种焊接方法或焊接工艺的焊缝金属厚度)：

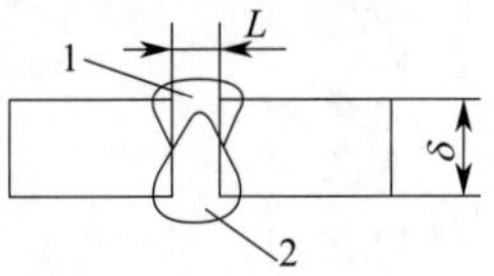

组对时，要保证坡口间隙 $L=3.0$mm；双面焊，正面焊 1 层，背面清根后焊 1 层，焊接正面时，使用焊剂作衬垫。

母材：

试件序号	①	②
材料	Q345R	Q345R
标准或规范	GB/T 713	GB/T 713
规格/mm	$\delta=16$	$\delta=16$
类别号	Fe-1	Fe-1
组别号	Fe-1-2	Fe-1-2

填充金属：

分类	焊丝-焊剂组合	
型号(牌号)	S49A2 MS-SU34(H10Mn2+HJ350)	
标准	NB/T 47018.4	
填充金属规格/mm	$\phi4.0$	
焊材分类代号	FeMSG-1-2	
焊缝金属厚度/mm	16	

预热及后热：

最小预热温度/℃	室温 20	最大道间温度/℃	235
后热温度及保温时间/(℃×h)	/		

焊后热处理： N+SR

保温温度/℃	N：900　SR：620	保温时间/h	N：0.5　SR：3.5

焊接位置：

对接焊缝焊接位置	1G	方向(向上、向下)	/
角焊缝焊接位置	/	方向(向上、向下)	/

气体：

项目	气体种类	混合比/%	流量/(L/min)
保护气	/	/	/
尾部保护气	/	/	/
背面保护气	/	/	/

焊接工艺评定报告(PQR)

电特性：

钨极类型及直径/mm：/ 喷嘴直径/mm：/

熔滴过渡形式(喷射过渡、短路过渡等)：/

(按所焊位置和工件厚度，分别将电流、电压和焊接速度实测值填入下表)

焊道	焊接方法	填充金属	规格/mm	电源种类及极性	焊接电流/A	电弧电压/V	焊接速度/(cm/min)	最大热输入/(kJ/cm)
1	SAW	H10Mn2+HJ350	ϕ4.0	DCEP	620～660	34～36	40～42	35.6
2	SAW	H10Mn2+HJ350	ϕ4.0	DCEP	620～660	34～36	40～42	35.6

技术措施：

摆动焊或不摆动焊：/ 摆动参数：/

焊前清理和层间清理：打磨 背面清根方法：碳弧气刨+修磨

单道焊或多道焊/每面：单道焊 单丝焊或多丝焊：单丝

导电嘴至工件距离/mm：30～40 锤击：/

换热管与管板的连接方式：/ 换热管与管板接头的清理方法：/

预置金属衬套：/ 预置金属衬套的形状与尺寸：/

其他：

拉伸试验(GB/T 228)： 试验报告编号：LH1221-1

试验条件	编号	试样宽度/mm	试样厚度/mm	横截面积/mm^2	断裂载荷/kN	R_m/MPa	断裂位置及特征
接头板拉	PQR1221-1-1	26.4	16.0	422.4	230	545	断于母材
	PQR1221-1-2	27.0	15.9	429	242	565	断于母材

弯曲试验(GB/T 2653)： 试验报告编号：LH1221-1

试验条件	编号	试样尺寸/mm	弯心直径/mm	弯曲角度/(°)	试验结果
侧弯	PQR1221-1-3	10	40	180	合格
侧弯	PQR1221-1-4	10	40	180	合格
侧弯	PQR1221-1-5	10	40	180	合格
侧弯	PQR1221-1-6	10	40	180	合格

焊接工艺评定报告(PQR)

冲击试验(GB/T 229)：　　　　试验报告编号：LH1221-1

编号	试样位置	V 型缺口位置	试样尺寸 /mm	试验温度 /℃	冲击吸收能量 /J
PQR1221-1-7	焊缝	缺口轴线位于焊缝中心线上	10×10×55	0	103
PQR1221-1-8					126
PQR1221-1-9					108
PQR1221-1-10	热影响区	缺口轴线至试样纵轴线与熔合线交点的距离 $k>0$mm，且尽可能多地通过热影响区	10×10×55	0	133
PQR1221-1-11					143
PQR1221-1-12					126

金相试验(角焊缝、模拟组合件)：　　　　试验报告编号：

检验面编号	1	2	3	4	5	6	7	8	结果
有无裂纹、未熔合									
角焊缝厚度 /mm									
焊脚高 l /mm									
是否焊透									

金相检验(角焊缝、模拟组合件)：

根部：焊透□　　未焊透□

焊缝：熔合□　　未熔合□

焊缝及热影响区：有裂纹□　　无裂纹□

两焊脚之差值：

试验报告编号：

堆焊层复层熔敷金属化学成分/%　执行标准：　　　　试验报告编号：

C	Si	Mn	P	S	Cr	Ni	Mo	Ti	Al	Nb	Fe	…

化学成分测定表面至熔合线距离/mm：

非破坏性试验：

VT 外观检查：无裂纹　　PT：　　MT：　　UT：　　RT：无裂纹

预焊接工艺规程 pWPS 1222

预焊接工艺规程(pWPS)

单位名称： ××××

pWPS 编号： pWPS 1222

日期： ××××

焊接方法： SAW 机动化程度： 手工□ 机动☑ 自动□ 焊接接头： 对接☑ 角接□ 堆焊□ 衬垫(材料及规格)： 焊缝金属 其他： /	**简图(接头形式、坡口形式与尺寸、焊层、焊道布置及顺序)：** 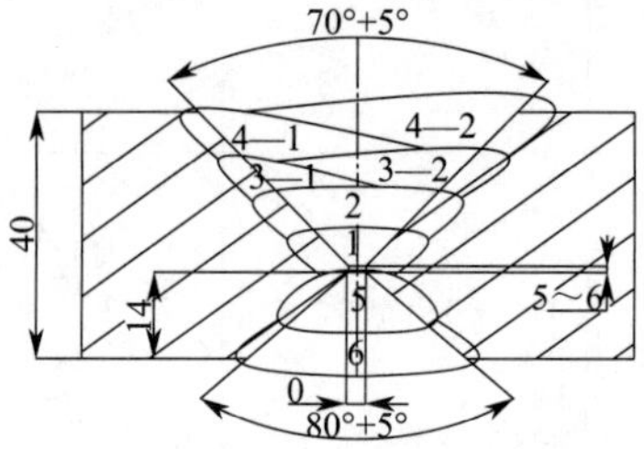

母材：

试件序号	①	②
材料	Q345R	Q345R
标准或规范	GB/T 713	GB/T 713
规格/mm	δ＝40	δ＝40
类别号	Fe-1	Fe-1
组别号	Fe-1-2	Fe-1-2
对接焊缝焊件母材厚度范围/mm	5～200	5～200
角焊缝焊件母材厚度范围/mm	不限	不限
管子直径、壁厚范围(对接或角接)/mm	/	/
其他：	/	

填充金属：

焊材类别(种类)	焊丝-焊剂组合	
型号(牌号)	S49A2 MS-SU34(H10Mn2＋HJ350)	
标准	NB/T 47018.4	
填充金属规格/mm	ϕ4.0	
焊材分类代号	FeMSG-1-2	
对接焊缝焊件焊缝金属范围/mm	0～200	
角焊缝焊件焊缝金属范围/mm	不限	
其他：	/	

预热及后热：		**气体：**			
最小预热温度/℃	80	项目	气体种类	混合比/%	流量/(L/min)
最大道间温度/℃	250	保护气	/	/	/
后热温度/℃	/	尾部保护气	/	/	/
后热保温时间/h	/	背面保护气	/	/	/

焊后热处理：	N＋SR		**焊接位置：**			
热处理温度/℃	N：950±20	SR：620±20	对接焊缝位置	1G	方向(向上、向下)	/
热处理时间/h	N：1	SR：3.5	角焊缝位置	/	方向(向上、向下)	/

预焊接工艺规程(pWPS)

电特性：

钨极类型及直径/mm：/　　喷嘴直径/mm：/

熔滴过渡形式(喷射过渡、短路过渡等)：/

(按所焊位置和工件厚度，分别将电流、电压和焊接速度范围填入下表)

焊道/焊层	焊接方法	填充金属	规格/mm	电源种类及极性	焊接电流/A	电弧电压/V	焊接速度/(cm/min)	最大热输入/(kJ/cm)
1	SAW	H10Mn2+HJ350	ϕ4.0	DCEP	550～600	34～38	40～48	34.2
2—6	SAW	H10Mn2+HJ350	ϕ4.0	DCEP	600～650	34～38	43～48	34.5

技术措施：

摆动焊或不摆动焊：/　　摆动参数：/

焊前清理和层间清理：刷或磨　　背面清根方法：碳弧气刨+修磨

单道焊或多道焊/每面：多道焊　　单丝焊或多丝焊：单丝

导电嘴至工件距离/mm：30～40　　锤击：/

换热管与管板的连接方式：/　　换热管与管板接头的清理方法：/

预置金属衬套：/　　预置金属衬套的形状与尺寸：/

其他：环境温度>0℃，相对湿度<90%。

检验要求及执行标准：

按NB/T 47014—2023及相关技术要求进行评定，项目如下：

1. 外观检查和无损检测(按NB/T 47013.2)结果不得有裂纹；

2. 焊接接头板拉二件(按GB/T 228)，$R_m \geqslant 490$MPa；

3. 焊接接头侧弯四件(按GB/T 2653)，$D=4a$　$a=10$　$\alpha=180°$，沿任何方向不得有单条长度大于3mm的开口缺陷；

4. 焊缝、热影响区0℃ KV_2 冲击各三件(按GB/T 229)，焊接接头V型缺口10mm×10mm×55mm试样冲击吸收能量平均值不低于24J。

编制		日期		审核		日期		批准		日期	

焊接工艺评定报告（PQR1222）

焊接工艺评定报告(PQR)

单位名称：××××

PQR 编号：PQR1222　　pWPS 编号：pWPS 1222

焊接方法：SAW　　机动化程度：手工□　机动☑　自动□

焊接接头：对接☑　角接□　堆焊□　　其他：/

接头简图(接头形式、尺寸、衬垫、每种焊接方法或焊接工艺的焊缝金属厚度)：

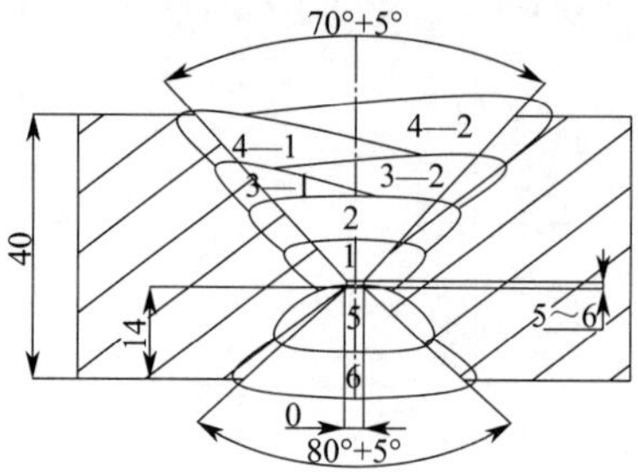

母材：

试件序号	①	②
材料	Q345R	Q345R
标准或规范	GB/T 713	GB/T 713
规格/mm	δ=40	δ=40
类别号	Fe-1	Fe-1
组别号	Fe-1-2	Fe-1-2

填充金属：

分类	焊丝-焊剂组合	
型号(牌号)	S49A2 MS-SU34(H10Mn2+HJ350)	
标准	NB/T 47018.4	
填充金属规格/mm	ϕ4.0	
焊材分类代号	FeMSG-1-2	
焊缝金属厚度/mm	40	

预热及后热：

最小预热温度/℃	85	最大道间温度/℃	235
后热温度及保温时间/(℃×h)	/		

焊后热处理： N+SR

保温温度/℃	N:930　SR:635	保温时间/h	N:1　SR:4

焊接位置：

对接焊缝焊接位置	1G	方向(向上、向下)	/
角焊缝焊接位置	/	方向(向上、向下)	/

气体：

项目	气体种类	混合比/%	流量/(L/min)
保护气	/	/	/
尾部保护气	/	/	/
背面保护气	/	/	/

焊接工艺评定报告(PQR)

电特性:

钨极类型及直径/mm: / 喷嘴直径/mm: /

熔滴过渡形式(喷射过渡、短路过渡等): /

(按所焊位置和工件厚度,分别将电流、电压和焊接速度实测值填入下表)

焊道	焊接方法	填充金属	规格/mm	电源种类及极性	焊接电流/A	电弧电压/V	焊接速度/(cm/min)	最大热输入/(kJ/cm)
1	SAW	H10Mn2+HJ350	ϕ4.0	DCEP	550~610	34~38	40~48	34.8
2—6	SAW	H10Mn2+HJ350	ϕ4.0	DCEP	600~660	34~38	43~48	34.9

技术措施:

摆动焊或不摆动焊: / 摆动参数: /

焊前清理和层间清理: 打磨 背面清根方法: 碳弧气刨+修磨

单道焊或多道焊/每面: 多道焊 单丝焊或多丝焊: 单丝

导电嘴至工件距离/mm: 30~40 锤击: /

换热管与管板的连接方式: / 换热管与管板接头的清理方法: /

预置金属衬套: / 预置金属衬套的形状与尺寸: /

其他:

拉伸试验(GB/T 228): 试验报告编号:LH1222

试验条件	编号	试样宽度/mm	试样厚度/mm	横截面积/mm^2	断裂载荷/kN	R_m/MPa	断裂位置及特征
接头板拉	PQR1222-1	25.2	18.8	473.76	256	540	断于母材
	PQR1222-2	25.4	18.7	474.98	259	545	断于母材
	PQR1222-3	25.5	19.1	481.32	264.8	550	断于母材
	PQR1222-4	25.2	19.6	493.92	264.3	535	断于母材

弯曲试验(GB/T 2653): 试验报告编号:LH1222

试验条件	编号	试样尺寸/mm	弯心直径/mm	弯曲角度/(°)	试验结果
侧弯	PQR1222-5	10	40	180	合格
侧弯	PQR1222-6	10	40	180	合格
侧弯	PQR1222-7	10	40	180	合格
侧弯	PQR1222-8	10	40	180	合格

焊接工艺评定报告(PQR)

冲击试验(GB/T 229)： 试验报告编号：LH1222

编号	试样位置	V型缺口位置	试样尺寸/mm	试验温度/℃	冲击吸收能量/J
PQR1222-9	焊缝	缺口轴线位于焊缝中心线上	10×10×55	0	139
PQR1222-10					135
PQR1222-11					99
PQR1222-12	热影响区	缺口轴线至试样纵轴线与熔合线交点的距离 $k>0$mm，且尽可能多地通过热影响区	10×10×55	0	141
PQR1222-13					120
PQR1222-14					142

金相试验(角焊缝、模拟组合件)： 试验报告编号：

检验面编号	1	2	3	4	5	6	7	8	结果
有无裂纹、未熔合									
角焊缝厚度/mm									
焊脚高 l/mm									
是否焊透									

金相检验(角焊缝、模拟组合件)：

根部：焊透□ 未焊透□

焊缝：熔合□ 未熔合□

焊缝及热影响区：有裂纹□ 无裂纹□

两焊脚之差值：

试验报告编号：

堆焊层复层熔敷金属化学成分/% 执行标准： 试验报告编号：

C	Si	Mn	P	S	Cr	Ni	Mo	Ti	Al	Nb	Fe	…

化学成分测定表面至熔合线距离/mm：

非破坏性试验：

VT外观检查：无裂纹 PT： MT： UT： RT：无裂纹

预焊接工艺规程 pWPS 1223

预焊接工艺规程(pWPS)

单位名称： ××××

pWPS 编号： pWPS 1223

日期： ××××

焊接方法： GTAW

机动化程度： 手工☑　机动☐　自动☐

焊接接头： 对接☑　角接☐　堆焊☐

衬垫(材料及规格)： 焊缝金属

其他： /

简图(接头形式、坡口形式与尺寸、焊层、焊道布置及顺序)：

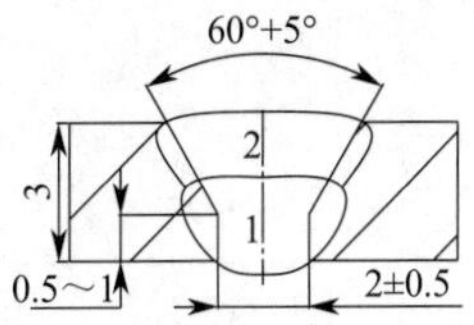

母材：

试件序号	①	②
材料	Q345R	Q345R
标准或规范	GB/T 713	GB/T 713
规格/mm	δ=3	δ=3
类别号	Fe-1	Fe-1
组别号	Fe-1-2	Fe-1-2
对接焊缝焊件母材厚度范围/mm	1.5~6	1.5~6
角焊缝焊件母材厚度范围/mm	不限	不限
管子直径、壁厚范围(对接或角接)/mm	/	/
其他：	/	

填充金属：

焊材类别(种类)	焊丝	
型号(牌号)	ER50-6(H11Mn2SiA)	
标准	NB/T 47018.3	
填充金属规格/mm	ϕ2.0,ϕ2.5	
焊材分类代号	FeS-1-2	
对接焊缝焊件焊缝金属范围/mm	0~6	
角焊缝焊件焊缝金属范围/mm	不限	
其他：	/	

预热及后热：

最小预热温度/℃	15
最大道间温度/℃	250
后热温度/℃	/
后热保温时间/h	/

气体：

项目	气体种类	混合比/%	流量/(L/min)
保护气	Ar	99.99	8~12
尾部保护气	/	/	/
背面保护气	/	/	/

焊后热处理： AW

热处理温度/℃	/
热处理时间/h	/

焊接位置：

对接焊缝位置	1G	方向(向上、向下)	/
角焊缝位置	/	方向(向上、向下)	/

预焊接工艺规程(pWPS)

电特性：

钨极类型及直径/mm：铈钨极，ϕ2.4　　喷嘴直径/mm：ϕ10

熔滴过渡形式(喷射过渡、短路过渡等)：/

(按所焊位置和工件厚度，分别将电流、电压和焊接速度范围填入下表)

焊道/焊层	焊接方法	填充金属	规格/mm	电源种类及极性	焊接电流/A	电弧电压/V	焊接速度/(cm/min)	最大热输入/(kJ/cm)
1	GTAW	H11Mn2SiA	ϕ2.0	DCEN	80～100	14～16	8～10	12.0
2	GTAW	H11Mn2SiA	ϕ2.5	DCEN	100～120	14～16	8～10	14.4

技术措施：

摆动焊或不摆动焊：/　　摆动参数：/

焊前清理和层间清理：刷或磨　　背面清根方法：修磨

单道焊或多道焊/每面：一面，多道焊　　单丝焊或多丝焊：单丝

导电嘴至工件距离/mm：/　　锤击：/

换热管与管板的连接方式：/　　换热管与管板接头的清理方法：/

预置金属衬套：/　　预置金属衬套的形状与尺寸：/

其他：环境温度>0℃，相对湿度<90%。

检验要求及执行标准：

按 NB/T 47014—2023 及相关技术要求进行评定，项目如下：

1. 外观检查和无损检测(按 NB/T 47013.2)结果不得有裂纹；
2. 焊接接头板拉二件(按 GB/T 228)，$R_m \geqslant 510$MPa；
3. 焊接接头面弯、背弯各二件(按 GB/T 2653)，$D=4a$　$a=3.0$　$\alpha=180°$，沿任何方向不得有单条长度大于 3mm 的开口缺陷。

编制		日期		审核		日期		批准		日期	

焊接工艺评定报告（PQR1223）

焊接工艺评定报告（PQR）

单位名称： ××××

PQR 编号：PQR1223　　pWPS 编号：pWPS 1223

焊接方法：GTAW　　机动化程度：手工☑　机动□　自动□

焊接接头：对接☑　角接□　堆焊□　　其他：/

接头简图（接头形式、尺寸、衬垫、每种焊接方法或焊接工艺的焊缝金属厚度）：

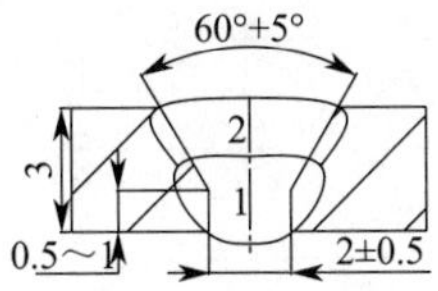

母材：

试件序号	①	②
材料	Q345R	Q345R
标准或规范	GB/T 713	GB/T 713
规格/mm	$\delta=3$	$\delta=3$
类别号	Fe-1	Fe-1
组别号	Fe-1-2	Fe-1-2

填充金属：

分类	焊丝	
型号（牌号）	ER50-6（H11Mn2SiA）	
标准	NB/T 47018.3	
填充金属规格/mm	ϕ2.0，ϕ2.5	
焊材分类代号	FeS-1-2	
焊缝金属厚度/mm	3	

预热及后热：

最小预热温度/℃	室温 20	最大道间温度/℃	235
后热温度及保温时间/（℃×h）	/		

焊后热处理： AW

保温温度/℃	/	保温时间/h	/

焊接位置：

对接焊缝焊接位置	1G	方向（向上、向下）	/
角焊缝焊接位置	/	方向（向上、向下）	/

气体：

项目	气体种类	混合比/%	流量/（L/min）
保护气	Ar	99.99	8～12
尾部保护气	/	/	/
背面保护气	/	/	/

焊接工艺评定报告(PQR)

电特性：

钨极类型及直径/mm：铈钨极，ϕ2.4　　喷嘴直径/mm：ϕ10

熔滴过渡形式(喷射过渡、短路过渡等)：/

(按所焊位置和工件厚度，分别将电流、电压和焊接速度实测值填入下表)

焊道	焊接方法	填充金属	规格/mm	电源种类及极性	焊接电流/A	电弧电压/V	焊接速度/(cm/min)	最大热输入/(kJ/cm)
1	GTAW	H11Mn2SiA	ϕ2.0	DCEN	80～120	14～16	8～10	13.2
2	GTAW	H11Mn2SiA	ϕ2.5	DCEN	100～130	14～16	8～10	15.6

技术措施：

摆动焊或不摆动焊：/　　摆动参数：/

焊前清理和层间清理：打磨　　背面清根方法：修磨

单道焊或多道焊/每面：一面，多道焊　　单丝焊或多丝焊：单丝

导电嘴至工件距离/mm：/　　锤击：/

换热管与管板的连接方式：/　　换热管与管板接头的清理方法：/

预置金属衬套：/　　预置金属衬套的形状与尺寸：/

其他：

拉伸试验(GB/T 228)：　　试验报告编号：LH1223

试验条件	编号	试样宽度/mm	试样厚度/mm	横截面积/mm^2	断裂载荷/kN	R_m/MPa	断裂位置及特征
接头板拉	PQR1223-1	25.2	3.1	78.12	46	585	断于母材
	PQR1223-2	25.4	3.1	78.74	47	590	断于母材

弯曲试验(GB/T 2653)：　　试验报告编号：LH1223

试验条件	编号	试样尺寸/mm	弯心直径/mm	弯曲角度/(°)	试验结果
面弯	PQR1223-3	3.0	12	180	合格
面弯	PQR1223-4	3.0	12	180	合格
背弯	PQR1223-5	3.0	12	180	合格
背弯	PQR1223-6	3.0	12	180	合格

焊接工艺评定报告(PQR)

冲击试验(GB/T 229)：　　　　试验报告编号：

编号	试样位置	V型缺口位置	试样尺寸/mm	试验温度/℃	冲击吸收能量/J

金相试验(角焊缝、模拟组合件)：　　　　试验报告编号：

检验面编号	1	2	3	4	5	6	7	8	结果
有无裂纹、未熔合									
角焊缝厚度/mm									
焊脚高 l/mm									
是否焊透									

金相检验(角焊缝、模拟组合件)：

根部：焊透□　　未焊透□

焊缝：熔合□　　未熔合□

焊缝及热影响区：有裂纹□　　无裂纹□

两焊脚之差值：

试验报告编号：

堆焊层复层熔敷金属化学成分/%　执行标准：　　　　试验报告编号：

C	Si	Mn	P	S	Cr	Ni	Mo	Ti	Al	Nb	Fe	…

化学成分测定表面至熔合线距离/mm：

非破坏性试验：

VT外观检查：无裂纹　　PT：　　MT：　　UT：　　RT：无裂纹

预焊接工艺规程 pWPS 1224

预焊接工艺规程(pWPS)

单位名称： ××××

pWPS 编号： pWPS 1224

日期： ××××

焊接方法： GTAW

机动化程度： 手工☑ 机动□ 自动□

焊接接头： 对接☑ 角接□ 堆焊□

衬垫(材料及规格)： 焊缝金属

其他： /

简图(接头形式、坡口形式与尺寸、焊层、焊道布置及顺序)：

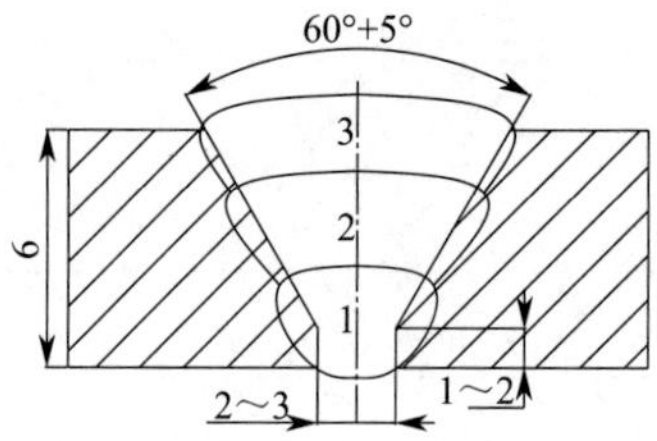

母材：

试件序号	①	②
材料	Q345R	Q345R
标准或规范	GB/T 713	GB/T 713
规格/mm	$\delta=6$	$\delta=6$
类别号	Fe-1	Fe-1
组别号	Fe-1-2	Fe-1-2
对接焊缝焊件母材厚度范围/mm	6～12	6～12
角焊缝焊件母材厚度范围/mm	不限	不限
管子直径、壁厚范围(对接或角接)/mm	/	/
其他：	/	

填充金属：

焊材类别(种类)	焊丝	
型号(牌号)	ER50-6(H11Mn2SiA)	
标准	NB/T 47018.3	
填充金属规格/mm	ϕ2.5	
焊材分类代号	FeS-1-2	
对接焊缝焊件焊缝金属范围/mm	0～12	
角焊缝焊件焊缝金属范围/mm	不限	
其他：	/	

预热及后热：		**气体：**			
最小预热温度/℃	15	项目	气体种类	混合比/%	流量/(L/min)
最大道间温度/℃	250	保护气	Ar	99.99	8～12
后热温度/℃	/	尾部保护气	/	/	/
后热保温时间/h	/	背面保护气	/	/	/

焊后热处理：	AW	**焊接位置：**			
热处理温度/℃	/	对接焊缝位置	1G	方向(向上、向下)	/
热处理时间/h	/	角焊缝位置	/	方向(向上、向下)	/

预焊接工艺规程(pWPS)

电特性：

钨极类型及直径/mm：铈钨极，ϕ3.0　　喷嘴直径/mm：ϕ12

熔滴过渡形式(喷射过渡、短路过渡等)：/

(按所焊位置和工件厚度，分别将电流、电压和焊接速度范围填入下表)

焊道/焊层	焊接方法	填充金属	规格/mm	电源种类及极性	焊接电流/A	电弧电压/V	焊接速度/(cm/min)	最大热输入/(kJ/cm)
1	GTAW	H11Mn2SiA	ϕ2.5	DCEN	100～140	14～16	8～12	16.8
2	GTAW	H11Mn2SiA	ϕ2.5	DCEN	130～170	14～16	8～12	20.4
3	GTAW	H11Mn2SiA	ϕ2.5	DCEN	130～170	14～16	10～14	16.3

技术措施：

摆动焊或不摆动焊：/　　摆动参数：/

焊前清理和层间清理：刷或磨　　背面清根方法：修磨

单道焊或多道焊/每面：一面，多道焊　　单丝焊或多丝焊：单丝

导电嘴至工件距离/mm：/　　锤击：/

换热管与管板的连接方式：/　　换热管与管板接头的清理方法：/

预置金属衬套：/　　预置金属衬套的形状与尺寸：/

其他：环境温度>0℃，相对湿度<90%。

检验要求及执行标准：

按 NB/T 47014—2023 及相关技术要求进行评定，项目如下：

1. 外观检查和无损检测(按 NB/T 47013.2)结果不得有裂纹；
2. 焊接接头板拉二件(按 GB/T 228)，$R_m \geqslant 510$MPa；
3. 焊接接头面弯、背弯各二件(按 GB/T 2653)，$D=4a$　$a=6$　$\alpha=180°$，沿任何方向不得有单条长度大于 3mm 的开口缺陷；
4. 焊缝、热影响区 0℃ KV_2 冲击各三件(按 GB/T 229)，焊接接头 V 型缺口 5mm×10mm×55mm 试样冲击吸收能量平均值不低于 12J。

编制		日期		审核		日期		批准		日期	

焊接工艺评定报告（PQR1224）

焊接工艺评定报告(PQR)

单位名称： ××××

PQR 编号：PQR1224　　pWPS 编号：pWPS 1224

焊接方法：GTAW　　机动化程度：手工☑　机动☐　自动☐

焊接接头：对接☑　角接☐　堆焊☐　　其他：/

接头简图(接头形式、尺寸、衬垫、每种焊接方法或焊接工艺的焊缝金属厚度)：

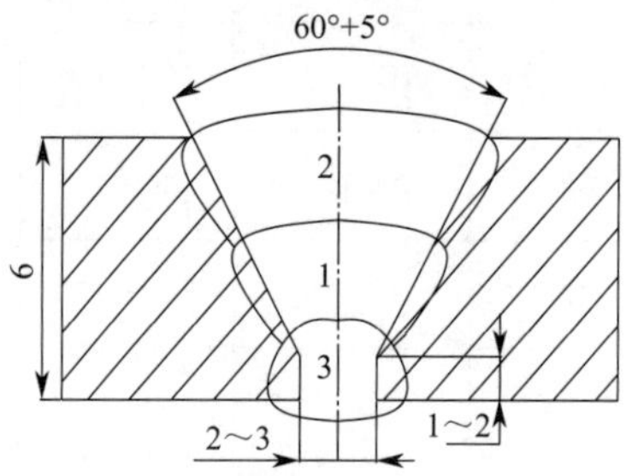

母材：

试件序号	①	②
材料	Q345R	Q345R
标准或规范	GB/T 713	GB/T 713
规格/mm	δ=6	δ=6
类别号	Fe-1	Fe-1
组别号	Fe-1-2	Fe-1-2

填充金属：

分类	焊丝	
型号(牌号)	ER50-6(H11Mn2SiA)	
标准	NB/T 47018.3	
填充金属规格/mm	ϕ2.5	
焊材分类代号	FeS-1-2	
焊缝金属厚度/mm	6	

预热及后热：

最小预热温度/℃	室温 20	最大道间温度/℃	235
后热温度及保温时间/(℃×h)	/		

焊后热处理： AW

保温温度/℃	/	保温时间/h	/

焊接位置：

对接焊缝焊接位置	1G	方向(向上、向下)	/
角焊缝焊接位置	/	方向(向上、向下)	/

气体：

项目	气体种类	混合比/%	流量/(L/min)
保护气	Ar	99.99	8～12
尾部保护气	/	/	/
背面保护气	/	/	/

焊接工艺评定报告(PQR)

电特性：

钨极类型及直径/mm：铈钨极，ϕ3.0　　喷嘴直径/mm：ϕ12

熔滴过渡形式(喷射过渡、短路过渡等)：/

(按所焊位置和工件厚度，分别将电流、电压和焊接速度实测值填入下表)

焊道	焊接方法	填充金属	规格/mm	电源种类及极性	焊接电流/A	电弧电压/V	焊接速度/(cm/min)	最大热输入/(kJ/cm)
1	GTAW	H11Mn2SiA	ϕ2.5	DCEN	100～150	14～16	8～12	18.0
2	GTAW	H11Mn2SiA	ϕ2.5	DCEN	130～180	14～16	8～12	21.6
3	GTAW	H11Mn2SiA	ϕ2.5	DCEN	130～180	14～16	10～14	17.3

技术措施：

摆动焊或不摆动焊：/　　摆动参数：/

焊前清理和层间清理：打磨　　背面清根方法：修磨

单道焊或多道焊/每面：一面，多道焊　　单丝焊或多丝焊：单丝

导电嘴至工件距离/mm：/　　锤击：/

换热管与管板的连接方式：/　　换热管与管板接头的清理方法：/

预置金属衬套：/　　预置金属衬套的形状与尺寸：/

其他：

拉伸试验(GB/T 228)：　　试验报告编号：LH1224

试验条件	编号	试样宽度/mm	试样厚度/mm	横截面积/mm^2	断裂载荷/kN	R_m/MPa	断裂位置及特征
接头板拉	PQR1224-1	25.1	6.2	155.2	86	550	断于母材
	PQR1224-2	25.4	6.0	152.38	86	565	断于母材

弯曲试验(GB/T 2653)：　　试验报告编号：LH1224

试验条件	编号	试样尺寸/mm	弯心直径/mm	弯曲角度/(°)	试验结果
面弯	PQR1224-3	6	24	180	合格
面弯	PQR1224-4	6	24	180	合格
背弯	PQR1224-5	6	24	180	合格
背弯	PQR1224-6	6	24	180	合格

焊接工艺评定报告(PQR)

冲击试验(GB/T 229)： 试验报告编号：LH1224

编号	试样位置	V型缺口位置	试样尺寸/mm	试验温度/℃	冲击吸收能量/J
PQR1224-7	焊缝	缺口轴线位于焊缝中心线上	5×10×55	0	90
PQR1224-8					80
PQR1224-9					58
PQR1224-10	热影响区	缺口轴线至试样纵轴线与熔合线交点的距离 $k>0$mm，且尽可能多地通过热影响区	5×10×55	0	85
PQR1224-11					65
PQR1224-12					70

金相试验(角焊缝、模拟组合件)： 试验报告编号：

检验面编号	1	2	3	4	5	6	7	8	结果
有无裂纹、未熔合									
角焊缝厚度/mm									
焊脚高 l/mm									
是否焊透									

金相检验(角焊缝、模拟组合件)：

根部：焊透□ 未焊透□

焊缝：熔合□ 未熔合□

焊缝及热影响区：有裂纹□ 无裂纹□

两焊脚之差值：

试验报告编号：

堆焊层复层熔敷金属化学成分/% 执行标准： 试验报告编号：

C	Si	Mn	P	S	Cr	Ni	Mo	Ti	Al	Nb	Fe	…

化学成分测定表面至熔合线距离/mm：

非破坏性试验：

VT外观检查：无裂纹 PT： MT： UT： RT：无裂纹

预焊接工艺规程 pWPS 1225

预焊接工艺规程(pWPS)

单位名称： ××××

pWPS 编号： pWPS 1225

日期： ××××

焊接方法： GTAW

机动化程度： 手工☑　　机动□　　自动□

焊接接头： 对接☑　　角接□　　堆焊□

衬垫(材料及规格)： 焊缝金属

其他： /

简图(接头形式、坡口形式与尺寸、焊层、焊道布置及顺序)：

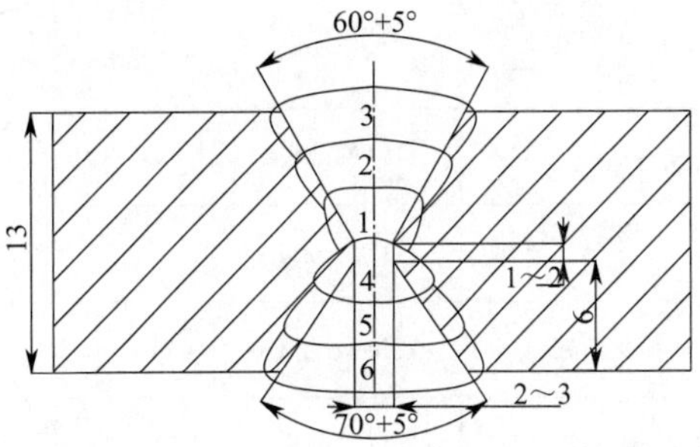

母材：

试件序号	①	②
材料	Q345R	Q345R
标准或规范	GB/T 713	GB/T 713
规格/mm	$\delta=13$	$\delta=13$
类别号	Fe-1	Fe-1
组别号	Fe-1-2	Fe-1-2
对接焊缝焊件母材厚度范围/mm	13～26	13～26
角焊缝焊件母材厚度范围/mm	不限	不限
管子直径、壁厚范围(对接或角接)/mm	/	/
其他：	/	

填充金属：

焊材类别(种类)	焊丝	
型号(牌号)	ER50-6(H11Mn2SiA)	
标准	NB/T 47018.3	
填充金属规格/mm	ϕ2.5，ϕ3.2	
焊材分类代号	FeS-1-2	
对接焊缝焊件焊缝金属范围/mm	0～26	
角焊缝焊件焊缝金属范围/mm	不限	
其他：	/	

预热及后热：

最小预热温度/℃	15
最大道间温度/℃	250
后热温度/℃	/
后热保温时间/h	/

气体：

项目	气体种类	混合比/%	流量/(L/min)
保护气	Ar	99.99	8～12
尾部保护气	/	/	/
背面保护气	/	/	/

焊后热处理： AW

热处理温度/℃	/
热处理时间/h	/

焊接位置：

对接焊缝位置	1G	方向(向上、向下)	/
角焊缝位置	/	方向(向上、向下)	/

预焊接工艺规程(pWPS)

电特性:

钨极类型及直径/mm: 铈钨极,ϕ3.0　　喷嘴直径/mm: ϕ12

熔滴过渡形式(喷射过渡、短路过渡等): /

(按所焊位置和工件厚度,分别将电流、电压和焊接速度范围填入下表)

焊道/焊层	焊接方法	填充金属	规格/mm	电源种类及极性	焊接电流/A	电弧电压/V	焊接速度/(cm/min)	最大热输入/(kJ/cm)
1	GTAW	H11Mn2SiA	ϕ2.5	DCEN	150～180	14～16	8～12	21.6
2—3	GTAW	H11Mn2SiA	ϕ3.2	DCEN	170～200	14～16	10～14	19.2
4	GTAW	H11Mn2SiA	ϕ3.2	DCEN	170～200	14～16	8～12	24
5—6	GTAW	H11Mn2SiA	ϕ3.2	DCEN	170～200	14～16	10～14	19.2

技术措施:

摆动焊或不摆动焊: /　　摆动参数: /

焊前清理和层间清理: 刷或磨　　背面清根方法: 修磨

单道焊或多道焊/每面: 多道焊　　单丝焊或多丝焊: 单丝

导电嘴至工件距离/mm: /　　锤击: /

换热管与管板的连接方式: /　　换热管与管板接头的清理方法: /

预置金属衬套: /　　预置金属衬套的形状与尺寸: /

其他: 环境温度>0℃,相对湿度<90%。

检验要求及执行标准:

按 NB/T 47014—2023 及相关技术要求进行评定,项目如下:

1. 外观检查和无损检测(按 NB/T 47013.2)结果不得有裂纹;

2. 焊接接头板拉二件(按 GB/T 228),$R_m \geqslant 510$MPa;

3. 焊接接头侧弯四件(按 GB/T 2653),$D=4a$　$a=10$　$\alpha=180°$,沿任何方向不得有单条长度大于 3mm 的开口缺陷;

4. 焊缝、热影响区 0℃ KV_2 冲击各三件(按 GB/T 229),焊接接头 V 型缺口 10mm×10mm×55mm 试样冲击吸收能量平均值不低于 24J。

编制		日期		审核		日期		批准		日期	

焊接工艺评定报告（PQR1225）

焊接工艺评定报告(PQR)

单位名称：　××××

PQR 编号：PQR1225　　pWPS 编号：pWPS 1225

焊接方法：GTAW　　机动化程度：手工☑　机动□　自动□

焊接接头：对接☑　角接□　堆焊□　　其他：/

接头简图(接头形式、尺寸、衬垫、每种焊接方法或焊接工艺的焊缝金属厚度)：

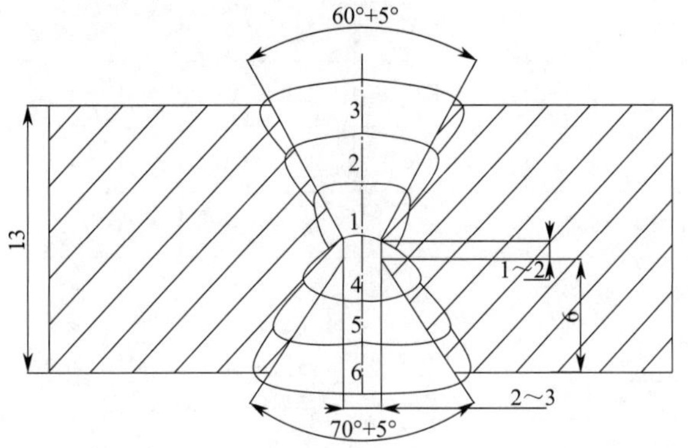

母材：

试件序号	①	②
材料	Q345R	Q345R
标准或规范	GB/T 713	GB/T 713
规格/mm	δ=13	δ=13
类别号	Fe-1	Fe-1
组别号	Fe-1-2	Fe-1-2

填充金属：

分类	焊丝	
型号(牌号)	ER50-6(H11Mn2SiA)	
标准	NB/T 47018.3	
填充金属规格/mm	ϕ2.5，ϕ3.2	
焊材分类代号	FeS-1-2	
焊缝金属厚度/mm	13	

预热及后热：

最小预热温度/℃	室温 20	最大道间温度/℃	235
后热温度及保温时间/(℃×h)	/		

焊后热处理：　AW

保温温度/℃	/	保温时间/h	/

焊接位置：

对接焊缝焊接位置	1G	方向(向上、向下)	/
角焊缝焊接位置	/	方向(向上、向下)	/

气体：

项目	气体种类	混合比/%	流量/(L/min)
保护气	Ar	99.99	8～12
尾部保护气	/	/	/
背面保护气	/	/	/

焊接工艺评定报告(PQR)

电特性：

钨极类型及直径/mm：铈钨极，ϕ3.0　　喷嘴直径/mm：ϕ12

熔滴过渡形式(喷射过渡、短路过渡等)：/

(按所焊位置和工件厚度，分别将电流、电压和焊接速度实测值填入下表)

焊道	焊接方法	填充金属	规格/mm	电源种类及极性	焊接电流/A	电弧电压/V	焊接速度/(cm/min)	最大热输入/(kJ/cm)
1	GTAW	H11Mn2SiA	ϕ2.5	DCEN	150～190	14～16	8～12	22.8
2—3	GTAW	H11Mn2SiA	ϕ3.2	DCEN	170～210	14～16	10～14	20.2
4	GTAW	H11Mn2SiA	ϕ3.2	DCEN	170～210	14～16	8～12	25.2
5—6	GTAW	H11Mn2SiA	ϕ3.2	DCEN	170～210	14～16	10～14	20.2

技术措施：

摆动焊或不摆动焊：/　　摆动参数：/

焊前清理和层间清理：打磨　　背面清根方法：修磨

单道焊或多道焊/每面：多道焊　　单丝焊或多丝焊：单丝

导电嘴至工件距离/mm：/　　锤击：/

换热管与管板的连接方式：/　　换热管与管板接头的清理方法：/

预置金属衬套：/　　预置金属衬套的形状与尺寸：/

其他：

拉伸试验(GB/T 228)：　　试验报告编号：LH1225

试验条件	编号	试样宽度/mm	试样厚度/mm	横截面积/mm^2	断裂载荷/kN	R_m/MPa	断裂位置及特征
接头板拉	PQR1225-1	25.4	13.3	337.82	191	565	断于母材
	PQR1225-2	25.7	13.5	346.95	200	575	断于母材

弯曲试验(GB/T 2653)：　　试验报告编号：LH1225

试验条件	编号	试样尺寸/mm	弯心直径/mm	弯曲角度/(°)	试验结果
侧弯	PQR1225-3	10	40	180	合格
侧弯	PQR1225-4	10	40	180	合格
侧弯	PQR1225-5	10	40	180	合格
侧弯	PQR1225-6	10	40	180	合格

焊接工艺评定报告(PQR)

冲击试验(GB/T 229)： 试验报告编号： LH1225

编号	试样位置	V型缺口位置	试样尺寸/mm	试验温度/℃	冲击吸收能量/J
PQR1225-7	焊缝	缺口轴线位于焊缝中心线上	10×10×55	0	142
PQR1225-8					90
PQR1225-9					138
PQR1225-10	热影响区	缺口轴线至试样纵轴线与熔合线交点的距离 $k>0$mm，且尽可能多地通过热影响区	10×10×55	0	126
PQR1225-11					127
PQR1225-12					124

金相试验(角焊缝、模拟组合件)： 试验报告编号：

检验面编号	1	2	3	4	5	6	7	8	结果
有无裂纹、未熔合									
角焊缝厚度/mm									
焊脚高 l /mm									
是否焊透									

金相检验(角焊缝、模拟组合件)：

根部：焊透□　　未焊透□

焊缝：熔合□　　未熔合□

焊缝及热影响区：有裂纹□　　无裂纹□

两焊脚之差值：

试验报告编号：

堆焊层复层熔敷金属化学成分/% 执行标准： 试验报告编号：

C	Si	Mn	P	S	Cr	Ni	Mo	Ti	Al	Nb	Fe	…

化学成分测定表面至熔合线距离/mm：

非破坏性试验：

VT外观检查：无裂纹　　PT：　　MT：　　UT：　　RT：无裂纹

预焊接工艺规程 pWPS 1226

预焊接工艺规程(pWPS)

单位名称： ××××

pWPS 编号： pWPS 1226

日期： ××××

焊接方法： GTAW

机动化程度： 手工☑ 机动☐ 自动☐

焊接接头： 对接☑ 角接☐ 堆焊☐

衬垫(材料及规格)： 焊缝金属

其他： /

简图(接头形式、坡口形式与尺寸、焊层、焊道布置及顺序)：

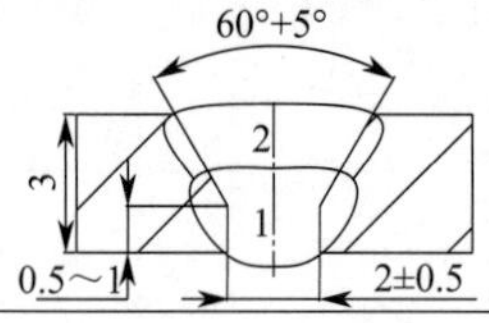

母材：

试件序号	①	②
材料	Q345R	Q345R
标准或规范	GB/T 713	GB/T 713
规格/mm	δ=3	δ=3
类别号	Fe-1	Fe-1
组别号	Fe-1-2	Fe-1-2
对接焊缝焊件母材厚度范围/mm	1.5～6	1.5～6
角焊缝焊件母材厚度范围/mm	不限	不限
管子直径、壁厚范围(对接或角接)/mm	/	/
其他：	/	

填充金属：

焊材类别(种类)	焊丝	
型号(牌号)	ER50-6(H11Mn2SiA)	
标准	NB/T 47018.3	
填充金属规格/mm	φ2.0,φ2.5	
焊材分类代号	FeS-1-2	
对接焊缝焊件焊缝金属范围/mm	0～6	
角焊缝焊件焊缝金属范围/mm	不限	
其他：	/	

预热及后热：		**气体：**			
最小预热温度/℃	15	项目	气体种类	混合比/%	流量/(L/min)
最大道间温度/℃	250	保护气	Ar	99.99	8～12
后热温度/℃	/	尾部保护气	/	/	/
后热保温时间/h	/	背面保护气	/	/	/

焊后热处理：	SR	**焊接位置：**			
热处理温度/℃	620±20	对接焊缝位置	1G	方向(向上、向下)	/
热处理时间/h	2.5	角焊缝位置	/	方向(向上、向下)	/

预焊接工艺规程(pWPS)

电特性：

钨极类型及直径/mm：铈钨极，ϕ2.4　　喷嘴直径/mm：ϕ10

熔滴过渡形式(喷射过渡、短路过渡等)：/

(按所焊位置和工件厚度，分别将电流、电压和焊接速度范围填入下表)

焊道/焊层	焊接方法	填充金属	规格/mm	电源种类及极性	焊接电流/A	电弧电压/V	焊接速度/(cm/min)	最大热输入/(kJ/cm)
1	GTAW	H11Mn2SiA	ϕ2.0	DCEN	80～100	14～16	8～10	12.0
2	GTAW	H11Mn2SiA	ϕ2.5	DCEN	100～120	14～16	8～10	14.4

技术措施：

摆动焊或不摆动焊：/　　摆动参数：/

焊前清理和层间清理：刷或磨　　背面清根方法：修磨

单道焊或多道焊/每面：一面，多道焊　　单丝焊或多丝焊：单丝

导电嘴至工件距离/mm：/　　锤击：/

换热管与管板的连接方式：/　　换热管与管板接头的清理方法：/

预置金属衬套：/　　预置金属衬套的形状与尺寸：/

其他：环境温度＞0℃，相对湿度＜90%。

检验要求及执行标准：

按NB/T 47014—2023及相关技术要求进行评定，项目如下：

1. 外观检查和无损检测(按NB/T 47013.2)结果不得有裂纹；
2. 焊接接头板拉二件(按GB/T 228)，$R_m \geqslant 510$MPa；
3. 焊接接头面弯、背弯各二件(按GB/T 2653)，$D=4a$　$a=3.0$　$\alpha=180°$，沿任何方向不得有单条长度大于3mm的开口缺陷。

编制		日期		审核		日期		批准		日期	

焊接工艺评定报告（PQR1226）

焊接工艺评定报告(PQR)

单位名称：××××

PQR 编号：PQR1226　　pWPS 编号：pWPS 1226

焊接方法：GTAW　　机动化程度：手工☑　机动□　自动□

焊接接头：对接☑　角接□　堆焊□　　其他：/

接头简图(接头形式、尺寸、衬垫、每种焊接方法或焊接工艺的焊缝金属厚度)：

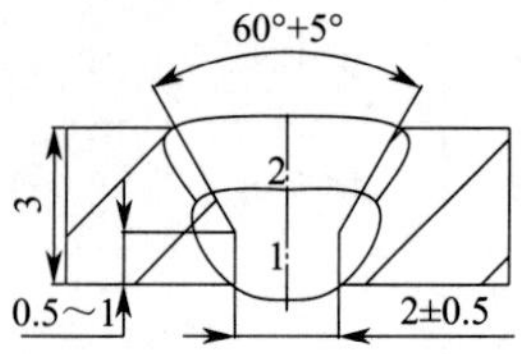

母材：

试件序号	①	②
材料	Q345R	Q345R
标准或规范	GB/T 713	GB/T 713
规格/mm	$\delta=3$	$\delta=3$
类别号	Fe-1	Fe-1
组别号	Fe-1-2	Fe-1-2

填充金属：

分类	焊丝	
型号(牌号)	ER50-6(H11Mn2SiA)	
标准	NB/T 47018.3	
填充金属规格/mm	ϕ2.0,ϕ2.5	
焊材分类代号	FeS-1-2	
焊缝金属厚度/mm	3	

预热及后热：

最小预热温度/℃	室温 20	最大道间温度/℃	235
后热温度及保温时间/(℃×h)	/		

焊后热处理： SR

保温温度/℃	630	保温时间/h	2.5

焊接位置：

对接焊缝焊接位置	1G	方向(向上、向下)	/
角焊缝焊接位置	/	方向(向上、向下)	/

气体：

项目	气体种类	混合比/%	流量/(L/min)
保护气	Ar	99.99	8～12
尾部保护气	/	/	/
背面保护气	/	/	/

焊接工艺评定报告(PQR)

电特性：

钨极类型及直径/mm：铈钨极，ϕ2.4　　喷嘴直径/mm：ϕ10

熔滴过渡形式(喷射过渡、短路过渡等)：/

(按所焊位置和工件厚度，分别将电流、电压和焊接速度实测值填入下表)

焊道	焊接方法	填充金属	规格/mm	电源种类及极性	焊接电流/A	电弧电压/V	焊接速度/(cm/min)	最大热输入/(kJ/cm)
1	GTAW	H11Mn2SiA	ϕ2.0	DCEN	80～120	14～16	8～10	13.2
2	GTAW	H11Mn2SiA	ϕ2.5	DCEN	100～130	14～16	8～10	15.6

技术措施：

摆动焊或不摆动焊：/　　摆动参数：/

焊前清理和层间清理：打磨　　背面清根方法：修磨

单道焊或多道焊/每面：一面，多道焊　　单丝焊或多丝焊：单丝

导电嘴至工件距离/mm：/　　锤击：/

换热管与管板的连接方式：/　　换热管与管板接头的清理方法：/

预置金属衬套：/　　预置金属衬套的形状与尺寸：/

其他：

拉伸试验(GB/T 228)：　　试验报告编号：LH1226

试验条件	编号	试样宽度/mm	试样厚度/mm	横截面积/mm^2	断裂载荷/kN	R_m/MPa	断裂位置及特征
接头板拉	PQR1226-1	25.3	3.1	78.43	46	585	断于母材
	PQR1226-2	25.4	3.2	81.28	47	578	断于母材

弯曲试验(GB/T 2653)：　　试验报告编号：LH1226

试验条件	编号	试样尺寸/mm	弯心直径/mm	弯曲角度/(°)	试验结果
面弯	PQR1226-3	3.0	12	180	合格
面弯	PQR1226-4	3.0	12	180	合格
背弯	PQR1226-5	3.0	12	180	合格
背弯	PQR1226-6	3.0	12	180	合格

焊接工艺评定报告(PQR)

冲击试验(GB/T 229): 试验报告编号:

编号	试样位置	V型缺口位置	试样尺寸/mm	试验温度/℃	冲击吸收能量/J

金相试验(角焊缝、模拟组合件): 试验报告编号:

检验面编号	1	2	3	4	5	6	7	8	结果
有无裂纹、未熔合									
角焊缝厚度/mm									
焊脚高 l /mm									
是否焊透									

金相检验(角焊缝、模拟组合件):
根部: 焊透□ 未焊透□
焊缝: 熔合□ 未熔合□
焊缝及热影响区: 有裂纹□ 无裂纹□
两焊脚之差值:
试验报告编号:

堆焊层复层熔敷金属化学成分/% 执行标准: 试验报告编号:

C	Si	Mn	P	S	Cr	Ni	Mo	Ti	Al	Nb	Fe	…

化学成分测定表面至熔合线距离/mm:

非破坏性试验:
VT外观检查: 无裂纹 PT: MT: UT: RT: 无裂纹

预焊接工艺规程 pWPS 1227

预焊接工艺规程(pWPS)

单位名称： ××××

pWPS 编号：pWPS 1227

日期：××××

焊接方法： GTAW 机动化程度：手工☑　机动□　自动□ 焊接接头：对接☑　角接□　堆焊□ 衬垫(材料及规格)：焊缝金属 其他：/	**简图(接头形式、坡口形式与尺寸、焊层、焊道布置及顺序)：** 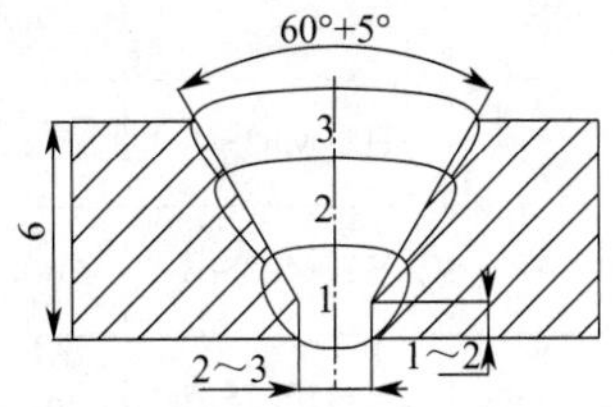

母材：

试件序号	①	②
材料	Q345R	Q345R
标准或规范	GB/T 713	GB/T 713
规格/mm	$\delta=6$	$\delta=6$
类别号	Fe-1	Fe-1
组别号	Fe-1-2	Fe-1-2
对接焊缝焊件母材厚度范围/mm	6～12	6～12
角焊缝焊件母材厚度范围/mm	不限	不限
管子直径、壁厚范围(对接或角接)/mm	/	/
其他：	/	

填充金属：

焊材类别(种类)	焊丝	
型号(牌号)	ER50-6(H11Mn2SiA)	
标准	NB/T 47018.3	
填充金属规格/mm	ϕ2.5	
焊材分类代号	FeS-1-2	
对接焊缝焊件焊缝金属范围/mm	0～12	
角焊缝焊件焊缝金属范围/mm	不限	
其他：	/	

预热及后热：		**气体：**			
最小预热温度/℃	15	项目	气体种类	混合比/%	流量/(L/min)
最大道间温度/℃	250	保护气	Ar	99.99	8～12
后热温度/℃	/	尾部保护气	/	/	/
后热保温时间/h	/	背面保护气	/	/	/

焊后热处理：	SR	**焊接位置：**			
热处理温度/℃	620±20	对接焊缝位置	1G	方向(向上、向下)	/
热处理时间/h	2.5	角焊缝位置	/	方向(向上、向下)	/

预焊接工艺规程(pWPS)

电特性：

钨极类型及直径/mm：铈钨极，ϕ3.0　　喷嘴直径/mm：ϕ12

熔滴过渡形式(喷射过渡、短路过渡等)：/

(按所焊位置和工件厚度，分别将电流、电压和焊接速度范围填入下表)

焊道/焊层	焊接方法	填充金属	规格/mm	电源种类及极性	焊接电流/A	电弧电压/V	焊接速度/(cm/min)	最大热输入/(kJ/cm)
1	GTAW	H11Mn2SiA	ϕ2.5	DCEN	100～140	14～16	8～12	16.8
2	GTAW	H11Mn2SiA	ϕ2.5	DCEN	130～170	14～16	8～12	20.4
3	GTAW	H11Mn2SiA	ϕ2.5	DCEN	130～170	14～16	10～14	16.3

技术措施：

摆动焊或不摆动焊：/　　摆动参数：/

焊前清理和层间清理：刷或磨　　背面清根方法：修磨

单道焊或多道焊/每面：一面，多道焊　　单丝焊或多丝焊：单丝

导电嘴至工件距离/mm：/　　锤击：/

换热管与管板的连接方式：/　　换热管与管板接头的清理方法：/

预置金属衬套：/　　预置金属衬套的形状与尺寸：/

其他：环境温度>0℃，相对湿度<90%。

检验要求及执行标准：

按 NB/T 47014—2023 及相关技术要求进行评定，项目如下：

1. 外观检查和无损检测(按 NB/T 47013.2)结果不得有裂纹；
2. 焊接接头板拉二件(按 GB/T 228)，$R_m \geqslant 510$MPa；
3. 焊接接头面弯、背弯各二件(按 GB/T 2653)，$D=4a$　$a=6$　$\alpha=180°$，沿任何方向不得有单条长度大于 3mm 的开口缺陷；
4. 焊缝、热影响区 0℃ KV_2 冲击各三件(按 GB/T 229)，焊接接头 V 型缺口 5mm×10mm×55mm 试样冲击吸收能量平均值不低于 12J。

编制		日期		审核		日期		批准		日期	

焊接工艺评定报告（PQR1227）

焊接工艺评定报告(PQR)

单位名称：××××

PQR 编号：PQR1227　　pWPS 编号：pWPS 1227

焊接方法：GTAW　　机动化程度：手工☑　机动□　自动□

焊接接头：对接☑　角接□　堆焊□　　其他：/

接头简图(接头形式、尺寸、衬垫、每种焊接方法或焊接工艺的焊缝金属厚度)：

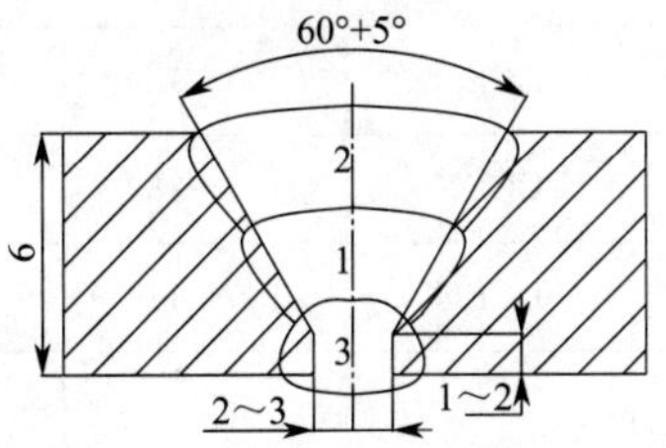

母材：

试件序号	①	②
材料	Q345R	Q345R
标准或规范	GB/T 713	GB/T 713
规格/mm	$\delta=6$	$\delta=6$
类别号	Fe-1	Fe-1
组别号	Fe-1-2	Fe-1-2

填充金属：

分类	焊丝	
型号(牌号)	ER50-6(H11Mn2SiA)	
标准	NB/T 47018.3	
填充金属规格/mm	ϕ2.5	
焊材分类代号	FeS-1-2	
焊缝金属厚度/mm	6	

预热及后热：

最小预热温度/℃	室温 20	最大道间温度/℃	235
后热温度及保温时间/(℃×h)	/		

焊后热处理： SR

保温温度/℃	638	保温时间/h	3

焊接位置：

对接焊缝焊接位置	1G	方向 (向上、向下)	/
角焊缝焊接位置	/	方向 (向上、向下)	/

气体：

项目	气体种类	混合比/%	流量/(L/min)
保护气	Ar	99.99	8～12
尾部保护气	/	/	/
背面保护气	/	/	/

焊接工艺评定报告(PQR)

电特性：

钨极类型及直径/mm：铈钨极，ϕ3.0　　喷嘴直径/mm：ϕ12

熔滴过渡形式(喷射过渡、短路过渡等)：/

(按所焊位置和工件厚度，分别将电流、电压和焊接速度实测值填入下表)

焊道	焊接方法	填充金属	规格/mm	电源种类及极性	焊接电流/A	电弧电压/V	焊接速度/(cm/min)	最大热输入/(kJ/cm)
1	GTAW	H11Mn2SiA	ϕ2.5	DCEN	100～150	14～16	8～12	18.0
2	GTAW	H11Mn2SiA	ϕ2.5	DCEN	130～180	14～16	8～12	21.6
3	GTAW	H11Mn2SiA	ϕ2.5	DCEN	130～180	14～16	10～14	17.3

技术措施：

摆动焊或不摆动焊：/　　摆动参数：/

焊前清理和层间清理：打磨　　背面清根方法：修磨

单道焊或多道焊/每面：一面，多道焊　　单丝焊或多丝焊：单丝

导电嘴至工件距离/mm：/　　锤击：/

换热管与管板的连接方式：/　　换热管与管板接头的清理方法：/

预置金属衬套：/　　预置金属衬套的形状与尺寸：/

其他：

拉伸试验(GB/T 228)：　　试验报告编号：LH1227

试验条件	编号	试样宽度/mm	试样厚度/mm	横截面积/mm^2	断裂载荷/kN	R_m/MPa	断裂位置及特征
接头板拉	PQR1227-1	25.3	6.2	156.86	90	575	断于母材
	PQR1227-2	25.1	6.1	153.11	89	585	断于母材

弯曲试验(GB/T 2653)：　　试验报告编号：LH1227

试验条件	编号	试样尺寸/mm	弯心直径/mm	弯曲角度/(°)	试验结果
面弯	PQR1227-3	6	24	180	合格
面弯	PQR1227-4	6	24	180	合格
背弯	PQR1227-5	6	24	180	合格
背弯	PQR1227-6	6	24	180	合格

焊接工艺评定报告(PQR)

冲击试验(GB/T 229)： 试验报告编号： LH1227

编号	试样位置	V型缺口位置	试样尺寸/mm	试验温度/℃	冲击吸收能量/J
PQR1227-7	焊缝	缺口轴线位于焊缝中心线上	5×10×55	0	57
PQR1227-8					38
PQR1227-9					47
PQR1227-10	热影响区	缺口轴线至试样纵轴线与熔合线交点的距离 $k>0$mm，且尽可能多地通过热影响区	5×10×55	0	75
PQR1227-11					60
PQR1227-12					75

金相试验(角焊缝、模拟组合件)： 试验报告编号：

检验面编号	1	2	3	4	5	6	7	8	结果
有无裂纹、未熔合									
角焊缝厚度/mm									
焊脚高 l/mm									
是否焊透									

金相检验(角焊缝、模拟组合件)：
根部： 焊透□ 未焊透□
焊缝： 熔合□ 未熔合□
焊缝及热影响区： 有裂纹□ 无裂纹□
两焊脚之差值：
试验报告编号：

堆焊层复层熔敷金属化学成分/% 执行标准： 试验报告编号：

C	Si	Mn	P	S	Cr	Ni	Mo	Ti	Al	Nb	Fe	…

化学成分测定表面至熔合线距离/mm：

非破坏性试验：
VT外观检查： 无裂纹 PT： MT： UT： RT： 无裂纹

预焊接工艺规程 pWPS 1228

预焊接工艺规程(pWPS)

单位名称： ××××

pWPS 编号： pWPS 1228

日期： ××××

焊接方法： GTAW

机动化程度： 手工☑ 机动□ 自动□

焊接接头： 对接☑ 角接□ 堆焊□

衬垫(材料及规格)： 焊缝金属

其他： /

简图(接头形式、坡口形式与尺寸、焊层、焊道布置及顺序)：

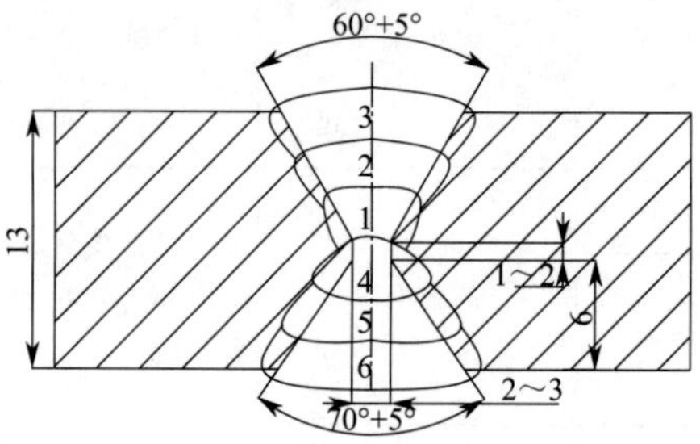

母材：

试件序号	①	②
材料	Q345R	Q345R
标准或规范	GB/T 713	GB/T 713
规格/mm	$\delta=13$	$\delta=13$
类别号	Fe-1	Fe-1
组别号	Fe-1-2	Fe-1-2
对接焊缝焊件母材厚度范围/mm	13～26	13～26
角焊缝焊件母材厚度范围/mm	不限	不限
管子直径、壁厚范围(对接或角接)/mm	/	/
其他：	/	

填充金属：

焊材类别(种类)	焊丝	
型号(牌号)	ER50-6(H11Mn2SiA)	
标准	NB/T 47018.3	
填充金属规格/mm	ϕ2.5，ϕ3.2	
焊材分类代号	FeS-1-2	
对接焊缝焊件焊缝金属范围/mm	0～26	
角焊缝焊件焊缝金属范围/mm	不限	
其他：	/	

预热及后热：

最小预热温度/℃	15
最大道间温度/℃	250
后热温度/℃	/
后热保温时间/h	/

气体：

项目	气体种类	混合比/%	流量/(L/min)
保护气	Ar	99.99	8～12
尾部保护气	/	/	/
背面保护气	/	/	/

焊后热处理： SR

热处理温度/℃	620±20
热处理时间/h	3.5

焊接位置：

对接焊缝位置	1G	方向(向上、向下)	/
角焊缝位置	/	方向(向上、向下)	/

预焊接工艺规程(pWPS)

电特性:

钨极类型及直径/mm:铈钨极,ϕ3.0　喷嘴直径/mm:ϕ12

熔滴过渡形式(喷射过渡、短路过渡等):/

(按所焊位置和工件厚度,分别将电流、电压和焊接速度范围填入下表)

焊道/焊层	焊接方法	填充金属	规格/mm	电源种类及极性	焊接电流/A	电弧电压/V	焊接速度/(cm/min)	最大热输入/(kJ/cm)
1	GTAW	H11Mn2SiA	ϕ2.5	DCEN	150～180	14～16	8～12	21.6
2—3	GTAW	H11Mn2SiA	ϕ3.2	DCEN	170～200	14～16	10～14	19.2
4	GTAW	H11Mn2SiA	ϕ3.2	DCEN	170～200	14～16	8～12	24.0
5—6	GTAW	H11Mn2SiA	ϕ3.2	DCEN	170～200	14～16	10～14	19.2

技术措施:

摆动焊或不摆动焊:/　摆动参数:/

焊前清理和层间清理:刷或磨　背面清根方法:修磨

单道焊或多道焊/每面:多道焊　单丝焊或多丝焊:单丝

导电嘴至工件距离/mm:/　锤击:/

换热管与管板的连接方式:/　换热管与管板接头的清理方法:/

预置金属衬套:/　预置金属衬套的形状与尺寸:/

其他:环境温度>0℃,相对湿度<90%。

检验要求及执行标准:

按 NB/T 47014—2023 及相关技术要求进行评定,项目如下:

1. 外观检查和无损检测(按 NB/T 47013.2)结果不得有裂纹;
2. 焊接接头板拉二件(按 GB/T 228),$R_m \geqslant 510$MPa;
3. 焊接接头侧弯四件(按 GB/T 2653),$D=4a$　$a=10$　$\alpha=180°$,沿任何方向不得有单条长度大于 3mm 的开口缺陷;
4. 焊缝、热影响区 0℃ KV_2 冲击各三件(按 GB/T 229),焊接接头 V 型缺口 10mm×10mm×55mm 试样冲击吸收能量平均值不低于 24J。

编制		日期		审核		日期		批准		日期	

焊接工艺评定报告（PQR1228）

焊接工艺评定报告(PQR)

单位名称： ××××

PQR 编号：PQR1228　　pWPS 编号：pWPS 1228

焊接方法：GTAW　　机动化程度：手工☑　机动□　自动□

焊接接头：对接☑　角接□　堆焊□　　其他：/

接头简图(接头形式、尺寸、衬垫、每种焊接方法或焊接工艺的焊缝金属厚度)：

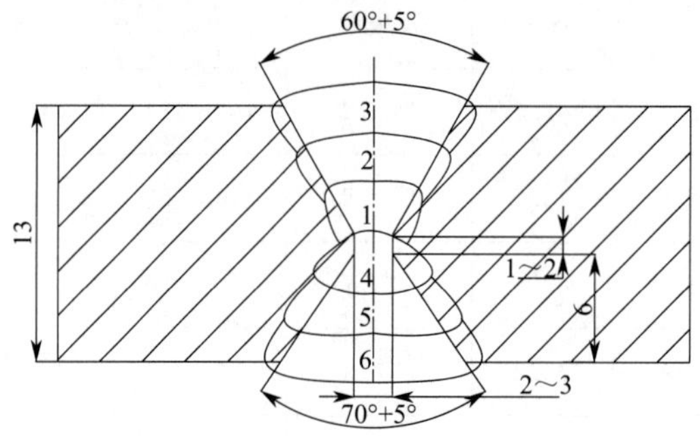

母材：

试件序号	①	②
材料	Q345R	Q345R
标准或规范	GB/T 713	GB/T 713
规格/mm	δ=13	δ=13
类别号	Fe-1	Fe-1
组别号	Fe-1-2	Fe-1-2

填充金属：

分类	焊丝	
型号(牌号)	ER50-6(H11Mn2SiA)	
标准	NB/T 47018.3	
填充金属规格/mm	ϕ2.5，ϕ3.2	
焊材分类代号	FeS-1-2	
焊缝金属厚度/mm	13	

预热及后热：

最小预热温度/℃	室温 20	最大道间温度/℃	235
后热温度及保温时间/(℃×h)	/		

焊后热处理： SR

保温温度/℃	638	保温时间/h	4

焊接位置：

对接焊缝焊接位置	1G	方向 (向上、向下)	/
角焊缝焊接位置	/	方向 (向上、向下)	/

气体：

项目	气体种类	混合比/%	流量/(L/min)
保护气	Ar	99.99	8～12
尾部保护气	/	/	/
背面保护气	/	/	/

焊接工艺评定报告(PQR)

电特性：

钨极类型及直径/mm：铈钨极，ϕ3.0　　喷嘴直径/mm：ϕ12

熔滴过渡形式(喷射过渡、短路过渡等)：/

(按所焊位置和工件厚度，分别将电流、电压和焊接速度实测值填入下表)

焊道	焊接方法	填充金属	规格/mm	电源种类及极性	焊接电流/A	电弧电压/V	焊接速度/(cm/min)	最大热输入/(kJ/cm)
1	GTAW	H11Mn2SiA	ϕ2.5	DCEN	150～190	14～16	8～12	22.8
2—3	GTAW	H11Mn2SiA	ϕ3.2	DCEN	170～210	14～16	10～14	20.2
4	GTAW	H11Mn2SiA	ϕ3.2	DCEN	170～210	14～16	8～12	25.2
5—6	GTAW	H11Mn2SiA	ϕ3.2	DCEN	170～210	14～16	10～14	20.2

技术措施：

摆动焊或不摆动焊：/　　摆动参数：/

焊前清理和层间清理：打磨　　背面清根方法：修磨

单道焊或多道焊/每面：多道焊　　单丝焊或多丝焊：单丝

导电嘴至工件距离/mm：/　　锤击：/

换热管与管板的连接方式：/　　换热管与管板接头的清理方法：/

预置金属衬套：/　　预置金属衬套的形状与尺寸：/

其他：

拉伸试验(GB/T 228)：　　试验报告编号：LH1228

试验条件	编号	试样宽度/mm	试样厚度/mm	横截面积/mm²	断裂载荷/kN	R_m/MPa	断裂位置及特征
接头板拉	PQR1228-1	25.2	13.2	332.64	192	575	断于母材
	PQR1228-2	25.2	13.4	337.68	190	563	断于母材

弯曲试验(GB/T 2653)：　　试验报告编号：LH1228

试验条件	编号	试样尺寸/mm	弯心直径/mm	弯曲角度/(°)	试验结果
侧弯	PQR1228-3	10	40	180	合格
侧弯	PQR1228-4	10	40	180	合格
侧弯	PQR1228-5	10	40	180	合格
侧弯	PQR1228-6	10	40	180	合格

焊接工艺评定报告(PQR)

冲击试验(GB/T 229): 试验报告编号:LH1228

编号	试样位置	V型缺口位置	试样尺寸/mm	试验温度/℃	冲击吸收能量/J
PQR1228-7	焊缝	缺口轴线位于焊缝中心线上	10×10×55	0	78
PQR1228-8					61
PQR1228-9					72
PQR1228-10	热影响区	缺口轴线至试样纵轴线与熔合线交点的距离 $k>0$mm,且尽可能多地通过热影响区	10×10×55	0	43
PQR1228-11					56
PQR1228-12					38

金相试验(角焊缝、模拟组合件): 试验报告编号:

检验面编号	1	2	3	4	5	6	7	8	结果
有无裂纹、未熔合									
角焊缝厚度/mm									
焊脚高 l /mm									
是否焊透									

金相检验(角焊缝、模拟组合件):

根部: 焊透□ 未焊透□

焊缝: 熔合□ 未熔合□

焊缝及热影响区: 有裂纹□ 无裂纹□

两焊脚之差值:

试验报告编号:

堆焊层复层熔敷金属化学成分/% 执行标准: 试验报告编号:

C	Si	Mn	P	S	Cr	Ni	Mo	Ti	Al	Nb	Fe	…

化学成分测定表面至熔合线距离/mm:

非破坏性试验:

VT外观检查: 无裂纹 PT: MT: UT: RT: 无裂纹

第三节　低合金钢的焊接工艺评定（Fe-1-3）

预焊接工艺规程 pWPS 1301

预焊接工艺规程(pWPS)
单位名称： ×××× pWPS 编号： pWPS 1301 日期： ××××

焊接方法： SMAW 机动化程度： 手工☑　机动☐　自动☐ 焊接接头： 对接☑　角接☐　堆焊☐ 衬垫(材料及规格)： 焊缝金属 其他： /	**简图(接头形式、坡口形式与尺寸、焊层、焊道布置及顺序)：** 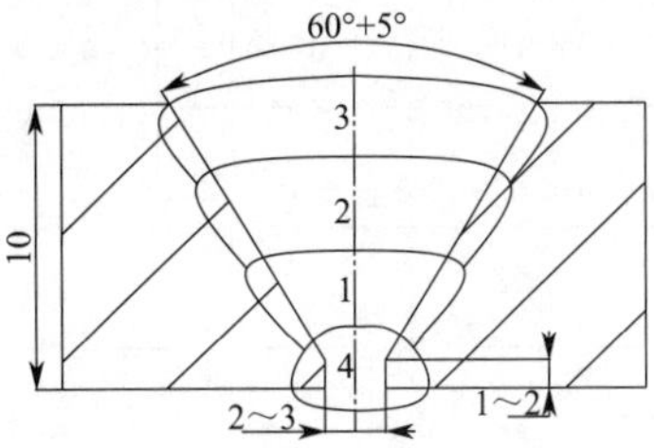

母材：		
试件序号	①	②
材料	Q370R	Q370R
标准或规范	GB/T 713	GB/T 713
规格/mm	$\delta=10$	$\delta=10$
类别号	Fe-1	Fe-1
组别号	Fe-1-3	Fe-1-3
对接焊缝焊件母材厚度范围/mm	10～20	10～20
角焊缝焊件母材厚度范围/mm	不限	不限
管子直径、壁厚范围(对接或角接)/mm	/	/
其他：	/	

填充金属：		
焊材类别(种类)	焊条	
型号(牌号)	E5515-G(J557)	
标准	NB/T 47018.2	
填充金属规格/mm	ϕ4.0,ϕ5.0	
焊材分类代号	FeT-1-3	
对接焊缝焊件焊缝金属范围/mm	0～20	
角焊缝焊件焊缝金属范围/mm	不限	
其他：	/	

预热及后热：		**气体：**			
最小预热温度/℃	15	项目	气体种类	混合比/%	流量/(L/min)
最大道间温度/℃	250	保护气	/	/	/
后热温度/℃	/	尾部保护气	/	/	/
后热保温时间/h	/	背面保护气	/	/	/

焊后热处理：	AW	**焊接位置：**			
热处理温度/℃	/	对接焊缝位置	1G	方向(向上、向下)	/
热处理时间/h	/	角焊缝位置	/	方向(向上、向下)	/

预焊接工艺规程(pWPS)

电特性：

钨极类型及直径/mm：/　　喷嘴直径/mm：/

熔滴过渡形式(喷射过渡、短路过渡等)：/

(按所焊位置和工件厚度，分别将电流、电压和焊接速度范围填入下表)

焊道/焊层	焊接方法	填充金属	规格/mm	电源种类及极性	焊接电流/A	电弧电压/V	焊接速度/(cm/min)	最大热输入/(kJ/cm)
1	SMAW	J557	ϕ4.0	DCEP	140～180	24～26	10～14	28.1
2—3	SMAW	J557	ϕ5.0	DCEP	180～210	24～26	12～16	27.3
4	SMAW	J557	ϕ4.0	DCEP	140～180	24～26	10～12	28.1

技术措施：

摆动焊或不摆动焊：/　　摆动参数：/

焊前清理和层间清理：刷或磨　　背面清根方法：碳弧气刨＋修磨

单道焊或多道焊/每面：多道焊＋单道焊　　单丝焊或多丝焊：/

导电嘴至工件距离/mm：/　　锤击：/

换热管与管板的连接方式：/　　换热管与管板接头的清理方法：/

预置金属衬套：/　　预置金属衬套的形状与尺寸：/

其他：环境温度>0℃，相对湿度<90%。

检验要求及执行标准：

按 NB/T 47014—2023 及相关技术要求进行评定，项目如下：

1. 外观检查和无损检测(按 NB/T 47013.2)结果不得有裂纹；
2. 焊接接头板拉二件(按 GB/T 228)，$R_m \geqslant 530$MPa；
3. 焊接接头侧弯四件(按 GB/T 2653)，$D=4a$　$a=10$　$\alpha=180°$，沿任何方向不得有单条长度大于 3mm 的开口缺陷；
4. 焊缝、热影响区－20℃ KV_2 冲击各三件(按 GB/T 229)，焊接接头 V 型缺口 5mm×10mm×55mm 试样冲击吸收能量平均值不低于 15.5J。

编制		日期		审核		日期		批准		日期	

焊接工艺评定报告（PQR1301）

焊接工艺评定报告(PQR)

单位名称： ××××

PQR 编号： PQR1301　　pWPS 编号： pWPS 1301

焊接方法： SMAW　　机动化程度： 手工☑　机动□　自动□

焊接接头： 对接☑　角接□　堆焊□　　其他： /

接头简图(接头形式、尺寸、衬垫、每种焊接方法或焊接工艺的焊缝金属厚度)：

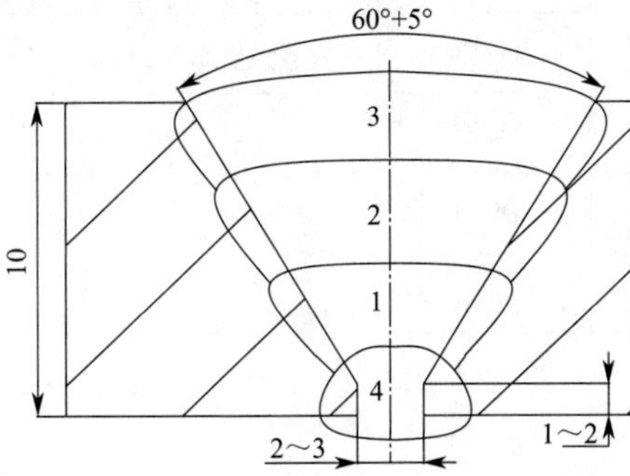

母材：

试件序号	①	②
材料	Q370R	Q370R
标准或规范	GB/T 713	GB/T 713
规格/mm	δ=10	δ=10
类别号	Fe-1	Fe-1
组别号	Fe-1-3	Fe-1-3

填充金属：

分类	焊条	
型号(牌号)	E5515-G(J557)	
标准	NB/T 47018.2	
填充金属规格/mm	ϕ4.0,ϕ5.0	
焊材分类代号	FeT-1-3	
焊缝金属厚度/mm	10	

预热及后热：

最小预热温度/℃	室温 20	最大道间温度/℃	235
后热温度及保温时间/(℃×h)	/		

焊后热处理： AW

保温温度/℃	/	保温时间/h	/

焊接位置：

对接焊缝焊接位置	1G	方向（向上、向下）	/
角焊缝焊接位置	/	方向（向上、向下）	/

气体：

项目	气体种类	混合比/%	流量/(L/min)
保护气	/	/	/
尾部保护气	/	/	/
背面保护气	/	/	/

焊接工艺评定报告(PQR)

电特性：

钨极类型及直径/mm：/　　喷嘴直径/mm：/

熔滴过渡形式(喷射过渡、短路过渡等)：/

(按所焊位置和工件厚度，分别将电流、电压和焊接速度实测值填入下表)

焊道	焊接方法	填充金属	规格/mm	电源种类及极性	焊接电流/A	电弧电压/V	焊接速度/(cm/min)	最大热输入/(kJ/cm)
1	SMAW	J557	ϕ4.0	DCEP	140～190	24～26	10～14	29.6
2—3	SMAW	J557	ϕ5.0	DCEP	180～220	24～26	12～16	28.6
4	SMAW	J557	ϕ4.0	DCEP	140～190	24～26	10～12	29.6

技术措施：

摆动焊或不摆动焊：/　　摆动参数：/

焊前清理和层间清理：打磨　　背面清根方法：碳弧气刨＋修磨

单道焊或多道焊/每面：多道焊＋单道焊　　单丝焊或多丝焊：/

导电嘴至工件距离/mm：/　　锤击：/

换热管与管板的连接方式：/　　换热管与管板接头的清理方法：/

预置金属衬套：/　　预置金属衬套的形状与尺寸：/

其他：

拉伸试验(GB/T 228)：　　试验报告编号：LH1301

试验条件	编号	试样宽度/mm	试样厚度/mm	横截面积/mm^2	断裂载荷/kN	R_m/MPa	断裂位置及特征
接头板拉	PQR1301-1	25.2	10.1	254.5	142.5	560	断于母材
	PQR1301-2	25.1	9.9	248.5	143	575	断于母材

弯曲试验(GB/T 2653)：　　试验报告编号：LH1301

试验条件	编号	试样尺寸/mm	弯心直径/mm	弯曲角度/(°)	试验结果
侧弯	PQR1301-3	10	40	180	合格
侧弯	PQR1301-4	10	40	180	合格
侧弯	PQR1301-5	10	40	180	合格
侧弯	PQR1301-6	10	40	180	合格

焊接工艺评定报告(PQR)

冲击试验(GB/T 229)： 试验报告编号:LH1301

编号	试样位置	V型缺口位置	试样尺寸/mm	试验温度/℃	冲击吸收能量/J
PQR1301-7	焊缝	缺口轴线位于焊缝中心线上	5×10×55	−20	51
PQR1301-8					56
PQR1301-9					54
PQR1301-10	热影响区	缺口轴线至试样纵轴线与熔合线交点的距离 $k>0$mm，且尽可能多地通过热影响区	5×10×55	−20	52
PQR1301-11					83
PQR1301-12					74

金相试验(角焊缝、模拟组合件)： 试验报告编号：

检验面编号	1	2	3	4	5	6	7	8	结果
有无裂纹、未熔合									
角焊缝厚度/mm									
焊脚高 l/mm									
是否焊透									

金相检验(角焊缝、模拟组合件)：
根部：焊透□　　未焊透□
焊缝：熔合□　　未熔合□
焊缝及热影响区：有裂纹□　　无裂纹□
两焊脚之差值：________
试验报告编号：________

堆焊层复层熔敷金属化学成分/% 执行标准： 试验报告编号：

C	Si	Mn	P	S	Cr	Ni	Mo	Ti	Al	Nb	Fe	…

化学成分测定表面至熔合线距离/mm：________

非破坏性试验：
VT外观检查：无裂纹　　PT：____　　MT：____　　UT：____　　RT：无裂纹

预焊接工艺规程 pWPS 1303

预焊接工艺规程(pWPS)	
单位名称：×××× pWPS 编号：pWPS 1303 日期：××××	
焊接方法：SMAW 机动化程度：手工☑ 机动□ 自动□ 焊接接头：对接☑ 角接□ 堆焊□ 衬垫(材料及规格)：焊缝金属 其他：/	简图(接头形式、坡口形式与尺寸、焊层、焊道布置及顺序)：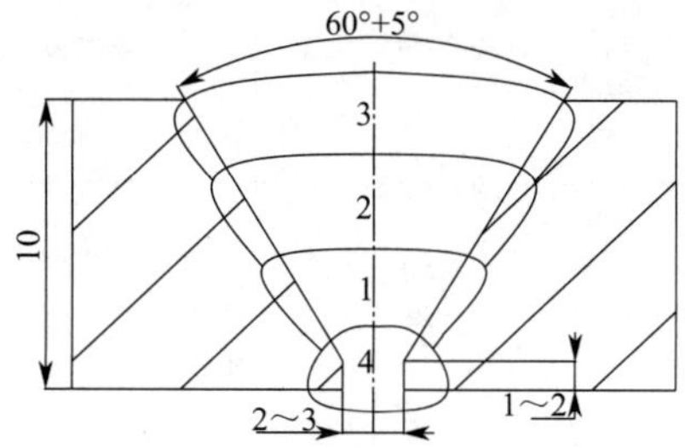

母材：		
试件序号	①	②
材料	Q370R	Q370R
标准或规范	GB/T 713	GB/T 713
规格/mm	δ=10	δ=10
类别号	Fe-1	Fe-1
组别号	Fe-1-3	Fe-1-3
对接焊缝焊件母材厚度范围/mm	10～20	10～20
角焊缝焊件母材厚度范围/mm	不限	不限
管子直径、壁厚范围(对接或角接)/mm	/	/
其他：	/	

填充金属：		
焊材类别(种类)	焊条	
型号(牌号)	E5515-G(J557)	
标准	NB/T 47018.2	
填充金属规格/mm	ϕ4.0, ϕ5.0	
焊材分类代号	FeT-1-3	
对接焊缝焊件焊缝金属范围/mm	0～20	
角焊缝焊件焊缝金属范围/mm	不限	
其他：	/	

预热及后热：		气体：			
最小预热温度/℃	15	项目	气体种类	混合比/%	流量/(L/min)
最大道间温度/℃	250	保护气	/	/	/
后热温度/℃	/	尾部保护气	/	/	/
后热保温时间/h	/	背面保护气	/	/	/

焊后热处理：	SR	焊接位置：			
热处理温度/℃	620±20	对接焊缝位置	1G	方向(向上、向下)	/
热处理时间/h	3	角焊缝位置	/	方向(向上、向下)	/

预焊接工艺规程(pWPS)

电特性：

钨极类型及直径/mm：/　　喷嘴直径/mm：/

熔滴过渡形式(喷射过渡、短路过渡等)：/

(按所焊位置和工件厚度，分别将电流、电压和焊接速度范围填入下表)

焊道/焊层	焊接方法	填充金属	规格/mm	电源种类及极性	焊接电流/A	电弧电压/V	焊接速度/(cm/min)	最大热输入/(kJ/cm)
1	SMAW	J557	ϕ4.0	DCEP	140～180	24～26	10～14	28.1
2—3	SMAW	J557	ϕ5.0	DCEP	180～210	24～26	12～16	27.3
4	SMAW	J557	ϕ4.0	DCEP	140～180	24～26	10～12	28.1

技术措施：

摆动焊或不摆动焊：/　　摆动参数：/

焊前清理和层间清理：刷或磨　　背面清根方法：碳弧气刨＋修磨

单道焊或多道焊/每面：多道焊＋单道焊　　单丝焊或多丝焊：/

导电嘴至工件距离/mm：/　　锤击：/

换热管与管板的连接方式：/　　换热管与管板接头的清理方法：/

预置金属衬套：/　　预置金属衬套的形状与尺寸：/

其他：环境温度＞0℃，相对湿度＜90％。

检验要求及执行标准：

按 NB/T 47014—2023 及相关技术要求进行评定，项目如下：

1. 外观检查和无损检测(按 NB/T 47013.2)结果不得有裂纹；
2. 焊接接头板拉二件(按 GB/T 228)，$R_m \geqslant 530$MPa；
3. 焊接接头侧弯四件(按 GB/T 2653)，$D=4a$　$a=10$　$\alpha=180°$，沿任何方向不得有单条长度大于 3mm 的开口缺陷；
4. 焊缝、热影响区－20℃ KV_2 冲击各三件(按 GB/T 229)，焊接接头 V 型缺口 5mm×10mm×55mm 试样冲击吸收能量平均值不低于 15.5J。

编制		日期		审核		日期		批准		日期	

焊接工艺评定报告（PQR1303）

焊接工艺评定报告(PQR)

单位名称： ××××

PQR 编号：PQR1303　　pWPS 编号：pWPS 1303

焊接方法：SMAW　　机动化程度：手工☑　机动□　自动□

焊接接头：对接☑　角接□　堆焊□　　其他：/

接头简图(接头形式、尺寸、衬垫、每种焊接方法或焊接工艺的焊缝金属厚度)：

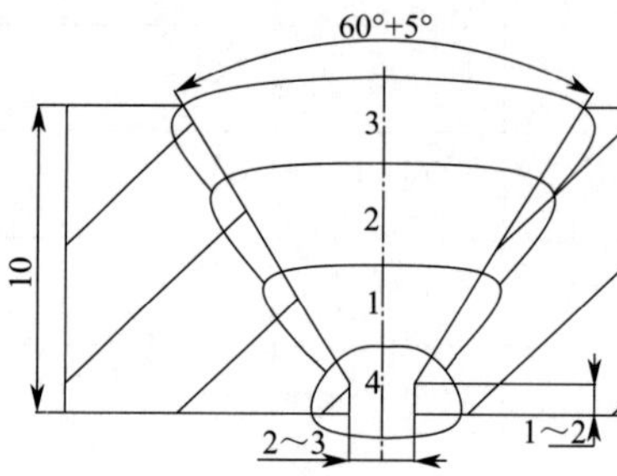

母材：

试件序号	①	②
材料	Q370R	Q370R
标准或规范	GB/T 713	GB/T 713
规格/mm	δ=10	δ=10
类别号	Fe-1	Fe-1
组别号	Fe-1-3	Fe-1-3

填充金属：

分类	焊条	
型号(牌号)	E5515-G(J557)	
标准	NB/T 47018.2	
填充金属规格/mm	ϕ4.0，ϕ5.0	
焊材分类代号	FeT-1-3	
焊缝金属厚度/mm	10	

预热及后热：

最小预热温度/℃	室温 20	最大道间温度/℃	235
后热温度及保温时间/(℃×h)	/		

焊后热处理： SR

保温温度/℃	630	保温时间/h	3

焊接位置：

对接焊缝焊接位置	1G	方向（向上、向下）	/
角焊缝焊接位置	/	方向（向上、向下）	/

气体：

项目	气体种类	混合比/%	流量/(L/min)
保护气	/	/	/
尾部保护气	/	/	/
背面保护气	/	/	/

焊接工艺评定报告(PQR)

电特性:

钨极类型及直径/mm: / 喷嘴直径/mm: /

熔滴过渡形式(喷射过渡、短路过渡等): /

(按所焊位置和工件厚度,分别将电流、电压和焊接速度实测值填入下表)

焊道	焊接方法	填充金属	规格 /mm	电源种类及极性	焊接电流 /A	电弧电压 /V	焊接速度 /(cm/min)	最大热输入 /(kJ/cm)
1	SMAW	J557	ϕ4.0	DCEP	140～190	24～26	10～14	29.6
2—3	SMAW	J557	ϕ5.0	DCEP	180～220	24～26	12～16	28.6
4	SMAW	J557	ϕ4.0	DCEP	140～190	24～26	10～12	29.6

技术措施:

摆动焊或不摆动焊: / 摆动参数: /

焊前清理和层间清理: 打磨 背面清根方法: 碳弧气刨＋修磨

单道焊或多道焊/每面: 多道焊＋单道焊 单丝焊或多丝焊: /

导电嘴至工件距离/mm: / 锤击: /

换热管与管板的连接方式: / 换热管与管板接头的清理方法: /

预置金属衬套: / 预置金属衬套的形状与尺寸: /

其他:

拉伸试验(GB/T 228): 试验报告编号:LH1303

试验条件	编号	试样宽度 /mm	试样厚度 /mm	横截面积 /mm^2	断裂载荷 /kN	R_m /MPa	断裂位置及特征
接头板拉	PQR1303-1	24.8	10.1	250.5	142.8	570	断于母材
	PQR1303-2	25.1	9.8	246	139	565	断于母材

弯曲试验(GB/T 2653): 试验报告编号:LH1303

试验条件	编号	试样尺寸 /mm	弯心直径 /mm	弯曲角度 /(°)	试验结果
侧弯	PQR1303-3	10	40	180	合格
侧弯	PQR1303-4	10	40	180	合格
侧弯	PQR1303-5	10	40	180	合格
侧弯	PQR1303-6	10	40	180	合格

焊接工艺评定报告(PQR)

冲击试验(GB/T 229): 试验报告编号:LH1303

编号	试样位置	V型缺口位置	试样尺寸/mm	试验温度/℃	冲击吸收能量/J
PQR1303-7	焊缝	缺口轴线位于焊缝中心线上	5×10×55	−20	43
PQR1303-8					46
PQR1303-9					54
PQR1303-10	热影响区	缺口轴线至试样纵轴线与熔合线交点的距离 k>0mm,且尽可能多地通过热影响区	5×10×55	−20	51
PQR1303-11					67
PQR1303-12					63

金相试验(角焊缝、模拟组合件): 试验报告编号:

检验面编号	1	2	3	4	5	6	7	8	结果
有无裂纹、未熔合									
角焊缝厚度/mm									
焊脚高 l/mm									
是否焊透									

金相检验(角焊缝、模拟组合件):

根部: 焊透□ 未焊透□

焊缝: 熔合□ 未熔合□

焊缝及热影响区: 有裂纹□ 无裂纹□

两焊脚之差值:______

试验报告编号:______

堆焊层复层熔敷金属化学成分/% 执行标准: 试验报告编号:

C	Si	Mn	P	S	Cr	Ni	Mo	Ti	Al	Nb	Fe	…

化学成分测定表面至熔合线距离/mm:______

非破坏性试验:

VT外观检查: 无裂纹　PT:______　MT:______　UT:______　RT: 无裂纹

预焊接工艺规程 pWPS 1304

预焊接工艺规程(pWPS)				
单位名称：××××				
pWPS 编号：pWPS 1304				
日期：××××				
焊接方法：SMAW 机动化程度：手工☑　机动□　自动□ 焊接接头：对接☑　角接□　堆焊□ 衬垫(材料及规格)：焊缝金属 其他：/	简图(接头形式、坡口形式与尺寸、焊层、焊道布置及顺序)： 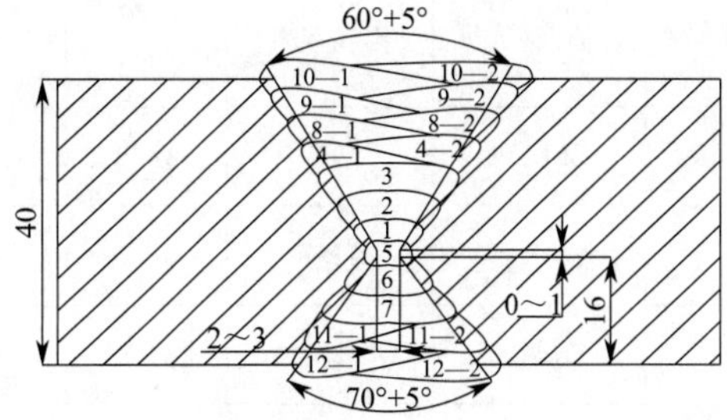 			
母材：				
试件序号	①	②		
材料	Q370R	Q370R		
标准或规范	GB/T 713	GB/T 713		
规格/mm	$\delta=40$	$\delta=40$		
类别号	Fe-1	Fe-1		
组别号	Fe-1-3	Fe-1-3		
对接焊缝焊件母材厚度范围/mm	16～200	16～200		
角焊缝焊件母材厚度范围/mm	不限	不限		
管子直径、壁厚范围(对接或角接)/mm	/	/		
其他：/				
填充金属：				
焊材类别(种类)	焊条			
型号(牌号)	E5515-G(J557)			
标准	NB/T 47018.2			
填充金属规格/mm	ϕ4.0，ϕ5.0			
焊材分类代号	FeT-1-3			
对接焊缝焊件焊缝金属范围/mm	0～200			
角焊缝焊件焊缝金属范围/mm	不限			
其他：/				

预热及后热：		气体：			
最小预热温度/℃	80	项目	气体种类	混合比/%	流量/(L/min)
最大道间温度/℃	250	保护气	/	/	/
后热温度/℃	/	尾部保护气	/	/	/
后热保温时间/h	/	背面保护气	/	/	/
焊后热处理：SR		焊接位置：			
热处理温度/℃	620±20	对接焊缝位置	1G	方向(向上、向下)	/
热处理时间/h	3.5	角焊缝位置	/	方向(向上、向下)	/

预焊接工艺规程(pWPS)

电特性：

钨极类型及直径/mm：/　　喷嘴直径/mm：/

熔滴过渡形式(喷射过渡、短路过渡等)：/

(按所焊位置和工件厚度，分别将电流、电压和焊接速度范围填入下表)

焊道/焊层	焊接方法	填充金属	规格/mm	电源种类及极性	焊接电流/A	电弧电压/V	焊接速度/(cm/min)	最大热输入/(kJ/cm)
1	SMAW	J557	ϕ4.0	DCEP	140～180	24～26	10～13	28.1
2—4	SMAW	J557	ϕ5.0	DCEP	180～210	24～26	10～14	32.8
5	SMAW	J557	ϕ4.0	DCEP	160～180	24～26	10～12	28.1
6—12	SMAW	J557	ϕ5.0	DCEP	180～210	24～26	10～14	32.8

技术措施：

摆动焊或不摆动焊：/　　摆动参数：/

焊前清理和层间清理：刷或磨　　背面清根方法：碳弧气刨＋修磨

单道焊或多道焊/每面：多道焊　　单丝焊或多丝焊：/

导电嘴至工件距离/mm：/　　锤击：/

换热管与管板的连接方式：/　　换热管与管板接头的清理方法：/

预置金属衬套：/　　预置金属衬套的形状与尺寸：/

其他：环境温度＞0℃，相对湿度＜90%。

检验要求及执行标准：

按NB/T 47014—2023及相关技术要求进行评定，项目如下：

1. 外观检查和无损检测(按NB/T 47013.2)结果不得有裂纹；
2. 焊接接头板拉二件(按GB/T 228)，R_m≥520MPa；
3. 焊接接头侧弯四件(按GB/T 2653)，$D=4a$　$a=10$　$\alpha=180°$，沿任何方向不得有单条长度大于3mm的开口缺陷；
4. 焊缝、热影响区0℃ KV_2 冲击各三件(按GB/T 229)，焊接接头V型缺口10mm×10mm×55mm试样冲击吸收能量平均值不低于31J。

编制		日期		审核		日期		批准		日期	

焊接工艺评定报告（PQR1304）

焊接工艺评定报告（PQR）

单位名称： ××××

PQR 编号：PQR1304　　　　pWPS 编号：pWPS 1304

焊接方法：SMAW　　　　机动化程度：手工☑　机动□　自动□

焊接接头：对接☑　角接□　堆焊□　　　　其他：/

接头简图（接头形式、尺寸、衬垫、每种焊接方法或焊接工艺的焊缝金属厚度）：

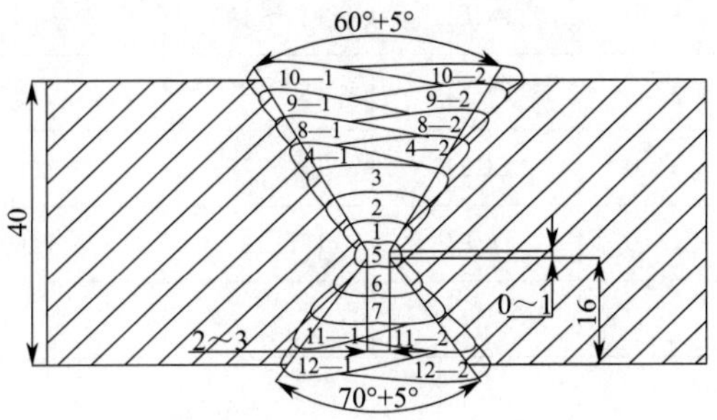

母材：

试件序号	①	②
材料	Q370R	Q370R
标准或规范	GB/T 713	GB/T 713
规格/mm	δ=40	δ=40
类别号	Fe-1	Fe-1
组别号	Fe-1-3	Fe-1-3

填充金属：

分类	焊条	
型号（牌号）	E5515-G（J557）	
标准	NB/T 47018.2	
填充金属规格/mm	ϕ4.0，ϕ5.0	
焊材分类代号	FeT-1-3	
焊缝金属厚度/mm	40	

预热及后热：

最小预热温度/℃	85	最大道间温度/℃	235
后热温度及保温时间/（℃×h）	/		

焊后热处理： SR

保温温度/℃	630	保温时间/h	3

焊接位置：

对接焊缝焊接位置	1G	方向（向上、向下）	/
角焊缝焊接位置	/	方向（向上、向下）	/

气体：

项目	气体种类	混合比/%	流量/（L/min）
保护气	/	/	/
尾部保护气	/	/	/
背面保护气	/	/	/

焊接工艺评定报告(PQR)

电特性:

钨极类型及直径/mm: / 　喷嘴直径/mm: /

熔滴过渡形式(喷射过渡、短路过渡等): /

(按所焊位置和工件厚度,分别将电流、电压和焊接速度实测值填入下表)

焊道	焊接方法	填充金属	规格/mm	电源种类及极性	焊接电流/A	电弧电压/V	焊接速度/(cm/min)	最大热输入/(kJ/cm)
1	SMAW	J557	ϕ4.0	DCEP	140～190	24～26	10～13	29.6
2—4	SMAW	J557	ϕ5.0	DCEP	180～220	24～26	10～14	34.3
5	SMAW	J557	ϕ4.0	DCEP	160～190	24～26	10～12	29.6
6—12	SMAW	J557	ϕ5.0	DCEP	180～220	24～26	10～14	34.3

技术措施:

摆动焊或不摆动焊: / 　摆动参数: /

焊前清理和层间清理: 打磨 　背面清根方法: 碳弧气刨+修磨

单道焊或多道焊/每面: 多道焊 　单丝焊或多丝焊: /

导电嘴至工件距离/mm: / 　锤击: /

换热管与管板的连接方式: / 　换热管与管板接头的清理方法: /

预置金属衬套: / 　预置金属衬套的形状与尺寸: /

其他:

拉伸试验(GB/T 228): 　试验报告编号:LH1304

试验条件	编号	试样宽度/mm	试样厚度/mm	横截面积/mm^2	断裂载荷/kN	R_m/MPa	断裂位置及特征
接头板拉	PQR1304-1	25.2	17.6	443.5	257.3	580	断于母材
	PQR1304-2	25.1	17.9	449.3	258.4	575	断于母材
	PQR1304-3	24.8	17.8	441.4	249.4	565	断于母材
	PQR1304-4	25.0	17.7	442.5	252.3	570	断于母材

弯曲试验(GB/T 2653): 　试验报告编号:LH1304

试验条件	编号	试样尺寸/mm	弯心直径/mm	弯曲角度/(°)	试验结果
侧弯	PQR1304-5	10	40	180	合格
侧弯	PQR1304-6	10	40	180	合格
侧弯	PQR1304-7	10	40	180	合格
侧弯	PQR1304-8	10	40	180	合格

焊接工艺评定报告(PQR)

冲击试验(GB/T 229)： 试验报告编号：LH1304

编号	试样位置	V 型缺口位置	试样尺寸/mm	试验温度/℃	冲击吸收能量/J
PQR1304-9	焊缝	缺口轴线位于焊缝中心线上	10×10×55	−20	85
PQR1304-10					97
PQR1304-11					80
PQR1304-12	热影响区	缺口轴线至试样纵轴线与熔合线交点的距离 $k>0$mm，且尽可能多地通过热影响区	10×10×55	−20	83
PQR1304-13					74
PQR1304-14					66

金相试验(角焊缝、模拟组合件)： 试验报告编号：

检验面编号	1	2	3	4	5	6	7	8	结果
有无裂纹、未熔合									
角焊缝厚度/mm									
焊脚高 l/mm									
是否焊透									

金相检验(角焊缝、模拟组合件)：

根部：焊透□　　未焊透□

焊缝：熔合□　　未熔合□

焊缝及热影响区：有裂纹□　　无裂纹□

两焊脚之差值：________

试验报告编号：________

堆焊层复层熔敷金属化学成分/% 执行标准： 试验报告编号：

C	Si	Mn	P	S	Cr	Ni	Mo	Ti	Al	Nb	Fe	…

化学成分测定表面至熔合线距离/mm：________

非破坏性试验：

VT 外观检查：无裂纹　　PT：____　　MT：____　　UT：____　　RT：无裂纹

预焊接工艺规程 pWPS 1305

预焊接工艺规程(pWPS)	
单位名称：×××× pWPS 编号：pWPS 1305 日期：××××	
焊接方法：SMAW 机动化程度：手工☑ 机动□ 自动□ 焊接接头：对接☑ 角接□ 堆焊□ 衬垫(材料及规格)：焊缝金属 其他：/	**简图(接头形式、坡口形式与尺寸、焊层、焊道布置及顺序)**： 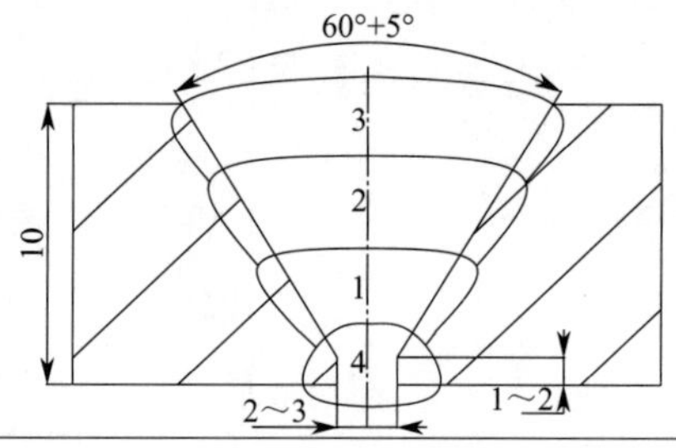

母材：		
试件序号	①	②
材料	Q370R	Q370R
标准或规范	GB/T 713	GB/T 713
规格/mm	δ=10	δ=10
类别号	Fe-1	Fe-1
组别号	Fe-1-3	Fe-1-3
对接焊缝焊件母材厚度范围/mm	1.5～20	1.5～20
角焊缝焊件母材厚度范围/mm	不限	不限
管子直径、壁厚范围(对接或角接)/mm	/	/
其他：	/	

填充金属：		
焊材类别(种类)	焊条	
型号(牌号)	E5515-G(J557)	
标准	NB/T 47018.2	
填充金属规格/mm	ϕ4.0,ϕ5.0	
焊材分类代号	FeT-1-3	
对接焊缝焊件焊缝金属范围/mm	0～20	
角焊缝焊件焊缝金属范围/mm	不限	
其他：	/	

预热及后热：		**气体**：			
最小预热温度/℃	15	项目	气体种类	混合比/%	流量/(L/min)
最大道间温度/℃	250	保护气	/	/	/
后热温度/℃	/	尾部保护气	/	/	/
后热保温时间/h	/	背面保护气	/	/	/

焊后热处理：	N	**焊接位置**：			
热处理温度/℃	920±20	对接焊缝位置	1G	方向(向上、向下)	/
热处理时间/h	0.4	角焊缝位置	/	方向(向上、向下)	/

预焊接工艺规程(pWPS)

电特性：

钨极类型及直径/mm：　/　　　　喷嘴直径/mm：　/

熔滴过渡形式(喷射过渡、短路过渡等)：　/

(按所焊位置和工件厚度，分别将电流、电压和焊接速度范围填入下表)

焊道/焊层	焊接方法	填充金属	规格/mm	电源种类及极性	焊接电流/A	电弧电压/V	焊接速度/(cm/min)	最大热输入/(kJ/cm)
1	SMAW	J557	ϕ4.0	DCEP	140～180	24～26	10～14	28.1
2—3	SMAW	J557	ϕ5.0	DCEP	180～210	24～26	12～16	27.3
4	SMAW	J557	ϕ4.0	DCEP	140～180	24～26	10～12	28.1

技术措施：

摆动焊或不摆动焊：　/　　　　摆动参数：　/

焊前清理和层间清理：　刷或磨　　　　背面清根方法：　碳弧气刨＋修磨

单道焊或多道焊/每面：　多道焊＋单道焊　　　　单丝焊或多丝焊：　/

导电嘴至工件距离/mm：　/　　　　锤击：　/

换热管与管板的连接方式：　/　　　　换热管与管板接头的清理方法：　/

预置金属衬套：　/　　　　预置金属衬套的形状与尺寸：　/

其他：　环境温度＞0℃，相对湿度＜90%。

检验要求及执行标准：

按 NB/T 47014—2023 及相关技术要求进行评定，项目如下：

1. 外观检查和无损检测(按 NB/T 47013.2)结果不得有裂纹；

2. 焊接接头板拉二件(按 GB/T 228)，$R_m \geqslant 530$MPa；

3. 焊接接头侧弯四件(按 GB/T 2653)，$D=4a$　$a=10$　$\alpha=180°$，沿任何方向不得有单条长度大于 3mm 的开口缺陷；

4. 焊缝、热影响区−20℃ KV_2 冲击各三件(按 GB/T 229)，焊接接头 V 型缺口 5mm×10mm×55mm 试样冲击吸收能量平均值不低于 15.5J。

编制		日期		审核		日期		批准		日期	

焊接工艺评定报告（PQR1305）

焊接工艺评定报告(PQR)

单位名称： ××××

PQR 编号：PQR1305　　pWPS 编号：pWPS 1305

焊接方法：SMAW　　机动化程度：手工☑　机动□　自动□

焊接接头：对接☑　角接□　堆焊□　　其他：/

接头简图(接头形式、尺寸、衬垫、每种焊接方法或焊接工艺的焊缝金属厚度)：

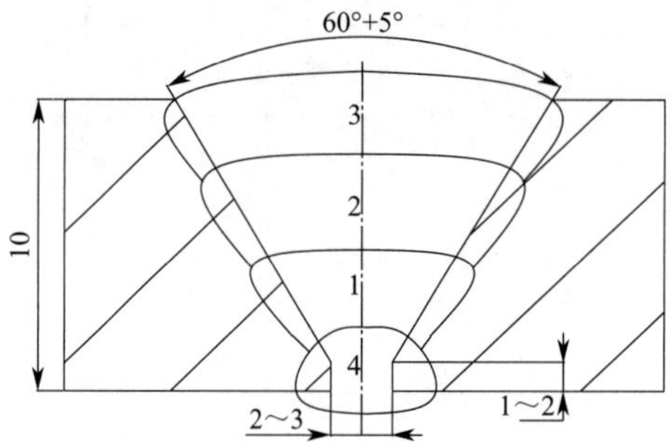

母材：

试件序号	①	②
材料	Q370R	Q370R
标准或规范	GB/T 713	GB/T 713
规格/mm	$\delta=10$	$\delta=10$
类别号	Fe-1	Fe-1
组别号	Fe-1-3	Fe-1-3

填充金属：

分类	焊条	
型号(牌号)	E5515-G(J557)	
标准	NB/T 47018.2	
填充金属规格/mm	ϕ4.0，ϕ5.0	
焊材分类代号	FeT-1-3	
焊缝金属厚度/mm	10	

预热及后热：

最小预热温度/℃	室温 20	最大道间温度/℃	235
后热温度及保温时间/(℃×h)	/		

焊后热处理： N

保温温度/℃	920	保温时间/h	0.4

焊接位置：

对接焊缝焊接位置	1G	方向(向上、向下)	/
角焊缝焊接位置	/	方向(向上、向下)	/

气体：

项目	气体种类	混合比/%	流量/(L/min)
保护气	/	/	/
尾部保护气	/	/	/
背面保护气	/	/	/

焊接工艺评定报告(PQR)

电特性：

钨极类型及直径/mm：/　　喷嘴直径/mm：/

熔滴过渡形式(喷射过渡、短路过渡等)：/

(按所焊位置和工件厚度，分别将电流、电压和焊接速度实测值填入下表)

焊道	焊接方法	填充金属	规格/mm	电源种类及极性	焊接电流/A	电弧电压/V	焊接速度/(cm/min)	最大热输入/(kJ/cm)
1	SMAW	J557	ϕ4.0	DCEP	140～190	24～26	10～14	29.6
2—3	SMAW	J557	ϕ5.0	DCEP	180～220	24～26	12～16	28.6
4	SMAW	J557	ϕ4.0	DCEP	140～190	24～26	10～12	29.6

技术措施：

摆动焊或不摆动焊：/　　摆动参数：/

焊前清理和层间清理：打磨　　背面清根方法：碳弧气刨＋修磨

单道焊或多道焊/每面：多道焊＋单道焊　　单丝焊或多丝焊：/

导电嘴至工件距离/mm：/　　锤击：/

换热管与管板的连接方式：/　　换热管与管板接头的清理方法：/

预置金属衬套：/　　预置金属衬套的形状与尺寸：/

其他：

拉伸试验(GB/T 228)：　　试验报告编号：LH1305

试验条件	编号	试样宽度/mm	试样厚度/mm	横截面积/mm^2	断裂载荷/kN	R_m/MPa	断裂位置及特征
接头板拉	PQR1305-1	25.0	10.2	254	136	535	断于母材
	PQR1305-2	25.2	9.9	249.5	134.8	540	断于母材

弯曲试验(GB/T 2653)：　　试验报告编号：LH1305

试验条件	编号	试样尺寸/mm	弯心直径/mm	弯曲角度/(°)	试验结果
侧弯	PQR1305-3	10	40	180	合格
侧弯	PQR1305-4	10	40	180	合格
侧弯	PQR1303-5	10	40	180	合格
侧弯	PQR1305-6	10	40	180	合格

焊接工艺评定报告(PQR)

冲击试验(GB/T 229)： 试验报告编号：LH1305

编号	试样位置	V型缺口位置	试样尺寸/mm	试验温度/℃	冲击吸收能量/J
PQR1305-7	焊缝	缺口轴线位于焊缝中心线上	5×10×55	−20	37
PQR1305-8					41
PQR1305-9					39
PQR1305-10	热影响区	缺口轴线至试样纵轴线与熔合线交点的距离 $k>0$mm，且尽可能多地通过热影响区	5×10×55	−20	56
PQR1305-11					46
PQR1305-12					52

金相试验(角焊缝、模拟组合件)： 试验报告编号：

检验面编号	1	2	3	4	5	6	7	8	结果
有无裂纹、未熔合									
角焊缝厚度/mm									
焊脚高 l/mm									
是否焊透									

金相检验(角焊缝、模拟组合件)：

根部：焊透□ 未焊透□

焊缝：熔合□ 未熔合□

焊缝及热影响区：有裂纹□ 无裂纹□

两焊脚之差值：

试验报告编号：

堆焊层复层熔敷金属化学成分/% 执行标准： 试验报告编号：

C	Si	Mn	P	S	Cr	Ni	Mo	Ti	Al	Nb	Fe	…

化学成分测定表面至熔合线距离/mm：

非破坏性试验：

VT外观检查：无裂纹 PT： MT： UT： RT：无裂纹

预焊接工艺规程 pWPS 1307

预焊接工艺规程(pWPS)

单位名称： ××××

pWPS 编号： pWPS 1307

日期： ××××

焊接方法： SMAW	**简图(接头形式、坡口形式与尺寸、焊层、焊道布置及顺序)：**
机动化程度： 手工☑　机动□　自动□ 焊接接头： 对接☑　角接□　堆焊□ 衬垫(材料及规格)： 焊缝金属 其他： /	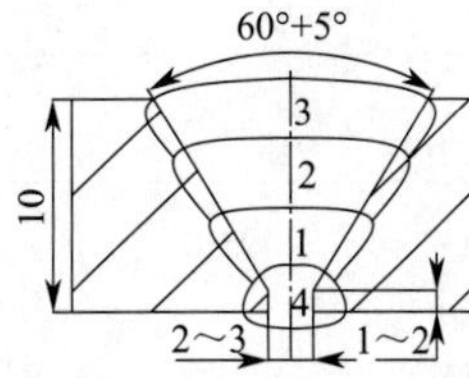

母材：

试件序号	①	②
材料	Q370R	Q370R
标准或规范	GB/T 713	GB/T 713
规格/mm	$\delta=10$	$\delta=10$
类别号	Fe-1	Fe-1
组别号	Fe-1-3	Fe-1-3
对接焊缝焊件母材厚度范围/mm	1.5～20	1.5～20
角焊缝焊件母材厚度范围/mm	不限	不限
管子直径、壁厚范围(对接或角接)/mm	/	/
其他：	/	

填充金属：

焊材类别(种类)	焊条	
型号(牌号)	E5515-G(J557)	
标准	NB/T 47018.2	
填充金属规格/mm	ϕ4.0，ϕ5.0	
焊材分类代号	FeT-1-3	
对接焊缝焊件焊缝金属范围/mm	0～20	
角焊缝焊件焊缝金属范围/mm	不限	
其他：	/	

预热及后热：		**气体：**			
最小预热温度/℃	15	项目	气体种类	混合比/%	流量/(L/min)
最大道间温度/℃	250	保护气	/	/	/
后热温度/℃	/	尾部保护气	/	/	/
后热保温时间/h	/	背面保护气	/	/	/

焊后热处理：	N+SR	**焊接位置：**			
热处理温度/℃	N：920±20　SR：620±20	对接焊缝位置	1G	方向(向上、向下)	/
热处理时间/h	N：0.4　SR：3	角焊缝位置	/	方向(向上、向下)	/

预焊接工艺规程(pWPS)

电特性：

钨极类型及直径/mm： / 喷嘴直径/mm： /

熔滴过渡形式(喷射过渡、短路过渡等)： /

(按所焊位置和工件厚度，分别将电流、电压和焊接速度范围填入下表)

焊道/焊层	焊接方法	填充金属	规格/mm	电源种类及极性	焊接电流/A	电弧电压/V	焊接速度/(cm/min)	最大热输入/(kJ/cm)
1	SMAW	J557	ϕ4.0	DCEP	140～180	24～26	10～14	28.1
2—3	SMAW	J557	ϕ5.0	DCEP	180～210	24～26	12～16	27.3
4	SMAW	J557	ϕ4.0	DCEP	140～180	24～26	10～12	28.1

技术措施：

摆动焊或不摆动焊： / 摆动参数： /

焊前清理和层间清理： 刷或磨 背面清根方法： 碳弧气刨＋修磨

单道焊或多道焊/每面： 多道焊＋单道焊 单丝焊或多丝焊： /

导电嘴至工件距离/mm： / 锤击： /

换热管与管板的连接方式： / 换热管与管板接头的清理方法： /

预置金属衬套： / 预置金属衬套的形状与尺寸： /

其他： 环境温度＞0℃，相对湿度＜90％。

检验要求及执行标准：

按 NB/T 47014—2023 及相关技术要求进行评定，项目如下：

1. 外观检查和无损检测(按 NB/T 47013.2)结果不得有裂纹；
2. 焊接接头板拉二件(按 GB/T 228)，$R_m \geqslant 530$MPa；
3. 焊接接头侧弯四件(按 GB/T 2653)，$D=4a$ $a=10$ $\alpha=180°$，沿任何方向不得有单条长度大于 3mm 的开口缺陷；
4. 焊缝、热影响区－20℃KV_2 冲击各三件(按 GB/T 229)，焊接接头 V 型缺口 5mm×10mm×55mm 试样冲击吸收能量平均值不低于 15.5J。

编制		日期		审核		日期		批准		日期	

焊接工艺评定报告（PQR1307）

焊接工艺评定报告(PQR)

单位名称： ××××

PQR 编号：PQR1307　　pWPS 编号：pWPS 1307

焊接方法：SMAW　　机动化程度：手工☑　机动☐　自动☐

焊接接头：对接☑　角接☐　堆焊☐　　其他：/

接头简图(接头形式、尺寸、衬垫、每种焊接方法或焊接工艺的焊缝金属厚度)：

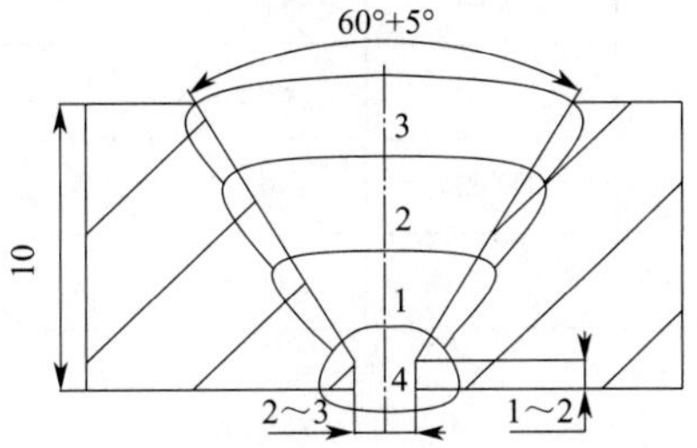

母材：

试件序号	①	②
材料	Q370R	Q370R
标准或规范	GB/T 713	GB/T 713
规格/mm	δ=10	δ=10
类别号	Fe-1	Fe-1
组别号	Fe-1-3	Fe-1-3

填充金属：

分类	焊条	
型号(牌号)	E5515-G(J557)	
标准	NB/T 47018.2	
填充金属规格/mm	ϕ4.0,ϕ5.0	
焊材分类代号	FeT-1-3	
焊缝金属厚度/mm	10	

预热及后热：

最小预热温度/℃	室温 20	最大道间温度/℃	235
后热温度及保温时间/(℃×h)	/		

焊后热处理： N+SR

保温温度/℃	N:930　SR:620	保温时间/h	N:0.4　SR:3

焊接位置：

对接焊缝焊接位置	1G	方向 (向上、向下)	/
角焊缝焊接位置	/	方向 (向上、向下)	/

气体：

项目	气体种类	混合比/%	流量/(L/min)
保护气	/	/	/
尾部保护气	/	/	/
背面保护气	/	/	/

焊接工艺评定报告(PQR)

电特性：

钨极类型及直径/mm：/　　喷嘴直径/mm：/

熔滴过渡形式(喷射过渡、短路过渡等)：/

(按所焊位置和工件厚度，分别将电流、电压和焊接速度实测值填入下表)

焊道	焊接方法	填充金属	规格/mm	电源种类及极性	焊接电流/A	电弧电压/V	焊接速度/(cm/min)	最大热输入/(kJ/cm)
1	SMAW	J557	ϕ4.0	DCEP	140～190	24～26	10～14	29.6
2—3	SMAW	J557	ϕ5.0	DCEP	180～220	24～26	12～16	28.6
4	SMAW	J557	ϕ4.0	DCEP	140～190	24～26	10～12	29.6

技术措施：

摆动焊或不摆动焊：/　　摆动参数：/

焊前清理和层间清理：打磨　　背面清根方法：碳弧气刨＋修磨

单道焊或多道焊/每面：多道焊＋单道焊　　单丝焊或多丝焊：/

导电嘴至工件距离/mm：/　　锤击：/

换热管与管板的连接方式：/　　换热管与管板接头的清理方法：/

预置金属衬套：/　　预置金属衬套的形状与尺寸：/

其他：

拉伸试验(GB/T 228)：　　试验报告编号：LH1307

试验条件	编号	试样宽度/mm	试样厚度/mm	横截面积/mm^2	断裂载荷/kN	R_m/MPa	断裂位置及特征
接头板拉	PQR1307-1	24.8	10.0	248	138.9	560	断于母材
	PQR1307-2	25.1	10.1	253.5	140.7	555	断于母材

弯曲试验(GB/T 2653)：　　试验报告编号：LH1307

试验条件	编号	试样尺寸/mm	弯心直径/mm	弯曲角度/(°)	试验结果
侧弯	PQR1307-3	10	40	180	合格
侧弯	PQR1307-4	10	40	180	合格
侧弯	PQR1307-5	10	40	180	合格
侧弯	PQR1307-6	10	40	180	合格

焊接工艺评定报告(PQR)

冲击试验(GB/T 229)： 试验报告编号：LH1307

编号	试样位置	V型缺口位置	试样尺寸/mm	试验温度/℃	冲击吸收能量/J
PQR1307-7	焊缝	缺口轴线位于焊缝中心线上	5×10×55	−20	34
PQR1307-8					37
PQR1307-9					29
PQR1307-10	热影响区	缺口轴线至试样纵轴线与熔合线交点的距离 $k>0$mm，且尽可能多地通过热影响区	5×10×55	−20	41
PQR1307-11					32
PQR1307-12					36

金相试验(角焊缝、模拟组合件)： 试验报告编号：

检验面编号	1	2	3	4	5	6	7	8	结果
有无裂纹、未熔合									
角焊缝厚度/mm									
焊脚高 l/mm									
是否焊透									

金相检验(角焊缝、模拟组合件)：

根部：焊透□　　未焊透□

焊缝：熔合□　　未熔合□

焊缝及热影响区：有裂纹□　　无裂纹□

两焊脚之差值：

试验报告编号：

堆焊层复层熔敷金属化学成分/% 执行标准： 试验报告编号：

C	Si	Mn	P	S	Cr	Ni	Mo	Ti	Al	Nb	Fe	…

化学成分测定表面至熔合线距离/mm：

非破坏性试验：

VT外观检查：无裂纹　　PT：　　MT：　　UT：　　RT：无裂纹

预焊接工艺规程 pWPS 1308

预焊接工艺规程(pWPS)

单位名称：××××

pWPS 编号：pWPS 1308

日期：××××

焊接方法：SMAW

机动化程度：手工☑　机动□　自动□

焊接接头：对接☑　角接□　堆焊□

衬垫(材料及规格)：焊缝金属

其他：/

简图(接头形式、坡口形式与尺寸、焊层、焊道布置及顺序)：

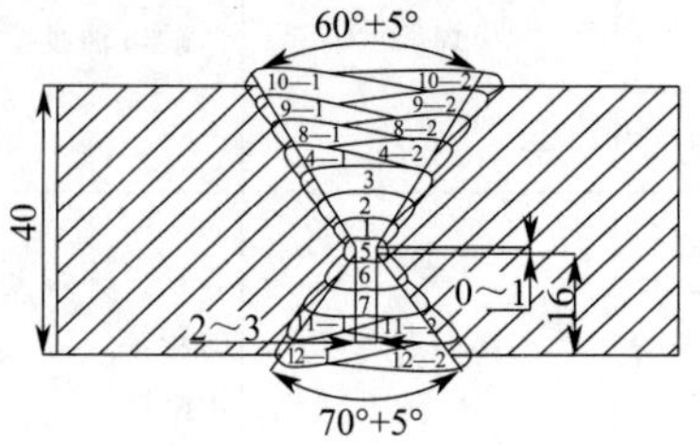

母材：

试件序号	①	②
材料	Q370R	Q370R
标准或规范	GB/T 713	GB/T 713
规格/mm	δ=40	δ=40
类别号	Fe-1	Fe-1
组别号	Fe-1-3	Fe-1-3
对接焊缝焊件母材厚度范围/mm	5～200	5～200
角焊缝焊件母材厚度范围/mm	不限	不限
管子直径、壁厚范围(对接或角接)/mm	/	/
其他：	/	

填充金属：

焊材类别(种类)	焊条	
型号(牌号)	E5515-G(J557)	
标准	NB/T 47018.2	
填充金属规格/mm	φ4.0、φ5.0	
焊材分类代号	FeT-1-3	
对接焊缝焊件焊缝金属范围/mm	0～200	
角焊缝焊件焊缝金属范围/mm	不限	
其他：	/	

预热及后热：		**气体**：			
最小预热温度/℃	80	项目	气体种类	混合比/%	流量/(L/min)
最大道间温度/℃	250	保护气	/	/	/
后热温度/℃	/	尾部保护气	/	/	/
后热保温时间/h	/	背面保护气	/	/	/

焊后热处理：	N+SR	**焊接位置**：			
热处理温度/℃	N：920±20　SR：620±20	对接焊缝位置	1G	方向(向上、向下)	/
热处理时间/h	N：1　SR：3.5	角焊缝位置	/	方向(向上、向下)	/

预焊接工艺规程(pWPS)

电特性：

钨极类型及直径/mm：/　　　喷嘴直径/mm：/

熔滴过渡形式(喷射过渡、短路过渡等)：/

(按所焊位置和工件厚度，分别将电流、电压和焊接速度范围填入下表)

焊道/焊层	焊接方法	填充金属	规格/mm	电源种类及极性	焊接电流/A	电弧电压/V	焊接速度/(cm/min)	最大热输入/(kJ/cm)
1	SMAW	J557	ϕ4.0	DCEP	140～180	24～26	10～13	28.1
2—4	SMAW	J557	ϕ5.0	DCEP	180～210	24～26	10～14	32.8
5	SMAW	J557	ϕ4.0	DCEP	160～180	24～26	10～12	28.1
6—12	SMAW	J557	ϕ5.0	DCEP	180～210	24～26	10～14	32.8

技术措施：

摆动焊或不摆动焊：/　　　摆动参数：/

焊前清理和层间清理：刷或磨　　　背面清根方法：碳弧气刨＋修磨

单道焊或多道焊/每面：多道焊　　　单丝焊或多丝焊：/

导电嘴至工件距离/mm：/　　　锤击：/

换热管与管板的连接方式：/　　　换热管与管板接头的清理方法：/

预置金属衬套：/　　　预置金属衬套的形状与尺寸：/

其他：环境温度＞0℃，相对湿度＜90%。

检验要求及执行标准：

按 NB/T 47014—2023 及相关技术要求进行评定，项目如下：

1. 外观检查和无损检测(按 NB/T 47013.2)结果不得有裂纹；
2. 焊接接头板拉二件(按 GB/T 228)，$R_m \geqslant 520$MPa；
3. 焊接接头侧弯四件(按 GB/T 2653)，$D=4a$　$a=10$　$\alpha=180°$，沿任何方向不得有单条长度大于 3mm 的开口缺陷；
4. 焊缝、热影响区 0℃ KV_2 冲击各三件(按 GB/T 229)，焊接接头 V 型缺口 10mm×10mm×55mm 试样冲击吸收能量平均值不低于 31J。

编制		日期		审核		日期		批准		日期	

焊接工艺评定报告（PQR1308）

焊接工艺评定报告(PQR)

单位名称： ××××

PQR 编号：PQR1308　　pWPS 编号：pWPS 1308

焊接方法：SMAW　　机动化程度：手工☑　机动☐　自动☐

焊接接头：对接☑　角接☐　堆焊☐　　其他：/

接头简图(接头形式、尺寸、衬垫、每种焊接方法或焊接工艺的焊缝金属厚度)：

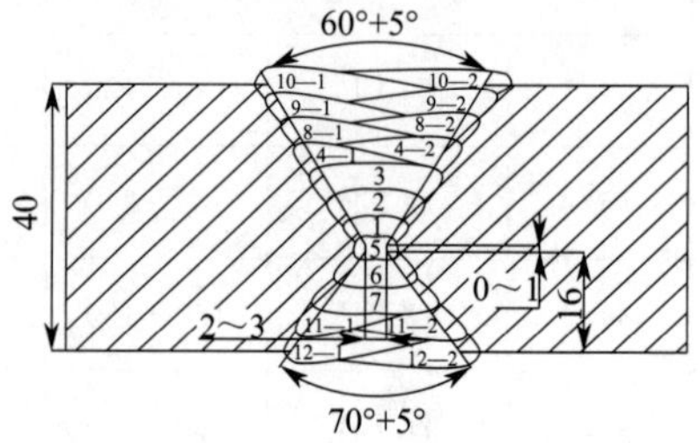

母材：

试件序号	①	②
材料	Q370R	Q370R
标准或规范	GB/T 713	GB/T 713
规格/mm	δ=40	δ=40
类别号	Fe-1	Fe-1
组别号	Fe-1-3	Fe-1-3

填充金属：

分类	焊条	
型号(牌号)	E5515-G(J557)	
标准	NB/T 47018.2	
填充金属规格/mm	ϕ4.0,ϕ5.0	
焊材分类代号	FeT-1-3	
焊缝金属厚度/mm	40	

预热及后热：

最小预热温度/℃	85	最大道间温度/℃	235
后热温度及保温时间/(℃×h)	/		

焊后热处理： N+SR

保温温度/℃	N:920　SR:620	保温时间/h	N:1　SR:4

焊接位置：

对接焊缝焊接位置	1G	方向(向上、向下)	/
角焊缝焊接位置	/	方向(向上、向下)	/

气体：

项目	气体种类	混合比/%	流量/(L/min)
保护气	/	/	/
尾部保护气	/	/	/
背面保护气	/	/	/

焊接工艺评定报告(PQR)

电特性：

钨极类型及直径/mm：/　　喷嘴直径/mm：/

熔滴过渡形式(喷射过渡、短路过渡等)：/

(按所焊位置和工件厚度，分别将电流、电压和焊接速度实测值填入下表)

焊道	焊接方法	填充金属	规格/mm	电源种类及极性	焊接电流/A	电弧电压/V	焊接速度/(cm/min)	最大热输入/(kJ/cm)
1	SMAW	J557	ϕ4.0	DCEP	140～190	24～26	10～13	29.6
2—4	SMAW	J557	ϕ5.0	DCEP	180～220	24～26	10～14	34.3
5	SMAW	J557	ϕ4.0	DCEP	160～190	24～26	10～12	29.6
6—12	SMAW	J557	ϕ5.0	DCEP	180～220	24～26	10～14	34.3

技术措施：

摆动焊或不摆动焊：/　　摆动参数：/

焊前清理和层间清理：打磨　　背面清根方法：碳弧气刨＋修磨

单道焊或多道焊/每面：多道焊　　单丝焊或多丝焊：/

导电嘴至工件距离/mm：/　　锤击：/

换热管与管板的连接方式：/　　换热管与管板接头的清理方法：/

预置金属衬套：/　　预置金属衬套的形状与尺寸：/

其他：

拉伸试验(GB/T 228)：　　试验报告编号：LH1308

试验条件	编号	试样宽度/mm	试样厚度/mm	横截面积/mm^2	断裂载荷/kN	R_m/MPa	断裂位置及特征
接头板拉	PQR1308-1	24.8	18.2	451.4	252.8	560	断于母材
	PQR1308-2	25.0	17.8	445	251.4	565	断于母材
	PQR1308-3	24.9	17.9	445.7	255.4	555	断于母材
	PQR1308-4	25.1	18.1	454.3	247.4	550	断于母材

弯曲试验(GB/T 2653)：　　试验报告编号：LH1308

试验条件	编号	试样尺寸/mm	弯心直径/mm	弯曲角度/(°)	试验结果
侧弯	PQR1308-5	10	40	180	合格
侧弯	PQR1308-6	10	40	180	合格
侧弯	PQR1308-7	10	40	180	合格
侧弯	PQR1308-8	10	40	180	合格

焊接工艺评定报告(PQR)

冲击试验(GB/T 229)： 试验报告编号：LH1308

编号	试样位置	V型缺口位置	试样尺寸/mm	试验温度/℃	冲击吸收能量/J
PQR1308-9	焊缝	缺口轴线位于焊缝中心线上	10×10×55	−20	93
PQR1308-10					85
PQR1308-11					80
PQR1308-12	热影响区	缺口轴线至试样纵轴线与熔合线交点的距离 $k>0$mm，且尽可能多地通过热影响区	10×10×55	−20	67
PQR1308-13					63
PQR1308-14					70

金相试验(角焊缝、模拟组合件)： 试验报告编号：

检验面编号	1	2	3	4	5	6	7	8	结果
有无裂纹、未熔合									
角焊缝厚度/mm									
焊脚高 l/mm									
是否焊透									

金相检验(角焊缝、模拟组合件)：

根部：焊透□ 未焊透□

焊缝：熔合□ 未熔合□

焊缝及热影响区：有裂纹□ 无裂纹□

两焊脚之差值：________

试验报告编号：________

堆焊层复层熔敷金属化学成分/% 执行标准： 试验报告编号：

C	Si	Mn	P	S	Cr	Ni	Mo	Ti	Al	Nb	Fe	…

化学成分测定表面至熔合线距离/mm：________

非破坏性试验：

VT外观检查：无裂纹 PT：____ MT：____ UT：____ RT：无裂纹

第四节 低合金高强度调质钢的焊接工艺评定（Fe-1-4）

预焊接工艺规程 pWPS 1401

预焊接工艺规程(pWPS)

单位名称： ××××

pWPS 编号： pWPS 1401

日期： ××××

焊接方法： SMAW

机动化程度： 手工☑ 机动□ 自动□

焊接接头： 对接☑ 角接□ 堆焊□

衬垫(材料及规格)： 焊缝金属

其他： /

简图(接头形式、坡口形式与尺寸、焊层、焊道布置及顺序)：

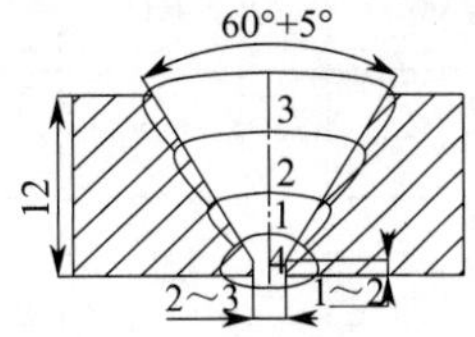

母材：

试件序号	①	②
材料	Q490	Q490
标准或规范	GB/T 713	GB/T 713
规格/mm	δ=12	δ=12
类别号	Fe-1	Fe-1
组别号	Fe-1-4	Fe-1-4
对接焊缝焊件母材厚度范围/mm	12～24	12～24
角焊缝焊件母材厚度范围/mm	不限	不限
管子直径、壁厚范围(对接或角接)/mm	/	/
其他：	/	

填充金属：

焊材类别(种类)	焊条	
型号(牌号)	E6215-N2M1(J607RH)	
标准	NB/T 47018.2	
填充金属规格/mm	ϕ4.0,ϕ5.0	
焊材分类代号	FeT-1-4	
对接焊缝焊件焊缝金属范围/mm	0～24	
角焊缝焊件焊缝金属范围/mm	不限	
其他：	/	

预热及后热：		**气体：**			
最小预热温度/℃	15	项目	气体种类	混合比/%	流量/(L/min)
最大道间温度/℃	250	保护气	/	/	/
后热温度/℃	/	尾部保护气	/	/	/
后热保温时间/h	/	背面保护气	/	/	/

焊后热处理：	SR	**焊接位置：**			
热处理温度/℃	620±20	对接焊缝位置	3G	方向(向上、向下)	向上
热处理时间/h	3	角焊缝位置	/	方向(向上、向下)	/

预焊接工艺规程(pWPS)

电特性：

钨极类型及直径/mm：/　　喷嘴直径/mm：/

熔滴过渡形式(喷射过渡、短路过渡等)：/

(按所焊位置和工件厚度，分别将电流、电压和焊接速度范围填入下表)

焊道/焊层	焊接方法	填充金属	规格/mm	电源种类及极性	焊接电流/A	电弧电压/V	焊接速度/(cm/min)	最大热输入/(kJ/cm)
1	SMAW	J607RH	ϕ3.2	DCEP	100～110	24～26	8～9	21.5
2—3	SMAW	J607RH	ϕ4.0	DCEP	140～150	24～26	9～12	26.0
4	SMAW	J607RH	ϕ4.0	DCEP	100～110	24～26	10～13	17.2

技术措施：

摆动焊或不摆动焊：/　　摆动参数：/

焊前清理和层间清理：刷或磨　　背面清根方法：碳弧气刨＋修磨

单道焊或多道焊/每面：多道焊＋单道焊　　单丝焊或多丝焊：/

导电嘴至工件距离/mm：/　　锤击：/

换热管与管板的连接方式：/　　换热管与管板接头的清理方法：/

预置金属衬套：/　　预置金属衬套的形状与尺寸：/

其他：环境温度＞0℃，相对湿度＜90％。

检验要求及执行标准：

按NB/T 47014—2023及相关技术要求进行评定，项目如下：

1. 外观检查和无损检测(按NB/T 47013.2)结果不得有裂纹；
2. 焊接接头板拉二件(按GB/T 228)，$R_m \geqslant 610$MPa；
3. 焊接接头侧弯四件(按GB/T 2653)，$D=4a$　$a=10$　$\alpha=180°$，沿任何方向不得有单条长度大于3mm的开口缺陷；
4. 焊缝、热影响区－20℃KV_2冲击各三件(按GB/T 229)，焊接接头V型缺口10mm×10mm×55mm试样冲击吸收能量平均值不低于34J。

编制		日期		审核		日期		批准		日期	

焊接工艺评定报告（PQR1401）

焊接工艺评定报告(PQR)

单位名称： ××××

PQR 编号：PQR1401　　pWPS 编号：pWPS 1401

焊接方法：SMAW　　机动化程度：手工☑　机动☐　自动☐

焊接接头：对接☑　角接☐　堆焊☐　　其他：/

接头简图(接头形式、尺寸、衬垫、每种焊接方法或焊接工艺的焊缝金属厚度)：

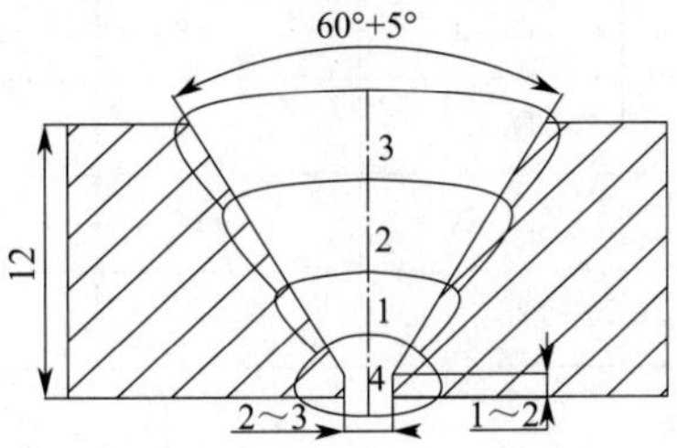

母材：

试件序号	①	②
材料	Q490	Q490
标准或规范	GB/T 713	GB/T 713
规格/mm	$\delta=12$	$\delta=12$
类别号	Fe-1	Fe-1
组别号	Fe-1-4	Fe-1-4

填充金属：

分类	焊条	
型号(牌号)	E6215-N2M1(J607RH)	
标准	NB/T 47018.2	
填充金属规格/mm	ϕ4.0、ϕ5.0	
焊材分类代号	FeT-1-4	
焊缝金属厚度/mm	12	

预热及后热：

最小预热温度/℃	室温 20	最大道间温度/℃	235
后热温度及保温时间/(℃×h)	/		

焊后热处理： SR

保温温度/℃	620	保温时间/h	3

焊接位置：

对接焊缝焊接位置	3G	方向（向上、向下）	向上
角焊缝焊接位置	/	方向（向上、向下）	/

气体：

项目	气体种类	混合比/%	流量/(L/min)
保护气	/	/	/
尾部保护气	/	/	/
背面保护气	/	/	/

焊接工艺评定报告(PQR)

电特性：

钨极类型及直径/mm：/　　喷嘴直径/mm：/

熔滴过渡形式(喷射过渡、短路过渡等)：/

(按所焊位置和工件厚度，分别将电流、电压和焊接速度实测值填入下表)

焊道	焊接方法	填充金属	规格/mm	电源种类及极性	焊接电流/A	电弧电压/V	焊接速度/(cm/min)	最大热输入/(kJ/cm)
1	SMAW	J607RH	ϕ3.2	DCEP	100～120	24～26	8～9	23.4
2—3	SMAW	J607RH	ϕ4.0	DCEP	140～160	24～26	9～12	27.7
4	SMAW	J607RH	ϕ4.0	DCEP	100～120	24～26	10～13	18.7

技术措施：

摆动焊或不摆动焊：/　　摆动参数：/

焊前清理和层间清理：打磨　　背面清根方法：碳弧气刨＋修磨

单道焊或多道焊/每面：多道焊＋单道焊　　单丝焊或多丝焊：/

导电嘴至工件距离/mm：/　　锤击：/

换热管与管板的连接方式：/　　换热管与管板接头的清理方法：/

预置金属衬套：/　　预置金属衬套的形状与尺寸：/

其他：

拉伸试验(GB/T 228)：　　试验报告编号：LH1401

试验条件	编号	试样宽度/mm	试样厚度/mm	横截面积/mm^2	断裂载荷/kN	R_m/MPa	断裂位置及特征
接头板拉	PQR1401-1	24.9	12.1	301.3	203.4	675	断于母材
	PQR1401-2	25.3	12.0	303.6	197.3	650	断于母材

弯曲试验(GB/T 2653)：　　试验报告编号：LH1401

试验条件	编号	试样尺寸/mm	弯心直径/mm	弯曲角度/(°)	试验结果
侧弯	PQR1401-3	10	40	180	合格
侧弯	PQR1401-4	10	40	180	合格
侧弯	PQR1401-5	10	40	180	合格
侧弯	PQR1401-6	10	40	180	合格

焊接工艺评定报告(PQR)

冲击试验(GB/T 229)： 试验报告编号：LH1401

编号	试样位置	V型缺口位置	试样尺寸/mm	试验温度/℃	冲击吸收能量/J
PQR1401-7	焊缝	缺口轴线位于焊缝中心线上	10×10×55	−20	48
PQR1401-8					56
PQR1401-9					50
PQR1401-10	热影响区	缺口轴线至试样纵轴线与熔合线交点的距离 $k>0$mm，且尽可能多地通过热影响区	10×10×55	−20	92
PQR1401-11					84
PQR1401-12					95

金相试验(角焊缝、模拟组合件)： 试验报告编号：

检验面编号	1	2	3	4	5	6	7	8	结果
有无裂纹、未熔合									
角焊缝厚度/mm									
焊脚高 l/mm									
是否焊透									

金相检验(角焊缝、模拟组合件)：

根部：焊透□　　未焊透□

焊缝：熔合□　　未熔合□

焊缝及热影响区：有裂纹□　　无裂纹□

两焊脚之差值：____

试验报告编号：____

堆焊层复层熔敷金属化学成分/% 执行标准： 试验报告编号：

C	Si	Mn	P	S	Cr	Ni	Mo	Ti	Al	Nb	Fe	…

化学成分测定表面至熔合线距离/mm：____

非破坏性试验：

VT外观检查：无裂纹　　PT：____　　MT：____　　UT：____　　RT：无裂纹

预焊接工艺规程 pWPS 1402

预焊接工艺规程(pWPS)

单位名称： ××××

pWPS 编号： pWPS 1402

日期： ××××

焊接方法： SMAW 机动化程度： 手工☑ 机动□ 自动□ 焊接接头： 对接☑ 角接□ 堆焊□ 衬垫(材料及规格)： 焊缝金属 其他： /	**简图(接头形式、坡口形式与尺寸、焊层、焊道布置及顺序)：** 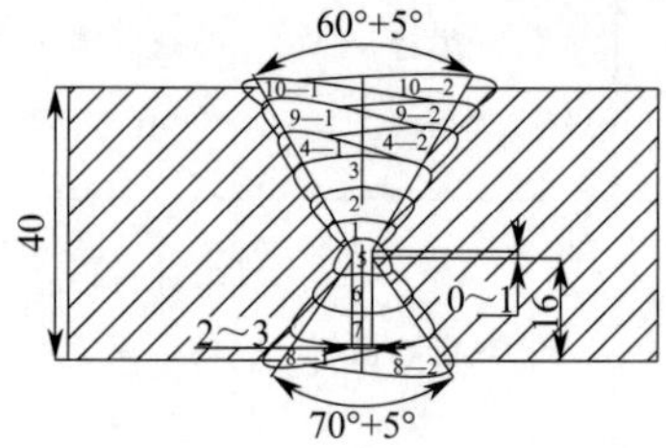

母材：

试件序号	①	②
材料	Q490	Q490
标准或规范	GB/T 713	GB/T 713
规格/mm	δ=40	δ=40
类别号	Fe-1	Fe-1
组别号	Fe-1-4	Fe-1-4
对接焊缝焊件母材厚度范围/mm	16～200	16～200
角焊缝焊件母材厚度范围/mm	不限	不限
管子直径、壁厚范围(对接或角接)/mm	/	/
其他：	/	

填充金属：

焊材类别(种类)	焊条	
型号(牌号)	E6215-N2M1(J607RH)	
标准	NB/T 47018.2	
填充金属规格/mm	ϕ4.0，ϕ5.0	
焊材分类代号	FeT-1-4	
对接焊缝焊件焊缝金属范围/mm	0～200	
角焊缝焊件焊缝金属范围/mm	不限	
其他：	/	

预热及后热：		**气体：**			
最小预热温度/℃	80	项目	气体种类	混合比/%	流量/(L/min)
最大道间温度/℃	250	保护气	/	/	/
后热温度/℃	/	尾部保护气	/	/	/
后热保温时间/h	/	背面保护气	/	/	/

焊后热处理：	SR	**焊接位置：**			
热处理温度/℃	620±20	对接焊缝位置	3G	方向(向上、向下)	向上
热处理时间/h	4	角焊缝位置	/	方向(向上、向下)	/

预焊接工艺规程(pWPS)

电特性：

钨极类型及直径/mm：/　　喷嘴直径/mm：/

熔滴过渡形式(喷射过渡、短路过渡等)：/

(按所焊位置和工件厚度，分别将电流、电压和焊接速度范围填入下表)

焊道/焊层	焊接方法	填充金属	规格/mm	电源种类及极性	焊接电流/A	电弧电压/V	焊接速度/(cm/min)	最大热输入/(kJ/cm)
1	SMAW	J607RH	ϕ4.0	DCEP	140～160	24～26	8～10	31.2
2—4	SMAW	J607RH	ϕ5.0	DCEP	170～200	24～26	9～12	34.7
5	SMAW	J607RH	ϕ4.0	DCEP	140～160	24～26	8～10	31.2
6—10	SMAW	J607RH	ϕ5.0	DCEP	170～200	24～26	9～12	34.7

技术措施：

摆动焊或不摆动焊：/　　摆动参数：/

焊前清理和层间清理：刷或磨　　背面清根方法：碳弧气刨＋修磨

单道焊或多道焊/每面：多道焊　　单丝焊或多丝焊：/

导电嘴至工件距离/mm：/　　锤击：/

换热管与管板的连接方式：/　　换热管与管板接头的清理方法：/

预置金属衬套：/　　预置金属衬套的形状与尺寸：/

其他：环境温度＞0℃，相对湿度＜90％。

检验要求及执行标准：

按 NB/T 47014—2023 及相关技术要求进行评定，项目如下：

1. 外观检查和无损检测(按 NB/T 47013.2)结果不得有裂纹；
2. 焊接接头板拉二件(按 GB/T 228)，$R_m \geqslant 610$MPa；
3. 焊接接头侧弯四件(按 GB/T 2653)，$D=4a$　$a=10$　$\alpha=180°$，沿任何方向不得有单条长度大于 3mm 的开口缺陷；
4. 焊缝、热影响区−20℃KV_2 冲击各三件(按 GB/T 229)，焊接接头 V 型缺口 10mm×10mm×55mm 试样冲击吸收能量平均值不低于 34J。

编制		日期		审核		日期		批准		日期	

焊接工艺评定报告（PQR1402）

焊接工艺评定报告(PQR)			
单位名称：	××××		
PQR 编号：	PQR1402	pWPS 编号：	pWPS 1402
焊接方法：	SMAW	机动化程度：	手工☑ 机动□ 自动□
焊接接头：	对接☑ 角接□ 堆焊□	其他：	/

接头简图(接头形式、尺寸、衬垫、每种焊接方法或焊接工艺的焊缝金属厚度)：

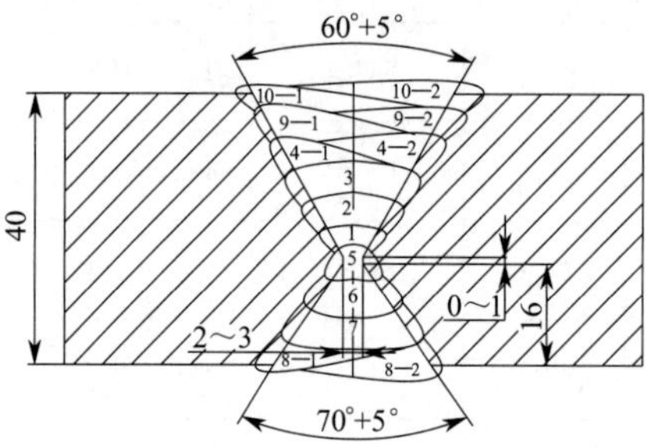

母材：		
试件序号	①	②
材料	Q490	Q490
标准或规范	GB/T 713	GB/T 713
规格/mm	δ=40	δ=40
类别号	Fe-1	Fe-1
组别号	Fe-1-4	Fe-1-4

填充金属：		
分类	焊条	
型号(牌号)	E6215-N2M1(J607RH)	
标准	NB/T 47018.2	
填充金属规格/mm	ϕ4.0,ϕ5.0	
焊材分类代号	FeT-1-4	
焊缝金属厚度/mm	40	

预热及后热：			
最小预热温度/℃	85	最大道间温度/℃	235
后热温度及保温时间/(℃×h)	/		
焊后热处理：	SR		
保温温度/℃	620	保温时间/h	4

焊接位置：			
对接焊缝焊接位置	3G	方向 (向上、向下)	向上
角焊缝焊接位置	/	方向 (向上、向下)	/

气体：			
项目	气体种类	混合比/%	流量/(L/min)
保护气	/	/	/
尾部保护气	/	/	/
背面保护气	/	/	/

焊接工艺评定报告(PQR)

电特性：

钨极类型及直径/mm：/　　喷嘴直径/mm：/

熔滴过渡形式(喷射过渡、短路过渡等)：/

(按所焊位置和工件厚度，分别将电流、电压和焊接速度实测值填入下表)

焊道	焊接方法	填充金属	规格/mm	电源种类及极性	焊接电流/A	电弧电压/V	焊接速度/(cm/min)	最大热输入/(kJ/cm)
1	SMAW	J607RH	ϕ4.0	DCEP	140～170	24～26	8～10	33.1
2—4	SMAW	J607RH	ϕ5.0	DCEP	170～210	24～26	9～12	36.4
5	SMAW	J607RH	ϕ4.0	DCEP	140～170	24～26	8～10	33.1
6—10	SMAW	J607RH	ϕ5.0	DCEP	170～210	24～26	9～12	36.4

技术措施：

摆动焊或不摆动焊：/　　摆动参数：/

焊前清理和层间清理：打磨　　背面清根方法：碳弧气刨＋修磨

单道焊或多道焊/每面：多道焊　　单丝焊或多丝焊：/

导电嘴至工件距离/mm：/　　锤击：/

换热管与管板的连接方式：/　　换热管与管板接头的清理方法：/

预置金属衬套：/　　预置金属衬套的形状与尺寸：/

其他：

拉伸试验(GB/T 228)：　　试验报告编号：LH1402

试验条件	编号	试样宽度/mm	试样厚度/mm	横截面积/mm^2	断裂载荷/kN	R_m/MPa	断裂位置及特征
接头板拉	PQR1402-1	25.4	18.9	480.06	269	560	断于母材
	PQR1402-2	25.5	18.9	481.95	267.5	555	断于母材
	PQR1402-3	25.2	18.6	468.72	257	550	断于母材
	PQR1402-4	25.3	18.7	473.11	257.8	560	断于母材

弯曲试验(GB/T 2653)：　　试验报告编号：LH1402

试验条件	编号	试样尺寸/mm	弯心直径/mm	弯曲角度/(°)	试验结果
侧弯	PQR1402-5	10	40	180	合格
侧弯	PQR1402-6	10	40	180	合格
侧弯	PQR1402-7	10	40	180	合格
侧弯	PQR1402-8	10	40	180	合格

焊接工艺评定报告(PQR)

冲击试验(GB/T 229): 试验报告编号:LH1402

编号	试样位置	V型缺口位置	试样尺寸/mm	试验温度/℃	冲击吸收能量/J
PQR1402-9	焊缝	缺口轴线位于焊缝中心线上	10×10×55	−20	87
PQR1402-10					68
PQR1402-11					77
PQR1402-12	热影响区	缺口轴线至试样纵轴线与熔合线交点的距离 $k>0$mm,且尽可能多地通过热影响区	10×10×55	−20	83
PQR1402-13					75
PQR1402-14					70

金相试验(角焊缝、模拟组合件): 试验报告编号:

检验面编号	1	2	3	4	5	6	7	8	结果
有无裂纹、未熔合									
角焊缝厚度/mm									
焊脚高 l/mm									
是否焊透									

金相检验(角焊缝、模拟组合件):

根部:焊透□　　未焊透□

焊缝:熔合□　　未熔合□

焊缝及热影响区:有裂纹□　　无裂纹□

两焊脚之差值:

试验报告编号:

堆焊层复层熔敷金属化学成分/% 执行标准: 试验报告编号:

C	Si	Mn	P	S	Cr	Ni	Mo	Ti	Al	Nb	Fe	…

化学成分测定表面至熔合线距离/mm:

非破坏性试验:

VT外观检查:无裂纹　　PT:　　MT:　　UT:　　RT:无裂纹

第五节　低合金高强度钢的焊接工艺评定（Fe-3-2）

预焊接工艺规程 pWPS 3201

预焊接工艺规程(pWPS)			
单位名称： ××××			
pWPS 编号： pWPS 3201			
日期： ××××			

焊接方法： SMAW 机动化程度：手工☑　机动□　自动□ 焊接接头：对接☑　角接□　堆焊□ 衬垫(材料及规格)：焊缝金属 其他：/	简图(接头形式、坡口形式与尺寸、焊层、焊道布置及顺序)： 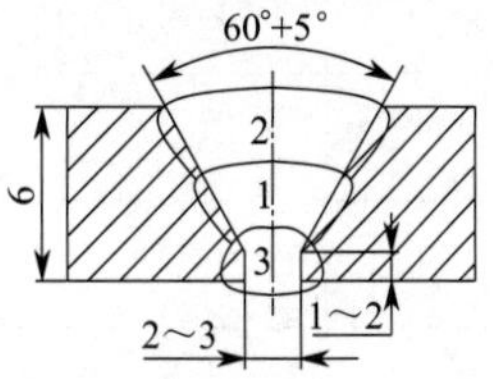

母材：		
试件序号	①	②
材料	20MnMo	20MnMo
标准或规范	NB/T 47008	NB/T 47008
规格/mm	$\delta=6$	$\delta=6$
类别号	Fe-3	Fe-3
组别号	Fe-3-2	Fe-3-2
对接焊缝焊件母材厚度范围/mm	6～12	6～12
角焊缝焊件母材厚度范围/mm	不限	不限
管子直径、壁厚范围(对接或角接)/mm	/	/
其他：	/	
填充金属：		
焊材类别(种类)	焊条	
型号(牌号)	E5515-G(J557)	
标准	NB/T 47018.2	
填充金属规格/mm	$\phi3.2,\phi4.0$	
焊材分类代号	FeT-3-2	
对接焊缝焊件焊缝金属范围/mm	0～12	
角焊缝焊件焊缝金属范围/mm	不限	
其他：	/	

预热及后热：		**气体：**			
最小预热温度/℃	80	项目	气体种类	混合比/%	流量/(L/min)
最大道间温度/℃	250	保护气	/	/	/
后热温度/℃	/	尾部保护气	/	/	/
后热保温时间/h	/	背面保护气	/	/	/
焊后热处理：	SR	**焊接位置：**			
热处理温度/℃	620±20	对接焊缝位置	1G	方向(向上、向下)	/
热处理时间/h	2.8	角焊缝位置	/	方向(向上、向下)	/

预焊接工艺规程(pWPS)

电特性：

钨极类型及直径/mm：/　　喷嘴直径/mm：/

熔滴过渡形式(喷射过渡、短路过渡等)：/

(按所焊位置和工件厚度，分别将电流、电压和焊接速度范围填入下表)

焊道/焊层	焊接方法	填充金属	规格/mm	电源种类及极性	焊接电流/A	电弧电压/V	焊接速度/(cm/min)	最大热输入/(kJ/cm)
1	SMAW	J557	ϕ3.2	DCEP	90～100	24～26	10～13	15.6
2	SMAW	J557	ϕ4.0	DCEP	140～160	24～26	14～16	17.8
3	SMAW	J557	ϕ4.0	DCEP	160～180	24～26	12～14	23.4

技术措施：

摆动焊或不摆动焊：/　　摆动参数：/

焊前清理和层间清理：刷或磨　　背面清根方法：碳弧气刨＋修磨

单道焊或多道焊/每面：多道焊＋单道焊　　单丝焊或多丝焊：/

导电嘴至工件距离/mm：/　　锤击：/

换热管与管板的连接方式：/　　换热管与管板接头的清理方法：/

预置金属衬套：/　　预置金属衬套的形状与尺寸：/

其他：环境温度＞0℃，相对湿度＜90％。

检验要求及执行标准：

按 NB/T 47014—2023 及相关技术要求进行评定，项目如下：

1. 外观检查和无损检测(按 NB/T 47013.2)结果不得有裂纹；
2. 焊接接头板拉二件(按 GB/T 228)，$R_m \geqslant 530$MPa；
3. 焊接接头面弯、背弯各二件(按 GB/T 2653)，$D=4a$　$a=6$　$\alpha=180°$，沿任何方向不得有单条长度大于 3mm 的开口缺陷；
4. 焊缝、热影响区 0℃ KV_2 冲击各三件(按 GB/T 229)，焊接接头 V 型缺口 5mm×10mm×55mm 试样冲击吸收能量平均值不低于 15.5J。

编制		日期		审核		日期		批准		日期	

焊接工艺评定报告（PQR3201）

焊接工艺评定报告(PQR)

单位名称： ××××

PQR 编号：PQR3201　　pWPS 编号：pWPS 3201

焊接方法：SMAW　　机动化程度：手工☑　机动□　自动□

焊接接头：对接☑　角接□　堆焊□　　其他：/

接头简图(接头形式、尺寸、衬垫、每种焊接方法或焊接工艺的焊缝金属厚度)：

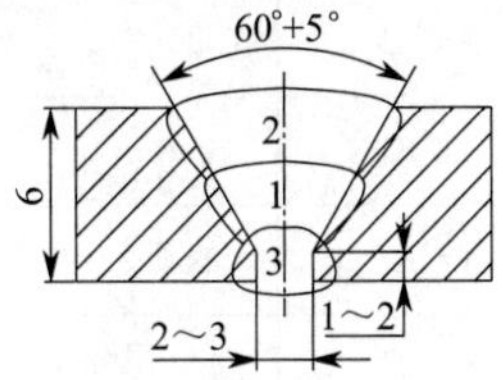

母材：

试件序号	①	②
材料	20MnMo	20MnMo
标准或规范	NB/T 47008	NB/T 47008
规格/mm	δ=6	δ=6
类别号	Fe-3	Fe-3
组别号	Fe-3-2	Fe-3-2

填充金属：

分类	焊条	
型号(牌号)	E5515-G(J557)	
标准	NB/T 47018.2	
填充金属规格/mm	ϕ3.2,ϕ4.0	
焊材分类代号	FeT-3-2	
焊缝金属厚度/mm	6	

预热及后热：

最小预热温度/℃	85	最大道间温度/℃	235
后热温度及保温时间/(℃×h)	/		

焊后热处理： SR

保温温度/℃	620	保温时间/h	2.8

焊接位置：

对接焊缝焊接位置	1G	方向(向上、向下)	向上
角焊缝焊接位置	/	方向(向上、向下)	/

气体：

项目	气体种类	混合比/%	流量/(L/min)
保护气	/	/	/
尾部保护气	/	/	/
背面保护气	/	/	/

焊接工艺评定报告(PQR)

电特性：

钨极类型及直径/mm：/　　喷嘴直径/mm：/

熔滴过渡形式(喷射过渡、短路过渡等)：/

(按所焊位置和工件厚度，分别将电流、电压和焊接速度实测值填入下表)

焊道	焊接方法	填充金属	规格/mm	电源种类及极性	焊接电流/A	电弧电压/V	焊接速度/(cm/min)	最大热输入/(kJ/cm)
1	SMAW	J557	ϕ3.2	DCEP	90～110	24～26	10～13	17.2
2	SMAW	J557	ϕ4.0	DCEP	140～170	24～26	14～16	18.9
3	SMAW	J557	ϕ4.0	DCEP	160～190	24～26	12～14	24.7

技术措施：

摆动焊或不摆动焊：/　　摆动参数：/

焊前清理和层间清理：打磨　　背面清根方法：碳弧气刨＋修磨

单道焊或多道焊/每面：多道焊＋单道焊　　单丝焊或多丝焊：/

导电嘴至工件距离/mm：/　　锤击：/

换热管与管板的连接方式：/　　换热管与管板接头的清理方法：/

预置金属衬套：/　　预置金属衬套的形状与尺寸：/

其他：

拉伸试验(GB/T 228)：　　试验报告编号：LH3201

试验条件	编号	试样宽度/mm	试样厚度/mm	横截面积/mm^2	断裂载荷/kN	R_m/MPa	断裂位置及特征
接头板拉	PQR3201-1	26.5	6.2	164.3	107.6	655	断于母材
	PQR3201-2	26.4	6.2	163.7	106.5	650	断于母材

弯曲试验(GB/T 2653)：　　试验报告编号：LH3201

试验条件	编号	试样尺寸/mm	弯心直径/mm	弯曲角度/(°)	试验结果
面弯	PQR3201-3	6	24	180	合格
面弯	PQR3201-4	6	24	180	合格
背弯	PQR3201-5	6	24	180	合格
背弯	PQR3201-6	6	24	180	合格

焊接工艺评定报告(PQR)

冲击试验(GB/T 229)： 试验报告编号：LH3201

编号	试样位置	V型缺口位置	试样尺寸/mm	试验温度/℃	冲击吸收能量/J
PQR3201-7	焊缝	缺口轴线位于焊缝中心线上	5×10×55	0	75
PQR3201-8					81
PQR3201-9					73
PQR3201-10	热影响区	缺口轴线至试样纵轴线与熔合线交点的距离 $k>0$mm，且尽可能多地通过热影响区	5×10×55	0	64
PQR3201-11					61
PQR3201-12					55

金相试验(角焊缝、模拟组合件)： 试验报告编号：

检验面编号	1	2	3	4	5	6	7	8	结果
有无裂纹、未熔合									
角焊缝厚度/mm									
焊脚高 l /mm									
是否焊透									

金相检验(角焊缝、模拟组合件)：

根部：焊透□　未焊透□

焊缝：熔合□　未熔合□

焊缝及热影响区：有裂纹□　无裂纹□

两焊脚之差值：

试验报告编号：

堆焊层复层熔敷金属化学成分/% 执行标准： 试验报告编号：

C	Si	Mn	P	S	Cr	Ni	Mo	Ti	Al	Nb	Fe	…

化学成分测定表面至熔合线距离/mm：

非破坏性试验：

VT外观检查：无裂纹　PT：　MT：　UT：　RT：无裂纹

预焊接工艺规程 pWPS 3202

预焊接工艺规程(pWPS)

单位名称： ××××

pWPS 编号： pWPS 3202

日期： ××××

焊接方法： SMAW

机动化程度： 手工☑ 机动☐ 自动☐

焊接接头： 对接☑ 角接☐ 堆焊☐

衬垫(材料及规格)： 焊缝金属

其他： /

简图(接头形式、坡口形式与尺寸、焊层、焊道布置及顺序)：

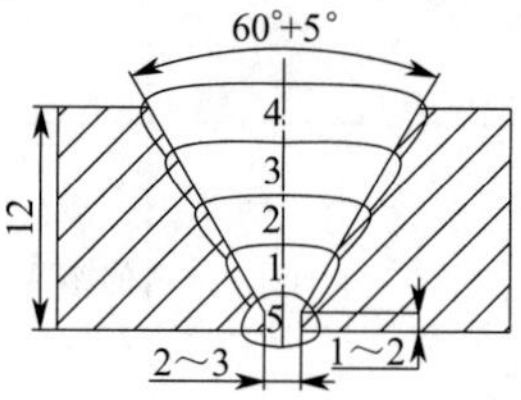

母材：

试件序号	①	②
材料	20MnMo	20MnMo
标准或规范	NB/T 47008	NB/T 47008
规格/mm	$\delta=12$	$\delta=12$
类别号	Fe-3	Fe-3
组别号	Fe-3-2	Fe-3-2
对接焊缝焊件母材厚度范围/mm	12～24	12～24
角焊缝焊件母材厚度范围/mm	不限	不限
管子直径、壁厚范围(对接或角接)/mm	/	/
其他：	/	

填充金属：

焊材类别(种类)	焊条	
型号(牌号)	E5515-G(J557)	
标准	NB/T 47018.2	
填充金属规格/mm	ϕ4.0,ϕ5.0	
焊材分类代号	FeT-3-2	
对接焊缝焊件焊缝金属范围/mm	0～24	
角焊缝焊件焊缝金属范围/mm	不限	
其他：	/	

预热及后热：		**气体：**			
最小预热温度/℃	80	项目	气体种类	混合比/%	流量/(L/min)
最大道间温度/℃	250	保护气	/	/	/
后热温度/℃	/	尾部保护气	/	/	/
后热保温时间/h	/	背面保护气	/	/	/

焊后热处理： SR		**焊接位置：**			
热处理温度/℃	620±20	对接焊缝位置	1G	方向(向上、向下)	/
热处理时间/h	3	角焊缝位置	/	方向(向上、向下)	/

预焊接工艺规程(pWPS)

电特性：

钨极类型及直径/mm：/　　喷嘴直径/mm：/

熔滴过渡形式(喷射过渡、短路过渡等)：/

(按所焊位置和工件厚度,分别将电流、电压和焊接速度范围填入下表)

焊道/焊层	焊接方法	填充金属	规格/mm	电源种类及极性	焊接电流/A	电弧电压/V	焊接速度/(cm/min)	最大热输入/(kJ/cm)
1	SMAW	J557	ϕ4.0	DCEP	140～160	24～26	12～14	20.8
2—4	SMAW	J557	ϕ5.0	DCEP	180～210	24～26	12～16	27.3
5	SMAW	J557	ϕ4.0	DCEP	160～180	24～26	12～14	23.4

技术措施：

摆动焊或不摆动焊：/　　摆动参数：/

焊前清理和层间清理：刷或磨　　背面清根方法：碳弧气刨＋修磨

单道焊或多道焊/每面：多道焊＋单道焊　　单丝焊或多丝焊：/

导电嘴至工件距离/mm：/　　锤击：/

换热管与管板的连接方式：/　　换热管与管板接头的清理方法：/

预置金属衬套：/　　预置金属衬套的形状与尺寸：/

其他：环境温度＞0℃,相对湿度＜90％。

检验要求及执行标准：

按 NB/T 47014—2023 及相关技术要求进行评定,项目如下：

1. 外观检查和无损检测(按 NB/T 47013.2)结果不得有裂纹；
2. 焊接接头板拉二件(按 GB/T 228),$R_m \geqslant 530$MPa；
3. 焊接接头侧弯四件(按 GB/T 2653),$D=4a$　$a=10$　$\alpha=180°$,沿任何方向不得有单条长度大于 3mm 的开口缺陷；
4. 焊缝、热影响区 0℃KV_2 冲击各三件(按 GB/T 229),焊接接头 V 型缺口 10mm×10mm×55mm 试样冲击吸收能量平均值不低于 31J。

编制		日期		审核		日期		批准		日期	

焊接工艺评定报告（PQR3202）

焊接工艺评定报告(PQR)

单位名称： ××××

PQR 编号：PQR3202　　pWPS 编号：pWPS 3202

焊接方法：SMAW　　机动化程度：手工☑　机动□　自动□

焊接接头：对接☑　角接□　堆焊□　　其他：/

接头简图（接头形式、尺寸、衬垫、每种焊接方法或焊接工艺的焊缝金属厚度）：

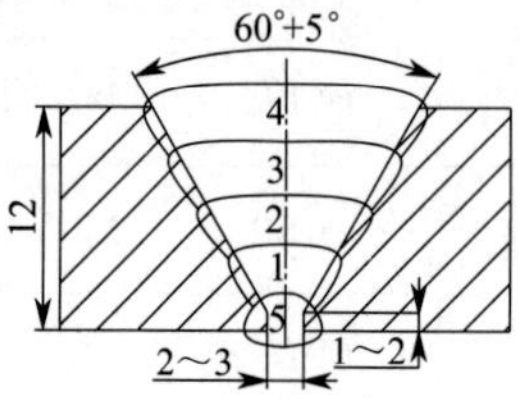

母材：

试件序号	①	②
材料	20MnMo	20MnMo
标准或规范	NB/T 47008	NB/T 47008
规格/mm	δ=12	δ=12
类别号	Fe-3	Fe-3
组别号	Fe-3-2	Fe-3-2

填充金属：

分类	焊条	
型号(牌号)	E5515-G(J557)	
标准	NB/T 47018.2	
填充金属规格/mm	ϕ4.0,ϕ5.0	
焊材分类代号	FeT-3-2	
焊缝金属厚度/mm	12	

预热及后热：

最小预热温度/℃	85	最大道间温度/℃	235
后热温度及保温时间/(℃×h)	/		

焊后热处理： SR

保温温度/℃	638	保温时间/h	2.5

焊接位置：

对接焊缝焊接位置	1G	方向（向上、向下）	/
角焊缝焊接位置	/	方向（向上、向下）	/

气体：

项目	气体种类	混合比/%	流量/(L/min)
保护气	/	/	/
尾部保护气	/	/	/
背面保护气	/	/	/

焊接工艺评定报告(PQR)

电特性：

钨极类型及直径/mm：/　　喷嘴直径/mm：/

熔滴过渡形式(喷射过渡、短路过渡等)：/

(按所焊位置和工件厚度，分别将电流、电压和焊接速度实测值填入下表)

焊道	焊接方法	填充金属	规格/mm	电源种类及极性	焊接电流/A	电弧电压/V	焊接速度/(cm/min)	最大热输入/(kJ/cm)
1	SMAW	J557	ϕ4.0	DCEP	140～170	24～26	12～14	22.1
2—4	SMAW	J557	ϕ5.0	DCEP	180～220	24～26	12～16	28.6
5	SMAW	J557	ϕ4.0	DCEP	160～190	24～26	12～14	24.7

技术措施：

摆动焊或不摆动焊：/　　摆动参数：/

焊前清理和层间清理：打磨　　背面清根方法：碳弧气刨＋修磨

单道焊或多道焊/每面：一面多道焊、一面单道焊　　单丝焊或多丝焊：/

导电嘴至工件距离/mm：/　　锤击：/

换热管与管板的连接方式：/　　换热管与管板接头的清理方法：/

预置金属衬套：/　　预置金属衬套的形状与尺寸：/

其他：

拉伸试验(GB/T 228)：　　试验报告编号：LH3202

试验条件	编号	试样宽度/mm	试样厚度/mm	横截面积/mm^2	断裂载荷/kN	R_m/MPa	断裂位置及特征
接头板拉	PQR3202-1	25.6	12.1	309.8	198.3	640	断于母材
	PQR3202-2	25.5	12.3	313.7	199.2	635	断于母材

弯曲试验(GB/T 2653)：　　试验报告编号：LH3202

试验条件	编号	试样尺寸/mm	弯心直径/mm	弯曲角度/(°)	试验结果
侧弯	PQR3202-3	10	40	180	合格
侧弯	PQR3202-4	10	40	180	合格
侧弯	PQR3202-5	10	40	180	合格
侧弯	PQR3202-6	10	40	180	合格

焊接工艺评定报告(PQR)

冲击试验(GB/T 229)： 试验报告编号：LH3202

编号	试样位置	V型缺口位置	试样尺寸/mm	试验温度/℃	冲击吸收能量/J
PQR3202-7	焊缝	缺口轴线位于焊缝中心线上	10×10×55	0	90
PQR3202-8					110
PQR3202-9					86
PQR3202-10	热影响区	缺口轴线至试样纵轴线与熔合线交点的距离 $k>0$mm，且尽可能多地通过热影响区	10×10×55	0	141
PQR3202-11					153
PQR3202-12					136

金相试验(角焊缝、模拟组合件)： 试验报告编号：

检验面编号	1	2	3	4	5	6	7	8	结果
有无裂纹、未熔合									
角焊缝厚度/mm									
焊脚高 l/mm									
是否焊透									

金相检验(角焊缝、模拟组合件)：

根部：焊透□ 未焊透□

焊缝：熔合□ 未熔合□

焊缝及热影响区：有裂纹□ 无裂纹□

两焊脚之差值：

试验报告编号：

堆焊层复层熔敷金属化学成分/% 执行标准： 试验报告编号：

C	Si	Mn	P	S	Cr	Ni	Mo	Ti	Al	Nb	Fe	…

化学成分测定表面至熔合线距离/mm：

非破坏性试验：

VT外观检查：无裂纹 PT： MT： UT： RT：无裂纹

预焊接工艺规程 pWPS3203

预焊接工艺规程(pWPS)

单位名称： ××××

pWPS 编号：pWPS 3203

日期：××××

焊接方法： SMAW	**简图(接头形式、坡口形式与尺寸、焊层、焊道布置及顺序)：**
机动化程度：手工☑　机动□　自动□ 焊接接头：对接☑　角接□　堆焊□ 衬垫(材料及规格)：焊缝金属 其他：/	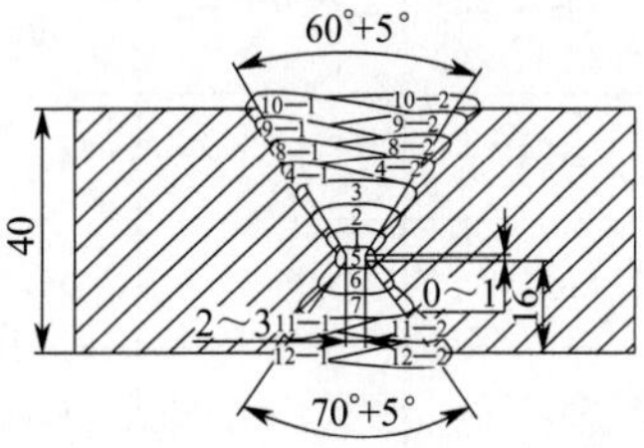

母材：

试件序号	①	②
材料	20MnMo	20MnMo
标准或规范	NB/T 47008	NB/T 47008
规格/mm	δ=40	δ=40
类别号	Fe-3	Fe-3
组别号	Fe-3-2	Fe-3-2
对接焊缝焊件母材厚度范围/mm	16～200	16～200
角焊缝焊件母材厚度范围/mm	不限	不限
管子直径、壁厚范围(对接或角接)/mm	/	/
其他：	/	

填充金属：

焊材类别(种类)	焊条	
型号(牌号)	E5515-G(J557)	
标准	NB/T 47018.2	
填充金属规格/mm	ϕ4.0,ϕ5.0	
焊材分类代号	FeT-3-2	
对接焊缝焊件焊缝金属范围/mm	0～200	
角焊缝焊件焊缝金属范围/mm	不限	
其他：	/	

预热及后热：		**气体：**			
最小预热温度/℃	100	项目	气体种类	混合比/%	流量/(L/min)
最大道间温度/℃	250	保护气	/	/	/
后热温度/℃	/	尾部保护气	/	/	/
后热保温时间/h	/	背面保护气	/	/	/

焊后热处理：	SR	**焊接位置：**			
热处理温度/℃	620±20	对接焊缝位置	1G	方向(向上、向下)	/
热处理时间/h	2.8	角焊缝位置	/	方向(向上、向下)	/

预焊接工艺规程(pWPS)

电特性:

钨极类型及直径/mm: / 喷嘴直径/mm: /

熔滴过渡形式(喷射过渡、短路过渡等): /

(按所焊位置和工件厚度,分别将电流、电压和焊接速度范围填入下表)

焊道/焊层	焊接方法	填充金属	规格/mm	电源种类及极性	焊接电流/A	电弧电压/V	焊接速度/(cm/min)	最大热输入/(kJ/cm)
1	SMAW	J557	ϕ4.0	DCEP	140～180	24～26	9～14	31.2
2—4	SMAW	J557	ϕ5.0	DCEP	180～210	24～26	9～15	36.4
5	SMAW	J557	ϕ4.0	DCEP	160～180	24～26	9～14	31.2
6—12	SMAW	J557	ϕ5.0	DCEP	180～210	24～26	9～15	36.4

技术措施:

摆动焊或不摆动焊: / 摆动参数: /

焊前清理和层间清理: 刷或磨 背面清根方法: 碳弧气刨＋修磨

单道焊或多道焊/每面: 多道焊 单丝焊或多丝焊: /

导电嘴至工件距离/mm: / 锤击: /

换热管与管板的连接方式: / 换热管与管板接头的清理方法: /

预置金属衬套: / 预置金属衬套的形状与尺寸: /

其他: 环境温度>0℃,相对湿度<90%。

检验要求及执行标准:

按 NB/T 47014—2023 及相关技术要求进行评定,项目如下:

1. 外观检查和无损检测(按 NB/T 47013.2)结果不得有裂纹;
2. 焊接接头板拉二件(按 GB/T 228),$R_m \geqslant$530MPa;
3. 焊接接头侧弯四件(按 GB/T 2653),$D=4a$ $a=10$ $\alpha=180°$,沿任何方向不得有单条长度大于 3mm 的开口缺陷;
4. 焊缝、热影响区 0℃ KV_2 冲击各三件(按 GB/T 229),焊接接头 V 型缺口 10mm×10mm×55mm 试样冲击吸收能量平均值不低于 31J。

编制		日期		审核		日期		批准		日期	

焊接工艺评定报告（PQR3203）

焊接工艺评定报告(PQR)

单位名称： ××××

PQR 编号：PQR3203　　　　pWPS 编号：pWPS3203

焊接方法：SMAW　　　　机动化程度：手工☑　机动□　自动□

焊接接头：对接☑　角接□　堆焊□　　　　其他：/

接头简图(接头形式、尺寸、衬垫、每种焊接方法或焊接工艺的焊缝金属厚度)：

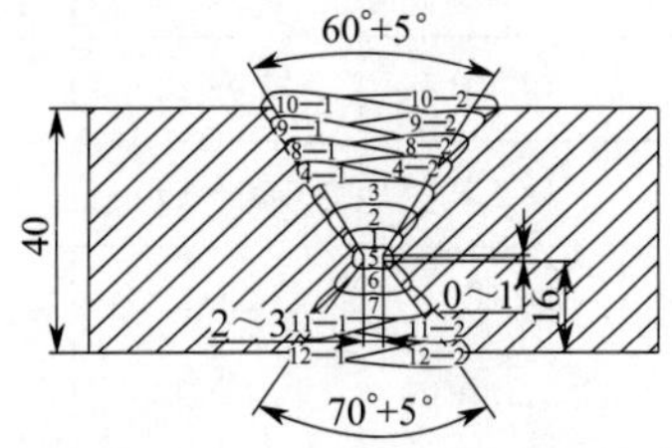

母材：

试件序号	①	②
材料	20MnMo	20MnMo
标准或规范	NB/T 47008	NB/T 47008
规格/mm	$\delta=40$	$\delta=40$
类别号	Fe-3	Fe-3
组别号	Fe-3-2	Fe-3-2

填充金属：

分类	焊条	
型号(牌号)	E5515-G(J557)	
标准	NB/T 47018.2	
填充金属规格/mm	ϕ4.0，ϕ5.0	
焊材分类代号	FeT-3-2	
焊缝金属厚度/mm	40	

预热及后热：

最小预热温度/℃	105	最大道间温度/℃	235
后热温度及保温时间/(℃×h)	/		

焊后热处理： SR

保温温度/℃	630	保温时间/h	4

焊接位置：

对接焊缝焊接位置	1G	方向（向上、向下）	/
角焊缝焊接位置	/	方向（向上、向下）	/

气体：

项目	气体种类	混合比/%	流量/(L/min)
保护气	/	/	/
尾部保护气	/	/	/
背面保护气	/	/	/

焊接工艺评定报告(PQR)

电特性:

钨极类型及直径/mm: / 喷嘴直径/mm: /

熔滴过渡形式(喷射过渡、短路过渡等): /

(按所焊位置和工件厚度,分别将电流、电压和焊接速度实测值填入下表)

焊道	焊接方法	填充金属	规格/mm	电源种类及极性	焊接电流/A	电弧电压/V	焊接速度/(cm/min)	最大热输入/(kJ/cm)
1	SMAW	J557	ϕ4.0	DCEP	140～190	24～26	9～14	32.9
2—4	SMAW	J557	ϕ5.0	DCEP	180～220	24～26	9～15	38.1
5	SMAW	J557	ϕ4.0	DCEP	160～190	24～26	9～14	32.9
6—12	SMAW	J557	ϕ5.0	DCEP	180～220	24～26	9～15	38.1

技术措施:

摆动焊或不摆动焊: / 摆动参数: /

焊前清理和层间清理: 打磨 背面清根方法: 碳弧气刨＋修磨

单道焊或多道焊/每面: 多道焊 单丝焊或多丝焊: /

导电嘴至工件距离/mm: / 锤击: /

换热管与管板的连接方式: / 换热管与管板接头的清理方法: /

预置金属衬套: / 预置金属衬套的形状与尺寸: /

其他:

拉伸试验(GB/T 228): 试验报告编号:LH3203

试验条件	编号	试样宽度/mm	试样厚度/mm	横截面积/mm^2	断裂载荷/kN	R_m/MPa	断裂位置及特征
接头板拉	PQR3203-1	25.0	17.7	442.5	281	635	断于母材
	PQR3203-2	25.1	17.8	446.8	281.5	630	断于母材
	PQR3203-3	25.2	17.9	451.1	280	620	断于母材
	PQR3203-4	25.3	17.7	447.8	280	625	断于母材

弯曲试验(GB/T 2653): 试验报告编号:LH3203

试验条件	编号	试样尺寸/mm	弯心直径/mm	弯曲角度/(°)	试验结果
侧弯	PQR3203-5	10	40	180	合格
侧弯	PQR3203-6	10	40	180	合格
侧弯	PQR3203-7	10	40	180	合格
侧弯	PQR3203-8	10	40	180	合格

焊接工艺评定报告(PQR)

冲击试验(GB/T 229): 试验报告编号:LH3203

编号	试样位置	V型缺口位置	试样尺寸/mm	试验温度/℃	冲击吸收能量/J
PQR3203-9	焊缝	缺口轴线位于焊缝中心线上	10×10×55	0	104
PQR3203-10					115
PQR3203-11					92
PQR3203-12	热影响区	缺口轴线至试样纵轴线与熔合线交点的距离 k>0mm,且尽可能多地通过热影响区	10×10×55	0	130
PQR3203-13					143
PQR3203-14					128

金相试验(角焊缝、模拟组合件): 试验报告编号:

检验面编号	1	2	3	4	5	6	7	8	结果
有无裂纹、未熔合									
角焊缝厚度/mm									
焊脚高 l/mm									
是否焊透									

金相检验(角焊缝、模拟组合件):

根部: 焊透□ 未焊透□

焊缝: 熔合□ 未熔合□

焊缝及热影响区: 有裂纹□ 无裂纹□

两焊脚之差值:

试验报告编号:

堆焊层复层熔敷金属化学成分/% 执行标准: 试验报告编号:

C	Si	Mn	P	S	Cr	Ni	Mo	Ti	Al	Nb	Fe	…

化学成分测定表面至熔合线距离/mm:

非破坏性试验:

VT外观检查: 无裂纹 PT: MT: UT: RT: 无裂纹

预焊接工艺规程 pWPS 3204

预焊接工艺规程(pWPS)

单位名称： ××××

pWPS 编号： pWPS 3204

日期： ××××

焊接方法/接头	简图(接头形式、坡口形式与尺寸、焊层、焊道布置及顺序)：
焊接方法： SAW 机动化程度： 手工□ 机动☑ 自动□ 焊接接头： 对接☑ 角接□ 堆焊□ 衬垫(材料及规格)： 焊缝金属 其他： /	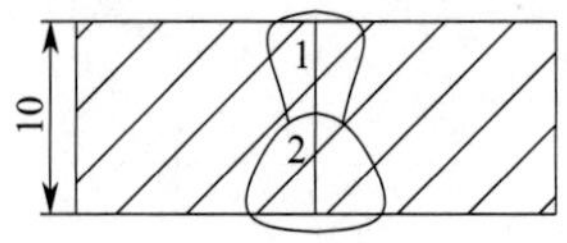

母材：

试件序号	①	②
材料	20MnMo	20MnMo
标准或规范	NB/T 47008	NB/T 47008
规格/mm	$\delta=10$	$\delta=10$
类别号	Fe-3	Fe-3
组别号	Fe-3-2	Fe-3-2
对接焊缝焊件母材厚度范围/mm	10～20	10～20
角焊缝焊件母材厚度范围/mm	不限	不限
管子直径、壁厚范围(对接或角接)/mm	/	/
其他：	/	

填充金属：

焊材类别(种类)	焊丝-焊剂组合	
型号(牌号)	S55A0 MS-SUM3(H08MnMoA＋HJ350)	
标准	NB/T 47018.4	
填充金属规格/mm	$\phi 4.0$	
焊材分类代号	FeMSG-3-2	
对接焊缝焊件焊缝金属范围/mm	0～20	
角焊缝焊件焊缝金属范围/mm	不限	
其他：	/	

预热及后热：		**气体：**			
最小预热温度/℃	80	项目	气体种类	混合比/%	流量/(L/min)
最大道间温度/℃	250	保护气	/	/	/
后热温度/℃	/	尾部保护气	/	/	/
后热保温时间/h	/	背面保护气	/	/	/

焊后热处理： SR		**焊接位置：**			
热处理温度/℃	620±20	对接焊缝位置	1G	方向(向上、向下)	/
热处理时间/h	2.5	角焊缝位置	/	方向(向上、向下)	/

预焊接工艺规程(pWPS)

电特性：

钨极类型及直径/mm：/　　　喷嘴直径/mm：/

熔滴过渡形式(喷射过渡、短路过渡等)：/

(按所焊位置和工件厚度，分别将电流、电压和焊接速度范围填入下表)

焊道/焊层	焊接方法	填充金属	规格/mm	电源种类及极性	焊接电流/A	电弧电压/V	焊接速度/(cm/min)	最大热输入/(kJ/cm)
1	SAW	H08MnMoA+HJ350	ϕ4.0	DCEP	550～600	34～36	46～52	28.2
2	SAW	H08MnMoA+HJ350	ϕ4.0	DCEP	600～650	34～37	45～52	32.1

技术措施：

摆动焊或不摆动焊：/　　　摆动参数：/

焊前清理和层间清理：刷或磨　　　背面清根方法：碳弧气刨+修磨

单道焊或多道焊/每面：单道焊　　　单丝焊或多丝焊：单丝

导电嘴至工件距离/mm：30～40　　　锤击：/

换热管与管板的连接方式：/　　　换热管与管板接头的清理方法：/

预置金属衬套：/　　　预置金属衬套的形状与尺寸：/

其他：环境温度>0℃，相对湿度<90%。

检验要求及执行标准：

按 NB/T 47014—2023 及相关技术要求进行评定，项目如下：

1. 外观检查和无损检测(按 NB/T 47013.2)结果不得有裂纹；
2. 焊接接头板拉二件(按 GB/T 228)，$R_m \geqslant 530$MPa；
3. 焊接接头侧弯四件(按 GB/T 2653)，$D=4a$　$a=10$　$\alpha=180°$，沿任何方向不得有单条长度大于 3mm 的开口缺陷；
4. 焊缝、热影响区 0℃ KV_2 冲击各三件(按 GB/T 229)，焊接接头 V 型缺口 5mm×10mm×55mm 试样冲击吸收能量平均值不低于 15.5J。

编制		日期		审核		日期		批准		日期	

焊接工艺评定报告（PQR3204）

焊接工艺评定报告(PQR)

单位名称：××××

PQR 编号：PQR3204　　pWPS 编号：pWPS 3204

焊接方法：SAW　　机动化程度：手工☐　机动☑　自动☐

焊接接头：对接☑　角接☐　堆焊☐　　其他：/

接头简图(接头形式、尺寸、衬垫、每种焊接方法或焊接工艺的焊缝金属厚度)：

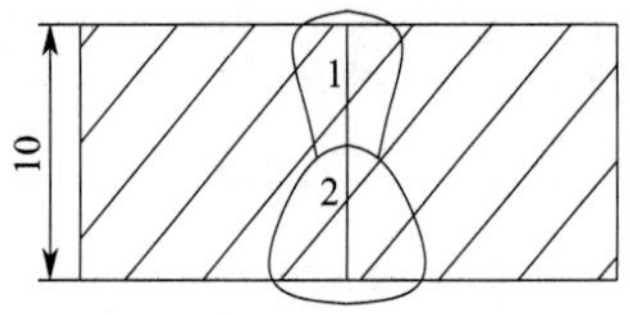

母材：

试件序号	①	②
材料	20MnMo	20MnMo
标准或规范	NB/T 47008	NB/T 47008
规格/mm	$\delta=10$	$\delta=10$
类别号	Fe-3	Fe-3
组别号	Fe-3-2	Fe-3-2

填充金属：

分类	焊丝-焊剂组合	
型号(牌号)	S55A0 MS-SUM3(H08MnMoA+HJ350)	
标准	NB/T 47018.4	
填充金属规格/mm	$\phi 4.0$	
焊材分类代号	FeMSG-3-2	
焊缝金属厚度/mm	10	

预热及后热：

最小预热温度/℃	85	最大道间温度/℃	235
后热温度及保温时间/(℃×h)	/		

焊后热处理： N

保温温度/℃	620	保温时间/h	2.5

焊接位置：

对接焊缝焊接位置	1G	方向(向上、向下)	/
角焊缝焊接位置	/	方向(向上、向下)	/

气体：

项目	气体种类	混合比/%	流量/(L/min)
保护气	/	/	/
尾部保护气	/	/	/
背面保护气	/	/	/

焊接工艺评定报告(PQR)

电特性：

钨极类型及直径/mm：　/　　　喷嘴直径/mm：　/

熔滴过渡形式(喷射过渡、短路过渡等)：　/

(按所焊位置和工件厚度，分别将电流、电压和焊接速度实测值填入下表)

焊道	焊接方法	填充金属	规格/mm	电源种类及极性	焊接电流/A	电弧电压/V	焊接速度/(cm/min)	最大热输入/(kJ/cm)
1	SAW	H08MnMoA+HJ350	ϕ4.0	DCEP	550～610	34～36	46～52	28.6
2	SAW	H08MnMoA+HJ350	ϕ4.0	DCEP	600～660	34～37	45～52	32.6

技术措施：

摆动焊或不摆动焊：　/　　　摆动参数：　/

焊前清理和层间清理：　打磨　　　背面清根方法：　碳弧气刨+修磨

单道焊或多道焊/每面：　单道焊　　　单丝焊或多丝焊：　单丝

导电嘴至工件距离/mm：　30～40　　　锤击：　/

换热管与管板的连接方式：　/　　　换热管与管板接头的清理方法：　/

预置金属衬套：　/　　　预置金属衬套的形状与尺寸：　/

其他：

拉伸试验(GB/T 228)：　　　试验报告编号：LH3204

试验条件	编号	试样宽度/mm	试样厚度/mm	横截面积/mm^2	断裂载荷/kN	R_m/MPa	断裂位置及特征
接头板拉	PQR3204-1	25.5	10.1	304.9	169.1	560	断于母材
	PQR3204-2	25.2	10.2	307.4	169.7	552	断于母材

弯曲试验(GB/T 2653)：　　　试验报告编号：LH3204

试验条件	编号	试样尺寸/mm	弯心直径/mm	弯曲角度/(°)	试验结果
侧弯	PQR3204-3	10	40	180	合格
侧弯	PQR3204-4	10	40	180	合格
侧弯	PQR3204-5	10	40	180	合格
侧弯	PQR3204-6	10	40	180	合格

焊接工艺评定报告(PQR)					
冲击试验(GB/T 229)：				试验报告编号：LH3204	
编号	试样位置	V型缺口位置	试样尺寸/mm	试验温度/℃	冲击吸收能量/J
PQR3204-7	焊缝	缺口轴线位于焊缝中心线上	5×10×55	0	46
PQR3204-8					42
PQR3204-9					36
PQR3204-10	热影响区	缺口轴线至试样纵轴线与熔合线交点的距离 $k>0$mm，且尽可能多地通过热影响区	5×10×55	0	62
PQR3204-11					54
PQR3204-12					49

金相试验(角焊缝、模拟组合件)： 试验报告编号：

检验面编号	1	2	3	4	5	6	7	8	结果
有无裂纹、未熔合									
角焊缝厚度/mm									
焊脚高 l/mm									
是否焊透									

金相检验(角焊缝、模拟组合件)：

根部：焊透□ 未焊透□

焊缝：熔合□ 未熔合□

焊缝及热影响区：有裂纹□ 无裂纹□

两焊脚之差值：

试验报告编号：

堆焊层复层熔敷金属化学成分/% 执行标准： 试验报告编号：

C	Si	Mn	P	S	Cr	Ni	Mo	Ti	Al	Nb	Fe	…

化学成分测定表面至熔合线距离/mm：

非破坏性试验：

VT外观检查：无裂纹 PT： MT： UT： RT：无裂纹

预焊接工艺规程 pWPS3205

预焊接工艺规程(pWPS)

单位名称： ××××

pWPS 编号： pWPS3205

日期： ××××

焊接方法： SAW

机动化程度： 手工□　机动☑　自动□

焊接接头： 对接☑　角接□　堆焊□

衬垫(材料及规格)： 焊缝金属

其他： /

简图(接头形式、坡口形式与尺寸、焊层、焊道布置及顺序)：

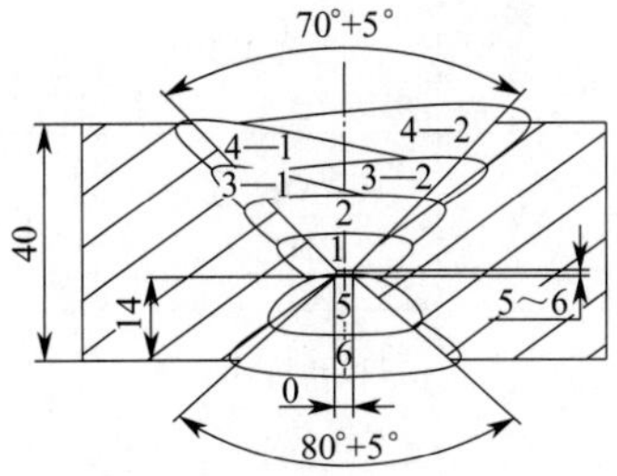

母材：

试件序号	①	②
材料	20MnMo	20MnMo
标准或规范	NB/T 47008	NB/T 47008
规格/mm	δ=40	δ=40
类别号	Fe-3	Fe-3
组别号	Fe-3-2	Fe-3-2
对接焊缝焊件母材厚度范围/mm	16～200	16～200
角焊缝焊件母材厚度范围/mm	不限	不限
管子直径、壁厚范围(对接或角接)/mm	/	/
其他：	/	

填充金属：

焊材类别(种类)	焊丝-焊剂组合	
型号(牌号)	S55A0 MS-SUM3(H08MnMoA＋HJ350)	
标准	NB/T 47018.4	
填充金属规格/mm	ϕ4.0	
焊材分类代号	FeMSG-3-2	
对接焊缝焊件焊缝金属范围/mm	0～200	
角焊缝焊件焊缝金属范围/mm	不限	
其他：	/	

预热及后热：		**气体：**			
最小预热温度/℃	100	项目	气体种类	混合比/%	流量/(L/min)
最大道间温度/℃	250	保护气	/	/	/
后热温度/℃	/	尾部保护气	/	/	/
后热保温时间/h	/	背面保护气	/	/	/

焊后热处理： SR		**焊接位置：**			
热处理温度/℃	620±20	对接焊缝位置	1G	方向(向上、向下)	/
热处理时间/h	3.5	角焊缝位置	/	方向(向上、向下)	/

预焊接工艺规程(pWPS)

电特性：

钨极类型及直径/mm：/　　喷嘴直径/mm：/

熔滴过渡形式(喷射过渡、短路过渡等)：/

(按所焊位置和工件厚度，分别将电流、电压和焊接速度范围填入下表)

焊道/焊层	焊接方法	填充金属	规格/mm	电源种类及极性	焊接电流/A	电弧电压/V	焊接速度/(cm/min)	最大热输入/(kJ/cm)
1	SAW	H08MnMoA+HJ350	ϕ4.0	DCEP	550～600	34～38	40～48	34.2
2—6	SAW	H08MnMoA+HJ350	ϕ4.0	DCEP	600～650	34～38	43～48	34.5

技术措施：

摆动焊或不摆动焊：/　　摆动参数：/

焊前清理和层间清理：刷或磨　　背面清根方法：碳弧气刨+修磨

单道焊或多道焊/每面：多道焊　　单丝焊或多丝焊：单丝

导电嘴至工件距离/mm：30～40　　锤击：/

换热管与管板的连接方式：/　　换热管与管板接头的清理方法：/

预置金属衬套：/　　预置金属衬套的形状与尺寸：/

其他：环境温度>0℃，相对湿度<90%。

检验要求及执行标准：

按 NB/T 47014—2023 及相关技术要求进行评定，项目如下：

1. 外观检查和无损检测(按 NB/T 47013.2)结果不得有裂纹；
2. 焊接接头板拉二件(按 GB/T 228)，$R_m \geq 530$MPa；
3. 焊接接头侧弯四件(按 GB/T 2653)，$D=4a$　$a=10$　$\alpha=180°$，沿任何方向不得有单条长度大于 3mm 的开口缺陷；
4. 焊缝、热影响区 0℃ KV_2 冲击各三件(按 GB/T 229)，焊接接头 V 型缺口 10mm×10mm×55mm 试样冲击吸收能量平均值不低于 31J。

编制		日期		审核		日期		批准		日期	

焊接工艺评定报告（PQR3205）

焊接工艺评定报告(PQR)

单位名称： ××××

PQR 编号：PQR3205　　　pWPS 编号：pWPS3205

焊接方法：SAW　　　机动化程度：手工□　机动☑　自动□

焊接接头：对接☑　角接□　堆焊□　　　其他：/

接头简图(接头形式、尺寸、衬垫、每种焊接方法或焊接工艺的焊缝金属厚度)：

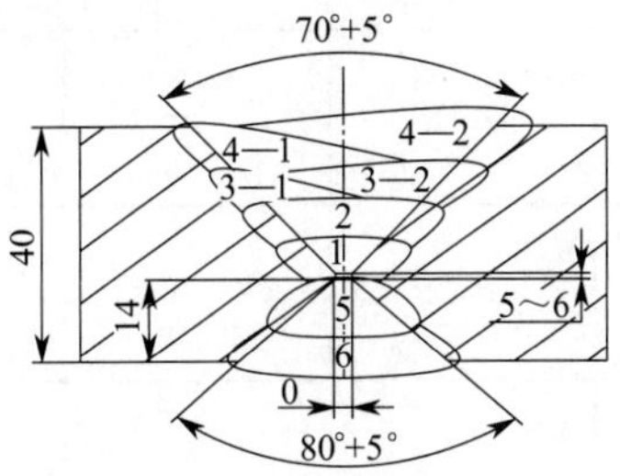

母材：

试件序号	①	②
材料	20MnMo	20MnMo
标准或规范	NB/T 47008	NB/T 47008
规格/mm	δ=40	δ=40
类别号	Fe-3	Fe-3
组别号	Fe-3-2	Fe-3-2

填充金属：

分类	焊丝-焊剂组合	
型号(牌号)	S55A0 MS-SUM3(H08MnMoA+HJ350)	
标准	NB/T 47018.4	
填充金属规格/mm	ϕ4.0	
焊材分类代号	FeMSG-3-2	
焊缝金属厚度/mm	40	

预热及后热：

最小预热温度/℃	105	最大道间温度/℃	235
后热温度及保温时间/(℃×h)	/		

焊后热处理： SR

保温温度/℃	620	保温时间/h	4

焊接位置：

对接焊缝焊接位置	1G	方向(向上、向下)	/
角焊缝焊接位置	/	方向(向上、向下)	/

气体：

项目	气体种类	混合比/%	流量/(L/min)
保护气	/	/	/
尾部保护气	/	/	/
背面保护气	/	/	/

焊接工艺评定报告(PQR)

电特性：

钨极类型及直径/mm：/　　喷嘴直径/mm：/

熔滴过渡形式(喷射过渡、短路过渡等)：/

(按所焊位置和工件厚度，分别将电流、电压和焊接速度实测值填入下表)

焊道	焊接方法	填充金属	规格/mm	电源种类及极性	焊接电流/A	电弧电压/V	焊接速度/(cm/min)	最大热输入/(kJ/cm)
1	SAW	H08MnMA+HJ350	ϕ4.0	DCEP	550～610	34～38	40～48	34.8
2—6	SAW	H08MnMA+HJ350	ϕ4.0	DCEP	600～660	34～38	43～48	34.9

技术措施：

摆动焊或不摆动焊：/　　摆动参数：/

焊前清理和层间清理：打磨　　背面清根方法：碳弧气刨+修磨

单道焊或多道焊/每面：多道焊　　单丝焊或多丝焊：单丝

导电嘴至工件距离/mm：30～40　　锤击：/

换热管与管板的连接方式：/　　换热管与管板接头的清理方法：/

预置金属衬套：/　　预置金属衬套的形状与尺寸：/

其他：

拉伸试验(GB/T 228)：　　试验报告编号：LH3205

试验条件	编号	试样宽度/mm	试样厚度/mm	横截面积/mm^2	断裂载荷/kN	R_m/MPa	断裂位置及特征
接头板拉	PQR3205-1	25.3	18.1	458	288.5	630	断于母材
	PQR3205-2	25.5	17.9	456.5	283	620	断于母材
	PQR3205-3	25.2	17.8	448.5	284.8	635	断于母材
	PQR3205-4	25.4	18.0	457.2	285.8	625	断于母材

弯曲试验(GB/T 2653)：　　试验报告编号：LH3205

试验条件	编号	试样尺寸/mm	弯心直径/mm	弯曲角度/(°)	试验结果
侧弯	PQR3205-5	10	40	180	合格
侧弯	PQR3205-6	10	40	180	合格
侧弯	PQR3205-7	10	40	180	合格
侧弯	PQR3205-8	10	40	180	合格

焊接工艺评定报告(PQR)

冲击试验(GB/T 229)： 试验报告编号：LH3205

编号	试样位置	V 型缺口位置	试样尺寸/mm	试验温度/℃	冲击吸收能量/J
PQR3205-9	焊缝	缺口轴线位于焊缝中心线上	10×10×55	0	110
PQR3205-10					90
PQR3205-11					105
PQR3205-12	热影响区	缺口轴线至试样纵轴线与熔合线交点的距离 $k>0$mm，且尽可能多地通过热影响区	10×10×55	0	120
PQR3205-13					135
PQR3205-14					127

金相试验(角焊缝、模拟组合件)： 试验报告编号：

检验面编号	1	2	3	4	5	6	7	8	结果
有无裂纹、未熔合									
角焊缝厚度/mm									
焊脚高 l/mm									
是否焊透									

金相检验(角焊缝、模拟组合件)：

根部：焊透□　　未焊透□

焊缝：熔合□　　未熔合□

焊缝及热影响区：有裂纹□　　无裂纹□

两焊脚之差值：

试验报告编号：

堆焊层复层熔敷金属化学成分/% 执行标准： 试验报告编号：

C	Si	Mn	P	S	Cr	Ni	Mo	Ti	Al	Nb	Fe	…

化学成分测定表面至熔合线距离/mm：

非破坏性试验：

VT 外观检查：无裂纹　　PT：　　MT：　　UT：　　RT：无裂纹

预焊接工艺规程 pWPS3206

预焊接工艺规程(pWPS)

单位名称: ××××

pWPS 编号: pWPS3206

日期: ××××

焊接方法: GTAW

机动化程度: 手工☑ 机动□ 自动□

焊接接头: 对接☑ 角接□ 堆焊□

衬垫(材料及规格): 焊缝金属

其他: /

简图(接头形式、坡口形式与尺寸、焊层、焊道布置及顺序):

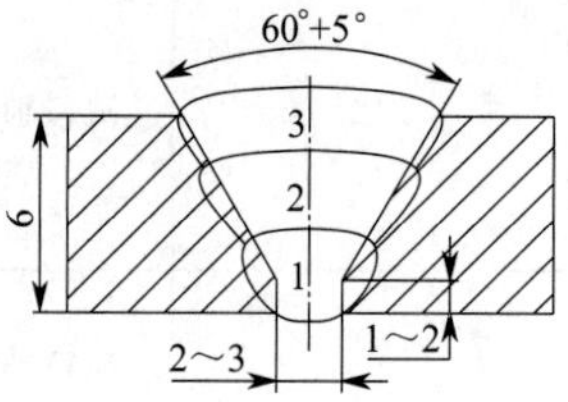

母材:

试件序号	①	②
材料	20MnMo	20MnMo
标准或规范	NB/T 47008	NB/T 47008
规格/mm	δ=6	δ=6
类别号	Fe-3	Fe-3
组别号	Fe-3-2	Fe-3-2
对接焊缝焊件母材厚度范围/mm	6～12	6～12
角焊缝焊件母材厚度范围/mm	不限	不限
管子直径、壁厚范围(对接或角接)/mm	/	/
其他:	/	

填充金属:

焊材类别(种类)	焊丝	
型号(牌号)	ER55-D2(H08MnMoA)	
标准	NB/T 47018.3	
填充金属规格/mm	ϕ2.5	
焊材分类代号	FeS-3-2	
对接焊缝焊件焊缝金属范围/mm	0～12	
角焊缝焊件焊缝金属范围/mm	不限	
其他:	/	

预热及后热:		**气体:**			
最小预热温度/℃	80	项目	气体种类	混合比/%	流量/(L/min)
最大道间温度/℃	250	保护气	Ar	99.99	8～12
后热温度/℃	/	尾部保护气	/	/	/
后热保温时间/h	/	背面保护气	/	/	/

焊后热处理:	SR	**焊接位置:**			
热处理温度/℃	620±20	对接焊缝位置	1G	方向(向上、向下)	/
热处理时间/h	3	角焊缝位置	/	方向(向上、向下)	/

预焊接工艺规程(pWPS)

电特性：

钨极类型及直径/mm：铈钨极，ϕ3.0　　喷嘴直径/mm：ϕ12

熔滴过渡形式(喷射过渡、短路过渡等)：/

(按所焊位置和工件厚度，分别将电流、电压和焊接速度范围填入下表)

焊道/焊层	焊接方法	填充金属	规格/mm	电源种类及极性	焊接电流/A	电弧电压/V	焊接速度/(cm/min)	最大热输入/(kJ/cm)
1	GTAW	H08MnMoA	ϕ2.5	DCEN	120～150	14～16	8～12	18.0
2	GTAW	H08MnMoA	ϕ2.5	DCEN	140～170	14～16	10～14	16.3
3	GTAW	H08MnMoA	ϕ2.5	DCEN	150～180	14～16	10～14	17.3

技术措施：

摆动焊或不摆动焊：/　　摆动参数：/

焊前清理和层间清理：刷或磨　　背面清根方法：修磨

单道焊或多道焊/每面：一面，多道焊　　单丝焊或多丝焊：单丝

导电嘴至工件距离/mm：/　　锤击：/

换热管与管板的连接方式：/　　换热管与管板接头的清理方法：/

预置金属衬套：/　　预置金属衬套的形状与尺寸：/

其他：环境温度>0℃，相对湿度<90%。

检验要求及执行标准：

按 NB/T 47014—2023 及相关技术要求进行评定，项目如下：

1. 外观检查和无损检测(按 NB/T 47013.2)结果不得有裂纹；
2. 焊接接头板拉二件(按 GB/T 228)，$R_m \geqslant 530$MPa；
3. 焊接接头面弯、背弯各二件(按 GB/T 2653)，$D=4a$　$a=6$　$\alpha=180°$，沿任何方向不得有单条长度大于 3mm 的开口缺陷；
4. 焊缝、热影响区 0℃ KV_2 冲击各三件(按 GB/T 229)，焊接接头 V 型缺口 5mm×10mm×55mm 试样冲击吸收能量平均值不低于 15.5J。

编制		日期		审核		日期		批准		日期	

焊接工艺评定报告（PQR3206）

焊接工艺评定报告(PQR)

单位名称： ××××

PQR 编号： PQR3206　　pWPS 编号： pWPS3206

焊接方法： GTAW　　机动化程度： 手工☑　机动□　自动□

焊接接头： 对接☑　角接□　堆焊□　　其他： /

接头简图(接头形式、尺寸、衬垫、每种焊接方法或焊接工艺的焊缝金属厚度)：

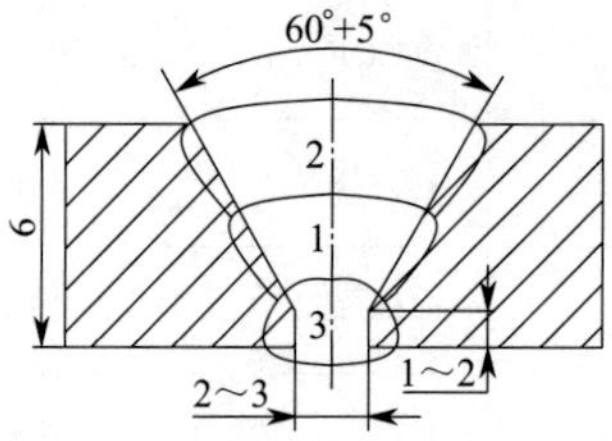

母材：

试件序号	①	②
材料	20MnMo	20MnMo
标准或规范	NB/T 47008	NB/T 47008
规格/mm	δ=6	δ=6
类别号	Fe-3	Fe-3
组别号	Fe-3-2	Fe-3-2

填充金属：

分类	焊丝	
型号(牌号)	ER55-D2(H08MnMoA)	
标准	NB/T 47018.3	
填充金属规格/mm	ϕ2.5	
焊材分类代号	FeS-3-2	
焊缝金属厚度/mm	6	

预热及后热：

最小预热温度/℃	85	最大道间温度/℃	235
后热温度及保温时间/(℃×h)	/		

焊后热处理： SR

保温温度/℃	620	保温时间/h	3

焊接位置：

对接焊缝焊接位置	1G	方向(向上、向下)	/
角焊缝焊接位置	/	方向(向上、向下)	/

气体：

项目	气体种类	混合比/%	流量/(L/min)
保护气	Ar	99.99	8～12
尾部保护气	/	/	/
背面保护气	/	/	/

焊接工艺评定报告(PQR)

电特性：

钨极类型及直径/mm：铈钨极，ϕ3.0　　喷嘴直径：/mm ϕ12

熔滴过渡形式(喷射过渡、短路过渡等)：/

(按所焊位置和工件厚度，分别将电流、电压和焊接速度实测值填入下表)

焊道	焊接方法	填充金属	规格/mm	电源种类及极性	焊接电流/A	电弧电压/V	焊接速度/(cm/min)	最大热输入/(kJ/cm)
1	GTAW	H08MnMoA	ϕ2.5	DCEN	120～160	14～16	8～12	19.2
2	GTAW	H08MnMoA	ϕ2.5	DCEN	140～180	14～16	10～14	17.3
3	GTAW	H08MnMoA	ϕ2.5	DCEN	150～190	14～16	10～14	18.2

技术措施：

摆动焊或不摆动焊：/　　摆动参数：/

焊前清理和层间清理：打磨　　背面清根方法：修磨

单道焊或多道焊/每面：一面，多道焊　　单丝焊或多丝焊：单丝

导电嘴至工件距离/mm：/　　锤击：/

换热管与管板的连接方式：/　　换热管与管板接头的清理方法：/

预置金属衬套：/　　预置金属衬套的形状与尺寸：/

其他：

拉伸试验(GB/T 228)：　　试验报告编号：LH3206

试验条件	编号	试样宽度/mm	试样厚度/mm	横截面积/mm^2	断裂载荷/kN	R_m/MPa	断裂位置及特征
接头板拉	PQR3206-1	25.1	6.1	153.1	99.5	650	断于母材
	PQR3206-2	25.3	6.2	156.9	99.7	635	断于母材

弯曲试验(GB/T 2653)：　　试验报告编号：LH3206

试验条件	编号	试样尺寸/mm	弯心直径/mm	弯曲角度/(°)	试验结果
面弯	PQR3206-3	6	24	180	合格
面弯	PQR3206-4	6	24	180	合格
背弯	PQR3206-5	6	24	180	合格
背弯	PQR3206-6	6	24	180	合格

焊接工艺评定报告(PQR)

冲击试验(GB/T 229): 试验报告编号:LH3206

编号	试样位置	V 型缺口位置	试样尺寸/mm	试验温度/℃	冲击吸收能量/J
PQR3206-7	焊缝	缺口轴线位于焊缝中心线上	5×10×55	0	88
PQR3206-8					75
PQR3206-9					70
PQR3206-10	热影响区	缺口轴线至试样纵轴线与熔合线交点的距离 $k>0$mm,且尽可能多地通过热影响区	5×10×55	0	90
PQR3206-11					70
PQR3206-12					77

金相试验(角焊缝、模拟组合件): 试验报告编号:

检验面编号	1	2	3	4	5	6	7	8	结果
有无裂纹、未熔合									
角焊缝厚度/mm									
焊脚高 l/mm									
是否焊透									

金相检验(角焊缝、模拟组合件):

根部:焊透□ 未焊透□

焊缝:熔合□ 未熔合□

焊缝及热影响区:有裂纹□ 无裂纹□

两焊脚之差值:

试验报告编号:

堆焊层复层熔敷金属化学成分/% 执行标准: 试验报告编号:

C	Si	Mn	P	S	Cr	Ni	Mo	Ti	Al	Nb	Fe	…

化学成分测定表面至熔合线距离/mm:

非破坏性试验:

VT 外观检查:无裂纹 PT: MT: UT: RT:无裂纹

预焊接工艺规程 pWPS 3207

预焊接工艺规程(pWPS)

单位名称： ××××

pWPS 编号： pWPS 3207

日期： ××××

焊接方法： GTAW 机动化程度： 手工☑　机动□　自动□ 焊接接头： 对接☑　角接□　堆焊□ 衬垫(材料及规格)： 焊缝金属 其他： /	**简图(接头形式、坡口形式与尺寸、焊层、焊道布置及顺序)：**

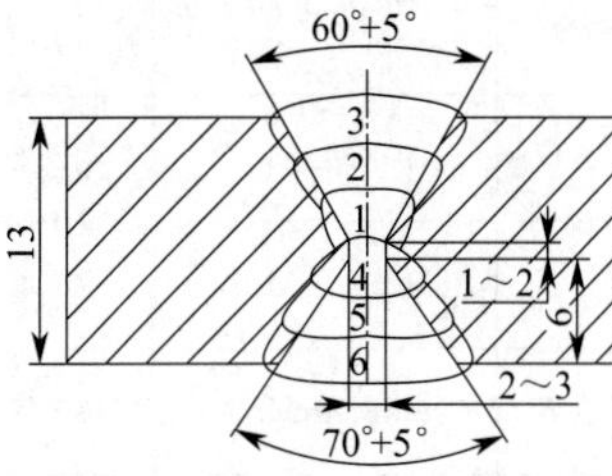

母材：

试件序号	①	②
材料	20MnMo	20MnMo
标准或规范	NB/T 47008	NB/T 47008
规格/mm	δ=13	δ=13
类别号	Fe-3	Fe-3
组别号	Fe-3-2	Fe-3-2
对接焊缝焊件母材厚度范围/mm	13～26	13～26
角焊缝焊件母材厚度范围/mm	不限	不限
管子直径、壁厚范围(对接或角接)/mm	/	/
其他：	/	

填充金属：

焊材类别(种类)	焊丝	
型号(牌号)	ER55-D2(H08MnMoA)	
标准	NB/T 47018.3	
填充金属规格/mm	ϕ2.5，ϕ3.2	
焊材分类代号	FeS-3-2	
对接焊缝焊件焊缝金属范围/mm	0～26	
角焊缝焊件焊缝金属范围/mm	不限	
其他：	/	

预热及后热：		**气体：**			
最小预热温度/℃	80	项目	气体种类	混合比/%	流量/(L/min)
最大道间温度/℃	250	保护气	Ar	99.99	8～12
后热温度/℃	/	尾部保护气	/	/	/
后热保温时间/h	/	背面保护气	/	/	/

焊后热处理：	SR	**焊接位置：**			
热处理温度/℃	620±20	对接焊缝位置	1G	方向(向上、向下)	/
热处理时间/h	3	角焊缝位置	/	方向(向上、向下)	/

预焊接工艺规程(pWPS)

电特性：

钨极类型及直径/mm：铈钨极，ϕ3.0　　喷嘴直径/mm：ϕ12

熔滴过渡形式(喷射过渡、短路过渡等)：/

(按所焊位置和工件厚度，分别将电流、电压和焊接速度范围填入下表)

焊道/焊层	焊接方法	填充金属	规格/mm	电源种类及极性	焊接电流/A	电弧电压/V	焊接速度/(cm/min)	最大热输入/(kJ/cm)
1	GTAW	H08MnMoA	ϕ2.5	DCEN	120～160	14～16	8～12	19.2
2—3	GTAW	H08MnMoA	ϕ3.2	DCEN	170～200	14～16	9～14	21.3
4	GTAW	H08MnMoA	ϕ3.2	DCEN	170～200	14～16	8～12	24.0
5—6	GTAW	H08MnMoA	ϕ3.2	DCEN	170～200	14～16	9～14	19.2

技术措施：

摆动焊或不摆动焊：/　　摆动参数：/

焊前清理和层间清理：刷或磨　　背面清根方法：修磨

单道焊或多道焊/每面：多道焊　　单丝焊或多丝焊：单丝

导电嘴至工件距离/mm：/　　锤击：/

换热管与管板的连接方式：/　　换热管与管板接头的清理方法：/

预置金属衬套：/　　预置金属衬套的形状与尺寸：/

其他：环境温度>0℃，相对湿度<90%。

检验要求及执行标准：

按 NB/T 47014—2023 及相关技术要求进行评定，项目如下：

1. 外观检查和无损检测(按 NB/T 47013.2)结果不得有裂纹；
2. 焊接接头板拉二件(按 GB/T 228)，$R_m \geqslant 530$MPa；
3. 焊接接头侧弯四件(按 GB/T 2653)，$D=4a$　$a=10$　$\alpha=180°$，沿任何方向不得有单条长度大于 3mm 的开口缺陷；
4. 焊缝、热影响区 0℃ KV_2 冲击各三件(按 GB/T 229)，焊接接头 V 型缺口 10mm×10mm×55mm 试样冲击吸收能量平均值不低于 31J。

编制		日期		审核		日期		批准		日期	

焊接工艺评定报告（PQR3207）

焊接工艺评定报告(PQR)

单位名称： ××××

PQR 编号：PQR3207　　pWPS 编号：pWPS 3207

焊接方法：GTAW　　机动化程度：手工☑　机动☐　自动☐

焊接接头：对接☑　角接☐　堆焊☐　　其他：/

接头简图(接头形式、尺寸、衬垫、每种焊接方法或焊接工艺的焊缝金属厚度)：

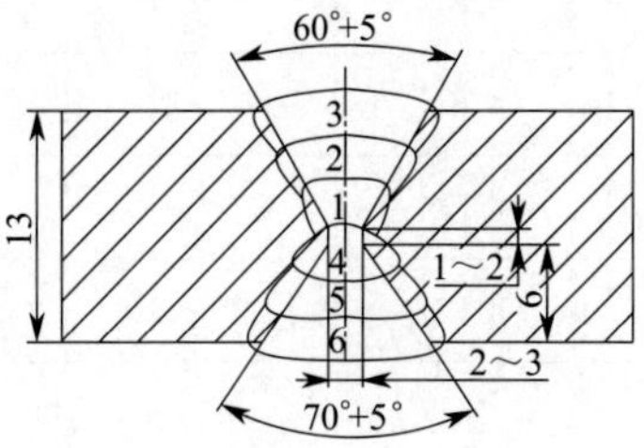

母材：

试件序号	①	②
材料	20MnMo	20MnMo
标准或规范	NB/T 47008	NB/T 47008
规格/mm	δ=13	δ=13
类别号	Fe-3	Fe-3
组别号	Fe-3-2	Fe-3-2

填充金属：

分类	焊丝	
型号(牌号)	ER55-D2(H08MnMoA)	
标准	NB/T 47018.3	
填充金属规格/mm	ϕ2.5,ϕ3.2	
焊材分类代号	FeS-3-2	
焊缝金属厚度/mm	13	

预热及后热：

最小预热温度/℃	85	最大道间温度/℃	235
后热温度及保温时间/(℃×h)	/		

焊后热处理： SR

保温温度/℃	620	保温时间/h	3

焊接位置：

对接焊缝焊接位置	1G	方向(向上、向下)	/
角焊缝焊接位置	/	方向(向上、向下)	/

气体：

项目	气体种类	混合比/%	流量/(L/min)
保护气	Ar	99.99	8~12
尾部保护气	/	/	/
背面保护气	/	/	/

焊接工艺评定报告(PQR)

电特性：

钨极类型及直径/mm：铈钨极，ϕ3.0　　喷嘴直径/mm：ϕ12

熔滴过渡形式(喷射过渡、短路过渡等)：/

(按所焊位置和工件厚度，分别将电流、电压和焊接速度实测值填入下表)

焊道	焊接方法	填充金属	规格/mm	电源种类及极性	焊接电流/A	电弧电压/V	焊接速度/(cm/min)	最大热输入/(kJ/cm)
1	GTAW	H08MnMoA	ϕ2.5	DCEN	120～170	14～16	8～12	20.4
2—3	GTAW	H08MnMoA	ϕ3.2	DCEN	170～210	14～16	9～14	22.4
4	GTAW	H08MnMoA	ϕ3.2	DCEN	170～210	14～16	8～12	25.2
5—6	GTAW	H08MnMoA	ϕ3.2	DCEN	170～210	14～16	9～14	22.4

技术措施：

摆动焊或不摆动焊：/　　摆动参数：/

焊前清理和层间清理：打磨　　背面清根方法：修磨

单道焊或多道焊/每面：多道焊　　单丝焊或多丝焊：单丝

导电嘴至工件距离/mm：/　　锤击：/

换热管与管板的连接方式：/　　换热管与管板接头的清理方法：/

预置金属衬套：/　　预置金属衬套的形状与尺寸：/

其他：

拉伸试验(GB/T 288)：　　试验报告编号：LH3207

试验条件	编号	试样宽度/mm	试样厚度/mm	横截面积/mm^2	断裂载荷/kN	R_m/MPa	断裂位置及特征
接头板拉	PQR3207-1	25.2	13.4	337.7	206	610	断于母材
	PQR3207-2	25.2	13.2	332.6	199.6	600	断于母材

弯曲试验(GB/T 2653)：　　试验报告编号：LH3207

试验条件	编号	试样尺寸/mm	弯心直径/mm	弯曲角度/(°)	试验结果
侧弯	PQR3207-3	10	40	180	合格
侧弯	PQR3207-4	10	40	180	合格
侧弯	PQR3207-5	10	40	180	合格
侧弯	PQR3207-6	10	40	180	合格

焊接工艺评定报告(PQR)

冲击试验(GB/T 229): 试验报告编号:LH3207

编号	试样位置	V型缺口位置	试样尺寸/mm	试验温度/℃	冲击吸收能量/J
PQR3207-7	焊缝	缺口轴线位于焊缝中心线上	10×10×55	0	98
PQR3207-8					124
PQR3207-9					87
PQR3207-10	热影响区	缺口轴线至试样纵轴线与熔合线交点的距离 $k>0$mm,且尽可能多地通过热影响区	10×10×55	0	143
PQR3207-11					126
PQR3207-12					138

金相试验(角焊缝、模拟组合件): 试验报告编号:

检验面编号	1	2	3	4	5	6	7	8	结果
有无裂纹、未熔合									
角焊缝厚度/mm									
焊脚高 l/mm									
是否焊透									

金相检验(角焊缝、模拟组合件):

根部: 焊透□ 未焊透□

焊缝: 熔合□ 未熔合□

焊缝及热影响区: 有裂纹□ 无裂纹□

两焊脚之差值:

试验报告编号:

堆焊层复层熔敷金属化学成分/% 执行标准: 试验报告编号:

C	Si	Mn	P	S	Cr	Ni	Mo	Ti	Al	Nb	Fe	…

化学成分测定表面至熔合线距离/mm:

非破坏性试验:

VT外观检查: 无裂纹 PT: MT: UT: RT: 无裂纹

第六节　低合金高强度钢的焊接工艺评定（Fe-3-3）

预焊接工艺规程 pWPS3301

预焊接工艺规程(pWPS)		
单位名称：××××		
pWPS 编号：pWPS3301		
日期：××××		

焊接方法：SMAW 机动化程度：手工☑　机动□　自动□ 焊接接头：对接☑　角接□　堆焊□ 衬垫(材料及规格)：焊缝金属 其他：/	简图(接头形式、坡口形式与尺寸、焊层、焊道布置及顺序)： 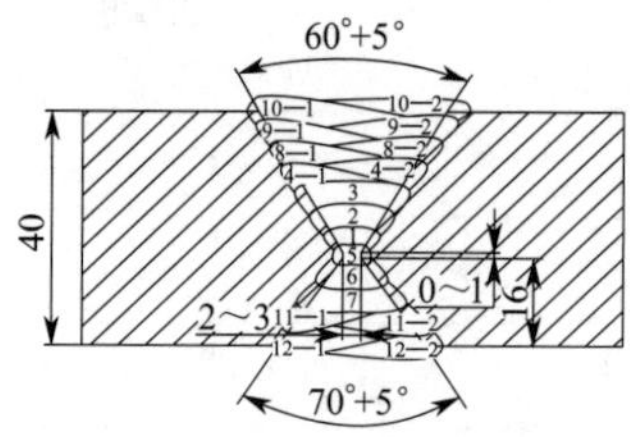

母材：		
试件序号	①	②
材料	13MnNiMoR	13MnNiMoR
标准或规范	GB/T 713	GB/T 713
规格/mm	$\delta=40$	$\delta=40$
类别号	Fe-3	Fe-3
组别号	Fe-3-3	Fe-3-3
对接焊缝焊件母材厚度范围/mm	16～200	16～200
角焊缝焊件母材厚度范围/mm	不限	不限
管子直径、壁厚范围(对接或角接)/mm	/	/
其他：	/	

填充金属：		
焊材类别(种类)	焊条	
型号(牌号)	E5915-G(J607)	
标准	NB/T 47018.2	
填充金属规格/mm	$\phi4.0$,$\phi5.0$	
焊材分类代号	FeT-3-3	
对接焊缝焊件焊缝金属范围/mm	0～200	
角焊缝焊件焊缝金属范围/mm	不限	
其他：	/	

预热及后热：		气体：			
最小预热温度/℃	100	项目	气体种类	混合比/%	流量/(L/min)
最大道间温度/℃	250	保护气	/	/	/
后热温度/℃	/	尾部保护气	/	/	/
后热保温时间/h	/	背面保护气	/	/	/

焊后热处理：	SR	焊接位置：			
热处理温度/℃	620±20	对接焊缝位置	1G	方向(向上、向下)	/
热处理时间/h	4	角焊缝位置	/	方向(向上、向下)	/

预焊接工艺规程(pWPS)

电特性：

钨极类型及直径/mm：/　　喷嘴直径/mm：/

熔滴过渡形式(喷射过渡、短路过渡等)：/

(按所焊位置和工件厚度，分别将电流、电压和焊接速度范围填入下表)

焊道/焊层	焊接方法	填充金属	规格/mm	电源种类及极性	焊接电流/A	电弧电压/V	焊接速度/(cm/min)	最大热输入/(kJ/cm)
1	SMAW	J607	ϕ4.0	DCEP	160～180	24～26	10～13	28.1
2—4	SMAW	J607	ϕ5.0	DCEP	180～210	24～26	10～14	32.8
5	SMAW	J607	ϕ4.0	DCEP	160～180	24～26	10～12	28.1
6—12	SMAW	J607	ϕ5.0	DCEP	180～210	24～26	10～14	32.8

技术措施：

摆动焊或不摆动焊：/　　摆动参数：/

焊前清理和层间清理：刷或磨　　背面清根方法：碳弧气刨＋修磨

单道焊或多道焊/每面：多道焊　　单丝焊或多丝焊：/

导电嘴至工件距离/mm：/　　锤击：/

换热管与管板的连接方式：/　　换热管与管板接头的清理方法：/

预置金属衬套：/　　预置金属衬套的形状与尺寸：/

其他：环境温度＞0℃，相对湿度＜90％。

检验要求及执行标准：

按NB/T 47014—2023及相关技术要求进行评定，项目如下：

1. 外观检查和无损检测(按NB/T 47013.2)结果不得有裂纹；
2. 焊接接头板拉二件(按GB/T 228)，$R_m \geq 570$MPa；
3. 焊接接头侧弯四件(按GB/T 2653)，$D=4a$　$a=10$　$\alpha=180°$，沿任何方向不得有单条长度大于3mm的开口缺陷；
4. 焊缝、热影响区0℃ KV_2 冲击各三件(按GB/T 229)，焊接接头V型缺口10mm×10mm×55mm试样冲击吸收能量平均值不低于34J。

编制		日期		审核		日期		批准		日期	

焊接工艺评定报告（PQR3301）

焊接工艺评定报告(PQR)

单位名称：××××

PQR 编号：PQR3301　　pWPS 编号：pWPS3301

焊接方法：SMAW　　机动化程度：手工☑　机动□　自动□

焊接接头：对接☑　角接□　堆焊□　　其他：/

接头简图(接头形式、尺寸、衬垫、每种焊接方法或焊接工艺的焊缝金属厚度)：

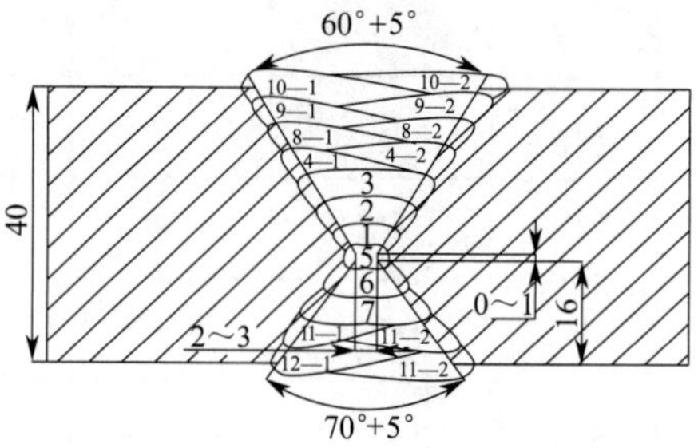

母材：

试件序号	①	②
材料	13MnNiMoR	13MnNiMoR
标准或规范	GB/T 713	GB/T 713
规格/mm	δ=40	δ=40
类别号	Fe-3	Fe-3
组别号	Fe-3-3	Fe-3-3

填充金属：

分类	焊条	
型号(牌号)	E5915-G(J607)	
标准	NB/T 47018.2	
填充金属规格/mm	ϕ4.0，ϕ5.0	
焊材分类代号	FeT-3-3	
焊缝金属厚度/mm	40	

预热及后热：

最小预热温度/℃	105	最大道间温度/℃	235
后热温度及保温时间/(℃×h)	/		

焊后热处理： SR

保温温度/℃	620	保温时间/h	4

焊接位置：

对接焊缝焊接位置	1G	方向(向上、向下)	/
角焊缝焊接位置	/	方向(向上、向下)	/

气体：

项目	气体种类	混合比/%	流量/(L/min)
保护气	/	/	/
尾部保护气	/	/	/
背面保护气	/	/	/

焊接工艺评定报告(PQR)

电特性：

钨极类型及直径/mm：/ 喷嘴直径/mm：/

熔滴过渡形式(喷射过渡、短路过渡等)：/

(按所焊位置和工件厚度，分别将电流、电压和焊接速度实测值填入下表)

焊道	焊接方法	填充金属	规格/mm	电源种类及极性	焊接电流/A	电弧电压/V	焊接速度/(cm/min)	最大热输入/(kJ/cm)
1	SMAW	J607	ϕ4.0	DCEP	160～190	24～26	10～13	29.6
2—4	SMAW	J607	ϕ5.0	DCEP	180～220	24～26	10～14	34.3
5	SMAW	J607	ϕ4.0	DCEP	160～220	24～26	10～12	29.6
6—12	SMAW	J607	ϕ5.0	DCEP	180～220	24～26	10～14	34.3

技术措施：

摆动焊或不摆动焊：/ 摆动参数：/

焊前清理和层间清理：打磨 背面清根方法：碳弧气刨＋修磨

单道焊或多道焊/每面：多道焊 单丝焊或多丝焊：/

导电嘴至工件距离/mm：/ 锤击：/

换热管与管板的连接方式：/ 换热管与管板接头的清理方法：/

预置金属衬套：/ 预置金属衬套的形状与尺寸：/

其他：

拉伸试验(GB/T 228)： 试验报告编号：LH3301

试验条件	编号	试样宽度/mm	试样厚度/mm	横截面积/mm^2	断裂载荷/kN	R_m/MPa	断裂位置及特征
接头板拉	PQR3301-1	24.9	17.7	440.7	293.1	665	断于母材
	PQR3301-2	25.2	18.1	456.1	311.1	682	断于母材
	PQR3301-3	25.0	18.2	455	309.4	680	断于母材
	PQR3301-4	25.0	17.6	440	286	650	断于母材

弯曲试验(GB/T 2653)： 试验报告编号：LH3301

试验条件	编号	试样尺寸/mm	弯心直径/mm	弯曲角度/(°)	试验结果
侧弯	PQR3301-5	10	40	180	合格
侧弯	PQR3301-6	10	40	180	合格
侧弯	PQR3301-7	10	40	180	合格
侧弯	PQR3301-8	10	40	180	合格

焊接工艺评定报告(PQR)

冲击试验(GB/T 229)： 试验报告编号：LH3301

编号	试样位置	V型缺口位置	试样尺寸/mm	试验温度/℃	冲击吸收能量/J
PQR3301-9	焊缝	缺口轴线位于焊缝中心线上	10×10×55	0	104
PQR3301-10					115
PQR3301-11					92
PQR3301-12	热影响区	缺口轴线至试样纵轴线与熔合线交点的距离 $k>0$mm，且尽可能多地通过热影响区	10×10×55	0	130
PQR3301-13					143
PQR3301-14					128

金相试验(角焊缝、模拟组合件)： 试验报告编号：

检验面编号	1	2	3	4	5	6	7	8	结果
有无裂纹、未熔合									
角焊缝厚度/mm									
焊脚高 l/mm									
是否焊透									

金相检验(角焊缝、模拟组合件)：

根部：焊透□ 未焊透□

焊缝：熔合□ 未熔合□

焊缝及热影响区：有裂纹□ 无裂纹□

两焊脚之差值：

试验报告编号：

堆焊层复层熔敷金属化学成分/% 执行标准： 试验报告编号：

C	Si	Mn	P	S	Cr	Ni	Mo	Ti	Al	Nb	Fe	…

化学成分测定表面至熔合线距离/mm：

非破坏性试验：

VT外观检查：无裂纹 PT： MT： UT： RT：无裂纹

预焊接工艺规程 pWPS3302

预焊接工艺规程(pWPS)				
单位名称： ×××× pWPS 编号：pWPS 3302 日期：××××				
焊接方法： SMAW 机动化程度：手工☑　机动□　自动□ 焊接接头：对接☑　角接□　堆焊□ 衬垫(材料及规格)：焊缝金属 其他：/	**简图(接头形式、坡口形式与尺寸、焊层、焊道布置及顺序)：** 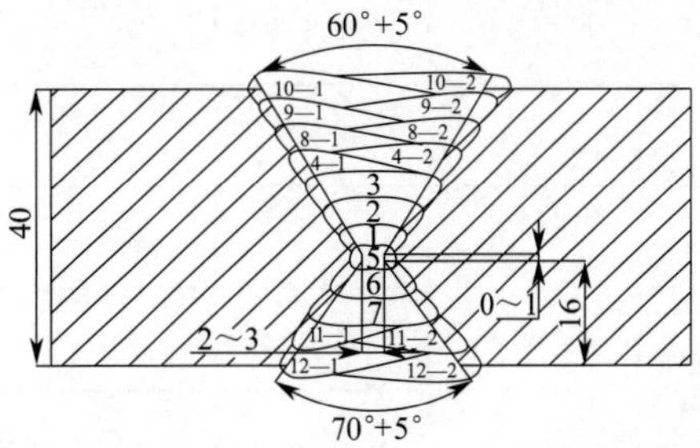 			
母材：				
试件序号	①		②	
材料	13MnNiMoR		13MnNiMoR	
标准或规范	GB/T 713		GB/T 713	
规格/mm	$\delta=40$		$\delta=40$	
类别号	Fe-3		Fe-3	
组别号	Fe-3-3		Fe-3-3	
对接焊缝焊件母材厚度范围/mm	5～200		5～200	
角焊缝焊件母材厚度范围/mm	不限		不限	
管子直径、壁厚范围(对接或角接)/mm	/		/	
其他：	/			
填充金属：				
焊材类别(种类)	焊条			
型号(牌号)	E5915-G(J607)			
标准	NB/T 47018.2			
填充金属规格/mm	$\phi 4.0$，$\phi 5.0$			
焊材分类代号	FeT-3-3			
对接焊缝焊件焊缝金属范围/mm	0～200			
角焊缝焊件焊缝金属范围/mm	不限			
其他：	/			

预热及后热：		**气体：**			
最小预热温度/℃	100	项目	气体种类	混合比/%	流量/(L/min)
最大道间温度/℃	250	保护气	/	/	/
后热温度/℃	/	尾部保护气	/	/	/
后热保温时间/h	/	背面保护气	/	/	/
焊后热处理：	N+SR	**焊接位置：**			
热处理温度/℃	N：950±20　SR：620±20	对接焊缝位置	1G	方向(向上、向下)	/
热处理时间/h	N：1　SR：4	角焊缝位置	/	方向(向上、向下)	/

预焊接工艺规程(pWPS)

电特性：

钨极类型及直径/mm：/　　喷嘴直径/mm：/

熔滴过渡形式(喷射过渡、短路过渡等)：/

(按所焊位置和工件厚度，分别将电流、电压和焊接速度范围填入下表)

焊道/焊层	焊接方法	填充金属	规格/mm	电源种类及极性	焊接电流/A	电弧电压/V	焊接速度/(cm/min)	最大热输入/(kJ/cm)
1	SMAW	J607	ϕ4.0	DCEP	160～180	24～26	10～13	28.1
2—4	SMAW	J607	ϕ5.0	DCEP	180～210	24～26	10～14	32.8
5	SMAW	J607	ϕ4.0	DCEP	160～180	24～26	10～12	28.1
6—12	SMAW	J607	ϕ5.0	DCEP	180～210	24～26	10～14	32.8

技术措施：

摆动焊或不摆动焊：/　　摆动参数：/

焊前清理和层间清理：刷或磨　　背面清根方法：碳弧气刨＋修磨

单道焊或多道焊/每面：多道焊　　单丝焊或多丝焊：/

导电嘴至工件距离/mm：/　　锤击：/

换热管与管板的连接方式：/　　换热管与管板接头的清理方法：/

预置金属衬套：/　　预置金属衬套的形状与尺寸：/

其他：环境温度＞0℃，相对湿度＜90%。

检验要求及执行标准：

按NB/T 47014—2023及相关技术要求进行评定，项目如下：

1. 外观检查和无损检测(按NB/T 47013.2)结果不得有裂纹；
2. 焊接接头板拉二件(按GB/T 228)，$R_m \geqslant 570$MPa；
3. 焊接接头侧弯四件(按GB/T 2653)，$D=4a$　$a=10$　$\alpha=180°$，沿任何方向不得有单条长度大于3mm的开口缺陷；
4. 焊缝、热影响区0℃ KV_2 冲击各三件(按GB/T 229)，焊接接头V型缺口10mm×10mm×55mm试样冲击吸收能量平均值不低于34J。

编制		日期		审核		日期		批准		日期	

焊接工艺评定报告(PQR3302)

焊接工艺评定报告(PQR)

单位名称： ××××

PQR 编号：PQR3302　　pWPS 编号：pWPS3302

焊接方法：SMAW　　机动化程度：手工☑　机动□　自动□

焊接接头：对接☑　角接□　堆焊□　　其他：/

接头简图(接头形式、尺寸、衬垫、每种焊接方法或焊接工艺的焊缝金属厚度)：

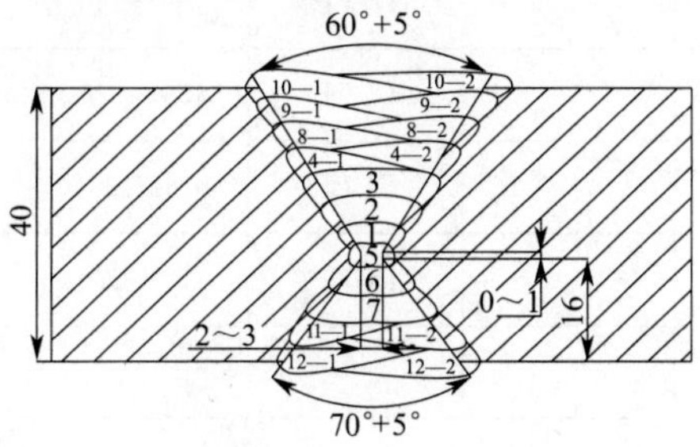

母材：

试件序号	①	②
材料	13MnNiMoR	13MnNiMoR
标准或规范	GB/T 713	GB/T 713
规格/mm	δ=40	δ=40
类别号	Fe-3	Fe-3
组别号	Fe-3-3	Fe-3-3

填充金属：

分类	焊条	
型号(牌号)	E5915-G(J607)	
标准	NB/T 47018.2	
填充金属规格/mm	ϕ4.0,ϕ5.0	
焊材分类代号	FeT-3-3	
焊缝金属厚度/mm	40	

预热及后热：

最小预热温度/℃	105	最大道间温度/℃	235
后热温度及保温时间/(℃×h)	/		

焊后热处理： N+SR

保温温度/℃	N:950　SR:630	保温时间/h	N:1　SR:4

焊接位置：

对接焊缝焊接位置	1G	方向(向上、向下)	/
角焊缝焊接位置	/	方向(向上、向下)	/

气体：

项目	气体种类	混合比/%	流量/(L/min)
保护气	/	/	/
尾部保护气	/	/	/
背面保护气	/	/	/

焊接工艺评定报告(PQR)

电特性：

钨极类型及直径/mm：/　　喷嘴直径/mm：/

熔滴过渡形式(喷射过渡、短路过渡等)：/

(按所焊位置和工件厚度，分别将电流、电压和焊接速度实测值填入下表)

焊道	焊接方法	填充金属	规格/mm	电源种类及极性	焊接电流/A	电弧电压/V	焊接速度/(cm/min)	最大热输入/(kJ/cm)
1	SMAW	J607	ϕ4.0	DCEP	160～190	24～26	10～13	29.6
2—4	SMAW	J607	ϕ5.0	DCEP	180～220	24～26	10～14	34.3
5	SMAW	J607	ϕ4.0	DCEP	160-220	24～26	10～12	29.6
6—12	SMAW	J607	ϕ5.0	DCEP	180～220	24～26	10～14	34.3

技术措施：

摆动焊或不摆动焊：/　　摆动参数：/

焊前清理和层间清理：打磨　　背面清根方法：碳弧气刨＋修磨

单道焊或多道焊/每面：多道焊　　单丝焊或多丝焊：/

导电嘴至工件距离/mm：/　　锤击：/

换热管与管板的连接方式：/　　换热管与管板接头的清理方法：/

预置金属衬套：/　　预置金属衬套的形状与尺寸：/

其他：

拉伸试验(GB/T 228)：　　试验报告编号：LH3302

试验条件	编号	试样宽度/mm	试样厚度/mm	横截面积/mm^2	断裂载荷/kN	R_m/MPa	断裂位置及特征
接头板拉	PQR3302-1	25.3	17.7	447.8	279.9	625	断于母材
	PQR3302-2	25.0	17.7	442.5	281	635	断于母材
	PQR3302-3	25.1	17.8	446.8	274.8	615	断于母材
	PQR3302-4	25.2	17.9	451.1	279.2	619	断于母材

弯曲试验(GB/T 2653)：　　试验报告编号：LH3302

试验条件	编号	试样尺寸/mm	弯心直径/mm	弯曲角度/(°)	试验结果
侧弯	PQR3302-5	10	40	180	合格
侧弯	PQR3302-6	10	40	180	合格
侧弯	PQR3302-7	10	40	180	合格
侧弯	PQR3302-8	10	40	180	合格

焊接工艺评定报告(PQR)

冲击试验(GB/T 229)： 试验报告编号：LH3302

编号	试样位置	V型缺口位置	试样尺寸/mm	试验温度/℃	冲击吸收能量/J
PQR3302-9	焊缝	缺口轴线位于焊缝中心线上	10×10×55	0	94
PQR3302-10					110
PQR3302-11					102
PQR3302-12	热影响区	缺口轴线至试样纵轴线与熔合线交点的距离 $k>0$mm，且尽可能多地通过热影响区	10×10×55	0	122
PQR3302-13					79
PQR3302-14					80

金相试验(角焊缝、模拟组合件)： 试验报告编号：

检验面编号	1	2	3	4	5	6	7	8	结果
有无裂纹、未熔合									
角焊缝厚度/mm									
焊脚高 l/mm									
是否焊透									

金相检验(角焊缝、模拟组合件)：
根部：焊透□　　未焊透□
焊缝：熔合□　　未熔合□
焊缝及热影响区：有裂纹□　　无裂纹□
两焊脚之差值：
试验报告编号：

堆焊层复层熔敷金属化学成分/% 执行标准： 试验报告编号：

C	Si	Mn	P	S	Cr	Ni	Mo	Ti	Al	Nb	Fe	…

化学成分测定表面至熔合线距离/mm：

非破坏性试验：
VT外观检查：无裂纹　　PT：　　MT：　　UT：　　RT：无裂纹

预焊接工艺规程 pWPS3303

预焊接工艺规程(pWPS)

单位名称: ××××

pWPS 编号: pWPS3303

日期: ××××

焊接方法: SAW 机动化程度: 手工□ 机动☑ 自动□ 焊接接头: 对接☑ 角接□ 堆焊□ 衬垫(材料及规格): 焊缝金属 其他: /	**简图(接头形式、坡口形式与尺寸、焊层、焊道布置及顺序):** 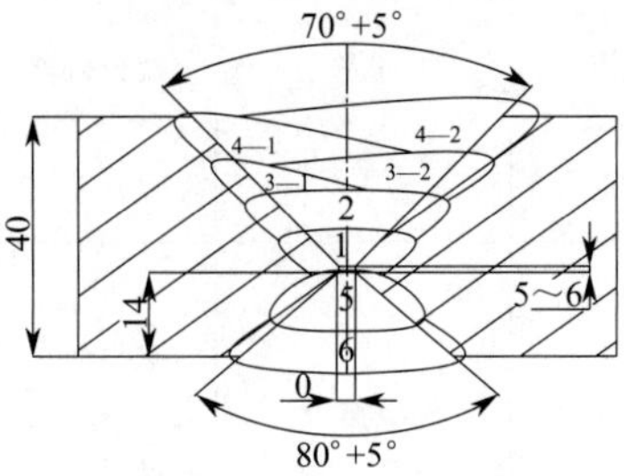

母材:

试件序号	①	②
材料	13MnNiMoR	13MnNiMoR
标准或规范	GB/T 713	GB/T 713
规格/mm	δ=40	δ=40
类别号	Fe-3	Fe-3
组别号	Fe-3-3	Fe-3-3
对接焊缝焊件母材厚度范围/mm	16~200	16~200
角焊缝焊件母材厚度范围/mm	不限	不限
管子直径、壁厚范围(对接或角接)/mm	/	/
其他:	/	

填充金属:

焊材类别(种类)	焊丝-焊剂组合	
型号(牌号)	S62A2 FB-SUM31 (H08Mn2MoA+SJ101)	
标准	NB/T 47018.4	
填充金属规格/mm	ϕ4.0	
焊材分类代号	FeMSG-3-3	
对接焊缝焊件焊缝金属范围/mm	0~200	
角焊缝焊件焊缝金属范围/mm	不限	
其他:	/	

预热及后热:		**气体:**			
最小预热温度/℃	100	项目	气体种类	混合比/%	流量/(L/min)
最大道间温度/℃	250	保护气	/	/	/
后热温度/℃	/	尾部保护气	/	/	/
后热保温时间/h	/	背面保护气	/	/	/
焊后热处理:	SR	**焊接位置:**			
热处理温度/℃	620±20	对接焊缝位置	1G	方向(向上、向下)	/
热处理时间/h	4	角焊缝位置	/	方向(向上、向下)	/

预焊接工艺规程(pWPS)

电特性：

钨极类型及直径/mm：/　　喷嘴直径/mm：/

熔滴过渡形式(喷射过渡、短路过渡等)：/

(按所焊位置和工件厚度，分别将电流、电压和焊接速度范围填入下表)

焊道/焊层	焊接方法	填充金属	规格/mm	电源种类及极性	焊接电流/A	电弧电压/V	焊接速度/(cm/min)	最大热输入/(kJ/cm)
1	SAW	H08Mn2MoA+SJ101	ϕ4.0	DCEP	600～660	34～38	36～48	41.8
2—6	SAW	H08Mn2MoA+SJ101	ϕ4.0	DCEP	630～680	34～38	36～48	43.1

技术措施：

摆动焊或不摆动焊：/　　摆动参数：/

焊前清理和层间清理：刷或磨　　背面清根方法：碳弧气刨+修磨

单道焊或多道焊/每面：多道焊　　单丝焊或多丝焊：单丝

导电嘴至工件距离/mm：30～40　　锤击：/

换热管与管板的连接方式：/　　换热管与管板接头的清理方法：/

预置金属衬套：/　　预置金属衬套的形状与尺寸：/

其他：环境温度>0℃，相对湿度<90%。

检验要求及执行标准：

按 NB/T 47014—2023 及相关技术要求进行评定，项目如下：

1. 外观检查和无损检测(按 NB/T 47013.2)结果不得有裂纹；

2. 焊接接头板拉二件(按 GB/T 228)，$R_m \geqslant 570$MPa；

3. 焊接接头侧弯四件(按 GB/T 2653)，$D=4a$　$a=10$　$\alpha=180°$，沿任何方向不得有单条长度大于 3mm 的开口缺陷；

4. 焊缝、热影响区 0℃ KV_2 冲击各三件(按 GB/T 229)，焊接接头 V 型缺口 10mm×10mm×55mm 试样冲击吸收能量平均值不低于 34J。

编制		日期		审核		日期		批准		日期	

焊接工艺评定报告（PQR3303）

焊接工艺评定报告(PQR)

单位名称： ××××

PQR 编号：PQR3303　　pWPS 编号：pWPS3303

焊接方法：SAW　　机动化程度：手工□　机动☑　自动□

焊接接头：对接☑　角接□　堆焊□　　其他：/

接头简图(接头形式、尺寸、衬垫、每种焊接方法或焊接工艺的焊缝金属厚度)：

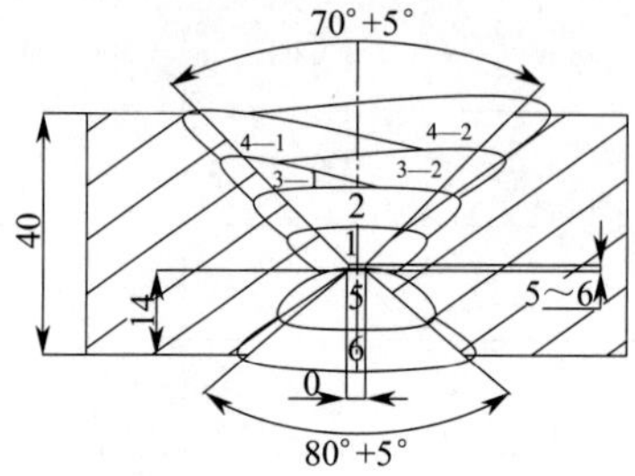

母材：

试件序号	①	②
材料	13MnNiMoR	13MnNiMoR
标准或规范	GB/T 713	GB/T 713
规格/mm	δ=40	δ=40
类别号	Fe-3	Fe-3
组别号	Fe-3-3	Fe-3-3

填充金属：

分类	焊丝-焊剂组合	
型号(牌号)	S62A2 FB-SUM31(H08Mn2MoA+SJ101)	
标准	NB/T 47018.4	
填充金属规格/mm	ϕ4.0	
焊材分类代号	FeMSG-3-3	
焊缝金属厚度/mm	40	

预热及后热：

最小预热温度/℃	105	最大道间温度/℃	235
后热温度及保温时间/(℃×h)	/		

焊后热处理： SR

保温温度/℃	620	保温时间/h	4

焊接位置：

对接焊缝焊接位置	1G	方向(向上、向下)	/
角焊缝焊接位置	/	方向(向上、向下)	/

气体：

项目	气体种类	混合比/%	流量/(L/min)
保护气	/	/	/
尾部保护气	/	/	/
背面保护气	/	/	/

焊接工艺评定报告(PQR)

电特性：

钨极类型及直径/mm：/　　　　喷嘴直径/mm：/

熔滴过渡形式(喷射过渡、短路过渡等)：/

(按所焊位置和工件厚度，分别将电流、电压和焊接速度实测值填入下表)

焊道	焊接方法	填充金属	规格/mm	电源种类及极性	焊接电流/A	电弧电压/V	焊接速度/(cm/min)	最大热输入/(kJ/cm)
1	SAW	H08Mn2MoA+SJ101	ϕ4.0	DCEP	600～670	34～38	36～48	42.4
2—6	SAW	H08Mn2MoA+SJ101	ϕ4.0	DCEP	630～690	34～38	36～48	43.7

技术措施：

摆动焊或不摆动焊：/　　　　摆动参数：/

焊前清理和层间清理：打磨　　　　背面清根方法：碳弧气刨+修磨

单道焊或多道焊/每面：多道焊　　　　单丝焊或多丝焊：单丝

导电嘴至工件距离/mm：30～40　　　　锤击：/

换热管与管板的连接方式：/　　　　换热管与管板接头的清理方法：/

预置金属衬套：/　　　　预置金属衬套的形状与尺寸：/

其他：

拉伸试验(GB/T 228)：　　　　试验报告编号：LH3303

试验条件	编号	试样宽度/mm	试样厚度/mm	横截面积/mm^2	断裂载荷/kN	R_m/MPa	断裂位置及特征
接头板拉	PQR3303-1	25.4	18.0	457.2	294.9	645	断于母材
	PQR3303-2	25.5	17.9	456.5	296.7	650	断于母材
	PQR3303-3	25.3	18.1	458	288.5	630	断于母材
	PQR3303-4	25.2	17.8	448.5	284.8	635	断于母材

弯曲试验(GB/T 2653)：　　　　试验报告编号：LH3303

试验条件	编号	试样尺寸/mm	弯心直径/mm	弯曲角度/(°)	试验结果
侧弯	PQR3303-5	10	40	180	合格
侧弯	PQR3303-6	10	40	180	合格
侧弯	PQR3303-7	10	40	180	合格
侧弯	PQR3303-8	10	40	180	合格

焊接工艺评定报告(PQR)

冲击试验(GB/T 229)： 试验报告编号：LH3303

编号	试样位置	V型缺口位置	试样尺寸/mm	试验温度/℃	冲击吸收能量/J
PQR3303-9	焊缝	缺口轴线位于焊缝中心线上	10×10×55	0	110
PQR3303-10					120
PQR3303-11					109
PQR3303-12	热影响区	缺口轴线至试样纵轴线与熔合线交点的距离 $k>0$mm，且尽可能多地通过热影响区	10×10×55	0	120
PQR3303-13					105
PQR3303-14					120

金相试验(角焊缝、模拟组合件)： 试验报告编号：

检验面编号	1	2	3	4	5	6	7	8	结果
有无裂纹、未熔合									
角焊缝厚度/mm									
焊脚高 l/mm									
是否焊透									

金相检验(角焊缝、模拟组合件)：

根部：焊透□ 未焊透□

焊缝：熔合□ 未熔合□

焊缝及热影响区：有裂纹□ 无裂纹□

两焊脚之差值：

试验报告编号：

堆焊层复层熔敷金属化学成分/% 执行标准： 试验报告编号：

C	Si	Mn	P	S	Cr	Ni	Mo	Ti	Al	Nb	Fe	…

化学成分测定表面至熔合线距离/mm：

非破坏性试验：

VT外观检查：无裂纹 PT：____ MT：____ UT：____ RT：无裂纹

预焊接工艺规程 pWPS3304

预焊接工艺规程(pWPS)

单位名称： ××××

pWPS 编号： pWPS3304

日期： ××××

焊接方法及接头	简图(接头形式、坡口形式与尺寸、焊层、焊道布置及顺序)：
焊接方法： SAW 机动化程度：手工□　机动☑　自动□ 焊接接头：对接☑　角接□　堆焊□ 衬垫(材料及规格)：焊缝金属 其他：/	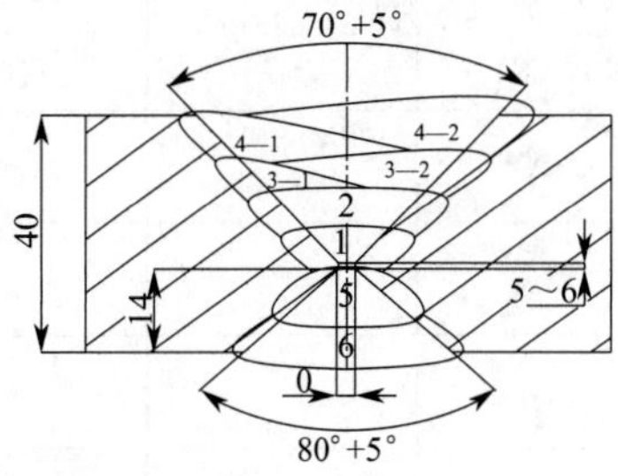

母材：		
试件序号	①	②
材料	13MnNiMoR	13MnNiMoR
标准或规范	GB/T 713	GB/T 713
规格/mm	δ=40	δ=40
类别号	Fe-3	Fe-3
组别号	Fe-3-3	Fe-3-3
对接焊缝焊件母材厚度范围/mm	5～200	5～200
角焊缝焊件母材厚度范围/mm	不限	不限
管子直径、壁厚范围(对接或角接)/mm	/	/
其他：	/	

填充金属：		
焊材类别(种类)	焊丝-焊剂组合	
型号(牌号)	S62A2 FB-SUM31 (H08Mn2MoA＋SJ101)	
标准	NB/T 47018.4	
填充金属规格/mm	ϕ4.0	
焊材分类代号	FeMSG-3-3	
对接焊缝焊件焊缝金属范围/mm	0～200	
角焊缝焊件焊缝金属范围/mm	不限	
其他：	/	

预热及后热：		**气体：**			
最小预热温度/℃	100	项目	气体种类	混合比/%	流量/(L/min)
最大道间温度/℃	250	保护气	/	/	/
后热温度/℃	/	尾部保护气	/	/	/
后热保温时间/h	/	背面保护气	/	/	/

焊后热处理： N＋SR		**焊接位置：**			
热处理温度/℃	N：950±20　SR：620±20	对接焊缝位置	1G	方向(向上、向下)	/
热处理时间/h	N：1　SR：4	角焊缝位置	/	方向(向上、向下)	/

预焊接工艺规程(pWPS)

电特性：

钨极类型及直径/mm：/　　喷嘴直径/mm：/

熔滴过渡形式(喷射过渡、短路过渡等)：/

(按所焊位置和工件厚度，分别将电流、电压和焊接速度范围填入下表)

焊道/焊层	焊接方法	填充金属	规格/mm	电源种类及极性	焊接电流/A	电弧电压/V	焊接速度/(cm/min)	最大热输入/(kJ/cm)
1	SAW	H08Mn2MoA+SJ101	ϕ4.0	DCEP	600～660	34～38	36～48	41.8
2—6	SAW	H08Mn2MoA+SJ101	ϕ4.0	DCEP	630～680	34～38	36～48	43.1

技术措施：

摆动焊或不摆动焊：/　　摆动参数：/

焊前清理和层间清理：刷或磨　　背面清根方法：碳弧气刨+修磨

单道焊或多道焊/每面：多道焊　　单丝焊或多丝焊：单丝

导电嘴至工件距离/mm：30～40　　锤击：/

换热管与管板的连接方式：/　　换热管与管板接头的清理方法：/

预置金属衬套：/　　预置金属衬套的形状与尺寸：/

其他：环境温度>0℃，相对湿度<90%。

检验要求及执行标准：

按 NB/T 47014—2023 及相关技术要求进行评定，项目如下：

1. 外观检查和无损检测(按 NB/T 47013.2)结果不得有裂纹；
2. 焊接接头板拉二件(按 GB/T 228)，$R_m \geqslant 570$MPa；
3. 焊接接头侧弯四件(按 GB/T 2653)，$D=4a$　$a=10$　$\alpha=180°$，沿任何方向不得有单条长度大于 3mm 的开口缺陷；
4. 焊缝、热影响区 0℃ KV_2 冲击各三件(按 GB/T 229)，焊接接头 V 型缺口 10mm×10mm×55mm 试样冲击吸收能量平均值不低于 34J。

编制		日期		审核		日期		批准		日期	

焊接工艺评定报告（PQR3304）

焊接工艺评定报告(PQR)

单位名称： ××××

PQR 编号：PQR3304　　pWPS 编号：pWPS3304

焊接方法：SAW　　机动化程度：手工□　机动☑　自动□

焊接接头：对接☑　角接□　堆焊□　　其他：/

接头简图(接头形式、尺寸、衬垫、每种焊接方法或焊接工艺的焊缝金属厚度)：

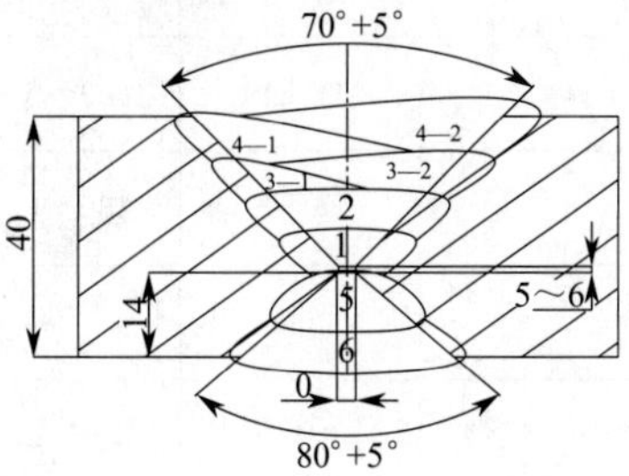

母材：

试件序号	①	②
材料	13MnNiMoR	13MnNiMoR
标准或规范	GB/T 713	GB/T 713
规格/mm	δ＝40	δ＝40
类别号	Fe-3	Fe-3
组别号	Fe-3-3	Fe-3-3

填充金属：

分类	焊丝-焊剂组合	
型号(牌号)	S62A2 FB-SUM31(H08Mn2MoA＋SJ101)	
标准	NB/T 47018.2	
填充金属规格/mm	ϕ4.0	
焊材分类代号	FeMSG-3-3	
焊缝金属厚度/mm	40	

预热及后热：

最小预热温度/℃	105	最大道间温度/℃	235
后热温度及保温时间/(℃×h)	/		

焊后热处理： N＋SR

保温温度/℃	N：950　SR：630	保温时间/h	N：1　SR：4

焊接位置：

对接焊缝焊接位置	1G	方向(向上、向下)	/
角焊缝焊接位置	/	方向(向上、向下)	/

气体：

项目	气体种类	混合比/%	流量/(L/min)
保护气	/	/	/
尾部保护气	/	/	/
背面保护气	/	/	/

焊接工艺评定报告(PQR)

电特性：

钨极类型及直径/mm： / 喷嘴直径/mm： /

熔滴过渡形式(喷射过渡、短路过渡等)： /

(按所焊位置和工件厚度，分别将电流、电压和焊接速度实测值填入下表)

焊道	焊接方法	填充金属	规格/mm	电源种类及极性	焊接电流/A	电弧电压/V	焊接速度/(cm/min)	最大热输入/(kJ/cm)
1	SAW	H08Mn2MoA+SJ101	ϕ4.0	DCEP	600～670	34～38	36～48	42.4
2—6	SAW	H08Mn2MoA+SJ101	ϕ4.0	DCEP	630～690	34～38	36～48	43.7

技术措施：

摆动焊或不摆动焊： / 摆动参数： /

焊前清理和层间清理： 打磨 背面清根方法： 碳弧气刨+修磨

单道焊或多道焊/每面： 多道焊 单丝焊或多丝焊： 单丝

导电嘴至工件距离/mm： 30～40 锤击： /

换热管与管板的连接方式： / 换热管与管板接头的清理方法： /

预置金属衬套： / 预置金属衬套的形状与尺寸： /

其他：

拉伸试验(GB/T 228)： 试验报告编号：LH3304

试验条件	编号	试样宽度/mm	试样厚度/mm	横截面积/mm^2	断裂载荷/kN	R_m/MPa	断裂位置及特征
接头板拉	PQR3304-1	25.3	17.9	452.9	293	647	断于母材
	PQR3304-2	25.3	18.2	460.5	301.6	655	断于母材
	PQR3304-3	25.2	17.7	446.1	281	630	断于母材
	PQR3304-4	25.1	18.0	451.8	282.4	625	断于母材

弯曲试验(GB/T 2653)： 试验报告编号：LH3304

试验条件	编号	试样尺寸/mm	弯心直径/mm	弯曲角度/(°)	试验结果
侧弯	PQR3304-5	10	40	180	合格
侧弯	PQR3304-6	10	40	180	合格
侧弯	PQR3304-7	10	40	180	合格
侧弯	PQR3304-8	10	40	180	合格

焊接工艺评定报告(PQR)

冲击试验(GB/T 229)： 试验报告编号：LH3304

编号	试样位置	V型缺口位置	试样尺寸/mm	试验温度/℃	冲击吸收能量/J
PQR3304-9	焊缝	缺口轴线位于焊缝中心线上	10×10×55	0	48
PQR3304-10					67
PQR3304-11					53
PQR3304-12	热影响区	缺口轴线至试样纵轴线与熔合线交点的距离 $k>0$mm，且尽可能多地通过热影响区	10×10×55	0	66
PQR3304-13					51
PQR3304-14					60

金相试验(角焊缝、模拟组合件)： 试验报告编号：

检验面编号	1	2	3	4	5	6	7	8	结果
有无裂纹、未熔合									
角焊缝厚度/mm									
焊脚高 l/mm									
是否焊透									

金相检验(角焊缝、模拟组合件)：

根部：焊透□ 未焊透□

焊缝：熔合□ 未熔合□

焊缝及热影响区：有裂纹□ 无裂纹□

两焊脚之差值：

试验报告编号：

堆焊层复层熔敷金属化学成分/% 执行标准： 试验报告编号：

C	Si	Mn	P	S	Cr	Ni	Mo	Ti	Al	Nb	Fe	…

化学成分测定表面至熔合线距离/mm：

非破坏性试验：

VT外观检查：无裂纹 PT： MT： UT： RT：无裂纹

第七节　耐热钢的焊接工艺评定（Fe-4-1）

预焊接工艺规程 pWPS 4101

预焊接工艺规程(pWPS)		
单位名称：××××		
pWPS 编号：pWPS 4101		
日期：××××		

焊接方法： SMAW 机动化程度：手工☑　机动□　自动□ 焊接接头：对接☑　角接□　堆焊□ 衬垫(材料及规格)：焊缝金属 其他：/	**简图(接头形式、坡口形式与尺寸、焊层、焊道布置及顺序)：** 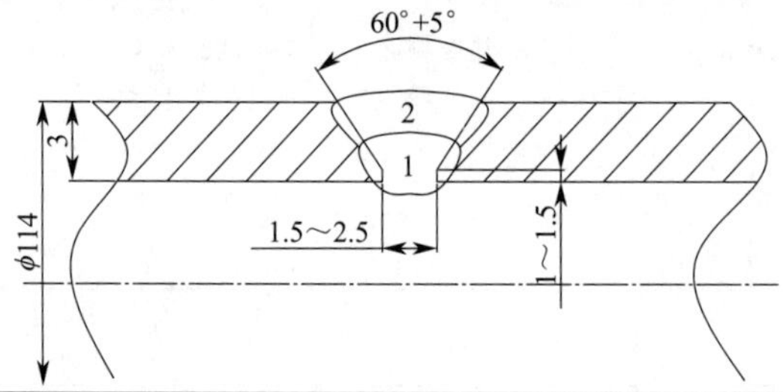

母材：		
试件序号	①	②
材料	15CrMo	15CrMo
标准或规范	GB 9948	GB 9948
规格/mm	ϕ114×3	ϕ114×3
类别号	Fe-4	Fe-4
组别号	Fe-4-1	Fe-4-1
对接焊缝焊件母材厚度范围/mm	1.5～6	1.5～6
角焊缝焊件母材厚度范围/mm	不限	不限
管子直径、壁厚范围(对接或角接)/mm	/	/
其他：	/	

填充金属：		
焊材类别(种类)	焊条	
型号(牌号)	E5515-1CM(R307)	
标准	NB/T 47018.2	
填充金属规格/mm	ϕ2.5	
焊材分类代号	FeT-4	
对接焊缝焊件焊缝金属范围/mm	0～6	
角焊缝焊件焊缝金属范围/mm	不限	
其他：	/	

预热及后热：		**气体：**			
最小预热温度/℃	100	项目	气体种类	混合比/%	流量/(L/min)
最大道间温度/℃	250	保护气	/	/	/
后热温度/℃	/	尾部保护气	/	/	/
后热保温时间/h	/	背面保护气	/	/	/
焊后热处理：	SR	**焊接位置：**			
热处理温度/℃	670±20	对接焊缝位置	1G	方向(向上、向下)	/
热处理时间/h	3	角焊缝位置	/	方向(向上、向下)	/

预焊接工艺规程(pWPS)

电特性：

钨极类型及直径/mm：　/　　　喷嘴直径/mm：　/

熔滴过渡形式(喷射过渡、短路过渡等)：　/

(按所焊位置和工件厚度，分别将电流、电压和焊接速度范围填入下表)

焊道/焊层	焊接方法	填充金属	规格/mm	电源种类及极性	焊接电流/A	电弧电压/V	焊接速度/(cm/min)	最大热输入/(kJ/cm)
1	SMAW	R307	ϕ2.5	DCEP	60～80	24～26	8～10	15.6
2	SMAW	R307	ϕ2.5	DCEP	60～80	24～26	9～12	13.9

技术措施：

摆动焊或不摆动焊：　/　　　摆动参数：　/

焊前清理和层间清理：　刷或磨　　　背面清根方法：　/

单道焊或多道焊/每面：　一面，多道焊　　　单丝焊或多丝焊：　/

导电嘴至工件距离/mm：　/　　　锤击：　/

换热管与管板的连接方式：　/　　　换热管与管板接头的清理方法：　/

预置金属衬套：　/　　　预置金属衬套的形状与尺寸：　/

其他：　环境温度＞0℃，相对湿度＜90%。

检验要求及执行标准：

按 NB/T 47014—2023 及相关技术要求进行评定，项目如下：

1. 外观检查和无损检测(按 NB/T 47013.2)结果不得有裂纹；
2. 焊接接头板拉二件(按 GB/T 228)，$R_m \geqslant 440$MPa；
3. 焊接接头面弯、背弯各二件(按 GB/T 2653)，$D=4a$　$a=3.0$　$\alpha=180°$，沿任何方向不得有单条长度大于 3mm 的开口缺陷。

编制		日期		审核		日期		批准		日期	

焊接工艺评定报告（PQR4101）

焊接工艺评定报告（PQR）

单位名称： ××××

PQR 编号：PQR4101　　pWPS 编号：pWPS 4101

焊接方法：SMAW　　机动化程度：手工☑　机动□　自动□

焊接接头：对接☑　角接□　堆焊□　　其他：/

接头简图（接头形式、尺寸、衬垫、每种焊接方法或焊接工艺的焊缝金属厚度）：

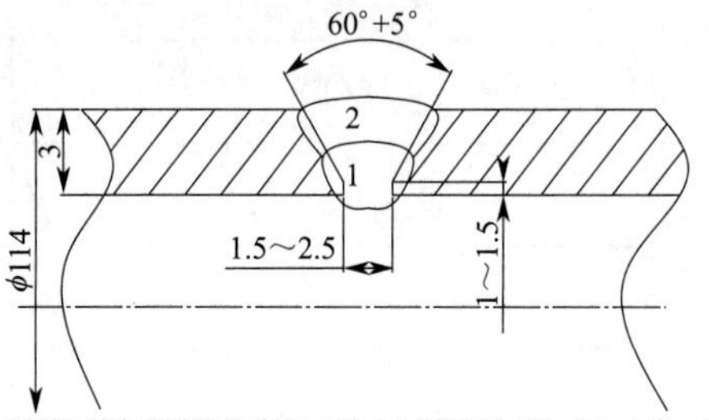

母材：

试件序号	①	②
材料	15CrMo	15CrMo
标准或规范	GB 9948	GB 9948
规格/mm	ϕ114×3	ϕ114×3
类别号	Fe-4	Fe-4
组别号	Fe-4-1	Fe-4-1

填充金属：

分类	焊条	
型号（牌号）	E5515-1CM(R307)	
标准	NB/T 47018.2	
填充金属规格/mm	ϕ2.5	
焊材分类代号	FeT-4	
焊缝金属厚度/mm	3	

预热及后热：

最小预热温度/℃	125	最大道间温度/℃	235
后热温度及保温时间/(℃×h)	/		

焊后热处理： SR

保温温度/℃	670	保温时间/h	3

焊接位置：

对接焊缝焊接位置	1G	方向（向上、向下）	/
角焊缝焊接位置	/	方向（向上、向下）	/

气体：

项目	气体种类	混合比/%	流量/(L/min)
保护气	/	/	/
尾部保护气	/	/	/
背面保护气	/	/	/

焊接工艺评定报告(PQR)

电特性：

钨极类型及直径/mm：/　　喷嘴直径/mm：/

熔滴过渡形式(喷射过渡、短路过渡等)：/

(按所焊位置和工件厚度，分别将电流、电压和焊接速度实测值填入下表)

焊道	焊接方法	填充金属	规格/mm	电源种类及极性	焊接电流/A	电弧电压/V	焊接速度/(cm/min)	最大热输入/(kJ/cm)
1	SMAW	R307	ϕ2.5	DCEP	60～90	24～26	8～10	17.6
2	SMAW	R307	ϕ2.5	DCEP	60～90	24～26	9～12	15.6

技术措施：

摆动焊或不摆动焊：/　　摆动参数：/

焊前清理和层间清理：打磨　　背面清根方法：/

单道焊或多道焊/每面：一面，多道焊　　单丝焊或多丝焊：/

导电嘴至工件距离/mm：/　　锤击：/

换热管与管板的连接方式：/　　换热管与管板接头的清理方法：/

预置金属衬套：/　　预置金属衬套的形状与尺寸：/

其他：

拉伸试验(GB/T 228)：　　试验报告编号：LH4101

试验条件	编号	试样宽度/mm	试样厚度/mm	横截面积/mm^2	断裂载荷/kN	R_m/MPa	断裂位置及特征
接头板拉	PQR4101-1	25.30	3.1	78.43	46	587	断于母材
	PQR4101-2	25.4	3	76.2	43.9	576	断于母材

弯曲试验(GB/T 2653)：　　试验报告编号：LH4101

试验条件	编号	试样尺寸/mm	弯心直径/mm	弯曲角度/(°)	试验结果
面弯	PQR4101-3	3.0	12	180	合格
面弯	PQR4101-4	3.0	12	180	合格
背弯	PQR4101-5	3.0	12	180	合格
背弯	PQR4101-6	3.0	12	180	合格

焊接工艺评定报告(PQR)

冲击试验(GB/T 229): 试验报告编号:

编号	试样位置	V型缺口位置	试样尺寸/mm	试验温度/℃	冲击吸收能量/J

金相试验(角焊缝、模拟组合件): 试验报告编号:

检验面编号	1	2	3	4	5	6	7	8	结果
有无裂纹、未熔合									
角焊缝厚度/mm									
焊脚高 l/mm									
是否焊透									

金相检验(角焊缝、模拟组合件):

根部: 焊透□ 未焊透□

焊缝: 熔合□ 未熔合□

焊缝及热影响区: 有裂纹□ 无裂纹□

两焊脚之差值:

试验报告编号:

堆焊层复层熔敷金属化学成分/% 执行标准: 试验报告编号:

C	Si	Mn	P	S	Cr	Ni	Mo	Ti	Al	Nb	Fe	…

化学成分测定表面至熔合线距离/mm:

非破坏性试验:

VT外观检查: 无裂纹 PT: MT: UT: RT: 无裂纹

预焊接工艺规程 pWPS 4102

预焊接工艺规程(pWPS)

单位名称： ××××

pWPS 编号： pWPS 4102

日期： ××××

焊接方法： SMAW	**简图(接头形式、坡口形式与尺寸、焊层、焊道布置及顺序)：**
机动化程度： 手工☑ 机动□ 自动□	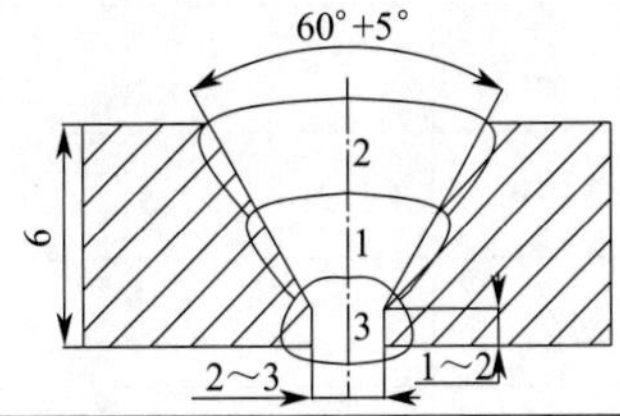
焊接接头： 对接☑ 角接□ 堆焊□	
衬垫(材料及规格)： 焊缝金属	
其他： /	

母材：

试件序号	①	②
材料	15CrMoR	15CrMoR
标准或规范	GB/T 713	GB/T 713
规格/mm	$\delta=6$	$\delta=6$
类别号	Fe-4	Fe-4
组别号	Fe-4-1	Fe-4-1
对接焊缝焊件母材厚度范围/mm	6～12	6～12
角焊缝焊件母材厚度范围/mm	不限	不限
管子直径、壁厚范围(对接或角接)/mm	/	/
其他：	/	

填充金属：

焊材类别(种类)	焊条	
型号(牌号)	E5515-1CM(R307)	
标准	NB/T 47018.2	
填充金属规格/mm	$\phi3.2$，$\phi4.0$	
焊材分类代号	FeT-4	
对接焊缝焊件焊缝金属范围/mm	0～12	
角焊缝焊件焊缝金属范围/mm	不限	
其他：	/	

预热及后热：		**气体：**			
最小预热温度/℃	120	项目	气体种类	混合比/%	流量/(L/min)
最大道间温度/℃	250	保护气	/	/	/
后热温度/℃	/	尾部保护气	/	/	/
后热保温时间/h	/	背面保护气	/	/	/
焊后热处理：	SR	**焊接位置：**			
热处理温度/℃	670±20	对接焊缝位置	1G	方向(向上、向下)	/
热处理时间/h	3	角焊缝位置	/	方向(向上、向下)	/

预焊接工艺规程(pWPS)

电特性：

钨极类型及直径/mm：/　　喷嘴直径/mm：/

熔滴过渡形式(喷射过渡、短路过渡等)：/

(按所焊位置和工件厚度，分别将电流、电压和焊接速度范围填入下表)

焊道/焊层	焊接方法	填充金属	规格/mm	电源种类及极性	焊接电流/A	电弧电压/V	焊接速度/(cm/min)	最大热输入/(kJ/cm)
1	SMAW	R307	ϕ3.2	DCEP	90～100	24～26	10～12	15.6
2	SMAW	R307	ϕ4.0	DCEP	140～160	24～26	14～16	17.8
3	SMAW	R307	ϕ4.0	DCEP	140～160	24～26	12～14	20.8

技术措施：

摆动焊或不摆动焊：/　　摆动参数：/

焊前清理和层间清理：刷或磨　　背面清根方法：碳弧气刨＋修磨

单道焊或多道焊/每面：多道焊＋单道焊　　单丝焊或多丝焊：/

导电嘴至工件距离/mm：/　　锤击：/

换热管与管板的连接方式：/　　换热管与管板接头的清理方法：/

预置金属衬套：/　　预置金属衬套的形状与尺寸：/

其他：环境温度＞0℃，相对湿度＜90％。

检验要求及执行标准：

按 NB/T 47014—2023 及相关技术要求进行评定，项目如下：

1. 外观检查和无损检测(按 NB/T 47013.2)结果不得有裂纹；
2. 焊接接头板拉二件(按 GB/T 228)，$R_m \geqslant 450$MPa；
3. 焊接接头面弯、背弯各二件(按 GB/T 2653)，$D=4a$　$a=6$　$\alpha=180°$，沿任何方向不得有单条长度大于 3mm 的开口缺陷；
4. 焊缝、热影响区 0℃ KV_2 冲击各三件(按 GB/T 229)，焊接接头 V 型缺口 5mm×10mm×55mm 试样冲击吸收能量平均值不低于 10J。

编制		日期		审核		日期		批准		日期	

焊接工艺评定报告(PQR4102)

焊接工艺评定报告(PQR)

单位名称: ××××

PQR 编号: PQR4102　　pWPS 编号: pWPS 4102

焊接方法: SMAW　　机动化程度: 手工☑　机动□　自动□

焊接接头: 对接☑　角接□　堆焊□　　其他: /

接头简图(接头形式、尺寸、衬垫、每种焊接方法或焊接工艺的焊缝金属厚度):

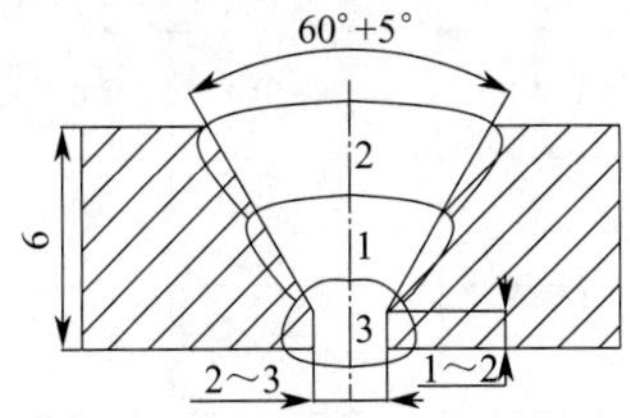

母材:

试件序号	①	②
材料	15CrMoR	15CrMoR
标准或规范	GB/T 713	GB/T 713
规格/mm	δ=6	δ=6
类别号	Fe-4	Fe-4
组别号	Fe-4-1	Fe-4-1

填充金属:

分类	焊条	
型号(牌号)	E5515-1CM(R307)	
标准	NB/T 47018.2	
填充金属规格/mm	ϕ3.2,ϕ4.0	
焊材分类代号	FeT-4	
焊缝金属厚度/mm	6	

预热及后热:

最小预热温度/℃	125	最大道间温度/℃	235
后热温度及保温时间/(℃×h)	/		

焊后热处理: SR

保温温度/℃	670	保温时间/h	3

焊接位置:				**气体:**			
对接焊缝焊接位置	1G	方向(向上、向下)	/	项目	气体种类	混合比/%	流量/(L/min)
				保护气	/	/	/
角焊缝焊接位置	/	方向(向上、向下)	/	尾部保护气	/	/	/
				背面保护气	/	/	/

焊接工艺评定报告(PQR)

电特性：

钨极类型及直径/mm：/　　喷嘴直径/mm：/

熔滴过渡形式(喷射过渡、短路过渡等)：/

(按所焊位置和工件厚度，分别将电流、电压和焊接速度实测值填入下表)

焊道	焊接方法	填充金属	规格/mm	电源种类及极性	焊接电流/A	电弧电压/V	焊接速度/(cm/min)	最大热输入/(kJ/cm)
1	SMAW	R307	ϕ3.2	DCEP	90～110	24～26	10～12	17.2
2	SMAW	R307	ϕ4.0	DCEP	140～170	24～26	14～16	18.9
3	SMAW	R307	ϕ4.0	DCEP	140～170	24～26	12～14	22.1

技术措施：

摆动焊或不摆动焊：/　　摆动参数：/

焊前清理和层间清理：打磨　　背面清根方法：碳弧气刨＋修磨

单道焊或多道焊/每面：多道焊＋单道焊　　单丝焊或多丝焊：/

导电嘴至工件距离/mm：/　　锤击：/

换热管与管板的连接方式：/　　换热管与管板接头的清理方法：/

预置金属衬套：/　　预置金属衬套的形状与尺寸：/

其他：

拉伸试验(GB/T 228)：　　试验报告编号：LH4102

试验条件	编号	试样宽度/mm	试样厚度/mm	横截面积/mm^2	断裂载荷/kN	R_m/MPa	断裂位置及特征
接头板拉	PQR4102-1	25.4	6.1	154.9	82.9	535	断于母材
	PQR4102-2	25.2	6.0	151.2	81.7	540	断于母材

弯曲试验(GB/T 2653)：　　试验报告编号：LH4102

试验条件	编号	试样尺寸/mm	弯心直径/mm	弯曲角度/(°)	试验结果
面弯	PQR4102-3	6	24	180	合格
面弯	PQR4102-4	6	24	180	合格
背弯	PQR4102-5	6	24	180	合格
背弯	PQR4102-6	6	24	180	合格

焊接工艺评定报告(PQR)

冲击试验(GB/T 229)： 试验报告编号：LH4102

编号	试样位置	V 型缺口位置	试样尺寸/mm	试验温度/℃	冲击吸收能量/J
PQR4102-7	焊缝	缺口轴线位于焊缝中心线上	5×10×55	20	32
PQR4102-8					29
PQR4102-9					37
PQR4102-10	热影响区	缺口轴线至试样纵轴线与熔合线交点的距离 k>0mm，且尽可能多地通过热影响区	5×10×55	20	45
PQR4102-11					42
PQR4102-12					35

金相试验(角焊缝、模拟组合件)： 试验报告编号：

检验面编号	1	2	3	4	5	6	7	8	结果
有无裂纹、未熔合									
角焊缝厚度/mm									
焊脚高 l/mm									
是否焊透									

金相检验(角焊缝、模拟组合件)：

根部：焊透□　　未焊透□

焊缝：熔合□　　未熔合□

焊缝及热影响区：有裂纹□　　无裂纹□

两焊脚之差值：

试验报告编号：

堆焊层复层熔敷金属化学成分/% 执行标准： 试验报告编号：

C	Si	Mn	P	S	Cr	Ni	Mo	Ti	Al	Nb	Fe	…

化学成分测定表面至熔合线距离/mm：

非破坏性试验：

VT 外观检查：无裂纹　　PT：　　MT：　　UT：　　RT：无裂纹

预焊接工艺规程 pWPS 4103

预焊接工艺规程(pWPS)

单位名称：××××

pWPS 编号：pWPS 4103

日期：××××

焊接方法：SMAW

机动化程度：手工☑ 机动□ 自动□

焊接接头：对接☑ 角接□ 堆焊□

衬垫(材料及规格)：焊缝金属

其他：/

简图(接头形式、坡口形式与尺寸、焊层、焊道布置及顺序)：

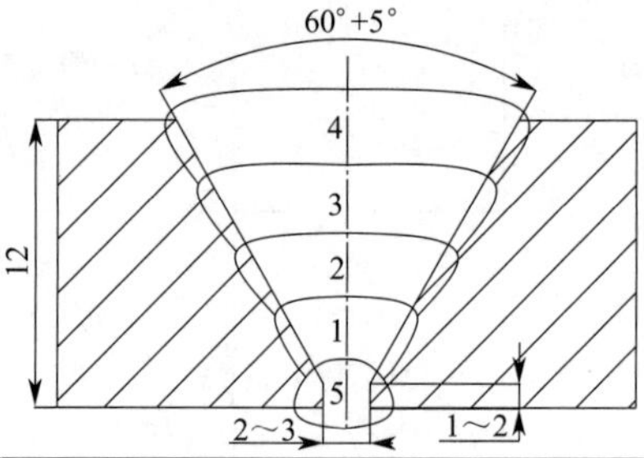

母材：

试件序号	①	②
材料	15CrMoR	15CrMoR
标准或规范	GB/T 713	GB/T 713
规格/mm	δ=12	δ=12
类别号	Fe-4	Fe-4
组别号	Fe-4-1	Fe-4-1
对接焊缝焊件母材厚度范围/mm	12～24	12～24
角焊缝焊件母材厚度范围/mm	不限	不限
管子直径、壁厚范围(对接或角接)/mm	/	/
其他：	/	

填充金属：

焊材类别(种类)	焊条	
型号(牌号)	E5515-1CM(R307)	
标准	NB/T 47018.2	
填充金属规格/mm	ϕ4.0，ϕ5.0	
焊材分类代号	FeT-4	
对接焊缝焊件焊缝金属范围/mm	0～24	
角焊缝焊件焊缝金属范围/mm	不限	
其他：	/	

预热及后热：		**气体**：			
最小预热温度/℃	120	项目	气体种类	混合比/%	流量/(L/min)
最大道间温度/℃	250	保护气	/	/	/
后热温度/℃	/	尾部保护气	/	/	/
后热保温时间/h	/	背面保护气	/	/	/
焊后热处理：	SR	**焊接位置**：			
热处理温度/℃	670±20	对接焊缝位置	1G	方向(向上、向下)	/
热处理时间/h	3	角焊缝位置	/	方向(向上、向下)	/

预焊接工艺规程(pWPS)

电特性：

钨极类型及直径/mm：/　　　喷嘴直径/mm：/

熔滴过渡形式(喷射过渡、短路过渡等)：/

(按所焊位置和工件厚度，分别将电流、电压和焊接速度范围填入下表)

焊道/焊层	焊接方法	填充金属	规格/mm	电源种类及极性	焊接电流/A	电弧电压/V	焊接速度/(cm/min)	最大热输入/(kJ/cm)
1	SMAW	R307	ϕ4.0	DCEP	140～160	24～26	12～14	20.8
2—4	SMAW	R307	ϕ5.0	DCEP	180～210	24～26	12～16	27.3
5	SMAW	R307	ϕ4.0	DCEP	160～170	24～26	12～14	22.1

技术措施：

摆动焊或不摆动焊：/　　　摆动参数：/

焊前清理和层间清理：刷或磨　　　背面清根方法：碳弧气刨＋修磨

单道焊或多道焊/每面：多道焊＋单道焊　　　单丝焊或多丝焊：/

导电嘴至工件距离/mm：/　　　锤击：/

换热管与管板的连接方式：/　　　换热管与管板接头的清理方法：/

预置金属衬套：/　　　预置金属衬套的形状与尺寸：/

其他：环境温度＞0℃，相对湿度＜90％。

检验要求及执行标准：

按 NB/T 47014—2023 及相关技术要求进行评定，项目如下：

1. 外观检查和无损检测(按 NB/T 47013.2)结果不得有裂纹；
2. 焊接接头板拉二件(按 GB/T 228)，$R_m \geqslant$450MPa；
3. 焊接接头侧弯四件(按 GB/T 2653)，$D=4a$　$a=10$　$\alpha=180°$，沿任何方向不得有单条长度大于 3mm 的开口缺陷；
4. 焊缝、热影响区 0℃ KV_2 冲击各三件(按 GB/T 229)，焊接接头 V 型缺口 10mm×10mm×55mm 试样冲击吸收能量平均值不低于 20J。

编制		日期		审核		日期		批准		日期	

焊接工艺评定报告（PQR4103）

焊接工艺评定报告（PQR）

单位名称： ××××

PQR 编号：PQR4103　　pWPS 编号：pWPS 4103

焊接方法：SWAW　　机动化程度：手工☑　机动□　自动□

焊接接头：对接☑　角接□　堆焊□　　其他：/

接头简图（接头形式、尺寸、衬垫、每种焊接方法或焊接工艺的焊缝金属厚度）：

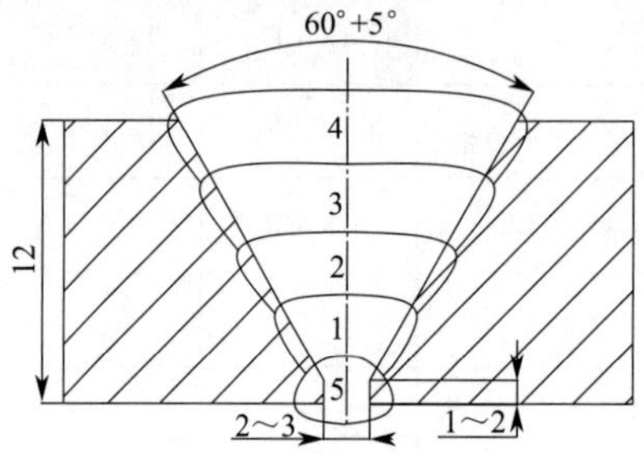

母材：

试件序号	①	②
材料	15CrMoR	15CrMoR
标准或规范	GB/T 713	GB/T 713
规格/mm	δ=12	δ=12
类别号	Fe-4	Fe-4
组别号	Fe-4-1	Fe-4-1

填充金属：

分类	焊条	
型号（牌号）	E5515-1CM(R307)	
标准	NB/T 47018.2	
填充金属规格/mm	ϕ4.0，ϕ5.0	
焊材分类代号	FeT-4	
焊缝金属厚度/mm	12	

预热及后热：

最小预热温度/℃	125	最大道间温度/℃	235
后热温度及保温时间/(℃×h)	/		

焊后热处理： SR

保温温度/℃	670	保温时间/h	3

焊接位置：

对接焊缝焊接位置	1G	方向（向上、向下）	/
角焊缝焊接位置	/	方向（向上、向下）	/

气体：

项目	气体种类	混合比/%	流量/(L/min)
保护气	/	/	/
尾部保护气	/	/	/
背面保护气	/	/	/

焊接工艺评定报告(PQR)

电特性：

钨极类型及直径/mm：/　　喷嘴直径/mm：/

熔滴过渡形式(喷射过渡、短路过渡等)：/

(按所焊位置和工件厚度，分别将电流、电压和焊接速度实测值填入下表)

焊道	焊接方法	填充金属	规格/mm	电源种类及极性	焊接电流/A	电弧电压/V	焊接速度/(cm/min)	最大热输入/(kJ/cm)
1	SMAW	R307	ϕ4.0	DCEP	140～170	24～26	12～14	22.1
2—4	SMAW	R307	ϕ5.0	DCEP	180～220	24～26	12～16	28.6
5	SMAW	R307	ϕ4.0	DCEP	160～180	24～26	12～14	23.4

技术措施：

摆动焊或不摆动焊：/　　摆动参数：/

焊前清理和层间清理：打磨　　背面清根方法：碳弧气刨＋修磨

单道焊或多道焊/每面：多道焊＋单道焊　　单丝焊或多丝焊：/

导电嘴至工件距离/mm：/　　锤击：/

换热管与管板的连接方式：/　　换热管与管板接头的清理方法：/

预置金属衬套：/　　预置金属衬套的形状与尺寸：/

其他：

拉伸试验(GB/T 228)：　　试验报告编号：LH4103

试验条件	编号	试样宽度/mm	试样厚度/mm	横截面积/mm^2	断裂载荷/kN	R_m/MPa	断裂位置及特征
接头板拉	PQR4103-1	25.5	12	306	172.9	565	断于母材
	PQR4103-2	25.3	12.1	306.1	168.4	550	断于母材

弯曲试验(GB/T 2653)：　　试验报告编号：LH4103

试验条件	编号	试样尺寸/mm	弯心直径/mm	弯曲角度/(°)	试验结果
侧弯	PQR4103-3	10	40	180	合格
侧弯	PQR4103-4	10	40	180	合格
侧弯	PQR4103-5	10	40	180	合格
侧弯	PQR4103-6	10	40	180	合格

焊接工艺评定报告(PQR)

冲击试验(GB/T 229)： 试验报告编号：LH4103

编号	试样位置	V型缺口位置	试样尺寸/mm	试验温度/℃	冲击吸收能量/J
PQR4103-7	焊缝	缺口轴线位于焊缝中心线上	10×10×55	20	55
PQR4103-8					61
PQR4103-9					46
PQR4103-10	热影响区	缺口轴线至试样纵轴线与熔合线交点的距离 $k>0$mm，且尽可能多地通过热影响区	10×10×55	20	61
PQR4103-11					73
PQR4103-12					59

金相试验(角焊缝、模拟组合件) 试验报告编号：

检验面编号	1	2	3	4	5	6	7	8	结果
有无裂纹、未熔合									
角焊缝厚度/mm									
焊脚高 l/mm									
是否焊透									

金相检验(角焊缝、模拟组合件)：

根部：焊透□ 未焊透□

焊缝：熔合□ 未熔合□

焊缝及热影响区：有裂纹□ 无裂纹□

两焊脚之差值：

试验报告编号：

堆焊层复层熔敷金属化学成分/% 执行标准： 试验报告编号：

C	Si	Mn	P	S	Cr	Ni	Mo	Ti	Al	Nb	Fe	…

化学成分测定表面至熔合线距离/mm：

非破坏性试验：

VT外观检查：无裂纹 PT：____ MT：____ UT：____ RT：无裂纹

预焊接工艺规程 pWPS 4104

预焊接工艺规程(pWPS)

单位名称： ××××

pWPS 编号： pWPS 4104

日期： ××××

焊接方法： SMAW 机动化程度： 手工☑　机动□　自动□ 焊接接头： 对接☑　角接□　堆焊□ 衬垫(材料及规格)： 焊缝金属 其他： /	**简图(接头形式、坡口形式与尺寸、焊层、焊道布置及顺序)：** 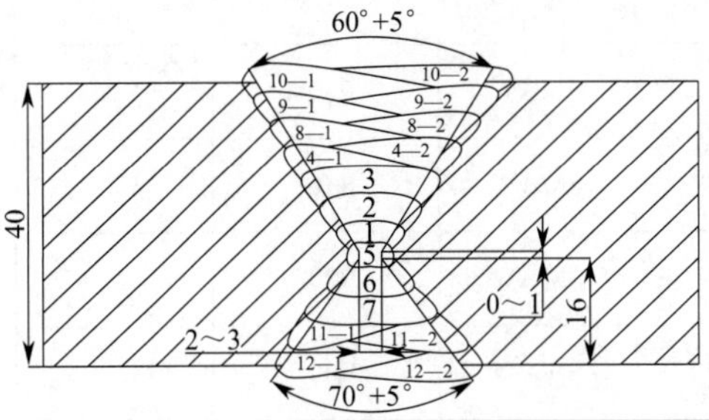

母材：

试件序号	①	②
材料	15CrMoR	15CrMoR
标准或规范	GB/T 713	GB/T 713
规格/mm	δ=40	δ=40
类别号	Fe-4	Fe-4
组别号	Fe-4-1	Fe-4-1
对接焊缝焊件母材厚度范围/mm	16～200	16～200
角焊缝焊件母材厚度范围/mm	不限	不限
管子直径、壁厚范围(对接或角接)/mm	/	/
其他：	/	

填充金属：

焊材类别(种类)	焊条	
型号(牌号)	E5515-1CM(R307)	
标准	NB/T 47018.2	
填充金属规格/mm	ϕ4.0,ϕ5.0	
焊材分类代号	FeT-4	
对接焊缝焊件焊缝金属范围/mm	0～200	
角焊缝焊件焊缝金属范围/mm	不限	
其他：	/	

预热及后热：		**气体：**			
最小预热温度/℃	120	项目	气体种类	混合比/%	流量/(L/min)
最大道间温度/℃	250	保护气	/	/	/
后热温度/℃	200～300	尾部保护气	/	/	/
后热保温时间/h	1	背面保护气	/	/	/
焊后热处理：	SR	**焊接位置：**			
热处理温度/℃	670±10	对接焊缝位置	1G	方向(向上、向下)	/
热处理时间/h	5.75	角焊缝位置	/	方向(向上、向下)	/

预焊接工艺规程(pWPS)

电特性:

钨极类型及直径/mm: / 喷嘴直径/mm: /

熔滴过渡形式(喷射过渡、短路过渡等): /

(按所焊位置和工件厚度,分别将电流、电压和焊接速度范围填入下表)

焊道/焊层	焊接方法	填充金属	规格/mm	电源种类及极性	焊接电流/A	电弧电压/V	焊接速度/(cm/min)	最大热输入/(kJ/cm)
1	SMAW	R307	ϕ4.0	DCEP	160～180	24～26	10～13	28.1
2—4	SMAW	R307	ϕ5.0	DCEP	180～210	24～26	10～14	32.8
5	SMAW	R307	ϕ4.0	DCEP	160～180	24～26	10～12	28.1
6—12	SMAW	R307	ϕ5.0	DCEP	180～210	24～26	10～14	32.8

技术措施:

摆动焊或不摆动焊: / 摆动参数: /

焊前清理和层间清理: 刷或磨 背面清根方法: 碳弧气刨+修磨

单道焊或多道焊/每面: 多道焊 单丝焊或多丝焊: /

导电嘴至工件距离/mm: / 锤击: /

换热管与管板的连接方式: / 换热管与管板接头的清理方法: /

预置金属衬套: / 预置金属衬套的形状与尺寸: /

其他: 环境温度>0℃,相对湿度<90%。

检验要求及执行标准:

按 NB/T 47014—2023 及相关技术要求进行评定,项目如下:

1. 外观检查和无损检测(按 NB/T 47013.2)结果不得有裂纹;
2. 焊接接头板拉二件(按 GB/T 228),R_m≥450MPa;
3. 焊接接头侧弯四件(按 GB/T 2653),$D=4a$ $a=10$ $\alpha=180°$,沿任何方向不得有单条长度大于 3mm 的开口缺陷;
4. 焊缝、热影响区 0℃ KV_2 冲击各三件(按 GB/T 229),焊接接头 V 型缺口 10mm×10mm×55mm 试样冲击吸收能量平均值不低于 20J。

编制		日期		审核		日期		批准		日期	

焊接工艺评定报告（PQR4104）

焊接工艺评定报告(PQR)

单位名称： ××××

PQR编号：PQR4104　　pWPS编号：pWPS 4104

焊接方法：SWAW　　机动化程度：手工☑　机动□　自动□

焊接接头：对接☑　角接□　堆焊□　　其他：/

接头简图(接头形式、尺寸、衬垫、每种焊接方法或焊接工艺的焊缝金属厚度)：

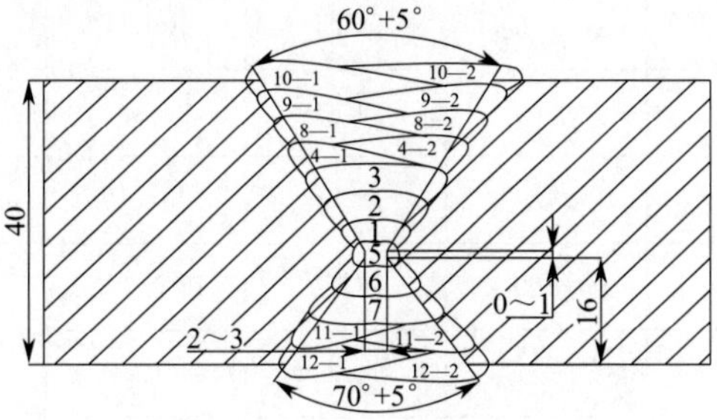

母材：

试件序号	①	②
材料	15CrMoR	15CrMoR
标准或规范	GB/T 713	GB/T 713
规格/mm	δ=40	δ=40
类别号	Fe-4	Fe-4
组别号	Fe-4-1	Fe-4-1

填充金属：

分类	焊条	
型号(牌号)	E5515-1CM(R307)	
标准	NB/T 47018.2	
填充金属规格/mm	ϕ4.0,ϕ5.0	
焊材分类代号	FeT-4	
焊缝金属厚度/mm	40	

预热及后热：

最小预热温度/℃	125	最大道间温度/℃	235
后热温度及保温时间/(℃×h)	300℃×1h		

焊后热处理： SR

保温温度/℃	670	保温时间/h	5.8

焊接位置：

对接焊缝焊接位置	1G	方向(向上、向下)	/
角焊缝焊接位置	/	方向(向上、向下)	/

气体：

项目	气体种类	混合比/%	流量/(L/min)
保护气	/	/	/
尾部保护气	/	/	/
背面保护气	/	/	/

焊接工艺评定报告(PQR)

电特性：

钨极类型及直径/mm：/　　喷嘴直径/mm：/

熔滴过渡形式(喷射过渡、短路过渡等)：/

(按所焊位置和工件厚度，分别将电流、电压和焊接速度实测值填入下表)

焊道	焊接方法	填充金属	规格 /mm	电源种类 及极性	焊接电流 /A	电弧电压 /V	焊接速度 /(cm/min)	最大热输入 /(kJ/cm)
1	SMAW	R307	ϕ4.0	DCEP	160～190	24～26	10～13	29.6
2—4	SMAW	R307	ϕ5.0	DCEP	180～220	24～26	10～14	34.3
5	SMAW	R307	ϕ4.0	DCEP	160～190	24～26	10～12	29.6
6—12	SMAW	R307	ϕ5.0	DCEP	180～220	24～26	10～14	34.3

技术措施：

摆动焊或不摆动焊：/　　摆动参数：/

焊前清理和层间清理：打磨　　背面清根方法：碳弧气刨＋修磨

单道焊或多道焊/每面：多道焊　　单丝焊或多丝焊：/

导电嘴至工件距离/mm：/　　锤击：/

换热管与管板的连接方式：/　　换热管与管板接头的清理方法：/

预置金属衬套：/　　预置金属衬套的形状与尺寸：/

其他：

拉伸试验(GB/T 228)：　　试验报告编号：LH4104

试验条件	编号	试样宽度 /mm	试样厚度 /mm	横截面积 /mm^2	断裂载荷 /kN	R_m /MPa	断裂位置 及特征
接头板拉	PQR4104-1	25.4	17.9	454.7	241	530	断于母材
	PQR4104-2	25.5	17.6	448.8	240.1	535	断于母材
	PQR4104-3	25.2	17.8	448.6	246.7	550	断于母材
	PQR4104-4	25.3	17.7	447.8	241.8	540	断于母材

弯曲试验(GB/T 2653)：　　试验报告编号：LH4104

试验条件	编号	试样尺寸 /mm	弯心直径 /mm	弯曲角度 /(°)	试验结果
侧弯	PQR4104-5	10	40	180	合格
侧弯	PQR4104-6	10	40	180	合格
侧弯	PQR4104-7	10	40	180	合格
侧弯	PQR4104-8	10	40	180	合格

焊接工艺评定报告(PQR)

冲击试验(GB/T 229)： 试验报告编号：LH4104

编号	试样位置	V型缺口位置	试样尺寸/mm	试验温度/℃	冲击吸收能量/J
PQR4104-9	焊缝	缺口轴线位于焊缝中心线上	10×10×55	20	56
PQR4104-10					72
PQR4104-11					46
PQR4104-12	热影响区	缺口轴线至试样纵轴线与熔合线交点的距离 $k>0$mm，且尽可能多地通过热影响区	10×10×55	20	72
PQR4104-13					87
PQR4104-14					81

金相试验(角焊缝、模拟组合件)： 试验报告编号：

检验面编号	1	2	3	4	5	6	7	8	结果
有无裂纹、未熔合									
角焊缝厚度/mm									
焊脚高 l/mm									
是否焊透									

金相检验(角焊缝、模拟组合件)：

根部：焊透□ 未焊透□

焊缝：熔合□ 未熔合□

焊缝及热影响区：有裂纹□ 无裂纹□

两焊脚之差值：

试验报告编号：

堆焊层复层熔敷金属化学成分/% 执行标准： 试验报告编号：

C	Si	Mn	P	S	Cr	Ni	Mo	Ti	Al	Nb	Fe	…

化学成分测定表面至熔合线距离/mm：

非破坏性试验：

VT外观检查：无裂纹 PT：____ MT：____ UT：____ RT：无裂纹

预焊接工艺规程 pWPS 4106

预焊接工艺规程(pWPS)

单位名称： ××××

pWPS 编号： pWPS 4106

日期： ××××

焊接方法： SMAW

机动化程度： 手工☑ 机动□ 自动□

焊接接头： 对接☑ 角接□ 堆焊□

衬垫(材料及规格)： 焊缝金属

其他： /

简图(接头形式、坡口形式与尺寸、焊层、焊道布置及顺序)：

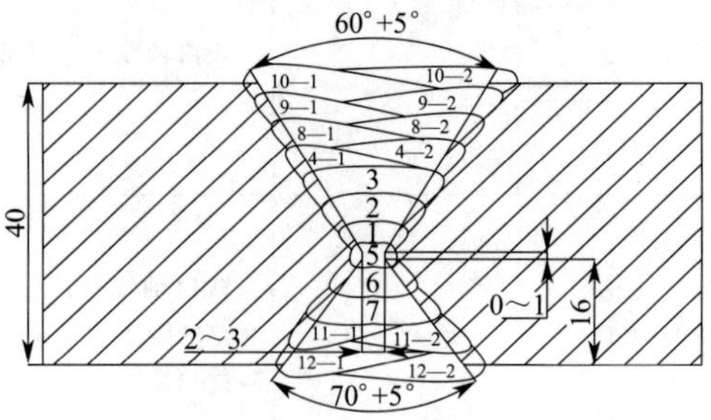

母材：

试件序号	①	②
材料	15CrMoR	15CrMoR
标准或规范	GB/T 713	GB/T 713
规格/mm	δ=40	δ=40
类别号	Fe-4	Fe-4
组别号	Fe-4-1	Fe-4-1
对接焊缝焊件母材厚度范围/mm	5～200	5～200
角焊缝焊件母材厚度范围/mm	不限	不限
管子直径、壁厚范围(对接或角接)/mm	/	/
其他：	/	

填充金属：

焊材类别(种类)	焊条	
型号(牌号)	E5515-1CM(R307)	
标准	NB/T 47018.2	
填充金属规格/mm	ϕ4.0，ϕ5.0	
焊材分类代号	FeT-4	
对接焊缝焊件焊缝金属范围/mm	0～200	
角焊缝焊件焊缝金属范围/mm	不限	
其他：	/	

预热及后热：

最小预热温度/℃	120
最大道间温度/℃	250
后热温度/℃	200～300
后热保温时间/h	1

气体：

项目	气体种类	混合比/%	流量/(L/min)
保护气	/	/	/
尾部保护气	/	/	/
背面保护气	/	/	/

焊后热处理： (N+T)+SR

热处理温度/℃	930±10	700±10	670±10
热处理时间/h	1.5	1	5.75

焊接位置：

对接焊缝位置	1G	方向(向上、向下)	/
角焊缝位置	/	方向(向上、向下)	/

预焊接工艺规程(pWPS)

电特性：

钨极类型及直径/mm：/　　喷嘴直径/mm：/

熔滴过渡形式(喷射过渡、短路过渡等)：/

(按所焊位置和工件厚度，分别将电流、电压和焊接速度范围填入下表)

焊道/焊层	焊接方法	填充金属	规格/mm	电源种类及极性	焊接电流/A	电弧电压/V	焊接速度/(cm/min)	最大热输入/(kJ/cm)
1	SMAW	R307	ϕ4.0	DCEP	160～180	24～26	10～13	28.1
2—4	SMAW	R307	ϕ5.0	DCEP	180～210	24～26	10～14	32.8
5	SMAW	R307	ϕ4.0	DCEP	160～180	24～26	10～12	28.1
6—12	SMAW	R307	ϕ5.0	DCEP	180～210	24～26	10～14	32.8

技术措施：

摆动焊或不摆动焊：/　　摆动参数：/

焊前清理和层间清理：刷或磨　　背面清根方法：碳弧气刨＋修磨

单道焊或多道焊/每面：多道焊　　单丝焊或多丝焊：/

导电嘴至工件距离/mm：/　　锤击：/

换热管与管板的连接方式：/　　换热管与管板接头的清理方法：/

预置金属衬套：/　　预置金属衬套的形状与尺寸：/

其他：环境温度＞0℃，相对湿度＜90％。

检验要求及执行标准：

按 NB/T 47014—2023 及相关技术要求进行评定，项目如下：

1. 外观检查和无损检测(按 NB/T 47013.2)结果不得有裂纹；
2. 焊接接头板拉二件(按 GB/T 228)，$R_m \geqslant 450$MPa；
3. 焊接接头侧弯四件(按 GB/T 2653)，$D=4a$　$a=10$　$\alpha=180°$，沿任何方向不得有单条长度大于 3mm 的开口缺陷；
4. 焊缝、热影响区 0℃ KV_2 冲击各三件(按 GB/T 229)，焊接接头 V 型缺口 10mm×10mm×55mm 试样冲击吸收能量平均值不低于 20J。

编制		日期		审核		日期		批准		日期	

焊接工艺评定报告（PQR4106）

焊接工艺评定报告（PQR）

单位名称： ××××

PQR 编号：PQR4106　　pWPS 编号：pWPS 4106

焊接方法：SWAW　　机动化程度：手工☑　机动□　自动□

焊接接头：对接☑　角接□　堆焊□　　其他：/

接头简图（接头形式、尺寸、衬垫、每种焊接方法或焊接工艺的焊缝金属厚度）：

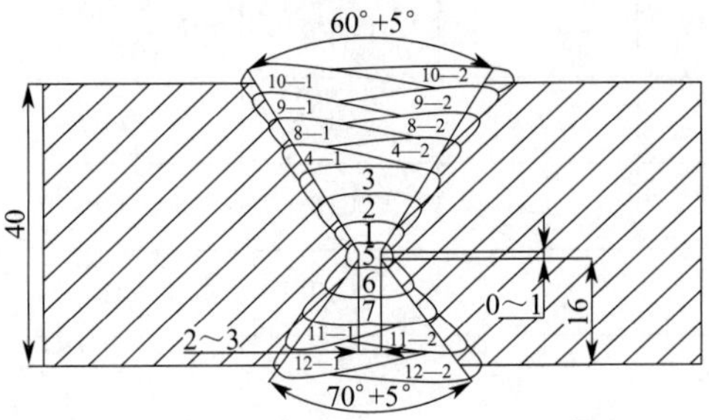

母材：

试件序号	①	②
材料	15CrMoR	15CrMoR
标准或规范	GB/T 713	GB/T 713
规格/mm	δ=40	δ=40
类别号	Fe-4	Fe-4
组别号	Fe-4-1	Fe-4-1

填充金属：

分类	焊条	
型号（牌号）	E5515-1CM(R307)	
标准	NB/T 47018.2	
填充金属规格/mm	ϕ4.0，ϕ5.0	
焊材分类代号	FeT-4	
焊缝金属厚度/mm	40	

预热及后热：

最小预热温度/℃	125	最大道间温度/℃	235
后热温度及保温时间/(℃×h)	300℃×1h		

焊后热处理： (N+T)+SR

保温温度/℃	N：930　T：700　SR：660	保温时间/h	N：1.5　T：1　SR：5.8

焊接位置：

对接焊缝焊接位置	1G	方向（向上、向下）	/
角焊缝焊接位置	/	方向（向上、向下）	/

气体：

项目	气体种类	混合比/%	流量/(L/min)
保护气	/	/	/
尾部保护气	/	/	/
背面保护气	/	/	/

焊接工艺评定报告(PQR)

电特性：

钨极类型及直径/mm：/　　喷嘴直径/mm：/

熔滴过渡形式(喷射过渡、短路过渡等)：/

(按所焊位置和工件厚度，分别将电流、电压和焊接速度实测值填入下表)

焊道	焊接方法	填充金属	规格/mm	电源种类及极性	焊接电流/A	电弧电压/V	焊接速度/(cm/min)	最大热输入/(kJ/cm)
1	SMAW	R307	ϕ4.0	DCEP	160～190	24～26	10～13	29.6
2—4	SMAW	R307	ϕ5.0	DCEP	180～220	24～26	10～14	34.3
5	SMAW	R307	ϕ4.0	DCEP	160～190	24～26	10～12	29.6
6—12	SMAW	R307	ϕ5.0	DCEP	180～220	24～26	10～14	34.3

技术措施：

摆动焊或不摆动焊：/　　摆动参数：/

焊前清理和层间清理：打磨　　背面清根方法：碳弧气刨＋修磨

单道焊或多道焊/每面：多道焊　　单丝焊或多丝焊：/

导电嘴至工件距离/mm：/　　锤击：/

换热管与管板的连接方式：/　　换热管与管板接头的清理方法：/

预置金属衬套：/　　预置金属衬套的形状与尺寸：/

其他：

拉伸试验(GB/T 228)：　　试验报告编号：LH4106

试验条件	编号	试样宽度/mm	试样厚度/mm	横截面积/mm^2	断裂载荷/kN	R_m/MPa	断裂位置及特征
接头板拉	PQR4106-1	25.3	18.7	473.1	246	520	断于母材
	PQR4106-2	25.2	18.6	468.7	248.2	510	断于母材
	PQR4106-3	25.5	18.9	476.9	245.6	515	断于母材
	PQR4106-4	25.4	18.7	475	247	520	断于母材

弯曲试验(GB/T 2653)：　　试验报告编号：LH4106

试验条件	编号	试样尺寸/mm	弯心直径/mm	弯曲角度/(°)	试验结果
侧弯	PQR4106-5	10	40	180	合格
侧弯	PQR4106-6	10	40	180	合格
侧弯	PQR4106-7	10	40	180	合格
侧弯	PQR4106-8	10	40	180	合格

焊接工艺评定报告(PQR)					
冲击试验(GB/T 229)：					试验报告编号：LH4106
编号	试样位置	V型缺口位置	试样尺寸/mm	试验温度/℃	冲击吸收能量/J
PQR4106-9	焊缝	缺口轴线位于焊缝中心线上	10×10×55	20	75
PQR4106-10					66
PQR4106-11					83
PQR4106-12	热影响区	缺口轴线至试样纵轴线与熔合线交点的距离 $k>0$mm，且尽可能多地通过热影响区	10×10×55	20	96
PQR4106-13					77
PQR4106-14					95

金相试验(角焊缝、模拟组合件)： 试验报告编号：

检验面编号	1	2	3	4	5	6	7	8	结果
有无裂纹、未熔合									
角焊缝厚度/mm									
焊脚高 l/mm									
是否焊透									

金相检验(角焊缝、模拟组合件)：

根部：焊透□ 未焊透□

焊缝：熔合□ 未熔合□

焊缝及热影响区：有裂纹□ 无裂纹□

两焊脚之差值：

试验报告编号：

堆焊层复层熔敷金属化学成分/% 执行标准： 试验报告编号：

C	Si	Mn	P	S	Cr	Ni	Mo	Ti	Al	Nb	Fe	…

化学成分测定表面至熔合线距离/mm：

非破坏性试验：

VT外观检查：无裂纹 PT： MT： UT： RT：无裂纹

预焊接工艺规程 pWPS 4107

预焊接工艺规程(pWPS)

单位名称： ××××

pWPS 编号： pWPS 4107

日期： ××××

焊接方法： SW 机动化程度： 手工□　机动☑　自动□ 焊接接头： 对接☑　角接□　堆焊□ 衬垫(材料及规格)： 焊缝金属 其他： /	**简图(接头形式、坡口形式与尺寸、焊层、焊道布置及顺序)：** 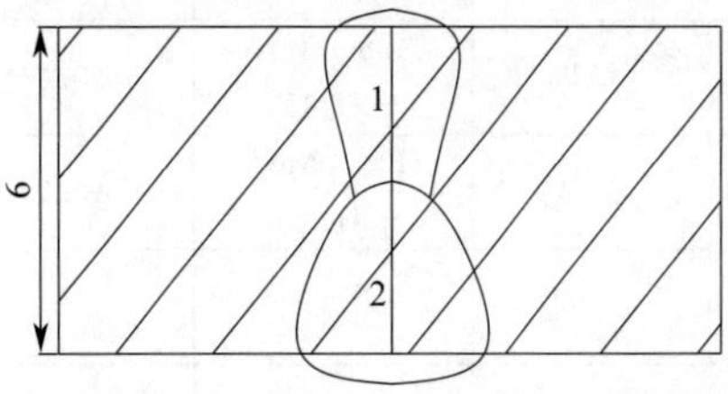

母材：

试件序号	①	②
材料	15CrMoR	15CrMoR
标准或规范	GB/T 713	GB/T 713
规格/mm	$\delta=6$	$\delta=6$
类别号	Fe-4	Fe-4
组别号	Fe-4-1	Fe-4-1
对接焊缝焊件母材厚度范围/mm	6～12	6～12
角焊缝焊件母材厚度范围/mm	不限	不限
管子直径、壁厚范围(对接或角接)/mm	/	/
其他：	/	

填充金属：

焊材类别(种类)	焊丝-焊剂组合	
型号(牌号)	S55P0 MS-SU1CM2 (H08CrMoA+HJ350)	
标准	NB/T 47018.4	
填充金属规格/mm	$\phi3.2$	
焊材分类代号	FeMSG-4	
对接焊缝焊件焊缝金属范围/mm	0～12	
角焊缝焊件焊缝金属范围/mm	不限	
其他：	/	

预热及后热：		**气体：**			
最小预热温度/℃	120	项目	气体种类	混合比/%	流量/(L/min)
最大道间温度/℃	250	保护气	/	/	/
后热温度/℃	/	尾部保护气	/	/	/
后热保温时间/h	/	背面保护气	/	/	/
焊后热处理：	SR	**焊接位置：**			
热处理温度/℃	670±20	对接焊缝位置	1G	方向(向上、向下)	/
热处理时间/h	2.5	角焊缝位置	/	方向(向上、向下)	/

预焊接工艺规程(pWPS)

电特性：

钨极类型及直径/mm： / 喷嘴直径/mm： /

熔滴过渡形式(喷射过渡、短路过渡等)： /

(按所焊位置和工件厚度，分别将电流、电压和焊接速度范围填入下表)

焊道/焊层	焊接方法	填充金属	规格/mm	电源种类及极性	焊接电流/A	电弧电压/V	焊接速度/(cm/min)	最大热输入/(kJ/cm)
1	SAW	H08CrMoA+HJ350	ϕ3.2	DCEP	420～460	30～34	52～58	18.1
2	SAW	H08CrMoA+HJ350	ϕ3.2	DCEP	430～480	30～34	52～58	18.8

技术措施：

摆动焊或不摆动焊： / 摆动参数： /

焊前清理和层间清理： 刷或磨 背面清根方法： 碳弧气刨+修磨

单道焊或多道焊/每面： 单道焊 单丝焊或多丝焊： 单丝

导电嘴至工件距离/mm： 30～40 锤击： /

换热管与管板的连接方式： / 换热管与管板接头的清理方法： /

预置金属衬套： / 预置金属衬套的形状与尺寸： /

其他： 环境温度>0℃，相对湿度<90%。

检验要求及执行标准：

按 NB/T 47014—2023 及相关技术要求进行评定，项目如下：

1. 外观检查和无损检测(按 NB/T 47013.2)结果不得有裂纹；

2. 焊接接头板拉二件(按 GB/T 228)，$R_m \geqslant$450MPa；

3. 焊接接头面弯、背弯各二件(按 GB/T 2653)，$D=4a$ $a=6$ $\alpha=180°$，沿任何方向不得有单条长度大于 3mm 的开口缺陷；

4. 焊缝、热影响区 0℃ KV_2 冲击各三件(按 GB/T 229)，焊接接头 V 型缺口 5mm×10mm×55mm 试样冲击吸收能量平均值不低于 10J。

编制		日期		审核		日期		批准		日期	

焊接工艺评定报告（PQR4107）

焊接工艺评定报告(PQR)

单位名称： ××××

PQR 编号：PQR4107　　pWPS 编号：pWPS 4107

焊接方法：SAW　　机动化程度：手工□　机动☑　自动□

焊接接头：对接☑　角接□　堆焊□　　其他：/

接头简图(接头形式、尺寸、衬垫、每种焊接方法或焊接工艺的焊缝金属厚度)：

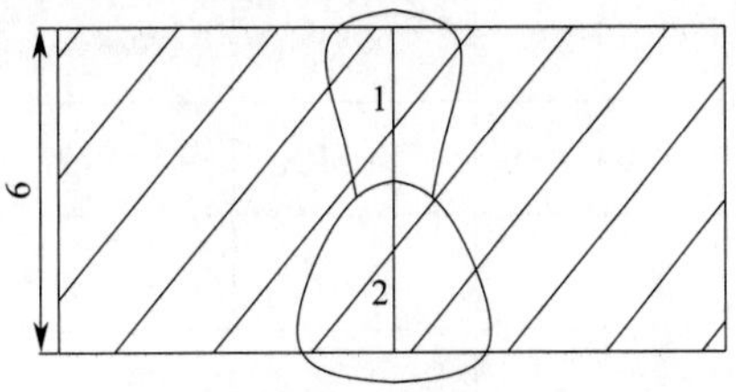

母材：

试件序号	①	②
材料	15CrMoR	15CrMoR
标准或规范	GB/T 713	GB/T 713
规格/mm	$\delta=6$	$\delta=6$
类别号	Fe-4	Fe-4
组别号	Fe-4-1	Fe-4-1

填充金属：

分类	焊丝-焊剂组合	
型号(牌号)	S55P0 MS-SU1CM2(H08CrMoA＋HJ350)	
标准	NB/T 47018.4	
填充金属规格/mm	ϕ3.2	
焊材分类代号	FeMSG-4	
焊缝金属厚度/mm	6	

预热及后热：

最小预热温度/℃	125	最大道间温度/℃	235
后热温度及保温时间/(℃×h)	/		

焊后热处理： SR

保温温度/℃	670	保温时间/h	2.5

焊接位置：

对接焊缝焊接位置	1G	方向(向上、向下)	/
角焊缝焊接位置	/	方向(向上、向下)	/

气体：

项目	气体种类	混合比/%	流量/(L/min)
保护气	/	/	/
尾部保护气	/	/	/
背面保护气	/	/	/

焊接工艺评定报告(PQR)

电特性:

钨极类型及直径/mm: / 喷嘴直径/mm: /

熔滴过渡形式(喷射过渡、短路过渡等): /

(按所焊位置和工件厚度,分别将电流、电压和焊接速度实测值填入下表)

焊道	焊接方法	填充金属	规格/mm	电源种类及极性	焊接电流/A	电弧电压/V	焊接速度/(cm/min)	最大热输入/(kJ/cm)
1	SAW	H08CrMoA+HJ350	ϕ3.2	DCEP	420~480	30~34	52~58	18.8
2	SAW	H08CrMoA+HJ350	ϕ3.2	DCEP	430~500	30~34	52~58	19.6

技术措施:

摆动焊或不摆动焊: / 摆动参数: /

焊前清理和层间清理: 打磨 背面清根方法: 碳弧气刨+修磨

单道焊或多道焊/每面: 单道焊 单丝焊或多丝焊: 单丝

导电嘴至工件距离/mm: 30~40 锤击: /

换热管与管板的连接方式: / 换热管与管板接头的清理方法: /

预置金属衬套: / 预置金属衬套的形状与尺寸: /

其他:

拉伸试验(GB/T 228): 试验报告编号:LH4107

试验条件	编号	试样宽度/mm	试样厚度/mm	横截面积/mm²	断裂载荷/kN	R_m/MPa	断裂位置及特征
接头板拉	PQR4107-1	25.3	5.9	149.3	80.6	540	断于母材
	PQR4107-2	25.4	6.0	152.4	84.6	555	断于母材

弯曲试验(GB/T 2653): 试验报告编号:LH4107

试验条件	编号	试样尺寸/mm	弯心直径/mm	弯曲角度/(°)	试验结果
面弯	PQR4107-3	6	24	180	合格
面弯	PQR4107-4	6	24	180	合格
背弯	PQR4107-5	6	24	180	合格
背弯	PQR4107-6	6	24	180	合格

焊接工艺评定报告(PQR)

冲击试验(GB/T 229)： 试验报告编号：LH4107

编号	试样位置	V 型缺口位置	试样尺寸/mm	试验温度/℃	冲击吸收能量/J
PQR4107-7	焊缝	缺口轴线位于焊缝中心线上	5×10×55	20	31
PQR4107-8					26
PQR4107-9					35
PQR4107-10	热影响区	缺口轴线至试样纵轴线与熔合线交点的距离 $k>0$mm，且尽可能多地通过热影响区	5×10×55	20	28
PQR4107-11					31
PQR4107-12					42

金相试验(角焊缝、模拟组合件)： 试验报告编号：

检验面编号	1	2	3	4	5	6	7	8	结果
有无裂纹、未熔合									
角焊缝厚度/mm									
焊脚高 l/mm									
是否焊透									

金相检验(角焊缝、模拟组合件)：

根部：焊透□　　未焊透□

焊缝：熔合□　　未熔合□

焊缝及热影响区：有裂纹□　　无裂纹□

两焊脚之差值：________

试验报告编号：________

堆焊层复层熔敷金属化学成分/% 执行标准：　　试验报告编号：

C	Si	Mn	P	S	Cr	Ni	Mo	Ti	Al	Nb	Fe	…

化学成分测定表面至熔合线距离/mm：________

非破坏性试验：

VT 外观检查：无裂纹　　PT：____　　MT：____　　UT：____　　RT：无裂纹

预焊接工艺规程 pWPS 4108

预焊接工艺规程(pWPS)

单位名称：××××

pWPS 编号：pWPS 4108

日期：××××

焊接方法：SAW

机动化程度：手工□ 机动☑ 自动□

焊接接头：对接☑ 角接□ 堆焊□

衬垫(材料及规格)：焊缝金属

其他：/

简图(接头形式、坡口形式与尺寸、焊层、焊道布置及顺序)：

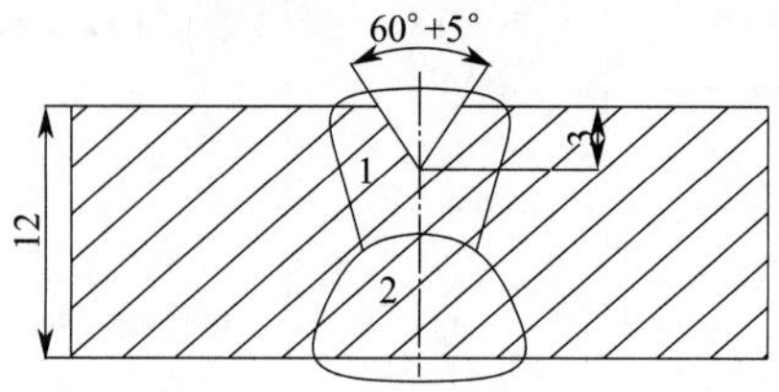

母材：

试件序号	①	②
材料	15CrMoR	15CrMoR
标准或规范	GB/T 713	GB/T 713
规格/mm	$\delta=12$	$\delta=12$
类别号	Fe-4	Fe-4
组别号	Fe-4-1	Fe-4-1
对接焊缝焊件母材厚度范围/mm	12～24	12～24
角焊缝焊件母材厚度范围/mm	不限	不限
管子直径、壁厚范围(对接或角接)/mm	/	/
其他：	/	

填充金属：

焊材类别(种类)	焊丝-焊剂组合	
型号(牌号)	S55P0 MS-SU1CM2 (H08CrMoA＋HJ350)	
标准	NB/T 47018.4	
填充金属规格/mm	ϕ4.0	
焊材分类代号	FeMSG-4	
对接焊缝焊件焊缝金属范围/mm	0～24	
角焊缝焊件焊缝金属范围/mm	不限	
其他：	/	

预热及后热：		**气体**：			
最小预热温度/℃	120	项目	气体种类	混合比/%	流量/(L/min)
最大道间温度/℃	250	保护气	/	/	/
后热温度/℃	/	尾部保护气	/	/	/
后热保温时间/h	/	背面保护气	/	/	/
焊后热处理：	SR	**焊接位置**：			
热处理温度/℃	670±20	对接焊缝位置	1G	方向(向上、向下)	/
热处理时间/h	3	角焊缝位置	/	方向(向上、向下)	/

预焊接工艺规程(pWPS)

电特性:

钨极类型及直径/mm: /　　喷嘴直径/mm: /

熔滴过渡形式(喷射过渡、短路过渡等): /

(按所焊位置和工件厚度,分别将电流、电压和焊接速度范围填入下表)

焊道/焊层	焊接方法	填充金属	规格/mm	电源种类及极性	焊接电流/A	电弧电压/V	焊接速度/(cm/min)	最大热输入/(kJ/cm)
1	SAW	H08CrMoA＋HJ350	ϕ4.0	DCEP	600～650	36～38	46～52	32.2
2	SAW	H08CrMoA＋HJ350	ϕ4.0	DCEP	600～650	36～38	46～52	32.2

技术措施:

摆动焊或不摆动焊: /　　摆动参数: /

焊前清理和层间清理: 刷或磨　　背面清根方法: 碳弧气刨＋修磨

单道焊或多道焊/每面: 单道焊　　单丝焊或多丝焊: 单丝

导电嘴至工件距离/mm: 30～40　　锤击: /

换热管与管板的连接方式: /　　换热管与管板接头的清理方法: /

预置金属衬套: /　　预置金属衬套的形状与尺寸: /

其他: 环境温度＞0℃,相对湿度＜90%。

检验要求及执行标准:

按 NB/T 47014—2023 及相关技术要求进行评定,项目如下:

1. 外观检查和无损检测(按 NB/T 47013.2)结果不得有裂纹;
2. 焊接接头板拉二件(按 GB/T 228),R_m≥450MPa;
3. 焊接接头侧弯四件(按 GB/T 2653),$D=4a$　$a=10$　$\alpha=180°$,沿任何方向不得有单条长度大于 3mm 的开口缺陷;
4. 焊缝、热影响区 0℃KV_2 冲击各三件(按 GB/T 229),焊接接头 V 型缺口 10mm×10mm×55mm 试样冲击吸收能量平均值不低于 20J。

编制		日期		审核		日期		批准		日期	

焊接工艺评定报告（PQR4108）

焊接工艺评定报告（PQR）

单位名称： ××××

PQR 编号：PQR4108　　pWPS 编号：pWPS 4108

焊接方法：SAW　　机动化程度：手工□　机动☑　自动□

焊接接头：对接☑　角接□　堆焊□　其他：/

接头简图（接头形式、尺寸、衬垫、每种焊接方法或焊接工艺的焊缝金属厚度）：

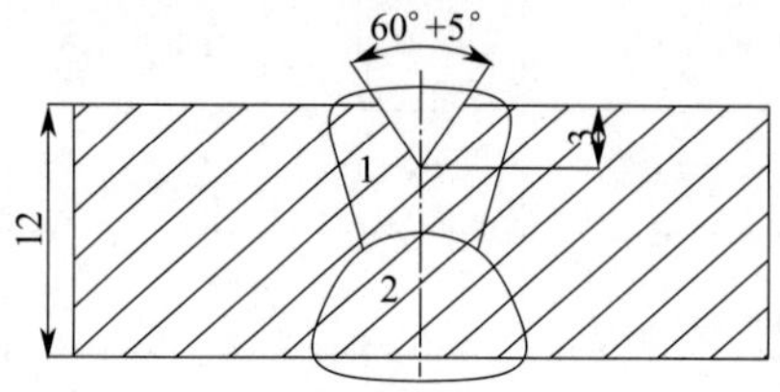

母材：

试件序号	①	②
材料	15CrMoR	15CrMoR
标准或规范	GB/T 713	GB/T 713
规格/mm	δ=12	δ=12
类别号	Fe-4	Fe-4
组别号	Fe-4-1	Fe-4-1

填充金属：

分类	焊丝-焊剂组合	
型号（牌号）	S55P0 MS-SU1CM2 （H08CrMoA＋HJ350）	
标准	NB/T 47018.4	
填充金属规格/mm	ϕ4.0	
焊材分类代号	FeMSG-4	
焊缝金属厚度/mm	12	

预热及后热：

最小预热温度/℃	125	最大道间温度/℃	235
后热温度及保温时间/（℃×h）	/		

焊后热处理： SR

保温温度/℃	670	保温时间/h	3

焊接位置：

对接焊缝焊接位置	1G	方向（向上、向下）	/
角焊缝焊接位置	/	方向（向上、向下）	/

气体：

项目	气体种类	混合比/%	流量/（L/min）
保护气	/	/	/
尾部保护气	/	/	/
背面保护气	/	/	/

焊接工艺评定报告(PQR)

电特性：

钨极类型及直径/mm：/　　喷嘴直径/mm：/

熔滴过渡形式(喷射过渡、短路过渡等)：/

(按所焊位置和工件厚度，分别将电流、电压和焊接速度实测值填入下表)

焊道	焊接方法	填充金属	规格/mm	电源种类及极性	焊接电流/A	电弧电压/V	焊接速度/(cm/min)	最大热输入/(kJ/cm)
1	SAW	H08CrMoA＋HJ350	ϕ4.0	DCEP	600～660	36～38	46～52	32.7
2	SAW	H08CrMoA＋HJ350	ϕ4.0	DCEP	600～660	36～38	46～52	32.7

技术措施：

摆动焊或不摆动焊：/　　摆动参数：/

焊前清理和层间清理：打磨　　背面清根方法：碳弧气刨＋修磨

单道焊或多道焊/每面：单道焊　　单丝焊或多丝焊：单丝

导电嘴至工件距离/mm：30～40　　锤击：/

换热管与管板的连接方式：/　　换热管与管板接头的清理方法：/

预置金属衬套：/　　预置金属衬套的形状与尺寸：/

其他：

拉伸试验(GB/T 228)：　　试验报告编号：LH4108

试验条件	编号	试样宽度/mm	试样厚度/mm	横截面积/mm²	断裂载荷/kN	R_m/MPa	断裂位置及特征
接头板拉	PQR4108-1	25.3	12.1	306.1	170.5	557	断于母材
	PQR4108-2	25.4	12.0	304.8	164.6	540	断于母材

弯曲试验(GB/T 2653)：　　试验报告编号：LH4108

试验条件	编号	试样尺寸/mm	弯心直径/mm	弯曲角度/(°)	试验结果
侧弯	PQR4108-3	10	40	180	合格
侧弯	PQR4108-4	10	40	180	合格
侧弯	PQR4108-5	10	40	180	合格
侧弯	PQR4108-6	10	40	180	合格

焊接工艺评定报告(PQR)

冲击试验(GB/T 229)： 试验报告编号：LH4108

编号	试样位置	V型缺口位置	试样尺寸/mm	试验温度/℃	冲击吸收能量/J
PQR4108-7	焊缝	缺口轴线位于焊缝中心线上	10×10×55	20	63
PQR4108-8					52
PQR4108-9					75
PQR4108-10	热影响区	缺口轴线至试样纵轴线与熔合线交点的距离 $k>0$mm，且尽可能多地通过热影响区	10×10×55	20	105
PQR4108-11					82
PQR4108-12					75

金相试验(角焊缝、模拟组合件)： 试验报告编号：

检验面编号	1	2	3	4	5	6	7	8	结果
有无裂纹、未熔合									
角焊缝厚度/mm									
焊脚高 l/mm									
是否焊透									

金相检验(角焊缝、模拟组合件)：

根部：焊透□ 未焊透□

焊缝：熔合□ 未熔合□

焊缝及热影响区：有裂纹□ 无裂纹□

两焊脚之差值：

试验报告编号：

堆焊层复层熔敷金属化学成分/% 执行标准： 试验报告编号：

C	Si	Mn	P	S	Cr	Ni	Mo	Ti	Al	Nb	Fe	…

化学成分测定表面至熔合线距离/mm：

非破坏性试验：

VT外观检查：无裂纹 PT： MT： UT： RT：无裂纹

预焊接工艺规程 pWPS 4109

预焊接工艺规程(pWPS)

单位名称： ××××

pWPS 编号： pWPS 4109

日期： ××××

焊接方法： SAW

机动化程度： 手工☐　机动☑　自动☐

焊接接头： 对接☑　角接☐　堆焊☐

衬垫(材料及规格)： 焊缝金属

其他： /

简图(接头形式、坡口形式与尺寸、焊层、焊道布置及顺序)：

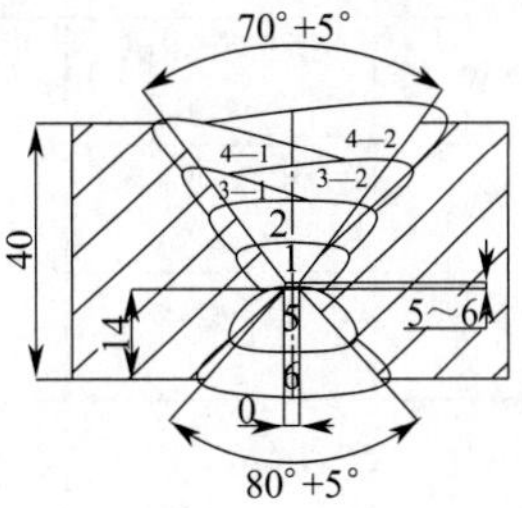

母材：

试件序号	①	②
材料	15CrMoR	15CrMoR
标准或规范	GB/T 713	GB/T 713
规格/mm	δ=40	δ=40
类别号	Fe-4	Fe-4
组别号	Fe-4-1	Fe-4-1
对接焊缝焊件母材厚度范围/mm	16～200	16～200
角焊缝焊件母材厚度范围/mm	不限	不限
管子直径、壁厚范围(对接或角接)/mm	/	/
其他：	/	

填充金属：

焊材类别(种类)	焊丝-焊剂组合	
型号(牌号)	S55P0 MS-SU1CM2 (H08CrMoA+HJ350)	
标准	NB/T 47018.4	
填充金属规格/mm	ϕ4.0	
焊材分类代号	FeMSG-4	
对接焊缝焊件焊缝金属范围/mm	0～200	
角焊缝焊件焊缝金属范围/mm	不限	
其他：	/	

预热及后热：		**气体：**			
最小预热温度/℃	120	项目	气体种类	混合比/%	流量/(L/min)
最大道间温度/℃	250	保护气	/	/	/
后热温度/℃	250～300	尾部保护气	/	/	/
后热保温时间/h	1	背面保护气	/	/	/
焊后热处理：	SR	**焊接位置：**			
热处理温度/℃	670±20	对接焊缝位置	1G	方向(向上、向下)	/
热处理时间/h	5.75	角焊缝位置	/	方向(向上、向下)	/

预焊接工艺规程(pWPS)

电特性：

钨极类型及直径/mm：/　　喷嘴直径/mm：/

熔滴过渡形式(喷射过渡、短路过渡等)：/

(按所焊位置和工件厚度，分别将电流、电压和焊接速度范围填入下表)

焊道/焊层	焊接方法	填充金属	规格/mm	电源种类及极性	焊接电流/A	电弧电压/V	焊接速度/(cm/min)	最大热输入/(kJ/cm)
1	SAW	H08CrMoA＋HJ350	ϕ4.0	DCEP	550～600	34～38	40～48	34.2
2—6	SAW	H08CrMoA＋HJ350	ϕ4.0	DCEP	600～650	34～38	43～48	34.5

技术措施：

摆动焊或不摆动焊：/　　摆动参数：/

焊前清理和层间清理：刷或磨　　背面清根方法：碳弧气刨＋修磨

单道焊或多道焊/每面：单道焊　　单丝焊或多丝焊：单丝

导电嘴至工件距离/mm：30～40　　锤击：/

换热管与管板的连接方式：/　　换热管与管板接头的清理方法：/

预置金属衬套：/　　预置金属衬套的形状与尺寸：/

其他：环境温度＞0℃，相对湿度＜90％。

检验要求及执行标准：

按 NB/T 47014—2023 及相关技术要求进行评定，项目如下：

1. 外观检查和无损检测(按 NB/T 47013.2)结果不得有裂纹；

2. 焊接接头板拉二件(按 GB/T 228)，$R_m \geqslant 450$MPa；

3. 焊接接头侧弯四件(按 GB/T 2653)，$D=4a$　$a=10$　$\alpha=180°$，沿任何方向不得有单条长度大于 3mm 的开口缺陷；

4. 焊缝、热影响区 0℃ KV_2 冲击各三件(按 GB/T 229)，焊接接头 V 型缺口 10mm×10mm×55mm 试样冲击吸收能量平均值不低于 20J。

编制		日期		审核		日期		批准		日期	

焊接工艺评定报告（PQR4109）

焊接工艺评定报告（PQR）

单位名称： ××××

PQR编号：PQR4109　　　pWPS编号：pWPS 4109

焊接方法：SAW　　　机动化程度：手工□　机动☑　自动□

焊接接头：对接☑　角接□　堆焊□　　　其他：/

接头简图（接头形式、尺寸、衬垫、每种焊接方法或焊接工艺的焊缝金属厚度）：

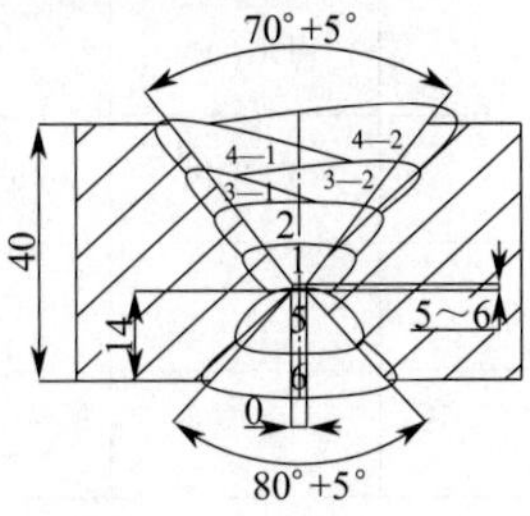

母材：

试件序号	①	②
材料	15CrMoR	15CrMoR
标准或规范	GB/T 713	GB/T 713
规格/mm	$\delta=40$	$\delta=40$
类别号	Fe-4	Fe-4
组别号	Fe-4-1	Fe-4-1

填充金属：

分类	焊丝-焊剂组合	
型号（牌号）	S55P0 MS-SU1CM2（H08CrMoA＋HJ350）	
标准	NB/T 47018.4	
填充金属规格/mm	$\phi 4.0$	
焊材分类代号	FeMSG-4	
焊缝金属厚度/mm	40	

预热及后热：

最小预热温度/℃	125	最大道间温度/℃	235
后热温度及保温时间/（℃×h）	300℃×1h		

焊后热处理： SR

保温温度/℃	670	保温时间/h	3

焊接位置：

对接焊缝焊接位置	1G	方向（向上、向下）	/
角焊缝焊接位置	/	方向（向上、向下）	/

气体：

项目	气体种类	混合比/%	流量/（L/min）
保护气	/	/	/
尾部保护气	/	/	/
背面保护气	/	/	/

焊接工艺评定报告(PQR)

电特性:

钨极类型及直径/mm: / 喷嘴直径/mm: /

熔滴过渡形式(喷射过渡、短路过渡等): /

(按所焊位置和工件厚度,分别将电流、电压和焊接速度实测值填入下表)

焊道	焊接方法	填充金属	规格/mm	电源种类及极性	焊接电流/A	电弧电压/V	焊接速度/(cm/min)	最大热输入/(kJ/cm)
1	SAW	H08CrMoA+HJ350	ϕ4.0	DCEP	550～610	34～38	40～48	34.8
2—6	SAW	H08CrMoA+HJ350	ϕ4.0	DCEP	600～660	34～38	43～48	35.0

技术措施:

摆动焊或不摆动焊: / 摆动参数: /

焊前清理和层间清理: 打磨 背面清根方法: 碳弧气刨+修磨

单道焊或多道焊/每面: 单道焊 单丝焊或多丝焊: 单丝

导电嘴至工件距离/mm: 30～40 锤击: /

换热管与管板的连接方式: / 换热管与管板接头的清理方法: /

预置金属衬套: / 预置金属衬套的形状与尺寸: /

其他:

拉伸试验(GB/T 228): 试验报告编号:LH4109

试验条件	编号	试样宽度/mm	试样厚度/mm	横截面积/mm^2	断裂载荷/kN	R_m/MPa	断裂位置及特征
接头板拉	PQR4109-1	25.2	18.0	453.6	240.4	530	断于母材
	PQR4109-2	25.3	17.8	235.5	303.9	523	断于母材
	PQR4109-3	25.5	18.2	464.1	254.3	548	
	PQR4109-4	25.6	17.6	450.6	243.4	540	

弯曲试验(GB/T 2653): 试验报告编号:LH4109

试验条件	编号	试样尺寸/mm	弯心直径/mm	弯曲角度/(°)	试验结果
侧弯	PQR4109-5	10	40	180	合格
侧弯	PQR4109-6	10	40	180	合格
侧弯	PQR4109-7	10	40	180	合格
侧弯	PQR4109-8	10	40	180	合格

焊接工艺评定报告(PQR)

冲击试验(GB/T 229)： 试验报告编号：LH4109

编号	试样位置	V 型缺口位置	试样尺寸/mm	试验温度/℃	冲击吸收能量/J
PQR4109-9	焊缝	缺口轴线位于焊缝中心线上	10×10×55	20	64
PQR4109-10					48
PQR4109-11					50
PQR4109-12	热影响区	缺口轴线至试样纵轴线与熔合线交点的距离 $k>0$mm，且尽可能多地通过热影响区	10×10×55	20	78
PQR4109-13					85
PQR4109-14					92

金相试验(角焊缝、模拟组合件)： 试验报告编号：

检验面编号	1	2	3	4	5	6	7	8	结果
有无裂纹、未熔合									
角焊缝厚度/mm									
焊脚高 l/mm									
是否焊透									

金相检验(角焊缝、模拟组合件)：
根部：焊透□ 未焊透□
焊缝：熔合□ 未熔合□
焊缝及热影响区：有裂纹□ 无裂纹□
两焊脚之差值：
试验报告编号：

堆焊层复层熔敷金属化学成分/% 执行标准： 试验报告编号：

C	Si	Mn	P	S	Cr	Ni	Mo	Ti	Al	Nb	Fe	…

化学成分测定表面至熔合线距离/mm：

非破坏性试验：
VT 外观检查：无裂纹 PT： MT： UT： RT：无裂纹

预焊接工艺规程 pWPS 4111

预焊接工艺规程(pWPS)

单位名称： ××××

pWPS 编号： pWPS 4111

日期： ××××

焊接方法： SAW

机动化程度： 手工□ 机动☑ 自动□

焊接接头： 对接☑ 角接□ 堆焊□

衬垫(材料及规格)： 焊缝金属

其他： /

简图(接头形式、坡口形式与尺寸、焊层、焊道布置及顺序)：

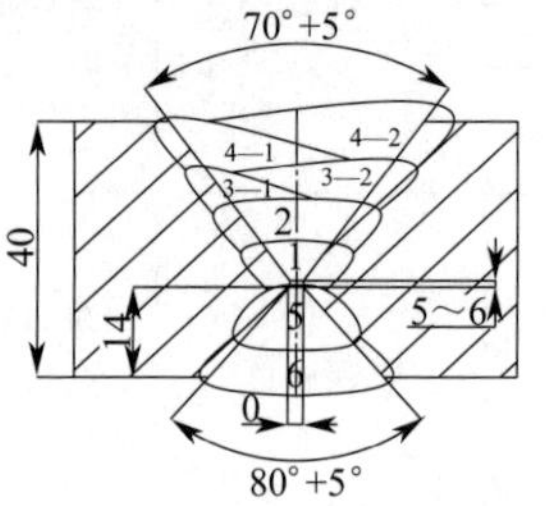

母材：

试件序号	①	②
材料	15CrMoR	15CrMoR
标准或规范	GB/T 713	GB/T 713
规格/mm	δ=40	δ=40
类别号	Fe-4	Fe-4
组别号	Fe-4-1	Fe-4-1
对接焊缝焊件母材厚度范围/mm	5～200	5～200
角焊缝焊件母材厚度范围/mm	不限	不限
管子直径、壁厚范围(对接或角接)/mm	/	/
其他：	/	

填充金属：

焊材类别(种类)	焊丝-焊剂组合	
型号(牌号)	S55P0 MS-SU1CM2 (H08CrMoA+HJ350)	
标准	NB/T 47018.4	
填充金属规格/mm	ϕ4.0	
焊材分类代号	FeMSG-4	
对接焊缝焊件焊缝金属范围/mm	0～200	
角焊缝焊件焊缝金属范围/mm	不限	
其他：	/	

预热及后热：		**气体：**			
最小预热温度/℃	120	项目	气体种类	混合比/%	流量/(L/min)
最大道间温度/℃	250	保护气	/	/	/
后热温度/℃	200～300	尾部保护气	/	/	/
后热保温时间/h	/	背面保护气	/	/	/
焊后热处理：	(N+T)+SR	**焊接位置：**			
热处理温度/℃	930±10 700±10 670±10	对接焊缝位置	1G	方向(向上、向下)	/
热处理时间/h	1.5 1 5.75	角焊缝位置	/	方向(向上、向下)	/

预焊接工艺规程(pWPS)

电特性：

钨极类型及直径/mm：　/　　　喷嘴直径/mm：　/

熔滴过渡形式(喷射过渡、短路过渡等)：　/

(按所焊位置和工件厚度，分别将电流、电压和焊接速度范围填入下表)

焊道/焊层	焊接方法	填充金属	规格/mm	电源种类及极性	焊接电流/A	电弧电压/V	焊接速度/(cm/min)	最大热输入/(kJ/cm)
1	SAW	H08CrMoA＋HJ350	ϕ4.0	DCEP	500～600	34～38	40～48	34.2
2—6	SAW	H08CrMoA＋HJ350	ϕ4.0	DCEP	600～650	34～38	43～48	34.5

技术措施：

摆动焊或不摆动焊：　/　　　摆动参数：　/

焊前清理和层间清理：　刷或磨　　　背面清根方法：　碳弧气刨＋修磨

单道焊或多道焊/每面：　单道焊　　　单丝焊或多丝焊：　单丝

导电嘴至工件距离/mm：　30～40　　　锤击：　/

换热管与管板的连接方式：　/　　　换热管与管板接头的清理方法：　/

预置金属衬套：　/　　　预置金属衬套的形状与尺寸：　/

其他：　环境温度＞0℃，相对湿度＜90%。

检验要求及执行标准：

按 NB/T 47014—2023 及相关技术要求进行评定，项目如下：

1. 外观检查和无损检测(按 NB/T 47013.2)结果不得有裂纹；

2. 焊接接头板拉二件(按 GB/T 228)，$R_m \geqslant 450$MPa；

3. 焊接接头侧弯四件(按 GB/T 2653)，$D=4a$　$a=10$　$\alpha=180°$，沿任何方向不得有单条长度大于 3mm 的开口缺陷；

4. 焊缝、热影响区 0℃ KV_2 冲击各三件(按 GB/T 229)，焊接接头 V 型缺口 10mm×10mm×55mm 试样冲击吸收能量平均值不低于 20J。

编制		日期		审核		日期		批准		日期	

焊接工艺评定报告（PQR4111）

焊接工艺评定报告(PQR)

单位名称： ××××

PQR编号：	PQR4111	pWPS编号：	pWPS 4111
焊接方法：	SAW	机动化程度：	手工☐ 机动☑ 自动☐
焊接接头：	对接☑ 角接☐ 堆焊☐	其他：	/

接头简图(接头形式、尺寸、衬垫、每种焊接方法或焊接工艺的焊缝金属厚度)：

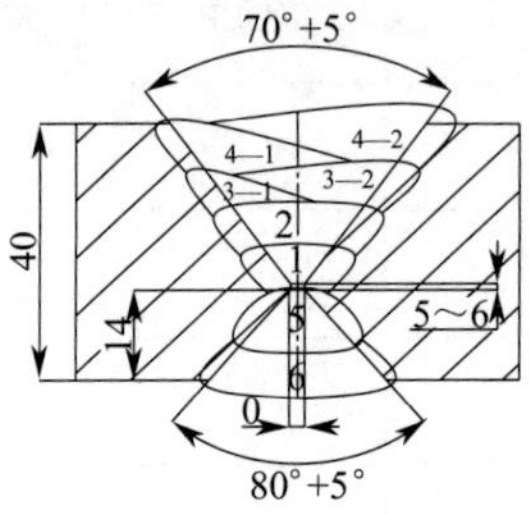

母材：

试件序号	①	②
材料	15CrMoR	15CrMoR
标准或规范	GB/T 713	GB/T 713
规格/mm	δ=40	δ=40
类别号	Fe-4	Fe-4
组别号	Fe-4-1	Fe-4-1

填充金属：

分类	焊丝-焊剂组合	
型号(牌号)	S55P0 MS-SU1CM2 (H08CrMoA＋HJ350)	
标准	NB/T 47018.4	
填充金属规格/mm	ϕ4.0	
焊材分类代号	FeMSG-4	
焊缝金属厚度/mm	40	

预热及后热：

最小预热温度/℃	125	最大道间温度/℃	235
后热温度及保温时间/(℃×h)	300℃×1h		

焊后热处理： (N＋T)＋SR

保温温度/℃	N:930 T:700 SR:660	保温时间/h	N:1.5 T:1 SR:5.8

焊接位置：

对接焊缝焊接位置	1G	方向(向上、向下)	/
角焊缝焊接位置	/	方向(向上、向下)	/

气体：

项目	气体种类	混合比/%	流量/(L/min)
保护气	/	/	/
尾部保护气	/	/	/
背面保护气	/	/	/

焊接工艺评定报告(PQR)

电特性：

钨极类型及直径/mm：/　　喷嘴直径/mm：/

熔滴过渡形式(喷射过渡、短路过渡等)：/

(按所焊位置和工件厚度，分别将电流、电压和焊接速度实测值填入下表)

焊道	焊接方法	填充金属	规格/mm	电源种类及极性	焊接电流/A	电弧电压/V	焊接速度/(cm/min)	最大热输入/(kJ/cm)
1	SAW	H08CrMoA+HJ350	ϕ4.0	DCEP	500～610	34～38	40～48	34.8
2—6	SAW	H08CrMoA+HJ350	ϕ4.0	DCEP	600～660	34～38	43～48	35.0

技术措施：

摆动焊或不摆动焊：/　　摆动参数：/

焊前清理和层间清理：打磨　　背面清根方法：碳弧气刨+修磨

单道焊或多道焊/每面：单道焊　　单丝焊或多丝焊：单丝

导电嘴至工件距离/mm：30～40　　锤击：/

换热管与管板的连接方式：/　　换热管与管板接头的清理方法：/

预置金属衬套：/　　预置金属衬套的形状与尺寸：/

其他：

拉伸试验(GB/T 228)：　　试验报告编号：LH4111

试验条件	编号	试样宽度/mm	试样厚度/mm	横截面积/mm^2	断裂载荷/kN	R_m/MPa	断裂位置及特征
接头板拉	PQR4111-1	25.3	17.9	452.8	237.7	525	断于母材
	PQR4111-2	25.3	17.7	447.8	232.9	520	断于母材
	PQR4111-3	25.2	17.7	446.1	234.2	525	断于母材
	PQR4111-4	25.1	17.8	446.8	236.8	530	断于母材

弯曲试验(GB/T 2653)：　　试验报告编号：LH4111

试验条件	编号	试样尺寸/mm	弯心直径/mm	弯曲角度/(°)	试验结果
侧弯	PQR4111-5	10	40	180	合格
侧弯	PQR4111-6	10	40	180	合格
侧弯	PQR4111-7	10	40	180	合格
侧弯	PQR4111-8	10	40	180	合格

焊接工艺评定报告(PQR)

冲击试验(GB/T 229): 试验报告编号:LH4111

编号	试样位置	V型缺口位置	试样尺寸/mm	试验温度/℃	冲击吸收能量/J
PQR4111-9	焊缝	缺口轴线位于焊缝中心线上	10×10×55	20	68
PQR4111-10					77
PQR4111-11					53
PQR4111-12	热影响区	缺口轴线至试样纵轴线与熔合线交点的距离 $k>0$mm,且尽可能多地通过热影响区	10×10×55	20	96
PQR4111-13					71
PQR4111-14					83

金相试验(角焊缝、模拟组合件): 试验报告编号:

检验面编号	1	2	3	4	5	6	7	8	结果
有无裂纹、未熔合									
角焊缝厚度/mm									
焊脚高 l/mm									
是否焊透									

金相检验(角焊缝、模拟组合件):
根部: 焊透□ 未焊透□
焊缝: 熔合□ 未熔合□
焊缝及热影响区: 有裂纹□ 无裂纹□
两焊脚之差值:
试验报告编号:

堆焊层复层熔敷金属化学成分/% 执行标准: 试验报告编号:

C	Si	Mn	P	S	Cr	Ni	Mo	Ti	Al	Nb	Fe	…

化学成分测定表面至熔合线距离/mm:

非破坏性试验:
VT外观检查: 无裂纹 PT: MT: UT: RT: 无裂纹

预焊接工艺规程 pWPS 4112

预焊接工艺规程(pWPS)

单位名称： ××××

pWPS 编号：pWPS 4112

日期：××××

焊接方法： GATW 机动化程度：手工☑　机动□　自动□ 焊接接头：对接☑　角接□　堆焊□ 衬垫(材料及规格)：焊缝金属 其他：/	**简图(接头形式、坡口形式与尺寸、焊层、焊道布置及顺序)：** 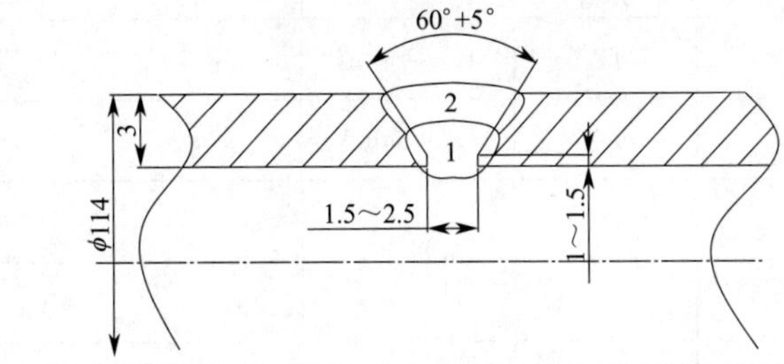

母材：

试件序号	①	②
材料	15CrMo	15CrMo
标准或规范	GB 9948	GB 9948
规格/mm	ϕ114×3	ϕ114×3
类别号	Fe-4	Fe-4
组别号	Fe-4-1	Fe-4-1
对接焊缝焊件母材厚度范围/mm	1.5～6	1.5～6
角焊缝焊件母材厚度范围/mm	不限	不限
管子直径、壁厚范围(对接或角接)/mm	/	/
其他：	/	

填充金属：

焊材类别(种类)	焊丝	
型号(牌号)	ER55-B2(H08CrMoA)	
标准	NB/T 47018.3	
填充金属规格/mm	ϕ2.5	
焊材分类代号	FeS-4	
对接焊缝焊件焊缝金属范围/mm	0～6	
角焊缝焊件焊缝金属范围/mm	不限	
其他：	/	

预热及后热：		**气体：**			
最小预热温度/℃	120	项目	气体种类	混合比/%	流量/(L/min)
最大道间温度/℃	250	保护气	Ar	99.99	8～12
后热温度/℃	/	尾部保护气	/	/	/
后热保温时间/h	/	背面保护气	/	/	/
焊后热处理：	SR	**焊接位置：**			
热处理温度/℃	670±20	对接焊缝位置	1G	方向(向上、向下)	/
热处理时间/h	2.5	角焊缝位置	/	方向(向上、向下)	/

预焊接工艺规程(pWPS)

电特性：

钨极类型及直径/mm：铈钨极，ϕ2.5　　喷嘴直径/mm：ϕ10

熔滴过渡形式(喷射过渡、短路过渡等)：/

(按所焊位置和工件厚度，分别将电流、电压和焊接速度范围填入下表)

焊道/焊层	焊接方法	填充金属	规格/mm	电源种类及极性	焊接电流/A	电弧电压/V	焊接速度/(cm/min)	最大热输入/(kJ/cm)
1	GTAW	H08CrMoA	ϕ2.5	DCEN	80～100	14～16	8～10	12.0
2	GTAW	H08CrMoA	ϕ2.5	DCEN	100～120	14～16	8～10	14.4

技术措施：

摆动焊或不摆动焊：/　　摆动参数：/

焊前清理和层间清理：刷或磨　　背面清根方法：修磨

单道焊或多道焊/每面：一面，多道焊　　单丝焊或多丝焊：单丝

导电嘴至工件距离/mm：/　　锤击：/

换热管与管板的连接方式：/　　换热管与管板接头的清理方法：/

预置金属衬套：/　　预置金属衬套的形状与尺寸：/

其他：环境温度>0℃，相对湿度<90%。

检验要求及执行标准：

按 NB/T 47014—2023 及相关技术要求进行评定，项目如下：

1. 外观检查和无损检测(按 NB/T 47013.2)结果不得有裂纹；
2. 焊接接头板拉二件(按 GB/T 228)，$R_m \geqslant 440$MPa；
3. 焊接接头面弯、背弯各二件(按 GB/T 2653)，$D=4a$　$a=3.0$　$\alpha=180°$，沿任何方向不得有单条长度大于 3mm 的开口缺陷。

编制		日期		审核		日期		批准		日期	

焊接工艺评定报告（PQR4112）

焊接工艺评定报告(PQR)

单位名称： ××××

PQR编号：PQR4112　　　pWPS编号：pWPS 4112

焊接方法：GTAW　　　机动化程度：手工☑　机动□　自动□

焊接接头：对接☑　角接□　堆焊□　　　其他：/

接头简图(接头形式、尺寸、衬垫、每种焊接方法或焊接工艺的焊缝金属厚度)：

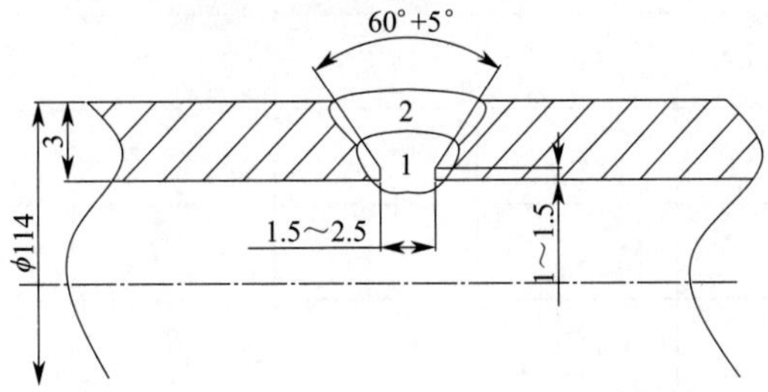

母材：

试件序号	①	②
材料	15CrMoR	15CrMoR
标准或规范	GB/T 9948	GB/T 9948
规格/mm	φ114×3	φ114×3
类别号	Fe-4	Fe-4
组别号	Fe-4-1	Fe-4-1

填充金属：

分类	焊丝	
型号(牌号)	ER55-B2(H08CrMoA)	
标准	NB/T 47018.3	
填充金属规格/mm	φ2.5	
焊材分类代号	FeS-4	
焊缝金属厚度/mm	3	

预热及后热：

最小预热温度/℃	125	最大道间温度/℃	235
后热温度及保温时间/(℃×h)	/		

焊后热处理： SR

保温温度/℃	670	保温时间/h	2.5

焊接位置：

对接焊缝焊接位置	1G	方向(向上、向下)	/
角焊缝焊接位置	/	方向(向上、向下)	/

气体：

项目	气体种类	混合比/%	流量/(L/min)
保护气	Ar	99.99	8～12
尾部保护气	/	/	/
背面保护气	/	/	/

焊接工艺评定报告(PQR)

电特性：

钨极类型及直径/mm：铈钨极，ϕ2.4　　喷嘴直径/mm：ϕ10

熔滴过渡形式(喷射过渡、短路过渡等)：/

(按所焊位置和工件厚度，分别将电流、电压和焊接速度实测值填入下表)

焊道	焊接方法	填充金属	规格/mm	电源种类及极性	焊接电流/A	电弧电压/V	焊接速度/(cm/min)	最大热输入/(kJ/cm)
1	GTAW	H08CrMoA	ϕ2.0	DCEN	80～120	14～16	8～10	13.2
2	GTAW	H08CrMoA	ϕ2.5	DCEN	100～130	14～16	8～10	15.6

技术措施：

摆动焊或不摆动焊：/　　摆动参数：/

焊前清理和层间清理：打磨　　背面清根方法：修磨

单道焊或多道焊/每面：一面，多道焊　　单丝焊或多丝焊：单丝

导电嘴至工件距离/mm：/　　锤击：/

换热管与管板的连接方式：/　　换热管与管板接头的清理方法：/

预置金属衬套：/　　预置金属衬套的形状与尺寸：/

其他：

拉伸试验(GB/T 228)：　　试验报告编号：LH4112

试验条件	编号	试样宽度/mm	试样厚度/mm	横截面积/mm^2	断裂载荷/kN	R_m/MPa	断裂位置及特征
接头板拉	PQR4112-1	20	2.0	40	23.5	585	断于母材
	PQR4112-2	20	2.1	42	24.4	580	断于母材

弯曲试验(GB/T 2653)：　　试验报告编号：LH4112

试验条件	编号	试样尺寸/mm	弯心直径/mm	弯曲角度/(°)	试验结果
面弯	PQR4112-3	3.0	12	180	合格
面弯	PQR4112-4	3.0	12	180	合格
背弯	PQR4112-5	3.0	12	180	合格
背弯	PQR4112-6	3.0	12	180	合格

焊接工艺评定报告(PQR)

冲击试验(GB/T 229)： 试验报告编号：

编号	试样位置	V型缺口位置	试样尺寸/mm	试验温度/℃	冲击吸收能量/J

金相试验(角焊缝、模拟组合件)： 试验报告编号：

检验面编号	1	2	3	4	5	6	7	8	结果
有无裂纹、未熔合									
角焊缝厚度/mm									
焊脚高 l/mm									
是否焊透									

金相检验(角焊缝、模拟组合件)：
根部：焊透□　　未焊透□
焊缝：熔合□　　未熔合□
焊缝及热影响区：有裂纹□　　无裂纹□
两焊脚之差值：
试验报告编号：

堆焊层复层熔敷金属化学成分/% 执行标准： 试验报告编号：

C	Si	Mn	P	S	Cr	Ni	Mo	Ti	Al	Nb	Fe	…

化学成分测定表面至熔合线距离/mm：

非破坏性试验：
VT外观检查：无裂纹　　PT：　　MT：　　UT：　　RT：无裂纹

预焊接工艺规程 pWPS 4113

预焊接工艺规程(pWPS)

单位名称： ××××

pWPS 编号： pWPS 4113

日期： ××××

焊接方法： GTAW 机动化程度： 手工☑ 机动□ 自动□ 焊接接头： 对接☑ 角接□ 堆焊□ 衬垫(材料及规格)： 焊缝金属 其他： /	**简图(接头形式、坡口形式与尺寸、焊层、焊道布置及顺序)：** 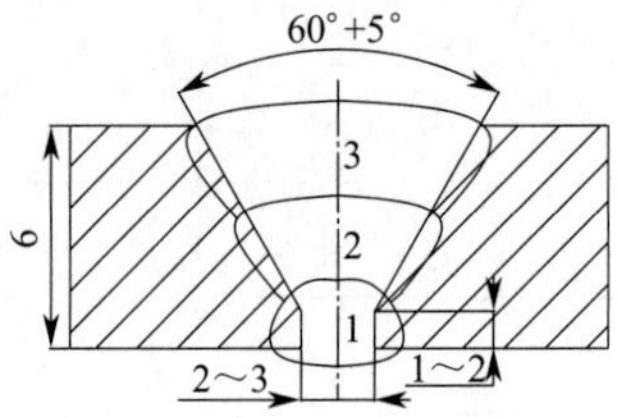

母材：

试件序号	①	②
材料	15CrMoR	15CrMoR
标准或规范	GB/T 713	GB/T 713
规格/mm	δ=6	δ=6
类别号	Fe-4	Fe-4
组别号	Fe-4-1	Fe-4-1
对接焊缝焊件母材厚度范围/mm	6～12	6～12
角焊缝焊件母材厚度范围/mm	不限	不限
管子直径、壁厚范围(对接或角接)/mm	/	/
其他：	/	

填充金属：

焊材类别(种类)	焊丝	
型号(牌号)	ER55-B2(H08CrMoA)	
标准	NB/T 47018.3	
填充金属规格/mm	ϕ2.5	
焊材分类代号	FeS-4	
对接焊缝焊件焊缝金属范围/mm	0～12	
角焊缝焊件焊缝金属范围/mm	不限	
其他：	/	

预热及后热：		**气体：**			
最小预热温度/℃	120	项目	气体种类	混合比/%	流量/(L/min)
最大道间温度/℃	250	保护气	Ar	99.99	8～12
后热温度/℃	/	尾部保护气	/	/	/
后热保温时间/h	/	背面保护气	/	/	/
焊后热处理：	SR	**焊接位置：**			
热处理温度/℃	670±20	对接焊缝位置	1G	方向(向上、向下)	/
热处理时间/h	2.5	角焊缝位置	/	方向(向上、向下)	/

预焊接工艺规程(pWPS)

电特性：

钨极类型及直径/mm：铈钨极，ϕ3.0　　喷嘴直径/mm：ϕ12

熔滴过渡形式(喷射过渡、短路过渡等)：/

(按所焊位置和工件厚度，分别将电流、电压和焊接速度范围填入下表)

焊道/焊层	焊接方法	填充金属	规格/mm	电源种类及极性	焊接电流/A	电弧电压/V	焊接速度/(cm/min)	最大热输入/(kJ/cm)
1	GTAW	H08CrMoA	ϕ2.5	DCEN	100～140	14～16	8～12	16.8
2	GTAW	H08CrMoA	ϕ2.5	DCEN	130～150	14～16	8～12	18.0
3	GTAW	H08CrMoA	ϕ2.5	DCEN	130～150	14～16	10～14	14.4

技术措施：

摆动焊或不摆动焊：/　　摆动参数：/

焊前清理和层间清理：刷或磨　　背面清根方法：修磨

单道焊或多道焊/每面：一面，多道焊　　单丝焊或多丝焊：单丝

导电嘴至工件距离/mm：/　　锤击：/

换热管与管板的连接方式：/　　换热管与管板接头的清理方法：/

预置金属衬套：/　　预置金属衬套的形状与尺寸：/

其他：环境温度＞0℃，相对湿度＜90%。

检验要求及执行标准：

按 NB/T 47014—2023 及相关技术要求进行评定，项目如下：

1. 外观检查和无损检测(按 NB/T 47013.2)结果不得有裂纹；
2. 焊接接头板拉二件(按 GB/T 228)，$R_m \geqslant 450$MPa；
3. 焊接接头面弯、背弯各二件(按 GB/T 2653)，$D=4a$　$a=6$　$\alpha=180°$，沿任何方向不得有单条长度大于 3mm 的开口缺陷；
4. 焊缝、热影响区 0℃ KV_2 冲击各三件(按 GB/T 229)，焊接接头 V 型缺口 5mm×10mm×55mm 试样冲击吸收能量平均值不低于 10J。

编制		日期		审核		日期		批准		日期	

焊接工艺评定报告（PQR4113）

焊接工艺评定报告（PQR）

单位名称： ××××

PQR 编号：PQR4113　　pWPS 编号：pWPS 4113

焊接方法：GTAW　　机动化程度：手工☑　机动□　自动□

焊接接头：对接☑　角接□　堆焊□　　其他：/

接头简图（接头形式、尺寸、衬垫、每种焊接方法或焊接工艺的焊缝金属厚度）：

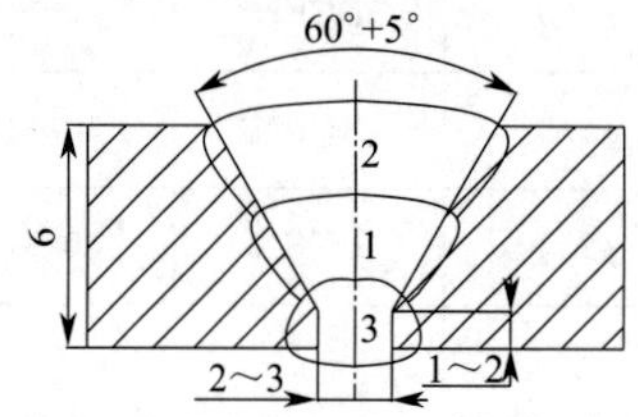

母材：

试件序号	①	②
材料	15CrMoR	15CrMoR
标准或规范	GB/T 713	GB/T 713
规格/mm	$\delta=6$	$\delta=6$
类别号	Fe-4	Fe-4
组别号	Fe-4-1	Fe-4-1

填充金属：

分类	焊丝	
型号（牌号）	ER55-B2（H08CrMoA）	
标准	NB/T 47018.3	
填充金属规格/mm	$\phi 2.5$	
焊材分类代号	FeS-4	
焊缝金属厚度/mm	6	

预热及后热：

最小预热温度/℃	125	最大道间温度/℃	235
后热温度及保温时间/（℃×h）	/		

焊后热处理： SR

保温温度/℃	670	保温时间/h	3

焊接位置：

对接焊缝焊接位置	1G	方向（向上、向下）	/
角焊缝焊接位置	/	方向（向上、向下）	/

气体：

项目	气体种类	混合比/%	流量/（L/min）
保护气	Ar	99.99	8～12
尾部保护气	/	/	/
背面保护气	/	/	/

焊接工艺评定报告(PQR)

电特性：

钨极类型及直径/mm：铈钨极，ϕ3.0　　喷嘴直径/mm：ϕ12

熔滴过渡形式(喷射过渡、短路过渡等)：/

(按所焊位置和工件厚度，分别将电流、电压和焊接速度实测值填入下表)

焊道	焊接方法	填充金属	规格/mm	电源种类及极性	焊接电流/A	电弧电压/V	焊接速度/(cm/min)	最大热输入/(kJ/cm)
1	GTAW	H08CrMoA	ϕ2.5	DCEN	100～150	14～16	8～12	18.0
2	GTAW	H08CrMoA	ϕ2.5	DCEN	130～160	14～16	8～12	19.2
3	GTAW	H08CrMoA	ϕ2.5	DCEN	130～160	14～16	10～14	15.4

技术措施：

摆动焊或不摆动焊：/　　摆动参数：/

焊前清理和层间清理：打磨　　背面清根方法：修磨

单道焊或多道焊/每面：一面，多道焊　　单丝焊或多丝焊：单丝

导电嘴至工件距离/mm：/　　锤击：/

换热管与管板的连接方式：/　　换热管与管板接头的清理方法：/

预置金属衬套：/　　预置金属衬套的形状与尺寸：/

其他：

拉伸试验(GB/T 228)：　　试验报告编号：LH4113

试验条件	编号	试样宽度/mm	试样厚度/mm	横截面积/mm^2	断裂载荷/kN	R_m/MPa	断裂位置及特征
接头板拉	PQR4113-1	25.3	6.1	154.3	88	570	断于母材
	PQR4113-2	25.1	6.1	153.11	89	585	断于母材

弯曲试验(GB/T 2653)：　　试验报告编号：LH4113

试验条件	编号	试样尺寸/mm	弯心直径/mm	弯曲角度/(°)	试验结果
面弯	PQR4113-3	6	24	180	合格
面弯	PQR4113-4	6	24	180	合格
背弯	PQR4113-5	6	24	180	合格
背弯	PQR4113-6	6	24	180	合格

焊接工艺评定报告(PQR)

冲击试验(GB/T 229): 试验报告编号:LH4113

编号	试样位置	V型缺口位置	试样尺寸/mm	试验温度/℃	冲击吸收能量/J
PQR4113-7	焊缝	缺口轴线位于焊缝中心线上	5×10×55	20	37
PQR4113-8					40
PQR4113-9					45
PQR4113-10	热影响区	缺口轴线至试样纵轴线与熔合线交点的距离 $k>0$mm,且尽可能多地通过热影响区	5×10×55	20	94
PQR4113-11					78
PQR4113-12					65

金相试验(角焊缝、模拟组合件): 试验报告编号:

检验面编号	1	2	3	4	5	6	7	8	结果
有无裂纹、未熔合									
角焊缝厚度/mm									
焊脚高 l/mm									
是否焊透									

金相检验(角焊缝、模拟组合件):

根部: 焊透□ 未焊透□

焊缝: 熔合□ 未熔合□

焊缝及热影响区: 有裂纹□ 无裂纹□

两焊脚之差值:

试验报告编号:

堆焊层复层熔敷金属化学成分/% 执行标准: 试验报告编号:

C	Si	Mn	P	S	Cr	Ni	Mo	Ti	Al	Nb	Fe	…

化学成分测定表面至熔合线距离/mm:

非破坏性试验:

VT外观检查: 无裂纹 PT: MT: UT: RT: 无裂纹

预焊接工艺规程 pWPS 4114

预焊接工艺规程(pWPS)

单位名称： ××××

pWPS 编号： pWPS 4114

日期： ××××

焊接方法： GTAW

机动化程度： 手工☑　机动☐　自动☐

焊接接头： 对接☑　角接☐　堆焊☐

衬垫(材料及规格)： 焊缝金属

其他： /

简图(接头形式、坡口形式与尺寸、焊层、焊道布置及顺序)：

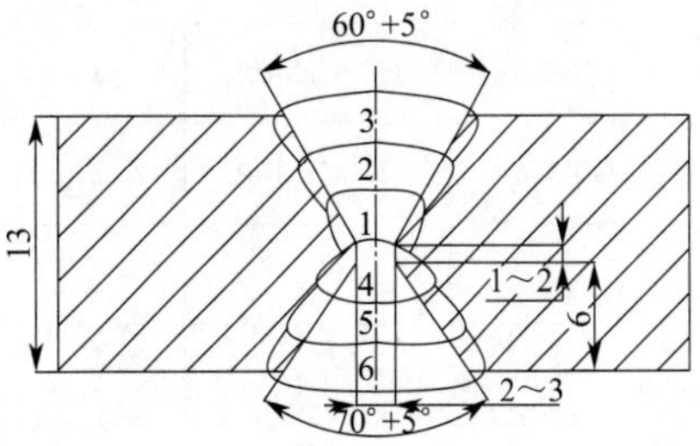

母材：

试件序号	①	②
材料	15CrMoR	15CrMoR
标准或规范	GB/T 713	GB/T 713
规格/mm	$\delta=13$	$\delta=13$
类别号	Fe-4	Fe-4
组别号	Fe-4-1	Fe-4-1
对接焊缝焊件母材厚度范围/mm	13～26	13～26
角焊缝焊件母材厚度范围/mm	不限	不限
管子直径、壁厚范围(对接或角接)/mm	/	/
其他：	/	

填充金属：

焊材类别(种类)	焊丝	
型号(牌号)	ER55-B2(H08CrMoA)	
标准	NB/T 47018.3	
填充金属规格/mm	ϕ2.5，ϕ3.2	
焊材分类代号	FeS-4	
对接焊缝焊件焊缝金属范围/mm	0～26	
角焊缝焊件焊缝金属范围/mm	不限	
其他：	/	

预热及后热：		**气体：**			
最小预热温度/℃	120	项目	气体种类	混合比/%	流量/(L/min)
最大道间温度/℃	250	保护气	Ar	99.99	8～12
后热温度/℃	/	尾部保护气	/	/	/
后热保温时间/h	/	背面保护气	/	/	/
焊后热处理：	SR	**焊接位置：**			
热处理温度/℃	670±10	对接焊缝位置	1G	方向(向上、向下)	/
热处理时间/h	5.75	角焊缝位置	/	方向(向上、向下)	/

预焊接工艺规程(pWPS)

电特性：

钨极类型及直径/mm：铈钨极，ϕ3.0　　喷嘴直径/mm：ϕ12

熔滴过渡形式(喷射过渡、短路过渡等)：/

(按所焊位置和工件厚度，分别将电流、电压和焊接速度范围填入下表)

焊道/焊层	焊接方法	填充金属	规格/mm	电源种类及极性	焊接电流/A	电弧电压/V	焊接速度/(cm/min)	最大热输入/(kJ/cm)
1	GTAW	H08CrMoA	ϕ2.5	DCEN	150～180	14～16	8～12	21.6
2—6	GTAW	H08CrMoA	ϕ3.2	DCEN	170～200	14～16	10～14	19.2

技术措施：

摆动焊或不摆动焊：/　　摆动参数：/

焊前清理和层间清理：刷或磨　　背面清根方法：修磨

单道焊或多道焊/每面：多道焊　　单丝焊或多丝焊：单丝

导电嘴至工件距离/mm：/　　锤击：/

换热管与管板的连接方式：/　　换热管与管板接头的清理方法：/

预置金属衬套：/　　预置金属衬套的形状与尺寸：/

其他：环境温度>0℃，相对湿度<90%。

检验要求及执行标准：

按 NB/T 47014—2023 及相关技术要求进行评定，项目如下：

1. 外观检查和无损检测(按 NB/T 47013.2)结果不得有裂纹；
2. 焊接接头板拉二件(按 GB/T 228)，$R_m \geqslant 450$MPa；
3. 焊接接头侧弯四件(按 GB/T 2653)，$D=4a$　$a=10$　$\alpha=180°$，沿任何方向不得有单条长度大于 3mm 的开口缺陷；
4. 焊缝、热影响区 0℃ KV_2 冲击各三件(按 GB/T 229)，焊接接头 V 型缺口 10mm×10mm×55mm 试样冲击吸收能量平均值不低于 20J。

编制		日期		审核		日期		批准		日期	

焊接工艺评定报告（PQR4114）

焊接工艺评定报告(PQR)

单位名称： ××××

PQR 编号：PQR4114　　pWPS 编号：pWPS 4114

焊接方法：GTAW　　机动化程度：手工☑　机动□　自动□

焊接接头：对接☑　角接□　堆焊□　　其他：/

接头简图(接头形式、尺寸、衬垫、每种焊接方法或焊接工艺的焊缝金属厚度)：

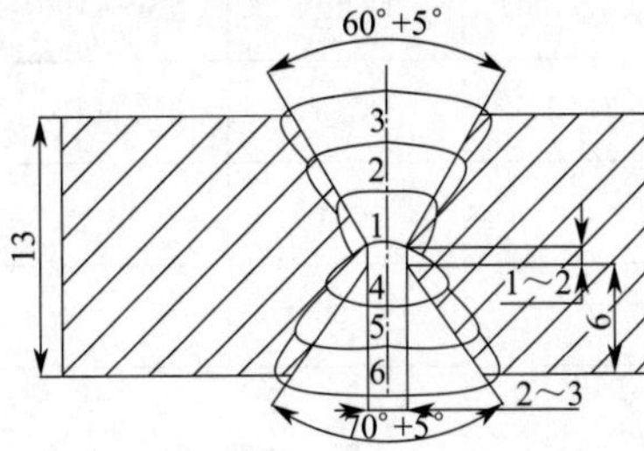

母材：

试件序号	①	②
材料	15CrMoR	15CrMoR
标准或规范	GB/T 713	GB/T 713
规格/mm	δ=13	δ=13
类别号	Fe-4	Fe-4
组别号	Fe-4-1	Fe-4-1

填充金属：

分类	焊丝	
型号(牌号)	ER55-B2(H08CrMoA)	
标准	NB/T 47018.3	
填充金属规格/mm	ϕ2.5,ϕ3.2	
焊材分类代号	FeS-4	
焊缝金属厚度/mm	13	

预热及后热：

最小预热温度/℃	125	最大道间温度/℃	235
后热温度及保温时间/(℃×h)	/		

焊后热处理： SR

保温温度/℃	670	保温时间/h	5.8

焊接位置：

对接焊缝焊接位置	1G	方向 (向上、向下)	/
角焊缝焊接位置	/	方向 (向上、向下)	/

气体：

项目	气体种类	混合比/%	流量/(L/min)
保护气	Ar	99.99	8~12
尾部保护气	/	/	/
背面保护气	/	/	/

焊接工艺评定报告(PQR)

电特性：

钨极类型及直径/mm：铈钨极，ϕ3.0　　喷嘴直径/mm：ϕ12

熔滴过渡形式(喷射过渡、短路过渡等)：/

(按所焊位置和工件厚度，分别将电流、电压和焊接速度实测值填入下表)

焊道	焊接方法	填充金属	规格/mm	电源种类及极性	焊接电流/A	电弧电压/V	焊接速度/(cm/min)	最大热输入/(kJ/cm)
1	GTAW	H08CrMoA	ϕ2.5	DCEN	150～190	14～16	8～12	22.8
2—6	GTAW	H08CrMoA	ϕ3.2	DCEN	170～210	14～16	10～14	20.2

技术措施：

摆动焊或不摆动焊：/　　摆动参数：/

焊前清理和层间清理：打磨　　背面清根方法：修磨

单道焊或多道焊/每面：多道焊　　单丝焊或多丝焊：单丝

导电嘴至工件距离/mm：/　　锤击：/

换热管与管板的连接方式：/　　换热管与管板接头的清理方法：/

预置金属衬套：/　　预置金属衬套的形状与尺寸：/

其他：

拉伸试验(GB/T 228)：　　试验报告编号：LH4114

试验条件	编号	试样宽度/mm	试样厚度/mm	横截面积/mm^2	断裂载荷/kN	R_m/MPa	断裂位置及特征
接头板拉	PQR4114-1	25.2	13.0	327.6	186.8	570	断于母材
	PQR4114-2	25.3	13.1	331.4	187.3	565	断于母材

弯曲试验(GB/T 2653)：　　试验报告编号：LH4114

试验条件	编号	试样尺寸/mm	弯心直径/mm	弯曲角度/(°)	试验结果
侧弯	PQR4114-3	10	40	180	合格
侧弯	PQR4114-4	10	40	180	合格
侧弯	PQR4114-5	10	40	180	合格
侧弯	PQR4114-6	10	40	180	合格

焊接工艺评定报告(PQR)

冲击试验(GB/T 229)： 试验报告编号：LH4114

编号	试样位置	V型缺口位置	试样尺寸/mm	试验温度/℃	冲击吸收能量/J
PQR4114-7	焊缝	缺口轴线位于焊缝中心线上	10×10×55	20	43
PQR4114-8					56
PQR4114-9					38
PQR4114-10	热影响区	缺口轴线至试样纵轴线与熔合线交点的距离 $k>0$mm，且尽可能多地通过热影响区	10×10×55	20	78
PQR4114-11					81
PQR4114-12					72

金相试验(角焊缝、模拟组合件)： 试验报告编号：

检验面编号	1	2	3	4	5	6	7	8	结果
有无裂纹、未熔合									
角焊缝厚度/mm									
焊脚高 l/mm									
是否焊透									

金相检验(角焊缝、模拟组合件)：

根部：焊透□　　未焊透□

焊缝：熔合□　　未熔合□

焊缝及热影响区：有裂纹□　　无裂纹□

两焊脚之差值：________

试验报告编号：________

堆焊层复层熔敷金属化学成分/% 执行标准：　　试验报告编号：

C	Si	Mn	P	S	Cr	Ni	Mo	Ti	Al	Nb	Fe	…

化学成分测定表面至熔合线距离/mm：________

非破坏性试验：

VT外观检查：无裂纹　　PT：____　　MT：____　　UT：____　　RT：无裂纹

第八节 耐热钢的焊接工艺评定（Fe-4-2）

预焊接工艺规程 pWPS 4201

预焊接工艺规程(pWPS)

单位名称：××××

pWPS 编号：pWPS 4201

日期：××××

焊接方法：SMAW

机动化程度：手工☑ 机动□ 自动□

焊接接头：对接☑ 角接□ 堆焊□

衬垫(材料及规格)：焊缝金属

其他：/

简图(接头形式、坡口形式与尺寸、焊层、焊道布置及顺序)：

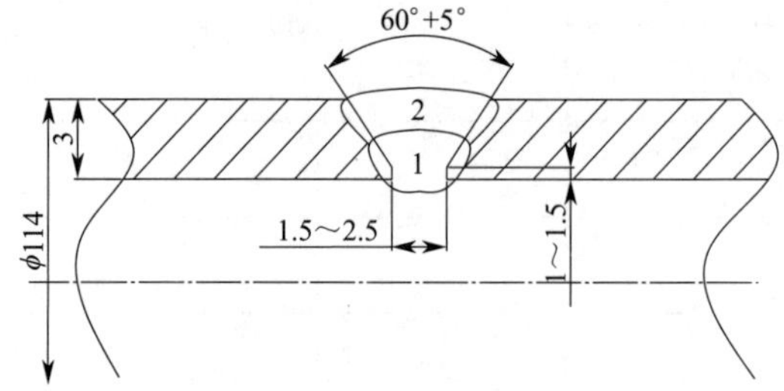

母材：

试件序号	①	②
材料	12Cr1MoVG	12Cr1MoVG
标准或规范	GB 5310	GB 5310
规格/mm	ϕ114×3	ϕ114×3
类别号	Fe-4	Fe-4
组别号	Fe-4-2	Fe-4-2
对接焊缝焊件母材厚度范围/mm	1.5～6	1.5～6
角焊缝焊件母材厚度范围/mm	不限	不限
管子直径、壁厚范围(对接或角接)/mm	/	/
其他：	/	

填充金属：

焊材类别(种类)	焊条	
型号(牌号)	E5515-1CMV(R317)	
标准	NB/T 47018.2	
填充金属规格/mm	ϕ2.5	
焊材分类代号	FeT-4	
对接焊缝焊件焊缝金属范围/mm	0～6	
角焊缝焊件焊缝金属范围/mm	不限	
其他：	/	

预热及后热：		气体：			
最小预热温度/℃	150	项目	气体种类	混合比/%	流量/(L/min)
最大道间温度/℃	250	保护气	/	/	/
后热温度/℃	/	尾部保护气	/	/	/
后热保温时间/h	/	背面保护气	/	/	/
焊后热处理：	SR	焊接位置：			
热处理温度/℃	670±20	对接焊缝位置	1G	方向(向上、向下)	/
热处理时间/h	2.5	角焊缝位置	/	方向(向上、向下)	/

预焊接工艺规程(pWPS)

电特性：

钨极类型及直径/mm：/　　喷嘴直径/mm：/

熔滴过渡形式(喷射过渡、短路过渡等)：/

(按所焊位置和工件厚度,分别将电流、电压和焊接速度范围填入下表)

焊道/焊层	焊接方法	填充金属	规格/mm	电源种类及极性	焊接电流/A	电弧电压/V	焊接速度/(cm/min)	最大热输入/(kJ/cm)
1	SMAW	R317	ϕ2.5	DCEP	60～80	24～26	8～10	15.6
2	SMAW	R317	ϕ2.5	DCEP	60～80	24～26	9～12	12.4

技术措施：

摆动焊或不摆动焊：/　　摆动参数：/

焊前清理和层间清理：刷或磨　　背面清根方法：修磨

单道焊或多道焊/每面：单道焊　　单丝焊或多丝焊：/

导电嘴至工件距离/mm：/　　锤击：/

换热管与管板的连接方式：/　　换热管与管板接头的清理方法：/

预置金属衬套：/　　预置金属衬套的形状与尺寸：/

其他：环境温度>0℃,相对湿度<90%。

检验要求及执行标准：

按 NB/T 47014—2023 及相关技术要求进行评定,项目如下：

1. 外观检查和无损检测(按 NB/T 47013.2)结果不得有裂纹；
2. 焊接接头板拉二件(按 GB/T 228),$R_m \geqslant 470$MPa；
3. 焊接接头面弯、背弯各二件(按 GB/T 2653),$D=4a$　$a=3.0$　$\alpha=180°$,沿任何方向不得有单条长度大于 3mm 的开口缺陷。

编制		日期		审核		日期		批准		日期	

焊接工艺评定报告（PQR 4201）

焊接工艺评定报告(PQR)

单位名称： ××××

PQR 编号：PQR 4201　　pWPS 编号：pWPS 4201

焊接方法：SMAW　　机动化程度：手工☑　机动□　自动□

焊接接头：对接☑　角接□　堆焊□　　其他：/

接头简图(接头形式、尺寸、衬垫、每种焊接方法或焊接工艺的焊缝金属厚度)：

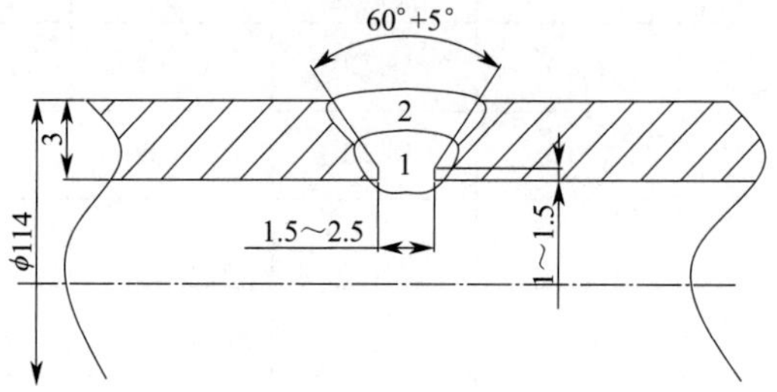

母材：

试件序号	①	②
材料	12Cr1MoVG	12Cr1MoVG
标准或规范	GB 5310	GB 5310
规格/mm	ϕ114×3	ϕ114×3
类别号	Fe-4	Fe-4
组别号	Fe-4-2	Fe-4-2

填充金属：

分类	焊条	
型号(牌号)	E5515-1CMV(R317)	
标准	NB/T 47018.2	
填充金属规格/mm	ϕ2.5	
焊材分类代号	FeT-4	
焊缝金属厚度/mm	3	

预热及后热：

最小预热温度/℃	155	最大道间温度/℃	235
后热温度及保温时间/(℃×h)	/		

焊后热处理： SR

保温温度/℃	670	保温时间/h	2.5

焊接位置：

对接焊缝焊接位置	1G	方向(向上、向下)	/
角焊缝焊接位置	/	方向(向上、向下)	/

气体：

项目	气体种类	混合比/%	流量/(L/min)
保护气	/	/	/
尾部保护气	/	/	/
背面保护气	/	/	/

焊接工艺评定报告(PQR)

电特性：

钨极类型及直径/mm：/　　喷嘴直径/mm：/

熔滴过渡形式(喷射过渡、短路过渡等)：/

(按所焊位置和工件厚度,分别将电流、电压和焊接速度实测值填入下表)

焊道	焊接方法	填充金属	规格/mm	电源种类及极性	焊接电流/A	电弧电压/V	焊接速度/(cm/min)	最大热输入/(kJ/cm)
1	SMAW	R317	ϕ2.5	DCEP	60～90	24～26	8～10	17.6
2	SMAW	R317	ϕ2.5	DCEP	60～90	24～26	10～12	14.0

技术措施：

摆动焊或不摆动焊：/　　摆动参数：/

焊前清理和层间清理：打磨　　背面清根方法：修磨

单道焊或多道焊/每面：单道焊　　单丝焊或多丝焊：/

导电嘴至工件距离/mm：/　　锤击：/

换热管与管板的连接方式：/　　换热管与管板接头的清理方法：/

预置金属衬套：/　　预置金属衬套的形状与尺寸：/

其他：

拉伸试验(GB/T 228)：　　试验报告编号:LH4201

试验条件	编号	试样宽度/mm	试样厚度/mm	横截面积/mm^2	断裂载荷/kN	R_m/MPa	断裂位置及特征
接头板拉	PQR4201-1	19.9	2.9	57.71	33.1	574	断于母材
	PQR4201-2	20.1	2.8	56.28	31.7	563	断于母材

弯曲试验(GB/T 2653)：　　试验报告编号：LH4201

试验条件	编号	试样尺寸/mm	弯心直径/mm	弯曲角度/(°)	试验结果
面弯	PQR4201-3	3.0	12	180	合格
面弯	PQR4201-4	3.0	12	180	合格
背弯	PQR4201-5	3.0	12	180	合格
背弯	PQR4201-6	3.0	12	180	合格

焊接工艺评定报告(PQR)

冲击试验(GB/T 229)： 试验报告编号：

编号	试样位置	V型缺口位置	试样尺寸/mm	试验温度/℃	冲击吸收能量/J

金相试验(角焊缝、模拟组合件)： 试验报告编号：

检验面编号	1	2	3	4	5	6	7	8	结果
有无裂纹、未熔合									
角焊缝厚度/mm									
焊脚高 l/mm									
是否焊透									

金相检验(角焊缝、模拟组合件)：

根部：焊透□　未焊透□

焊缝：熔合□　未熔合□

焊缝及热影响区：有裂纹□　无裂纹□

两焊脚之差值：______

试验报告编号：______

堆焊层复层熔敷金属化学成分/% 执行标准： 试验报告编号：

C	Si	Mn	P	S	Cr	Ni	Mo	Ti	Al	Nb	Fe	…

化学成分测定表面至熔合线距离/mm：______

非破坏性试验：

VT外观检查：无裂纹　PT：______　MT：______　UT：______　RT：无裂纹

预焊接工艺规程 pWPS 4202

预焊接工艺规程(pWPS)

单位名称： ××××

pWPS 编号： pWPS 4202

日期： ××××

焊接方法： SMAW

机动化程度： 手工☑　　机动☐　　自动☐

焊接接头： 对接☑　　角接☐　　堆焊☐

衬垫(材料及规格)： 焊缝金属

其他： /

简图(接头形式、坡口形式与尺寸、焊层、焊道布置及顺序)：

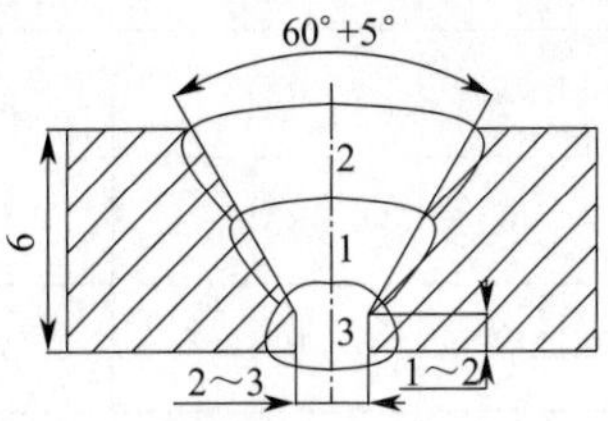

母材：

试件序号	①	②
材料	12Cr1MoVR	12Cr1MoVR
标准或规范	GB/T 713	GB/T 713
规格/mm	$\delta=6$	$\delta=6$
类别号	Fe-4	Fe-4
组别号	Fe-4-2	Fe-4-2
对接焊缝焊件母材厚度范围/mm	6～12	6～12
角焊缝焊件母材厚度范围/mm	不限	不限
管子直径、壁厚范围(对接或角接)/mm	/	/

其他： /

填充金属：

焊材类别(种类)	焊条	
型号(牌号)	E5515-1CMV(R317)	
标准	NB/T 47018.2	
填充金属规格/mm	$\phi3.2$，$\phi4.0$	
焊材分类代号	FeT-4	
对接焊缝焊件焊缝金属范围/mm	0～12	
角焊缝焊件焊缝金属范围/mm	不限	

其他： /

预热及后热：		**气体：**			
最小预热温度/℃	150	项目	气体种类	混合比/%	流量/(L/min)
最大道间温度/℃	250	保护气	/	/	/
后热温度/℃	/	尾部保护气	/	/	/
后热保温时间/h	/	背面保护气	/	/	/
焊后热处理：	SR	**焊接位置：**			
热处理温度/℃	670±20	对接焊缝位置	1G	方向(向上、向下)	/
热处理时间/h	3	角焊缝位置	/	方向(向上、向下)	/

预焊接工艺规程(pWPS)

电特性：

钨极类型及直径/mm：/　　喷嘴直径/mm：/

熔滴过渡形式(喷射过渡、短路过渡等)：/

(按所焊位置和工件厚度，分别将电流、电压和焊接速度范围填入下表)

焊道/焊层	焊接方法	填充金属	规格/mm	电源种类及极性	焊接电流/A	电弧电压/V	焊接速度/(cm/min)	最大热输入/(kJ/cm)
1	SMAW	R317	ϕ3.2	DCEP	90～100	24～26	10～12	15.6
2	SMAW	R317	ϕ4.0	DCEP	140～160	24～26	14～16	17.8
3	SMAW	R317	ϕ4.0	DCEP	140～180	24～26	12～14	23.4

技术措施：

摆动焊或不摆动焊：/　　摆动参数：/

焊前清理和层间清理：刷或磨　　背面清根方法：碳弧气刨＋修磨

单道焊或多道焊/每面：多道焊＋单道焊　　单丝焊或多丝焊：/

导电嘴至工件距离/mm：/　　锤击：/

换热管与管板的连接方式：/　　换热管与管板接头的清理方法：/

预置金属衬套：/　　预置金属衬套的形状与尺寸：/

其他：环境温度＞0℃，相对湿度＜90%。

检验要求及执行标准：

按 NB/T 47014—2023 及相关技术要求进行评定，项目如下：

1. 外观检查和无损检测(按 NB/T 47013.2)结果不得有裂纹；
2. 焊接接头板拉二件(按 GB/T 228)，$R_m \geqslant 440$MPa；
3. 焊接接头面弯、背弯各二件(按 GB/T 2653)，$D=4a$　$a=6$　$\alpha=180°$，沿任何方向不得有单条长度大于 3mm 的开口缺陷；
4. 焊缝、热影响区 0℃ KV_2 冲击各三件(按 GB/T 229)，焊接接头 V 型缺口 5mm×10mm×55mm 试样冲击吸收能量平均值不低于 10J。

编制		日期		审核		日期		批准		日期	

焊接工艺评定报告(PQR 4202)

焊接工艺评定报告(PQR)

单位名称：××××

PQR 编号：PQR 4202　　pWPS 编号：pWPS 4202

焊接方法：SMAW　　机动化程度：手工☑　机动□　自动□

焊接接头：对接☑　角接□　堆焊□　其他：/

接头简图(接头形式、尺寸、衬垫、每种焊接方法或焊接工艺的焊缝金属厚度)：

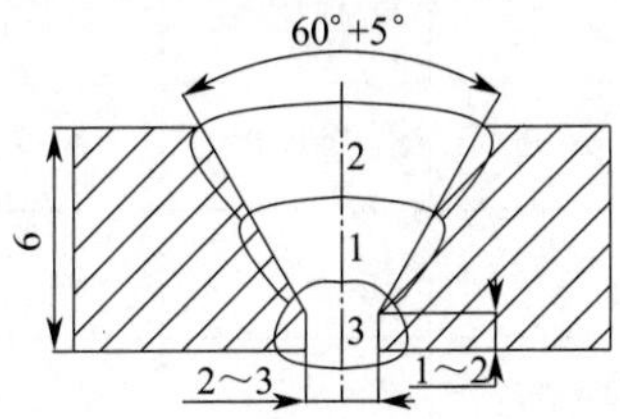

母材：

试件序号	①	②
材料	12Cr1MoVR	12Cr1MoVR
标准或规范	GB/T 713	GB/T 713
规格/mm	δ=6	δ=6
类别号	Fe-4	Fe-4
组别号	Fe-4-2	Fe-4-2

填充金属：

分类	焊条	
型号(牌号)	E5515-1CMV(R317)	
标准	NB/T 47018.2	
填充金属规格/mm	ϕ3.2，ϕ4.0	
焊材分类代号	FeT-4	
焊缝金属厚度/mm	6	

预热及后热：

最小预热温度/℃	155	最大道间温度/℃	235
后热温度及保温时间/(℃×h)	/		

焊后热处理： SR

保温温度/℃	670	保温时间/h	3

焊接位置：

对接焊缝焊接位置	1G	方向(向上、向下)	/
角焊缝焊接位置	/	方向(向上、向下)	/

气体：

项目	气体种类	混合比/%	流量/(L/min)
保护气	/	/	/
尾部保护气	/	/	/
背面保护气	/	/	/

焊接工艺评定报告(PQR)

电特性：

钨极类型及直径/mm：/　　喷嘴直径/mm：/

熔滴过渡形式(喷射过渡、短路过渡等)：/

(按所焊位置和工件厚度，分别将电流、电压和焊接速度实测值填入下表)

焊道	焊接方法	填充金属	规格/mm	电源种类及极性	焊接电流/A	电弧电压/V	焊接速度/(cm/min)	最大热输入/(kJ/cm)
1	SMAW	R317	ϕ3.2	DCEP	90～110	24～26	10～12	17.2
2	SMAW	R317	ϕ4.0	DCEP	140～170	24～26	14～16	18.9
3	SMAW	R317	ϕ4.0	DCEP	140～190	24～26	12～14	24.7

技术措施：

摆动焊或不摆动焊：/　　摆动参数：/

焊前清理和层间清理：打磨　　背面清根方法：碳弧气刨＋修磨

单道焊或多道焊/每面：多道焊＋单道焊　　单丝焊或多丝焊：/

导电嘴至工件距离/mm：/　　锤击：/

换热管与管板的连接方式：/　　换热管与管板接头的清理方法：/

预置金属衬套：　　预置金属衬套的形状与尺寸：/

其他：

拉伸试验(GB/T 228)：　　试验报告编号：LH4202

试验条件	编号	试样宽度/mm	试样厚度/mm	横截面积/mm^2	断裂载荷/kN	R_m/MPa	断裂位置及特征
接头板拉	PQR4202-1	25.2	6.0	151.2	84.7	565	断于母材
	PQR4202-2	25.4	6.1	154.9	86.8	560	断于母材

弯曲试验(GB/T 2653)：　　试验报告编号：LH4202

试验条件	编号	试样尺寸/mm	弯心直径/mm	弯曲角度/(°)	试验结果
面弯	PQR4202-3	6	24	180	合格
面弯	PQR4202-4	6	24	180	合格
背弯	PQR4202-5	6	24	180	合格
背弯	PQR4202-6	6	24	180	合格

焊接工艺评定报告(PQR)

冲击试验(GB/T 229)： 试验报告编号：LH4202

编号	试样位置	V型缺口位置	试样尺寸/mm	试验温度/℃	冲击吸收能量/J
PQR4202-7	焊缝	缺口轴线位于焊缝中心线上	5×10×55	20	37
PQR4202-8					49
PQR4202-9					43
PQR4202-10	热影响区	缺口轴线至试样纵轴线与熔合线交点的距离 $k>0$mm，且尽可能多地通过热影响区	5×10×55	20	57
PQR4202-11					62
PQR4202-12					68

金相试验(角焊缝、模拟组合件)： 试验报告编号：

检验面编号	1	2	3	4	5	6	7	8	结果
有无裂纹、未熔合									
角焊缝厚度/mm									
焊脚高 l/mm									
是否焊透									

金相检验(角焊缝、模拟组合件)：

根部：焊透□ 未焊透□

焊缝：熔合□ 未熔合□

焊缝及热影响区：有裂纹□ 无裂纹□

两焊脚之差值：

试验报告编号：

堆焊层复层熔敷金属化学成分/% 执行标准： 试验报告编号：

C	Si	Mn	P	S	Cr	Ni	Mo	Ti	Al	Nb	Fe	…

化学成分测定表面至熔合线距离/mm：

非破坏性试验：

VT外观检查：无裂纹 PT： MT： UT： RT：无裂纹

预焊接工艺规程 pWPS4203

预焊接工艺规程(pWPS)

单位名称： ××××

pWPS 编号： pWPS4203

日期： ××××

焊接方法： SMAW

机动化程度： 手工☑ 机动□ 自动□

焊接接头： 对接☑ 角接□ 堆焊□

衬垫(材料及规格)： 焊缝金属

其他： /

简图(接头形式、坡口形式与尺寸、焊层、焊道布置及顺序)：

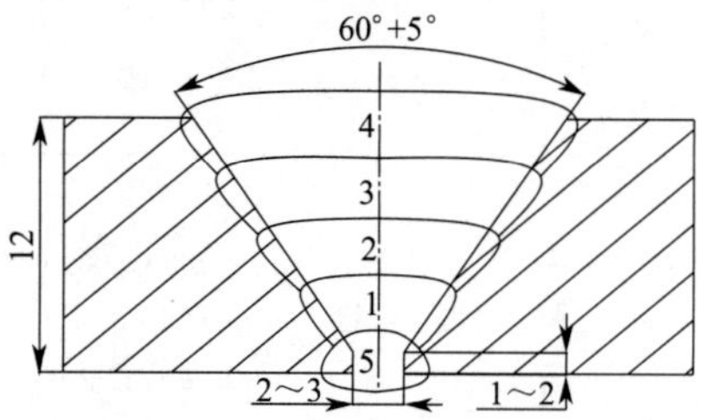

母材：

试件序号	①	②
材料	12Cr1MoVR	12Cr1MoVR
标准或规范	GB/T 713	GB/T 713
规格/mm	$\delta=12$	$\delta=12$
类别号	Fe-4	Fe-4
组别号	Fe-4-2	Fe-4-2
对接焊缝焊件母材厚度范围/mm	12～24	12～24
角焊缝焊件母材厚度范围/mm	不限	不限
管子直径、壁厚范围(对接或角接)/mm	/	/
其他：	/	

填充金属：

焊材类别(种类)	焊条	
型号(牌号)	E5515-1CMV(R317)	
标准	NB/T 47018.2	
填充金属规格/mm	ϕ4.0，ϕ5.0	
焊材分类代号	FeT-4	
对接焊缝焊件焊缝金属范围/mm	0～24	
角焊缝焊件焊缝金属范围/mm	不限	
其他：	/	

预热及后热：

最小预热温度/℃	150
最大道间温度/℃	250
后热温度/℃	/
后热保温时间/h	/

气体：

项目	气体种类	混合比/%	流量/(L/min)
保护气	/	/	/
尾部保护气	/	/	/
背面保护气	/	/	/

焊后热处理： SR

热处理温度/℃	670±20
热处理时间/h	3

焊接位置：

对接焊缝位置	1G	方向(向上、向下)	/
角焊缝位置	/	方向(向上、向下)	/

预焊接工艺规程(pWPS)

电特性：

钨极类型及直径/mm：/　　喷嘴直径/mm：/

熔滴过渡形式(喷射过渡、短路过渡等)：/

(按所焊位置和工件厚度，分别将电流、电压和焊接速度范围填入下表)

焊道/焊层	焊接方法	填充金属	规格/mm	电源种类及极性	焊接电流/A	电弧电压/V	焊接速度/(cm/min)	最大热输入/(kJ/cm)
1	SMAW	R317	ϕ4.0	DCEP	140～160	24～26	12～14	20.8
2—4	SMAW	R317	ϕ5.0	DCEP	180～210	24～26	12～16	27.3
5	SMAW	R317	ϕ4.0	DCEP	160～170	24～26	12～14	22.1

技术措施：

摆动焊或不摆动焊：/　　摆动参数：/

焊前清理和层间清理：刷或磨　　背面清根方法：碳弧气刨＋修磨

单道焊或多道焊/每面：多道焊＋单道焊　　单丝焊或多丝焊：/

导电嘴至工件距离/mm：/　　锤击：/

换热管与管板的连接方式：/　　换热管与管板接头的清理方法：/

预置金属衬套：/　　预置金属衬套的形状与尺寸：/

其他：环境温度＞0℃，相对湿度＜90%。

检验要求及执行标准：

按 NB/T 47014—2023 及相关技术要求进行评定，项目如下：

1. 外观检查和无损检测(按 NB/T 47013.2)结果不得有裂纹；
2. 焊接接头板拉二件(按 GB/T 228)，$R_m \geqslant 440$MPa；
3. 焊接接头侧弯四件(按 GB/T 2653)，$D=4a$　$a=10$　$\alpha=180°$，沿任何方向不得有单条长度大于 3mm 的开口缺陷；
4. 焊缝、热影响区 0℃ KV_2 冲击各三件(按 GB/T 229)，焊接接头 V 型缺口 10mm×10mm×55mm 试样冲击吸收能量平均值不低于 20J。

编制		日期		审核		日期		批准		日期	

焊接工艺评定报告（PQR4203）

焊接工艺评定报告（PQR）

单位名称： ××××

PQR 编号：PQR4203　　pWPS 编号：pWPS4203

焊接方法：SMAW　　机动化程度：手工☑　机动□　自动□

焊接接头：对接☑　角接□　堆焊□　　其他：/

接头简图（接头形式、尺寸、衬垫、每种焊接方法或焊接工艺的焊缝金属厚度）：

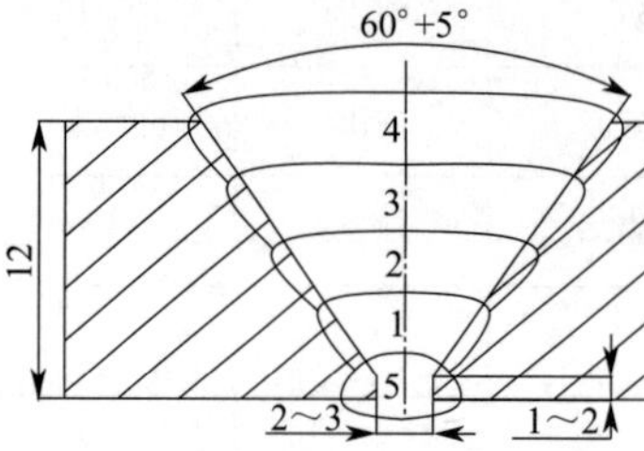

母材：

试件序号	①	②
材料	12Cr1MoVR	12Cr1MoVR
标准或规范	GB/T 713	GB/T 713
规格/mm	δ=12	δ=12
类别号	Fe-4	Fe-4
组别号	Fe-4-2	Fe-4-2

填充金属：

分类	焊条	
型号(牌号)	E5515-1CMV(R317)	
标准	NB/T 47018.2	
填充金属规格/mm	ϕ4.0，ϕ5.0	
焊材分类代号	FeT-4	
焊缝金属厚度/mm	12	

预热及后热：

最小预热温度/℃	155	最大道间温度/℃	235
后热温度及保温时间/(℃×h)	/		

焊后热处理： SR

保温温度/℃	670	保温时间/h	3

焊接位置：

对接焊缝焊接位置	1G	方向（向上、向下）	/
角焊缝焊接位置	/	方向（向上、向下）	/

气体：

项目	气体种类	混合比/%	流量/(L/min)
保护气	/	/	/
尾部保护气	/	/	/
背面保护气	/	/	/

焊接工艺评定报告(PQR)

电特性：

钨极类型及直径/mm：/　　喷嘴直径/mm：/

熔滴过渡形式(喷射过渡、短路过渡等)：/

(按所焊位置和工件厚度，分别将电流、电压和焊接速度实测值填入下表)

焊道	焊接方法	填充金属	规格/mm	电源种类及极性	焊接电流/A	电弧电压/V	焊接速度/(cm/min)	最大热输入/(kJ/cm)
1	SMAW	R317	ϕ4.0	DCEP	140～170	24～26	12～14	22.1
2—4	SMAW	R317	ϕ5.0	DCEP	180～220	24～26	12～16	28.6
5	SMAW	R317	ϕ4.0	DCEP	160～180	24～26	12～14	23.4

技术措施：

摆动焊或不摆动焊：/　　摆动参数：/

焊前清理和层间清理：打磨　　背面清根方法：碳弧气刨＋修磨

单道焊或多道焊/每面：多道焊＋单道焊　　单丝焊或多丝焊：/

导电嘴至工件距离/mm：/　　锤击：/

换热管与管板的连接方式：/　　换热管与管板接头的清理方法：/

预置金属衬套：/　　预置金属衬套的形状与尺寸：/

其他：

拉伸试验(GB/T 228)：　　试验报告编号：LH4203

试验条件	编号	试样宽度/mm	试样厚度/mm	横截面积/mm^2	断裂载荷/kN	R_m/MPa	断裂位置及特征
接头板拉	PQR4203-1	25.3	12.1	306.1	168.4	550	断于母材
	PQR4203-2	25.5	12	306	172.9	565	断于母材

弯曲试验(GB/T 2653)：　　试验报告编号：LH4203

试验条件	编号	试样尺寸/mm	弯心直径/mm	弯曲角度/(°)	试验结果
侧弯	PQR4203-3	10	40	180	合格
侧弯	PQR4203-4	10	40	180	合格
侧弯	PQR4203-5	10	40	180	合格
侧弯	PQR4203-6	10	40	180	合格

焊接工艺评定报告(PQR)

冲击试验(GB/T 229): 试验报告编号:LH4203

编号	试样位置	V型缺口位置	试样尺寸/mm	试验温度/℃	冲击吸收能量/J
PQR4203-7	焊缝	缺口轴线位于焊缝中心线上	10×10×55	20	95
PQR4203-8					110
PQR4203-9					86
PQR4203-10	热影响区	缺口轴线至试样纵轴线与熔合线交点的距离 $k>0$mm,且尽可能多地通过热影响区	10×10×55	20	141
PQR4203-11					125
PQR4203-12					137

金相试验(角焊缝、模拟组合件): 试验报告编号:

检验面编号	1	2	3	4	5	6	7	8	结果
有无裂纹、未熔合									
角焊缝厚度/mm									
焊脚高 l/mm									
是否焊透									

金相检验(角焊缝、模拟组合件):

根部:焊透□ 未焊透□

焊缝:熔合□ 未熔合□

焊缝及热影响区:有裂纹□ 无裂纹□

两焊脚之差值:______

试验报告编号:______

堆焊层复层熔敷金属化学成分/% 执行标准: 试验报告编号:

C	Si	Mn	P	S	Cr	Ni	Mo	Ti	Al	Nb	Fe	…

化学成分测定表面至熔合线距离/mm:______

非破坏性试验:

VT外观检查:无裂纹 PT:______ MT:______ UT:______ RT:无裂纹

预焊接工艺规程 pWPS 4204

预焊接工艺规程(pWPS)

单位名称： ××××

pWPS 编号： pWPS 4204

日期： ××××

焊接方法： SMAW

机动化程度： 手工☑　　机动□　　自动□

焊接接头： 对接☑　　角接□　　堆焊□

衬垫(材料及规格)： 焊缝金属

其他： /

简图(接头形式、坡口形式与尺寸、焊层、焊道布置及顺序)：

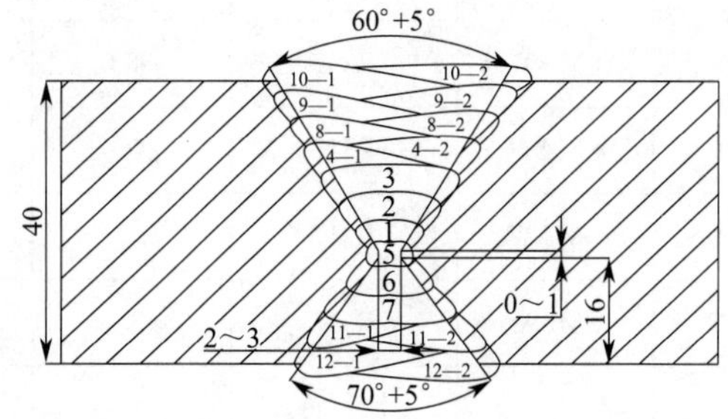

母材：

试件序号	①	②
材料	12Cr1MoVR	12Cr1MoVR
标准或规范	GB/T 713	GB/T 713
规格/mm	$\delta=40$	$\delta=40$
类别号	Fe-4	Fe-4
组别号	Fe-4-2	Fe-4-2
对接焊缝焊件母材厚度范围/mm	16～200	16～200
角焊缝焊件母材厚度范围/mm	不限	不限
管子直径、壁厚范围(对接或角接)/mm	/	/
其他：	/	

填充金属：

焊材类别(种类)	焊条	
型号(牌号)	E5515-1CMV(R317)	
标准	NB/T 47018.2	
填充金属规格/mm	ϕ4.0，ϕ5.0	
焊材分类代号	FeT-4	
对接焊缝焊件焊缝金属范围/mm	0～200	
角焊缝焊件焊缝金属范围/mm	不限	
其他：	/	

预热及后热：		**气体：**			
最小预热温度/℃	150	项目	气体种类	混合比/%	流量/(L/min)
最大道间温度/℃	250	保护气	/	/	/
后热温度/℃	200～300	尾部保护气	/	/	/
后热保温时间/h	1	背面保护气	/	/	/
焊后热处理：	SR	**焊接位置：**			
热处理温度/℃	670±10	对接焊缝位置	1G	方向(向上、向下)	/
热处理时间/h	5.75	角焊缝位置	/	方向(向上、向下)	/

预焊接工艺规程(pWPS)

电特性：

钨极类型及直径/mm：　/　　　　喷嘴直径/mm：　/

熔滴过渡形式(喷射过渡、短路过渡等)：　/

(按所焊位置和工件厚度，分别将电流、电压和焊接速度范围填入下表)

焊道/焊层	焊接方法	填充金属	规格/mm	电源种类及极性	焊接电流/A	电弧电压/V	焊接速度/(cm/min)	最大热输入/(kJ/cm)
1	SMAW	R317	ϕ4.0	DCEP	160～180	24～26	10～13	28.1
2—4	SMAW	R317	ϕ5.0	DCEP	180～210	24～26	10～14	32.8
5	SMAW	R317	ϕ4.0	DCEP	160～180	24～26	10～12	28.1
6—12	SMAW	R317	ϕ5.0	DCEP	180～210	24～26	10～14	32.8

技术措施：

摆动焊或不摆动焊：　/　　　　摆动参数：　/

焊前清理和层间清理：　刷或磨　　　　背面清根方法：　碳弧气刨＋修磨

单道焊或多道焊/每面：　多道焊　　　　单丝焊或多丝焊：　/

导电嘴至工件距离/mm：　/　　　　锤击：　/

换热管与管板的连接方式：　/　　　　换热管与管板接头的清理方法：　/

预置金属衬套：　/　　　　预置金属衬套的形状与尺寸：　/

其他：　环境温度＞0℃，相对湿度＜90％。

检验要求及执行标准：

按NB/T 47014—2023及相关技术要求进行评定，项目如下：

1. 外观检查和无损检测(按NB/T 47013.2)结果不得有裂纹；

2. 焊接接头板拉二件(按GB/T 228)，$R_m \geqslant 440$MPa；

3. 焊接接头侧弯四件(按GB/T 2653)，$D=4a$　$a=10$　$\alpha=180°$，沿任何方向不得有单条长度大于3mm的开口缺陷；

4. 焊缝、热影响区0℃KV_2冲击各三件(按GB/T 229)，焊接接头V型缺口10mm×10mm×55mm试样冲击吸收能量平均值不低于20J。

编制		日期		审核		日期		批准		日期	

焊接工艺评定报告(PQR4204)

焊接工艺评定报告(PQR)

单位名称：××××

PQR 编号：PQR4204　　pWPS 编号：pWPS4204

焊接方法：SMAW　　机动化程度：手工☑　机动□　自动□

焊接接头：对接☑　角接□　堆焊□　　其他：/

接头简图(接头形式、尺寸、衬垫、每种焊接方法或焊接工艺的焊缝金属厚度)：

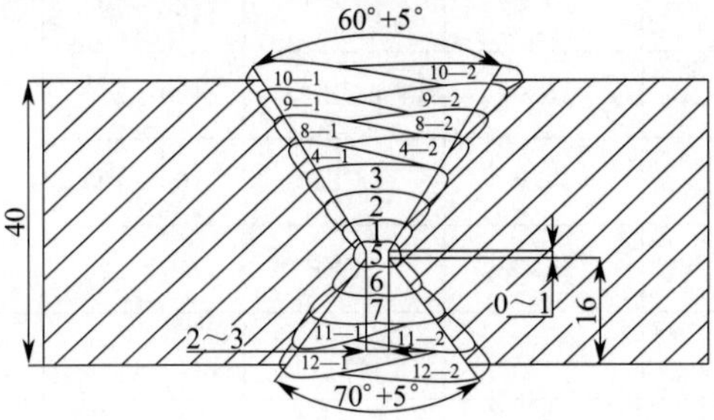

母材：

试件序号	①	②
材料	12Cr1MoVR	12Cr1MoVR
标准或规范	GB/T 713	GB/T 713
规格/mm	δ=40	δ=40
类别号	Fe-4	Fe-4
组别号	Fe-4-2	Fe-4-2

填充金属：

分类	焊条	
型号(牌号)	E5515-1CMV(R317)	
标准	NB/T 47018.2	
填充金属规格/mm	ϕ4.0,ϕ5.0	
焊材分类代号	FeT-4	
焊缝金属厚度/mm	40	

预热及后热：

最小预热温度/℃	155	最大道间温度/℃	235
后热温度及保温时间/(℃×h)	300℃×1h		

焊后热处理： SR

保温温度/℃	670	保温时间/h	5.8

焊接位置：				**气体：**			
对接焊缝焊接位置	1G	方向(向上、向下)	/	项目	气体种类	混合比/%	流量/(L/min)
				保护气	/	/	/
角焊缝焊接位置	/	方向(向上、向下)	/	尾部保护气	/	/	/
				背面保护气	/	/	/

焊接工艺评定报告(PQR)

电特性：

钨极类型及直径/mm：/　　喷嘴直径/mm：/

熔滴过渡形式(喷射过渡、短路过渡等)：/

(按所焊位置和工件厚度，分别将电流、电压和焊接速度实测值填入下表)

焊道	焊接方法	填充金属	规格/mm	电源种类及极性	焊接电流/A	电弧电压/V	焊接速度/(cm/min)	最大热输入/(kJ/cm)
1	SMAW	R317	ϕ4.0	DCEP	160～190	24～26	10～13	29.6
2—4	SMAW	R317	ϕ5.0	DCEP	180～220	24～26	10～14	34.3
5	SMAW	R317	ϕ4.0	DCEP	160～190	24～26	10～12	29.6
6—12	SMAW	R317	ϕ5.0	DCEP	180～220	24～26	10～14	34.3

技术措施：

摆动焊或不摆动焊：/　　摆动参数：/

焊前清理和层间清理：打磨　　背面清根方法：碳弧气刨＋修磨

单道焊或多道焊/每面：多道焊　　单丝焊或多丝焊：/

导电嘴至工件距离/mm：/　　锤击：/

换热管与管板的连接方式：/　　换热管与管板接头的清理方法：/

预置金属衬套：/　　预置金属衬套的形状与尺寸：/

其他：

拉伸试验(GB/T 228)：　　试验报告编号：LH4204

试验条件	编号	试样宽度/mm	试样厚度/mm	横截面积/mm^2	断裂载荷/kN	R_m/MPa	断裂位置及特征
接头板拉	PQR4204-1	25.4	17.9	454.7	241	530	断于母材
	PQR4204-2	25.5	17.6	448.8	240.1	535	断于母材
	PQR4204-3	25.2	17.8	448.6	246.7	550	断于母材
	PQR4204-4	25.3	17.7	447.8	241.8	540	断于母材

弯曲试验(GB/T 2653)：　　试验报告编号：LH4204

试验条件	编号	试样尺寸/mm	弯心直径/mm	弯曲角度/(°)	试验结果
侧弯	PQR4204-5	10	40	180	合格
侧弯	PQR4204-6	10	40	180	合格
侧弯	PQR4204-7	10	40	180	合格
侧弯	PQR4204-8	10	40	180	合格

焊接工艺评定报告(PQR)

冲击试验(GB/T 229)： 试验报告编号：LH4204

编号	试样位置	V型缺口位置	试样尺寸/mm	试验温度/℃	冲击吸收能量/J
PQR4204-9	焊缝	缺口轴线位于焊缝中心线上	10×10×55	20	56
PQR4204-10					72
PQR4204-11					46
PQR4204-12	热影响区	缺口轴线至试样纵轴线与熔合线交点的距离 $k>0$mm，且尽可能多地通过热影响区	10×10×55	20	72
PQR4204-13					87
PQR4204-14					81

金相试验(角焊缝、模拟组合件)： 试验报告编号：

检验面编号	1	2	3	4	5	6	7	8	结果
有无裂纹、未熔合									
角焊缝厚度/mm									
焊脚高 l/mm									
是否焊透									

金相检验(角焊缝、模拟组合件)：
根部：焊透□　　未焊透□
焊缝：熔合□　　未熔合□
焊缝及热影响区：有裂纹□　　无裂纹□
两焊脚之差值：
试验报告编号：

堆焊层复层熔敷金属化学成分/% 执行标准： 试验报告编号：

C	Si	Mn	P	S	Cr	Ni	Mo	Ti	Al	Nb	Fe	…

化学成分测定表面至熔合线距离/mm：

非破坏性试验：
VT外观检查：无裂纹　　PT：　　MT：　　UT：　　RT：无裂纹

预焊接工艺规程 pWPS 4205

预焊接工艺规程(pWPS)

单位名称: ××××

pWPS 编号: pWPS 4205

日期: ××××

焊接方法: SMAW

机动化程度: 手工☑ 机动☐ 自动☐

焊接接头: 对接☑ 角接☐ 堆焊☐

衬垫(材料及规格): 焊缝金属

其他: /

简图(接头形式、坡口形式与尺寸、焊层、焊道布置及顺序):

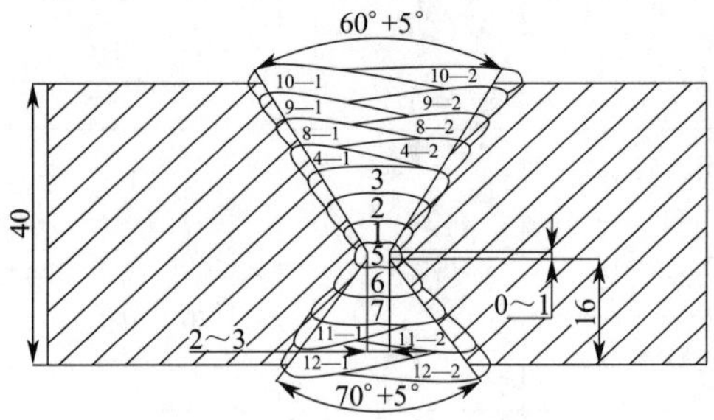

母材:

试件序号	①	②
材料	12Cr1MoVR	12Cr1MoVR
标准或规范	GB/T 713	GB/T 713
规格/mm	δ=40	δ=40
类别号	Fe-4	Fe-4
组别号	Fe-4-2	Fe-4-2
对接焊缝焊件母材厚度范围/mm	5～200	5～200
角焊缝焊件母材厚度范围/mm	不限	不限
管子直径、壁厚范围(对接或角接)/mm	/	/
其他:	/	

填充金属:

焊材类别(种类)	焊条	
型号(牌号)	E5515-1CMV(R317)	
标准	NB/T 47018.2	
填充金属规格/mm	ϕ4.0,ϕ5.0	
焊材分类代号	FeT-4	
对接焊缝焊件焊缝金属范围/mm	0～200	
角焊缝焊件焊缝金属范围/mm	不限	
其他:	/	

预热及后热:		**气体:**			
最小预热温度/℃	150	项目	气体种类	混合比/%	流量/(L/min)
最大道间温度/℃	250	保护气	/	/	/
后热温度/℃	200～300	尾部保护气	/	/	/
后热保温时间/h	1	背面保护气	/	/	/
焊后热处理:	(N+T)+SR	**焊接位置:**			
热处理温度/℃	1000±10(急冷),740±10 ,670±10	对接焊缝位置	1G	方向(向上、向下)	/
热处理时间/h	1.5 1 5.75	角焊缝位置	/	方向(向上、向下)	/

预焊接工艺规程(pWPS)

电特性:

钨极类型及直径/mm:　/　　喷嘴直径/mm:　/

熔滴过渡形式(喷射过渡、短路过渡等):　/

(按所焊位置和工件厚度,分别将电流、电压和焊接速度范围填入下表)

焊道/焊层	焊接方法	填充金属	规格/mm	电源种类及极性	焊接电流/A	电弧电压/V	焊接速度/(cm/min)	最大热输入/(kJ/cm)
1	SMAW	R317	ϕ4.0	DCEP	160～180	24～26	10～13	28.1
2—4	SMAW	R317	ϕ5.0	DCEP	180～210	24～26	10～14	32.8
5	SMAW	R317	ϕ4.0	DCEP	160～180	24～26	10～12	28.1
6—12	SMAW	R317	ϕ5.0	DCEP	180～210	24～26	10～14	32.8

技术措施:

摆动焊或不摆动焊:　/　　摆动参数:　/

焊前清理和层间清理:　刷或磨　　背面清根方法:　碳弧气刨+修磨

单道焊或多道焊/每面:　多道焊　　单丝焊或多丝焊:　/

导电嘴至工件距离/mm:　/　　锤击:　/

换热管与管板的连接方式:　/　　换热管与管板接头的清理方法:　/

预置金属衬套:　/　　预置金属衬套的形状与尺寸:　/

其他:　环境温度>0℃,相对湿度<90%。

检验要求及执行标准:

按 NB/T 47014—2023 及相关技术要求进行评定,项目如下:

1. 外观检查和无损检测(按 NB/T 47013.2)结果不得有裂纹;
2. 焊接接头板拉二件(按 GB/T 228),$R_m \geqslant 440$MPa;
3. 焊接接头侧弯四件(按 GB/T 2653),$D=4a$　$a=10$　$\alpha=180°$,沿任何方向不得有单条长度大于 3mm 的开口缺陷;
4. 焊缝、热影响区 0℃ KV_2 冲击各三件(按 GB/T 229),焊接接头 V 型缺口 10mm×10mm×55mm 试样冲击吸收能量平均值不低于 20J。

编制		日期		审核		日期		批准		日期	

焊接工艺评定报告（PQR4205）

焊接工艺评定报告(PQR)

单位名称： ××××

PQR 编号：PQR4205　　pWPS 编号：pWPS 4205

焊接方法：SMAW　　机动化程度：手工☑　机动□　自动□

焊接接头：对接☑　角接□　堆焊□　　其他：/

接头简图(接头形式、尺寸、衬垫、每种焊接方法或焊接工艺的焊缝金属厚度)：

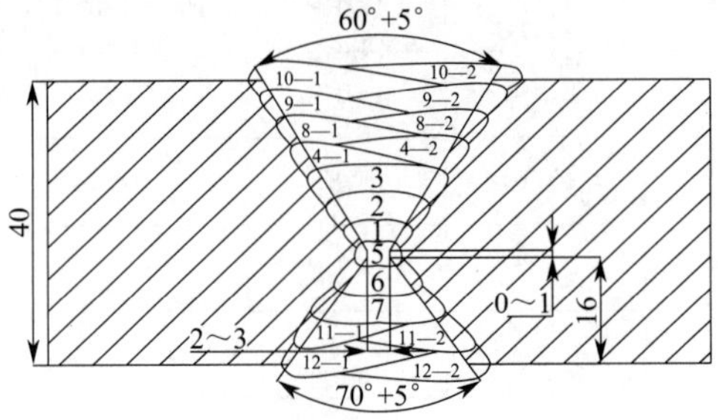

母材：

试件序号	①	②
材料	12Cr1MoVR	12Cr1MoVR
标准或规范	GB/T 713	GB/T 713
规格/mm	δ=40	δ=40
类别号	Fe-4	Fe-4
组别号	Fe-4-2	Fe-4-2

填充金属：

分类	焊条	
型号(牌号)	E5515-1CMV(R317)	
标准	NB/T 47018.2	
填充金属规格/mm	ϕ4.0,ϕ5.0	
焊材分类代号	FeT-4	
焊缝金属厚度/mm	40	

预热及后热：

最小预热温度/℃	155	最大道间温度/℃	235
后热温度及保温时间/(℃×h)	300℃×1h		

焊后热处理： (N+T)+SR

保温温度/℃	N:1000(急冷) T:740 SR:670	保温时间/h	N:1.5　T:1　SR:5.8

焊接位置：

对接焊缝焊接位置	1G	方向(向上、向下)	/
角焊缝焊接位置	/	方向(向上、向下)	/

气体：

项目	气体种类	混合比/%	流量/(L/min)
保护气	/	/	/
尾部保护气	/	/	/
背面保护气	/	/	/

焊接工艺评定报告(PQR)

电特性：

钨极类型及直径/mm：　/　　喷嘴直径/mm：　/

熔滴过渡形式(喷射过渡、短路过渡等)：　/

(按所焊位置和工件厚度，分别将电流、电压和焊接速度实测值填入下表)

焊道	焊接方法	填充金属	规格/mm	电源种类及极性	焊接电流/A	电弧电压/V	焊接速度/(cm/min)	最大热输入/(kJ/cm)
1	SMAW	R317	ϕ4.0	DCEP	160～190	24～26	10～13	29.6
2—4	SMAW	R317	ϕ5.0	DCEP	180～220	24～26	10～14	34.3
5	SMAW	R317	ϕ4.0	DCEP	160～190	24～26	10～12	29.6
6—12	SMAW	R317	ϕ5.0	DCEP	180～220	24～26	10～14	34.3

技术措施：

摆动焊或不摆动焊：　/　　摆动参数：　/

焊前清理和层间清理：　打磨　　背面清根方法：　碳弧气刨＋修磨

单道焊或多道焊/每面：　多道焊　　单丝焊或多丝焊：　/

导电嘴至工件距离/mm：　/　　锤击：　/

换热管与管板的连接方式：　/　　换热管与管板接头的清理方法：　/

预置金属衬套：　/　　预置金属衬套的形状与尺寸：　/

其他：

拉伸试验(GB/T 228)：　　试验报告编号：LH4205

试验条件	编号	试样宽度/mm	试样厚度/mm	横截面积/mm^2	断裂载荷/kN	R_m/MPa	断裂位置及特征
接头板拉	PQR4205-1	25.2	18.6	468.7	260.6	556	断于母材
	PQR4205-2	25.2	18.6	468.7	270.9	578	断于母材
	PQR4205-3	25.3	18.5	468.1	256.5	548	断于母材
	PQR4205-4	25.4	18.7	475	258.9	545	断于母材

弯曲试验(GB/T 2653)：　　试验报告编号：LH4205

试验条件	编号	试样尺寸/mm	弯心直径/mm	弯曲角度/(°)	试验结果
侧弯	PQR4205-5	10	40	180	合格
侧弯	PQR4205-6	10	40	180	合格
侧弯	PQR4205-7	10	40	180	合格
侧弯	PQR4205-8	10	40	180	合格

焊接工艺评定报告(PQR)

冲击试验(GB/T 229)：　　　　试验报告编号：LH4205

编号	试样位置	V型缺口位置	试样尺寸/mm	试验温度/℃	冲击吸收能量/J
PQR4205-9	焊缝	缺口轴线位于焊缝中心线上	10×10×55	20	96
PQR4205-10					85
PQR4205-11					83
PQR4205-12	热影响区	缺口轴线至试样纵轴线与熔合线交点的距离 $k>0$mm，且尽可能多地通过热影响区	10×10×55	20	116
PQR4205-13					137
PQR4205-14					145

金相试验(角焊缝、模拟组合件)：　　　　试验报告编号：

检验面编号	1	2	3	4	5	6	7	8	结果
有无裂纹、未熔合									
角焊缝厚度/mm									
焊脚高 l/mm									
是否焊透									

金相检验(角焊缝、模拟组合件)：

根部：焊透□　　未焊透□

焊缝：熔合□　　未熔合□

焊缝及热影响区：有裂纹□　　无裂纹□

两焊脚之差值：____

试验报告编号：____

堆焊层复层熔敷金属化学成分/% 执行标准：　　　　试验报告编号：

C	Si	Mn	P	S	Cr	Ni	Mo	Ti	Al	Nb	Fe	…

化学成分测定表面至熔合线距离/mm：____

非破坏性试验：

VT外观检查：无裂纹　　PT：____　　MT：____　　UT：____　　RT：无裂纹

预焊接工艺规程 pWPS 4206

预焊接工艺规程(pWPS)

单位名称： ××××

pWPS 编号： pWPS 4206

日期： ××××

焊接方法： SAW 机动化程度： 手工□　机动☑　自动□ 焊接接头： 对接☑　角接□　堆焊□ 衬垫(材料及规格)： 焊缝金属 其他： /	**简图(接头形式、坡口形式与尺寸、焊层、焊道布置及顺序)：** 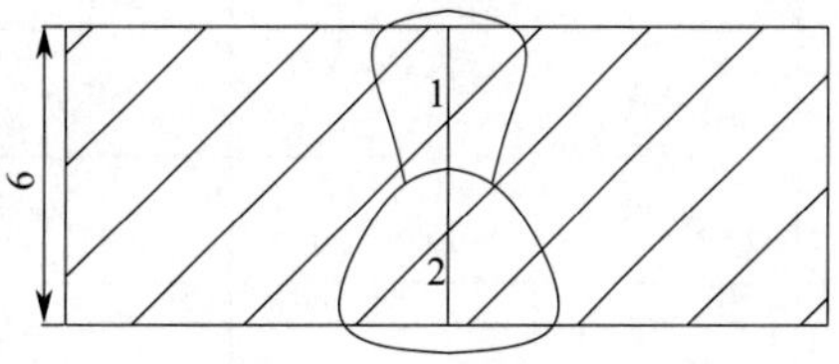

母材：

试件序号	①	②
材料	12Cr1MoVR	12Cr1MoVR
标准或规范	GB/T 713	GB/T 713
规格/mm	$\delta=6$	$\delta=6$
类别号	Fe-4	Fe-4
组别号	Fe-4-2	Fe-4-2
对接焊缝焊件母材厚度范围/mm	6～12	6～12
角焊缝焊件母材厚度范围/mm	不限	不限
管子直径、壁厚范围(对接或角接)/mm	/	/
其他：	/	

填充金属：

焊材类别(种类)	焊丝-焊剂组合	
型号(牌号)	S55P0 MS-SU1CM2V (H08CrMoVA＋HJ350)	
标准	NB/T 47018.4	
填充金属规格/mm	$\phi3.2$	
焊材分类代号	FeMSG-4	
对接焊缝焊件焊缝金属范围/mm	0～12	
角焊缝焊件焊缝金属范围/mm	不限	
其他：	/	

预热及后热：		**气体：**			
最小预热温度/℃	150	项目	气体种类	混合比/%	流量/(L/min)
最大道间温度/℃	250	保护气	/	/	/
后热温度/℃	/	尾部保护气	/	/	/
后热保温时间/h	/	背面保护气	/	/	/
焊后热处理：	SR	**焊接位置：**			
热处理温度/℃	670±20	对接焊缝位置	1G	方向(向上、向下)	/
热处理时间/h	3	角焊缝位置	/	方向(向上、向下)	/

预焊接工艺规程(pWPS)

电特性：

钨极类型及直径/mm：/　　喷嘴直径/mm：/

熔滴过渡形式(喷射过渡、短路过渡等)：/

(按所焊位置和工件厚度，分别将电流、电压和焊接速度范围填入下表)

焊道/焊层	焊接方法	填充金属	规格/mm	电源种类及极性	焊接电流/A	电弧电压/V	焊接速度/(cm/min)	最大热输入/(kJ/cm)
1	SAW	H08CrMoVA+HJ350	ϕ3.2	DCEP	420～460	30～34	50～55	17.1
2	SAW	H08CrMoVA+HJ350	ϕ3.2	DCEP	430～480	30～34	50～55	17.8

技术措施：

摆动焊或不摆动焊：/　　摆动参数：/

焊前清理和层间清理：刷或磨　　背面清根方法：碳弧气刨+修磨

单道焊或多道焊/每面：单道焊　　单丝焊或多丝焊：单丝

导电嘴至工件距离/mm：30～40　　锤击：/

换热管与管板的连接方式：/　　换热管与管板接头的清理方法：/

预置金属衬套：/　　预置金属衬套的形状与尺寸：/

其他：环境温度>0℃，相对湿度<90%。

检验要求及执行标准：

按 NB/T 47014—2023 及相关技术要求进行评定，项目如下：

1. 外观检查和无损检测(按 NB/T 47013.2)结果不得有裂纹；
2. 焊接接头板拉二件(按 GB/T 228)，$R_m \geq 440$MPa；
3. 焊接接头面弯、背弯各二件(按 GB/T 2653)，$D=4a$　$a=6$　$\alpha=180°$，沿任何方向不得有单条长度大于 3mm 的开口缺陷；
4. 焊缝、热影响区 0℃ KV_2 冲击各三件(按 GB/T 229)，焊接接头 V 型缺口 5mm×10mm×55mm 试样冲击吸收能量平均值不低于 10J。

编制		日期		审核		日期		批准		日期	

焊接工艺评定报告（PQR4206）

焊接工艺评定报告（PQR）

单位名称：	××××		
PQR 编号：	PQR4206	pWPS 编号：	pWPS 4206
焊接方法：	SAW	机动化程度：	手工□　机动☑　自动□
焊接接头：	对接☑　角接□　堆焊□	其他：	/

接头简图（接头形式、尺寸、衬垫、每种焊接方法或焊接工艺的焊缝金属厚度）：

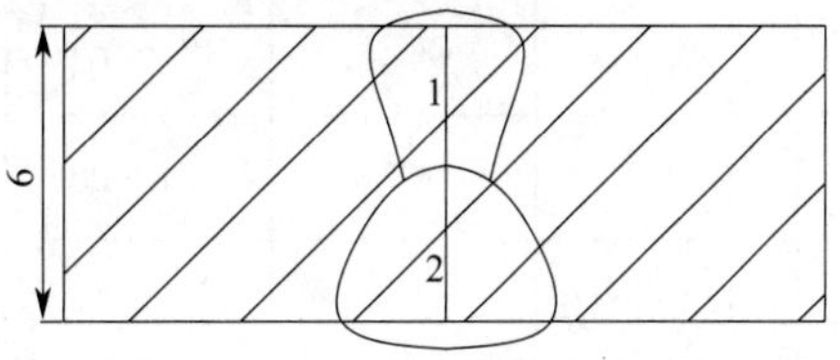

母材：

试件序号	①	②
材料	12Cr1MoVR	12Cr1MoVR
标准或规范	GB/T 713	GB/T 713
规格/mm	δ=6	δ=6
类别号	Fe-4	Fe-4
组别号	Fe-4-2	Fe-4-2

填充金属：

分类	焊丝-焊剂组合	
型号（牌号）	S55P0 MS-SU1CM2V （H08CrMoVA+HJ350）	
标准	NB/T 47018.2	
填充金属规格/mm	ϕ3.2	
焊材分类代号	FeMSG-4	
焊缝金属厚度/mm	6	

预热及后热：

最小预热温度/℃	155	最大道间温度/℃	235
后热温度及保温时间/（℃×h）	/		

焊后热处理： SR

保温温度/℃	670	保温时间/h	2.5

焊接位置：

对接焊缝焊接位置	1G	方向 （向上、向下）	/
角焊缝焊接位置	/	方向 （向上、向下）	/

气体：

项目	气体种类	混合比/%	流量/（L/min）
保护气	/	/	/
尾部保护气	/	/	/
背面保护气	/	/	/

焊接工艺评定报告(PQR)

电特性:

钨极类型及直径/mm: / 喷嘴直径/mm: /

熔滴过渡形式(喷射过渡、短路过渡等): /

(按所焊位置和工件厚度,分别将电流、电压和焊接速度实测值填入下表)

焊道	焊接方法	填充金属	规格/mm	电源种类及极性	焊接电流/A	电弧电压/V	焊接速度/(cm/min)	最大热输入/(kJ/cm)
1	SAW	H08CrMoVA+HJ350	ϕ3.2	DCEP	420～470	30～34	50～55	19.2
2	SAW	H08CrMoVA+HJ350	ϕ3.2	DCEP	430～490	30～34	50～55	20.0

技术措施:

摆动焊或不摆动焊: / 摆动参数: /

焊前清理和层间清理: 打磨 背面清根方法: 碳弧气刨+修磨

单道焊或多道焊/每面: 单道焊 单丝焊或多丝焊: 单丝

导电嘴至工件距离/mm: 30～40 锤击: /

换热管与管板的连接方式: / 换热管与管板接头的清理方法: /

预置金属衬套: / 预置金属衬套的形状与尺寸: /

其他:

拉伸试验(GB/T 228): 试验报告编号:LH4206

试验条件	编号	试样宽度/mm	试样厚度/mm	横截面积/mm²	断裂载荷/kN	R_m/MPa	断裂位置及特征
接头板拉	PQR4206-1	25.4	6	152.4	85.4	560	断于母材
	PQR4206-2	25.3	5.9	149.3	83.9	562	断于母材

弯曲试验(GB/T 2653): 试验报告编号:LH4206

试验条件	编号	试样尺寸/mm	弯心直径/mm	弯曲角度/(°)	试验结果
面弯	PQR4206-3	6	24	180	合格
面弯	PQR4206-4	6	24	180	合格
背弯	PQR4206-5	6	24	180	合格
背弯	PQR4206-6	6	24	180	合格

焊接工艺评定报告(PQR)

冲击试验(GB/T 229)： 试验报告编号：LH4206

编号	试样位置	V型缺口位置	试样尺寸/mm	试验温度/℃	冲击吸收能量/J
PQR4206-7	焊缝	缺口轴线位于焊缝中心线上	5×10×55	20	31
PQR4206-8					46
PQR4206-9					35
PQR4206-10	热影响区	缺口轴线至试样纵轴线与熔合线交点的距离 $k>0$mm，且尽可能多地通过热影响区	5×10×55	20	68
PQR4206-11					71
PQR4206-12					52

金相试验(角焊缝、模拟组合件)： 试验报告编号：

检验面编号	1	2	3	4	5	6	7	8	结果
有无裂纹、未熔合									
角焊缝厚度/mm									
焊脚高 l/mm									
是否焊透									

金相检验(角焊缝、模拟组合件)：

根部：焊透□　　未焊透□

焊缝：熔合□　　未熔合□

焊缝及热影响区：有裂纹□　　无裂纹□

两焊脚之差值：

试验报告编号：

堆焊层复层熔敷金属化学成分/% 执行标准： 试验报告编号：

C	Si	Mn	P	S	Cr	Ni	Mo	Ti	Al	Nb	Fe	…

化学成分测定表面至熔合线距离/mm：

非破坏性试验：

VT外观检查：无裂纹　　PT：　　MT：　　UT：　　RT：无裂纹

预焊接工艺规程 pWPS4207

预焊接工艺规程(pWPS)

单位名称： ××××

pWPS 编号： pWPS4207

日期： ××××

焊接方法： SAW

机动化程度： 手工□ 机动☑ 自动□

焊接接头： 对接☑ 角接□ 堆焊□

衬垫(材料及规格)： 焊缝金属

其他： /

简图(接头形式、坡口形式与尺寸、焊层、焊道布置及顺序)：

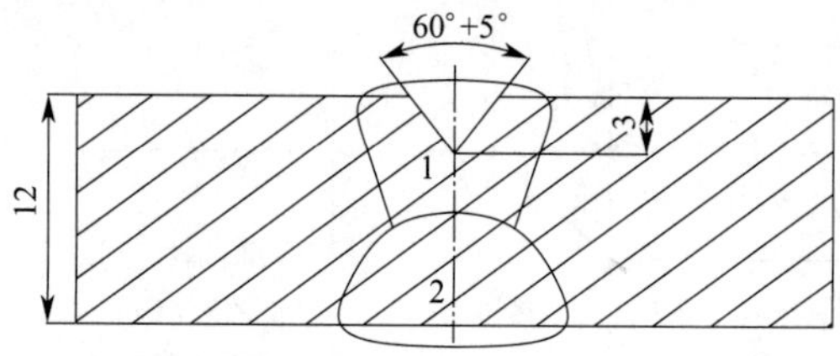

母材：

试件序号	①	②
材料	12Cr1MoVR	12Cr1MoVR
标准或规范	GB/T 713	GB/T 713
规格/mm	δ=12	δ=12
类别号	Fe-4	Fe-4
组别号	Fe-4-2	Fe-4-2
对接焊缝焊件母材厚度范围/mm	12～24	12～24
角焊缝焊件母材厚度范围/mm	不限	不限
管子直径、壁厚范围(对接或角接)/mm	/	/
其他：	/	

填充金属：

焊材类别(种类)	焊丝-焊剂组合	
型号(牌号)	S55P0 MS-SU1CM2V (H08CrMoVA+HJ350)	
标准	NB/T 47018.2	
填充金属规格/mm	ϕ4.0	
焊材分类代号	FeMSG-4	
对接焊缝焊件焊缝金属范围/mm	0～24	
角焊缝焊件焊缝金属范围/mm	不限	
其他：	/	

预热及后热：		**气体：**			
最小预热温度/℃	150	项目	气体种类	混合比/%	流量/(L/min)
最大道间温度/℃	250	保护气	/	/	/
后热温度/℃	/	尾部保护气	/	/	/
后热保温时间/h	/	背面保护气	/	/	/
焊后热处理：	SR	**焊接位置：**			
热处理温度/℃	670±20	对接焊缝位置	1G	方向(向上、向下)	/
热处理时间/h	3	角焊缝位置	/	方向(向上、向下)	/

预焊接工艺规程(pWPS)

电特性:

钨极类型及直径/mm: / 喷嘴直径/mm: /

熔滴过渡形式(喷射过渡、短路过渡等): /

(按所焊位置和工件厚度,分别将电流、电压和焊接速度范围填入下表)

焊道/焊层	焊接方法	填充金属	规格/mm	电源种类及极性	焊接电流/A	电弧电压/V	焊接速度/(cm/min)	最大热输入/(kJ/cm)
1	SAW	H08CrMoVA+HJ350	ϕ4.0	DCEP	600~650	36~38	46~52	32.2
2	SAW	H08CrMoVA+HJ350	ϕ4.0	DCEP	600~650	36~38	46~52	32.2

技术措施:

摆动焊或不摆动焊: / 摆动参数: /

焊前清理和层间清理: 刷或磨 背面清根方法: 碳弧气刨+修磨

单道焊或多道焊/每面: 单道焊 单丝焊或多丝焊: 单丝

导电嘴至工件距离/mm: 30~40 锤击: /

换热管与管板的连接方式: / 换热管与管板接头的清理方法: /

预置金属衬套: / 预置金属衬套的形状与尺寸: /

其他: 环境温度>0℃,相对湿度<90%。

检验要求及执行标准:

按NB/T 47014—2023及相关技术要求进行评定,项目如下:

1. 外观检查和无损检测(按NB/T 47013.2)结果不得有裂纹;
2. 焊接接头板拉二件(按GB/T 228),R_m≥440MPa;
3. 焊接接头侧弯四件(按GB/T 2653),$D=4a$ $a=10$ $\alpha=180°$,沿任何方向不得有单条长度大于3mm的开口缺陷;
4. 焊缝、热影响区0℃KV_2冲击各三件(按GB/T 229),焊接接头V型缺口10mm×10mm×55mm试样冲击吸收能量平均值不低于20J。

编制		日期		审核		日期		批准		日期	

焊接工艺评定报告（PQR4207）

焊接工艺评定报告(PQR)

单位名称： ××××

PQR 编号：PQR4207　　pWPS 编号：pWPS4207

焊接方法：SAW　　机动化程度：手工□　机动☑　自动□

焊接接头：对接☑　角接□　堆焊□　　其他：/

接头简图(接头形式、尺寸、衬垫、每种焊接方法或焊接工艺的焊缝金属厚度)：

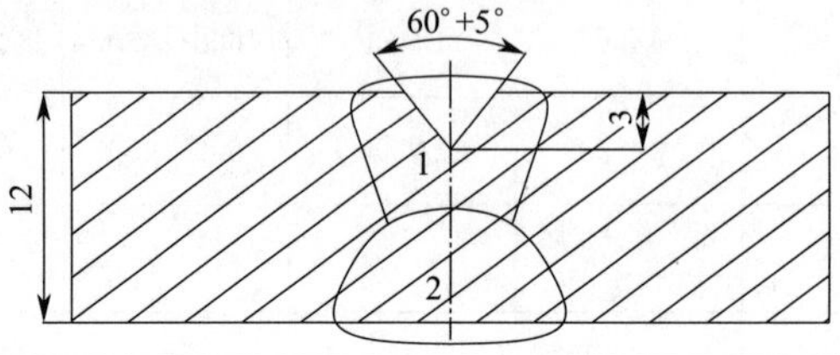

母材：

试件序号	①	②
材料	12Cr1MoVR	12Cr1MoVR
标准或规范	GB/T 713	GB/T 713
规格/mm	$\delta=12$	$\delta=12$
类别号	Fe-4	Fe-4
组别号	Fe-4-2	Fe-4-2

填充金属：

分类	焊丝-焊剂组合	
型号(牌号)	S55P0 MS-SU1CM2V (H08CrMoVA＋HJ350)	
标准	NB/T 47018.4	
填充金属规格/mm	ϕ4.0	
焊材分类代号	FeMSG-4	
焊缝金属厚度/mm	12	

预热及后热：

最小预热温度/℃	155	最大道间温度/℃	235
后热温度及保温时间/(℃×h)	/		

焊后热处理： SR

保温温度/℃	670	保温时间/h	3

焊接位置：

对接焊缝焊接位置	1G	方向 (向上、向下)	/
角焊缝焊接位置	/	方向 (向上、向下)	/

气体：

项目	气体种类	混合比/%	流量/(L/min)
保护气	/	/	/
尾部保护气	/	/	/
背面保护气	/	/	/

焊接工艺评定报告(PQR)

电特性:

钨极类型及直径/mm: /　　喷嘴直径/mm: /

熔滴过渡形式(喷射过渡、短路过渡等): /

(按所焊位置和工件厚度,分别将电流、电压和焊接速度实测值填入下表)

焊道	焊接方法	填充金属	规格/mm	电源种类及极性	焊接电流/A	电弧电压/V	焊接速度/(cm/min)	最大热输入/(kJ/cm)
1	SAW	H08CrMoVA+HJ350	ϕ4.0	DCEP	600～660	36～38	46～52	32.7
2	SAW	H08CrMoVA+HJ350	ϕ4.0	DCEP	600～660	36～38	46～52	32.7

技术措施:

摆动焊或不摆动焊: /　　摆动参数: /

焊前清理和层间清理: 打磨　　背面清根方法: 碳弧气刨+修磨

单道焊或多道焊/每面: 单道焊　　单丝焊或多丝焊: 单丝

导电嘴至工件距离/mm: 30～40　　锤击: /

换热管与管板的连接方式: /　　换热管与管板接头的清理方法: /

预置金属衬套: /　　预置金属衬套的形状与尺寸: /

其他:

拉伸试验(GB/T 228):　　试验报告编号:LH4207

试验条件	编号	试样宽度/mm	试样厚度/mm	横截面积/mm^2	断裂载荷/kN	R_m/MPa	断裂位置及特征
接头板拉	PQR4207-1	25.4	12.0	304.8	170.7	560	断于母材
	PQR4207-2	25.3	12.1	306.1	173.5	567	断于母材

弯曲试验(GB/T 2653):　　试验报告编号: LH4207

试验条件	编号	试样尺寸/mm	弯心直径/mm	弯曲角度/(°)	试验结果
侧弯	PQR4207-3	10	40	180	合格
侧弯	PQR4207-4	10	40	180	合格
侧弯	PQR4207-5	10	40	180	合格
侧弯	PQR4207-6	10	40	180	合格

焊接工艺评定报告(PQR)

冲击试验(GB/T 229): 试验报告编号:LH4207

编号	试样位置	V 型缺口位置	试样尺寸/mm	试验温度/℃	冲击吸收能量/J
PQR4207-7	焊缝	缺口轴线位于焊缝中心线上	10×10×55	20	93
PQR4207-8					122
PQR4207-9					85
PQR4207-10	热影响区	缺口轴线至试样纵轴线与熔合线交点的距离 $k>0$mm,且尽可能多地通过热影响区	10×10×55	20	105
PQR4207-11					132
PQR4207-12					155

金相试验(角焊缝、模拟组合件): 试验报告编号:

检验面编号	1	2	3	4	5	6	7	8	结果
有无裂纹、未熔合									
角焊缝厚度/mm									
焊脚高 l/mm									
是否焊透									

金相检验(角焊缝、模拟组合件):

根部: 焊透□ 未焊透□

焊缝: 熔合□ 未熔合□

焊缝及热影响区: 有裂纹□ 无裂纹□

两焊脚之差值:

试验报告编号:

堆焊层复层熔敷金属化学成分/% 执行标准: 试验报告编号:

C	Si	Mn	P	S	Cr	Ni	Mo	Ti	Al	Nb	Fe	…

化学成分测定表面至熔合线距离/mm:

非破坏性试验:

VT 外观检查: 无裂纹 PT: MT: UT: RT: 无裂纹

预焊接工艺规程 pWPS 4208

预焊接工艺规程(pWPS)

单位名称: ××××

pWPS 编号: pWPS 4208

日期: ××××

焊接方法: SAW 机动化程度: 手工□　机动☑　自动□ 焊接接头: 对接☑　角接□　堆焊□ 衬垫(材料及规格): 焊缝金属 其他: /	**简图(接头形式、坡口形式与尺寸、焊层、焊道布置及顺序):** 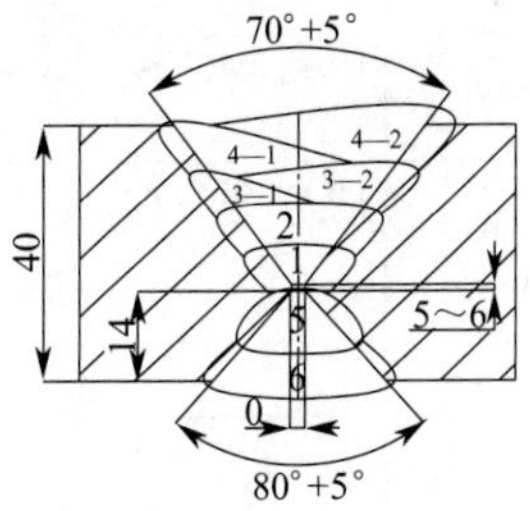

母材:

试件序号	①	②
材料	12Cr1MoVR	12Cr1MoVR
标准或规范	GB/T 713	GB/T 713
规格/mm	δ=40	δ=40
类别号	Fe-4	Fe-4
组别号	Fe-4-2	Fe-4-2
对接焊缝焊件母材厚度范围/mm	16～200	16～200
角焊缝焊件母材厚度范围/mm	不限	不限
管子直径、壁厚范围(对接或角接)/mm	/	/
其他:	/	

填充金属:

焊材类别(种类)	焊丝-焊剂组合	
型号(牌号)	S55P0 MS-SU1CM2V (H08CrMoVA+HJ350)	
标准	NB/T 47018.4	
填充金属规格/mm	ϕ4.0	
焊材分类代号	FeMSG-4	
对接焊缝焊件焊缝金属范围/mm	0～200	
角焊缝焊件焊缝金属范围/mm	不限	
其他:	/	

预热及后热:

最小预热温度/℃	150
最大道间温度/℃	250
后热温度/℃	250～300
后热保温时间/h	1

气体:

项目	气体种类	混合比/%	流量/(L/min)
保护气	/	/	/
尾部保护气	/	/	/
背面保护气	/	/	/

焊后热处理: SR

热处理温度/℃	670±20
热处理时间/h	5.75

焊接位置:

对接焊缝位置	1G	方向(向上、向下)	/
角焊缝位置	/	方向(向上、向下)	/

预焊接工艺规程(pWPS)

电特性：

钨极类型及直径/mm：/　　喷嘴直径/mm：/

熔滴过渡形式(喷射过渡、短路过渡等)：/

(按所焊位置和工件厚度，分别将电流、电压和焊接速度范围填入下表)

焊道/焊层	焊接方法	填充金属	规格/mm	电源种类及极性	焊接电流/A	电弧电压/V	焊接速度/(cm/min)	最大热输入/(kJ/cm)
1	SAW	H08CrMoVA+HJ350	ϕ4.0	DCEP	550～600	34～38	40～48	34.2
2—6	SAW	H08CrMoVA+HJ350	ϕ4.0	DCEP	600～650	34～38	43～48	34.5

技术措施：

摆动焊或不摆动焊：/　　摆动参数：/

焊前清理和层间清理：刷或磨　　背面清根方法：碳弧气刨＋修磨

单道焊或多道焊/每面：多道焊　　单丝焊或多丝焊：单丝

导电嘴至工件距离/mm：30～40　　锤击：/

换热管与管板的连接方式：/　　换热管与管板接头的清理方法：/

预置金属衬套：/　　预置金属衬套的形状与尺寸：/

其他：环境温度＞0℃，相对湿度＜90%。

检验要求及执行标准：

按 NB/T 47014—2023 及相关技术要求进行评定，项目如下：

1. 外观检查和无损检测(按 NB/T 47013.2)结果不得有裂纹；
2. 焊接接头板拉二件(按 GB/T 228)，$R_m \geqslant 440MPa$；
3. 焊接接头侧弯四件(按 GB/T 2653)，$D=4a$　$a=10$　$\alpha=180°$，沿任何方向不得有单条长度大于 3mm 的开口缺陷；
4. 焊缝、热影响区 0℃ KV_2 冲击各三件(按 GB/T 229)，焊接接头 V 型缺口 10mm×10mm×55mm 试样冲击吸收能量平均值不低于 20J。

编制		日期		审核		日期		批准		日期	

焊接工艺评定报告（PQR4208）

焊接工艺评定报告（PQR）

单位名称： ××××

PQR 编号：PQR4208　　pWPS 编号：pWPS 4208

焊接方法：SAW　　机动化程度：手工□　机动☑　自动□

焊接接头：对接☑　角接□　堆焊□　　其他：/

接头简图（接头形式、尺寸、衬垫、每种焊接方法或焊接工艺的焊缝金属厚度）：

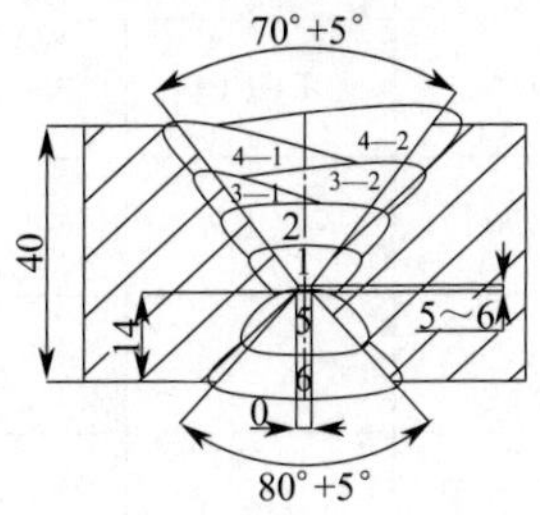

母材：

试件序号	①	②
材料	12Cr1MoVR	12Cr1MoVR
标准或规范	GB/T 713	GB/T 713
规格/mm	$\delta=40$	$\delta=40$
类别号	Fe-4	Fe-4
组别号	Fe-4-2	Fe-4-2

填充金属：

分类	焊丝-焊剂组合	
型号（牌号）	S55P0 MS-SU1CM2V （H08CrMoVA＋HJ350）	
标准	NB/T 47018.4	
填充金属规格/mm	ϕ4.0	
焊材分类代号	FeMSG-4	
焊缝金属厚度/mm	40	

预热及后热：

最小预热温度/℃	155	最大道间温度/℃	235
后热温度及保温时间/（℃×h）	300℃×1h		

焊后热处理： SR

保温温度/℃	670	保温时间/h	3

焊接位置：

对接焊缝焊接位置	1G	方向（向上、向下）	/
角焊缝焊接位置	/	方向（向上、向下）	/

气体：

项目	气体种类	混合比/%	流量/（L/min）
保护气	/	/	/
尾部保护气	/	/	/
背面保护气	/	/	/

焊接工艺评定报告(PQR)

电特性：

钨极类型及直径/mm：/　　喷嘴直径/mm：/

熔滴过渡形式(喷射过渡、短路过渡等)：/

(按所焊位置和工件厚度，分别将电流、电压和焊接速度实测值填入下表)

焊道	焊接方法	填充金属	规格/mm	电源种类及极性	焊接电流/A	电弧电压/V	焊接速度/(cm/min)	最大热输入/(kJ/cm)
1	SAW	H08CrMoVA+HJ350	ϕ4.0	DCEP	550～610	34～38	40～48	34.8
2—6	SAW	H08CrMoVA+HJ350	ϕ4.0	DCEP	600～660	34～38	43～48	35.0

技术措施：

摆动焊或不摆动焊：/　　摆动参数：/

焊前清理和层间清理：打磨　　背面清根方法：碳弧气刨+修磨

单道焊或多道焊/每面：多道焊　　单丝焊或多丝焊：单丝

导电嘴至工件距离/mm：30～40　　锤击：/

换热管与管板的连接方式：/　　换热管与管板接头的清理方法：/

预置金属衬套：/　　预置金属衬套的形状与尺寸：/

其他：

拉伸试验(GB/T 228)：　　试验报告编号：LH4208

试验条件	编号	试样宽度/mm	试样厚度/mm	横截面积/mm^2	断裂载荷/kN	R_m/MPa	断裂位置及特征
接头板拉	PQR4208-1	25.3	17.8	450.3	256.7	570	断于母材
	PQR4208-2	25.2	18.0	453.6	269.8	565	断于母材
	PQR4208-3	25.5	17.6	448.8	256.3	560	
	PQR4208-4	25.5	18.2	464.1	260	560	

弯曲试验(GB/T 2653)：　　试验报告编号：LH4208

试验条件	编号	试样尺寸/mm	弯心直径/mm	弯曲角度/(°)	试验结果
侧弯	PQR4208-5	10	40	180	合格
侧弯	PQR4208-6	10	40	180	合格
侧弯	PQR4208-7	10	40	180	合格
侧弯	PQR4208-8	10	40	180	合格

焊接工艺评定报告(PQR)

冲击试验(GB/T 229)： 试验报告编号：LH4208

编号	试样位置	V 型缺口位置	试样尺寸/mm	试验温度/℃	冲击吸收能量/J
PQR4208-9	焊缝	缺口轴线位于焊缝中心线上	10×10×55	20	94
PQR4208-10					88
PQR4208-11					72
PQR4208-12	热影响区	缺口轴线至试样纵轴线与熔合线交点的距离 $k>0$mm，且尽可能多地通过热影响区	10×10×55	20	158
PQR4208-13					135
PQR4208-14					112

金相试验(角焊缝、模拟组合件)： 试验报告编号：

检验面编号	1	2	3	4	5	6	7	8	结果
有无裂纹、未熔合									
角焊缝厚度/mm									
焊脚高 l/mm									
是否焊透									

金相检验(角焊缝、模拟组合件)：

根部：焊透□　　未焊透□

焊缝：熔合□　　未熔合□

焊缝及热影响区：有裂纹□　　无裂纹□

两焊脚之差值：

试验报告编号：

堆焊层复层熔敷金属化学成分/% 执行标准： 试验报告编号：

C	Si	Mn	P	S	Cr	Ni	Mo	Ti	Al	Nb	Fe	…

化学成分测定表面至熔合线距离/mm：

非破坏性试验：

VT 外观检查：无裂纹　　PT：　　MT：　　UT：　　RT：无裂纹

预焊接工艺规程 pWPS 4209

预焊接工艺规程(pWPS)

单位名称： ××××

pWPS 编号： pWPS 4209

日期： ××××

焊接方法： SAW 机动化程度： 手工□ 机动☑ 自动□ 焊接接头： 对接☑ 角接□ 堆焊□ 衬垫(材料及规格)： 焊缝金属 其他： /	**简图(接头形式、坡口形式与尺寸、焊层、焊道布置及顺序)：** 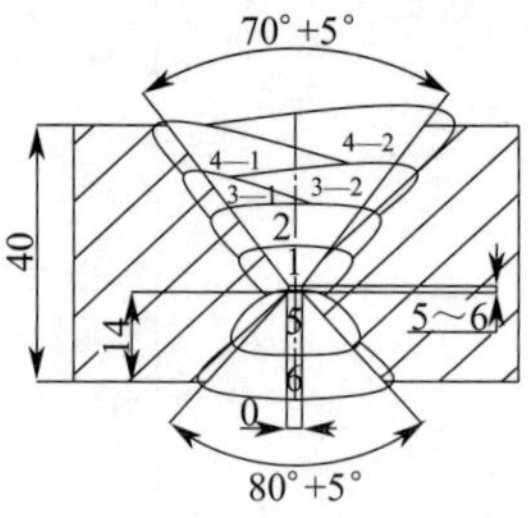

母材：

试件序号	①	②
材料	12Cr1MoVR	12Cr1MoVR
标准或规范	GB/T 713	GB/T 713
规格/mm	δ=40	δ=40
类别号	Fe-4	Fe-4
组别号	Fe-4-2	Fe-4-2
对接焊缝焊件母材厚度范围/mm	5～200	5～200
角焊缝焊件母材厚度范围/mm	不限	不限
管子直径、壁厚范围(对接或角接)/mm	/	/
其他：	/	

填充金属：

焊材类别(种类)	焊丝-焊剂组合	
型号(牌号)	S55P0 MS-SU1CM2V (H08CrMoVA＋HJ350)	
标准	NB/T 47018.2	
填充金属规格/mm	ϕ4.0	
焊材分类代号	FeMSG-4	
对接焊缝焊件焊缝金属范围/mm	0～200	
角焊缝焊件焊缝金属范围/mm	不限	
其他：	/	

预热及后热：		**气体：**			
最小预热温度/℃	150	项目	气体种类	混合比/%	流量/(L/min)
最大道间温度/℃	250	保护气	/	/	/
后热温度/℃	200～300	尾部保护气	/	/	/
后热保温时间/h	1	背面保护气	/	/	/
焊后热处理：	(N＋T)＋SR	**焊接位置：**			
热处理温度/℃	1000±20(急冷) 740±20 670±20	对接焊缝位置	1G	方向(向上、向下)	/
热处理时间/h	1.5 1 5.75	角焊缝位置	/	方向(向上、向下)	/

预焊接工艺规程(pWPS)

电特性:

钨极类型及直径/mm：/　　　喷嘴直径/mm：/

熔滴过渡形式(喷射过渡、短路过渡等)：/

(按所焊位置和工件厚度,分别将电流、电压和焊接速度范围填入下表)

焊道/焊层	焊接方法	填充金属	规格/mm	电源种类及极性	焊接电流/A	电弧电压/V	焊接速度/(cm/min)	最大热输入/(kJ/cm)
1	SAW	H08CrMoVA+HJ350	ϕ4.0	DCEP	550～600	34～38	40～48	34.2
2—6	SAW	H08CrMoVA+HJ350	ϕ4.0	DCEP	600～650	34～38	43～48	34.5

技术措施:

摆动焊或不摆动焊：/　　　摆动参数：/

焊前清理和层间清理：刷或磨　　　背面清根方法：碳弧气刨+修磨

单道焊或多道焊/每面：多道焊　　　单丝焊或多丝焊：单丝

导电嘴至工件距离/mm：30～40　　　锤击：/

换热管与管板的连接方式：/　　　换热管与管板接头的清理方法：/

预置金属衬套：/　　　预置金属衬套的形状与尺寸：/

其他：环境温度>0℃,相对湿度<90%。

检验要求及执行标准:

按 NB/T 47014—2023 及相关技术要求进行评定,项目如下：

1. 外观检查和无损检测(按 NB/T 47013.2)结果不得有裂纹；
2. 焊接接头板拉二件(按 GB/T 228),$R_m \geqslant$440MPa；
3. 焊接接头侧弯四件(按 GB/T 2653),$D=4a$　$a=10$　$\alpha=180°$,沿任何方向不得有单条长度大于 3mm 的开口缺陷；
4. 焊缝、热影响区 0℃ KV_2 冲击各三件(按 GB/T 229),焊接接头 V 型缺口 10mm×10mm×55mm 试样冲击吸收能量平均值不低于 20J。

编制		日期		审核		日期		批准		日期	

焊接工艺评定报告（PQR4209）

焊接工艺评定报告(PQR)

单位名称： ××××

PQR 编号： PQR4209　　pWPS 编号： pWPS 4209

焊接方法： SAW　　机动化程度： 手工□　机动☑　自动□

焊接接头： 对接☑　角接□　堆焊□　　其他： /

接头简图(接头形式、尺寸、衬垫、每种焊接方法或焊接工艺的焊缝金属厚度)：

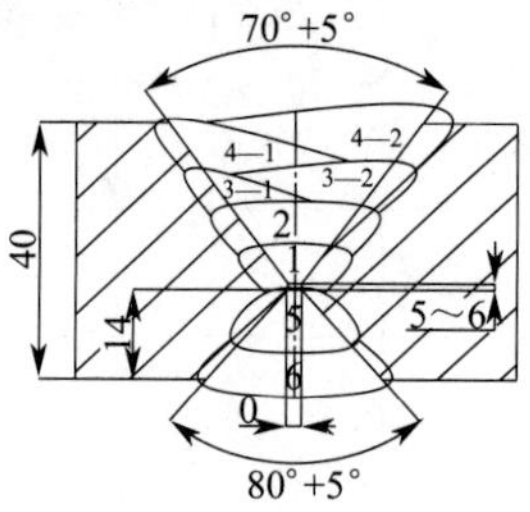

母材：

试件序号	①	②
材料	12Cr1MoVR	12Cr1MoVR
标准或规范	GB/T 713	GB/T 713
规格/mm	δ＝40	δ＝40
类别号	Fe-4	Fe-4
组别号	Fe-4-2	Fe-4-2

填充金属：

分类	焊丝-焊剂组合	
型号(牌号)	S55P0 MS-SU1CM2V (H08CrMoVA＋HJ350)	
标准	NB/T 47018.4	
填充金属规格/mm	ϕ4.0	
焊材分类代号	FeMSG-4	
焊缝金属厚度/mm	40	

预热及后热：

最小预热温度/℃	155	最大道间温度/℃	235
后热温度及保温时间/(℃×h)	300℃×1h		

焊后热处理： (N＋T)＋SR

保温温度/℃	N:1000(急冷)　T:740　SR:670	保温时间/h	N:1.5　T:1　SR:5.8

焊接位置：

对接焊缝焊接位置	1G	方向 (向上、向下)	/
角焊缝焊接位置	/	方向 (向上、向下)	/

气体：

项目	气体种类	混合比/%	流量/(L/min)
保护气	/	/	/
尾部保护气	/	/	/
背面保护气	/	/	/

焊接工艺评定报告(PQR)

电特性：

钨极类型及直径/mm：/　　喷嘴直径/mm：/

熔滴过渡形式(喷射过渡、短路过渡等)：/

(按所焊位置和工件厚度，分别将电流、电压和焊接速度实测值填入下表)

焊道	焊接方法	填充金属	规格/mm	电源种类及极性	焊接电流/A	电弧电压/V	焊接速度/(cm/min)	最大热输入/(kJ/cm)
1	SAW	H08CrMoVA+HJ350	ϕ4.0	DCEP	550～610	34～38	40～48	34.8
2—6	SAW	H08CrMoVA+HJ350	ϕ4.0	DCEP	600～660	34～38	43～48	35.0

技术措施：

摆动焊或不摆动焊：/　　摆动参数：/

焊前清理和层间清理：打磨　　背面清根方法：碳弧气刨+修磨

单道焊或多道焊/每面：多道焊　　单丝焊或多丝焊：单丝

导电嘴至工件距离/mm：30～40　　锤击：/

换热管与管板的连接方式：/　　换热管与管板接头的清理方法：/

预置金属衬套：/　　预置金属衬套的形状与尺寸：/

其他：

拉伸试验(GB/T 228)：　　试验报告编号：LH4209

试验条件	编号	试样宽度/mm	试样厚度/mm	横截面积/mm^2	断裂载荷/kN	R_m/MPa	断裂位置及特征
接头板拉	PQR4209-1	25.3	17.7	447.8	239.6	535	断于母材
	PQR4209-2	25.3	17.9	452.8	244.5	540	断于母材
	PQR4209-3	25.1	17.8	446.8	243.5	545	断于母材
	PQR4209-4	25.2	17.7	446.1	240.9	540	断于母材

弯曲试验(GB/T 2653)：　　试验报告编号：LH4209

试验条件	编号	试样尺寸/mm	弯心直径/mm	弯曲角度/(°)	试验结果
侧弯	PQR4209-5	10	40	180	合格
侧弯	PQR4209-6	10	40	180	合格
侧弯	PQR4209-7	10	40	180	合格
侧弯	PQR4209-8	10	40	180	合格

焊接工艺评定报告(PQR)

冲击试验(GB/T 229)： 试验报告编号：LH4209

编号	试样位置	V型缺口位置	试样尺寸/mm	试验温度/℃	冲击吸收能量/J
PQR4209-9	焊缝	缺口轴线位于焊缝中心线上	10×10×55	20	78
PQR4209-10					77
PQR4209-11					93
PQR4209-12	热影响区	缺口轴线至试样纵轴线与熔合线交点的距离 $k>0$mm，且尽可能多地通过热影响区	10×10×55	20	96
PQR4209-13					131
PQR4209-14					127

金相试验(角焊缝、模拟组合件)： 试验报告编号：

检验面编号	1	2	3	4	5	6	7	8	结果
有无裂纹、未熔合									
角焊缝厚度/mm									
焊脚高 l/mm									
是否焊透									

金相检验(角焊缝、模拟组合件)：

根部：焊透□ 未焊透□

焊缝：熔合□ 未熔合□

焊缝及热影响区：有裂纹□ 无裂纹□

两焊脚之差值：

试验报告编号：

堆焊层复层熔敷金属化学成分/% 执行标准： 试验报告编号：

C	Si	Mn	P	S	Cr	Ni	Mo	Ti	Al	Nb	Fe	…

化学成分测定表面至熔合线距离/mm：

非破坏性试验：

VT外观检查：无裂纹 PT： MT： UT： RT：无裂纹

预焊接工艺规程 pWPS 4210

预焊接工艺规程(pWPS)

单位名称： ××××

pWPS 编号： pWPS 4210

日期： ××××

焊接方法： GTAW

机动化程度： 手工☑　机动□　自动□

焊接接头： 对接☑　角接□　堆焊□

衬垫(材料及规格)： 焊缝金属

其他： /

简图(接头形式、坡口形式与尺寸、焊层、焊道布置及顺序)：

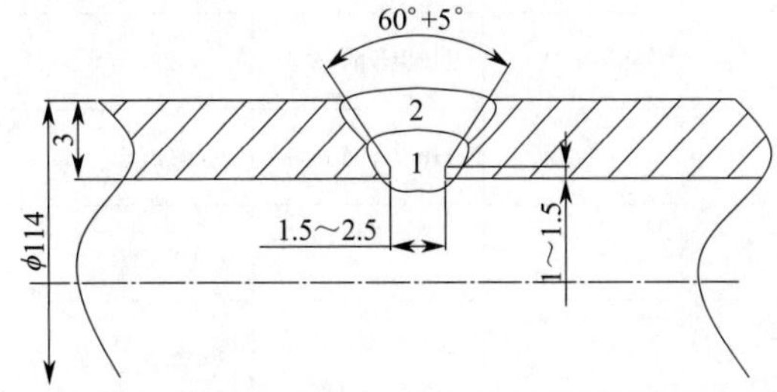

母材：

试件序号	①	②
材料	12Cr1MoVG	12Cr1MoVG
标准或规范	GB/T 5310	GB/T 5310
规格/mm	φ114×3	φ114×3
类别号	Fe-4	Fe-4
组别号	Fe-4-2	Fe-4-2
对接焊缝焊件母材厚度范围/mm	1.5～6	1.5～6
角焊缝焊件母材厚度范围/mm	不限	不限
管子直径、壁厚范围(对接或角接)/mm	/	/
其他：	/	

填充金属：

焊材类别(种类)	焊丝	
型号(牌号)	ER55-B2-MnV (H08CrMoVA)	
标准	NB/T 47018.2	
填充金属规格/mm	φ2.5	
焊材分类代号	FeS-4	
对接焊缝焊件焊缝金属范围/mm	0～6	
角焊缝焊件焊缝金属范围/mm	不限	
其他：	/	

预热及后热：		**气体：**			
最小预热温度/℃	150	项目	气体种类	混合比/%	流量/(L/min)
最大道间温度/℃	250	保护气	Ar	99.99	8～12
后热温度/℃	/	尾部保护气	/	/	/
后热保温时间/h	/	背面保护气	/	/	/
焊后热处理：	SR	**焊接位置：**			
热处理温度/℃	670±20	对接焊缝位置	1G	方向(向上、向下)	/
热处理时间/h	2.5	角焊缝位置	/	方向(向上、向下)	/

预焊接工艺规程(pWPS)

电特性：

钨极类型及直径/mm：铈钨极，ϕ2.5　　喷嘴直径/mm：ϕ10

熔滴过渡形式(喷射过渡、短路过渡等)：/

(按所焊位置和工件厚度，分别将电流、电压和焊接速度范围填入下表)

焊道/焊层	焊接方法	填充金属	规格/mm	电源种类及极性	焊接电流/A	电弧电压/V	焊接速度/(cm/min)	最大热输入/(kJ/cm)
1	GTAW	H08CrMoVA	ϕ2.5	DCEN	80～100	14～16	8～10	12.0
2	GTAW	H08CrMoVA	ϕ2.5	DCEN	100～120	14～16	8～10	14.4

技术措施：

摆动焊或不摆动焊：/　　摆动参数：/

焊前清理和层间清理：刷或磨　　背面清根方法：修磨

单道焊或多道焊/每面：一面，多道焊　　单丝焊或多丝焊：单丝

导电嘴至工件距离/mm：/　　锤击：/

换热管与管板的连接方式：/　　换热管与管板接头的清理方法：/

预置金属衬套：/　　预置金属衬套的形状与尺寸：/

其他：环境温度>0℃，相对湿度<90%。

检验要求及执行标准：

按 NB/T 47014—2023 及相关技术要求进行评定，项目如下：

1. 外观检查和无损检测(按 NB/T 47013.2)结果不得有裂纹；
2. 焊接接头板拉二件(按 GB/T 228)，$R_m \geqslant 470$MPa；
3. 焊接接头面弯、背弯各二件(按 GB/T 2653)，$D=4a$　$a=3.0$　$\alpha=180°$，沿任何方向不得有单条长度大于 3mm 的开口缺陷。

编制		日期		审核		日期		批准		日期	

焊接工艺评定报告(PQR4210)

焊接工艺评定报告(PQR)

单位名称： ××××

PQR 编号：PQR4210　　pWPS 编号：pWPS 4210

焊接方法：GTAW　　机动化程度：手工☑　机动□　自动□

焊接接头：对接☑　角接□　堆焊□　　其他：/

接头简图(接头形式、尺寸、衬垫、每种焊接方法或焊接工艺的焊缝金属厚度)：

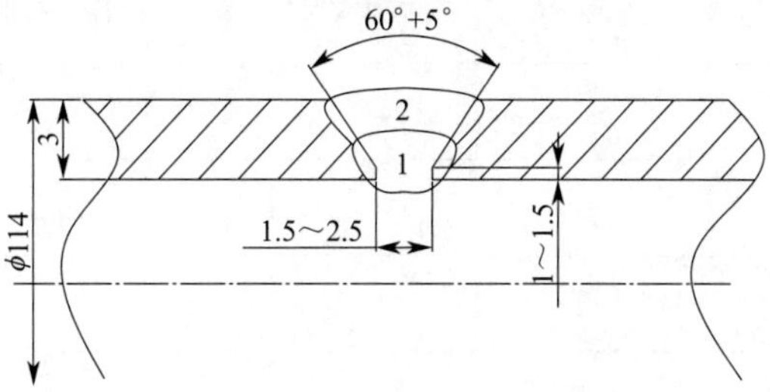

母材：

试件序号	①	②
材料	12Cr1MoVG	12Cr1MoVG
标准或规范	GB/T 5310	GB/T 5310
规格/mm	ϕ114×3	ϕ114×3
类别号	Fe-4	Fe-4
组别号	Fe-4-2	Fe-4-2

填充金属：

分类	焊丝	
型号(牌号)	ER55-B2-MnV(H08CrMoVA)	
标准	NB/T 47018.3	
填充金属规格/mm	ϕ2.5	
焊材分类代号	FeS-4	
焊缝金属厚度/mm	3	

预热及后热：

最小预热温度/℃	155	最大道间温度/℃	235
后热温度及保温时间/(℃×h)	/		

焊后热处理： SR

保温温度/℃	670	保温时间/h	2.5

焊接位置：

对接焊缝焊接位置	1G	方向(向上、向下)	/
角焊缝焊接位置	/	方向(向上、向下)	/

气体：

项目	气体种类	混合比/%	流量/(L/min)
保护气	Ar	99.99	8～12
尾部保护气	/	/	/
背面保护气	/	/	/

焊接工艺评定报告(PQR)

电特性：

钨极类型及直径/mm：铈钨极，ϕ2.4　　喷嘴直径/mm：ϕ10

熔滴过渡形式(喷射过渡、短路过渡等)：/

(按所焊位置和工件厚度，分别将电流、电压和焊接速度实测值填入下表)

焊道	焊接方法	填充金属	规格/mm	电源种类及极性	焊接电流/A	电弧电压/V	焊接速度/(cm/min)	最大热输入/(kJ/cm)
1	GTAW	H08CrMoVA	ϕ2.0	DCEN	80～120	14～16	8～10	13.2
2	GTAW	H08CrMoVA	ϕ2.5	DCEN	100～130	14～16	8～10	15.6

技术措施：

摆动焊或不摆动焊：/　　摆动参数：/

焊前清理和层间清理：打磨　　背面清根方法：修磨

单道焊或多道焊/每面：一面，多道焊　　单丝焊或多丝焊：单丝

导电嘴至工件距离/mm：/　　锤击：/

换热管与管板的连接方式：/　　换热管与管板接头的清理方法：/

预置金属衬套：/　　预置金属衬套的形状与尺寸：/

其他：

拉伸试验(GB/T 228)：　　试验报告编号：LH4210

试验条件	编号	试样宽度/mm	试样厚度/mm	横截面积/mm^2	断裂载荷/kN	R_m/MPa	断裂位置及特征
接头板拉	PQR4210-1	19.9	2.0	39.8	22.5	565	断于母材
	PQR4210-2	19.9	2.0	39.8	22.3	560	断于母材

弯曲试验(GB/T 2653)：　　试验报告编号：LH4210

试验条件	编号	试样尺寸/mm	弯心直径/mm	弯曲角度/(°)	试验结果
面弯	PQR4210-3	3.0	12	180	合格
面弯	PQR4210-4	3.0	12	180	合格
背弯	PQR4210-5	3.0	12	180	合格
背弯	PQR4210-6	3.0	12	180	合格

焊接工艺评定报告(PQR)

冲击试验(GB/T 229)：　　　　试验报告编号：

编号	试样位置	V型缺口位置	试样尺寸/mm	试验温度/℃	冲击吸收能量/J

金相试验(角焊缝、模拟组合件)：　　　　试验报告编号：

检验面编号	1	2	3	4	5	6	7	8	结果
有无裂纹、未熔合									
角焊缝厚度/mm									
焊脚高 l/mm									
是否焊透									

金相检验(角焊缝、模拟组合件)：

根部：焊透□　　未焊透□

焊缝：熔合□　　未熔合□

焊缝及热影响区：有裂纹□　　无裂纹□

两焊脚之差值：______

试验报告编号：______

堆焊层复层熔敷金属化学成分/%　执行标准：　　　　试验报告编号：

C	Si	Mn	P	S	Cr	Ni	Mo	Ti	Al	Nb	Fe	…

化学成分测定表面至熔合线距离/mm：______

非破坏性试验：

VT外观检查：无裂纹　　PT：______　　MT：______　　UT：______　　RT：无裂纹

预焊接工艺规程 pWPS 4211

预焊接工艺规程(pWPS)

单位名称： ××××

pWPS 编号： pWPS 4211

日期： ××××

焊接方法： GTAW

机动化程度： 手工☑ 机动□ 自动□

焊接接头： 对接☑ 角接□ 堆焊□

衬垫(材料及规格)： 焊缝金属

其他： /

简图(接头形式、坡口形式与尺寸、焊层、焊道布置及顺序)：

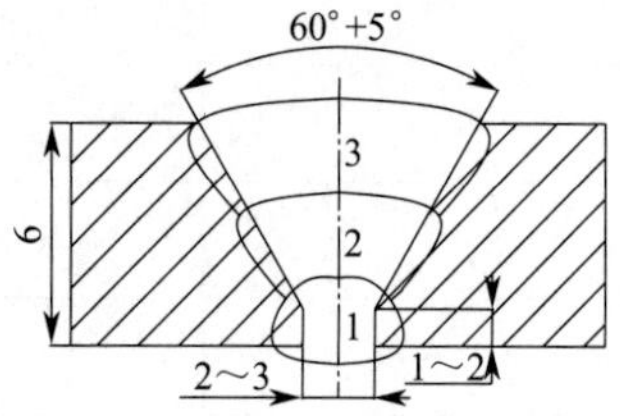

母材：

试件序号	①	②
材料	12Cr1MoVR	12Cr1MoVR
标准或规范	GB/T 713	GB/T 713
规格/mm	δ=6	δ=6
类别号	Fe-4	Fe-4
组别号	Fe-4-2	Fe-4-2
对接焊缝焊件母材厚度范围/mm	6~12	6~12
角焊缝焊件母材厚度范围/mm	不限	不限
管子直径、壁厚范围(对接或角接)/mm	/	/
其他：	/	

填充金属：

焊材类别(种类)	焊丝	
型号(牌号)	ER55-B2-MnV(H08CrMoVA)	
标准	NB/T 47018.3	
填充金属规格/mm	ϕ2.5	
焊材分类代号	FeS-4	
对接焊缝焊件焊缝金属范围/mm	0~12	
角焊缝焊件焊缝金属范围/mm	不限	
其他：	/	

预热及后热：		**气体：**			
最小预热温度/℃	150	项目	气体种类	混合比/%	流量/(L/min)
最大道间温度/℃	250	保护气	Ar	99.99	8~12
后热温度/℃	/	尾部保护气	/	/	/
后热保温时间/h	/	背面保护气	/	/	/
焊后热处理：	SR	**焊接位置：**			
热处理温度/℃	670±20	对接焊缝位置	1G	方向(向上、向下)	/
热处理时间/h	2.5	角焊缝位置	/	方向(向上、向下)	/

预焊接工艺规程(pWPS)

电特性：

钨极类型及直径/mm：铈钨极，ϕ3.0　　喷嘴直径/mm：ϕ12

熔滴过渡形式(喷射过渡、短路过渡等)：/

(按所焊位置和工件厚度，分别将电流、电压和焊接速度范围填入下表)

焊道/焊层	焊接方法	填充金属	规格/mm	电源种类及极性	焊接电流/A	电弧电压/V	焊接速度/(cm/min)	最大热输入/(kJ/cm)
1	GTAW	H08CrMoVA	ϕ2.5	DCEN	100～140	14～16	8～12	16.8
2	GTAW	H08CrMoVA	ϕ2.5	DCEN	130～170	14～16	8～12	20.4
3	GTAW	H08CrMoVA	ϕ2.5	DCEN	130～170	14～16	10～14	16.3

技术措施：

摆动焊或不摆动焊：/　　摆动参数：/

焊前清理和层间清理：刷或磨　　背面清根方法：修磨

单道焊或多道焊/每面：一面，多道焊　　单丝焊或多丝焊：单丝

导电嘴至工件距离/mm：/　　锤击：/

换热管与管板的连接方式：/　　换热管与管板接头的清理方法：/

预置金属衬套：/　　预置金属衬套的形状与尺寸：/

其他：环境温度＞0℃，相对湿度＜90%。

检验要求及执行标准：

按 NB/T 47014—2023 及相关技术要求进行评定，项目如下：

1. 外观检查和无损检测(按 NB/T 47013.2)结果不得有裂纹；
2. 焊接接头板拉二件(按 GB/T 228)，R_m≥440MPa；
3. 焊接接头面弯、背弯各二件(按 GB/T 2653)，$D=4a$　$a=6$　$\alpha=180°$，沿任何方向不得有单条长度大于 3mm 的开口缺陷；
4. 焊缝、热影响区 0℃ KV_2 冲击各三件(按 GB/T 229)，焊接接头 V 型缺口 5mm×10mm×55mm 试样冲击吸收能量平均值不低于 10J。

编制		日期		审核		日期		批准		日期	

焊接工艺评定报告（PQR4211）

焊接工艺评定报告(PQR)

单位名称： ××××

PQR 编号：PQR4211　　pWPS 编号：pWPS 4211

焊接方法：GTAW　　机动化程度：手工☑　机动□　自动□

焊接接头：对接☑　角接□　堆焊□　　其他：/

接头简图(接头形式、尺寸、衬垫、每种焊接方法或焊接工艺的焊缝金属厚度)：

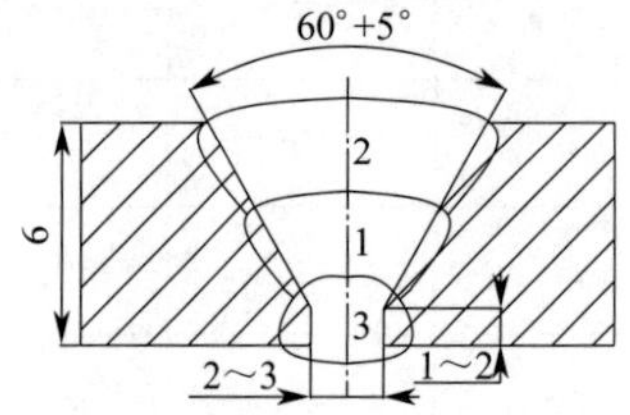

母材：

试件序号	①	②
材料	12Cr1MoVR	12Cr1MoVR
标准或规范	GB/T 713	GB/T 713
规格/mm	$\delta=6$	$\delta=6$
类别号	Fe-4	Fe-4
组别号	Fe-4-2	Fe-4-2

填充金属：

分类	焊条	
型号(牌号)	ER55-B2-MnV(H08CrMoVA)	
标准	NB/T 47018.3	
填充金属规格/mm	$\phi 2.5$	
焊材分类代号	FeS-4	
焊缝金属厚度/mm	6	

预热及后热：

最小预热温度/℃	155	最大道间温度/℃	235
后热温度及保温时间/(℃×h)	/		

焊后热处理： SR

保温温度/℃	670	保温时间/h	3

焊接位置：

对接焊缝焊接位置	1G	方向(向上、向下)	/
角焊缝焊接位置	/	方向(向上、向下)	/

气体：

项目	气体种类	混合比/%	流量/(L/min)
保护气	Ar	99.99	8～12
尾部保护气	/	/	/
背面保护气	/	/	/

焊接工艺评定报告(PQR)

电特性：

钨极类型及直径/mm：铈钨极，ϕ3.0　　喷嘴直径/mm：ϕ12

熔滴过渡形式(喷射过渡、短路过渡等)：/

(按所焊位置和工件厚度，分别将电流、电压和焊接速度实测值填入下表)

焊道	焊接方法	填充金属	规格/mm	电源种类及极性	焊接电流/A	电弧电压/V	焊接速度/(cm/min)	最大热输入/(kJ/cm)
1	GTAW	H08CrMoVA	ϕ2.5	DCEN	100～150	14～16	8～12	18.0
2	GTAW	H08CrMoVA	ϕ2.5	DCEN	130～180	14～16	8～12	21.6
3	GTAW	H08CrMoVA	ϕ2.5	DCEN	130～180	14～16	10～14	17.3

技术措施：

摆动焊或不摆动焊：/　　摆动参数：/

焊前清理和层间清理：打磨　　背面清根方法：修磨

单道焊或多道焊/每面：一面，多道焊　　单丝焊或多丝焊：单丝

导电嘴至工件距离/mm：/　　锤击：/

换热管与管板的连接方式：/　　换热管与管板接头的清理方法：/

预置金属衬套：/　　预置金属衬套的形状与尺寸：/

其他：

拉伸试验(GB/T 228)：　　试验报告编号：LH4211

试验条件	编号	试样宽度/mm	试样厚度/mm	横截面积/mm^2	断裂载荷/kN	R_m/MPa	断裂位置及特征
接头板拉	PQR4211-1	25.1	6.1	153.1	81	535	断于母材
	PQR4211-2	25.3	6.1	154.3	83.4	540	断于母材

弯曲试验(GB/T 2653)：　　试验报告编号：LH4211

试验条件	编号	试样尺寸/mm	弯心直径/mm	弯曲角度/(°)	试验结果
面弯	PQR4211-3	6	24	180	合格
面弯	PQR4211-4	6	24	180	合格
背弯	PQR4211-5	6	24	180	合格
背弯	PQR4211-6	6	24	180	合格

焊接工艺评定报告(PQR)

冲击试验(GB/T 229)： 试验报告编号：LH4211

编号	试样位置	V型缺口位置	试样尺寸/mm	试验温度/℃	冲击吸收能量/J
PQR4211-7	焊缝	缺口轴线位于焊缝中心线上	5×10×55	20	37
PQR4211-8					45
PQR4211-9					40
PQR4211-10	热影响区	缺口轴线至试样纵轴线与熔合线交点的距离 $k>0$mm，且尽可能多地通过热影响区	5×10×55	20	114
PQR4211-11					138
PQR4211-12					145

金相试验(角焊缝、模拟组合件)： 试验报告编号：

检验面编号	1	2	3	4	5	6	7	8	结果
有无裂纹、未熔合									
角焊缝厚度/mm									
焊脚高 l/mm									
是否焊透									

金相检验(角焊缝、模拟组合件)：

根部：焊透□ 未焊透□

焊缝：熔合□ 未熔合□

焊缝及热影响区：有裂纹□ 无裂纹□

两焊脚之差值：

试验报告编号：

堆焊层复层熔敷金属化学成分/% 执行标准： 试验报告编号：

C	Si	Mn	P	S	Cr	Ni	Mo	Ti	Al	Nb	Fe	…

化学成分测定表面至熔合线距离/mm：

非破坏性试验：

VT外观检查：无裂纹 PT：____ MT：____ UT：____ RT：无裂纹

预焊接工艺规程 pWPS 4212

预焊接工艺规程(pWPS)

单位名称： ××××

pWPS 编号： pWPS 4212

日期： ××××

焊接方法及接头	简图(接头形式、坡口形式与尺寸、焊层、焊道布置及顺序)：
焊接方法： GTAW 机动化程度：手工☑　机动□　自动□ 焊接接头：对接☑　角接□　堆焊□ 衬垫(材料及规格)：焊缝金属 其他：/	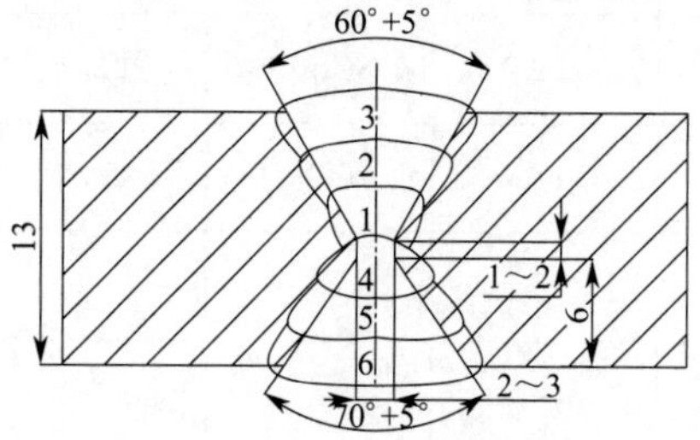

母材：

试件序号	①	②
材料	12Cr1MoVR	12Cr1MoVR
标准或规范	GB/T 713	GB/T 713
规格/mm	$\delta=13$	$\delta=13$
类别号	Fe-4	Fe-4
组别号	Fe-4-2	Fe-4-2
对接焊缝焊件母材厚度范围/mm	13～26	13～26
角焊缝焊件母材厚度范围/mm	不限	不限
管子直径、壁厚范围(对接或角接)/mm	/	/
其他：	/	

填充金属：

焊材类别(种类)	焊丝	
型号(牌号)	ER55-B2-MnV (H08CrMoVA)	
标准	NB/T 47018.3	
填充金属规格/mm	ϕ2.5，ϕ3.2	
焊材分类代号	FeS-4	
对接焊缝焊件焊缝金属范围/mm	0～26	
角焊缝焊件焊缝金属范围/mm	不限	
其他：	/	

预热及后热：		**气体：**			
最小预热温度/℃	150	项目	气体种类	混合比/%	流量/(L/min)
最大道间温度/℃	250	保护气	Ar	99.99	8～12
后热温度/℃	/	尾部保护气	/	/	/
后热保温时间/h	/	背面保护气	/	/	/
焊后热处理：	SR	**焊接位置：**			
热处理温度/℃	670±20	对接焊缝位置	1G	方向(向上、向下)	/
热处理时间/h	5.75	角焊缝位置	/	方向(向上、向下)	/

预焊接工艺规程(pWPS)

电特性:

钨极类型及直径/mm:铈钨极,ϕ3.0　　喷嘴直径/mm:ϕ12

熔滴过渡形式(喷射过渡、短路过渡等):/

(按所焊位置和工件厚度,分别将电流、电压和焊接速度范围填入下表)

焊道/焊层	焊接方法	填充金属	规格/mm	电源种类及极性	焊接电流/A	电弧电压/V	焊接速度/(cm/min)	最大热输入/(kJ/cm)
1	GTAW	H08CrMoVA	ϕ2.5	DCEN	150～180	14～16	8～12	21.6
2—6	GTAW	H08CrMoVA	ϕ3.2	DCEN	170～200	14～16	10～14	19.2

技术措施:

摆动焊或不摆动焊:/　　摆动参数:/

焊前清理和层间清理:刷或磨　　背面清根方法:修磨

单道焊或多道焊/每面:多道焊　　单丝焊或多丝焊:单丝

导电嘴至工件距离/mm:/　　锤击:/

换热管与管板的连接方式:/　　换热管与管板接头的清理方法:/

预置金属衬套:/　　预置金属衬套的形状与尺寸:/

其他:环境温度>0℃,相对湿度<90%。

检验要求及执行标准:

按 NB/T 47014—2023 及相关技术要求进行评定,项目如下:

1. 外观检查和无损检测(按 NB/T 47013.2)结果不得有裂纹;
2. 焊接接头板拉二件(按 GB/T 228),$R_m \geqslant 440$MPa;
3. 焊接接头侧弯四件(按 GB/T 2653),$D=4a$　$a=10$　$\alpha=180°$,沿任何方向不得有单条长度大于 3mm 的开口缺陷;
4. 焊缝、热影响区 0℃ KV_2 冲击各三件(按 GB/T 229),焊接接头 V 型缺口 10mm×10mm×55mm 试样冲击吸收能量平均值不低于 20J。

编制		日期		审核		日期		批准		日期	

焊接工艺评定报告（PQR4212）

焊接工艺评定报告（PQR）

单位名称： ××××

PQR 编号：PQR4212　　　　pWPS 编号：pWPS 4212

焊接方法：GTAW　　　　机动化程度：手工☑　机动□　自动□

焊接接头：对接☑　角接□　堆焊□　　　　其他：/

接头简图（接头形式、尺寸、衬垫、每种焊接方法或焊接工艺的焊缝金属厚度）：

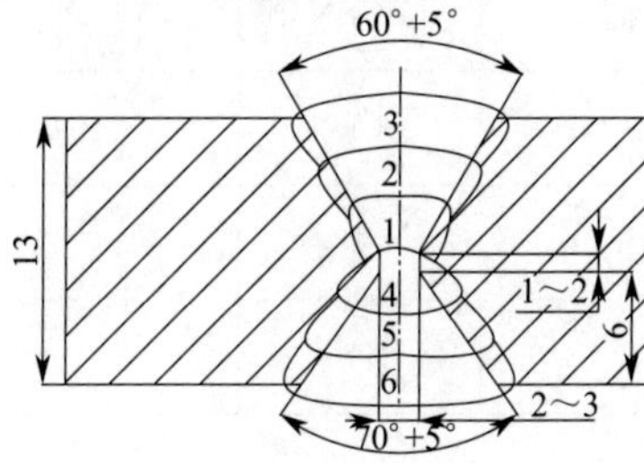

母材：

试件序号	①	②
材料	12Cr1MoVR	12Cr1MoVR
标准或规范	GB/T 713	GB/T 713
规格/mm	δ=13	δ=13
类别号	Fe-4	Fe-4
组别号	Fe-4-2	Fe-4-2

填充金属：

分类	焊丝	
型号（牌号）	ER55-B2-MnV（H08CrMoVA）	
标准	NB/T 47018.3	
填充金属规格/mm	ϕ2.5，ϕ3.2	
焊材分类代号	FeS-4	
焊缝金属厚度/mm	13	

预热及后热：

最小预热温度/℃	155	最大道间温度/℃	235
后热温度及保温时间/（℃×h）	/		

焊后热处理： SR

保温温度/℃	670	保温时间/h	5.8

焊接位置：

对接焊缝焊接位置	1G	方向（向上、向下）	/
角焊缝焊接位置	/	方向（向上、向下）	/

气体：

项目	气体种类	混合比/%	流量/（L/min）
保护气	Ar	99.99	8～12
尾部保护气	/	/	/
背面保护气	/	/	/

焊接工艺评定报告(PQR)

电特性：

钨极类型及直径/mm：钸钨极，ϕ3.0　　喷嘴直径/mm：ϕ12

熔滴过渡形式(喷射过渡、短路过渡等)：/

(按所焊位置和工件厚度，分别将电流、电压和焊接速度实测值填入下表)

焊道	焊接方法	填充金属	规格/mm	电源种类及极性	焊接电流/A	电弧电压/V	焊接速度/(cm/min)	最大热输入/(kJ/cm)
1	GTAW	H08CrMoVA	ϕ2.5	DCEN	150～190	14～16	8～12	22.8
2—6	GTAW	H08CrMoVA	ϕ3.2	DCEN	170～210	14～16	10～14	20.2

技术措施：

摆动焊或不摆动焊：/　　摆动参数：/

焊前清理和层间清理：打磨　　背面清根方法：修磨

单道焊或多道焊/每面：多道焊　　单丝焊或多丝焊：单丝

导电嘴至工件距离/mm：/　　锤击：/

换热管与管板的连接方式：/　　换热管与管板接头的清理方法：/

预置金属衬套：/　　预置金属衬套的形状与尺寸：/

其他：

拉伸试验(GB/T 228)：　　试验报告编号：LH4212

试验条件	编号	试样宽度/mm	试样厚度/mm	横截面积/mm^2	断裂载荷/kN	R_m/MPa	断裂位置及特征
接头板拉	PQR4212-1	25.3	13.1	331.4	190.8	560	断于母材
	PQR4212-2	25.2	13.0	327.6	186.8	570	断于母材

弯曲试验(GB/T 2653)：　　试验报告编号：LH4212

试验条件	编号	试样尺寸/mm	弯心直径/mm	弯曲角度/(°)	试验结果
侧弯	PQR4212-3	10	40	180	合格
侧弯	PQR4212-4	10	40	180	合格
侧弯	PQR4212-5	10	40	180	合格
侧弯	PQR4212-6	10	40	180	合格

焊接工艺评定报告(PQR)

冲击试验(GB/T 229)： 试验报告编号：LH4212

编号	试样位置	V型缺口位置	试样尺寸/mm	试验温度/℃	冲击吸收能量/J
PQR4212-7	焊缝	缺口轴线位于焊缝中心线上	10×10×55	20	93
PQR4212-8					86
PQR4212-9					79
PQR4212-10	热影响区	缺口轴线至试样纵轴线与熔合线交点的距离 k>0mm，且尽可能多地通过热影响区	10×10×55	20	138
PQR4212-11					141
PQR4212-12					132

金相试验(角焊缝、模拟组合件)： 试验报告编号：

检验面编号	1	2	3	4	5	6	7	8	结果
有无裂纹、未熔合									
角焊缝厚度/mm									
焊脚高 l/mm									
是否焊透									

金相检验(角焊缝、模拟组合件)：
根部：焊透□　　未焊透□
焊缝：熔合□　　未熔合□
焊缝及热影响区：有裂纹□　　无裂纹□
两焊脚之差值：________
试验报告编号：________

堆焊层复层熔敷金属化学成分/% 执行标准：　　试验报告编号：

C	Si	Mn	P	S	Cr	Ni	Mo	Ti	Al	Nb	Fe	…

化学成分测定表面至熔合线距离/mm：________

非破坏性试验：
VT外观检查：无裂纹　　PT：____　　MT：____　　UT：____　　RT：无裂纹

第九节　耐热钢的焊接工艺评定（Fe-5B-1）

预焊接工艺规程 pWPS 5B101

预焊接工艺规程(pWPS)

单位名称： ××××

pWPS 编号： pWPS 5B101

日期： ××××

焊接方法： SMAW 机动化程度： 手工☑　机动□　自动□ 焊接接头： 对接☑　角接□　堆焊□ 衬垫(材料及规格)： 焊缝金属 其他： /	**简图(接头形式、坡口形式与尺寸、焊层、焊道布置及顺序)：** 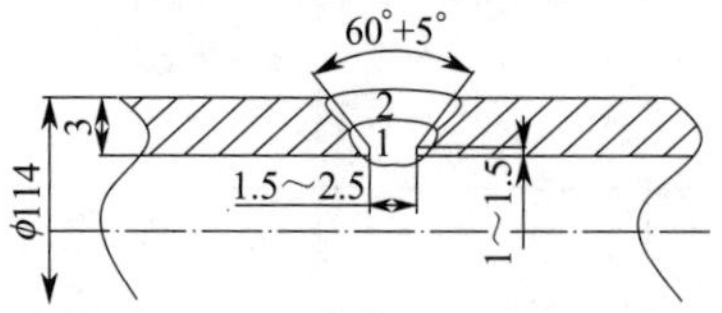

母材：

试件序号	①	②
材料	12Cr5Mo	12Cr5Mo
标准或规范	GB 6479	GB 6479
规格/mm	ϕ114×3	ϕ114×3
类别号	Fe-5B	Fe-5B
组别号	Fe-5B-1	Fe-5B-1
对接焊缝焊件母材厚度范围/mm	1.5～6	1.5～6
角焊缝焊件母材厚度范围/mm	不限	不限
管子直径、壁厚范围(对接或角接)/mm	/	/
其他：	/	

填充金属：

焊材类别(种类)	焊条	
型号(牌号)	E5515-5CM(R507)	
标准	NB/T 47018.2	
填充金属规格/mm	ϕ2.5，ϕ3.2	
焊材分类代号	FeT-5B	
对接焊缝焊件焊缝金属范围/mm	0～6	
角焊缝焊件焊缝金属范围/mm	不限	
其他：	/	

预热及后热：		**气体：**			
最小预热温度/℃	200	项目	气体种类	混合比/%	流量/(L/min)
最大道间温度/℃	250	保护气	/	/	/
后热温度/℃	300～350	尾部保护气	/	/	/
后热保温时间/h	1	背面保护气	/	/	/

焊后热处理：	SR	**焊接位置：**			
热处理温度/℃	700±20	对接焊缝位置	1G	方向(向上、向下)	/
热处理时间/h	2.5	角焊缝位置	/	方向(向上、向下)	/

预焊接工艺规程(pWPS)

电特性:

钨极类型及直径/mm: /　　喷嘴直径/mm: /

熔滴过渡形式(喷射过渡、短路过渡等): /

(按所焊位置和工件厚度,分别将电流、电压和焊接速度范围填入下表)

焊道/焊层	焊接方法	填充金属	规格/mm	电源种类及极性	焊接电流/A	电弧电压/V	焊接速度/(mm/min)	最大热输入/(kJ/cm)
1	SMAW	R507	$\phi 2.5$	DCEP	60～80	24～26	8～10	15.6
2	SMAW	R507	$\phi 3.2$	DCEP	80～100	24～26	9～12	17.3

技术措施:

摆动焊或不摆动焊: /　　摆动参数: /

焊前清理和层间清理: 刷或磨　　背面清根方法: /

单道焊或多道焊/每面: 一面,多道焊　　单丝焊或多丝焊: /

导电嘴至工件距离/mm: /　　锤击: /

换热管与管板的连接方式: /　　换热管与管板接头的清理方法: /

预置金属衬套: /　　预置金属衬套的形状与尺寸: /

其他: 环境温度>0℃,相对湿度<90%。

检验要求及执行标准:

按 NB/T 47014—2023 及相关技术要求进行评定,项目如下:

1. 外观检查和无损检测(按 NB/T 47013.2)结果不得有裂纹;
2. 焊接接头板拉二件(按 GB/T 228),$R_m \geqslant 390$MPa;
3. 焊接接头面弯、背弯各二件(按 GB/T 2653),$D=4a$　$a=3.0$　$\alpha=180°$,沿任何方向不得有单条长度大于 3mm 的开口缺陷。

编制		日期		审核		日期		批准		日期	

焊接工艺评定报告（PQR 5B101）

焊接工艺评定报告（PQR）

单位名称：

PQR 编号：PQR 5B101　　pWPS 编号：pWPS 5B101

焊接方法：SMAW　　机动化程度：手工☑　机动□　自动□

焊接接头：对接☑　角接□　堆焊□　其他：/

接头简图（接头形式、尺寸、衬垫、每种焊接方法或焊接工艺的焊缝金属厚度）：

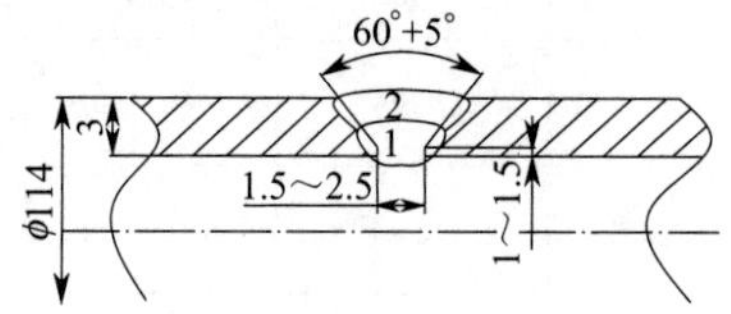

母材：

试件序号	①	②
材料	12Cr5Mo	12Cr5Mo
标准或规范	GB 6479	GB 6479
规格/mm	ϕ114×3	ϕ114×3
类别号	Fe-5B	Fe-5B
组别号	Fe-5B-1	Fe-5B-1

填充金属：

分类	焊条	
型号（牌号）	E5515-5CM（R507）	
标准	NB/T 47018.2	
填充金属规格/mm	ϕ2.5	
焊材分类代号	FeT-5B	
焊缝金属厚度/mm	3	

预热及后热：

最小预热温度/℃	205	最大道间温度/℃	235
后热温度及保温时间/（℃×h）	300℃×1h		

焊后热处理：	SR		
保温温度/℃	700	保温时间/h	2.5

焊接位置：　　**气体：**

对接焊缝焊接位置	1G	方向（向上、向下）	/
角焊缝焊接位置	/	方向（向上、向下）	/

项目	气体种类	混合比/%	流量/（L/min）
保护气	/	/	/
尾部保护气	/	/	/
背面保护气	/	/	/

焊接工艺评定报告(PQR)

电特性：

钨极类型及直径/mm：/ 喷嘴直径/mm：/

熔滴过渡形式(喷射过渡、短路过渡等)：/

(按所焊位置和工件厚度，分别将电流、电压和焊接速度实测值填入下表)

焊道	焊接方法	填充金属	规格/mm	电源种类及极性	焊接电流/A	电弧电压/V	焊接速度/(cm/min)	最大热输入/(kJ/cm)
1	SMAW	R507	ϕ2.5	DCEP	60～90	24～26	8～10	17.6
2	SMAW	R507	ϕ3.2	DCEP	80～110	24～26	9～12	19.1

技术措施：

摆动焊或不摆动焊：/ 摆动参数：/

焊前清理和层间清理：打磨 背面清根方法：/

单道焊或多道焊/每面：一面，多道焊 单丝焊或多丝焊：/

导电嘴至工件距离/mm：/ 锤击：/

换热管与管板的连接方式：/ 换热管与管板接头的清理方法：/

预置金属衬套：/ 预置金属衬套的形状与尺寸：/

其他：

拉伸试验(GB/T 228)： 试验报告编号：LH5B101

试验条件	编号	试样宽度/mm	试样厚度/mm	横截面积/mm^2	断裂载荷/kN	R_m/MPa	断裂位置及特征
接头板拉	PQR5B101-1	20.1	3.0	60.3	30.9	513	断于母材
	PQR5B101-2	20.0	2.9	58.0	30.6	527	断于母材

弯曲试验(GB/T 2653)： 试验报告编号：LH5B101

试验条件	编号	试样尺寸/mm	弯心直径/mm	弯曲角度/(°)	试验结果
面弯	PQR5B101-3	3.0	12	180	合格
面弯	PQR 5B101-4	3.0	12	180	合格
背弯	PQR 5B101-5	3.0	12	180	合格
背弯	PQR 5B101-6	3.0	12	180	合格

焊接工艺评定报告(PQR)

冲击试验(GB/T 229): 试验报告编号:

编号	试样位置	V型缺口位置	试样尺寸/mm	试验温度/℃	冲击吸收能量/J

金相试验(角焊缝、模拟组合件): 试验报告编号:

检验面编号	1	2	3	4	5	6	7	8	结果
有无裂纹、未熔合									
角焊缝厚度/mm									
焊脚高 l/mm									
是否焊透									

金相检验(角焊缝、模拟组合件):
根部: 焊透□ 未焊透□
焊缝: 熔合□ 未熔合□
焊缝及热影响区: 有裂纹□ 无裂纹□
两焊脚之差值:
试验报告编号:

堆焊层复层熔敷金属化学成分/% 执行标准: 试验报告编号:

C	Si	Mn	P	S	Cr	Ni	Mo	Ti	Al	Nb	Fe	…

化学成分测定表面至熔合线距离/mm:

非破坏性试验:
VT外观检查: 无裂纹 PT: MT: UT: RT: 无裂纹

预焊接工艺规程 pWPS 5B102

预焊接工艺规程(pWPS)

单位名称： ××××

pWPS **编号：** pWPS 5B102

日期： ××××

焊接方法： SMAW 机动化程度：手工☑　机动□　自动□ 焊接接头：对接☑　角接□　堆焊□ 衬垫(材料及规格)：焊缝金属 其他：/	**简图(接头形式、坡口形式与尺寸、焊层、焊道布置及顺序)：** 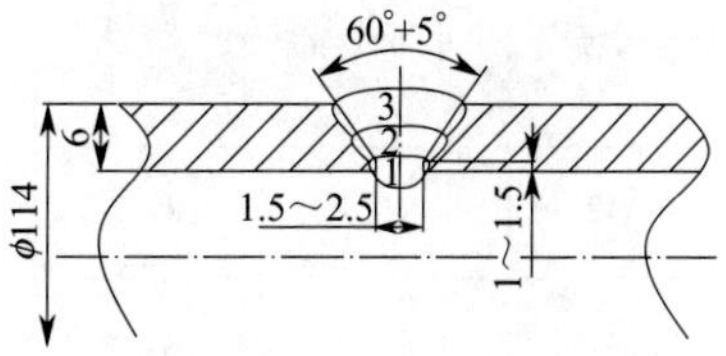

母材：

试件序号	①	②
材料	12Cr5Mo	12Cr5Mo
标准或规范	GB 6479	GB 6479
规格/mm	ϕ114×6	ϕ114×6
类别号	Fe-5B	Fe-5B
组别号	Fe-5B-1	Fe-5B-1
对接焊缝焊件母材厚度范围/mm	6～12	6～12
角焊缝焊件母材厚度范围/mm	不限	不限
管子直径、壁厚范围(对接或角接)/mm	/	/
其他：	/	

填充金属：

焊材类别(种类)	焊条	
型号(牌号)	E5515-5CM(R507)	
标准	NB/T 47018.2	
填充金属规格/mm	ϕ3.2，ϕ4.0	
焊材分类代号	FeT-5B	
对接焊缝焊件焊缝金属范围/mm	0～12	
角焊缝焊件焊缝金属范围/mm	不限	
其他：	/	

预热及后热：		**气体：**			
最小预热温度/℃	200	项目	气体种类	混合比/%	流量/(L/min)
最大道间温度/℃	250	保护气	/	/	/
后热温度/℃	300～350	尾部保护气	/	/	/
后热保温时间/h	1	背面保护气	/	/	/

焊后热处理：	SR	**焊接位置：**			
热处理温度/℃	700±20	对接焊缝位置	1G	方向(向上、向下)	/
热处理时间/h	2.5	角焊缝位置	/	方向(向上、向下)	/

预焊接工艺规程(pWPS)

电特性：

钨极类型及直径/mm：/ 喷嘴直径/mm：/

熔滴过渡形式(喷射过渡、短路过渡等)：/

(按所焊位置和工件厚度,分别将电流、电压和焊接速度范围填入下表)

焊道/焊层	焊接方法	填充金属	规格/mm	电源种类及极性	焊接电流/A	电弧电压/V	焊接速度/(mm/min)	最大热输入/(kJ/cm)
1	SMAW	R507	ϕ2.5	DCEP	60～80	24～26	8～10	15.6
2	SMAW	R507	ϕ3.2	DCEP	90～120	24～26	10～12	18.7
3	SMAW	R507	ϕ4.0	DCEP	140～170	24～26	12～14	22.1

技术措施：

摆动焊或不摆动焊：/ 摆动参数：/

焊前清理和层间清理：刷或磨 背面清根方法：/

单道焊或多道焊/每面：一面,多道焊 单丝焊或多丝焊：/

导电嘴至工件距离/mm：/ 锤击：/

换热管与管板的连接方式：/ 换热管与管板接头的清理方法：/

预置金属衬套：/ 预置金属衬套的形状与尺寸：/

其他：环境温度>0℃,相对湿度<90%。

检验要求及执行标准：

按 NB/T 47014—2023 及相关技术要求进行评定,项目如下：

1. 外观检查和无损检测(按 NB/T 47013.2)结果不得有裂纹；
2. 焊接接头板拉二件(按 GB/T 228),$R_m \geqslant 390$MPa；
3. 焊接接头面弯、背弯各二件(按 GB/T 2653),$D=4a$　$a=6$　$\alpha=180°$,沿任何方向不得有单条长度大于 3mm 的开口缺陷；
4. 焊缝、热影响区 0℃,KV_2 冲击各三件(按 GB/T 229),焊接接头 V 型缺口 5mm×10mm×55mm 试样冲击吸收能量平均值不低于 10J。

编制		日期		审核		日期		批准		日期	

焊接工艺评定报告（PQR 5B102）

焊接工艺评定报告(PQR)

单位名称： ××××

PQR 编号：PQR5B102　　pWPS 编号：pWPS5B102

焊接方法：SMAW　　机动化程度：手工☑　机动□　自动□

焊接接头：对接☑　角接□　堆焊□　　其他：/

接头简图(接头形式、尺寸、衬垫、每种焊接方法或焊接工艺的焊缝金属厚度)：

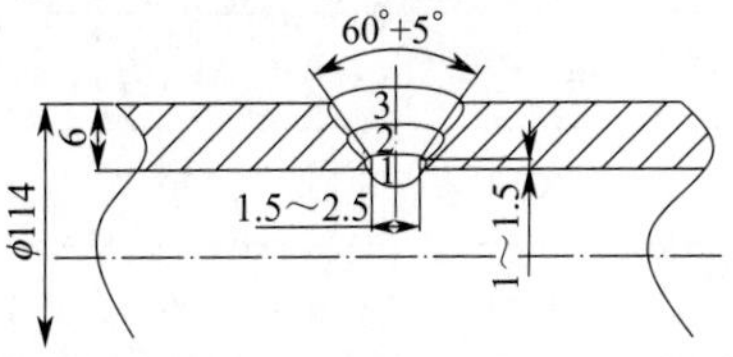

母材：

试件序号	①	②
材料	12Cr5Mo	12Cr5Mo
标准或规范	GB 6479	GB 6479
规格/mm	ϕ114×6	ϕ114×6
类别号	Fe-5B	Fe-5B
组别号	Fe-5B-1	Fe-5B-1

填充金属：

分类	焊条	
型号(牌号)	E5515-5CM(R507)	
标准	NB/T 47018.2	
填充金属规格/mm	ϕ3.2,ϕ4.0	
焊材分类代号	FeT-5B	
焊缝金属厚度/mm	6	

预热及后热：

最小预热温度/℃	205	最大道间温度/℃	235
后热温度及保温时间/(℃×h)	/		

焊后热处理： SR

保温温度/℃	700	保温时间/h	2.5

焊接位置：

对接焊缝焊接位置	1G	方向(向上、向下)	/
角焊缝焊接位置	/	方向(向上、向下)	/

气体：

项目	气体种类	混合比/%	流量/(L/min)
保护气	/	/	/
尾部保护气	/	/	/
背面保护气	/	/	/

焊接工艺评定报告(PQR)

电特性:

钨极类型及直径/mm:/ 喷嘴直径/mm:/

熔滴过渡形式(喷射过渡、短路过渡等):/

(按所焊位置和工件厚度,分别将电流、电压和焊接速度实测值填入下表)

焊道	焊接方法	填充金属	规格/mm	电源种类及极性	焊接电流/A	电弧电压/V	焊接速度/(cm/min)	最大热输入/(kJ/cm)
1	SMAW	R507	ϕ3.2	DCEP	90～110	24～26	10～12	17.2
2	SMAW	R507	ϕ4.0	DCEP	140～170	24～26	14～16	18.9
3	SMAW	R507	ϕ4.0	DCEP	140～190	24～26	12～14	24.7

技术措施:

摆动焊或不摆动焊:/ 摆动参数:/

焊前清理和层间清理:打磨 背面清根方法:/

单道焊或多道焊/每面:一面,多道焊 单丝焊或多丝焊:/

导电嘴至工件距离/mm:/ 锤击:/

换热管与管板的连接方式:/ 换热管与管板接头的清理方法:/

预置金属衬套:/ 预置金属衬套的形状与尺寸:/

其他:

拉伸试验(GB/T 228): 试验报告编号:LH5B102

试验条件	编号	试样宽度/mm	试样厚度/mm	横截面积/mm^2	断裂载荷/kN	R_m/MPa	断裂位置及特征
接头板拉	PQR5B102-1	20.0	5.0	100.0	52.6	525	断于母材
	PQR5B102-2	19.9	5.0	99.5	50.8	510	断于母材

弯曲试验(GB/T 2653): 试验报告编号:LH5B102

试验条件	编号	试样尺寸/mm	弯心直径/mm	弯曲角度/(°)	试验结果
面弯	PQR5B102-3	6	24	180	合格
面弯	PQR5B102-4	6	24	180	合格
背弯	PQR5B102-5	6	24	180	合格
背弯	PQR5B102-6	6	24	180	合格

焊接工艺评定报告(PQR)

冲击试验(GB/T 229): 试验报告编号:LH5B102

编号	试样位置	V型缺口位置	试样尺寸/mm	试验温度/℃	冲击吸收能量/J
PQR5B102-7	焊缝	缺口轴线位于焊缝中心线上	5×10×55	20	112
PQR5B102-8					99
PQR5B102-9					107
PQR5B102-10	热影响区	缺口轴线至试样纵轴线与熔合线交点的距离 $k>0$mm,且尽可能多地通过热影响区	5×10×55	20	145
PQR5B102-11					122
PQR5B102-12					135

金相试验(角焊缝、模拟组合件): 试验报告编号:

检验面编号	1	2	3	4	5	6	7	8	结果
有无裂纹、未熔合									
角焊缝厚度/mm									
焊脚高 l/mm									
是否焊透									

金相检验(角焊缝、模拟组合件):

根部:　焊透□　　未焊透□

焊缝:　熔合□　　未熔合□

焊缝及热影响区:　有裂纹□　　无裂纹□

两焊脚之差值:

试验报告编号:

堆焊层复层熔敷金属化学成分/% 执行标准: 试验报告编号:

C	Si	Mn	P	S	Cr	Ni	Mo	Ti	Al	Nb	Fe	…

化学成分测定表面至熔合线距离/mm:

非破坏性试验:

VT外观检查:　无裂纹　　PT:　　MT:　　UT:　　RT:　无裂纹

第十节　耐热钢的焊接工艺评定（Fe-5B-2）

预焊接工艺规程 pWPS 5B201

预焊接工艺规程(pWPS)

单位名称： ××××

pWPS 编号： pWPS 5B201

日期： ××××

焊接方法： GTAW

机动化程度： 手工☑　　机动□　　自动□

焊接接头： 对接☑　　角接□　　堆焊□

衬垫(材料及规格)： 焊缝金属

其他： /

简图(接头形式、坡口形式与尺寸、焊层、焊道布置及顺序)：

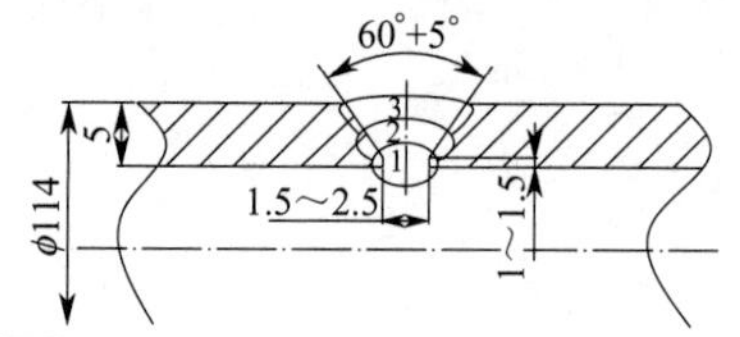

母材：

试件序号	①	②
材料	10Cr9Mo1VNbN	10Cr9Mo1VNbN
标准或规范	GB/T 5310	GB/T 5310
规格/mm	ϕ114×5	ϕ114×5
类别号	Fe-5B	Fe-5B
组别号	Fe-5B-2	Fe-5B-2
对接焊缝焊件母材厚度范围/mm	1.5～10	1.5～10
角焊缝焊件母材厚度范围/mm	不限	不限
管子直径、壁厚范围(对接或角接)/mm	/	/
其他：	/	

填充金属：

焊材类别(种类)	焊丝	
型号(牌号)	W62 9C1MV(ER62-B9)	
标准	NB/T 47018.3	
填充金属规格/mm	ϕ2.4	
焊材分类代号	FeS-5B	
对接焊缝焊件焊缝金属范围/mm	0～10	
角焊缝焊件焊缝金属范围/mm	不限	
其他：	/	

预热及后热：		**气体：**			
最小预热温度/℃	150	项目	气体种类	混合比/%	流量/(L/min)
最大道间温度/℃	250	保护气	Ar	99.99	12～16
后热温度/℃	/	尾部保护气	/	/	/
后热保温时间/h	/	背面保护气	Ar	99.99	12～16

焊后热处理：	SR	**焊接位置：**			
热处理温度/℃	760±15	对接焊缝位置	1G	方向(向上、向下)	/
热处理时间/h	3	角焊缝位置	/	方向(向上、向下)	/

预焊接工艺规程(pWPS)

电特性：

钨极类型及直径/mm：铈钨极，ϕ3.2　　喷嘴直径/mm：/

熔滴过渡形式(喷射过渡、短路过渡等)：/

(按所焊位置和工件厚度，分别将电流、电压和焊接速度范围填入下表)

焊道/焊层	焊接方法	填充金属	规格/mm	电源种类/及极性	焊接电流/A	电弧电压/V	焊接速度/(mm/min)	最大热输入/(kJ/cm)
1	GTAW	ER62～B9	ϕ2.4	DCEN	110～130	12～16	8～12	15.6
2	GTAW	ER62～B9	ϕ2.4	DCEN	130～160	12～16	8～12	19.2
3	GTAW	ER62～B9	ϕ2.4	DCEN	130～160	12～16	10～14	15.4

技术措施：

摆动焊或不摆动焊：/　　摆动参数：/

焊前清理和层间清理：刷或磨　　背面清根方法：/

单道焊或多道焊/每面：一面，多道焊　　单丝焊或多丝焊：单丝焊

导电嘴至工件距离/mm：/　　锤击：/

换热管与管板的连接方式：/　　换热管与管板接头的清理方法：/

预置金属衬套：/　　预置金属衬套的形状与尺寸：/

其他：环境温度>0℃，相对湿度<90%。

检验要求及执行标准：

按 NB/T 47014—2023 及相关技术要求进行评定，项目如下：

1. 外观检查和无损检测(按 NB/T 47013.2)结果不得有裂纹；
2. 焊接接头板拉二件(按 GB/T 228)，$R_m \geqslant 585$MPa；
3. 焊接接头面弯、背弯各二件(按 GB/T 2653)，$D=4a$　$a=5$　$\alpha=180°$，沿任何方向不得有单条长度大于 3mm 的开口缺陷。

编制		日期		审核		日期		批准		日期	

焊接工艺评定报告（PQR5B201）

焊接工艺评定报告(PQR)

单位名称： ××××

PQR 编号： PQR5B201　　pWPS 编号： pWPS 5B201

焊接方法： GTAW　　机动化程度： 手工☑　机动□　自动□

焊接接头： 对接☑　角接□　堆焊□　　其他： /

接头简图(接头形式、尺寸、衬垫、每种焊接方法或焊接工艺的焊缝金属厚度)：

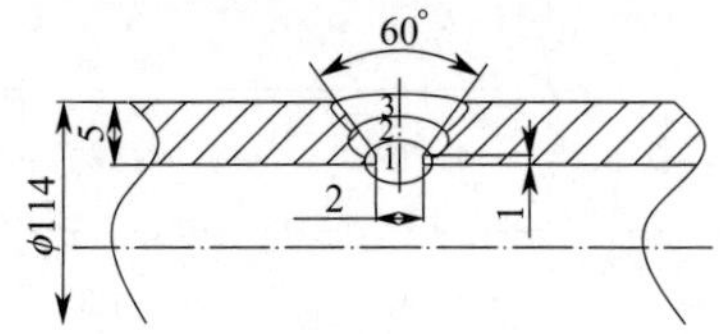

母材：

试件序号	①	②
材料	10Cr9Mo1VNbN	10Cr9Mo1VNbN
标准或规范	GB/T 5310	GB/T 5310
规格/mm	ϕ114×5	ϕ114×5
类别号	Fe-5B	Fe-5B
组别号	Fe-5B-2	Fe-5B-2

填充金属：

分类	焊丝	
型号(牌号)	W62 9C1MV(ER62-B9)	
标准	NB/T 47018.3	
填充金属规格/mm	ϕ2.4	
焊材分类代号	FeS-5B	
焊缝金属厚度/mm	5	

预热及后热：

最小预热温度/℃	150	最大道间温度/℃	235
后热温度及保温时间/(℃×h)	/		

焊后热处理： SR

保温温度/℃	760	保温时间/h	3

焊接位置：

对接焊缝焊接位置	1G	方向 (向上、向下)	/
角焊缝焊接位置	/	方向 (向上、向下)	/

气体：

项目	气体种类	混合比/%	流量/(L/min)
保护气	Ar	99.99	12～16
尾部保护气	/	/	/
背面保护气	Ar	99.99	12～16

焊接工艺评定报告(PQR)

电特性：

钨极类型及直径/mm：铈钨极，ϕ3.2　　喷嘴直径/mm：/

熔滴过渡形式(喷射过渡、短路过渡等)：/

(按所焊位置和工件厚度，分别将电流、电压和焊接速度实测值填入下表)

焊道	焊接方法	填充金属	规格/mm	电源种类及极性	焊接电流/A	电弧电压/V	焊接速度/(mm/min)	最大热输入/(kJ/cm)
1	GTAW	ER62-B9	ϕ2.4	DCEN	130	16	8	15.6
2	GTAW	ER62-B9	ϕ2.4	DCEN	160	16	8	19.2
3	GTAW	ER62-B9	ϕ2.4	DCEN	160	16	10	15.4

技术措施：

摆动焊或不摆动焊：/　　摆动参数：/

焊前清理和层间清理：打磨　　背面清根方法：/

单道焊或多道焊/每面：一面，多道焊　　单丝焊或多丝焊：单丝

导电嘴至工件距离/mm：/　　锤击：/

换热管与管板的连接方式：/　　换热管与管板接头的清理方法：/

预置金属衬套：/　　预置金属衬套的形状与尺寸：/

其他：

拉伸试验(GB/T 228)：　　试验报告编号：LH5B201

试验条件	编号	试样宽度/mm	试样厚度/mm	横截面积/mm^2	断裂载荷/kN	R_m/MPa	断裂位置及特征
接头板拉	PQR5B202-1	20.0	5.0	100.0	64.3	643	断于母材
	PQR5B202-2	19.9	5.0	99.5	63.5	638	断于母材

弯曲试验(GB/T 2653)：　　试验报告编号：LH5B201

试验条件	编号	试样尺寸/mm	弯心直径/mm	弯曲角度/(°)	试验结果
面弯	PQR5B202-3	5	20	180	合格
面弯	PQR5B202-4	5	20	180	合格
背弯	PQR5B202-5	5	20	180	合格
背弯	PQR5B202-6	5	20	180	合格

焊接工艺评定报告(PQR)

冲击试验(GB/T 229)： 试验报告编号：

编号	试样位置	V型缺口位置	试样尺寸/mm	试验温度/℃	冲击吸收能量/J

金相试验(角焊缝、模拟组合件)： 试验报告编号：

检验面编号	1	2	3	4	5	6	7	8	结果
有无裂纹、未熔合									
角焊缝厚度/mm									
焊脚高 l/mm									
是否焊透									

金相检验(角焊缝、模拟组合件)：
根部：焊透□ 未焊透□
焊缝：熔合□ 未熔合□
焊缝及热影响区：有裂纹□ 无裂纹□
两焊脚之差值：
试验报告编号：

堆焊层复层熔敷金属化学成分/% 执行标准： 试验报告编号：

C	Si	Mn	P	S	Cr	Ni	Mo	Ti	Al	Nb	Fe	…

化学成分测定表面至熔合线距离/mm：

非破坏性试验：
VT外观检查：无裂纹 PT： MT： UT： RT：无裂纹

预焊接工艺规程 pWPS 5B202

预焊接工艺规程(pWPS)

单位名称： ××××

pWPS 编号： pWPS 5B202

日期： ××××

焊接方法： GTAW+SMAW

机动化程度： 手工☑　机动□　自动□

焊接接头： 对接☑　角接□　堆焊□

衬垫(材料及规格)： 焊缝金属

其他： /

简图(接头形式、坡口形式与尺寸、焊层、焊道布置及顺序)：

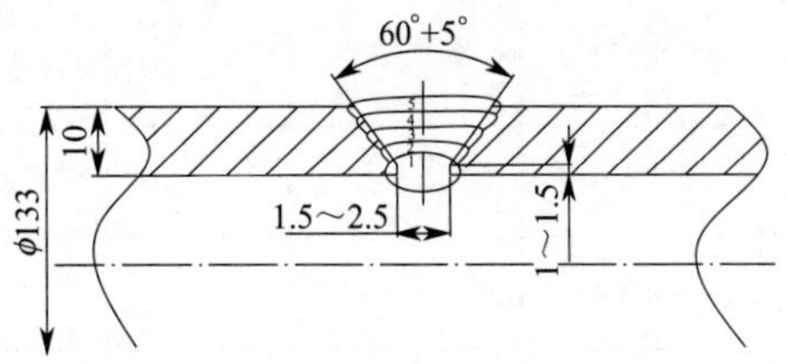

母材：

试件序号	①	②
材料	10Cr9Mo1VNbN	10Cr9Mo1VNbN
标准或规范	GB/T 5310	GB/T 5310
规格/mm	ϕ133×10	ϕ133×10
类别号	Fe-5B	Fe-5B
组别号	Fe-5B-2	Fe-5B-2
对接焊缝焊件母材厚度范围/mm	10～20	10～20
角焊缝焊件母材厚度范围/mm	不限	不限
管子直径、壁厚范围(对接或角接)/mm	/	/
其他：	/	

填充金属：

焊材类别(种类)	焊丝	焊条
型号(牌号)	W62 9C1MV(ER62-B9)	E6215-9C1MV(R717)
标准	NB/T 47018.3	NB/T 47018.2
填充金属规格/mm	ϕ2.4	ϕ3.2 / ϕ4.0
焊材分类代号	FeS-5B	FeT-5B
对接焊缝焊件焊缝金属范围/mm	0～6	0～14
角焊缝焊件焊缝金属范围/mm	不限	不限
其他：	/	

预热及后热：		**气体：**			
最小预热温度/℃	150	项目	气体种类	混合比/%	流量/(L/min)
最大道间温度/℃	250	保护气	Ar	99.99	12～16
后热温度/℃	/	尾部保护气	/	/	/
后热保温时间/h	/	背面保护气	Ar	99.99	12～16

焊后热处理：	SR	**焊接位置：**			
热处理温度/℃	760±15	对接焊缝位置	1G	方向(向上、向下)	/
热处理时间/h	3	角焊缝位置	/	方向(向上、向下)	/

预焊接工艺规程(pWPS)

电特性：

钨极类型及直径/mm：铈钨极，$\phi3.2$　　喷嘴直径/mm：/

熔滴过渡形式(喷射过渡、短路过渡等)：/

(按所焊位置和工件厚度，分别将电流、电压和焊接速度范围填入下表)

焊道/焊层	焊接方法	填充金属	规格/mm	电源种类及极性	焊接电流/A	电弧电压/V	焊接速度/(mm/min)	最大热输入/(kJ/cm)
1	GTAW	ER62-B9	$\phi2.4$	DCEN	110～160	12～16	8～14	19.2
2	SMAW	E6215-9C1MV	$\phi3.2$	DCEP	100～130	20～24	9～13	20.8
3—5	SMAW	E6215-9C1MV	$\phi4.0$	DCEP	130～170	24～26	10～15	26.5

技术措施：

摆动焊或不摆动焊：/　　摆动参数：/

焊前清理和层间清理：刷或磨　　背面清根方法：/

单道焊或多道焊/每面：一面，多道焊　　单丝焊或多丝焊：单丝焊

导电嘴至工件距离/mm：/　　锤击：/

换热管与管板的连接方式：/　　换热管与管板接头的清理方法：/

预置金属衬套：/　　预置金属衬套的形状与尺寸：/

其他：环境温度>0℃，相对湿度<90%。

检验要求及执行标准：

按 NB/T 47014—2023 及相关技术要求进行评定，项目如下：

1. 外观检查和无损检测(按 NB/T 47013.2)结果不得有裂纹；
2. 焊接接头板拉二件(按 GB/T 228)，$R_m \geq 585$MPa；
3. 焊接接头面弯、背弯各二件(按 GB/T 2653)，$D=4a$　$a=10$　$\alpha=180°$，沿任何方向不得有单条长度大于 3mm 的开口缺陷；
4. 焊缝、热影响区 20℃，KV_2 冲击各三件(按 GB/T 229)，焊接接头 V 型缺口 10mm×7.5mm×55mm 试样冲击吸收能量平均值不低于 20J。

编制		日期		审核		日期		批准		日期	

焊接工艺评定报告（PQR5B202）

焊接工艺评定报告(PQR)

单位名称： ××××

PQR 编号：PQR5B202　　pWPS 编号：pWPS 5B202

焊接方法：GTAW＋SMAW　　机动化程度：手工☑　机动□　自动□

焊接接头：对接☑　角接□　堆焊□　　其他：/

接头简图(接头形式、尺寸、衬垫、每种焊接方法或焊接工艺的焊缝金属厚度)：

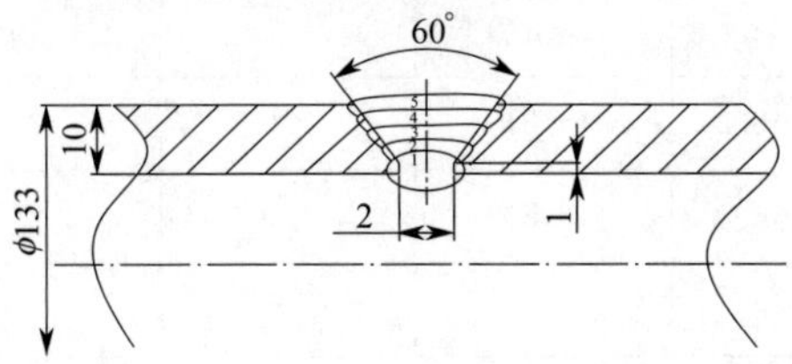

母材：

试件序号	①	②
材料	10Cr9Mo1VNbN	10Cr9Mo1VNbN
标准或规范	GB/T 5310	GB/T 5310
规格/mm	ϕ133×10	ϕ133×10
类别号	Fe-5B	Fe-5B
组别号	Fe-5B-2	Fe-5B-2

填充金属：

分类	焊丝	焊条
型号(牌号)	W62 9C1MV(ER62-B9)	E6215-9C1MV(R717)
标准	NB/T 47018.3	NB/T 47018.2
填充金属规格/mm	ϕ2.4	ϕ3.2 /ϕ4.0
焊材分类代号	FeS-5B	FeT-5B
焊缝金属厚度/mm	3	7

预热及后热：

最小预热温度/℃	150	最大道间温度/℃	235
后热温度及保温时间/(℃×h)	/		

焊后热处理： SR

保温温度/℃	760	保温时间/h	3

焊接位置：

对接焊缝焊接位置	1G	方向(向上、向下)	/
角焊缝焊接位置	/	方向(向上、向下)	/

气体：

项目	气体种类	混合比/%	流量/(L/min)
保护气	Ar	99.99	12～16
尾部保护气	/	/	/
背面保护气	Ar	99.99	12～16

焊接工艺评定报告(PQR)

电特性：

钨极类型及直径/mm：铈钨极，ϕ3.2　　喷嘴直径/mm：/

熔滴过渡形式(喷射过渡、短路过渡等)：/

(按所焊位置和工件厚度，分别将电流、电压和焊接速度实测值填入下表)

焊道	焊接方法	填充金属	规格/mm	电源种类及极性	焊接电流/A	电弧电压/V	焊接速度/(mm/min)	最大热输入/(kJ/cm)
1	GTAW	ER62-B9	ϕ2.4	DCEN	160	16	8	19.2
2	SMAW	E6215-9C1MV	ϕ3.2	DCEP	130	24	9	20.8
3—5	SMAW	E6215-9C1MV	ϕ4.0	DCEP	170	26	10	26.5

技术措施：

摆动焊或不摆动焊：/　　摆动参数：/

焊前清理和层间清理：打磨　　背面清根方法：/

单道焊或多道焊/每面：一面，多道焊　　单丝焊或多丝焊：单丝

导电嘴至工件距离/mm：/　　锤击：/

换热管与管板的连接方式：/　　换热管与管板接头的清理方法：/

预置金属衬套：/　　预置金属衬套的形状与尺寸：/

其他：

拉伸试验(GB/T 228)：　　试验报告编号：LH5B202

试验条件	编号	试样宽度/mm	试样厚度/mm	横截面积/mm²	断裂载荷/kN	R_m/MPa	断裂位置及特征
接头板拉	PQR5B202-1	20.1	10.1	203.0	127.3	627	断于母材
	PQR5B202-2	20.0	10.2	204.0	130.1	640	断于母材

弯曲试验(GB/T 2653)：　　试验报告编号：LH5B202

试验条件	编号	试样尺寸/mm	弯心直径/mm	弯曲角度/(°)	试验结果
面弯	PQR5B202-3	10	40	180	合格
面弯	PQR5B202-4	10	40	180	合格
背弯	PQR5B202-5	10	40	180	合格
背弯	PQR5B202-6	10	40	180	合格

焊接工艺评定报告(PQR)

冲击试验(GB/T 229)： 试验报告编号：LH5B202

编号	试样位置	V型缺口位置	试样尺寸/mm	试验温度/℃	冲击吸收能量/J
PQR5B202-7	焊缝	缺口轴线位于焊缝中心线上	7.5×10×55	20	48
PQR5B202-8					45
PQR5B202-9					56
PQR5B202-10	热影响区	缺口轴线至试样纵轴线与熔合线交点的距离 k>0mm，且尽可能多地通过热影响区	7.5×10×55	20	68
PQR5B202-11					75
PQR5B202-12					83

金相试验(角焊缝、模拟组合件)： 试验报告编号：

检验面编号	1	2	3	4	5	6	7	8	结果
有无裂纹、未熔合									
角焊缝厚度/mm									
焊脚高 l/mm									
是否焊透									

金相检验(角焊缝、模拟组合件)：

根部：　焊透□　　未焊透□

焊缝：　熔合□　　未熔合□

焊缝及热影响区：　有裂纹□　　无裂纹□

两焊脚之差值：

试验报告编号：

堆焊层复层熔敷金属化学成分/% 执行标准： 试验报告编号：

C	Si	Mn	P	S	Cr	Ni	Mo	Ti	Al	Nb	Fe	…

化学成分测定表面至熔合线距离/mm：

非破坏性试验：

VT 外观检查：　无裂纹　　PT：　　MT：　　UT：　　RT：　无裂纹

预焊接工艺规程 pWPS 5B203

预焊接工艺规程(pWPS)
单位名称：×××× pWPS 编号：pWPS 5B203 日期：××××

焊接方法：GTAW+SMAW 机动化程度：手工☑ 机动☐ 自动☐ 焊接接头：对接☑ 角接☐ 堆焊☐ 衬垫(材料及规格)：焊缝金属 其他：/	**简图(接头形式、坡口形式与尺寸、焊层、焊道布置及顺序)**： 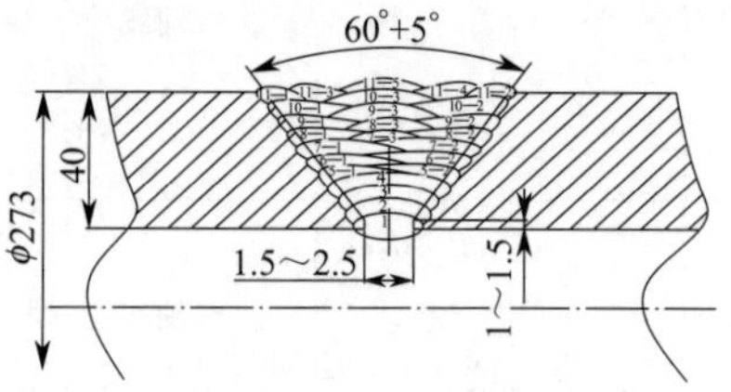

母材：		
试件序号	①	②
材料	10Cr9Mo1VNbN	10Cr9Mo1VNbN
标准或规范	GB/T 5310	GB/T 5310
规格/mm	ϕ133×40	ϕ133×40
类别号	Fe-5B	Fe-5B
组别号	Fe-5B-2	Fe-5B-2
对接焊缝焊件母材厚度范围/mm	16～200	16～200
角焊缝焊件母材厚度范围/mm	不限	不限
管子直径、壁厚范围(对接或角接)/mm	/	/
其他：	/	

填充金属：		
焊材类别(种类)	焊丝	焊条
型号(牌号)	W62 9C1MV(ER62-B9)	E6215-9C1MV(R717)
标准	NB/T 47018.3	NB/T 47018.2
填充金属规格/mm	ϕ2.4	ϕ3.2/ϕ4.0
焊材分类代号	FeS-5B	FeT-5B
对接焊缝焊件焊缝金属范围/mm	0～6	0～200
角焊缝焊件焊缝金属范围/mm	不限	不限
其他：		

预热及后热：		**气体**：			
最小预热温度/℃	200	项目	气体种类	混合比/%	流量/(L/min)
最大道间温度/℃	250	保护气	Ar	99.99	12～16
后热温度/℃	200～350	尾部保护气	/	/	/
后热保温时间/h	1	背面保护气	Ar	99.99	12～16

焊后热处理：	SR	**焊接位置**：			
热处理温度/℃	760±15	对接焊缝位置	1G	方向(向上、向下)	/
热处理时间/h	5.75	角焊缝位置	/	方向(向上、向下)	/

预焊接工艺规程(pWPS)

电特性：

钨极类型及直径/mm：铈钨极，ϕ3.2　　喷嘴直径/mm：/

熔滴过渡形式(喷射过渡、短路过渡等)：/

(按所焊位置和工件厚度，分别将电流、电压和焊接速度范围填入下表)

焊道/焊层	焊接方法	填充金属	规格/mm	电源种类及极性	焊接电流/A	电弧电压/V	焊接速度/(mm/min)	最大热输入/(kJ/cm)
1	GTAW	ER62-B9	ϕ2.4	DCEN	110～160	12～16	8～14	19.2
2	SMAW	E6215-9C1MV	ϕ3.2	DCEP	100～130	20～24	9～13	20.8
3—11	SMAW	E6215-9C1MV	ϕ4.0	DCEP	130～170	24～26	10～15	26.5

技术措施：

摆动焊或不摆动焊：/　　摆动参数：/

焊前清理和层间清理：刷或磨　　背面清根方法：/

单道焊或多道焊/每面：一面，多道焊　　单丝焊或多丝焊：单丝焊

导电嘴至工件距离/mm：/　　锤击：/

换热管与管板的连接方式：/　　换热管与管板接头的清理方法：/

预置金属衬套：/　　预置金属衬套的形状与尺寸：/

其他：环境温度>0℃，相对湿度<90%。

检验要求及执行标准：

按 NB/T 47014—2023 及相关技术要求进行评定，项目如下：

1. 外观检查和无损检测(按 NB/T 47013.2)结果不得有裂纹；

2. 焊接接头板拉二件(按 GB/T 228)，$R_m \geq 585$MPa；

3. 焊接接头侧弯四件(按 GB/T 2653)，$D=4a$　$a=10$　$\alpha=180°$，沿任何方向不得有单条长度大于 3mm 的开口缺陷；

4. 焊缝、热影响区 20℃，KV_2 冲击各三件(按 GB/T 229)，焊接接头 V 型缺口 10mm×10mm×55mm 试样冲击吸收能量平均值不低于 27J。

编制		日期		审核		日期		批准		日期	

焊接工艺评定报告（PQR5B203）

焊接工艺评定报告(PQR)

单位名称： ××××

PQR 编号： PQR1102　　pWPS 编号： pWPS 5B203

焊接方法： GTAW+SMAW　　机动化程度： 手工☑　机动□　自动□

焊接接头： 对接☑　角接□　堆焊□　其他： /

接头简图(接头形式、尺寸、衬垫、每种焊接方法或焊接工艺的焊缝金属厚度)：

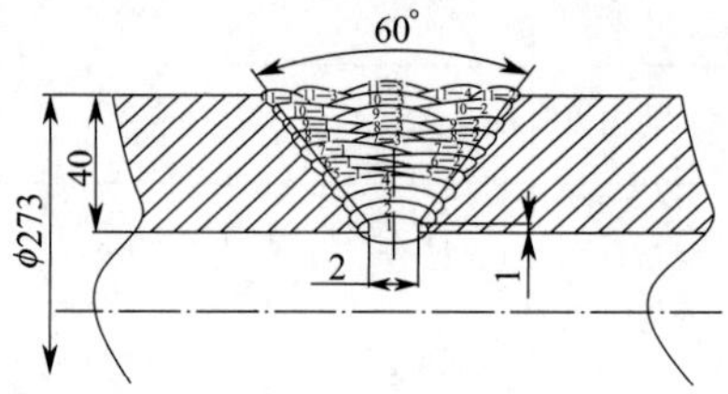

母材：

试件序号	①	②
材料	10Cr9Mo1VNbN	10Cr9Mo1VNbN
标准或规范	GB/T 5310	GB/T 5310
规格/mm	ϕ133×40	ϕ133×40
类别号	Fe-5B	Fe-5B
组别号	Fe-5B-2	Fe-5B-2

填充金属：

分类	焊丝	焊条
型号(牌号)	W62 9C1MV(ER62-B9)	E6215-9C1MV(R717)
标准	NB/T 47018.3	NB/T 47018.2
填充金属规格/mm	ϕ2.4	ϕ3.2 /ϕ4.0
焊材分类代号	FeS-5B	FeT-5B
焊缝金属厚度/mm	3	37

预热及后热：

最小预热温度/℃	200	最大道间温度/℃	235
后热温度及保温时间/(℃×h)	350℃×1h		

焊后热处理： SR

保温温度/℃	760	保温时间/h	5.8

焊接位置：

对接焊缝焊接位置	1G	方向 (向上、向下)	/
角焊缝焊接位置	/	方向 (向上、向下)	/

气体：

项目	气体种类	混合比/%	流量/(L/min)
保护气	Ar	99.99	12～16
尾部保护气	/	/	/
背面保护气	Ar	99.99	12～16

焊接工艺评定报告(PQR)

电特性：

钨极类型及直径/mm：铈钨极，ϕ3.2　　喷嘴直径/mm：/

熔滴过渡形式(喷射过渡、短路过渡等)：/

(按所焊位置和工件厚度，分别将电流、电压和焊接速度实测值填入下表)

焊层	焊接方法	填充金属	规格/mm	电源种类及极性	焊接电流/A	电弧电压/V	焊接速度/(mm/min)	最大热输入/(kJ/cm)
1	GTAW	ER62-B9	ϕ2.4	DCEN	160	16	8	19.2
2	SMAW	E6215-9C1MV	ϕ3.2	DCEP	130	24	9	20.8
3—11	SMAW	E6215-9C1MV	ϕ4.0	DCEP	170	26	10	26.5

技术措施：

摆动焊或不摆动焊：/　　摆动参数：/

焊前清理和层间清理：打磨　　背面清根方法：/

单道焊或多道焊/每面：一面，多道焊　　单丝焊或多丝焊：单丝

导电嘴至工件距离/mm：/　　锤击：/

换热管与管板的连接方式：/　　换热管与管板接头的清理方法：/

预置金属衬套：/　　预置金属衬套的形状与尺寸：/

其他：

拉伸试验(GB/T 228)：　　试验报告编号：LH5B203

试验条件	编号	试样宽度/mm	试样厚度/mm	横截面积/mm²	断裂载荷/kN	R_m/MPa	断裂位置及特征
接头板拉	PQR5B203-1	20.0	20.1	402.0	257.3	640	断于母材
	PQR5B203-2	19.9	20.1	400.0	260.4	651	断于母材
	PQR5B203-3	20.0	20.2	404.0	262.6	650	断于母材
	PQR5B203-4	19.8	20.2	400.0	264.8	662	断于母材

弯曲试验(GB/T 2653)：　　试验报告编号：LH5B203

试验条件	编号	试样尺寸/mm	弯心直径/mm	弯曲角度/(°)	试验结果
侧弯	PQR5B203-5	10	40	180	合格
侧弯	PQR5B203-6	10	40	180	合格
侧弯	PQR5B203-7	10	40	180	合格
侧弯	PQR5B203-8	10	40	180	合格

焊接工艺评定报告(PQR)

冲击试验(GB/T 229)： 试验报告编号：LH5B203

编号	试样位置	V型缺口位置	试样尺寸/mm	试验温度/℃	冲击吸收能量/J
PQR5B203-9	焊缝	缺口轴线位于焊缝中心线上	10×10×55	20	75
PQR5B203-10					83
PQR5B203-11					85
PQR5B203-12	热影响区	缺口轴线至试样纵轴线与熔合线交点的距离 $k>0$mm，且尽可能多地通过热影响区	10×10×55	20	120
PQR5B203-13					118
PQR5B203-14					115

金相试验(角焊缝、模拟组合件)： 试验报告编号：

检验面编号	1	2	3	4	5	6	7	8	结果
有无裂纹、未熔合									
角焊缝厚度/mm									
焊脚高 l/mm									
是否焊透									

金相检验(角焊缝、模拟组合件)：
根部：焊透□ 未焊透□
焊缝：熔合□ 未熔合□
焊缝及热影响区：有裂纹□ 无裂纹□
两焊脚之差值：
试验报告编号：

堆焊层复层熔敷金属化学成分/% 执行标准： 试验报告编号：

C	Si	Mn	P	S	Cr	Ni	Mo	Ti	Al	Nb	Fe	…

化学成分测定表面至熔合线距离/mm：

非破坏性试验：
VT外观检查：无裂纹 PT： MT： UT： RT：无裂纹

预焊接工艺规程 pWPS 5B204

预焊接工艺规程(pWPS)

单位名称： ××××

pWPS 编号：pWPS 5B204

日期：××××

焊接方法： GTAW＋SMAW＋ SAW

机动化程度：手工☑　机动 ☑　自动☐

焊接接头：对接☑　角接☐　堆焊☐

衬垫(材料及规格)：焊缝金属

其他：/

简图(接头形式、坡口形式与尺寸、焊层、焊道布置及顺序)：

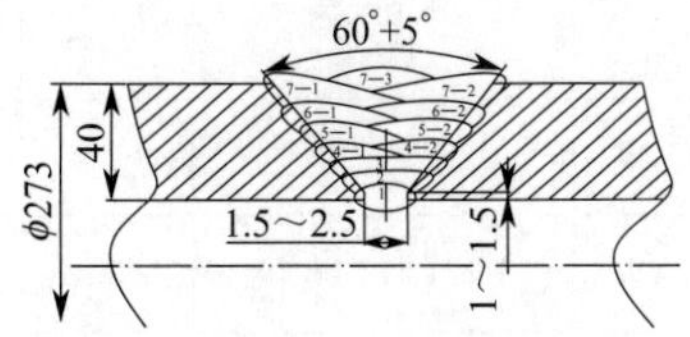

母材：

试件序号	①	②
材料	10Cr9Mo1VNbN	10Cr9Mo1VNbN
标准或规范	GB/T 5310	GB/T 5310
规格/mm	ϕ273×40	ϕ273×40
类别号	Fe-5B	Fe-5B
组别号	Fe-5B-2	Fe-5B-2
对接焊缝焊件母材厚度范围/mm	16～200	16～200
角焊缝焊件母材厚度范围/mm	不限	不限
管子直径、壁厚范围(对接或角接)/mm	/	/
其他：	/	

填充金属：

焊材类别(种类)	焊丝	焊条	焊丝-焊剂组合
型号(牌号)	W62 9C1MV(ER62-B9)	E6215-9C1MV(R717)	S62P0FB-SU9C1MV
标准	NB/T 47018.3	NB/T 47018.2	NB/T 47018.4
填充金属规格/mm	ϕ2.4	ϕ3.2/ϕ4.0	ϕ3.2
焊材分类代号	FeS-5B	FeT-5B	FeMSG-5B
对接焊缝焊件焊缝金属范围/mm	0～6	0～14	0～200
角焊缝焊件焊缝金属范围/mm	不限	不限	不限
其他：	/		

预热及后热：

最小预热温度/℃	200
最大道间温度/℃	250
后热温度/℃	200～350
后热保温时间/h	1

气体：

项目	气体种类	混合比/%	流量/(L/min)
保护气	Ar	99.99	12～16
尾部保护气	/	/	/
背面保护气	Ar	99.99	12～16

焊后热处理： SR

热处理温度/℃	760±15
热处理时间/h	5.75

焊接位置：

对接焊缝位置	1G	方向(向上、向下)	/
角焊缝位置	/	方向(向上、向下)	/

预焊接工艺规程(pWPS)

电特性：

钨极类型及直径/mm：铈钨极，ϕ3.2　　喷嘴直径/mm：/

熔滴过渡形式(喷射过渡、短路过渡等)：/

(按所焊位置和工件厚度，分别将电流、电压和焊接速度范围填入下表)

焊道/焊层	焊接方法	填充金属	规格/mm	电源种类及极性	焊接电流/A	电弧电压/V	焊接速度/(mm/min)	最大热输入/(kJ/cm)
1	GTAW	ER62-B9	ϕ2.4	DCEN	110～160	12～16	8～14	19.2
2—3	SMAW	E6215-9C1MV	ϕ3.2	DCEP	100～130	20～24	9～13	20.8
4—7	SAW	S62P0FB+SU9C1MV	ϕ3.2	DCEP	400～500	28～34	30～40	34

技术措施：

摆动焊或不摆动焊：/　　摆动参数：/

焊前清理和层间清理：刷或磨　　背面清根方法：/

单道焊或多道焊/每面：一面，多道焊　　单丝焊或多丝焊：单丝焊

导电嘴至工件距离/mm：/　　锤击：/

换热管与管板的连接方式：/　　换热管与管板接头的清理方法：/

预置金属衬套：/　　预置金属衬套的形状与尺寸：/

其他：环境温度>0℃，相对湿度<90%。

检验要求及执行标准：

按 NB/T 47014—2023 及相关技术要求进行评定，项目如下：

1. 外观检查和无损检测(按 NB/T 47013.2)结果不得有裂纹；
2. 焊接接头板拉二件(按 GB/T 228)，R_m≥585MPa；
3. 焊接接头侧弯四件(按 GB/T 2653)，$D=4a$　$a=10$　$\alpha=180°$，沿任何方向不得有单条长度大于 3mm 的开口缺陷；
4. 焊缝、热影响区 20℃，KV_2 冲击各三件(按 GB/T 229)，焊接接头 V 型缺口 10mm×10mm×55mm 试样冲击吸收能量平均值不低于 27J。

编制		日期		审核		日期		批准		日期	

焊接工艺评定报告（PQR5B204）

焊接工艺评定报告(PQR)

单位名称： ××××

PQR 编号：PQR5B204　　pWPS 编号：pWPS 5B204

焊接方法：GTAW＋SMAW＋ SAW　　机动化程度：手工☑　机动 ☑　自动□

焊接接头：对接☑　角接□　堆焊□　　其他：/

接头简图(接头形式、尺寸、衬垫、每种焊接方法或焊接工艺的焊缝金属厚度)：

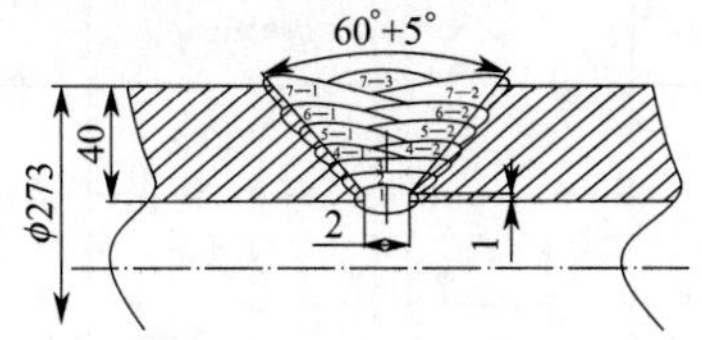

母材：

试件序号	①	②
材料	10Cr9Mo1VNbN	10Cr9Mo1VNbN
标准或规范	GB/T 5310	GB/T 5310
规格/mm	ϕ273×40	ϕ273×40
类别号	Fe-5B	Fe-5B
组别号	Fe-5B-2	Fe-5B-2

填充金属：

分类	焊丝	焊条	焊丝-焊剂组合
型号(牌号)	W62 9C1MV(ER62-B9)	E6215-9C1MV(R717)	S62P0FB-SU9C1MV
标准	NB/T 47018.3	NB/T 47018.2	NB/T 47018.4
填充金属规格/mm	ϕ2.4	ϕ3.2 /ϕ4.0	ϕ3.2
焊材分类代号	FeS-5B	FeT-5B	FeMSG-5B
焊缝金属厚度/mm	3	7	30

预热及后热：

最小预热温度/℃	200	最大道间温度/℃	235
后热温度及保温时间/(℃×h)	350℃×1h		

焊后热处理： SR

保温温度/℃	760	保温时间/h	5.8

焊接位置：

对接焊缝焊接位置	1G	方向(向上、向下)	/
角焊缝焊接位置	/	方向(向上、向下)	/

气体：

项目	气体种类	混合比/%	流量/(L/min)
保护气	Ar	99.99	12～16
尾部保护气	/	/	/
背面保护气	Ar	99.99	12～16

焊接工艺评定报告(PQR)

电特性：

钨极类型及直径/mm：铈钨极，ϕ3.2　　喷嘴直径/mm：/

熔滴过渡形式(喷射过渡、短路过渡等)：/

(按所焊位置和工件厚度，分别将电流、电压和焊接速度实测值填入下表)

焊层	焊接方法	填充金属	规格/mm	电源种类及极性	焊接电流/A	电弧电压/V	焊接速度/(mm/min)	最大热输入/(kJ/cm)
1	GTAW	ER62-B9	ϕ2.4	DCEN	160	16	8	19.2
2	SMAW	E6215-9C1MV	ϕ3.2	DCEP	130	24	9	20.8
4—7	SMAW	E6215-9C1MV	ϕ4.0	DCEP	170	26	10	26.5

技术措施：

摆动焊或不摆动焊：/　　摆动参数：/

焊前清理和层间清理：打磨　　背面清根方法：/

单道焊或多道焊/每面：一面，多道焊　　单丝焊或多丝焊：单丝

导电嘴至工件距离/mm：/　　锤击：/

换热管与管板的连接方式：/　　换热管与管板接头的清理方法：/

预置金属衬套：/　　预置金属衬套的形状与尺寸：/

其他：

拉伸试验(GB/T 228)：　　试验报告编号：LH5B204

试验条件	编号	试样宽度/mm	试样厚度/mm	横截面积/mm^2	断裂载荷/kN	R_m/MPa	断裂位置及特征
接头板拉	PQR5B204-1	20.1	20.2	358	259.9	640	断于母材
	PQR5B204-2	20.2	20.1	350.2	266.8	657	断于母材
	PQR5B204-3	20.0	20.2	356	272.3	674	断于母材
	PQR5B204-4	20.1	20.3	352.5	270.1	662	断于母材

弯曲试验(GB/T 2653)：　　试验报告编号：LH5B204

试验条件	编号	试样尺寸/mm	弯心直径/mm	弯曲角度/(°)	试验结果
侧弯	PQR5B204-5	10	40	180	合格
侧弯	PQR5B204-6	10	40	180	合格
侧弯	PQR5B204-7	10	40	180	合格
侧弯	PQR5B204-8	10	40	180	合格

焊接工艺评定报告(PQR)

冲击试验(GB/T 229)： 试验报告编号：LH5B204

编号	试样位置	V型缺口位置	试样尺寸/mm	试验温度/℃	冲击吸收能量/J
PQR5B204-9	焊缝	缺口轴线位于SMAW焊缝中心线上	10×10×55	20	72
PQR5B204-10					81
PQR5B204-11					86
PQR5B204-12	热影响区	缺口轴线至试样纵轴线与熔合线交点的距离 $k>0$mm，且尽可能多地通过SMAW热影响区	10×10×55	20	119
PQR5B204-13					121
PQR5B204-14					116
PQR5B204-15	焊缝	缺口轴线位于SAW焊缝中心线上	10×10×55	20	56
PQR5B204-16					72
PQR5B204-17					46
PQR5B204-18	热影响区	缺口轴线至试样纵轴线与熔合线交点的距离 $k>0$mm，且尽可能多地通过SAW热影响区	10×10×55	20	72
PQR5B204-19					87
PQR5B204-20					81

金相试验(角焊缝、模拟组合件)： 试验报告编号：

检验面编号	1	2	3	4	5	6	7	8	结果
有无裂纹、未熔合									
角焊缝厚度/mm									
焊脚高 l/mm									
是否焊透									

金相检验(角焊缝、模拟组合件)：
根部：焊透□　未焊透□
焊缝：熔合□　未熔合□
焊缝及热影响区：有裂纹□　无裂纹□
两焊脚之差值：
试验报告编号：

堆焊层复层熔敷金属化学成分/% 执行标准： 试验报告编号：

C	Si	Mn	P	S	Cr	Ni	Mo	Ti	Al	Nb	Fe	…

化学成分测定表面至熔合线距离/mm：

非破坏性试验：
VT外观检查：无裂纹　PT：　MT：　UT：　RT：无裂纹

第十一节　奥氏体不锈钢的焊接工艺评定（Fe-8-1）

预焊接工艺规程 pWPS 8101

预焊接工艺规程(pWPS)	
单位名称：××××	
pWPS 编号：pWPS 8101	
日期：××××	
焊接方法：SMAW 机动化程度：手工☑　机动□　自动□ 焊接接头：对接☑　角接□　堆焊□ 衬垫(材料及规格)：焊缝金属 其他：/	简图(接头形式、坡口形式与尺寸、焊层、焊道布置及顺序)：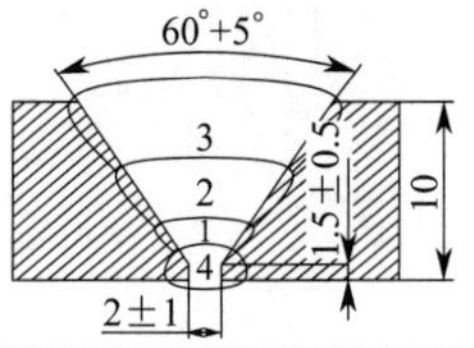

母材：		
试件序号	①	②
材料	06Cr19Ni10	06Cr19Ni10
标准或规范	GB/T 5310	GB/T 5310
规格/mm	δ=10	δ=10
类别号	Fe-8	Fe-8
组别号	Fe-8-1	Fe-8-1
对接焊缝焊件母材厚度范围/mm	1.5～20	1.5～20
角焊缝焊件母材厚度范围/mm	不限	不限
管子直径、壁厚范围(对接或角接)/mm	/	/
其他：/		

填充金属：		
焊材类别(种类)	焊条	
型号(牌号)	E308-16(A102)	
标准	NB/T 47018.2	
填充金属规格/mm	φ3.2,φ4.0	
焊材分类代号	FeT-8	
对接焊缝焊件焊缝金属范围/mm	0～20	
角焊缝焊件焊缝金属范围/mm	不限	
其他：		

预热及后热：		气体：			
最小预热温度/℃	/	项目	气体种类	混合比/%	流量/(L/min)
最大道间温度/℃	150	保护气	/	/	/
后热温度/℃	/	尾部保护气	/	/	/
后热保温时间/h	/	背面保护气	/	/	/

焊后热处理：AW		焊接位置：			
热处理温度/℃	/	对接焊缝位置	1G	方向(向上、向下)	/
热处理时间/h	/	角焊缝位置	/	方向(向上、向下)	/

预焊接工艺规程(pWPS)

电特性:

钨极类型及直径/mm: /　　喷嘴直径/mm: /

熔滴过渡形式(喷射过渡、短路过渡等): /

(按所焊位置和工件厚度,分别将电流、电压和焊接速度范围填入下表)

焊道/焊层	焊接方法	填充金属	规格/mm	电源种类及极性	焊接电流/A	电弧电压/V	焊接速度/(cm/min)	最大热输入/(kJ/cm)
1	SMAW	A102	ϕ3.2	DCEP	80～110	24～26	8～12	21.5
2—3	SMAW	A102	ϕ4.0	DCEP	110～160	24～26	10～13	24.5
4	SMAW	A102	ϕ4.0	DCEP	120～160	24～26	10～13	24.5

技术措施:

摆动焊或不摆动焊: /　　摆动参数: /

焊前清理和层间清理: 刷或磨　　背面清根方法: 等离子刨+修磨

单道焊或多道焊/每面: 多道焊+单道焊　　单丝焊或多丝焊: /

导电嘴至工件距离/mm: /　　锤击: /

换热管与管板的连接方式: /　　换热管与管板接头的清理方法: /

预置金属衬套: /　　预置金属衬套的形状与尺寸: /

其他: 环境温度>0℃,相对湿度<90% 。

检验要求及执行标准:

按 NB/T 47014—2023 及相关技术要求进行评定,项目如下:

1. 外观检查和无损检测(按 NB/T 47013.2)结果不得有裂纹;
2. 焊接接头板拉二件(按 GB/T 228),$R_m \geqslant 520MPa$;
3. 焊接接头侧弯四件(按 GB/T 2653),$D=4a$　$a=10$　$\alpha=180°$,沿任何方向不得有单条长度大于 3mm 的开口缺陷。

编制		日期		审核		日期		批准		日期	

焊接工艺评定报告（PQR 8101）

焊接工艺评定报告(PQR)

单位名称： ××××

PQR 编号：PQR8101　　pWPS 编号：pWPS 8101

焊接方法：SMAW　　机动化程度：手工☑　机动□　自动□

焊接接头：对接☑　角接□　堆焊□　　其他：/

接头简图(接头形式、尺寸、衬垫、每种焊接方法或焊接工艺的焊缝金属厚度)：

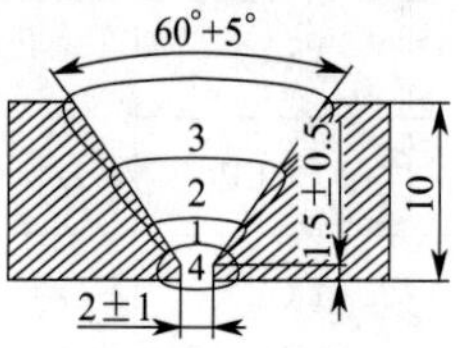

母材：

试件序号	①	②
材料	06Cr19Ni10	06Cr19Ni10
标准或规范	GB/T 5310	GB/T 5310
规格/mm	δ=10	δ=10
类别号	Fe-8	Fe-8
组别号	Fe-8-1	Fe-8-1

填充金属：

分类	焊条	
型号(牌号)	E308-16(A102)	
标准	NB/T 47018.2	
填充金属规格/mm	ϕ3.2，ϕ4.0	
焊材分类代号	FeT-8	
焊缝金属厚度/mm	10	

预热及后热：

最小预热温度/℃	室温 18	最大道间温度/℃	135
后热温度及保温时间/(℃×h)	/		

焊后热处理： AW

保温温度/℃	/	保温时间/h	/

焊接位置：

对接焊缝焊接位置	1G	方向(向上、向下)	/
角焊缝焊接位置	/	方向(向上、向下)	/

气体：

项目	气体种类	混合比/%	流量/(L/min)
保护气	/	/	/
尾部保护气	/	/	/
背面保护气	/	/	/

焊接工艺评定报告(PQR)

电特性：

钨极类型及直径/mm：/ 喷嘴直径/mm：/

熔滴过渡形式(喷射过渡、短路过渡等)：/

(按所焊位置和工件厚度，分别将电流、电压和焊接速度实测值填入下表)

焊道	焊接方法	填充金属	规格/mm	电源种类及极性	焊接电流/A	电弧电压/V	焊接速度/(cm/min)	最大热输入/(kJ/cm)
1	SMAW	A102	ϕ3.2	DCEP	80～120	24～26	8～12	23.4
2—3	SMAW	A102	ϕ4.0	DCEP	110～170	24～26	10～13	26.5
4	SMAW	A102	ϕ4.0	DCEP	120～170	24～26	10～13	26.5

技术措施：

摆动焊或不摆动焊：/ 摆动参数：/

焊前清理和层间清理：打磨 背面清根方法：等离子刨＋修磨

单道焊或多道焊/每面：多道焊＋单道焊 单丝焊或多丝焊：/

导电嘴至工件距离/mm：/ 锤击：/

换热管与管板的连接方式：/ 换热管与管板接头的清理方法：/

预置金属衬套：/ 预置金属衬套的形状与尺寸：/

其他：

拉伸试验(GB/T 228)： 试验报告编号：LH8101

试验条件	编号	试样宽度/mm	试样厚度/mm	横截面积/mm^2	断裂载荷/kN	R_m/MPa	断裂位置及特征
接头板拉	PQR8101-1	25.2	9.8	246.96	169	685	断于母材
	PQR8101-2	25.4	10	254	175	690	断于母材

弯曲试验(GB/T 2653)： 试验报告编号：LH8101

试验条件	编号	试样尺寸/mm	弯心直径/mm	弯曲角度/(°)	试验结果
侧弯	PQR8101-3	10	40	180	合格
侧弯	PQR8101-4	10	40	180	合格
侧弯	PQR8101-5	10	40	180	合格
侧弯	PQR8101-6	10	40	180	合格

焊接工艺评定报告(PQR)

冲击试验(GB/T 229)： 试验报告编号：

编号	试样位置	V型缺口位置	试样尺寸/mm	试验温度/℃	冲击吸收能量/J

金相试验(角焊缝、模拟组合件)： 试验报告编号：

检验面编号	1	2	3	4	5	6	7	8	结果
有无裂纹、未熔合									
角焊缝厚度/mm									
焊脚高 l/mm									
是否焊透									

金相检验(角焊缝、模拟组合件)：
根部：焊透□ 未焊透□
焊缝：熔合□ 未熔合□
焊缝及热影响区：有裂纹□ 无裂纹□
两焊脚之差值：
试验报告编号：

堆焊层复层熔敷金属化学成分/% 执行标准： 试验报告编号：

C	Si	Mn	P	S	Cr	Ni	Mo	Ti	Al	Nb	Fe	…

化学成分测定表面至熔合线距离/mm：

非破坏性试验：
VT外观检查：无裂纹 PT： MT： UT： RT：无裂纹

预焊接工艺规程 pWPS 8102

预焊接工艺规程（pWPS）

单位名称： ××××

pWPS 编号： pWPS 8102

日期： ××××

焊接方法： SMAW

机动化程度： 手工☑　机动☐　自动☐

焊接接头： 对接☑　角接☐　堆焊☐

衬垫（材料及规格）： 焊缝金属

其他： /

简图（接头形式、坡口形式与尺寸、焊层、焊道布置及顺序）：

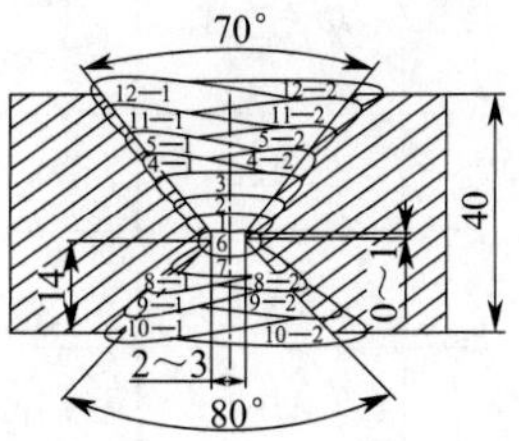

母材：

试件序号	①	②
材料	06Cr19Ni10	06Cr19Ni10
标准或规范	GB/T 5310	GB/T 5310
规格/mm	$\delta=40$	$\delta=40$
类别号	Fe-8	Fe-8
组别号	Fe-8-1	Fe-8-1
对接焊缝焊件母材厚度范围/mm	5～200	5～200
角焊缝焊件母材厚度范围/mm	不限	不限
管子直径、壁厚范围（对接或角接）/mm	/	/
其他：	/	

填充金属：

焊材类别（种类）	焊条	
型号（牌号）	E308-16（A102）	
标准	NB/T 47018.2	
填充金属规格/mm	$\phi4.0$，$\phi5.0$	
焊材分类代号	FeT-8	
对接焊缝焊件焊缝金属范围/mm	0～200	
角焊缝焊件焊缝金属范围/mm	不限	
其他：	/	

预热及后热：		**气体：**			
最小预热温度/℃	/	项目	气体种类	混合比/%	流量/（L/min）
最大道间温度/℃	150	保护气	/	/	/
后热温度/℃	/	尾部保护气	/	/	/
后热保温时间/h	/	背面保护气	/	/	/

焊后热处理：	AW	**焊接位置：**			
热处理温度/℃	/	对接焊缝位置	1G	方向（向上、向下）	/
热处理时间/h	/	角焊缝位置	/	方向（向上、向下）	/

预焊接工艺规程(pWPS)

电特性:

钨极类型及直径/mm: / 喷嘴直径/mm: /

熔滴过渡形式(喷射过渡、短路过渡等): /

(按所焊位置和工件厚度,分别将电流、电压和焊接速度范围填入下表)

焊道/焊层	焊接方法	填充金属	规格/mm	电源种类及极性	焊接电流/A	电弧电压/V	焊接速度/(cm/min)	最大热输入/(kJ/cm)
1	SMAW	A102	ϕ4.0	DCEP	110～160	24～26	10～13	24.5
2—5	SMAW	A102	ϕ5.0	DCEP	160～180	24～26	10～14	28.1
6	SMAW	A102	ϕ4.0	DCEP	120～160	24～26	10～13	24.5
7—12	SMAW	A102	ϕ5.0	DCEP	160～180	24～26	10～14	28.1

技术措施:

摆动焊或不摆动焊: / 摆动参数: /

焊前清理和层间清理: 刷或磨 背面清根方法: 等离子刨＋修磨

单道焊或多道焊/每面: 多道焊 单丝焊或多丝焊: /

导电嘴至工件距离/mm: / 锤击: /

换热管与管板的连接方式: / 换热管与管板接头的清理方法: /

预置金属衬套: / 预置金属衬套的形状与尺寸: /

其他: 环境温度＞0℃,相对湿度＜90％。

检验要求及执行标准:

按 NB/T 47014—2023 及相关技术要求进行评定,项目如下:

1. 外观检查和无损检测(按 NB/T 47013.2)结果不得有裂纹;
2. 焊接接头板拉二件(按 GB/T 228),$R_m \geqslant 520$MPa;
3. 焊接接头侧弯四件(按 GB/T 2653),$D=4a$ $a=10$ $\alpha=180°$,沿任何方向不得有单条长度大于 3mm 的开口缺陷。

编制		日期		审核		日期		批准		日期	

焊接工艺评定报告（PQR8102）

焊接工艺评定报告(PQR)

单位名称： ××××

PQR 编号：PQR8102　　pWPS 编号：pWPS 8102

焊接方法：SMAW　　机动化程度：手工☑　机动□　自动□

焊接接头：对接☑　角接□　堆焊□　　其他：/

接头简图(接头形式、尺寸、衬垫、每种焊接方法或焊接工艺的焊缝金属厚度)：

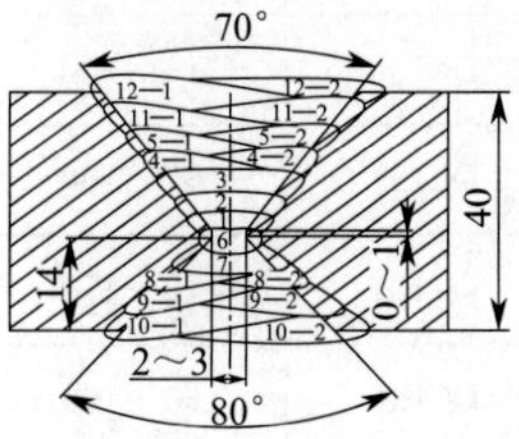

母材：		
试件序号	①	②
材料	06Cr19Ni10	06Cr19Ni10
标准或规范	GB/T 5310	GB/T 5310
规格/mm	δ=40	δ=40
类别号	Fe-8	Fe-8
组别号	Fe-8-1	Fe-8-1
填充金属：		
分类	焊条	
型号(牌号)	E308-16(A102)	
标准	NB/T 47018.2	
填充金属规格/mm	ϕ4.0，ϕ5.0	
焊材分类代号	FeT-8	
焊缝金属厚度/mm	40	

预热及后热：			
最小预热温度/℃	室温 18	最大道间温度/℃	135
后热温度及保温时间/(℃×h)	/		
焊后热处理：	AW		
保温温度/℃	/	保温时间/h	/

焊接位置：				**气体：**			
对接焊缝焊接位置	1G	方向(向上、向下)	/	项目	气体种类	混合比/%	流量/(L/min)
				保护气	/	/	/
角焊缝焊接位置	/	方向(向上、向下)	/	尾部保护气	/	/	/
				背面保护气	/	/	/

焊接工艺评定报告(PQR)

电特性：

钨极类型及直径/mm：/　　喷嘴直径/mm：/

熔滴过渡形式(喷射过渡、短路过渡等)：/

(按所焊位置和工件厚度，分别将电流、电压和焊接速度实测值填入下表)

焊道	焊接方法	填充金属	规格/mm	电源种类及极性	焊接电流/A	电弧电压/V	焊接速度/(cm/min)	最大热输入/(kJ/cm)
1	SMAW	A102	ϕ4.0	DCEP	110～170	24～26	10～13	26.5
2—5	SMAW	A102	ϕ5.0	DCEP	160～190	24～26	10～14	29.6
6	SMAW	A102	ϕ4.0	DCEP	110～170	24～26	10～13	26.5
7—12	SMAW	A102	ϕ5.0	DCEP	160～190	24～26	10～14	29.6

技术措施：

摆动焊或不摆动焊：/　　摆动参数：/

焊前清理和层间清理：打磨　　背面清根方法：等离子刨＋修磨

单道焊或多道焊/每面：多道焊　　单丝焊或多丝焊：/

导电嘴至工件距离/mm：/　　锤击：/

换热管与管板的连接方式：/　　换热管与管板接头的清理方法：/

预置金属衬套：/　　预置金属衬套的形状与尺寸：/

其他：

拉伸试验(GB/T 228)：　　试验报告编号：LH8102

试验条件	编号	试样宽度/mm	试样厚度/mm	横截面积/mm^2	断裂载荷/kN	R_m/MPa	断裂位置及特征
接头板拉	PQR8102-1	25.2	18.8	473.76	320	675	断于母材
	PQR8102-2	25.5	19.7	502.35	356	680	断于母材
	PQR8102-3	25.3	19.6	495.88	342	685	断于母材
	PQR8102-4	25.3	18.9	478.17	335	700	断于母材

弯曲试验(GB/T 2653)：　　试验报告编号：LH8102

试验条件	编号	试样尺寸/mm	弯心直径/mm	弯曲角度/(°)	试验结果
侧弯	PQR8102-5	10	40	180	合格
侧弯	PQR8102-6	10	40	180	合格
侧弯	PQR8102-7	10	40	180	合格
侧弯	PQR8102-8	10	40	180	合格

焊接工艺评定报告(PQR)

冲击试验(GB/T 229)： 试验报告编号：

编号	试样位置	V型缺口位置	试样尺寸/mm	试验温度/℃	冲击吸收能量/J

金相试验(角焊缝、模拟组合件)： 试验报告编号：

检验面编号	1	2	3	4	5	6	7	8	结果
有无裂纹、未熔合									
角焊缝厚度/mm									
焊脚高 l/mm									
是否焊透									

金相检验(角焊缝、模拟组合件)：

根部：焊透□　　未焊透□

焊缝：熔合□　　未熔合□

焊缝及热影响区：有裂纹□　　无裂纹□

两焊脚之差值：

试验报告编号：

堆焊层复层熔敷金属化学成分/% 执行标准： 试验报告编号：

C	Si	Mn	P	S	Cr	Ni	Mo	Ti	Al	Nb	Fe	…

化学成分测定表面至熔合线距离/mm：

非破坏性试验：

VT 外观检查：无裂纹　　PT：　　MT：　　UT：　　RT：无裂纹

预焊接工艺规程 pWPS 8103

预焊接工艺规程(pWPS)

单位名称： ××××

pWPS 编号： pWPS 8103

日期： ××××

焊接方法： SAW

机动化程度： 手工□ 机动☑ 自动□

焊接接头： 对接☑ 角接□ 堆焊□

衬垫(材料及规格)： 焊缝金属

其他： /

简图(接头形式、坡口形式与尺寸、焊层、焊道布置及顺序)：

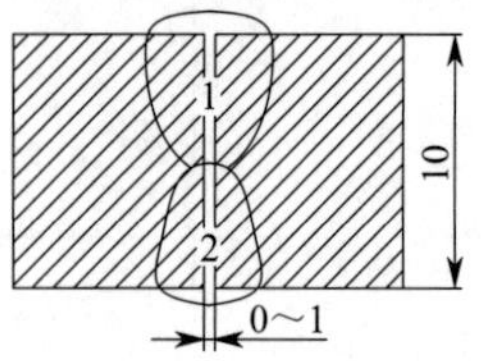

母材：

试件序号	①	②
材料	06Cr19Ni10	06Cr19Ni10
标准或规范	GB/T 5310	GB/T 5310
规格/mm	δ=10	δ=10
类别号	Fe-8	Fe-8
组别号	Fe-8-1	Fe-8-1
对接焊缝焊件母材厚度范围/mm	1.5～20	1.5～20
角焊缝焊件母材厚度范围/mm	不限	不限
管子直径、壁厚范围(对接或角接)/mm	/	/
其他：	/	

填充金属：

焊材类别(种类)	焊丝-焊剂组合	
型号(牌号)	S F308 MS-S308 (H08Cr21Ni10+HJ260)	
标准	NB/T 47018.4	
填充金属规格/mm	ϕ4.0	
焊材分类代号	FeMSG-8	
对接焊缝焊件焊缝金属范围/mm	0～20	
角焊缝焊件焊缝金属范围/mm	不限	
其他：	/	

预热及后热：		**气体：**			
最小预热温度/℃	/	项目	气体种类	混合比/%	流量/(L/min)
最大道间温度/℃	150	保护气	/	/	/
后热温度/℃	/	尾部保护气	/	/	/
后热保温时间/h	/	背面保护气	/	/	/

焊后热处理：	AW	**焊接位置：**			
热处理温度/℃	/	对接焊缝位置	1G	方向(向上、向下)	/
热处理时间/h	/	角焊缝位置	/	方向(向上、向下)	/

预焊接工艺规程(pWPS)

电特性:

钨极类型及直径/mm: /　　喷嘴直径/mm: /

熔滴过渡形式(喷射过渡、短路过渡等): /

(按所焊位置和工件厚度,分别将电流、电压和焊接速度范围填入下表)

焊道/焊层	焊接方法	填充金属	规格/mm	电源种类及极性	焊接电流/A	电弧电压/V	焊接速度/(cm/min)	最大热输入/(kJ/cm)
1	SAW	H08Cr21Ni10+HJ260	ϕ4.0	DCEP	550～600	34～36	48～52	27.0
2	SAW	H08Cr21Ni10+HJ260	ϕ4.0	DCEP	550～600	34～36	45～50	28.8

技术措施:

摆动焊或不摆动焊: /　　摆动参数: /

焊前清理和层间清理: 刷或磨　　背面清根方法: 等离子刨+修磨

单道焊或多道焊/每面: 单道焊　　单丝焊或多丝焊: 单丝

导电嘴至工件距离/mm: 30～40　　锤击: /

换热管与管板的连接方式: /　　换热管与管板接头的清理方法: /

预置金属衬套: /　　预置金属衬套的形状与尺寸: /

其他: 环境温度>0℃,相对湿度<90%。

检验要求及执行标准:

按 NB/T 47014—2023 及相关技术要求进行评定,项目如下:

1. 外观检查和无损检测(按 NB/T 47013.2)结果不得有裂纹;
2. 焊接接头板拉二件(按 GB/T 228),R_m≥520MPa;
3. 焊接接头侧弯四件(按 GB/T 2653),$D=4a$　$a=10$　$\alpha=180°$,沿任何方向不得有单条长度大于 3mm 的开口缺陷。

编制		日期		审核		日期		批准		日期	

焊接工艺评定报告（PQR8103）

焊接工艺评定报告（PQR）				
单位名称：××××				
PQR 编号：PQR8103		pWPS 编号：pWPS 8103		
焊接方法：SAW		机动化程度：手工□ 机动☑ 自动□		
焊接接头：对接☑ 角接□ 堆焊□		其他：/		

接头简图（接头形式、尺寸、衬垫、每种焊接方法或焊接工艺的焊缝金属厚度）：

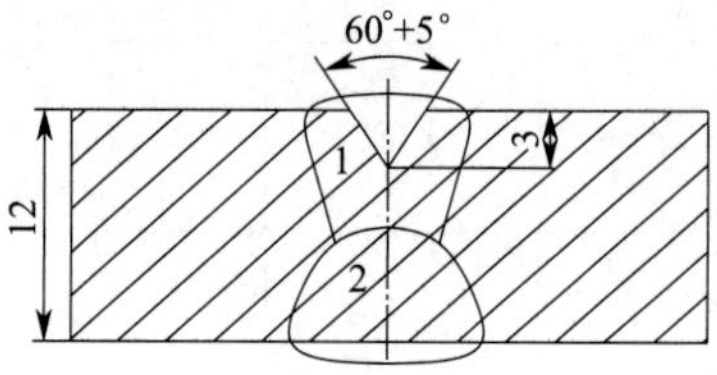

母材：

试件序号	①	②
材料	06Cr19Ni10	06Cr19Ni10
标准或规范	GB/T 5310	GB/T 5310
规格/mm	$\delta=10$	$\delta=10$
类别号	Fe-8	Fe-8
组别号	Fe-8-1	Fe-8-1

填充金属：

分类	焊丝-焊剂组合	
型号（牌号）	S F308 MS-S308（H08Cr21Ni10＋HJ260）	
标准	NB/T 47018.4	
填充金属规格/mm	$\phi4.0$	
焊材分类代号	FeMSG-8	
焊缝金属厚度/mm	10	

预热及后热：

最小预热温度/℃	室温 18	最大道间温度/℃	135
后热温度及保温时间/(℃×h)	/		

焊后热处理：AW

保温温度/℃	/	保温时间/h	/

焊接位置：

对接焊缝焊接位置	1G	方向（向上、向下）	/
角焊缝焊接位置	/	方向（向上、向下）	/

气体：

项目	气体种类	混合比/%	流量/(L/min)
保护气	/	/	/
尾部保护气	/	/	/
背面保护气	/	/	/

焊接工艺评定报告(PQR)

电特性：

钨极类型及直径/mm：/　　喷嘴直径/mm：/

熔滴过渡形式(喷射过渡、短路过渡等)：/

(按所焊位置和工件厚度,分别将电流、电压和焊接速度实测值填入下表)

焊道	焊接方法	填充金属	规格/mm	电源种类及极性	焊接电流/A	电弧电压/V	焊接速度/(cm/min)	最大热输入/(kJ/cm)
1	SAW	H08Cr21Ni10+HJ260	ϕ4.0	DCEP	550～610	34～36	48～52	27.5
2	SAW	H08Cr21Ni10+HJ260	ϕ4.0	DCEP	550～610	34～36	45～50	29.3

技术措施：

摆动焊或不摆动焊：/　　摆动参数：/

焊前清理和层间清理：打磨　　背面清根方法：等离子刨＋修磨

单道焊或多道焊/每面：单道焊　　单丝焊或多丝焊：单丝

导电嘴至工件距离/mm：30～40　　锤击：/

换热管与管板的连接方式：/　　换热管与管板接头的清理方法：/

预置金属衬套：/　　预置金属衬套的形状与尺寸：/

其他：

拉伸试验(GB/T 228)：　　试验报告编号：LH8103

试验条件	编号	试样宽度/mm	试样厚度/mm	横截面积/mm²	断裂载荷/kN	R_m/MPa	断裂位置及特征
接头板拉	PQR8103-1	25.4	9.7	246.38	150	610	断于母材
	PQR8103-2	25.0	9.8	245	146	595	断于母材

弯曲试验(GB/T 2653)：　　试验报告编号：LH8103

试验条件	编号	试样尺寸/mm	弯心直径/mm	弯曲角度/(°)	试验结果
侧弯	PQR8103-3	10	40	180	合格
侧弯	PQR8103-4	10	40	180	合格
侧弯	PQR8103-5	10	40	180	合格
侧弯	PQR8103-6	10	40	180	合格

焊接工艺评定报告(PQR)

冲击试验(GB/T 229)： 试验报告编号：

编号	试样位置	V型缺口位置	试样尺寸/mm	试验温度/℃	冲击吸收能量/J

金相试验(角焊缝、模拟组合件)： 试验报告编号：

检验面编号	1	2	3	4	5	6	7	8	结果
有无裂纹、未熔合									
角焊缝厚度/mm									
焊脚高 l/mm									
是否焊透									

金相检验(角焊缝、模拟组合件)：

根部：焊透□ 未焊透□

焊缝：熔合□ 未熔合□

焊缝及热影响区：有裂纹□ 无裂纹□

两焊脚之差值：

试验报告编号：

堆焊层复层熔敷金属化学成分/% 执行标准： 试验报告编号：

C	Si	Mn	P	S	Cr	Ni	Mo	Ti	Al	Nb	Fe	…

化学成分测定表面至熔合线距离/mm：

非破坏性试验：

VT外观检查：无裂纹 PT： MT： UT： RT：无裂纹

预焊接工艺规程 pWPS 8104

预焊接工艺规程(pWPS)

单位名称： ××××

pWPS 编号： pWPS 8104

日期： ××××

焊接方法： SAW

机动化程度： 手工□　　机动☑　　自动□

焊接接头： 对接☑　　角接□　　堆焊□

衬垫(材料及规格)： 焊缝金属

其他： /

简图(接头形式、坡口形式与尺寸、焊层、焊道布置及顺序)：

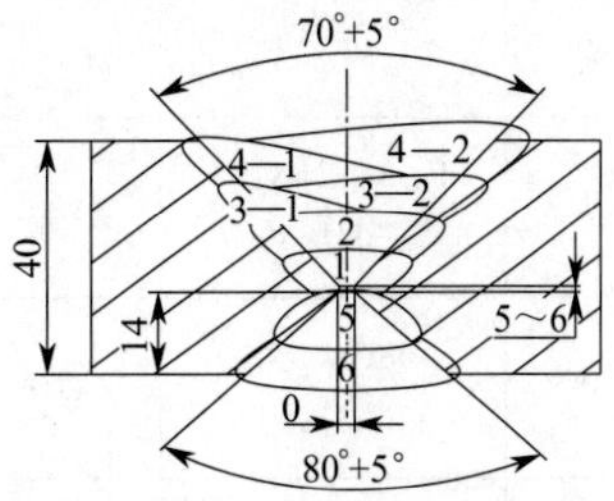

母材：

试件序号	①	②
材料	06Cr19Ni10	06Cr19Ni10
标准或规范	GB/T 5310	GB/T 5310
规格/mm	δ=40	δ=40
类别号	Fe-8	Fe-8
组别号	Fe-8-1	Fe-8-1
对接焊缝焊件母材厚度范围/mm	5～200	5～200
角焊缝焊件母材厚度范围/mm	不限	不限
管子直径、壁厚范围(对接或角接)/mm	/	/
其他：	/	

填充金属：

焊材类别(种类)	焊丝-焊剂组合	
型号(牌号)	S F308 MS-S308(H08Cr21Ni10＋HJ260)	
标准	NB/T 47018.4	
填充金属规格/mm	ϕ4.0	
焊材分类代号	FeMSG-8	
对接焊缝焊件焊缝金属范围/mm	0～200	
角焊缝焊件焊缝金属范围/mm	不限	
其他：	/	

预热及后热：		**气体：**			
最小预热温度/℃	/	项目	气体种类	混合比/%	流量/(L/min)
最大道间温度/℃	150	保护气	/	/	/
后热温度/℃	/	尾部保护气	/	/	/
后热保温时间/h	/	背面保护气	/	/	/

焊后热处理：	AW	**焊接位置：**			
热处理温度/℃	/	对接焊缝位置	1G	方向(向上、向下)	/
热处理时间/h	/	角焊缝位置	/	方向(向上、向下)	/

预焊接工艺规程(pWPS)

电特性:

钨极类型及直径/mm: / 喷嘴直径/mm: /

熔滴过渡形式(喷射过渡、短路过渡等): /

(按所焊位置和工件厚度,分别将电流、电压和焊接速度范围填入下表)

焊道/焊层	焊接方法	填充金属	规格/mm	电源种类及极性	焊接电流/A	电弧电压/V	焊接速度/(cm/min)	最大热输入/(kJ/cm)
1	SAW	H08Cr21Ni10+HJ260	ϕ4.0	DCEP	550~600	34~37	46~52	29.0
2	SAW	H08Cr21Ni10+HJ260	ϕ4.0	DCEP	550~600	34~38	45~48	30.4
3—4	SAW	H08Cr21Ni10+HJ260	ϕ4.0	DCEP	550~600	34~37	48~52	27.8
5—6	SAW	H08Cr21Ni10+HJ260	ϕ4.0	DCEP	550~600	34~38	45~48	30.4

技术措施:

摆动焊或不摆动焊: / 摆动参数: /

焊前清理和层间清理: 刷或磨 背面清根方法: 等离子刨+修磨

单道焊或多道焊/每面: 多道焊 单丝焊或多丝焊: 单丝

导电嘴至工件距离/mm: 30~40 锤击: /

换热管与管板的连接方式: / 换热管与管板接头的清理方法: /

预置金属衬套: / 预置金属衬套的形状与尺寸: /

其他: 环境温度>0℃,相对湿度<90%。

检验要求及执行标准:

按 NB/T 47014—2023 及相关技术要求进行评定,项目如下:

1. 外观检查和无损检测(按 NB/T 47013.2)结果不得有裂纹;
2. 焊接接头板拉二件(按 GB/T 228),$R_m \geqslant 520$MPa;
3. 焊接接头侧弯四件(按 GB/T 2653),$D=4a$ $a=10$ $\alpha=180°$,沿任何方向不得有单条长度大于 3mm 的开口缺陷。

编制		日期		审核		日期		批准		日期	

焊接工艺评定报告（PQR 8104）

焊接工艺评定报告（PQR）

单位名称： ××××

PQR 编号：PQR8104　　pWPS 编号：pWPS 8104

焊接方法：SAW　　机动化程度：手工□　机动☑　自动□

焊接接头：对接☑　角接□　堆焊□　其他：/

接头简图（接头形式、尺寸、衬垫、每种焊接方法或焊接工艺的焊缝金属厚度）：

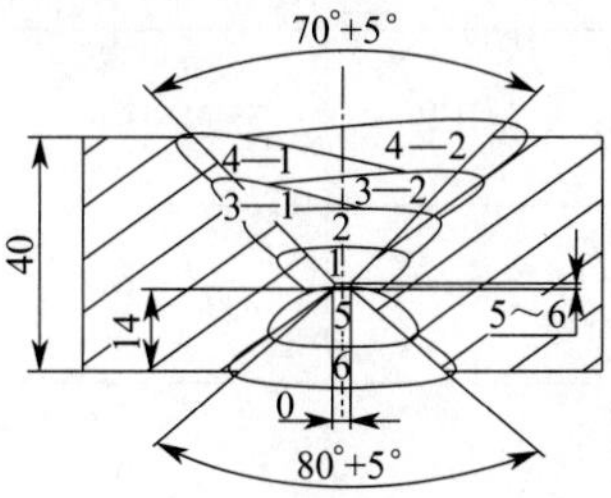

母材：

试件序号	①	②
材料	06Cr19Ni10	06Cr19Ni10
标准或规范	GB/T 5310	GB/T 5310
规格/mm	δ=40	δ=40
类别号	Fe-8	Fe-8
组别号	Fe-8-1	Fe-8-1

填充金属：

分类	焊丝-焊剂组合	
型号（牌号）	S F308 MS-S308（H08Cr21Ni10+HJ260）	
标准	NB/T 47018.4	
填充金属规格/mm	ϕ4.0	
焊材分类代号	FeMSG-8	
焊缝金属厚度/mm	40	

预热及后热：

最小预热温度/℃	室温 18	最大道间温度/℃	135
后热温度及保温时间/(℃×h)	/		

焊后热处理： AW

保温温度/℃	/	保温时间/h	/

焊接位置：				**气体：**			
对接焊缝焊接位置	1G	方向（向上、向下）	/	项目	气体种类	混合比/%	流量/(L/min)
				保护气	/	/	/
角焊缝焊接位置	/	方向（向上、向下）	/	尾部保护气	/	/	/
				背面保护气	/	/	/

焊接工艺评定报告(PQR)

电特性：

钨极类型及直径/mm：/　　喷嘴直径/mm：/

熔滴过渡形式(喷射过渡、短路过渡等)：/

(按所焊位置和工件厚度，分别将电流、电压和焊接速度实测值填入下表)

焊道	焊接方法	填充金属	规格/mm	电源种类及极性	焊接电流/A	电弧电压/V	焊接速度/(cm/min)	最大热输入/(kJ/cm)
1	SAW	H08Cr21Ni10+HJ260	ϕ4.0	DCEP	550～610	34～37	46～52	29.4
2	SAW	H08Cr21Ni10+HJ260	ϕ4.0	DCEP	550～610	34～38	45～48	30.9
3—4	SAW	H08Cr21Ni10+HJ260	ϕ4.0	DCEP	550～610	34～37	48～52	28.2
5—6	SAW	H08Cr21Ni10+HJ260	ϕ4.0	DCEP	550～610	34～38	45～48	30.9

技术措施：

摆动焊或不摆动焊：/　　摆动参数：/

焊前清理和层间清理：打磨　　背面清根方法：等离子刨+修磨

单道焊或多道焊/每面：多道焊　　单丝焊或多丝焊：单丝

导电嘴至工件距离/mm：30～40　　锤击：/

换热管与管板的连接方式：/　　换热管与管板接头的清理方法：/

预置金属衬套：/　　预置金属衬套的形状与尺寸：/

其他：

拉伸试验(GB/T 228)：　　试验报告编号：LH8104

试验条件	编号	试样宽度/mm	试样厚度/mm	横截面积/mm²	断裂载荷/kN	R_m/MPa	断裂位置及特征
接头板拉	PQR8104-1	25.4	19.5	495.3	300	605	断于母材
	PQR8104-2	25.3	18.9	478.17	286	598	断于母材
	PQR8104-3	25.1	18.7	469.37	286	610	断于母材
	PQR8104-4	25.0	19.4	485	294	605	断于母材

弯曲试验(GB/T 2653)：　　试验报告编号：LH8104

试验条件	编号	试样尺寸/mm	弯心直径/mm	弯曲角度/(°)	试验结果
侧弯	PQR8104-5	10	40	180	合格
侧弯	PQR8104-6	10	40	180	合格
侧弯	PQR8104-7	10	40	180	合格
侧弯	PQR8104-8	10	40	180	合格

焊接工艺评定报告(PQR)

冲击试验(GB/T 229)： 试验报告编号：

编号	试样位置	V 型缺口位置	试样尺寸/mm	试验温度/℃	冲击吸收能量/J

金相试验(角焊缝、模拟组合件)： 试验报告编号：

检验面编号	1	2	3	4	5	6	7	8	结果
有无裂纹、未熔合									
角焊缝厚度/mm									
焊脚高 l/mm									
是否焊透									

金相检验(角焊缝、模拟组合件)：
根部：焊透□　未焊透□
焊缝：熔合□　未熔合□
焊缝及热影响区：有裂纹□　无裂纹□
两焊脚之差值：
试验报告编号：

堆焊层复层熔敷金属化学成分/% 执行标准： 试验报告编号：

C	Si	Mn	P	S	Cr	Ni	Mo	Ti	Al	Nb	Fe	…

化学成分测定表面至熔合线距离/mm：

非破坏性试验：
VT 外观检查：无裂纹　PT：　MT：　UT：　RT：无裂纹

预焊接工艺规程 pWPS 8105

预焊接工艺规程(pWPS)

单位名称： ××××

pWPS 编号： pWPS 8105

日期： ××××

焊接方法： GTAW 机动化程度： 手工☑ 机动□ 自动□ 焊接接头： 对接☑ 角接□ 堆焊□ 衬垫(材料及规格)： 焊缝金属 其他： /	**简图(接头形式、坡口形式与尺寸、焊层、焊道布置及顺序)：** 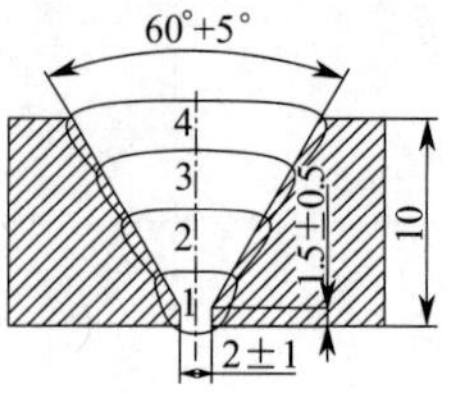

母材：

试件序号	①	②
材料	06Cr19Ni10	06Cr19Ni10
标准或规范	GB/T 5310	GB/T 5310
规格/mm	δ=10	δ=10
类别号	Fe-8	Fe-8
组别号	Fe-8-1	Fe-8-1
对接焊缝焊件母材厚度范围/mm	1.5～20	1.5～20
角焊缝焊件母材厚度范围/mm	不限	不限
管子直径、壁厚范围(对接或角接)/mm	/	/
其他：	/	

填充金属：

焊材类别(种类)	焊丝	
型号(牌号)	S-308(H08Cr21Ni10)	
标准	NB/T 47018.3	
填充金属规格/mm	ϕ2.5	
焊材分类代号	FeS-8	
对接焊缝焊件焊缝金属范围/mm	0～20	
角焊缝焊件焊缝金属范围/mm	不限	
其他：	/	

预热及后热：		**气体：**			
最小预热温度/℃	/	项目	气体种类	混合比/%	流量/(L/min)
最大道间温度/℃	150	保护气	Ar	99.99	8～12
后热温度/℃	/	尾部保护气	/	/	/
后热保温时间/h	/	背面保护气	/	/	/

焊后热处理：	AW	**焊接位置：**			
热处理温度/℃	/	对接焊缝位置	1G	方向(向上、向下)	/
热处理时间/h	/	角焊缝位置	/	方向(向上、向下)	/

预焊接工艺规程(pWPS)

电特性：

钨极类型及直径/mm：铈钨极，$\phi 3.0$　　喷嘴直径/mm：$\phi 12$

熔滴过渡形式(喷射过渡、短路过渡等)：/

(按所焊位置和工件厚度，分别将电流、电压和焊接速度范围填入下表)

焊道/焊层	焊接方法	填充金属	规格/mm	电源种类及极性	焊接电流/A	电弧电压/V	焊接速度/(cm/min)	最大热输入/(kJ/cm)
1	GTAW	H08Cr21Ni10	$\phi 2.5$	DCEN	120～180	14～16	8～12	21.6
2	GTAW	H08Cr21Ni10	$\phi 2.5$	DCEN	150～200	14～16	12～14	16.0
3	GTAW	H08Cr21Ni10	$\phi 2.5$	DCEN	150～200	14～16	10～12	19.2
4	GTAW	H08Cr21Ni10	$\phi 2.5$	DCEN	150～200	14～16	12～14	16.0

技术措施：

摆动焊或不摆动焊：/　　摆动参数：/

焊前清理和层间清理：刷或磨　　背面清根方法：修磨

单道焊或多道焊/每面：一面，多道焊　　单丝焊或多丝焊：单丝

导电嘴至工件距离/mm：/　　锤击：/

换热管与管板的连接方式：/　　换热管与管板接头的清理方法：/

预置金属衬套：/　　预置金属衬套的形状与尺寸：/

其他：环境温度>0℃，相对湿度<90%。

检验要求及执行标准：

按 NB/T 47014—2023 及相关技术要求进行评定，项目如下：

1. 外观检查和无损检测(按 NB/T 47013.2)结果不得有裂纹；
2. 焊接接头板拉二件(按 GB/T 228)，$R_m \geqslant 520$MPa；
3. 焊接接头侧弯四件(按 GB/T 2653)，$D=4a$　$a=10$　$\alpha=180°$，沿任何方向不得有单条长度大于 3mm 的开口缺陷。

编制		日期		审核		日期		批准		日期	

焊接工艺评定报告（PQR 8105）

焊接工艺评定报告（PQR）

单位名称： ××××

PQR 编号：PQR8105　　pWPS 编号：pWPS 8105

焊接方法：GTAW　　机动化程度：手工☑　机动□　自动□

焊接接头：对接☑　角接□　堆焊□　　其他：/

接头简图（接头形式、尺寸、衬垫、每种焊接方法或焊接工艺的焊缝金属厚度）：

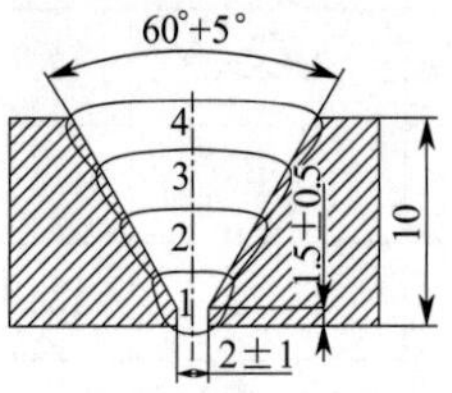

母材：

试件序号	①	②
材料	06Cr19Ni10	06Cr19Ni10
标准或规范	GB/T 5310	GB/T 5310
规格/mm	$\delta=10$	$\delta=10$
类别号	Fe-8	Fe-8
组别号	Fe-8-1	Fe-8-1

填充金属：

分类	焊丝	
型号（牌号）	S-308（H08Cr21Ni10）	
标准	NB/T 47018.3	
填充金属规格/mm	$\phi2.5$	
焊材分类代号	FeS-8	
焊缝金属厚度/mm	10	

预热及后热：

最小预热温度/℃	室温 18	最大道间温度/℃	135
后热温度及保温时间/（℃×h）	/		

焊后热处理： AW

保温温度/℃	/	保温时间/h	/

焊接位置：

对接焊缝焊接位置	1G	方向 （向上、向下）	/
角焊缝焊接位置	/	方向 （向上、向下）	/

气体：

项目	气体种类	混合比/%	流量/（L/min）
保护气	Ar	99.99	8～12
尾部保护气	/	/	/
背面保护气	/	/	/

焊接工艺评定报告(PQR)

电特性：

钨极类型及直径/mm：铈钨极，ϕ3.0　　喷嘴直径/mm：ϕ12

熔滴过渡形式(喷射过渡、短路过渡等)：/

(按所焊位置和工件厚度，分别将电流、电压和焊接速度实测值填入下表)

焊道	焊接方法	填充金属	规格/mm	电源种类及极性	焊接电流/A	电弧电压/V	焊接速度/(cm/min)	最大热输入/(kJ/cm)
1	GTAW	H08Cr21Ni10	2.5	DCEN	120～190	14～16	8～12	22.8
2	GTAW	H08Cr21Ni10	2.5	DCEN	150～210	14～16	12～14	16.8
3	GTAW	H08Cr21Ni10	2.5	DCEN	150～210	14～16	10～12	20.2
4	GTAW	H08Cr21Ni10	2.5	DCEN	150～210	14～16	12～14	16.8

技术措施：

摆动焊或不摆动焊：/　　摆动参数：/

焊前清理和层间清理：打磨　　背面清根方法：修磨

单道焊或多道焊/每面：一面，多道焊　　单丝焊或多丝焊：单丝

导电嘴至工件距离/mm：/　　锤击：/

换热管与管板的连接方式：/　　换热管与管板接头的清理方法：/

预置金属衬套：/　　预置金属衬套的形状与尺寸：/

其他：

拉伸试验(GB/T 228)：　　试验报告编号：LH8105

试验条件	编号	试样宽度/mm	试样厚度/mm	横截面积/mm^2	断裂载荷/kN	R_m/MPa	断裂位置及特征
接头板拉	PQR8105-1	25.3	10.0	253	156.8	580	断于母材
	PQR8105-2	25.1	9.8	245.98	142.7	580	断于母材

弯曲试验(GB/T 2653)：　　试验报告编号：LH8105

试验条件	编号	试样尺寸/mm	弯心直径/mm	弯曲角度/(°)	试验结果
侧弯	PQR8105-3	10	40	180	合格
侧弯	PQR8105-4	10	40	180	合格
侧弯	PQR8105-5	10	40	180	合格
侧弯	PQR8105-6	10	40	180	合格

焊接工艺评定报告(PQR)

冲击试验(GB/T 229): 试验报告编号:

编号	试样位置	V型缺口位置	试样尺寸/mm	试验温度/℃	冲击吸收能量/J

金相试验(角焊缝、模拟组合件): 试验报告编号:

检验面编号	1	2	3	4	5	6	7	8	结果
有无裂纹、未熔合									
角焊缝厚度/mm									
焊脚高 l/mm									
是否焊透									

金相检验(角焊缝、模拟组合件):

根部: 焊透□ 未焊透□

焊缝: 熔合□ 未熔合□

焊缝及热影响区: 有裂纹□ 无裂纹□

两焊脚之差值:

试验报告编号:

堆焊层复层熔敷金属化学成分/% 执行标准: 试验报告编号:

C	Si	Mn	P	S	Cr	Ni	Mo	Ti	Al	Nb	Fe	…

化学成分测定表面至熔合线距离/mm:

非破坏性试验:

VT外观检查: 无裂纹 PT: MT: UT: RT: 无裂纹

预焊接工艺规程 pWPS 8106

预焊接工艺规程(pWPS)

单位名称： ××××

pWPS 编号： pWPS 8106

日期： ××××

焊接方法： GTAW 机动化程度： 手工☑ 机动□ 自动□ 焊接接头： 对接☑ 角接□ 堆焊□ 衬垫(材料及规格)： 焊缝金属 其他： /	**简图(接头形式、坡口形式与尺寸、焊层、焊道布置及顺序)：** 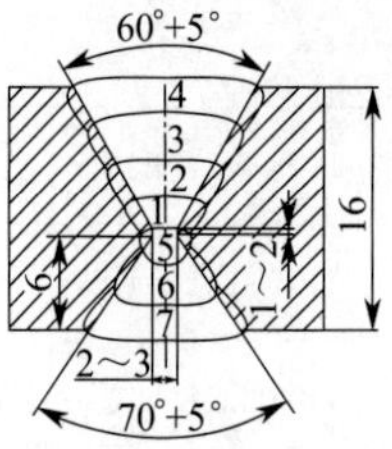

母材：

试件序号	①	②
材料	06Cr19Ni10	06Cr19Ni10
标准或规范	GB/T 5310	GB/T 5310
规格/mm	δ=16	δ=16
类别号	Fe-8	Fe-8
组别号	Fe-8-1	Fe-8-1
对接焊缝焊件母材厚度范围/mm	5～32	5～32
角焊缝焊件母材厚度范围/mm	不限	不限
管子直径、壁厚范围(对接或角接)/mm	/	/
其他：	/	

填充金属：

焊材类别(种类)	焊丝	
型号(牌号)	S-308(H08Cr21Ni10)	
标准	NB/T 47018.3	
填充金属规格/mm	ϕ2.5	
焊材分类代号	FeS-8	
对接焊缝焊件焊缝金属范围/mm	0～32	
角焊缝焊件焊缝金属范围/mm	不限	
其他：	/	

预热及后热：		**气体：**			
最小预热温度/℃	/	项目	气体种类	混合比/%	流量/(L/min)
最大道间温度/℃	150	保护气	Ar	99.99	8～12
后热温度/℃	/	尾部保护气	/	/	/
后热保温时间/h	/	背面保护气	/	/	/

焊后热处理：	AW	**焊接位置：**			
热处理温度/℃	/	对接焊缝位置	1G	方向(向上、向下)	/
热处理时间/h	/	角焊缝位置	/	方向(向上、向下)	/

预焊接工艺规程(pWPS)

电特性:

钨极类型及直径/mm: 铈钨极,ϕ3.0　　喷嘴直径/mm: ϕ12

熔滴过渡形式(喷射过渡、短路过渡等): /

(按所焊位置和工件厚度,分别将电流、电压和焊接速度范围填入下表)

焊道/焊层	焊接方法	填充金属	规格/mm	电源种类及极性	焊接电流/A	电弧电压/V	焊接速度/(cm/min)	最大热输入/(kJ/cm)
1	GTAW	H08Cr21Ni10	ϕ2.5	DCEN	140～180	14～16	8～12	21.6
2	GTAW	H08Cr21Ni10	ϕ2.5	DCEN	150～200	14～16	12～14	16.0
3	GTAW	H08Cr21Ni10	ϕ2.5	DCEN	150～200	14～16	10～12	19.2
4	GTAW	H08Cr21Ni10	ϕ2.5	DCEN	150～200	14～16	12～14	16.0
5	GTAW	H08Cr21Ni10	ϕ2.5	DCEN	150～200	14～16	12～14	16.0
6	GTAW	H08Cr21Ni10	ϕ2.5	DCEN	150～200	14～16	10～12	19.2
7	GTAW	H08Cr21Ni10	ϕ2.5	DCEN	150～200	14～16	12～14	16.0

技术措施:

摆动焊或不摆动焊: /　　摆动参数: /

焊前清理和层间清理: 刷或磨　　背面清根方法: 修磨

单道焊或多道焊/每面: 多道焊　　单丝焊或多丝焊: 单丝

导电嘴至工件距离/mm: /　　锤击: /

换热管与管板的连接方式: /　　换热管与管板接头的清理方法: /

预置金属衬套: /　　预置金属衬套的形状与尺寸: /

其他: 环境温度>0℃,相对湿度<90%。

检验要求及执行标准:

按 NB/T 47014—2023 及相关技术要求进行评定,项目如下:

1. 外观检查和无损检测(按 NB/T 47013.2)结果不得有裂纹;
2. 焊接接头板拉二件(按 GB/T 228),$R_m \geqslant 520$MPa;
3. 焊接接头侧弯四件(按 GB/T 2653),$D=4a$　$a=10$　$\alpha=180°$,沿任何方向不得有单条长度大于 3mm 的开口缺陷。

编制		日期		审核		日期		批准		日期	

焊接工艺评定报告（PQR 8106）

焊接工艺评定报告（PQR）

单位名称： ××××

PQR 编号：PQR8106　　pWPS 编号：pWPS8106

焊接方法：GTAW　　机动化程度：手工☑　机动□　自动□

焊接接头：对接☑　角接□　堆焊□　　其他：/

接头简图（接头形式、尺寸、衬垫、每种焊接方法或焊接工艺的焊缝金属厚度）：

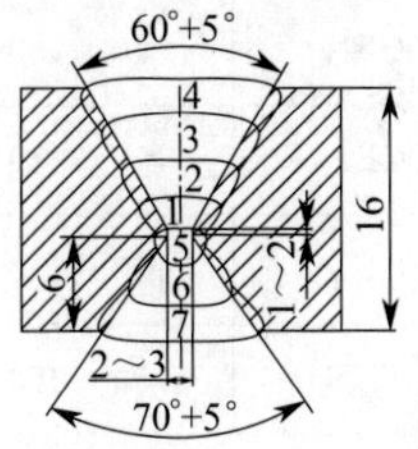

母材：

试件序号	①	②
材料	06Cr19Ni10	06Cr19Ni10
标准或规范	GB/T 5310	GB/T 5310
规格/mm	$\delta=16$	$\delta=16$
类别号	Fe-8	Fe-8
组别号	Fe-8-1	Fe-8-1

填充金属：

分类	焊丝	
型号（牌号）	S-308（H08Cr21Ni10）	
标准	NB/T 47018.3	
填充金属规格/mm	ϕ2.5	
焊材分类代号	FeS-8	
焊缝金属厚度/mm	16	

预热及后热：

最小预热温度/℃	室温 18	最大道间温度/℃	135
后热温度及保温时间/（℃×h）	/		

焊后热处理： AW

保温温度/℃	/	保温时间/h	/

焊接位置：

对接焊缝焊接位置	1G	方向（向上、向下）	/
角焊缝焊接位置	/	方向（向上、向下）	/

气体：

项目	气体种类	混合比/%	流量/（L/min）
保护气	Ar	99.99	8～12
尾部保护气	/	/	/
背面保护气	/	/	/

焊接工艺评定报告(PQR)

电特性：

钨极类型及直径/mm：铈钨极，ϕ3.0　　喷嘴直径/mm：ϕ12

熔滴过渡形式(喷射过渡、短路过渡等)：/

(按所焊位置和工件厚度，分别将电流、电压和焊接速度实测值填入下表)

焊道	焊接方法	填充金属	规格/mm	电源种类及极性	焊接电流/A	电弧电压/V	焊接速度/(cm/min)	最大热输入/(kJ/cm)
1	GTAW	H08Cr21Ni10	ϕ2.5	DCEN	140～190	14～16	8～12	22.8
2	GTAW	H08Cr21Ni10	ϕ2.5	DCEN	150～210	14～16	12～14	16.8
3	GTAW	H08Cr21Ni10	ϕ2.5	DCEN	150～210	14～16	10～12	20.2
4	GTAW	H08Cr21Ni10	ϕ2.5	DCEN	150～210	14～16	12～14	16.8
5	GTAW	H08Cr21Ni10	ϕ2.5	DCEN	150～210	14～16	12～14	16.8
6	GTAW	H08Cr21Ni10	ϕ2.5	DCEN	150～210	14～16	10～12	20.2
7	GTAW	H08Cr21Ni10	ϕ2.5	DCEN	150～210	14～16	12～14	16.8

技术措施：

摆动焊或不摆动焊：/　　摆动参数：/

焊前清理和层间清理：打磨　　背面清根方法：修磨

单道焊或多道焊/每面：多道焊　　单丝焊或多丝焊：单丝

导电嘴至工件距离/mm：/　　锤击：/

换热管与管板的连接方式：/　　换热管与管板接头的清理方法：/

预置金属衬套：/　　预置金属衬套的形状与尺寸：/

其他：

拉伸试验(GB/T 228)：　　试验报告编号：LH8106

试验条件	编号	试样宽度/mm	试样厚度/mm	横截面积/mm^2	断裂载荷/kN	R_m/MPa	断裂位置及特征
接头板拉	PQR8106-1	25.1	16.1	384.11	237	585	断于母材
	PQR8106-2	25.3	15.9	382.27	238	590	断于母材

弯曲试验(GB/T 2653)：　　试验报告编号：LH8106

试验条件	编号	试样尺寸/mm	弯心直径/mm	弯曲角度/(°)	试验结果
侧弯	PQR8106-3	10	40	180	合格
侧弯	PQR8106-4	10	40	180	合格
侧弯	PQR8106-5	10	40	180	合格
侧弯	PQR8106-6	10	40	180	合格

焊接工艺评定报告(PQR)

冲击试验(GB/T 229)： 试验报告编号：

编号	试样位置	V型缺口位置	试样尺寸/mm	试验温度/℃	冲击吸收能量/J

金相试验(角焊缝、模拟组合件)： 试验报告编号：

检验面编号	1	2	3	4	5	6	7	8	结果
有无裂纹、未熔合									
角焊缝厚度/mm									
焊脚高 l/mm									
是否焊透									

金相检验(角焊缝、模拟组合件)：
根部：　焊透□　　未焊透□
焊缝：　熔合□　　未熔合□
焊缝及热影响区：　有裂纹□　　无裂纹□
两焊脚之差值：
试验报告编号：

堆焊层复层熔敷金属化学成分/% 执行标准： 试验报告编号：

C	Si	Mn	P	S	Cr	Ni	Mo	Ti	Al	Nb	Fe	…

化学成分测定表面至熔合线距离/mm：

非破坏性试验：
VT外观检查：　无裂纹　　PT：　　MT：　　UT：　　RT：　无裂纹

第十二节　奥氏体不锈钢的焊接工艺评定（Fe-8-2）

预焊接工艺规程 pWPS 8201

预焊接工艺规程(pWPS)

单位名称： ××××

pWPS 编号： pWPS 8201

日期： ××××

焊接方法：SMAW	简图(接头形式、坡口形式与尺寸、焊层、焊道布置及顺序)：
机动化程度：手工☑　机动□　自动□ 焊接接头：对接☑　角接□　堆焊□ 衬垫(材料及规格)：焊缝金属 其他：/	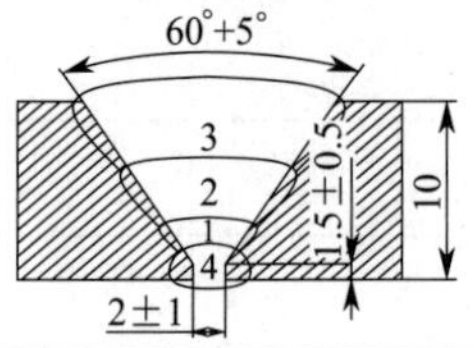

母材：		
试件序号	①	②
材料	06Cr25Ni20	06Cr25Ni20
标准或规范	GB/T 713	GB/T 713
规格/mm	δ=10	δ=10
类别号	Fe-8	Fe-8
组别号	Fe-8-2	Fe-8-2
对接焊缝焊件母材厚度范围/mm	1.5～20	1.5～20
角焊缝焊件母材厚度范围/mm	不限	不限
管子直径、壁厚范围(对接或角接)/mm	/	/
其他：	/	

填充金属：		
焊材类别(种类)	焊条	
型号(牌号)	E310-16(A402)	
标准	NB/T 47018.2	
填充金属规格/mm	ϕ3.2，ϕ4.0	
焊材分类代号	FeT-8	
对接焊缝焊件焊缝金属范围/mm	0～20	
角焊缝焊件焊缝金属范围/mm	不限	
其他：	/	

预热及后热：		**气体：**			
最小预热温度/℃	/	项目	气体种类	混合比/%	流量/(L/min)
最大道间温度/℃	150	保护气	/	/	/
后热温度/℃	/	尾部保护气	/	/	/
后热保温时间/h	/	背面保护气	/	/	/

焊后热处理：	AW	**焊接位置：**			
热处理温度/℃	/	对接焊缝位置	1G	方向(向上、向下)	/
热处理时间/h	/	角焊缝位置	/	方向(向上、向下)	/

预焊接工艺规程(pWPS)

电特性：

钨极类型及直径/mm：/　　　喷嘴直径/mm：/

熔滴过渡形式(喷射过渡、短路过渡等)：/

(按所焊位置和工件厚度，分别将电流、电压和焊接速度范围填入下表)

焊道/焊层	焊接方法	填充金属	规格/mm	电源种类及极性	焊接电流/A	电弧电压/V	焊接速度/(cm/min)	最大热输入/(kJ/cm)
1	SMAW	A402	$\phi 3.2$	DCEP	80～110	24～26	9～12	19.1
2—3	SMAW	A402	$\phi 4.0$	DCEP	120～160	24～26	10～13	25.0
4	SMAW	A402	$\phi 4.0$	DCEP	140～160	24～26	10～13	25.0

技术措施：

摆动焊或不摆动焊：/　　　摆动参数：/

焊前清理和层间清理：刷或磨　　　背面清根方法：等离子刨＋修磨

单道焊或多道焊/每面：多道焊＋单道焊　　　单丝焊或多丝焊：/

导电嘴至工件距离/mm：/　　　锤击：/

换热管与管板的连接方式：/　　　换热管与管板接头的清理方法：/

预置金属衬套：/　　　预置金属衬套的形状与尺寸：/

其他：环境温度＞0℃，相对湿度＜90％。

检验要求及执行标准：

按 NB/T 47014—2023 及相关技术要求进行评定，项目如下：

1. 外观检查和无损检测(按 NB/T 47013.2)结果不得有裂纹；
2. 焊接接头板拉二件(按 GB/T 228)，$R_m \geqslant 520$MPa；
3. 焊接接头侧弯四件(按 GB/T 2653)，$D=4a$　$a=10$　$\alpha=180°$，沿任何方向不得有单条长度大于 3mm 的开口缺陷。

编制		日期		审核		日期		批准		日期	

焊接工艺评定报告（PQR 8201）

焊接工艺评定报告(PQR)

单位名称： ××××

PQR 编号：PQR8201　　pWPS 编号：pWPS 8201

焊接方法：SMAW　　机动化程度：手工☑　机动□　自动□

焊接接头：对接☑　角接□　堆焊□　　其他：/

接头简图(接头形式、尺寸、衬垫、每种焊接方法或焊接工艺的焊缝金属厚度)：

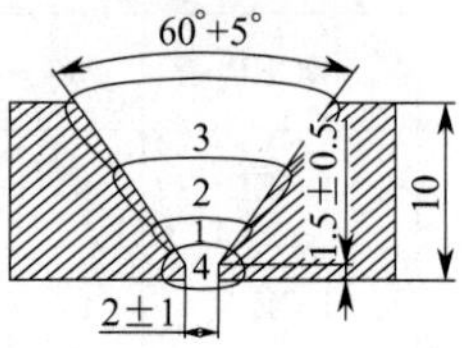

母材：

试件序号	①	②
材料	06Cr25Ni20	06Cr25Ni20
标准或规范	GB/T 713	GB/T 713
规格/mm	δ=10	δ=10
类别号	Fe-8	Fe-8
组别号	Fe-8-2	Fe-8-2

填充金属：

分类	焊条	
型号(牌号)	E310-16(A402)	
标准	NB/T 47018.2	
填充金属规格/mm	ϕ3.2，ϕ4.0	
焊材分类代号	FeT-8	
焊缝金属厚度/mm	10	

预热及后热：

最小预热温度/℃	室温 18	最大道间温度/℃	135
后热温度及保温时间/(℃×h)	/		

焊后热处理： AW

保温温度/℃	/	保温时间/h	/

焊接位置：			
对接焊缝焊接位置	1G	方向 (向上、向下)	/
角焊缝焊接位置	/	方向 (向上、向下)	/

气体：			
项目	气体种类	混合比/%	流量/(L/min)
保护气	/	/	/
尾部保护气	/	/	/
背面保护气	/	/	/

焊接工艺评定报告(PQR)

电特性：

钨极类型及直径/mm：/　　喷嘴直径/mm：/

熔滴过渡形式(喷射过渡、短路过渡等)：/

(按所焊位置和工件厚度，分别将电流、电压和焊接速度实测值填入下表)

焊道	焊接方法	填充金属	规格/mm	电源种类及极性	焊接电流/A	电弧电压/V	焊接速度/(cm/min)	最大热输入/(kJ/cm)
1	SMAW	A402	ϕ3.2	DCEP	80～120	24～26	9～12	20.8
2—3	SMAW	A402	ϕ4.0	DCEP	120～170	24～26	10～13	26.5
4	SMAW	A402	ϕ4.0	DCEP	140～170	24～26	10～13	26.5

技术措施：

摆动焊或不摆动焊：/　　摆动参数：/

焊前清理和层间清理：打磨　　背面清根方法：等离子刨＋修磨

单道焊或多道焊/每面：多道焊＋单道焊　　单丝焊或多丝焊：/

导电嘴至工件距离/mm：/　　锤击：/

换热管与管板的连接方式：/　　换热管与管板接头的清理方法：/

预置金属衬套：/　　预置金属衬套的形状与尺寸：/

其他：

拉伸试验(GB/T 228)：　　试验报告编号：LH8201

试验条件	编号	试样宽度/mm	试样厚度/mm	横截面积/mm^2	断裂载荷/kN	R_m/MPa	断裂位置及特征
接头板拉	PQR8201-1	25.2	9.8	246.96	141	571	断于母材
	PQR8201-2	25.1	9.9	248.49	145	583	断于母材

弯曲试验(GB/T 2653)：　　试验报告编号：LH8201

试验条件	编号	试样尺寸/mm	弯心直径/mm	弯曲角度/(°)	试验结果
侧弯	PQR8201-3	10	40	180	合格
侧弯	PQR8201-4	10	40	180	合格
侧弯	PQR8201-5	10	40	180	合格
侧弯	PQR8201-6	10	40	180	合格

焊接工艺评定报告(PQR)

冲击试验(GB/T 229)： 试验报告编号：

编号	试样位置	V型缺口位置	试样尺寸/mm	试验温度/℃	冲击吸收能量/J

金相试验(角焊缝、模拟组合件)： 试验报告编号：

检验面编号	1	2	3	4	5	6	7	8	结果
有无裂纹、未熔合									
角焊缝厚度/mm									
焊脚高 l/mm									
是否焊透									

金相检验(角焊缝、模拟组合件)：

根部：焊透□ 未焊透□

焊缝：熔合□ 未熔合□

焊缝及热影响区：有裂纹□ 无裂纹□

两焊脚之差值：

试验报告编号：

堆焊层复层熔敷金属化学成分/% 执行标准： 试验报告编号：

C	Si	Mn	P	S	Cr	Ni	Mo	Ti	Al	Nb	Fe	…

化学成分测定表面至熔合线距离/mm：

非破坏性试验：

VT外观检查：无裂纹 PT： MT： UT： RT：无裂纹

预焊接工艺规程 pWPS 8203

预焊接工艺规程(pWPS)

单位名称： ××××

pWPS 编号： pWPS 8203

日期：

焊接方法： GTAW

机动化程度： 手工☑　机动□　自动□

焊接接头： 对接☑　角接□　堆焊□

衬垫(材料及规格)： 焊缝金属

其他： /

简图(接头形式、坡口形式与尺寸、焊层、焊道布置及顺序)：

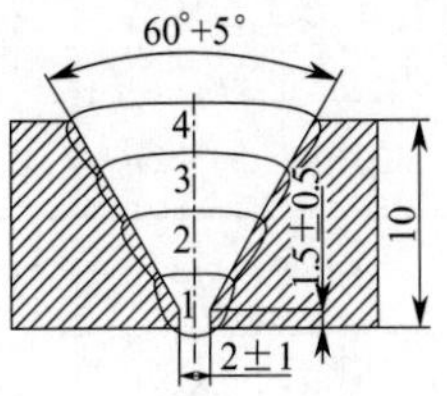

母材：

试件序号	①	②
材料	06Cr25Ni20	06Cr25Ni20
标准或规范	GB/T 713	GB/T 713
规格/mm	δ=10	δ=10
类别号	Fe-8	Fe-8
组别号	Fe-8-2	Fe-8-2
对接焊缝焊件母材厚度范围/mm	1.5～20	1.5～20
角焊缝焊件母材厚度范围/mm	不限	不限
管子直径、壁厚范围(对接或角接)/mm	/	/
其他：	/	

填充金属：

焊材类别(种类)	焊丝	
型号(牌号)	S310(H08Cr26Ni21)	
标准	NB/T 47018.3	
填充金属规格/mm	ϕ2.5	
焊材分类代号	FeS-8	
对接焊缝焊件焊缝金属范围/mm	0～20	
角焊缝焊件焊缝金属范围/mm	不限	
其他：	/	

预热及后热：		**气体：**			
最小预热温度/℃	/	项目	气体种类	混合比/%	流量/(L/min)
最大道间温度/℃	150	保护气	Ar	99.99	8～12
后热温度/℃	/	尾部保护气	/	/	/
后热保温时间/h	/	背面保护气	/	/	/

焊后热处理：	AW	**焊接位置：**			
热处理温度/℃	/	对接焊缝位置	1G	方向(向上、向下)	/
热处理时间/h	/	角焊缝位置	/	方向(向上、向下)	/

预焊接工艺规程(pWPS)

电特性：

钨极类型及直径/mm：铈钨极，ϕ3.0　　喷嘴直径/mm：ϕ12

熔滴过渡形式(喷射过渡、短路过渡等)：/

(按所焊位置和工件厚度，分别将电流、电压和焊接速度范围填入下表)

焊道/焊层	焊接方法	填充金属	规格/mm	电源种类及极性	焊接电流/A	电弧电压/V	焊接速度/(cm/min)	最大热输入/(kJ/cm)
1	GTAW	H08Cr26Ni21	ϕ2.5	DCEN	100～150	14～16	8～12	18.0
2	GTAW	H08Cr26Ni21	ϕ2.5	DCEN	140～200	14～16	9～13	21.3
3	GTAW	H08Cr26Ni21	ϕ2.5	DCEN	140～200	14～16	10～12	19.2
4	GTAW	H08Cr26Ni21	ϕ2.5	DCEN	140～200	14～16	10～13	19.2

技术措施：

摆动焊或不摆动焊：/　　摆动参数：/

焊前清理和层间清理：刷或磨　　背面清根方法：修磨

单道焊或多道焊/每面：一面，多道焊　　单丝焊或多丝焊：单丝

导电嘴至工件距离/mm：/　　锤击：/

换热管与管板的连接方式：/　　换热管与管板接头的清理方法：/

预置金属衬套：/　　预置金属衬套的形状与尺寸：/

其他：环境温度>0℃，相对湿度<90%。

检验要求及执行标准：

按 NB/T 47014—2023 及相关技术要求进行评定，项目如下：

1. 外观检查和无损检测(按 NB/T 47013.2)结果不得有裂纹；
2. 焊接接头板拉二件(按 GB/T 228)，$R_m \geqslant 520$MPa；
3. 焊接接头侧弯四件(按 GB/T 2653)，$D=4a$　$a=10$　$\alpha=180°$，沿任何方向不得有单条长度大于 3mm 的开口缺陷。

编制		日期		审核		日期		批准		日期	

焊接工艺评定报告（PQR 8203）

焊接工艺评定报告(PQR)

单位名称： ××××

PQR 编号：PQR8203　　pWPS 编号：pWPS 8203

焊接方法：GTAW　　机动化程度：手工☑　机动□　自动□

焊接接头：对接☑　角接□　堆焊□　　其他：/

接头简图(接头形式、尺寸、衬垫、每种焊接方法或焊接工艺的焊缝金属厚度)：

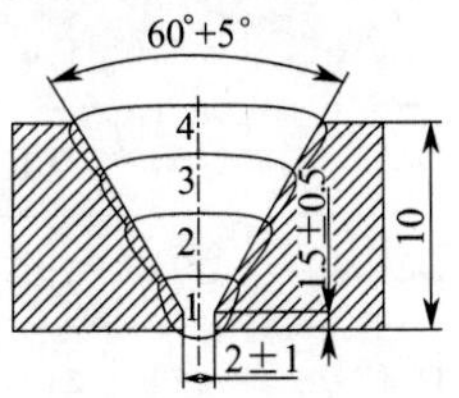

母材：

试件序号	①	②
材料	06Cr25Ni20	06Cr25Ni20
标准或规范	GB/T 713	GB/T 713
规格/mm	δ=10	δ=10
类别号	Fe-8	Fe-8
组别号	Fe-8-2	Fe-8-2

填充金属：

分类	焊丝	
型号(牌号)	S310(H08Cr26Ni21)	
标准	NB/T 47018.3	
填充金属规格/mm	ϕ2.5	
焊材分类代号	FeS-8	
焊缝金属厚度/mm	10	

预热及后热：

最小预热温度/℃	室温 18	最大道间温度/℃	135
后热温度及保温时间/(℃×h)	/		

焊后热处理： AW

保温温度/℃	/	保温时间/h	/

焊接位置：

对接焊缝焊接位置	1G	方向(向上、向下)	/
角焊缝焊接位置	/	方向(向上、向下)	/

气体：

项目	气体种类	混合比/%	流量/(L/min)
保护气	Ar	99.99	8～12
尾部保护气	/	/	/
背面保护气	/	/	/

焊接工艺评定报告(PQR)

电特性：

钨极类型及直径/mm：铈钨极，ϕ3.0　　喷嘴直径/mm：ϕ12

熔滴过渡形式(喷射过渡、短路过渡等)：/

(按所焊位置和工件厚度，分别将电流、电压和焊接速度实测值填入下表)

焊道	焊接方法	填充金属	规格/mm	电源种类及极性	焊接电流/A	电弧电压/V	焊接速度/(cm/min)	最大热输入/(kJ/cm)
1	GTAW	H08Cr26Ni21	ϕ2.5	DCEN	100～160	14～16	8～12	18.0
2	GTAW	H08Cr26Ni21	ϕ2.5	DCEN	140～210	14～16	9～13	22.4
3	GTAW	H08Cr26Ni21	ϕ2.5	DCEN	140～210	14～16	10～12	20.2
4	GTAW	H08Cr26Ni21	ϕ2.5	DCEN	140～210	14～16	10～13	20.2

技术措施：

摆动焊或不摆动焊：/　　摆动参数：/

焊前清理和层间清理：打磨　　背面清根方法：修磨

单道焊或多道焊/每面：一面，多道焊　　单丝焊或多丝焊：单丝

导电嘴至工件距离/mm：/　　锤击：/

换热管与管板的连接方式：/　　换热管与管板接头的清理方法：/

预置金属衬套：/　　预置金属衬套的形状与尺寸：/

其他：

拉伸试验(GB/T 228)：　　试验报告编号：LH8203

试验条件	编号	试样宽度/mm	试样厚度/mm	横截面积/mm²	断裂载荷/kN	R_m/MPa	断裂位置及特征
接头板拉	PQR8203-1	25.0	9.9	247.5	137	553	断于母材
	PQR8203-2	25.1	10	251	141	561	断于母材

弯曲试验(GB/T 2653)：　　试验报告编号：LH8203

试验条件	编号	试样尺寸/mm	弯心直径/mm	弯曲角度/(°)	试验结果
侧弯	PQR8203-3	10	40	180	合格
侧弯	PQR8203-4	10	40	180	合格
侧弯	PQR8203-5	10	40	180	合格
侧弯	PQR8203-6	10	40	180	合格

焊接工艺评定报告(PQR)

冲击试验(GB/T 229)：　　　　　　　　　　　　　　　　　试验报告编号：

编号	试样位置	V型缺口位置	试样尺寸/mm	试验温度/℃	冲击吸收能量/J

金相试验(角焊缝、模拟组合件)：　　　　　　　　　　　　　　试验报告编号：

检验面编号	1	2	3	4	5	6	7	8	结果
有无裂纹、未熔合									
角焊缝厚度/mm									
焊脚高 l/mm									
是否焊透									

金相检验(角焊缝、模拟组合件)：

根部：　焊透□　　　未焊透□

焊缝：　熔合□　　　未熔合□

焊缝及热影响区：　有裂纹□　　无裂纹□

两焊脚之差值：________

试验报告编号：________

堆焊层复层熔敷金属化学成分/%　执行标准：　　　　　　　　试验报告编号：

C	Si	Mn	P	S	Cr	Ni	Mo	Ti	Al	Nb	Fe	…

化学成分测定表面至熔合线距离/mm：________

非破坏性试验：

VT 外观检查：　无裂纹　　PT：________　MT：________　UT：________　RT：　无裂纹

第十三节　钛及钛合金的焊接工艺评定（Ti-1）

预焊接工艺规程 pWPS Ti101

预焊接工艺规程(pWPS)
单位名称： ×××× pWPS 编号： pWPSTi101 日期： ××××

焊接方法： GTAW 机动化程度： 手工☑ 机动☐ 自动☐ 焊接接头： 对接☑ 角接☐ 堆焊☐ 衬垫(材料及规格)： 焊缝金属 其他： /	**简图(接头形式、坡口形式与尺寸、焊层、焊道布置及顺序)：** 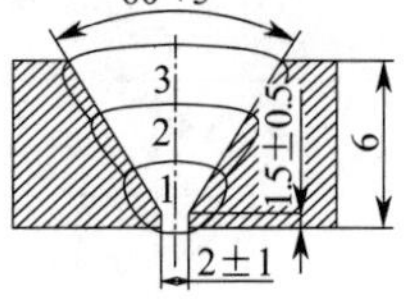

母材：		
试件序号	①	②
材料	TA1	TA1
标准或规范	GB/T 3621	GB/T 3621
规格/mm	δ=6	δ=6
类别号	Ti-1	Ti-1
组别号	/	/
对接焊缝焊件母材厚度范围/mm	1.5～12	1.5～12
角焊缝焊件母材厚度范围/mm	不限	不限
管子直径、壁厚范围(对接或角接)/mm	/	/
其他：	/	

填充金属：		
焊材类别(种类)	焊丝	
型号(牌号)	ER TA1ELI	
标准	NB/T 47018.7	
填充金属规格/mm	ϕ2.5	
焊材分类代号	TiS-1	
对接焊缝焊件焊缝金属范围/mm	0～12	
角焊缝焊件焊缝金属范围/mm	不限	
其他：	/	

预热及后热：		**气体：**			
最小预热温度/℃	15	项目	气体种类	混合比/%	流量/(L/min)
最大道间温度/℃	100	保护气	Ar	99.99	12
后热温度/℃	/	尾部保护气	Ar	99.99	20
后热保温时间/h	/	背面保护气	Ar	99.99	20

焊后热处理：	AW	**焊接位置：**			
热处理温度/℃	/	对接焊缝位置	1G	方向(向上、向下)	/
热处理时间/h	/	角焊缝位置	/	方向(向上、向下)	/

预焊接工艺规程(pWPS)

电特性：

钨极类型及直径/mm：铈钨极，ϕ3.0　　喷嘴直径/mm：ϕ16

熔滴过渡形式(喷射过渡、短路过渡等)：/

(按所焊位置和工件厚度，分别将电流、电压和焊接速度范围填入下表)

焊道/焊层	焊接方法	填充金属	规格/mm	电源种类及极性	焊接电流/A	电弧电压/V	焊接速度/(cm/min)	最大热输入/(kJ/cm)
1	GTAW	ER TA1ELI	ϕ2.5	DCEN	100～140	14～16	10～14	13.4
2	GTAW	ER TA1ELI	ϕ2.5	DCEN	140～180	14～16	12～14	14.4
3	GTAW	ER TA1ELI	ϕ2.5	DCEN	160～180	14～16	12～14	14.4

技术措施：

摆动焊或不摆动焊：/　　摆动参数：/

焊前清理和层间清理：刷或磨　　背面清根方法：修磨

单道焊或多道焊/每面：一面，多道焊　　单丝焊或多丝焊：单丝

导电嘴至工件距离/mm：/　　锤击：/

换热管与管板的连接方式：/　　换热管与管板接头的清理方法：/

预置金属衬套：/　　预置金属衬套的形状与尺寸：/

其他：环境温度>0℃，相对湿度<90%。

检验要求及执行标准：

按 NB/T 47014—2023 及相关技术要求进行评定，项目如下：

1. 外观检查和无损检测(按 NB/T 47013.2)结果不得有裂纹；
2. 焊接接头板拉二件(按 GB/T 228)，$R_m \geqslant 370$MPa；
3. 焊接接头面弯、背弯各二件(按 GB/T 2653)，$D=8a$ $a=6$ $\alpha=180°$，沿任何方向不得有单条长度大于 3mm 的开口缺陷。

编制		日期		审核		日期		批准		日期	

焊接工艺评定报告（PQR Ti101）

焊接工艺评定报告(PQR)

单位名称： ××××

PQR 编号： PQRTi101　　pWPS 编号： pWPSTi101

焊接方法： GTAW　　机动化程度： 手工☑　机动□　自动□

焊接接头： 对接☑　角接□　堆焊□　　其他： /

接头简图(接头形式、尺寸、衬垫、每种焊接方法或焊接工艺的焊缝金属厚度)：

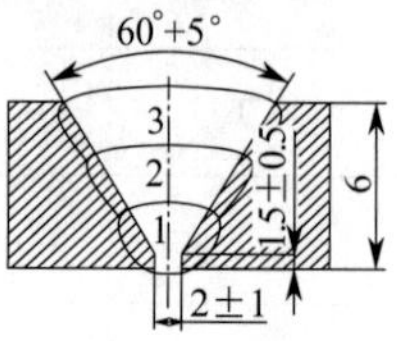

母材：

试件序号	①	②
材料	TA1	TA1
标准或规范	GB/T 3621	GB/T 3621
规格/mm	δ=6	δ=6
类别号	Ti-1	Ti-1
组别号	/	/

填充金属：

分类	焊丝	
型号(牌号)	ER TA1ELI	
标准	NB/T 47018.7	
填充金属规格/mm	ϕ2.5	
焊材分类代号	TiS-1	
焊缝金属厚度/mm	6	

预热及后热：

最小预热温度/℃	室温 15	最大道间温度/℃	90
后热温度及保温时间/(℃×h)	/		

焊后热处理： AW

保温温度/℃	/	保温时间/h	/

焊接位置：

对接焊缝焊接位置	1G	方向 (向上、向下)	/
角焊缝焊接位置	/	方向 (向上、向下)	/

气体：

项目	气体种类	混合比/%	流量/(L/min)
保护气	Ar	99.99	12
尾部保护气	Ar	99.99	20
背面保护气	Ar	99.99	20

焊接工艺评定报告(PQR)

电特性：

钨极类型及直径/mm：铈钨极，ϕ3.0　　喷嘴直径/mm：ϕ16

熔滴过渡形式(喷射过渡、短路过渡等)：/

(按所焊位置和工件厚度，分别将电流、电压和焊接速度实测值填入下表)

焊道	焊接方法	填充金属	规格/mm	电源种类及极性	焊接电流/A	电弧电压/V	焊接速度/(cm/min)	最大热输入/(kJ/cm)
1	GTAW	ER TA1ELI	ϕ2.5	DCEN	100～150	14～16	10～14	14.4
2	GTAW	ER TA1ELI	ϕ2.5	DCEN	140～190	14～16	12～14	15.2
3	GTAW	ER TA1ELI	ϕ2.5	DCEN	160～190	14～16	12～14	15.2

技术措施：

摆动焊或不摆动焊：/　　摆动参数：/

焊前清理和层间清理：打磨　　背面清根方法：修磨

单道焊或多道焊/每面：一面，多道焊　　单丝焊或多丝焊：单丝

导电嘴至工件距离/mm：/　　锤击：/

换热管与管板的连接方式：/　　换热管与管板接头的清理方法：/

预置金属衬套：/　　预置金属衬套的形状与尺寸：/

其他：

拉伸试验(GB/T 228)：　　试验报告编号：LHTi101

试验条件	编号	试样宽度/mm	试样厚度/mm	横截面积/mm^2	断裂载荷/kN	R_m/MPa	断裂位置及特征
接头板拉	PQRTi101-1	20.1	5.9	118.59	62.3	505	焊缝，韧断
	PQRTi101-2	19.0	6.0	114.0	58.8	515	焊缝，韧断

弯曲试验(GB/T 2653)：　　试验报告编号：LHTi101

试验条件	编号	试样尺寸/mm	弯心直径/mm	弯曲角度/(°)	试验结果
面弯	PQRTi101-3	6	48	180	合格
面弯	PQRTi101-4	6	48	180	合格
背弯	PQRTi101-5	6	48	180	合格
背弯	PQRTi101-6	6	48	180	合格

焊接工艺评定报告(PQR)

冲击试验(GB/T 229): 试验报告编号:

编号	试样位置	V型缺口位置	试样尺寸/mm	试验温度/℃	冲击吸收能量/J

金相试验(角焊缝、模拟组合件): 试验报告编号:

检验面编号	1	2	3	4	5	6	7	8	结果
有无裂纹、未熔合									
角焊缝厚度/mm									
焊脚高 l/mm									
是否焊透									

金相检验(角焊缝、模拟组合件):
根部: 焊透□ 未焊透□
焊缝: 熔合□ 未熔合□
焊缝及热影响区: 有裂纹□ 无裂纹□
两焊脚之差值:
试验报告编号:

堆焊层复层熔敷金属化学成分/% 执行标准: 试验报告编号:

C	Si	Mn	P	S	Cr	Ni	Mo	Ti	Al	Nb	Fe	…

化学成分测定表面至熔合线距离/mm:

非破坏性试验:
VT外观检查: 无裂纹 PT: MT: UT: RT: 无裂纹

预焊接工艺规程 pWPS Ti102

预焊接工艺规程(pWPS)

单位名称： ××××

pWPS 编号： pWPSTi102

日期： ××××

焊接方法： GTAW 机动化程度：手工☑　机动□　自动□ 焊接接头：对接☑　角接□　堆焊□ 衬垫(材料及规格)：焊缝金属 其他：/	**简图(接头形式、坡口形式与尺寸、焊层、焊道布置及顺序)：** 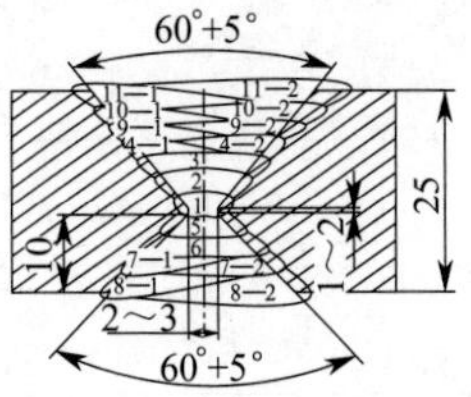

母材：

试件序号	①	②
材料	TA1	TA1
标准或规范	GB/T 3621	GB/T 3621
规格/mm	δ=25	δ=25
类别号	Ti-1	Ti-1
组别号	/	/
对接焊缝焊件母材厚度范围/mm	5～50	5～50
角焊缝焊件母材厚度范围/mm	不限	不限
管子直径、壁厚范围(对接或角接)/mm	/	/
其他：	/	

填充金属：

焊材类别(种类)	焊丝	
型号(牌号)	ER TA1ELI	
标准	NB/T 47018.7	
填充金属规格/mm	ϕ2.5	
焊材分类代号	TiS-1	
对接焊缝焊件焊缝金属范围/mm	0～50	
角焊缝焊件焊缝金属范围/mm	不限	
其他：	/	

预热及后热：		**气体：**			
最小预热温度/℃	15	项目	气体种类	混合比/%	流量/(L/min)
最大道间温度/℃	100	保护气	Ar	99.99	12
后热温度/℃	/	尾部保护气	Ar	99.99	20
后热保温时间/h	/	背面保护气	Ar	99.99	20

焊后热处理：	AW	**焊接位置：**			
热处理温度/℃	/	对接焊缝位置	1G	方向(向上、向下)	/
热处理时间/h	/	角焊缝位置	/	方向(向上、向下)	/

预焊接工艺规程(pWPS)

电特性：

钨极类型及直径/mm：铈钨极，ϕ3.0　　喷嘴直径/mm：ϕ16

熔滴过渡形式(喷射过渡、短路过渡等)：/

(按所焊位置和工件厚度，分别将电流、电压和焊接速度范围填入下表)

焊道/焊层	焊接方法	填充金属	规格/mm	电源种类及极性	焊接电流/A	电弧电压/V	焊接速度/(cm/min)	最大热输入/(kJ/cm)
1	GTAW	ER TA1ELI	ϕ2.5	DCEN	110～150	14～16	10～14	14.4
2	GTAW	ER TA1ELI	ϕ2.5	DCEN	160～180	14～16	12～14	14.4
3	GTAW	ER TA1ELI	ϕ2.5	DCEN	180～200	14～16	12～14	16.0
4	GTAW	ER TA1ELI	ϕ2.5	DCEN	160～180	14～16	14～16	12.3
5	GTAW	ER TA1ELI	ϕ2.5	DCEN	120～150	14～16	13～15	11.1
6	GTAW	ER TA1ELI	ϕ2.5	DCEN	180～200	14～16	12～14	16.0
7—8	GTAW	ER TA1ELI	ϕ2.5	DCEN	160～180	14～16	14～16	12.3
9—10	GTAW	ER TA1ELI	ϕ2.5	DCEN	180～200	14～16	14～16	13.7
11	GTAW	ER TA1ELI	ϕ2.5	DCEN	170～190	14～16	12～14	15.2

技术措施：

摆动焊或不摆动焊：/　　摆动参数：/

焊前清理和层间清理：刷或磨　　背面清根方法：修磨

单道焊或多道焊/每面：多道焊　　单丝焊或多丝焊：单丝

导电嘴至工件距离/mm：/　　锤击：/

换热管与管板的连接方式：/　　换热管与管板接头的清理方法：/

预置金属衬套：/　　预置金属衬套的形状与尺寸：/

其他：环境温度>0℃，相对湿度<90%。

检验要求及执行标准：

按 NB/T 47014—2023 及相关技术要求进行评定，项目如下：

1. 外观检查和无损检测(按 NB/T 47013.2)结果不得有裂纹；
2. 焊接接头板拉二件(按 GB/T 228)，$R_m \geqslant 370$MPa；
3. 焊接接头侧弯四件(按 GB/T 2653)，$D=8a$　$a=10$　$\alpha=180°$，沿任何方向不得有单条长度大于 3mm 的开口缺陷。

编制		日期		审核		日期		批准		日期	

焊接工艺评定报告（PQR Ti102）

焊接工艺评定报告(PQR)

单位名称： ××××

PQR 编号：PQRTi102　　pWPS 编号：pWPSTi102

焊接方法：GTAW　　机动化程度：手工☑　机动□　自动□

焊接接头：对接☑　角接□　堆焊□　　其他：/

接头简图(接头形式、尺寸、衬垫、每种焊接方法或焊接工艺的焊缝金属厚度)：

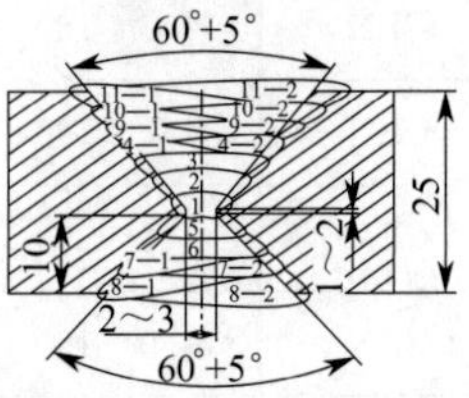

母材：

试件序号	①	②
材料	TA1	TA1
标准或规范	GB/T 3621	GB/T 3621
规格/mm	δ=25	δ=25
类别号	Ti-1	Ti-1
组别号	/	/

填充金属：

分类	焊丝	
型号(牌号)	ER TA1ELI	
标准	NB/T 47018.7	
填充金属规格/mm	ϕ2.5	
焊材分类代号	TiS-1	
焊缝金属厚度/mm	25	

预热及后热：

最小预热温度/℃	室温 15	最大道间温度/℃	90
后热温度及保温时间/(℃×h)	/		

焊后热处理：	AW		
保温温度/℃	/	保温时间/h	/

焊接位置：

对接焊缝焊接位置	1G	方向(向上、向下)	/
角焊缝焊接位置	/	方向(向上、向下)	/

气体：

项目	气体种类	混合比/%	流量/(L/min)
保护气	Ar	99.99	12
尾部保护气	Ar	99.99	20
背面保护气	Ar	99.99	20

焊接工艺评定报告(PQR)

电特性：

钨极类型及直径/mm：铈钨极，ϕ3.0　　喷嘴直径/mm：ϕ16

熔滴过渡形式(喷射过渡、短路过渡等)：/

(按所焊位置和工件厚度，分别将电流、电压和焊接速度实测值填入下表)

焊道	焊接方法	填充金属	规格/mm	电源种类及极性	焊接电流/A	电弧电压/V	焊接速度/(cm/min)	最大热输入/(kJ/cm)
1	GTAW	ER TA1ELI	ϕ2.5	DCEN	110～160	14～16	10～14	15.4
2	GTAW	ER TA1ELI	ϕ2.5	DCEN	160～190	14～16	12～14	15.2
3	GTAW	ER TA1ELI	ϕ2.5	DCEN	180～210	14～16	12～14	16.8
4	GTAW	ER TA1ELI	ϕ2.5	DCEN	160～190	14～16	14～16	13.1
5	GTAW	ER TA1ELI	ϕ2.5	DCEN	120～160	14～16	13～15	11.8
6	GTAW	ER TA1ELI	ϕ2.5	DCEN	180～210	14～16	12～14	16.8
7—8	GTAW	ER TA1ELI	ϕ2.5	DCEN	160～190	14～16	14～16	13.3
9—10	GTAW	ER TA1ELI	ϕ2.5	DCEN	180～210	14～16	14～16	14.4
11	GTAW	ER TA1ELI	ϕ2.5	DCEN	170～200	14～16	12～14	16.0

技术措施：

摆动焊或不摆动焊：/　　摆动参数：/

焊前清理和层间清理：打磨　　背面清根方法：修磨

单道焊或多道焊/每面：多道焊　　单丝焊或多丝焊：单丝

导电嘴至工件距离/mm：/　　锤击：/

换热管与管板的连接方式：/　　换热管与管板接头的清理方法：/

预置金属衬套：/　　预置金属衬套的形状与尺寸：/

其他：

拉伸试验(GB/T 228)：　　试验报告编号：LHTi102

试验条件	编号	试样宽度/mm	试样厚度/mm	横截面积/mm^2	断裂载荷/kN	R_m/MPa	断裂位置及特征
接头板拉	PQRTi102-1	20.0	25.0	500	247.6	495	焊缝，韧断
	PQRTi102-2	20.1	24.8	498.48	249.3	500	焊缝，韧断

弯曲试验(GB/T 2653)：　　试验报告编号：LHTi102

试验条件	编号	试样尺寸/mm	弯心直径/mm	弯曲角度/(°)	试验结果
侧弯	PQRTi102-3	10	80	180	合格
侧弯	PQRTi102-4	10	80	180	合格
侧弯	PQRTi102-5	10	80	180	合格
侧弯	PQRTi102-6	10	80	180	合格

焊接工艺评定报告(PQR)

冲击试验(GB/T 229)： 试验报告编号：

编号	试样位置	V 型缺口位置	试样尺寸/mm	试验温度/℃	冲击吸收能量/J

金相试验(角焊缝、模拟组合件)： 试验报告编号：

检验面编号	1	2	3	4	5	6	7	8	结果
有无裂纹、未熔合									
角焊缝厚度/mm									
焊脚高 l/mm									
是否焊透									

金相检验(角焊缝、模拟组合件)：
根部：焊透□　未焊透□
焊缝：熔合□　未熔合□
焊缝及热影响区：有裂纹□　无裂纹□
两焊脚之差值：
试验报告编号：

堆焊层复层熔敷金属化学成分/% 执行标准： 试验报告编号：

C	Si	Mn	P	S	Cr	Ni	Mo	Ti	Al	Nb	Fe	…

化学成分测定表面至熔合线距离/mm：

非破坏性试验：
VT 外观检查：无裂纹　PT：　MT：　UT：　RT：无裂纹

预焊接工艺规程 pWPS Ti103

预焊接工艺规程(pWPS)

单位名称： ××××

pWPS 编号： pWPSTi103

日期： ××××

焊接方法： GTAW 机动化程度： 手工☑ 机动□ 自动□ 焊接接头： 对接☑ 角接□ 堆焊□ 衬垫(材料及规格)： 焊缝金属 其他： /	**简图(接头形式、坡口形式与尺寸、焊层、焊道布置及顺序)：** 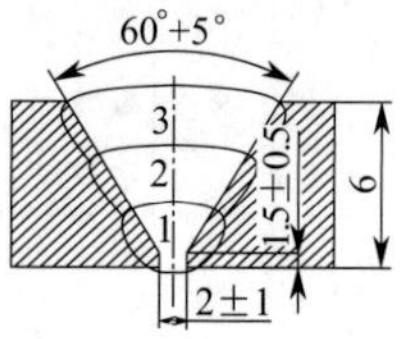

母材：

试件序号	①	②
材料	TA2	TA2
标准或规范	GB/T 3621	GB/T 3621
规格/mm	δ=6	δ=6
类别号	Ti-1	Ti-1
组别号	/	/
对接焊缝焊件母材厚度范围/mm	1.5～12	1.5～12
角焊缝焊件母材厚度范围/mm	不限	不限
管子直径、壁厚范围(对接或角接)/mm	/	/
其他：	/	

填充金属：

焊材类别(种类)	焊丝	
型号(牌号)	ER TA2ELI	
标准	NB/T 47018.7	
填充金属规格/mm	ϕ2.5	
焊材分类代号	TiS-1	
对接焊缝焊件焊缝金属范围/mm	0～12	
角焊缝焊件焊缝金属范围/mm	不限	
其他：	/	

预热及后热：		**气体：**			
最小预热温度/℃	15	项目	气体种类	混合比/%	流量/(L/min)
最大道间温度/℃	100	保护气	Ar	99.99	12
后热温度/℃	/	尾部保护气	Ar	99.99	20
后热保温时间/h	/	背面保护气	Ar	99.99	20

焊后热处理：	AW	**焊接位置：**			
热处理温度/℃	/	对接焊缝位置	1G	方向(向上、向下)	/
热处理时间/h	/	角焊缝位置	/	方向(向上、向下)	/

预焊接工艺规程(pWPS)

电特性：

钨极类型及直径/mm：铈钨极，$\phi 3.0$　　喷嘴直径/mm：$\phi 16$

熔滴过渡形式(喷射过渡、短路过渡等)：/

(按所焊位置和工件厚度，分别将电流、电压和焊接速度范围填入下表)

焊道/焊层	焊接方法	填充金属	规格/mm	电源种类及极性	焊接电流/A	电弧电压/V	焊接速度/(cm/min)	最大热输入/(kJ/cm)
1	GTAW	ER TA2ELI	$\phi 2.5$	DCEN	100～140	14～16	10～14	13.4
2	GTAW	ER TA2ELI	$\phi 2.5$	DCEN	140～180	14～16	12～14	14.4
3	GTAW	ER TA2ELI	$\phi 2.5$	DCEN	160～180	14～16	12～14	14.4

技术措施：

摆动焊或不摆动焊：/　　摆动参数：/

焊前清理和层间清理：刷或磨　　背面清根方法：修磨

单道焊或多道焊/每面：一面，多道焊　　单丝焊或多丝焊：单丝

导电嘴至工件距离/mm：/　　锤击：/

换热管与管板的连接方式：/　　换热管与管板接头的清理方法：/

预置金属衬套：/　　预置金属衬套的形状与尺寸：/

其他：环境温度＞0℃，相对湿度＜90%。

检验要求及执行标准：

按 NB/T 47014—2023 及相关技术要求进行评定，项目如下：

1. 外观检查和无损检测(按 NB/T 47013.2)结果不得有裂纹；
2. 焊接接头板拉二件(按 GB/T 228)，$R_m \geqslant 440$MPa；
3. 焊接接头面弯、背弯各二件(按 GB/T 2653)，$D=8a$　$a=6$　$\alpha=180°$，沿任何方向不得有单条长度大于 3mm 的开口缺陷。

编制		日期		审核		日期		批准		日期	

焊接工艺评定报告（PQR Ti103）

焊接工艺评定报告(PQR)

单位名称： ××××

PQR 编号：PQRTi103　　pWPS 编号：pWPSTi103

焊接方法：GTAW　　机动化程度：手工☑　机动□　自动□

焊接接头：对接☑　角接□　堆焊□　　其他：/

接头简图(接头形式、尺寸、衬垫、每种焊接方法或焊接工艺的焊缝金属厚度)：

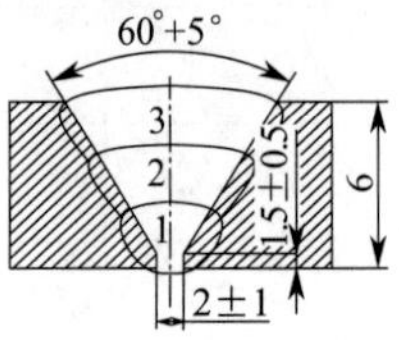

母材：

试件序号	①	②
材料	TA2	TA2
标准或规范	GB/T 3621	GB/T 3621
规格/mm	$\delta=6$	$\delta=6$
类别号	Ti-1	Ti-1
组别号	/	/

填充金属：

分类	焊丝	
型号(牌号)	ER TA2ELI	
标准	NB/T 47018.7	
填充金属规格/mm	ϕ2.5	
焊材分类代号	TiS-1	
焊缝金属厚度/mm	6	

预热及后热：

最小预热温度/℃	室温 15	最大道间温度/℃	90
后热温度及保温时间/(℃×h)	/		

焊后热处理： AW

保温温度/℃	/	保温时间/h	/

焊接位置：

对接焊缝焊接位置	1G	方向 (向上、向下)	/
角焊缝焊接位置	/	方向 (向上、向下)	/

气体：

项目	气体种类	混合比/%	流量/(L/min)
保护气	Ar	99.99	12
尾部保护气	Ar	99.99	20
背面保护气	Ar	99.99	20

焊接工艺评定报告(PQR)

电特性：

钨极类型及直径/mm：铈钨极，ϕ3.0　　喷嘴直径/mm：ϕ16

熔滴过渡形式(喷射过渡、短路过渡等)：/

(按所焊位置和工件厚度，分别将电流、电压和焊接速度实测值填入下表)

焊道	焊接方法	填充金属	规格/mm	电源种类及极性	焊接电流/A	电弧电压/V	焊接速度/(cm/min)	最大热输入/(kJ/cm)
1	GTAW	ER TA2ELI	ϕ2.5	DCEN	100～150	14～16	10～14	14.4
2	GTAW	ER TA2ELI	ϕ2.5	DCEN	140～190	14～16	12～14	15.2
3	GTAW	ER TA2ELI	ϕ2.5	DCEN	160～190	14～16	12～14	15.2

技术措施：

摆动焊或不摆动焊：/　　摆动参数：/

焊前清理和层间清理：打磨　　背面清根方法：修磨

单道焊或多道焊/每面：一面，多道焊　　单丝焊或多丝焊：单丝

导电嘴至工件距离/mm：/　　锤击：/

换热管与管板的连接方式：/　　换热管与管板接头的清理方法：/

预置金属衬套：/　　预置金属衬套的形状与尺寸：/

其他：

拉伸试验(GB/T 228)：　　试验报告编号：LHTi103

试验条件	编号	试样宽度/mm	试样厚度/mm	横截面积/mm^2	断裂载荷/kN	R_m/MPa	断裂位置及特征
接头板拉	PQRTi103-1	19.9	5.9	117.41	59.3	505	焊缝，韧断
	PQRTi103-2	20.0	6.0	120	60.7	505	焊缝，韧断

弯曲试验(GB/T 2653)：　　试验报告编号：LHTi103

试验条件	编号	试样尺寸/mm	弯心直径/mm	弯曲角度/(°)	试验结果
面弯	PQRTi103-3	6	48	180	合格
面弯	PQRTi103-4	6	48	180	合格
背弯	PQRTi103-5	6	48	180	合格
背弯	PQRTi103-6	6	48	180	合格

焊接工艺评定报告(PQR)

冲击试验(GB/T 229)： 试验报告编号：

编号	试样位置	V 型缺口位置	试样尺寸/mm	试验温度/℃	冲击吸收能量/J

金相试验(角焊缝、模拟组合件)： 试验报告编号：

检验面编号	1	2	3	4	5	6	7	8	结果
有无裂纹、未熔合									
角焊缝厚度/mm									
焊脚高 l/mm									
是否焊透									

金相检验(角焊缝、模拟组合件)：

根部：焊透□ 未焊透□

焊缝：熔合□ 未熔合□

焊缝及热影响区：有裂纹□ 无裂纹□

两焊脚之差值：

试验报告编号：

堆焊层复层熔敷金属化学成分/% 执行标准： 试验报告编号：

C	Si	Mn	P	S	Cr	Ni	Mo	Ti	Al	Nb	Fe	…

化学成分测定表面至熔合线距离/mm：

非破坏性试验：

VT 外观检查：无裂纹 PT： MT： UT： RT：无裂纹

预焊接工艺规程 pWPS Ti104

预焊接工艺规程(pWPS)

单位名称： ××××

pWPS 编号： pWPSTi104

日期： ××××

焊接方法： GTAW 机动化程度： 手工☑　机动☐　自动☐ 焊接接头： 对接☑　角接☐　堆焊☐ 衬垫(材料及规格)： 焊缝金属 其他： /	**简图(接头形式、坡口形式与尺寸、焊层、焊道布置及顺序)：** 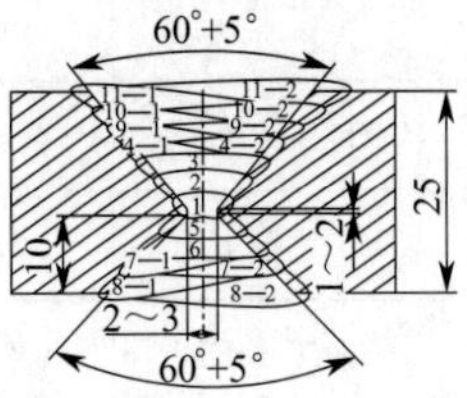

母材：

试件序号	①	②
材料	TA2	TA2
标准或规范	GB/T 3621	GB/T 3621
规格/mm	$\delta=25$	$\delta=25$
类别号	Ti-1	Ti-1
组别号	/	/
对接焊缝焊件母材厚度范围/mm	5～50	5～50
角焊缝焊件母材厚度范围/mm	不限	不限
管子直径、壁厚范围(对接或角接)/mm	/	/
其他：	/	

填充金属：

焊材类别(种类)	焊丝	
型号(牌号)	ER TA2ELI	
标准	NB/T 47018.7	
填充金属规格/mm	$\phi 2.5$	
焊材分类代号	TiS-1	
对接焊缝焊件焊缝金属范围/mm	0～50	
角焊缝焊件焊缝金属范围/mm	不限	
其他：	/	

预热及后热：		**气体：**			
最小预热温度/℃	15	项目	气体种类	混合比/%	流量/(L/min)
最大道间温度/℃	100	保护气	Ar	99.99	12
后热温度/℃	/	尾部保护气	Ar	99.99	20
后热保温时间/h	/	背面保护气	Ar	99.99	20

焊后热处理：	AW	**焊接位置：**			
热处理温度/℃	/	对接焊缝位置	1G	方向(向上、向下)	/
热处理时间/h	/	角焊缝位置	/	方向(向上、向下)	/

预焊接工艺规程(pWPS)

电特性：

钨极类型及直径/mm：铈钨极，ϕ3.0　喷嘴直径/mm：ϕ16

熔滴过渡形式(喷射过渡、短路过渡等)：/

(按所焊位置和工件厚度，分别将电流、电压和焊接速度范围填入下表)

焊道/焊层	焊接方法	填充金属	规格/mm	电源种类及极性	焊接电流/A	电弧电压/V	焊接速度/(cm/min)	最大热输入/(kJ/cm)
1	GTAW	ER TA2ELI	ϕ2.5	DCEN	110～150	14～16	10～14	14.4
2	GTAW	ER TA2ELI	ϕ2.5	DCEN	160～180	14～16	12～14	14.4
3	GTAW	ER TA2ELI	ϕ2.5	DCEN	180～200	14～16	12～14	16.0
4	GTAW	ER TA2ELI	ϕ2.5	DCEN	160～180	14～16	14～16	12.3
5	GTAW	ER TA2ELI	ϕ2.5	DCEN	120～150	14～16	13～15	11.1
6	GTAW	ER TA2ELI	ϕ2.5	DCEN	180～200	14～16	12～14	16.0
7—8	GTAW	ER TA2ELI	ϕ2.5	DCEN	160～180	14～16	14～16	12.3
9—10	GTAW	ER TA2ELI	ϕ2.5	DCEN	180～200	14～16	14～16	13.7
11	GTAW	ER TA2ELI	ϕ2.5	DCEN	170～190	14～16	12～14	15.2

技术措施：

摆动焊或不摆动焊：/　摆动参数：/

焊前清理和层间清理：刷或磨　背面清根方法：修磨

单道焊或多道焊/每面：多道焊　单丝焊或多丝焊：单丝

导电嘴至工件距离/mm：/　锤击：/

换热管与管板的连接方式：/　换热管与管板接头的清理方法：/

预置金属衬套：/　预置金属衬套的形状与尺寸：/

其他：环境温度＞0℃，相对湿度＜90％。

检验要求及执行标准：

按 NB/T 47014—2023 及相关技术要求进行评定，项目如下：

1. 外观检查和无损检测(按 NB/T 47013.2)结果不得有裂纹；
2. 焊接接头板拉二件(按 GB/T 228)，R_m≥440MPa；
3. 焊接接头侧弯四件(按 GB/T 2653)，$D=8a$　$a=10$　$\alpha=180°$，沿任何方向不得有单条长度大于 3mm 的开口缺陷。

编制		日期		审核		日期		批准		日期	

焊接工艺评定报告（PQR Ti104）

焊接工艺评定报告(PQR)

单位名称： ××××

PQR 编号： PQRTi104　　pWPS 编号： pWPSTi104

焊接方法： GTAW　　机动化程度： 手工☑　机动□　自动□

焊接接头： 对接☑　角接□　堆焊□　　其他： /

接头简图(接头形式、尺寸、衬垫、每种焊接方法或焊接工艺的焊缝金属厚度)：

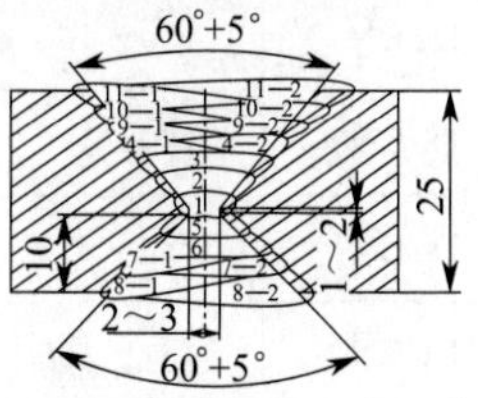

母材：

试件序号	①	②
材料	TA2	TA2
标准或规范	GB/T 3621	GB/T 3621
规格/mm	δ=25	δ=25
类别号	Ti-1	Ti-1
组别号	/	/

填充金属：

分类	焊丝	
型号(牌号)	ER TA2ELI	
标准	NB/T 47018.7	
填充金属规格/mm	ϕ2.5	
焊材分类代号	TiS-1	
焊缝金属厚度/mm	25	

预热及后热：

最小预热温度/℃	室温 15	最大道间温度/℃	90
后热温度及保温时间/(℃×h)	/		

焊后热处理：	AW		
保温温度/℃	/	保温时间/h	/

焊接位置：

对接焊缝焊接位置	1G	方向 (向上、向下)	/
角焊缝焊接位置	/	方向 (向上、向下)	/

气体：

项目	气体种类	混合比/%	流量/(L/min)
保护气	Ar	99.99	12
尾部保护气	Ar	99.99	20
背面保护气	Ar	99.99	20

焊接工艺评定报告(PQR)

电特性：

钨极类型及直径/mm：铈钨极，ϕ3.0　　喷嘴直径/mm：ϕ16

熔滴过渡形式(喷射过渡、短路过渡等)：/

(按所焊位置和工件厚度，分别将电流、电压和焊接速度实测值填入下表)

焊道	焊接方法	填充金属	规格/mm	电源种类及极性	焊接电流/A	电弧电压/V	焊接速度/(cm/min)	最大热输入/(kJ/cm)
1	GTAW	ER TA2ELI	ϕ2.5	DCEN	110～160	14～16	10～14	15.4
2	GTAW	ER TA2ELI	ϕ2.5	DCEN	160～190	14～16	12～14	15.2
3	GTAW	ER TA2ELI	ϕ2.5	DCEN	180～210	14～16	12～14	16.8
4	GTAW	ER TA2ELI	ϕ2.5	DCEN	160～190	14～16	14～16	13.1
5	GTAW	ER TA2ELI	ϕ2.5	DCEN	120～160	14～16	13～15	11.8
6	GTAW	ER TA2ELI	ϕ2.5	DCEN	180～210	14～16	12～14	16.8
7—8	GTAW	ER TA2ELI	ϕ2.5	DCEN	160～190	14～16	14～16	13.3
9—10	GTAW	ER TA2ELI	ϕ2.5	DCEN	180～210	14～16	14～16	14.4
11	GTAW	ER TA2ELI	ϕ2.5	DCEN	170～200	14～16	12～14	16.0

技术措施：

摆动焊或不摆动焊：/　　摆动参数：/

焊前清理和层间清理：打磨　　背面清根方法：修磨

单道焊或多道焊/每面：多道焊　　单丝焊或多丝焊：单丝

导电嘴至工件距离/mm：/　　锤击：/

换热管与管板的连接方式：/　　换热管与管板接头的清理方法：/

预置金属衬套：/　　预置金属衬套的形状与尺寸：/

其他：

拉伸试验(GB/T 228)：　　试验报告编号：LHTi104

试验条件	编号	试样宽度/mm	试样厚度/mm	横截面积/mm^2	断裂载荷/kN	R_m/MPa	断裂位置及特征
接头板拉	PQRTi104-1	20.0	24.8	496	250.5	505	焊缝，韧断
	PQRTi104-2	20.0	24.9	498	244.1	490	焊缝，韧断

弯曲试验(GB/T 2653)：　　试验报告编号：LHTi104

试验条件	编号	试样尺寸/mm	弯心直径/mm	弯曲角度/(°)	试验结果
侧弯	PQRTi104-3	10	80	180	合格
侧弯	PQRTi104-4	10	80	180	合格
侧弯	PQRTi104-5	10	80	180	合格
侧弯	PQRTi104-6	10	80	180	合格

焊接工艺评定报告(PQR)

冲击试验(GB/T 229)：　　　　试验报告编号：

编号	试样位置	V型缺口位置	试样尺寸/mm	试验温度/℃	冲击吸收能量/J

金相试验(角焊缝、模拟组合件)：　　　　试验报告编号：

检验面编号	1	2	3	4	5	6	7	8	结果
有无裂纹、未熔合									
角焊缝厚度/mm									
焊脚高 l/mm									
是否焊透									

金相检验(角焊缝、模拟组合件)：

根部：焊透□　　未焊透□

焊缝：熔合□　　未熔合□

焊缝及热影响区：有裂纹□　　无裂纹□

两焊脚之差值：

试验报告编号：

堆焊层复层熔敷金属化学成分/%　执行标准：　　　　试验报告编号：

C	Si	Mn	P	S	Cr	Ni	Mo	Ti	Al	Nb	Fe	…

化学成分测定表面至熔合线距离/mm：

非破坏性试验：

VT外观检查：无裂纹　PT：　MT：　UT：　RT：无裂纹

预焊接工艺规程 pWPS Ti105

预焊接工艺规程(pWPS)

单位名称： ××××

pWPS 编号： pWPSTi105

日期： ××××

焊接方法： GTAW

机动化程度：手工☑ 机动□ 自动□

焊接接头：对接☑ 角接□ 堆焊□

衬垫(材料及规格)：焊缝金属

其他：/

简图(接头形式、坡口形式与尺寸、焊层、焊道布置及顺序)：

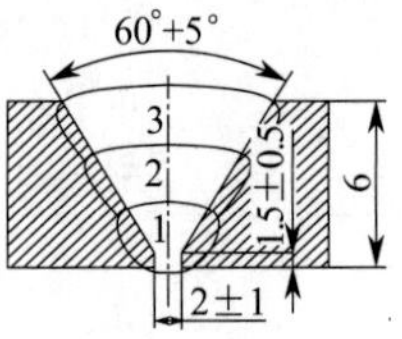

母材：

试件序号	①	②
材料	TA9	TA9
标准或规范	GB/T 3621	GB/T 3621
规格/mm	δ=6	δ=6
类别号	Ti-1	Ti-1
组别号	/	/
对接焊缝焊件母材厚度范围/mm	1.5～12	1.5～12
角焊缝焊件母材厚度范围/mm	不限	不限
管子直径、壁厚范围(对接或角接)/mm	/	/
其他：	/	

填充金属：

焊材类别(种类)	焊丝	
型号(牌号)	ER TA9	
标准	NB/T 47018.7	
填充金属规格/mm	ϕ2.5	
焊材分类代号	TiS-2	
对接焊缝焊件焊缝金属范围/mm	0～12	
角焊缝焊件焊缝金属范围/mm	不限	
其他：	/	

预热及后热：

最小预热温度/℃	15
最大道间温度/℃	100
后热温度/℃	/
后热保温时间/h	/

气体：

项目	气体种类	混合比/%	流量/(L/min)
保护气	Ar	99.99	12
尾部保护气	Ar	99.99	20
背面保护气	Ar	99.99	20

焊后热处理： AW

热处理温度/℃	/
热处理时间/h	/

焊接位置：

对接焊缝位置	1G	方向(向上、向下)	/
角焊缝位置	/	方向(向上、向下)	/

预焊接工艺规程(pWPS)

电特性：

钨极类型及直径/mm：铈钨极，ϕ3.0　　喷嘴直径/mm：ϕ16

熔滴过渡形式(喷射过渡、短路过渡等)：/

(按所焊位置和工件厚度，分别将电流、电压和焊接速度范围填入下表)

焊道/焊层	焊接方法	填充金属	规格/mm	电源种类及极性	焊接电流/A	电弧电压/V	焊接速度/(cm/min)	最大热输入/(kJ/cm)
1	GTAW	ER TA9	ϕ2.5	DCEN	100～140	14～16	10～14	13.4
2	GTAW	ER TA9	ϕ2.5	DCEN	140～180	14～16	12～14	14.4
3	GTAW	ER TA9	ϕ2.5	DCEN	160～180	14～16	12～14	14.4

技术措施：

摆动焊或不摆动焊：/　　摆动参数：/

焊前清理和层间清理：刷或磨　　背面清根方法：修磨

单道焊或多道焊/每面：一面，多道焊　　单丝焊或多丝焊：单丝

导电嘴至工件距离/mm：/　　锤击：/

换热管与管板的连接方式：/　　换热管与管板接头的清理方法：/

预置金属衬套：/　　预置金属衬套的形状与尺寸：/

其他：环境温度>0℃，相对湿度<90%。

检验要求及执行标准：

按 NB/T 47014—2023 及相关技术要求进行评定，项目如下：

1. 外观检查和无损检测(按 NB/T 47013.2)结果不得有裂纹；
2. 焊接接头板拉二件(按 GB/T 228)，$R_m \geqslant$400MPa；
3. 焊接接头面弯、背弯各二件(按 GB/T 2653)，$D=8a$　$a=6$　$\alpha=180°$，沿任何方向不得有单条长度大于 3mm 的开口缺陷。

编制		日期		审核		日期		批准		日期	

焊接工艺评定报告（PQR Ti105 ）

焊接工艺评定报告(PQR)

单位名称： ××××

PQR 编号： PQRTi105　　pWPS 编号： pWPSTi105

焊接方法： GTAW　　机动化程度： 手工☑　机动□　自动□

焊接接头： 对接☑　角接□　堆焊□　　其他： /

接头简图(接头形式、尺寸、衬垫、每种焊接方法或焊接工艺的焊缝金属厚度)：

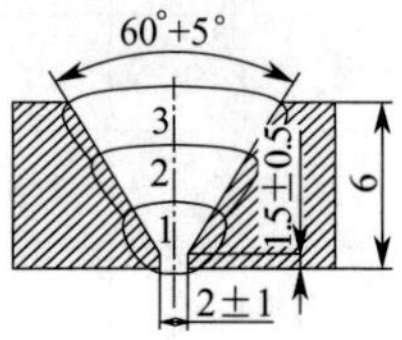

母材：

试件序号	①	②
材料	TA9	TA9
标准或规范	GB/T 3621	GB/T 3621
规格/mm	δ=6	δ=6
类别号	Ti-1	Ti-1
组别号	/	/

填充金属：

分类	焊丝	
型号(牌号)	ER TA9	
标准	NB/T 47018.7	
填充金属规格/mm	ϕ2.5	
焊材分类代号	TiS-2	
焊缝金属厚度/mm	6	

预热及后热：

最小预热温度/℃	室温 15	最大道间温度/℃	90
后热温度及保温时间/(℃×h)	/		

焊后热处理： AW

保温温度/℃	/	保温时间/h	/

焊接位置：

对接焊缝焊接位置	1G	方向（向上、向下）	/
角焊缝焊接位置	/	方向（向上、向下）	/

气体：

项目	气体种类	混合比/%	流量/(L/min)
保护气	Ar	99.99	12
尾部保护气	Ar	99.99	20
背面保护气	Ar	99.99	20

焊接工艺评定报告(PQR)

电特性：

钨极类型及直径/mm：铈钨极，ϕ3.0　　喷嘴直径/mm：ϕ16

熔滴过渡形式(喷射过渡、短路过渡等)：/

(按所焊位置和工件厚度，分别将电流、电压和焊接速度实测值填入下表)

焊道	焊接方法	填充金属	规格/mm	电源种类及极性	焊接电流/A	电弧电压/V	焊接速度/(cm/min)	最大热输入/(kJ/cm)
1	GTAW	ER TA9	ϕ2.5	DCEN	100～150	14～16	10～14	14.4
2	GTAW	ER TA9	ϕ2.5	DCEN	140～190	14～16	12～14	15.2
3	GTAW	ER TA9	ϕ2.5	DCEN	160～190	14～16	12～14	15.2

技术措施：

摆动焊或不摆动焊：/　　摆动参数：/

焊前清理和层间清理：打磨　　背面清根方法：修磨

单道焊或多道焊/每面：一面，多道焊　　单丝焊或多丝焊：单丝

导电嘴至工件距离/mm：/　　锤击：/

换热管与管板的连接方式：/　　换热管与管板接头的清理方法：/

预置金属衬套：/　　预置金属衬套的形状与尺寸：/

其他：

拉伸试验(GB/T 228)：　　试验报告编号：LHTi105

试验条件	编号	试样宽度/mm	试样厚度/mm	横截面积/mm^2	断裂载荷/kN	R_m/MPa	断裂位置及特征
接头板拉	PQRTi105-1	20.0	5.9	118.0	60.0	505	焊缝，韧断
	PQRTi105-2	20.1	5.9	118,59	59.3	500	焊缝，韧断

弯曲试验(GB/T 2653)：　　试验报告编号：LHTi105

试验条件	编号	试样尺寸/mm	弯心直径/mm	弯曲角度/(°)	试验结果
面弯	PQRTi105-3	6	48	180	合格
面弯	PQRTi105-4	6	48	180	合格
背弯	PQRTi105-5	6	48	180	合格
背弯	PQRTi105-6	6	48	180	合格

焊接工艺评定报告(PQR)

冲击试验(GB/T 229)：　　　　试验报告编号：

编号	试样位置	V型缺口位置	试样尺寸/mm	试验温度/℃	冲击吸收能量/J

金相试验(角焊缝、模拟组合件)：　　　　试验报告编号：

检验面编号	1	2	3	4	5	6	7	8	结果
有无裂纹、未熔合									
角焊缝厚度/mm									
焊脚高 l/mm									
是否焊透									

金相检验(角焊缝、模拟组合件)：

根部：　焊透□　　未焊透□

焊缝：　熔合□　　未熔合□

焊缝及热影响区：　有裂纹□　　无裂纹□

两焊脚之差值：____

试验报告编号：____

堆焊层复层熔敷金属化学成分/%　执行标准：　　　　试验报告编号：

C	Si	Mn	P	S	Cr	Ni	Mo	Ti	Al	Nb	Fe	…

化学成分测定表面至熔合线距离/mm：____

非破坏性试验：

VT外观检查：　无裂纹　　PT：____　MT：____　UT：____　RT：　无裂纹

预焊接工艺规程 pWPS Ti106

预焊接工艺规程(pWPS)

单位名称： ××××

pWPS 编号： pWPSTi106

日期： ××××

焊接方法： GTAW

机动化程度： 手工☑　机动□　自动□

焊接接头： 对接☑　角接□　堆焊□

衬垫(材料及规格)： 焊缝金属

其他： /

简图(接头形式、坡口形式与尺寸、焊层、焊道布置及顺序)：

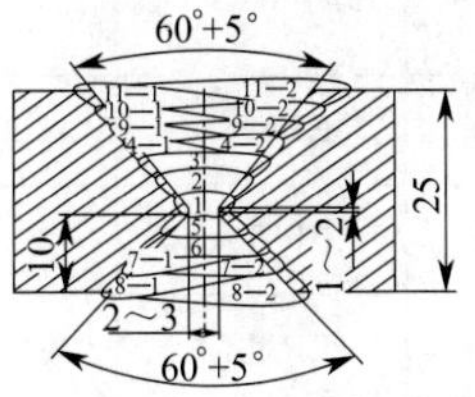

母材：

试件序号	①	②
材料	TA9	TA9
标准或规范	GB/T 3621	GB/T 3621
规格/mm	$\delta=25$	$\delta=25$
类别号	Ti-1	Ti-1
组别号	/	/
对接焊缝焊件母材厚度范围/mm	5～50	5～50
角焊缝焊件母材厚度范围/mm	不限	不限
管子直径、壁厚范围(对接或角接)/mm	/	/
其他：	/	

填充金属：

焊材类别(种类)	焊丝	
型号(牌号)	ER TA9	
标准	NB/T 47018.7	
填充金属规格/mm	$\phi 2.5$	
焊材分类代号	TiS-2	
对接焊缝焊件焊缝金属范围/mm	0～50	
角焊缝焊件焊缝金属范围/mm	不限	
其他：	/	

预热及后热：

最小预热温度/℃	15
最大道间温度/℃	100
后热温度/℃	/
后热保温时间/h	/

气体：

项目	气体种类	混合比/%	流量/(L/min)
保护气	Ar	99.99	12
尾部保护气	Ar	99.99	20
背面保护气	Ar	99.99	20

焊后热处理： AW

热处理温度/℃	/
热处理时间/h	/

焊接位置：

对接焊缝位置	1G	方向(向上、向下)	/
角焊缝位置	/	方向(向上、向下)	/

预焊接工艺规程(pWPS)

电特性：

钨极类型及直径/mm：铈钨极，ϕ3.0　喷嘴直径/mm：ϕ16

熔滴过渡形式(喷射过渡、短路过渡等)：/

(按所焊位置和工件厚度，分别将电流、电压和焊接速度范围填入下表)

焊道/焊层	焊接方法	填充金属	规格/mm	电源种类及极性	焊接电流/A	电弧电压/V	焊接速度/(cm/min)	最大热输入/(kJ/cm)
1	GTAW	ER TA9	ϕ2.5	DCEN	110～150	14～16	10～14	14.4
2	GTAW	ER TA9	ϕ2.5	DCEN	160～180	14～16	12～14	14.4
3	GTAW	ER TA9	ϕ2.5	DCEN	180～200	14～16	12～14	16.0
4	GTAW	ER TA9	ϕ2.5	DCEN	160～180	14～16	14～16	12.3
5	GTAW	ER TA9	ϕ2.5	DCEN	120～150	14～16	13～15	11.1
6	GTAW	ER TA9	ϕ2.5	DCEN	180～200	14～16	12～14	16.0
7—8	GTAW	ER TA9	ϕ2.5	DCEN	160～180	14～16	14～16	12.3
9—10	GTAW	ER TA9	ϕ2.5	DCEN	180～200	14～16	14～16	13.7
11	GTAW	ER TA9	ϕ2.5	DCEN	170～190	14～16	12～14	15.2

技术措施：

摆动焊或不摆动焊：/　摆动参数：/

焊前清理和层间清理：刷或磨　背面清根方法：修磨

单道焊或多道焊/每面：多道焊　单丝焊或多丝焊：单丝

导电嘴至工件距离/mm：/　锤击：/

换热管与管板的连接方式：/　换热管与管板接头的清理方法：/

预置金属衬套：/　预置金属衬套的形状与尺寸：/

其他：环境温度＞0℃，相对湿度＜90%。

检验要求及执行标准：

按 NB/T 47014—2023 及相关技术要求进行评定，项目如下：

1. 外观检查和无损检测(按 NB/T 47013.2)结果不得有裂纹；
2. 焊接接头板拉二件(按 GB/T 228)，$R_m \geqslant 400MPa$；
3. 焊接接头侧弯四件(按 GB/T 2653)，$D=8a$　$a=10$　$\alpha=180°$，沿任何方向不得有单条长度大于 3mm 的开口缺陷。

编制		日期		审核		日期		批准		日期	

焊接工艺评定报告（PQR Ti106 ）

焊接工艺评定报告(PQR)

单位名称：××××

PQR 编号：PQRTi106　　pWPS 编号：pWPSTi106

焊接方法：GTAW　　机动化程度：手工☑　机动□　自动□

焊接接头：对接☑　角接□　堆焊□　　其他：/

接头简图(接头形式、尺寸、衬垫、每种焊接方法或焊接工艺的焊缝金属厚度)：

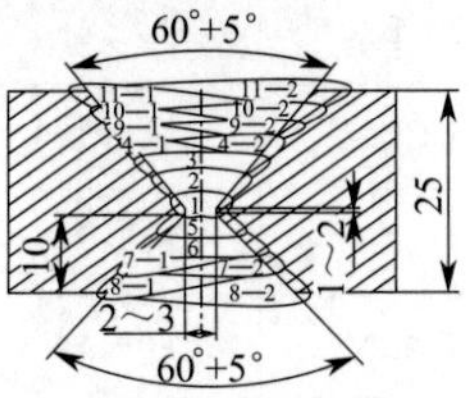

母材：

试件序号	①	②
材料	TA9	TA9
标准或规范	GB/T 3621	GB/T 3621
规格/mm	$\delta=25$	$\delta=25$
类别号	Ti-1	Ti-1
组别号	/	/

填充金属：

分类	焊丝	
型号(牌号)	ER TA9	
标准	NB/T 47018.7	
填充金属规格/mm	ϕ2.5	
焊材分类代号	TiS-2	
焊缝金属厚度/mm	25	

预热及后热：

最小预热温度/℃	室温 15	最大道间温度/℃	90
后热温度及保温时间/(℃×h)	/		

焊后热处理： AW

保温温度/℃	/	保温时间/h	/

焊接位置：

对接焊缝焊接位置	1G	方向(向上、向下)	/
角焊缝焊接位置	/	方向(向上、向下)	/

气体：

项目	气体种类	混合比/%	流量/(L/min)
保护气	Ar	99.99	12
尾部保护气	Ar	99.99	20
背面保护气	Ar	99.99	20

焊接工艺评定报告(PQR)

电特性:

钨极类型及直径/mm:铈钨极,ϕ3.0　　喷嘴直径/mm:ϕ16

熔滴过渡形式(喷射过渡、短路过渡等):/

(按所焊位置和工件厚度,分别将电流、电压和焊接速度实测值填入下表)

焊道	焊接方法	填充金属	规格/mm	电源种类及极性	焊接电流/A	电弧电压/V	焊接速度/(cm/min)	最大热输入/(kJ/cm)
1	GTAW	ER TA9	ϕ2.5	DCEN	110～160	14～16	10～14	15.4
2	GTAW	ER TA9	ϕ2.5	DCEN	160～190	14～16	12～14	15.2
3	GTAW	ER TA9	ϕ2.5	DCEN	180～210	14～16	12～14	16.8
4	GTAW	ER TA9	ϕ2.5	DCEN	160～190	14～16	14～16	13.1
5	GTAW	ER TA9	ϕ2.5	DCEN	120～160	14～16	13～15	11.8
6	GTAW	ER TA9	ϕ2.5	DCEN	180～210	14～16	12～14	16.8
7—8	GTAW	ER TA9	ϕ2.5	DCEN	160～190	14～16	14～16	13.3
9—10	GTAW	ER TA9	ϕ2.5	DCEN	180～210	14～16	14～16	14.4
11	GTAW	ER TA9	ϕ2.5	DCEN	170～200	14～16	12～14	16.0

技术措施:

摆动焊或不摆动焊:/　　摆动参数:/

焊前清理和层间清理:打磨　　背面清根方法:修磨

单道焊或多道焊/每面:多道焊　　单丝焊或多丝焊:单丝

导电嘴至工件距离/mm:/　　锤击:/

换热管与管板的连接方式:/　　换热管与管板接头的清理方法:/

预置金属衬套:/　　预置金属衬套的形状与尺寸:/

其他:

拉伸试验(GB/T 228):　　试验报告编号:LHTi106

试验条件	编号	试样宽度/mm	试样厚度/mm	横截面积/mm^2	断裂载荷/kN	R_m/MPa	断裂位置及特征
接头板拉	PQRTi106-1	20.0	24.9	498.0	241	515	焊缝,韧断
	PQRTi106-2	19.9	25.9	515.41	246.3	525	焊缝,韧断

弯曲试验(GB/T 2653):　　试验报告编号:LHTi106

试验条件	编号	试样尺寸/mm	弯心直径/mm	弯曲角度/(°)	试验结果
侧弯	PQRTi106-3	10	80	180	合格
侧弯	PQRTi106-4	10	80	180	合格
侧弯	PQRTi106-5	10	80	180	合格
侧弯	PQRTi106-6	10	80	180	合格

焊接工艺评定报告(PQR)

冲击试验(GB/T 229)： 试验报告编号：

编号	试样位置	V型缺口位置	试样尺寸/mm	试验温度/℃	冲击吸收能量/J

金相试验(角焊缝、模拟组合件)： 试验报告编号：

检验面编号	1	2	3	4	5	6	7	8	结果
有无裂纹、未熔合									
角焊缝厚度/mm									
焊脚高 l/mm									
是否焊透									

金相检验(角焊缝、模拟组合件)：

根部：焊透□ 未焊透□

焊缝：熔合□ 未熔合□

焊缝及热影响区：有裂纹□ 无裂纹□

两焊脚之差值：________

试验报告编号：________

堆焊层复层熔敷金属化学成分/% 执行标准： 试验报告编号：

C	Si	Mn	P	S	Cr	Ni	Mo	Ti	Al	Nb	Fe	…

化学成分测定表面至熔合线距离/mm：________

非破坏性试验：

VT外观检查：无裂纹 PT：________ MT：________ UT：________ RT：无裂纹

第十四节　钛及钛合金的焊接工艺评定（Ti-2）

预焊接工艺规程 pWPS Ti201

预焊接工艺规程(pWPS)

单位名称： ××××

pWPS 编号：pWPSTi201

日期：××××

焊接方法： GTAW 机动化程度：手工☑　机动□　自动□ 焊接接头：对接☑　角接□　堆焊□ 衬垫(材料及规格)：焊缝金属 其他：/	**简图(接头形式、坡口形式与尺寸、焊层、焊道布置及顺序)：** 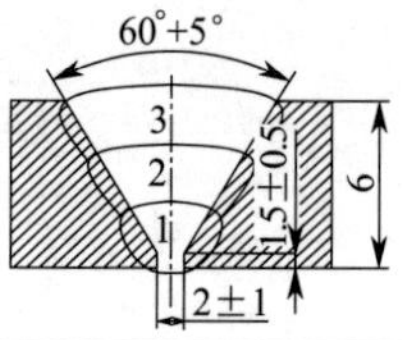

母材：

试件序号	①	②
材料	TA10	TA10
标准或规范	GB/T 3621	GB/T 3621
规格/mm	$\delta=6$	$\delta=6$
类别号	Ti-2	Ti-2
组别号	/	/
对接焊缝焊件母材厚度范围/mm	1.5～12	1.5～12
角焊缝焊件母材厚度范围/mm	不限	不限
管子直径、壁厚范围(对接或角接)/mm	/	/
其他：	/	

填充金属：

焊材类别(种类)	焊丝	
型号(牌号)	ER TA10	
标准	NB/T 47018.7	
填充金属规格/mm	ϕ2.5	
焊材分类代号	TiS-4	
对接焊缝焊件焊缝金属范围/mm	0～12	
角焊缝焊件焊缝金属范围/mm	不限	
其他：	/	

预热及后热：		**气体：**			
最小预热温度/℃	15	项目	气体种类	混合比/%	流量/(L/min)
最大道间温度/℃	100	保护气	Ar	99.99	12
后热温度/℃	/	尾部保护气	Ar	99.99	20
后热保温时间/h	/	背面保护气	Ar	99.99	20

焊后热处理：	AW	**焊接位置：**			
热处理温度/℃	/	对接焊缝位置	1G	方向(向上、向下)	/
热处理时间/h	/	角焊缝位置	/	方向(向上、向下)	/

预焊接工艺规程(pWPS)

电特性：

钨极类型及直径/mm：铈钨极，$\phi3.0$　　喷嘴直径/mm：$\phi16$

熔滴过渡形式(喷射过渡、短路过渡等)：/

(按所焊位置和工件厚度，分别将电流、电压和焊接速度范围填入下表)

焊道/焊层	焊接方法	填充金属	规格/mm	电源种类及极性	焊接电流/A	电弧电压/V	焊接速度/(cm/min)	最大热输入/(kJ/cm)
1	GTAW	ER TA10	$\phi2.5$	DCEN	100～140	14～16	10～14	13.4
2	GTAW	ER TA10	$\phi2.5$	DCEN	140～180	14～16	12～14	14.4
3	GTAW	ER TA10	$\phi2.5$	DCEN	160～180	14～16	12～14	14.4

技术措施：

摆动焊或不摆动焊：/　　摆动参数：/

焊前清理和层间清理：刷或磨　　背面清根方法：修磨

单道焊或多道焊/每面：一面，多道焊　　单丝焊或多丝焊：单丝

导电嘴至工件距离/mm：/　　锤击：/

换热管与管板的连接方式：/　　换热管与管板接头的清理方法：/

预置金属衬套：/　　预置金属衬套的形状与尺寸：/

其他：环境温度>0℃，相对湿度<90%。

检验要求及执行标准：

按 NB/T 47014—2023 及相关技术要求进行评定，项目如下：

1. 外观检查和无损检测(按 NB/T 47013.2)结果不得有裂纹；
2. 焊接接头板拉二件(按 GB/T 228)，$R_m \geqslant 485$MPa；
3. 焊接接头面弯、背弯各二件(按 GB/T 2653)，$D=10a$　$a=6$　$\alpha=180°$，沿任何方向不得有单条长度大于 3mm 的开口缺陷。

编制		日期		审核		日期		批准		日期	

焊接工艺评定报告（PQR Ti201）

焊接工艺评定报告(PQR)

单位名称： ××××

PQR 编号：PQRTi201	pWPS 编号：pWPSTi201
焊接方法：GTAW	机动化程度：手工☑ 机动□ 自动□
焊接接头：对接☑ 角接□ 堆焊□	其他：/

接头简图(接头形式、尺寸、衬垫、每种焊接方法或焊接工艺的焊缝金属厚度)：

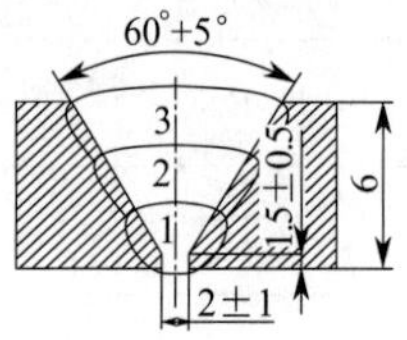

母材：

试件序号	①	②
材料	TA10	TA10
标准或规范	GB/T 3621	GB/T 3621
规格/mm	δ=6	δ=6
类别号	Ti-2	Ti-2
组别号	/	/

填充金属：

分类	焊丝	
型号(牌号)	ER TA10	
标准	NB/T 47018.7	
填充金属规格/mm	ϕ2.5	
焊材分类代号	TiS-4	
焊缝金属厚度/mm	6	

预热及后热：

最小预热温度/℃	室温 15	最大道间温度/℃	90
后热温度及保温时间/(℃×h)	/		

焊后热处理： AW

保温温度/℃	/	保温时间/h	/

焊接位置：

对接焊缝焊接位置	1G	方向 (向上、向下)	/
角焊缝焊接位置	/	方向 (向上、向下)	/

气体：

项目	气体种类	混合比/%	流量/(L/min)
保护气	Ar	99.99	12
尾部保护气	Ar	99.99	20
背面保护气	Ar	99.99	20

焊接工艺评定报告(PQR)

电特性：

钨极类型及直径/mm：铈钨极，ϕ3.0　　喷嘴直径/mm：ϕ16

熔滴过渡形式(喷射过渡、短路过渡等)：/

(按所焊位置和工件厚度，分别将电流、电压和焊接速度实测值填入下表)

焊道	焊接方法	填充金属	规格/mm	电源种类及极性	焊接电流/A	电弧电压/V	焊接速度/(cm/min)	最大热输入/(kJ/cm)
1	GTAW	ER TA10	ϕ2.5	DCEN	100～150	14～16	10～14	14.4
2	GTAW	ER TA10	ϕ2.5	DCEN	140～190	14～16	12～14	15.2
3	GTAW	ER TA10	ϕ2.5	DCEN	160～190	14～16	12～14	15.2

技术措施：

摆动焊或不摆动焊：/　　摆动参数：/

焊前清理和层间清理：打磨　　背面清根方法：修磨

单道焊或多道焊/每面：一面，多道焊　　单丝焊或多丝焊：单丝

导电嘴至工件距离/mm：/　　锤击：/

换热管与管板的连接方式：/　　换热管与管板接头的清理方法：/

预置金属衬套：/　　预置金属衬套的形状与尺寸：/

其他：

拉伸试验(GB/T 228)：　　试验报告编号：LHTi201

试验条件	编号	试样宽度/mm	试样厚度/mm	横截面积/mm^2	断裂载荷/kN	R_m/MPa	断裂位置及特征
接头板拉	PQRTi201-1	20.0	5.9	118	66.7	565	焊缝，韧断
	PQRTi201-2	20.0	6.0	120	66.7	555	焊缝，韧断

弯曲试验(GB/T 2653)：　　试验报告编号：LHTi201

试验条件	编号	试样尺寸/mm	弯心直径/mm	弯曲角度/(°)	试验结果
面弯	PQRTi201-3	6	60	180	合格
面弯	PQRTi201-4	6	60	180	合格
背弯	PQRTi201-5	6	60	180	合格
背弯	PQRTi201-6	6	60	180	合格

焊接工艺评定报告(PQR)

冲击试验(GB/T 229)： 试验报告编号：

编号	试样位置	V型缺口位置	试样尺寸/mm	试验温度/℃	冲击吸收能量/J

金相试验(角焊缝、模拟组合件)： 试验报告编号：

检验面编号	1	2	3	4	5	6	7	8	结果
有无裂纹、未熔合									
角焊缝厚度/mm									
焊脚高 l/mm									
是否焊透									

金相检验(角焊缝、模拟组合件)：

根部：焊透□ 未焊透□

焊缝：熔合□ 未熔合□

焊缝及热影响区：有裂纹□ 无裂纹□

两焊脚之差值：

试验报告编号：

堆焊层复层熔敷金属化学成分/% 执行标准： 试验报告编号：

C	Si	Mn	P	S	Cr	Ni	Mo	Ti	Al	Nb	Fe	…

化学成分测定表面至熔合线距离/mm：

非破坏性试验：

VT外观检查：无裂纹 PT： MT： UT： RT：无裂纹

预焊接工艺规程 pWPS Ti202

预焊接工艺规程(pWPS)				
单位名称：×××× pWPS 编号：pWPSTi202 日期：××××				
焊接方法：GTAW 机动化程度：手工☑　机动□　自动□ 焊接接头：对接☑　角接□　堆焊□ 衬垫(材料及规格)：焊缝金属 其他：/	简图(接头形式、坡口形式与尺寸、焊层、焊道布置及顺序)：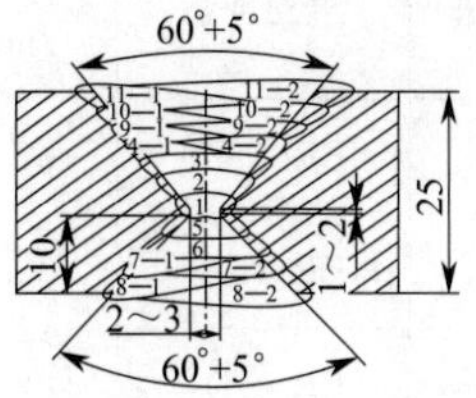			
母材：				
试件序号	①	②		
材料	TA10	TA10		
标准或规范	GB/T 3621	GB/T 3621		
规格/mm	δ=25	δ=25		
类别号	Ti-2	Ti-2		
组别号	/	/		
对接焊缝焊件母材厚度范围/mm	5～50	5～50		
角焊缝焊件母材厚度范围/mm	不限	不限		
管子直径、壁厚范围(对接或角接)/mm	/	/		
其他：	/			
填充金属：				
焊材类别(种类)	焊丝			
型号(牌号)	ER TA10			
标准	NB/T 47018.7			
填充金属规格/mm	ϕ2.5			
焊材分类代号	TiS-4			
对接焊缝焊件焊缝金属范围/mm	0～50			
角焊缝焊件焊缝金属范围/mm	不限			
其他：	/			

预热及后热：		**气体：**			
最小预热温度/℃	15	项目	气体种类	混合比/%	流量/(L/min)
最大道间温度/℃	100	保护气	Ar	99.99	12
后热温度/℃	/	尾部保护气	Ar	99.99	20
后热保温时间/h	/	背面保护气	Ar	99.99	20
焊后热处理：	AW	**焊接位置：**			
热处理温度/℃	/	对接焊缝位置	1G	方向(向上、向下)	/
热处理时间/h	/	角焊缝位置	/	方向(向上、向下)	/

预焊接工艺规程(pWPS)

电特性：

钨极类型及直径/mm：铈钨极，ϕ3.0　　喷嘴直径/mm：ϕ16

熔滴过渡形式(喷射过渡、短路过渡等)：/

(按所焊位置和工件厚度，分别将电流、电压和焊接速度范围填入下表)

焊道/焊层	焊接方法	填充金属	规格/mm	电源种类及极性	焊接电流/A	电弧电压/V	焊接速度/(cm/min)	最大热输入/(kJ/cm)
1	GTAW	ER TA10	ϕ2.5	DCEN	110～150	14～16	10～14	14.4
2	GTAW	ER TA10	ϕ2.5	DCEN	160～180	14～16	12～14	14.4
3	GTAW	ER TA10	ϕ2.5	DCEN	180～200	14～16	12～14	16.0
4	GTAW	ER TA10	ϕ2.5	DCEN	160～180	14～16	14～16	12.3
5	GTAW	ER TA10	ϕ2.5	DCEN	120～150	14～16	13～15	11.1
6	GTAW	ER TA10	ϕ2.5	DCEN	180～200	14～16	12～14	16.0
7—8	GTAW	ER TA10	ϕ2.5	DCEN	160～180	14～16	14～16	12.3
9—10	GTAW	ER TA10	ϕ2.5	DCEN	180～200	14～16	14～16	13.7
11	GTAW	ER TA10	ϕ2.5	DCEN	170～190	14～16	12～14	15.2

技术措施：

摆动焊或不摆动焊：/　　摆动参数：/

焊前清理和层间清理：刷或磨　　背面清根方法：修磨

单道焊或多道焊/每面：多道焊　　单丝焊或多丝焊：单丝

导电嘴至工件距离/mm：/　　锤击：/

换热管与管板的连接方式：/　　换热管与管板接头的清理方法：/

预置金属衬套：/　　预置金属衬套的形状与尺寸：/

其他：环境温度＞0℃，相对湿度＜90%。

检验要求及执行标准：

按 NB/T 47014—2023 及相关技术要求进行评定，项目如下：

1. 外观检查和无损检测(按 NB/T 47013.2)结果不得有裂纹；
2. 焊接接头板拉二件(按 GB/T 228)，$R_m \geqslant 485$MPa；
3. 焊接接头侧弯四件(按 GB/T 2653)，$D=10a$　$a=10$　$\alpha=180°$，沿任何方向不得有单条长度大于 3mm 的开口缺陷。

编制		日期		审核		日期		批准		日期	

焊接工艺评定报告（PQR Ti202）

焊接工艺评定报告(PQR)

单位名称： ××××

PQR 编号：PQRTi202　　pWPS 编号：pWPSTi202

焊接方法：GTAW　　机动化程度：手工☑　机动□　自动□

焊接接头：对接☑　角接□　堆焊□　其他：/

接头简图(接头形式、尺寸、衬垫、每种焊接方法或焊接工艺的焊缝金属厚度)：

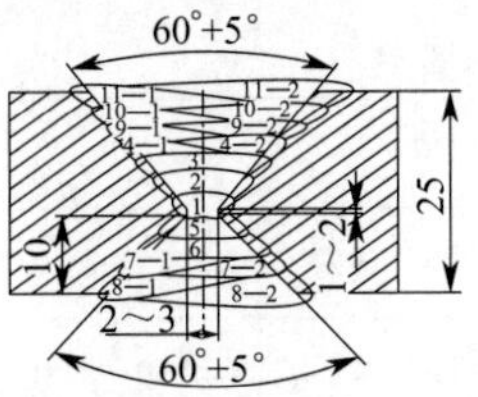

母材：

试件序号	①	②
材料	TA10	TA10
标准或规范	GB/T 3621	GB/T 3621
规格/mm	$\delta=25$	$\delta=25$
类别号	Ti-2	Ti-2
组别号	/	/

填充金属：

分类	焊丝	
型号(牌号)	ER TA10	
标准	NB/T 47018.7	
填充金属规格/mm	ϕ2.5	
焊材分类代号	TiS-4	
焊缝金属厚度/mm	25	

预热及后热：

最小预热温度/℃	室温 15	最大道间温度/℃	90
后热温度及保温时间/(℃×h)	/		

焊后热处理： AW

保温温度/℃	/	保温时间/h	/

焊接位置：

对接焊缝焊接位置	1G	方向(向上、向下)	/
角焊缝焊接位置	/	方向(向上、向下)	/

气体：

项目	气体种类	混合比/%	流量/(L/min)
保护气	Ar	99.99	12
尾部保护气	Ar	99.99	20
背面保护气	Ar	99.99	20

焊接工艺评定报告(PQR)

电特性：

钨极类型及直径/mm：铈钨极，ϕ3.0　　喷嘴直径/mm：ϕ16

熔滴过渡形式(喷射过渡、短路过渡等)：/

(按所焊位置和工件厚度，分别将电流、电压和焊接速度实测值填入下表)

焊道	焊接方法	填充金属	规格/mm	电源种类及极性	焊接电流/A	电弧电压/V	焊接速度/(cm/min)	最大热输入/(kJ/cm)
1	GTAW	ER TA10	ϕ2.5	DCEN	110～160	14～16	10～14	15.4
2	GTAW	ER TA10	ϕ2.5	DCEN	160～190	14～16	12～14	15.2
3	GTAW	ER TA10	ϕ2.5	DCEN	180～210	14～16	12～14	16.8
4	GTAW	ER TA10	ϕ2.5	DCEN	160～190	14～16	14～16	13.1
5	GTAW	ER TA10	ϕ2.5	DCEN	120～160	14～16	13～15	11.8
6	GTAW	ER TA10	ϕ2.5	DCEN	180～210	14～16	12～14	16.8
7—8	GTAW	ER TA10	ϕ2.5	DCEN	160～190	14～16	14～16	13.3
9—10	GTAW	ER TA10	ϕ2.5	DCEN	180～210	14～16	14～16	14.4
11	GTAW	ER TA10	ϕ2.5	DCEN	170～200	14～16	12～14	16.0

技术措施：

摆动焊或不摆动焊：/　　摆动参数：/

焊前清理和层间清理：打磨　　背面清根方法：修磨

单道焊或多道焊/每面：多道焊　　单丝焊或多丝焊：单丝

导电嘴至工件距离/mm：/　　锤击：/

换热管与管板的连接方式：/　　换热管与管板接头的清理方法：/

预置金属衬套：/　　预置金属衬套的形状与尺寸：/

其他：

拉伸试验(GB/T 228)：　　试验报告编号：LHTi202

试验条件	编号	试样宽度/mm	试样厚度/mm	横截面积/mm²	断裂载荷/kN	R_m/MPa	断裂位置及特征
接头板拉	PQRTi202-1	19.9	24.9	495.5	282.5	570	焊缝，韧断
	PQRTi202-2	20.0	24.9	498.0	286.4	575	焊缝，韧断

弯曲试验(GB/T 2653)：　　试验报告编号：LHTi202

试验条件	编号	试样尺寸/mm	弯心直径/mm	弯曲角度/(°)	试验结果
侧弯	PQRTi202-3	10	100	180	合格
侧弯	PQRTi202-4	10	100	180	合格
侧弯	PQRTi202-5	10	100	180	合格
侧弯	PQRTi202-6	10	100	180	合格

焊接工艺评定报告(PQR)

冲击试验(GB/T 229)：　　　　试验报告编号：

编号	试样位置	V型缺口位置	试样尺寸/mm	试验温度/℃	冲击吸收能量/J

金相试验(角焊缝、模拟组合件)：　　　　试验报告编号：

检验面编号	1	2	3	4	5	6	7	8	结果
有无裂纹、未熔合									
角焊缝厚度/mm									
焊脚高 l/mm									
是否焊透									

金相检验(角焊缝、模拟组合件)：

根部：　焊透□　　未焊透□

焊缝：　熔合□　　未熔合□

焊缝及热影响区：　有裂纹□　　无裂纹□

两焊脚之差值：

试验报告编号：

堆焊层复层熔敷金属化学成分/%　执行标准：　　　　试验报告编号：

C	Si	Mn	P	S	Cr	Ni	Mo	Ti	Al	Nb	Fe	…

化学成分测定表面至熔合线距离/mm：

非破坏性试验：

VT外观检查：　无裂纹　　PT：　　MT：　　UT：　　RT：　无裂纹

第十五节 镍及镍合金的焊接工艺评定（Ni-1）

预焊接工艺规程 pWPS Ni101

预焊接工艺规程(pWPS)		
单位名称：×××× pWPS 编号：pWPSNi101 日期：××××		
焊接方法：GTAW 机动化程度：手工☑ 机动□ 自动□ 焊接接头：对接☑ 角接□ 堆焊□ 衬垫(材料及规格)：焊缝金属 其他：/	简图(接头形式、坡口形式与尺寸、焊层、焊道布置及顺序)： 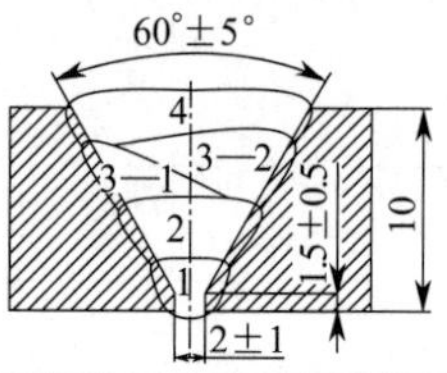 	
母材：		
试件序号	①	②
材料	N6	N6
标准或规范	GB/T 2054	GB/T 2054
规格/mm	$\delta=10$	$\delta=10$
类别号	Ni-1	Ni-1
组别号	/	/
对接焊缝焊件母材厚度范围/mm	1.5～20	1.5～20
角焊缝焊件母材厚度范围/mm	不限	不限
管子直径、壁厚范围(对接或角接)/mm	/	/
其他：/		
填充金属：		
焊材类别(种类)	焊丝	
型号(牌号)	SNi 2061	
标准	GB/T 15620	
填充金属规格/mm	$\phi2.4$	
焊材分类代号	NiS-1	
对接焊缝焊件焊缝金属范围/mm	0～20	
角焊缝焊件焊缝金属范围/mm	不限	
其他：/		

预热及后热：		**气体：**			
最小预热温度/℃	15	项目	气体种类	混合比/%	流量/(L/min)
最大道间温度/℃	100	保护气	Ar	99.99	10
后热温度/℃	/	尾部保护气	/	/	/
后热保温时间/h	/	背面保护气	Ar	99.99	12

焊后热处理：	AW	**焊接位置：**			
热处理温度/℃	/	对接焊缝位置	1G	方向(向上、向下)	/
热处理时间/h	/	角焊缝位置	/	方向(向上、向下)	/

预焊接工艺规程(pWPS)

电特性：

钨极类型及直径/mm：铈钨极，ϕ3.0　　喷嘴直径/mm：ϕ16

熔滴过渡形式(喷射过渡、短路过渡等)：/

(按所焊位置和工件厚度，分别将电流、电压和焊接速度范围填入下表)

焊道/焊层	焊接方法	填充金属	规格/mm	电源种类及极性	焊接电流/A	电弧电压/V	焊接速度/(cm/min)	最大热输入/(kJ/cm)
1	GTAW	SNi 2061	ϕ2.4	DCEN	140～160	14～16	8～10	19.2
2	GTAW	SNi 2061	ϕ2.4	DCEN	180～220	14～16	12～14	17.6
3	GTAW	SNi 2061	ϕ2.4	DCEN	180～220	14～16	10～14	21.1
4	GTAW	SNi 2061	ϕ2.4	DCEN	180～220	14～16	10～12	21.1

技术措施：

摆动焊或不摆动焊：/　　摆动参数：/

焊前清理和层间清理：刷或磨　　背面清根方法：修磨

单道焊或多道焊/每面：一面，多道焊　　单丝焊或多丝焊：单丝

导电嘴至工件距离/mm：/　　锤击：/

换热管与管板的连接方式：/　　换热管与管板接头的清理方法：/

预置金属衬套：/　　预置金属衬套的形状与尺寸：/

其他：环境温度>0℃，相对湿度<90%。

检验要求及执行标准：

按 NB/T 47014—2023 及相关技术要求进行评定，项目如下：

1. 外观检查和无损检测(按 NB/T 47013.2)结果不得有裂纹；
2. 焊接接头板拉二件(按 GB/T 228)，$R_m \geqslant 380$MPa；
3. 焊接接头侧弯四件(按 GB/T 2653)，$D=4a$　$a=10$　$\alpha=180°$，沿任何方向不得有单条长度大于 3mm 的开口缺陷。

编制		日期		审核		日期		批准		日期	

焊接工艺评定报告（PQR Ni101）

焊接工艺评定报告(PQR)			
单位名称： ××××			
PQR 编号： PQRNi101		pWPS 编号： pWPSNi101	
焊接方法： GTAW		机动化程度： 手工☑ 机动□ 自动□	
焊接接头： 对接☑ 角接□ 堆焊□		其他： /	

接头简图(接头形式、尺寸、衬垫、每种焊接方法或焊接工艺的焊缝金属厚度)：

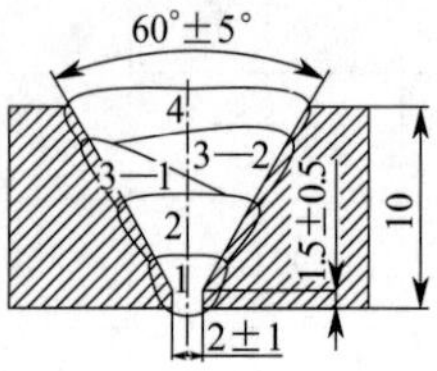

母材：

试件序号	①	②
材料	N6	N6
标准或规范	GB/T 2054	GB/T 2054
规格/mm	δ=10	δ=10
类别号	Ni-1	Ni-1
组别号	/	/

填充金属：

分类	焊丝	
型号(牌号)	SNi 2061	
标准	GB/T 15620	
填充金属规格/mm	ϕ2.4	
焊材分类代号	NiS-1	
焊缝金属厚度/mm	10	

预热及后热：

最小预热温度/℃	室温 15	最大道间温度/℃	85
后热温度及保温时间/(℃×h)	/		
焊后热处理：	AW		
保温温度/℃	/	保温时间/h	/

焊接位置：

对接焊缝焊接位置	1G	方向 (向上、向下)	/
角焊缝焊接位置	/	方向 (向上、向下)	/

气体：

项目	气体种类	混合比/%	流量/(L/min)
保护气	Ar	99.99	10
尾部保护气	/	/	/
背面保护气	Ar	99.99	12

焊接工艺评定报告(PQR)

电特性：

钨极类型及直径/mm：铈钨极，ϕ3.0　　喷嘴直径/mm：ϕ16

熔滴过渡形式(喷射过渡、短路过渡等)：/

(按所焊位置和工件厚度，分别将电流、电压和焊接速度实测值填入下表)

焊道	焊接方法	填充金属	规格/mm	电源种类及极性	焊接电流/A	电弧电压/V	焊接速度/(cm/min)	最大热输入/(kJ/cm)
1	GTAW	SNi 2061	ϕ2.4	DCEN	140～170	14～16	8～10	20.4
2	GTAW	SNi 2061	ϕ2.4	DCEN	180～230	14～16	12～14	18.4
3	GTAW	SNi 2061	ϕ2.4	DCEN	180～230	14～16	10～14	22.1
4	GTAW	SNi 2061	ϕ2.4	DCEN	180～230	14～16	10～12	22.1

技术措施：

摆动焊或不摆动焊：/　　摆动参数：/

焊前清理和层间清理：打磨　　背面清根方法：修磨

单道焊或多道焊/每面：一面，多道焊　　单丝焊或多丝焊：单丝

导电嘴至工件距离/mm：/　　锤击：/

换热管与管板的连接方式：/　　换热管与管板接头的清理方法：/

预置金属衬套：/　　预置金属衬套的形状与尺寸：/

其他：

拉伸试验(GB/T 228)：　　试验报告编号：LHNi101

试验条件	编号	试样宽度/mm	试样厚度/mm	横截面积/mm^2	断裂载荷/kN	R_m/MPa	断裂位置及特征
接头板拉	PQRNi101-1	20.1	10.00	201	81	403	断焊缝外
	PQRNi101-2	20.0	10.10	200	80	400	断焊缝外

弯曲试验(GB/T 2653)：　　试验报告编号：LHNi101

试验条件	编号	试样尺寸/mm	弯心直径/mm	弯曲角度/(°)	试验结果
侧弯	PQRNi101-3	10	40	180	合格
侧弯	PQRNi101-4	10	40	180	合格
侧弯	PQRNi101-5	10	40	180	合格
侧弯	PQRNi101-6	10	40	180	合格

焊接工艺评定报告(PQR)

冲击试验(GB/T 229)： 试验报告编号：

编号	试样位置	V 型缺口位置	试样尺寸/mm	试验温度/℃	冲击吸收能量/J

金相试验(角焊缝、模拟组合件)： 试验报告编号：

检验面编号	1	2	3	4	5	6	7	8	结果
有无裂纹、未熔合									
角焊缝厚度/mm									
焊脚高 l/mm									
是否焊透									

金相检验(角焊缝、模拟组合件)：

根部：焊透□ 未焊透□

焊缝：熔合□ 未熔合□

焊缝及热影响区：有裂纹□ 无裂纹□

两焊脚之差值：

试验报告编号：

堆焊层复层熔敷金属化学成分/% 执行标准： 试验报告编号：

C	Si	Mn	P	S	Cr	Ni	Mo	Ti	Al	Nb	Fe	…

化学成分测定表面至熔合线距离/mm：

非破坏性试验：

VT 外观检查：无裂纹 PT： MT： UT： RT：无裂纹

预焊接工艺规程 pWPS Ni102

预焊接工艺规程(pWPS)

单位名称： ××××

pWPS 编号： pWPSNi102

日期： ××××

焊接方法： GTAW

机动化程度：手工☑　　机动□　　自动□

焊接接头：对接☑　　角接□　　堆焊□

衬垫(材料及规格)：焊缝金属

其他： /

简图(接头形式、坡口形式与尺寸、焊层、焊道布置及顺序)：

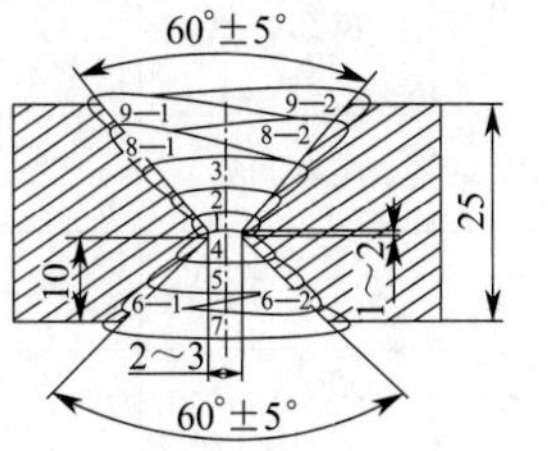

母材：

试件序号	①	②
材料	N6	N6
标准或规范	GB/T 2054	GB/T 2054
规格/mm	$\delta=25$	$\delta=25$
类别号	Ni-1	Ni-1
组别号	/	/
对接焊缝焊件母材厚度范围/mm	5～50	5～50
角焊缝焊件母材厚度范围/mm	不限	不限
管子直径、壁厚范围(对接或角接)/mm	/	/
其他：	/	

填充金属：

焊材类别(种类)	焊丝	
型号(牌号)	SNi 2061	
标准	GB/T 15620	
填充金属规格/mm	$\phi 2.4$	
焊材分类代号	NiS-1	
对接焊缝焊件焊缝金属范围/mm	0～50	
角焊缝焊件焊缝金属范围/mm	不限	
其他：	/	

预热及后热：		**气体：**			
最小预热温度/℃	15	项目	气体种类	混合比/%	流量/(L/min)
最大道间温度/℃	100	保护气	Ar	99.99	10
后热温度/℃	/	尾部保护气	/	/	/
后热保温时间/h	/	背面保护气	Ar	99.99	12

焊后热处理：	AW	**焊接位置：**			
热处理温度/℃	/	对接焊缝位置	1G	方向(向上、向下)	/
热处理时间/h	/	角焊缝位置	/	方向(向上、向下)	/

预焊接工艺规程(pWPS)

电特性：

钨极类型及直径/mm：铈钨极，ϕ3.0　　喷嘴直径/mm：ϕ12

熔滴过渡形式(喷射过渡、短路过渡等)：/

(按所焊位置和工件厚度，分别将电流、电压和焊接速度范围填入下表)

焊道/焊层	焊接方法	填充金属	规格/mm	电源种类及极性	焊接电流/A	电弧电压/V	焊接速度/(cm/min)	最大热输入/(kJ/cm)
1	GTAW	SNi 2061	ϕ2.4	DCEN	140～150	14～16	8～10	18.0
2	GTAW	SNi 2061	ϕ2.4	DCEN	180～210	14～16	12～14	16.8
3	GTAW	SNi 2061	ϕ2.4	DCEN	190～220	14～16	10～12	21.1
4	GTAW	SNi 2061	ϕ2.4	DCEN	190～220	14～16	12～14	17.6
5	GTAW	SNi 2061	ϕ2.4	DCEN	190～220	14～16	10～12	21.1
6	GTAW	SNi 2061	ϕ2.4	DCEN	180～210	14～16	12～14	16.8
7	GTAW	SNi 2061	ϕ2.4	DCEN	180～210	14～16	10～12	20.2
8	GTAW	SNi 2061	ϕ2.4	DCEN	180～210	14～16	12～14	16.8
9	GTAW	SNi 2061	ϕ2.4	DCEN	180～210	14～16	10～12	20.2

技术措施：

摆动焊或不摆动焊：/　　摆动参数：/

焊前清理和层间清理：刷或磨　　背面清根方法：修磨

单道焊或多道焊/每面：多道焊　　单丝焊或多丝焊：单丝

导电嘴至工件距离/mm：/　　锤击：/

换热管与管板的连接方式：/　　换热管与管板接头的清理方法：/

预置金属衬套：/　　预置金属衬套的形状与尺寸：/

其他：环境温度＞0℃，相对湿度＜90%。

检验要求及执行标准：

按 NB/T 47014—2023 及相关技术要求进行评定，项目如下：

1. 外观检查和无损检测(按 NB/T 47013.2)结果不得有裂纹；
2. 焊接接头板拉二件(按 GB/T 228)，R_m≥380MPa；
3. 焊接接头侧弯四件(按 GB/T 2653)，$D=4a$　$a=10$　$\alpha=180°$，沿任何方向不得有单条长度大于 3mm 的开口缺陷。

编制		日期		审核		日期		批准		日期	

焊接工艺评定报告(PQR Ni102)

焊接工艺评定报告(PQR)

单位名称: ××××

PQR 编号: PQRNi102　　pWPS 编号: pWPSNi102

焊接方法: GTAW　　机动化程度: 手工☑　机动□　自动□

焊接接头: 对接☑　角接□　堆焊□　　其他: /

接头简图(接头形式、尺寸、衬垫、每种焊接方法或焊接工艺的焊缝金属厚度):

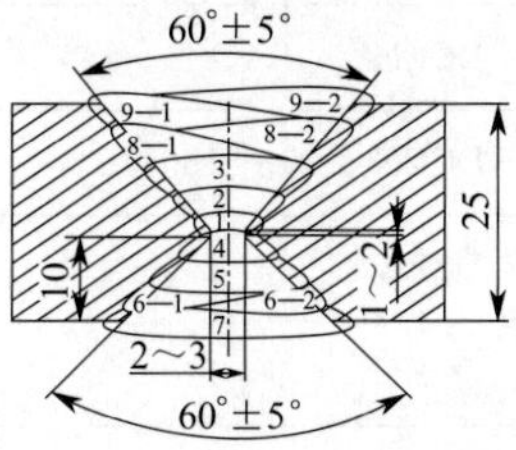

母材:

试件序号	①	②
材料	N6	N6
标准或规范	GB/T 2054	GB/T 2054
规格/mm	δ=25	δ=25
类别号	Ni-1	Ni-1
组别号	/	/

填充金属:

分类	焊丝	
型号(牌号)	SNi 2061	
标准	GB/T 15620	
填充金属规格/mm	φ2.4	
焊材分类代号	NiS-1	
焊缝金属厚度/mm	25	

预热及后热:

最小预热温度/℃	室温 15	最大道间温度/℃	85
后热温度及保温时间/(℃×h)	/		

焊后热处理: AW

保温温度/℃	/	保温时间/h	/

焊接位置:

对接焊缝焊接位置	1G	方向(向上、向下)	/
角焊缝焊接位置	/	方向(向上、向下)	/

气体:

项目	气体种类	混合比/%	流量/(L/min)
保护气	Ar	99.99	10
尾部保护气	/	/	/
背面保护气	Ar	99.99	12

焊接工艺评定报告(PQR)

电特性:

钨极类型及直径/mm: 铈钨极,ϕ3.0　　喷嘴直径/mm: ϕ12

熔滴过渡形式(喷射过渡、短路过渡等): /

(按所焊位置和工件厚度,分别将电流、电压和焊接速度实测值填入下表)

焊道	焊接方法	填充金属	规格/mm	电源种类及极性	焊接电流/A	电弧电压/V	焊接速度/(cm/min)	最大热输入/(kJ/cm)
1	GTAW	SNi 2061	ϕ2.4	DCEN	140～160	14～16	8～10	19.2
2	GTAW	SNi 2061	ϕ2.4	DCEN	180～220	14～16	12～14	17.6
3	GTAW	SNi 2061	ϕ2.4	DCEN	190～230	14～16	10～12	22.1
4	GTAW	SNi 2061	ϕ2.4	DCEN	190～230	14～16	12～14	18.4
5	GTAW	SNi 2061	ϕ2.4	DCEN	190～230	14～16	10～12	22.1
6	GTAW	SNi 2061	ϕ2.4	DCEN	180～220	14～16	12～14	17.6
7	GTAW	SNi 2061	ϕ2.4	DCEN	180～220	14～16	10～12	21.1
8	GTAW	SNi 2061	ϕ2.4	DCEN	180～220	14～16	12～14	17.6
9	GTAW	SNi 2061	ϕ2.4	DCEN	180～220	14～16	10～12	21.1

技术措施:

摆动焊或不摆动焊: /　　摆动参数: /

焊前清理和层间清理: 打磨　　背面清根方法: 修磨

单道焊或多道焊/每面: 多道焊　　单丝焊或多丝焊: 单丝

导电嘴至工件距离/mm: /　　锤击: /

换热管与管板的连接方式: /　　换热管与管板接头的清理方法: /

预置金属衬套: /　　预置金属衬套的形状与尺寸: /

其他:

拉伸试验(GB/T 228):　　试验报告编号:LHNi102

试验条件	编号	试样宽度/mm	试样厚度/mm	横截面积/mm^2	断裂载荷/kN	R_m/MPa	断裂位置及特征
接头板拉	PQRNi102-1	20.1	25.1	504.51	215.9	428	断焊缝外
	PQRNi102-2	20.2	24.9	502.98	217.8	433	断焊缝外

弯曲试验(GB/T 2653):　　试验报告编号:LHNi102

试验条件	编号	试样尺寸/mm	弯心直径/mm	弯曲角度/(°)	试验结果
侧弯	PQRNi102-3	10	40	180	合格
侧弯	PQRNi102-4	10	40	180	合格
侧弯	PQRNi102-5	10	40	180	合格
侧弯	PQRNi102-6	10	40	180	合格

焊接工艺评定报告(PQR)

冲击试验(GB/T 229)： 试验报告编号：

编号	试样位置	V型缺口位置	试样尺寸/mm	试验温度/℃	冲击吸收能量/J

金相试验(角焊缝、模拟组合件)： 试验报告编号：

检验面编号	1	2	3	4	5	6	7	8	结果
有无裂纹、未熔合									
角焊缝厚度/mm									
焊脚高 l/mm									
是否焊透									

金相检验(角焊缝、模拟组合件)：
根部：焊透□ 未焊透□
焊缝：熔合□ 未熔合□
焊缝及热影响区：有裂纹□ 无裂纹□
两焊脚之差值：
试验报告编号：

堆焊层复层熔敷金属化学成分/% 执行标准： 试验报告编号：

C	Si	Mn	P	S	Cr	Ni	Mo	Ti	Al	Nb	Fe	…

化学成分测定表面至熔合线距离/mm：

非破坏性试验：
VT外观检查：无裂纹 PT： MT： UT： RT：无裂纹

第十六节　异种钢的焊接工艺评定

预焊接工艺规程 pWPS (81＋12) 01

预焊接工艺规程(pWPS)			
单位名称：××××			
pWPS 编号：pWPS (81＋12)01			
日期：××××			
焊接方法：SMAW 机动化程度：手工☑　机动□　自动□ 焊接接头：对接☑　角接□　堆焊□ 衬垫(材料及规格)：焊缝金属 其他：/	简图(接头形式、坡口形式与尺寸、焊层、焊道布置及顺序)： 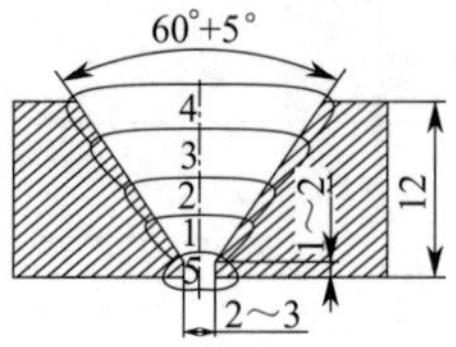		

母材：		
试件序号	①	②
材料	Q345R	06Cr19Ni10
标准或规范	GB/T 713	GB/T 713
规格/mm	δ＝12	δ＝12
类别号	Fe-1	Fe-8
组别号	Fe-1-2	Fe-8-1
对接焊缝焊件母材厚度范围/mm	12～24	5～24
角焊缝焊件母材厚度范围/mm	不限	不限
管子直径、壁厚范围(对接或角接)/mm	/	/
其他：	/	

填充金属：		
焊材类别(种类)	焊条	
型号(牌号)	E309-16(A302)	
标准	NB/T 47018.2	
填充金属规格/mm	ϕ4.0，ϕ5.0	
焊材分类代号	FeT-8	
对接焊缝焊件焊缝金属范围/mm	0～24	
角焊缝焊件焊缝金属范围/mm	不限	
其他：	/	

预热及后热：		气体：			
最小预热温度/℃	15	项目	气体种类	混合比/%	流量/(L/min)
最大道间温度/℃	150	保护气	/	/	/
后热温度/℃	/	尾部保护气	/	/	/
后热保温时间/h	/	背面保护气	/	/	/

焊后热处理：	AW	焊接位置：			
热处理温度/℃	/	对接焊缝位置	1G	方向(向上、向下)	/
热处理时间/h	/	角焊缝位置	/	方向(向上、向下)	/

预焊接工艺规程(pWPS)

电特性：

钨极类型及直径/mm：/　　喷嘴直径/mm：/

熔滴过渡形式(喷射过渡、短路过渡等)：/

(按所焊位置和工件厚度，分别将电流、电压和焊接速度范围填入下表)

焊道/焊层	焊接方法	填充金属	规格/mm	电源种类及极性	焊接电流/A	电弧电压/V	焊接速度/(cm/min)	最大热输入/(kJ/cm)
1	SMAW	A302	ϕ4.0	DCEP	140～160	24～26	10～13	25.0
2	SMAW	A302	ϕ5.0	DCEP	180～200	24～26	12～15	26.0
3	SMAW	A302	ϕ5.0	DCEP	180～200	24～26	12～14	26.0
4	SMAW	A302	ϕ5.0	DCEP	180～200	24～26	12～14	26.0
5	SMAW	A302	ϕ4.0	DCEP	140～160	24～26	10～13	25.0

技术措施：

摆动焊或不摆动焊：/　　摆动参数：/

焊前清理和层间清理：刷或磨　　背面清根方法：碳弧气刨＋修磨

单道焊或多道焊/每面：多道焊＋单道焊　　单丝焊或多丝焊：/

导电嘴至工件距离/mm：/　　锤击：/

换热管与管板的连接方式：/　　换热管与管板接头的清理方法：/

预置金属衬套：/　　预置金属衬套的形状与尺寸：/

其他：环境温度＞0℃，相对湿度＜90%。

检验要求及执行标准：

按 NB/T 47014—2023 及相关技术要求进行评定，项目如下：

1. 外观检查和无损检测(按 NB/T 47013.2)结果不得有裂纹；
2. 焊接接头板拉二件(按 GB/T 228)，$R_m \geqslant 510$MPa；
3. 焊接接头侧弯四件(按 GB/T 2653)，$D=4a$　$a=10$　$\alpha=180°$，沿任何方向不得有单条长度大于 3mm 的开口缺陷；
4. Q345R 侧热影响区 0℃，KV_2 冲击各三件(按 GB/T 229)，焊接接头 V 型缺口 10mm×10mm×55mm 试样冲击吸收能量平均值不低于 24J。

编制		日期		审核		日期		批准		日期	

焊接工艺评定报告 PQR（81＋12）01

焊接工艺评定报告(PQR)

单位名称： ××××

PQR 编号：PQR(81＋12)01　　pWPS 编号：pWPS（81＋12)01

焊接方法：SMAW　　机动化程度：手工☑　机动□　自动□

焊接接头：对接☑　角接□　堆焊□　　其他：/

接头简图(接头形式、尺寸、衬垫、每种焊接方法或焊接工艺的焊缝金属厚度)：

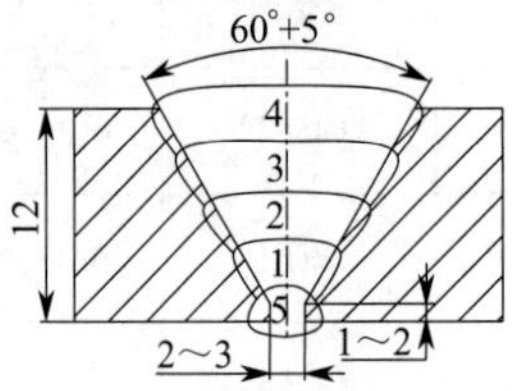

母材：

试件序号	①	②
材料	Q345R	06Cr19Ni10
标准或规范	GB/T 713	GB/T 713
规格/mm	δ＝12	δ＝12
类别号	Fe-1	Fe-8
组别号	Fe-1-2	Fe-8-1

填充金属：

分类	焊条	
型号(牌号)	E309-16(A302)	
标准	NB/T 47018.2	
填充金属规格/mm	ϕ4.0，ϕ5.0	
焊材分类代号	FeT-8	
焊缝金属厚度/mm	12	

预热及后热：

最小预热温度/℃	室温 20	最大道间温度/℃	135
后热温度及保温时间/(℃×h)	/		

焊后热处理： AW

保温温度/℃	/	保温时间/h	/

焊接位置：

对接焊缝焊接位置	1G	方向 (向上、向下)	/
角焊缝焊接位置	/	方向 (向上、向下)	/

气体：

项目	气体种类	混合比/%	流量/(L/min)
保护气	/	/	/
尾部保护气	/	/	/
背面保护气	/	/	/

焊接工艺评定报告(PQR)

电特性：
钨极类型及直径/mm：/　　喷嘴直径/mm：/
熔滴过渡形式(喷射过渡、短路过渡等)：/
(按所焊位置和工件厚度，分别将电流、电压和焊接速度实测值填入下表)

焊道	焊接方法	填充金属	规格/mm	电源种类及极性	焊接电流/A	电弧电压/V	焊接速度/(cm/min)	最大热输入/(kJ/cm)
1	SMAW	A302	ϕ4.0	DCEP	140～170	24～26	10～13	26.5
2—4	SMAW	A302	ϕ5.0	DCEP	180～210	24～26	12～15	27.3
5	SMAW	A302	ϕ4.0	DCEP	140～170	24～26	10～13	26.5

技术措施：
摆动焊或不摆动焊：/　　摆动参数：/
焊前清理和层间清理：打磨　　背面清根方法：碳弧气刨＋修磨
单道焊或多道焊/每面：多道焊＋单道焊　　单丝焊或多丝焊：/
导电嘴至工件距离/mm：/　　锤击：/
换热管与管板的连接方式：/　　换热管与管板接头的清理方法：/
预置金属衬套：/　　预置金属衬套的形状与尺寸：/
其他：

拉伸试验(GB/T 228)：　　试验报告编号：LH(81＋12)01

试验条件	编号	试样宽度/mm	试样厚度/mm	横截面积/mm^2	断裂载荷/kN	R_m/MPa	断裂位置及特征
接头板拉	PQR(81＋12)01-1	25.1	11.9	298.69	159	530	断于母材 Q345R
	PQR(81＋12)01-2	25.2	12.0	302.4	159	525	断于母材 Q345R

弯曲试验(GB/T 2653)：　　试验报告编号：LH(81＋12)01

试验条件	编号	试样尺寸/mm	弯心直径/mm	弯曲角度/(°)	试验结果
侧弯	PQR(81＋12)01-3	10	40	180	合格
侧弯	PQR(81＋12)01-4	10	40	180	合格
侧弯	PQR(81＋12)01-5	10	40	180	合格
侧弯	PQR(81＋12)01-6	10	40	180	合格

焊接工艺评定报告(PQR)

冲击试验(GB/T 229)： 试验报告编号：LH(81+12)01

编号	试样位置	V型缺口位置	试样尺寸/mm	试验温度/℃	冲击吸收能量/J
PQR(81+12)01-7	Q345R侧热影响区	缺口轴线至试样纵轴线与熔合线交点的距离 $k>0$mm，且尽可能多地通过热影响区	10×10×55	0	87
PQR(81+12)01-8					100
PQR(81+12)01-9					98

金相试验(角焊缝、模拟组合件)： 试验报告编号：

检验面编号	1	2	3	4	5	6	7	8	结果
有无裂纹、未熔合									
角焊缝厚度/mm									
焊脚高 l/mm									
是否焊透									

金相检验(角焊缝、模拟组合件)：
根部：焊透□ 未焊透□
焊缝：熔合□ 未熔合□
焊缝及热影响区：有裂纹□ 无裂纹□
两焊脚之差值：
试验报告编号：

堆焊层复层熔敷金属化学成分/% 执行标准： 试验报告编号：

C	Si	Mn	P	S	Cr	Ni	Mo	Ti	Al	Nb	Fe	…

化学成分测定表面至熔合线距离/mm：

非破坏性试验：
VT外观检查：无裂纹 PT： MT： UT： RT：无裂纹

预焊接工艺规程 pWPS（81＋12）02

预焊接工艺规程(pWPS)

单位名称： ××××

pWPS 编号：pWPS（81＋12)02

日期：××××

焊接方法： GTAW

机动化程度：手工☑　　机动□　　自动□

焊接接头：对接☑　　角接□　　堆焊□

衬垫(材料及规格)：焊缝金属

其他：/

简图(接头形式、坡口形式与尺寸、焊层、焊道布置及顺序)：

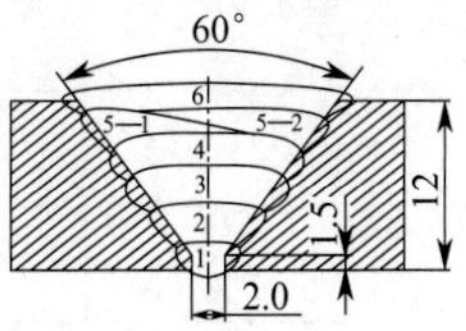

母材：

试件序号	①	②
材料	Q345R	06Cr19Ni10
标准或规范	GB/T 713	GB/T 713
规格/mm	δ＝12	δ＝12
类别号	Fe-1	Fe-8
组别号	Fe-1-2	Fe-8-1
对接焊缝焊件母材厚度范围/mm	12～24	5～24
角焊缝焊件母材厚度范围/mm	不限	不限
管子直径、壁厚范围(对接或角接)/mm	/	/
其他：	/	

填充金属：

焊材类别(种类)	焊条	
型号(牌号)	S309(H12Cr24Ni13)	
标准	NB/T 47018.3	
填充金属规格/mm	ϕ2.5	
焊材分类代号	FeS-8	
对接焊缝焊件焊缝金属范围/mm	0～24	
角焊缝焊件焊缝金属范围/mm	不限	
其他：	/	

预热及后热：		**气体：**			
最小预热温度/℃	15	项目	气体种类	混合比/%	流量/(L/min)
最大道间温度/℃	100	保护气	Ar	99.99	10
后热温度/℃	/	尾部保护气	/	/	/
后热保温时间/h	/	背面保护气	/	/	/

焊后热处理：	AW	**焊接位置：**			
热处理温度/℃	/	对接焊缝位置	1G	方向(向上、向下)	/
热处理时间/h	/	角焊缝位置	/	方向(向上、向下)	/

预焊接工艺规程(pWPS)

电特性：

钨极类型及直径/mm：φ3.0　　喷嘴直径/mm：φ12

熔滴过渡形式(喷射过渡、短路过渡等)：/

(按所焊位置和工件厚度，分别将电流、电压和焊接速度范围填入下表)

焊道/焊层	焊接方法	填充金属	规格/mm	电源种类及极性	焊接电流/A	电弧电压/V	焊接速度/(cm/min)	最大热输入/(kJ/cm)
1	GTAW	H12Cr24Ni13	φ2.5	DCEN	110～150	14～16	9～12	16.0
2	GTAW	H12Cr24Ni13	φ2.5	DCEN	140～170	14～16	10～13	16.3
3	GTAW	H12Cr24Ni13	φ2.5	DCEN	140～180	14～16	10～13	17.3
4	GTAW	H12Cr24Ni13	φ2.5	DCEN	140～180	14～16	10～13	17.3
5	GTAW	H12Cr24Ni13	φ2.5	DCEN	140～180	14～16	11～14	15.7
6	GTAW	H12Cr24Ni13	φ2.5	DCEN	140～180	14～16	10～13	17.3

技术措施：

摆动焊或不摆动焊：/　　摆动参数：/

焊前清理和层间清理：刷或磨　　背面清根方法：修磨

单道焊或多道焊/每面：一面，单道焊　　单丝焊或多丝焊：单丝

导电嘴至工件距离/mm：/　　锤击：/

换热管与管板的连接方式：/　　换热管与管板接头的清理方法：/

预置金属衬套：/　　预置金属衬套的形状与尺寸：/

其他：环境温度>0℃，相对湿度<90%。

检验要求及执行标准：

按NB/T 47014—2023及相关技术要求进行评定，项目如下：

1. 外观检查和无损检测(按NB/T 47013.2)结果不得有裂纹；
2. 焊接接头板拉二件(按GB/T 228)，$R_m \geq 510$MPa；
3. 焊接接头侧弯四件(按GB/T 2653)，$D=4a$　$a=10$　$\alpha=180°$，沿任何方向不得有单条长度大于3mm的开口缺陷；
4. Q345R侧热影响区0℃，KV_2冲击各三件(按GB/T 229)，焊接接头V型缺口10mm×10mm×55mm试样冲击吸收能量平均值不低于24J。

编制		日期		审核		日期		批准		日期	

焊接工艺评定报告 PQR（81＋12）02

焊接工艺评定报告(PQR)

单位名称： ××××

PQR 编号：PQR(81＋12)02　　pWPS 编号：pWPS (81＋12)02

焊接方法：GTAW　　机动化程度：手工☑　机动□　自动□

焊接接头：对接☑　角接□　堆焊□　　其他：/

接头简图(接头形式、尺寸、衬垫、每种焊接方法或焊接工艺的焊缝金属厚度)：

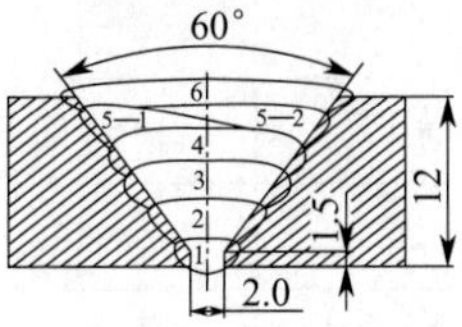

母材：

试件序号	①	②
材料	Q345R	06Cr19Ni10
标准或规范	GB/T 713	GB/T 713
规格/mm	$\delta=12$	$\delta=12$
类别号	Fe-1	Fe-8
组别号	Fe-1-2	Fe-8-1

填充金属：

分类	焊条	
型号(牌号)	S309(H12Cr24Ni13)	
标准	NB/T 47018.3	
填充金属规格/mm	ϕ2.5	
焊材分类代号	FeS-8	
焊缝金属厚度/mm	12	

预热及后热：

最小预热温度/℃	室温 20	最大道间温度/℃	135
后热温度及保温时间/(℃×h)	/		

焊后热处理： AW

保温温度/℃	/	保温时间/h	/

焊接位置：

对接焊缝焊接位置	1G	方向（向上、向下）	/
角焊缝焊接位置	/	方向（向上、向下）	/

气体：

项目	气体种类	混合比/%	流量/(L/min)
保护气	Ar	99.99	10
尾部保护气	/	/	/
背面保护气	/	/	/

焊接工艺评定报告(PQR)

电特性：

钨极类型及直径/mm：φ3.0　　喷嘴直径/mm：φ12

熔滴过渡形式(喷射过渡、短路过渡等)：/

(按所焊位置和工件厚度，分别将电流、电压和焊接速度实测值填入下表)

焊道	焊接方法	填充金属	规格/mm	电源种类及极性	焊接电流/A	电弧电压/V	焊接速度/(cm/min)	最大热输入/(kJ/cm)
1	GTAW	H12Cr24Ni13	φ2.5	DCEN	110～160	14～16	9～12	17.1
2	GTAW	H12Cr24Ni13	φ2.5	DCEN	140～180	14～16	10～13	17.3
3	GTAW	H12Cr24Ni13	φ2.5	DCEN	140～190	14～16	10～13	18.2
4	GTAW	H12Cr24Ni13	φ2.5	DCEN	140～190	14～16	10～13	18.2
5	GTAW	H12Cr24Ni13	φ2.5	DCEN	140～190	14～16	11～14	16.6
6	GTAW	H12Cr24Ni13	φ2.5	DCEN	140～190	14～16	10～13	18.2

技术措施：

摆动焊或不摆动焊：/　　摆动参数：/

焊前清理和层间清理：打磨　　背面清根方法：修磨

单道焊或多道焊/每面：一面，单道焊　　单丝焊或多丝焊：单丝

导电嘴至工件距离/mm：/　　锤击：/

换热管与管板的连接方式：/　　换热管与管板接头的清理方法：/

预置金属衬套：/　　预置金属衬套的形状与尺寸：/

其他：

拉伸试验(GB/T 228)：　　试验报告编号：LH(81+12)02

试验条件	编号	试样宽度/mm	试样厚度/mm	横截面积/mm²	断裂载荷/kN	R_m/MPa	断裂位置及特征
接头板拉	PQR(81+12)02-1	25.1	12	301.2	158	524	断于母材Q345R
	PQR(81+12)02-2	25.0	12	300	156	520	断于母材Q345R

弯曲试验(GB/T 2653)：　　试验报告编号：LH(81+12)02

试验条件	编号	试样尺寸/mm	弯心直径/mm	弯曲角度/(°)	试验结果
侧弯	PQR(81+12)02-3	10	40	180	合格
侧弯	PQR(81+12)02-4	10	40	180	合格
侧弯	PQR(81+12)02-5	10	40	180	合格
侧弯	PQR(81+12)02-6	10	40	180	合格

焊接工艺评定报告(PQR)

冲击试验(GB/T 229)： 试验报告编号：LH(81+12)02

编号	试样位置	V型缺口位置	试样尺寸/mm	试验温度/℃	冲击吸收能量/J
PQR(81+12)02-7	Q345R侧热影响区	缺口轴线至试样纵轴线与熔合线交点的距离 $k>0$mm，且尽可能多地通过热影响区	10×10×55	0	120
PQR(81+12)02-8					154
PQR(81+12)02-9					127

金相试验(角焊缝、模拟组合件)： 试验报告编号：

检验面编号	1	2	3	4	5	6	7	8	结果
有无裂纹、未熔合									
角焊缝厚度/mm									
焊脚高 l/mm									
是否焊透									

金相检验(角焊缝、模拟组合件)：

根部：焊透□　未焊透□

焊缝：熔合□　未熔合□

焊缝及热影响区：有裂纹□　无裂纹□

两焊脚之差值：

试验报告编号：

堆焊层复层熔敷金属化学成分/% 执行标准： 试验报告编号：

C	Si	Mn	P	S	Cr	Ni	Mo	Ti	Al	Nb	Fe	…

化学成分测定表面至熔合线距离/mm：

非破坏性试验：

VT外观检查：无裂纹　PT：　MT：　UT：　RT：无裂纹

预焊接工艺规程 pWPS（11＋12）01

预焊接工艺规程(pWPS)

单位名称： ××××

pWPS 编号： pWPS(11＋12)01

日期： ××××

焊接方法： SMAW

机动化程度：手工☑ 机动☐ 自动☐

焊接接头： 对接☑ 角接☐ 堆焊☐

衬垫(材料及规格)： 焊缝金属

其他： /

简图(接头形式、坡口形式与尺寸、焊层、焊道布置及顺序)：

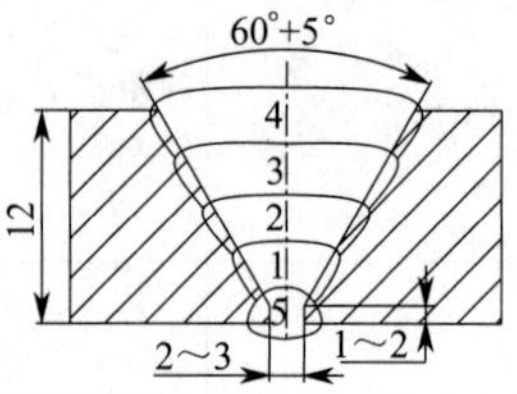

母材：

试件序号	①	②
材料	Q245R	Q345R
标准或规范	GB/T 713	GB/T 713
规格/mm	δ＝12	δ＝12
类别号	Fe-1	Fe-1
组别号	Fe-1-1	Fe-1-2
对接焊缝焊件母材厚度范围/mm	12～24	12～24
角焊缝焊件母材厚度范围/mm	不限	不限
管子直径、壁厚范围(对接或角接)/mm	/	/
其他：	/	

填充金属：

焊材类别(种类)	焊条	
型号(牌号)	E4315(J427)	
标准	NB/T 47018.2	
填充金属规格/mm	ϕ4.0，ϕ5.0	
焊材分类代号	FeT-1-1	
对接焊缝焊件焊缝金属范围/mm	0～24	
角焊缝焊件焊缝金属范围/mm	不限	
其他：	/	

预热及后热：		**气体：**			
最小预热温度/℃	15	项目	气体种类	混合比/%	流量/(L/min)
最大道间温度/℃	250	保护气	/	/	/
后热温度/℃	/	尾部保护气	/	/	/
后热保温时间/h	/	背面保护气	/	/	/

焊后热处理：	AW	**焊接位置：**			
热处理温度/℃	/	对接焊缝位置	1G	方向(向上、向下)	/
热处理时间/h	/	角焊缝位置	/	方向(向上、向下)	/

预焊接工艺规程(pWPS)

电特性：

钨极类型及直径/mm：　/　　　　喷嘴直径/mm：　/

熔滴过渡形式(喷射过渡、短路过渡等)：　/

(按所焊位置和工件厚度，分别将电流、电压和焊接速度范围填入下表)

焊道/焊层	焊接方法	填充金属	规格/mm	电源种类及极性	焊接电流/A	电弧电压/V	焊接速度/(cm/min)	最大热输入/(kJ/cm)
1	SMAW	J427	ϕ4.0	DCEP	140～160	24～26	10～14	25.0
2—4	SMAW	J427	ϕ5.0	DCEP	180～200	24～26	12～15	26.0
5	SMAW	J427	ϕ4.0	DCEP	140～160	24～26	10～14	25.0

技术措施：

摆动焊或不摆动焊：　/　　　　摆动参数：　/

焊前清理和层间清理：　刷或磨　　　　背面清根方法：　碳弧气刨＋修磨

单道焊或多道焊/每面：　多道焊＋单道焊　　　　单丝焊或多丝焊：　/

导电嘴至工件距离/mm：　/　　　　锤击：　/

换热管与管板的连接方式：　/　　　　换热管与管板接头的清理方法：　/

预置金属衬套：　/　　　　预置金属衬套的形状与尺寸：　/

其他：　环境温度＞0℃，相对湿度＜90％。

检验要求及执行标准：

按 NB/T 47014—2023 及相关技术要求进行评定，项目如下：

1. 外观检查和无损检测(按 NB/T 47013.2)结果不得有裂纹；
2. 焊接接头板拉二件(按 GB/T 228)，$R_m \geqslant 400$MPa；
3. 焊接接头侧弯四件(按 GB/T 2653)，$D=4a$　$a=10$　$\alpha=180°$，沿任何方向不得有单条长度大于 3mm 的开口缺陷；
4. 焊缝、(Q245R、Q345R 侧)热影响区 0℃，KV_2 冲击各三件(按 GB/T 229)，焊接接头 V 型缺口 10mm×10mm×55mm 试样，冲击吸收能量平均值不低于 20J。

编制		日期		审核		日期		批准		日期	

焊接工艺评定报告（PQR（11＋12）01）

焊接工艺评定报告(PQR)

单位名称： ××××

PQR 编号：PQR(11＋12)01　　pWPS 编号：pWPS (11＋12)01

焊接方法：SMAW　　机动化程度：手工☑　机动□　自动□

焊接接头：对接☑　角接□　堆焊□　　其他：/

接头简图(接头形式、尺寸、衬垫、每种焊接方法或焊接工艺的焊缝金属厚度)：

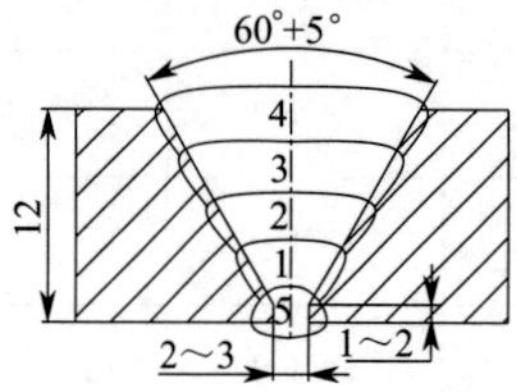

母材：

试件序号	①	②
材料	Q245R	Q345R
标准或规范	GB/T 713	GB/T 713
规格/mm	δ＝12	δ＝12
类别号	Fe-1	Fe-1
组别号	Fe-1-1	Fe-1-2

填充金属：

分类	焊条	
型号(牌号)	E4315(J427)	
标准	NB/T 47018.2	
填充金属规格/mm	ϕ4.0，ϕ5.0	
焊材分类代号	FeT-1-1	
焊缝金属厚度/mm	12	

预热及后热：

最小预热温度/℃	室温 20	最大道间温度/℃	235
后热温度及保温时间/(℃×h)	/		

焊后热处理： AW

保温温度/℃	/	保温时间/h	/

焊接位置：　　**气体：**

对接焊缝焊接位置	1G	方向(向上、向下)	/
角焊缝焊接位置	/	方向(向上、向下)	/

项目	气体种类	混合比/%	流量/(L/min)
保护气	/	/	/
尾部保护气	/	/	/
背面保护气	/	/	/

焊接工艺评定报告(PQR)

电特性：

钨极类型及直径/mm：/　　喷嘴直径/mm：/

熔滴过渡形式(喷射过渡、短路过渡等)：/

(按所焊位置和工件厚度，分别将电流、电压和焊接速度实测值填入下表)

焊道	焊接方法	填充金属	规格/mm	电源种类及极性	焊接电流/A	电弧电压/V	焊接速度/(cm/min)	最大热输入/(kJ/cm)
1	SMAW	J427	ϕ4.0	DCEP	140～170	24～26	10～14	26.5
2—4	SMAW	J427	ϕ5.0	DCEP	180～210	24～26	12～15	27.3
5	SMAW	J427	ϕ4.0	DCEP	140～170	24～26	10～14	26.5

技术措施：

摆动焊或不摆动焊：/　　摆动参数：/

焊前清理和层间清理：打磨　　背面清根方法：碳弧气刨＋修磨

单道焊或多道焊/每面：多道焊＋单道焊　　单丝焊或多丝焊：/

导电嘴至工件距离/mm：/　　锤击：/

换热管与管板的连接方式：/　　换热管与管板接头的清理方法：/

预置金属衬套：/　　预置金属衬套的形状与尺寸：/

其他：

拉伸试验(GB/T 228)：　　试验报告编号：LH(11＋12)01

试验条件	编号	试样宽度/mm	试样厚度/mm	横截面积/mm^2	断裂载荷/kN	R_m/MPa	断裂位置及特征
接头板拉	PQR(11＋12)01-1	25.1	12	301.2	150	495	断于母材 Q245R
	PQR(11＋12)01-2	25.2	12	302.4	149	490	断于母材 Q245R

弯曲试验(GB/T 2653)：　　试验报告编号：LH(11＋12)01

试验条件	编号	试样尺寸/mm	弯心直径/mm	弯曲角度/(°)	试验结果
侧弯	PQR(11＋12)01-3	10	40	180	合格
侧弯	PQR(11＋12)01-4	10	40	180	合格
侧弯	PQR(11＋12)01-5	10	40	180	合格
侧弯	PQR(11＋12)01-6	10	40	180	合格

<table>
<tr><td colspan="6">焊接工艺评定报告(PQR)</td></tr>
<tr><td colspan="3">冲击试验(GB/T 229):</td><td colspan="3">试验报告编号:LH(11+12)01</td></tr>
<tr><td>编号</td><td>试样位置</td><td>V型缺口位置</td><td>试样尺寸/mm</td><td>试验温度/℃</td><td>冲击吸收能量/J</td></tr>
<tr><td>PQR(11+12)01-7</td><td rowspan="3">焊缝</td><td rowspan="3">缺口轴线位于焊缝中心线上</td><td rowspan="3">10×10×55</td><td rowspan="3">0</td><td>71</td></tr>
<tr><td>PQR(11+12)01-8</td><td>70</td></tr>
<tr><td>PQR(11+12)01-9</td><td>71</td></tr>
<tr><td>PQR(11+12)01-10</td><td rowspan="3">Q345R 侧热影响区</td><td rowspan="6">缺口轴线至试样纵轴线与熔合线交点的距离 $k>0$mm,且尽可能多的通过热影响区</td><td rowspan="3">10×10×55</td><td rowspan="3">0</td><td>92</td></tr>
<tr><td>PQR(11+12)01-11</td><td>79</td></tr>
<tr><td>PQR(11+12)01-12</td><td>101</td></tr>
<tr><td>PQR(11+12)01-13</td><td rowspan="3">Q245R 侧热影响区</td><td rowspan="3">10×10×55</td><td rowspan="3">0</td><td>67</td></tr>
<tr><td>PQR(11+12)01-14</td><td>74</td></tr>
<tr><td>PQR(11+12)01-15</td><td>74</td></tr>
</table>

金相试验(角焊缝、模拟组合件): 试验报告编号:

检验面编号	1	2	3	4	5	6	7	8	结果
有无裂纹、未熔合									
角焊缝厚度/mm									
焊脚高 l/mm									
是否焊透									

金相检验(角焊缝、模拟组合件):

根部:焊透□ 未焊透□

焊缝:熔合□ 未熔合□

焊缝及热影响区:有裂纹□ 无裂纹□

两焊脚之差值:

试验报告编号:

堆焊层复层熔敷金属化学成分/% 执行标准: 试验报告编号:

C	Si	Mn	P	S	Cr	Ni	Mo	Ti	Al	Nb	Fe	…

化学成分测定表面至熔合线距离/mm:

非破坏性试验:

VT外观检查:无裂纹 PT: MT: UT: RT:无裂纹

预焊接工艺规程 pWPS（32＋12）01

预焊接工艺规程(pWPS)

单位名称： ××××

pWPS 编号： pWPS(32＋12)01

日期： ××××

焊接方法： SMAW 机动化程度： 手工☑　　机动□　　自动□ 焊接接头： 对接☑　　角接□　　堆焊□ 衬垫(材料及规格)： 焊缝金属 其他： /	**简图(接头形式、坡口形式与尺寸、焊层、焊道布置及顺序)：** 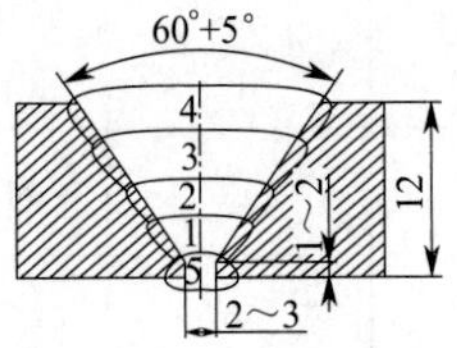

母材：

试件序号	①	②
材料	Q345R	20MnMo
标准或规范	GB/T 713	NB/T 47008
规格/mm	δ＝12	δ＝12
类别号	Fe-1	Fe-3
组别号	Fe-1-2	Fe-3-2
对接焊缝焊件母材厚度范围/mm	12～24	12～24
角焊缝焊件母材厚度范围/mm	不限	不限
管子直径、壁厚范围(对接或角接)/mm	/	/
其他：	/	

填充金属：

焊材类别(种类)	焊条	
型号(牌号)	E5015(J507)	
标准	NB/T 47018.2	
填充金属规格/mm	ϕ4.0，ϕ5.0	
焊材分类代号	FeT-1-2	
对接焊缝焊件焊缝金属范围/mm	0～24	
角焊缝焊件焊缝金属范围/mm	不限	
其他：	/	

预热及后热：		**气体：**			
最小预热温度/℃	80	项目	气体种类	混合比/%	流量/(L/min)
最大道间温度/℃	250	保护气	/	/	/
后热温度/℃	/	尾部保护气	/	/	/
后热保温时间/h	/	背面保护气	/	/	/

焊后热处理：	SR	**焊接位置：**			
热处理温度/℃	620±20	对接焊缝位置	1G	方向(向上、向下)	/
热处理时间/h	2.5	角焊缝位置	/	方向(向上、向下)	/

预焊接工艺规程(pWPS)

电特性：

钨极类型及直径/mm：/　　喷嘴直径/mm：/

熔滴过渡形式(喷射过渡、短路过渡等)：/

(按所焊位置和工件厚度，分别将电流、电压和焊接速度范围填入下表)

焊道/焊层	焊接方法	填充金属	规格/mm	电源种类及极性	焊接电流/A	电弧电压/V	焊接速度/(cm/min)	最大热输入/(kJ/cm)
1	SMAW	J507	ϕ4.0	DCEP	140～160	24～26	10～14	25.0
2—4	SMAW	J507	ϕ5.0	DCEP	180～200	24～26	12～14	26.0
5	SMAW	J507	ϕ4.0	DCEP	140～160	24～26	10～14	25.0

技术措施：

摆动焊或不摆动焊：/　　摆动参数：/

焊前清理和层间清理：刷或磨　　背面清根方法：碳弧气刨＋修磨

单道焊或多道焊/每面：多道焊＋单道焊　　单丝焊或多丝焊：/

导电嘴至工件距离/mm：/　　锤击：/

换热管与管板的连接方式：/　　换热管与管板接头的清理方法：/

预置金属衬套：/　　预置金属衬套的形状与尺寸：/

其他：环境温度＞0℃，相对湿度＜90%。

检验要求及执行标准：

按 NB/T 47014—2023 及相关技术要求进行评定，项目如下：

1. 外观检查和无损检测(按 NB/T 47013.2)结果不得有裂纹；
2. 焊接接头板拉二件(按 GB/T 228)，$R_m \geqslant 510$MPa；
3. 焊接接头侧弯四件(按 GB/T 2653)，$D=4a$　$a=10$　$\alpha=180°$，沿任何方向不得有单条长度大于 3mm 的开口缺陷；
4. 焊缝、(Q345R、20MnMo)侧热影响区 0℃，KV_2 冲击各三件(按 GB/T 229)，焊接接头 V 型缺口 10mm×10mm×55mm 试样，冲击吸收能量平均值不低于 24J。

编制		日期		审核		日期		批准		日期	

焊接工艺评定报告 PQR（32＋12）01

焊接工艺评定报告(PQR)

单位名称： ××××

PQR 编号： PQR(32＋12)01　　pWPS 编号： pWPS(32＋12)01

焊接方法： SMAW　　机动化程度： 手工☑　机动□　自动□

焊接接头： 对接☑　角接□　堆焊□　　其他： /

接头简图(接头形式、尺寸、衬垫、每种焊接方法或焊接工艺的焊缝金属厚度)：

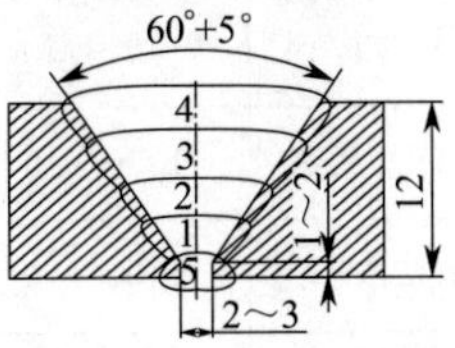

母材：

试件序号	①	②
材料	Q345R	20MnMo
标准或规范	GB/T 713	NB/T 47008
规格/mm	δ＝12	δ＝12
类别号	Fe-1	Fe-3
组别号	Fe-1-2	Fe-3-2

填充金属：

分类	焊条	
型号(牌号)	E5015(J507)	
标准	NB/T 47018.2	
填充金属规格/mm	ϕ4.0，ϕ5.0	
焊材分类代号	FeT-1-2	
焊缝金属厚度/mm	12	

预热及后热：

最小预热温度/℃	85	最大道间温度/℃	235
后热温度及保温时间/(℃×h)	/		

焊后热处理： SR

保温温度/℃	620	保温时间/h	2.5

焊接位置：

对接焊缝焊接位置	1G	方向(向上、向下)	/
角焊缝焊接位置	/	方向(向上、向下)	/

气体：

项目	气体种类	混合比/%	流量/(L/min)
保护气	/	/	/
尾部保护气	/	/	/
背面保护气	/	/	/

焊接工艺评定报告(PQR)

电特性:

钨极类型及直径/mm: / 喷嘴直径/mm: /

熔滴过渡形式(喷射过渡、短路过渡等): /

(按所焊位置和工件厚度,分别将电流、电压和焊接速度实测值填入下表)

焊道	焊接方法	填充金属	规格/mm	电源种类及极性	焊接电流/A	电弧电压/V	焊接速度/(cm/min)	最大热输入/(kJ/cm)
1	SMAW	J507	ϕ4.0	DCEP	140～170	24～26	10～14	26.5
2—4	SMAW	J507	ϕ5.0	DCEP	180～210	24～26	12～14	27.3
5	SMAW	J507	ϕ4.0	DCEP	140～170	24～26	10～14	26.5

技术措施:

摆动焊或不摆动焊: / 摆动参数: /

焊前清理和层间清理: 打磨 背面清根方法: 碳弧气刨＋修磨

单道焊或多道焊/每面: 多道焊＋单道焊 单丝焊或多丝焊: /

导电嘴至工件距离/mm: / 锤击: /

换热管与管板的连接方式: / 换热管与管板接头的清理方法: /

预置金属衬套: / 预置金属衬套的形状与尺寸: /

其他:

拉伸试验(GB/T 228): 试验报告编号:LH(32＋12)01

试验条件	编号	试样宽度/mm	试样厚度/mm	横截面积/mm^2	断裂载荷/kN	R_m/MPa	断裂位置及特征
接头板拉	PQR(32＋12)01-1	25.0	12	300	171	565	断于母材 Q345R
	PQR(32＋12)01-2	25.1	12	301.2	172	565	断于母材 Q345R

弯曲试验(GB/T 2653): 试验报告编号: LH(32＋12)01

试验条件	编号	试样尺寸/mm	弯心直径/mm	弯曲角度/(°)	试验结果
侧弯	PQR(32＋12)01-3	10	40	180	合格
侧弯	PQR(32＋12)01-4	10	40	180	合格
侧弯	PQR(32＋12)01-5	10	40	180	合格
侧弯	PQR(32＋12)01-6	10	40	180	合格

焊接工艺评定报告(PQR)

冲击试验(GB/T 229)： 试验报告编号：LH(32+12)01

编号	试样位置	V型缺口位置	试样尺寸/mm	试验温度/℃	冲击吸收能量/J
PQR(32+12)01-7	焊缝	缺口轴线位于焊缝中心线上	10×10×55	0	118
PQR(32+12)01-8					106
PQR(32+12)01-9					106
PQR(32+12)01-10	20MnMo 热影响区	缺口轴线至试样纵轴线与熔合线交点的距离 $k>0$mm，且尽可能多地通过热影响区	10×10×55	0	176
PQR(32+12)01-11					138
PQR(32+12)01-12					196
PQR(32+12)01-13	Q345R 热影响区		10×10×55	0	94
PQR(32+12)01-14					74
PQR(32+12)01-15					78

金相试验(角焊缝、模拟组合件)： 试验报告编号：

检验面编号	1	2	3	4	5	6	7	8	结果
有无裂纹、未熔合									
角焊缝厚度/mm									
焊脚高 l/mm									
是否焊透									

金相检验(角焊缝、模拟组合件)：

根部：焊透□　未焊透□

焊缝：熔合□　未熔合□

焊缝及热影响区：有裂纹□　无裂纹□

两焊脚之差值：

试验报告编号：

堆焊层复层熔敷金属化学成分/% 执行标准： 试验报告编号：

C	Si	Mn	P	S	Cr	Ni	Mo	Ti	Al	Nb	Fe	…

化学成分测定表面至熔合线距离/mm：

非破坏性试验：

VT外观检查：无裂纹　PT：　MT：　UT：　RT：无裂纹

预焊接工艺规程 pWPS（33+41）01

预焊接工艺规程（pWPS）

单位名称： ××××

pWPS 编号：pWPS（33+41)01

日期：××××

焊接方法：SMAW 机动化程度：手工☑ 机动□ 自动□ 焊接接头：对接☑ 角接□ 堆焊□ 衬垫（材料及规格）：焊缝金属 其他：/	**简图（接头形式、坡口形式与尺寸、焊层、焊道布置及顺序）：**

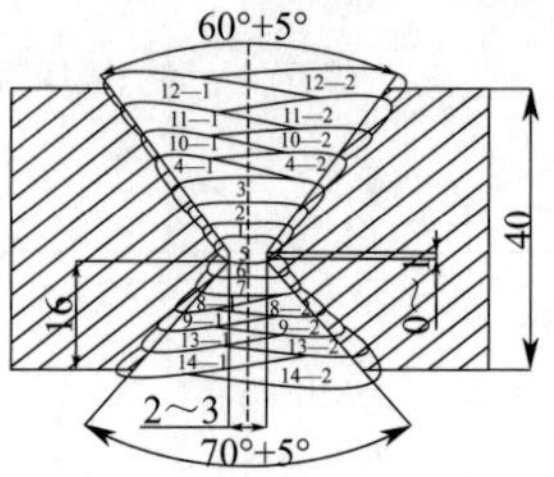

母材：		
试件序号	①	②
材料	15CrMoR	13MnNiMoR
标准或规范	GB/T 713	GB/T 713
规格/mm	δ=40	δ=40
类别号	Fe-4	Fe-3
组别号	Fe-4-1	Fe-3-3
对接焊缝焊件母材厚度范围/mm	16～200	16～200
角焊缝焊件母材厚度范围/mm	不限	不限
管子直径、壁厚范围（对接或角接）/mm	/	/
其他：	/	

填充金属：		
焊材类别（种类）	焊条	
型号（牌号）	E5915-G(J607)	
标准	NB/T 47018.2	
填充金属规格/mm	ϕ4.0，ϕ5.0	
焊材分类代号	FeT-3-3	
对接焊缝焊件焊缝金属范围/mm	0～200	
角焊缝焊件焊缝金属范围/mm	不限	
其他：	/	

预热及后热：		**气体：**			
最小预热温度/℃	120	项目	气体种类	混合比/%	流量/(L/min)
最大道间温度/℃	250	保护气	/	/	/
后热温度/℃	200～300	尾部保护气	/	/	/
后热保温时间/h	1	背面保护气	/	/	/
焊后热处理：	SR	**焊接位置：**			
热处理温度/℃	670±10	对接焊缝位置	1G	方向（向上、向下）	/
热处理时间/h	5.75	角焊缝位置	/	方向（向上、向下）	/

预焊接工艺规程(pWPS)

电特性：

钨极类型及直径/mm：/　　喷嘴直径/mm：/

熔滴过渡形式(喷射过渡、短路过渡等)：/

(按所焊位置和工件厚度，分别将电流、电压和焊接速度范围填入下表)

焊道/焊层	焊接方法	填充金属	规格/mm	电源种类及极性	焊接电流/A	电弧电压/V	焊接速度/(cm/min)	最大热输入/(kJ/cm)
1	SMAW	J607	ϕ4.0	DCEP	160～180	24～26	10～14	28.1
2-12	SMAW	J607	ϕ5.0	DCEP	180～210	24～26	12～15	27.3

技术措施：

摆动焊或不摆动焊：/　　摆动参数：/

焊前清理和层间清理：刷或磨　　背面清根方法：碳弧气刨＋修磨

单道焊或多道焊/每面：多道焊　　单丝焊或多丝焊：/

导电嘴至工件距离/mm：/　　锤击：/

换热管与管板的连接方式：/　　换热管与管板接头的清理方法：/

预置金属衬套：/　　预置金属衬套的形状与尺寸：/

其他：环境温度>0℃，相对湿度<90%。

检验要求及执行标准：

按 NB/T 47014—2023 及相关技术要求进行评定，项目如下：

1. 外观检查和无损检测(按 NB/T 47013.2)结果不得有裂纹；
2. 焊接接头板拉二件(按 GB/T 228)，$R_m \geqslant 450$MPa；
3. 焊接接头侧弯四件(按 GB/T 2653)，$D=4a$　$a=10$　$\alpha=180°$，沿任何方向不得有单条长度大于 3mm 的开口缺陷；
4. 焊缝、13MnNiMoR 侧热影响区 0℃ KV_2、15CrMoR 侧热影响区 20℃ KV_2 冲击各三件(按 GB/T 229)，焊接接头 V 型缺口 10mm×10mm×55mm 试样，冲击吸收能量平均值不低于 20J。

编制		日期		审核		日期		批准		日期	

焊接工艺评定报告（PQR（33+41）01）

焊接工艺评定报告(PQR)

单位名称： ××××

PQR 编号：PQR(33+41)01　　pWPS 编号：pWPS(33+41)01

焊接方法：SMAW　　机动化程度：手工☑　机动☐　自动☐

焊接接头：对接☑　角接☐　堆焊☐　　其他：/

接头简图(接头形式、尺寸、衬垫、每种焊接方法或焊接工艺的焊缝金属厚度)：

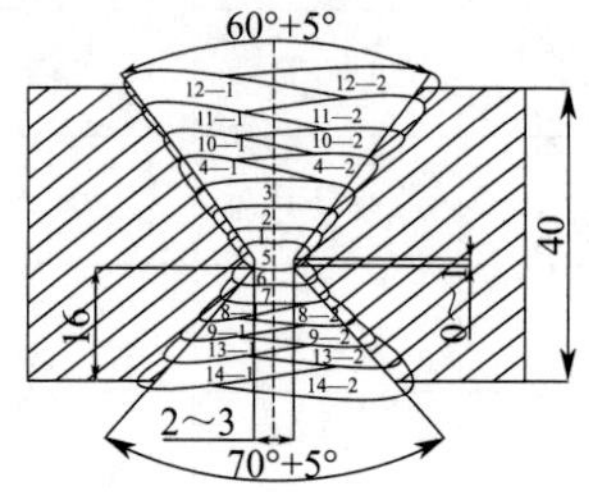

母材：

试件序号	①	②
材料	15CrMoR	13MnNiMoR
标准或规范	GB/T 713	GB/T 713
规格/mm	δ=40	δ=40
类别号	Fe-4	Fe-3
组别号	Fe-4-1	Fe-3-3

填充金属：

分类	焊条	
型号(牌号)	E5915-G(J607)	
标准	NB/T 47018.2	
填充金属规格/mm	ϕ4.0,ϕ5.0	
焊材分类代号	FeT-3-3	
焊缝金属厚度/mm	40	

预热及后热：

最小预热温度/℃	125	最大道间温度/℃	235
后热温度及保温时间/(℃×h)	300℃×1h		

焊后热处理： SR

保温温度/℃	670	保温时间/h	5.8

焊接位置：

对接焊缝焊接位置	1G	方向 (向上、向下)	/
角焊缝焊接位置	/	方向 (向上、向下)	/

气体：

项目	气体种类	混合比/%	流量/(L/min)
保护气	/	/	/
尾部保护气	/	/	/
背面保护气	/	/	/

焊接工艺评定报告(PQR)

电特性：

钨极类型及直径/mm：/　　喷嘴直径/mm：/

熔滴过渡形式(喷射过渡、短路过渡等)：/

(按所焊位置和工件厚度，分别将电流、电压和焊接速度实测值填入下表)

焊道	焊接方法	填充金属	规格/mm	电源种类及极性	焊接电流/A	电弧电压/V	焊接速度/(cm/min)	最大热输入/(kJ/cm)
1	SMAW	J607	ϕ4.0	DCEP	160～190	24～26	10～14	29.6
2—12	SMAW	J607	ϕ5.0	DCEP	180～220	24～26	12～15	28.6

技术措施：

摆动焊或不摆动焊：/　　摆动参数：/

焊前清理和层间清理：打磨　　背面清根方法：碳弧气刨＋修磨

单道焊或多道焊/每面：多道焊　　单丝焊或多丝焊：/

导电嘴至工件距离/mm：/　　锤击：/

换热管与管板的连接方式：/　　换热管与管板接头的清理方法：/

预置金属衬套：/　　预置金属衬套的形状与尺寸：/

其他：

拉伸试验(GB/T 228)：　　试验报告编号：LH(33＋41)01

试验条件	编号	试样宽度/mm	试样厚度/mm	横截面积/mm^2	断裂载荷/kN	R_m/MPa	断裂位置及特征
接头板拉	PQR(33＋41)01-1	25.0	17.7	442.5	245	550	断于15CrMoR侧母材
	PQR(33＋41)01-2	25.1	18.2	456.82	249	540	断于15CrMoR侧母材
	PQR(33＋41)01-3	25.0	18.0	450	252	555	断于15CrMoR侧母材
	PQR(33＋41)01-4	25.0	17.9	447.5	243	538	断于15CrMoR侧母材

弯曲试验(GB/T 2653)：　　试验报告编号：LH(33＋41)01

试验条件	编号	试样尺寸/mm	弯心直径/mm	弯曲角度/(°)	试验结果
侧弯	PQR(33＋41)01-5	10	40	180	合格
侧弯	PQR(33＋41)01-6	10	40	180	合格
侧弯	PQR(33＋41)01-7	10	40	180	合格
侧弯	PQR(33＋41)01-8	10	40	180	合格

焊接工艺评定报告(PQR)

冲击试验(GB/T 229)： 试验报告编号：LH(33+41)01

编号	试样位置	V型缺口位置	试样尺寸/mm	试验温度/℃	冲击吸收能量/J
PQR(33+41)01-9	焊缝	缺口轴线位于焊缝中心线上	10×10×55	0	127
PQR(33+41)01-10					90
PQR(33+41)01-11					87
PQR(33+41)01-12	13MnNiMoR侧热影响区	缺口轴线至试样纵轴线与熔合线交点的距离 $k>0$mm，且尽可能多地通过热影响区	10×10×55	0	205
PQR(33+41)01-13					200
PQR(33+41)01-14					168
PQR(33+41)01-15	15CrMoR侧热影响区		10×10×55	20	64
PQR(33+41)01-16					64
PQR(33+41)01-17					72

金相试验(角焊缝、模拟组合件)： 试验报告编号：

检验面编号	1	2	3	4	5	6	7	8	结果
有无裂纹、未熔合									
角焊缝厚度/mm									
焊脚高 l/mm									
是否焊透									

金相检验(角焊缝、模拟组合件)：
根部：焊透□　　未焊透□
焊缝：熔合□　　未熔合□
焊缝及热影响区：有裂纹□　　无裂纹□
两焊脚之差值：
试验报告编号：

堆焊层复层熔敷金属化学成分/% 执行标准： 试验报告编号：

C	Si	Mn	P	S	Cr	Ni	Mo	Ti	Al	Nb	Fe	…

化学成分测定表面至熔合线距离/mm：

非破坏性试验：
VT外观检查：无裂纹　　PT：　　MT：　　UT：　　RT：无裂纹

预焊接工艺规程 pWPS（33＋32）01

预焊接工艺规程(pWPS)
单位名称：×××× pWPS 编号：pWPS(33＋32)01 日期：××××

焊接方法：SMAW 机动化程度：手工☑　机动☐　自动☐ 焊接接头：对接☑　角接☐　堆焊☐ 衬垫(材料及规格)：焊缝金属 其他：/	**简图(接头形式、坡口形式与尺寸、焊层、焊道布置及顺序)**： 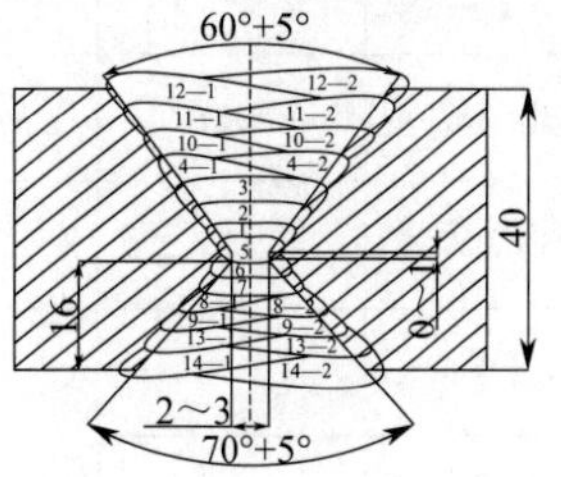

母材：		
试件序号	①	②
材料	13MnNiMoR	20MnMo
标准或规范	GB/T 713	NB/T 47008
规格/mm	$\delta=40$	$\delta=40$
类别号	Fe-3	Fe-3
组别号	Fe-3-3	Fe-3-2
对接焊缝焊件母材厚度范围/mm	16～200	16～200
角焊缝焊件母材厚度范围/mm	不限	不限
管子直径、壁厚范围(对接或角接)/mm	/	/
其他：	/	
填充金属：		
焊材类别(种类)	焊条	
型号(牌号)	E5515-G(J557)	
标准	NB/T47018.2	
填充金属规格/mm	ϕ4.0，ϕ5.0	
焊材分类代号	FeT-3-2	
对接焊缝焊件焊缝金属范围/mm	0～200	
角焊缝焊件焊缝金属范围/mm	不限	
其他：	/	

预热及后热：		**气体**：			
最小预热温度/℃	100	项目	气体种类	混合比/%	流量/(L/min)
最大道间温度/℃	250	保护气	/	/	/
后热温度/℃	200～300	尾部保护气	/	/	/
后热保温时间/h	1	背面保护气	/	/	/
焊后热处理：	SR	**焊接位置**：			
热处理温度/℃	620±20	对接焊缝位置	1G	方向(向上、向下)	/
热处理时间/h	3.5	角焊缝位置	/	方向(向上、向下)	/

预焊接工艺规程(pWPS)

电特性:

钨极类型及直径/mm: / 喷嘴直径/mm: /

熔滴过渡形式(喷射过渡、短路过渡等): /

(按所焊位置和工件厚度,分别将电流、电压和焊接速度范围填入下表)

焊道/焊层	焊接方法	填充金属	规格/mm	电源种类及极性	焊接电流/A	电弧电压/V	焊接速度/(cm/min)	最大热输入/(kJ/cm)
1	SMAW	J557	ϕ4.0	DCEP	160～180	24～26	10～14	28.1
2—14	SMAW	J557	ϕ5.0	DCEP	180～210	24～26	11～15	29.8

技术措施:

摆动焊或不摆动焊: / 摆动参数: /

焊前清理和层间清理: 刷或磨 背面清根方法: 碳弧气刨＋修磨

单道焊或多道焊/每面: 多道焊 单丝焊或多丝焊: /

导电嘴至工件距离/mm: / 锤击: /

换热管与管板的连接方式: / 换热管与管板接头的清理方法: /

预置金属衬套: / 预置金属衬套的形状与尺寸: /

其他: 环境温度＞0℃,相对湿度＜90%。

检验要求及执行标准:

按 NB/T 47014—2023 及相关技术要求进行评定,项目如下:

1. 外观检查和无损检测(按 NB/T 47013.2)结果不得有裂纹;
2. 焊接接头板拉二件(按 GB/T 228),$R_m \geqslant 530$MPa;
3. 焊接接头侧弯四件(按 GB/T 2653),$D=4a$ $a=10$ $\alpha=180°$,沿任何方向不得有单条长度大于 3mm 的开口缺陷。
4. 焊缝、(13MnNiMoR、20MnMo)侧热影响区 0℃KV_2 冲击各三件(按 GB/T 229),焊接接头 V 型缺口 10mm×10mm×55mm 试样冲击吸收能量平均值不低于 31J。

编制		日期		审核		日期		批准		日期	

焊接工艺评定报告（PQR（33＋32）01）

焊接工艺评定报告(PQR)							
单位名称： ××××							
PQR 编号：PQR(33＋32)01				pWPS 编号：pWPS(33＋32)01			
焊接方法：SMAW				机动化程度：手工☑　机动□　自动□			
焊接接头：对接☑　角接□　堆焊□				其他：/			
接头简图(接头形式、尺寸、衬垫、每种焊接方法或焊接工艺的焊缝金属厚度)： 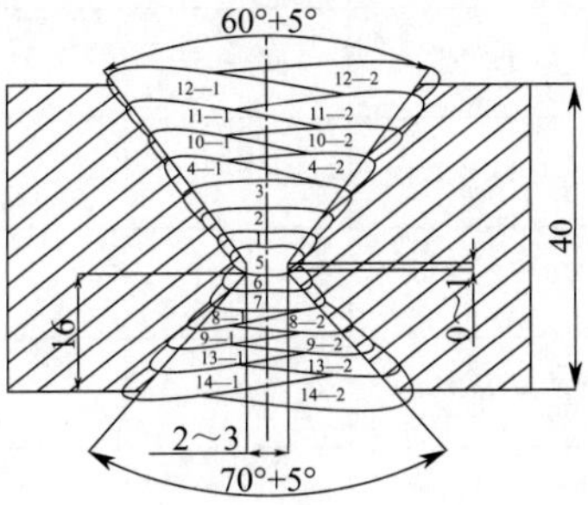							
母材：							
试件序号	①			②			
材料	13MnNiMoR			20MnMo			
标准或规范	GB/T 713			NB/T 47008			
规格/mm	δ＝40			δ＝40			
类别号	Fe-3			Fe-3			
组别号	Fe-3-3			Fe-3-2			
填充金属：							
分类	焊条						
型号(牌号)	E5515-G(J557)						
标准	NB/T 47018.2						
填充金属规格/mm	ϕ4.0，ϕ5.0						
焊材分类代号	FeT-3-2						
焊缝金属厚度/mm	40						
预热及后热：							
最小预热温度/℃	105			最大道间温度/℃	235		
后热温度及保温时间/(℃×h)	300℃×1h						
焊后热处理：	SR						
保温温度/℃	620			保温时间/h	4		
焊接位置：				**气体：**			
对接焊缝焊接位置	1G	方向(向上、向下)	/	项目	气体种类	混合比/%	流量/(L/min)
				保护气	/	/	/
角焊缝焊接位置	/	方向(向上、向下)	/	尾部保护气	/	/	/
				背面保护气	/	/	/

焊接工艺评定报告(PQR)

电特性：

钨极类型及直径/mm：/　　喷嘴直径/mm：/

熔滴过渡形式(喷射过渡、短路过渡等)：/

(按所焊位置和工件厚度，分别将电流、电压和焊接速度实测值填入下表)

焊道	焊接方法	填充金属	规格 /mm	电源种类及极性	焊接电流 /A	电弧电压 /V	焊接速度 /cm/min	最大热输入 /(kJ/cm)
1	SMAW	J557	ϕ4.0	DCEP	160～190	24～26	10～14	29.6
2—14	SMAW	J557	ϕ5.0	DCEP	180～220	24～26	11～15	31.2

技术措施：

摆动焊或不摆动焊：/　　摆动参数：/

焊前清理和层间清理：打磨　　背面清根方法：碳弧气刨＋修磨

单道焊或多道焊/每面：多道焊　　单丝焊或多丝焊：/

导电嘴至工件距离/mm：/　　锤击：/

换热管与管板的连接方式：/　　换热管与管板接头的清理方法：/

预置金属衬套：/　　预置金属衬套的形状与尺寸：/

其他：

拉伸试验(GB/T 228)：　　试验报告编号：LH(33＋32)01

试验条件	编号	试样宽度 /mm	试样厚度 /mm	横截面积 /mm^2	断裂载荷 /kN	R_m /MPa	断裂位置及特征
接头板拉	PQR(33＋32)01-1	25.0	17.8	445	239	535	断于20MnMo侧母材
	PQR(33＋32)01-2	25.1	18.1	452.5	257	565	断于20MnMo侧母材
	PQR(33＋32)01-3	25.0	18.0	451.8	252	555	断于20MnMo侧母材
	PQR(33＋32)01-4	25.0	17.9	447.5	243	540	断于20MnMo侧母材

弯曲试验(GB/T 2653)：　　试验报告编号：LH(33＋32)01

试验条件	编号	试样尺寸 /mm	弯心直径 /mm	弯曲角度 /(°)	试验结果
侧弯	PQR(33＋32)01-5	10	40	180	合格
侧弯	PQR(33＋32)01-6	10	40	180	合格
侧弯	PQR(33＋32)01-7	10	40	180	合格
侧弯	PQR(33＋32)01-8	10	40	180	合格

焊接工艺评定报告(PQR)

冲击试验(GB/T 229)： 试验报告编号：LH(33＋32)01

编号	试样位置	V型缺口位置	试样尺寸/mm	试验温度/℃	冲击吸收能量/J
PQR(33＋32)01-9	焊缝	缺口轴线位于焊缝中心线上	10×10×55	0	168
PQR(33＋32)01-10					189
PQR(33＋32)01-11					207
PQR(33＋32)01-12	13MnNiMoR热影响区	缺口轴线至试样纵轴线与熔合线交点的距离 $k>0$mm，且尽可能多地通过热影响区	10×10×55	0	166
PQR(33＋32)01-13					200
PQR(33＋32)01-14					210
PQR(33＋32)01-15	20MnMo热影响区		10×10×55	0	83
PQR(33＋32)01-16					75
PQR(33＋32)01-17					74

金相试验(角焊缝、模拟组合件)： 试验报告编号：

检验面编号	1	2	3	4	5	6	7	8	结果
有无裂纹、未熔合									
角焊缝厚度/mm									
焊脚高 l/mm									
是否焊透									

金相检验(角焊缝、模拟组合件)：

根部：焊透□　　未焊透□

焊缝：熔合□　　未熔合□

焊缝及热影响区：有裂纹□　　无裂纹□

两焊脚之差值：

试验报告编号：

堆焊层复层熔敷金属化学成分/% 执行标准： 试验报告编号：

C	Si	Mn	P	S	Cr	Ni	Mo	Ti	Al	Nb	Fe	…

化学成分测定表面至熔合线距离/mm：

非破坏性试验：

VT外观检查：无裂纹　　PT：　　MT：　　UT：　　RT：无裂纹

预焊接工艺规程 pWPS（11＋41）01

预焊接工艺规程(pWPS)

单位名称： ××××

pWPS 编号： pWPS(11＋41)01

日期： ××××

焊接方法： SMAW

机动化程度： 手工☑ 机动□ 自动□

焊接接头： 对接☑ 角接□ 堆焊□

衬垫(材料及规格)： 焊缝金属

其他： /

简图(接头形式、坡口形式与尺寸、焊层、焊道布置及顺序)：

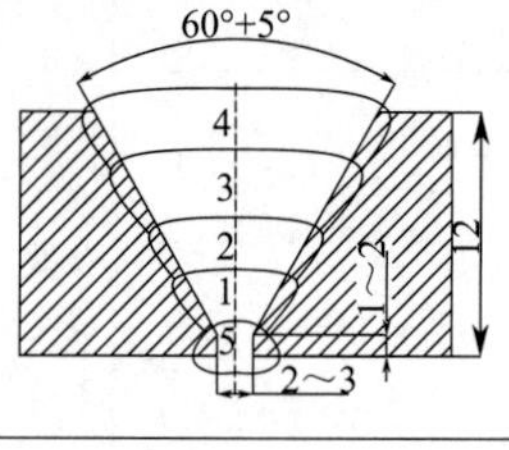

母材：

试件序号	①	②
材料	Q245R	15CrMoR
标准或规范	GB/T 713	GB/T 713
规格/mm	$\delta=12$	$\delta=12$
类别号	Fe-1	Fe-4
组别号	Fe-1-1	Fe-4-1
对接焊缝焊件母材厚度范围/mm	12～24	12～24
角焊缝焊件母材厚度范围/mm	不限	不限
管子直径、壁厚范围(对接或角接)/mm	/	/
其他：	/	

填充金属：

焊材类别(种类)	焊条	
型号(牌号)	E4315(J427)	
标准	NB/T 47018.2	
填充金属规格/mm	$\phi3.2$	
焊材分类代号	FeT-1-1	
对接焊缝焊件焊缝金属范围/mm	0～24	
角焊缝焊件焊缝金属范围/mm	不限	
其他：	/	

预热及后热：

最小预热温度/℃	120
最大道间温度/℃	250
后热温度/℃	/
后热保温时间/h	/

气体：

项目	气体种类	混合比/%	流量/(L/min)
保护气	/	/	/
尾部保护气	/	/	/
背面保护气	/	/	/

焊后热处理： SR

热处理温度/℃	670±20
热处理时间/h	3

焊接位置：

对接焊缝位置	1G	方向(向上、向下)	/
角焊缝位置	/	方向(向上、向下)	/

预焊接工艺规程(pWPS)

电特性：

钨极类型及直径/mm：/　　喷嘴直径/mm：/

熔滴过渡形式(喷射过渡、短路过渡等)：/

(按所焊位置和工件厚度，分别将电流、电压和焊接速度范围填入下表)

焊道/焊层	焊接方法	填充金属	规格/mm	电源种类及极性	焊接电流/A	电弧电压/V	焊接速度/(cm/min)	最大热输入/(kJ/cm)
1	SMAW	J427	ϕ4.0	DCEP	140～160	24～26	12～14	20.8
2	SMAW	J427	ϕ5.0	DCEP	180～200	24～26	14～16	22.3
3	SMAW	J427	ϕ5.0	DCEP	180～200	24～26	12～14	26.0
4	SMAW	J427	ϕ5.0	DCEP	180～200	24～26	12～14	26.0
5	SMAW	J427	ϕ4.0	DCEP	140～160	24～26	10～14	25.0

技术措施：

摆动焊或不摆动焊：/　　摆动参数：/

焊前清理和层间清理：刷或磨　　背面清根方法：碳弧气刨＋修磨

单道焊或多道焊/每面：多道焊＋单道焊　　单丝焊或多丝焊：/

导电嘴至工件距离/mm：/　　锤击：/

换热管与管板的连接方式：/　　换热管与管板接头的清理方法：/

预置金属衬套：/　　预置金属衬套的形状与尺寸：/

其他：环境温度＞0℃，相对湿度＜90%。

检验要求及执行标准：

按 NB/T 47014—2023 及相关技术要求进行评定，项目如下：

1. 外观检查和无损检测(按 NB/T 47013.2)结果不得有裂纹；
2. 焊接接头板拉二件(按 GB/T 228)，$R_m \geq 400$MPa；
3. 焊接接头侧弯四件(按 GB/T 2653)，$D=4a$　$a=10$　$\alpha=180°$，沿任何方向不得有单条长度大于 3mm 的开口缺陷。
4. 焊缝、Q245R 侧热影响区 0℃ KV_2、15CrMoR 侧热影响区 20℃ KV_2 冲击各三件(按 GB/T 229)，焊接接头 V 型缺口 10mm×10mm×55mm 试样冲击吸收能量平均值不低于 20J。

编制		日期		审核		日期		批准		日期	

焊接工艺评定报告（PQR（11+41）01）

焊接工艺评定报告(PQR)

单位名称： ××××

PQR 编号：PQR(11+41)01　　pWPS 编号：pWPS (11+41)01

焊接方法：SMAW　　机动化程度：手工☑　机动□　自动□

焊接接头：对接☑　角接□　堆焊□　　其他：/

接头简图(接头形式、尺寸、衬垫、每种焊接方法或焊接工艺的焊缝金属厚度)：

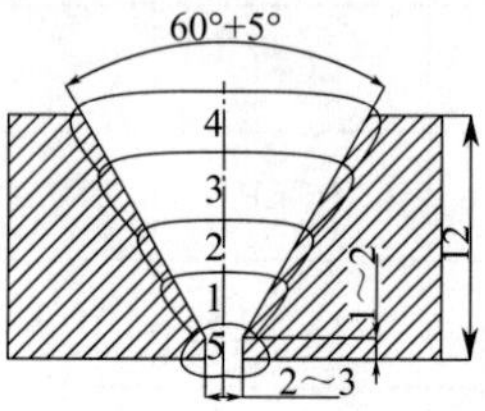

母材：

试件序号	①	②
材料	Q245R	15CrMoR
标准或规范	GB/T 713	GB/T 713
规格/mm	$\delta=12$	$\delta=12$
类别号	Fe-1	Fe-4
组别号	Fe-1-1	Fe-4-1

填充金属：

分类	焊条	
型号(牌号)	E4315(J427)	
标准	NB/T 47018.2	
填充金属规格/mm	$\phi3.2$	
焊材分类代号	FeT-1-1	
焊缝金属厚度/mm	12	

预热及后热：

最小预热温度/℃	125	最大道间温度/℃	235
后热温度及保温时间/(℃×h)	/		

焊后热处理： SR

保温温度/℃	670	保温时间/h	3

焊接位置：

对接焊缝焊接位置	1G	方向(向上、向下)	/
角焊缝焊接位置	/	方向(向上、向下)	/

气体：

项目	气体种类	混合比/%	流量/(L/min)
保护气	/	/	/
尾部保护气	/	/	/
背面保护气	/	/	/

焊接工艺评定报告(PQR)

电特性：

钨极类型及直径/mm：/　　喷嘴直径/mm：/

熔滴过渡形式(喷射过渡、短路过渡等)：/

(按所焊位置和工件厚度，分别将电流、电压和焊接速度实测值填入下表)

焊道	焊接方法	填充金属	规格/mm	电源种类及极性	焊接电流/A	电弧电压/V	焊接速度/(cm/min)	最大热输入/(kJ/cm)
1	SMAW	J427	ϕ4.0	DCEP	140～170	24～26	12～14	22.1
2	SMAW	J427	ϕ5.0	DCEP	180～210	24～26	14～16	23.4
3	SMAW	J427	ϕ5.0	DCEP	180～210	24～26	12～14	27.3
4	SMAW	J427	ϕ5.0	DCEP	180～210	24～26	12～14	27.3
5	SMAW	J427	ϕ4.0	DCEP	140～170	24～26	10～14	26.5

技术措施：

摆动焊或不摆动焊：/　　摆动参数：/

焊前清理和层间清理：打磨　　背面清根方法：碳弧气刨＋修磨

单道焊或多道焊/每面：多道焊＋单道焊　　单丝焊或多丝焊：/

导电嘴至工件距离/mm：/　　锤击：/

换热管与管板的连接方式：/　　换热管与管板接头的清理方法：/

预置金属衬套：/　　预置金属衬套的形状与尺寸：/

其他：

拉伸试验(GB/T 228)：　　试验报告编号：LH(11＋41)01

试验条件	编号	试样宽度/mm	试样厚度/mm	横截面积/mm²	断裂载荷/kN	R_m/MPa	断裂位置及特征
接头板拉	PQR(11＋41)01-1	25.1	12.0	301.2	140	460	断于母材 Q245R
	PQR(11＋41)01-2	25.1	12.1	303.71	142	465	断于母材 Q245R

弯曲试验(GB/T 2653)：　　试验报告编号：LH(11＋41)01

试验条件	编号	试样尺寸/mm	弯心直径/mm	弯曲角度/(°)	试验结果
侧弯	PQR(11＋41)01-3	10	40	180	合格
侧弯	PQR(11＋41)01-4	10	40	180	合格
侧弯	PQR(11＋41)01-5	10	40	180	合格
侧弯	PQR(11＋41)01-6	10	40	180	合格

焊接工艺评定报告(PQR)

冲击试验(GB/T 229)： 试验报告编号：LH(11+41)01

编号	试样位置	V型缺口位置	试样尺寸/mm	试验温度/℃	冲击吸收能量/J
PQR(11+41)01-7	焊缝	缺口轴线位于焊缝中心线上	10×10×55	0	95
PQR(11+41)01-8					120
PQR(11+41)01-9					97
PQR(11+41)01-10	15CrMoR侧热影响区	缺口轴线至试样纵轴线与熔合线交点的距离 $k>0$mm，且尽可能多地通过热影响区	10×10×55	20	67
PQR(11+41)01-11					75
PQR(11+41)01-12					60
PQR(11+41)01-13	Q245R侧热影响区		10×10×55	0	98
PQR(11+41)01-14					110
PQR(11+41)01-15					78

金相试验(角焊缝、模拟组合件)： 试验报告编号：

检验面编号	1	2	3	4	5	6	7	8	结果
有无裂纹、未熔合									
角焊缝厚度/mm									
焊脚高 l/mm									
是否焊透									

金相检验(角焊缝、模拟组合件)：

根部：焊透□ 未焊透□

焊缝：熔合□ 未熔合□

焊缝及热影响区：有裂纹□ 无裂纹□

两焊脚之差值：

试验报告编号：

堆焊层复层熔敷金属化学成分/% 执行标准： 试验报告编号：

C	Si	Mn	P	S	Cr	Ni	Mo	Ti	Al	Nb	Fe	…

化学成分测定表面至熔合线距离/mm：

非破坏性试验：

VT外观检查：无裂纹 PT： MT： UT： RT：无裂纹

第十七节　不锈钢-钢复合板焊接工艺评定

预焊接工艺规程 pWPS F01

预焊接工艺规程(pWPS)

单位名称： ××××

pWPS 编号： pWPS F01

日期： ××××

焊接方法： SMAW

机动化程度： 手工☑　　机动□　　自动□

焊接接头： 对接☑　　角接□　　堆焊□

衬垫(材料及规格)： 焊缝金属

其他： /

简图(接头形式、坡口形式与尺寸、焊层、焊道布置及顺序)：

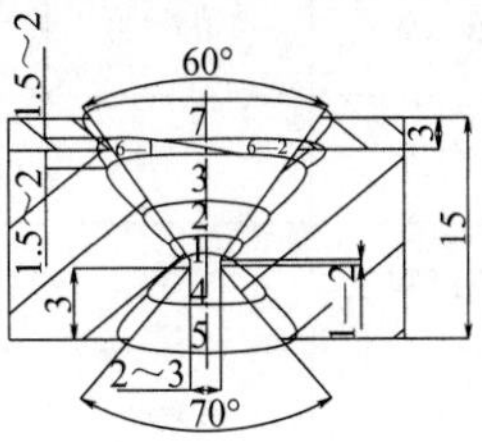

母材：

试件序号	①	②
材料	S31603/Q345R	S31603/Q345R
标准或规范	NB/47002.1	NB/47002.1
规格/mm	δ=3+12	δ=3+12
类别号	Fe-8/Fe-1	Fe-8/Fe-1
组别号	Fe-8-1/Fe-1-2	Fe-8-1/Fe-1-2
对接焊缝焊件母材厚度范围/mm	1.5～6/12～24	1.5～6/12～24
角焊缝焊件母材厚度范围/mm	不限	不限
管子直径、壁厚范围(对接或角接)/mm	/	/
其他：	/	

填充金属：

焊材类别(种类)	焊条	
型号(牌号)	E5015(J507)/E309 MoL-16(A042)/E316L-16(A022)	
标准	NB/T 47018.2	
填充金属规格/mm	ϕ4.0,ϕ5.0/ϕ3.2,ϕ4.0	
焊材分类代号	FeT-8	
对接焊缝焊件焊缝金属范围/mm	基层 0～24,覆层 0～6	
角焊缝焊件焊缝金属范围/mm	不限	
其他：	/	

预热及后热：		**气体：**			
最小预热温度/℃	15(基材)	项目	气体种类	混合比/%	流量/(L/min)
最大道间温度/℃	250（基材）/150	保护气	/	/	/
后热温度/℃	/	尾部保护气	/	/	/
后热保温时间/h	/	背面保护气	/	/	/

焊后热处理：	AW	**焊接位置：**			
热处理温度/℃	/	对接焊缝位置	1G	方向(向上、向下)	/
热处理时间/h	/	角焊缝位置	/	方向(向上、向下)	/

预焊接工艺规程(pWPS)

电特性:

钨极类型及直径/mm: / 喷嘴直径/mm: /

熔滴过渡形式(喷射过渡、短路过渡等): /

(按所焊位置和工件厚度,分别将电流、电压和焊接速度范围填入下表)

焊道/焊层	焊接方法	填充金属	规格/mm	电源种类及极性	焊接电流/A	电弧电压/V	焊接速度/(cm/min)	最大热输入/(kJ/cm)
1	SMAW	J507	ϕ4.0	DCEP	140～160	24～26	10～16	25.0
2	SMAW	J507	ϕ5.0	DCEP	180～210	24～26	12～14	27.3
3	SMAW	J507	ϕ5.0	DCEP	180～210	24～26	10～12	32.8
4	SMAW	J507	ϕ4.0	DCEP	140～180	24～26	11～14	25.5
5	SMAW	J507	ϕ5.0	DCEP	180～210	24～26	12～14	27.3
6	SMAW	A042	ϕ3.2	DCEP	80～110	24～26	12～15	14.3
7	SMAW	A022	ϕ4.0	DCEP	120～160	24～26	10～13	25.0

技术措施:

摆动焊或不摆动焊: / 摆动参数: /

焊前清理和层间清理: 刷或磨 背面清根方法: 碳弧气刨+修磨

单道焊或多道焊/每面: 多道焊 单丝焊或多丝焊: /

导电嘴至工件距离/mm: / 锤击: /

换热管与管板的连接方式: / 换热管与管板接头的清理方法: /

预置金属衬套: / 预置金属衬套的形状与尺寸: /

其他: 环境温度>0℃,相对湿度<90%。采用J507焊接至距复层1.5～2mm时,采用A042焊条进行焊接,焊至距覆层表面1.5～2mm时,采用A022进行焊接。

检验要求及执行标准:

按NB/T 47014—2023及相关技术要求进行评定,项目如下:

1. 外观检查和无损检测(按NB/T 47013.2)结果不得有裂纹;
2. 堆焊层化分(按GB/T 222):五元素+Cr、Ni、Mo、Cu,满足NB/T 47018.4金属型号的规定;
3. 堆焊层评定最小厚度测定(按NB/T 47013.3);
4. 焊接接头板拉二件(按GB/T 228),$R_m \geqslant 512$MPa;
5. 焊接接头侧弯四件(按GB/T 2653),$D=4a$ $a=10$ $\alpha=180°$,沿任何方向不得有单条长度大于3mm的开口缺陷,侧弯试样复合界面未结合缺陷引起的分层、裂纹允许重新取样试验。
6. 基层焊缝、热影响区0℃KV_2冲击各三件(按GB/T 229),焊接接头V型缺口10mm×10mm×55mm试样冲击吸收能量平均值不低于24J。

编制		日期		审核		日期		批准		日期	

焊接工艺评定报告（PQR F01）

焊接工艺评定报告（PQR）

单位名称： ××××

PQR 编号：PQRF01　　pWPS 编号：pWPS F01

焊接方法：SMAW　　机动化程度：手工☑　机动☑　自动□

焊接接头：对接☑　角接□　堆焊□　　其他：/

接头简图（接头形式、尺寸、衬垫、每种焊接方法或焊接工艺的焊缝金属厚度）：

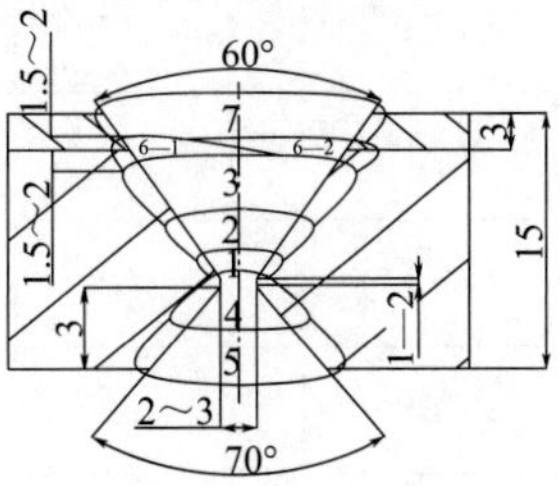

母材：

试件序号	①	②
材料	S31603/Q345R	S31603/Q345R
标准或规范	NB/T 47002.1	NB/T 47002.1
规格/mm	$\delta=3+12$	$\delta=3+12$
类别号	Fe-8/Fe-1	Fe-8/Fe-1
组别号	Fe-8-1/Fe-1-2	Fe-8-1/Fe-1-2

填充金属：

分类	焊条	
型号（牌号）	E5015(J507)/E309 MoL-16(A042)/E316L-16(A022)	
标准	NB/T47018.2	
填充金属规格/mm	ϕ4.0，ϕ5.0/ϕ3.2，ϕ4.0	
焊材分类代号	FeT-8	
焊缝金属厚度/mm	基层 12，最小覆层厚度 3	

预热及后热：

最小预热温度/℃	室温 20	最大道间温度/℃	235(基材)/135
后热温度及保温时间/(℃×h)	/		

焊后热处理： AW

保温温度/℃	/	保温时间/h	/

焊接位置：

对接焊缝焊接位置	1G	方向（向上、向下）	/
角焊缝焊接位置	/	方向（向上、向下）	/

气体：

项目	气体种类	混合比/%	流量/(L/min)
保护气	/	/	/
尾部保护气	/	/	/
背面保护气	/	/	/

焊接工艺评定报告(PQR)

电特性:

钨极类型及直径/mm: / 喷嘴直径/mm: /

熔滴过渡形式(喷射过渡、短路过渡等): /

(按所焊位置和工件厚度,分别将电流、电压和焊接速度实测值填入下表)

焊道	焊接方法	填充金属	规格/mm	电源种类及极性	焊接电流/A	电弧电压/V	焊接速度/(cm/min)	最大热输入/(kJ/cm)
1	SMAW	J507	ϕ4.0	DCEP	140～170	24～26	10～16	26.5
2	SMAW	J507	ϕ5.0	DCEP	180～220	24～26	12～14	28.6
3	SMAW	J507	ϕ5.0	DCEP	180～220	24～26	10～12	34.3
4	SMAW	J507	ϕ4.0	DCEP	140～190	24～26	11～14	26.9
5	SMAW	J507	ϕ5.0	DCEP	180～220	24～26	12～14	28.6
6	SMAW	A042	ϕ3.2	DCEP	80～120	24～26	12～15	15.6
7	SMAW	A022	ϕ4.0	DCEP	120～170	24～26	10～13	26.5

技术措施:

摆动焊或不摆动焊: / 摆动参数: /

焊前清理和层间清理: 打磨 背面清根方法: 碳弧气刨+修磨

单道焊或多道焊/每面: 多道焊 单丝焊或多丝焊: /

导电嘴至工件距离/mm: / 锤击: /

换热管与管板的连接方式: / 换热管与管板接头的清理方法: /

预置金属衬套: / 预置金属衬套的形状与尺寸: /

其他:

拉伸试验(GB/T 228): 试验报告编号:LHF01

试验条件	编号	试样宽度/mm	试样厚度/mm	横截面积/mm^2	断裂载荷/kN	R_m/MPa	断裂位置及特征
接头板拉	PQRF01-1	25.0	14.8	370	218.3	590	断于母材
	PQRF01-2	25.1	14.78	371	217	585	断于母材

弯曲试验(GB/T 2653): 试验报告编号: LHF01

试验条件	编号	试样尺寸/mm	弯心直径/mm	弯曲角度/(°)	试验结果
侧弯	PQRF01-3	10	40	180	合格
侧弯	PQRF01-4	10	40	180	合格
侧弯	PQRF01-5	10	40	180	合格
侧弯	PQRF01-6	10	40	180	合格

焊接工艺评定报告(PQR)

冲击试验(GB/T 229): 试验报告编号:LHF01

编号	试样位置	V型缺口位置	试样尺寸/mm	试验温度/℃	冲击吸收功/J
PQRF01-7	基层焊缝	缺口轴线位于焊缝中心线上	10×10×55	0	80
PQRF01-8					74
PQRF01-9					76
PQRF01-10	基层热影响区	缺口轴线至试样纵轴线与熔合线交点的距离 $k>0$mm,且尽可能多地通过热影响区	10×10×55	0	80
PQRF01-11					72
PQRF01-12					78

金相试验(角焊缝、模拟组合件): 试验报告编号:

检验面编号	1	2	3	4	5	6	7	8	结果
有无裂纹、未熔合									
角焊缝厚度/mm									
焊脚高 l/mm									
是否焊透									

金相检验(角焊缝、模拟组合件):
根部:焊透□　　未焊透□
焊缝:熔合□　　未熔合□
焊缝及热影响区:有裂纹□　　无裂纹□
两焊脚之差值:
试验报告编号:

堆焊层复层熔敷金属化学成分/%(GB/T 222): 试验报告编号:LHF01

C	Si	Mn	P	S	Cr	Ni	Mo	Ti	Al	Nb	Fe	…
0.046	0.57	1.22	0.019	0.009	19.2	9.76	0.09					

化学成分测定表面至熔合线距离/mm:3.0

非破坏性试验:
VT外观检查:无裂纹　　PT:　　MT:　　UT:　　RT:无裂纹

预焊接工艺规程 pWPS F02

预焊接工艺规程(pWPS)

单位名称： ××××

pWPS 编号： pWPS F02

日期： ××××

焊接方法： SMAW

机动化程度： 手工☑ 机动☑ 自动□

焊接接头： 对接☑ 角接□ 堆焊□

衬垫(材料及规格)： 焊缝金属

其他： /

简图(接头形式、坡口形式与尺寸、焊层、焊道布置及顺序)：

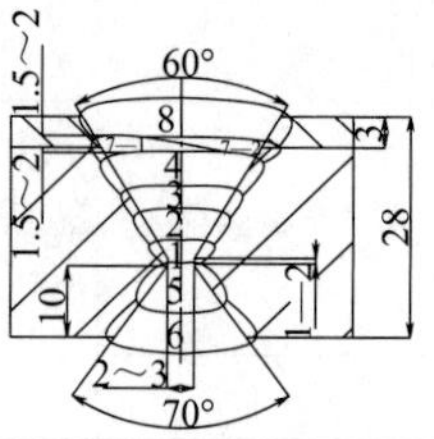

母材：

试件序号	①	②
材料	S30408/Q345R	S30408/Q345R
标准或规范	NB/T 47002.1	NB/T 47002.1
规格/mm	δ=3+25	δ=3+25
类别号	Fe-8/Fe-1	Fe-8/Fe-1
组别号	Fe-8-1/Fe-1-2	Fe-8-1/Fe-1-2
对接焊缝焊件母材厚度范围/mm	1.5～6/16～50	1.5～6/16～50
角焊缝焊件母材厚度范围/mm	不限	不限
管子直径、壁厚范围(对接或角接)/mm	/	/
其他：	/	

填充金属：

焊材类别(种类)	焊条	焊丝-焊剂组合
型号(牌号)	E5015(J507)/E309 L-16(A302)/E308L-16(A102)	S49A2 MS-SU34 (H10Mn2+HJ350)
标准	NB/T 47018.2	NB/T 47018.4
填充金属规格/mm	ϕ4.0，ϕ5.0/ϕ3.2，ϕ4.0	ϕ4.0
焊材分类代号	FeT-8	FeMSG-1-2
对接焊缝焊件焊缝金属范围/mm	基层 0～20，覆层 0～6	基层 0～30
角焊缝焊件焊缝金属范围/mm	不限	
其他：	/	

预热及后热：		**气体：**			
最小预热温度/℃	15(基材)	项目	气体种类	混合比/%	流量/(L/min)
最大道间温度/℃	250 (基材) /150	保护气	/	/	/
后热温度/℃	/	尾部保护气	/	/	/
后热保温时间/h	/	背面保护气	/	/	/

焊后热处理：	AW	**焊接位置：**			
热处理温度/℃	/	对接焊缝位置	1G	方向(向上、向下)	/
热处理时间/h	/	角焊缝位置	/	方向(向上、向下)	/

预焊接工艺规程(pWPS)

电特性：

钨极类型及直径/mm：　/　　喷嘴直径/mm：　/

熔滴过渡形式(喷射过渡、短路过渡等)：　/

(按所焊位置和工件厚度，分别将电流、电压和焊接速度范围填入下表)

焊道/焊层	焊接方法	填充金属	规格/mm	电源种类及极性	焊接电流/A	电弧电压/V	焊接速度/(cm/min)	最大热输入/(kJ/cm)
1	SMAW	J507	ϕ4.0	DCEP	140～160	24～26	10～14	25.0
2—4	SMAW	J507	ϕ5.0	DCEP	180～210	24～26	10～12	32.8
5—6	SAW	H10Mn2＋HJ350	ϕ4.0	DCEP	600～650	36～38	45～50	33.0
7	SMAW	A302	ϕ3.2	DCEP	80～110	24～26	11～15	15.6
8	SMAW	A102	ϕ4.0	DCEP	120～160	24～26	10～13	25.0

技术措施：

摆动焊或不摆动焊：　/　　摆动参数：　/

焊前清理和层间清理：　刷或磨　　背面清根方法：　碳弧气刨＋修磨

单道焊或多道焊/每面：　多道焊　　单丝焊或多丝焊：　单丝

导电嘴至工件距离/mm：　30～40　　锤击：　/

换热管与管板的连接方式：　/　　换热管与管板接头的清理方法：　/

预置金属衬套：　/　　预置金属衬套的形状与尺寸：　/

其他：环境温度＞0℃，相对湿度＜90％。采用J507焊接至距复层1.5～2mm时，采用A302焊条进行焊接，焊至距覆层表面1.5～2mm时，采用A102进行焊接。

检验要求及执行标准：

按NB/T 47014—2023及相关技术要求进行评定，项目如下：

1. 外观检查和无损检测(按NB/T 47013.2)结果不得有裂纹；
2. 堆焊层化分(按GB/T 222)：五元素＋Cr、Ni、Mo、Cu，满足NB/T 47018.4金属型号的规定；
3. 堆焊层评定最小厚度测定(按NB/T 47013.3)；
4. 焊接接头板拉二件(按GB/T 228)，$R_m \geqslant 502$MPa；
5. 焊接接头侧弯四件(按GB/T 2653)，$D=4a$　$a=10$　$\alpha=180°$，沿任何方向不得有单条长度大于3mm的开口缺陷，侧弯试样复合界面未结合缺陷引起的分层、裂纹允许重新取样试验。
6. 基层(手工、机动焊)焊缝、热影响区0℃KV_2冲击各三件(按GB/T 229)，焊接接头V型缺口5mm×10mm×55mm试样冲击吸收能量平均值不低于24J。

编制		日期		审核		日期		批准		日期	

焊接工艺评定报告（PQR F02）

焊接工艺评定报告（PQR）

单位名称：××××

PQR 编号：PQRF02　　pWPS 编号：pWPS F02

焊接方法：SMAW　　机动化程度：手工☑　机动□　自动□

焊接接头：对接☑　角接□　堆焊□　　其他：/

接头简图（接头形式、尺寸、衬垫、每种焊接方法或焊接工艺的焊缝金属厚度）：

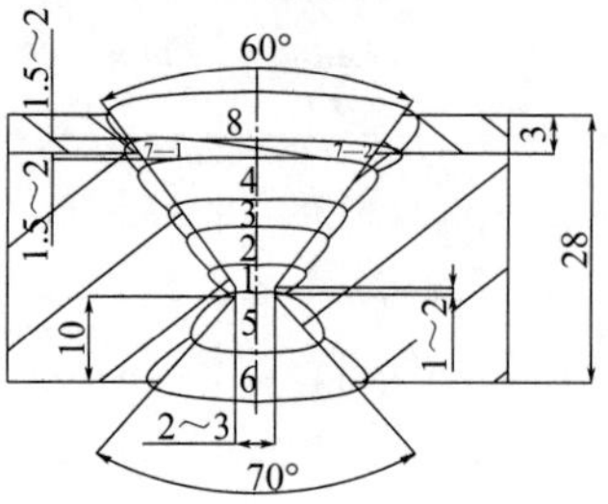

母材：

试件序号	①	②
材料	S30408/Q345R	S30408/Q345R
标准或规范	NB/T47002.1	NB/T47002.1
规格/mm	δ=3+25	δ=3+25
类别号	Fe-8/Fe-1	Fe-8/Fe-1
组别号	Fe-8-1/Fe-1-2	Fe-8-1/Fe-1-2

填充金属：

分类	焊条	焊丝-焊剂组合
型号（牌号）	E5015(J507)/E309 L-16(A302)/E308L-16(A102)	S49A2 MS-SU34 (H10Mn2+HJ350)
标准	NB/T 47018.2	NB/T 47018.4
填充金属规格/mm	ϕ4.0，ϕ5.0/ϕ3.2，ϕ4.0	ϕ4.0
焊材分类代号	FeT-1-2/FeT-8	FeMSG-1-2
焊缝金属厚度/mm	基层 10，最小覆层厚度 3	基层 15

预热及后热：

最小预热温度/℃	室温 20	最大道间温度/℃	235(基材)/135
后热温度及保温时间/(℃×h)	/		

焊后热处理： AW

保温温度/℃	/	保温时间/h	/

焊接位置：

对接焊缝焊接位置	1G	方向（向上、向下）	/
角焊缝焊接位置	/	方向（向上、向下）	/

气体：

项目	气体种类	混合比/%	流量/(L/min)
保护气	/	/	/
尾部保护气	/	/	/
背面保护气	/	/	/

焊接工艺评定报告(PQR)

电特性：

钨极类型及直径/mm：/　　喷嘴直径/mm：/

熔滴过渡形式(喷射过渡、短路过渡等)：/

(按所焊位置和工件厚度，分别将电流、电压和焊接速度实测值填入下表)

焊道	焊接方法	填充金属	规格/mm	电源种类及极性	焊接电流/A	电弧电压/V	焊接速度/(cm/min)	最大热输入/(kJ/cm)
1	SMAW	J507	ϕ4.0	DCEP	140～170	24～26	10～14	26.5
2—4	SMAW	J507	ϕ5.0	DCEP	180～220	24～26	10～12	34.3
5—6	SAW	H10Mn2＋HJ350	ϕ4.0	DCEP	600～660	36～38	45～50	33.4
7	SMAW	A302	ϕ3.2	DCEP	80～120	24～26	11～15	17.0
8	SMAW	A102	ϕ4.0	DCEP	120～170	24～26	10～13	26.5

技术措施：

摆动焊或不摆动焊：/　　摆动参数：/

焊前清理和层间清理：打磨　　背面清根方法：碳弧气刨＋修磨

单道焊或多道焊/每面：多道焊　　单丝焊或多丝焊：单丝

导电嘴至工件距离/mm：30～40　　锤击：/

换热管与管板的连接方式：/　　换热管与管板接头的清理方法：/

预置金属衬套：/　　预置金属衬套的形状与尺寸：/

其他：

拉伸试验(GB/T 228)：　　试验报告编号：LHF02

试验条件	编号	试样宽度/mm	试样厚度/mm	横截面积/mm^2	断裂载荷/kN	R_m/MPa	断裂位置及特征
接头板拉	PQRF02-1	25.2	28.40	715.68	386.5	540	断于母材
	PQRF02-2	25.2	28.30	713.2	394	550	断于母材

弯曲试验(GB/T 2653)：　　试验报告编号：LHF02

试验条件	编号	试样尺寸/mm	弯心直径/mm	弯曲角度/(°)	试验结果
侧弯	PQRF02-3	10	40	180	合格
侧弯	PQRF02-4	10	40	180	合格
侧弯	PQRF02-5	10	40	180	合格
侧弯	PQRF02-6	10	40	180	合格

焊接工艺评定报告(PQR)

冲击试验(GB/T 229)： 试验报告编号：LHF02

编号	试样位置	V型缺口位置	试样尺寸/mm	试验温度/℃	冲击吸收功/J
PQRF02-7/10	焊缝/热影响区(基材手工)	缺口轴线位于焊缝中心线上	5×10×55	0	62/85
PQRF02-8/11					80/90
PQRF02-9/12					76/86
PQRF02-13/16	焊缝/热影响区(基材机动)	缺口轴线至试样纵轴线与熔合线交点的距离 $k>0$mm，且尽可能多地通过热影响区	5×10×55	0	40/68
PQRF02-14/17					36/86
PQRF02-15/18					30/75

金相试验(角焊缝、模拟组合件)： 试验报告编号：

检验面编号	1	2	3	4	5	6	7	8	结果
有无裂纹、未熔合									
角焊缝厚度/mm									
焊脚高 l/mm									
是否焊透									

金相检验(角焊缝、模拟组合件)：

根部：焊透□ 未焊透□

焊缝：熔合□ 未熔合□

焊缝及热影响区：有裂纹□ 无裂纹□

两焊脚之差值：

试验报告编号：

堆焊层复层熔敷金属化学成分/%(GB/T 222)： 试验报告编号：LHF02

C	Si	Mn	P	S	Cr	Ni	Mo	Ti	Al	Nb	Fe	…
0.045	0.56	1.21	0.018	0.008	19.2	9.79	0.08					

化学成分测定表面至熔合线距离/mm：3.0

非破坏性试验：

VT外观检查：无裂纹　PT：　MT：　UT：　RT：无裂纹

第十八节　换热管与管板的焊接工艺评定

预焊接工艺规程 pWPS GB01

预焊接工艺规程(pWPS)
单位名称： ××××
pWPS 编号： pWPS GB01
日期： ××××

焊接方法： GTAW 机动化程度：手工☑　机动□　自动□ 焊接接头：对接□　角接☑　堆焊□ 衬垫(材料及规格)：焊缝金属 其他：单 V 坡口深度 2mm，焊缝坡口 45°　$B=6$mm	**简图(换热管与管板接头：换热管外径、管壁厚、管孔周边管板结构、预置金属衬套形状与尺寸、孔桥宽度)：**

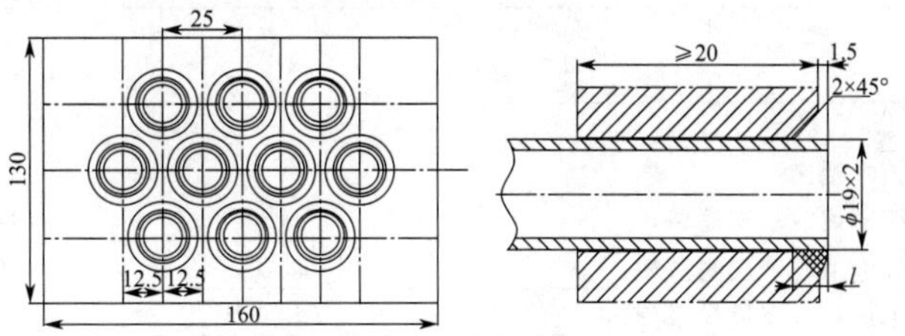

母材：		
试件序号	①	②
材料	管 06Cr19Ni10	板 022Cr19Ni10
标准或规范	GB13296	GB/T 713
规格/mm	ϕ19×2	$\delta \geqslant 20$
类别号	Fe-8	Fe-8
组别号	Fe-8-1	Fe-8-1
对接焊缝焊件母材厚度范围/mm	/	/
角焊缝焊件母材厚度范围/mm	/	/
管子直径、壁厚范围(对接或角接)/mm	换热管壁厚 1～4	板壁厚不限 $B \leqslant 6.6$
其他：	/	

填充金属：		
焊材类别(种类)	焊丝	
型号(牌号)	S-308L(H03Cr21Ni10Si)	
标准	NB/T 47018.3	
填充金属规格/mm	ϕ1.6，ϕ2.0	
焊材分类代号	FeS-8	
对接焊缝焊件焊缝金属范围/mm	/	
角焊缝焊件焊缝金属范围/mm	/	
其他：	/	

预热及后热：		**气体：**			
最小预热温度/℃	15	项目	气体种类	混合比/%	流量/(L/min)
最大道间温度/℃	100	保护气	Ar	99.99	8～12
后热温度/℃	/	尾部保护气	/	/	/
后热保温时间/h	/	背面保护气	/	/	/

焊后热处理：	AW	**焊接位置：**			
热处理温度/℃	/	对接焊缝位置	/	方向(向上、向下)	/
热处理时间/h	/	角焊缝位置	5FG	方向(向上、向下)	/

预焊接工艺规程(pWPS)

电特性：

钨极类型及直径/mm：铈钨极，ϕ2.4　　喷嘴直径/mm：ϕ12

熔滴过渡形式(喷射过渡、短路过渡等)：/

(按所焊位置和工件厚度，分别将电流、电压和焊接速度范围填入下表)

焊道/焊层	焊接方法	填充金属	规格/mm	电源种类及极性	焊接电流/A	电弧电压/V	焊接速度/(cm/min)	最大热输入/(kJ/cm)
1	GTAW	H03Cr21Ni10Si	ϕ1.6	DCEN	90～110	13～15	8～12	12.4
2	GTAW	H03Cr21Ni10Si	ϕ2.0	DCEN	90～120	13～15	9～12	12.0

技术措施：

摆动焊或不摆动焊：/　　摆动参数：/

焊前清理和层间清理：刷或磨　　背面清根方法：/

单道焊或多道焊/每面：多道焊　　单丝焊或多丝焊：/

导电嘴至工件距离/mm：/　　锤击：/

换热管与管板的连接方式：/　　换热管与管板接头的清理方法：/

预置金属衬套：/　　预置金属衬套的形状与尺寸：/

其他：环境温度>0℃，相对湿度<90%。

检验要求及执行标准：

按NB/T 47014—2023附录E及相关技术要求进行评定，项目如下：

1. 外观检验：表面应无裂纹、气孔、管内壁熔化或氧化严重、管端头烧穿(仅角焊缝)；焊瘤小于0.5mm；咬边深度不得超过0.2mm；
2. 渗透检验：焊接接头全都按NB/T 47013.5进行渗透检测，无裂纹为合格；
3. 金相检验(宏观)：任取呈对角线位置的两个管接头切开，两切口互相垂直。切口一侧面应通过换热管中心线，该侧面即为金相检验面，共有8个，其中应包括一个取自接弧处，焊缝根部应焊透，不允许有裂纹、未熔合；
4. 焊脚高度l测定：在8个金相检验面上测定。每个焊脚高度l都应大于或等于设计文件的规定，且不小于换热管公称壁厚2mm。

编制		日期		审核		日期		批准		日期	

焊接工艺评定报告（PQR GB01）

焊接工艺评定报告（PQR）

单位名称： ××××

PQR 编号：PQRGB01　　pWPS 编号：pWPS GB01

焊接方法：GTAW　　机动化程度：手工☑　机动□　自动□

焊接接头：对接□　角接☑　堆焊□　　其他：单 V 坡口深度 2mm，焊缝坡口 45°　$B=6$mm

简图（换热管与管板接头：换热管外径、管壁厚、管孔周边管板结构、预置金属衬套形状与尺寸、孔桥宽度）：

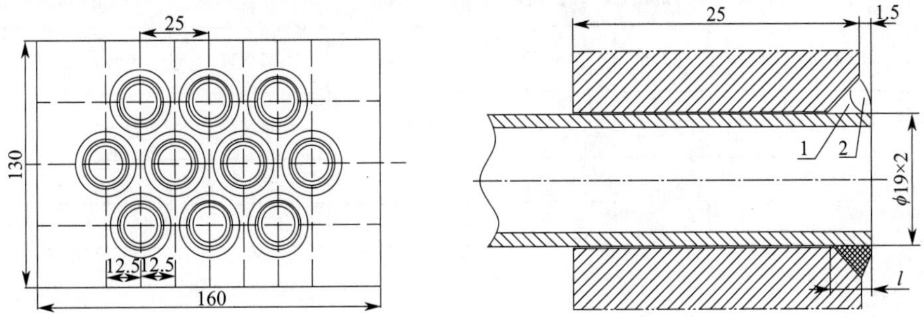

母材：

试件序号	①	②
材料	管 06Cr19Ni10	板 022Cr19Ni10
标准或规范	GB13296	GB/T 713
规格/mm	ϕ19×2	$\delta=25$
类别号	Fe-8	Fe-8
组别号	Fe-8-1	Fe-8-1

填充金属：

分类	焊丝	
型号（牌号）	S-308L（H03Cr21Ni10Si）	
标准	NB/T 47018.3	
填充金属规格/mm	ϕ1.6，ϕ2.0	
焊材分类代号	FeS-8	
焊缝金属厚度/mm	焊脚高 $l\geqslant3.3$	

预热及后热：

最小预热温度/℃	室温 18	最大道间温度/℃	95
后热温度及保温时间/(℃×h)	/		

焊后热处理： AW

保温温度/℃	/	保温时间/h	/

焊接位置：

对接焊缝焊接位置	/	方向（向上、向下）	/
角焊缝焊接位置	5FG	方向（向上、向下）	/

气体：

项目	气体种类	混合比/%	流量(L/min)
保护气	Ar	99.99	8～12
尾部保护气	/	/	/
背面保护气	/	/	/

焊接工艺评定报告(PQR)

电特性：

钨极类型及直径/mm：铈钨极，$\phi2.4$　　喷嘴直径/mm：$\phi12$

熔滴过渡形式(喷射过渡、短路过渡等)：/

(按所焊位置和工件厚度，分别将电流、电压和焊接速度实测值填入下表)

焊道	焊接方法	填充金属	规格/mm	电源种类及极性	焊接电流/A	电弧电压/V	焊接速度/(cm/min)	最大热输入/(kJ/cm)
1	GTAW	H03Cr21Ni10Si	$\phi1.6$	DCEN	90～110	13～15	8～12	12.4
2	GTAW	H03Cr21Ni10Si	$\phi2.0$	DCEN	90～120	13～15	9～12	12.0

技术措施：

摆动焊或不摆动焊：/　　摆动参数：/

焊前清理和层间清理：打磨　　背面清根方法：/

单道焊或多道焊/每面：多道焊　　单丝焊或多丝焊：单丝

导电嘴至工件距离/mm：/　　锤击：/

换热管与管板的连接方式：/　　换热管与管板接头的清理方法：/

预置金属衬套：/　　预置金属衬套的形状与尺寸：/

其他：

拉伸试验(GB/T 228)：　　试验报告编号：

试验条件	编号	试样宽度/mm	试样厚度/mm	横截面积/mm^2	断裂载荷/kN	R_m/MPa	断裂位置及特征
接头板拉							

弯曲试验(GB/T 2653)：　　试验报告编号：

试验条件	编号	试样尺寸/mm	弯心直径/mm	弯曲角度/(°)	试验结果

焊接工艺评定报告(PQR)

冲击试验(GB/T 229)：　　　　试验报告编号：

编号	试样位置	V 型缺口位置	试样尺寸/mm	试验温度/℃	冲击吸收功/J

金相试验(角焊缝、模拟组合件)：　　　　试验报告编号：PQRGB01

检验面编号	1	2	3	4	5	6	7	8	结果
有无裂纹、未熔合	无	无	无	无	无	无	无	无	合格
角焊缝厚度/mm	/	/	/	/	/	/	/	/	/
焊脚高 l /mm	3.6	3.5	3.4	3.3	3.4	3.6	3.7	3.5	合格
是否焊透	是	是	是	是	是	是	是	是	合格

金相检验(角焊缝、模拟组合件)：

根部：焊透□　　未焊透□

焊缝：熔合□　　未熔合□

焊缝及热影响区：有裂纹□　无裂纹□

两焊脚之差值：

试验报告编号：

堆焊层复层熔敷金属化学成分/%　执行标准：　　　　试验报告编号：

C	Si	Mn	P	S	Cr	Ni	Mo	Ti	Al	Nb	Fe	…

化学成分测定表面至熔合线距离/mm：

非破坏性试验：

VT 外观检查：合格　　PT：无裂纹　　MT：　　UT：　　RT：

<table>
<tr><td colspan="8">焊接工艺评定报告(PQR)</td></tr>
<tr><td colspan="8">附加说明：</td></tr>
<tr><td colspan="8">结论：本评定按 NB/T 47014—2023 附录 E 及技术要求规定焊接试件、无损检测、金相试验，确认试验记录正确。
评定结果：合格 ☑ 不合格□</td></tr>
<tr><td>焊工</td><td></td><td>日期</td><td></td><td>编制</td><td></td><td>日期</td><td></td></tr>
<tr><td>审核</td><td></td><td>日期</td><td></td><td>批准</td><td></td><td>日期</td><td></td></tr>
<tr><td>第三方检验</td><td colspan="7"></td></tr>
</table>

预焊接工艺规程 pWPS GB02

预焊接工艺规程(pWPS)

单位名称：　××××

pWPS 编号：　pWPS GB02

日期：　××××

焊接方法：　GTAW

机动化程度：　手工☑　　机动□　　自动□

焊接接头：　对接□　　角接☑　　堆焊□

衬垫(材料及规格)：　焊缝金属

其他：单 V 坡口深度 2mm，焊缝坡口 45°　$B=15$mm

简图(换热管与管板接头：换热管外径、管壁厚、管孔周边管板结构、预置金属衬套形状与尺寸、孔桥宽度)：

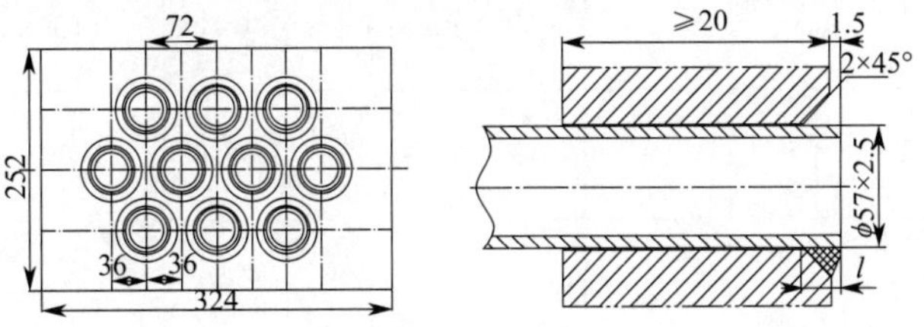

母材：		
试件序号	①	②
材料	管 06Cr19Ni10	板 022Cr19Ni10
标准或规范	GB13296	GB/T 713
规格/mm	ϕ57×2.5	$\delta \geqslant 20$
类别号	Fe-8	Fe-8
组别号	Fe-8-1	Fe-8-1
对接焊缝焊件母材厚度范围/mm	/	/
角焊缝焊件母材厚度范围/mm	/	/
管子直径、壁厚范围(对接或角接)/mm	换热管壁厚 1.25～5	管板壁厚不限 $B \leqslant 16.5$
其他：	/	
填充金属：		
焊材类别(种类)	焊丝	
型号(牌号)	S-308L(H03Cr21Ni10Si)	
标准	NB/T 47018.3	
填充金属规格/mm	ϕ2.0，ϕ2.5	
焊材分类代号	FeS-8	
对接焊缝焊件焊缝金属范围/mm	/	
角焊缝焊件焊缝金属范围/mm	/	
其他：	/	

预热及后热：		**气体：**			
最小预热温度/℃	15	项目	气体种类	混合比/%	流量/(L/min)
最大道间温度/℃	100	保护气	Ar	99.99	8～12
后热温度/℃	/	尾部保护气	/	/	/
后热保温时间/h	/	背面保护气	/	/	/

焊后热处理：	AW	**焊接位置：**			
热处理温度/℃	/	对接焊缝位置	/	方向(向上、向下)	/
热处理时间/h	/	角焊缝位置	5FG	方向(向上、向下)	/

预焊接工艺规程(pWPS)

电特性：

钨极类型及直径/mm：铈钨极，ϕ3.0　　喷嘴直径/mm：ϕ12

熔滴过渡形式(喷射过渡、短路过渡等)：/

(按所焊位置和工件厚度，分别将电流、电压和焊接速度范围填入下表)

焊道/焊层	焊接方法	填充金属	规格/mm	电源种类及极性	焊接电流/A	电弧电压/V	焊接速度/(cm/min)	最大热输入/(kJ/cm)
1	GTAW	H03Cr21Ni10Si	ϕ2.0	DCEN	130～160	14～16	7～11	21.9
2	GTAW	H03Cr21Ni10Si	ϕ2.5	DCEN	140～180	14～16	8～12	21.6

技术措施：

摆动焊或不摆动焊：/　　摆动参数：/

焊前清理和层间清理：刷或磨　　背面清根方法：/

单道焊或多道焊/每面：多道焊　　单丝焊或多丝焊：/

导电嘴至工件距离/mm：/　　锤击：/

换热管与管板的连接方式：/　　换热管与管板接头的清理方法：/

预置金属衬套：/　　预置金属衬套的形状与尺寸：/

其他：环境温度＞0℃，相对湿度＜90％。

检验要求及执行标准：

按 NB/T 47014—2023 附录 E 及相关技术要求进行评定，项目如下：

1. 外观检验：表面应无裂纹、气孔、管内壁熔化或氧化严重、管端头烧穿(仅角焊缝)；焊瘤小于 0.5mm；咬边深度不得超过 0.2mm；
2. 渗透检验：焊接接头全都按 NB/T 47013.5 进行渗透检测，无裂纹为合格；
3. 金相检验(宏观)：任取呈对角线位置的两个管接头切开，两切口互相垂直。切口一侧面应通过换热管中心线，该侧面即为金相检验面，共有 8 个，其中应包括一个取自接弧处，焊缝根部应焊透，不允许有裂纹、未熔合；
4. 焊脚高度 l 测定：在 8 个金相检验面上测定。每个焊脚高度 l 都应大于或等于设计文件的规定，且不小于换热管公称壁厚 2.5mm。

编制		日期		审核		日期		批准		日期	

焊接工艺评定报告（PQR GB02）

焊接工艺评定报告（PQR）

单位名称： ××××

PQR 编号：	PQRGB02	pWPS 编号：	pWPS GB03
焊接方法：	GTAW	机动化程度：	手工☑　机动□　自动□
焊接接头：	对接□　角接☑　堆焊□	其他：	单 V 坡口深度 2mm，焊缝坡口 45°　B＝15mm

简图（换热管与管板接头：换热管外径、管壁厚、管孔周边管板结构、预置金属衬套形状与尺寸、孔桥宽度）：

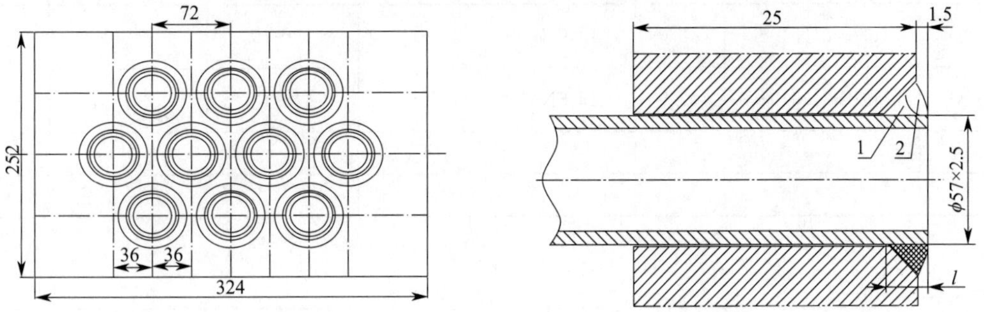

母材：

试件序号	①	②
材料	管 06Cr19Ni10	板 022Cr19Ni10
标准或规范	GB 13296	GB/T 713
规格/mm	ϕ57×2.5	δ＝25
类别号	Fe-8	Fe-8
组别号	Fe-8-1	Fe-8-1

填充金属：

分类	焊丝	
型号（牌号）	S-308L（H03Cr21Ni10Si）	
标准	NB/T 47018.3	
填充金属规格/mm	ϕ2.0，ϕ2.5	
焊材分类代号	FeS-8	
焊缝金属厚度/mm	焊脚高 $l \geqslant 3.4$	

预热及后热：

最小预热温度/℃	室温 18	最大道间温度/℃	95
后热温度及保温时间/（℃×h）	/		

焊后热处理： AW

保温温度/℃	/	保温时间/h	/

焊接位置：

对接焊缝焊接位置	/	方向（向上、向下）	/
角焊缝焊接位置	5FG	方向（向上、向下）	/

气体：

项目	气体种类	混合比/%	流量/（L/min）
保护气	Ar	99.99	8～12
尾部保护气	/	/	/
背面保护气	/	/	/

焊接工艺评定报告(PQR)

电特性：

钨极类型及直径/mm：铈钨极，ϕ3.0　　喷嘴直径/mm：ϕ12

熔滴过渡形式(喷射过渡、短路过渡等)：/

(按所焊位置和工件厚度，分别将电流、电压和焊接速度实测值填入下表)

焊道	焊接方法	填充金属	规格/mm	电源种类及极性	焊接电流/A	电弧电压/V	焊接速度/(cm/min)	最大热输入/(kJ/cm)
1	GTAW	H03Cr21Ni10Si	ϕ2.0	DCEN	130～160	14～16	7～11	21.9
2	GTAW	H03Cr21Ni10Si	ϕ2.5	DCEN	140～180	14～16	8～12	21.6

技术措施：

摆动焊或不摆动焊：/　　摆动参数：/

焊前清理和层间清理：打磨　　背面清根方法：/

单道焊或多道焊/每面：多道焊　　单丝焊或多丝焊：单丝

导电嘴至工件距离/mm：/　　锤击：/

换热管与管板的连接方式：/　　换热管与管板接头的清理方法：/

预置金属衬套：/　　预置金属衬套的形状与尺寸：/

其他：

拉伸试验(GB/T 228)：　　试验报告编号：

试验条件	编号	试样宽度/mm	试样厚度/mm	横截面积/mm^2	断裂载荷/kN	R_m/MPa	断裂位置及特征
接头板拉							

弯曲试验(GB/T 2653)：　　试验报告编号：

试验条件	编号	试样尺寸/mm	弯心直径/mm	弯曲角度/(°)	试验结果

焊接工艺评定报告(PQR)

冲击试验(GB/T 229)：　　　　试验报告编号：

编号	试样位置	V 型缺口位置	试样尺寸/mm	试验温度/℃	冲击吸收功/J

金相试验(角焊缝、模拟组合件)：　　　　试验报告编号：PQRGB02

检验面编号	1	2	3	4	5	6	7	8	结果
有无裂纹、未熔合	无	无	无	无	无	无	无	无	合格
角焊缝厚度/mm	/	/	/	/	/	/	/	/	/
焊脚高 l/mm	3.6	3.5	3.5	3.4	3.6	3.7	3.8	3.7	合格
是否焊透	是	是	是	是	是	是	是	是	合格

金相检验(角焊缝、模拟组合件)：

根部：焊透□　　未焊透□

焊缝：熔合□　　未熔合□

焊缝及热影响区：有裂纹□　　无裂纹□

两焊脚之差值：

试验报告编号：

堆焊层复层熔敷金属化学成分/%　执行标准：　　　　试验报告编号：

C	Si	Mn	P	S	Cr	Ni	Mo	Ti	Al	Nb	Fe	…

化学成分测定表面至熔合线距离/mm

非破坏性试验：

VT 外观检查：合格　　PT：无裂纹　　MT：　　UT：　　RT：

预焊接工艺规程 pWPS GB03

预焊接工艺规程(pWPS)

单位名称： ××××

pWPS 编号： pWPS GB03

日期： ××××

焊接方法： GTAW

机动化程度： 手工☑ 机动□ 自动□

焊接接头： 对接□ 角接☑ 堆焊□

衬垫(材料及规格)： 焊缝金属

其他：单 V 坡口深度 2mm，焊缝坡口 45° $B=8$mm

简图(换热管与管板接头：换热管外径、管壁厚、管孔周边管板结构、预置金属衬套形状与尺寸、孔桥宽度)：

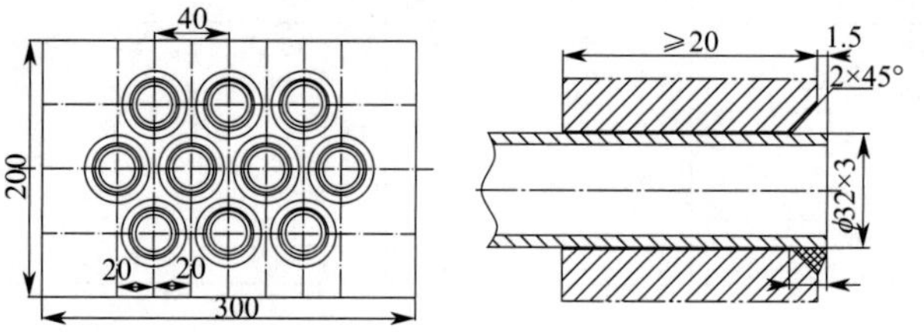

母材：		
试件序号	①	②
材料	管 06Cr19Ni10	板 022Cr19Ni10
标准或规范	GB 13296	GB/T 713
规格/mm	$\phi32\times3$	$\delta\geqslant20$
类别号	Fe-8	Fe-8
组别号	Fe-8-1	Fe-8-1
对接焊缝焊件母材厚度范围/mm	/	/
角焊缝焊件母材厚度范围/mm	/	/
管子直径、壁厚范围(对接或角接)/mm	换热管壁厚≥2.5mm	管板壁厚不限 $B\leqslant8.8$mm
其他：	/	

填充金属：		
焊材类别(种类)	焊丝	
型号(牌号)	S-308L(H03Cr21Ni10Si)	
标准	NB/T 47018.3	
填充金属规格/mm	$\phi2.0$，$\phi2.5$	
焊材分类代号	FeS-8	
对接焊缝焊件焊缝金属范围/mm	/	
角焊缝焊件焊缝金属范围/mm	/	
其他：	/	

预热及后热：		**气体：**			
最小预热温度/℃	15	项目	气体种类	混合比/%	流量/(L/min)
最大道间温度/℃	100	保护气	Ar	99.99	8～12
后热温度/℃	/	尾部保护气	/	/	/
后热保温时间/h	/	背面保护气	/	/	/

焊后热处理：	AW	**焊接位置：**			
热处理温度/℃	/	对接焊缝位置	/	方向(向上、向下)	/
热处理时间/h	/	角焊缝位置	5FG	方向(向上、向下)	/

预焊接工艺规程(pWPS)

电特性：

钨极类型及直径/mm：铈钨极，ϕ3.0　　喷嘴直径/mm：ϕ12

熔滴过渡形式(喷射过渡、短路过渡等)：/

(按所焊位置和工件厚度，分别将电流、电压和焊接速度范围填入下表)

焊道/焊层	焊接方法	填充金属	规格/mm	电源种类及极性	焊接电流/A	电弧电压/V	焊接速度/(cm/min)	最大热输入/(kJ/cm)
1	GTAW	H03Cr21Ni10Si	ϕ2.0	DCEN	130～160	14～16	7～11	21.9
2	GTAW	H03Cr21Ni10Si	ϕ2.5	DCEN	140～180	14～16	8～12	21.6

技术措施：

摆动焊或不摆动焊：/　　摆动参数：/

焊前清理和层间清理：刷或磨　　背面清根方法：/

单道焊或多道焊/每面：多道焊　　单丝焊或多丝焊：/

导电嘴至工件距离/mm：/　　锤击：/

换热管与管板的连接方式：/　　换热管与管板接头的清理方法：/

预置金属衬套：/　　预置金属衬套的形状与尺寸：/

其他：环境温度＞0℃，相对湿度＜90%。

检验要求及执行标准：

按 NB/T 47014—2023 附录 E 及相关技术要求进行评定，项目如下：

1. 外观检验：表面应无裂纹、气孔、管内壁熔化或氧化严重、管端头烧穿(仅角焊缝)；焊瘤小于 0.5mm；咬边深度不得超过 0.2mm；
2. 渗透检验：焊接接头全都按 NB/T 47013.5 进行渗透检测，无裂纹为合格；
3. 金相检验(宏观)：任取呈对角线位置的两个管接头切开，两切口互相垂直。切口一侧面应通过换热管中心线，该侧面即为金相检验面，共有 8 个，其中应包括一个取自接弧处，焊缝根部应焊透，不允许有裂纹、未熔合；
4. 焊脚高度 l 测定：在 8 个金相检验面上测定。每个焊脚高度 l 都应大于或等于设计文件的规定，且不小于换热管公称壁厚 3mm。

编制		日期		审核		日期		批准		日期	

焊接工艺评定报告（PQR GB03）

焊接工艺评定报告(PQR)

单位名称： ××××

PQR 编号：PQRGB03　　pWPS 编号：pWPS GB03

焊接方法：GTAW　　机动化程度：手工☑　机动□　自动□

焊接接头：对接□　角接☑　堆焊□　　其他：坡口深度 2mm，焊缝坡口 45°　B=8mm

简图(换热管与管板接头：换热管外径、管壁厚、管孔周边管板结构、预置金属衬套形状与尺寸、孔桥宽度)：

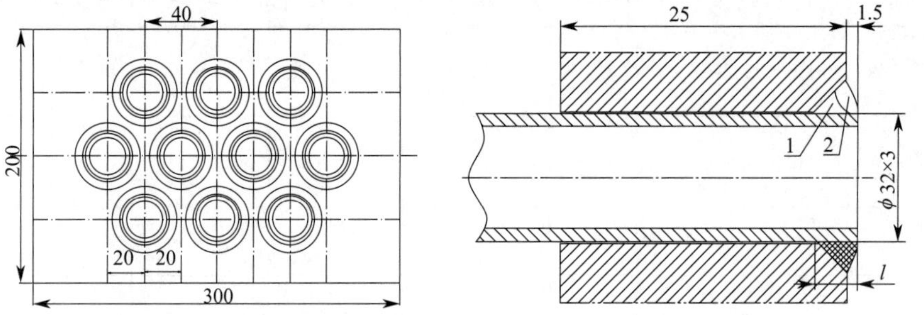

母材：

试件序号	①	②
材料	管 06Cr19Ni10	板 022Cr19Ni10
标准或规范	GB 13296	GB/T 713
规格/mm	ϕ32×3	δ=25
类别号	Fe-8	Fe-8
组别号	Fe-8-1	Fe-8-1

填充金属：

分类	焊丝	
型号(牌号)	S-308L(H03Cr21Ni10Si)	
标准	NB/T 47018.3	
填充金属规格/mm	ϕ2.0，ϕ2.5	
焊材分类代号	FeS-8	
焊缝金属厚度/mm	焊脚高 $l \geqslant$3.8mm	

预热及后热：

最小预热温度/℃	室温 18	最大道间温度/℃	95
后热温度及保温时间/(℃×h)	/		

焊后热处理： AW

保温温度/℃	/	保温时间/h	/

焊接位置：

对接焊缝焊接位置	/	方向(向上、向下)	/
角焊缝焊接位置	5FG	方向(向上、向下)	/

气体：

项目	气体种类	混合比/%	流量/(L/min)
保护气	Ar	99.99	8～12
尾部保护气	/	/	/
背面保护气	/	/	/

焊接工艺评定报告(PQR)

电特性:

钨极类型及直径/mm:铈钨极,ϕ3.0　　喷嘴直径/mm:ϕ12

熔滴过渡形式(喷射过渡、短路过渡等):/

(按所焊位置和工件厚度,分别将电流、电压和焊接速度实测值填入下表)

焊道	焊接方法	填充金属	规格/mm	电源种类及极性	焊接电流/A	电弧电压/V	焊接速度/(cm/min)	最大热输入/(kJ/cm)
1	GTAW	H03Cr21Ni10Si	ϕ2.0	DCEN	130～160	14～16	7～11	21.9
2	GTAW	H03Cr21Ni10Si	ϕ2.5	DCEN	140～180	14～16	8～12	21.6

技术措施:

摆动焊或不摆动焊:/　　摆动参数:/

焊前清理和层间清理:打磨　　背面清根方法:/

单道焊或多道焊/每面:多道焊　　单丝焊或多丝焊:单丝

导电嘴至工件距离/mm:/　　锤击:/

换热管与管板的连接方式:/　　换热管与管板接头的清理方法:/

预置金属衬套:/　　预置金属衬套的形状与尺寸:/

其他:

拉伸试验(GB/T 228):　　试验报告编号:

试验条件	编号	试样宽度/mm	试样厚度/mm	横截面积/mm^2	断裂载荷/kN	R_m/MPa	断裂位置及特征
接头板拉							

弯曲试验(GB/T 2653):　　试验报告编号:

试验条件	编号	试样尺寸/mm	弯心直径/mm	弯曲角度/(°)	试验结果

焊接工艺评定报告(PQR)

冲击试验(GB/T 229): 试验报告编号:

编号	试样位置	V型缺口位置	试样尺寸/mm	试验温度/℃	冲击吸收功/J

金相试验(角焊缝、模拟组合件): 试验报告编号:PQRGB03

检验面编号	1	2	3	4	5	6	7	8	结果
有无裂纹、未熔合	无	无	无	无	无	无	无	无	合格
角焊缝厚度/mm	/	/	/	/	/	/	/	/	/
焊脚高 l/mm	4.1	4.0	3.9	3.8	3.9	4.1	4.2	4.0	合格
是否焊透	是	是	是	是	是	是	是	是	合格

金相检验(角焊缝、模拟组合件):
根部:焊透□ 未焊透□
焊缝:熔合□ 未熔合□
焊缝及热影响区:有裂纹□ 无裂纹□
两焊脚之差值:
试验报告编号:

堆焊层复层熔敷金属化学成分/% 执行标准: 试验报告编号:

C	Si	Mn	P	S	Cr	Ni	Mo	Ti	Al	Nb	Fe	…

化学成分测定表面至熔合线距离/mm:

非破坏性试验:
VT外观检查:合格 PT:无裂纹 MT: UT: RT:

第十九节 带堆焊隔离层的对接焊缝焊接工艺评定

预焊接工艺规程 pWPS GL01

预焊接工艺规程(pWPS)

单位名称： ××××

pWPS 编号： pWPS GL01

日期： ××××

焊接方法： SMAW GTAW SAW 机动化程度： 手工☑ 机动☑ 自动□ 焊接接头： 对接☑ 角接□ 堆焊□ 衬垫(材料及规格)： 焊缝金属 其他： /	**简图(接头形式、坡口形式与尺寸、焊层、焊道布置及顺序)：** 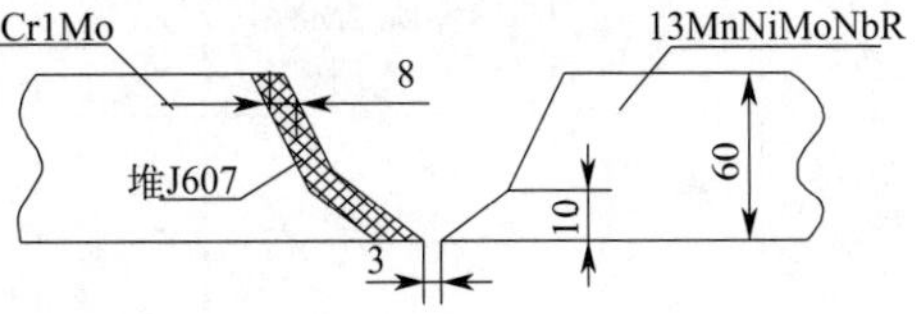

母材：		
试件序号	①	②
材料	12Cr2Mo1R	13MnNiMoR
标准或规范	GB/T 713	GB/T 713
规格/mm	δ=60	δ=60
类别号	Fe-5A	Fe-3
组别号	/	Fe-3-3
对接焊缝焊件母材厚度范围/mm	16～200	16～200
角焊缝焊件母材厚度范围/mm	不限	不限
管子直径、壁厚范围(对接或角接)/mm	/	/
其他：	/	

填充金属：			
焊材类别(种类)	焊条	焊丝-焊剂组合	焊丝
型号(牌号)	E5915-G(J607)	S62A2 FB-SUM31	ER60-G
标准	NB/T 47018.2	NB/T 47018.4	NB/T 47018.3
填充金属规格/mm	ϕ3.2,ϕ4.0	ϕ4.0	ϕ2.5
焊材分类代号	FeT-3-3	FeMSG-3-3	FeS-3-3
对接焊缝焊件焊缝金属范围/mm	0～10	0～200	0～10
角焊缝焊件焊缝金属范围/mm	/	/	/
其他：隔离堆焊层焊缝金属范围≥5mm，S62A2 FB-SUM31(H08Mn2MoA+SJ101)			

预热及后热：		**气体：**			
最小预热温度/℃	160(隔离层堆焊)/100(对接)	项目	气体种类	混合比/%	流量/(L/min)
最大道间温度/℃	250	保护气	Ar	99.99	8～12
后热温度/℃	250～300	尾部保护气	/	/	/
后热保温时间/h	2	背面保护气	/	/	/

焊后热处理：	SR	**焊接位置：**			
热处理温度/℃	690±14/ 620±20	对接焊缝位置	1G	方向(向上、向下)	/
热处理时间/h	8/ 8	角焊缝位置	/	方向(向上、向下)	/

预焊接工艺规程(pWPS)

电特性:

钨极类型及直径/mm: 铈钨极,ϕ3.0　　喷嘴直径/mm: ϕ12

熔滴过渡形式(喷射过渡、短路过渡等): /

(按所焊位置和工件厚度,分别将电流、电压和焊接速度范围填入下表)

焊道/焊层	焊接方法	填充金属	规格/mm	电源种类及极性	焊接电流/A	电弧电压/V	焊接速度/(cm/min)	最大热输入/(kJ/cm)
隔离层堆焊	SMAW	J607	ϕ3.2	DCEP	110～120	22～24	11～13	15.7
1—2	GTAW	ER60-G	ϕ2.5	DCEN	100～110	13～15	9～10	11.0
3—6	SMAW	J607	ϕ4.0	DCEP	160～170	22～26	15～16	17.7
7—n	SAW	H08Mn2MoA+SJ101	ϕ4.0	DCEP	500～550	32～36	40～45	29.7

技术措施:

摆动焊或不摆动焊: /　　摆动参数: /

焊前清理和层间清理: 刷或磨　　背面清根方法: 修磨

单道焊或多道焊/每面: 多道焊　　单丝焊或多丝焊: 单丝

导电嘴至工件距离/mm: 30～40　　锤击: /

换热管与管板的连接方式: /　　换热管与管板接头的清理方法: /

预置金属衬套: /　　预置金属衬套的形状与尺寸: /

其他: 环境温度>0℃,相对湿度<90%。

检验要求及执行标准:

按 NB/T 47014—2023 及相关技术要求进行评定,项目如下:

1. 外观检查和无损检测(按 NB/T 47013.2)结果不得有裂纹;
2. 焊接接头板拉二件(按 GB/T 228),R_m≥520MPa;
3. 焊接接头侧弯四件(按 GB/T 2653),$D=4a$　$a=10$　$\alpha=180°$,沿任何方向不得有单条长度大于 3mm 的开口缺陷;
4. 焊缝、(12Cr2Mo1R、13MnNiMoR)侧热影响区 0℃KV_2 冲击各三件(按 GB/T 229),焊接接头 V 型缺口 10mm×10mm×55mm 试样冲击吸收能量平均值不低于 31J。

编制		日期		审核		日期		批准		日期	

焊接工艺评定报告（PQR GL01）

焊接工艺评定报告（PQR）

单位名称： ××××

PQR 编号：PQRGL01　　pWPS 编号：pWPS GL01

焊接方法：SMAW　SAW　　机动化程度：手工☑　机动☑　自动□

焊接接头：对接☑　角接□　堆焊□　　其他：/

接头简图（接头形式、尺寸、衬垫、每种焊接方法或焊接工艺的焊缝金属厚度）：

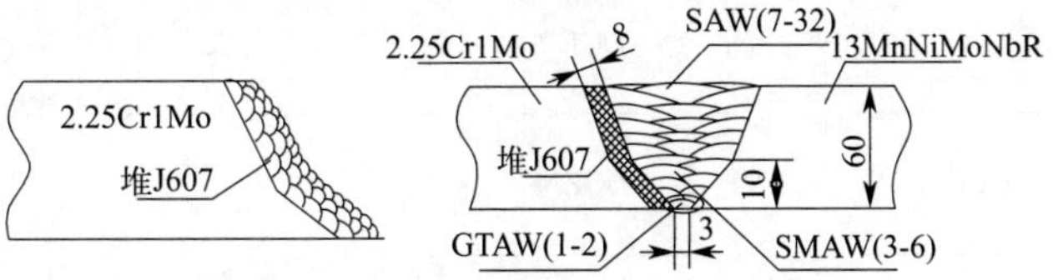

母材：

试件序号	①	②
材料	12Cr2Mo1R	13MnNiMoR
标准或规范	GB/T 713	GB/T 713
规格/mm	$\delta=60$	$\delta=60$
类别号	Fe-5A	Fe-3
组别号	/	Fe-3-3

填充金属：

分类	焊条	焊丝-焊剂组合	焊丝
型号(牌号)	E5915-G(J607)	S62A2 FB-SUM31	ER60-G
标准	NB/T 47018.2	NB/T 47018.4	NB/T 47018.3
填充金属规格/mm	$\phi3.2$，$\phi4.0$	$\phi4.0$	$\phi2.5$
焊材分类代号	FeT-3-3	FeMSG-3-3	FeS-3-3
焊缝金属厚度/mm	隔离层堆焊 8，对接 5	50	5

预热及后热：

最小预热温度/℃	155(隔离层堆焊)105(对接)	最大道间温度/℃	215/215
后热温度及保温时间/(℃×h)	300℃×2h(隔离层堆焊、对接)		

焊后热处理： SR

保温温度/℃	690/620	保温时间/h	8/8

焊接位置：

对接焊缝焊接位置	1G	方向(向上、向下)	/
角焊缝焊接位置	/	方向(向上、向下)	/

气体：

项目	气体种类	混合比/%	流量/(L/min)
保护气	Ar	99.99	8～12
尾部保护气	/	/	/
背面保护气	/	/	/

焊接工艺评定报告(PQR)

电特性：

钨极类型及直径/mm：铈钨极，ϕ3.0　　喷嘴直径/mm：ϕ12

熔滴过渡形式(喷射过渡、短路过渡等)：/

(按所焊位置和工件厚度，分别将电流、电压和焊接速度实测值填入下表)

焊道	焊接方法	填充金属	规格/mm	电源种类及极性	焊接电流/A	电弧电压/V	焊接速度/(cm/min)	最大热输入/(kJ/cm)
隔离层堆焊	SMAW	J607	ϕ3.2	DCEP	110～130	22～24	11～13	17.0
1—2	GTAW	ER60-G	ϕ2.5	DCEN	100～120	13～15	9～10	12.0
3—6	SMAW	J607	ϕ4.0	DCEP	160～180	22～26	15～16	18.7
7—32	SAW	H08Mn2MoA＋SJ101	ϕ4.0	DCEP	500～560	32～36	40～45	30.2

技术措施：

摆动焊或不摆动焊：/　　摆动参数：/

焊前清理和层间清理：打磨　　背面清根方法：修磨

单道焊或多道焊/每面：多道焊　　单丝焊或多丝焊：单丝

导电嘴至工件距离/mm：30～40　　锤击：/

换热管与管板的连接方式：/　　换热管与管板接头的清理方法：/

预置金属衬套：/　　预置金属衬套的形状与尺寸：/

其他：/

拉伸试验(GB/T 228)：　　试验报告编号：LHGL01

试验条件	编号	试样宽度/mm	试样厚度/mm	横截面积/mm^2	断裂载荷/kN	R_m/MPa	断裂位置及特征
接头板拉	PQRGL01-1	25.3	30.1	761.5	479.7	630	断于13MnNiMoNbR侧母材
	PQRGL01-2	25.2	30.2	761	483.2	635	

弯曲试验(GB/T 2653)：　　试验报告编号：LHGL01

试验条件	编号	试样尺寸/mm	弯心直径/mm	弯曲角度/(°)	试验结果
侧弯	PQRGL01-3	10	40	180	合格
侧弯	PQRGL01-4	10	40	180	合格
侧弯	PQRGL01-5	10	40	180	合格
侧弯	PQRGL01-6	10	40	180	合格

焊接工艺评定报告(PQR)

冲击试验(GB/T 229)： 试验报告编号：LHGL01

编号	试样位置	V 型缺口位置	试样尺寸/mm	试验温度/℃	冲击吸收能量/J
PQRGL01-7	SAW 侧焊缝	缺口轴线位于焊缝中心线上	10×10×55	0	68
PQRGL01-8					56
PQRGL01-9					60
PQRGL01-10	12Cr2Mo1R 侧热影响区	缺口轴线至试样纵轴线与熔合线交点的距离 $k>0$mm，且尽可能多地通过热影响区	10×10×55	0	201
PQRGL01-11					198
PQRGL01-12					190
PQRGL01-13	13MnNiMoR 侧热影响区	缺口轴线至试样纵轴线与熔合线交点的距离 $k>0$mm，且尽可能多地通过热影响区	10×10×55	0	132
PQRGL01-14					140
PQRGL01-15					135
PQRGL01-16	隔离层焊缝	缺口轴线位于焊缝中心线上	10×10×55	0	72
PQRGL01-17					66
PQRGL01-18					62

金相试验(角焊缝、模拟组合件)： 试验报告编号：

检验面编号	1	2	3	4	5	6	7	8	结果
有无裂纹、未熔合									
角焊缝厚度/mm									
焊脚高 l/mm									
是否焊透									

金相检验(角焊缝、模拟组合件)：

根部：焊透□　　未焊透□

焊缝：熔合□　　未熔合□

焊缝及热影响区：有裂纹□　无裂纹□

两焊脚之差值：______

试验报告编号：______

堆焊层复层熔敷金属化学成分/% 执行标准：　　试验报告编号：

C	Si	Mn	P	S	Cr	Ni	Mo	Ti	Al	Nb	Fe	…

化学成分测定表面至熔合线距离/mm：______

非破坏性试验：

VT 外观检查：无裂纹　　PT：______　　MT：______　　UT：______　　RT：无裂纹

预焊接工艺规程 pWPS GL02

预焊接工艺规程(pWPS)

单位名称： ××××

pWPS 编号： pWPS GL02

日期： ××××

焊接方法： SMAW SAW

机动化程度： 手工☑ 机动☑ 自动□

焊接接头： 对接☑ 角接□ 堆焊□

衬垫(材料及规格)： 焊缝金属

其他： /

简图(接头形式、坡口形式与尺寸、焊层、焊道布置及顺序)：

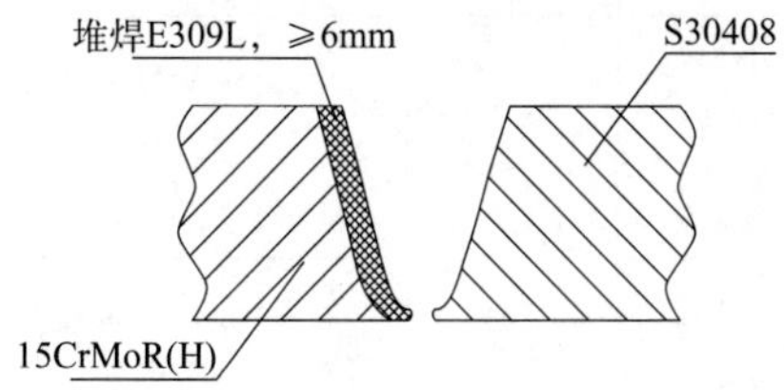

母材：

试件序号	①	②
材料	15CrMoR	S30408
标准或规范	GB/T 713	GB/T 713
规格/mm	$\delta=48$	$\delta=48$
类别号	Fe-4	Fe-8
组别号	Fe-4-1	Fe-8-1
对接焊缝焊件母材厚度范围/mm	16～200	5～200
角焊缝焊件母材厚度范围/mm	不限	不限
管子直径、壁厚范围(对接或角接)/mm	/	/
其他：	/	

填充金属：

焊材类别(种类)	焊条	焊丝-焊剂组合
型号(牌号)	E309 L-16(A302)	S F308 FB-S308(ER308L+JWF601A)
标准	NB/T 47018.2	NB/T 47018.4
填充金属规格/mm	$\phi4.0$	$\phi4.0$
焊材分类代号	FeT-8	FeMSG-8
对接焊缝焊件焊缝金属范围/mm	隔离堆焊层≥5	0～200
角焊缝焊件焊缝金属范围/mm	/	不限
其他：	/	

预热及后热：		**气体：**			
最小预热温度/℃	150(隔离层堆焊)	项目	气体种类	混合比/%	流量/(L/min)
最大道间温度/℃	250(隔离层堆焊)/150(对接)	保护气	/	/	/
后热温度/℃	250～300(隔离层堆焊)	尾部保护气	/	/	/
后热保温时间/h	2	背面保护气	/	/	/
焊后热处理：	SR	**焊接位置：**			
热处理温度/℃	675±20	对接焊缝位置	1G	方向(向上、向下)	/
热处理时间/h	8	角焊缝位置	/	方向(向上、向下)	/

预焊接工艺规程(pWPS)

电特性：

钨极类型及直径/mm：/　　喷嘴直径/mm：/

熔滴过渡形式(喷射过渡、短路过渡等)：/

(按所焊位置和工件厚度，分别将电流、电压和焊接速度范围填入下表)

焊道/焊层	焊接方法	填充金属	规格/mm	电源种类及极性	焊接电流/A	电弧电压/V	焊接速度/(cm/min)	最大热输入/(kJ/cm)
隔离层堆焊	SMAW	A302	ϕ4.0	DCEP	160～180	24～26	15～16	18.7
1—n	SAW	ER308L＋JWF601A	ϕ4.0	DCEP	460～490	30～32	40～43	23.5
1′—n'	SAW	ER308L＋JWF601A	ϕ4.0	DCEP	460～490	30～32	40～43	23.5

技术措施：

摆动焊或不摆动焊：/　　摆动参数：/

焊前清理和层间清理：刷或磨　　背面清根方法：等离子气刨＋修磨

单道焊或多道焊/每面：多道焊　　单丝焊或多丝焊：单丝

导电嘴至工件距离/mm：30～40　　锤击：/

换热管与管板的连接方式：/　　换热管与管板接头的清理方法：/

预置金属衬套：/　　预置金属衬套的形状与尺寸：/

其他：环境温度＞0℃，相对湿度＜90%

检验要求及执行标准：

按 NB/T 47014—2023 及相关技术要求进行评定，项目如下：

1. 外观检查和无损检测(按 NB/T 47013.2)结果不得有裂纹；

2. 焊接接头板拉二件(按 GB/T 228)，$R_m \geqslant 450$MPa；

3. 焊接接头侧弯四件(按 GB/T 2653)，$D=4a$　$a=10$　$\alpha=180°$，沿任何方向不得有单条长度大于 3mm 的开口缺陷。

4. 15CrMoR 侧热影响区－20℃ KV_2 冲击各三件(按 GB/T 229)，焊接接头 V 型缺口 10mm×10mm×55mm 试样冲击吸收能量平均值不低于 20J。

编制		日期		审核		日期		批准		日期	

焊接工艺评定报告（PQR GL02 ）

焊接工艺评定报告(PQR)

单位名称：××××

PQR 编号：PQRGL02　　pWPS 编号：pWPS GL02

焊接方法：SMAW　SAW　　机动化程度：手工☑　机动☑　自动□

焊接接头：对接☑　角接□　堆焊□　　其他：/

接头简图(接头形式、尺寸、衬垫、每种焊接方法或焊接工艺的焊缝金属厚度)：

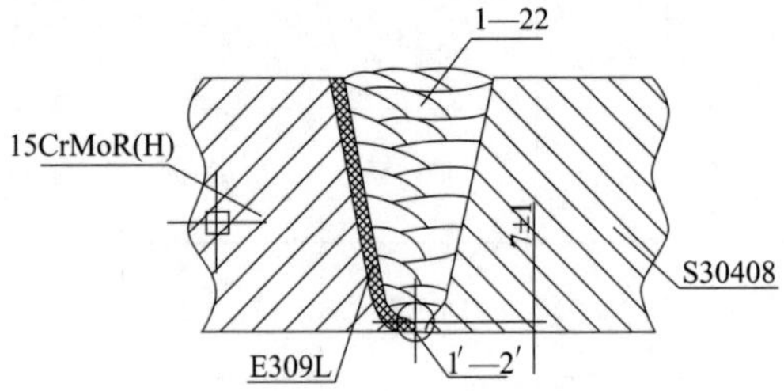

母材：

试件序号	①	②
材料	15CrMoR	S30408
标准或规范	GB/T 713	GB/T 713
规格/mm	δ=48	δ=48
类别号	Fe-4	Fe-8
组别号	Fe-4-1	Fe-8-1

填充金属：

分类	焊条	焊丝-焊剂组合
型号(牌号)	E309 L-16(A302)	S F308 FB-S308(ER308L+JWF601A)
标准	NB/T 47018.2	NB/T 47018.4
填充金属规格/mm	ϕ4.0	ϕ4.0
焊材分类代号	FeT-8	FeMSG-8
焊缝金属厚度/mm	隔离层堆焊 6	48

预热及后热：

最小预热温度/℃	155(隔离层堆焊)	最大道间温度/℃	215(隔离层堆焊) /135(对接)
后热温度及保温时间/(℃×h)	300℃×2h(隔离层堆焊)		

焊后热处理：SR

保温温度/℃	680	保温时间/h	8

焊接位置：

对接焊缝焊接位置	1G	方向(向上、向下)	/
角焊缝焊接位置	/	方向(向上、向下)	/

气体：

项目	气体种类	混合比/%	流量/(L/min)
保护气	/	/	/
尾部保护气	/	/	/
背面保护气	/	/	/

焊接工艺评定报告(PQR)

电特性：

钨极类型及直径/mm：/　　喷嘴直径/mm：/

熔滴过渡形式(喷射过渡、短路过渡等)：/

(按所焊位置和工件厚度，分别将电流、电压和焊接速度实测值填入下表)

焊道	焊接方法	填充金属	规格/mm	电源种类及极性	焊接电流/A	电弧电压/V	焊接速度/(cm/min)	最大热输入/(kJ/cm)
隔离层堆焊	SMAW	A302	ϕ4.0	DCEP	160～190	24～26	15～16	19.8
1—36	SAW	ER308L＋JWF601A	ϕ4.0	DCEP	460～500	30～32	40～43	24
1′—3′	SAW	ER308L＋JWF601A	ϕ4.0	DCEP	460～500	30～32	40～43	24

技术措施：

摆动焊或不摆动焊：/　　摆动参数：/

焊前清理和层间清理：打磨　　背面清根方法：等离子气刨＋修磨

单道焊或多道焊/每面：多道焊　　单丝焊或多丝焊：单丝

导电嘴至工件距离/mm：30～40　　锤击：/

换热管与管板的连接方式：/　　换热管与管板接头的清理方法：/

预置金属衬套：/　　预置金属衬套的形状与尺寸：/

其他：/

拉伸试验(GB/T 228)：　　试验报告编号：LHGL02

试验条件	编号	试样宽度/mm	试样厚度/mm	横截面积/mm^2	断裂载荷/kN	R_m/MPa	断裂位置及特征
接头板拉	PQRGL02-1	25.2	24.0	604.8	320.5	530	断于15CrMoR侧母材
	PQRGL02-2	25.5	24.2	617.1	338.2	548	

弯曲试验(GB/T 2653)：　　试验报告编号：LHGL02

试验条件	编号	试样尺寸/mm	弯心直径/mm	弯曲角度/(°)	试验结果
侧弯	PQRGL02-3	10	40	180	合格
侧弯	PQRGL02-4	10	40	180	合格
侧弯	PQRGL02-5	10	40	180	合格
侧弯	PQRGL02-6	10	40	180	合格

焊接工艺评定报告(PQR)

冲击试验(GB/T 229)： 试验报告编号：LHGL02

编号	试样位置	V型缺口位置	试样尺寸/mm	试验温度/℃	冲击吸收能量/J
PQRGL02-7	15CrMoR 侧热影响区	缺口轴线至试样纵轴线与熔合线交点的距离 $k>0$mm，且尽可能多地通过热影响区	10×10×55	−20	60
PQRGL02-8					78
PQRGL02-9					135

金相试验(角焊缝、模拟组合件)： 试验报告编号：

检验面编号	1	2	3	4	5	6	7	8	结果
有无裂纹、未熔合									
角焊缝厚度/mm									
焊脚高 l /mm									
是否焊透									

金相检验(角焊缝、模拟组合件)：

根部：焊透□ 未焊透□

焊缝：熔合□ 未熔合□

焊缝及热影响区：有裂纹□ 无裂纹□

两焊脚之差值：

试验报告编号：

堆焊层复层熔敷金属化学成分/% 执行标准： 试验报告编号：

C	Si	Mn	P	S	Cr	Ni	Mo	Ti	Al	Nb	Fe	…

化学成分测定表面至熔合线距离/mm：

非破坏性试验：

VT外观检查：无裂纹 PT： MT： UT： RT：无裂纹

预焊接工艺规程 pWPS GL03

预焊接工艺规程(pWPS)

单位名称： ××××

pWPS 编号： pWPS GL03

日期： ××××

焊接方法： SMAW　SAW

机动化程度： 手工☑　机动☑　自动□

焊接接头： 对接☑　角接□　堆焊□

衬垫(材料及规格)： 焊缝金属

其他： /

简图(接头形式、坡口形式与尺寸、焊层、焊道布置及顺序)：

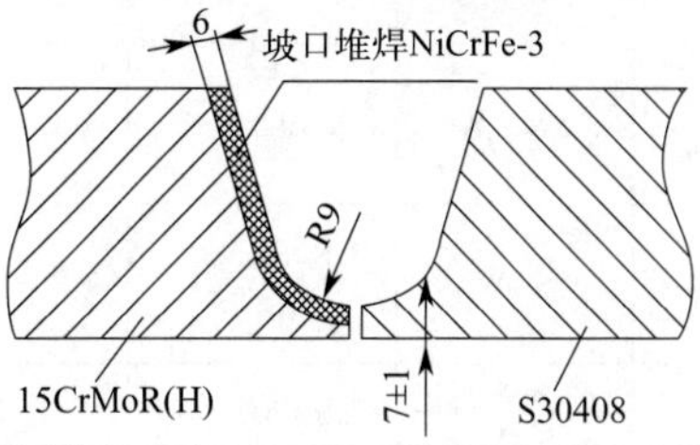

母材：

试件序号	①	②
材料	15CrMoR(H)	S30408
标准或规范	GB/T 713	GB/T 713
规格/mm	δ=48	δ=48
类别号	Fe-4	Fe-8
组别号	Fe-4-1	Fe-8-1
对接焊缝焊件母材厚度范围/mm	16～200	5～200
角焊缝焊件母材厚度范围/mm	不限	不限
管子直径、壁厚范围(对接或角接)/mm	/	/
其他：	/	

填充金属：

焊材类别(种类)	焊条	焊丝-焊剂组合
型号(牌号)	ENi 6182(ENiCrFe-3)	S F6082 FB-S6082(ERNiCr-3＋SJ608)
标准	NB/T 47018.2	NB/T 47018.4
填充金属规格/mm	ϕ4.0	ϕ2.5
焊材分类代号	NiT-3	FeMSG-11A
对接焊缝焊件焊缝金属范围/mm	隔离堆焊层≥5	0～200
角焊缝焊件焊缝金属范围/mm	/	不限
其他：	/	

预热及后热：		**气体：**			
最小预热温度/℃	150(隔离层堆焊)	项目	气体种类	混合比/%	流量/(L/min)
最大道间温度/℃	250 (隔离层堆焊) / 100(对接)	保护气	/	/	/
后热温度/℃	250～300(隔离层堆焊)	尾部保护气	/	/	/
后热保温时间/h	2	背面保护气	/	/	/

焊后热处理：	SR	**焊接位置：**			
热处理温度/℃	690±14	对接焊缝位置	1G	方向(向上、向下)	/
热处理时间/h	8	角焊缝位置	/	方向(向上、向下)	/

预焊接工艺规程(pWPS)

电特性：

钨极类型及直径/mm：/　　喷嘴直径/mm：/

熔滴过渡形式(喷射过渡、短路过渡等)：/

(按所焊位置和工件厚度，分别将电流、电压和焊接速度实测值填入下表)

焊道/焊层	焊接方法	填充金属	规格/mm	电源种类及极性	焊接电流/A	电弧电压/V	焊接速度/(cm/min)	最大热输入/(kJ/cm)
隔离层堆焊	SMAW	ENiCrFe-3	ϕ4.0	DCEP	130～160	22～24	15～16	15.4
1—n	SAW	ERNiCr-3＋SJ608	ϕ2.5	DCEP	280～330	28～32	40～43	15.8
1′—n'	SAW	ERNiCr-3＋SJ608	ϕ2.5	DCEP	280～330	28～32	40～43	15.8

技术措施：

摆动焊或不摆动焊：/　　摆动参数：/

焊前清理和层间清理：刷或磨　　背面清根方法：等离子气刨＋修磨

单道焊或多道焊/每面：多道焊　　单丝焊或多丝焊：单丝

导电嘴至工件距离/mm：30～40　　锤击：/

换热管与管板的连接方式：/　　换热管与管板接头的清理方法：/

预置金属衬套：/　　预置金属衬套的形状与尺寸：/

其他：环境温度＞0℃，相对湿度＜90%

检验要求及执行标准：

按 NB/T 47014—2023 及相关技术要求进行评定，项目如下：

1. 外观检查和无损检测(按 NB/T 47013.2)结果不得有裂纹；

2. 焊接接头板拉二件(按 GB/T 228)，$R_m \geqslant 450$MPa；

3. 焊接接头侧弯四件(按 GB/T 2653)，$D=4a$　$a=10$　$\alpha=180°$，沿任何方向不得有单条长度大于 3mm 的开口缺陷；

4. 15CrMoR(H)侧热影响区－20℃KV_2 冲击各三件(按 GB/T 229)，焊接接头 V 型缺口 10mm×10mm×55mm 试样冲击吸收能量平均值不低于 20J。

编制		日期		审核		日期		批准		日期	

焊接工艺评定报告（PQR GL03）

焊接工艺评定报告（PQR）

单位名称： ××××

PQR 编号：PQRGL03　　pWPS 编号：pWPS GL03

焊接方法：SMAW　SAW　　机动化程度：手工☑　机动☑　自动□

焊接接头：对接☑　角接□　堆焊□　　其他：/

接头简图（接头形式、尺寸、衬垫、每种焊接方法或焊接工艺的焊缝金属厚度）：

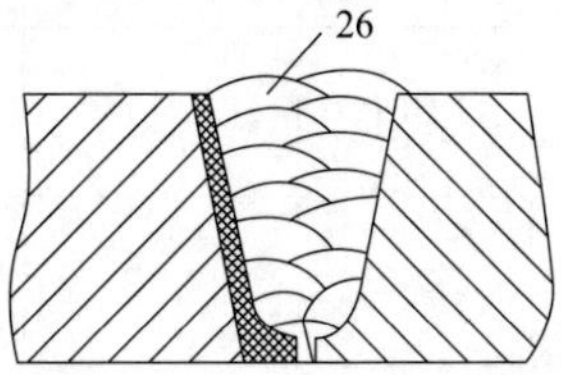

母材：

试件序号	①	②
材料	15CrMoR(H)	S30408
标准或规范	GB/T 713	GB/T 713
规格/mm	δ=48	δ=48
类别号	Fe-4	Fe-8
组别号	Fe-4-1	Fe-8-1

填充金属：

分类	焊条	焊丝-焊剂组合
型号（牌号）	ENi 6182(ENiCrFe-3)	S F6082 FB-S6082(ERNiCr-3＋SJ608)
标准	GB/T 13814	NB/T 47018.4
填充金属规格/mm	ϕ4.0	ϕ2.5
焊材分类代号	NiT-3	FeMSG-11A
焊缝金属厚度/mm	隔离层堆焊 6	48

预热及后热：

最小预热温度/℃	155（隔离层堆焊）	最大道间温度/℃	215（隔离层堆焊）90（对接）
后热温度及保温时间/(℃×h)	300℃×2h（隔离层堆焊）		
焊后热处理：	SR		
保温温度/℃	695	保温时间/h	8

焊接位置：

对接焊缝焊接位置	1G	方向（向上、向下）	/
角焊缝焊接位置	/	方向（向上、向下）	/

气体：

项目	气体种类	混合比/%	流量/(L/min)
保护气	/	/	/
尾部保护气	/	/	/
背面保护气	/	/	/

焊接工艺评定报告(PQR)

电特性:

钨极类型及直径/mm: / 喷嘴直径/mm: /

熔滴过渡形式(喷射过渡、短路过渡等): /

(按所焊位置和工件厚度,分别将电流、电压和焊接速度实测值填入下表)

焊道	焊接方法	填充金属	规格/mm	电源种类及极性	焊接电流/A	电弧电压/V	焊接速度/(cm/min)	最大热输入/(kJ/cm)
隔离层堆焊	SMAW	ENiCrFe-3	ϕ4.0	DCEP	130～160	22～24	15～16	15.4
1—26	SAW	ERNiCr-3+SJ608	ϕ2.5	DCEP	310～330	28～32	40～43	15.8
1′—2′	SAW	ERNiCr-3+SJ608	ϕ2.5	DCEP	310～330	28～32	40～43	15.8

技术措施:

摆动焊或不摆动焊: / 摆动参数: /

焊前清理和层间清理: 打磨 背面清根方法: 等离子气刨+修磨

单道焊或多道焊/每面: 多道焊 单丝焊或多丝焊: 单丝

导电嘴至工件距离/mm: 30～40 锤击: /

换热管与管板的连接方式: / 换热管与管板接头的清理方法: /

预置金属衬套: / 预置金属衬套的形状与尺寸: /

其他:

拉伸试验(GB/T 228): 试验报告编号:LHGL03

试验条件	编号	试样宽度/mm	试样厚度/mm	横截面积/mm²	断裂载荷/kN	R_m/MPa	断裂位置及特征
接头板拉	PQRGL03-1	25.3	23.8	602.1	314.9	523	断于15CrMoR(H)侧母材
	PQRGL03-2	25.6	23.6	604.2	326.2	540	

弯曲试验(GB/T 2653): 试验报告编号: LHGL03

试验条件	编号	试样尺寸/mm	弯心直径/mm	弯曲角度/(°)	试验结果
侧弯	PQRGL03-3	10	40	180	合格
侧弯	PQRGL03-4	10	40	180	合格
侧弯	PQRGL03-5	10	40	180	合格
侧弯	PQRGL03-6	10	40	180	合格

焊接工艺评定报告(PQR)

冲击试验(GB/T 229)： 试验报告编号：LHGL03

编号	试样位置	V型缺口位置	试样尺寸/mm	试验温度/℃	冲击吸收能量/J
PQRGL03-7	15CrMoR(H)侧热影响区	缺口轴线位于焊缝中心线上	10×10×55	－20	80
PQRGL03-8					75
PQRGL03-9					105

金相试验(角焊缝、模拟组合件)： 试验报告编号：

检验面编号	1	2	3	4	5	6	7	8	结果
有无裂纹、未熔合									
角焊缝厚度/mm									
焊脚高 l /mm									
是否焊透									

金相检验(角焊缝、模拟组合件)：

根部：焊透□　　未焊透□

焊缝：熔合□　　未熔合□

焊缝及热影响区：有裂纹□　　无裂纹□

两焊脚之差值：________

试验报告编号：________

堆焊层复层熔敷金属化学成分/% 执行标准： 试验报告编号：

C	Si	Mn	P	S	Cr	Ni	Mo	Ti	Al	Nb	Fe	…

化学成分测定表面至熔合线距离/mm：________

非破坏性试验：

VT外观检查：无裂纹　　PT：____　　MT：____　　UT：____　　RT：无裂纹

第二十节　带极堆焊工艺评定

预焊接工艺规程 pWPS DJDH01

预焊接工艺规程(pWPS)

单位名称： ××××

pWPS 编号： pWPS DJDH01

日期： ××××

焊接方法： SAW	**简图(接头形式、坡口形式与尺寸、焊层、焊道布置及顺序)：**
机动化程度： 手工□　机动☑　自动□	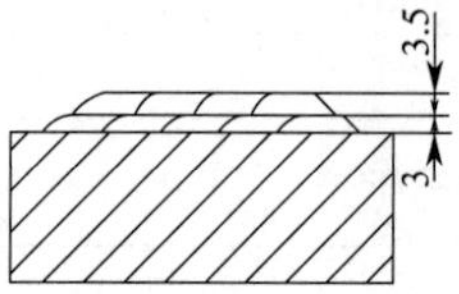
焊接接头： 对接□　角接□　堆焊☑	
衬垫(材料及规格)： 焊缝金属	
其他： /	

母材：

试件序号	①	②
材料	12Cr2Mo1R	
标准或规范	GB/T 713	
规格/mm	δ=40	
类别号	Fe-5A	
组别号	/	
对接焊缝焊件母材厚度范围/mm	基材厚度≥25	
角焊缝焊件母材厚度范围/mm	/	
管子直径、壁厚范围(对接或角接)/mm	/	/
其他：	/	

填充金属：

焊材类别(种类)	钢带-焊剂组配	钢带-焊剂组配
型号(牌号)	F M 309L E	F M 347L E
标准	NB/T 47018.5	NB/T 47018.5
填充金属规格/mm	50×0.4	50×0.4
焊材分类代号	/	/
对接焊缝焊件焊缝金属范围/mm	堆焊层≥3	堆焊层≥3.5
角焊缝焊件焊缝金属范围/mm	/	/

其他：F M 309L E(H309L+SJ304)/ F M 347L E(H347L+SJ305)

预热及后热：		**气体：**			
最小预热温度/℃	120(过渡层堆焊)	项目	气体种类	混合比/%	流量/(L/min)
最大道间温度/℃	250(过渡层堆焊)/100(表层)	保护气	/	/	/
后热温度/℃	250～300	尾部保护气	/	/	/
后热保温时间/h	2	背面保护气	/	/	/
焊后热处理：	SR	**焊接位置：**			
热处理温度/℃	690±14	对接焊缝位置	1G	方向(向上、向下)	/
热处理时间/h	32	角焊缝位置	/	方向(向上、向下)	/

预焊接工艺规程(pWPS)

电特性：

钨极类型及直径/mm：＿＿＿＿　喷嘴直径/mm：＿＿＿＿

熔滴过渡形式(喷射过渡、短路过渡等)：　/

(按所焊位置和工件厚度，分别将电流、电压和焊接速度范围填入下表)

焊道/焊层	焊接方法	填充金属	规格/mm	电源种类及极性	焊接电流/A	电弧电压/V	焊接速度/(mm/min)	最大热输入/(kJ/mm^2)
过渡层堆	SAW	H309L＋SJ304	50×0.4	DCEP	700～750	30～32	150～155	192.0
表层	SAW	H347L＋SJ305	50×0.4	DCEP	750～800	30～32	155～160	198.2

技术措施：

摆动焊或不摆动焊：　/　　摆动参数：　/

焊前清理和层间清理：　打磨　　背面清根方法：　/

单道焊或多道焊/每面：　多道焊　　单丝焊或多丝焊：　单丝

导电嘴至工件距离/mm：　25～35　　锤击：　/

换热管与管板的连接方式：　/　　换热管与管板接头的清理方法：　/

预置金属衬套：　/　　预置金属衬套的形状与尺寸：　/

其他：　环境温度＞0℃，相对湿度＜90%，焊道搭接量 8～10mm

检验要求及执行标准：

按 NB/T 47014—2023 及相关技术要求进行评定，项目如下：

1. 外观检查和无损检测(过渡层、表层按 NB/T 47013.5)，表面应平滑、不平度满足要求、无气孔、裂纹、夹渣等缺陷；结合面无损检测(按 NB/T 47013.5)；

2. 堆焊层化分(按 GB/T 222)：五元素＋Cr、Ni、Mo、Nb、Cu、N，满足 NB/T 47018.5 焊剂-焊带组合堆焊金属型号的规定；

3. 堆焊层评定最小厚度测定(按 NB/T 47013.3)；

4. 侧弯四件(按 GB/T 2653)，$D=4a$　$a=10$　$\alpha=180°$，在试样耐蚀堆焊层任何方向上不得有大于 1.5 mm 的任一开口缺陷；在熔合区不得有大于 3 mm 的任一开口缺陷；

5. 晶间腐蚀二件(按 GB/T 4334.E 法)，弯曲试验合格且无晶间腐蚀裂纹。

编制		日期		审核		日期		批准		日期	

焊接工艺评定报告（PQR DJDH01）

焊接工艺评定报告（PQR）

单位名称： ××××

PQR 编号：PQRDJDH01　　pWPS 编号：pWPSDJDH01

焊接方法：SAW　　机动化程度：手工□　机动☑　自动□

焊接接头：对接　角接□　堆焊☑　　其他：/

接头简图（接头形式、尺寸、衬垫、每种焊接方法或焊接工艺的焊缝金属厚度）：

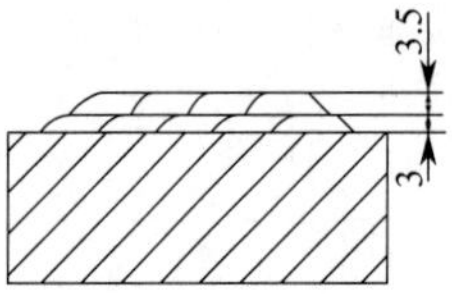

母材：

试件序号	①	②
材料	12Cr2Mo1R	
标准或规范	GB/T 713	
规格/mm	δ=40	
类别号	Fe-5A	
组别号	/	

填充金属：

分类	钢带-焊剂组配	钢带-焊剂组配
型号（牌号）	F M 309L E（H309L＋SJ304）	F M 347L E（H347L＋SJ305）
标准	NB/T 47018.5	NB/T 47018.5
填充金属规格/mm	50×0.4	50×0.4
焊材分类代号	/	/
焊缝金属厚度/mm	堆焊层厚度 6.5～7.2	

预热及后热：

最小预热温度/℃	125（过渡层）18（表层）	最大道间温度/℃	215 /90
后热温度及保温时间/（℃×h）	300℃×2h（过渡层）		

焊后热处理： SR

保温温度/℃	690	保温时间/h	32

焊接位置：

对接焊缝焊接位置	1G	方向（向上、向下）	/
角焊缝焊接位置	/	方向（向上、向下）	/

气体：

项目	气体种类	混合比/%	流量/（L/min）
保护气			
尾部保护气	/	/	/
背面保护气	/	/	/

焊接工艺评定报告(PQR)

电特性:

钨极类型及直径/mm: 铈钨极　　喷嘴直径/mm:

熔滴过渡形式(喷射过渡、短路过渡等): /

(按所焊位置和工件厚度,分别将电流、电压和焊接速度实测值填入下表)

焊道	焊接方法	填充金属	规格/mm	电源种类及极性	焊接电流/A	电弧电压/V	焊接速度/(mm/min)	最大热输入/(kJ/mm^2)
过渡层堆	SAW	H309L+SJ304	50×0.4	DCEP	700～750	30～32	150～155	192.0
表层	SAW	H347L+SJ305	50×0.4	DCEP	750～800	30～32	155～160	198.2

技术措施:

摆动焊或不摆动焊: /　　摆动参数: /

焊前清理和层间清理: 打磨　　背面清根方法: /

单道焊或多道焊/每面: 多道焊　　单丝焊或多丝焊: 单丝

导电嘴至工件距离/mm: 25～35　　锤击: /

换热管与管板的连接方式: /　　换热管与管板接头的清理方法: /

预置金属衬套: /　　预置金属衬套的形状与尺寸: /

其他: 焊道搭接量8～10mm

拉伸试验(GB/T 228):　　试验报告编号:

试验条件	编号	试样宽度/mm	试样厚度/mm	横截面积/mm^2	断裂载荷/kN	R_m/MPa	断裂位置及特征
接头板拉							

弯曲试验(GB/T 2653):　　试验报告编号: LHGJDH01

试验条件	编号	试样尺寸/mm	弯心直径/mm	弯曲角度/(°)	试验结果
侧弯	PQRDJDH01-1	10×26	40	180	合格
侧弯	PQRDJDH01-2	10×26	40	180	合格
侧弯	PQRDJDH01-3	10×26	40	180	合格
侧弯	PQRDJDH01-4	10×26	40	180	合格

焊接工艺评定报告(PQR)

冲击试验(GB/T 229): 试验报告编号:

编号	试样位置	V 型缺口位置	试样尺寸/mm	试验温度/℃	冲击吸收能量/J

金相试验(角焊缝、模拟组合件): 试验报告编号:

检验面编号	1	2	3	4	5	6	7	8	结果
有无裂纹、未熔合									
角焊缝厚度/mm									
焊脚高 l/mm									
是否焊透									

金相检验(角焊缝、模拟组合件):

根部:焊透□ 未焊透□

焊缝:熔合□ 未熔合□

焊缝及热影响区:有裂纹□ 无裂纹□

两焊脚之差值:

试验报告编号:

堆焊层复层熔敷金属化学成分/%(GB/T 222): 试验报告编号:LHGJDH02

C	Si	Mn	P	S	Cr	Ni	Mo	Cu	N	Nb	Fe	…
0.030	0.56	1.29	0.018	0.007	19.22	9.65	0.08	0.06	0.058	0.39		

化学成分测定表面至熔合线距离/mm: 4.0

非破坏性试验:

VT 外观检查: 合格 PT: 合格 MT: UT: 合格 RT:

焊接工艺评定报告(PQR)

附加说明：

腐蚀试验(GB/T4334. E)：　　试验报告编号：LHGJDH02

堆焊层腐蚀试验 2 件，结果合格

结论：本评定按 NB/T 47014—2023 及技术要求规定焊接试件、无损检测、热处理、测定性能，确认试验记录正确。

评定结果：合格 ☑　　不合格□

焊工		日期		编制		日期	
审核		日期		批准		日期	
第三方检验							

预焊接工艺规程 pWPS DJDH02

预焊接工艺规程(pWPS)

单位名称： ××××

pWPS 编号： pWPS DJDH02

日期： ××××

焊接方法： SAW+ESW 机动化程度： 手工□ 机动☑ 自动□ 焊接接头： 对接□ 角接□ 堆焊☑ 衬垫(材料及规格)： 焊缝金属 其他： /	**简图(接头形式、坡口形式与尺寸、焊层、焊道布置及顺序)：** 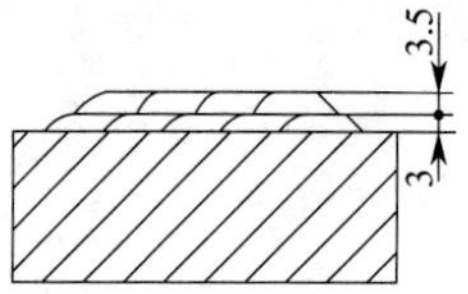

母材：

试件序号	①	②
材料	12Cr2Mo1R	
标准或规范	GB/T 713	
规格/mm	δ=40	
类别号	Fe-5A	
组别号	/	
对接焊缝焊件母材厚度范围/mm	基材厚度≥25	
角焊缝焊件母材厚度范围/mm	不限	
管子直径、壁厚范围(对接或角接)/mm	/	/
其他：	/	

填充金属：

焊材类别(种类)	钢带-焊剂组配	钢带-焊剂组配
型号(牌号)	F M 309L E	F Z 347L E
标准	NB/T 47018.5	NB/T 47018.5
填充金属规格/mm	75×0.4	75×0.4
焊材分类代号	/	/
对接焊缝焊件焊缝金属范围/mm	堆焊层≥3	堆焊层≥3.5
角焊缝焊件焊缝金属范围/mm	/	/
其他：F M 309L E(H309L+SJ304)/ F Z 347L E(H347L+SJ15B)		

预热及后热：		**气体：**			
最小预热温度/℃	120(过渡层堆焊)	项目	气体种类	混合比/%	流量/(L/min)
最大道间温度/℃	250(过渡层堆焊)/100(表层)	保护气	/	/	/
后热温度/℃	250～300	尾部保护气	/	/	/
后热保温时间/h	2	背面保护气	/	/	/

焊后热处理：	SR	**焊接位置：**			
热处理温度/℃	690±14	对接焊缝位置	1G	方向(向上、向下)	/
热处理时间/h	32	角焊缝位置	/	方向(向上、向下)	/

预焊接工艺规程(pWPS)

电特性：

钨极类型及直径/mm：＿＿＿＿　喷嘴直径/mm：＿＿＿＿

熔滴过渡形式(喷射过渡、短路过渡等)：　/

(按所焊位置和工件厚度，分别将电流、电压和焊接速度实测值填入下表)

焊道/焊层	焊接方法	填充金属	规格/mm	电源种类及极性	焊接电流/A	电弧电压/V	焊接速度/(mm/min)	最大热输入/(kJ/mm²)
过渡层堆	SAW	H309L＋SJ304	75×0.4	DCEP	1050～1100	30～32	150～155	187.7
表层	ESW	H347L＋SJ15B	75×0.4	DCEP	1150～1200	26～28	160～170	168.0

技术措施：

摆动焊或不摆动焊：　/　　摆动参数：　/

焊前清理和层间清理：　打磨　　背面清根方法：　/

单道焊或多道焊/每面：　多道焊　　单丝焊或多丝焊：　单丝

导电嘴至工件距离/mm：　25～35　　锤击：　/

换热管与管板的连接方式：　/　　换热管与管板接头的清理方法：　/

预置金属衬套：　/　　预置金属衬套的形状与尺寸：　/

其他：环境温度＞0℃，相对湿度＜90％，焊道搭接量(SAW)8～10mm (ESW)10～12mm

检验要求及执行标准：

按 NB/T 47014—2023 及相关技术要求进行评定，项目如下：

1. 外观检查和无损检测(过渡层、表层按 NB/T 47013.5)，表面应平滑、不平度满足要求、无气孔、裂纹、夹渣等缺陷；结合面无损检测(按 NB/T 47013.5)；

2. 堆焊层化分(按 GB/T 222)：五元素＋Cr、Ni、Mo、Nb、Cu、N，满足 NB/T 47018.5 焊剂-焊带组合堆焊金属型号的规定；

3. 堆焊层评定最小厚度测定(按 NB/T 47013.3)；

4. 侧弯四件(按 GB/T 2653)，$D=4a$　$a=10$　$\alpha=180°$，在试样耐蚀堆焊层任何方向上不得有大于 1.5 mm 的任一开口缺陷；在熔合区不得有大于 3 mm 的任一开口缺陷；

5. 晶间腐蚀二件(按 GB/T 4334.E 法)，弯曲试验合格且无晶间腐蚀裂纹。

编制		日期		审核		日期		批准		日期	

焊接工艺评定报告（PQR DJDH02）

焊接工艺评定报告(PQR)

单位名称： ××××

PQR 编号：PQRDJDH02　　pWPS 编号：pWPSDJDH02

焊接方法：SAW＋ESW　　机动化程度：手工□　机动☑　自动□

焊接接头：对接□　角接□　堆焊☑　　其他：/

接头简图(接头形式、尺寸、衬垫、每种焊接方法或焊接工艺的焊缝金属厚度)：

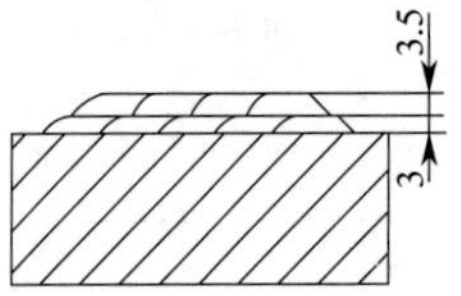

母材：

试件序号	①	②
材料	12Cr2Mo1R	
标准或规范	GB/T 713	
规格/mm	δ＝40	
类别号	Fe-5A	
组别号	/	

填充金属：

分类	钢带-焊剂组配	钢带-焊剂组配
型号(牌号)	F M 309L E(H309L＋SJ304)	F Z 347L E(H347L＋SJ15B)
标准	NB/T 47018.5	NB/T 47018.5
填充金属规格/mm	75×0.4	75×0.4
焊材分类代号	/	/
焊缝金属厚度/mm	堆焊层厚度 6.6～7.1	

预热及后热：

最小预热温度/℃	125(过渡层) 18(表层)	最大道间温度/℃	215 /90
后热温度及保温时间/(℃×h)	300℃×2h(过渡层)		

焊后热处理： SR

保温温度/℃	690	保温时间/h	32

焊接位置：

对接焊缝焊接位置	1G	方向(向上、向下)	/
角焊缝焊接位置	/	方向(向上、向下)	/

气体：

项目	气体种类	混合比/%	流量/(L/min)
保护气			
尾部保护气	/	/	/
背面保护气	/	/	/

焊接工艺评定报告(PQR)

电特性：

钨极类型及直径/mm：钟钨极　　喷嘴直径/mm：

熔滴过渡形式(喷射过渡、短路过渡等)：/

(按所焊位置和工件厚度，分别将电流、电压和焊接速度实测值填入下表)

焊道	焊接方法	填充金属	规格/mm	电源种类及极性	焊接电流/A	电弧电压/V	焊接速度/(mm/min)	最大热输入/(kJ/mm²)
过渡层堆	SAW	H309L＋SJ304	75×0.4	DCEP	1050～1100	30～32	150～155	187.7
表层	ESW	H347L＋SJ15B	75×0.4	DCEP	1150～1200	26～28	160～170	168.0

技术措施：

摆动焊或不摆动焊：/　　摆动参数：/

焊前清理和层间清理：打磨　　背面清根方法：/

单道焊或多道焊/每面：多道焊　　单丝焊或多丝焊：单丝

导电嘴至工件距离/mm：25～35　　锤击：/

换热管与管板的连接方式：/　　换热管与管板接头的清理方法：/

预置金属衬套：/　　预置金属衬套的形状与尺寸：/

其他：焊道搭接量(SAW)8～10mm，(ESW)10～12mm

拉伸试验(GB/T 228)：　　试验报告编号：

试验条件	编号	试样宽度/mm	试样厚度/mm	横截面积/mm²	断裂载荷/kN	R_m/MPa	断裂位置及特征
接头板拉							

弯曲试验(GB/T 2653)：　　试验报告编号：LHGJDH01

试验条件	编号	试样尺寸/mm	弯心直径/mm	弯曲角度/(°)	试验结果
侧弯	PQRDJDH02-1	10×26	40	180	合格
侧弯	PQRDJDH02-2	10×26	40	180	合格
侧弯	PQRDJDH02-3	10×26	40	180	合格
侧弯	PQRDJDH02-4	10×26	40	180	合格

焊接工艺评定报告(PQR)

冲击试验(GB/T 229)： 试验报告编号：

编号	试样位置	V型缺口位置	试样尺寸/mm	试验温度/℃	冲击吸收能量/J

金相试验(角焊缝、模拟组合件)： 试验报告编号：

检验面编号	1	2	3	4	5	6	7	8	结果
有无裂纹、未熔合									
角焊缝厚度/mm									
焊脚高 l/mm									
是否焊透									

金相检验(角焊缝、模拟组合件)：

根部：焊透□ 未焊透□

焊缝：熔合□ 未熔合□

焊缝及热影响区：有裂纹□ 无裂纹□

两焊脚之差值：

试验报告编号：

堆焊层复层熔敷金属化学成分/%(GB/T 222)： 试验报告编号：LHGJDH02

C	Si	Mn	P	S	Cr	Ni	Mo	Cu	N	Nb	Fe	…
0.029	0.55	1.20	0.017	0.007	19.3	9.78	0.07	0.06	0.059	0.38		

化学成分测定表面至熔合线距离/mm：4.0

非破坏性试验：

VT外观检查：合格　PT：合格　MT：　UT：合格　RT：

焊接工艺评定报告(PQR)							
附加说明： **腐蚀试验(GB/T 4334. E)：** 试验报告编号：LHGJDH02 堆焊层腐蚀试验 2 件，结果合格							
结论：本评定按 NB/T 47014—2023 及技术要求规定焊接试件、无损检测、热处理、测定性能，确认试验记录正确。 评定结果：合格 ☑　　不合格□							
焊工		日期		编制		日期	
审核		日期		批准		日期	
第三方检验							

预焊接工艺规程 pWPS DJDH03

预焊接工艺规程(pWPS)

单位名称： ××××

pWPS 编号： pWPS DJDH03

日期： ××××

焊接方法： ESW

机动化程度： 手工□ 机动☑ 自动□

焊接接头： 对接□ 角接□ 堆焊☑

衬垫(材料及规格)： 焊缝金属

其他： /

简图(接头形式、坡口形式与尺寸、焊层、焊道布置及顺序)：

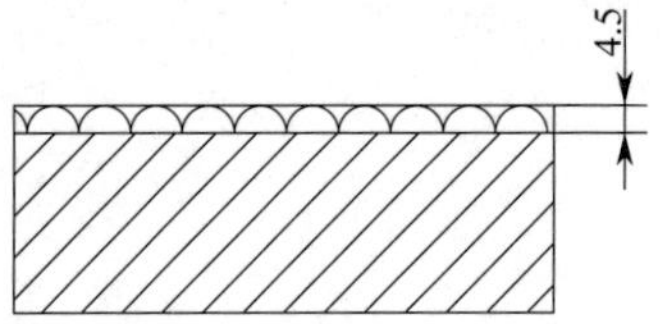

母材：

试件序号	①	②
材料	12Cr2Mo1R	
标准或规范	GB/T 713	
规格/mm	$\delta=40$	
类别号	Fe-5A	
组别号	/	
对接焊缝焊件母材厚度范围/mm	基材厚度≥25	
角焊缝焊件母材厚度范围/mm	不限	
管子直径、壁厚范围(对接或角接)/mm	/	/
其他：	/	

填充金属：

焊材类别(种类)	钢带-焊剂组配	
型号(牌号)	F Z 347L D	
标准	NB/T 47018.5	
填充金属规格/mm	75×0.4	
焊材分类代号	/	
对接焊缝焊件焊缝金属范围/mm	堆焊层≥4.5	
角焊缝焊件焊缝金属范围/mm	/	/

其他：F Z 347L D(H347LF+SJ15F)

预热及后热：

最小预热温度/℃	120
最大道间温度/℃	250
后热温度/℃	250～300
后热保温时间/h	2

气体：

项目	气体种类	混合比/%	流量/(L/min)
保护气	/	/	/
尾部保护气	/	/	/
背面保护气	/	/	/

焊后热处理： SR

热处理温度/℃	690±14
热处理时间/h	32

焊接位置：

对接焊缝位置	1G	方向(向上、向下)	/
角焊缝位置	/	方向(向上、向下)	/

预焊接工艺规程(pWPS)

电特性：

钨极类型及直径/mm：________　喷嘴直径/mm：________

熔滴过渡形式(喷射过渡、短路过渡等)：　/

(按所焊位置和工件厚度，分别将电流、电压和焊接速度实测值填入下表)

焊道/焊层	焊接方法	填充金属	规格/mm	电源种类及极性	焊接电流/A	电弧电压/V	焊接速度/(mm/min)	最大热输入/(kJ/mm^2)
堆焊层	ESW	H347LF+SJ15F	75×0.4	DCEP	1200～1250	26～28	150～155	187.7

技术措施：

摆动焊或不摆动焊：　/　　摆动参数：　/

焊前清理和层间清理：　打磨　　背面清根方法：　/

单道焊或多道焊/每面：　多道焊　　单丝焊或多丝焊：　单丝

导电嘴至工件距离/mm：　25～35　　锤击：　/

换热管与管板的连接方式：　/　　换热管与管板接头的清理方法：　/

预置金属衬套：　/　　预置金属衬套的形状与尺寸：　/

其他：环境温度>0℃，相对湿度<90%，焊道搭接量 10～12mm

检验要求及执行标准：

按 NB/T 47014—2023 及相关技术要求进行评定，项目如下：

1. 外观检查和无损检测(过渡层、表层按 NB/T 47013.5)，表面应平滑、不平度满足要求、无气孔、裂纹、夹渣等缺陷；结合面无损检测(按 NB/T 47013.5)；

2. 堆焊层化分(按 GB/T 222)：五元素+Cr、Ni、Mo、Nb、Cu、N，满足 NB/T 47018.5 焊剂-焊带组合堆焊金属型号的规定；

3. 堆焊层评定最小厚度测定(按 NB/T 47013.3)；

4. 侧弯四件(按 GB/T 2653)，$D=4a$　$a=10$　$\alpha=180°$，在试样耐蚀堆焊层任何方向上不得有大于 1.5 mm 的任一开口缺陷；在熔合区不得有大于 3 mm 的任一开口缺陷；

5. 晶间腐蚀二件(按 GB/T 4334.E 法)，弯曲试验合格且无晶间腐蚀裂纹。

编制		日期		审核		日期		批准		日期	

焊接工艺评定报告（PQR DJDH03）

焊接工艺评定报告（PQR）

单位名称：××××

PQR 编号：PQRDJDH03　　pWPS 编号：pWPSDJDH03

焊接方法：ESW　　机动化程度：手工□　机动☑　自动□

焊接接头：对接□　角接□　堆焊☑　　其他：/

接头简图（接头形式、尺寸、衬垫、每种焊接方法或焊接工艺的焊缝金属厚度）：

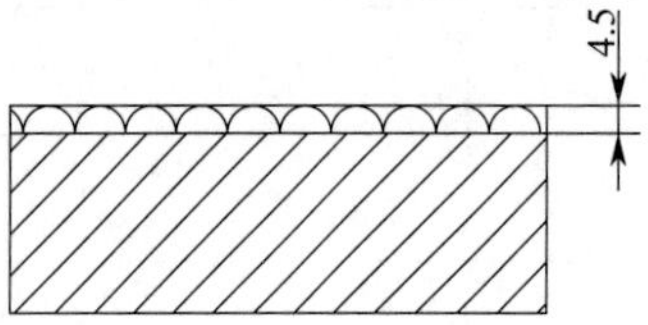

母材：

试件序号	①	②
材料	12Cr2Mo1R	
标准或规范	GB/T 713	
规格/mm	$\delta=40$	
类别号	Fe-5A	
组别号	/	

填充金属：

分类	钢带-焊剂组配	
型号(牌号)	F Z 309L E(H347LF+SJ15F)	
标准	NB/T 47018.5	
填充金属规格/mm	75×0.4	
焊材分类代号	/	/
焊缝金属厚度/mm	堆焊层厚度 4.6～5.2	

预热及后热：

最小预热温度/℃	125	最大道间温度/℃	215
后热温度及保温时间/(℃×h)	300℃×2h(过渡层)		

焊后热处理： SR

保温温度/℃	690	保温时间/h	32

焊接位置：

对接焊缝焊接位置	1G	方向 (向上、向下)	/
角焊缝焊接位置	/	方向 (向上、向下)	/

气体：

项目	气体种类	混合比/%	流量/(L/min)
保护气			
尾部保护气	/	/	/
背面保护气	/	/	/

焊接工艺评定报告(PQR)

电特性：

钨极类型及直径/mm：铈钨极　　喷嘴直径：

熔滴过渡形式(喷射过渡、短路过渡等)：/

(按所焊位置和工件厚度，分别将电流、电压和焊接速度实测值填入下表)

焊道	焊接方法	填充金属	规格/mm	电源种类及极性	焊接电流/A	电弧电压/V	焊接速度/(mm/min)	最大热输入/(kJ/mm²)
堆焊层	ESW	H347LF+SJ15F	75×0.4	DCEP	1200～1250	26～28	150～155	187.7

技术措施：

摆动焊或不摆动焊：/　　摆动参数：/

焊前清理和层间清理：打磨　　背面清根方法：/

单道焊或多道焊/每面：多道焊　　单丝焊或多丝焊：单丝

导电嘴至工件距离/mm：25～35　　锤击：/

换热管与管板的连接方式：/　　换热管与管板接头的清理方法：/

预置金属衬套：/　　预置金属衬套的形状与尺寸：/

其他：焊道搭接量10～12mm

拉伸试验(GB/T 228)：　　试验报告编号：

试验条件	编号	试样宽度/mm	试样厚度/mm	横截面积/mm²	断裂载荷/kN	R_m/MPa	断裂位置及特征
接头板拉							

弯曲试验(GB/T 2653)：　　试验报告编号：LHGJDH01

试验条件	编号	试样尺寸/mm	弯心直径/mm	弯曲角度/(°)	试验结果
侧弯	PQRDJDH03-1	10×26	40	180	合格
侧弯	PQRDJDH03-2	10×26	40	180	合格
侧弯	PQRDJDH03-3	10×26	40	180	合格
侧弯	PQRDJDH03-4	10×26	40	180	合格

焊接工艺评定报告(PQR)

冲击试验(GB/T 229): 试验报告编号:

编号	试样位置	V型缺口位置	试样尺寸/mm	试验温度/℃	冲击吸收能量/J

金相试验(角焊缝、模拟组合件): 试验报告编号:

检验面编号	1	2	3	4	5	6	7	8	结果
有无裂纹、未熔合									
角焊缝厚度/mm									
焊脚高 l/mm									
是否焊透									

金相检验(角焊缝、模拟组合件):

根部: 焊透□ 未焊透□

焊缝: 熔合□ 未熔合□

焊缝及热影响区: 有裂纹□ 无裂纹□

两焊脚之差值:

试验报告编号:

堆焊层复层熔敷金属化学成分/%(GB/T 222): 试验报告编号: LHGJDH02

C	Si	Mn	P	S	Cr	Ni	Mo	Cu	N	Nb	Fe	…
0.030	0.65	1.27	0.019	0.005	19.6	10.36	0.05	0.03	0.045	0.54		

化学成分测定表面至熔合线距离/mm: 3.0

非破坏性试验:

VT外观检查: 合格　　PT: 合格　　MT: ______　　UT: 合格　　RT: ______

焊接工艺评定报告(PQR)

附加说明：

腐蚀试验(GB/T 4334. E)：　　试验报告编号：LHGJDH02

堆焊层腐蚀试验 2 件，结果合格

结论：本评定按 NB/T 47014—2023 及技术要求规定焊接试件、无损检测、热处理、测定性能，确认试验记录正确。

评定结果：合格 ☑　　不合格□

焊工		日期		编制		日期	
审核		日期		批准		日期	
第三方检验							

第二十一节　电子束焊焊接工艺评定

预焊接工艺规程 pWPS DZS01

预焊接工艺规程(pWPS)

pWPS 编号：　pWPS DZS01
制备及清理方法：机加工、除油锈、丙酮清洗
设备标识：
焊机：　THDW-30 电子束焊机
电子枪类型：　直热式电子枪
阴极类型：　3mm 钨丝
填充材料供给系统：无
母材型号：NS1402(Incoloy825)＋NS1402(Incoloy825)
材料厚度：32mm
填充材料或附加材料：
型号：　无　　尺寸：　无　　保管：　无
接头种类：　对接
薄板或板材：■　　圆柱形：□　　轴向：□
径向：□
其他：□

接头设计	焊接操作
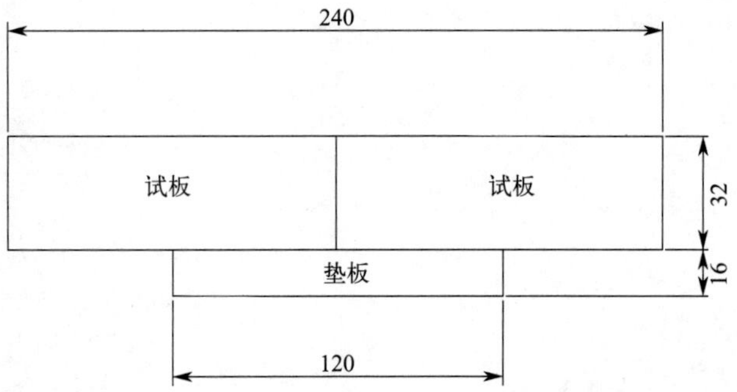	1. 采用钨极氩弧焊点焊固定； 2. 试板间隙≤0.15mm； 3. 焊接前用丙酮擦拭焊接区域； 4. 电子束定位焊； 5. 电子束焊接； 6. 电子束修饰焊。

夹具、卡具及辅助工具：　是■　　否□
机械固定：□
定位焊方法：手工钨极氩弧焊
背面支撑垫：是■　　否□　　支撑材料：Incoloy825
正面支撑垫：是□　　否■　　支撑材料：　/

预焊接工艺规程(pWPS)			
	定位焊道	焊接焊道	修饰焊道
焊接位置	平位	平位	平位
焊接操作方法	EBW	EBW	EBW
加速电压	85kV	85kV	85kV
束流 —连续 —脉冲 频率 幅度 其他	60mA	250mA	80mA
聚焦电流或焦点设定	表面聚焦	表面聚焦	表面聚焦加 30mA
束流偏转 —直流偏转 —交流振荡 形状 频率 尺寸 纵向 横向	/	/	/
搭接	2mm	2mm	2mm
上升	0.3s	6s	3s
下降	0.3s	14s	8s
升降图形	/	/	/
移动方向	沿焊缝	沿焊缝	沿焊缝
表面移动速度	400mm/min	400mm/min	400mm/min
移动速度变化要求	/	/	/
送丝速度	/	/	/
工作距离	200mm	200mm	200mm
电子枪室压力	$\leqslant 5\times10^{-2}$Pa	$\leqslant 5\times10^{-2}$Pa	$\leqslant 5\times10^{-2}$Pa
工作室压力	$\leqslant 5\times10^{-2}$Pa	$\leqslant 5\times10^{-2}$Pa	$\leqslant 5\times10^{-2}$Pa
附属设备	/	/	/
—预热	/	/	/
—后热	/	/	/
焊后操作	/	/	/
附加信息			

编制		日期		审核		日期		批准		日期	

电子束焊焊接工艺评定报告（PQR）

焊接工艺评定报告(PQR)

PQR 编号： PQR DZS01 pWPS 编号： pWPS DZS01
制备及清理方法：机加工、除油锈、丙酮清洗
设备标识：
焊机： THDW-30 电子束焊机
电子枪类型： 直热式电子枪
阴极类型： 3mm 钨丝
填充材料供给系统：无
母材型号：NS1402(Incoloy825)＋NS1402(Incoloy825)
材料厚度：32mm
填充材料或附加材料：
型号： 无 尺寸： 无 保管： 无
接头种类： 对接
薄板或板材：■ 圆柱形：□ 轴向：□
径向：□
其他：□

接头设计	焊接操作
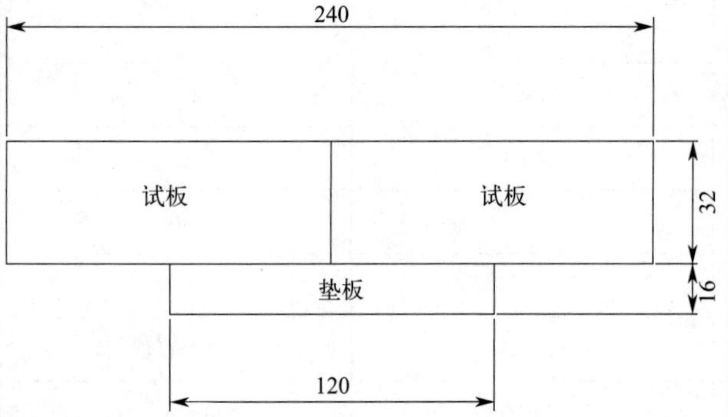	1. 采用钨极氩弧焊点焊固定； 2. 试板间隙≤0.15mm； 3. 焊接前用丙酮擦拭焊接区域； 4. 电子束定位焊； 5. 电子束焊接； 6. 电子束修饰焊。

夹具、卡具及辅助工具： 是■ 否□
机械固定：□
定位焊方法：手工钨极氩弧焊
背面支撑垫：是■ 否□ 支撑材料：Incoloy825
正面支撑垫：是□ 否■ 支撑材料： /

焊接工艺评定报告(PQR)			
	定位焊道	焊接焊道	修饰焊道
焊接位置	平位	平位	平位
焊接操作方法	EBW	EBW	EBW
加速电压	85kV	85kV	85kV
束流 —连续 —脉冲 频率 幅度 其他	60mA	250 mA	80mA
聚焦电流或焦点设定	表面聚焦	表面聚焦	表面聚焦加 30mA
束流偏转 —直流偏转 —交流振荡 形状 频率 尺寸 纵向 横向	/	/	/
搭接	2mm	2mm	2mm
上升	0.3s	6s	3s
下降	0.3s	14s	8s
升降图形	/	/	/
移动方向	沿焊缝	沿焊缝	沿焊缝
表面移动速度	400mm/min	400mm/min	400mm/min
移动速度变化要求	/	/	/
送丝速度	/	/	/
工作距离	200mm	200mm	200mm
电子枪室压力	$\leqslant 5\times10^{-2}$Pa	$\leqslant 5\times10^{-2}$Pa	$\leqslant 5\times10^{-2}$Pa
工作室压力	$\leqslant 5\times10^{-2}$Pa	$\leqslant 5\times10^{-2}$Pa	$\leqslant 5\times10^{-2}$Pa
附属设备	/	/	/
—预热	/	/	/
—后热	/	/	/
焊后操作	/	/	/
附加信息			

焊接工艺评定报告(PQR)

拉伸试验　　　　试验报告编号：PQR DZS01

试验条件	试　样 编　号	试样宽度 /mm	试样厚度 /mm	横截面积 /mm^2	断裂载荷 /kN	抗拉强度 /MPa	断裂部位和特征
接头板拉	PQRDZS01-1	25.3	17.7	447.8	280	625	断于母材
接头板拉	PQRDZS01-2	25.0	17.7	442.5	281	635	断于母材
接头板拉	PQRDZS01-3	25.1	17.8	446.8	275	615	断于母材
接头板拉	PQRDZS01-4	25.2	17.9	451.1	279	619	断于母材

弯曲试验　　　　试验报告编号：PQR DZS01

试验条件	编号	试样尺寸 /mm	弯心直径 /mm	弯曲角度 /(°)	试验结果
侧弯	PQRDZS015	10	40	180	合格
侧弯	PQRDZS01-6	10	40	180	合格
侧弯	PQRDZS01-7	10	40	180	合格
侧弯	PQRDZS01-8	10	40	180	合格

冲击试验　　　　试验报告编号：

编号	试样位置	V 型缺口位置	试样尺寸 /mm	试验温度 /℃	冲击吸收能量 /J

附加说明：

结论:结论:本评定按 NB/T 47014—2023 及技术要求规定焊接试件、无损检测、测定性能,确认试验记录正确。

评定结果:合格 ☑　　不合格□

焊工		日期		编制		日期	
审核		日期		批准		日期	
第三方 检验							